Water Works Engineering

상수도공학

-계획, 설계 및 운전-

유명진 · 방기웅 · 구자용 · 명규남 · 이준호
정신호 · 구윤희 · 박귀수 · 장미정 공역

Syed R. Qasim · Edward M. Motley · Guang Zhu

PEARSON Prentice Hall

圖書出版 東和技術

서 문

1986년에 제정된 Safe Drinking Water Act(SDWA, 안전음용수법)는 상수도 분야에 있어 역사상 가장 결정적인 입법상의 변화였으며, 이전 20년 동안 시행되어왔던 본래의 법안보다 더 많은 영향을 끼칠 것이다. 이러한 입법의 변화는 USEPA가 본래 법안의 요구사항을 시행했던 방식의 실패 및 음용수에 대해 대중의 걱정이 팽배해있다는 의회의 견해를 반영한다. 정수장의 계획, 설계 그리고 운전과 관련된 일에 종사하는 숙련된 기술자들과 공공시설 관리자들은 현재의 선택을 평가하고, 앞으로 진행될 사항을 예상해야 한다. 현재 수많은 대학교에서 토목 및 환경공학에 대한 많은 프로그램들이 정수장 설계분야의 과목을 설강하고 있다.

정수처리 과정의 이론과 원리를 제시해 주는 몇몇의 우수한 책이 최근에 발간되었다. 저자들은 정수처리 분야에서 수년 동안 경험하는 동안 상수도 공학의 계획, 설계 및 조작을 전반적으로 다루고 있는 출판물이 없음을 관찰해왔다. 이 책에서 밝히는 저자의 의도는 두 가지이다. 첫째, 환경법과 그에 따르는 지침에 의해 공표된 정책 그리고 그 분야의 기술적인 진보와 개념의 결과로써 전개되는 상수도 공학의 설계에 대한 발전을 통합시키기 위해서이다. 둘째, 중규모의 재래적인 정수장의 계획, 설계 그리고 운전을 위한 단계적인 절차를 개발하기 위해서이다.

이 책은 총 19장과 4개의 부록으로 구성되어 있다. 1~4장은 상수도 공학의 기본적인 현황을 서술하고 있다. 현재와 앞으로의 정수처리 기술, 수질 요소, 설계 인자, 음용수 규제, 단위 조작과 공정, 공정 결합 그리고 공정의 절차에 대한 경향이 자세하게 논의된다.

5장은 사전설계 보고서의 준비를 다루고 있다. 여기서 사전설계 공학 보고서의 일반적인 목적과 중규모 상수도 설계 계획에 대한 사전설계 보고서의 예를 보여준다. 이 사전설계 보고서에서는 다음과 같은 진행과정이 제시된다. 즉, (1) 인구산출, 물수요, 정수장 용량 그리고 원수 수질, (2) 처리공정 계열수의 평가와 선정, (3) 배급수시스템 최적화, (4) 제안된 주요한 개선 계획에 대한 비용 산출의 순이다.

이 책의 나머지에서는 5장에서 사전설계 보고서를 작성하였던 중규모 정수처리 시설의 설계에 대한 사항이 서술된다. (1) 단계적인 설계 계산, (2) 설비 세부사항, (3) 공학적 도면, 계획 및 사양, (4) 원수 이송, 처리 및 배급수시스템의 운전과 유지관리 모두가 서술된다. 이러한 시스템들은 원수의 취수, 스크린, 펌프장, 이송관, 유량측정, 급속혼화, 응결, 침전, 여과, 색·맛·냄새 제어, 살균, 배수 그리고 잔류물의 취급과 처분을 포함하고 있다. 또한 각각의 장은 설비 배치, 배관과 수리계산, 계측과 자동제어, 설계 요약과 설계 오차를 피하는 방법을 보여준다. 18장은 비재래식 처리 공정을 다룬다. 이 장에서는 질산염과 불화물의 제거, 이온교환, 역삼투, 그리고 중금속과 유기물의 제거를 위한 처리 공정이 간략히 제시된다.

이 책에서 보여주는 설계 과정들은 단지 실제 예와 일반적인 정보를 위한 것이지, 정수장 설계에 대한 표준으로 사용되려는 목적을 가지고 있지는 않다. 이 책에서 언급된 특정 방법, 공정 그리고 설비에 대한 내용들은 어떤 것을 보증하거나 추천하려는 의도는 아니다. 동등하거나 더 향상된 설비들이 이 책에서는 언급되지 않은 다른 제작자들로부터 얻어질 수도 있다.

이 책은 학생, 교사, 컨설팅 엔지니어, 설비 제조업자, 그리고 설계와 사양을 재검토해야 하는 시, 주, 그리고 연방 기구의 기술 전문직 요원들이 필요로 하는 것들을 만족시켜 줄 것이다. 이 책의 유용성을 극대화시키기 위해서, 자료들은 간단명료하게 제시되어 있다. 많은 표들은 다양한 출처와 함께 제시하였다. 이 표들은 정수장 설계에서 널리 사용되는 정보들을 제공한다. 기본적인 물의 특성, 수리학적 설계 정보, 화학물질 특성과 설비 선정, 설비 제조업체, 그리고 단위변환이 네 개의 부록에 정리되어 있다.

이 책은 특히 사전설계 보고서와 재래식 정수처리 단위공정(units)의 설계에 대해 강조하고 있다. 저자들은 탈질, 불소제거, 미네랄제거 그리고 다른 특정 공정과(3장과 18장에 간단히 서술) 같은 많은 비재래식 정수처리 공정에 대한 강조나 상세한 설계 절차가 이 책 어느 곳에도 밝혀져 있지 않다는 사실을 잘 알고 있다. 그 이유는 간단하다. 이러한 공정에 대한 설계 절차를 다루려면, 같은 크기의 또 다른 책이 필요하다. 저자들은 이 책에서 다뤄지는 계획과 설계 원리들이 새로운 정수장이나 현존하는 시설의 개선을 위해 많은 다른 처리공정의 설계에 쉽게 확대될 수 있을 것이라 굳게 믿고 있다. 따라서 전반적인 재래식 정수장에 대한 상세한 내용과 단계적인 설계 과정이 이 책의 가장 큰 특징이다.

이 책은 상수도공학에 있어서 설계 과목을 위해 씌어졌다. 대부분의 토목과 환경공학의 프로그램들은 대학생들과 대학원생들에게 이러한 과목을 설강하고 있다. 책의 내용은 일반적인 선수과목(유체역학과 정수와 폐수처리에서 기초과목)이면 충분하도록 개발되었다. 더욱이 이 책의 기본적인 내용은 3학기 이수 과목으로 다뤄질 수 있다.

미국에서, 오래된 정수장은 앞으로 업그레이드 될 것이기 때문에 재래식 단위는 앞으로 얼마간 계속 사용될 것이다. 따라서 가능한 곳에서는 두 시스템이 나란히 사용될 것이며 적절한 환산인자가 제공될 것이다. 완전한 환산표는 부록에 각각 제시되어 있다.

Syed R. Qasim · Edward M. Motley · Guang Zhu

역자 서문

역자는 오랫동안 대학에서 상수처리공학을 강의하며 정수처리를 이론적으로 설명하는 책을 주로 사용하였습니다. 그래서 우리 학생들이 이론적 지식만으로 졸업 후 상수도 분야의 일을 잘 해낼 수 있을까 걱정을 하여 왔습니다. 새 학기를 맞을 때면 언제나 상수도의 계획, 설계, 운전 및 유지관리를 모두 이해할 수 있는 책이 있었으면 하였습니다. 연전에 교보문고에 나갔다가 Qasim 등이 지은 Water Works Engineering : Planing, Design, and Operations에 이론, 설계 시 고려사항, 설계 예, 운전, 유지관리 및 보수, 계장, 시방서 등의 내용이 종합적으로 포함된 것을 보았습니다. 우리 학생들이 이 책으로 공부한다면 정수처리 시설에 대하여 이론적인 지식 뿐 아니라 단계적으로 계획, 설계, 운전, 유지관리까지 이해하게 되고, 졸업 후 즉시 상수도에 관련한 설계, 운전, 유지관리 및 문제의 발견과 해결까지 할 수 있는 기술자가 될 수 있겠다 생각하고 이 책을 샀습니다.

지난해 우리 물환경연구실에서 박사학위를 한 여러 졸업생들이 이 책을 번역하자고 말하였을 때 책의 내용으로 보아 번역서가 출판된다면 학교에서 교재로 사용할 수 있을 뿐 아니라 이미 실무에서 상수도 계획을 담당하는 공무원분들, 설계, 시공, 감리를 담당하는 엔지니어링 및 시공 회사의 기술자 분들, 정수장 운전과 상수도 시설관리를 담당하시는 분들 모두에게 큰 도움이 될 것으로 확신하고 번역을 결정하였습니다.

이제 번역된 원고를 다시 읽어보며 새삼 저자들의 오랜 경험에 바탕을 둔 상수도 전반에 걸친 이론적이면서도 실제적인 깊은 지식에 감탄을 합니다. 그러나 번역서가 거의 나오게 된 시점에서 또한 걱정이 됩니다. 저자들이 뜻하는 내용이 그대로 잘 옮겨지었는지, 혹은 실수가 없지 않을 것으로 압니다만 있더라도 이해하여 주시고, 또한 알려 주신다면 개정의 기회에 반영하겠다는 말로 용기를 내면서 이 책을 소개해 드립니다. 감사합니다.

역자대표

CONTENTS

Contents

Contents

Contents

chapter

01

서 론

1.1 역사적 배경
1.2 연방 음용수 기준
1.3 현황 및 신기술들
1.4 상수도 공학 및 설계
1.5 책의 개요

한 세기 이상 정수장의 1차적 목표들은 동일하게 유지되고 있다. 즉, 생물학적 및 화학적으로 안전한 물의 생산, 소비자들에게 긍정적 인식을 심어주는 일, 부식과 스케일을 방지하는 일 등이다. 오늘날 정수장 설계는 알 수 없는 수많은 화학물질들의 출현, 가중되는 규제, 훨씬 더 까다로워진 미각들로 인해 아주 복잡해지고 있다. 기본적인 사항 외에도 설계자들은 현재 상수도공학의 계획, 설계 및 운전에 대한 초기 전망을 제공하기 위해서 이제는 대중의 관심과 환경적 고려사항들 뿐 아니라 모든 법적 지시사항에 유념하여야 한다. 상수도공학 및 정수장 설계 분야에 대한 역사적 배경, 현재의 상황 및 새로운 방향에 대해 본 장에서 간략히 기술한다.

1.1 역사적 배경

순수하고 건강에 좋은 물을 마시고 싶은 욕망은 고대로부터 시작된다. 불결한 물을 처리하기 위한 초기의 방법들은 끓이기, 햇빛조사, 뜨거운 구리막대를 반복적으로 담그기, 여과 등이었다.[1] 최초의 상수처리 기술들은 주로 개별 가정에서 일시적으로 이루어 졌었다. 16세기에 들면서부터 대규모 거주지에 대한 중앙처리시설들을 설치하였다. 18세기까지는 입자들에 대한 여과기술이 물을 정화하는 효과적인 수단으로 확립되었다.

미국에서의 지역 상수도시스템은 1800년대 초기에 발전하기 시작하였다. 1860년에 400여개 였던 것에서 세기가 바뀔 때까지 3,000개 이상의 주요 상수도시스템들이 국가의 주요 도시와 마을들에 건설되었다. 많은 정수장들은 완속사여과를 사용하였다. 1890년대 중엽에 Louisville 상수회사에서 응집과 급속사여과를 도입하였다.

비록 먹는 물에 대한 염소의 첫 번째 적용은 맛과 냄새를 제거하기 위한 것으로 1830년대에 도입되었으나, 그 당시에는 질병들이 냄새를 통해 전파된다고 생각했었다.[2] 먹는 물의 소독에 대한 중요성이 이해되기 시작한 것은 1890년대, 질병에 대한 미생물 이론이 출현하면서 부터이다.[3] 염소소독은 1908년에 처음 도입되었고, 그 후 일반적인 기술이 되었다.

1.2 연방 음용수 기준

상수도시스템들에 대한 기준을 수립해야 하는 연방 당국은 1883년 국회에서 Interstate Quarantine Act를 제정하였다.[4] 이 법은 전염병의 발생, 전달 또는 전파를 방지하기 위해 United States Public Health Service(USPHS)의 국장에게 규제사항들을 제정하고 집행할 수 있는 권한을 부여했다. 미국에서 수질기준의 개략적인 발전사를 표 1-1에 요약하였다. 규제수단의 한계로 United States Environmental Protection Agency(USEPA, 미환경보호청)는 새로운 규칙들에 대한 일정을 재평가 하고 있다. Safe

Drinking Water Act(SDWA, 안전음용수법)가 개정되면서 USEPA의 현재 규제사항이 크게 변화될 것이다.

표 1-1 미국의 수질기준에 대한 역사와 발전

연 도	발 전 사
1912	각 주간의 교통시설에서 공동으로 물컵 사용하는 것을 금지하는 수질과 관련한 첫 번째 규정.
1913	박테리아 오염에 대해 최대 농도를 2 coliforms/100 mL로 제안.
1914	연방, 주정부 및 지역간 협조를 바탕으로 재무부에 의한 기준 제정.
1915	정기적으로 음용수 규정에 대해 검토할 연방위원회 구성.
1925	기준치로 1 coliform/100 mL과 납, 구리, 아연 및 과도한 용존 미네랄에 대한 기준 제시
1942	USPHS는 1925년 제정한 음용수 규정을 개정할 자문위원을 지명. 배수시스템에서의 세균학적 조사와 중금속에 대한 최대허용농도에 대해 발의.
1946	중금속에 대한 최대허용농도 공포.
1962	건강과 관련한 화학 및 생물학적 오염물질들에 대한 의무기준을 수립. 기준은 28개 항목.
1970	1970년 USEPA에서 조사한 상수도시스템 중 41%가 1962년 제정한 기준을 만족하지 않는다고 발표.
1974	National Academy of Science(NAS)에서 공공상수내에 THM과 이것이 건강에 미치는 영향에 대해 발표. Safe Drinking Water Act(SDWA, PL 93－523)가 서명됨으로서 국가의 1차 음용수 규정에 대한 수립근거 마련.
1975～1980	잠정적인 규정 채택과 1977, 1979 및 1980년에 SDWA 개정. 이 개정안들은 법에 재차 권한 부여와 많은 사소한 변동이 이루어졌음. 23개 오염물질에 대해서만 강제 규정이고, 다른 대부분의 항목들은 잠정적 기준임. THMs 항목과 적용 가능한 최적기술(BAT)이 1979, 1983년에 각각 공포됨.
1986～1999	SDWA 개정법에 의해 규제 시간계획에 중요한 변화 초래. USEPA는 특정 기간내에 83개 오염물질에 대한 기준들을 수립할 것을 지시. 비록 대부분 기한에 맞추지 못했지만, 규정하고 있는 오염물질의 수는 꾸준히 증가하여 83개 이상이 됨. 1986～1999년 사이 SDWA 개정법에 의해 개정되었거나 제정된 주요 규정 및 기준들은 불소 기준(fluoride standards), 우선항목(priority list), 납과 구리에 대한 규정(Lead on Copper Rule), I단계 VOCs(volatile organic compounds), II단계 SOCs 및 IOCs (inorganic contaminants), V단계 SOCs 및 IOCs, 총 대장균 규정(Total Coliform Rule), 지표수처리에 관한 규정(Surface Water Treatment Rule), 향상된 지표수처리에 관한 규정(Enhanced Surface Water Treatment Rule), 정보수집규정(Information Collection Rule), 소비자 신뢰를 위한 보고에 관한 규정(Consumer Confidence Report Rule), 방사능물질 규정(Radionuclides Rule), 소독 및 소독부산물(Disinfectants－Disinfection By－Products Rule)에 관한 규정, 황산염에 대한 규정(Sulfate Rule), 지하수에 대한 규정(Ground Water Rule) 등이다.

출처 : 참고문헌 4～7.

1.3 현황 및 신기술들

1.3.1 현황

1987년 USEPA의 조사에 의하면 미국 내에는 약 202,000개소의 공공 상수도시스템이 있는 것으로 나타났다. 이중 약 29%가 지역 상수도시스템으로서, 약 90%의 인구에게 물을 공급하고 있다. 그림 1-1은 지표수 또는 지하수를 이용한 배수시스템을 나타낸 것이다.[8] 약 2억 2천 6백만명에게 공급하는 58,908개의 지역시스템 중 51,552개소는 '소규모' 또는 '최소규모'로 구분된다. 평균적으로 이러한 시스템들은 각각 3,300명 보다 적은 주민들에게 공급한다. 이러한 시스템들에 의해 공급되는 전체 인구는 약 2,500만명이다.

소규모 시스템들은 연방의 법적규정들을 가장 빈번히 위반하며, 1988년 이후 총 43,000건의 위반사례 중 거의 89%로 집계되었다. 미생물학적 위반이 주요한 사례로 평가되며, 이밖의 위반들은 SDWA의 최대허용오염농도(maximum contaminant levels, MCLs)를 초과한 것으로 나타났다.

소규모 상수도시스템들이 허용 범위에 들기 위해서는 적용 가능한 기술들, 운전자 능력, 재원 및 제도적 정비들이 필요할 것이다.[9] 1986년 SDWA 개정법은 USEPA에 국가 1차 음용수 규정(National Primary Drinking Water Regulations, NPDWR)에 적합한 설계를 총괄할 수 있는 최적이용기술(best available technology, BAT)을 수립할 권한을 부여하였다.[9,10] 기준을 달성하기 위한 현재의 BAT는 다음과 같다.

- 지표수 처리에 있어 탁도, 색도 및 미생물의 제어 : 여과. 여과의 일반적인 종류에는 재래식, 직접, 완속 모래, 규조토 및 막여과 등이 있다.
- 미생물의 불활성화 : 소독. 전통적인 소독제들은 염소, 이산화염소, 클로라민 및 오존.
- 지표수로부터 유기오염물질 제거 : 충전탑 폭기, 입상활성탄(granular acivated carbon, GAC), 분말활성탄(powdered activated carbon, PAC), 산기식 폭기, 고도산화공정들 및 역삼투.
- 무기 오염물질 제거 : 막, 이온교환, 활성 알루미나 및 GAC.
- 부식 제어 : 전통적으로는 pH 조절 또는 부식 억제제들.

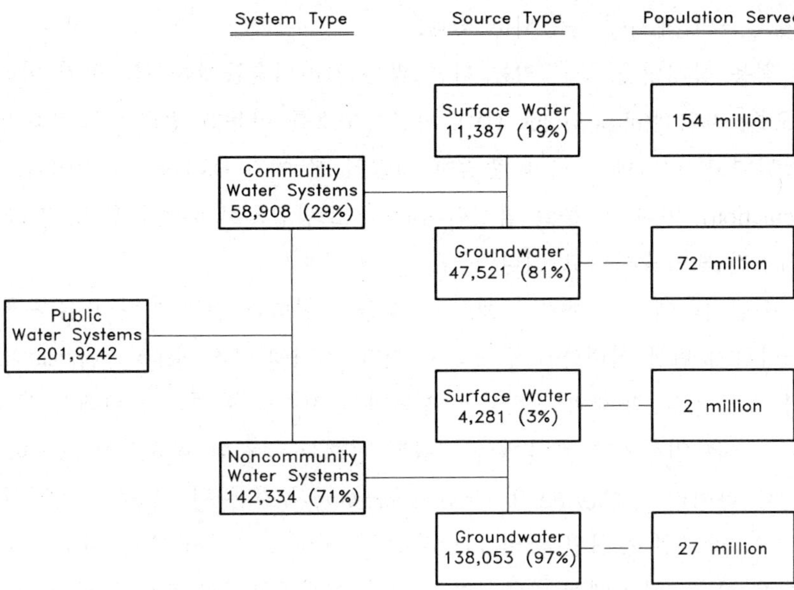

그림 1-1 1987년 원수의 종류와 시스템형태에 따른 상수도시스템의 분포

1.3.2 신기술

1986년 개정된 SDWA와 새로운 규정으로 인해서 상수처리와 조사에 대한 신기술들이 급속하게 도입되었다. 최근까지 미국 상수도산업에서는 생물학적 공정들에 대해 관심을 거의 보이지 않았는데, 이는 아마도 이들 공정들의 결함으로 인해 정수에 유해한 미생물이나 부산물들이 누출될 가능성이 있을 것으로 보기 때문이다. 그럼에도 불구하고 생물학적 공정들이 배수시스템에서 미생물들을 잠재적으로 재증식하게 하는 생물분해 가능한 유기탄소의 제거와 효과적인 맛, 냄새 제어 및 염소요구량과 소독부산물(disinfection byproduct, DBP) 생성능 저감에 대해 명확한 효과가 있기 때문에, 미국의 수도사업자들이나 연구자들은 저항감을 서서히 극복하게 되었다. 미국의 새로운 연구 자료는 생물학적으로 활성이 있는 모래 또는 탄소 여재들(biologically active sand or carbon filter)이 물리화학적 공정보다 미량오염물질의 처리 비용 면에서 훨씬 효과적인 것으로 제시하고 있다. 보고된 다른 장점들은 철 및 망간 제거와 암모니아를 질산화시키는 것이다.[11,12] 이러한 공정들은 기존의 재래식 처리장들에 이 기술들을 적용하여 새로운 처리장으로 개량시킬 수 있다.

과거 수년에 걸쳐 막기술을 상수처리에 적용하고 있는데, 이는 경제성 있는 막들을 이용하여 많은 오염물질들을 제거해야 한다는 요구 때문이다.

정밀여과(microfiltration), 한외여과(ultrafiltration), 나노여과(nanofiltration) 및 기타 다른 것들은 상수도산업에 있어 흔한 단어가 되었다. 근래에 지아디아(*Giardia*, 람블편모충) 및 크립토스포리디움(*Cryptosporidium*, 와포자충)과 같은 미생물 제거와 질산이온의 선택적 제거를 위해 막기술이 실험되고 있다.[13,14] 다른 예로서, 막기술은 DBP 전구물질들과 휘발성유기화합물(volatile organic compounds, VOCs) 및 기타 물질들의 제거에 응용되고 있다.[15,16]

처리장 규모의 적용 잠재력을 갖고 있는 다른 많은 처리기술들에는 처리하기 어려운 유기화합물의 분해를 위한 오존, 자외선(ultra violet, UV), 과산화수소를 이용한 광화학적 산화법이 있다.[17,18] 북부 미국에서 개발되었고, 미국에서 늦게 출범한 기술의 한 예가 Harberer 공정이다. 이 공정은 접촉응결(contact flocculation), 여과 및 분말 활성탄 흡착을 조합함으로서 지표수 및 지하수 정화를 위한 넓은 범위의 처리조건을 만족시키고 있다.[19~20]

다양한 음용수 수질기준에 부합하기 위해, 처리성을 개선하는 것뿐 아니라 급수에 대한 미생물학적 오염물질을 조사하기 위한 설비들을 탐구하고 있다. 전자광 센서(electro－optical sensor)는 저수지에서 조류 번식의 조기 검출, 문제의 진단과 운전변화의 지침을 마련하기 위해서 이용된다.[21] 유전자 조사(gene probe) 기술은 임상의학 분야에서 개량된 미생물 검출의 필요성에 부응하기 위해 처음으로 개발되었다. 장내 바이러스, *Giardia* 및 *Cryptosporidium*과 같은 원생동물성 기생체에 대한 전통적인 검출 방법을 갖는 방사선 동위원소 및 비방사선 유전자 조사법에 대한 시도가 현재 이루어지고 있다. 이러한 기술은 상수도분야에서 급증하는 복잡한 미생물군들의 조사를 위한 잠재적 기술이다.[22]

1.4 상수도 공학 및 설계

기존 공공 상수도시스템이 따라야 할 여러 규제사항들과 기준들이 있음에도 불구하고, 전통적인 상수처리공정의 원리들은 지난 반세기에 걸쳐 크게 변하지 않았다. 여재를 모래나 안트라싸이트 또는 둘 다 사용하던지, 완속 또는 급속여과, 정속 또는 감소여과를 하던지 간에, 여과는 여전히 여과이며, 침전은 여전히 침전이며, 소독은 여전히 소독이다. 그러나 변한 것은 설계자들이 처리를 함에 있어 가질 수 있는 도구들이 많다는 것이다. 컴퓨터들은 설계 및 운전시 민첩성과 정확성이란 선물을 부여했다. 현재 기술자들은 연필과 그래프 용지로는 가능하지 않을 정도의 속도로 여러 공정들이나 공정계통을 비교할 수 있다. 또한 Supervisory Control and Data Acquisition(SCADA) 시스템은 운전자들 및 관리자들에게 정확한 공정제어 변수와 운전 및 유지 기록들을 제공할 수 있다. 컴퓨터 화면으로 여러 대안들을 볼 수 있게 하는 것 외에도 기술자들은 정수장 설계시 고유의 여러 변수들에 대한 파일롯 플랜트 연구를 수행할 수 있다. 또한 운전자들과 관리자들은 약품 주입의 최적화와 장래의 확장이나 개량을 위해 필요한 중요한 정보들을 획득하기 위해 현재 운영중인 파일롯 플랜트 설비를 이용할 수 있다.

정수장은 수질 목표를 쉽고, 적당한 비용으로 달성할 수 있도록 설계되어야 한다. 설계는 계절적 변화뿐 아니라, 수질 및 장래 음용수 기준의 장기적 변화에 대처할 수 있을 정도의 융통성을 가져야 한다. 그러므로 좋은 계획 및 설계는 다음의 5가지 주요 단계에 근거하여야 한다.

1. 원수의 특성 및 처리 수질 목표
2. 대안 공정들의 개발과 최종 공정계통의 선택을 위한 예비 설계
3. 선정된 공정의 상세 설계
4. 건설
5. 완성된 시설에 대한 운전 및 유지관리

기술자, 과학자 및 회계 분석자들은 정수장 설계를 수행함에 있어 공학, 화학, 미생물학, 지질학, 건축학 및 경제학 등 광범위한 분야로부터 얻은 원리들을 이용하여야 한다.

1.5 책의 개요

본서의 목적은 학생들이나 현장 기술자들이 이용할 수 있는 정보를 제공하는 것이다. 원리, 설계, 운전 및 유지관리, 고장, 수리, 장비 선택 및 사양들을 각 처리공정에 포함하였다. 토의할 논제들에는 다음과 같은 것들이 포함된다.[23]

- 원수 및 처리수의 수질 기준
- 설비 계획 및 추진
- 처리공정들의 원리, 설계 및 배치
- 수리단면(동수경사도)
- 고양정(송수) 펌프 양정 및 배수
- 계기 및 제어

참고문헌

1. Baker, M. N. The Quest for Pure Water, 2d ed.,American Water Works Association, Inc., New York, 1981.
2. White, C. G. The Handbook of Chlorination and Alternative Disinfectants, 3d ed., Van Nostrand Reinhold, New York, 1992.
3. Pedden, T. M. Drinking Water and Ice Supplies and Their Relations to Health and Disease, G. P. Putnam's Sons, The Knickerbocker Press, New Yorks, 1891
4. AWWA. Water Quality and Treatment, 4th ed., McGraw-Hill Book Co., New York, 1990
5. Pontius, F. W. "SDWA-A Look Back," Jour. AWWA, vol. 85, no. 2,pp. 22~24 & 94, February 1993.
6. Pointius, F. W. and Robinson, J. A. "The Current Regulatory Agenda: An Update," Jour. AWWA, vol. 86, no. 2, pp. 54~63, February 1994.
7. Pointius, F. W. "An Update of the Federal Drinking Water Regs," Jour. AWWA, vol. 90, no.3, pp.48~58, March 1998.
8. USEPA. The National Public Water System Program, FY 1988 Compliance Report, Office of Drinking Water, Cincinnati, OH, March 1990.
9. Goodrich, J. A., Adams, J. Q., Lykins, B. W., and Clark, R. M. "Safe Drinking Water from Small System: Treatment Options," Jour. AWWA, vol. 84, no. 5, pp. 49~55, May 1992.
10. UESPA. Technologies for Upgrading Existing or Designing New Drinking Water Treatment Facilities, EPA/625/489/023, Office of Drinking Water, Cincinnati, OH, March 1990.
11. Le Chevallier, M. K., Becker, W. C., Schorr, P., and Lee, R. G. "Evaluating the Performance of Biologically Active Rapid Filters," Jour. AWWA, vol. 84, no. 4, pp. 136~146, April 1992.
12. Manem, J. A. and Rittmann, B. E. "Removing Trace-Level Organic Pollutants in a Biological Filter," Jour. AWWA, vol. 84, no. 4, pp. 152~157, April 1992.
13. Adams, S. S., Jacangeelo, J. G., and Laine, J. M. "Low Pressure Membranes: Assessing Integrity," Jour. AWWA, vol. 87, no. 3, pp. 62~75, March 1995.
14. McCleaf, P. R. and Schroeder, E. D. "Denitrification Using a Membrane Immobilized Biofilm," Jour. AWWA, vol. 87, no. 3, pp. 77~86, March 1995.
15. Allegerier, S. C. and Summers, R. C. "Evaluating NF for DBP Control with RBSMT," Jour. AWWA, vol. 87, no. 3, pp. 87~99, March 1995.
16. Castro, K. and Zander, A. K. "Membrane Air-Stripping Effects of Pretreatments," Jour. AWWA, vol. 87, no. 3, pp. 50~61, March 1995.
17. Glaze, W. H. and Kang, J. W. "Advanced Oxidation Process for Treating Ground Water Contaminated with TCE and PCE : Laboratory Studies," Jour. AWWA, vol. 80, no. 5, pp. 57~63, May 1988.
18. Glaze, W. H., Kang, J. W., and Aieta, M. "Ozone-Hydrogen Peroxide Systems for Control of Organics

in Municipal Water Supplies," Proceedings of the Second International Conference in the Role of Ozone on Water and Wastewater Treatment, TekTran International Ltd., Kitchener, Ontario, Canada, pp. 233~244, 1987.

19. Haberar, K. and Schmidth, S. N. "The Haberar Process: Combining Contact Flocculation, Filtration, and PAC Adsorption," Jour. AWWA, vol. 83, no. 9, pp. 82~89, September 1991.
20. Stukenberg, J. R. and Hesby, J. C. "Pilot Testing the Haberar Process in the United States," Jour. AWWA, vol. 83, no. 9, pp. 90~96, September 1991.
21. White, B. N., Kiefer, D. A., Morrow, J. H., and Stolarik, G. F. "Remote Biological Monitoring in an Open Finished~Water Reservoir," Jour. AWWA, vol. 83, no. 9, pp. 107~112, September 1991.
22. Richardson, K J., Stewart, M. H., and Wolfe, R. L. "Application of Gene Probe Technology to the Water Industry." Jour. AWWA, vol. 83, no. 90, pp. 71~81, September 1992.
23. James M. Montgomery, Inc. Water Treatment Principles and Design, John Wiley & Sons, New York, 1985.

chapter

02

수 질

W·a·t·e·r·W·o·r·k·s·E·n·g·i·n·e·e·r·i·n·g

2.1 서 론

순수한 물은 색도 없고, 맛도 없고, 냄새도 없다. 물은 물과 접촉하는 대부분의 미네랄들을 녹일 수 있는 훌륭한 용매이다. 이는 자연계에서 '순수한 물'이 실제로 존재하지 않는 이유이다. 물은 항상 화학물질 및 생물학적 불순물들을 포함하고 있다.

빗물이 지표면 위나 아래로 흐르는 동안, 물은 다양한 용존성 및 입자성 불순물들을 흡수한다. 비, 눈, 진눈깨비, 우박들이 대기를 통해 내리면서 용존산소, 질소, 이산화탄소 및 기타 기체들을 용해시킨다. 그래도 하늘에서 내리는 것들이 자연수 중에서 가장 순수한 형태이다. 지표면에서 물은 실트, 미생물과 광범위한 유기 및 무기화합물들을 흡수한다.

하천수는 대체로 호소수에 비해 높은 농도의 부유물을 함유하고 있다. 물이 지층으로 스며들 때, 대부분의 부유물질과 박테리아들은 제거된다. 그러나 스며든 물은 토양층을 통과하는 동안 접촉한 여러 종류의 미네랄들을 용해시킨다. 용존 미네랄의 양과 특성은 지하층의 깊이와 지질을 구성하고 있는 화학성분에 달려있다.

본 장에서는 지표수 및 지하수에 일반적으로 존재하는 불순물들과 그것들의 중요성에 대해 소개한다. 불순물들의 제거를 위한 적절한 처리공정들은 제3장에서 논하고자 한다.

2.2 수질 성분

자연수에는 부유하거나 용존하고 있는 유·무기화합물, 미생물들이 포함되어 있다. 이러한 화합물들은 자연적으로 유입되기도 하고 폐기물 매립장의 누출에 기인할 수 있다. 도시 및 공장 폐기물들 역시 유기와 무기 불순물이 넓게 분포하는데 기여한다. 무기화합물들은 또한 암석, 토양 및 퇴적물의 풍화와 용출에 기인하고 있다. 근본적으로 무기성분들은 중탄산, 염소, 황산, 질산, 인산에 대한 칼슘, 마그네슘, 나트륨, 칼륨염들이다. 납, 구리, 비소, 철 및 마그네슘도 역시 미량으로 존재하고 있다.

유기화합물들은 식물이나 동물의 분해 및 농업지역의 유출수에 기인한다. 유기성분들은 자연적인 휴믹물질(humic substances)로부터 세제, 살충제, 제초제 및 용매로 사용되는 합성 유기물질에 걸쳐 다양하다. 이러한 성분들과 농도는 자연 수원의 수질과 용도에 영향을 미친다.

몇 가지 수원에 있어 보편적인 수질성분들에 대한 전형적인 농도를 표 2-1에 나열하였다. 수중의 여러 불순물과 이것들이 수질과 수처리에 미치는 영향에 대한 조사는 다음 절에 언급된다.

2.2.1 무기성분

기본적인 음이온 및 양이온

이온들에 대한 기본적인 성분과 이들 물질의 자연수에서의 분포는 지리적 형성과정과 토양 종류에 따라 크게 변한다. 수질에 영향을 미치는 모든 자연수에 존재하는 중요한 이온의 종류와 주요 화학적 성분들은 다음 표와 같다.

Cation	Anions
Calcium(Ca^{2+})	Bicarbonate(HCO_3^-) and Carbonate(CO_3^{2-})
Magnesium(Mg^{2+})	Chloride(Cl^-)
Sodium(Na^+)	Sulfate(SO_4^{2-})
Potassium(K^+)	Nitrate(NO_3^-)
Iron(Fe^{2+})	Phosphate(PO_4^{3-})
Manganse(Mn^{2+})	Fluoride(F^-)

기본적인 전기적인 중성은 meq/L로 표현되는 양이온 및 음이온의 합이 같아야 된다.
전하 균형이 다를 경우 허용할 수 있는 범위는 다음과 같다.

Total Ions Sum(meq/L)	Acceptable % Difference
0~3.0	±0.2
3.0~10.0	±2
10~800	±2~5

칼슘

칼슘은 주로 암석으로부터 유래된다. 가장 큰 농도들은 석회석, 백운석(dolomite), 석고(gypsum), 혈암(gypsiferrous shale)에서 유래된다. 칼슘은 모든 자연수에 존재하는 중탄산 이온(HCO_3^-) 다음으로 두 번째로 많이 존재하는 주요 성분이다. 이는 식물체의 영양분이며 사람 및 동물들의 필수미네랄이다. 사람이 하루 섭취해야 할 권장량은 800 mg이다. 칼슘이 부족하면 골다공증을 유발할 수 있으며, 독성으로는 신장결석과 관련이 있다.[1] 물속의 농도로는 1일 요구량에 상당하는 양 만큼 충분하지 않다(약 24%). 자연수내의 칼슘농도는 10~100 mg/L 범위이다. 칼슘 농도가 40~100 mg/L인 물들은 일반적으로 경수에서 중경수로 분류된다. 칼슘은 경도의 주요한 성분이다.

표 2-1 여러 수원에서 일반적인 수질성분들의 전형적 농도

성 분	수 원				
	빗물	수돗물	지표수	지하수	해수
Biological:					
Coliform, MPN/100mL	0	1	2,000	100	–
Virus, pfu[a]/100mL	0	0	10	1	0
Chemical:					
BOD_5, mg/L	–	–	5	–	2
TOC, mg/L	0.2	0.5	3	0.5	1
NH_3, mg/L as N	0.05	–	0.2	0.1	–
Total N, mg/L as N	–	–	3	<10	0.5
Total P, mg/L as P	–	–	0.05	0.01	0.01
Hardness, mg/L as $CaCO_3$	25	90	90	120	–
Alkalinity, mg/L as $CaCO_3$	20	80	100	150	–
pH	7.0	8.0	7.5	7.5	7.9
Cation:					
Ca^{2+}, mg/L	6	20	20	50	400
Mg^{2+}, mg/L	2	3	3	5	1,350
Na^{+}, mg/L	5	20	20	5	10,500
K^{+}, mg/L	–	–	2	2	350
Fe^{2+}, mg/L	0.05	0.1	0.1	0.1	0.1
Anion:					
HCO_3^-, mg/L	18	80	90	120	150
Cl^-, mg/L	5	25	25	25	20,000
SO_4^{2-}, mg/L	4	20	20	10	2,800
SiO_2, mg/L	1	5	5	10	20
NO_3^-, mg/L	0.1	1	0.5	<10	–
F^-, mg/L	–	2	0.2	0.1	1
Physical:					
TDS, mg/L	25	200	150	250	35,000
Turbidity, NTU[b]	0	<0.5	10	<0.5	5
Color, units	–	<5	–	–	5

a : Plaque forming units.

b : Nephelometric Turbidity Unit.

마그네슘

마그네슘의 출처는 화성암과 변성암에 있는 철고토질 광물(ferromagnesium mineral), 석회석과

백운석에 있는 탄산마그네슘에 포함되어 있다. 마그네슘 염은 칼슘보다 용해가 잘 되나 지질 형성과정에서는 칼슘보다 많지 않다. 마그네슘 농도는 자연수에서 4~40 mg/L 범위이다.[1] 마그네슘은 사람에게는 필수 미네랄로서 성인의 일 권장 허용 섭취량은 350 mg이다. 먹는 물로는 단지 일필요량 중 작은 비율만을 공급할 수 있다. Lappenbusch는 마그네슘 결핍이 칼슘과 칼륨의 전해질 불균형을 초래할 수 있다고 보고하고 있다.[2] 먹는 물에 고농도로 존재할 경우 마그네슘염은 설사를 유발하는 효과를 나타내기도 한다. 또한 마그네슘은 500 mg/L 이상의 농도에서는 불쾌한 맛을 유발할 수 있다. 관개목적으로의 마그네슘은 식물에 필요로 하는 영양소 뿐 아니라 토양 개량제로서 필요하다. 마그네슘은 경도와 관련이 있으며, 몇 몇 산업공정에서는 바람직한 물질이 아니다.[3]

나트륨

자연수의 주요 나트륨 출처는 장석(feldspar)의 풍화으로부터 유입과 증발, 진흙과 관계있다. 나트륨염은 용해가 매우 잘 되며, 용액으로 존재한다. 자연수 중의 전형적인 나트륨 농도는 5~50 mg/L 범위이다.[4] 나트륨은 대부분 식물성장에 일정양이 필요하다. 토양내에 고농도의 나트륨은 식물체에 독성이 될 수 있으며, 넓은 범위의 나트륨 농도의 변동은 물고기 및 다른 수계동물에 독성을 미칠 수 있다. 실제로 성인의 나트륨 섭취는 5,700 mg/L이며, 상수를 통한 나트륨 섭취는 필요량 중 매우 작은 양이 된다(1% 미만). 과도한 나트륨 섭취는 사람에게 극도의 긴장을 초래할 수 있다. 부족할 경우는 저나트륨혈증(hyponatremia)과 근육피로를 초래할 수 있다.[2] 먹는 물에 있어 EPA의 권장량은 20 mg/L이다.[5]

칼륨

칼륨은 자연수에 있어 나트륨보다 적다. 칼륨의 농도는 자연수에서 거의 10 mg/L를 초과하지 않는다.[4] 경작을 많이 하는 지역에서는, 식물체가 칼륨을 섭취하고, 식물체가 분해되어 용출하게 되므로 강우 유출수는 일시적으로 고농도가 된다.[1] 비록 과도한 양은 해가 될 수 있지만, 칼륨은 식물, 동물 및 사람에게 필수 영양소이다. 1~2 g을 복용하면 사람의 배변을 촉진시킨다는 보고가 있다.[1] 가정에 상수공급이라는 견지에서 칼륨은 그리 중요하지 않으며, 악영향도 일으키지 않는다.[2,6] 아직까지 먹는 물 공급시 권장하는 제한치는 없다.

철

철은 산화제2철(Fe_2O_3)이나 수산화제2철($Fe(OH)_3$)로서 토양이나 암석에 존재한다. 자연수에 있어 철은 중탄산제1철($Fe(HCO_3)_2$), 수산화제1철($Fe(OH)_2$), 황산제1철($FeSO_4$) 및 착화된 유기철로서 존재하기도 한다. 용존 형태(제1철, ferrous)인 철을 포함한 지하수는 처음 배출될 때 통상 맑고, 색이 없다. 공기와 접촉을 하면 지하수는 서서히 탁해지고, 수산화제2철이라는 황색에서 적갈색의 침전물이 생성된다. 철을 함유한 물은 자기류나 세탁물을 착색시킨다. 철박테리아(*Crenothrix* 및 *Cellionella*)의 에너지원으로 제1철을 이용하고, 수산화제2철을 침전시킨다. 철을 함유한 물에서 철박테리아의 성장은 파이프를 막히게 하는 원인이 될 수 있다.[6]

철은 1일 권장 섭취량이 14 mg인 필수 영양소이다. 대부분의 사람들은 1일 20 mg 정도 섭취한다. 철이 부족하면 헤모글로빈 합성(hemesynthesis)이 감소하거나 빈혈증을 초래한다. 먹는 물로는 1일 철 필요량의 극히 일부만을 공급한다.[1,2] 철은 색도와 맛을 유발하는 원인이 되므로 EPA의 2차 음용수 규제치는 0.3 mg/L이다.[7]

망간

망간은 암석이나 토양에 존재한다. 자연수에서 망간은 철과 같이 나타난다. 자연수에서 일반적인 망간 화합물들은 중탄산망간($Mn(HCO_3)_2$), 염화망간($MnCl_2$) 및 황산망간($MnSO_4$)이다. 고농도로 망간이 존재하면, 얼룩, 나쁜 맛과 미생물 성장을 야기한다. 망간은 식물과 동물 모두에게 필수 영양소이며, 사람이 1일 통상적으로 섭취할 양은 4 mg이다.[2] 1일 필요량의 2% 이하만 음용수로부터 공급된다. 망간이 부족하면 탄수화물 대사인 효소반응을 감소시킨다. 망간의 독성은 신경활동의 변화를 초래한다.[2] EPA의 망간에 대한 심미적인 2차 기준은 0.05 mg/L이다.[7]

중탄산염, 탄산염

중탄산염(bicarbonate)은 자연수의 주요성분이다. 이것은 석회석, 대리석, 석회, 방해석(calcite), 백운석(dolomite) 및 탄산칼슘, 탄산마그네슘을 함유하고 있는 여러 광물질과 이산화탄소를 포함하고 있는 물의 작용으로부터 기인된다. 자연수의 탄산-중탄산계(carbonate-bicarbonate system)는 pH를 조절하는 자연적인 완충제 역할을 한다. 탄산-중탄산계를 구성하는 화학종들은 가스상과 액상의 이산화탄소(CO_2), 탄산(H_2CO_3) 및 중탄산염을 포함한 고체들이 있다. 탄산염 및 중탄산염 성분들은 산을 중화할 수 있는 능력, 즉 알칼리도(alkalinity)의 주요 원천들이다. 상수처리와 공급에서 탄산염에 의한 평형시스템은 중요한 역할을 하며 이 내용이 참고문헌 1 및 8~11에 나타나 있고, 이에 대한 부가적인 정보를 8.3.3절에 설명하였다. 지표수에서 중탄산염의 전형적인 농도는 HCO_3^-로서 200 mg/L 이하이며, 지하수에서 중탄산염의 농도는 상당히 높다.

염소이온

자연수에서 염소이온은 염소가 풍부한 퇴적암으로부터 유래된다. 전형적인 지표수에서 염소이온 농도는 10 mg/L 이하이다.[1,6] 염소이온 농도는 건조나 반건조 지역, 해수침투가 쉬운 지역, 온천수가 유입하는 지역, 염분처리용 연못, 해수 살수로 인한 염분 결정이 있는 지역, 해수가 포집된 퇴적물 증발로 인해 농축된 지역에서 높다. 염소이온 농도는 염의 높은 용해도 때문에 수계에서 거의 소멸되지 않는다.

염소이온은 필수 영양소이다. 먹는 물은 일 섭취량의 작은 부분만 공급한다. 먹는 물에서 염소이온 농도가 250 mg/L를 초과할 경우 짠맛을 일으킨다. EPA의 2차 기준은 최대 250 mg/L이다.

황산이온

대부분의 황산염 성분들은 아황산염 광석의 산화 혹은 석고 용액에 기원한다. 또한 황산염은 빗물 중에도 존재한다. 자연수의 황산이온 농도는 일반적으로 50 mg/L 이하이다.[1] 황산환원박테리아는 부산물로서 H_2S를 생산한다.

황산이온은 필수 영양소가 아닌 오염물질이다.[2] 개인적 차이는 있지만 황산이온이 풍부한 물(300 mg/L)을 마시면 설사를 일으킬 수 있다. 설사 작용에 대한 내성은 시간에 지남에 따라 증가할 수 있다. 먹는 물에서 황산이온의 맛에 대한 역치(threshold)는 약 300~400 mg/L이고, 농도가 500 mg/L를 초과할 경우, 쓴맛을 낸다.[2] EPA의 황산이온에 대한 2차 기준은 최대 250 mg/L이다.

질산이온

질소는 복잡한 원소이다. 자연수에서 질소는 여러 형태, 즉 유기질소(단백질, 아미노산, 요소), 암모니아(NH_3), 질소가스(N_2), 아질산이온(NO_2^-) 및 질산이온(NO_3^-)[8]의 형태로 존재한다. 원래 질소는 유기질과 무기질의 형태로 순환된다. 박테리아는 유기물질(단백질)을 분해하여 암모니아로, 다시 아질산으로, 최종적으로 질산이온으로 분해한다. 반면에, 식물체들은 NO_3^-, N_2 및 NH_3를 포함한 여러 무기질소를 이용하여 단백질을 생산한다. 유기물질 분해 외에도 비료는 상수에 있어 주요 질산이온의 원천이다. 지표수는 도시하수 및 공장폐수, 유기질의 분해, 농업지역의 화학물질들에 의해 오염되지 않는다면, 일반적으로 질산이온 농도가 1 mg/L 이하이다.[1]

사람들 음식에서 주요 질소원은 단백질이다. 질산이온은 일최소필요량이 없는 불필요한 오염물질이다.[2] 물속에 다량 존재할 경우 질산이온은 어린 아이에게 청색혈증(methemoglobinemia)을 유발한다. 이러한 이유로 EPA의 먹는 물에 대한 질산이온의 1차 기준은 질소로서 10 mg/L이다.[5]

인산이온

질소와 같이 인은 자연수에서 아주 중요하다. 인은 중요한 영양물질이고 자연수에 있어 부영양화의 주요 원인이기도 하다. 호수나 저수지에서 인의 농도가 0.05 mg/L를 초과할 때에는 제어할 수 없을 정도로 조류(algae)나 수계 식물체의 폭발적인 번식(bloom)으로 심각한 수질문제를 초래할 수 있다.[12] 인은 필수원소이어서 성인이 1일 섭취해야 할 권장량은 800 mg이고, 음식을 통한 실제 섭취량은 1,500 mg/d이다.[1,2] 인이 부족할 경우 허약해지고, 골절 통증과 구루병(rickets)을 유발한다.[2] 마시는 물로부터 섭취하는 인의 양은 무시할 정도이며, EPA에서도 이를 규제하지 않는다.

불소이온

불소이온은 극소수의 암석으로부터 발생되며, 수중에서 극히 일부만 용해된다. 일반적으로 불소이온 농도는 자연수에서 0.5 mg/L 이하이다. 그러나 대수층에서 높은 농도로 발생되기도 한다.[6] 또한 특정 살충제, 화학적 폐기물, 공기를 통한 입자나 알루미늄 용융공장으로부터 배출된 가스로 인해 지표수나 지하수가 불소이온으로 오염된 사례가 있다.

불소이온은 필수성분으로 뼈나 치아의 구조 형성에 이용된다. 유아, 소아 및 성인의 일 권장 섭취량은 각각 0.6, 1.0, 2.7 mg이다.[1,2] 불소가 부족하면 충치가 증가할 수 있고, 과량 섭취시 반상치가 생길 수 있다. 불소이온은 많은 양이 음용수를 통해 공급되므로, 상수에서의 조절이 중요하다. 상수에 불소이온의 첨가가 효과적이다. National Primary Drinking Water Standard(국가 1차 음용수 기준)에서는 연평균 일최고기온을 기준으로 불소이온의 양을 제한하고 있다. 이는 소아나 성인의 물 섭취량이 기온과 관련이 있기 때문이다. 이러한 농도의 범위는 더운 지역에서는 1.4 mg/L로 낮고, 추운 지역은 최대 2.4 mg/L로 높다.[5]

미량 성분들

물속에는 많은 미량 무기 이온성분들과 비이온성 미네랄들이 또한 존재한다. 이러한 성분들은 여러 미네랄의 퇴적물이 물과 접촉하거나 공장에서 배출된 성분에 기인한다. 이러한 성분들 중 많은 성분들은 생명유지에 필수적이나, 기타 다른 것들은 필수적이지 않거나 유해하다. 필수 무기물 역시 섭취량에 따라서는 유해할 수 있다. 건강에 대한 영향과 일 섭취량이란 견지에서 표 2−2에 특정 미량 이온 성분과 비이온 성분에 대한 기본적인 정보를 나타내었다.[2~4]

무기물의 수질지표들

몇몇 수질 인자들은 처리성과 정수 수질을 나타내는 물의 특성을 기술하는데 이용된다. 이러한 인자들은 알칼리도, 경도, 총용존고형물, 전기전도도, 용존산소, 탁도, 나트륨 흡착비(sodium adsorption ratio, SAR), 부식과 스케일 형성이다.

알칼리도

알칼리도(alkalinity)는 완충능력을 제공하고, 물의 pH를 6.0~8.5 범위내로 유지시키는 자연수의 일반적인 특성이다. 자연수의 알칼리도는 1차적으로는 중탄산염과 탄산염 이온의 존재에 기인하나, 많은 경우 알칼리도의 양이 작을 경우 규산염, 붕산염, 인산염, 유기산 및 수산화물에 기인하기도 한다, 물의 알칼리도는 지리적 위치, 특히 그 지역의 암석이나 토양의 특성에 따라 농도가 변한다. 일반적으로 처리 또는 미처리된 도시 및 공장폐수의 유입으로 인해 하천의 알칼리도가 갑작스레 변한다. 건강한 담수 생물 서식처에 대한 바람직한 중탄산염 알칼리도는 30~130 mg$CaCO_3$/L 범위이며, pH는 6.5~8.2 범위 내에서 유지된다. 효과적인 응집을 하려면 최소한 30 mg$CaCO_3$/L의 알칼리도가 필요하다. 알칼리도 결과치는 연수화를 위한 석회나 소다회의 양을 계산하거나, 물이 부식성이 있는지 아니면 스케일 형성 작용을 하는지를 판단하는데 필요하다.[3,12]

표 2-2 수중에 자연적으로 존재하거나 공장폐수에 의해 발생되는 미량이온 및 비이온 성분들의 건강에 대한 영향과 일섭취량

성 분	중요성	일섭취량(mg/d)	결핍증상	독 성
Aluminum, Al^{3+}	비필수적	30, 물로부터 1%이하	없음	신경질환(알츠하이머병)
Antimony, Sb^{3+}	비필수적	없음	없음	알수없음
Arsenic, As^{+}	알 수 없음	0.07, 물로부터 5%이하	없음	피부질환, 암
Asbestos	비필수적	없음	없음	위장염, 암
Barium, Ba^{2+}	비필수적	0.8, 물로부터 11%	없음	심장혈관질환, 고혈압
Cadmium, Cd^{2+}	비필수적	없음	없음	신장손상
Chromium, Cr^{6+}	필수적	0.12, 물로부터 13%	아테롬성 동맥경화증	기관(세뇨관)의 괴저
Copper, Cu^{2+}	필수적	1.7, 물로부터 12%	빈혈, 색소감소, 성장감퇴, 동맥탄력감소	Cu대사질환, 간경변
Cyanide, CN^{-}	비필수적	알수없음	없음	세포호흡억제, 중추신경계, 신경장해
Iodine, I	필수적	0.51, 물로부터 2%	갑상선 질환, 갑산선종(확장질환)	갑상선 기능저하증(Goiter)
Lead, Pb^{2+}	비필수적	0.12, 물로부터 50%	없음	빈혈, 신경계 손상, 정신지체
Mercury, Hg^{2+}	비필수적	0.007, 물로부터 27%	없음	신장손상, 신경계에 영향을 미치는 메칠수은 단백뇨
Molybdenum, Mo^{2+}	필수적	0.35, 물로부터 3%	금속효소의 양 감소	요산을 높이고, 통풍, 뼈와 관절기형
Nickel, Ni^{2+}	알 수 없음	0.34, 물로부터 3%	알수없음	위장염, 피부염
Selenium, Se^{4+}/Se^{6+}	필수적	0.19, 물로부터 8%	간손상	성장억제, 간, 중추신경계 손상, 위장장애, 피부염
Silver, Ag^{+}	비필수적	물로부터 7%	없음	은 중독
Vanadium, $^{2+}$	필수적일 수도 있고 아닐 수도 있음	물로부터 30%	알려지지 않음	위장염, 근육경련, 설사
Zinc, Zn^{2+}	필수적	13, 물로부터 3%	식욕감퇴, 성장 감소	자극감수성, 근육뭉침, 근육통, 식욕감퇴, 메스꺼움

경도

경도(hardness)는 일반적으로 경수와 접촉하는 보일러, 난방 및 온수관 내부나 기구들의 표면에 스케일이 형성되는 것과 관련이 있다. 경수는 또한 비누거품이 형성되는 것을 방해함으로서 과잉의 비누가 소비되며, 옷감을 노랗게 물들이거나, 식물체를 억세게 만든다. 자연수에서 경도는 1차적으로 칼슘이나 마그네슘 이온에 기인한다. 스트론튬(Sr), 철, 마그네슘, 알루미늄, 구리, 바륨, 아연, 납 및 기타 2가 미량금속과 같은 이온들이 경도를 일으키기도 한다. 그러나 이러한 물질들은 자연수에서는 아주 농도가 낮기 때문에 그들에 의한 영향은 일반적으로 무시된다. 일반적으로 석회석이 형성된 지역에서 경수가 많이 나타나고, 그러한 지역의 지하수도 지표수에 비해 훨씬 경도가 높다. 경도를 기준으로 물을 연수, 약경수, 경수, 강경수 및 초강경수로 구분할 수 있다. 이러한 구분기준을 다음 표에 정리하였다.[8,12]

총경도(mg/L as $CaCO_3$)	구분
0 ~ 40	연수(soft)
40 ~ 100	약경수(moderately hard)
100 ~ 300	경수(hard)
300 ~ 500	강경수(very hard)
500 이상	초강경수(extremely hard)

경수는 사람의 건강에 악영향을 미치지 않는다. 도시상수에서 100 mg/L 이상의 경도는 비누의 과잉 소모와 용기의 스케일 형성으로 불편을 초래한다. 그러나 최근의 연구에 의하면 연수는 부식성이 있어 배관이나 수도관으로부터 유해성분을 용해할 수 있는 잠재력이 있기 때문에 심장질환과 관계가 있다고 한다.[13]

총용존고형물(TDS)

자연수내의 총용존고형물(total dissolved solids, TDS)은 무기염류에 기인한다. 강이나 호수에서 수중의 TDS 농도는 시간적으로나, 지역의 지질 조건, 기후, 폐수 배출에 따라 변한다. 담수, 염수, 해수에 대한 구분은 통상 TDS의 성분에 근거를 두고 있다.[a,1] 강, 호수의 TDS농도는 일반적으로 200 mg/L 이하이다.[1,8] TDS는 물의 안전성이나 유해성의 기준은 아니나 2차 또는 심미적 기준과 관련이 있다. EPA는 먹는 물의 최대 TDS 농도를 500 mg/L로 권장하고 있다.[7] 이 기준 이상이면 물은 짠맛을 증가시킨다. 관개용수에서 TDS의 상한 권장치는 1,500 mg/L이다.[3]

전도도

전기전도도(electrical conductivity, EC) 또는 물의 비전도도(specific conductivity)는 TDS와 관련이 있다. 이는 microsiemens/cm(또는 micromhos/cm)로 기록하고 있다. 전류는 용액내의 이온에 의해 전달되므로, 전도도는 TDS가 증가하면 증가된다. TDS와 관련이 있으므로 이 관계식은

a. 염분 있는(brackish) 물, 염수(saline), 해수(sea water)의 기준은 TDS로 각각 1,000~5,000, 5,000~30,000, 30,000~35,000 mg/L이다.[13]

거의 선형이며, 개별 사안에 대해 결정해야 한다. 식 (2.1)에 그 관계식을 나타내었다.

$$TDS = k \cdot EC \tag{2.1}$$

여기서, TDS : 총용존고형물(mg/L)

EC : 전기전도도(μmho/cm)

k : 상수

k값은 TDS와 수온에 따라 0.5~0.9 범위이다. 대부분의 물에서 일반적인 k값은 0.64이다.[8]

용존산소(DO)

자연계에서, 청정수들은 용존산소(dissolved oxygen, DO)가 완전히 포화되어 있거나 거의 포화되어 있다. 만약 유기성 폐수가 자연수에 방류되면, 미생물이 폐수를 분해하면서 DO를 이용한다. 자연수에서 DO 농도는 산소를 소비하는 폐수에 대한 오염정도를 나타내는 지표이다. 낮은 DO 농도는 질이 낮은 물과 관련이 있으므로 정수장에서 맛과 냄새문제에 직면하게 된다. 처리된 물에서 DO는 모든 금속들의 부식속도에 영향을 미치는 가장 중요한 인자들 중 하나이다.[1]

탁도

수중의 탁도(turbidity)는 점토, 미세한 유기 및 무기물질과 같은 부유물질의 존재에 의해 발생된다.[14] 탁도는 빛이 통과되는 것보다는 산란하거나 흡수되게 하는 광학적 특성을 나타낸다. 탁도와 부유물질간의 상관성을 찾으려는 시도는 실용적이지 않은데 그 이유는 입자물질들의 크기, 모양 및 굴절지수(refractive index)가 광학적으로 중요하나, 부유물질의 농도, 비중과는 직접적인 관계가 없기 때문이다.[1]

탁도를 결정하는 표준적인 방법은 Jackson Candle Turbidimeter에 근거를 두고 있다. 그러나 이 기기에 의해 직접 측정할 수 있는 하한 탁도값은 25 Jackson Turbidity Unit(JTU)이다. 처리된 물의 탁도가 0~1 unit 범위 내에 들 것으로 예상되므로, 간접적인 2차 방법들이 필요하다. Nephelometer는 저탁도를 측정하기 위한 표준기기로서 결과는 Nephelometric Turbidity Unit (NTU)[b]로 나타낸다.[1,2,15]

수인성 질병을 주제로 한 최근의 문헌들이 가능한 한 탁도를 줄이려는 필요성을 아주 강하게 강조하고 있다. 지아디아(*Giardia*), 크립토스포리디움(*Cryptosporidium*) 및 이질아메바(*Entamoeba*)의 포낭(cyst) 제거가 불량한 것은 응집제가 적정량보다 적을 때, 여과를 하는 동안이나 여과가 안정되는 동안에 여과수 탁도가 증가할 때로 주목하고 있다. 건강과 관련한 탁도의 특성들은 미생물들과 입자성 물질과 관련성, 부유상태의 미소 입자 물질에 바이러스, 포낭과 기타 미생물들의 존재, 소독의 방해, 탁도와 명백한 관련이 있는 유기 전구물질들과 염소 요구량들이다.[8] 그러므로 안전하고 위생적인 물은 아주 낮은 탁도를 나타내며, 탁도가 낮아야만 도시상수에서 안전한 물로 간주하고 있다.[1,8]

b. NTU는 formazine polymer에 의해 산란되는 빛의 측정치이다. 대략 1 NTU는 1 JTU와 같다.

입자수

비록 전통적인 수질인자인 탁도가 상수처리에서 광범위하게 사용되고 있지만, 입자수는 최근 처리효율 및 정수 수질을 평가하는데 대중성을 얻고 있다. 몇 가지 종류의 입자계수기(particle counter)가 판매되고 있는데 이들은 각기 다른 입자범위(예를 들면 1.0~60 ㎛ 또는 2.5~140 ㎛)의 센서들을 갖고 있다. 50~100 particles/mL(2.5~150 ㎛의 입자 범위에서)의 입자수는 0.2~0.3 NTU[1]의 탁도를 갖는 정수 수질을 나타낸다. 입자 계수기들의 장점중 하나는 지아디아의 포낭과 같은 특정 범위의 입자들의 제거효율을 측정할 수 있다는 것이다.

나트륨 흡착비(SAR)

관개용수에서 대부분의 양이온은 Ca^{2+}, Mg^{2+} 및 Na^{+}이다. 다른 이온들은 일반적으로 토양분산의 위험도를 결정하는 데에는 무시된다. 나트륨 흡착비(sodium adsorption ratio, SAR)는 투수성(water-permeability) 문제를 예측하는데 주로 이용된다. SAR은 식 (2.2)와 같이 계산되며, 모든 양이온은 meq/L 단위로 나타낸다.[3,8]

$$SAR = \frac{[Na^{+}]}{\sqrt{\dfrac{[Ca^{2+}]+[Mg^{2+}]}{2}}} \tag{2.2}$$

SAR 값이 8~18인 물을 사용할 경우 상당한 양의 나트륨을 흡수하기 때문에 점토가 많이 포함된 흙의 투수성에 악영향을 미칠 수 있다. 나트륨이 식물에 독성을 미치기 때문에 민감한 작물 재배지역에서는 SAR 값이 4 이상이면 해로울 수가 있다.[3]

물의 화학적 안정성

불안정한 물은 배수계통의 관로에 스케일을 형성시키거나 부식을 야기한다. 물의 안정화는 물의 화학적 성질을 보완하는데 적용되는 용어로서, 안정한 물을 급수할 경우 관거를 부식시키지 않고 탄산칼슘으로 된 외부 막을 생성시키지도 않는다. 그러므로 안정화란 물의 pH와 알칼리도를 조절함으로써 탄산칼슘이 포화되어 평형이 되게 하는 것이다. 물리화학의 몇 가지 기본사항, 특히 질량작용의 법칙과 탄산염 평형에 대해 적용함으로서 물의 안정성을 설명할 수 있다.[17] 몇 가지 절차나 지수들을 이용하여 어떠한 물이 탄산칼슘을 침전 또는 용해할 것인가에 대한 예측 및 측정과 급수계통에서 부식과 스케일의 방지에 도움이 되도록 수년에 걸쳐 제안되고 있다. 이러한 제안 중 2가지 방법인 대리석 시험(marble test)과 Enslow의 안정성지표(Enslow's stability indicators)가 실용적인 실험방법들이다. 다른 지수들은 주로 수중에서 전기적 중화에 대한 질량법칙이나 화학양론식과 관련이 있거나 유도된 것들이다. 이러한 지수들은 (1) Langelier의 탄산칼슘 포화지수(Langelier's calcium carbonate saturation index), (2) Ryznar의 안정성 지수(Ryznar's stability index), (3) 일시적 과잉(momentary excess, M.E.), (4) 추진력 지수(driving force index, D.F.I.) 등이 있다.[8.16] 소비자에게 급수하기 위해 적당한 안정된 물을 만들기 위해서 이러한 몇 가지 지수들의 이용법을 13장에 제시하였다.

2.2.2 유기성분들

자연수 내의 유기성분들은 동식물의 자연적 분해에 기인한다. 지표수에서 발견되는 가장 흔히 나타나는 천연유기물질(natural organic matter, NOM)은 휴믹산(humic acid), 펄빅산(fulvic acid), 히마토멜라닉산(hymatomelanic acid), 조류(algae) 및 기타 미생물들이다.[14,16] 유기성분들은 또한 도시 및 공장 방류수, 도시 및 농경지의 유출수로부터 지표수에 도달되기도 한다. 보호되고 있는 지하수에서는 유기물질이 거의 존재하지 않기도 하고, 자연적으로 생산력이 있거나 오염된 지표수에서는 10~30 mg/L이다.[1]

자연수의 유기성분들은 여러 형태로 문제들을 나타낸다. 이러한 문제들은 (1) 탁도 및 색도 유발, (2) 용존산소 고갈, (3) 맛과 냄새 문제, (4) 정수처리시 방해, 및 (5) 염소 소독시 할로겐 화합물의 형성 등이다.[1,8]

천연유기물질

수계에서 자연적으로 발생하는 유기물질은 식물 및 동물 잔재물들로부터 비롯된다. 이러한 유기성분들은 주로 단백질, 탄수화물 및 지방을 함유한다. 이러한 성분들의 휴믹화(humification)는 통칭 휴믹물질(humic substance)이라 불리는 넓은 부류의 유기성분들을 만들어 낸다. 휴믹물질이란 용어는 단순히 유사한 특성들을 갖는 유기성분들을 집단을 의미한다. 이러한 물질들은 수중에서 800 이하로부터 50,000 정도에 이르는 큰 범위의 아주 다양한 분자량을 갖는 고분자들이다. 휴믹물질들은 hydroxyl, carboxyl, methoxyl, 및 quinoid group과 같은 다양한 화학적 그룹을 포함하며, 이들은 친수적 특성을 갖는다. 전하의 크기는 이온화 정도와 결과적으로는 물의 pH에 달려있다.[1,8,17]

합성유기화합물

1940년 이래 100,000개 이상의 유기 화합물들이 합성되고 있다. 이러한 화합물들 중 많은 물질들이 널리 사용되고 있다. 지하수나 지표수에서의 이들 물질의 농도는 과소비, 방류, 유출 및 의도적 투기 등에 의해 점차 증가하고 있다. 이러한 성분 중 많은 성분들은 심지어 아주 낮은 농도에서도 발암성, 돌연변이성 또는 기형을 유발하는 물질들이다.[1,2,3,17] 건강, 수처리 및 생태학적 관점과 관련하여 생산되고 있는 유기화합물들을 기본적으로 분류하면 세제, 농약, 제초제, 세척 용제, PCB(polychlorinated biphenyls) 및 THMs(trihalomethanes, 트리할로메탄류)들이 있다. 여러 부류들의 기본적인 특성들과 대표적인 성분들을 표 2-3에 나타내었다.[1,2,8,18]

표 2-3 합성유기화합물의 기본 특성과 대표적인 물질들

분 류	내 용	상품명
합성세제	일반적으로 syndet라 불리우는 합성세제는 비누의 대용물이다. 합성세제는 20～30%의 계면활성제와 70～80%의 증강제로 구성된다. 음이온 계면활성제(황산염과 술폰산염), 비이온 세제, 그리고 양이온 세제가 있다.	Alkyl benzene sulfonate (ABS), Linear alkyl sulfonate (LBS)
농약	살충제, 살조제, 살균제 그리고 제초제를 포함한다. 불쾌한 벌레, 설치류, 식물, 잡초, 그리고 다른 형태의 생명체를 억제하는데 광범위하게 사용된다. 이런 화학물질들의 주요한 오염원은 농업, 주거, 공원지구로부터의 표면유출수이다. 이런 화학물질들은 수중생물체에 독성이 있고, 암을 일으킬 수 있다. 이러한 물질들은 분자구조에 의해 크게 4 종류로 분류한다 : 염화탄화수소(chlorinated hydrocarbon), 유기인산염(organophosphate), 카르바민산염(carbamate), 요소유도체 (ureaderivatives)	Chlorinated hydrocarbons: aldrin, chlordane, DDT, dieldrin, endrin, heptachlor, lindane, methoxychlor, toxaphane. Organophosphate: diazinon, malathion, parathion. Chlorophenoxys(herbicides): 2,4 - D, 2,4,5 - TP, silvex. carbamate: captan, ferbam IPC, sevin. Ureas: fenuron
세척 용제	유기용제는 산업에서 광범위하게 사용되어진다. 용제는 자주 대수층으로 스며들어간다. 많은 용제들은 발암물질로 의심되고 있다.	Acetone, benzine, carbon tetrachloride, chlorobenzene, dichloromethane, trichloroethylene
PCBs(polychlorinated biphenyls)	PCBs는 폴리염화비페닐의 약자로 변압기와 축전기에서 발생된다. PCBs는 한번 배출되면 생태계에 잔류한다.	
소독부산물 (disinfection by-products, DBPs)	DBPs는 소독을 하는 동안 소독제가 수중의 유기화합물(전구물질이라 함)과 반응하여 생성된다. THMs는 염소(또는 브롬과 요오드 같은 다른 할로겐족 원소)와 물 속에 있는 유기물 때문에 생성된다.	Chloroform($CHCl_3$), Bromoform($CHBr_3$), Bromodichloromethane($CHCl_2Br$), Chlorodibromomethane($CHClBr_2$)

출처 : 참고문헌 1,2,8,18에서 부분 인용

유기성분의 측정

자연수 중의 유기물질의 농도는 일반적으로 작다. 2가지 유형의 측정법이 주로 사용된다. 즉, 비특정 및 특정 측정치이다. 비특정 측정치는 BOD_5, COD, TOC, TOD, ThOD, 색도, 자외선 흡광도 및 형광성(fluorescence)들이다. 특정 측정치는 수중의 전체 유기물질 중 특정성분을 정량화하는 것을 의미한다. 이러한 과정은 가스크로마토그래피(gas chromatography), 질량스펙트로스코피(mass spectroscopy) 및 고압액체크로마토그래피(high-pressure liquid chromatography)를 이용하며, 이러한 방법들에 대해 간략히 기술하면 표 2-4와 같다.[1,8,19]

표 2-4 상수의 유기물질 측정시 이용되는 일반적인 분석법

항 목	내 용
BOD_5	생화학적 산소요구량(5day, 20℃)은 호기성 상태에서 미생물에 의해 유기물질을 분해하는데 요구되는 산소의 양을 의미한다. BOD_5는 20℃에서 5일간 미생물에 의해 분해 가능한 물질을 나타낸다.
COD	화학적 산소요구량은 산성 상태에서 강한 산화제(과망간산칼륨 혹은 중크롬산칼륨)를 이용하여 유기물질을 산화시킬 때 요구되는 산소의 양을 의미한다.
TOC	총유기탄소는 유기물질에 있는 유기탄소를 의미한다. TOC는 고온로에서 촉매에 의해 유기탄소를 이산화탄소로 변환시켜 측정한다. DOC(용존유기탄소)는 TOC 중에서 용해되는 부분을 의미한다.
TOD	총산소요구량은 연소실에서 백금 촉매 작용에 의해 유기화합물질들이 안정된 산화물로 전환되는 것을 측정한다.
ThOD	이론적 산소요구량은 유기물질의 화학식을 알고 있을 때 화학양론적 반응을 토대로 계산된다.
Color	수중의 대부분의 유기물질들은 색도를 유발시킨다. 그러므로 색도는 대략적인 유기물의 양을 나타낸 색도 측정을 위해 비색법 분석을 실시한다.
UV Absorbance (UV254mm)	자외선 흡광도는 지방족, 방향족, 복합 방향족(complex multi-aromatic), 다중 휴믹물질(multiconjugated humic substances) 물질과 같은 유기 화합물들을 정량하는데 사용된다.
Fluorescence	어떤 유기 화합물들은 UV 에너지를 흡수하고, 더 긴 파장에서 에너지를 방출한다. 이 현상은 유기물 측정의 근거가 된다.
Gas chromatography	시료가 기화하여 운반기체와 함께 분리 컬럼을 통과한다. 화합물의 출현이 관측되고 측정된다.
Mass Spectroscopy	시료가 기화하여 가스 크로마토그래피에 의해 화합물이 분리된다. 빠르게 움직이는 전자들에 의한 유기물 분자를 충격하면 전하를 띤 유기분자의 파편으로 쪼개진다. 각 파편의 질량 : 전하(mass-to-charge) 비율을 정량적으로 분석한다.
High-pressure liquid chromatography	운반체 유동은 고압 하에서 유지되는 용매(또는 용매들의 혼합체)로서 이루어진다. 화합물들은 고상이나 액상의 기저상태로 분리되고 측정된다.

출처: 참고문헌 1,8,12,15,18,19에서 부분 인용

Water Works Engineering

2.2.3 미생물

물은 오래전부터 질병을 전파하는 매체로 작용하여 왔다. 가장 중요한 수인성 질병들은 장티푸스, 파라티푸스, 이질, 전염성 간염, 콜레라 및 기생충 질환을 포함한 소화기계 질병들이다. 많은 미생물들은 고약한 맛과 냄새, 부식 및 점액물질(slime) 생산의 원인이 되고, 일반적으로 원수를 도수, 처리, 저장, 소독하는 데에 여러 문제를 일으킨다. 상수공급 및 처리에 관심이 되고 있는 주요 미생물 부류들은 박테리아, 바이러스, 곰팡이, 조류, 원생동물 및 기생충들이다. 본 절의 목적은 미생물에 대한 몇가지 기본적인 개념 소개와 정수처리 및 공급에 있어 많은 미생물들의 중요성에 대해 소개하는 것이다.

기본 개념

미생물들은 3개의 계(kingdom) 즉 원생생물계(protista), 식물계(plants), 동물계(animal)로 분류될 수 있다. 원생생물계의 개체들은 원생생물(protists)이라 불리며, 조류(algae), 원생동물(protozoa), 곰팡이(fungi), 점균류(slime mold) 및 세균(bacteria)이 여기에 속한다. 이러한 생물체들은 세포와 조직의 분화가 없다는 점에서 식물계와 동물계와는 구분된다. 각 세포는 핵산(deoxyribonucleic acid, DNA)을 함유하는데, 이는 세포증식에 필요한 유전정보를 갖고 있다.

조류, 원생동물, 곰팡이, 점균류들은 핵이 명확하게 구분된다(eucaryotic cells, 진핵세포). 박테리아나 청녹조류는 핵이 명확하게 구분되지 않는다(prokaryotic cells, 원핵세포). 바이러스는 생물과 무생물의 중간체로 분류한다. 바이러스는 완전한 생물체가 아니며, 핵산 사슬을 둘러싸고 있는 단백질 보호막으로 구성되어 있다.[8,20]

미생물들은 탄소원, 에너지원, 산소, 온도들과 같이 영양분과 환경요소가 서로 다르다. 이러한 요소에 근거한 기본적인 분류는 다음 절에 기술한다.

독립영양계 미생물(*autotrophic* organisms)들은 그들의 세포합성을 위한 탄소를 이산화탄소에서 취한다. 종속영양계 미생물(*heterotrophic* organisms)들은 세포합성에 유기탄소를 이용한다. 광합성 미생물(*phototrophs*)들은 세포합성에 필요한 에너지를 빛으로부터 얻는다. 화학합성 미생물(*chemotrophs*)들은 화학반응에서 에너지를 얻는다. 산소요구량을 기준으로 미생물들을 호기성(*aerobic*), 혐기성(*anaerobic*), 통성(*facultative*)으로 구분한다. 호기성 미생물들은 그들의 물질대사를 위해 분자산소(O_2)가 존재해야 한다. 혐기성 미생물들은 분자산소가 없어야 증식하며, 분자산소는 그들에게 유해하다. 통성 미생물들은 산소가 있거나 없거나 증식할 수 있다. 온도는 미생물의 성장과 생존에 중요한 역할을 한다. 온도범위와 관련하여 미생물들을 친냉성(*psychrophilic* 또는 *cryophilic*), 중온성(*mesophilic*), 친온성(*thermophilic*)으로 분류할 수 있다. 이러한 미생물 부류의 최적온도 범위는 각각 12～18℃, 25～40℃, 55～65℃이다. 또한 물의 pH도 미생물 성장에 영향을 미친다. 대부분 미생물의 최적 pH범위는 6.5～7.5이다.[8,20]

수질, 수처리 및 급수에 있어 미생물들이 중요하므로, (1) 박테리아, (2) 바이러스, (3) 곰팡이, (4)

조류, (5) 원생동물, (6) 기생충, (7) 달팽이, 갑각류 및 기타 불쾌함을 유발하는 생물체들에 대해서 다음에 간략히 언급한다.

박테리아

박테리아(bacteria, 세균)는 단세포성 원생생물이다. 박테리아들은 질병, 맛, 냄새, 관부식이나 막힘을 일으킬 수 있으므로 상수공급에 있어 아주 중요하다. 대부분의 박테리아들은 구형(*cocci*, 구균), 막대형(*bacilli*, 간균), 굽은 막대형(*vibrios*), 나선형(*spirilla*, 나선균) 또는 섬유상(*filamentous*)으로 구분된다. 박테리아 세포와 전형적인 형태에 대한 모식도는 그림 2-1과 같다.

대부분의 박테리아는 해가 없으며, 많은 종류는 실제로 유익하다. 어느 박테리아는 유기성 찌꺼기들을 먹이로 하며, 어느 박테리아는 많은 병원균의 성장을 억제하는 부산물을 만들어낸다. 일반적으로 병원균들은 사람의 신체 내부가 가장 적합한 환경이며, 자연계에서는 급속도로 사멸하는 경향이 있다. 일부 병원균은 내구력이 있고, 저항성이 있다. 어느 미생물들은 포자(spore)를 형성하며 염소소독에도 견디어 낸다. 오염된 물과 관련한 일반적인 박테리아 질병들을 표 2-5에 나열하였다. 몇몇 부류의 박테리아는 비병원체이기는 하나, 불쾌함을 유발하기 때문에 바람직하지 않는 것들도 있다. 방선균(*actinomycete*)은 실모양의 박테리아로 상수공급시 곰팡이와 흙과 같은 맛과 냄새를 일으킨다. 황화수소를 배출하는 박테리아(hydrogen sulfide-producing bacteria)는 계란 썩은 냄새를 유발한다. 철 및 망간 박테리아는 관로를 심하게 막히게 하거나 부식시키며(적수 유발), 맛, 색도 및 얼룩을 유발한다.

바이러스

바이러스(virus)는 가장 작은 전염성이 있는 매개체이고, 어느 것은 단일 단백질 분자만큼이나 작다. 바이러스들은 절대적인 기생체로서 숙주가 필요하다. 일반적으로 바이러스가 유발하는 질병들을 표 2-5에 나열하였다. 바이러스들은 박테리아보다 훨씬 더 소독에 저항성이 크나, 자연수계에 있어 병원성 박테리아보다 그 수가 훨씬 더 적게 존재한다.

진균류 및 곰팡이

이것들은 호기성, 단세포 또는 다세포성, 종속영양계 미생물들이다. 대부분의 진균류 및 곰팡이들은 부패성 미생물(saprophytes)로서 죽은 유기물질로부터 영양분을 얻는다. 진균류 및 곰팡이들은 농후하고 점액성이 있는 막을 형성하여 여과지나 수처리 장치를 자주 막히게 한다. 이들은 상수처리시설의 벽체나 위어(weir)에서도 자라며, 색도, 탁도 뿐 아니라 케케묵은 듯한 맛과 냄새도 발생시킬 수 있다.

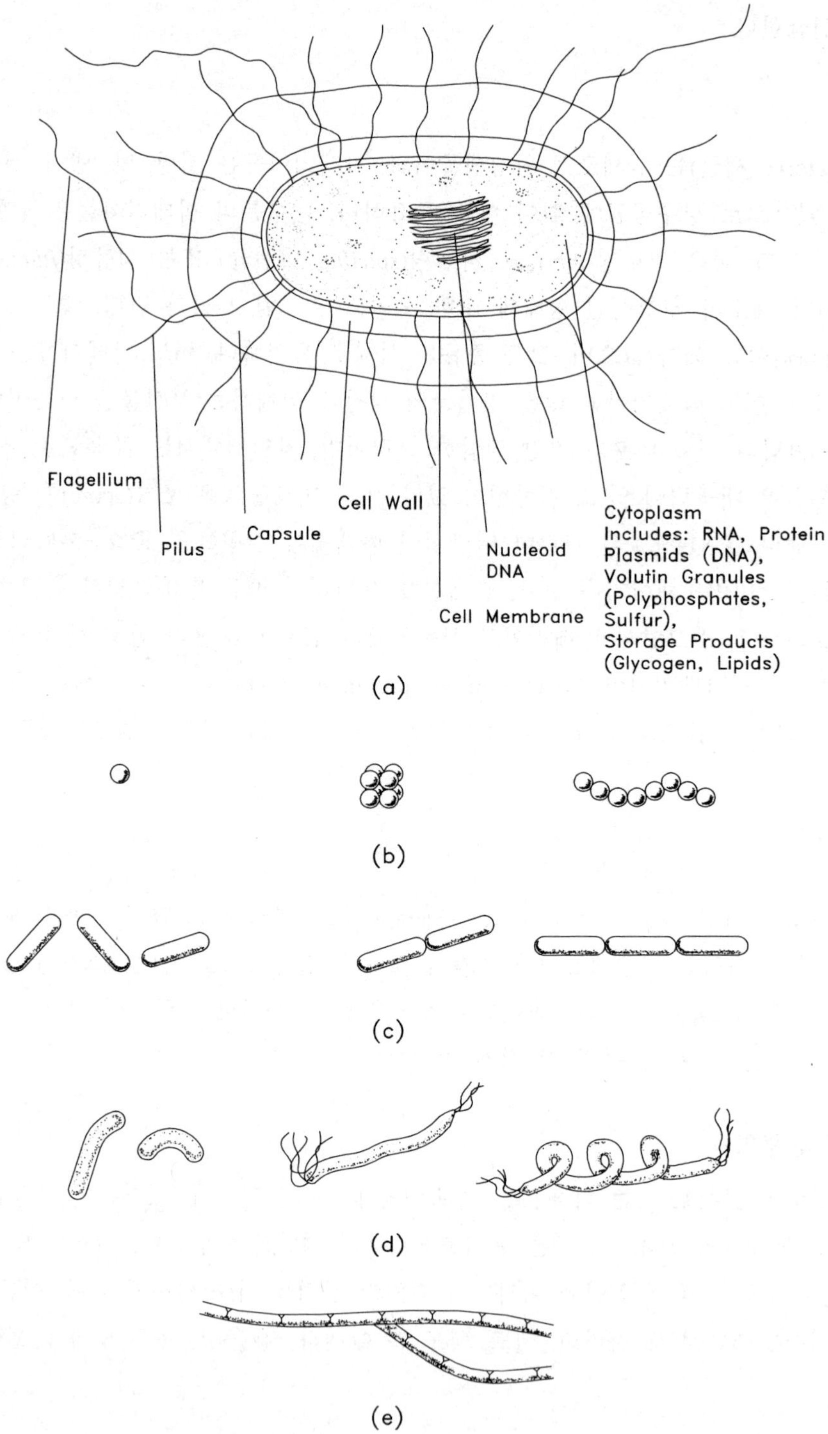

그림 2-1 박테리아 세포의 구조와 전형적인 박테리아 형태. (a) 박테리아 세포의 모식도, (b) 구형(*Cocci*), (c) 막대형(*Bacilli*), (d) 굽은 막대형(*Vibrios*) 및 나선형(*Spirilla*), (e)섬유상(*Filamentous*)

조류

조류(alage)는 독립영양계이고 광합성을 하며, 엽록소(chlorophyll)를 갖는 단순한 미생물들이다. 많은 조류는 또 다른 색소를 가지고 있어서 여러 색깔을 나타내기도 한다. 조류는 햇빛과 영양염류로부터 자신의 먹이를 생산한다. 어느 종의 조류는 수처리 공정을 방해하는 점액을 만들어 낸다. 저수지에서 조류가 갑작스레 번식하면 이로 인해 탁도와 색도가 유발되며, 응집과 침전에 방해가 되며, 심지어 여과지를 폐색시키는 원인이 된다. 조류에 의해 발생되는 화학물질들은 전구물질(precursor)이 되며, 이것이 또한 여러 맛과 냄새 문제를 일으킨다.[1,20,21] 조류가 수질에 미치는 영향과 조류의 제어 방법들에 대해서는 11장에 기술하였다.

원생동물

원생동물(protozoa)들은 단세포, 비광합성, 호기성 미생물 그룹이다. 몇 가지 원생동물들은 질병을 일으킨다. 지아디아(*Giardia lamblia*, 람블편모충), 이질아메바(*Entamoeba histolytica*) 및 크립토스포리디움(*Cryptosporidium*, 와포자충)들은 먹는 물을 통하여 전파된다(표 2−5). 파울러 자유아메바(*Nagleria fowleri*)는 오염된 물에서 수영을 할 때 코로 흡입되어 아메바성 수막뇌염(amoebic meningoencephalitis)를 일으킨다.

미국에서 지아디아증(giardiasis, 람블편모충증), 아메바성 이질(amoebic dysentery), 크립토스포리디오증(cryptosporidiosis, 와포자충증)의 출현은 처리되지 않거나, 적절히 여과하지 않은 물을 음용한데 기인하고 있다. 이러한 미생물의 포낭(cyst)은 심지어 잔류염소가 존재하여도 오랜 시간동안 생존이 가능하다. 응집제가 최적량 이하에서 운전될 때, 여과를 하거나 여과지를 안정화하는 동안에 여과수의 탁도가 증가할 때 일반적으로 포낭의 제거가 불량해 지는 것으로 조사되고 있다.[1,22] 또한, 탁도는 소독공정을 방해한다. 그러므로 상수 공급시 포낭, 바이러스, 기타 다른 병원균에 대한 최선의 방지 대책은 최적 응집과 안정된 여과지 운영을 통해 저탁도의 물을 생산하는 일이다.

기생충

기생충(parasitic worms)들은 많은 질병을 일으킨다. 이에 관련된 일반적인 질병들을 표 2−5에 나열하였다. 기생충 및 충란들은 오염된 물이나 채소의 섭취, 오염된 물과 신체의 접촉을 통해 전파된다. 탁도 제거를 위한 효과적인 응집과 여과는 상수공급에서 기생충을 제거하는 중요한 방법이다.[1,8]

불쾌감 유발 생물체

많은 생물체, 달팽이(연체동물류), 갑각류와 점액질의 증가는 원수 수송에 심각한 문제를 일으킨다. 도수관의 벽면에 달팽이와 점액질이 증가하면 관로의 통수능을 감소시키는 결과를 초래한다. 원수에 대한 전염소 처리는 관로 벽면에서의 증식을 줄이기 위해 사용되곤 한다. 점액질 생성을 줄이는 다른 방법은 흔히 pig라고 불리는 스크레이퍼를 이용하여 관내부를 수압으로 세척하는 것이다. 다른 장비들로는 파이프 내부면을 긁어내기 위해 표면에 십자형의 줄이 있는 총알모양의 플라스틱 공과 막대위에 장착된 여러 개의 고탄소스프링강(high carbon spring steel)으로 된 세척용 날개들이 있다.[23] 저수지에서 갑각류나 잡초들의 과도한 성장은 펌프설비 폐색의 원인이 되기도 한다.

표 2-5 오염된 물과 관련이 있는 질병들

질병	원인 병원체	증 상	잠복기간
Viruses			
Hepatitis	Virus unknown	발열, 메스꺼움, 식욕부진, 피로, 황달	30~35일
Poliomyelitis[a]	Poliomyelitis virus	두통, 메스꺼움, 구토, 목결림, 코막힘 콧물, 식도 장애	3~21일
Bacteria			
Cholera	*Vibrio comma*	아주 심한 설사, 미음(rice-water)같은 배변, 구토, 갈증, 고통, 탈수, 높은 사망률	몇 시간에서 3일
Gastroenteritis	Bacteria, virus, chemicals, toxins	정신이 몽롱함, 심한 설사, 메스꺼움, 소화불량, 구토, 경련, 발열	8~12시간
Leptospirosis (Weil's disease)	*Leptospira*	발열, 경직, 두통, 메스꺼움, 근육통, 구토, 피로, 황달	9~10일
Paratyphoid Fever	*Salmonella paratyphi A*	계속되는 발열, 설사, 간혹 발생되는 붉은 반점	1~10일간의 위장염, 1~3주간의 장내 발열
Salmonellosis	*Salmonella typhimurium*	복통, 설사, 구토, 메스꺼움, 오한, 발열.	12~24시간
Shigellosis (Bacillary dysentery)	*Shigella*	설사, 발열, 점액과 피를 동반한 대변.	2~4일
Typhoid fever	*Salmonella typhosa*	계속되는 발열, 일반적으로 담홍색 반점, 속쓰림.	7~21일
Protozoa			
Amebiasis (amoebic dysentery)	*Entamoeba histolytica*	장기간의 설사, 속쓰림, 점액과 피를 동반하는 대변, 간과 소장에 종양.	5일 또는 그 이상, 평균 3~4주
Giardiasis	*Giardia lamblia*	심한 설사, 메스꺼움, 소화불량, 위장에 가스가 참	1~4주
Cryptosporidiosis	*Cryptosporidium parvum*	설사, 복부의 경련, 발열, 메스꺼움, 구토	수일에서 수주
Worms			
Ascariasis(Intestinal roundworm)	*Ascaris lumbricoides*	대변 속에 기생충, 복통, 피부발진, 복부팽창, 메스꺼움, 폭식	약 2개월
Dracunculiaosis (Guinea worm)	*Dracunculus medinensis*	비정상적인 적색 피부, 가려움, 현기증, 호흡곤란(천식과 유사), 구토, 설사, 증상들은 전체잠복기 이후에 점차적으로 나타나고 피부 밑에 기생충이 출현하기 전에 몇 시간 동안 돌기발생	8~12개월
Paragonimiasis (Lung fluke)	*Paragonimus ringeri and others*	만성 기침, 손가락 끝이 굵음, 무감각, 설사	유동적
Schistosomiasis	*Schistosomes*	기생충이 혈관 속으로 침투. 가려움, 피부염, 몸살, 이질, 빈혈, 달팽이가 중간숙주이다. 이 질병은 열대지방과 나일강 하구 지역에서 유행한다.	4~6개월 또는 그 이상

a. 비록 오염된 물로부터 전파된다는 명백한 증거는 없으나, 보건국에서는 이 질병이 발현시 상수 급수, 폐기물 처리, 수영장, 자연 수계에서의 수영에 대해 경고를 하고 있는 사실들이 있다.

지표생물

자연수와 처리수 중에 병원성 생물체들이 존재하는가를 확인하기 위해 미생물학자들은 신뢰성있는 측정기술을 사용해야 한다. 불행히도 병원성 생물들을 검출하기 위한 분석법은 명확하지 않다. 여기서는 특정 병원균을 찾으려 노력하기 보다는 물이 질병을 전파할 수 있는 잠재력을 측정하기 위한 지표생물을 조사할 필요가 있다. 이상적인 지표생물(indicator organisms)로는 다음과 같은 특성을 가져야 한다.[1,8,20]

1. 검출이 빠르고, 간단하며, 재현성이 있어야 한다.
2. 결과들은 모든 물에 적용되어야 한다. 즉, 개체수는 오염도와 상관성이 있어야 한다.(하수에서는 큰 숫자가, 오염된 물은 작은 숫자, 오염되지 않은 물은 없어야 함)
3. 지표생물은 병원균에 비해 생존시간이 더 길거나 같아야 하고, 수도 많아야 한다.
4. 지표생물은 자연상태에서는 성장하지 않아야 한다.
5. 지표생물은 사람에게는 해가 없어야 한다.

자연적으로 어떠한 생물(또는 생물 집단)도 이러한 특성을 모두 갖고 있지 않다. 그러나 현재 지표생물로 사용되고 있는 대장균군은 이러한 특성 중 많은 부분을 갖고 있다. 이는 근원이 분변물질이지만, 비병원성 세균이다. 이러한 박테리아가 수중에 존재하면 분변에 오염되었음을 나타낸다. 대장균군은 그람음성, 비아포성 간균으로 유당을 분해하여 산과 가스를 배출하는 능력이 있다. 대장균군은 *Entrobacteriacae*과에 속하며, *Escherichia, Klebsiella, Citrobacter* 및 *Entrobacter* 속이 포함되고 있다. *Escherichia coli*(E.coli, 대장균)종은 분변오염에 가장 대표적인 것으로 알려져 있다. 분원성 연쇄상구균(*Fecal Streptococci*)과 장내 연쇄상구균(*Enterococci*)도 특정조건하에서 지표생물들로 이용된다.

대장균들은 원래 분변에 기원한다고 믿어졌으나, 어느 속(屬, genera)은 토양에서도 증식할 수 있는 것으로 나타났다. 그러므로 지표수에서 대장균군이 존재함은 사람이나 동물의 배설물이나 토양침식에 기인한다고 할 수 있다. 토양형이라 할 수 있는 것과 분원성 대장균군을 구별하기 위해서는 일반적으로 특별한 실험을 한다. 이러한 목적을 위해 종종 분원성 연쇄상구균이 지표생물로 이용되는데, 이들 또한 온혈 동물들의 장내 기관에서 생존한다.[15]

대장균군을 계측하는데 이용되는 표준 기법들은 (1) 다수관 발효법(multi-tube fermentation), (2) 막여과법(membrane filter)이 있다. 다수관 발효법은 유당이 포함된 액체배지를 이용하여 대장균군을 발효시킨다. 시험관 내부에 발효관을 거꾸로 넣어 모아진 기체방울이 가스형성 지표가 된다. 시험법은 추정시험, 확정시험, 완전시험 단계로 수행한다. 만족할 만한 수치를 얻기 위해서는 다수의 시험관에 일련의 희석된 검액을 사용한다. 결과는 100 mL당 최적확수(MPN/100 mL)로 기록한다.[15] 10, 1.0 및 0.1 mL로 희석한 여러 개수의 시험관들에 대한 95% 신뢰구간에서의 표준 MPN 지수표는 Standard Method에 제시되어 있다.[15]

막여과법은 수중에 존재하는 대장균군의 정량화에 사용된다. 이 방법은 최적확수법에 비해 훨씬 더 빠르고 실제적인 수치로 주어진다. 표준 여과장치로서 희석된 시료를 공극의 직경이 0.45 ㎛인 여과막으로 여과한다. 여과막은 선택배지인 Endo배지를 포함하고 있는 흡수 패드위에 놓고 배양한다. 황녹색의 금속 광택을 갖는 집락(colony)를 계수한다. 이러한 과정은 Standard Method에 수록되어 있다.[15]

2.2.4 방사능 물질

자연수는 저준위의 방사능을 갖고 있다. 수중의 방사능의 증가는 자연적 발생이나 인위적일 수 있다. 자연적으로 발생되는 방사능은 지각 또는 대기의 우주선 충격에서 유래되고 있다. 인위적인 방사능은 광산이나 광석 제련, 산업과 의료에서의 이용, 또는 핵무기의 폐기 및 시험 과정에서 발생되고 있다. 방사능은 α, β, γ선이 방출되며, 이런 형태의 방사선은 건강에 미치는 영향도 다르다.[2,8]

방사능의 단위는 curie(Ci)와 rem이다. 1 curie는 1초에 3.7×10^{10}회의 원자분열(1 g의 라듐당)을 의미한다. 일반적인 단위는 picocurie(pCi)로서 10^{-12} curie이다. 자연수의 총 배경 방사능은 0.1 pCi/L이다. 상수도 사업자의 목표는 총 방사능으로 10 pCi/L 이하이고, 최대 허용 한계는 100 pCi/L이다.[1,2,8]

rem(Roentgen-equivalent-man)은 단위시간 당 폭로된 방사능의 양을 측정하는 단위이다. 방사선 관련 종사자들에 대한 권장 최대허용량(maximum permissible dose, MPD)은 5 rem/yr이고, 비방사선 관련 종사자는 1 rem/yr이다.[1,2]

문제 및 토론

2.1 물 시료의 Ca^{2+}와 Mg^{2+}농도가 각각 25 mg/L과 10 mg/L이었다. 총경도를 mg/L as $CaCO_3$로 계산하라.

2.2 물 시료에 대한 화학분석을 한 결과는 다음과 같다.

Ca^{2+} = 20 mg/L	CO_3^{2-} = 20 mg/L
Mg^{2+} = 5 mg/L	HCO_3^- = 13 mg/L
Na^+ = 5 mg/L	Cl^- = 15 mg/L
K^+ = 3 mg/L	SO_4^{2-} = 15 mg/L
Fe^{2+} = 1 mg/L	NO_3^- = 4 mg/L

화학분석 자료 완전성을 판정하라.

2.3 물 시료를 분석한 결과 총 경도는 80 mg/L as $CaCO_3$이고, 총 알칼리도는 60 mg/L as $CaCO_3$이다. 경도 중 탄산경도와 비탄산경도를 계산하라.

2.4 상수 급수시 많은 이온들이 부족하거나 과잉으로 존재할 경우에는 생리적인 부작용을 유발할 수 있다. 아래에 두개의 목록이 있다. List A의 이온들과 List B의 부작용들을 맞게 연결하라.

List A	List B
—Calcium	a. Mental retardation
—Magnesium	b. Kidney damage
—Sodium	c. Methemoglobinemia
—Potassium	d. Osteoporosis
—Iron	e. Gout
—Manganese	f. Goiter
—Nitrate	g. Hepatic cirrhosis
—Fluoride	h. Laxative effect
—Arsenic	i. Hypertension
—Cadmium	j. Cathartic
—Copper	k. Hemesynthesis
—Iodine	I. Carbohydrate metabolism
—Molybdenum	m. Mottling of teeth
—Lead	n. Skin disorder

2.5 '부영양화(eutrophication)'라는 용어가 의미하는 것은 무엇인가? 부영양화가 야기시키는 것은 무엇인가?

2.6 저수지에서 수화현상(algae blooms)이 상수공급에 많은 문제를 야기시킨다. 이에 대해 설명하라.

2.7 도시 상수공급시 탁도가 가지는 중요성은 무엇인가? 왜 낮은 탁도의 물이 요구되는가?

2.8 자연수에 있어서 알칼리도의 주로 무엇에 기인하는가? 수원과 처리에 있어서의 알칼리도의 중요성은 무엇인가?

2.9 지하수 시료를 20°C에서 다음과 같이 화학적 분석하였다.

양이온	농도(mg/L)	음이온	농도(mgL)
Ca^{2+}	180	HCO_3^-	300
Mg^{2+}	65	CO_3^{2-}	40
Na^+	60	SO_4^{2-}	60
K^+	20	Cl^-	348
Fe^{2+}	0.5	NO_3^-	35
Cd^{2+}	0.2		

(a) 분석이 완전한가?

(b) 총경도는 얼마인가? (as $CaCO_3$)

(c) 총알칼리도는 얼마인가? (as $CaCO_3$)

(d) 이 물은 가정용수로 이용할 수 있는가? 왜 그렇거나 그렇지 않는가? 바람직하지 않는 성분을 제거하기 위한 처리법을 나열하라.

(e) 물 시료의 비전도도가 2,087 μmhos/cm일 때, k값을 계산하시오.

2.10 정수처리 분야에서 탁도에 대한 결과값을 NTU로 표현한다. 왜 JTU 단위는 사용하지 않는가?

2.11 정수처리에서의 입자수(particle count)의 중요성에 대해 설명하라.

2.12 다음의 두 물의 SAR을 계산하라. 이때 Ca, Mg, Na의 농도는 아래와 같다.
이 물을 가정용과 관개용으로 사용함에 대해 논평하라.

양이온	농도(mg/L)	
	Supply A	Supply B
Ca^{2+}	3.0	85
Mg^{2+}	1.2	29
Na^{+}	150	150

2.13 물의 화학적 안정성(stability)이란 무엇인가? 안정한 물을 공급하는 것이 중요한 이유는 무엇인가?

2.14 16장과 참고문헌 1을 검토하라. 자연적으로 발생하는 유기화합물의 발생원과 분류 및 이러한 물질들이 정수처리와 공급에 있어 중요성에 대해 설명하라.

2.15 합성 유기화합물에 대한 건강의 주요 관심거리는 무엇인가? 합성 유기화합물의 종류에 대해 설명하고 예를 들어라.

2.16 주요 전구물질(precursors)은 무엇인가? 상수공급에서 염소에 대한 소독부산물(disinfection byproducts)을 나열하라. 그러한 물질들이 생성되는 것을 줄일 수 있는 방법은 무엇인가?

2.17 화학 분자식이 $C_6H_6N_2O_2$인 유기 물질 5 mg/L가 포함되어 있는 시료의 탄소와 질소 산소 요구량을 계산하여라. 질소는 암모니아, 다시 질산이온으로 전환된다고 가정한다.

2.18 당신 지역의 정수장에 방문하여 다음의 정보를 요청하라.

(a) 일반적인 기준으로 처리수에 대해 어떠한 물리적, 화학적, 생물학적 실험을 하는가?

(b) 이 결과들의 평균값은 얼마인가?

(c) 원수 중의 유기 물질을 측정하는데 어떤 방법을 사용하는가?

2.19 아래에 두 자료들이 주어졌다. 각 항목을 연결하시오.

List A	List B
−Cholera	a. Virus
−Typhoid fever	b. *Ascariasis*
−Dysentery	c. *G.lamblia*
−Hepatitis	d. *Vibrio comma*
−Worm	e. *Entamoeba histolytica*
−Giardiasis	f. Continued fever

Water Works Engineering

2.20 자료 A와 B의 항목을 연결하시오.

List A	List B
−Eucaryotic cell	a. 산소가 필요함
−Phototrophes	b. 12~18℃
−Procaryotic cell	c. 산소가 필요 없음
−Aerobic	d. 유기 탄소 필요
−Heterotrophic	e. 유전자 정보
−Anaerobic	f. 핵이 뚜렷히 나타남
−Psychrophilic	g. 햇빛
−Mesophilic	h. 핵이 뚜렷히 나타나지 않음
−Actinomycetes	I. 25~40℃
−Protozoa	j. 실모양
−Giardiasis	k. *Giardia lamblia*

2.21 원수 관로의 청소는 왜 필요한가? 여러 가지 청소 방법들에 대해 설명하시오.

2.22 물은 질병 전파에 어떤 역할을 하는가? 일반적인 수인성 세균과 바이러스의 이름을 나열하라.

2.23 대장균과 대장균 실험의 중요성을 정의하라. 왜 대장균은 먹는 물 수질의 지표로 사용될 수 있는가?

2.24 대장균군과 분원성 대장균의 차이점은 무엇인가?

2.25 대장균군 이외에 지표생물로 이용 될 수 있는 다른 생물들은 있는가?

2.26 이상적인 지표생물의 특징들에 대해 설명하시오.

참고문헌

1. James M. Montgomery, Inc. Water Treatment Principles and Design, John Wiley & Sons, New York, 1985.

2. Lappenbusch, W. L. Contaminated Drinking Water and Your Health, Lappenbusch Encironmental Health, Inc., VA, 1968.

4. McKee, J. and Wolf, H. W. Water Quality Crieria, 2d ed., publication No. 3－A, Californmia State Water Quality Control Board, Sacramento, CA, 1971.

5. USEPA. "National Interim Primary Drinking Water Regulations," Federal Register, 59(126), 34320－34321, July1, 1994.

6. Lehr, J. H., Gass, T. E., Perryjohn, W. A., and DeMarre, J. Domestic Water Treatment, McGraw－Hill Book Co., New York, 1980.

7. USEPA. "National Secondary Drinking Water Regulations," Federal Register, 44(153), 42195－42202, July 19, 1979.

8. Tchobanoglous, G. and Schroeder, E. D. Water Quality: Characteristics, Modeling and Modification, Addison－Wesley Publishing Co., Reading, MA, 1985.

9. Butler, J. N. Carbon Equilibria and Their Applications, Addison－Wesley Publishing Co., Reading, MA, 1982.

10. Fair, G. M., Geyer, J. C., and Okun, D. A. Water and Wastewater Engineering, vol. 2, Water Purification and Wastewater Treatment and Disposal, John Wiley & Sons, Inc., New York, 1968.

11. Benefield, L. D., Judkins, J. F. and Weand, B. L. Process Chemistry for Water and Wastewater Treatment, Prentice－Hall, Inc., Englewood Cliffs, NJ, 1982.

12. Viessman, W. and Hammer, M. J. Water Supply and Pollution Control, 6th ed., Addison－Wesley Longman, Inc., Englewood Cliffs, NJ, 1982.

13. National Academy of Sciences. "Safe Drinking Water Committee," Drinking Water and Health, National Academy of Sciences, Washington, D.C., 1977.

14. ASCE and AWWA. Water Treatment Plant Design, 2d ed., McGraw－Hill Publishing Co., New York, 1990.

15. APHA, AWWA, and WEF. Standard Methods for the Examination of Water and Wastewater, 19th ed., American Public Health Association, Washington, D.C., 1991.

16. AWWA. Water Quality and Treatment, 4th ed., McGraw－Hill Book Co., New York, 1990.

17. Schwartz, H. G. and Borzzel, J. C. The Impact of Toxic Pollutants in Municipal Wastewater Systems, USEPA Technology Transfer, Joint Municipal/Industrial Seminar on Pretreatment of Industrial Wastes, Dallas, Texas, July 12 and 13, 1978.

18. Sawyer, C. N. and McCarty, P. L. Chemistry for Environmental Engineering, McGraw-Hill Book Co., New York, 1978.

19. Qasim, S. R. Wastewater Treatment Plants: Planning, Design, and Operation, 2d ed., Technomic Publishing Co., Lancaster, PA, 1999.

20. Gaudy, A. F. and Gaudy, E. T. Elements of Bioenvironmental Engineering, Engineering Presss Inc., San Jose, CA, 1988.

21. Kemp, L. E., Ingram, W. M., and Mackenthum, K. M. Biology of Water Pollution, a Collection of Selected Papers on Stream Pollution, Wastewater, and Water Treatment, 3d printing, U.S. Department of the Interior, Federal Water Pollution Control Administration, Washington, D.C., 1970.

22. Logsdon, G. S., Symons, J. M., and Arozarena, M. M. "Alternative Filtration Methods for Removal of Giardia Cysts and Cyst Models," Jour. AWWA. vol. 73, no. 2, pp. 111~118, February 1981.

23. Manuals Committee. Manual of Water Utility Operation, 7th ed., Texas Water Utilities Association, Austin, TX, 1979.

chapter

03

정수처리 공정

3.1 서 론

정수장의 기본적인 목적은 적당한 가격으로 소비자에게 먹는 물 수질기준에 만족하는 물을 생산하는 것이다. 정수장은 많은 처리공정을 이용하여 양질의 물을 생산한다. 이러한 공정들은 일반적으로 크게 2 부류로 구분할 수 있다. 즉, 단위조작(unit operation)과 단위공정(unit process)이다. 단위조작에서는 오염물질들을 대체로 물리적인 힘에 의해 제거한다. 그러나 단위공정은 화학 및 생물학적 반응에 의해 처리한다.[1,2] 종종 단위조작과 단위공정은 바꾸어 사용되기도 하는데, 이는 많은 공정들이 하나의 일차적 목적을 달성하기 위한 여러 조작들의 조합으로 이루어지기 때문이다. 예를 들면, 응집에 의한 탁도 제거는 화학약품 투입, 혼합 및 확산, 응결 및 침강을 조합한다.

여러 단위조작 및 단위공정의 총체적 배열을 처리공정계열(process train, flow sheet, process or flow diagram, flow schematic, flow scheme)이라 한다.[3] 처리공정을 개발하기 위한 기본적인 고려사항들은 원수 수질의 특성, 계절적 변화, 법적 규제, 장소 조건, 정수장의 경제성 및 다른 많은 요인들에 달려있다. 목적은 상수 공급시 불필요한 성분의 제거와, 안전하고, 쉽게 처분하거나 재이용하는 형태로서의 잔류물들의 처리이다. 본 장에서는 정수처리 및 잔류물들의 처리에 이용되는 여러 단위조작 및 공정에 대한 개략적인 사항을 제공한다.

3.2 원수 취수, 펌핑, 운반 및 유량 측정

정수장에서는 원수 취수, 펌핑, 운반과 유량 측정을 해야 한다. 비록 이러한 시스템들이 어느 물질의 처리에 이용되지는 않을 수 있지만, 이것들은 총괄적인 처리공정의 한 부분으로서 필요하다. 이러한 시스템들에 대해 다음에 간략히 기술하였다.

3.2.1 원수 취수

원수 취수 시설들은 하천, 호수, 저수지로부터 사전에 정한 수위 범위에서 물을 취수하기 위해 세워진 것이다. 구조로는 수중 취수관과 같이 단순한 형태로부터 취수문, 스크린, 조절 밸브, 펌프, 화학약품 투입기 등을 갖는 상당히 복잡한 취수탑과 같은 구조가 있을 수 있다. 취수 시설은 수중형, 수면형, 또는 탑과 같은 것이 있어야 한다. 수중 및 수면 취수시설은 소규모 상수공급을 계획할 경우에 사용된다. 대용량으로 계획할 시는 댐의 한 부분이나 다른 곳에 위치한 별도의 구조물로서 탑 형태의 취수시설을 이용한다. 취수시설의 여러 형태들, 위치 선택, 설계 시 고려사항 및 설계 과정에 대한 자세한 사항은 6장에 설명된다.

3.2.2 원수 양수

원수 양수시설은 일반적으로 취수장에 위치한다. 목적은 수원으로부터 도수관 높이까지 물을 양수함으로서 물이 중력에 의해 유하할 수 있도록 하는 것이다. 원수의 양정수두는 정수두, 압력관에서의 마찰손실 및 미소손실(국부손실)들의 합이다.

원심력 펌프들이 물을 양수하기 위해 가장 흔히 사용된다. 이들 펌프들은 수중용 또는 건정(dry-well)용 원심력 펌프들이다. 펌프들과 펌프장, 펌프 선택, 원수 펌프의 설계 과정 및 펌프장치의 운전 및 유지에 대한 자세한 논의는 7장에서 다루고 있다.[3,4]

3.2.3 원수 이송

원수 운반 및 수송 시스템은 취수장에서 정수장까지 많은 양의 물을 수송하기 위해 설계된다. 일반적으로 정수장은 도시 근처에 위치한다. 그러므로 취수원으로부터 물을 운반하기 위해 긴 원수 관로(도수관)가 필요하다. 지형, 가용 수두, 건설 재료 및 방법, 경제성, 수질이 물을 수송하기에 적합한 관거와 경로의 선택에 있어 일차적인 고려사항들이다. 연결 관거는 운하, 수로, 경사수송관, 경사터널, 또는 압력관, 또는 이들이 조합된 것이다.[5,6] 개수로와 압력관에 대한 수리학과 설계시 기본적인 고려사항들은 7장에 제시한다.

3.2.4 유량 측정

원수나 정수의 유량측정은 정수장 운영, 공정 제어, 수도요금 고지, 기록에 있어 필수적이다. 유량측정 장치는 도수관, 송수펌프 다음의 배수관 또는 정수장 내의 어느 다른 곳에 설치한다. 하나 이상의 유량측정 장치가 여러 처리공정에서 종종 필요하다. 일반적으로 유량은 압력관이나 개수로에서 측정할 수 있다. 기계식 유량계 또는 벤튜리미터(venturi meter), 유량용 노즐 또는 오리피스(orifice)와 같은 수두차 유량계로 압력관의 유량을 측정한다. 개수로의 유량은 위어(weir) 또는 파셜플룸(parshall flume)과 같은 벤튜리 형태의 수로로 측정한다. 유량측정 장치에 대한 논의는 7장에서 다루어진다.[3,7]

3.3 정수처리 시스템

3.3.1 단위조작 및 단위공정

모든 원수들은 넓은 범위의 무기 및 유기 성분들을 포함하고 있다. 정수처리란 원수에서 불필요한 성분을 제거한 후 가장 쉽고, 안전한 방법으로 그 성분들을 처분하는 것을 의미한다. 이러한 목표를 달성하기 위해 다양한 처리공정을 이용하며, 이를 위해 수중의 불필요한 성분을 제거 또는 줄이기 위한 물리적 및 화학적 작용들을 활용한다. 처리공정의 선택은 정수장의 성공적인 운영을 위한 핵심 요소 중의 하나이다. 이러한 단계에서 이루어지는 공학적 결정은 전체 비용계획에 중요한 영향을 미칠 수 있다. 공정 선택을 잘못하면 처리수의 수질기준을 만족시키기 위해서는 가동 중 상당한 변경이 필요하다. 정수장 설계에 있어 일반적으로 고려되고 있는 여러 단위조작 및 단위공정을 표 3-1에 요약하였다.[3,5,8~13] 개별 처리공정에 대한 구체적인 설명은 본서의 다른 장에서 다루었으며, 관련된 장번호를 표 3-1의 참고란에 나타내었다.

표 3-1에 제시한 25개의 처리공정과 본서의 여러 장에서 논의할 처리공정들은 공학, 화학, 수질 및 미생물학을 포함한 광범위한 분야의 기술들과 이들의 이해 및 지식을 필요로 한다. 표 3-1에 제시된 순서는 개인적 견해 문제이지만, 필자가 느끼기로는 배열이 자연적인 순서에 따르며, 이러한 순서에 나타난 정보는 다음에 설명할 처리공정에 쉽게 이용할 수 있다. 그러나 중요한 역할은 설계 기술자들에게 달려있으며, 그들은 전반적인 처리계통에 대한 처리공정의 선택과 설계에 책임이 있다.

표 3-1 정수장 설계시 고려하여야할 단위조작과 단위공정에 대한 요약

공정 No.	단위조작 및 공정[a]	내용 및 주요한 적용	참고
A	Trash rack(UO)	취수문에서 부유성 찌꺼기(debris)나 얼음 조각 등을 제거한다.	Chap.6
B	Coarse screen 또는 fish screen(UO)	기계적으로 청소하는 스크린을 취수문이나 펌프 앞의 집수정에 설치한다. 물고기 유입을 막고 작은 고형물과 얼음을 제거한다.	Chap.6
C	Microstrainer(UO)	원수에 있는 조류와 플랑크톤을 제거한다.	Chap.6
D	Aeration(UP)	휘발성 유기화합물과 가스상 물질로 인해 발생되는 맛과 냄새를 탈기, 산화시키고, 철과 망간을 산화시킨다. 폭기시설로는 중력식 폭기, 분무식 폭기, 확산식 폭기, 기계식 폭기가 있다. 저수지에서 폭기는 성층 파괴와 맛과 냄새를 제어한다.	Chap.6
E	Mixing(UO)	화학약품과 가스를 수중으로 균일하고 빠르게 분포시키킨다.	Chap.8
F	Pre-oxidation(UP)	원수나 다른 처리공정에 오존, 과망간산칼륨, 염소화합물과 같은 산화제를 투입하여 미생물 성장을 방지하고, 화합물의 맛, 냄새, 색을 유발하는 물질을 산화시킨다.	Chap.12
G	Coagulation(UP)	응집은 응집제의 투입과 급속한 혼합으로 콜로이드성 입자를 불안정화시키고, pin-head 플록을 형성시킨다.	Chap.8
H	Flocculation(UO)	응결은 불안정한 탁도나 색을 유발하는 입자를 뭉치게 하여 침강이 빠른 플록을 형성시킨다.	Chap.8
I	Sedimentation(UO)	처리공정에서 만들어진 부유고형물 또는 플록을 중력 분리한다. 이것은 응집과 응결 혹은 화학적 침전 후에 사용한다.	Chap.9
J	Filtration(UO)	입상 여재를 통과시켜 입자물질을 제거한다. 여재는 단층(모래, 무연탄 등), 2층 혹은 다층으로 구성될 수 있다.	Chap.10
K	Chemical precipitation (UP)	물에 화학약품을 첨가하여 특정 용존성 고형물들을 불용성으로 전환시킨다. 경도, 철과 망간, 많은 중금속들을 화학적 침전으로 제거할 수 있다.	Chap.8

표 3-1 정수장 설계시 고려하여야할 단위조작과 단위공정에 대한 요약(계속)

공정 No.	단위조작 및 공정[a]	내용 및 주요한 적용	참고
L	Lime-soda ash(UP)	석회-소다법은 물을 연수화하는 데 이용되는 화학적 침전법이다. 과잉의 칼슘과 마그네슘 이온들을 물로부터 침전시킨다.	Chap.8
M	Recarbonation(UP)	석회-소다법에 의한 연수화 후에 물의 화학적 평형을 회복시켜준다. 이산화탄소의 주입은 과포화된 칼슘과 마그네슘을 용해할 수 있는 물질로 전환시킨다. pH는 낮아진다.	Chap.8
N	Activated carbon adsorption(UP)	맛과 냄새 유발물질, 염소화합물, 많은 금속들을 제거한다. 취수문에서 분말활성탄(PAC), 여과 후에 입상활성탄(GAC)층으로 사용된다.	Chap.11
O	Activated alumina(UP)	수중의 어떤 성분들은 가수분해형태로 흡착하여 제거된다. 불화물, 인산염, 비소, 셀레늄은 활성 알루미나에 의해 효과적으로 제거된다.	Chap.18
P	Disinfection(UP)	급수시 질병을 유발하는 미생물을 사멸시킨다. 소독은 자외선 복사 혹은 염소, 브롬, 요오드, 과망간산칼륨과 같은 산화성 화학약품과 현재 가장 많이 이용되는 화학물질인 오존 및 염소를 이용한다.	Chap.12
Q	Ammoniation(UP)	암모니아는 유리잔류염소를 클로라민으로 변환시킨다. 이 형태는 산화력이 낮고, 더 오래 지속되고, 유기화합물과 결합하려는 경향이 낮지만, 맛과 냄새 및 THM 생성을 감소시킨다.	Chap.12
R	Fluoridation(UP)	sodium fluoride, sodium silicofluoride, 및 hydrofluosilicic acid를 충치방지를 위한 최적 농도의 불소를 유지하기 위해 정수에 투입하기도 한다.	Chap.12
S	Biological denitrification(UP)	먹는 물에 고농도의 질산염은 유아에게 청색혈증(methemoglobinemia)을 야기시킨다. 질산염은 혐기성 환경에서 미생물에 의해 가스 상태의 질소로 환원된다. 에탄올, 당류와 같은 유기물은 수소 공여체(산소 수용체)로 작용하고 합성을 위한 탄소를 공급하기 위해 필요하다.	Chap.18
T	Demineralization(UP)	급수에서 용해된 염의 제거가 포함된다. 탈염화는 이온교환, 막처리, 증류, 결빙들이 있다.	Chap.18
T1	Ion exchange(UP)	수중의 양이온과 음이온은 양이온과 음이온 교환수지가 포함된 층을 통과하면서 선택적으로 제거된다. 교환층은 층의 교환능력이 소모되었을 때 재생되어야 한다. 선택성 수지가 경도, 질산염, 암모니아 제거에 이용된다.	Chap.18
T2	Reverse osmosis(RO)와 ultrafiltration(UO)	반투과막은 용존고형물을 통과시키지 않아 고품질의 물을 생산한다. RO는 또한 질산염과 비소 제거에 사용된다.	Chap.18
T3	Electrodialysis(UO)	전기전위는 선택적 이온막을 통해서 양이온과 음이온을 제거하여 탈염수와 염수를 분리하기 위해 사용된다.	Chap.18
T4	Distillation(UO)	증기압으로 압축하여 복합적 효과를 도모하는 증발, 응축 및 증류는 대규모의 탈염화 시스템에 적용하기 위한 일반적인 방법이다.	Chap.18
T5	Freeze(UO)	염수를 어는점에 도달될 때까지 냉각시킨다. 얼음은 순수한 물이고, 용존성 염은 용액에 그대로 남아있게 되므로, 깨끗한 물을 회수하기 위해 얼음을 분리하여 녹인다. 이 방법은 추운지역에 사용된다.	Chap.18

a. UO = unit operation, UP = unit process

출처 : 참고문헌 3,5,8~13에서 부분 인용

3.3.2 처리공정계열에서 단위조작 및 공정의 조합

표 3-1에 요약된 많은 단위조작 및 공정들을 음용수 수질기준에 합당한 바람직한 정도의 처리를 위해 적당한 계열들로 조합할 수 있다. 처리 정도는 탁도, 맛, 냄새 제거에서부터 무기질을 완전히 제거하는 범위까지이다. 표 3-2는 처리공정들에 대한 만족스런 공정 선택을 위해 일반적인 지침을 제공한다. 여러 가지 정수처리공정계열이 그림 3-1에 제시되어있다. 적절한 처리공정들의 선택과 공정계열의 개발은 단순한 작업이 아니다. 이는 공정, 성능 및 운전능력에 대한 이해가 필요하다. 동일하거나 유사한 수원에 대한 처리를 통해 얻은 경험은 처리계열을 조합하는데 훌륭한 지침이 된다. 그러나 처리공정계열의 선택에 있어 다음과 같은 고려사항들이 영향을 미친다.[3,5,8,12,13]

1. 원수 수질의 계절과 장기적 변화 모두를 고려하여, 처리수질의 목표를 충족할 수 있는 능력.
2. 지형 및 지역 조건, 기존 처리시설, 가용 토지면적 및 수리적 요건들.
3. 전체 시스템의 신뢰도.
4. 운전의 융통성 및 단순성.
5. 원수 수질 또는 음용수의 기준이 변화할 때 처리성능을 향상시킬 수 있는 공정의 가능성.
6. 수리적 첨두치에 대처할 수 있는 공정의 가능성.
7. 숙련된 운전, 유지 인력, 주요 장치 및 화학약품 전달 시스템의 이용성.
8. 주 및 연방의 법규들.
9. 설계 기술자의 취향 및 경험.
10. 시설에 대한 시공의 용이성.
11. 건설 및 운전에 대한 경제성.

실험실 및 파일롯 플랜트에 대한 연구들이 주어진 수원에 대한 설계 인자들을 개발하는데 종종 필요하다. 이러한 연구들은 실험실에서의 벤치스케일(bench-scale)의 연구, 파일롯 플랜트(pilot plant)의 실험 및 플랜트스케일(plant-scale)의 모의실험들이 포함된다.[8]

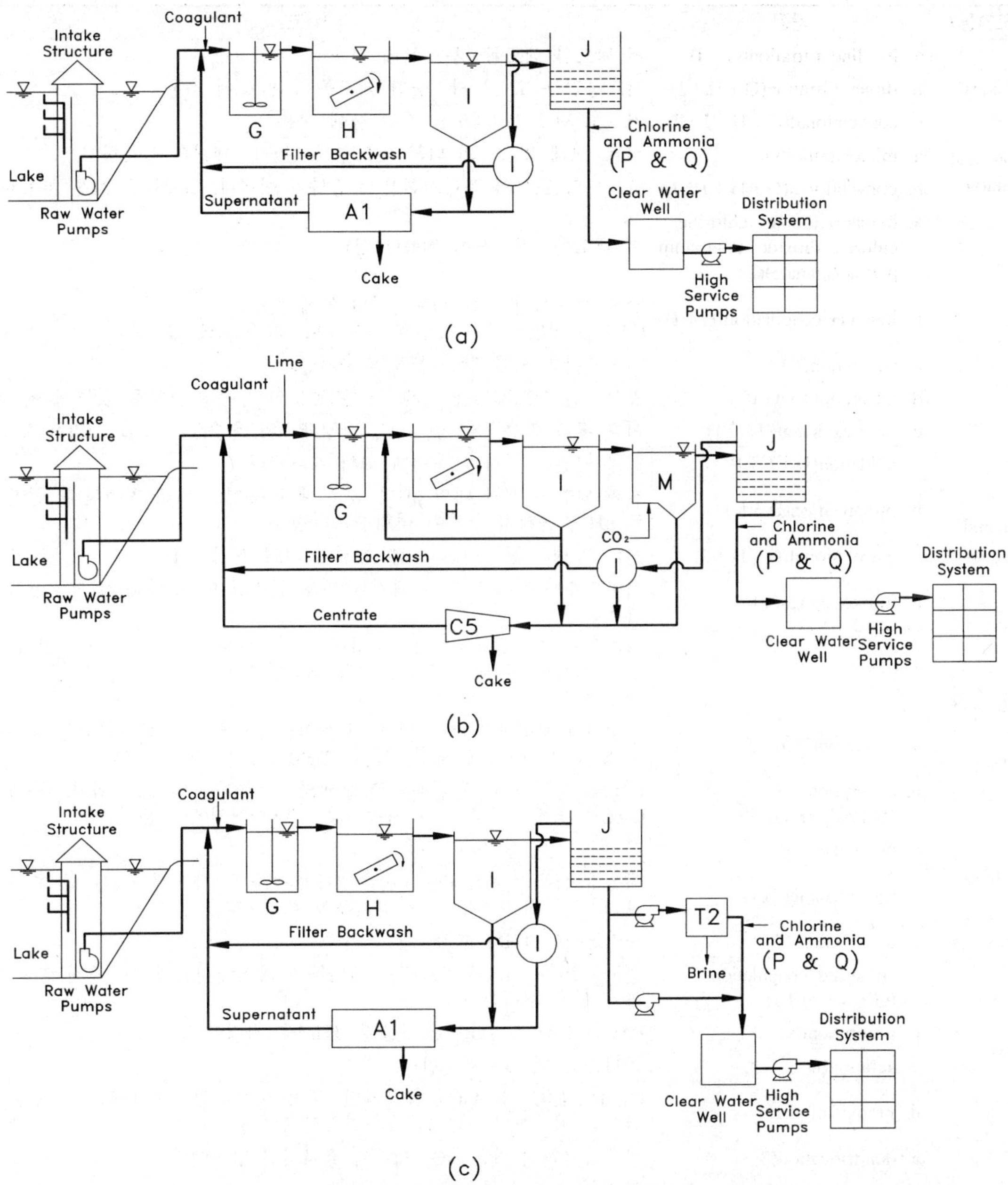

그림 3-1 정수처리공정계열(단위조작 및 단위공정에 대한 기호는 표 3-1과 표 3-3을 참조). (a) 지표수를 처리하는 재래식 정수장. 폭기는 호수 내 또는 응집 전에 적용한다. 전산화(preoxidation)는 맛, 냄새와 불필요한 수중생물 증식을 제어하기 편리한 위치에 설치한다. (b) 부분적 연수화를 포함한 재래식 정수장. (c) TDS는 분할 탈염공정에 의해 제거한다.

표 3-2 처리요구와 공정선택(공정 기호의 설명은 표 3-1 참조)

오염물	공정	비고
Turbidity	a. in-line filtration(G+J)	저 탁도와 색도를 갖는 물에 적용.
	b. direct filtration(G+H+J)	저~중간 탁도 및 저~중간 색도를 갖는 물에 적용.
	c. conventional(G+H+I+J)	저~고 탁도 및 색도를 갖는 물에 적용.
Algae and plankton	a. microstrainer(C)	실트, 모래 및 그 외 다른 마모성 물질들은 제거하지 못한다.
	b. conventional(G+H+I+J)	고농도의 조류와 플랑크톤은 응집하기 어렵다. 그것들은 보통 부유한다.
Color	a. oxidation(ozone, chlorine, chlorine dioxide, potassium permanaganate)(F)	저 색도를 갖는 물에 적용(11장)
	b. low pH coagulation(G+H)	낮은 색도에서 높은 색도까지의 물에 적용. (알럼은 철염보다는 응집효과가 좋다) 최적 pH는 5~6
	c. adsorption(N)	저~중간 색도를 갖는 물에 적용가능.
	d. adsorption(N/GAC)	통상적인 색도제거를 위해 중~저농도의 용존성 색도를 갖는 물에 적용.
	e. ion-exchange(J+T1)	여과 후에 합성수지 상(bed)은 공장폐수의 용존성 색도를 제거한다.
Iron and manganese	a. oxidation(D+F+I)	철과 망간은 산화와 침전에 의해 제거된다.
	b. precipitation(D+K)	철과 망간은 배관 내의 pH가 높을 때에 폭기에 의해 침전된다. 일반적으로 pH를 올리기 위하여 석회를 이용한다.
	c. conventional(G+H+J)	철과 망간은 통상적인 응집, 응결에 의해 제거된다.
	d. ion exchange(T1)	지하수에서 철과 망간의 제거를 위해 선택성 이온교환수지가 일반적으로 사용된다.
Taste and odor (T & O)		배출원을 통제함으로써 T&O 화합물들이 형성되어 저수지에 유입되는 것을 방지한다. 수계 식물과 조류를 제어함으로서 T&O를 유발하는 물질을 감소시킨다.
	a. oxidation(D or F)	저수지와 처리장 앞부분 및 단위 처리공정에서의 폭기는 T&O를 감소시킬 수 있다. 유리염소에 의한 산화는 THM을 생성시킬 수 있다.
	b. adsorption (N/PAC or GAC)	PAC는 중간 또는 간헐적으로 발생되는 T&O문제해결을 위해 사용된다. GAC는 공장폐수로 인한 지속성있는 T&O제거에 사용된다.
Hardness	a. precipitation(L)	약경수~경수를 위해 사용.
	b. ion exchange(T1)	제올라이트 여상(zeolite bed)은 2가 양이온을 제거하나 Na^+를 증가시킨다. 양이온 교환기는 모든 양이온을 제거한다.
Pathogens	a. disinfection(P)	유리염소는 THM 생성능을 높인다.
THM	a. enhanced coagulation (G+K+H+I)	전구물질(유기물)의 효율적인 제거를 위해 낮은 pH에서의 응집 또는 연수화와 연계 처리한다.
	b. adsorption(N)	PAC와 GAC는 TOC, 전구물질, THM을 제거할 것이다.
	c. aeration(D)	폭기는 유기물을 제거한다.
	d. preoxidation(F)	O_3, H_2, H_2O_2, $KMnO_4$, 클로라민, 또는 이산화염소에 의해서 전구물질을 전산화 처리한다. 과도한 유리염소의 잔류를 피한다.
Nitrate	a. denitrification(S)	생물학적인 탈질은 NO_3 제거에 효과적인 방법이다.
	b. ion exchange(T1)	선택성 수지가 이용가능하다.
	c. demineralization(T2)	막에 의한 탈염화는 다른 이온과 함께 NO_3를 제거한다. RO는 불소제거 및 탈이온화에 이용. 먹는 물에 고농도의 불소이온은 불소증(fluorosis)과 독성을 유발한다.
Fluoride	a. activated alumina(O)	활성알루미나는 선택적으로 불소를 제거한다.
Arsenic	a. enhanced(G+H+I)	낮은 pH에서 응집과 높은 pH에서 석회에 의한 부분적 연수화로 비소(As(V))를 침전 제거한다.
	b. activated alumina(O)	활성알루미나 상(bed)은 지하수에서 비소를 제거하는 데에 효과적이다.
	e. demineralization(T2)	비소는 다른 이온과 함께 막공법에 의해 제거된다.

출처 : 참고문헌 3,5,8,12와 13에서 부분인용

3.4 잔류물 관리

정수처리 잔류물들은 많은 양의 물이 이동을 하면서 여러 처리공정들로부터 제거된 물질들이다. 이러한 잔류물들은 탁도, 색도 원인물질, 유기성 및 무기성 고형물질들, 조류, 박테리아, 바이러스 및 침전된 화학물질들이다. 이것들은 화학적 응집 부산물들, 철 및 망간 침전물, 역세척수, 연수화 물질, 재생한 염분 및 미세여과망(microstrainer)의 세척수들이다. 유량은 처리된 원수 용량의 3~10%이며, 고형물 농도는 처리공정 및 원수 수질에 따라 다르나 0.1~4% 범위이다. 이러한 잔류물들은 상수원이 될 수 있는 하천이나 호수로 방류할 수 없다. 최근에 이러한 폐기물들은 미국의 1972년의 Federal Water Pollution Control Act Amentment(연방 수질오염방지법의 개정법)와 1977년의 Clean Water Act(청정수법)와 관련하여, 산업폐기물 및 지표수에 준하는 처리를 하여야 한다.[14,15] 지표수로 방류할 경우 National Pollutant Discharge Elimination System(NPDES, 국가 오염물배출 저감시스템)의 허락을 받아야만 한다.

3.4.1 단위조작 및 공정

일반적으로 잔류물의 관리공정들은 침전, 농축, 개량, 탈수, 건조, 재생 및 처분들이 있다. 종종 정수장의 잔류물들은 하수관에 방류할 수 있도록 허용된다. 이러한 공정들에 대해 어느 공정을 선택해야하는 것은 부지에서의 가용 면적, 슬러지의 형태 및 양, 지역의 기후조건, 화학약품의 가격, 이용가능한 최종처분 형태와 같은 인자들에 크게 좌우된다.[8,16,17] 총괄적인 공정계열에 흔히 사용되는 여러 잔류물 관리에 대해서 표 3-3에 요약하였으며, 이들 공정들은 14장에서 논의된다.

3.4.2 잔류물 관리를 위한 공정 계열

슬러지 농축, 개량, 탈수, 처분 또는 회수에 대한 공정계열의 선택은 처리장 규모, 건설비, 장비, 가용 토지, 처리장 위치와 화학약품, 동력, 인력과 같은 운전인자들과 신뢰성에 근거를 두고 있다. 가장 적합한 처리공정계열에 대한 최종적인 선택은 개별공정에 대한 장점과 단점, 전반적인 공정계열의 비용-편익에 근거를 두어야 한다. 적절한 공정계열을 최종적으로 선택하는 데는 많은 요인들을 고려하여야 한다. 이러한 요인들은 (1) 소요부지, (2) 불리한 기후 조건에서의 운전, (3) 유량 변화에 대한 조절 가능성, (4) 공정의 신뢰성, (5) 운전 및 유지의 용이성, (6) 사전 조건 및 (7) 상징수와 슬러지의 질 등이다.

표 3-3 잔류물 관리를 위한 단위조작과 단위공정(본 단위조작이나 단위공정에 대한 자세한 설명은 14장에 있음.)

공정 No.	단위조작 및 공정	내용
A	Sedimentation and thickening(UO)	과잉의 물을 제거하고, 고형물을 농축하는 것이 목적이다. 상징액은 맛과 냄새, 조류, 다른 미생물을 포함하지 않는 한 대개 회수된다.
A1	Sludge lagoon(UO)	3~4 m 깊이의 상부가 열린 흙이나 콘크리트로 만든 큰 저장소이다. 5~10%로 고형물을 농축하기위해서는 1~3달 동안 계속해서 상징액을 배출 할 수 있어야 한다.
A2	Gravity(UO)	원형탱크는 고형물-접촉 침전조와 비슷하게 설계되고 운영된다. 화학적 개량이 필요하다.
B	Conditioning	슬러지의 개량은 농축과 기계식 탈수 성능을 향상시키기 위해 이루어진다. 슬러지의 물리적 특성을 개선함으로써, 물이 고형물로부터 쉽게 분리되게 한다. 개량은 대개 알럼으로 응집된 슬러지에 적용된다.
B1	Chemical(UP)	폴리머는 슬러지 개량을 위해 일반적으로 이용하는 화학물질이다. 석회나 fly ash와 같은 비활성 입자 물질을 사용한다.
B2	Freezing(UO)	동결은 젤라틴 구조를 파괴하여, 농축과 탈수를 개선한다. 이 과정은 대개 자연적인 결빙이 가능한 곳에서만 적용된다.
B3	Heat treatment(UO)	가열은 침전과 탈수를 개선한다. 에너지가 많이 소요되므로 이 방법은 슬러지 개량에 바람직하지 않는 방법이다.
C	Dewatering(UO)	이 공정은 후속 처리 또는 처분을 위해 상대적으로 건조한 슬러지를 생산한다.
C1	Drying bed(UO)	이것은 농축 없이 개량된 슬러지를 중력 탈수하는 시스템이다. 슬러지는 하부배수 시스템이 있는 여과층 또는 라군(lagoon)에 충전 및 건조를 주기적으로 반복한다. 물은 여과와 탈수에 의해 제거된다.
C2	Centrifuge(UO)	개량된 슬러지를 대접 혹은 바구니 모양의 원심분리기에서 탈수한다. 건설비와 운영비 둘 다 높다.
C3	Vacuum filter(UO)	traveling media 또는 precoat media 여과기가 부착된 회전 드럼 진공 여과기가 탈수를 하기위해 사용된다. 일반적으로 슬러지 개량이 필요하다.
C4	Filter press(UO)	plate-and-frame 또는 leaf filter로 알려져 있다. 이것은 슬러지 탈수에 효과적인 방법이다. 이것은 회분식 공정이고 화학적으로 개량된 슬러지를 사용한다.
C5	Belt filter press(UO)	연속 운전한다. 슬러지는 각종 롤러 사이를 통과하는 두개의 벨트 사이에서 압착된다. 슬러지 개량이 필요하다.
D	Recovery	슬러지로부터 물, 응집제, 중탄산마그네슘의 회수가 가능하다.
D1	Coagulants(UP)	슬러지로부터 금속 이온을 용해하기 위해 산(황산)을 첨가해서 알루미늄과 철을 회수할 수 있다. 중금속, 망간 및 다른 유기화합물들의 농축이 가능하다.
D2	Lime(recalcination)(UP)	탄산칼슘에 의한 슬러지에서 석회를 재하소(再煆燒, recalcination)하여 회수한다. 탈수된 슬러지는 건조하고, 약 1000 ℃에서 가열하여 CO_2를 배출함으로서 재탄화(再炭化, recarbonation)에 이용한다.
D3	Magnesium	마그네슘은 탄산칼슘과 수산화마그네슘을 포함한 슬러지에서 회수가 가능하다. CO_2 기포를 주입하면 용존성 탄산마그네슘이 되고, 탄산칼슘은 불용성물질로 잔류한다.
E	Disposal	잔류물은 육지나 하수관, 지표수, 심정(deep-well)에 주입하여 처분하기도 한다.
E1	Land disposal	탈수되었거나, 반액체, 액체성 잔류물은 1976년의 Resource Conservation and Recovery Act[18](자원보전 및 회수법)에 의거하여 토지매립이나 토지살포에 의해 처분한다. 수송비용은 상당할 것이다.
E2	Sanitary sewer	만약 잔류물이 폐수처리장의 운전에 악영향을 미치지 않는다면, 하수관거에 직접적인 투입은 매력적인 방법이다.
E3	Surface water	잔류물을 지표수에 처분하는 데는 NPDES의 허가가 필요하다. 허가의 조건은 잔류물의 유형과 지표수의 유형에 따라 다르다.
E4	Deep-well injection	이온 교환과 막 공정에서 발생된 염수는 심정에 주입될 수 있다. 그러한 주입 처리는 지질학과 지하수 수문학적 조건을 규정한 지역 환경규정을 준수해야 한다.

3.5 처리성 연구

모든 수원들은 화학물질의 구성이란 측면에서 독특하기 때문에, 공정들과 종합적인 공정계열에 대한 설계 및 운전 인자들을 개발하기 위해서는 처리성 연구가 필수적이다. 새로운 정수장들을 계획하는 곳에서는 이러한 연구들이 특별히 중요하다. 그러므로 설계 기술자는 일반적인 접근과정으로 (1) 요구되는 수준까지 정수처리가 가능한 지를 평가하기 위한 실험실 실험, (2) 실험실 및 파일롯 플랜트 연구과정 및 (3) 실험자료를 설계 및 운전인자들로의 전환에 관한 방법론을 충분히 이해하여야만 한다.

실험실 연구로는 회분식 및 또는 연속류식 반응조에 대한 연구가 있다. 고전적인 쟈테스트(jar test)는 응집에 대한 최적 약품주입량과 물리적 조건들을 결정하는데 필수적이다.

파일롯 플랜트들은 설계 인자를 개발하고, 새로운 화학약품들을 평가하며, 주입량의 최적화와 정수장의 운전 개선 및 비용절감을 위한 공정들에 대한 분석과 같은 처리성 연구들의 가치있는 수단이 되고 있다. 파일롯 연구들이 필요한 경우가 많이 있는데, 예를 들면, 지방정부에서 승인한 기관에서는 정책으로서 혁신적인 처리공정들에 대하여는 파일롯 연구를 요구할 수도 있다. 또 다른 예로, 맛과 냄새에 대한 사례에서와 같이 공정이 설계 기준을 유도할 정도로 충분히 모형화할 수 없는 경우도 있을 수 있다. 일반적으로 상수도공학에 있어 파일롯 플랜트 연구들은 다음과 같은 이유에서 이용되고 있다

- 새로운 공정들의 테스트
- 공정개발의 촉진
- 공정 성능의 예측
- 공정 성능의 증명
- 시스템 설계의 최적화
- 시스템 운영(화학약품 주입량, 반응 주기 등)의 최적화
- 단속기관의 요건 만족
- 법적 요건의 만족

도시 정수장에서 파일롯 플랜트에 대한 연구들은 신규 및 기존 처리장들의 성능개선과 운전 비용들을 절감할 수 있는 설계 및 공정계열들의 개발에 있어 가치가 있다. 상수처리공학에 있어 파일롯 플랜트의 설계와 처리성에 대한 연구를 수행함에 관한 상세한 내용들은 참고문헌 8,13,19~24에 주어져 있다. 공정계열과 저자에 의해 수행된 파일롯 플랜트의 설계, 건설, 운전에 관한 몇 가지 사진들을 그림 3-2와 3-3에 각각 수록하였다.

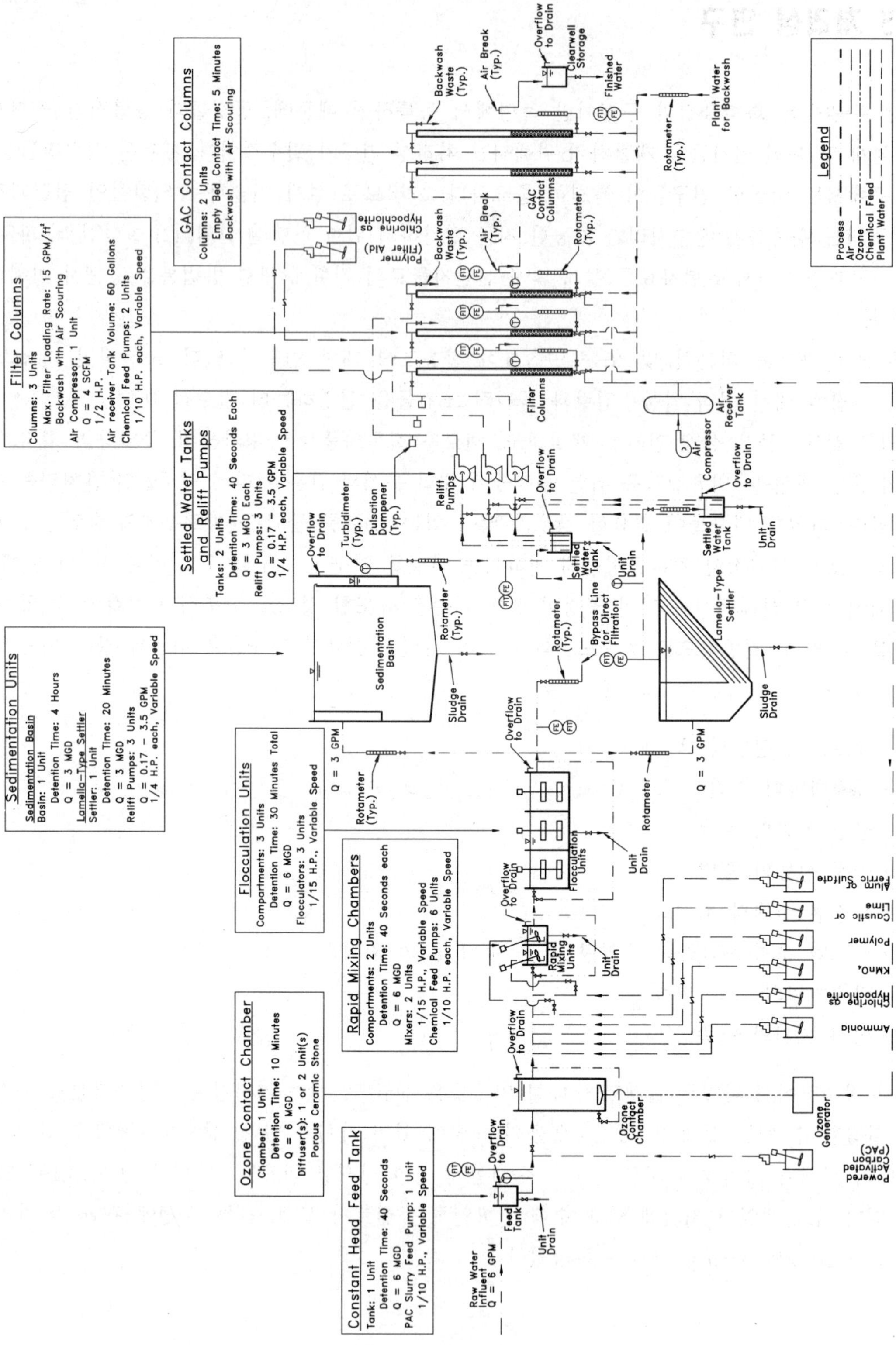

그림 3-2 파일롯 플랜트 시설의 공정계열

(a)

(b)

그림 3-3 그림 3-2의 파일롯 플랜트 공정계열을 나타내는 사진. (a) 정수두 탱크로부터 플록형성지까지의 공정계열, (b) 침전조에서 GAC 칼럼까지의 공정계열

문제 및 토론

3.1 여러 정수처리 단위조작과 단위공정들이 목록 A에 주어졌다. 이 공정들에 대한 적용은 목록 B에 주어졌다. 목록 B에 있는 적용에 대해 공정들을 연결하라. 어느 공정들은 하나 이상의 적용이 있을 수 있다.

목록 A(공정)	목록 B(적용)
(a) 응결 / 침전	-경도 제거
(b) 폭기	-THM 제거
(c) 역삼투	-슬러지 농도
(d) 이온 교환	-색도물질(color) 제거
(e) 재탄화	-맛, 냄새 제거
(f) 활성탄 흡착	-탁도 제거
(g) 농축	-철, 망간 제거
(h) 여과	-병원균 제거
(i) 소독	-TDS 제거
(j) 암모니아화	-불필요한 증식 억제
(k) 침전	-결합 잔류염소
(l) 원심분리	-조류 제거
(m) 전염소처리	-THM 생성능 감소
	-연수화 후에 화학적 평형 회복

3.2 정수장에서 미세여과망(microstrainer)의 목적과 공정 계통에서 가장 적당한 설치 위치에 대해 설명하라.

3.3 폭기 장치의 4가지 종류를 나열하라. 정수처리에서 폭기의 목적이 무엇이며, 다양한 성분들을 제거함에 있어 유발되는 물리적, 화학적 변화들은 무엇인가?

3.4 혼합에 대해 설명하고, 정수장에서 교반의 예를 5가지 들어라.

3.5 왜 정수처리에서 연수화(water softening)가 필요한가? 그리고 그것을 어떻게 달성할 수 있는가?

3.6 응집(coagulation)과 응결(flocculation)의 차이점을 설명하라.

3.7 정수처리에서 재탄화(recarbonation)의 목적은 무엇인가?

3.8 물을 폭기시켰을 때 철과 망간의 침전에 대한 기본적 화학 반응을 써라.

3.9 심한 수화 현상(algae bloom)이 있는 저수지로부터 물을 취수하고 있다. 수처리를 위한 공정계열을 도시하라. 맛과 냄새 그리고 THM 문제들에 대한 특별한 고려사항을 기술하라.

3.10 당신이 살고 있는 지역의 정수장을 방문하라. 공정도를 그리고, 정수처리에서 자주 발생되는 공통적인 문제를 지적하라. 이러한 문제들을 해결하기 위해서 운전자가 취하여야 할 단계는 무엇인가?

참고문헌

1. Rich, Linvil G. Unit Operations of Sanitary Engineering, John Wiley and Sons, Inc.,New York, 1961.
2. Rich, Linvil G. Unit Processes of Sanitary Engineering, John Wiley and Sons, Inc.,New York, 1963.
3. Qasim, S. R. Wastewater Treatment Plants: Planning Design and Operation, 2d ed., Technomic Publishing Co., Lancaster, PA, 1999.
4. McGhee, T. J. Water Supply and Sewerage, 6th ed., McGraw-Hill Book Co., New York, 1991.
5. Fair, G. M., Geyer, J. C., and Okun, D. A. Water and Wastewater Engineering, Vol. 1 and 2, John Wiley and Sons, New York, 1966.
6. Wiessman, W. and Hammer, M. J. Water Supply and Pollution Control, Addison-Wesley, Menlo Park, CA, 1998.
7. Metcalf and Eddy, Inc. Wastewater Engineering: Treatment Disposal and Reuse, 3d ed., McGraw-Hill Book Co., New york, 1991.
8. James M. Montgomery, Inc. Water treatment Principles and Design, John Wiely & Sons, New York, 1985.
9. American Water Works Association. Water Quality and Treatment, 4th ed., McGraw-Hill, Inc., New York, 1990.
10. Sanks, R. L. Water Treatment Plant Design for the Practicing Engineer, Ann Arbor Science, Ann Arbor, MI, 1980.
11. ASCE and AWWA. Water Treatment Plant Design, 2d ed., McGraw-Hill Publishing Co., New York, 1990.
12. Qasim, S. R., Hashsham, S., and Ansari, N. I. "TOC Removal by Coagulation and Softening." Jour. of Envir. Engrg. Division, Am. Soc. of Civ. Engrs., vol. 118, no. 3, pp. 432~437, June 1992.
13. Tchobanoglous, G. and Schroeder, E. D. Water Quality: Characteristics, Modeling, and Modification, Addison-Wesley Publishing Co., Reading, MA, 1985.
14. U.S. Congress. Federal Water Pollution Control Act Amendments of 1972(PL 92-500), 92nd U.S. Congress, October 18, 1972.
15. U.S. Congress. Clean Water Act(PL 92-217), 95th U.S. Congress, December 27, 1997.
16. Cornwell, David A., et. al. Handbook of Practice: Water Treatment Plant Waste Management, American Water Works Association Research Foundation, Denver, CO, 1987.
17. Koorse, S. J. "The Role of Residuals Disposal Laws in Treatment Plant Design," Jour. AWWA, vol. 85, no. 10, pp. 57-62, October 1993.
18. U.S. Congress. The Resource Conservation and Recovery Act of 1976(PL 94-580), 94th U.S. Congress, October 21, 1976.
19. Kawamura, S. "Hydraulic Scale-Model Simulation of the Sedimentation Process," Jour. AWWA, vol. 73,

no. 7, PP. 372~378, July 1981.

20. Letterman, R., Quon, J., and Gemmell, R. "Influence of Rapid Mix Parameters on Flocculation," Jour. AWWA, vol. 65, no. 11, pp. 716~722, November 1973.

21. Lang, J. "Selection of Pilot Plant Equipment," Paper presented at Annual AWWA Conference, Miami, FL, 1982.

22. Qasim, S. R., Chiang, W. W., and Sawey, R. "Innovation Pilot Plant Design for Water Treatment Studies," Proceedings of the International Conference and Exhibition on Water and Wastewater, pp. 21~30, Beijing, China, July 12-16, 1994.

23. Qasim, s. r., Clines, W. A., and Hossain, M. I. Construction and Startup of Pilot Plant at Rolling Hills Water Treatment Plant, Final Report submitted to the City of Fort Worth, Texas, P. 108, Department of Civil Engineering, The University of Texas at Arlington, Arlington, TX, August 1990.

24. Qasim, S. R., Stone, F. R., and Miller, R. Pilot Plant Operation at Rolling Hills Water Treatment Plant, Final Report submitted by City of Fort Worth, Texas, Department of Civil Engineering, The University of Texas at Arlington, Arlington, TX, October 1992.

chapter

04

기본 설계시 고려사항들

4.1 서 론

정수처리계획은 수원, 도수, 정수, 저수, 배수의 범위에서 다양하다. 취수원과 처리능력, 취수 위치, 시설배치, 시설용량, 공정 선택 및 설계, 저수와 배수에 관한 대안평가에 있어서 폭넓은 공학적이고 경제적인 연구가 중요하다. 많은 결정사항들은 복잡하고, 정책적이며 사회적인 문제들을 불러일으킬 수 있다. 예비설계 연구는 이러한 계획의 특정 요소들을 다루며 해결하는데 필수적이다. 예비설계 연구는 다음 장에서 다뤄진다. 이 장에서는, 계획과 예비설계 연구에서 고려되어야하는 많은 설계인자들에 대하여 일반적인 논의를 제공하여, 정수장 설계에 적용하고자 한다. 본 장에서 다루고자 하는 기본설계인자들은 다음의 요소들을 포함한다.

1. 수질목표
2. 규정상의 요구사항
3. 초기 및 설계년도
4. 급수면적
5. 시설용량
6. 원수의 수질과 수원선정
7. 공정 선택과 처리공정계열
8. 시설 부지, 배치 및 수리학
9. 장치 선정
10. 에너지와 자원의 필요성
11. 정수장의 경제성
12. 환경영향평가
13. 주정부의 요구사항

4.2 수질 목표

모든 상수 공급에 대한 계획의 목적은 국가 혹은 해당 지역의 먹는 물 수질기준을 만족시키는 안전한 물을 생산하고자 하는 것이다. 또한 맛, 냄새, 심미적 영향에 대하여도 만족되어야 한다. 정수의 수질목표는 일반적으로 현존하는 수질기준에 의하여 관리되고 있다. 장래에는 정수에 대한 규제항목의 수가 증가되거나 더욱 엄격해질 것이다. 또한 급수원인 원수의 수질은 시간이 경과함에 따라 저하될 것이다. 그러므로 수질 목표는 경제적으로 시설을 향상시키고 미래에 발생할 수 있는 새로운 상황들에 대처하기 위하여, 설계에 있어서의 가변적이고 기술혁신적인 사항이 포함되어야할 것이다.

4.3 규정상의 요구사항

수질기준은 일반적으로 국가, 지방정부, 지역적 차원에서 시행된다. 현재, 수질기준은 건강에 대한 만성적인 영향(예를 들면, 높은 발암성)을 미칠 수 있는 오염물질의 낮은 기준들을 강조하고 있다. 이러한 수질기준을 설정하고 있는 과정에서 많은 논란이 발생하고 있다. 급수에서 많은 새로운 오염물질들에 대한 검출기술(그리고 이들에 대한 만성적인 건강에의 영향들에 대한 정보)을 이용할 수 있게 됨에 따라 먹는 물 수질기준은 더욱 더 복잡해지고, 논란의 여지를 불러일으킬 것이다.[1]

1974년 Safe Drinking Water Act(SDWA, 안전음용수법)의 제정과 1986년, 1996년의 개정법 통과로 인하여, 연방정부는 Unite States Environmental Protection Agency(USEPA, 미환경보호청)를 통해서 먹는 물 수질기준 설정을 위한 권한과 시간일정을 부여했다.[2] 이 법은 지역으로 급수되는 먹는 물의 수질에 있어서, 연방정부의 직접적인 관련을 의미한다. National Academy of Sciences는 위험성 평가를 근거로 하여 발암성 화합물들에 대한 정량적인 기준을 확립하는데 체계적인 접근을 제안하였다.[3~5] USEPA의 Office of Drinking Water에서는 National Academy of Sciences의 기준을 사용하면서 먹는 물의 health advisories로 알려진 자문보고 서류를 공동으로 개발하였다.[1] 각각의 화합물에 대해, 암유발 화합물의 단기폭로에 대한 무해농도 권고치(suggested no-adverse-effect response levels, SNARLs)와 장기 폭로에 대한 생애 암발생 위험도 증가치를 설정하였다.[a,1] 각 주의 기관들은 이러한 기준을 자율적인 판단 하에 사용하도록 하였다.[1] 1986년에 만들어진 규제조항은 오염물질들의 제어를 설명하기 위하여 다음의 용어들을 사용하였다.

a. 클로로포름 농도 0.29 μg/L인 먹는 물에 대한 10^{-6}의 생애 암발생 위험도 증가치란 만약 어느 사람이 한평생(70년) 동안 0.29 μg/L의 클로로포름 농도가 포함된 물을 매일 2 L씩 마셨을 때 그 사람의 암발병률이 100만분의 1 증가되거나, 또는 백만명의 사람 중 한사람이 0.29 μg/L의 클로로포름 농도가 포함된 물로 인해 일생동안 암이 발생하고 나머지 사람은 발생하지 않는 것을 의미한다.

최대오염허용농도(Maximum Contaminant Levels, MCLs)

공공용수 사용자에 전달되는 오염물질의 최대허용농도.

최대오염허용농도 목표치(Maximum Contaminant Level Goals, MCLG)

인류 건강에 악영향을 미치지 않는 것으로 알려져 있거나 예상되는 오염물질의 농도로 강제성이 없는 기준치. 이전에는 최대오염허용농도 권고치(Recommended Maxmum Contaminant Levels, RMCLs)라고 불리웠다.

2차 최대오염허용농도(Secondary Maximum Contaminant Levels, SMCLs)

먹는 물의 심미적인 수질 보전을 위한 비강제적인 목표치.

SDWA에는 1차 기준과 2차 기준[5~7]의 두 가지 유형의 기준이 존재한다.

1차 음용수 수질기준은 처리기술을 이용하여 어느 정도 실행가능한 범위에서 일반대중을 보호한다. 이 기준은 최대오염허용농도(MCLs)와 처리의 필요성이 포함되어 있다. 2차 음용수 규정은 먹는 물의 심미적인 특성(색도, 맛, 냄새 등)에 영향을 미칠 수 있는 오염물질들에 관한 것이다.

SDWA의 개정법은 수도사업자가 오염물질 농도를 측정하는 것이 경제적으로나 기술적으로 타당하지 않을 때는 USEPA는 MCLs 대신에 처리-기술 요구사항을 설정할 수 있게 하였다. 또한 개정법은 국가 1차 음용수 규정(National Primary Drinking Water Regulations, NPDWRs)에 순응하는 목적으로 최적적용기술(best available technology, BAT)을 수립하도록 USEPA에 요구하고 있다. 양적인 규정 외에 감시, 여과, 소독 그리고 납 물질의 이용에 대한 장래에 도달되어야 할 몇 가지 조건들이 있다.

수질규정을 위한 노력과 관련한 담당 주체는 다음의 3곳이다.

- USEPA : BATs를 설계하고 국가 프로그램과 시행을 감독하면서, 국가 1차/2차 음용수 기준의 1차적 역할을 함.
- 주정부 : 사업수행, 프로그램 관리, 규제를 위한 1차적 책임이 있음.
- 공공사업자 : 모니터링을 증가시키고, 새로운 처리공정들을 설치하고, 오염문제에 대한 공공의 인식을 증가시켜야 함.

규제항목들은 다음의 5단계로 분류된다.

- Phase Ⅰ: 휘발성유기화합물
- Phase Ⅱ: 합성유기화합물, 무기화합물, 그리고 규제되지 않은 오염물질의 감시
- Phase Ⅲ: 방사성핵종 오염물질
- Phase Ⅳ: 소독제 및 산화제 부산물
- Phase Ⅴ: 무기화합물과 합성유기화합물

규제항목들의 세부 사항들은 표 1-1에 나타내었다.

4.3.1 1차 음용수 규정

SDWA는 국가의 1차와 2차 음용수 규정에 대한 개발 및 개정과 정기적인 검토와 수정에 있어서 일련의 단계와 시간계획을 요구했다. 1975년에 처음으로 제정되었던 National Interim Primary Drinking Water Regulations(NIPDWRs)는 수차례 개정되었다.

현재의 국가 1차 음용수 규정은 먹는 물에서 일반인의 건강에 중요한 것으로 알려진 유기성, 무기성, 방사성핵종 및 미생물에 의한 오염물질에 대하여 공공상수도시스템(public water systems, PWSs)[b]에 대한 한계치를 설정하였다. 그래서 공공상수도 시스템에서 이러한 오염물질들의 농도를 측정하기 위한 시료채취계획을 수립하였다.[5,7] 부가적 규정들은 THMs(trihalomethanes, 트리할로메탄)에 대한

한계치와 이들 물질에 대한 감시의 필요성 및 나트륨 농도와 정수의 부식성에 대한 한계치를 설정하였다.[8~12] 1982~1983년에 USEPA는 최대오염허용농도(MCL)[c]를 설정함으로써 통제가 가능한 83개의 오염물질 항목을 발표하였다. 1985년까지 휘발성 합성 유기화합물, 미생물에 대한 최대오염허용농도 권고치(RMCL)와 인위적인 베타입자(beta particle)와 양성자 방사체(proton emitters)에 대한 검출한계와 불소화합물에 대해서 최종적으로 최대오염허용농도를 수립하였다.[13~18] 1995년 말까지 오염물질 기준 항목은 102종 이상으로 증가하였다. 규정되고 있는 오염물질에 대한 USEPA의 1차 음용수 기준은 표 4-1에 나타나있다.

b. 공공상수도 시스템은 최소 15개의 급수관 연결 또는 최소 25명이 급수를 받는 것으로 정의된다. 공공상수시스템은 급수형태와 급수인구에 따라 2가지 부류로 구분된다. 지역상수도시스템(community water system)은 상주인구에게 공급하는 공공상수도시스템이며, 비지역 상수도시스템(noncommunity water system)은 식당, 학교와 같이 유동 인구에 공급하는 공공상수도시스템이다. 시료 채취 및 오염농도기준은 이 두 형태에 따라 다르다.

c. 최대오염허용농도는 가능한 최대오염허용농도 목표치(MCLGs)에 도달하기 위해 USEPA에서 설정하여야 하는 강제력이 있는 기준들이다. MCLGs들은 각각의 오염물질들에 대해 인간의 건강에 악영향이 없으며, 안전성에 어느 정도 여유가 있는 농도들을 수치로 나타내고 있다. 실행 가능한 MCL의 농도는 최적 기술, 처리기술 및 실험실 분석 가능성과 비용에 대한 고찰을 근거로 결정한다.

표 4-1 규제 오염물질에 대한 USEPA의 1차 음용수 기준

오염물질	MCLG(mg/L)	MCL(mg/L)
Fluoride Rule		
Fluoride	4.0	4.0
Phase I Volatile Organic		
Benzene	0	0.005
Carbon tetrachloride		
p-Dichlorobenzene	0	0.005
1,2-Dichloroethane	0.075	0.075
1,1-Dichloroethylene	0	0.005
Trichloroethylene	0.007	0.007
1,1,1-Trichloroethane	0	0.005
Vinyl chloride	0.2	0.2
Total Coliform Rule and Surface Water Treatment Rule		
Giardia lamblia	0	TT[a]
Legionella	0	TT
Heterotrophic plate count	N/A	TT
Total coliform	0	$<5\%$[b]
Turbidity	N/A	TT
Viruses	0	TT
Phase II Rule Inorganics		
Asbestos(>10 μm)	7MFL[c]	7MFL

표 4-1 규제 오염물질에 대한 USEPA의 1차 음용수 기준(계속)

오염물질	MCLG(mg/L)	MCL(mg/L)
Barium	2	2
Cadmium(total)	0.005	0.005
Chromium(total)	0.1	0.1
Mercury(inorganicl)	0.002	0.002
Nitrate(as N)	10	10
Nitrite(as N)	1	1
Nitrate + Nitrite(as N)	10	10
Selenium	0.05	0.05
Phase II Rule Organics		
Acrylamide	0	TT
Alachlor	0	0.002
Atrazine	0.003	0.003
Carbofuran	0.04	0.04
Chlordane	0	0.002
Chlorobenzene	0.1	0.1
2,4-Dichlorophenoxyacetic acid(2,4-D)	0.07	0.07
o-Dichlorobenzene	0.6	0.6
cis-1,2-Dichloroethylene	0.07	0.07
trans-1,2-Dichloroethylene	0.1	0.1
Dibromochloropropane	0	0.0002
1,2-Dichloropropane	0	0.005
Epichlorohydrin	0	TT
Ethylbenzene	0.7	0.7
Ethylene dibromide	0	0.00005
Heptachlor	0	0.0004
Heptachlor epoxide	0	0.0002
Lindane	0.0002	0.0002
Methoxychlor	0.04	0.04
Pentachlorophenol	0	0.001
PCBs	0	0.0005
Styrene	0.1	0.1
Tetrachloroethylene	0	0.005
Toluene	1	1
Toxaphene	0	0.003
2,4,5-TP(silvex)	0.05	0.05
Xyenes(total)	10	10
Lead and Copper Rule		

표 4-1 규제 오염물질에 대한 USEPA의 1차 음용수 기준(계속)

오염물질	MCLG(mg/L)	MCL(mg/L)
Lead	0	TT[d]
Copper	1.3	TT[e]
Phase V Rule Inorganics		
Antimony	0	0.006
Beryllium	0.004	0.004
Cyanide	0.2	0.2
Thallium	0.0005	0.002
Phase V Rule Organics		
Adipate〔di(2-ethylhexyl)〕	0.4	0.4
Dalapon	0.2	0.2
Dichloromethane	0	0.005
Dinoseb	0.007	0.007
Dioxin	0	3×10^{-8}
Diquat	0.02	0.02
Endothall	0.1	0.1
Endrin	0.002	0.002
Glyphosate	0.7	0.7
Hexachlorobenzene	0	0.01
Hexachlorocyclopentadiene	0.05	0.05
Oxamyl(Vydate)	0.2	0.2
Phathalate,〔di(2-ethylhexyl)〕	0	0.006
Picloran	0.5	0.5
Polyaromatic hydrocarbons〔benzeo(α)pyrene〕	0	0.0002
Simazine	0.004	0.004
1,2,4-Trichlorobenzene	0.07	0.07
1,1,2-Trichloroethane	0.003	0.005
Other Interim(I) and Proposed(P) Standards		
Sulfate(P)	500	500[f]
Arsenic(I)		0.05
Interim(I) and Proposed(P) Standards for Radionuclides		
Beta/photon emitters	0(I), 0(P)	4mrem/yr(I),4mrem/yr(P)
Alpha emitters	0(I), 0(P)	15pCi/L(I),15pCi/L(P)
Radium 226+228	0(I)	5pCi/L
Radium 226(P)	0(P)	20pCi/L
Radium 228(P)	0(P)	20pCi/L
Uranium(P)	0	0.02

표 4-1 규제 오염물질에 대한 USEPA의 1차 음용수 기준(계속)

오염물질	MCLG(mg/L)	MCL(mg/L)
Interim(I) and Proposed(P)Standards for Disinfection By-Products		
Bromate(P)	0	0.010
Bromodichloromethane(P)	0	TTHMS 참조
Bromoform(P)	0	TTHMS 참조
Chloral hydrate(P)	0.04	TT
Chlorite(P)	0.08	1.0
Chloroform(P)	0	TTHMS 참조
Dibromochloromethane(P)	0.06	TTHMS 참조
Dichloroacetic acid(P)	0	HAA5 참조
Haloacetic acids(HAA5)[g]	0	0.060(P stage1),
		0.030(P stage2)
Trichloroacetic acid(P)	0.3	See HAA5
Total trihalomethanes(TTHMs)	0	0.10(I),0.080 (P stage1), 0.040(P stage2)

a. TT : 처리기술 필요(treatment technique requirement)
b. 상수도시스템에 대해 한 달에 40개 이상의 시료를 분석하고 월간 분석 시료 중에서 대장균군 양성 시료는 5.0% 미만이어야 한다. 한 달에 40개 미만의 시료를 분석하는 경우에는 월간 시료 중에서 대장균군 양성 시료는 1개 이하여야 한다.
c. MFL : million fibers per liter.
d. action level = 0.015 mg/L.
e. action level = 1.3 mg/L.
f. 공공상수도시스템에게 급수인구를 보호하기에 적절한 대응안에 유연성을 주는 대안.
g. mono-, di-, trichloroacetic acid와 mono-, dibromoacetic acid의 합계
출처 : 참고문헌 6에서 일부 인용

4.3.2 2차 음용수 규정

2차 음용수 규정은 심미적인 특성에 악영향을 미치는 오염물질들을 규제하기 위하여 1979년에 공포되었다. 이러한 오염물질들은 일반적으로 맛, 냄새, 색도에 관련되어 있다. 2차 음용수 규정은 급수의 합리적인 목표치를 고려하여 MCLs로 나타낸다. 이 규정은 연방정부에서 강요하지 않는다. 각각의 주정부는 소비자의 건강과 복지가 완전히 보호되는 한도 내에서 필요성에 따라 적절한 기준을 수립할 수 있다. 1986년에 불화물에 대한 2차 MCL과 국가 2차 음용수 규정이 개정되었다.[19] 국가 2차 음용수 규정을 표 4-2에 요약하였다.

표 4-2 미국의 2차 음용수 기준

기준항목	농도(mg/L)
Chloride	250
Color	15 color units
Copper	1
Corrosivity	Noncorrosive
Foaming Agents	2.5
Fluoride	2.0
Iron	0.3
Manganese	0.05
Odor	3 threshold odor
pH	6.5 to 8.5
Sulfate	250
Total dissolved solids	500
Zinc	5

출처 : 참고문헌 19에서 부분 인용

4.3.3 주정부의 음용수 규정

SDWA의 목표는 연방 및 주정부의 관련기관의 노력을 결합함으로써 미국인들에게 안전한 먹는 물 공급을 보장하는 것이다. 이 법에 따라, USEPA는 공공상수도시스템에 대한 안전한 먹는 물 수질을 정의하는 규정을 수립하고, 모든 공공상수도시스템이 이 규정을 만족시킬 수 있는 물을 공급하도록 보장을 해야 하는 책임이 있다. 최소한 USEPA가 설정한 기준만큼 엄격한 규정을 채택하고, 적절한 관리 및 단속 과정을 채택한 주정부는 수질 관리에 대한 1차적인 단속 권한을 위임받는다.[20]

USEPA는 계획형태로 주정부의 노력을 기술적, 재정적으로 지원해준다. 주에서 1차적인 시행을 완수하지 못하면, USEPA는 직접적으로 규제를 관리해야 한다. 권한 위임을 받지 못한 주정부는 USEPA가 직접 규정에 대해 관리를 해야 한다. 권한을 위임받은 주정부는 USEPA의 승인을 받을 경우 규정 항목 중 일부 오염물질을 삭제할 수 있고, USEPA의 승인없이 항목을 추가할 수 있다.

4.3.4 장기적 변화

국가 1차 음용수 규정(NPDWR)은 종종 검토되고 개정될 것이다. 1996년 SDWA 개정법은 USEPA가 적어도 6년마다 NPDWR이 적절한가에 대해 검토 및 개정을 하도록 정하고 있다. NPDWR은 SDWA에 따라 1996년에 개정되었다. USEPA의 음용수 규정으로 인해 1996년 SDWA의 개정법에 의해 부여된 여러 가지 위임사항 및 기한들을 충족하기 위한 기관의 업무가 향후 수년간 증가될 것으로 예상된다.

4.4 초기 및 설계년도와 단계구간

정수장은 일반적으로 장래 수년 동안 지역사회의 급수량을 충족하기 위하여 설계되고 건설된다. 초기년도는 건설이 완공되어 최초로 운전이 시작되는 연도이다. 설계 또는 계획년도는 시설이 설계 용량에 도달될 것으로 예상되는 연도로서, 추가 확장이 필요하다.[21] 계획년도의 결정은 간단한 일이 아니다. 이것은 지역사회의 과거 사회적, 경제적 추세로부터 장래 인구증가를 추정함에 있어 확실한 판단과 기법들이 필요하다. 몇 가지 인자들이 이러한 결정을 하는데 고려되고 있다.[1,21,22]

- 정수처리 기술에 있어 내구성을 고려한 처리시설의 내구연한과 공정들의 노후성
- 장래 시설확장의 편리성
- 먹는 물 수질 기준의 예상되는 변화
- 원수 수질의 예상되는 변화
- 지역사회, 급수면적, 급수구역의 성장 유형(지역사회의 변화 포함)
- 처리시설이 과대 용량일 경우 초기 수년 동안의 처리시설의 운전
- 이자율 변동경향, 현재와 장래의 건설비용 및 기금의 확보 가능성

일반적으로 설계년도를 2개 또는 3개의 단계구간(staging period, 단계기간)으로 구분하는 것이 바람직하다. 초기에는 쉽고, 경제적으로 확장할 수 없는 시설들이 최종적인 용량으로 건설된다. 이러한 시설의 예로는 취수시설, 펌프장, 원수 관거, 주 관거, 수로, 부속장치, 화학약품 및 제어 건물, 정수지, 저장시설들이다. 단계적으로 건설되는 시설들은 펌프 장치, 화학약품 주입기, 급속교반, 응결, 침전조 및 여과장치와 같은 처리시설이다. 몇몇 설계자들은 단계별로 완전한 공정 계열들을 공급함으로써 모듈개념을 이용하고 있다.[1] 단계구간의 수는 급수지역의 성장률과 설비에 대한 재정적 능력과 관련이 있다. 그러나 기술적인 조사, 설계, 재정, 건설들을 고려하여 단계구간들이 충분한 시간(적어도 5년)을 갖는 것이 바람직하다.[1,21]

계획년도와 단계구간의 개념에 대한 다른 접근법은 한 지역 이상의 여러 지역에 정수장을 단계적으로 설치하는 것을 고려하는 것이다. 이러한 개념은 만약 추가적인 급수원이 가능하고 인구 중심의 이동이 넓은 범위에 걸쳐 야기되고, 각기 다른 수압 구역이 인접하게 될 경우에 유용하다.[1]

4.5 급수면적

급수면적은 계획된 정수장에 의해 지속적으로 급수될 총면적으로 정의된다. 이 면적은 지리적, 지형적인 특성, 행정경계 혹은 이 두 가지를 근거로 설정한다. 장래에 도시에 통합될 도시 외곽 지역도 급수지역으로 간주될 수 있다.

설계자와 계획팀이 계획된 지역의 급수지역에 익숙해야 한다는 점도 중요하다. 현장 방문과 지형,

지리, 수문학, 기후, 생태적 요소와 사회적, 경제적 조건에 대한 공학적 자료의 검토가 필요하다. 개발되었거나 미개발된 토지 모두에 영향을 미칠 수 있는 기존 지역의 규제와 토지이용 또는 지역 계획과 장래 변화 가능성에 대해 연구되어야 한다. 이러한 노력은 주정부, 지역의 계획기관들이 신중하게 협조되어야 하며, 그 지역의 수도종합계획(water master plan)에 부합되어야 한다.[21] 어떤 지리적, 지형적, 지역개발 조건하에서는 하나 이상의 정수장을 계획하는 것이 상수시설에 대한 수요를 경제적이고 효율적으로 충족시킬 수가 있다.

4.6 시설용량

정수장의 설계용량은 일반적으로 계획년도에 발생될 것이라고 예상되는 일최대급수량을 기준으로 한다. 이는 장래수요 예측을 포함한다. 물수요 예측은 복잡한 문제이다. 총급수량은 가정용수, 영업용수, 공업용수, 소화용수, 공공용수 그리고 손실수량 혹은 무수수량을 포함한다. 이러한 모든 구성 요소들은 (1) 기후, (2) 지리적 위치, (3) 지역의 크기, 인구, 경제적 조건, (4) 산업화 정도, (5) 계량되고 있는 공급량, (6) 물의 가격, (7) 급수압, (8) 일반 대중 및 관계기관의 물 절약에 대한 노력[21,22]과 같은 인자들에 의해서 크게 변한다.

시설용량을 예측하는 가장 일반적인 방법은 계획년도까지 급수지역의 인구예측과 급수율에 대한 예측을 근거로 하고 있다.

4.6.1 인구예측과 인구밀도

인구예측

계획년도에 과거 인구 자료를 투영하는 많은 수학적, 도식적인 방법들이 있다. 다음의 방법들은 현재 광범위하게 사용되는 방법들이다.

1. 등차급수법
2. 등비급수법
3. 감소율성장법
4. 수학적 혹은 로지스틱 곡선법
5. 유사 도시에 대한 그래프 비교법
6. 비율법
7. 고용예측법
8. 출생집단법(birth cohort, 출생코호트법)

이러한 방법들은 각기 다른 가정을 이용하므로, 따라서 결과들도 서로 다르다. 어떤 하나의 방법을 선정함에 있어서는 이용 가능한 자료의 크기와 유형, 추정기간의 길고 짧음에 영향을 받는다. 일반적으로, 인구와 성장률은 (1) 출생률과 사망률, (2) 전입률과 전출률, (3) 영토의 합병, (4) 도시화와 상업화, (5) 공업화 등과 같은 요인에 크게 영향을 받는다.

등차급수법, 등비급수법, 감소율성장법, 로지스틱 곡선법은 표 4-3에 요약되어 있다. 나머지 방법들은 표 4-4, 그림 4-1, 그림 4-2, 그림 4-3에 나타나있다. 몇몇 우수한 참고 문헌들이 인구예측에 도움이 될 것이다.[23~27]

인구밀도

도시 전체에 대한 평균인구밀도는 7,500~10,000 persons/km^2(30~40 persons/acre)를 거의 초과하지 않는다. 유량의 추정과 하수관거의 설계를 위하여 도시의 다른 지역별 인구밀도를 아는 것도 중요하다. 인구밀도는 토지용도에 따라 도시 내에도 크게 다르다. 토지용도 특성에 근거한 평균인구밀도는 표 4-5에 요약되어 있다.

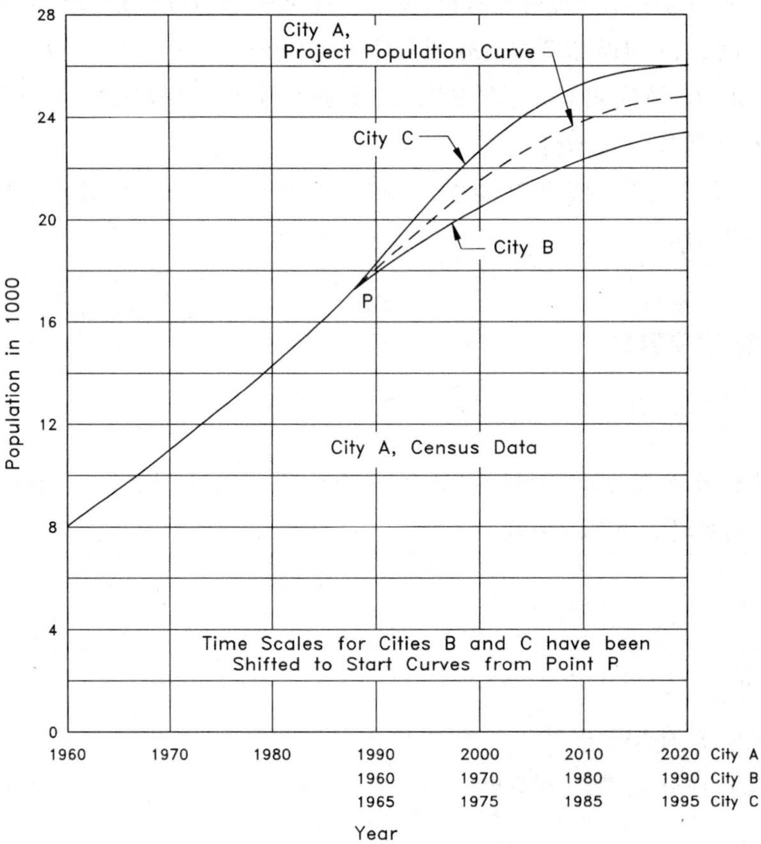

그림 4-1 그래프 비교에 의한 인구 예측(참고문헌 21에서 인용)

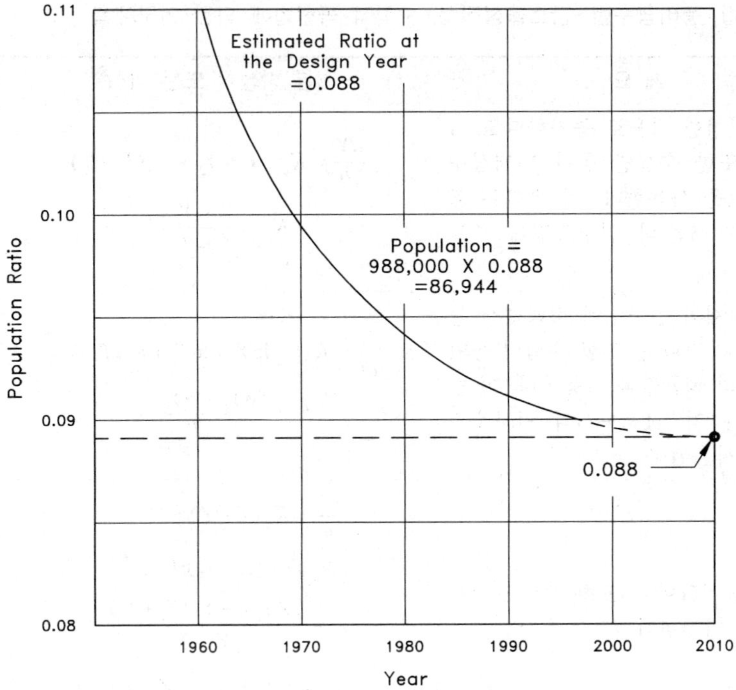

그림 4-2 비율에 의한 인구 예측(참고문헌 21에서 인용)

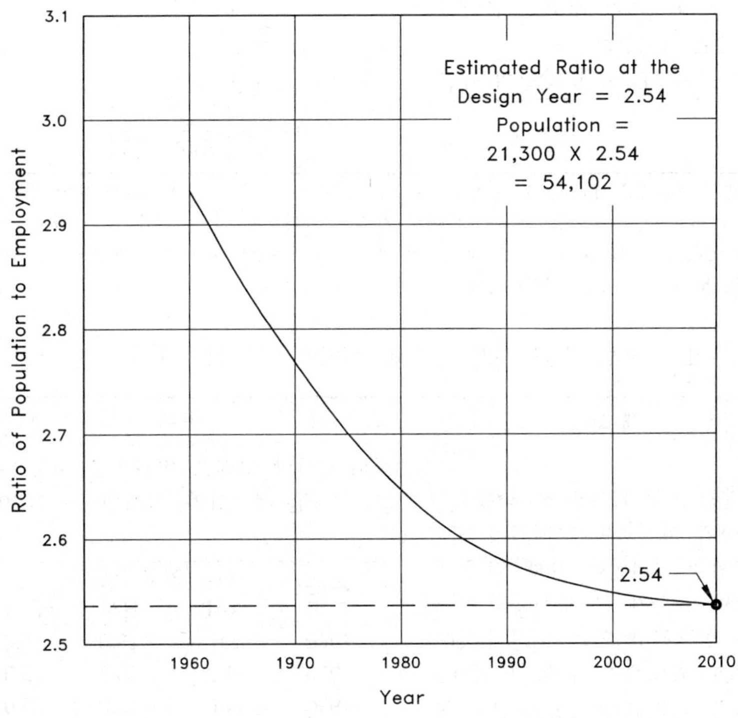

그림 4-3 고용예측법에 의한 인구 예측(참고문헌 21에서 인용)

표 4-3 등차급수법, 등비급수법, 감소율성장법, 수학적 곡선법에 의한 인구예측

방 법	개 요	기본 방정식 또는 과정[a]	계산값[b]
등차 급수법	인구는 일정한 비율로 증가한다고 가정한다. 또한 수십년 동안 비례상수의 평균값을 사용한다. 이 방법은 짧은 기간(1~5년)의 인구추정에 주로 사용된다.	$\frac{dY}{dt}=K_a$; $Y_t=Y_2+K_a(T-T_2)$ $K_a=\frac{Y_2-Y_1}{T_2-T_1}$	$K_a=300/\text{yr}$ Y_t = 21,000
등비 급수법	인구는 현재의 인구수에 비례해서 증가된다고 가정한다. 또한 수십년 동안 비례상수의 평균값을 사용한다. 이 방법은 짧은 기간(1~5년)의 인구추정에 주로 사용된다.	$\frac{dY}{dt}=K_pY$; $\ln Y_t=\ln Y_2+K_p(T-T_2)$ $K_p=\frac{\ln Y_2-\ln Y_1}{T_2-T_1}$	K_p = 0.0182 Y_t = 21,600
감소율 성장법	인구는 한계값이나 포화점에 도달할 것이라고 가정한다.	$\frac{dY}{dt}=K_d(Z-Y)$; $Y_t=Y_2+(Z-Y_2)(1-e^{-k_d(T-T_2)})$ $Z=\frac{2Y_0Y_1Y_2-Y_1^2(Y_0+Y_2)}{Y_0Y_2-Y_1^2}$ $K_d=-\frac{1}{T_2-T_1}\ln\left(\frac{Z-Y_2}{Z-Y_1}\right)$	Z = 20,000 K_d = 0.09163 Y_t = 19,200
수학적 혹은 로지스틱 곡선법	인구성장은 논리적인 수학적 관계식에 따른다고 가정한다. 가장 일반적인 관계는 S 모양의 곡선이다.	$Y_t=\frac{Z}{1+ae^{b(T-T_0)}}$ $a=\frac{Z-Y_0}{Y_0}$ $b=\frac{1}{n}\ln\left[\frac{Y_0(Z-Y_1)}{Y_1(Z-Y_0)}\right]$	Z = 20,000 a = 1.00 b = 0.1099 n = 10 Y_t = 19,287

a. dY/dt = 시간에 대한 인구변화율. Y_0, Y_1, Y_2 = 시간 T_0, T_1, T_2에서의 인구. Y_t =관심있는 해의 추정인구 Z = 포화인구. K_a, K_p, K_d = 비례상수. a, b = 상수. n = T_0, T_1, T_2 사이의 간격을 나타내는 상수, 대개 10을 사용.

b. T_0 = 1970, Y_0 = 10,000, T_1 = 1980, Y_1 = 15,000, T_2 = 1990, Y_2 =18,000 자료를 사용했을 때 2000년도의 추정인구.

출처 : Technomic Publishing Co., Inc.의 승인 하에 참고문헌 21에서 인용

표 4-4 그래프비교법, 비율법, 고용예측법, 출생코호트법에 의한 인구 예측

방법	개 요	문제	추정인구
그래프 비교	이 절차는 연구하고 있는 도시의 과거 인구에 의거하여 그래프에 의한 인구계획을 의미한다. 또한 다른 유사하지만 규모가 큰 도시들의 인구자료를 연구하고 있는 도시의 현재 인구값과 일치시켜 같은 방법으로 도시한다. 이러한 곡선들은 미래 인구계획의 참고자료로 이용된다.	B시와 C시의 그래프 비교법을 이용하여 A시의 인구를 예측하라. 설계년도는 2020년이다. (아래 표 참조) 이 절차는 그림 4-1에 예시하였다.	Y_{2020} = 24,800

연도	인구(천명)		
	A시	B시	C시
1960	8.0	18.0	16.0
1970	11.0	20.3	20.0
1980	14.0	22.0	25.0
1990	18.0	23.2	25.6

표 4-4 그래프비교법, 비율법, 고용예측법, 출생코호트법에 의한 인구 예측(계속)

<table>
<tr><th>방법</th><th>개 요</th><th>문제</th><th>추정인구</th></tr>
<tr><td>비율과 상관관계</td><td>이 방법에서는 문제가 되는 도시의 인구는 해당지역, 마을 또는 국가의 인구추세와 같은 경향을 따른다고 가정한다. 일련의 센서스 연도들의 인구기록들로부터, 비율을 도시하고, 이로부터 대상 연도의 인구를 예측한다. 지역, 마을, 국가의 추정 인구와 계획 비율로부터 관련된 도시의 인구를 얻을 수 있다.</td><td>비율법을 이용하여 도시인구를 예측하라. 설계연도는 2010년이다. 이 지역의 2010년 예측인구는 988,000명이다
<table>
<tr><th rowspan="2">Year</th><th colspan="3">인구(천명)</th></tr>
<tr><th>도시</th><th>지역</th><th>비율</th></tr>
<tr><td>1960</td><td>50</td><td>455</td><td>0.110</td></tr>
<tr><td>1970</td><td>61</td><td>623</td><td>0.098</td></tr>
<tr><td>1980</td><td>72</td><td>766</td><td>0.094</td></tr>
<tr><td>1990</td><td>77</td><td>850</td><td>0.091</td></tr>
</table>
이 절차는 그림 4-2에 예시하였다.</td><td>Y_{2010}
= 86,944</td></tr>
<tr><td>고용예측 또는 다른 방법에 의한 예측</td><td>고용을 예측함으로서 인구를 추정한다. 인구와 고용에 대한 과거 자료를 이용하여 그 비율을 도시하여 고용계획을 예측함으로서 인구를 구한다. 이 과정은 비율법에 의한 과정과 비슷하다. 전화, 전기, 가스 그리고 하수도와 같은 다양한 시설의 보급과의 연계성을 예측함으로서 유사한 절차를 이용할 수 있다. 각 시설의 회사는 연구를 통해 미래 보급률에 대한 신뢰성이 있는 예측을 하려한다. 또한 우편물과 신문의 보급률에 대한 예측들을 인구 추정에 사용할 수 있다.</td><td>고용예측을 이용하여 한 도시의인구를 예측하라. 설계연도는 2010년이다. 다음 자료를 이용하라. 2010년도의 고용예측은 21,300명이다
<table>
<tr><th>연도</th><th>인구
(천명)</th><th>고용인구,
(천명)</th><th>인구
고용비율</th></tr>
<tr><td>1960</td><td>20</td><td>6.80</td><td>2.94</td></tr>
<tr><td>1970</td><td>30</td><td>10.79</td><td>2.78</td></tr>
<tr><td>1980</td><td>39</td><td>14.77</td><td>2.64</td></tr>
<tr><td>1990</td><td>46</td><td>17.83</td><td>2.58</td></tr>
</table>
이 절차는 그림 4-3에 예시하였다.</td><td>Y_{2010}
= 54,102</td></tr>
<tr><td>출생 코호트</td><td>출생 코호트는 주어진 연도 또는 기간에 태어난 사람들의 그룹으로 인구통계학자들은 정의하고 있다.[a] 서로 다른 연령층의 남성과 여성에 대한 현재 인구를 과거의 기록들로부터 구한다. 각 그룹의 출생과 사망률, 인구이주 자료로부터 각 그룹의 실 증가율을 계산한다. 그러면 설계연도에 도달할 때까지 한 그룹에서 다른 그룹으로 인구자료가 이동한다. 이러한 절차는 참고문헌 11에서 설명하고 있다.</td><td></td><td></td></tr>
</table>

a. 인구통계학은 총인구, 밀도, 사망자 수, 출생자 수, 이주자 수 등에 대한 특정 부류의 인구의 특성을 통계적으로 연구하는 인류학의 한 분야이다.

출처 : Technomic Publishing Co.의 승인하에 참고문헌 21에서 인용.

표 4-5 여러 도시의 인구밀도 범위

토지 이용	인구 범위	
	km²당 인구	acre당 인구
주거지역		
단독주거지		
대규모단지	1,200~4,000	5~16
소규모단지	3,700~8,700	15~35
다세대주거지		
소규모단지	8,700~25,000	35~100
아파트 또는 임대주택	25,000~250,000	100~1,000 이상
영업지역	3,700~7,500	15~30
공업지역	1,250~3,700	5~15
공원, 운동장, 묘지 등을 제외한 총면적	2,500~13,000	10~53

출처 : 참고문헌21, 27에서 부분인용

4.6.2 도시의 급수량

도시의 급수량은 (1) 가정용수, (2) 영업용수, (3) 공업용수, (4) 공공용수, (5) 무수수량(누수량 포함) 등으로 구성된다. 상수도 시설의 설계에 있어 필요로 하는 수량을 정확하게 추정하는 것이 필요하다. 이는 급수지역의 인구, 1인당 급수량과 급수량에 영향을 미치는 인자의 추정을 포함한다.

급수량은 liters per capita per day(Lpcd) 혹은 gallons per capita per day(gpcd)로 표현하는 것이 관례다. 이 수치는 1년 동안 1인당 필요로 하는 일평균 수량을 의미하며, 일반적으로 연평균 1일급수량을 총급수인구로 나눈 값으로 계산한다. 1인당 급수량은 전통적으로 가정용수, 영업용수, 공업용수, 공공용수 및 손실에 의해 소모되는 모든 물을 포함한다. 1인당 급수량은 또한 정상적 조건 혹은 갈수기 조건으로 구분될 수 있다. 미국에서는 공공용수를 공급함에 있어서 급수량의 변화는 크다. 그러나 평균급수는 628 Lpcd(166 gpcd)[27~29]이다. 미국 50개 주와 다른 나라 도시들의 급수량이 표 4-6에 요약되어 있다.[30,31]

표 4-6 미국의 주별, 나라별, 주요 도시의 평균 급수량

state	Lpcd[a]	gpcd[b]	state	Lpcd	gpcd	country	Lpcd	gpcd
Alabama	806	213	Nebraska	636	168	Austria	291	76
Alaska	1,790	473	Nevada	1,154	305	Baghdad, Iraq	172	45
Arizona	787	208	New Hampshire	485	128	Belgium	119	31
Arkansas	503	133	New Jersey	526	139	Bombay India	165	43
California	685	181	New Mexico	772	204	Columbo, Srilanka	229	60
Colorado	746	197	New York	609	161			

표 4-6 미국의 주별, 나라별, 주요 도시의 평균 급수량(계속)

state	Lpcd[a]	gpcd[b]	state	Lpcd	gpcd	country	Lpcd	gpcd
Connecticut	541	143	North Carolina	644	170	Italy	281	74
Delaware	700	185	North Dakota	477	126	Netherlands	160	42
Florida	617	163	Ohio	594	157	Spain	167	44
Georgia	946	250	Oklahoma	492	130	Sweden	340	90
Hawaii	746	197	Oregon	712	188	Swizerland	408	107
Idaho	897	237	Pennsylvania	685	181	Tel aviv-Yufo, Israel	306	81
Illinois	772	204	Rhode Island	462	122	Tokyo, Japan	294	77
Indiana	534	141	South Carolina	916	242	United Kingdom	271	71
Iowa	466	123	South Dakota	549	145	United States	628	166[b]
Kansas	587	155	Tennessee	488	129	West Germany	173	46
Kentucky	314	83	Texas	587	155			
Louisiana	545	144	Utah	1,113	294			
Maine	553	146	Vermont	553	146			
Maryland	515	136	Virginia	420	111			
Massachusetts	530	140	Washington	1,200	317			
Michigan	636	168	West virginia	568	150			
Minnesota	473	125	Wisconsin	587	155			
Mississippi	507	134	Wyoming	746	197			
Missouri	485	128	Washington,D.C.	799	211			
Montana	829	219	Puerto Rico	326	86			

a. 평균치는 도시의 총급수량을 급수인구로 나눈 것임

b. 1 gallon = 3.785 liter

출처 : 참고문헌 30, 31에서 부분 인용

도시 급수량의 구성

도시의 급수량은 가정용수, 영업용수, 공업용수, 공공용수 및 손실수로 구성되어 있다(한국에서는 유수수량(요금수량 + 분수량 + 기타), 유효무수수량(계량기불감수량 + 수도사업용수량 + 공공수량 + 부정사용량) 및 무효수량(조정감액수량 + 누수량)으로 분류하고, 요금수량 안에 가정용수, 업무용수, 영업용수, 욕탕용수, 공업용수를 포함시키고 있음; 역자주). 이러한 구성요소들은 그림 4-4에 나타나있다.

가정용수

가정용수는 가정에서 사용되는 도시상수의 일부이다. 가정용수의 변화는 아주 크다.[31~34] 전형적인 사용량은 표 4-7[21]에 나타나 있다. 이는 화장실 세정, 요리, 음용, 세탁, 목욕, 잔디 살수 및 기타 용도로 구성된다. 평균 가정용수량은 100~450 Lpcd의 범위로, 가장 많이 사용되는 범위는 200~300 Lpcd이다.[23,25,29] 다양한 가정용 설비의 대표적인 물 사용량은 표 4-8에 요약되어있다.[21]

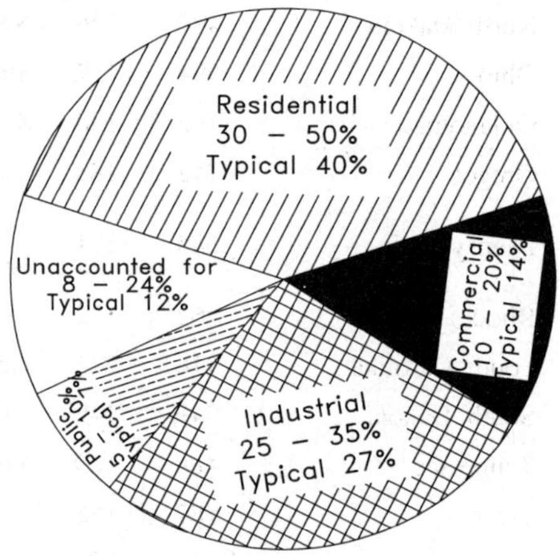

그림 4-4 도시 급수량의 구성

표 4-7 가정용수의 대표적인 사용 비율

물이용 형태	%
화장실 세척수(변기누수포함)	33
샤워와 목욕	28
세면기	11
부엌	9[a]
음료, 요리	(2~6)
설거지	(3~5)
음식물처리	(0~6)
세탁 또는 세탁기	16[b]
잔디 살수 및 기타	3

a 식기 세척기는 3%, 기타는 수도꼭지 이용
b 세탁기 사용증가와 총사용량 감소로 인해 비율이 높음.
출처 : 참고문헌 21, 37, 38에서 부분 인용

표 4-8 여러 설비에 대한 대표적인 물 사용량

설 비	유량 범위
가정용 수도꼭지	10~20 L/min
세면기	4~8 L/use
샤워 꼭지	90~110 L/use; 19~40 L/min
욕조	60~190 L/use
수세변기, 수조형	19~27 L/min

표 4-8 여러 설비에 대한 대표적인 물 사용량(계속)

설 비	유량 범위
수세변기, 밸브형	90~110 L/min
식기세척기	15~30 L/load
세탁기	100~200 L/load
잔디 살수기	6~8 L/min
연속적으로 흐르는 음용대	4~5 L/min
음식물 처분	600~7,500 L/wk 4~8 L/person per day
방울방울 떨어지거나 누수되는 수도꼭지	10~1,000 L/d

출처 : 참고문헌 21, 36~38에서 부분인용

영업용수

영업시설은 모텔, 호텔, 업무용 빌딩, 쇼핑센터, 정비소, 극장, 공항 등을 포함한다.

영업용수량은 시설의 유형과 수에 영향을 받는다. 영업용수량은 총급수량의 약 10~20 %이다.[23,25] 연상 면적(영업소의 바닥면적)을 기준으로 대표적인 값은 10~15 $L/m^2 \cdot d$ 범위이다.[22] 여러 종류의 영업시설별 급수량은 매우 다양하다. 대표적인 값들은 표 4-9에 나타나 있다.

표 4-9 주거, 공공, 영업시설의 평균 사용량

구 분	단 위	단위사용량(L/unit · d)
Residential(주거지역)		
Single-family		
Low-income	Person	270
Medium-income	Person	310
High-income	Person	380
Summer cottage	Person	190
Trailer park	Person	150
Apartment	Person	230
Hotel, motel	Unit	380
Camp	Person	133
Resort(day or night)	Person	190
Institutional		
Hospital	Bed	950
Rest home	Bed	380
Prison	Inmate	450
School		
Boarding	Student	300
Day	Student	76

표 4-9 주거, 공공, 영업시설의 평균 사용량(계속)

구 분	단위(Unit)	단위사용량(L/unit · d)
Commercial		
Country club		
Resident	Member	380
Nonresident	Member	95
Restaurant	Customer	30
Cafeteria	Customer Employee	6 40
Bar	Customer Employee	8 50
Coffee shop	Customer Employee	20 40
Dance hall	Person	8
Store	Toilet room Employee	1,520 40
Department store	m^2 Floor area Employee	8 40
Office building	Employee	65
Barber shop	Chair	210
Beauty salons	Station	1,026
Laundry		
Laundromat	Machine	2,200
Commercial	Machine	3,000
Service station	First bays Additional bays Employee	3,800 1,900 190
Theater[a]		
Drive-in	Car space	19
Movie	Seat	8
Airport[a]	passenger	10
Car wash[a]	car washed	209
Industrial building	Employee	55
Factories		
With showers	Employee-shift	133
Without showers	Employee-shift	95

a. 1일당으로 계산되지 않음. 1일당 유량을 얻기 위해서는 unit/d를 곱해야 함.
출처 : 참고문헌 21, 33, 35, 36에서 부분인용

공업용수

공업용수량은 미국에서 매우 큰 부분을 차지하고 있다. 일반적으로 대기업은 자체적인 급수시스템을 개발한다. 오직 소기업들만 물을 구입하여, 지역 도시상수시스템의 급수량을 부가시킨

다. 공업용수량은 계획되고 있는 공업 구역과 도시 내에 개발될 가능성이 있는 업종을 근거로 하여 추정하여야 한다. 소기업의 대표적인 급수량은 총급수량의 25~35%이다. 몇몇 공업용수량에 대한 자료가 표 4-10에 요약되어 있다.[21,33,35,36]

표 4-10 대표적인 공업용수량

공업 용도	수 량
통조림	30~60 m^3/metric ton
우유, 낙농	2~3 m^3/metric ton
육류 포장	15~25 m^3/metric ton
가축	40~50 L/head·d
낙농	70~80 L/head·d
닭	30~40 L/head·d
펄프 및 제지	200~800 m^3/metric ton
철강	260~300 m^3/metric ton
피혁	60~70 m^3/metric ton raw hides processed

출처 : 참고문헌 21, 33, 35, 36에서 부분 인용

공공용수

공공 건물(시청, 교도소, 학교 등)에서 사용되는 물과 공공사업(화재 진압, 도로 살수, 공원 관개를 포함)에 사용되는 물을 공공용수라 한다. 공공용수는 도시의 총급수량의 5~10% 정도이다.[23,25]

무수수량과 누수량

상수도시스템에서 계량기와 펌프의 손실, 배수관의 누수, 결함이 있는 계량기와 불법적인 연결로 인해 상당량의 손실수량 혹은 무수수량이 발생한다. 도시급수 시스템에서 총급수량의 8~18% 정도이다.[23,25]

급수량의 변동

앞서 기술한 도시의 급수량은 연평균 1일급수량에 기초한다. 계절별, 일별, 시간별 급수량의 변화는 크다. 도시지역의 급수량에 대한 몇 가지의 일반적인 특징은 다음과 같이 요약될 수 있다.

- 평일이 주말보다 급수량이 크다.
- 덥고 건조한 날이 습하고 추운 날보다 급수량이 크다.
- 최대 사용월은 일반적으로 7월 혹은 8월(여름)이다.
- 하루 동안 두 번의 첨두급수량을 갖는다. 하나는 하루의 활동이 시작되는 아침에, 다른 첨두치는 저녁에 나타난다.
- 최소급수량은 통상 새벽 4시경에 발생한다.

평균급수량은 1년에 걸친 일급수량의 평균으로 나타낸다. 이를 (연간)일평균급수량이라고 부른다. 일최대급수량은 1년 중 최대로 소비하는 하루 동안의 급수량을 의미한다. 이러한 자료는 생산과 처리시설의 첨두용량을 분석하기 위하여 필요하다. 최대급수량은 특히 기후 조건에 민감하다. 건조하고 더운 여름철(가뭄) 일최대급수량은 잔디 살수량과 목욕량의 증가로 인해 훨씬 높은 경향을 띤다. 반대로 습하거나 시원한 여름에는 일최대급수량은 일반적으로 더 낮다.

시간최대급수량은 어떤 날 최대소비시간동안 필요로 하는 수량을 의미한다. 이러한 자료는 첨두시간동안 첨두급수량을 공급할 수 있도록, 배수시스템, 고가배수지, 송수 펌프의 최대 용량을 분석하기 위하여 사용된다.

연간 일평균, 일최대, 시간최대급수량은 도시 상수도시설의 계획과 설계에 중요하다. 이러한 변동은 전통적으로 일평균급수량에 대한 비율로써 표현된다. 이 비율들은 도시에 따라 매우 다양하다. 그러므로 이러한 변동량을 파악하기 위해서는 과거 데이터로부터 각 도시에 대한 신중한 연구가 이루어져야 한다. 급수량 데이터가 부족할 경우에는 식 (4.1)을 이용하여 최대 월, 주, 일, 시간당 급수량의 비율을 추정할 수 있다.[22,25]

$$P = 180t^{-0.10} \tag{4.1}$$

여기서, P : t에 대한 일평균 급수량의 %

t : 시간의 단위는 일(d), t는 2/24~365의 범위이다.

전형적인 첨두급수량 비율과 식 (4.1)로부터 계산된 값들이 표 4-11에 요약되어 있다. 주거지역에서 시간최대급수량은 잔디 살수 및 기타 사용으로 인해 매우 높을지도 모른다. 일반적으로 첨두유량 비율은 낮은 인구밀도를 갖는 작은 구역에서 더 높다. 또한 영업 및 공업지역의 급수량에 대한 첨두율은 작은 편이다. 시간최대급수량은 일반적으로 일최대급수량의 150%이다.[22] 도시 급수량의 전형적인 일변화는 그림 4-5에 나타나있다.[21]

표 4-11 도시 상수도 시스템에서의 대표적인 급수변동율

조건	연간 일평균에 대한 %		식 (4.1)로부터	
	범위	대표값	t(d)	연간 일평균에 대한 %
최대 월의 일평균	110~140	120	30	128
최대 주의 일평균	120~170	140	7	148
연중 최대일	160~220	180	1	180
일중 첨두시간	225~320	270[a]	2/24[b]	231

a. 1.5×식 (4.1)로부터 구한 일최대급수량
b. 시간최대 급수량은 2시간에 걸쳐 분배됨
출처 : 참고문헌 22, 28에서 부분인용
역자주 : 한국에서는 (연간)일평균급수량에 대한 (연간)일최대급수량의 비율을 첨두율 혹은 첨두부하율이라고 칭하며, 일최대급수일에서의 시간첨두율(시간평균급수량에 대한 시간최대급수량의 비율)을 시간계수라고 칭하고 있다.

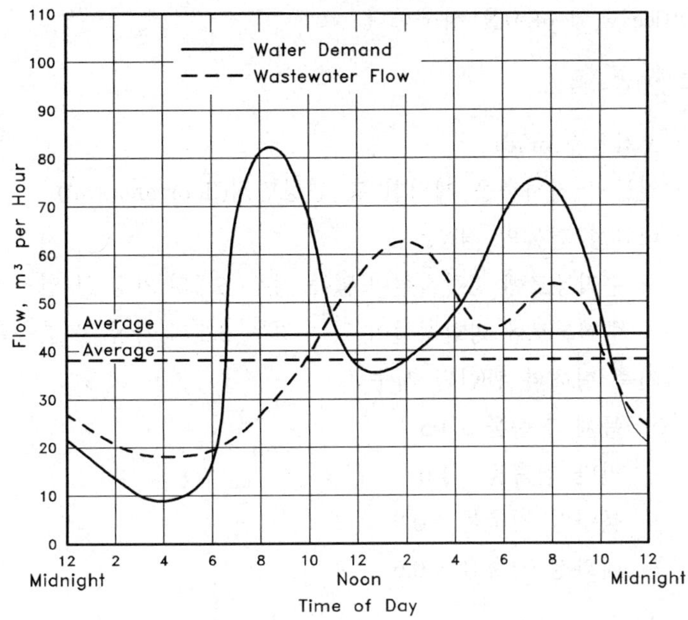

그림 4-5 도시 급수량과 하수 유량의 전형적인 변동

소화용수

소화용수는 배수시스템의 설계에서 고려되어야 한다. 비록 소방에 필요한 연간 수량이 작을지라도, 소요시간 동안에는 급수량이 매우 높을 수 있다. 그러므로 소화용수는 배수시스템 설계시 고려되어야 한다.

과거에 지역사회에 필요한 소화용수량은 National Board for Fire Underwriters(NBFU)에 의해 확립되었다. 식 (4.2)과 (4.3)이 도심의 상업지구에 필요한 소화용수량을 추정하는데 많이 사용되었다.[22,25,26]

$$Q = 3.86\sqrt{P}(1 - 0.01\sqrt{P}) \tag{4.2}$$

여기서, Q : 소화용수(m^3/min)

P : 천명 단위의 인구

$$Q' = (1020\sqrt{P})(1 - 0.01\sqrt{P}) \tag{4.3}$$

Q' : 소화용수(gpm)

최근에는 지역의 소화용수량은 Insurance Service Office에 의해 수립되었다. 소화용수는 지역의 크기, 건축 형태, 거주율, 블록 또는 복합지역의 내부와 주변지역의 건물의 노출도 등에 영향을 받는다.

Insurance Service Office는 식 (4.4)을 사용한다.

$$F = 320\,C\,(A)^{0.5} \tag{4.4}$$

여기서, F : 소화용수(m^3/d)

A : 건물의 지하층을 제외한 총 연상면적(floor area)(m^2)

내화성 건물의 경우,

- 수직통로에 방화시설이 없는 경우, 6개의 가장 큰 연속된 바닥 면적을 사용.
- 수직통로에 방화시설이 있는 경우, 3개의 가장 큰 연속된 바닥 면적을 사용.

C : 건축 형태와 관련된 계수.

- 목재 건축물 : 1.5
- 일반 건축물 : 1.0
- 불연성 건축물 : 0.8
- 내화성 건축물 : 0.6

위의 네 가지 범주에 속하지 않는 건축물에 대해서는 이 계수 값들 간의 보간값을 사용한다. (1) 거주율, (2) 스프링클러에 의한 화재방지여부, (3) 노출도에 따라 위, 아래로 조정하여 계산한다. 위의 공식으로부터 계산된 값에 상관없이, 목재나 일반적인 건축물에 대한 소화용수는 30.3 m^3/min(8,000 gpm)을 초과해서는 안 되며, 불연성 또는 내화성이 있는 건축물에 대한 소화용수는 22.7 m^3/min (6,000 gpm)을 초과해서는 안 된다. 인접건물을 보호하기 위해서는 추가적인 유량이 필요하나 1.9 m^3/min(500 gpm) 이상이어야 한다. 2층 건물의 단일가구와 소규모의 2가구로 구성되어 있을 경우 소화용수는 표 4-12로부터 얻어진다.

표 4-12 2층을 초과하지 않는 단독, 2세대 주거지역에 필요한 소화용수량

거주단위(집)간 거리		필요 소화용수량	
m	ft	m^3/min	gpm
30.5 이상	100이상	1.9	500
9.5~30.5	31~100	2.8~3.8	750~1,000
3.4~9.1	11~30	3.8~5.7	1,000~1,500
3.1 이하	10 이하	5.7~7.6	1,500~2,000
연속	연속	9.5	2,500

출처 : 참고문헌 39에서 부분 인용

식 (4.3)으로부터 얻어진 소화용수 값은 특정조건에 대해서 조정되어야 한다. (a) 낮은 화재발생부하(light fire loadings)를 갖는 주거지는 25%까지 감소,[d] (b) 높은 화재발생부하(high fire loadings)를 갖는 주거지는 25%까지 증가, (c) 자동 스프링클러 설치시 50%까지 감소, (d) 화재지역이 46 m(150 ft) 이내 시 증가(화재지역에서 한 쪽 면만 노출되면 25% 증가, 모든 면이 노출되면 최대 75% 증가)

모두 보정을 한 후에 소화용수는 1.9 m^3/min(500 gpm) 이상 45.4 m^3/min(12,000 gpm) 이하가 되어야 한다. 소화용수는 2∼10 시간동안 사용이 가능해야 하며, 표 4−13에 요약되어있다.[39,40]

d. 낮은 화재발생부하란 교회, 병원, 학교, 사무실, 박물관 및 기타 공공건물과 같이 위험도가 낮은 시설을 포함한 지역이며, 높은 화재발생부하란 기름, 가연성분, 페인트, 용제, 폭발성 물질 등을 처리하거나 저장하는 시설을 포함한 상업지역과 공업지역의 시설물들을 의미한다.

표 4−13 소화용수별 필요한 지속시간

소요 소화용수		지속시간
m^3/min	gpm	hr
7.6	2,000 이하	2
11.3	3,000	3
15.1	4,000	4
18.9	5,000	5
22.7	6,000	6
26.5	7,000	7
30.2	8,000	8
34.0	9,000	9
37.8	10,000 이상	10

출처 : 참고문헌 39에서 부분 인용

소화용수는 일최대급수량 외에 추가로 확보하여야 한다. 배수시스템의 설계유량은 시간최대급수량과 일최대급수량에 소화용수를 합한 값 중에 큰 값으로 한다. 화재시 소화전의 압력은 모터펌프가 사용되는 곳에서 일반적으로 137.9 kN/m^2(20 psi) 이상이어야 한다. 만약 특정 기간동안 필요 유량을 확보할 수 없는 도시는 화재 보험료에 할증이 붙을 수 있기 때문에, 대부분의 도시들은 소화용수를 확보하기 위하여 비상 저수 시설을 설치한다.

소화용수 결정에 관한 지침은 Insurance Service Office와 다른 화재관련 기관들에 의하여 개발되었다. 지침서에 대한 세부적인 적용을 위해서는 화재방지기술에 대한 상당한 지식과 경험이 필요하다. 많은 주와 도시들은 주거, 영업, 공업지역에서의 최소 소화용수와 배수시스템의 설계 점검을 위해 필요한 최소 저장량에 대해 정하고 있다. 소화용수 추정, 소화전 위치, 압력분포에 대한 주제와 추가적인 세부사항들은 13장에서 설명하고 있다. 다음의 예들이 몇 가지 기본 지식을 제공한다.[22,25,39]

예제 4-1 4층 목조 건물 한 층의 면적은 509 m^2이다. 이 건물은 900 m^2/floor의 일반적인 구조의 5층 건물이 인접해있다. 두 건물이 연결되어 있다고 가정할 때, 개별 건물 및 두 건물의 소화용수와 지속시간을 결정하시오.

풀 이 목조 건축물의 C값은 1.5이며, 일반적인 건물의 C값은 1.0이다.

4층 건물의 연면적 = $4 \times 509\ m^2 = 2{,}036\ m^2$

$$F1 = 320 \times 1.5 \times (2{,}036)^{0.5} = 21{,}659\ m^3/d = 15.0\ m^3/min$$

표 4－13으로부터 지속시간은 4시간이다.

5층 건물의 연면적 = $5 \times 900\ m^2 = 4{,}500\ m^2$

$F2 = 320 \times 1.0 \times (4{,}500)^{0.5} = 21{,}466\ m^3/d = 14.9\ m^3/min$

표 4－13으로부터 지속시간은 4시간이다.

두 건물의 소화용수는 각 건물에 의하여 차지되는 면적비율로부터 얻어진다.

총면적 = $2{,}036\ m^2 + 4{,}500\ m^2 = 6{,}536\ m^2$

4층 건물의 면적분율 = $2{,}036\ m^2 / 6{,}536\ m^2 = 0.31$

5층 건물의 면적분율 = $4{,}500\ m^2 / 6{,}536\ m^2 = 0.69$

$F = 320[0.31 \times 1.5(2{,}036)^{0.5} + 0.69 \times 1.5(4{,}500)^{0.5}] = 21{,}526\ m^3/d = 14.95\ m^3/min$

표 4－13으로부터 지속시간은 4시간이다.

예제 4-2 설계년도에 인구 120,000명에 도달하는 도시의 계획 급수량을 구하시오. 그 도시의 계획급수량은 610 Lpcd이다. 소화용수, 정수장의 설계용량, 배수 시스템의 설계용량을 계산하시오. 소화용수에 대하여, NBFU 공식을 사용하시오.

풀 이 일평균급수량 = $\dfrac{610\ L/person/d \times 120{,}000\ person}{1{,}000\ L/m^3 \times 1{,}440\ min/d} = 50.83\ m^3/min$

식 (4.2)로부터 소화용수 $= 3.86\sqrt{120}(1 - 0.01\sqrt{120}) = 37.65\ m^3/min$

식 (4.1) 혹은 표 4－11로부터 일최대급수량 = $1.8 \times 50.83\ m^3/min = 91.5\ m^3/min$

표 4－11로부터 시간최대급수량 = $1.5 \times 91.5\ m^3/min = 137.25\ m^3/min$

정수장의 설계용량 = $91.50\ m^3/min = 131{,}760\ m^3/d$

배수시스템의 설계용량은 다음 중 큰 값이다.

(a) $137.25\ m^3/min$의 시간최대급수량

(b) 소화용수 + 일최대급수량 = $37.65\ m^3/min + 91.5\ m^3/min = 129.15\ m^3/min$

따라서 $137.25\ m^3/min$의 시간최대급수량이 배수시스템의 설계용량이다.

물절약

가정, 영업시설, 공업시설에서 물절약이 대중화되고 있다. 물절약은 상·하수 처리비용을 감소시키는 효과가 있다. 일반 대중들이 정수장치들의 이득, 물절약의 중요성에 대해 이해할 수 있도록 사회적 인식 프로그램들이 필요하다. 저렴한 많은 절수장치들이 현재 대부분의 수도꼭지에 부분적으로 사용가능하다. 절수장치의 사용과 가정, 사무실, 공장에서 간단한 물절약 조치를 통해 20~40%의 물을 절약할 수 있다.[32,41~43]

주요 절수장치 및 시스템과 기존 장치를 통해 달성될 수 있는 감소율이 표 4－14에 요약되어 있다.[21] 가정에서의 물을 절약할 수 있는 아이디어들이 표 4－15에 정리되어 있다.[21,34,43] 물 절약에 대한 노력은 공공기관의 협조와 옥내 급수관 규정 마련과 같은 지방정부의 노력이 필요하다.

표 4-14 주요한 유량 절감 시스템과 장치 및 일반 장치에 대한 절감 비율

유량 절감 시스템/장치	설 명	절감비율(%)
감압 밸브(PRV)	급수압을 줄이기 위해 설치한다. 따라서 가정의 수압과 유량은 감소된다. 이것은 수도꼭지에서 분출되거나 새거나, 물방울 등 불필요한 낭비를 없앨 수 있다.	20~30
싱크대 수도꼭지		
포말형 수도꼭지	물의 흐름을 평평하고 균일하게 공급할 수 있도록 설계한다. 포말과 함께 나오는 물은 헹구어 내는 힘이 더 좋기 때문에 부엌과 욕실 싱크에서 세척수를 줄일 수 있다.	1~2
유량 제한 밸브	급수 압력에 관계없이 유량을 일정 비율로 제한한다.	1~2
샤워		
유량 제한 샤워기	물이 분사되는 것을 제한하고 집중시킴으로서 물 소비를 줄일 수 있다.	10~12
유량 제한 밸브	급수 압력에 관계없이 고정된 유량으로 유량을 제한한다.	8~10
세탁기		
수위조절 또는 물 절약형 세척기	수위를 설정하여 세탁물량과 관련하여 물을 사용한다.	2~4
식기 세척기		
물 절약형 식기세척기	물을 적게 사용하도록 설계된 기계	4~10
화장실		
Shallow-trap 변기	Shallow-trap 변기는 재래식 변기와 유사하다. Shallow-trap은 단위 세척시 물이 적게 소요된다. 이것은 새 집에 사용하면 비용효과가 클 것이다.	30~40
dual-cycle의 변기삽입장치 삽입	재래식 변기에 장치를 설치하여 dual-cycle로 운전되도록 개조한다.(소변과 대변의 세척을 분리한다.)	15~18
dual-cycle 변기	2개의 세척 사이클을 갖는 새로운 형태의 변기로 하나는 소변을, 다른 하나는 대변을 세척한다. 새로운 건축물에 추천한다.	25~30
세척수(flush)를 줄이는 장치	변기 물탱크가 완전히 비어 있는 상태를 예방하거나 탱크의 일부를 차지하게 하여 세척수의 부피를 줄일 수 있는 변기 탱크를 사용한다.	12~18
세척 밸브 (단일 혹은 이중 세척밸브)	세척 밸브를 배관에서 직접 작동시킨다. 제한된 일정량의 물을 세척에 사용한다. Shallow-trap 변기에서도 같이 사용할 수 있는 메카니즘으로 되어있다. 새 집에 추천한다.	10~14 혹은 20~30
병이나 벽돌을 변기물 탱크에 넣음	물을 채운 플라스틱이나 무거운 돌을 넣으면 탱크 공간을 차지하므로 세척용 물의 사용을 줄일 수 있다(부표가 방해받지 않게 해야 한다). 벽돌도 사용될 수 있지만 벽돌부스러기가 튜브나 밸브를 막히게 할 수 있다.	2~5
변기 누수 탐지	물에 녹아 물감이 녹아나오는 정제(tablet)를 사용하여 누수되는 곳을 찾아낸다.	0

표 4-14 주요한 유량 절감 시스템과 장치 및 일반 장치에 대한 절감 비율(계속)

유량 절감 시스템/장치	설 명	절감비율(%)
진공 세척 변기 시스템	배설물을 운반하는데 공기나 적은 양의 물, 또는 거품을 사용한다.	30~40
재순환 변기 시스템	세척수는 일정 기간동안 재순환되어 사용된다. 이 시스템은 배설물을 저장 탱크에 모으는 폐쇄적 순환(closed-loop) 원칙으로 운영된다. 재순환되는 물에서 미생물의 활동은 억제하는데 화학약품을 사용한다. 다른 개량 기술은 세척제로 석유를 이용한다. 저장 탱크를 정기적으로 진공트럭에 의해 청소한다.	25~45
세척수 재사용	싱크대, 욕조, 샤워기 및 세탁기로부터 나오는 폐수를 현지에서 처리하여, 화장실 세척이나 잔디 살수용으로 재사용한다.	30~50
소변기	집에서 소변기를 사용하면 물 소비를 줄일 수 있다. 가정용 세척밸브가 있는 벽타입의 소변기는 한번 세척에 5~6 L가 사용된다.	10~15

출처 : 참고문헌 21, 32, 34, 41~43에서 부분 인용

표 4-15 가정에서 할 수 있는 물절약 아이디어들

장 소	물절약 아이디어들
욕조	가득 찬 욕조는 190 L이다. 가득 찬 욕조의 1/4로도 알맞게 목욕을 할 수 있다.
샤워	빨리하는 샤워는 목욕보다 물 사용이 적다(40~70 L). 비누칠을 할 때 물을 사용하지 않는다. 샤워기를 약하게 사용한다.
변기	필요한 양보다 더 많이 세척하지 않는다. 표 4-14에 언급한 절수장치를 사용한다. 색소를 몇 방울 사용하여 탱크에서 누수나 낭비된 곳을 찾아낸다. 만약 누수가 된다면 변기에 색깔이 나타날 것이다.
세탁기	세탁기가 하나라면 세탁물이 많거나 적은 양을 구분하는 세탁기를 사용한다. 그렇지 않으면 물을 가득 채워 사용하게 된다. 찬물을 사용하면 에너지를 절약 할 수 있다. 단위 세탁물에 대한 물과 에너지 절약형의 세탁기를 구입한다. 비눗물 절약기를 부착하여 세제를 적게 사용한다.
식기 세척기	사용한 종이냅킨으로 미리 접시를 닦는다. 모아서 세척하며, 세제를 적게 사용한다.
싱크대	사용한 종이 냅킨으로 미리 접시를 닦는다. 비누거품이 적게 나는 소량의 세제를 넣은 물에 하룻밤 담궈 놓는다. 헹군 물을 버리지 말고 다음 담구는 물로 남겨 둔다. 냉동식품을 흐르는 물이나 전자렌지가 아닌 공기 중에서 미리 천천히 해동시킨다.
음용수	찬물이 나올 때까지 기다리면서 물을 버리지 않는다. 얼음을 사용하거나 물주전자를 냉장고에 보관하여 냉수를 마신다. 낭비를 피하기 위해 음수기에 종이컵을 사용한다.
부엌 찌꺼기 처분	쓰레기 분쇄기 사용을 피한다. 남은 음식을 애완동물 먹이로 사용한다. 퇴비를 만들기 시작한다.
세면대	양치질을 하는 동안 수돗물을 흘리지 않는다.
수도꼭지	실외에 있는 연결 호스를 포함하여 모든 수도꼭지의 누수를 확인한다. 낡은 오링, 패킹과 결함이 있는 설비를 교체한다. 작은 구멍으로도 하루에 1,000 L의 물이 낭비될 수 있다. 많은 지역에서 과다 수도요금에 대한 분쟁의 95%가 누수로 인한 것들이다.

표 4-15 가정에서 할 수 있는 물절약 아이디어들(계속)

장 소	물 절약 아이디어들
잔디정원	물을 천천히, 완전히, 그리고 가능한 드물게 살수한다. 증발을 최소화하기 위해 밤에 살수한다. 바람이 불어 쏠리는 것을 잘 봐야한다. 물을 많이 필요로 하지 않는 튼튼한 종이나 토종식물을 선택한다. 뿌리를 덮는다. 건조한 날씨에 잘 자라는 잔디를 심으면 덜 말라 죽거나 물을 덜 필요로 한다. 욕조와 주방 싱크 등에서 사용한 물을 재활용한다. 보통의 수압에서 구경 1.25 cm 정원용 호스는 2,300 L/h이상을 뿌리며, 2 cm 호스는 거의 7,000 L/h를 사용하게 된다.
뒤뜰 수영장	사용하지 않을 때는 증발방지를 위해 덮개를 사용한다. 청결을 유지하고 조류 성장을 줄인다. 수영장에 사용한 물을 식물, 관목, 잔디 살수용 물로 재활용한다.
세차	울타리, 관목들, 또는 잔디 근처에서 세차를 하라. 호스에서 조금씩 물을 배출하여 차를 닦는다. 물을 재활용하는 업소에서 세차를 한다.

출처 : 참고문헌 21, 29, 41~43에서 부분 인용

급수량 예측

대부분의 주에서 정수장의 처리용량을 항상 연중 어떤 날의 예상되는 최대사용량 이상으로 하도록 설계기준이 마련되어있다. 그러므로 정수처리 시설을 계획하기 위하여, 정수시설 용량과 배수시스템 계획에는 최대로 가뭄인 조건을 사용할 것이다. 일반적으로 그 절차는 다음과 같다.

1. 초기년도 및 설계년도, 단계 구간에 대해 급수지역의 장래인구를 추정한다.
2. 과거의 물사용과 수도요금 청구 자료를 이용하여 연간 물 소비량과 급수인구를 정한다. 1인 1일 평균급수량(Lpcd)을 결정한다. 공업용수의 비율이 아주 큰 대규모 공장에 영향을 받는 급수량은 본 분석에서는 제외하는 것이 바람직하다. 만약 공업용수량이 소수의 공장에서 극단적으로 높지 않다면, 공업용수를 분리할 필요는 없다.
3. 연도별 1인당 연평균급수량을 도시한다. 가뭄과 통상적인 조건을 나타내는 곡선을 그린다. 일반적으로 가뭄 조건은 통상적인 조건보다 높은 곡선을 나타낸다. 이러한 분석은 5장(그림 5-3)에 나타나있다.
4. 물 절약 노력과 다른 일반적인 경향을 고려하여, 가뭄과 통상적 조건에서 장래의 1인당 연평균급수량을 설정한다.
5. 2단계에서 구한 그 해의 일최대급수량 사용기록과 연간 일평균급수량 자료로부터 일평균급수량에 대한 일최대급수량의 비율을 구한다. 공업용수 사용에 대해서는 반드시 조정해야 한다.
6. 장래 예측을 위하여 바람직한 일최대/일평균의 비를 설정한다.
7. 일최대급수량에 대한 시간최대급수량의 비를 구한다. 이러한 목적에 의하여, 시스템의 최대급수율을 구하기 위해 물을 가장 많이 사용하는 시간대의 급수량 조사가 이루어져야 한다. 펌프의 토출 유량과 압력, 유량계 측정치, 고가저수조의 수위와 감소율들에 대

한 자료가 필요하다.

8. 위에서 계산된 일평균급수량과 일첨두율, 시간첨두율이 가뭄 조건과 통상적인 조건에서 계획 일평균, 일최대, 시간최대급수량을 결정하는데 사용되어야 한다. 위의 분석에서 제외된 공업용수의 경우에는 계획 공업용수에 대해 적절히 조정되어야 한다. 이와 같은 분석과 순차적인 계산의 예는 5.4.3절과 5.4.4절에 나타내었다.

4.7 원수의 수질과 수원 선정

처리의 유형은 수원의 수질과 정수의 목표수질에 영향을 받는다. 일반적으로 원수는 최소의 처리공정 갯수와 처리비용으로 정수의 목표수질을 달성할 수 있어야 한다. 그러므로 수자원 개발연구를 포함한 신중한 검토와 광범위한 공학적 평가가 수원 선정의 일환으로 수행될 필요가 있다. 수량, 수질, 신뢰성, 안전성, 수리권 그리고 환경영향과 같은 인자들이 건설 및 운전비용과 함께 판단을 하는데 포함되어야 한다.

수원의 유형은 세 가지 일반적인 범주 즉, (1) 빗물, (2) 지하수원(주로 우물), (3) 하천, 호수, 하천을 막아 만든 저수지와 같은 지표수 중의 하나가 된다. 가정에서 생활용수로 이용하고자 빗물을 물탱크에 집수하여 활용하기도 한다. 지하수는 일반가정과 중·소규모 지역에서 다양하게 사용되고 있다. 지하수는 수질이 균일하고, 탁도, 색도가 없는 반면, 용존고형물을 다량 포함하고 있다. 전형적인 빗물과 지하수의 수질은 2장(표 2-1)에 나타나있다. 급수원으로서 지하수를 고려할 경우는 대수층의 안전 생산율(safe yield) 및 허용 수위저하, 규정된 오염물질의 MCLs, 해수 침입, 지하수의 다른 오염원, 수리권들에 대한 연구가 필요하다.

지표수는 탁도, 색도, 맛과 냄새 유발물질에 따라 수질이 변하는 경향이 있다. 또한 지표수는 유출사고, 자연적 원인 등을 포함한 폐기물 유입과 단기간 또는 계획기간 동안 지속적으로 수질변화를 야기하는 인위적인 활동에 노출되어 있다. 그러므로 지표수 수원은 신중하게 선정하여야 하며, 다음과 같은 사항을 고려해야 한다.

1. 계획급수량을 만족시키기 위하여 갈수기 동안의 유역의 안전 생산율. 이것은 강수, 증발, 유출, 하천 유량의 통계학적인 분석을 포함한다.
2. 유역에서의 도시화와 토지개발
3. 지류에서의 계획 저수량
4. 물리적, 화학적, 미생물학적과 방사선의 지표로써 표현된 단기, 계절별, 장기 변화에 근거한 수질
5. 홍수 피해, 지진, 파업으로 인한 파손가능성 혹은 독성물질의 유출에 대한 안전성 평가
6. 저수지, 집수, 송수시스템, 정수장 그리고 배수시스템의 건설 필요성

7. 시설의 건설 및 운전 비용을 포함하는 계획의 경제성
8. 사업의 환경영향

지표수의 수질에 대한 자료는 지역, 주, 연방 정부의 관련기관으로부터 얻을 수 있다. 선정된 지표수에 대한 일반 성분들의 농도는 재래식 정수장에 의해 또는 규정된 오염물질(표 4-1)에 대한 BAT에 의해 USEPA 음용수 기준을 만족시켜야 한다. 일반대중에게 기존 정수장의 공정에 의해 공급되는 상수원으로의 지표수의 수질기준은 30년 전부터 개발되었다.[44] 그 당시 허용기준과 권장기준에 대한 개념이 도입되었다. 허용기준(permissible criteria)을 만족하는 수원은 재래적인 정수장에 의하여 안전한 물을 생산할 것이다. 권장기준(desirable criteria)은 모든 면에서의 더 높은 수질을 의미하며, 허용기준을 만족시키는 물보다 훨씬 더 안전하거나 비용이 적게 소요되는 물을 생산한다. 공공용수 급수문제와 관련된 정책에 대한 AWWA(American Water Works Association, 미국수도협회) 보고서에서 원수 공급은 가능한 가장 높은 수질의 수원으로부터 급수가 이루어져야하며, 규정된 수질기준에 부합되도록 적절히 처리되어야 한다고 권고하고 있다.[45] 종합적인 수질관리 계획에 유역 보호와 수원 모니터링을 실시해야 한다.

4.8 공정 선택과 처리공정 계열

원수의 수질, 정수의 수질, 다양한 단위조작이나 공정에 대한 성능 수준에 대한 확실한 이해가 여러 대안의 공정 개발에 필수적이다. 정수장은 원하는 정도의 처리를 위해 많은 처리공정들을 이용한다. 여기에 추가하여 설계 기술자는 처리 공정들의 선정에 있어서 수많은 다른 중요한 인자들을 평가하여야 한다. 이 요인들은 원수 및 정수 수질기준, 주의 설계기준, 처리 성분, 지형, 지질, 수리적 특성, 슬러지 처분, 소요 에너지, 시설의 경제성을 포함한다. 다양한 처리공정의 집합적인 배열을 공정계열(flow scheme, flow sheet, process diagram, process train)이라고 부른다.

적절한 처리공정들의 선택과 공정계열의 개발은 매우 복잡한 일이다. 이는 단위조작과 공정, 운전능력, 처리공정개발을 위해 배열된 다양한 처리 구성요소들의 적합성에 대한 이해를 필요로 한다. 실험실 및 실증 처리연구는 처리성 시험수행에 필요하다. 3장에 공정 선정 및 공정 계열에 대해 언급되어 있고, 독자는 공정선택에 대한 가치 있는 자료를 얻기 위해 이 장을 연구하기 바란다.

4.9 시설 부지, 배치 및 수리학

초기의 계획 및 설계단계 동안, 계획된 정수장 부지 선정에 대하여 신중하게 고려해야 한다. 자연적, 인위적 재해, 지형, 이용 가능한 토지 면적과 토지 획득, 도로 접근성, 홍수 조건, 이용 가능한 수

두, 정수장으로 그리고 정수장으로부터 물 수송에 대한 경제성, 전력의 이용 가능성, 그리고 폐기물의 처분과 같은 조건들도 부지 선정과 시설 배치에 모두 고려되어야 할 것이다. 시설의 배치시에는 효율적인 운전과 중력에 의한 흐름을 위해서 운전 및 제어의 집중화, 화학약품 공급 라인의 단축 그리고 시설의 구성요소들의 조정이 필요하다. 15장에는 시설 부지, 배치 및 수리학에 대한 주제에 대해 설명되어 있다. 설계 기술자는 예비설계 및 공정선택을 하는 동안 시설 부지, 배치 및 수리학에 관한 기본적인 고려 사항들에 대해 이 장에서 연구해야한다.

4.10 장치 선정

모든 정수장은 제조된 장치 또는 자재를 필요로 한다. 사실상 대부분의 설계는 선정된 장치의 크기와 설치 필요성에 의해 좌우되고 있다. 설계 기술자는 요구되는 처리수준을 만족하기 위한 처리공정들과 관련 장치의 선정에 책임이 있다. 이를 위하여 사전에 설계 기준, 설계 절차에 대한 검토와 설계시 가정, 예비설계 계산 및 제조업자의 카탈로그에 대한 면밀한 연구가 필요하다. 장치의 제조업자나 그 대리점에 필요한 세부사양을 요청해야 한다. 설계자들이 장치 공급자와 긴밀한 유대를 갖고, 최선의 장치선택을 위해 가능한 많은 자료를 얻는 것이 필요하다. 장치 선정은 어느 정도 공정의 형태, 신뢰성, 대체성, 필요한 부품목록에 영향을 받는다.

장치에 대한 자료 요청시 기술자에게 그 장치를 사용하거나 심지어 시방에 포함시켜야 한다는 의무감을 부여해서는 안 된다. 그러나 설계에 특별히 적용하지 않는다면 장치에 대한 자료를 요청해서는 안 된다. 한 업체 이상의 여러 업체들로부터 장치에 대한 자료를 얻는 것도 종종 필요하다. 그러나 어떠한 경우에도 모든 장치 제조업자들에게 상투적으로 견적서를 의뢰해서는 안 될 것이다. 장치에 대한 필요한 자료를 준비하는 데는 비용이 소요되나, 의무사항 없이 그러한 자료를 제공하는 것은 만약 판매가 예상이 된다면 정당화될 수 있다.[21,46]

4.11 에너지와 자원상의 요구사항

우리의 에너지수요를 만족시키기 위해서 제한된 가용 자원에 대한 관심이 최근 급증하기 때문에, 계획 및 설계가 에너지 보존이라는 개념을 이용하여야 한다. 1차적인 에너지는 시설의 운전에 사용되는 에너지이다. 2차적인 에너지는 화학약품, 다른 소모성 물질과 콘크리트나 철근과 같은 건축자재 생산에 필요한 에너지이다. 설계자들은 총에너지필요량을 감소시키는 기술을 장려해야 한다. 이러한 노력들은 계획, 연구 조직 및 예비적인 공학설계를 통해서 이용되어야 할 것이다.[21]

4.12 정수장의 경제성

정수장 계획과 설계의 종합적인 부분으로서, 비용-효과 분석법을 이용하여 건설과 운전, 유지관리(O&M) 비용이 계획된 처리공정 계열에 대해 합리적이고, 적절한 지의 여부를 판단해야 한다. 비용-효과 분석법은 처리시설의 수명에 대한 자원의 총비용을 최소화하는 것이다. 자원 비용들은 자본(토지+건축), 운전, 유지관리 그리고 교체비를 포함한다. 예비적인 비용추산을 함에 있어 많은 출판물들이 유용하게 이용될 수 있다.[47,48] 비용을 추산하고자 할 때 적절한 가정, 비용곡선 그리고 비용지표가 사용된다. 비용 방정식과 비용 지표에 대한 논의는 부록 E에 수록하였으며, 비용추산과 비용-효과 평가에 관한 절차는 5장에 설명되어있다.

4.13 환경영향평가

1969년의 National Environmental Policy Act(NEPA)는 연방정부가 의사결정과정에서 환경요인을 고려하고, 이들 이슈들을 평가하는데 여러 학문분야에 걸쳐 접근하는데 이용하게 하고자 제정되었다.[49] 환경영향평가는 정수시설을 건설함에 있어 야기되는 모든 영향을 "이익(benefical)", "악영향(adverse)", "1차적(primary)", "2차적(secondary)"으로 평가해야 한다. 1차적인 영향은 수도사업의 건설 및 운전과 직접적인 관련이 있는 사항들이다. 2차적인 영향은 간접적인 사항으로 관련된 상수도 시스템의 건설에 의해 야기되는 토지이용의 증가 또는 변화로부터 기인되는 것이다. 세부적인 환경영향평가 보고서는 다음의 측면들에서 다뤄져야 할 것이다.

1. 환경설정 혹은 기존조건
2. 계획된 활동에 대한 환경영향
3. 피할 수 없는 환경 악영향은 보완사항이 제시되어야 한다.
4. 계획된 활동에 대한 대안
5. 인간환경의 지역적인 단기이용과 장기적 생산성의 유지 및 증진간의 관계
6. 계획된 활동에 포함되어야 할 자원에 대한 불가항력적이고 회복할 수 없는 행위에 대해 보완되어야 한다.

정수처리계획에 대한 환경영향평가는 5장에 설명되어 있다. 환경영향평가 보고서에 대한 깊이 있는 설명과 예비조사는 참고문헌 49~51에 제공되어 있다.

4.14 주정부의 요구사항

대부분의 주는 공공용수 공급에 대한 계획과 사양에 대해 건축 또는 확장 전에 승인을 필요로 하고 있다. 대부분의 주들은 설계기준 또는 최소한의 설계 요구사항 또는 기준을 수립하고 있다.

설계 기술자는 계획 초기단계에 주의 검토기관에 계획서를 제출하고 주와 지역 조건에 필요한 설계 세부사항과 필요사항을 확보해야 한다. 또한 설계 기술자는 지역 도시계획국, 위원회, 정부기관과 의논해야 하며, 지역법, 규정 그리고 건물 및 건설 조례에 대하여 잘 알아야 한다.[52]

문제 및 토론

4.1 국가의 먹는 물에 대한 규정이 미래에는 더 복잡하고 논란이 지속될 것이라 믿는다. 당신은 이런 생각에 대해 동의하는가? 이에 대해 논의하라.

4.2 참고문헌 5에서 24까지를 이용하여 국가음용수규정에 대한 변화를 요약하여 표로 만들어라.

4.3 우리 지역에 있는 정수장을 방문하라. 지도에 급수구역과 처리장 위치를 표시해보라. 개선에 도움이 된 주요한 사례들을 포함하여 정수장과 배수시스템의 확장에 대한 역사를 간단하게 요약하라. 처리공정계열을 그려라.

4.4 우리 지역에 있는 정수처리시설의 가장 최근에 실시한 확장에 대해 기술보고서를 검토하라. 이 보고서에서 언급한 주요한 이슈를 나열하라.

4.5 설계년도와 단계구간을 설정하는데 있어서 고려하여야 하는 인자들은 무엇인가?

4.6 지역사회의 인구성장에 영향을 주는 다양한 요인들을 설명하라.

4.7 설계년도인 2020년에 급수구역의 인구를 추정하라. 또한 단계년도인 2010과 2015년의 인구를 추정하라. 등차, 등비, 감소율증가법과 로지스틱 곡선법을 이용하라. 다음의 통계자료를 이용하라.

연도	인구(천명)
1970	30.0
1980	40.0
1990	62.0
2000	67.0

4.8 고용예측법을 이용하여 지역사회에 대한 2010년의 인구를 추정하라. 2010년의 고용계획은 9,850명이다.

연도	인구(명)	피고용인(명)
1970	20,000	6,400
1980	21,100	7,385
1990	22,800	8,664
2000	23,500	9,400

4.9 인구가 55,000인 지역사회에 대한 일평균, 일최대, 시간최대급수량을 추정하라. 또한 배수시스템과 정수장의 설계용량을 계산하라. 소화용수량은 식 (4.2)를, 급수변동량을 구하기 위해서는 식 (4.1)과 표 4-11을 이용하라. 평균 급수량은 170 Lpcd로 가정한다.

4.10 3층 목조건물의 한층의 면적이 900 m^2이다. 소화용수량과 소화용수에 대한 지속시간을 결정하라.

4.11 도시 상수시스템의 평균급수량은 20 mgd이다. 60 psi 압력의 배수관에서 누수로 인한 손실량은 유량의 10%가 되는 것으로 추정하고 있다. 이 누수가 오리피스에서 발생된다고 가정할 때, 압력을 30 psi로 감압한다면 누수되는 물을 얼마만큼 절감할 수 있는가?

4.12 지역사회의 2000년 인구는 80,000명이며, 2010년에는 110,000명에 도달될 것으로 예상된다. 2000년의 평균급수량은 150 gpcd이다. 2010년까지는 물소비율이 135 gpcd로 감소할 것으로 예상된다. 인구증가와 소비율 감소가 선형관계에 있다고 가정하고 정수장의 평균처리용량이 15 mgd에 도달하는 해를 계산하라.

4.13 단독가구가 사는 주거지역을 200가구 계획하고 있다. 만일 모든 가정에 적합한 절수장치들로 설치한다면 재래식 설비와 비교하여 연간 절수량을 계산하라. 적용되는 절수장치는 포말분사수도꼭지, 절수형 세탁기와 식기세척기, shallow-trap 변기이다. 표 4-14의 평균절약치를 이용하라. 또한 표 4-7에 주어진 주거지역 급수량에 대한 대표적인 사용율을 이용하라. 주거지역의 평균급수량은 380 Lpcd로 가정한다.

4.14 어느 가정에서는 집으로 들어오는 급수관에 감압밸브(PRV)를 설치했다. 물사용량이 350 Lpcd이고, 4가구가 산다면 물 절약율을 계산하라. 가정용수량의 대표적인 비율은 표 4-7에 주어졌고, PRV로 인한 평균 절수량은 표 4-14와 같다.

4.15 가정에서의 욕실 누수, 수도꼭지 누수, 잔디살수로 인한 평균 총누수량은 총물소비량의 약 4%이다. 급수압은 345 kPa이다. PRV를 설치하여 가정에서의 급수압을 110 kPa로 떨어

뜨리고 있다. 물 소비량이 304 Lpcd이고 모든 누수가 오리피스에서 같이 발생된다고 가정하고, PRV를 설치한 후의 이들 누수원으로부터의 누수절감량을 계산하라.

4.16 60,000가구가 사는 도시의 평균급수량은 350 Lpcd이다. 이 도시의 공공 및 영업지역과 공업지역의 평균 면적이 각각 200 ha와 300 ha이며, ha당 1일 급수량은 각각 20과 23 m^3으로 예상된다. 공공용수와 무수수량은 각각 도시의 총 급수량의 10% 과 6%이다. 도시의 총급수량과 총급수량에 대한 %로서 구성요소들을 계산하라.

4.17 도시가 소구역으로 개발되고 있다. 최종 구역 계획은 다음과 같이 주거지역, 공공지역, 영업지역으로 나뉜다.

가정용수, 공공용수 및 영업용수의 물 수요량을 계산하라. 도시 전체의 평균급수량은 얼마인가?

단독가구	
저소득층	500
중간소득층	800
고소득층	1,500
아파트 주거인	500
1개 호텔/모텔	500 units
1개 병원	300 beds
1개 요양소	150 beds
1개 기숙학교	1500 students
5개 식당	1900 customers
1개 주점	150 customers
쇼핑 센터	250 employees
사무실 건물	1500 employees
3개 이발소	30 chairs
2개 미용실	20 stations
1개 세탁소	20 machines
1개 주유소	10 bays
1개 극장	500 seats

4.18 당신이 사는 지역의 정수처리시설에 대해 다음과 같은 사항을 알아보라.

(a) 설계년도, 추정인구, 평균급수량

(b) 초기년도, 인구, 평균유량

(c) 급수면적(km^2)

그리고 다음 사항을 결정하라. (1) 설계기간, (2) 설계년도의 인구밀도, (3) 단계 구간, (4) 추정된 인구 증가형태가 그 지역사회의 실제 인구경향과 같은 지의 여부.

참고문헌

1. James M. Montgomery, Inc., Water Treatment Principles and Design, John Wiley & Sons, New York, 1985.
2. U. S. Congress. Safe Drinking Water Act(PL 93-523), 93rd U. S. Congress, December 16, 1974.
3. USEPA. Technologies for Upgrading Existing or Designing New Drinking Water Treatment Facilities, EPA/625/489/023, Cincinnati, OH, March 1990.
4. National Academy of Sciences, Safe Drinking Water Committee. Drinking Water and Health, National Academy of Sciences, Washington, D.C., 1977.
5. National Academy of Sciences, Safe Drinking Water Committee. Drinking Water and Health, vol. 2 and 3, National Academy Press, Washington D.C., 1980.
6. Pontius, F. W. "New Horizons in Federal Regulations," Jour. AWWA, vol. 90, no. 3, pp. 38~50, March 1998.
7. U. S. Congerss. Safe Drinking Water Act Amendments of 1986 (L.99-339), 99th U. S. Congerss, June 19, 1986.
8. Pontius, F. W. "An Update of the Federal Drinking Water Regulations," Jour. AWWA, vol. 87, no. 2, pp. 48~58, March 1995.
9. USEPA. "National Primary Drinking Water Regulations; Amendments, Corrections," Federal Register, 47(49), p. 10998, March 12, 1982.
10. USEPA. "National Interim Primary Drinking Water Regulations; Trihalomethanes," Federal Register, 48(40), p. 8406, February 28, 1983.
11. USEPA. "National Interim Primary Drinking Water Regulations; Synthetic Organic Chemicals and Inorganic Chemicals; Monitoring for Unregulated Contaminants; National Primary Drinking Water Regulations Implementation. Final Rule," Federal Register, 56(20), p. 3526, January 30, 1991.
12. USEPA. "National Primary Drinking Water Regulations; Shnthetic Organic Chemicals and Inorganic Chemicals, Final Rule," Federal Register, 57(138), p. 31776, July 13, 1992.
13. USEPA. "National Primary Drinking Water Regulations; Interim Enhanced Surface Water Treatment Rule," Federal Register, 62(212), p. 59485, November 3, 1997.
14. USEPA. "National Primary Drinking Water Regulations; Interim Enhanced Surface Water Treatment Rule, Notice for Data Availability, Proposed Rule," Federal Register, 62(212), p. 59485, November 3, 1997.
15. USEPA. "National Primary Drinking Water Regulation Synthetic Organic Chemicals; Final Rule," Federal Register, 52(130), p. 25689, July 8, 1987.
16. USEPA. "Drinking Water Regulations; Public Notification; Final Rule," Federal Register, 52(208), p. 41535, October 28, 1987.
17. USEPA. "Drinking Water, National Primary Drinking Water Regulation, Total Coliforms, Proposed Rule," Federal Register, 52(212), p. 42223, November 1987.

18. USEPA. "National Primary Drinking Water Regulations, Filtration and Disinfection; Turbidity, Giardia Lamblia, Virus, Legionnella, and Heterotrophic Bacteria, Proposed Rule," Federal Register, p. 42177, November 1987.

19. USEPA. "National Secondary Drinking Water Regulations; Final Rule," Federal Register, 56(20), p. 3526, January 30, 1991.

20. USEPA. Commentary on the Safe Drinking Water Act. EPA Region VI, Revised February 4, 1988.

21. Qasim, S. R. Wastewater Treatment Plants: Planning, Design, and Operation, 2d ed., Technomic Publishing Co., Inc., Lancaster, PA, 1999.

22. Tchobanoglous, G. and Schroeder, E. D. Water Quality: Characteristics, Modeling, and Modification, Addison-Wesley Publishing Co., Reading, MA, 1985.

23. Viesseman, W. and Hammer, M. J. Water Supply and Pollution Control, 6th ed., Addison-Wesley Longman, Inc., Menlo Park, CA 1998.

24. Metcalf and Eddy, Inc. Wastewater Engineering: Treatment Disposal and Reuse, 3d ed., McGraw-Hill Book Co., New York, 1991.

25. McGhee, T. J. Water Supply and Sewerage, 6th ed., McGraw-Hill Inc., New York, 1991.

chapter

05

설계 예를 통한 사전설계 보고서와 문제의 정의

5.1 서 론

사전설계에 관한 연구는 프로젝트에 대한 세부 구성요소를 결정하기 위한 체계적인 계획과정으로서, 상세 설계를 효율적이고 원활하게 진행할 수 있도록 한다.[1] 이러한 연구는 고객, 설계 기술자, 규제 기관(지역, 주, 및 연방), 시민단체, 및 일반 대중들이 관여하게 된다. 종종 수문학, 수자원, 수리학, 공정 공학, 도시 계획, 건축 등 여러 분야와 법적, 재정적 상담으로부터의 전문지식을 활용하는 종합적인 노력이 필요하다.[2,3] 이 사전설계의 목적은 가장 경제적이고, 신뢰할 수 있고, 안전한 물을 지역사회에 공급하기 위함이다. 이 연구는 현재 지역사회의 요구 외에도 미래의 요구에 지역사회가 대처해야 하는 단계들을 권고하며, 통상적으로 하나 또는 그 이상의 보고서를 발간한다. 이들 보고서들은 계획단계의 보고서(planning-phase report), 사전설계 보고서(predesign-phase report), 예비단계 보고서(preliminary-phase report), 및 기술단계 보고서(engineering-phase report)라고도 부른다.[2]

본 장의 목적은 상수도 프로젝트에 있어 사전설계 보고서를 작성하는 데에 포함되어야 할 기본적인 지침과 고려사항들을 제시함에 있다. 또한, 본 장에서 사전설계에 대한 견본을 마련함으로써 일반화된 양식의 제시와 최종 설계계획과 사양들을 준비하기 위해 필요한 기본적인 정보를 마련함에 있다.

5.2 사전설계 보고서의 중요성

사전설계에 관한 연구들은 자료의 수집과 주요 계획들에 대한 공학적인 결정을 하기 때문에, 필수적이다. 사전설계 보고서에서 개발한 대부분의 자료들은 설계계획, 사양, 계획에 대한 예산을 추정하는 데에 이용된다. 다음과 같은 이유들로 인해 사전설계 보고서가 필요하다.

1. 사전설계 보고서는 총계획예산 중 극히 일부(약 1%)를 차지한다.[1] 이 사전설계 단계에서 결정된 사안들은 계획에 대한 설계, 건설, 운전 단계에서 지속적으로 비용을 절감할 수 있음을 알아야 한다.[1,4]
2. 사전설계 보고서는 주요 계획에 대한 결정, 설계기준, 여러 대안, 그리고 처리공정의 선정들을 제시한다.
3. 사전설계 보고서는 주요 공학적 및 건축학적 특성, 장비들, 그리고 운전과 유지 관리에 필요한 사항들을 계획의 총괄적인 관점에서 기술한다.
4. 사전설계 단계에서 결정한 설계자료를 바탕으로, 계획에 필요한 신뢰할 수 있는 건설 및 유지, 관리비에 대해 추정한다.
5. 사전설계 보고서는 발주자와 관계 기관들에 투자 한계에 대한 많은 정보를 제공한다. 이 단계

에서, 가용 자원과 재정적 전략을 철저하면서도 유익하게 분석해야 하고, 모든 관련된 단체들로부터 충분히 동의를 얻어내거나 약속을 받아야 한다. 이 단계에서 이루어진 결정으로 인해, 설계를 하는 단계에서 비용이 증가하거나 지연되는 것을 배제할 수 있을 것이다. 전반적으로, 계획은 이용 가능한 최적처리기술의 이용을 통해 설계, 건설, 운전단계에서 지속적인 비용절감을 실현할 수 있을 것이다.

6. 사전설계 보고서에 대한 검토와 수정과 최종 승인을 한 이후에, 설계계획과 사양준비를 위한 설계팀을 구성할 수 있다.

5.3 사전설계 보고서의 내용

폐수처리장 계획에 관한 유사연구와는 달리, 상수도 프로젝트를 위한 사전설계 보고서들은 일반적으로 정부에서 지시하는 규격 또는 지침을 갖지는 않는다. 사전설계 보고서는 주정부의 승인을 받아야 하기 때문에, 준비 단계에서 주정부 관계자와 긴밀한 관계를 갖고 일을 해 나갈 필요가 있다. 이러한 보고서들에 대한 규격은 일반적으로 연구 수행에 책임이 있는 기술자나 회사의 정책에 의해 정해진다. 하지만 상수공급계획에 대한 대부분의 사전설계 보고서에는 다음과 같은 사항들에 대한 고찰들을 담고 있다.[2] (1) 기존 생산시설들과 확장 필요성, (2) 설계기간 및 단계기간, (3) 인구 예측, 물 사용량 예측과 처리장 용량, (4) 목표 수질과 수원의 선정, (5) 취수장, 정수장, 수송 계통의 위치 선정, (6) 확장에 대한 대안들 또는 상수 생산설비의 설계, (7) 처리성 연구와 공정계열의 선정, (8) 배수계획의 조정, (9) 기본 설계와 비용 예측, (10) 시설개선계획의 제안, (11) 환경영향 평가.

때때로 사전설계 보고서에 수록할 많은 부록들을 준비해야 한다. 사전설계에 대한 연구는 하나 이상의 보고서를 만들어 내나, 성과물이 어떻든 간에, 모든 경우에 있어서 이들 보고서의 목적은 지역사회에 가장 경제적이고, 안전하며, 신뢰할 수 있는 상수도시스템을 개발하는 것이다.

5.4 사전설계 보고서의 모델

본 절에서는 정수생산 계획에 대한 사전설계 보고서에 대한 모델을 제시한다. 중규모의 지역을 선정하여, 문제를 단순화하고, 사전설계 보고내용을 현실적이고 간략히하기 위한 노력을 기울였다. 다음에 제시한 일반화된 양식(format)은 과거 저자가 성공적으로 수행하였던 것이다. 이 보고서는 문제에 대한 정의와 6장에서 17장에 걸쳐 설계계획 및 사양들을 마련하기 위한 필요한 설계정보들을 개발하기 위한 것이다.

도시와 주의 이름(그리고 본 사전설계 보고서 작성을 위해 이용된 다른 모든 정보들)은 가명이다. 이 정보는 단지 실례를 통한 설명을 의미하며, 완전하지도 않고 결정적인 것도 아니다.

TITLE PAGE OF THE
MODEL PREDESIGN REPORT

WATER PRODUCTION FACILITY DESIGN
for
THE CITY OF MODELTOWN
ANY STATE
Prepared by
ENGINEERING DESIGN CONSULTANTS
November 1999

5.4.1 개요

Modeltown시는 과거에서부터 현재까지 양질의 지하수를 충분히 공급하여 왔다. 시는 지난 30년에 걸쳐 지속적인 성장을 하였으며, 이러한 성장이 이 도시의 물 수요량을 증가시킬 것이다. 현재의 지하수원으로는 증가하는 수요량을 충족시킬 정도로 충분한 용량이 아니다. 만약 현재의 성장률이 지속된다면, Modeltown의 상수공급량은 5년 이내에 부족할 것으로 예상된다. 따라서 Modeltown시의 지표수에 대한 수원을 검토해야 한다. Big River Reservoir는 이 지역의 상수원으로 유일한 곳으로, 상수 계획을 수립하고자 한다. Big River Reservoir의 물을 이용하기 위해서는 이 도시는 새로운 취수시설과 펌프장, 원수 관로, 새로운 정수장, 정수지, 송수 펌프장, 송수관 및 배수지를 건설해야 한다.

가장 경제적인 방법으로 건설비를 절감할 수 있는 계획의 수립과 양질의 물을 지속적으로 공급하기 위한 목적을 달성하기 위해 Modeltown시는 1998년 컨설팅 회사인 Engineering Design Consultants (EDC)에 의뢰하여, 사전설계에 대한 과업을 수행토록 하였다.

다음은 모든 관련 기관들로부터 승인된 사전설계 보고서이다.

5.4.2 현재와 미래의 경제인구와 토지이용

현재 Modeltown의 상수도 시스템은 Big River의 서쪽에 위치한 30.65 km^2 면적의 지역에 물을 공급하고 있다. 지역 경제는 농업을 기반으로 관련 산업, 소매업 등으로 이루어져있다. 또한 주요 공업으로는 도축장, 육가공 및 포장업체, 낙농, 캔 공장, 양조장, 농기구 제조업체가 각각 1개씩 있다. 또한 큰 사무지역과 영업지역도 있고, 12개의 초등 및 고등학교와 1개의 대학이 있다.

급수 지역의 지형은 대체로 평탄하고, 비가 자주 오는 편으로, 연평균 강우량은 약 94 cm이며, 늦여름과 초가을에 높은 강우강도의 폭우가 발생한다. 기후는 온화한 편으로, 최고 35℃, 최저 −2℃, 평균 27℃ 정도이다. 계획지역 내에 저수지는 없으며, 현재 급수원으로 지하수만을 사용하고 있다.

지난 20여년간 도시 내의 기존 토지이용에는 거의 변화가 없었고, 몇몇 유휴지가 단독가구 주택지로 바뀜에 따라 급수지역이 약간 증가하였다. 공업단지의 성장과 더불어 꾸준히 인구가 증가하고 있다. 현재 미래의 성장에 대비하여, 북부지역을 급수지역으로 확장하기 위한 계획을 하고 있다. 그림 5−1은 2000년도와 2020년 설계년도에 대한 토지용도에 관한 그림이다.

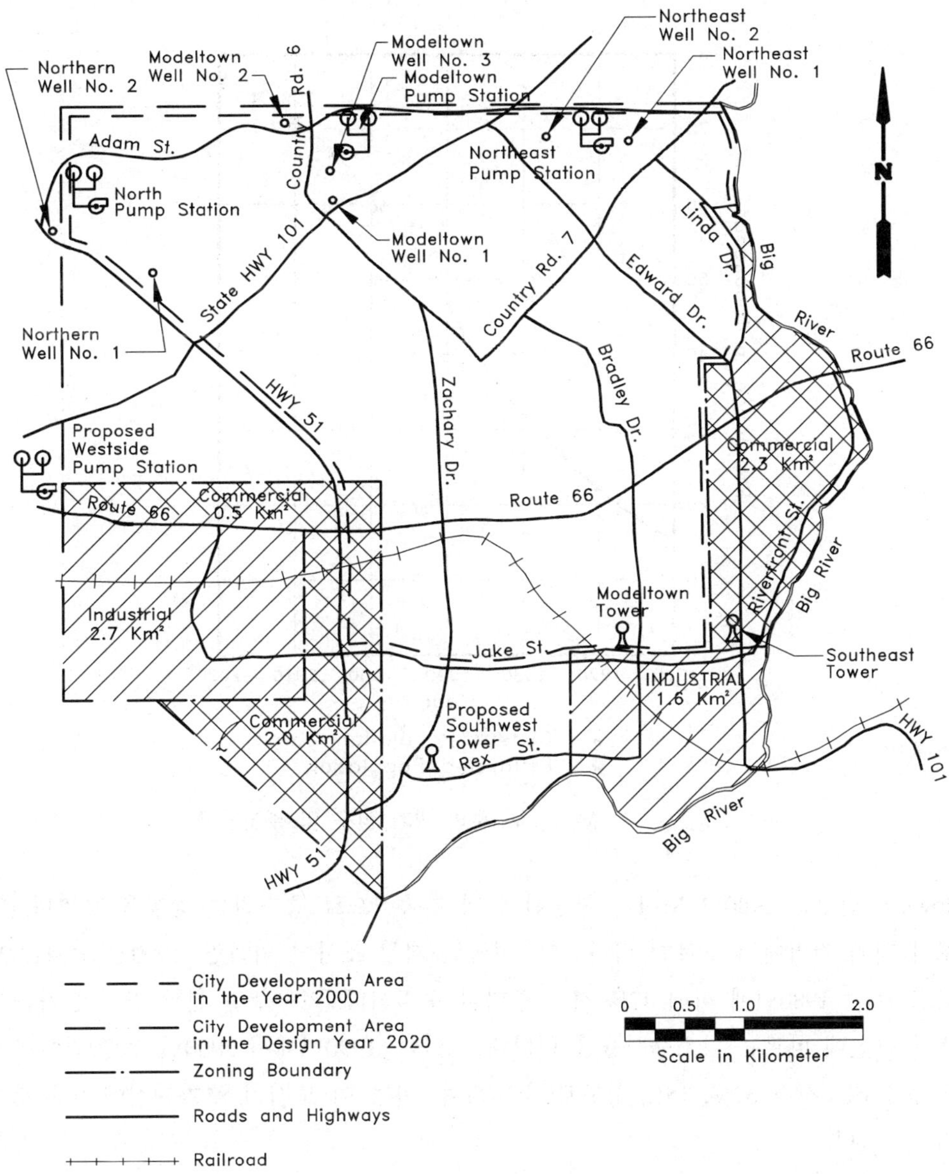

그림 5−1 사업 위치 및 인접지역 지도

5.4.3 과거인구 및 계획인구

Modeltown시의 도시계획 부서는 인구 통계 조사를 바탕으로 현재와 미래에 대한 인구를 추정하였다. 인구는 다양한 자료를 종합, 분석하여 추정하였는데, 이러한 자료는 Clean Water Act를 근거로 수립한 State Regional Planning Commission, State Department of Water Commission, area-wide wastewater management의 인구예측과 같은 자료와 카운티 및 그 지역에서 수립한 인구계획들이 있다. Modeltown 시의 과거와 미래의 계획인구를 표 5-1에 요약하였고, 그림 5-2에는 과거와 계획 인구에 대한 데이터를 그래프로 도시하였다. 인구 고찰결과는 다음과 같다.

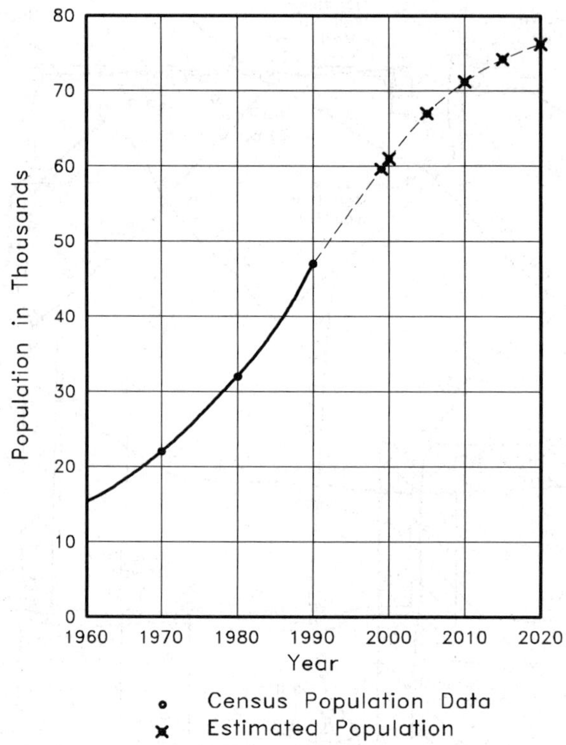

그림 5-2 Modeltown시의 과거 인구 및 추정인구

Modeltown의 인구는 1980년 도시가 형성된 이래 지속적으로 증가하는 경향을 보였다. 도시 증가 현상은 도시 지역 전역에서 고르게 나타났다. 미국 통계청 조사에 의하면, 1990년 총 47,000명의 인구가 살았고, 이는 1980년에 비해 47% 정도 증가한 수치이다. 인구추정 결과 인구 증가는 S자 모양의 로지스틱 곡선에 따르는 감소증가율을 나타내고 있다. 1990년에서 2000년, 2000년에서 2010년의 계획 인구증가율은 각각 32%, 15% 정도로 추정되며, 이는 이 도시가 포화지점에 빠르게 접근하고 있음을 알 수 있다.

표 5-1 Modeltown의 과거 및 계획인구

연 도	인 구	기 준	비 고
1960	15,000	조사	
1970	22,000	조사	
1980	32,000	조사	
1990	47,000	조사	
1999	59,600	추정	사전설계 보고서 완료
2000	62,000	추정	설계계획 및 계약서 완료
2005	67,000	추정	초기년도, 건설완료 및 운전시작
2010	71,200	추정	
2015	74,200	추정	
2020	76,200	추정	설계년도, 시설이 시설용량에 도달할 것으로 장래확장이 필요하다.

5.4.4 과거의 물사용량[a]

한 지역의 물사용량도 시간, 일, 월, 연도에 따라 다양하다. 과거 자료의 추세와 평균 또는 평상 조건으로부터 최대 또는 갈수기 조건에 이르는 변화정도에 대한 자세한 분석을 통해 미래 물 수요량을 예측한다. 미래 물사용량은 일반적으로 인구, 1인당 물사용량, 공업용수, 도시경계 밖의 소비자에게의 공급량 등과 연관이 있다. 그 지역의 물수요량은 일반적으로 1인 일평균, 일최대, 시간최대급수량이라는 용어로 표시한다. 이들 용어들은 사전설계 계획의 총괄적인 범위를 나타내는 것으로 4.6.2절에서 기술하였다.

Modeltown시는 물생산에 관한 일련의 훌륭한 자료들을 보유하고 있어, 평균물사용량과 최대물사용량에 대한 이들 자료로부터 평균, 첨두 조건에서의 물사용량을 분석할 수 있다. 1970년부터 1998년까지의 과거 물사용량 기록을 통해 주거지역, 영업지역, 공업지역의 급수량, 1인당 평균급수량, 일최대 및 시간최대급수량과 장래의 계획급수량을 산정하였다.

a. 원서에서는 물사용량(water usage, water use, water consumption), 물수요량(water demand), 급수량(water supplied)이 구별되지 않고 혼용되고 있음. 한국에서는 수용가계량기로 계량되어 합산된 양을 물사용량, 수도사업자의 공급측 유량계로 계량되어 계산된 양을 급수량이라고 구분하고 있음. 따라서 급수량에는 누수량, 계량기오차량 등의 무수수량이 포함되나 사용량에는 포함되지 않음. 수요량은 공급측면에서 필요한 양이므로 급수량에 가까운 의미를 갖음 ; 역자주

가정, 영업, 공업용수 급수량

표 5-2에 주어진 정수의 전체 물 생산량은 가정, 영업, 공업용수로 구성된다. 총급수량 중 가정용수는 약 49%, 공업, 영업용수는 각각 22%, 17.7%를 차지한다. 나머지 11.3%는 관로 및 거리 세척과 같은 계량하지 않은 공공용수량, 누수 또는 무수로 인한 손실량이다.

설계년도까지 공업용수와 영업용수량은 전체 물사용량에 대해 같은 비율로 유지될 것으로 간주하

여 예측한다. 앞에 언급한 6개의 공업시설들은 공업용수량의 대부분을 차지할 것으로, 이들 공장의 물사용량은 이 도시의 과거 총물수요량의 변화와 같은 추세를 따를 것으로 간주하고 추정한다.

표 5-2 Modeltown 급수지역의 과거 급수량 자료

연도	급수인구 (천명)	연간 1일 평균급수량(m^3/d)	연간 1인 1일 평균급수량(Lpcd)	일평균급수량에 대한 일최대급수량의 비[b]
1970	22.0	9,170	417	1.60
1971	23.0	12,030	523[a]	1.90
1972	24.0	11,280	470	1.65
1973	25.0	14,030	560[a]	1.89
1974	26.0	13,000	500	1.60
1975	27.0	13,200	489	1.58
1976	28.0	17,300	618[a]	1.93
1977	29.0	16,050	553	1.68
1978	30.0	17,280	576	2.05
1979	31.0	17,050	550	1.60
1980	32.0	21,570	674[a]	1.96
1981	33.5	20,300	606	1.79
1982	35.0	21,320	584	1.75
1983	36.5	25,550	700[a]	1.96
1984	38.0	21,620	569	1.68
1985	39.5	25,440	644	1.75
1986	41.0	29,070	709[a]	1.96
1987	42.5	27,290	642	1.70
1988	44.0	29,830	678	2.00
1989	45.5	30,030	660	1.74
1990	47.0	35,630	758[a]	1.95
1991	49.0	32,590	665	1.75
1992	51.0	38,250	750[a]	1.90
1993	52.5	35,700	680	1.78
1994	54.0	36,180	670	1.76
1995	55.8	37,950	680	1.75
1996	57.0	43,600	765[a]	1.95
1997	58.5	39,780	680	1.70

a. 갈수기조건을 표시(그림 5-3 참조)
b. 첨두율

1인당 급수량

1970년에서 1997년 까지 Modeltown시의 연간 일평균급수량과 연간 1인 1일 평균급수량을 표 5-2에 요약하였다. 1인 1일 평균급수량은 1970년 417 Lpcd(110 gpcd)에서 1997년 680 Lpcd(170 gpcd)까지 꾸준히 증가하였다. 그러나 이 기간동안에 1인당 급수량의 증가율은 감소하였다는 사실에 유의해야 한다. 최근 급수량의 증가율이 안정되고 있는 것은 일반적인 생활수준의 변화가 둔화되고, 일반

가정과 관련 관청에서 대중화하고 있는 물절약에 대한 노력들이 서서히 반영된 결과로 보인다. 물절약은 1인당 급수량을 감소시키는 좋은 효과를 나타낸다. 유량을 효과적으로 감소시키는 일반적인 절수장치들이 많이 있다. 많은 장치들은 대부분 수도꼭지와 결합하여 사용되는 부품으로 제작되며, 설비 대리점을 통해 쉽게 구할 수 있다. 이러한 장치와 이를 사용함으로 인한 물절약에 대해서는 4장에서 기술하였다. 절수장치를 기존 및 새로운 시스템에 설치할 때의 용이성, 사회적인 용인, 절수장치 사용에 대한 대중의 협조들이 모두 유량 절감에 영향을 미친다. 그러나 모든 유용한 물절약 기술들과 대중 계몽 프로그램에도 불구하고, 급수량 감소가 적을 수도 있다. 그러나 물절약을 위한 모든 노력을 수행하는 것이 주거 및 영업지역에서 급수량의 순증가를 방지할 수 있다고 생각하는 것이 바람직하다.

물사용율은 날씨조건에 민감하다. 자료에 의하면, Modeltown 급수지역의 연간급수량은 갈수기 조건[a]일 때가 평상적인 조건하에서 보다 훨씬 높다. 그림 5-3에 나타낸 것과 같이, 연평균급수량을 평상 기후 및 갈수기 조건에 대한 급수량으로 분리하여 각각 도시할 수 있다. 이로부터 Modeltown 급수지역의 1인 1일 평균급수량은 평상 기후 조건에서 675 Lpcd(178 gpcd)이고, 갈수기에서는 760 Lpcd(200 gpcd)임을 알 수 있다.

a. 갈수기 조건(drought condition)이란 여름철 혹은 곡식 생장기에 건조한 기후로 인해서 급수량이 높았던 때를 의미한다.

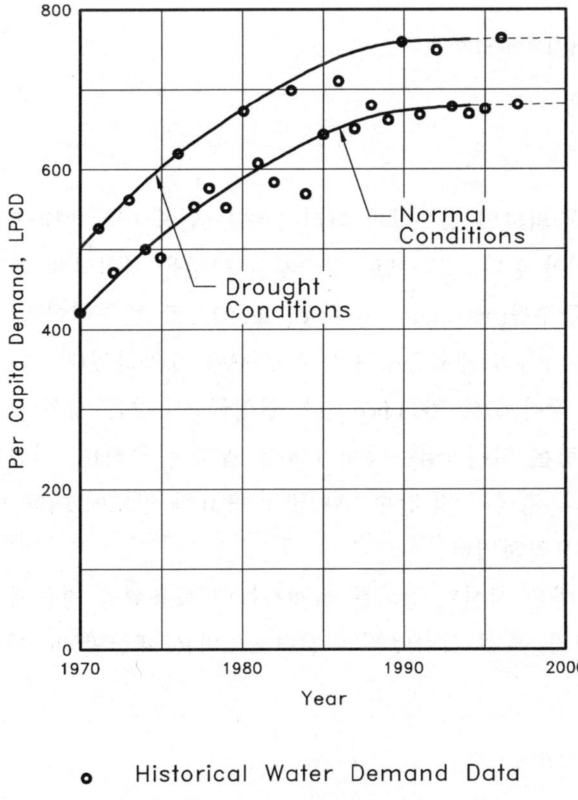

그림 5-3 평상시 날씨와 갈수기 조건에서의 과거 연평균 1인당 급수량

일최대 및 시간최대급수량

Modeltown의 일최대급수량에 대한 과거 일자료를 이용하여 1970년~1997년의 (연간) 일평균급수량에 대한 일최대급수량의 비율[b](일첨두율. 한국에서는 단순히 첨두율 혹은 첨두부하율이라 칭하고, 이 첨두율의 역수를 부하율이라 칭하여 사용하고 있음; 역자주)을 구할 수 있다. 이 비율은 급수량 자료로부터 얻은 일최대급수량을 일평균급수량으로 나누어 구한다. 예를 들면, 1997년의 인구는 58,500명이었고, 최대급수일은 총급수량 67,626 m^3인 8월 4일이었다. 이 자료로부터, 1인 1일 최대급수량은 1,156 L이고, 일평균에 대한 일최대의 비율은 1,156/680으로 1.70이었다. 이 비율들을 표 5-2에 수록하였고, 표에 의하면 1.58~2.05 범위이다. 갈수기 조건에서 최대 값은 1.96(표 5-2 참조)이다. 대상지역에서, 급수량이 높은 날이 갈수기 때 연속하여 일어날 가능성은 아주 높아서, 며칠 연속하여 일어날 수 있다. 따라서 일평균에 대한 일최대의 비율은 미래 일최대급수량을 추정함에 있어 1.96을 선택하였다.

시간첨두율(국내에서는 시간계수라 칭함; 역자주)을 이용하여 배수시스템, 송수 펌프시설, 고가저수조의 적정성을 확인할 수 있다. 펌프의 토출유량, 토출압, 고가 수조의 높이와 수요에 대한 연구를 1996년 6월에 수행하였다. 3개의 물사용이 높은 날의 일최대급수량에 대한 시간첨두율은 1.48~1.70 범위이었다. 그러므로, 잠재적인 일최대급수량의 1.6배로 급수지역의 잠재적인 시간최대급수량을 산정하였다.

b. 일최대급수량은 표 5-2에 제시되어 있지 않다.

계획급수량

주 보건국의 설계기준에 의하면 정수장의 처리 용량은 연중 어느 때라도 항상 예상되는 최대급수량 이상을 공급할 수 있어야 한다. 그러므로 정수처리 시설을 계획함에 있어, 갈수기 조건에서의 일최대치를 예상되는 최대급수량(maximum expected draft)으로 간주해야할 것이다. 갈수기와 평수기 조건에서 Modeltown 급수지역의 계획급수량을 표 5-3에 요약하였다. 평수기와 갈수기에 1인당 급수량은 앞서 언급했듯이, 각각 675, 760 Lpcd이다. 일평균급수량은 계획인구수에 1인당 급수량을 곱하여 구한다. 일최대급수량은 일평균급수량에 1.96을 곱하여 구하며, 시간최대급수량은 일최대급수량에 1.60을 곱하여 구한다. 평상시 및 갈수기때 몇몇 중요한 연도에 대해 연간 일평균, 일최대, 시간최대급수량을 표 5-3에 요약하였다.

갈수기 조건의 급수 유량은 시설과 장치를 설계하는데 사용됨을 명심해야 한다. 평상 조건에서의 유량은 운전 및 유지관리비, 특히 화학약품과 전력소모비를 계산할 때 이용한다.

표 5-3 Modeltown 급수지역의 계획급수량

연도	구분	인구	평상시 1인1일 급수량 (Lpcd)	평상시 일평균 급수량 (×10³ m³/d)	평상시 일최대 급수량 (×10³ m³/d)	평상시 시간최대 급수량 (×10³ m³/d)	갈수시 1인1일 급수량 (Lpcd)	갈수시 일평균 급수량 (×10³ m³/d)	갈수시 일최대 급수량 (×10³ m³/d)	갈수시 시간최대 급수량 (×10³ m³/d)
1999	사전설계 보고서완료	59,600	675	40.2	78.8	126.1	760	45.3	88.8	142.1
2005	초기연도	67,000	675	45.2	88.6	141.8	760	50.9	99.8	159.7
2020	설계연도	76,200	675	51.4	100.7[a]	161.1[b]	760	57.9	113.5[c]	181.6[d]

a. 평상시 일최대급수량 = 평상시 일평균급수량 × 1.96
b. 평상시 시간최대급수량 = 평상시 일최대급수량 × 1.60
c. 갈수시 일최대급수량 = 갈수시 일평균급수량 × 1.96
d. 갈수시 시간최대급수량 = 갈수시 일최대급수량 × 1.60

5.4.5 선정된 설계기간의 타당성

Modeltown의 급수구역에 대한 건설비 절감을 위해 제안된 설계기간은 15년이다. 4.4절에서 논의했듯이, 설계기간 및 단계구간은 일반적으로 여러 인자들을 고려하여 선정한다. 가장 중요한 인자들로는 인구성장 패턴, 처리용량, 초기 시설투자 가능성, 처리시설들의 내구연한, 공정의 노후화 등이다. 본 계획에서는 제시된 15년은 다음과 같은 이유로 타당하다고 본다.

1. Modeltown 급수지역은 과거에 인구증가가 빠른 속도로 일어났었다. 그러나 인구증가율은 2000년 이후 점차 감소하여, 2020년 이후에는 바로 포화인구에 도달하게 될 것이다. 2020년 이후에 정수시설의 확장은 용량 증가에 대한 공정 개량과 운전 개선을 통해 가능할 것이다.
2. Modeltown 시는 채권을 발행하여 자본을 마련할 계획이다. 이 채권들은 18~20년에 걸쳐 물을 판매한 이득으로 상환할 예정이다.[5] 건설이 완료되는 데에 소요되는 기간을 3~5년으로 가정할 경우, EDC는 15년의 설계기간이 채권기간동안 세입을 확보하는데 충분한 기간이라는 결론을 내렸다.

5.4.6 기존 시설의 평가

지하수 공급

Modeltown시는 현재 시 북부지역과 시 경계지역에 위치한 7개의 지하수 우물을 운영하고 있다. 이들 우물들의 대략적인 위치, 완성일, 추정 용량을 표 5-4에 나타내었으며, 위치도는 그림 5-1에 나타냈다. Modeltown의 우물 1과 우물 2는 Grey Sand Aquifer에 위치한다. 이 대수층(그 지역에서 가장 얕은 대수층임)의 수질은 지난 10여년에 걸쳐 악화되어, 그 결과 연속적으로 사용하지 못하고, 주기적으로 사용하고 있다. 나머지 우물들은 Red Sand Aquifer에서 양수하며, 비록 철의 농도가 약간 높지만, 지난 25년간의 수질은 양호하였다.

1997년, 모든 우물들의 평균양수량의 합계는 급수지역에 필요한 평균급수량인 39,800 m^3/d를 충당하였다. 같은 해에 전체 우물을 합친 총가용용량은 80,000 m^3/d이었다. 그러므로 일최대급수량인 67,600 m^3/d를 우물의 총용량으로 공급할 수 있었다.

Red Sand Aquifer는 농업용으로 지난 20년간 너무 많이 사용하여 왔다. 이 결과 대수층의 수위는 수십년에 걸쳐 크게 낮아졌다. 이러한 추세가 지속될 것이며, 이 결과 Red Sand Aquifer에 있는 우물들의 전체용량은 감소할 것이란 징후들이 있다. 따라서 앞으로 8~10년 내에 모든 우물들이 Modeltown 급수지역의 일최대급수량을 충족시킬 수 없을 것이 명확하다.

표 5-4 Modeltown 급수지역에 위치한 기존 지하수 우물 현황

명칭	위치	대수층	완공년도	용량($\times 10^3 m^3/d$)
Modeltown Well No.1	North quadrant of Country Road 6 and Highway 101	Grey sand	1935	1.2
Modeltown Well No.2	Northeast of Adam Street and Country Road 6	Grey sand	1940	2.3
Modeltown Well No.3	Southwest of Adam Street and Country Road 7	Red sand	1952	5.3
Northeast Well No.1	Southwest of Adam Street and Country Road 7	Red sand	1960	5.7
Northeast Well No.2	Southeast of Adam Street and Highway 101	Red sand	1965	6.1
Northern Well No.1	Northwest of Highway 51 and Highway 101	Red sand	1968	7.5
Northern Well No.2	Southeast of Adam Street and Highway 51	Red sand	1970	11.7
평균 1일 양수량(1997)				39.8
총 가용양수량(1997)				80.0

저수시설

Modeltown시는 3개의 지하 저장 탱크와 펌프장을 갖고 있으며, 그 총용량은 12,000 m^3이다. 또한 총용량 6,000 m^3의 고가탱크도 2개가 있다. 각 배수지의 위치 및 용량은 표 5-5에 나타내었고, 위치는 그림 5-1에 나타내었다.

현재 이 도시의 모든 배수지들은 상태가 양호하다. 그러나 최대급수량이 증가함에 따라 추가적인 저수시설이 필요하게 될 것이다. 미래의 추정 저수용량은 표 5-6과 같고, 위치는 그림 5-1에 나타내었다.

표 5-5 배수지 위치, 형태 및 용량

명칭	위치	형태	용량(m^3)
Modeltown pump station	Southeast of Adam Street and Country Road 6	Ground	3,000
Northeast pump station	Southwest of Adam Street and Country Road 7	Ground	4,000
North pump station	Southeast of Adam Street	Ground	5,000
Modeltown tower	North of Intersection of Bradley and Jake Streets	Tower	2,000
Southeast tower	East of Riverfront Street and Jack Street	Tower	4,000
Total existing storage			18,000

표 5-6 장래 배수지의 위치, 형태, 용량 및 기존 배수지 용량

명칭	위치	형태	용량(m^3)
New westside pump complex	Near intersection of Highway 101 and Route 66	Ground	4,000
New tower	Crossing of Rex Street and Zachary Drive	Tower	2,000
Total new storage			6,000
Total existing storage	Locations are given in Table 5-5 and Figure 5-1	Three ground storages and two towers	18,000
Total future storage			24,000

5.4.7 자본투자 시설개선 프로젝트 계획

Modeltown의 시설개선 계획은 오랫동안 지역의 필요량을 공급했던 지하수 우물을 포기하는 것이 포함된다. Big River Reservoir로부터 취수한 지표수를 처리하기 위해서는 새로운 최신의 정수장을 건설하는 것이다. 처리된 지표수는 기존의 지하수 저수시설과 배수시스템을 통해 공급되며, 이러한 시설들은 철저히 조사하고, 필요하면 확장을 해야 한다. 따라서 제안된 자본절감계획으로는 다음사항들을 고려하여야 한다. (a) Big River Reservoir의 수리권(水利權) 획득, (b) Big River Reservoir로부터 지표수를 공급하기 위한 새로운 취수시설의 건설, (c) 새로운 펌프장의 건설, (d) 새로운 도수관로 건설, (e) 새로운 정수처리시설과 송수 펌프장의 건설, (f) 기존 배수 관망시설과의 연계성.

시설개선을 위해 제안된 각각의 기본적인 요소들은 다음에 간단히 기술하며, 자세한 내용은 다음 장부터 설명한다.

Big River Reservoir에서 수리권 획득

약 15년 전에 미육군 공병단에 의해 저수지가 건설되어 Big River Reservoir에 저수하기 시작하였다. 이 저수지는 사력댐(earth-filled dam)으로 만들어졌으며, Modeltown 중심부에서 남서방향으로 약 15마일 떨어진 곳에 있다. 댐은 수면적이 9,421 ha이고, 도시용수 및 공업용수로 사용하기 위해 5

억3천6백만 m^3를 저류하고 있다. 이 저수지는 홍수조절, 수자원 보전, 레크레이션 등 다목적으로 건설되었다. 이 댐은 Big River 유역의 배수면적(drainage area)인 4,300 km^2을 조절한다.

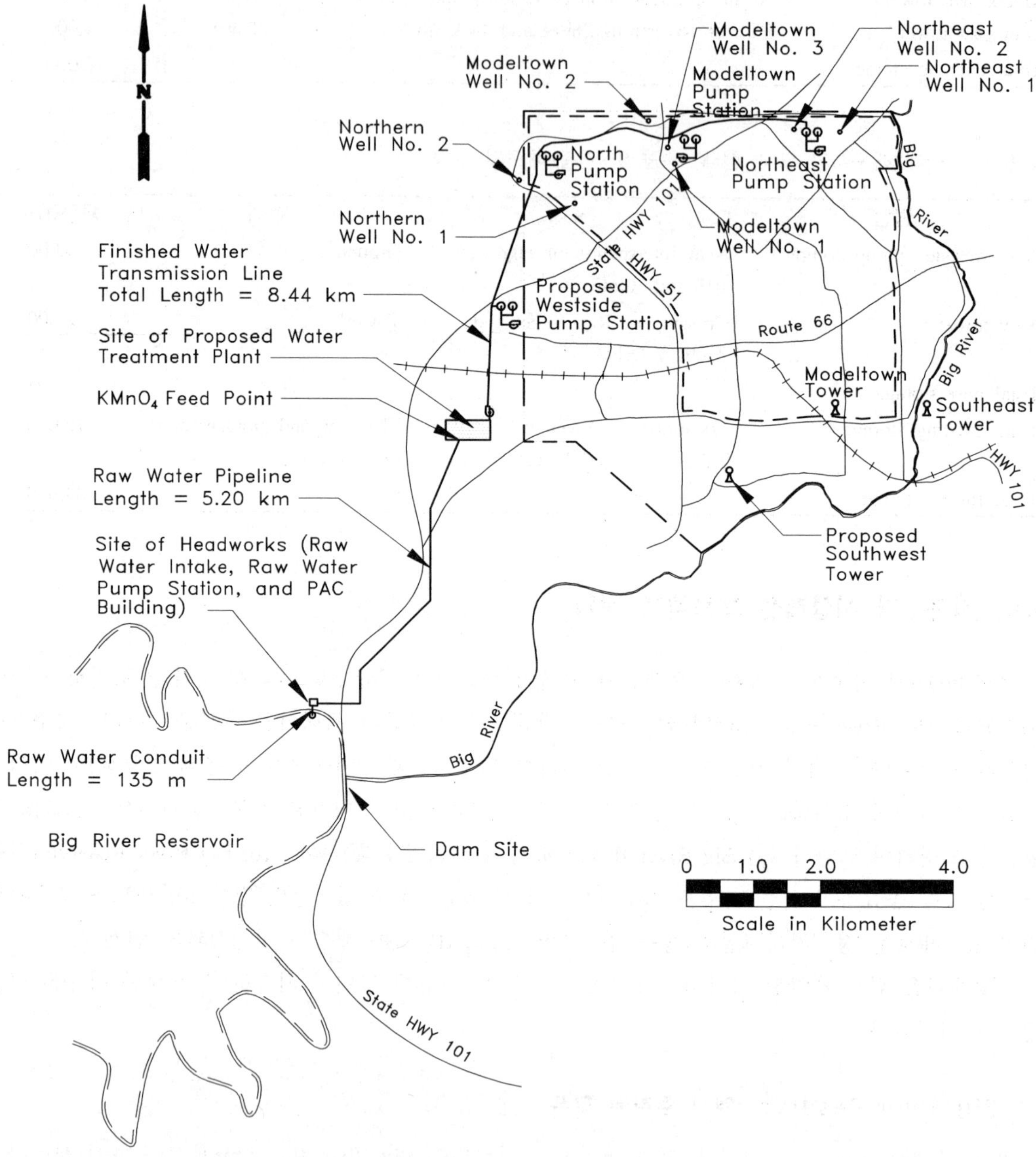

그림 5-4 시설개선 계획을 위한 모든 구성요소들의 개략도: Big River Reservoir, 원수취수시설, 원수 펌프장, 원수 도수관로, 정수장 및 처리수 송수관로.

Modeltown과 여러 주변 도시들이 Big River Reservoir 프로젝트에 참여하였고, 총투자비용에서 Modeltown은 3.7%, 기타 도시들은 75%의 자본을 투자하였으며, 21.3%가 할당이 안 된 채 남아있다. 1985년의 협약에 의해 Modeltown은 Big River Reservoir에서 수리권을 소유하였고, 도시상수공급을 목적으로 저수지로부터 연간 1천9백8십만 m^3(일평균 54,300 m^3/d)의 물을 이용할 수 있게 되었다. 설계년도에 예상되는 연간 취수량이 1천8백8십만 m^3(일평균 51,400 m^3/d)으로 1백만 m^3의 여유용량이 남게 된다(표 5-3 참조). 연방정부와의 계약에 의해 Modeltown시는 할당된 저수용량을 이용할 수 있는 권리를 얻었으며, 대신 할당량에 비례하여 건설비 및 유지관리비를 지불하게 되었다.

Big River Reservoir에서의 수리권이 Modeltown의 장래의 도시상수공급량을 약간 초과하지만, Big River Reservoir로부터 물을 이용하기 위해서는 (1) 취수시설, (2) 원수펌프장, (3) 원수 도수관로, (4) 정수장과 송수 펌프장, (5) 처리수의 송수관로와 같은 계획을 수립할 필요가 있다. 시설개선을 위한 이러한 요소들을 그림 5-4에 도시하였다.

원수 취수시설

취수시설과 원수 펌프장을 Big River Reservoir에 건설한다. 취수시설과 원수 펌프장 설치를 위한 이상적인 위치는 몇가지 명확한 특징이 있어야 한다. 이들은 (1) 수변에 가까운, 수심이 깊은 곳에 접근이 용이하고, (2) 다양한 수위에서 최상의 수질을 취수할 수 있어야 하며, (3) 장래 확장이 용이하며, (4) 도수관의 길이, 도로 횡단, 전력을 최소화할 수 있는 지역으로, (5) 레크레이션, 항해, 수중생물, 및 심미성 등을 포함한 환경에 악영향을 최소화할 수 있는 지점이다. 위치 선정과 원수 취수시설에 대한 자세한 내용은 6장에서 다루어진다.

Big River Reservoir의 북동쪽에 위치한 2 ha정도 넓이의 토지가 이용 가능한 지역으로서, 댐에서 0.8 km 정도 떨어져있다. 이 지점은 여러 만족할만한 특징을 갖고 있으며, 원수취수와 펌프장 건설을 위해 선정하였다. 취수시설은 강가에서 약 100 m 떨어진 지점에 위치하며, 내경 8 m × 8 m의 취수탑 구조와 봉상 격자가 설치된 3 m × 3 m의 수문을 가지고, 원하는 수위에서 최상의 수질을 취수할 수 있도록 높이가 다르게 4개의 수문을 설치할 것이다. 직경 152 cm, 길이 135 m의 도수관이 취수장과 펌프장을 연결한다. 취수시설의 상세한 설계 사항은 6장에서 설명한다.

원수 펌프장

미세스크린에 의해 협잡물의 유입을 방지하고, 분말활성탄(powered activated carbon, PAC)이 첨가된다. 총 6개 즉, 상용 5개와 예비펌프 1개로 이루어져있다. 펌프에 대한 자세한 내용은 7장에 설명한다.

도수관(원수관로)

직경 122 cm의 주철관으로 펌프장에서 정수장까지 도수한다. 도수관의 총 길이는 5.2 km로 펌프장과 도수관 중간의 2개소에 기계적으로 청소할 수 있는 pig(수세미 같이 생긴 청소도구; 역자주)를 삽입할 수 있도록 설계한다. 또한 도수관 중간 2개소와 처리장 1개소에 회수 지점을 설치한다. 도수관은 약 1~2 m 깊이로 자연적인 지형에 따라 부설한다. 도수관은 최종적으로 정수장 남쪽 경계부에 위치한 접합정 Box A로 연결된다.

정수장과 고양정 펌프장(송수 펌프장)

계획하고 있는 정수장의 위치 선정은 매우 주의 깊게 결정해야 하며, 이를 위한 고려사항으로는 지형학적, 이용 가능한 토지면적과 취득 가능성, 접근 도로, 홍수조건, 정수장으로 또는 정수장으로부터 물 수송의 경제성, 전력의 이용성, 슬러지의 처분, 자연 및 인위적인 재해들이다. 이 중 아주 중요한 인자는 배수시스템과의 적합성이다. 기존의 배수시스템은 몇 개의 지하수우물과 지하저수조 및 고가수조를 이용하기 때문에, 정수장에서는 편리하고, 경제적으로 배수지나 배수시스템의 일정 장소에 물을 공급할 필요가 있다.

정수장 위치를 선정하기 위해 여러 후보 지역을 평가하였다. 많은 지점을 등급화하여 분석한 결과, 도시의 서쪽 경계 상에 있는 20 ha의 부지가 선정되었다. 이 지역 옆에 101번 고속도로가 있고, Jake Street에서도 접근이 용이하다. 이 지역은 특히 지형 및 지질학적, 도로 접근성, 전력, 토지 취득 등이 모두 가장 바람직한 특성을 갖고 있다. 이곳은 지대가 높고, 목초지이다. 다른 유리한 특성으로는 주요한 기존 및 계획 저수지와 아주 근접해있고, 도심의 영업지역으로부터는 약 4 km 정도에 위치해 있다. 시에서는 이 지역을 정수장 위치로 승인하였으며, 토지확보를 위한 절차를 착수하였다.

계획된 정수장은 맛과 냄새, 철, 망간, THM 전구물질을 제어하기 위한 특수설비를 갖춘 최신의 전형적인 정수장이다. 약품 저장 및 주입설비, 정수지, 송수펌프장도 정수장내에 설치할 예정이다.

배수시스템과의 연결

기존 배수시스템은 3개의 지하저수조과 펌프장, 2개의 고가수조를 가지고 있다. 현재 앞의 3개의 지하 저수조의 가용 총용량은 128,000 m^3/d이다. 시간최대급수시에는 물을 공급하기 위해, 기존 배수시스템은 배수펌프를 작동하여 3개의 지하저수조와 2개의 고가수조를 이용한다. 확장계획으로 새로운 지하 저수조와 펌프설비 및 1개의 고가수조를 건설할 예정이다. 기존 배수관망을 신설 파이프와 몇 군데 절점(node)에서 연결하여 확장할 예정이다. 일부 오래된 관로는 직경이 더 큰 새로운 것으로 교체할 것이다. 처리장에 있는 송수 펌프장에서 시작되는 새로운 송수관의 직경은 90 cm로 하며, 4개의 지하 저류 배수지 모두에 공급할 것이다. 관거의 직경은 서로 다른 지역에 있는 지하저류 배수지로 공급함에 따라 감소하게 할 것이고, 최종적으로 북동부의 펌프장과 지하 저류시설에 공급된다. 수정된 시스템으로는 배수 용량을 128,000 m^3/d에서 181,700 m^3/d로 늘릴 수 있을 것이다.

5.4.8 원수 수질 및 처리공정의 평가

수원의 수질 특성은 정수장의 공정과 운전방식의 선정에 영향을 미친다. 수질은 Big River Reservoir에 대한 미지질국(U.S. Geological Survey), 주 수자원국(State Department of Water Commission) 및 다른 기관의 과거 자료를 검토함으로 평가하였다. 수질 분석을 위한 시료는 계획하고 있는 취수구 주변에서 겨울철(2월)과 여름철(8월)에 채수하여, 분석실에서 분석하여 기존 자료를 보완하도록 하였다.

정수처리공정 개발과 처리장의 설계란 차원에서 원수 조건과 특성에 대한 주요한 사항은 다음과 같다.

1. 저수지의 성층
2. 물리, 화학적 수질 공정과 관련된 인자
3. 조류
4. THM 생성능과 원수의 염소요구량

저수지의 성층

과거의 자료에 의하면, Big River Reservoir에서 일반적으로 4월에서 10월까지 온도성층이 나타난다. 온도성층의 강도는 여름에 가장 커서, 수심 8 m 부근 뚜렷한 수온약층(thermocline[c])이 나타난다. 이 기간에는 뚜렷한 DO성층이 동반되어 심수층(hypolimnion[d])에서 DO가 낮다. 심수층의 물은 수온과 pH도 낮다.[6] 성층기에 표수층(epilimnion[e])에서 취수를 하기 위해 이 기간동안 제일 위쪽에 있는 취수문을 통해 취수를 하도록 한다.

c. 수온이 급격히 변하는 수층으로 변환대이다.
d. 수온약층 아래에 있는 정체대로 혼합이 안되는 특성이 있다.
e. 수온약층위에 있는 순환대로 혼합이 잘되고, 온도와 밀도가 균일한 특징이 있다.

물리, 화학적 수질

공정관련 인자들

수질시료는 계획된 취수시설 근처의 몇 군데 수심에서 여름철에서 겨울철 사이에 채수했다. 이 시료들을 보존처리 실험실로 옮겼으며, 1차 및 2차 음용수 수질기준(표 4-1, 표 4-2)에 있는 모든 항목과 온도, pH, 알칼리도 및 경도와 같이 공정과 관련이 있는 항목들을 분석하였다. 분석결과, 탁도를 제외한 1차 기준을 초과한 항목은 하나도 없었으며, 2차 기준에서는 철 및 망간이 2차 최대오염기준을 초과하였다. 이러한 결과는 다른 자료들의 결과와도 일치하였다. 과거의 월평균 탁도는 3~17 NTU 범위로, 봄에 가장 높고, 여름에 가장 낮았으며, 1년 중 9개월간의 평균 탁도는 10 NTU 이하였다. 여과하지 않은 시료의 총 철과 망간의 농도는 각각 0.2~0.7 mg/L, 0.05~0.4 mg/L 범위로, 혐기조건인 심수층에서 환원되어 용존상태로 존재하는 것으로 여겨진다. 이러한 종들은 바닥 퇴적층으로부터 상층부로 용출되어 용존된다.[7] 철과 망간 농도는 물을 상층부에서 취수하고 저수지의 성층이 그대로 유지되는 한 MCL(maximum contaminant levels, 최대오염허용농도)이하가 될 것이다. 그러나 만약 심수층에서 물을 취수할 경우, 철과 망간 농도는 허용수준을 초과할 것이며, 황화수소와 같이 다른 환원된 종들도 고려하여야 할 것이다.

온도, pH, 총알칼리도, 총경도 및 TDS와 같은 공정관련 인자들의 범위가 처리성 연구에서 밝혀졌다. 수온은 1월에 평균 5℃에서 8월 평균 30℃ 범위였다. pH는 7.9～8.2 범위로 조류의 영향으로 인해 더운 달에 높게 나타났다. 총알칼리도, 총경도 및 TDS는 거의 일정하며, 각각 80～110 mg/L as $CaCO_3$, 100～120 mg/L as $CaCO_3$, 200～250 mg/L 범위이다.

조류

자료에 의하면 Big River Reservoir에서 조류의 수와 종류는 상당히 다양하다. 일반적인 경향은 (1) 늦여름(8월)에 조류수가 가장 많이 번성하고, 청녹조류가 우점종이며, (2) 늦봄(3월)에 조류수가 가장 적고, 녹조류와 규조류가 우점종이며, (3) 청녹조류는 겨울에 우점종이 되지만, 그 수는 여름철에 비해 현저히 적다. 비성층기인 가을에 상당한 수화현상(algae bloom)이 발생하는 이유를 설명하기에는 자료가 충분하지 않다.

조류는 맛, 냄새 문제를 일으킬 수 있고, 여과지를 폐색시킬 수 있으므로 신중히 관찰하여야 한다. 현재 Big River Reservoir를 원수로 하여 처리하는 다른 도시의 정수장에서도 늦 여름철에 가끔 맛과 냄새에 대한 문제와 여과지 폐색 문제에 직면하고 있다.

THM 생성능과 염소요구량

THM(Trihalomethane)이 원수 공급과정에서 어느 곳에도 존재하지 않으나, 소독후에 부산물로 존재한다. 유리잔류염소는 유기성 전구물질과 반응하여 수중에 THMs를 생성하게 된다. Big River Reservoir에서 채수한 원수를 실험실에서 분석한 결과는 다음과 같다.

1. THMFP(THM formation potential, THM 생성능)는 염소 주입량, pH, 온도와 반응시간에 영향을 받는다.
2. THMFP는 TOC(total organic carbon, 총유기탄소) 농도에 따라 높아진다. 일반적으로 THMFP는 겨울철에 낮고, 여름철에 높은데, 이는 TOC 농도에 지배되기 때문이다.
3. 여름철에 염소 주입량이 10 mg/L에서, 접촉시간 8시간 이내에서 총 THMs는 100 $\mu g/L$를 초과하였다. 또한 표수층의 물과 심수층의 물 사이에는 THMFP에 현저한 차이는 없었다.
4. 염소를 결합상태로 유지시키기 위한 암모니아를 주입하지 않은 경우, 원수 도수관에 염소를 주입하면 THM이 생성될 것이다.

염소주입량, 상태 및 요구량이 원수의 THMFP에 영향을 미친다. Big River Reservoir의 원수에 대한 염소요구량은 여름에 가장 높아, 10 mg/L 염소를 주입해서 12시간의 접촉시간을 가졌을 때, 평균 약 4 mg/L이었다.

5.4.9 공정 설계기준 개발

Big River Reservoir의 중요한 원수수질의 특성을 검토한 결과 다음과 같은 사항에 대한 정수처리 공정 설계가 이루어져야할 필요가 있다.

1. 탁도 제거
2. 여과
3. 살균과 THM 제어
4. 맛, 냄새 제어와 철, 망간 제거
5. 부식과 스케일 방지
6. 잔류물 관리

때에 따라서는 맛과 냄새뿐 아니라 철과 망간에 대한 제어도 필요하다. 계절적인 수화현상은 탁도 제거 공정의 장애요인이 될 수도 있다.

탁도 제거를 위한 쟈테스트

Modeltown시의 정수장의 처리공정의 핵심은 탁도 제거가 될 것이다. 결과적으로, 탁도 제거 공정을 위한 설계기준은 다음을 고려하여 선정되어야 한다. 광범위한 쟈테스트(jar-test)를 탁도제거 공정의 최적 설계를 위해 수행하였다. 공정설계 기준은 (1) 응집제 선정과 최적 주입량 및 pH, (2) 최적 응집보조제(polymer)와 주입지점, (3) 급속교반 시간과 에너지, (4) 총응결시간, 최적에너지, 구획수, (5) 침전조의 설계 유량을 고려하여 설정하였다.

대부분 탁도 제거 공정들은 겨울철에 실시한 쟈테스트 결과로 설계되는데, 그 이유는 플록과 물의 상대적 밀도차이 때문에 찬물에 대한 응집조건이 더운 물에 비해 일반적으로 훨씬 더 민감하기 때문이다. 그래서 겨울철 실험을 통해 얻어진 최적조건이 여름철에 다시 확인되었다. 쟈테스트의 역점은 THMFP가 가장 높고, 탁도가 가장 낮을 때, THM의 발생 감소와 여름철에 직접 여과의 가능성이다. 원수의 TOC 농도는 항상 3 mg/L 이하이었다. 소독 및 소독부산물규정(Disinfectants-Disinfection By-Products Rule)에 의하면 원수의 TOC와 알칼리도를 근거로 할 때 30%의 TOC 제거율이 필요하다(표 12-14 참조). TOC는 고도응집(enhanced coagulation)에 의해 제거된다. 이 주제는 8.2.3, 8.2.4 및 12.2.4절에서 다루고 있다.

침전자료는 직경 15 cm, 높이 3.1 m의 칼럼에서 응결물 침강실험을 통하여 구하였다. 쟈테스트를 통해 얻은 최적 탁도제거 조건을 요약하면 아래와 같다.

1차 응집제 선정:

액상 황산알루미늄

최적 주입량 = 20 mg/L as $Al_2(SO_4)_3$

최적 pH 범위 = 6.4~7.1

잔류 탁도 < 0.5 NTU

액상 황산철

최적 주입량 = 25 mg/L as $Fe_2(SO_4)_3$

최적 pH 범위 = 8.2~9.0

소석회 주입량 = 15 mg/L as $Ca(OH)_2$

잔류 탁도 < 0.5 NTU

고분자 응집제(polymers)

응집보조제로서 고분자량의 양이온 폴리머가 사용된다. 최적 주입량은 0.05 mg/L이다. 응집보조제는 응집제가 고르게 분산되고, 작은 플록이 형성된 후 주입한다.

급속 교반

교반 시간 = 20~30s

교반 강도 = 950/s

응결

구획화 = 3단 점감식 응결

체류시간 = 총 30분, 각 단계별 10분

속도 경사 = 평균 30/s. 각 단계별 순차적으로 60, 30, 15/s

침전조

월류율 = 35 $m^3/m^2 \cdot hr$

체류 시간 = 4 hr

수심 = 5 m 이상

응집, 응결, 침전에 대한 자세한 설명은 8, 9장에 기술하였다.

여과

효율적인 여과지설계는 상호관련이 있는 4가지의 설계인자 즉, (1) 여과율(여과속도) 제어, (2) 여과율 및 수면적, (3) 여재선정, (4) 역세척, 여재 지지 및 하부집수시설에 달려있다.

일반적으로, 여과지설계를 최적화하기 위해서는 파일롯 테스트가 필요하다. 파일롯 테스트의 결과가 없다면, 설계인자를 경험에 의해 도출해야 하며, 알 수 없는 영향을 수용함에 있어 신중해야한다. 핵심 설계인자들에 대한 선택기준들을 여기에 간략히 기술한다.

여과율(여과속도) 제어

Modeltown 정수장에서는 3가지의 실용적인 여과율 제어 시스템을 이용할 수 있다. 이것들은 (1) 유출수 제어를 통한 정속여과(constant-rate) 혹은 정수위여과(constant-level), (2) 유입수 분배를 통한 정속여과, (3) 감쇄율(혹은 감소율)여과(declining-rate)이다.

3가지의 여과율 제어 방법을 비교하여, EDC는 Modeltown 정수장에 대해서는 유출수 제어 정속여과형을 제안하였다. 이와 같은 선정에 대한 이유들은 (1) 여재가 막힘에 따라 콘트롤러에서 수두손실을 점차적으로 감소시켜서 여과율을 일정하게 유지시킴으로써, 여과운전기간동안 우수한 여과수를 기대할 수 있으며, (2) 하부집수시설에서의 수두손실을 일정하게 유지할 수 있기 때문에 여과 운전시간이 더 길어질 것으로 기대되며, (3) 생산성을 향상시키기 위해 비이온성 유기 폴리머를 첨가할 수 있으며, 마지막으로 (4) 설계과정이 정속여과로 할 경우 훨씬 더 간단하다는 것이다.

여과율 및 표면적

여과보조제의 선정, 고분자 전해질 또는 비이온성 폴리머의 이용, 새로운 역세척 방법들을 활용하는 최근의 동향으로 인해 실제 정수장에서도 여과속도를 24.6 $m^3/m^2 \cdot hr$까지 설계 및 운전이 가능하게 되었다. AWWA의 직접여과 소위원회에서는 직접여과에 대한 공칭 여과율을 9.6-15 $m^3/m^2 \cdot hr$로 제안하고 있다.[8] 직접여과를 이번 설계에서는 고려하지 않으며, 여과율 10 $m^3/m^2 \cdot hr$을 여과설계에 사용할 예정이다. 역세척 추정주기는 각 여과지마다 24시간이며, 이때 오염된 여재에 대한 최대 수두손실은 2.5 m이다.

여재 선정

어느 정수장에서도 최적의 여재선정을 위해서는 원수의 다양한 조건에서 실시한 파일롯 테스트의 결과를 근거로 결정하여야 한다. 파일롯 테스트를 실시하지 않았을 경우 여재를 경험에 의해 선정한다.[9~12]

높은 여과율과 재래식 여과설계를 위해서는 중간크기의 모래층 위에 굵고 가벼운 안트라싸이트층을 사용한다. 두 여재가 양립하기 위해서는 모래나 안트라싸이트의 유효입경, 균등계수, 비중을 구체적으로 결정해야만 한다. 모래층위에 안트라싸이트층의 깊이가 충분해야만 통상의 여과에서 포집되는 고형물과 같은 정도의 포집과 저장을 할 수가 있다. 침전지의 침전효율이 불량한 시기에는 여과효율을 높이기 위해서 여과보조제를 주입할 수 있어야 한다.

여과보조제는 고분자 비이온성 폴리머이다. 최적 주입량은 0.02 mg/L이고, 주입지점은 각 침전지에서 유출조로 자유낙하하기 전인 중앙집수로의 출구지점이다.

여재 역세척, 여재 지지 및 하부집수

합리적인 시간동안에 많은 양의 고형물을 제거할 수 있는 역세척 방법을 선정해야 한다. 또한, 철염 또는 알럼이나 합성고분자들을 재래식 여과방식에서 사용할 것이다. 여과동안에 제거되는 고형물은 끈적거리고, 여재에 달라붙는 경향이 있어, mud ball(여층에 억류된 고형물들이 서로 뭉쳐서 형성된 진흙 덩어리 같은 것)이 형성될 가능성이 증가된다. 따라서 표면세척과 같은 보조세척시설을 설계에 포함시킬 필요가 있다. 보조 표면세척은 일상적인 운전시 사용해야 하며, 2층 여상의 유동화에 필요한 유연성을 제공할 것이다.

여재 지지와 하부집수시설은 역세척을 위해 설계된 하부집수시설 위에 이중의 입경크기 순서가 반대인 자갈층으로 구성된다. 이러한 시설들은 공장에서 제작된 집수시설이나 주문 설계된 여상바닥일 수 있다. 역세척 속도는 36~42 $m^3/m^2 \cdot hr$에서 최소 10분이 필요할 것으로 추정된다.

소독과 THM 제어

소독공정은 정수장에서 THM 제어와 아주 밀접한 관계가 있다. CT(concentration and contact time) 요구량을 만족시키기 위해서 처리장에서 1차 소독제로 유리 염소를 사용하며, 다음으로 배수시스템에서 소독의 지속성을 위해 클로라민(chloramine)을 사용함으로서 THMs에 대한 MCL에 항상 만족하는 물을 생산할 수 있을 것이다. 소독, THM 제어, 배수시설에서의 필요한 소독제의 잔류농도를 유지하기 위해 가장 비용-효과적인 일반적인 소독방법을 제시하였다. 불필요한 점액층(slime)이 성장하는 것을 억제하고, CT요구량, 낮은 THM 생성능, 염소요구량을 만족시키기 위해서 염소와 암모니아의 다점주입이 도입되어야 한다. 그러므로 염소와 암모니아의 주입점으로는 (1) 원수혼합지점, (2) 여과전의 침전지 유출수, (3) 정수지 전의 여과수가 포함된다. 염소와 암모니아의 화학반응, 장비, 단위공정 설계에 관한 자세한 사항은 12장에 기술하였다.

맛, 냄새 제어 및 철과 망간의 제거

계절적으로 맛, 냄새 문제와 철 및 망간 농도가 높게 되는 문제가 야기될 것으로 예상된다. 분말활성탄(PAC)은 계절적인 맛과 냄새를 제어하기 위해 사용된다. PAC의 예상 주입량은 4~8 mg/L(통상 5 mg/L)이며, 원수펌프장에 주입해야 한다. PAC는 소독부산물의 전구물질 및 염소요구량을 감소시킬 수 있으며, THM이 형성되는 것을 줄일 수 있을 것이다.

과망간산칼륨($KMnO_4$)은 철과 망간이 2차 MCLs를 초과할 때 이들을 산화시키는데 사용될 것이다. $KMnO_4$의 가장 좋은 주입점은 처리장 부지내 도수관으로, 1~4 mg/L(통상 3 mg/L)의 $KMnO_4$ 주입으로 철과 망간을 산화, 침전시킬 수 있다. 이외에도 맛, 냄새를 유발하는 물질, 염소요구량, THM 생성능을 다소 감소시킬 수도 있다.

부식 및 스케일 방지

부식성이 없고, 스케일을 생성시키지 않는 물을 생산하여 공급하는 일이 수질관리에 필수적이며, 배수시스템의 수명을 연장하기도 한다. 물을 안정화하기 위해서는 pH와 알칼리도를 조절하여 포화탄산칼슘(calcium carbonate-saturation) 평형값이 되게 할 필요가 있다. Langelier Saturation Index, Ryznar's Statability Index 또는 다른 테스트들을 물의 화학적 안정성을 조사하기 위해 처리수와 배수시스템에서 채취한 시료에 대해 실시해야 한다. 이 주제에 대해서는 13장에서 깊이 있게 다루고 있다.[13~15]

잔류물 관리

정수장에서 처리해야 할 주요 잔류물 배출원은 2개가 있다. 이것들은 여과지로부터 발생되는 역세수와 침전지의 슬러지이다. 역세척수는 물의 회수를 위해 침전시켜 상징수가 정수장 유입부로 보내진다. 침전지와 역세척수 회수조에서 배출된 고형물은 중력농축조에서 농축하여, 탈수 후 슬러지라군(lagoon)에서 현장 처분한다. 탈수 슬러지라군은 하나는 슬러지를 채우고, 다른 하나는 건조를 시키는 방법으로 운영한다. 농축조 상징수와 라군의 상징수/침투수는 역세척수 회수조 앞에 있는 응집, 응결시설로 보내진다.

5.4.10 공정의 선정 및 공정계열

앞 절에서 Modeltown 정수장이 탁도 제거 능력과 완전한 소독, THM 제어, 계절적인 맛과 냄새 문제와 철 및 망간을 제거하는 것으로 계획하였다.

급속혼화지에서의 1차 응집제와 파셜플룸(Parshall flume)에서 폴리머 응집보조제 주입과 3단계 응결, 침전, 여과를 통해 탁도를 최적으로 제거할 수 있다. 가장 비용-효과적인 소독과 THM 제어방법은 정수지 앞부분에 있는 염소접촉수로에서 유리 잔류염소농도를 유지하고, 정수지와 배수시스템에서 요구되는 잔류농도를 유지하기 위해 클로라민을 유지시키는 것이다. 맛, 냄새 문제는 원수 펌프장에서 PAC를 주입하여 제어한다. 만약 철과 망간이 MCLs 기준을 주기적으로 초과할 경우, 처리장 내 원수관로에 과망간산칼륨을 주입하여 산화시키고, 불용성 물질로 전환시켜 탁도와 함께 제거한다. 역세수는 회수시설을 거친다. 침전지에서의 슬러지와 역세수 회수조에서의 고형물들은 중력농축조에서 농축하고, 건조용 라군에서 탈수한다. 농축조 상징수와 다른 조의 상징수는 정수장 전역에서 회수하며, 탈수된 고형물들은 슬러지 건조용 라군에서 현장 처분한다. Modeltown의 재래식 정수장에 대한 선정된 일반적인 공정계열을 그림 5-5에 도시하였다.

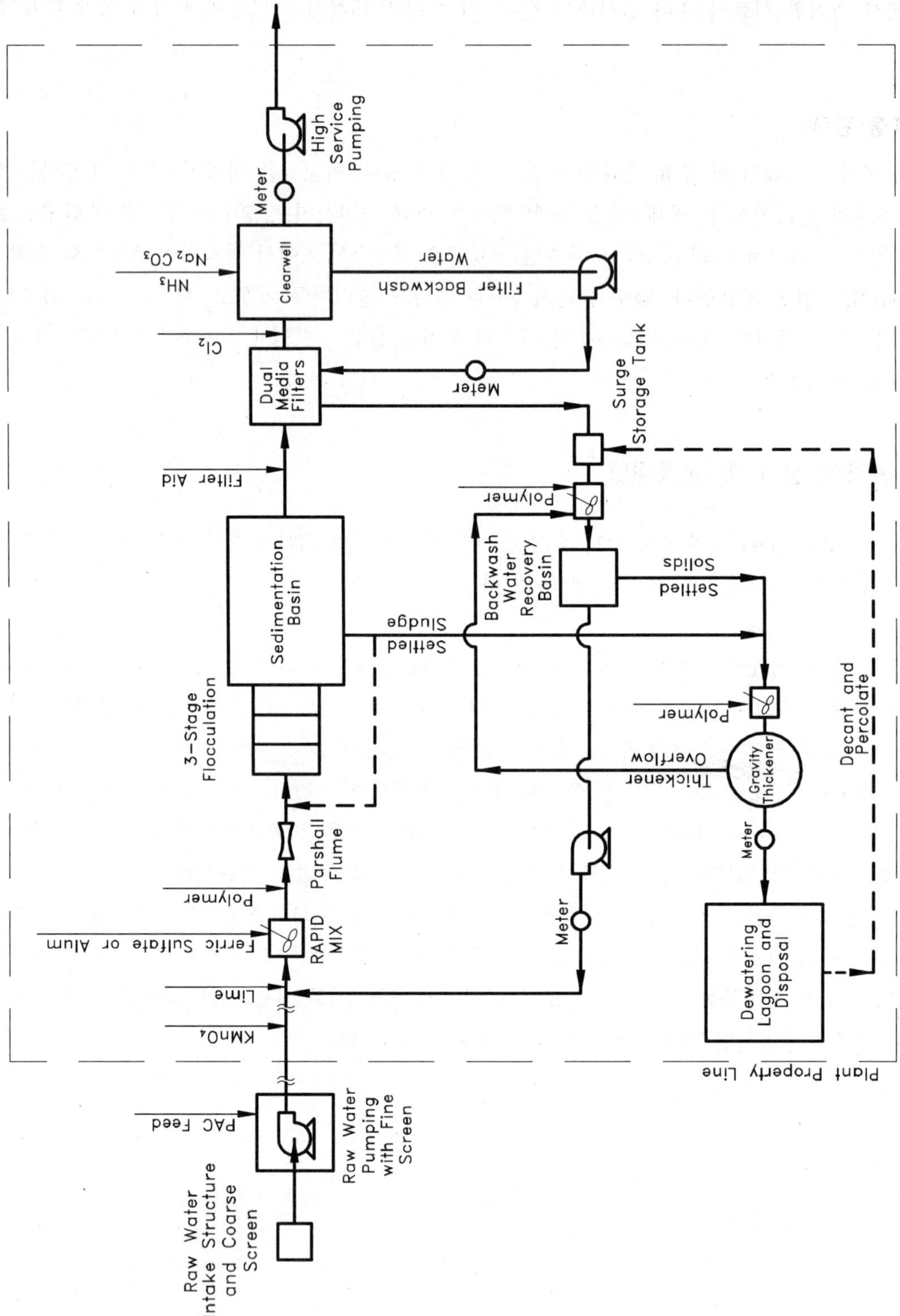

그림 5-5 정수장의 계획 공정도

5.4.11 정수처리플랜트 개요

앞 절에서 Modeltown 정수처리계획으로 Big River Reservoir에서의 취수시설, 원수펌프장, 도수관로의 건설을 계획하기로 하였다. 정수장은 탁도 제거 능력과 완전한 소독, THM 제어, 계절적인 맛과 냄새 문제와 철 및 망간을 제거하는 것으로 계획하였다. 또한 이 계획은 송수 펌프장, 처리수 송수관로의 건설 및 배수시스템과의 통합도 포함된다. 설계기준과 사전 공정크기 결정에 대하여 정리하는 것이 사전설계의 필수적인 부분이며, 상세한 자료는 17장에 제공되어있다. 설계분석과 설계계산은 6장으로부터 16장에 걸쳐 기술하고 있다.

시설용량

처리플랜트는 2020년을 기준으로 설계하여, 처리용량은 113,500 m^3/d이다. 이 용량은 갈수기 때의 일최대급수량을 기준으로 산정하였다.

정수처리플랜트

선정된 정수처리공정 계열은 응집, 응결, 침전, 여과, 정수지 등의 재래식 처리와 직접여과의 능력도 갖고 있다. 잔류물 관리시설로는 역세척수 회수, 중력 농축, 탈수라군 및 탈수라군에서의 고형물 현장 처리를 포함한다.

플랜트 내의 모든 공정들은 서로 상호 관련이 있다. 결과적으로 어느 한 단위공정의 운전 변화는 다른 공정들의 변화를 야기할 수도 있다. 어느 한 공정이라도 변화가 생기면 다른 공정에도 변화가 생긴다. 또 모든 공정들은 원수의 수질과 관계가 있다. 원수의 변화조건에 대처할 수 있도록 여러 방안으로 화학약품 주입지점과 장치들을 설치함으로서 원수변화에 대처할 수 있는 운전을 할 수 있게 하였다. 공정은 동일한 공정계열을 병렬로 배치하였다. 이는 근본적으로 2개의 플랜트로서 각각의 처리용량은 총 용량의 반씩으로 하였다. 각각의 처리공정은 파이프로 연결되어있지만 2개의 공정계열로 더 세분할 수 있도록 하였다. 이러한 배치는 각각 4개의 급속혼화, 플록 형성지 및 침전조와 8개의 여과조로 구성된다. 그리하여 어느 한 계열에 이상이 생기더라도 3/4의 용량을 공급할 수 있다. 또한 필요할 경우는 1/4, 1/2의 용량으로 운전할 수도 있다. 총용량 28,800 m^3인 2개의 저류조를 정수장 부지에 설치한다. 최대 처리용량인 113,500 m^3/d의 120% 용량을 갖는 5개의 펌프로 구성된 송수펌프장에 의해 처리수를 배수시스템으로 공급하도록 한다. 정수처리플랜트의 공정 배치와 각각의 단위공정에 대한 용량을 그림 5-6에 나타내었다. 공정 흐름도와 화학약품 주입지점들은 그림5-5에 제시하였다.

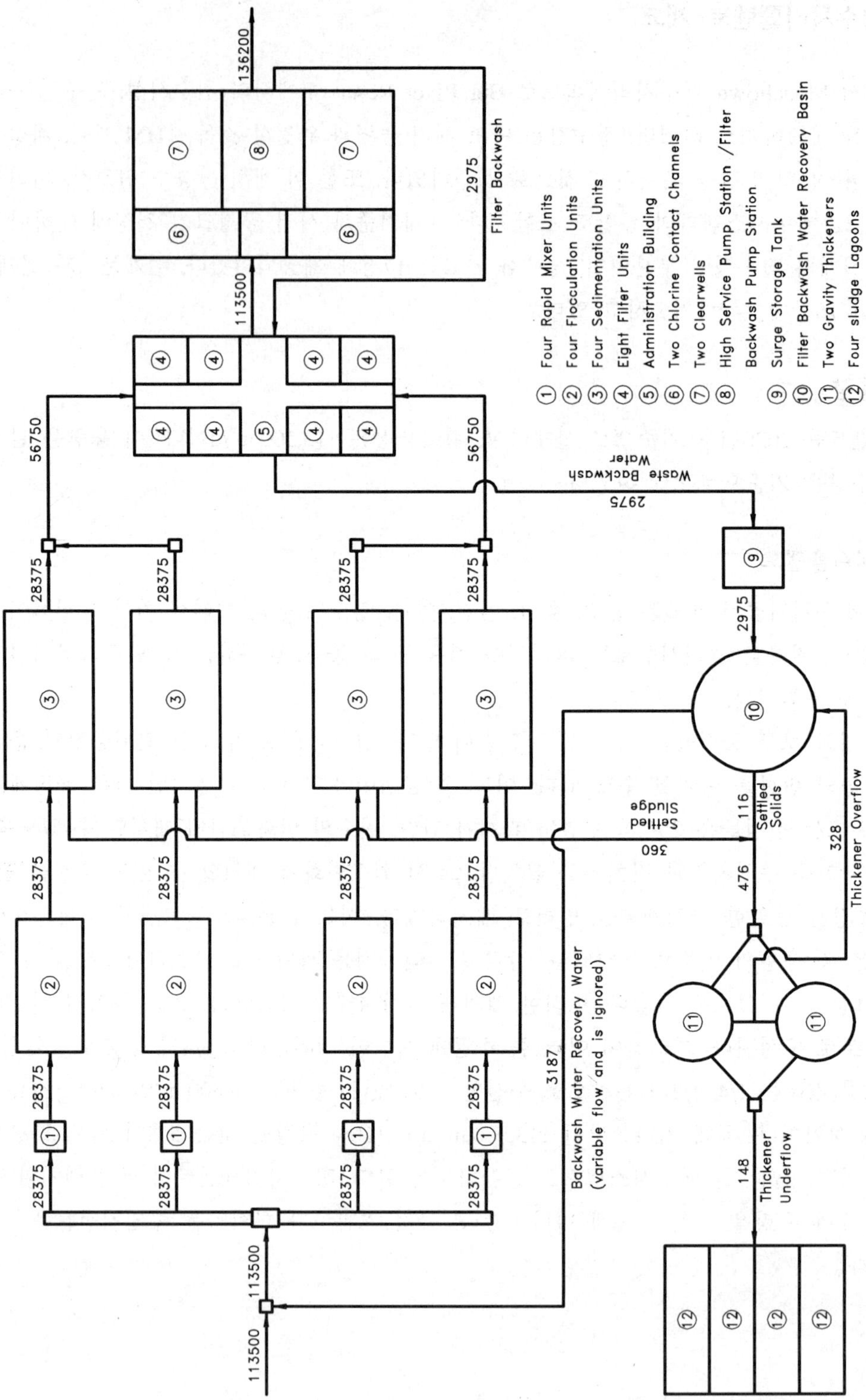

그림 5-6 계획 정수처리시설 및 일최대 처리용량(유량 단위는 m^3/d)

5.4.12 운전 및 유지관리

인력

처리시설들은 숙련된 유자격 기술자에 의해 매일 운전을 기본으로 하며, 기계 및 전기 관련 기술자를 포함한 운전요원들이 24시간 관리하도록 하였다. 수질 및 공정관리를 위한 실험실 장비와 관리동, 장비수리실을 충분히 갖추어야 할 것이다.

전력

이 지역의 전기의 공급은 매우 신뢰할 수 있다. Big River Dam과 정수장 지역의 지난 10년간의 고장기록에 의하면 단지 5번의 정전 사고가 있었을 뿐이고 정전 시간도 10분에서 1시간 정도이었다. 보조 발전기와 별도의 추가 전력선은 고려할 필요가 없다.

홍수 피해

계획하고 있는 원수 펌프장과 정수장 전 지역은 100년 빈도의 홍수위보다 월등히 높으며, 두 지역은 모든 기상조건에서 충분히 접근가능 하다.

5.4.13 건설 및 유지관리비

본 사례에서 상수공급계획에 대한 건설, 운전 및 유지관리비를 구체적인 비용 추정을 통해 산출해야 한다. 건설비를 구성하는 항목들로는 (1) 부지 조성과 토공, (2) 건축, (3) 관로, (4) 장치 및 설비, (5) 전기 및 계측기, (6) 부지 개선과 부대시설들이 있다. 이 비용항목들은 재료의 실제 소요량과 장비 생산공장의 자료를 바탕으로 한다.[16~19] 연간 운전 및 유지 관리비용의 추정항목은 에너지, 부품 및 재료, 인건비들이다. 표 5-7에 건설, 운전, 유지관리에 대한 추정비용을 요약하였으며, 이러한 비용은 소요 수량, 현재 가격, 부품 및 인건비를 기준으로 추정한 것이다.

많은 경우에 있어, 대안은 되지만 신뢰성이 낮은 몇 가지 컴퓨터 프로그램이나 발표된 비용곡선과 방정식들을 비용추정에 이용하기도 한다.[20~25] 이 과정들은 예비적인 비용 산출자료이지만 대안비교에는 충분하다. 공학적 계획과 사양들을 정한 후에 선택된 대안에 대한 실제적인 비용(표 5-7과 유사)들을 산출해야 한다.

표 5-7 정수장의 건설, 운전 및 유지관리 비용의 추정

순서	항목	건설비-1999(천달러)	연간 O&M비-1999(천달러)
1	취수시설과 원수 펌프장	$7,441	$357
2	원수 도수관	$5,255	$207
3	급속혼화지(접합시설, 급속혼화장치와 건물, 파셜플룸 포함)	$752	$73
4	플록형성지	$1,258	$80
5	침전지	$4,263	$103
6	여과지	$5,262	$403
7	고양정/역세척 펌프장(염소 접촉 수로와 접합정 포함)	$7,945	$282
8	염소/암모니아 주입시설	$481	$49
9	화학학품 보관소	$1,012	$167
10	역세척수 회수 시스템(역세척수용 고가수조 포함)	$2,527	$88
11	슬러지 처분(계량기 포함)	$1,304	$74
12	관리동(정비 및 창고, 처리장 차량, 전기 장비, 통제 시스템, 배관, 하수관, 처리장 포장 및 처리장 부지 구입 및 개선 포함)	$4,919	$670
13	처리수 송수관로	$6,414	$312
14	새로운 배수지와 배수펌프(새로운 배수관, 새로운 고가수조, 기존 지하 저수조와 배수펌프장 개선, 기존 배수관망 개선, 기존 고가수조 개선을 포함)	$5,923	$866
15	소계(실제 사업비용)	$54,805	$3,733
16	사전설계 공사 보고서의 준비 (사업비용의 1%)	$548	—
17	설계서와 시방서 준비 (사업비용의 6%)	$3,288	
18	공사와 건설 감리 (사업비용의 15%)	$8,221	
19	예비비(사업비용의 15%)	$8,221	
20	총계획비용	$75,083	$3,733

5.4.14 현재가치와 장비의 연간 비용

연간 총비용을 산정할 때에는 현재가치(present worth)와 연간등가비용(equivalent annual cost)을 결정한다.[2,25,26] 현재가치는 만약 일정 이자율로 현재 투자를 할 경우, 계획기간동안 필요한 모든 비용들에 대한 자금의 합계로 생각할 수 있을 것이다. 연간등가비용은 현재가격의 계산을 단순화하기 위해 균일하지 않은 일련의 지출들을 균일한 연간비용으로 표현하는 것이다. 이러한 계산 과정에 대한

세부적인 내용은 여러 참고문헌에서 설명하고 있다.[27,28] 건설계획에 대한 이자율 공식 및 평가는 Water Research Council에서 제시하고 있고, 할인율(discount rate)은 주기적으로 개정되고 있다.[29] 본 사례에서 이용한 할인 이자율은 7.625%이다.

정수처리프로젝트의 현재가치 및 연간등가비용을 표 5-8에 요약하였다. 이 비용들은 설계와 시방서가 완성된 후에는 보완되어야 한다.

표 5-8 현재가격 및 계획 정수장의 연간 등가비용

항목	비용(백만달러)
Total capital – 1999	\$75.083
Total annual O & M – 1999	\$3.733
Present worth of annual O & M	\$32.697[a]
Present worth	\$107.780[b]
Equivalent annual cost	\$8.575[c]

a. 이자율 7.625%, 계획년도 15년, 연간 O & M 비용의 현재가치 $=3.733\times\sum_{n=1}^{15}(1+i)^{-n} = 3.733 \times 8.759 = 32.697$ 백만달러
b. 현재가치 = 32.697 + 75.083 = 107.780 백만달러
c. 자본회수인자(capital recovery factor) $= i(1+i)^n / [(1+i)^n - 1] = 0.07625(1+0.07625)^{15} / [(1+0.07625)^{15} - 1] = 0.1142$.
연간등가비용 = 75.083 × 0.1142 = 8.575 백만달러.

5.4.15 재정 상태와 사용자 부담

시에서는 사전설계 보고서에서 제시한 계획에 대한 건설, 유지, 관리에 대한 적절한 기금 확보를 위해 법적, 행정적, 재정적 능력이 있다. 시는 상수 및 하수관거 사용자에게 현재 비용을 부과하고 있다. 상수요금은 소비자가 사용한 물을 기준으로 하며, 사용자에 부과할 비용계획은 주정부의 지침에 의거하여 수립하여야 할 것이다. 도시에 대한 재정적인 통계자료는 사전설계 보고서의 부록에 수록하였다.

5.4.16 환경영향평가

환경영향평가 보고서는 보통 사전설계 보고서의 한 부분으로 만들어진다. 환경영향평가와 관련한 기본적인 정보만을 본 보고서에 수록하고, 다른 관련 자료는 몇 개의 부록에 수록한다.

계획되는 정수장은 여러 해 동안 고품질의 물을 생산하여, Modeltown의 수요에 맞게 공급할 것이다. 또한, 본 사업은 지하수 수원에의 영향을 줄일 것이다. 본 사업은 환경과 관련한 다음과 같은 면에 있어 심각한 악영향이 없을 것으로 예상된다.

- 항해 및 위락적 용도(Permit 404 발표)[f]
- 동 · 식물 군집

- 생태계
- 멸종위기에 있거나 지역적으로 위협을 받는 생물종
- 유일하거나 손상되기 쉬운 환경특성
- 진귀한 고고학적, 역사적, 과학적, 또는 문화적 가치가 있는 지역, 공원, 습지, 또는 하천 수로
- 지역 인구성장 패턴과 토지이용 패턴

f. 추가 자료는 6.3.2절에 있다.

시는 원수펌프장이 건설되기로 예정된 지역의 부지중 작은 면적만을 소유하고 있다. 정수장 부지로는 약 12 ha가 필요하여, 처리계획을 위해 일부 주민들을 이주시켜야하나 기존 구조물들은 이동시킬 필요가 없다. 또한, 사업에 따르는 정수장 인접 토지가격의 변화는 없을 것으로 예상된다.

불가피한 사소한 악영향들은 주로 처리장의 건설과 운전과 관련이 있다. 송배수관 건설하는 기간에 어느 정도 환경파손 및 주민불편은 피할 수 없는 일이나, 적절한 건설계획과 기술로서 그 심각성을 완화할 수 있을 것이다. 시설을 건설하고 운전하는 동안 전력, 화학약품, 연료들을 이용해야 한다. 사업에 이용되는 건설재료들은 영구히 남을 것이며, 염소, 석회, 염화 제2철, 및 유기고분자물질과 같은 화학약품들은 처리장 운전에 필요하다. 처리 시설이 설치되는 토지는 농업생산성을 영구히 상실할 것이나, 현재 목초지로 이용되고 있는 지역의 생산성은 미미하다.

5.4.17 주민 참여 프로그램

사업이 진행되고, 사전설계 보고서를 작성하는 전체 기간 동안 주민 참여 프로그램이 지속된다. 이 프로그램은 주민 회의, 우편물 발송, 사업 진행과정을 알리는 인쇄물 발간, 중요 사업을 결정하기 전의 주민 의견 수용들이다. 여러 분야에서 참여하고 있는 환경자문위원회는 사업을 검토하기 위한 공청회를 개최하였다.

최종 회의에는 주민의 의견을 청취할 예정이며, 모든 주민의 의견들을 설계 및 시공과정에 반영할 예정이다.

5.4.18 사업수행을 위한 비용 분석 및 시간 계획

사전설계, 설계계획 및 세부 설계에 대한 추정 비용과 건설비에 대한 추정치는 표 5-7에 요약되어 있다. 설계계획과 상세설계, 건설계획에 대한 상세한 사업 진행표는 일반적으로 컴퓨터 프로그램을 이용하여 수립된다.[30] 또한 사업의 시작과 종료시점에 대한 계획도 세울 수 있다.

5.4.19 첨부물

다음과 같은 자료들을 일반적으로 사전설계 보고서의 별책 첨부물 또는 부록으로 제출하여야 한다.

1. 설계분석과 설계계산과정의 요약본
2. U.S. 공병단의 허가서 404(Permit 404)
3. U.S. 공병단의 허가서 201(Permit 201)
4. 사업 신청자의 필요한 법적, 기술적, 재정적, 행정, 관리 자원에 대해 기술한 보고서
5. 관련 기관들의 협조
6. 주와 지역 행정기관의 검토보고서 또는 승인서
7. 주민 공지 자료

문제 및 토론

5.1 그림 5-2와 표 5-1은 Modeltown의 과거인구와 계획인구를 나타낸 것이다. 1990년, 2000년, 2010년의 인구를 사용하여 포화인구를 산출하라. 또한 1992년, 1995년, 2005년의 인구를 검토하라. 로지스틱 곡선법을 사용한다.

5.2 Modeltown 급수지역의 계획급수량(표 5-3) 산출과정이 표 4-10과 예제 4-2에 나타낸 일반적인 절차와 다소 차이가 있다. 산출과정을 비교하고, 그 결과를 설명하라.
두 가지 경우 모두 갈수기 조건을 사용한다.

5.3 과망간산칼륨으로 처리하여 철과 망간을 제거하였다. 제거과정에 대한 화학반응을 쓰시오. 또한, 동일한 목적을 위해 사용되는 다른 화학물질을 열거하고, 화학방정식을 쓰시오.

5.4 Modeltown의 정수장 설계 과정에서 맛과 냄새 제거를 위해 PAC를 사용하려 한다. 맛과 냄새를 제거할 수 있는 다른 방법에 대하여 설명하라.

5.5 그림 5-5의 공정도에서 몇 가지 화학약품들을 혼화지, 여과지, 정수지 전단에서 사용하고 있다. 각 화학물질 주입 목적에 대해 설명하라.

5.6 공정도에서 THM 제어를 위해 제안한 방법은 정수지 전에 유리염소를 결합 잔류염소로 전환하는 것이다. 이 방법의 유리한 점과 불리한 점에 대하여 나열하라. THM 제어를 위한 다른 방법을 제시하라.

5.7 직접여과는 처리공정 계열에 계획된 것이다. 이 방법이 왜 바람직한가에 대해 설명하라.

5.8 보조세척시스템의 목적은 무엇인가? 표면세척과 공기세척시스템에 대하여 설명하라.

5.9 (a) 유출수 조절형의 정속여과 또는 정수위 여과(effluent-controlled constant-rate or constant-level), (b) 유입수를 조절하는 정속여과(influent-flow-splitting constant-rate)와, (c) 감쇄율 여과속도 제어시스템(variable-declining-rate filter-rate control system)에 대해서 설명하라.

5.10 당신이 있는 지역의 정수장의 사전설계 보고서가 어느 해에 작성되었는지 확인하라. 사전설계 보고서를 검토하고, 다음 사항을 확인하라.

(a) 초기년도와 설계년도

(b) 급수인구와 설계용량

(c) 공정 흐름도

참고문헌

1. James M. Montgomery, Inc. Water Treatment Principles and Design, John Wiley and Sons, New York, 1985.
2. Qasim, S. R. Wastewater Treatment Plants: Planning Design and Operations, 2d ed., Technomic Publishing Co., Lancaster. PA, 1999.
3. ASCE and AWWA. Water Treatment Plant Design, 2d ed., McGraw-Hill Publishing Co., New York, 1990
4. Sanks, R. L. Water Treatment Plant Design for the Practicing Engineers, Ann Arbor Science, Ann Arbor, MI, 1980.
5. USEPA. Grants for Construction of Treatment Works, Federal Fegister, 43(188), p. 44022~44097, September 27, 1978.
6. Fair, G. M., Geyer, J. C., and Okum, D. A. Elements of Water Supply and Wastewater Disposal, 2d ed., John Wiley and Sons, New York, 1971.
7. Ficek, K. G. "Potassium Permanganate for Iron and Manganese Removal and Taste and Odor Control," Water Treatment Plant Design, R. L. Sanks(Ed.), Ann Arbor, MI, 1980.
8. AWWA Committee Report. "The Status of Direct Filtration," Jour. AWWA, 72(7), vol. 72, no. 7, pp. 405-411, July 1980.
9. Hudson, H. E. "Declining Rate Filtration," Jour, AWWA, vol. 51, no. 11, pp. 1455~1463, November 1959.
10. Cleasby, J. L. et. al. "Backwashing of Granular Filter," Jour. AWWA. vol. 69, no. 2, pp. 115~126, February 1977.
11. Arboleda, J. "Hydraulic Control Systems of Constant and Declining Flow Rate in Filtration," Jour. AWWA, vol. 66, no. 2, pp. 87~94, February 1974.
12. Culp, R. L. "Direct Filtration," Jour. AWWA, vol. 64, no. 7, pp. 375~378, July 1977.
13. Tchobanogous, G. and Schroeder, E. D. Water Quality: Characteristics, Modeling and Modification, Addison-Wesley Publishing Co., Reading, Massachusetts, 1985.
14. Drew Principles of Industrial Water Treatment. Drew Chemical Corporation, Boonton, N.J., 1977.
15. AWWA. Water Quality and Treatment, 4th ed., McGraw-Hill Book Co., New York, 1990.
16. RSMeansCo., Inc. Building Construction Cost Data, 57th Annual Editon, RSMeansCo., Inc., Kinston, MA, 1999.
17. RSMeansCo., Inc. Heavy Construction Cost Data, 12th Annual Edition, RSMeansCo., Inc., Kinston, MA, 1999.
18. RSMeansCo., Inc., Mechanical Cost Data, 22nd Annual Edition, RSMeansCo., Inc., Kinston, MA, 1999.
19. RSMeansCo., Inc. Site Work and Landscape Cost Data, 18th Annual Edition, RSMeansCo., Inc., Kinston,

MA, 1999.

20. Gumerman, R. C., Culp, R. L., and Hansen, S. P. Estimating Water Treatment Costs, Vol. 1, Summary, Municipal Environmental Research Laboratory, EPA－600/2－79－162 a, NTIS PB80－139817, USEPA, Cincinnati, OH, August 1979.
21. Gumerman, R. C., Culp, R. L., and Hansen, S. P. Estimnating Water Treatment Costs, Vol. 2, Cost Curves Applicable to 1 to 200 mgd Treatment Plants, EPA－600/2－79－162b, NTIS PB80－139827, USEPA Municipal Environmental Research Lab., Cincinnati, OH, August 1979.
22. Hansen, S. P., Gumerman, R. C., and Culp, R. L. Estimating Water Treatment Costs, Vol. 3, Cost Curves Applicable to 2,500 gpd to I mgd Treatment Plants, EPA－600/2－79－162c, NTIS PB80－148455, USEPA Environmental Research Lab, Cincinnati, OH, Qugust 1979.
23. Lineck, T. S., Gumerman, R. C., and Culp, R. L. Estimating Water Treatment Costs, Vol. 4, Computer User's Manual for Retrieving and Updating Cost Data, EPA－600/2－79－162d, NTIS PB80－225979, USEPA Municipal Environmental Research Lab, Cincinnati, OH, August 1979.
24. Gumerman, R. C., Burris, B. E., and Hansen, S. P. Small Water System Treatment Costs, Noyes Data Corporation, Park Ridge, NJ, 1986.
25. Qasim, S. R., Lim, S. W., Motley, E. M., and Heung, K. G. "Estimating Costs for Treatment Plant Construction," Jour. AWWA. vol. 84, no. 8, pp. 1156~1162, Qugust 1992.
26. USEPA. Guidance for Preparing a Facility Plan, EPA－430/9－76－015, Construction Grants Program Requirements, USEPA, Washington, D.C., May 1975.
27. Grant, E. L. and Jreson, R. S. L. Principles of Engineering Economy, 8th ed., Prentice Hall Press, Englewood Cliffs, NJ, 1990.
28. Thuesew, G. J. and Fabrycky, W. J. Engineering Economy, 8th ed., Prentice Hall Press, Englewood Cliffs, NJ, 1993.
29. American Consulting Engineering Council. The Lost Word, vol. XVIII, no. 10, p. 1, April 5, 1996.
30. Pyron, T., Guthrie, B., Nelson, S., Orvis, W. J., and Valentine, K. Using Microsoft Project 4 for Windows, Que Corp., Indianapolis, IN, 1994.

chapter 06

원수 취수, 스크리닝 및 폭기

6.1 서 론

원수 취수는 강, 호수, 저수지로부터 미리 결정한 수심 범위내에서 물을 취수하는 것이다. 스크린은 물로부터 떠다니는 조대 물질을 제거한다. 펌프 설비를 보호하기 위해, 스크린은 일반적으로 취수 구조물에 설치하여 펌프장으로 유입하기 전에 조대 물질을 제거한다. 폭기는 용수 공급에 있어 맛, 냄새 문제를 유발하는 가스나 휘발성 유기물을 제거하는 단위 공정이다. 또한 폭기는 어떤 용존성 금속들을 불용성 산화물로 형성하게 하는데 이용한다. 이러한 단위 공정은 취수 구조물이나 처리장의 앞부분에 위치한다.

이 장에서는 취수시설, 스크리닝, 폭기시설에 대한 설계 및 선정 시 고려사항 전반에 대해 기술하였다. 취수시설과 스크린에 대한 단계별 설계계산 또한 설계 예로서 수록하였다.

6.2 원수 취수시설

원수 취수 시설은 지표수로부터 원수의 취수를 제어하는데 이용한다. 이것의 일차적인 목적은 물고기, 떠다니는 협잡물, 조대 침전물, 다른 방해가 되는 부유성 물질을 배제하면서 가장 좋은 수질의 물을 선택적으로 취수하는 것이다. 이러한 시설들은 단순한 수중형 취수관 또는 취수문, 스크린, 제어 밸브, 펌프, 화학약품 주입기, 유량계, 사무실, 기계 수리실을 갖춘 복잡한 탑 형태의 시설일 수 있다. 댐의 한 부분이거나 다른 곳에 위치한 분리된 시설물일 수도 있다.

6.2.1 취수시설의 형태

몇 가지 다른 취수시설 유형들이 일반적으로 사용된다. 이러한 것들에는 부유형(floating), 수중형(submerged), 탑형(tower), 수변형(shore), 교각형(pier) 시설들이 있다. 취수시설의 선택은 취수하고자 하는 수원의 특성과 취수하려는 물의 수질과 수량에 달려있다. 취수시설들의 유형에 대한 운전상의 특성, 장점, 단점을 표 6-1에 비교하였다. 추가적인 설명은 아래에 있다.

표 6-1 취수시설의 유형별 비교

취수 유형	상대적 비용	공정 유연성	장 점	단 점
부유형 (floating)	저~중	수면으로부터 일정한 수심에서 취수가 가능하다.	상대적으로 저비용, 현장이나 다른 지역에서 조립 가능하며 작은 범위의 수면높이에서도 작동가능하다.	바람과 파도로부터 피해를 막기 위해 안전하게 고정도구(anchor)로 고정해야 한다. 수면아래의 고정된 깊이에서만 취수가 가능하다.
수중형 (submerged)	저	고정된 수위에서 취수가 가능하다.	설치가 간단하고, 쉽고, 비교적 비용이 적다.	수질이 대체로 불량한 바닥 근처의 지정된 수위에서만 취수가 가능하다. 스크린에 접근하기가 곤란하여 협잡물의 제거나 정상적인 유지 관리가 어렵다.
탑형 (tower)	중~고	여러 개의 수문을 가지고 있어 양질의 수질을 얻기 위해 다른 수위에서 취수가 가능하다.	여러 수문을 통해 양질의 물을 취수할 수 있다. 저수지의 설치가 완료되기 전에 깊은 곳에 설치할 수 있다. 수문이나 수로의 배수와 관리가 가능하다.	건축비가 많이 든다. 수변과 떨어져 있어, 연안형 취수에 비해 접근성이 나쁘다.
연안형 (혹은 수변형) (shore)	중~고	여러 개의 수문을 가지고 있어 양질의 수질을 얻기 위해 다른 수위에서 취수가 가능하다.	관리를 위한 접근성이 좋다. 만일 여러 수문을 가지게 건설하면, 최적 수질에서 취수할 수 있다. 기존 수체에 건설하는 것이 상대적으로 쉽고, 비용도 저렴하다.	부유형이나 수중형 보다 고가이다. 수심을 깊게 하기 위해서는 준설 또는 굴착이 필요하다.
교각형 (pier)	중	만일 펌프가 서로 다른 수심에 설치되지 않는다면, 고정된 수위에서만 취수가 가능하다.	기존 수체에 비교적 건설이 용이하고, 유지관리가 용이하다.	펌프가 설치된 깊이 즉, 고정된 수위에서만 취수가 가능하다. 최적의 수질의 물을 취수할 수 없다.

부유형 취수시설(Floating Intake)

부유형 취수시설은 기존 호수나 저수지에 취수시설을 건설하는데 비교적 저렴한 방법이다. 부유형 취수시설은 지리학적 조건이 다른 취수시설의 설치에 부적당하고, 연중 수위의 변화가 거의 없는 수원에 특히 적합하다. 이러한 시설들은 펌프, 스크린, 밸브, 전기 스위치, 기어와 기타 설비들을 수표면에 지탱하게 하는 barge-type의 구조로 이루어져 있다. 구조물은 최소한 두 개의 교각(pier)에 단단히 고정된다. 이러한 교각은 각각 호수나 저수지 바닥에 기초한 철제나 콘크리트 기둥으로 이루어져 있으며, 구조물에 부착된 특별히 설계된 슬리브(sleeve)를 통하여 연결된다. 이러한 형태는 현장에 고정하는 구조이지만, 수위 변화에 자유롭게 뜰 수가 있다. 구조물은 원수 배관과 전선을 지지하는 다리에 의해 연안으로 연결되어 있고 접근이 용이하다. 그림 6-1에 전형적인 부유형 취수시설을 나타내었다.

수중형 취수시설(Submerged Intake)

수중형 취수시설은 연중 수위변화가 상대적으로 작은 하천이나 호수로부터 취수하는데 이용된다. 이러한 취수시설은 cribs 또는 스크린이 부착된 벨마우스(bellmouth)로 건설된다.[1] 그것들은 취수관 유입 말단을 보호하기 위해 단순한 콘크리트 박스나 조약돌이 채워진 목재형 crib으로 이루어져 있다. 취수관은 펌프가 설치된 연안의 웅덩이 또는 중력으로 수송하는 시스템으로 물을 배출한다. 상단의 개구부는 주철이나 망으로 덮여있다. 미세 스크린은 펌프장 또는 정수장에 있는 웅덩이에 설치한다. 실트질이 많은 호수에서 취수구는 바닥으로부터 약 1~2 m 높여야 한다. 그림 6-2에 전형적인 수중형 취수시설을 나타내었다.

노출형(Exposed) 또는 탑형 취수시설(Tower Intake)

노출형 취수대 또는 탑형 구조물들은 일반적으로 수위 변동이 심한 하천이나 저수지에서 많은 양을 취수할 때 이용된다. 이것들은 도보용 다리로 연결할 수 있을 정도의 해안 근처나 보트에 의해서만 근접 가능한 곳에 설치한다. 수문-제어형 취수구(gate-controlled opening)는 port라 하는데, 일반적으로 최적의 수질을 선택하기 위한 여러 수위에 설치한다. 노출형 또는 탑형 취수시설에는 습식 취수탑과 건식 취수탑 두 개의 주요 유형이 있다.

습식 취수탑(Wet-Intake Tower)

습식 취수탑은 저수지의 표고까지 물을 채우는 콘크리트 원형 외곽으로 이루어져 있고, 내부 우물이 있어 취수관과 연결된다. 취수구는 콘크리트로 된 외부와 내부의 우물로 되어있다. 내부 우물로 연결되는 취수구는 물이 우물로 유입되는 것을 조절하는 수문을 가지고 있다. 외곽부에 물을 채우는 목적은 안쪽 우물이 비었을 때 부력과 균형을 맞추는데 필요한 무게를 제공하기 위함이다. 습식 취수탑의 일반적인 구조를 그림 6-3(a)에 나타내었다.

건식 취수탑(Dry-Intake Tower)

건식 취수탑에서는 물이 수문 제어형 취수구를 통하여 우물로 유입한다. 물로 채운 외부 우물이 없기 때문에 건식 취수탑은 습식 취수탑보다 건축물을 무겁게 하여 물이 비어 있을 때 부력에 견딜 수 있게 해야 한다. 그러나 이러한 취수시설은 취수구를 적절히 사용하여 선택된 수위에서 물을 취수할 수 있기 때문에 유용하다. 건식 취수탑의 구조를 그림 6-3(a)에 나타내었다.

연안형 취수시설(Shore-Intake Structure)

연안형 취수시설은 거의 일정한 수위를 갖는 호수나 저수지 또는 수변의 수심이 깊은 하천이나 호수에 이용된다. 전형적으로 이러한 것들은 수변에 개방된 콘크리트 구조의 취수구로서 펌프장과 통합하여 건설되기도 한다. 연안형 취수시설을 그림 6-4에 나타내었다.

교각형 취수시설(Pier Intake)

교각형 취수시설들은 연안형 시설을 세우기에는 수변의 수심이 너무 낮은 호수나 하천에 이용된다. 또한 취수를 기존의 수체에 건설해야 할 필요가 있을 때 이용된다. 이러한 형태의 시설은 철제 기둥이나 콘크리트 교각 위에 설치한 철제나 콘크리트 플랫폼(platform)으로 이루어져 있다. 플랫폼은 펌프, 파이프, 밸브, 전기 스위치와 다른 설비를 지지한다. 다리로 플랫폼에서 연안까지 연결하여 접근이 용이하게 하고, 원수 파이프라인을 지지하게 한다. 교각형 취수시설 구조를 그림 6-5에 나타내었다.

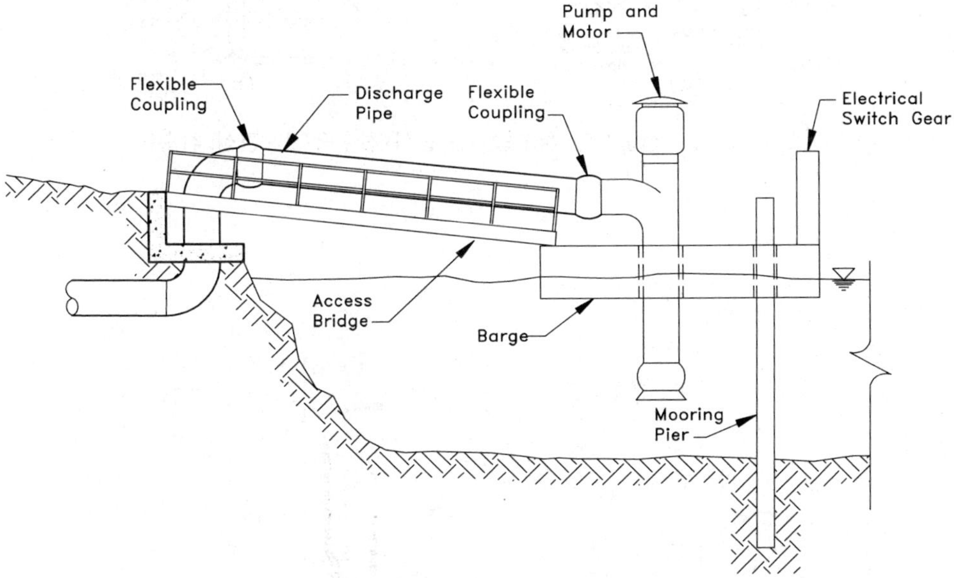

그림 6-1 전형적인 부유형 취수시설의 구조 및 펌프장

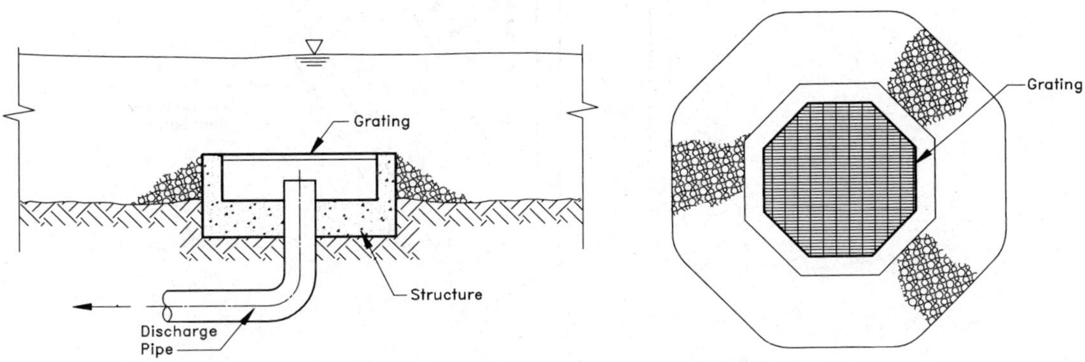

그림 6-2 전형적인 수중형 취수시설의 구조

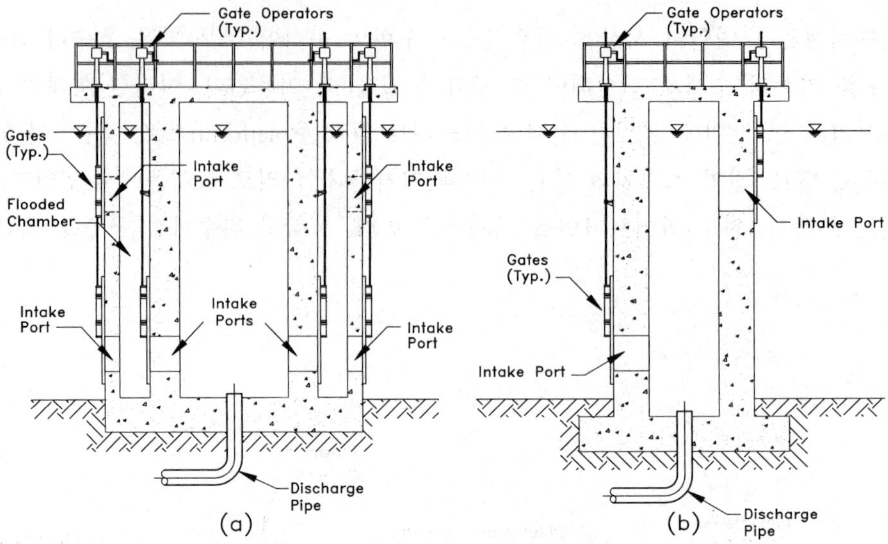

그림 6-3 전형적인 취수탑. (a) 습식 취수탑, (b) 건식 취수탑

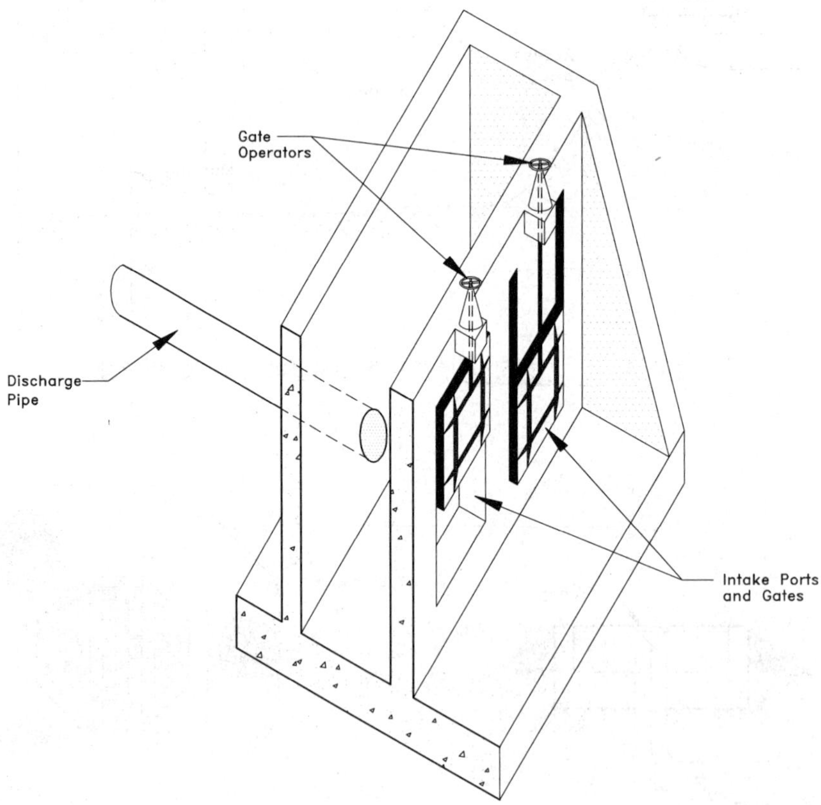

그림 6-4 전형적인 연안형 취수시설의 구조

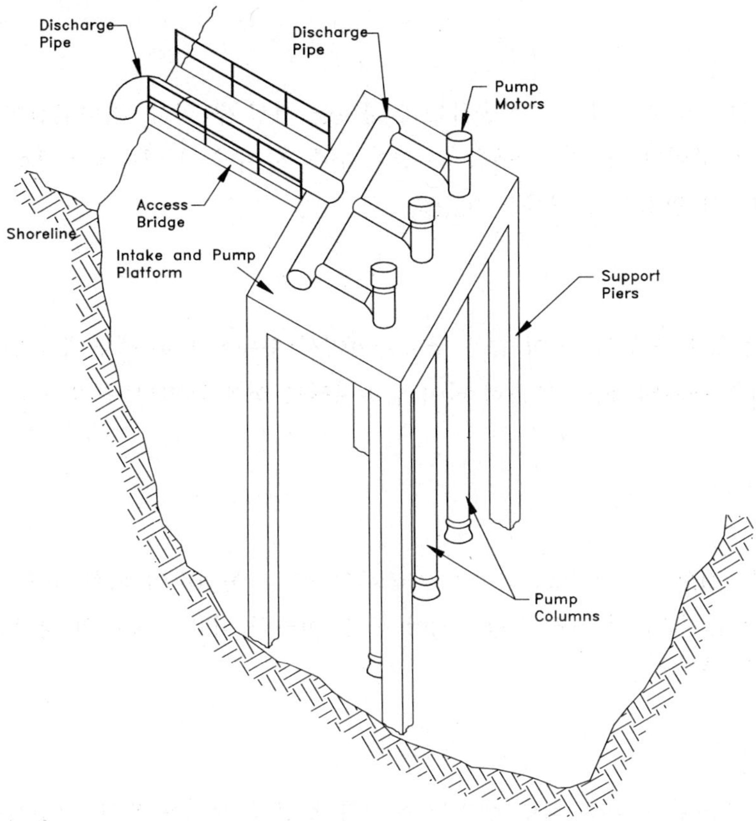

그림 6-5 전형적인 교각형 취수시설의 구조

6.2.2 취수지점의 선정

기술자는 원수 취수를 위한 위치 선정 시 여러 인자들을 조심스럽게 고려해야 한다. 이러한 인자로는 수질, 수심, 유속, 기초 안정성, 접근성, 가용 전력, 정수장에의 근접 정도, 항해 장해와 환경 영향들이 포함된다. 각각의 인자를 다음에 설명하였다.

수질

취수시설의 위치는 가능한 가장 좋은 수질을 생산할 수 있도록 선정해야 한다. 취수시설은 정체 수역(물 순환이 없거나 적은 지역), 폐수 방류 부근, 수질이 나쁜 물이 다량 유입하는 부근, 또는 유해한 화학물질이 유입되기 쉬운 지점에 설치해서는 안 된다.

수심

취수시설은 전 수위 변화 범위에 걸쳐 물을 취수할 수 있는 지점에 설치해야 한다. 수위의 범위는 수원의 가장 낮은 수위로 예상되는 갈수위와 최대 홍수위가 포함되어야 한다.

유속

흐름의 방향과 크기가 취수시설을 작동하는데 영향을 미칠 수 있다. 취수시설이나 취수구를 지나는 유속이 0.6 m/s 이상이면 와류가 발생할 수 있어 취수 시 수리적 영향을 미친다.[2] 유속은 또한 구조물의 측면과 기초의 안정성에 영향을 미친다.

기초 안정성

대개 취수시설은 높이가 높고, 폭이 좁은 구조물이어서 수류에 의해 측면에 극단적인 하중을 받기 쉽다. 그러므로 기초(foundation)를 튼튼히 하여 넘어지려는 힘에 저항할 수 있도록 주의 깊게 설계하여야 한다.

접근성

취수시설은 모든 기상 조건에서도 접근이 가능해야 하고, 운전자에 의한 취수문, 스크린, 펌프를 포함한 취수설비의 유지관리와 감시가 용이해야 한다. 이러한 이유로 홍수의 영향을 받지 않는 전천후 도로를 설치하여야 한다.

가용 전력

전력은 취수문, 스크린과 같은 취수 설비의 운전과 보안등 설치를 위해 취수시설에 항상 필요하다. 만일 원수 펌프가 취수 위치에 있지 않을 경우 전력부하는 매우 작게 된다. 이러한 경우에는 현장용 발전기로 전력을 공급할 수 있다.

정수장으로의 접근성

수원으로부터 정수장까지의 도수를 위한 설비 비용은 수원과 정수장 사이의 거리에 직접적으로 비례한다. 그러므로 취수 지점의 선정 시 도수 시스템의 길이에 대해 충분한 고려가 필요하다.

환경영향

취수 지점을 선정했을 때 환경적 문제를 주의 깊게 고려해야 한다. 일반적으로 원수 취수가 미치는 가장 큰 영향은 상수원에서의 위락적 용도에 관한 것이다. 전형적으로 취수시설의 위험으로부터 뱃놀이하는 사람들을 보호하거나 취수시설 인접 수질을 보전하기 위해 취수 지점에서 반경 61 m 이상의 청정지역(clear zone)이 필요하다. 많은 경우에 있어서는 소규모 상수원에서 위락적 용도를 엄격하게 제한하고 있다. 고려하여야 할 다른 환경문제로는 야생 동물서식지, 멸종위기에 있는 종과 역사적이나 고고학적 유적에 대한 영향이 있다.

미국에서 준설토를 배출하게 되는 습지를 건설하기 위해서는 U.S. Army Corps of Engineers(미육

군공병단)의 허가가 필요하다. 이러한 허가는 각각 Wetland Permit와 Section 404 permit으로 알려져 있는데, 취수시설의 건설사업 때문에 요구되고 있다. 이러한 허가에 대한 정보는 U.S. Army Corps of Engineers의 인접 지소에서 구할 수 있다.

항해 장해

부유형, 수중형, 탑형 또는 교각형 취수시설은 구조물이 수로상에 위치한다. 많은 경우에 있어, 특히 주요 하천들은 수체 자체가 항로로서의 역할을 한다. 이러한 경우에 취수시설은 항해에 장해를 주지 않도록 설계되고 설치되어야 한다. 이러한 관점에서 특히 수중형 취수시설은 주의가 필요한데, 이는 보이지 않는 장해물로서 사고위험이 높기 때문이다.

미국에서는 항해로로 이용되는 상수원에 대한 취수시설의 건설을 위해서는 U.S. Army Corps of Engineers의 허가를 받아야 한다. 이 허가는 Section 10 permit라 하며 Section 404 Permit와 함께 적용된다. 설계자들은 이 허가와 관련된 정보를 U.S. Army Corps of Engineers 인접 지소에서 얻을 수 있다.

6.2.3 취수시설 설계 시 고려사항들

취수시설의 설계는 일반적으로 위치적 특징을 갖는다. 주어진 지역에 대해 변형없이 채택할 수 있는 표준 설계는 없다. 여기서는 각각의 구조물 설계에서 언급해야할 설계 시 고려사항들에 대해 제시하였다.

취수 속도

취수구를 통하는 유속은 엔지니어가 선택해야 하는 하나의 가장 중요한 설계인자이다. 취수 속도가 높으면 손실 수두가 증가하고, 부유 물질이 유입되며, 물고기나 다른 수생 생물이 포집되며, 결빙 문제가 야기된다. 취수 속도가 작으면 더 큰 취수구가 필요하여 비용이 증가한다. 경험적으로 8.0 cm/s 이하의 속도는 물고기나 다른 수생동물이 도피할 수 있고, 결빙폐색을 줄이며, 부유물질 유입을 최소화할 수 있다.

취수구 위치

취수시설에 대한 또 다른 중요한 설계 인자는 취수구의 위치이다. 호수나 저수지는 성층화 되는 경향이 있다. 결과적으로 각 층마다 수질이 매우 다양하게 변한다. 적절하게 설계된 취수시설은 정수장 운전자가 가장 좋은 수질을 갖는 층으로부터 취수할 수 있도록 한다. 이를 달성하기 위해서는 여러 수위에서의 취수할 수 있는 다수의 취수구를 설치한다.[1]

이상적으로, 취수구의 수직적 위치는 계획하고 있는 취수 지점에서 여러 수심의 수질을 조사하여 결정해야 한다. 이러한 조사는 호수와 저수지의 수위와 기후 조건이 다른 계절에 걸쳐 이루어져야 한다. 이러한 조사가 없는 경우는 취수구는 취수시설의 전체 높이에 걸쳐 취수할 수 있도록 고려해야 한다.

취수구 상부는 부유성 쓰레기들이 취수구로 유입되지 않도록 평상시 수면으로부터 2 m 이상 낮은 위치에 설치한다. 하부 취수구는 바닥 침전물이 부상되지 않도록 바닥으로부터 최소 1 m 이상의 위치에 설치해야 한다.[1]

취수문

취수문은 수원으로부터 도수시설로의 물의 흐름을 조절하기 위하여 취수시설에 사용한다. 가장 좋은 수질을 갖는 수층의 물을 선택하는데 사용되며, 또한 도수시설로 물이 한꺼번에 유입되는 것을 막아주는 역할도 한다. 그러나 도수시설로의 유량을 조절하는데 사용되는 것은 아니다.

취수시설에 사용되는 전형적인 취수문은 제수문(sluice gate)이다. 제수문은 커다란 주철문으로 궤도를 따라 수직적으로 움직인다. 취수문은 구조물의 상단에 나선형 봉(stem)에 의해 움직이며, 취수문과 문틀은 구조물 벽체에 주철로 된 고리(thimble)에 부착되어 있다. 전형적인 제수문의 구조는 그림 6-6과 같다.

그림 6-6 전형적인 제수문(Rodney Hunt Company)

결빙 제어

추운 지역의 경우 취수시설 주위나 내부에 얼음이 쌓이면 겨울철에 심각한 문제가 야기될 수 있다. 묘빙(anchor ice)으로 알려진 얼음은 스크린, 문, 밸브, 펌프의 금속 표면에 형성된다. 바늘모양의 얼음은 또한 금속 표면에 부착하여 흐름을 방해한다. 추운 기후에서 결빙 문제는 취수구를 수면으로부터 충분한 수심(8 m 이하)에 위치하게 하여 감소시킬 수가 있다.[1] 압축 공기는 얼음의 축적을 제거하는데 사용될 수 있다.[1] 다른 방지책들로는 취수시설 내부에 스팀관이나 실내 난방기를 설치하여, 노출된 금속 표면이 물의 어는 점 약간 위의 온도로 유지되도록 하는 방법이 있다.[1]

6.3 스크린(Screen)

스크린은 수중의 고형물을 제거하는 단위공정이다. 스크린은 제거되는 물질의 크기에 따라 조대 스크린(coarse screen), 미세 스크린(fine screen), 미세여과망(microstrainer)으로 분류한다. 스크린은 취수시설, 원수 펌프장, 상수처리장에 설치한다.

6.3.1 조대 스크린(Coarse Screen) 또는 Trash Rack

취수구는 커다란 물질들이 도수시설로 유입하는 것을 방지하기 위해 조대 스크린(coarse Screen)이나 bar rack 등을 설치한다. 이러한 스크린들은 수직의 평평한 봉 또는 경우에 따라서는 둥근 파이프로서 개구부는 5~8 cm(2~3 in) 간격이다.

스크린은 제수문(sluice gate) 또는 수위조절판(stop log)식 수문의 외부(물쪽 위치)에 설치하여 협잡물이 시설의 운전을 방해하지 못하도록 한다. 만일 취수시설이 취수문에 부착된 협잡물을 청소해 낼 수 있을 정도의 유속을 갖는 곳에 설치되거나 취수문을 통과하는 취수속도가 느리면, bar rack에 걸리는 협잡물의 축적량은 많지 않을 것이며, 그러므로 기계적인 세척은 필요하지 않다. 그럼에도 불구하고 설계는 축적된 협잡물을 제거하기 위한 설비에의 접근이 가능하도록 해야 한다. 종종 이러한 목적으로 세척장비가 부착된 보트를 이용한다. 조대 스크린을 통과하는 유속은 일반적으로 8.0 cm/s 이하이다.

6.3.2 미세 스크린(Fine Screen)

미세 스크린은 펌프나 다른 설비에 손상을 줄 수 있는 작은 물질을 제거하기 위하여 사용한다. 취수시설이나 취수 펌프장에 설치한다. 중력에 의한 도수시설인 경우 미세 스크린은 정수장에 설치해야 한다. 이러한 스크린들은 0.5 cm 사각형의 개구부를 가진 두꺼운 철망으로 이루어져 있거나 유사

개구부를 갖는 원형 수동 스크린으로 구성된다. 스크린 유효 면적 계수는 0.5~0.6이고, 유효 면적을 통과하는 전형적인 설계 속도는 0.4~0.8 m/s이다. 물고기를 보호할 필요가 있는 경우는 설계 속도가 더 낮다.

작은 개구부를 가진 스크린은 많은 양의 물질을 거르므로, 자동 세척이 필요하다. 그림 6-7(a)에 예시한 바와 같이 이동식 스크린(traveling screen)은 과거에 취수시 널리 사용하였다.[3,4] 그러한 스크린은 여러 개의 스크린으로 조합되어 있으며, 협잡물을 포집하며 체인을 이용하여 천천히 위로 이동한다. 상부에서 물을 분사하여 각각의 스크린에서 협잡물을 제거한 후 뒷부분에서 아래로 이동하여 반복적으로 순환한다.[5]

과거 수년에 걸쳐 그림 6-7(b)와 같은 수동식 스크린이 널리 사용되었다. 이 시스템은 원하는 간격의 작은 bar로 된 원형 스크린으로 구성되어 있다. 스크린으로부터 제거된 협잡물은 공기나 물을 역방향으로 분사하여 제거한다.[6]

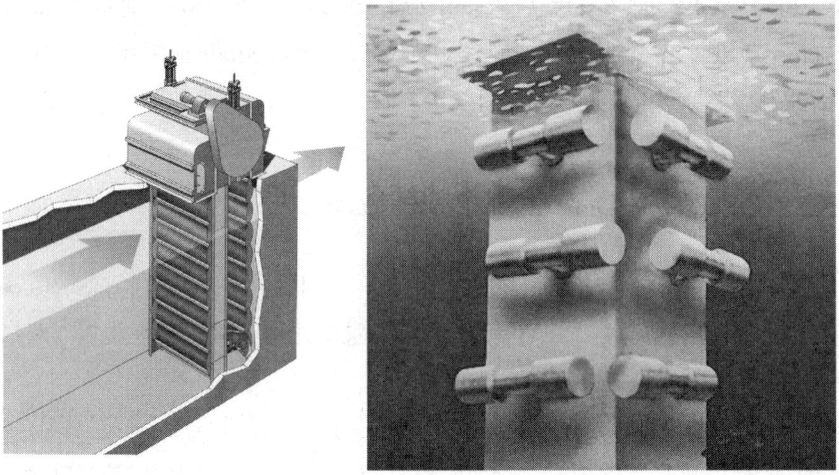

(a) (b)

그림 6-7 전형적인 미세 스크린. (a) 이동식 스크린(U.S. Filter/Envirex), (b) 수동식 스크린의 설치(U.S. Filter/Johnson Screens)

6.3.3 미세여과망(Microstrainer)

미세여과망은 저수지로부터 조류와 플랑크톤을 제거하기 위해 사용되었다. 많은 양의 조류와 플랑크톤을 함유한 원수는 응집시키기가 어렵다. 조류와 플랑크톤은 비중이 1보다 작기 때문에 보통 부유한다. 그러므로 미세여과망을 화학적 응집 전에 설치하여 침전지의 성능을 향상시킬 수 있다.

만일 원수를 전염소 처리하면, 일부 종의 조류는 대체 부산물을 생성시켜 강한 맛, 냄새 문제를 야기시킨다. 전염소나 응집 이전에 조류를 제거하면 맛, 냄새 물질 제어에 효과적이며, THM 및 기타 소독 부산물의 생성을 감소시키는 이점이 있다. 또한 전염소를 위한 염소 투입량은 미세여과망 이후에 현저히 감소한다.

미세여과망은 미세한 망으로 짜여진 섬유로 둘러싸인 회전하는 원통형 구조체로 되어 있다. 물은 원통 내부로 유입되어 방사형의 원통벽면으로 나온다. 축적된 고형물은 상부에서 물을 분사하여 제거되고 배출구를 통해 배출된다. 미세여과망에서의 전형적 손실수두는 15 cm 이하이고, 세척수량은 사용된 미세 섬유와 조류 부하에 따라 다르나, 통상 미세여과망 용량의 1~3%이다.[7] 미세여과망은 1.32 m^3/s까지 이용가능하며, 운전 및 설비 구조를 그림 6-8에 나타내었다.[3]

미세여과망은 플랑크톤이나 조류를 제거하기 위해 설계된다. 그러나 모래, 실트 및 다른 마모성 물질들은 처리하지 못한다. 미세여과망은 운전 시 여과망에 생기는 슬라임(slime, 점액질)과 같은 문제를 종종 경험한다. 여과망을 염소 용액으로 세척함으로서 제거한다. 슬라임이 자주 형성될 경우에는 미생물의 슬라임 성장을 억제하기 위해 드럼 상부에 자외선 조사시설을 설치한다.

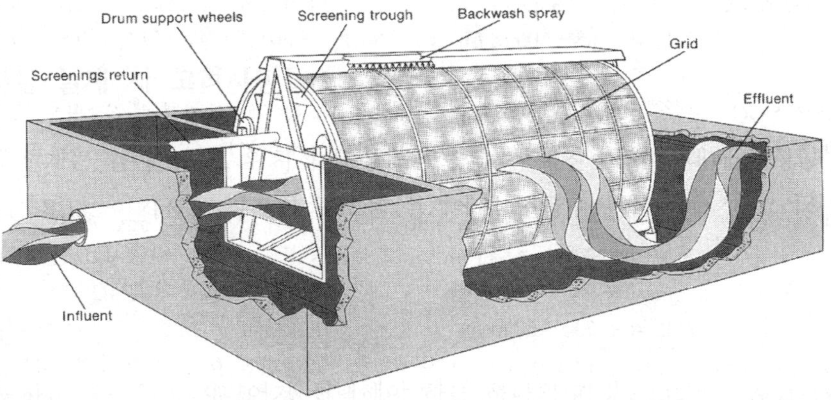

그림 6-8 전형적인 미세여과망(U.S. Filter/Envirex)

6.4 폭기(Aeration)

폭기는 공기나 다른 기체들을 끌어들여 물과 접촉시킴으로서 휘발성 물질들을 액상에서 기체상으로 이전시키고, 유용한 기체를 물에 용해시키는 것이다. 제거해야 하는 휘발성 물질은 맛, 냄새와 관련이 있는 용존 가스, 휘발성 유기화합물 및 다양한 방향족 화합물들이다. 물속으로 용해되는 기체로는 산소와 이산화탄소가 있다. 정수 처리에서 폭기의 목적은 (1) 황화수소와 유기화합물 등 맛, 냄새를 유발하는 물질들의 농도를 휘발이나 산화에 의해 감소시키며, (2) 철과 망간을 산화시켜 불용성 물질로 만들고, (3) 물 속으로 기체를 용해시키며(예: 지하수에 산소의 주입과 연수화 후 이산화탄소의 주입), (4) 후속 정수처리에 방해를 주거나 비용을 추가시키는 화합물을 제거(예: 염소처리 전 황화수소 제거, 연수화 전의 이산화탄소 제거)하는 것이다.

Water Works Engineering

6.4.1 폭기장치들의 유형

보통 사용되는 폭기장치의 4가지 유형은 (1) 중력식 폭기장치(gravity aerator), (2) 분사식 폭기장치(spray aerator), (3) 산기식 폭기장치(diffuser), (4) 기계식 폭기장치(mechanical aerator)이다.[1,8] 모든 유형의 폭기장치들에 대한 설계 시 주요 고려사항은 최소 투입 에너지로 최대한의 계면을 제공하는 것이다.[1] 여러가지 유형의 폭기장치들에 대한 성능들을 표 6-2에 비교하여 제시하였다. 각 유형의 폭기장치들에 대한 개략적인 설명을 여기에 제시하였고, 폭기장치에 관한 설계 자료는 참고문헌 1, 9, 10에 제시되어 있다.

표 6-2 폭기장치의 설계 및 운전 특성

폭기장치	제거율	설계 사양	장 비
중력식(gravity aerator)			
폭포형 (cascade)	20~45% CO_2	수두 : 1~3 m 면적 : 85~105 $m^2/m^2 \cdot s$ 유속 : 약 0.3 m/s	펌프와 콘크리트, 또는 다른 내부식성 baffle.양정을 위한 에너지 소요.
충전탑형 (packing tower)	>95% VOC[a] >90% CO_2	최대 컬럼 직경 : 3 m 수리학적 부하 : 2,000 $m^3/m^2 \cdot d$	탑 구조, 충전 물질, 펌프, 공기 송풍기. 양정하는데 동력이 소요되고, 반대방향의 공기흐름이 필요.
트레이형 (tray)	>90% CO_2	유량 : 0.8~1.5 $m^3/m^2 \cdot min$ 공기요구량 : 7.5 m^3/m^3water tray 공간 : 30~75 cm 면적 : 50~160 $m^2/m^2 \cdot s$	내부식성 tray, tray 메디아, 펌프, 공기 송풍기 · 양정시 에너지가 소요되고, 반대방향의 공기흐름이 필요.
분사식 (spray)	70~90% CO_2 25~40 H_2S	수두 : 1.2~9 m 노즐 직경 : 2.5~4 cm 노즐 공간 : 0.6~3.6 m 노즐 토출량 : 5~10 L/s 수조 면적 : 105~320 $m^2/m^3 \cdot s$ 분수 압력 : 약 70 kPa	동합금 또는 주철 노즐, 관로, 계량기, 밸브. 압력을 받는 분사 펌프의 작동시 필요한 에너지.
산기식 (diffused aerater)	80% VOC[a]	체류 시간 : 10~30 min 공기 : 0.7~1.1 m^3/m^3water 조 : 2.7~4.5 m(깊이), 3~9 m(폭) 폭/깊이 < 2 최대 부피 : 150 m^3 오리피스 : 2~5 mm 직경	산기장치, 공기 관로, 공기 압축기, 공기 필터, 밸브, 계량기, 배출 수조. 약 11~45 $kW/m^3 \cdot s$공기 압축을 위한 에너지.
기계식 (mechanical aerater)	50~80% CO_2	체류 시간 : 10~30 min 조 : 2~4 m 깊이	모터 구동 임펠러 터빈 폭기장치 또는 튜브형 폭기장치

a. 휘발성유기화합물(Volatile Organic Compounds)

중력식 폭기장치(Gravity Aerator)

중력식 폭기장치는 위어, 폭포, 계단, 주름판이 있는 경사면, 상향류 공기를 갖는 수직탑, 다공성 tray tower, 석탄이나 돌과 같은 메디아를 충진한 충전탑 등이 있다. 여러 형태의 중력식 폭기장치를 그림 6－9(a)에 나타내었다.

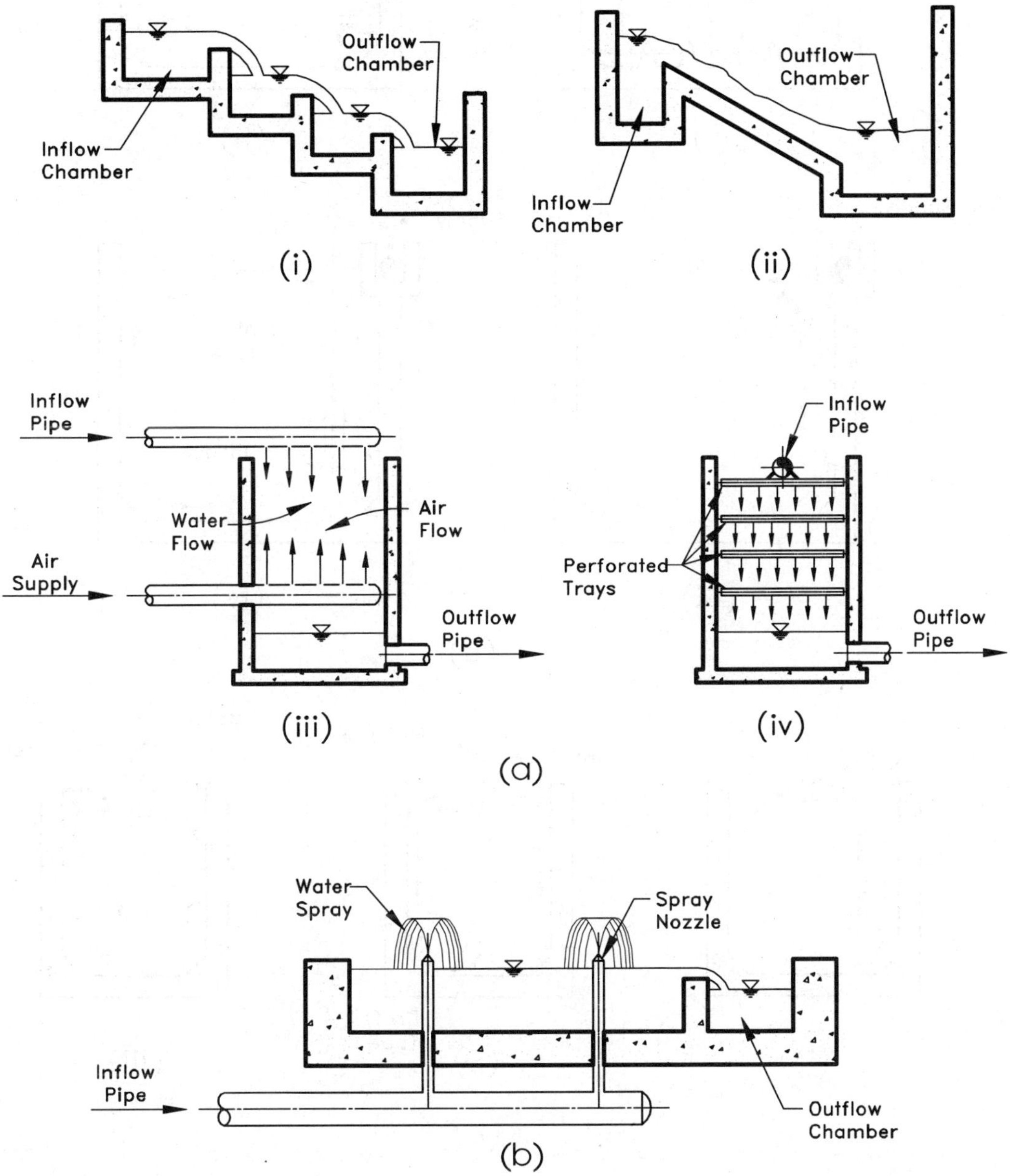

그림 6－9 여러 형태의 중력식 및 분사식 폭기장치들. (a) 중력식 폭기장치 : (i) 계단형(cascade), (ii) 주름판이 부착된 경사면형, (iii) 공기와 물이 반대방향으로 흐르는 탑형, (iv) 접촉 메디아와 다공판을 갖는 충전탑형, (b) 분사식 폭기장치

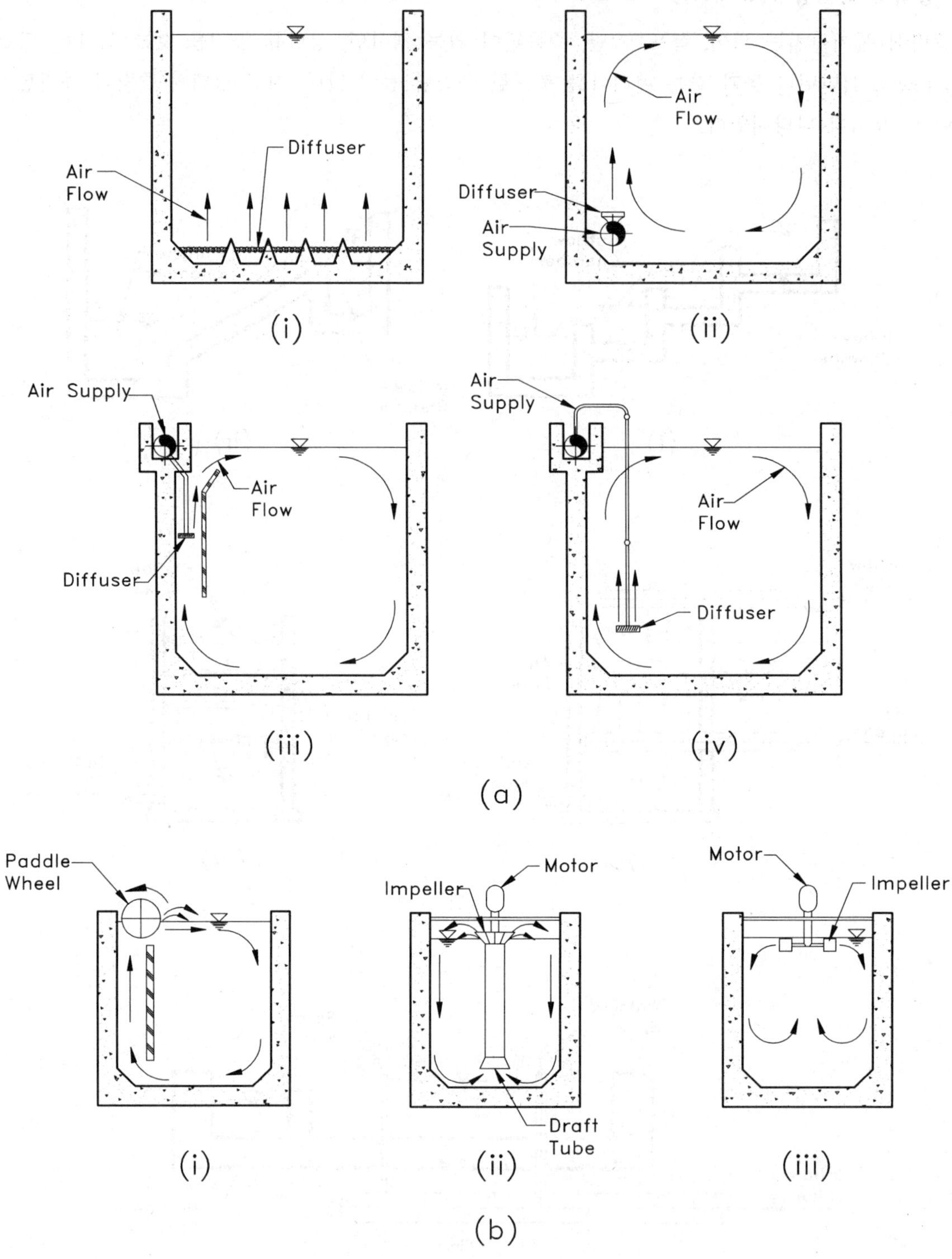

그림 6-10 산기식 및 기계식 폭기장치. (a) 산기식 폭기장치 : (i) 열을 지어 산기판을 설치한 형식, (ii) 바닥에 산기장치를 설치하여 선회류를 만드는 형식, (iii) 배플과 함께 얕은 수심에 산기장치를 설치한 형식, (iv) 회전할 수 있도록 산기장치를 설치한 형식, (b) 기계식 폭기장치 : (i) 수면패들, (ii) 흡입관 터빈, (iii) 터빈 폭기장치

분사식 폭기장치(Spray Aerator)

분사식 폭기장치는 이동 또는 고정된 오리피스나 노즐을 통해 공기 중으로 물방울을 분사시키는 것이다.[1] 물은 수직이나 일정한 각도를 가지고 분사되어 집수 apron, 접촉조 또는 집수조로 떨어진다. 또한 분사식 폭기장치는 장식용 분수로도 설계된다. 분사를 통한 분무를 만들기 위해서 많은 전력이 필요하며, 물에 고형물이 없어야 한다. 바람에 의한 이동으로 인한 손실과 찬 기후에서의 동결이 심각한 문제를 야기하기도 한다. 전형적인 분사식 폭기장치를 그림 6-9(b)에 나타내었다.

산기식 폭기장치(Diffused-Air Aerator)

물을 커다란 탱크 내에서 폭기한다. 압축 공기를 다공성 산기판이나 산기관 또는 살포기를 통해 탱크 안으로 주입한다. 공기 방울이 상승함에 따라 난류가 발생하여 공기 방울과 물 사이에 휘발성 물질의 교환이 이루어지는 기회가 주어진다. 포기시간은 10~30 min으로 다양하다.[8] 공기 공급은 일반적으로 조 용적에 대해 0.1~1 $m^3/m^3 \cdot min$이다.[8] 여러 형태의 산기식 폭기시스템을 그림 6-10(a)에 나타내었다.

기계식 폭기장치(Mechanical Aerator)

기계식 폭기장치는 모터 구동 임펠러 또는 공기 주입 장치를 가진 임펠러의 조합으로 구성된다. 장치의 일반적인 형태는 수중 패들(submerged paddle), 수면 패들(surface paddle), 프로펠러 날개(propeller blade), 터빈 폭기장치(turbin aerator), 흡입관 폭기장치(draft-tube aerator) 등이다. 기계적 폭기장치의 다양한 형태를 그림 6-10(b)에 나타내었다.

저수지에서는 강제흡입관 또는 터빈 폭기장치를 이용하여 폭기 시킨다. 이것은 정체된 물 또는 겨울철 얼음으로 덮인 저수지의 처리의 첫 단계이다. 또한 이 시스템들은 겨울철 동안 바닥의 따뜻한 물을 상승시키고 수면이 동결되는 것을 방지하는 데도 이용된다.

6.4.2 기체이전 메카니즘

평형

액체에 용존된 기체는 평형 조건을 추구할 것이다. 평형 상태에서 액체에 용존된 기체의 농도를 포화농도(C_s)라고 한다. 기체의 포화농도는 액체의 온도, 기체의 부분압, 액체에 용해된 고형물의 농도에 의존한다. 포화농도는 부분압에 비례하고, 온도와 용존 고형물 농도에 반비례한다.

포화농도와 실제 농도와의 차는 기체 상태에서 용존 상태로의 기체 이전과 그 반대현상에 대한 추진력(driving force)을 나타낸다. 이전속도는 실제농도와 포화농도의 차에 비례한다.

기체 이전

액-기 계면을 통한 기체 이전속도는 보통 식 (6.1)로 표현한다.

$$\frac{dC}{dt} = K_L a(C_S - C) \tag{6.1}$$

식 (6.1)을 적분하면 식 (6.2)을 얻게 된다.

$$(C_S - C) = (C_S - C_0)e^{-K_L a \cdot t} \tag{6.1}$$

여기서, dC/dt : 농도변화속도(mg/L·s)

K_La : 총괄물질이전계수(1/s)

C_s : 포화농도(mg/L)

C : t 시간에서의 농도(mg/L)

C_0 : $t = 0$일 때의 초기농도(mg/L)

기체이전계수 K_La는 변화되는 값으로서, 온도, 기체가 확산되는 면적, 접촉 액체의 부피, 기체 확산계수를 포함한 복합적인 상호작용에 달려있다. 이 계수는 주어진 기체와 폭기 조건에 따라 실험을 통해 결정한다. K_La에 대한 온도보정은 식 (6.3)과 같다.

$$(K_L a)_T = (K_L a)_{20} \times \theta^{T-20} \tag{6.3}$$

여기서, $(K_La)_T$: 온도 T에서 기체이전계수(1/s)

$(K_La)_{20}$: 20℃에서 기체이전계수(1/s)

θ : 온도보정계수로 실험조건에 따라 변할 수 있다(문제 6.6 참조).

식 (6.1)과 식 (6.2)로 부터 폭기장치에 관한 설계 시 핵심적인 고려 사항은 다음과 같다.

1. 기체이전속도는 단위용적당 접촉면적에 비례한다. 이상적인 폭기장치는 접촉 면적을 최대로 해야 할 것이다. 산기식 폭기장치에서 주어진 공기 공급량에 대하여, 미세 공기방울은 큰 공기방울보다 더 많은 접촉 면적을 제공한다. 계단 폭기장치의 경우 월류 위어의 길이가 길수록 접촉면적을 증가시킨다. 분사식 폭기장치의 경우 미세하게 분사하는 노즐은 접촉 면적이 훨씬 크다.
2. 기체이전속도는 또한 접촉시간에 비례하므로 폭기장치는 접촉 시간을 최대로 해야 할 것이다. 예를 들면, 산기식 폭기 공정에서 공기방울의 상승속도는 분사식 폭기장치의 낙하속도의 20%(1/5)이다. 만일 다른 모든 조건이 동일하다면, 산소이전속도는 산기식 폭기장치가 분사식 폭기장치보다 5배 크게 될 것이다.
3. 기체이전속도는 포화농도와 초기 농도의 차($C_s - C$)에 비례한다. 포화농도는 기체의 부분압, 액체의 온도, 액체 중에 녹아있는 용존 고형물 농도에 의존적이며, 이러한 인자 중 어느 하나가 변하면 기체이전속도에 영향을 미칠 것이다. 예를 들면, 혼합기체에서 산소 비율이 증가하면 부분압이 증가하게 되어, 그 결과 포화농도가 증가한다. 이러한 포화는 순수 산소나 고농도 산소를 이용한 산기식 폭기시스템에서 볼 수 있다.

4. 만일 C가 C_s보다 크면(CO_2 또는 H_2S로 과포화된 지하수의 경우), 식 (6.2)의 오른쪽 항은 음의 값이 될 것이다. 이는 탈기 작용(desorption or stripping action)을 나타낸다. 그러므로 식 (6.2)을 탈기에 응용할 수 있다.

6.4.3 폭기의 적용

맛과 냄새 제거

폭기는 맛과 냄새 제거에 한계가 있다. 대부분의 맛과 냄새를 유발하는 화합물은 물에 대한 용해도가 크다. 그러므로 몇 가지 사항을 제외하고는 폭기는 일반적으로 화학적 산화 또는 흡착과 같은 다른 방법에 비해 맛과 냄새의 제거 효율이 낮다.[8,9,11]

철과 망간 제거

철과 망간은 일반적으로 철과 망간 이온을 불용성 산화물로 산화시켜 제거한다. 이러한 공정에 폭기를 적용함으로써 반응이 일어나기에 충분한 양의 산소를 공급한다. 이러한 공정은 지하수 처리에 가장 흔히 사용되는데 지하수는 용존 산소가 낮으므로 폭기는 철과 망간을 산화하여 침전물을 생성시키며 용존 산소 농도를 증가시킨다.[12] 종종 망간은 정상적인 pH에서 쉽게 산화되지 않는다. pH를 8.5까지 증가시키면 망간의 산화가 증가되며, 특히 코크스(coke)를 충전한 충전탑식 폭기장치에 사용된다.[13] 철과 망간의 산화 작용은 8.3.3절에 나와 있다.

휘발성 유기화합물의 제거

1986년 Safe Drinking Water Act의 개정법에서는 휘발성 유기화합물(VOCs)로 알려진 유기 화합물의 분류에 관한 새로운 범위를 제시했다. 이러한 화합물질의 대부분은 폭기에 의해 쉽게 제거가 가능하다. 휘발성 유기화합물을 제거하기 위한 폭기 공정의 설계 시 배출공기에 대한 고려가 있어야 한다. 이러한 화합물의 일부는 최대 대기 농도규제(maximum ambient air – concentration limitations)를 필요로 한다.

이산화탄소의 제거

이산화탄소는 폭기에 의해 쉽게 제거된다. 이산화탄소는 물에서 용해도가 낮으므로 폭기는 이러한 물질을 제거하는데 매우 효과적인 방법이다. 이러한 공정은 대체로 지하수를 연수화하기 전에 적용하는데, 왜냐하면 고농도의 이산화탄소는 일반적으로 연수화를 방해하기 때문이다. 이산화탄소 농도가 높으면 연수화를 위한 화학약품 소요량이 증가하므로, 연수화 이전에 이산화탄소를 제거하는 것이 좋다.[8,9,11]

황화수소의 제거

황화수소는 맛, 냄새를 유발하는 중요한 화합물로서 폭기에 의해 효과적으로 처리가 가능하다. 처리 기작은 일차적으로 황화수소를 산화하여 물과 유리상태의 황으로 변화시키는 것이다. 어떤 경우에는 유리 황이 다른 처리공정에 영향을 미칠 수 있다.

황화수소는 고농도의 이산화탄소를 포함한 물을 초기에 폭기를 하면 훨씬 더 효율적으로 제거할 수 있다. 이러한 공정변화에서 처리조건들은 황화수소를 제거하는데 더 유효하다.[8,9,11]

6.5 취수시설과 스크린의 설계

취수시설 설계에서 수리학적 고려인자는 bar rack, 취수구, 미세 스크린에서의 물의 가속과 감속으로 인한 에너지 손실이다. 적절하게 설계된 취수시설은 유속이 느리므로 일반적으로 손실이 매우 작다. 그러나 그 시설들이 제대로 작용하는지를 확인하기 위해서 설계자는 계산을 해야 한다. 취수구에서의 손실은 식 (6.4)의 오리피스(orifice) 방정식에 의해 계산할 수 있다.[7,14~16] 오리피스 면적은 수중에 잠긴 유효 수문면적이다.

$$h_L = \frac{1}{2g}\left(\frac{v}{C_d}\right)^2 \tag{6.4}$$

여기서, h_L : 손실수두(m)

g : 중력가속도(m/s^2)

v : 속도(m/s)

C_d : 오리피스의 유출계수(대체로 0.6~0.9)

A : 수중에 잠긴 유효 오리피스 면적(m^2)

스크린에서의 손실은 깨끗하거나, 지저분한 스크린일지라도 식 (6.5)에 의해 계산할 수 있다.[7,14,15]

$$h_L = \frac{(v^2 - v_v^2)}{2g} \times \frac{1}{0.7} \tag{6.5}$$

여기서, h_L : 스크린 통과 손실수두(m)

v : 스크린 통과유속(m/s)

v_v : 스크린 상류부 속도, 대부분 0(m/s)

g : 중력가속도(m/s^2)

미세 스크린을 통과하는 손실은 식 (6.5) 또는 오리피스 방정식(식 (6.4))으로 계산할 수 있다.

6.6 취수시설, 스크린, 폭기장치의 제작사들

취수시설을 구성하는 취수문, 스크린, 미세여과망, 폭기 및 기타 장치들에 대한 제조사의 리스트는 부록 C에 제시하였다. 상수 공급계획을 위하여 선택한 장치는 운전 및 유지관리의 유연성, 내구성 등을 대한 계획조건에 합당하여야 하고, 단위 공정의 일차적 설계 조건에도 충족되어야 한다.

6.7 원수 취수시설과 스크린 설계를 위한 정보

다음의 정보는 설계자가 원수 취수시설이나 스크린 설비를 설계하기 전에 수집하여 필요한 결정에 활용해야 한다.

1. 사전 설계보고서로부터 얻을 수 있는 정보
   a. 설계유량 : 일최대급수량
   b. 계획 취수지점
   c. 수원의 최소, 최대 수위
2. 예비 설계로부터 얻을 수 있는 정보 : 다음의 정보는 검토 및 승인을 위해 의뢰인에게 제출하는 사전 설계보고서의 한 부분으로서 이용가능 하다.
   a. 원수 취수시설의 예비 지점 계획
   b. 취수시설의 예비 배치
   c. 스크린 설비 유형
   d. 습지, Section 404, Section 10 Permits 규정 적용
3. 정수장 소유자 및 운전자로부터 얻을 수 있는 정보
   a. 설비유형과 제조업체에 관한 특별한 참고 사항
   b. 원수 취수시설의 구조, 기계, 전기 설계에 관한 특별한 참고 사항
4. 현장 조사로부터 얻을 수 있는 정보
   a. 계획 지점의 지형도
   b. 취수시설 근처 저수지나 하천의 물 흐름 경향과 유속
   c. 취수시설의 지리적 조건(지하수위와 암석 구성 위치를 포함해야 한다.)
5. 설계기술팀이 수립하여야 할 정보
   a. 감독 기관이 규정한 설계기준
   b. 가용 시설에 대한 유형, 크기, 제한성

6.8 설계 예

6.8.1 사용된 설계기준

다음의 설계기준은 원수 취수시설과 스크린 설비의 설계에 이용한다.

1. 수리학적 자료
   a. 설계유량(일최대급수량) = 113,500 m^3/d. 비록 그림 5－6에서 최대 원수 유량이 110,313 m^3/d 이라 할지라도, 이 값은 설계 일최대급수량에서 역세 회수조로부터 반송 유량을 빼서 얻은 것이다. 반송 유량은 유량이 다양하여 신뢰할 수가 없다. 그러므로 취수시설은 일최대요구량으로 설계해야 한다.
   b. 최소 저수지 수면고 = 70.00 m(평균해수면고 : mean sea level, msl)
   c. 최대 저수지 수면고 = 90.00 m(msl)
   d. 평상적인 수면고 = 85.00 m(msl)
   e. 바닥 고도 = 60 m(msl)

2. 취수시설 위치 및 형상
   계획 원수 취수시설은 호수에 설치하고, 다리로 연안 펌프장까지 연결한다. 주요 배치는 그림 6－11에 나타내었다.

3. 일반적인 설계지침
   a. 원수 취수시설은 호수에 설치해야 하며, 최대, 최소 수면표고인 90.00 m, 70.00 m에서 취수할 수 있다.
   b. 원수 취수시설의 설계는 건식 취수탑형으로 해야 하고, 여러 개의 취수구를 설치하여 가장 양질의 물을 갖는 수심 또는 수심들로부터 선택적으로 취수가 가능하도록 한다.
   c. 취수 시 커다란 물질들의 혼입을 방지하기 위해 각 취수문에 조대 스크린을 설치해야 한다. rack을 통과하는 유속은 8 cm/s 이하가 되도록 한다.
   d. 펌프장의 습정(wet well)으로 물고기나 쓰레기가 유입되는 것을 방지하기 위해 기계적으로 청소가 가능한 미세 스크린을 설치해야 한다. 미세 스크린을 통과하는 유속은 0.2 m/s 이하로 한다.
   e. 원수의 폭기는 고려하지 않는다.

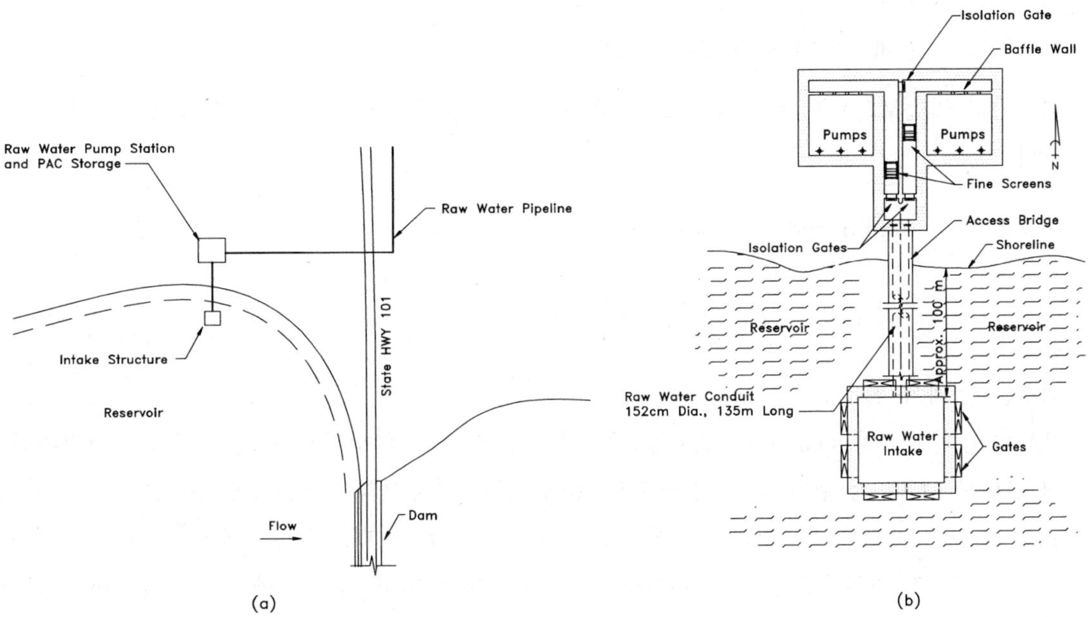

그림 6-11 취수시설의 위치 및 배치. (a) 취수시설의 위치, (b) 연결 관로, 스크린 및 원수 펌프장(자세한 추가 내용은 그림 7-12를 참조.)

6.8.2 설계 계산

Step A : 단위설비 조합 및 배치

원수 취수시설, 도수관, 미세 스크린, 취수 펌프장에 관한 예비 설계는 그림 6-11에 나타내었다. 도수관과 펌프장에 관한 계산은 7장에 제시하였다. 다음의 설계와 계산은 원수 취수시설에 관한 것이다.

Step B : 취수시설의 설계

1. 취수문의 크기 결정

   취수문의 크기는 취수탑 크기에 대한 최소요구량으로 설정한다. 취수문은 단일 수심에서 최대 유속 0.08 m/s에서 최대 유량인 113,500 m^3/d로 취수가 가능한 크기로 한다. 선정된 수위로부터 취수는 일정하고 처리하기에 최적의 수질이어야 한다.

$$Q = 113.500\,\mathrm{m^3/d} = 1.31\mathrm{m^3/s}$$

$$A = \frac{1.31\mathrm{m^3/s}}{0.08\,\mathrm{m/s}} = 16.38\,\mathrm{m^2}$$

이것은 단일 수문으로는 너무 크므로, 2개의 같은 크기의 정사각형 수문을 선정한다.

$$\text{Width} = (16.38\ \text{m}^2/2)^{1/2} = 2.86\ \text{m}$$

제조사의 카탈로그로부터 다음으로 큰 표준 크기의 수문을 선택한다면, 선택된 수문은 다음과 같다.

$$\text{Width and Height} = 3\ \text{m}$$

$$\text{수문통과유속} = \frac{1.31\ \text{m}^3/\text{s}}{3\ \text{m} \times 3\ \text{m}} = 0.07\ \text{m/s} \qquad (2.2)$$

2. 취수문의 배치 결정

보통의 수면표고인 85 m 보다 2 m 아래에 가장 높은 취수문 상단부가 있는 것으로 설정하면 중심 고도가 81.5 m가 된다. 같은 방식으로 100년 빈도 가뭄시의 수면표고인 70 m에서 수두를 3.5 m로 한다면 가장 낮은 수문의 중심 고도는 65 m로 설정된다. 이 수위에서 가장 낮은 수문의 저부는 저수지 바닥으로부터 3.5 m이다. 중간 수위에서 원수 취수의 유연성을 확보하기 위하여 16.5 m(81.5 m~65 m) 범위에서 2개의 수문을 추가로 등간격으로 설치한다.

$$\text{Spacing} = \frac{16.5\ \text{m}}{3\ \text{space}} = 5.5\ \text{m/space}$$

그러므로 수문의 중심 고도는 81.50, 76.00, 70.50, 및 65.00 m이다.

취수탑 각 면에는 두 개의 취수문이 위치하도록 한다. 각 취수문은 폭이 3 m보다 약간 크게, 그래서 탑의 폭은 8 m로 설정한다. 문과 벽 사이가 대략 0.5 m 정도이고, 수문간의 거리는 대략 1 m이다(그림 6-12). 탑의 전체 치수는 10 m × 10 m이다. 수문은 높이에 따라 엇갈려 있어 구조물의 각 면에 두 개의 수문이 다른 높이에 위치해 있다. 이렇게 함으로써 단일 면에서 큰 개구부가 있음으로 인해 구조물이 약해지는 것을 줄일 수 있다. 그림 6-12에 취수탑의 계획 배치도를 나타내었다. 각 수문의 중심 고도를 표 6-3에 요약하였다.

표 6-3 취수문의 배치

No.	위치	중심 고도(m)
1	East	81.50
2	West	81.50
3	East	76.00
4	West	76.00
5	North	70.50
6	South	70.50
7	North	65.00
8	South	65.00

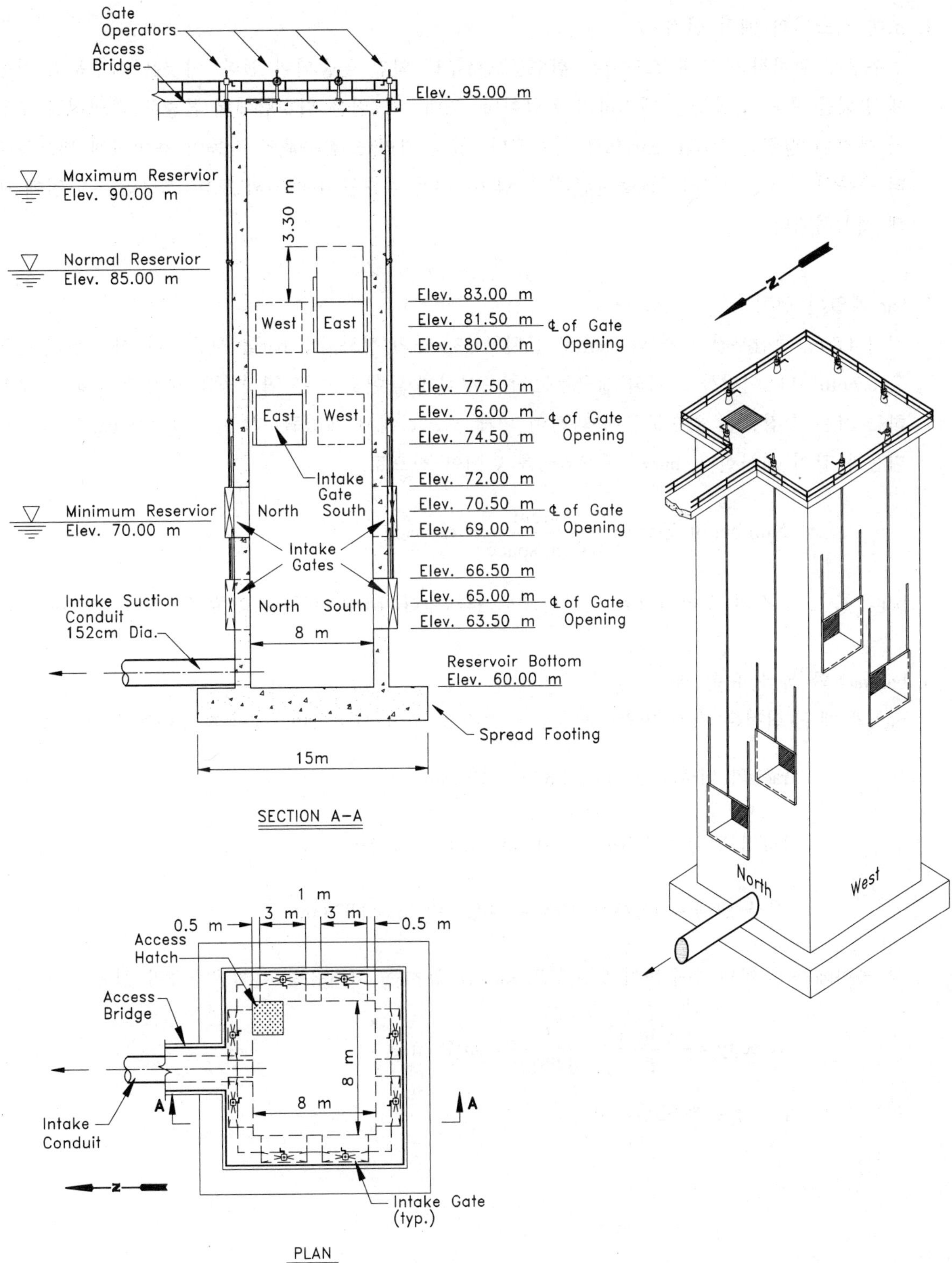

그림 6-12 취수시설의 배치 예

Step C : 조대 스크린의 설계

1. 조대 스크린의 배치 선정

취수구에 위치하는 조대 스크린은 취수문으로부터 약간 돌출되어 있다. 이것은 취수문의 작동에 방해를 주는 협잡물을 제거하기 위함이다. 조대 스크린은 취수탑에서 돌출된 콘크리트 부위에 부착된 평평한 봉(flat bar)으로 설치된다. 설치 자리는 취수문의 작동이 용이하게 벽으로부터 충분한 거리를 갖도록 돌출시킨다. 그림 6-13에 취수문의 배치와 조대 스크린의 배열에 대해 예시하였다.

2. bar 배열의 선정

길이 4.8 m, 중심부간 간격 약 8 cm로 설치한 13 mm의 정사각형 bar를 사용한다. 개구부의 간격은 6.7 cm이다. 이러한 크기의 개구부는 취수시설에 들어오는 큰 협잡물을 제거할 것이다. 부유하는 작은 협잡물은 취수문을 통과하여 미세 스크린에서 제거될 것이다. 필요한 bar의 갯수는 다음과 같이 계산한다. bar는 폭 3.6 m를 덮어야 하므로,

$$\text{Number of Space} = \frac{360\,\text{cm}}{8.0\,\text{cm/space}} = 45\,\text{space}$$

bar의 수는 공간의 수에서 1을 빼야하므로 44개이다. bar의 배열을 그림 6-13에 나타내었다.

3. bar rack의 통과 유속 계산

rack의 개구 면적은 전체 면적에서 bar의 면적을 빼어서 구하며, 그림 6-13에 나타내었다.

$$\text{rack의 면적} = 3.6\text{ m} \times 4.8\text{ m} = 17.28\text{m}^2$$

$$\text{bar의 면적} = 44\text{bars} \times 0.013\text{ m} \times 4.8\text{ m} = 2.75\text{m}^2$$

$$\text{개구 면적} = 17.28 - 2.75 = 14.53\text{ m}^2(4.8 \times 3.028\text{ m})$$

각 높이에는 두개의 취수문이 있으므로 rack을 통하는 최대유량은 설계유량의 절반이다.

$$\text{velocity} = \frac{1.31\text{m}^3/\text{s}}{2} \times \frac{1}{14.53\,\text{m}^2} = 0.0451\,\text{m/s}$$

이는 허용 속도 범위에 포함된다.

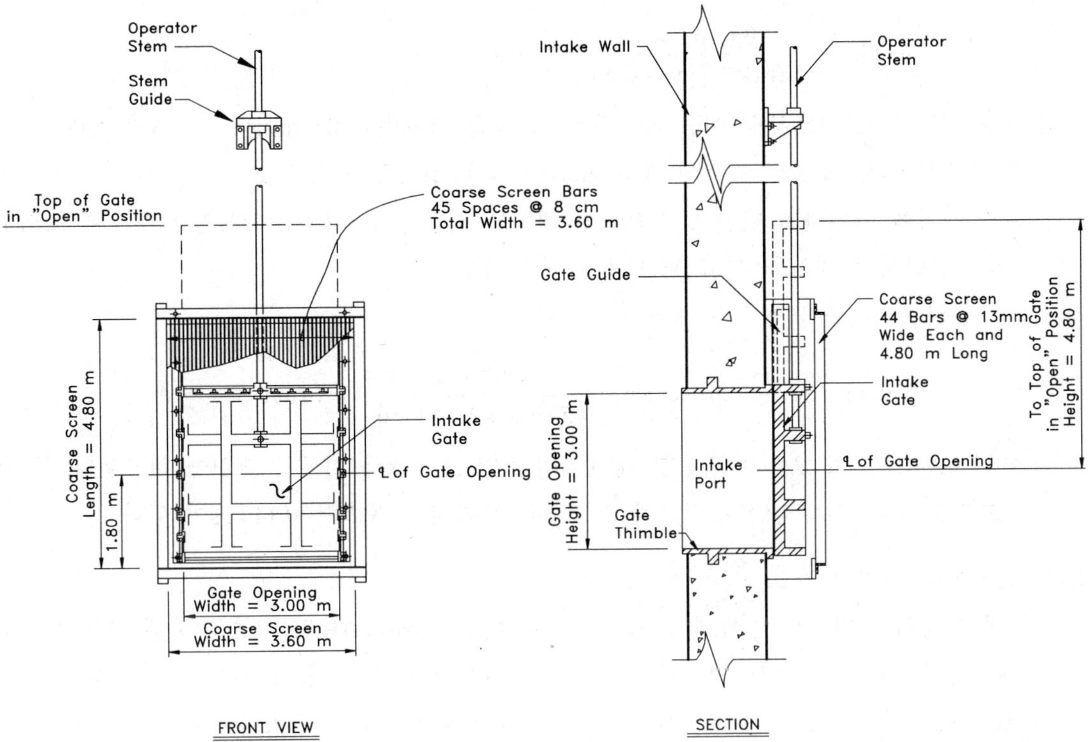

그림 6-13 조대 스크린의 규격

미세 스크린의 설계

1. 미세 스크린의 위치 선정

   미세 스크린은 펌프장에 위치한다. 이러한 위치는 취수탑에 위치하는 것보다 스크린에 걸린 물질의 제거나 유지관리에 더 적합하다. 미세 스크린의 설계 절차는 조대 스크린과 미세 스크린에 필요한 세부 사항을 함께 작성하기 위하여 이번 장에서 다루었으며, 미세 스크린에 관한 이 장에서의 자료는 7장에서 사용된다.

2. 스크린 설비의 선정

   개구부가 각각 9.5 mm인 두 개의 미세 스크린이 있다. 개구부 크기는 펌프에 해가 되는 물질을 제거해야 하나 고형물이 많이 쌓여서는 안 된다. 저수지 최소 수면표고인 70 m에서 스크린실의 흐름 깊이는 9.53 m이다(그림 7-11에 상세한 설명이 있다). 스크린을 통과하는 최대 유속은 0.2 m/s로 가정한다(설계기준을 참고). 권장 스크린 유효율은 스테인레스스틸의 경우 0.56이고, 한 개의 스크린을 통과하는 설계유량은 통상적인 조건하에서 0.66 m^3/s이다.

3. 스크린 폭의 산정

$$\text{width} = \frac{0.66\,\text{m}^3/\text{s}}{9.53\,\text{m} \times 0.2\,\text{m/s} \times 0.56} = 0.62\,\text{m}$$

a. 제조사의 카탈로그로부터 이용 가능한 가장 작은 스크린은 0.9 m이다. 두 개의 0.9 m 스크린을 사용하였다.[4] 스크린 수로의 폭은 guide rack을 설치하기 위해 1.3 m로 한다. 미세 스크린은 펌프장에 설치하기 때문에 스크린의 배치는 펌프장 습정(wet well)의 배치도에 포함된다(7장). 일반적인 배치를 그림 6−11(b)에 나타내었다.

b. 스크린의 실제 통과 유속의 계산

$$\text{Velocity through the screen} = \frac{0.66\,\text{m}^3/\text{s}}{9.53\,\text{m} \times 0.9\,\text{m} \times 0.56} = 0.14\,\text{m/s}$$

이 속도는 물고기 보호가 필요할 때의 일반적인 조건에서 미세 스크린에 허용된다. 두 개의 스크린을 가진 일반적인 조건하에 스크린을 통과하는 유속은 0.14 m/s이 된다.

4. 기계적 세척 설비의 개요

이동식 기계적 세척 스크린은 환상으로 연결된 바스켓(basket)들의 이동을 통해 부유성 협잡물을 제거한다.[4] 운전은 간헐적이거나 연속적으로 실시할 수 있으며, 두 줄의 체인에 의해 지지되어 있는 바스켓으로 물이 들어오게 한다. 스크린이 회전함에 따라 협잡물은 바스켓이 위로 올라갈 때 올려진다. 스크린의 상단에서 협잡물은 물의 제트 분사에 의해 바스켓으로부터 제거된다. 협잡물은 배출구로 씻겨져 나가 집수조에 모아진다.

Step E : 수리 계산

본 장에서 다루는 수리 계산은 조대 스크린, 취수구, 미세 스크린을 통과하는 손실수두를 포함한다. 도수 및 펌프장 손실을 포함한 다른 손실수두들은 7장에서 다루고 있다.

1. 조대 스크린의 손실수두 계산

저수지에서의 접근 유속은 0이라 가정한다. rack을 통과하는 손실수두는 식 (6.5)로 계산한다.

$$h_L = \frac{(0.0451\,\text{m/s})^2 - (0^2)(1/7)}{0.7 \times 2 \times (9.81\,\text{m/s}^2)} = 0.0001\,\text{m}$$

2. 취수구의 손실수두 계산

취수구를 통과하는 손실수두는 식 (6.4)의 오리피스 방정식으로 계산할 수 있다. 유속은 매우 작으므로 유효면적은 모든 port의 개구 면적과 동일하다고 가정한다.

유량은 전체 유량(1.31 m^3/s)의 1/2인 0.66 m^3/s로 하고, 오리피스 계수는 0.6으로 가정한다.

$$h_L = \frac{1}{2\times(9.81\,\mathrm{m/s^2})}\times\left(\frac{0.66\,\mathrm{m^3/s}}{0.6\times 9\,\mathrm{m^2}}\right)^2 = 0.0008\,\mathrm{m}$$

3. 미세 스크린의는 손실수두 계산
   미세 스크린을 통과하는 손실수두는 식 (6.4)의 오리피스 방정식으로 역시 계산할 수 있다. 전체 유량 1.31 m^3/s를 최대손실수두 계산을 위해 사용한다. 이러한 조건은 한 개의 스크린이 고장났을 때를 위한 것인데, 5개의 펌프가 운영되고 다른 스크린이 전체 유량을 담당한다.
   배출계수(C_d)는 0.6이라 가정하고, 제조사의 면적 감소 계수는 6.4 mm 개구를 가진 스크린의 경우 0.56이다.[4]

$$h_L = \frac{1}{2\times(9.81\,\mathrm{m/s^2})}\times\left(\frac{1.31\,\mathrm{m^3/s}}{0.6\times 9.53\,\mathrm{m}\times 0.9\,\mathrm{m}\times 0.56}\right)^2 = 0.011\,\mathrm{m}$$

4. 취수구와 스크린의 총손실수두의 계산
   취수구와 조대 및 미세 스크린을 통과하는 총손실수두는 위의 계산으로부터 다음과 같이 된다.

$$0.0001\,\mathrm{m} + 0.0008\,\mathrm{m} + 0.011\,\mathrm{m} = 0.0119\,\mathrm{m}$$

   주요 수두손실은 미세 스크린을 통과할 때 발생하며, 전체 손실수두는 작다는 사실에 주의해야 한다.

Step F : 안정성 계산

취수탑의 수리학적 안정성을 검토하여야 한다. 탑은 많은 양의 물을 배수한다. 구조적 안정성을 확실히 하기 위해 구조물의 무게는 배수되는 물의 무게보다 커야한다. 수리학적 안정성에 가장 나쁜 조건은 탑이 비어 있고, 저수지의 최대 수면표고가 90 m일 때 발생한다. 취수탑의 내부와 외부는 각각 8 m와 10 m의 사각형이고, 높이는 35 m(95~60 m)이다. 물의 깊이는 30 m(최대 수면표고 90 m − 바닥의 고도 60 m)이며, 기반 슬라브(base slab)는 15 m × 15 m × 2.5 m(두께)이다.

1. 양력의 계산

   취수탑과 기반 슬러브에 의해 배수되는 물의 체적

   $= 10\,\mathrm{m}\times 10\,\mathrm{m}\times 30\,\mathrm{m} + 15\,\mathrm{m}\times 15\,\mathrm{m}\times 2.5\,\mathrm{m} = 3{,}563\,\mathrm{m^3}$

   배수된 물의 무게 $= 1{,}000\,\mathrm{kg/m^3}\times 3{,}563\,\mathrm{m^3} = 3.56\times 10^6\,\mathrm{kg}$

   구조물의 무게는 안정성을 위해서 3.56×10^6 kg보다 커야 한다.

2. 구조물의 무게 계산(단위 콘크리트 무게는 2,308 kg/m^3)

   측벽의 무게 $= [(10\,\mathrm{m}\times 10\,\mathrm{m}\times 35\,\mathrm{m}) - (8\,\mathrm{m}\times 8\,\mathrm{m}\times 35\mathrm{m})]\times(2{,}308\,\mathrm{kg/m^3})$

   $= 2.91\times 10^6\,\mathrm{kg}$

$$기반\ 슬라브의\ 무게 = (15\ m \times 15\ m \times 2.5\ m) \times 2{,}308\ kg/m^3 = 1.3 \times 10^6\ kg$$

$$전체\ 하향\ 무게 = 2.91 \times 10^6\ kg + 1.3 \times 10^6\ kg = 4.21 \times 10^6\ kg$$

3. 안전 계수를 계산하면,

$$\text{safety factor} = \frac{4.21 \times 10^6\,\text{kg}}{3.56 \times 10^6\,\text{kg}} = 1.2$$

안정성을 확실히 하고자 한다면, 안전 계수는 1.5~2.0 범위로 해야 한다. 이 구조물의 안전 계수는 구조물의 추가적인 무게를 부가하거나 파일(pile)을 사용하여 바닥을 앵커로 고정함으로써 또는 암반층과 같은 단단한 기반에 교각(pier)을 고정하여 증가시킬 수 있다.

Step G : 기기 설치 및 제어

초음파 변환기는 통하여 호수나 취수탑 내부, 미세 스크린에의 상류부와 하류부에서 수위를 측정할 때 사용한다. 각 취수 위치는 리미트 스위치로 모니터링 한다. 미세 스크린 rake은 고수위 제어장치와 시간기록계로 작동한다. rack 모터에 토그(torque) 모니터가 장착된다. 기기와 제어에 관한 추가적인 정보는 16장에 나타내었다.

6.9 원수 취수시설 및 스크린에 대한 운전, 유지 및 문제해결

원수 취수시설, 취수문, 스크린은 쉬운 유지관리를 위해 기계적으로 단순하다. 적절히 관리된다면 이러한 시스템들이 거의 기계적인 문제가 없이 효율적으로 운전될 것이다.

6.9.1 일반적인 운전 문제와 문제해결에 대한 지침

원수 취수시설, 조대 스크린과 미세 스크린에서 많은 일반적인 운전상의 문제가 발생한다. 중요한 문제와 교정 절차를 다음에 나열하였다.

1. 원수 취수시설과 조대 스크린

   원수 취수시설의 목적은 지표 수원으로부터 최적 수질의 물을 선택적으로 취수하는 것이다. 전형적으로 취수시설은 물의 취수를 제어하기 위한 구조물과 취수문으로 구성된다.

   a. 맛, 냄새를 유발하는 물은 질이 낮은 물에 기인할 수 있다. 양질의 물이 있는 수층을 조사하여 그에 따라 취수문을 작동한다. 저수지의 성층은 여름철에 가장 심하다. 전형적으로 수온약층은 약 8 m에서 형성된다. 이러한 조건에서 용존 산소농도는 심수층(낮은 수층)에서 낮다. 여름철 동안 심수층으로부터 취수하지 않도록 하부에 있는 취수문을 열지 말아야 한다.

b. 취수구 근처의 나무나 협잡물의 체류는 과도한 취수속도를 나타낸다. 대부분의 경우 어느 정도의 축적은 피할 수가 없으나, 취수 속도를 감소하여 최소화할 수 있다. 이것은 취수문을 추가로 열어서 달성할 수 있다.

c. 취수문을 작동하는 데 막대한 힘이 소요되면 수문틀이 부식되었다는 것을 나타낸다. 꽉 끼는 것을 방지하기 위해서 한달에 한번 주기로 문들을 작동시킨다.

d. 만일 취수구가 결빙으로 막히면, 스팀이나 다른 열원으로 금속 bar를 가열한다. 다른 해결법으로는 보통 4℃ 정도의 따뜻한 물을 취수할 수 있는 깊은 취수구를 이용한다.

2. 미세 스크린

스크린은 물로부터 부유 물질을 제거한다. 만일 적절하게 유지관리가 되지 않는다면 심각한 운전상 문제를 야기할 것이고 펌프 장비에 영향을 미칠 수 있다. 미세 스크린은 펌프장에서 펌프 앞부분에 설치한다.

a. 과도한 손실수두는 스크린의 부적절한 세척이나 슬라임(slime)의 성장으로 야기된다. 자동 세정시스템이 적절하게 작동하는 지와 슬라임의 성장에 대해 점검한다.

b. 커다란 협잡물은 이동식 스크린 시설의 작동을 멈추게 한다. 이러한 시설에서 과부하방지시설을 설치하고 있는데 이와 같은 과부하 조건에서는 스크린 작동이 안 될 수 있다. 이러한 문제를 해결하기 위해서 협잡물을 제거하고, 모터를 재작동시킨다.

c. 이동식 스크린에서 고리의 파손은 모터가 계속 작동하여도 스크린이 작동하지 않는 원인이 된다. 체인과 연결부를 점검한다.

d. 과도한 슬라임의 축적은 손실수두를 증가시키고 물에서 맛, 냄새를 유발한다. 만일 슬라임의 축적이 지속된다면 자외선 조사장비로 더 이상의 축적을 방지한다.

6.9.2 통상적인 운전 및 관리

1. 취수시설과 조대 스크린
   a. 최소 월 1회 주기로 취수문을 작동하라.
   b. 최소 연 4회 취수지역의 협잡물을 청소하라. 만일 축적이 과도하면 좀더 자주 청소하라.
   c. 최소 연 1회는 기초가 세굴되었는지 점검하라.

2. 미세 스크린과 미세여과망
   a. 스크린의 손실수두를 모니터링하라.
   b. 제조업체의 권고에 따라 베어링을 점검하라.
   c. 주기적으로 청소 시스템을 점검하여 원활한 작동이 되게 하라.
   d. 매일 스크린에 걸린 물질을 제거하여 승인된 매립지에다 매립한다.

6.10 사양서

앞서 설계한 원수 취수시설, 스크린에 관한 간단한 시방을 아래에 제시하였으며, 좀더 충분하게 설계에 대해 설명하였다. 많은 세부 시방은 생략하였다. 그러므로 이 사양서는 단지 좀더 상세한 사양서를 준비하는 안내서로서 사용되어야 한다. 제조자의 설명서는 모든 장비에 대한 사양을 준비하는 동안 참조하여야 한다.

6.10.1 취수시설

계약자는 3 m × 3 m 취수문 8개를 갖는 건식 취수탑형 원수 취수시설을 건설하여야 한다. 구조물은 콘크리트로 제조하여야 한다. 기초는 넓은 기초로 구조물에 안정성을 제공할 수 있어야 한다. 구조물은 최소 1.5의 안전 계수를 가지고 3.0×10^6 kg의 양력에 견딜 수 있도록 설계되어야 한다.

취수문은 동합금 guide, seat 및 wedge를 갖는 주철로 된 제수문(sluice gate)이어야 한다. gate stem은 stainless steel로 해야 하며, 휨을 방지하기 위해 충분한 직경과 stem guide을 갖도록 설계하여야 한다. 취수문 조작기는 손으로 돌릴 수 있는 floor-stand 타입이어야 하며, 취수시설 상부에 운전을 위한 발판에 위치한다.

6.10.2 조대 스크린

조대 스크린은 각 취수구의 바깥쪽에 설치하여야 한다. 각 스크린은 39.13 mm의 사각형의 American Society of Testing Materials(ASTM) A36 철봉으로 구성하여야 한다. bar는 동일한 간격으로 수직적으로 설치하여야 한다. 그것들은 구조물에 stainless steel 볼트로 연결한 13 mm × 40 mm A36의 강철 프레임으로 용접하여야 한다.

6.10.3 미세 스크린

0.9 m 너비의 이동식 스크린을 장착한다. 이 스크린은 6.4 mm 사각형 개구부를 가지고 있고 0.27 mm의 아연도금한 철사로 만들어야 한다. 체인은 주철이며 강한 재질이어야 한다. 체인 톱니는 주철로 만들어야 하고, 동합금 베어링이어야 한다. 스크린은 440V의 삼상 모터로 작동시켜야 한다. 스크린에는 분사식 세정 시스템과 상부 유리섬유피복을 설치해야 한다. 스크린에 걸린 물질은 제거 가능한 호퍼로 배출되어야 한다.

문제 및 토론

6.1 정수장의 설계유량은 37,800 m^3/day이다. 깊이가 13.0 m, 폭과 길이의 비율이 2 대 1, 체류시간이 15 min인 두 조의 폭기조를 설계하라. 탱크의 단위 m^3당 0.5 m^3/min의 공기를 공급하기 위하여 필요한 총공기 요구량을 계산하라.

6.2 유량이 113,500 m^3/d이고, 수심이 10.0 m일 때, 78개의 9.5 mm 사각 봉으로 된 2 m 폭의 수직 bar screen을 통과할 때의 손실수두를 추정하라. 접근 유속은 0이고, 배출계수는 0.68이다. 식 (6.4)를 이용하라.

6.3 설계 예에서 취수탑을 최대유량 113,500 m^3/d로 설계하였다. 최대유량을 170,250 m^3/d로 늘릴 경우에 대한 영향을 설명하라. 이러한 유량증가를 충족하기 위해 이용할 수 있는 대안들을 논하라.

6.4 설계 예에서 미세 스크린은 최대유량 113,500 m^3/d에 대해 설계하였다. 최대유량을 170,250 m^3/d로 늘릴 경우에 대한 영향을 설명하라. 이러한 유량증가를 충족하기 위해 이용할 수 있는 대안들을 논하라.

6.5 원수는 10 μg/L의 화학성분을 함유하고 있다. 처리수의 화학성분의 허용농도는 5 μg/L이다. 아래 표는 화학성분을 제거하기 위해 실시된 파일롯 실험 결과를 나타낸 것이다. 허용농도를 만족하도록 화학성분을 제거하기 위해 필요한 폭기조의 용량을 결정하라. 당신이 제안하는 폭기조의 크기는 얼마인가? 당신의 답에 대해 설명하라.

시간(min)	농도(μg/L)	제거율(%)
0	10	0
1	9	10
2	8.2	18
3	7.7	23
4	7.2	27
5	7.0	30
7.5	6.3	37
10	5.5	45
15	4.5	55
20	4.0	60
30	3.0	70

6.6 폭기시설의 연구가 지하수로부터 VOCs 제거를 위해 실시되었다. 연구시의 수온은 23℃이었고, 지하수의 초기 VOCs 농도는 12 μg/L이었다. 연구 결과들은 아래 표에 요약하였다. 23℃와 20℃에서 K_La를 계산하라. 그리고 폭기한 물의 VOCs 농도가 6 μg/L가 되는 폭기시간을 계산하라. 23℃에서 C_s는 3 μg/L로 가정하며, 온도보정계수 θ는 1.026이다.

t(min)	C(μg/L)
0	12.0
2.5	11.0
5.0	10.0
7.5	9.5
10.0	8.4
15.0	7.2
20.0	6.2
30.0	5.0
40.0	4.3

6.7 정수장을 방문하여 원수 취수시설, 스크린, 폭기시설의 형태와 크기를 조사하라. 시설 배치를 대략적으로 스케치하고, 관리자에게 이러한 시설들을 사용하면서 경험한 운전상의 문제점들을 물어보라.

6.8 설계예로 건식 취수탑을 이용했다. 구조물의 무게에 의해 안정성을 얻을 수 있었다. 안정성을 위한 구조물의 무게에 대한 대안에 대해 논하라.

6.9 외부면적이 15 m × 8 m이고 최대 수심이 17 m인 건식 취수탑의 부력을 계산하라.

6.10 다음의 조건들을 만족시키기 위한 취수탑을 설계하라.

- 최대 수면표고 = 60 m
- 최소 수면표고 = 45 m
- 저수지의 바닥고도 = 42 m
- 각각의 높이에서 취수문의 개수 = 2개
- 취수문 설치 높이 개수 = 2개
- 유량 = 20,000 m^3/d

취수구의 크기, 취수구 위치 및 취수구 통과시의 손실수두를 계산하라. 당신의 설계내용을 스케치를 하라. 평균 수면표고는 57.50 m이다.

6.11 다음의 조건들을 만족시키기 위한 미세 스크린을 설계하라.

- 유량 = 20,000 m^3/d
- 스크린 개구간격 = 9.5 mm
- 면적 감소 인자 = 0.35
- 최대 속도 = 0.15 m/s
- 흐름의 깊이 = 6 m
- 유출 계수 = 0.6

스크린의 폭과 스크린을 통과할 때의 손실수두를 계산하라.

참고문헌

1. Fair, G. M., Geyer, J. C., and Okum, D.A. Water Purification and Wastewater Treatment and Disposal, Vol, II, John Wile & Sons, New York, 1968.
2. Hydraulic Institute, Inc. American National Standard for Pump Intake Design, ANSI/HI 9.8 – 1998, Hydraulic Institute, Inc., Parsippany, NJ, 1998.
3. American Public Works Association. The 1971 Environmental Waste Control Manual and Catalog Fil, Public Works Journal Corp., Ridgewood, NJ, 1971.
4. U.S. Filter/Envirex. Rex Water Intake Screens, Bulletin 315 – 331, 1/90 – 3M, Envirex, Waukesha, WI, Undated.
5. Kawamura, S. Integrated Design of Water Treatment Facilities, John Wiley and Sons, Inc., New York, 1991.
6. U.S. Filter/Johnson Screesns. Johnson Surface Water Screens, Product Literature, 1987.
7. Qasim, S. R. Wastewater Treatment Plants Planning, Design and Operation, 2d ed., Technomic Publishing Co., Lancaster, PA, 1999.
8. ASCE and AWWA. Water Treatment Plant Design, 2d ed., McGraw-Hill Book Co., New York, 1990.
9. Scott, A. R. Aeration in Water Quality and Treatment, 3d ed., McGraw-Hill Book Co., New York, 1971.
10. Tchobanoglous, G. and Schroeder, E. D. Water Quality: Characteristics, Modeling and Modification, Addison-Wesley Publishing Co., Reading, MA, 1985.
11. AWWA. Water Quality and Treatment, 4th ed., McGraw-Hill Book Co., New York, 1990.
12. Peavy, H. A., Rowe, D. R., and Tchobanoglous, G. Environmental Engineering, McGraw-Hill Book Co. New York, 1985.
13. James M. Montgomery, Inc., Water Treatment Principles and Design, John Wiley & Sons, New York, 1985.
14. Metcalf & Eddy Inc. Wastewater Engineering: Treatment, Disposal and Reuse, 3d ed., McGraw Hill Book Co., New York, 1991.
15. Joint Task Force of the Water Environment Federation and American Society of Civil Engineers. Design of Municipal Wastewater Treatment Plants, Vol I, MOP/8, Water Environment Federation, Alexandria, VA, 1992.
16. Brater, E. F. and King, H. W. Handbook of Hydraulics, 6th ed., McGraw-Hill Book Co., New York, 1976.

chapter

07

물의 수송, 유량측정 및 펌핑

7.1 서 론

물의 수송 시스템은 어느 한 지점에서 다른 지점으로 물을 운반하기 위해 필요한 수로 및 시설을 포함한다. 대부분의 경우에 물의 수송은 수원지로부터 처리시설까지 혹은 처리시설로부터 소비자에게 이르는 모든 과정을 포괄한다. 펌핑은 물의 수송 시스템을 통하여 물을 이동시키는데 필요한 에너지를 공급하기 위해 사용된다. 펌프장은 주로 취수원이나 수처리시설(정수장 등) 혹은 배수시스템 내에 위치한다. 유량 측정은 물 수송시스템 내의 어느 한 지점을 통하여 흐르는 물의 양에 대한 정보를 제공한다. 유량계는 취수원이나 처리시설 유입부, 각 여과지, 송수(고양정) 펌프장 및 수처리시설과 배수시스템의 여러 지점에 설치한다. 본 장에서는 물의 수송, 펌핑, 유량측정 시스템에 대한 설계 고려사항을 개괄적으로 제시한다. 원수 펌프장에 대한 설계 계산과 운전, 유지관리 과정이 설계예로 제시된다.

7.2 물 수송 시스템

물 수송 시스템의 목적은 취수원으로부터 수처리시설 그리고 수처리시설에서부터 소비지점까지 물을 보내기 위한 수로를 제공하는 것이다.

7.2.1 수송 시스템의 종류

물의 수송을 위해서 다양한 종류의 수로가 사용된다. 지형, 유효수두, 건설재료, 관행, 경제성, 및 수질은 물 수송 시스템을 위한 최적의 수로를 선정하기 위해 가장 중요한 고려사항들이다. 수로는 개수로(open channels)와 압력관(pressure conduits, 관수로)으로 구별된다. 개수로에는 대기와 접촉하는 자유수면이 존재하지만 압력관에는 존재하지 않는다. 이러한 대체적인 분류하에 일반적으로 사용되는 몇 가지 종류의 수송시스템은 다음과 같다.

개수로

운하(Canals)

운하는 땅을 굴착하여 만든 지면의 수로이다. 토양의 종류, 바닥경사, 물의 가격에 따라서 운하의 바닥이 라이닝 될 수도 있고 그렇지 않을 수도 있다. 운하의 형태는 보통 사다리꼴 단면을 갖지만 직사각형, 포물선형, 또는 그 밖에 다른 형태를 갖기도 한다.

플룸(Flumes), 도수로(Aqueducts)

플룸과 도수로는 계곡이나 지반침하지역을 가로질러 물을 수송하기 위해 지상에 지지하여 설치하는 수로이다. 이것들은 대개 콘크리트나 벽돌, 금속, 혹은 나무로 건설된다.

지중수로(Gravity Conduits)

지중수로는 땅에 묻혀 있으나 운하처럼 자유수면을 가진다. 지중수로는 콘크리트나 벽돌로 건설되고 대개 직사각형이나 원형 또는 편자(말굽) 모양의 단면을 갖는다.

경사터널(Grade Tunnels)

경사터널은 이동거리를 짧게 하거나 수두를 유지하기 위해 산이나 다른 높은 장애물을 관통하도록 건설된다. 이것들은 대개 원형 단면을 갖지만 다른 형태도 존재한다. 이것은 특수한 보링머신(천공기)을 사용해 굴착된다. 터널은 라이닝(표면처리)될 수도 있고 안 될 수도 있지만 안정하지 못한 암석지대에서는 라이닝이 필수적이다. 라이닝의 재료로 대개 현장 경화 콘크리트, precast 콘크리트 혹은 강철관을 사용한다. 중력에 의해 흐른다면 원형파이프는 개수로가 될 수 있을 것이다.

압력관(Pressure Conduit)

압력관은 일반적으로 원형단면을 가지며 철근 콘크리트나 주철, 강철, 또는 플라스틱으로 만들어진다. 물은 정수두나 양정수두(펌핑에 의해 증가된 수두)에 의한 수압으로 흐른다. 압력관은 일반적으로 땅의 단면형태를 따라(표고를 따라서) 건설되고 대개 지면 아래 0.6～1.5m 사이에 묻힌다. 복토의 깊이는 보통의 동결심도를 고려하고 지면의 하중으로부터 관을 보호할 수 있어야한다. 배관이 계곡이나 강 아래로 내려갔을 때 이것을 역사이펀(inverted syphon 혹은 sag, depressed pipe)이라고 부른다. 압력관은 언덕이나 다른 장애물을 압력터널(pressure tunnel)로써 관통할 수 있고 압력플룸 혹은 공중수로로 지상에 지지하여 건설될 수 있다.

7.2.2 수송시스템 설계시 고려사항

개수로시스템

개수로시스템의 중요한 고려사항은 수리적 이동(hydraulic transition)에서의 난류조절, 수질보호, 침식방지, 누수 및 증발손실의 최소화 등이다.

수리적 이동

개수로에서의 흐름은 상대적인 유속과 난류의 양에 따라 사류(supercritical flow)와 상류(subcritical flow)로 분류된다. 유속은 수로경사와 단면적에 의해 조절된다. 완만한 경사에서는 낮은 유속과 적은 난류가 발생하여 상류로 흐른다. 급경사에서는 빠른 유속과 많은 난류가 발생하여 사류로 흐른다. 결국 수로경사와 단면적의 변화는 한 종류의 흐름에서의 다른 종류의 흐름으로 변화하게 한다. 이런 현상이 발생했을 때 극도의 난류가 수로의 라이닝에 손상을 줄 수 있다. 흐름의 종류를 예측하기 위한 과정과 상류 흐름, 전이영역 흐름, 사류 흐름에 대한 상세한 설계과정이 참고문헌 1에 잘 나타나 있다.

수질

개수로 시스템은 대기와 접촉하고 있기 때문에 이로 인해 인위적, 자연적 사고에 의한 수질오염을 일으킬 수 있다. 오염사고는 교통수단이 운하나 개수로 위로 통행하는 곳에서 발생할 수 있다. 이러한 경우 교통사고가 일어나면 흘러나온 유해물질이 상수에 유입될 수 있다. 또한 오염된 지표수가 수로로 유입될 때 오염사고가 일어날 수 있다. 이런 오염을 막기 위해 지중수로는 모든 오염원으로부터 격리되어야 한다. 의도적인 오염은 매우 드문 경우지만 그 가능성도 고려되어야 한다. 개수로의 접근을 제한하면 의도적인 오염 가능성을 감소시킬 수 있다.

자연적 오염은 자연적으로 수질이 악화되었을 때 일어난다. 대부분의 일반적인 예가 조류증식이나 수로에 뿌리내린 식물 등이다. 조류는 제거하기 어려운 맛, 냄새를 유발한다. 영양물질을 제어하거나 운하에 지표수의 유입을 막고 뿌리 식물의 성장을 억제함으로써 자연적인 오염을 줄일 수 있다.

침식제어

흙으로 만들어진 수로는 유속이나 난류를 제어하여 침식을 방지해야 한다. 참고문헌 1~4에 수로에서의 적정 유속을 결정하는 다양한 방법들이 잘 설명되어 있다. 침식을 제어하는 방법 중 한 가지는 허용유속법(permissible velocity method)이다. 이 방법을 이용하여 침식이 일어나지 않는 유속을 구할 수 있다. 이 값은 곧은 관에서 고운 모래를 교질점착물(colloidal binder)로 라이닝한 수로의 경우 0.45 m/s, 굳은 점토질의 경우 1.14 m/s, 교질이 없는 거친 자갈의 경우 1.22 m/s의 값을 가진다.

침윤손실(Seepage)과 증발손실

수로들은 종종 건조한 지역이나 투수성이 큰 토양을 가진 지역을 지나게 된다. 이러한 상태에서는 증발이나 침윤에 의해서 막대한 손실이 초래된다. 증발을 제어하기 위해서 설계자는 건조한 지역을 지나는 경우 노출된 수면을 제한하도록 해야 한다. 침윤이 염려될 때에는 수로를 점토질이나 콘크리트 혹은 다른 불투수성 물질로 라이닝을 하여 침윤을 감소시켜야 한다.

압력관

압력시스템에서 중요한 설계고려사항은 공기나 일시적인 압력파의 제어이다.

공기제어

전형적으로 압력관은 지형을 따라 건설된다. 그러므로 관로 상에 많은 언덕과 계곡이 존재하게 된다. 관속에 존재하는 공기는 높은 지점에서 축적되는 경향이 있고 이것이 제거되지 않는다면 그 점에서 관로상의 마찰손실이 증가한다. 수중에 공기방울이 포함되어 있으면 흐름을 제한하거나 방류구에서 폭발적으로 분출된다. 공기는 관로상의 높은 지점에서 공기가 빠지도록 설계된 자동 배기변을 설치함으로써 잘 제어될 수 있다. 배기변이라고 불리는 이 밸브들에 대하여는 7.2.4에서 설명된다.

전이 압력파

관수로에서 유속이 변할 때 물의 운동에너지는 관내를 빠르게 이동하는 압력파로 변화된다. 이런 파동은 수격작용(water hammer, surge waves, or transient pressures)으로 불린다. 이 파동은 양압(높은 압력)과 부압(낮은 압력) 사이에서 요동치면서 큰 힘을 발휘한다. 이런 파장은 밸브의 급개폐나 펌프의 급작동에 의해 생기는 유속이나 흐름방향의 급작스런 변화에 의해 야기된다. 이것이 제어되지 않으면 이런 파장은 심각한 손상을 일으키게 되고 붕괴나 파열 혹은 관로시스템의 변형을 야기하게 된다.

유속의 변화율을 줄이는 방법으로 이 전이 압력파를 제어하여 파장의 크기를 감소시킬 수 있다. 이를 위해 파이프라인을 따라 서지타워(surge tower)라고도 불리는 스탠드파이프(standpipe)를 설치할 수 있다. 이것은 압력수를 이용하여 유속의 변화율을 감소시키는 것이다. 특별히 설계된 서지컨트롤밸브(surge control valve)가 설치될 수도 있다.

전이류분석(transient analysis)은 관내의 전이상태(transient conditions)의 공학적인 평가를 수행하기위해 엔지니어에 의해 사용되는 기술이다. 이 분석은 보통 적당한 컴퓨터 소프트웨어를 사용하여 수행된다. 그 소프트웨어는 각기 다른 운전 시나리오에 따라서 관내의 전이상태를 시뮬레이션 할 수 있다. 서지분석모듈(surge-analysis module)은 순간압력변화가 일어나는 시간이나 위치 또는 수두의 최대값이나 최소값 같은 공학적 자료를 보여주어 관로의 현상태를 도식적으로 설명할 수 있다. 이런 자료는 엔지니어에 의해서 관내의 압력파를 줄이기 위한 장치의 위치나 종류를 최적화하기 위해 사용될 수 있다. 몇몇 소프트웨어들의 실시간제어(real time control, RTC) 기능은 운전자에게 작동을 최적화하고 관로 시스템의 손상을 막기 위한 가이드를 제공할 수 있다. 전이압력파에 대한 심도 있는 논의는 이 교재의 범위에서 벗어난다. 설계자들은 이 현상이 모든 관로에서 발생 가능한 잠재적인 문제라는 것을 잘 인지해야 한다. 설계자들은 이 순간압력변화를 예측하고 제어하기 위한 적절한 절차를 개발하기 위해서 여러 문헌이나 경험 있는 전문가들에게 자문을 구하는 것이 바람직하다. 참고문헌 2~4 및 6에 이에 대한 훌륭한 내용들이 제공되어 있다. 전이압력파를 제어하기 위한 밸브들은 7.2.3에서 설명된다.

7.2.3 수송시스템의 수리학적 고려사항

물 수송시스템의 수리해석과 설계는 개수로와 압력관에서 수리학의 기본원리를 사용함으로써 수행된다.

개수로시스템

개수로흐름은 중력하에서 일어난다. 동수경사선은 수표면과 일치하고 일반적으로 수로의 바닥과 평행하다. Manning, Chezy, Gangrullet, Kutter, Scobey에 의해 제안된 방정식은 중력하의 흐름에서 동수경사를 예측하기 위해 사용된다. 대부분의 경우 이러한 방정식을 이용해 중력시스템의 흐름특성(유속, 수심, 동수경사 등)을 예상할 수 있을 것이다. 이런 방정식들 중에 Manning의 공식이 가장 널리 쓰인다. Manning 공식은 다음과 같이 다양하게 표현될 수 있다.

$$v = \frac{1}{n} r^{2/3} S^{1/2} \quad \text{(SI unit)} \tag{7.1}$$

$$Q = \frac{0.312}{n} D^{8/3} S^{1/2} \tag{7.2}$$

$$v = \frac{1.486}{n} r^{2/3} S^{1/2} \quad \text{(U.S. customary unit)} \tag{7.3}$$

$$Q = \frac{0.464}{n} D^{8/3} S^{1/2} \quad \text{(원형 만관, U.S. customary unit)} \tag{7.4}$$

여기서,

v : 파이프, 수로내 유속(m/s)
r : 동수반경(단면적/윤변)(m)
D : 원형관의 직경(m)
Q : 만관시 유량(m^3/s)
S : 수로바닥경사(m/m)
n : Manning의 조도계수

수로나 파이프의 여러 단면에 대한 수리학적특성이 방정식 (7.5)~(7.11)에 주어져 있다.

$$R = \frac{D}{4} \quad \text{(원형관에 만관시)} \tag{7.5}$$

$$r = \frac{D}{4}\left(1 - \frac{360 \sin\theta}{2\pi\theta}\right) \quad \text{(원형관에 만관이 아닐 때)} \tag{7.6}$$

$$\cos\left(\frac{\theta}{2}\right) = 1 - \frac{2d}{D} \tag{7.7}$$

$$a = \frac{D^2}{4}\left(\frac{\pi\theta}{360} - \frac{\sin\theta}{2}\right) \tag{7.8}$$

$$p = \frac{\pi D\theta}{360} \tag{7.9}$$

$$r = \frac{b \times d}{2d + b} \quad (\text{직사각형수로}) \tag{7.10}$$

$$r = \frac{bd \times zd^2}{b + 2d\sqrt{z^2 + 1}} \quad (\text{사다리꼴 수로}) \tag{7.11}$$

여기서,

R : 원형관에서 만관시 동수반경(m)

θ : 중심각(degree)

d : 수심(m)

a : 원형관의 단면적(m^2)

p : 윤변(물이 닿는 변의 길이)(m)

b : 개수로의 폭(m)

z : 경사의 수직에 대한 수평분율 무차원

식 (7.5)~(7.11)의 다양한 형태가 그림 7-1에 설명되어 있다. 여기서 d, v, q, a, p는 일반적으로 개수로에서의 수심, 유속, 유량, 면적, 윤변을 의미하고, D, V, Q, A, P는 만관이나 압력관에서의 흐름에서 사용한다. 조도계수 n은 관의 재질이나 경과년수에 따라 달라진다. 재질에 따른 일반적인 조도계수가 표 7-1에 주어져있다.

표 7-1 Manning 공식에 사용되는 일반적인 조도계수 값

재 질	조도계수, n
콘크리트	0.011 ~ 0.015
점토	0.011 ~ 0.015
철	0.011 ~ 0.015
벽돌	0.013 ~ 0.017
골진 금속파이프	0.022 ~ 0.025
시멘트	0.013 ~ 0.015
플라스틱	0.011 ~ 0.015
흙	0.030 ~ 0.035

개수로 흐름의 문제를 풀기 위해 다양한 형태의 계산도표가 개발되었다. 만관에서의 Manning 공식에 기초한 계산도표 및 변수 n값이 부록 B에 주어져 있다. 부분적으로 차서 흐르는 원형관과 직사각형 수로에 대한 수리적 요소들 또한 부록 B에 주어져 있다. 본 장에서 언급된 Manning 공식과 다

른 방정식으로 정상적인 상태(normal flow condition, 유량조절점이 없는 긴 수로)하에서의 흐름특성을 예측할 수 있다. 수로에 장애물이 존재하면 정상흐름 방정식으로 예측한 것보다 유속은 낮아지고 수심은 깊어진다. 반대로 자유낙하 되는 방류(free discharge)가 존재한다면 방정식으로 예측한 것보다 유속은 빨라지고 수심은 얕아진다. 이런 두 가지 조건은 모두는 유량조절점 상류로 수 백 미터까지 유속과 수심에 영향을 미치기 때문에 정상흐름 방정식을 적용할 수 없다. 참고문헌 1은 이러한 환경에서의 흐름 특성을 계산하는 방법을 제공하고 있다.

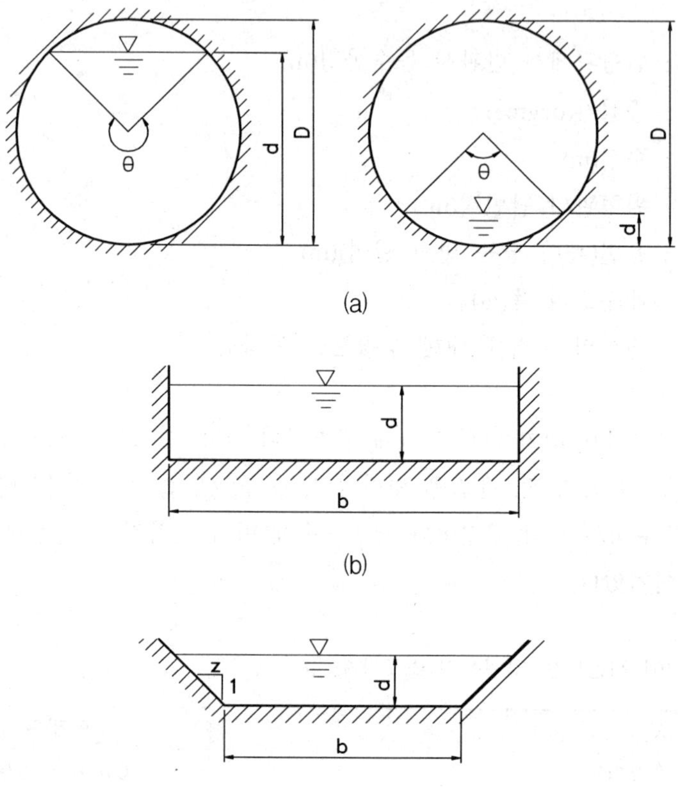

그림 7-1 단면의 종류. (a) 원형, (b) 직사각형(장방형), (c) 사다리꼴

개수로 흐름에서 수표면의 단면은 수심, 수로바닥경사(하상경사) 그리고 부속물로 인한 손실수두로 표시된다. 국부손실(minor losses, 미소손실)은 유입부, 방향의 변화, 수축과 확대, 전이, 출구 조건에서 나타난다. 두 단면에서 에너지 방정식을 적용하고 반복계산에 의해서 흐름의 유속과 수심을 계산하여 이 문제를 풀 수 있다. 간단한 방법은 방정식 (7.12)에서 보여 지는 것처럼 모든 손실을 속도수두의 항으로 결합하는 것이다.

$$h_m = \frac{Kv^2}{2g} \tag{7.12}$$

여기서,

h_m : 국부손실수두(입구, 출구, 방향변화)(m)
v : 유속(m/s)
g : 중력가속도, 9.81 m/s^2
K : 손실수두계수

개수로에 여러 부속물들이 존재하는 여러 가지 조건에서의 K값이 부록 B에 요약되어 있다.

압력관(관수로)

압력관은 밀폐된 관이다. 물은 대기압보다 높은 압력으로 흐른다. 즉, 동수경사선은 관의 맨 윗부분보다 위에 있다. 압력관은 자연적인 지표면을 따라 그 아래에 매설되므로, 지표면은 동수경사선 아래에 존재하게 된다. 관내의 유속은 유량을 그 단면적으로 나누어 구한다.

관내의 마찰손실은 전형적으로 Darcy-Weisbach 공식(식 (7.13)) 혹은 Hazen-Williams 공식(식 (7.14))으로부터 계산될 수 있다. Hazen-Williams 공식은 상수도 공학에서 가장 널리 사용되고 있다. 다음 식(7.14)~(7.20)에 그 공식을 다양한 형태로 나타내었다.

Darcy-Weisbach

$$h_f = f\frac{L}{D}\frac{V^2}{2g} \tag{7.13}$$

Hazen-Williams

$$h_f = 6.81\left(\frac{V}{C}\right)^{1.85}\left(\frac{L}{D^{1.167}}\right) \quad \text{(SI units)} \tag{7.14}$$

$$V = 0.8850CR^{0.63}S^{0.54} \quad \text{(SI units)} \tag{7.15}$$

$$V = 1.318CR^{0.63}S^{0.54} \quad \text{(U.S. customary units)} \tag{7.16}$$

$$V = 0.355CD^{0.63}S^{0.54} \quad \text{(SI units)} \tag{7.17}$$

$$V = 0.550CD^{0.63}S^{0.54} \quad \text{(U.S. customary units)} \tag{7.18}$$

$$Q = 0.278CD^{2.63}S^{0.54} \quad \text{(SI units)} \tag{7.19}$$

$$Q = 0.432CD^{2.63}S^{0.54} \quad \text{(U.S. customary units)} \tag{7.20}$$

여기서,

h_f : 총 마찰손실(m)
V : 유속(m/s)
Q : 유량(m^3/s)
f : 마찰손실계수(Darcy - Weisbach)
C : 조도계수(Hazen - Williams)
D : 관직경(m)
L : 관연장(m)
S : 에너지선의 경사(h_f/L)

Darcy - Weisbach 공식에서 f값은 레이놀드 수와 상대조도, 관경에 따라 달라지며 0.01~0.1의 범위를 갖는다. f를 계산하는 과정은 참고문헌 2, 10, 12에 설명되어있다. C계수는 관의 재질과 사용경과년수에 따라 달라진다. 일반적으로 사용하는 값이 표 7-2에 요약되어있다.

압력관에서 미소손실수두(minor losses)는 유입, 굴곡, 밸브, 접합, 유출, 수축, 확장시에 발생한다. 이런 손실은 식 (7.12)처럼 속도수두의 항으로 표시된다. 압력관에서의 손실수두계수 K값이 부록B에 요약되어있다.

표 7-2 Hazen - Williams의 C계수

관의 상태	C계수
매끈한 주철 직관	
신관	140
5년 경과	130
10년 경과	120
15년 경과	110
20년 경과	90~100
30년 경과	75~90
콘크리트, 시멘트	120
용접된 강관	120
Asbestos cement	120~140
플라스틱	150

7.2.4 수송시스템의 밸브

물 수송시스템은 여러 가지 목적으로 밸브를 사용한다. 사용되는 밸브의 형태는 관로의 크기와 사용목적에 따라 달라진다.

제수변(격리밸브, Isolation valves)

물수송시스템에서 밸브를 설치하기 위한 가장 일반적인 목적은 관로를 부분적으로 격리하는 것이다. 이런 밸브는 완전히 열렸을 때 손실수두가 작아야 하며 수밀성이 좋아야 한다. 밸브는 상대적으로 단순해야하고 값이 싸야한다. 격리를 위해서는 일반적으로 게이트밸브를 많이 사용한다. 격리를 목적으로 하는 또 다른 종류의 밸브로는 버터플라이(butterfly), 볼(ball), 글로브(globe) 밸브 등이 있다. 취수수로나 운하와 같은 중력흐름시스템을 격리하기 위해서는 제수문(sluice gates)이 일반적으로 사용된다. 역류를 방지하기 위해서는 역지변(체크밸브, check valves)을 사용한다.

유량조절밸브(Valves for Regulating Flow)

밸브는 종종 유량을 조절하기 위해 사용된다. 이러한 밸브들은 취수원으로부터 중력식 수송시스템까지 흐르는 유량을 필터를 통해 조절하거나 배수시스템에서 압력차에 의한 유량을 조절하기 위해 사용된다. 이런 밸브는 닫혀 있을 때 수밀성이 좋아야 하고, 공동현상을 일으키지 않아야 하며, 개도(percent opening)와 손실수두가 선형관계이어야 한다. 일반적으로 버터플라이와 글로브밸브가 유량을 조절하기 위해 사용된다. 경우에 따라 특별히 고안된 볼밸브나 플러그밸브가 사용되기도 한다.

배기변(공기배출밸브, Air-Relief Valves)

수중에 함유된 공기는 종종 관로의 높은 지점에서 축적된다. 이런 현상은 원활한 흐름을 방해하며 과도한 손실수두를 발생시킨다. 방류구에서 공기가 갑자기 빠져나갈 때에는 폭발적으로 분출되어 출구에 손상을 줄 수 있다. 그러므로 공기배출밸브는 축적된 공기를 자동적으로 배출하도록 관로상의 높은 지점에 설치된다.

수격조절장치(Surge-Control Devices)

압력관에서 펌프작동속도나 밸프개폐의 변화는 급속한 유속의 변화를 일으킬 수 있다. 이런 유속의 변화는 음속으로 관로 시스템을 따라 전달되는 전이압력파를 일으킨다. 이런 압력파장을 제어하는 방법은 유속의 변화를 줄이는 특별한 밸브를 설치하는 것이다. 이것들은 빠르게 열리고 천천히 닫히는 공기밸브이다. 이것들은 2차 압력파의 전달을 막는다. 압력파의 영향을 최소화하기 위해 수격조절밸브를 설치하기도 한다. 이와 같은 밸브로는 글로브밸브와 급속한 개방과 완만한 폐쇄를 하도록 정교하게 제어하는 특별한 플러그밸브가 있다. 압력파를 제어하는 다른 방법으로 서지타워(surge tower), 수공탱크(hydropneumatic tank) 등이 있다. 서지타워는 관로 상의 최대동수경사선 위로 높게 세워지는 구조물이다. 이런 타워들은 수조의 역할을 하면서 완충과 속도변화를 낮추고 압력파의 크기를 감소시키는 작용을 한다. 그림 7-2(a)에 서지타워의 설치예가 나타나있다. 수공탱크는 보통 펌프장 근처에 설치되고 펌프의 배출구에 연결된다. 그림 7-2(b)는 수공식 수격 조절시스템(hydropneumatic surge-control system)의 예이다.

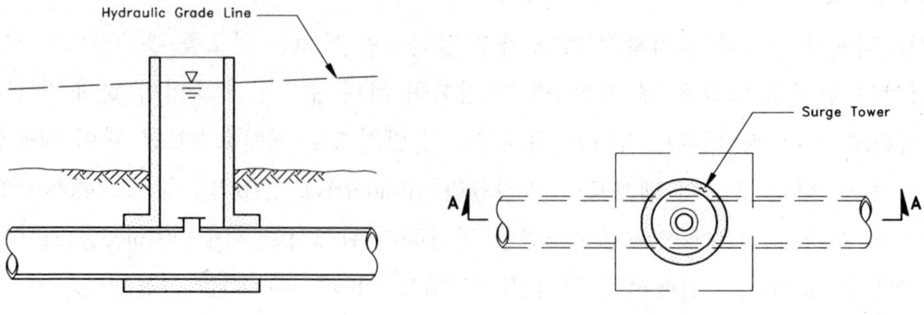

(a)

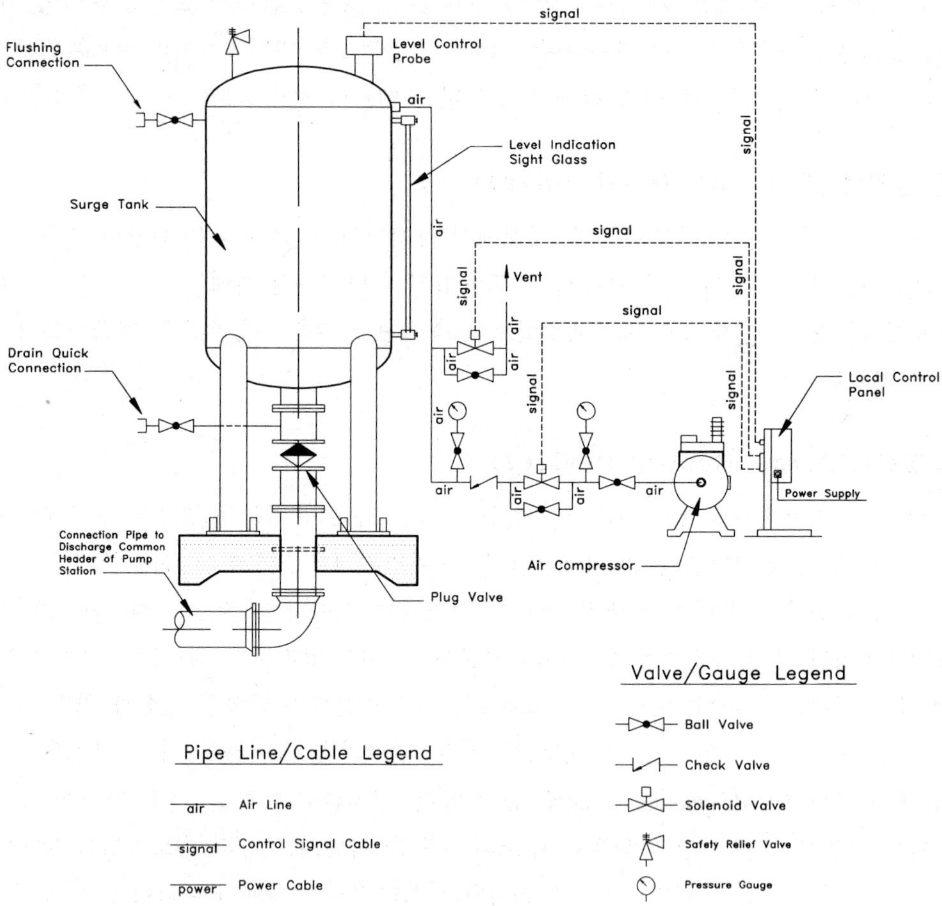

(b)

그림 7-2 전형적인 수격 조절 장치. (a) 전형적인 서지 타워 설치 모습, (b) 전형적인 수공 수격조절 시스템

7.3 유량측정

유량측정은 상수도시스템의 중요한 요소이다. 유량측정은 여과와 역세척의 속도, 약품주입, 배수시스템의 운전과 같은 단위조작의 제어에 필수적이며 요금부과나 장래 확장계획 수립 등을 위한 기록유지 등에 중요하게 사용된다. 그러므로 유량계는 취수구, 처리시설유입부, 유량분지관, 여과조절, 펌프장 및 배수시스템의 여러 중요 지점에 설치된다.

7.3.1 유량측정시스템의 구성요소

유량측정시스템은 주요소(primary element)와 보조요소(secondary element)로 구성된다. 주요소는 유량에 비례하여 수두, 압력, 전기신호 또는 다른 측정인자를 생산한다. 보조요소는 주요소에 의해 생산된 인자를 측정해서 유량의 형식으로 표시한다. 유량 표시는 시각적으로 표현되며 아날로그 방식일 수도 있고 디지털 방식일 수도 있다. 보조요소는 제어시스템으로서 중요한 역할을 한다. 주요소와 보조요소의 응용에 대해서는 16장에 제시되어 있다. 여러 형태의 주요소들이 사용되는데, 일반적으로 사용되는 주요소의 리스트와 기본적인 특징이 표 7-3에 요약되어 있다.

주요소를 선택하기 위해서는 몇 가지 인자 즉, 필요한 유량범위, 정확도, 손실수두, 비용 등을 고려해야한다. 주요소의 정확도는 일반적으로 좁은 유량 범위에서 우수하다. 선택된 요소는 예상되는 전체 유량범위에서 정확성이 보장되어야 한다. 하나의 유량부품으로 측정하기에는 유량의 범위가 너무 넓다면 여러 개의 유량요소들을 사용할 수 있다. 압력손실도 유량요소를 선택할 때 고려되어야 한다. 손실수두가 커지면 에너지비용이 상승된다. 위어나 오리피스같은 간단하고 값싼 유량부품들은 손실수두가 크다. 반면에 음파나 초음파, 자력을 사용하는 계측기는 손실수두가 매우 작다. 비용 또한 주요소 선택에 있어서 매우 중요한 인자이다. 비용은 부품의 가격과 연간 유지관리를 위한 현재 기준의 비용을 포함한다.

7.3.2 유량조절장치

유량조절장치는 단위공정으로부터의 흐르는 유량을 일정하게 유지시키기 위해 사용되는 장치이다. 이것은 유량계측기가 들어있는 관로 안에 밸브 혹은 게이트를 부착하여 설치된다. 보조요소는 일정한 유량을 맞추기 위해 밸브 혹은 게이트를 조절한다. 유량조절장치는 일반적으로 (1) 단위 공정이나 처리시설에 일정한 유입유량을 유지하기 위하여, (2) 여과지 유출량을 일정하게 유지하기 위하여, (3) 저수조로의 유입 유량을 일정하게 유지하기 위하여 사용된다.

표 7-3 유량측정을 위한 주요소의 설명

종 류	개수로	압력관	운전범위	정확도(%)	설 명
플룸 Parshall Palmer - Boulers	Yes	No	1~20	±5	플룸을 통한 임계 깊이가 측정된다. 상류측 단면은 목부근 폭의 2배가 필요하다. 역수효과(backwater effect)를 방지하기위해 자유낙하가 필요하다. 플룸의 난류는 약품의 급속혼화를 위해 사용될 수 있다. 이 장치는 파이프, 채널, 부속장비 등에 설치된다.
위어 직사각형 정방형 사다리꼴	Yes	No	1~20	±5	웨어를 통한 임계 깊이가 측정된다. 역수효과(backwater effect)를 방지하기위해 자유낙하가 필요하다. 이런 장치는 일반적으로 풀름보다 덜 정확하다. 이것은 일반적으로 채널에 설치된다.
어쿠스틱	Yes	Yes	1~20	±1	채널에서의 유속, 수심 혹은 압력관에서의 유속이 음파에 의해 측정된다.
벤튜리튜브	No	Yes	1~10	±1	유입부와 목부에서의 압력의 변화가 측정된다. 상류측으로 목부 관경의 10배 이상의 거리가 필요하다. 전형적인 손실수두는 압력차 약10%이다.
자기 측정기	No	Yes	1~10	±1	자기장을 통과하는 물에 의해 발생되는 전압이 측정된다. 상류측으로 관경의 5배 이상의 거리가 필요하다. 손실수두가 없으나 원수나 슬러지 등에서는 고형물로 인해 전극이 오염되는 문제가 있다.
초음파 측정기	No	Yes	1~10	±1	관을 비스듬히 통과하는 초음파 속도 변화가 측정된다. 물에 고형물이나 기포가 없어야 한다.
오리피스	No	Yes	1~4	±0.5	관내에 설치된 작은 직경의 오리피스 통과 전후의 차압이 측정된다. 정확한 측정을 위해 상류측으로 관경의 10배 이상의 거리가 필요하다.
프로펠러	Yes	Yes	1~10	±1	물의 흐름으로 프로펠러가 회전하고 그 회전속도가 측정된다. 물이 깨끗해야 하며 상류측으로 관경의 5배 이상의 거리가 필요하다.
약품	Yes	Yes	다양함	다양함	일정속도로 추적자가 주입되고 혼합 후 하류측에서의 농도가 측정된다. 농도는 유량에 반비례한다.

7.4 펌 핑

물, 약품 등을 수송하기 위해서 펌핑이 필요하다. 펌핑은 물이 낮은 곳에서 높은 곳으로 흐를 수 있도록 수두를 증가시키기 위해 에너지를 부여하는 것이다.

7.4.1 펌핑에 사용되는 용어

펌핑에 많은 용어들이 일반적으로 사용되는데 이러한 용어들을 아래에 간략하게 정리하였다.

수두(양정, Head)

수두는 기준점으로부터의 액체기둥의 높이로써 표현되는 수리학적 에너지이다. 국부손실수두(미소손실, minor losses), 운동에너지와 속도수두는 식 (7.21)과 같이 표현된다. 위치에너지 또는 정수두는 식 (7.22)와 같이 표현된다.

$$h_m = \frac{KV^2}{2g} + h_v \tag{7.21}$$

$$H_{stat} = H_D + H_S \text{ (끌어 올려서 흡입하고 양수하는 방식)} \tag{7.22}$$

$$H_{stat} = H_D - H_S \text{ (밀려 들어와서 흡입하고 양수하는 방식)} \tag{7.23}$$

여기서,

h_m : 입구, 출구, 방향전환에 의한 국부손실수두(minor losses), m(ft), 입력관에서 밸브, 연결 부속 등의 K값이 부록 B에 제시된다.

V : 유속(m/s)

h_v : 속도수두($V^2/2g$)

H_{stat} : 총정수두(m)(펌프의 흡입구와 토출구의 수위차)

H_D, H_S : 토출정수두 및 흡입정수두(m)
(펌프 중심선을 기준으로 수면고까지의 높이)

그림 7-3은 펌핑시스템에서 사용되는 다양한 정수두 항의 관계를 설명하고 있다.

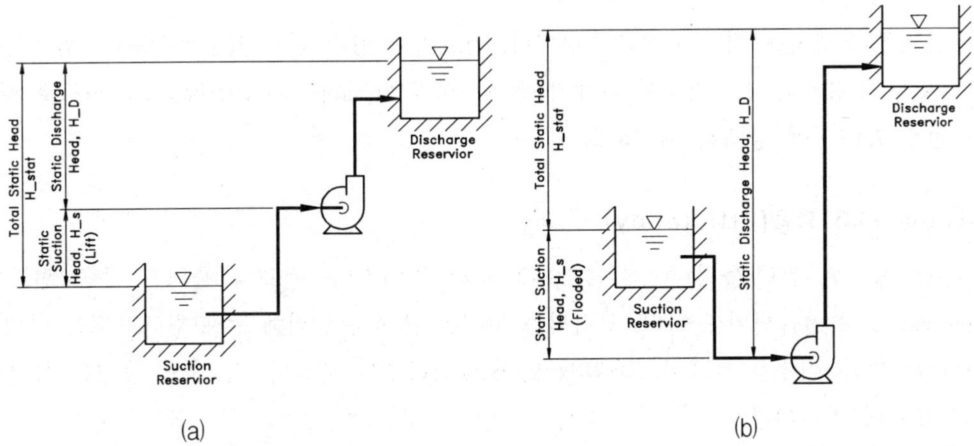

그림 7-3 펌프의 총정수두(total static pressure)의 정의. (a) 끌어올려 흡입하고 양수하는 방식, (b) 내려오는 것을 흡입하여 양수하는 방식

전양정(total dynamic head, TDH, 총동수두, 총양정고)은 펌프로 물을 양수하기 위해 극복해야하는 총에너지 장벽이다. 펌프에 대한 전양정은 펌프에 의해서 물에 부과되는 순에너지이다. 이는 식 (7.24)로부터 계산될 수 있다.

$$TDH = \text{방류에너지} - \text{흡입에너지}$$

$$= \left(\frac{P_D}{\gamma} + \frac{V_D^{\,2}}{2g} + Z_D\right) - \left(\frac{P_S}{\gamma} + \frac{V_S^{\,2}}{2g} + Z_S\right) \tag{7.24}$$

여기서,

P_D, P_S : 펌프의 토출구, 흡입구에서의 계기압(N/m^2)
γ : 유체의 밀도(N/m^3)
V_D, V_S : 펌프의 토출, 흡입구에서의 유속(m/s)
Z_D, Z_S : 기준면으로부터 펌프의 토출, 흡입구에 부착된 게이지까지의 높이(m)

유량변화에 따른 전양정(총동수두)의 변화는 보통 펌프테스트 결과에 근거하여 펌프제조사에 의해 제공된다. 이 값들은 펌프의 선택을 위해 사용된다. 펌프에 의해 주어지는 전양정은 시스템에서의 정수두와 기타 손실수두에 의한 총손실수두를 제공하는데 이용된다. 그러므로 펌핑시스템에서 필요로 하는 전양정은 식 (7.25)에 의해 결정된다.

$$TDH = H_{stat} + h_f + h_m \tag{7.25}$$

식 (7.25)에 들어있는 변수들은 이미 앞에서 정의되었다.

용량(Capacity)

용량은 펌프를 통과하는 액체의 부피유량이다. 펌프의 용량은 전양정(총동수두)과 펌프특성에 따라 다르다. 펌프의 용량과 전양정과의 관계가 펌프특성곡선(pump characteristic curve)으로 표현된다. 이러한 곡선은 7.4.3절에 상세히 제시되었다.

동력(Power)과 효율(Efficiency)

펌프로부터 생산된 동력(출력)은 식 (7.26)에 의해 주어진다. 펌프의 출력은 종종 펌프의 수력(water power)으로서 언급되기도 한다. 입력되는 동력은 운전자에 의해 펌프에 적용되는 동력이며 항상 출력보다는 크다. 이것은 브레이크파워(brake power)라고도 불린다. 입, 출력 동력은 식 7.27과 같이 펌프의 효율에 관계된다.

$$P_w = K'Q(THD)\,\gamma \tag{7.26}$$

$$E_P = \frac{P_W}{P_P} \times 100 \tag{7.27}$$

여기서,

P_w : 펌프의 출력(kW)

K' : 단위에 따른 상수(kW/kN · m/s)

Q : 토출량(m^3/s)

TDH : 전양정(m)

γ : 물의 밀도(9.81 kNm^3)

E_p : 펌프의 효율, 일반적으로 70~90%

P_p : 펌프의 입력(kW)

흡입수두(Net Positive Suction Head)

흡입수두(NPSH)는 유체가 펌프흡입구로 들어옴에 따라 발생하는 펌프의 중심선이나 임펠러의 중심에서 유체의 절대압이다. 두 가지의 흡입수두(NPSH) 값이 펌프의 선택에 있어 중요하다. 이런 것들은 필요흡입수두($NPSH_{req}$)와 유효흡입수두($NPSH_{av}$)이다.

필요흡입수두는 펌프가 부드럽고 효율적으로 작동하기 위한 유체의 절대압이다. 그리고 그것은 펌프제조사에서 실험적으로 결정된다. 유효흡입수두는 액체가 펌프흡입구로 들어옴에 따라 발생하는 액체의 절대압이다. 유효흡입수두의 값은 주로 수두와 펌프 흡입관의 배치에 따라 달라진다. 그리고 이런 유효흡입수두가 식 (7.28)에 표시되었다.

$$NPSH_{av} = H_{abs} + H_s - h_L - H_{vp} \tag{7.28}$$

여기서,

$NPSH_{av}$: 유효흡입수두(m)

H_{abs} : 흡입정의 액체표면에서 절대압(m)

H_s : 펌프의 흡입구에서 흡입수두(m)

h_L : 흡입관에서의 총손실수두(흡입파이프에서 마찰, 입구, 밸브, 접합부)(m)

H_{vp} : 운전온도에서 유체의 증기압(m)

식 (7.28)에서 H_s는 흡입정의 수면과 펌프의 중심선 간의 높이 차이다. H_s값은 흡입정이 펌프보다 위에 있는 경우는 양(+)이고 아래 있는 경우는 음(−)이다(그림 7−3 참조). 일반적으로, 유효흡입수두가 필요흡입수두보다 1 m 이상 초과하는 것이 좋다. 만약 유효흡입수두가 필요흡입수두보다 작거나 비슷하다면 물은 펌프에 의해 수송될 수 없다. 이런 상태하에서 펌프장의 설계는 다음과 같은 조치를 취함으로써 교정되어야 한다.

- 흡입정의 수면고를 높인다.
- 펌프의 높이를 낮춘다.
- 흡입관의 크기를 증가시킴으로써 손실수두를 줄인다.
- 다른 펌프를 선택한다.

또한, 펌프의 필요흡입수두는 펌프의 작동이 예상되는 전체적인 수두와 용량범위에 걸쳐서 평가되어야한다.

공동현상(Cavitation)

공동현상은 유체의 절대압이 유체의 증기압에 도달할 때 발생하는 현상이다. 이런 현상이 일어날 때, 유체 내에서 공동이 형성되고 유체가 끓게 된다. 공동현상은 펌프나 밸브 혹은 유속이 높은 지점에서 일어나며, 그 결과 덜그럭거리거나 꽝 소리와 같은 소음이 발생한다. 이런 조건이 지속된다면 금속표면의 심각한 파손을 초래할 수 있다. 공동현상은 다음 조치로 개선될 수 있다.

- 펌프의 흡입구경을 증가시킨다.
- 펌프의 운전속도를 감소시킨다.
- 흡입부의 정수두를 증가시킨다.
- 유량을 감소시킨다.

비속도(specific speed)

비속도는 원심펌프에 적용되는 용어이고 펌프가 단위수두, 최대효율에서 단위유량을 토출하는 회전속도로서 정의된다. 그것은 식 (7.29)로 표현된다.

$$N_s = \frac{N Q^{1/2}}{(TDH)^{3/4}} \tag{7.29}$$

여기서,

N_s : 펌프의 비속도[a]

N : 펌프의 회전속도(rpm)

Q : 최적효율에서의 유량(m^3/s)

a. N_s(SI Units)×51.6 = N_s(U.S. custormary units)

7.4.2 펌프의 종류

펌프는 일반적으로 운동에너지식(kinetic energy)과 용적식[13~18](positive displacement, volumetric displacement, 정변위 방식) 펌프로 분류된다. 이 두 가지의 일반적인 분류 하에 다양한 종류의 펌프가 있다. 표 7-4에 일반적으로 수처리시설과 급수시설에 사용되는 펌프의 종류가 나타나 있다. 그림 7-4는 상수도 공학에서 펌프의 전형적인 적용과 그 가이드라인을 보여준다.

표 7-4 상수 시스템에 일반적으로 사용되는 펌프

분 류	형 태	설 명
운동에너지식 (kinetic energy)	centrifugal	임펠러는 케이싱의 내부에서 회전한다. 수두는 임펠러의 회전에 의한 원심력에 의해서 발생된다.
	Peripheral or recessed impeller	높은 고형물농도에 사용되는 원심펌프의 일종이다. 임펠러는 유량흐름의 바깥쪽으로 케이스의 측면으로 후퇴한다.
용적식 (volumetric displacement)	plunger or piston	피스톤은 실린더 내부에서 왕복운동하고 한 번의 스트로크마다 유체의 일정 양을 끌어올린다. 대개 이 펌프들은 슬러지와 화학용액 등을 펌핑하는데 사용된다.
	diaphragm	피스톤 펌프와 비슷하지만 유연한 격막이 실린더의 위쪽에 부착되어 있다. 대개 이러한 펌프들은 부식성용액과 화학약품을 정량적으로 펌핑하는데 사용된다.
	rotary	회전하는 기어와 캠 혹은 베인(vane)으로 고정된 케이싱으로 구성된다. 유체는 케이스주위에서 방류구로 밀려나간다.
	screw	나선형의 스크류가 경사진 케이싱 안에서 회전한다. 유체는 스크류가 회전함으로써 밀어 올려진다.
	airlift	부분적으로 유체 아래로 잠겨진 튜브에서 공기방울이 생성된다. 공기방울이 유체의 단위무게를 감소시켜서, 밑에 있는 무거운 유체에 의해 위로 올라간다.

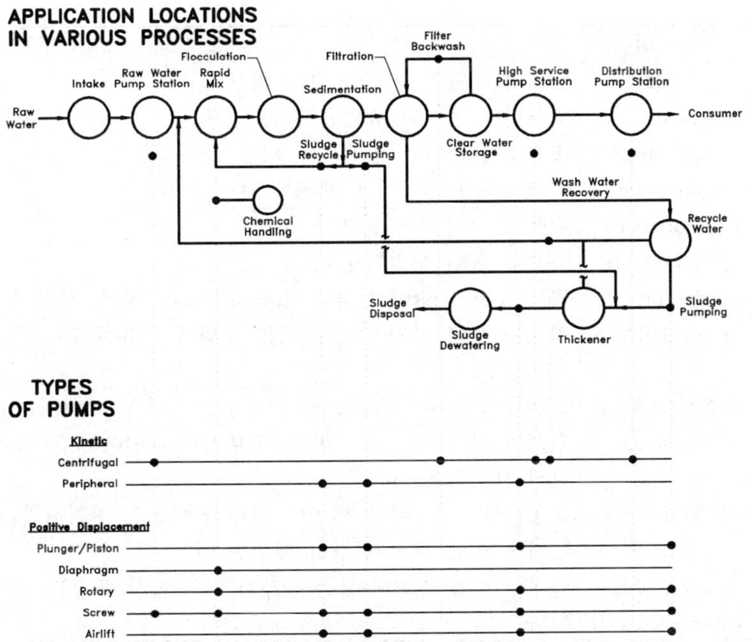

그림 7-4 전형적인 펌프의 적용과 펌프 종류 선택 표

7.4.3 원심펌프의 특성

원심펌프는 급수시설에서 가장 일반적으로 사용되는 펌프이다. 그리고 원심펌프는 상수도에서 가장 널리 적용되기 때문에 여기서는 원심펌프의 적용과 설계에 초점을 맞추었다.

원심펌프의 종류

원심펌프는 방사류, 혼합류, 축류 펌프로 분류된다. 이런 분류의 기준은 펌프의 비속도와 펌프의 작용특성이다. 표 7-5는 펌프종류별 큰 차이점들을 나타낸다. 원심펌프는 또한 펌프구조에 따라서 상세하게 분류된다. 표 7-6은 이러한 원심펌프의 분류이다.

표 7-5 원심펌프의 구분

분 류	방사류	혼합류	축 류
비속도	단일 흡입 당 80 이하	80～120	200이상
토출방향 (임펠러로부터)	회전축에 대해 방사류	부분적으로 방사형이고 부분적으로 축에 대해 평행	회전축에 평행
펌핑작용	원심력과 상승작용 (centrifugal and lifting)	원심력 (Centrifugal)	상승작용 (lifting action)
수두범위	중간～높음(16 m 이상)	낮음～중간(7～16 m)	낮음(10 m 이하)
용량	낮음～중간	중간～높음	높음

표 7-6 원심펌프의 종류

타 입	차 이	설 명
흡입 (suction)	single	임펠러에 단일 흡입을 갖는 펌프
	double	임펠러에 두개의 흡입을 갖는 펌프
단계 (stages)	single stage	총수두가 하나의 임펠러에 의해 주어지는 펌프
	multi stage	직렬로 두개이상의 임펠러를 갖는 펌프
축의 위치 (shaft position)	수평(horizontal)	펌프의 축이 수평형태
	수직(vertical)	펌프의 축이 수직형태
침지 (submergence)	dry pit	펌프는 dry-pit이나 물과 접촉하지 않는 다른 부분에 위치한다.
	submersible	펌프는 물에 잠겨진다. 모터는 물위에 부유하거나 펌프와 통합되고 물에 침지된다.
케이싱 (casing)	볼류트(volute)	소용돌이 형태의 케이스를 갖는 펌프 : 운동 에너지는 압력으로 변환된다.
	원형(circular)	원형의 케이싱을 갖는 펌프. 구부러진 베인은 운동 에너지를 압력으로 전환하는데 사용된다.
	확산형(diffusion)	운동 에너지를 확산 베인에 의해 압력으로 변형시킨다.
임펠러 (impeller)	enclosed	덮개에 의해 닫힌 임펠러 베인을 갖는 펌프
	open or (semi-enclosed)	덮개의 한쪽 측면에 붙은 임펠러 베인을 갖는 펌프. 덮개의 한쪽면은 생략된다. 그러므로 그 베인은 노출된다.

펌프특성곡선

펌프제조사는 테스트를 수행해서 다양한 조건에서 펌프의 운전 성능을 나타내는 그래프와 곡선을 제공한다. 이러한 그래프를 펌프특성곡선이라고 한다. 전형적인 펌프특성곡선이 그림 7-5에 나타나 있다. 펌프의 케이싱은 몇몇 크기의 임펠러를 적용할 수 있다. 그러므로 다른 수두와 유량을 적용하기 위해서는 특별한 케이스가 사용될 수도 있다. 이런 특징은 기존에 사용하고 있는 펌프에 임펠러나 모터를 교체하여 성능을 확장시킬 수 있기 때문에 유용하다. 다음은 다양한 곡선들에 대한 설명이다.

수두-용량곡선(Head-Capacity Curve, 양정-용량곡선)

주어진 수두에서 펌프의 토출량 혹은 용량과의 관계를 나타내는 것으로 가장 중요한 펌프특성곡선이다. 수두-용량곡선의 형태는 상승하는 형태, 평평한 형태, 급격한 증가형태, 혹은 감소하는 형태 등(rising-head, flat, steep, dropping-head)으로 다양하다. 그런 곡선들은 펌프의 비속도와 펌프 설계 함수이다. 펌프가 Y축과 교차하는 지점(zero discharge)은 중단점(shut-off head)이라 불려진다. 곡선이 우측에서 끝나는 점은 운전정지점(run-out point)이라 불려진다. 펌프가 중단점 부근에서 운전된다면 과도한 열이 발생되고 운전정지점에서 운전된다면 공동현상을 일으킬 것이다. 그러므로 펌프에 손상을 초래하는 이런 점 부근에서는 펌프를 운전하지 말아야 한다. 제조사로부터 제공되는 전형적인 수두-용량곡선의 예가 그림 7-5에 제시되었다.

흡입수두 곡선(NPSH Curve)

이 곡선은 주어진 토출량에서 필요로 하는 흡입수두를 나타낸다. 이 곡선은 제조사로부터 주어진다. 유효흡입수두($NPSH_{av}$)는 식 (7.28)로부터 계산되며 필요흡입수두($NPSH_{req}$)보다 1 m 이상 커야 한다.

동력(Power)

동력곡선은 주어진 토출량에서 펌프가 작동하기 위해 필요로 하는 동력을 나타낸다. 전형적으로 방사류펌프는 왼쪽에서 오른쪽으로 상승하는 동력곡선을 가진다. 그러므로 이런 펌프는 종종 시동 토크를 줄이기 위해 밸브를 닫고 시동시킨다. 수격현상이나 맥동현상을 감소시키기 위해 밸브를 서서히 연다. 혼합류펌프와 축류펌프는 Y축 부근에서 급격히 증가함과 동시에 왼쪽에서 오른쪽으로 하강하는 동력곡선을 갖는다. 이런 펌프는 밸브를 닫은 채로 시동시키면 안 된다.

효율(Efficiency)

효율곡선은 다양한 토출량에서 펌프의 효율을 나타낸다. 이런 곡선에는 대개 굴곡점(변곡점)이나 피크가 존재한다. 펌프는 최대효율 부근에서 작동되어야 한다.

원심펌프에서 속도의 효과

임펠러 회전속도는 펌프의 운전특성에 영향을 미친다. 식 (7.30)~(7.32)는 두 조건에서 펌프 임펠러의 회전속도에 관계하는 토출량, 수두, 출력과의 관계를 나타낸다.

$$\frac{Q_1}{Q_2} = \frac{N_1}{N_2} \tag{7.30}$$

$$\frac{TDH_1}{TDH_2} = \frac{N_1^2}{N_2^2} \tag{7.31}$$

$$\frac{P_1}{P_2} = \frac{N_1^3}{N_2^3} \tag{7.32}$$

여기서,

N_1, N_2 : 각 조건에서 펌프의 회전속도

Q_1, Q_2 : N_1, N_2에서 펌프의 토출량

THD_1, THD_2 : N_1, N_2에서 펌프의 전양정(총동수두)

P_1, P_2 : N_1, N_2에서 펌프의 출력

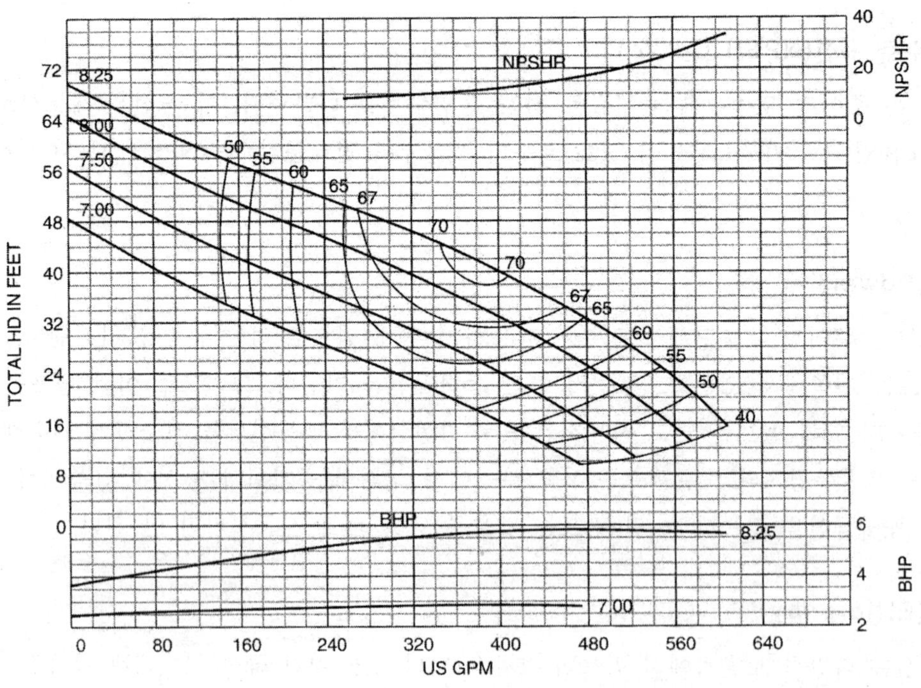

그림 7-5 펌프 제작사에 의해 제공되는 원심 펌프의 특성 곡선(*Fairbanks Morse Pump Corp.*)

임펠러의 형상이 펌프의 운전에 미치는 영향

임펠러의 크기와 모양은 펌프의 운전특성에 영향을 미친다. 식 (7.33)~(7.35)는 임펠러의 지름과 연관하여 펌프의 수두와 용량, 동력의 두 조건에 대한 관계를 나타낸다.

$$\frac{TDH_1}{TDH_2} = \frac{D_1^2}{D_2^2} \tag{7.33}$$

$$\frac{Q_1}{Q_2} = \frac{D_1^3}{D_2^3} \tag{7.34}$$

$$\frac{P_1}{P_2} = \frac{D_1^5}{D_2^5} \tag{7.35}$$

여기서,

D_1, D_1 : 조건 1, 2에서 임펠러의 지름

펌프의 연결

급수시설에서 펌프를 연결하여 사용하는 것은 일반적이다. 가능한 펌프 조합은 직렬과 병렬연결이다. 일반적으로 펌프를 직렬로 연결하는 것은 각각의 토출량에 대해 펌프의 수두가 더해지고, 병렬연결에는 각각의 수두에 대하여 펌프의 토출량이 더해진다. 그림 7-6(a)와 7-6(b)는 각각 펌프를 직렬연결과 병렬연결 했을 때 토출량과 수두가 더해지는 과정을 보여준다.

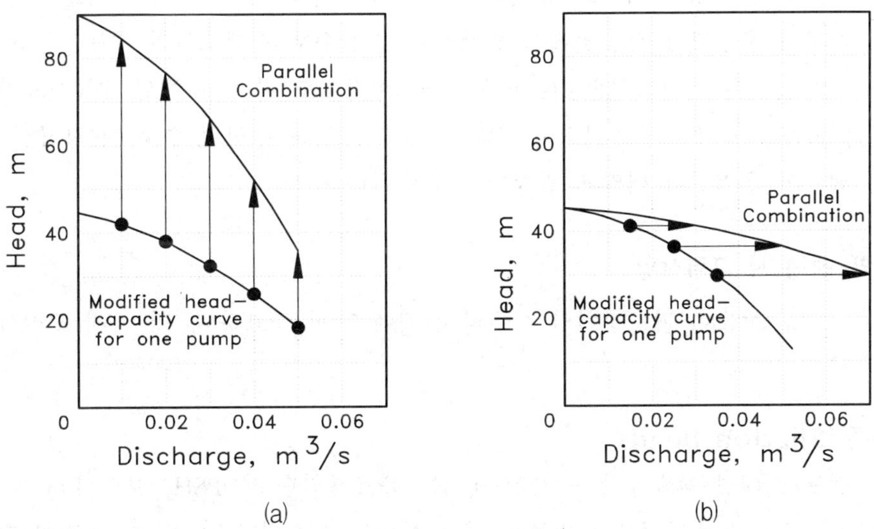

그림 7-6 펌프 연결. (a) 펌프 2대를 직렬로 연결하였을 때 이상적인 펌프 운전, (b) 펌프 2대를 병렬로 연결하였을 때 이상적인 펌프 운전

7.4.4 펌프의 선택

급수시스템의 설계 시 가장 중요한 고려사항 중의 하나는 적절한 펌프의 선택이다. 펌프가 설계유량에 대하여 최고효율을 갖는 점에서 작동되고, 전체 운전조건의 범위에서 무리 없이 작동되도록 신중하게 선택하여야 한다. 이를 위해서는 설계 시 다음과 같은 사항들을 고려하는 것이 매우 중요하다.[14~18]

시스템수두-용량곡선

시스템수두-용량곡선은 관로시스템의 수두와 용량의 특성을 표현하기 위해 사용된다. 그림 7-7(a)는 시스템수두곡선의 예이다. 이런 곡선은 다양한 토출량에서 마찰손실과 그 외의 국부손실수두를 포함하는 시스템내의 손실수두를 계산함으로써 얻어진다. 펌프의 토출구에서부터 수송지점까지의 손실이 시스템수두곡선에 표시된다. 이후 시스템의 동수두를 결정하기 위해 시스템손실수두에 정수두가 더해진다. 시스템수두곡선을 얻기 위해 수개의 점들이 유량에 대하여 표시된다. 어떤 펌핑시스템은 흡입정 혹은 토출수조의 수위가 변함에 따라서 변화하는 정수두 조건을 갖는다. 이런 경우에 시스템수두곡선은 최대, 최소의 흡입, 토출 조건사이에서 가능한 운전점을 결정하기 위해 극단적인 수두조건으로 계산된다. 그림 7-3과 7-7(b)가 그 예이다.

수정된 펌핑수두-용량곡선

많은 펌프가 병렬로 작동할 때 각각의 펌프는 공통 관로로 합쳐지기 전에는 각각 분리된 토출구를 가진다. 여러 대의 펌프가 운전되는 펌프장에서는 전체의 운전특성에 대한 각각의 토출관의 영향이 고려되어야 한다. 이런 상황을 다루는 일반적인 절차가 수정된 수두-용량곡선을 사용하는 것이다. 이 과정에서 각각의 흡입관과 토출관에서 발생하는 손실수두를 제조사의 수두-용량곡선으로부터 차감한다. 이러한 손실은 스테이션손실(station losses)이라고도 한다. 수정된 수두-용량곡선과 시스템 수두곡선의 교차점이 펌프의 운전점이 된다. 그림 7-7(c)는 수정된 수두-용량곡선의 예이다. 그림 7-7(b)는 펌프의 운전점이 어떻게 결정되는지를 나타낸다.

기타 펌프 선택 시 고려사항

그 외 많은 고려사항들이 펌프장치의 설계와 선택에 있어 중요하다. 몇 가지 고려사항이 다음에 제시되었다.

- **흡입수두(Suction Head)**

  선택된 펌프에 대한 필요흡입수두($NPSH_{req}$)는 유효흡입수두($NPSH_{av}$)보다 1 m 이상 작아야 한다. 더욱이, 펌프가 흡입정보다 위쪽에 있는 형태로 설치된다면 펌프를 운전할 때마다 시동준비작업이 필요하다. 이것은 펌프제어와 연관하여 진공펌프의 사용으로 해결될 수 있다. 진공펌프는 펌프 케이스의 공기를 빼고 물이 유입되도록 하기 위해 사용된다.

효율(Efficiency)

펌프는 최고효율점 부근에서 운전되어야 한다. 전형적인 급수시설에서 펌프는 수두조건의 폭 이상으로 운전된다. 이 때문에 펌프는 항상 최대효율 부근에서 작동될 수 없지만, 보통의 운전 조건에서 최고효율을 찾기 위한 노력은 필요하다.

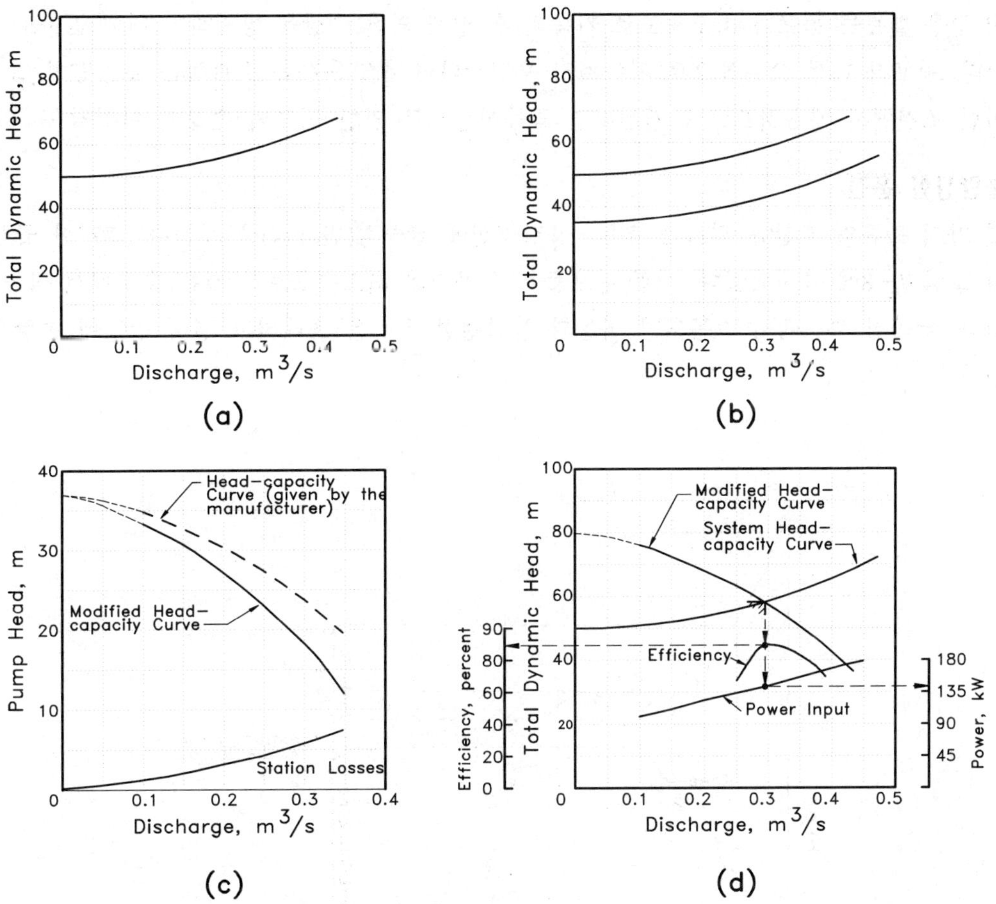

그림 7-7 전형적인 펌프와 시스템 곡선. (a) 일정한 정수두에서의 시스템수두 - 용량곡선, (b) 다양한 정수두에서의 시스템수두 - 용량곡선, (c) 수정된 수두 - 용량곡선(수정된 수두 - 용량곡선을 얻기 위해서 제작사가 제시한 수두 - 용량곡선에서 스테이션 손실을 차감해야 함), (d) 펌프 운전점은 시스템 수두 - 용량곡선과 수정된 수두 - 용량곡선의 교차점임. 최적의 펌프 선택을 위해, 펌프 운전점은 최고효율점 근처이어야 함.

중단점과 운전정지점(Shut-off and Run-out)

펌프는 수두-용량곡선의 중간점에서 운전되도록 해야 한다. 곡선의 왼쪽에 치우쳐서 운전되면 낮은 유량을 초래하고, 이런 상태가 지속될 경우 펌프에서 과도한 열이 발생한다. 축류, 사류펌프는 대개 토출수두에서 급격한 증가를 보이고, 곡선의 왼쪽 편에서 작동되기 위해 더 많은 동력을 필요로 한다. 높은 토출수두는 과도한 압력으로 파이프와 밸브에 손상을 초래한다. 그리고 많은 동력을 필요로 하기 때문에 펌프에 과부하를 유발한다. 그러나 방사형 펌프의 경우에는 밸브를 닫았을 때 더 낮은 시동토크가 소요되기 때문에 밸브를 닫고서 시동할 수 있다. 이 경우 밸브는 펌프가 최고속도로 가속된 후 열에 의한 손상을 방지하기 위해 곧바로 열려야 한다. 펌프가 너무 오른쪽으로 치우쳐서 운전된다면 흡입용량을 초과하는 토출량이 발생하고, 이런 조건에서 계속적으로 운전된다면 공동현상으로 인한 펌프의 손상이 야기될 수 있다.

불안정한 운전

몇 가지 축류와 혼합류 펌프는 수두-용량곡선에 굴곡점(변곡점)을 갖는다. 그러한 곡선의 예가 그림 7-8에 표시되었다. 이런 펌프들은 굴곡점의 최소수두보다 낮은 수두에서 작동되어야 한다. 굴곡점 부근에서 작동되면 파동과 불안정한 유량을 초래하고 결국 펌프에 손상을 야기한다.

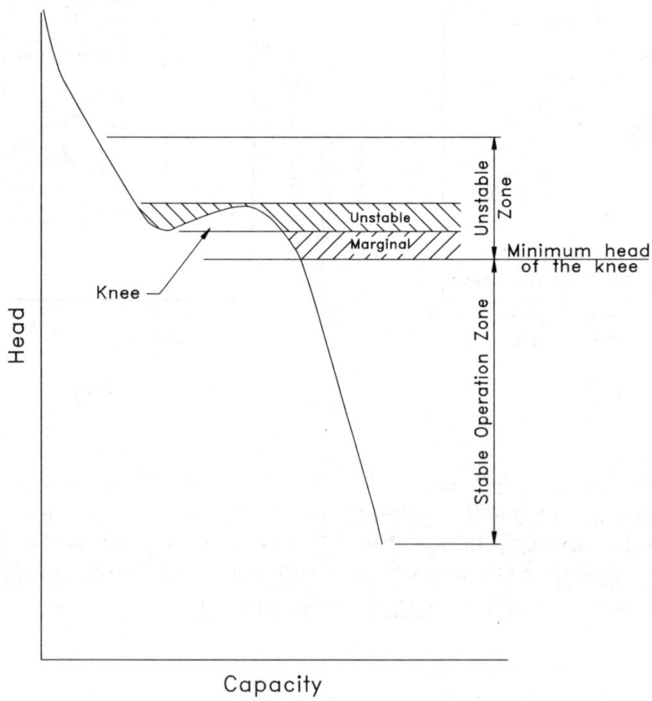

그림 7-8 수두-용량곡선의 굴곡점의 예

고형물

펌프는 운송 가능한 고형물의 최대 크기를 감안하여 선택되어야 한다. 대개 급수펌프는 매우 작은 고형물만을 운송하도록 설계된다. 그러므로 펌프유입에 앞서 고형물을 제거하도록 스크린을 사용한다.

슬러지 펌핑

펌핑하기 가장 어려운 물질 중의 하나가 고형물 현탁액 또는 슬러지이다. 펌프선택은 일반적으로 슬러지의 점도에 의해 좌우된다. 슬러지는 점도의 높고 낮음으로 분류된다. 표 7-7은 수처리시설에서의 슬러지의 다양한 점도범위를 나타내고 있다.[19]

저점도 슬러지는 물처럼 취급되어서 원심슬러지 펌프로 쉽게 펌핑될 수 있다. 고점도의 슬러지는 용적식 슬러지 펌프와 같은 높은 흡입력을 갖는 펌프를 필요로 한다.[14] 슬러지는 모래나 실트 등을 함유하여 거칠 수 있기 때문에, 이러한 상태에서도 안전하게 운전할 수 있는 펌프가 선택되어야 한다.

슬러지 운송라인에서의 손실은 일반적으로 Hazen-Williams 식(식 7.14)으로 계산된다. 슬러지는 물보다 펌핑하기 어렵기 때문에 Hazen-Williams 식의 C계수가 작아진다. 슬러지의 종류별 C값은 다음과 같다.

- 화학적으로 응집된 슬러지(총고형물 함량 1%까지), $C = 90$
- 빽빽하게 밀집된 슬러지(총고형물 함량 4.5%까지), $C = 55$
- 농축된 슬러지(총고형물 함량 8%까지), $C = 35$

슬러지가 먼 거리까지 펌핑된다면, 펌프장치를 설계하는데 있어 더 정확하게 손실수두가 계산되어야 한다. 마찰손실은 요변성(thixotropic, 흔들리면 겔(gel)에서 유동성의 졸(sol)로 변화하지만 정지하면 다시 겔로 돌아가는 성질) 혹은 유동성(rheological) 또는 기타 슬러지의 특성을 감안하여 계산될 수 있으며, 계산에는 비뉴턴유체와 난류 조건이 포함된다. Darcy-Weisbach 손실계수의 계산을 위해 레이놀드수와 헤드스트롬수(Hedstrom number)가 필요하다. 계산 절차는 참고문헌 11과 20~22에 서술되어 있다.

슬러지 이송관 직경이 15 cm 이상이라면 양호한 설계라 할 수 있다. 슬러지 유량이 작은 경우 운전기간동안 더 큰 유량과 유속을 달성하기 위해 펌프는 일정한 시간 간격으로 작동된다. 막힘이나 기능장애의 해소를 위한 충분한 개소의 관내 점검구가 설치되어야 한다.

표 7-7 수처리 슬러지의 전형적인 점도 범위

슬러지	고형물 함량(%)	
	낮은 점도의 슬러지	높은 점도의 슬러지
석회 슬러지	10 이하	10 이상
알럼 또는 철 슬러지	2 이하	2 이상

7.4.5 펌프 구동장치(Pump Driver)

펌프구동장치는 전기 혹은 열에너지를 펌프가 운전하는데 필요로 하는 운동에너지로 전환하며, 전기모터, 내부연소엔진(내연기관), 가스터빈, 증기터빈 등이 이에 해당된다. 펌프구동장치는 이용 가능한 형태, 안전성, 에너지비용, 동력, 부하의 특성 등을 고려하여 선택한다. 원심펌프는 일반적으로 적은 시동토크와 부드러운 운전토크를 지닌다. 왕복운동을 하는 펌프들은 종종 높은 시동토크와 맥동이 있는 운전토크를 갖는다.[14]

전기모터(전동기)

전기모터는 가장 일반적인 펌프구동장치이다.[15] 이것의 일반적인 사용은 높은 에너지 전환율, 단순성, 안전성 때문이다. 전형적인 전기모터의 효율은 표 7-8에 주어져있다. 펌프구동장치로서 사용되는 전기모터는 주로 교류전력(A/C)을 사용하는 모터이다. 그러나 직류전력(D/C)을 사용하는 모터 또한 사용될 수 있다.[13] 교류전류를 사용하는 두 가지의 일반적인 모터는 유도전동기(induction motor)와 동기전동기(synchronous motor)이다.[15~18]

표 7-8 전형적인 전기모터의 효율[26]

모터동력(kW)	전형적인 효율(%)
1~5	70~80
5~7.5	80~85
7.5~20	85~88
20 이상	88~92

유도전동기(Induction Motors)

가장 일반적으로 사용되는 교류모터는 유도전동기이다. 이런 형태는 일반적으로 750 kW(1,000 hp) 이하의 낮은 전력이나 600 rpm 이상의 높은 속도가 요구되는 곳에 사용된다. 유도전동기의 주요 단점은 역률(power factor)에 있다. 간단히 말하면 모터에 적용되는 전압이 전류를 유도하고, 이 때문에 1 이하의 역률을 초래한다. 어떤 전기시설은 낮은 역율 때문에 부가전압을 필요로 한다. 그래서 큰 모터에서는 역률을 증가시키는 것이 바람직하다.

동기전동기(Synchronous Motor)

역률을 증가시키는 방법 중에 하나는 동기전동기를 사용하는 것이다. 이런 모터는 1보다 작은 범위부터 1보다 훨씬 큰 범위까지의 역률로 작동될 수 있다. 그러므로 이런 모터는 역률의 증가로 유도전동기의 단점을 보완한다.[23,24] 동기전동기는 유도전동기보다 더 복잡하고, 전형적으로 높은 동력(750 kW 이상)과 낮은 속도(500 rpm 이하)에서 경제적이다.

변속장치

교류모터는 일정한 속도에 대하여 적용하는 것이 가장 바람직하다. 다양한 속도의 운전이 요구된다면 보조의 변속장치가 필요하다. 교류전기모터로 작동되는 펌프에서 두 가지의 일반적인 변속장치는 와전류(맴돌이전류, eddy-current) 드라이버와 주파수조절장치(variable-frequency controllers)가 있다.

와전류 드라이버는 자기장치이다. 전자기 입력로터(electomagnetic input rotor)가 전자기 출력로터(electomagnetic output rotor) 주변에서 회전된다. 출력의 속도는 적용되는 전류의 증감에 의해 조절된다. 전류의 증가는 자기장을 증가시키고, 출력속도를 증가시킨다. 역으로 전류의 감소는 자기장을 감소시키고, 출력속도를 감소시킨다. 주파수조절장치는 모터에 적용되는 교류전류의 주파수를 변화시킴으로써 교류모터의 속도를 조절한다. 교류모터의 속도는 직접적으로 전류의 주파수에 비례한다. 특수한 속도조절패널이 모터가 필요로 하는 속도를 만들기 위한 주파수를 변화시키기 위해 사용된다.

내부연소엔진(내연기관)

내부연소엔진은 천연가스, 가솔린, 디젤연료로 작동한다. 이런 엔진은 일반적인 자동차나 트럭의 엔진과 비슷하지만 계속적으로 높은 출력을 내도록 설계된다. 내부연소엔진은 전기적으로 움직이는 펌프의 예비전력으로서 자주 사용되거나 전기를 이용할 수 없는 외딴 지역의 펌프를 운전하기 위하여 사용된다.

가스터빈

가스터빈엔진은 항공기에 사용되는 제트엔진과 비슷하다. 그것들은 매우 높은 속도로 작동한다. 그러나 펌프구동장치로는 거의 사용되지 않는다.

증기터빈

20세기에 증기는 펌프에 가장 일반적으로 사용되는 동력원이었다. 하지만 증기로 운전되는 펌프는 보일러와 증기를 생산하기 위한 다른 보조 장치가 필요하다. 그러므로 증기가 유용하지 않다면 (고형 폐기물이나 슬러지 소화조에서 발생하는 폐열과 같이) 증기터빈은 펌프구동장치로써 사용되기 힘들다.

7.5 펌프장

펌프장은 펌프, 배관, 장치들 및 화학약품이 위치하고 있는 구조물이다. 펌프장은 건축 규모상 크게 설계된 시설로 이루어지거나 또는 작고 간단한 구조로 이루어질 수도 있다. 두 가지 경우 모두, 펌프장이 펌프설비의 기능적 필요조건을 부합하도록 설계되어야 한다. 게다가, 펌프장의 구조는 기후, 기물파손자 및 기타 바람직하지 않은 요소들로부터 펌프와 보조 설비들을 수용하고 보호한다. 펌프에 관한 많은 설계고려사항들이 본 절에 나타나있다.[15~18]

7.5.1 펌프장의 형태

일반적으로 펌프장은 펌프의 상대적 위치에 따라 습식의 습정과 건식의 건식정으로 분류될 수 있다. 습식펌프장의 형태에서 펌프는 그림 7-9(a)에 설명된 것처럼 습정의 내부에 위치한다. 건식펌프장의 경우, 그림 7-9(b)에 설명된 것처럼 펌프는 습정과 분리된 건조한 곳에 위치한다. 펌프장의 선정은 항상 선정된 펌프장치에 기초를 둔다. 예를 들어, 침지(잠수)형과 수직형 펌프는 습식구조이고, 수평형태의 펌프는 보통 건식구조를 필요로 한다.

7.5.2 펌프장의 위치 선택

펌프장의 위치 선택을 위한 많은 기준들은 유입위치의 선정에 대한 사항들과 대부분 비슷하다. 위치 선정에 있어 중요한 고려사항은 동력과 접근의 용이성, 홍수에 대한 보호 등이며, 이와 관련된 사항들이 본 절에 간략히 제시되었다.

동력

펌프장은 펌프를 운전하기 위해 상당한 양의 동력을 필요로 한다. 긴급 상황이 일어났을 경우에도 운전을 계속하기 위하여 예비동력원이 공급되어야 한다. 예비동력원으로 완전히 독립된 전기회로, 천연가스나 디젤연료를 사용하는 발전기 또는 엔진드라이버가 사용 될 수 있다. 예비 엔진드라이버의 펌프는 펌프구동장치 축에 연결된 전기모터와 내부연소엔진을 갖는다. 클러치장비가 각각의 드라이버에 설치되어 펌프의 운전에 사용될 수 있다.

접근의 용이성

펌프장은 유지관리에 있어 세심한 주의가 필요하다. 그러므로 항상 구조물에 대한 접근이 용이해야 한다.

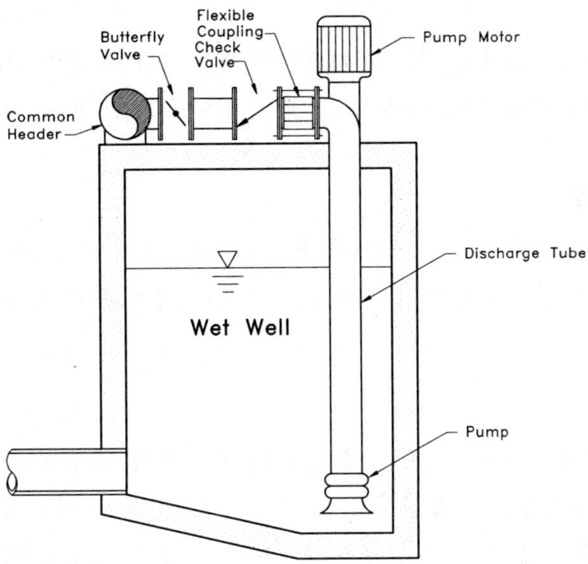

(a)

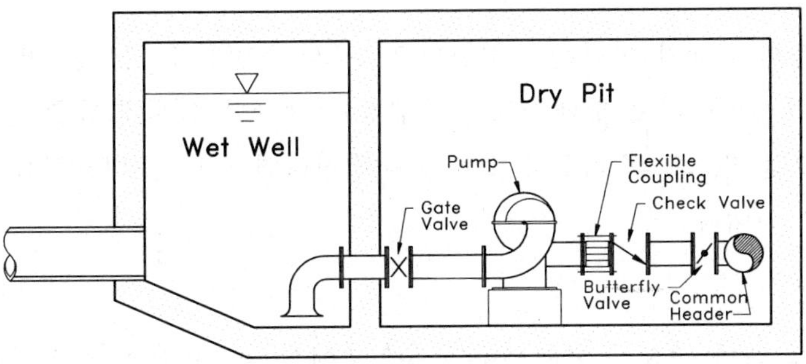

(b)

그림 7-9 일반적인 펌프장 설계. (a) 습식 펌프장, (b) 건식 펌프장(Technomic Publishing Co. Inc.의 승인하에 참고문헌 9로부터 인용)

홍수 보호

펌프장에 포함된 장비는 홍수에 의해 심각하게 손상될 수 있다. 그러므로 펌프장은 홍수가 일어나기 쉬운 지역으로부터 멀리 떨어져 위치하거나 홍수를 막을 수 있는 둑으로 보호되어야 한다.

7.5.3 펌프장 설계 고려사항

펌프장의 설계는 효율적인 운전과 유지관리를 위한 구조와 장비 상세도를 포함한다. 필요한 시설은 펌프보관시설, 펌프제어장치, 여유 공간, 보조 장치와 운전 및 유지관리를 위한 기초시설 등이다.

흡입정과 흡입관

펌프장 설계 시 가장 중요한 것 중의 하나는 펌프흡입정과 흡입관이다. 흡입정 설계 시 중요한 고려사항은 순조로운 운전이 이루어지도록 하는 것이다. 펌프 흡입 시 난류는 펌프의 운전에 악영향을 미친다.

흡입정

흡입정의 적절한 설계는 수표면, 흡입정 바닥과 벽면, 흡입정내의 다른 펌프와 관련한 흡입정의 배치를 고려해야한다. 흡입정의 유속과 흐름방향은 또 다른 중요한 고려사항이다. 참고문헌 13～18과 25에는 습정 설계에 대한 우수한 검토가 제시되어있다. Hydraulic Institute는 흡입정에 대한 설계기준을 제시하였다.[13] 그림 7－10은 이러한 권고기준의 개요를 나타낸다. 잘못 설계된 흡입정과 관련된 일반적인 문제와 해결방법이 Hydraulic Institute Standard ANSI/HI 9.8－1998에 제시되었다.[25]

현장에서의 특정한 한계가 이러한 권고사항으로부터의 변화에 영향을 미친다면, 흡입모델테스트가 수행되어야 한다. 이 모델테스트는 흡입정의 제안된 설계에 대한 운전특징을 확인할 수 있을 것이다. 그런 테스트를 기초로 설계를 수정한다면 상당한 비용절감 효과와 안전한 운전을 가능하게 할 것이다.

흡입관

흡입관의 설계에 대한 중요한 고려사항은 흡입관에서 공기방울이 형성되지 않도록 하는 것과 난류를 줄이는 것이다. 공기방울의 형성을 막기 위해 흡입관은 수평이거나 펌프의 상부방향으로 약간 기울어져 있어야 한다. 축소관(리듀서, reducer)이 필요하다면 그것은 수평의 파이프에 대하여는 편심형태(eccentric－type)가 되어야 하고 수직의 파이프에 대하여는 동심형태(concentric－type)가 되어야 한다. 난류를 막기 위해서 흡입관은 곧게 뻗어야 하고 펌프흡입 노즐보다 커야 한다. 굴곡이 필요하다면, 굴곡의 반경을 되도록 크게 해야 한다. 다양한 흡입관의 설계사항과 바람직하지 못한 조건이 참고문헌 13과 25에 제시되었다.

유연성이 있는 커플링연결(flexible coupling)은 펌프 케이싱에 대하여 진동을 감소시키고 온도의 효과를 막을 수 있도록 배출관 뿐만 아니라 펌프흡입관에도 설치되어야 한다. 유연한 커플링이 사용되었을 때, 펌프의 기초는 발생하는 펌프의 기초와 지지판이 추력에 저항하도록 설계되어야 한다.

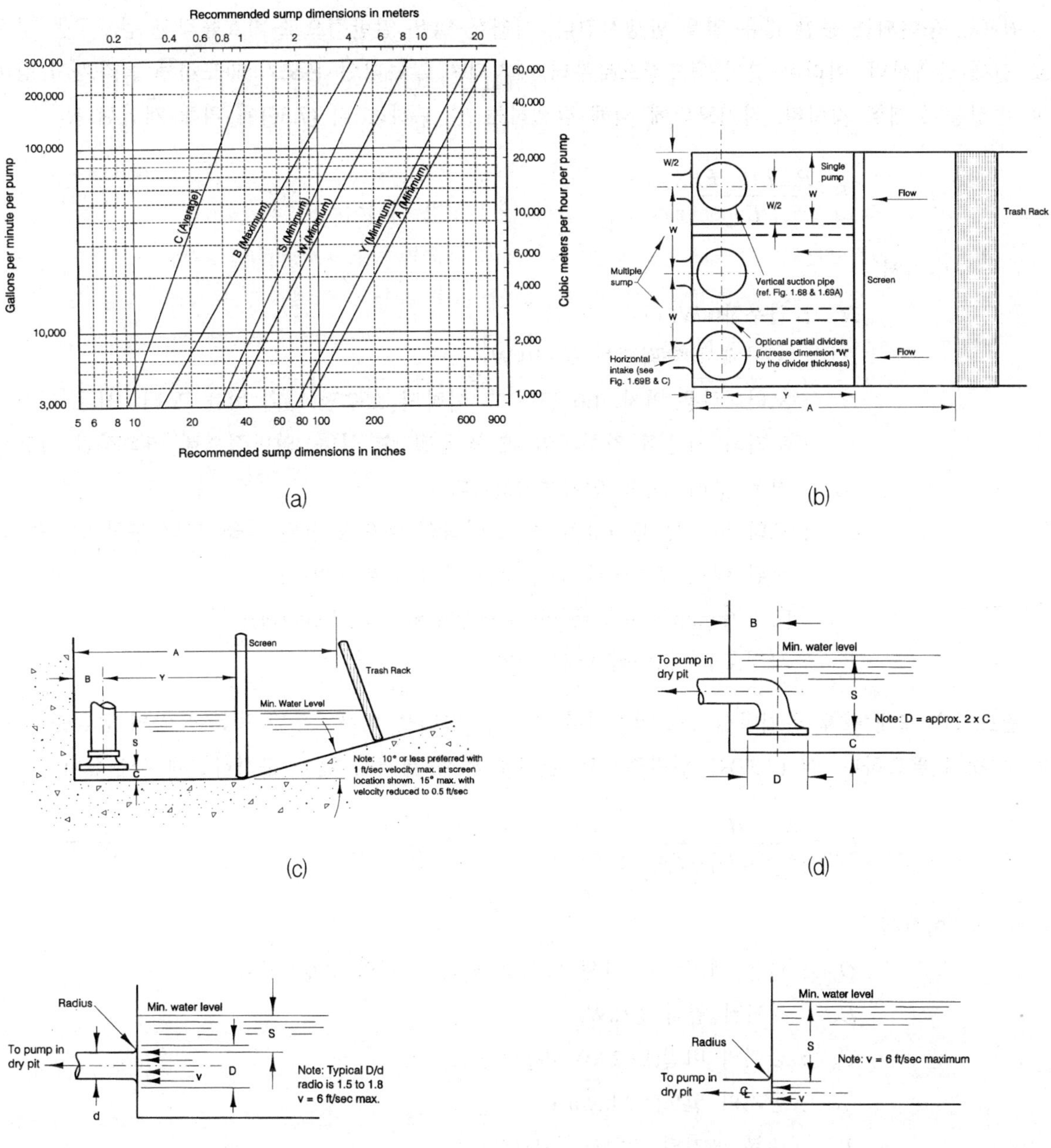

그림 7-10 흡입정의 규격(the Hydraulic Institute). (a) 다양한 유량에 따른 Sump 규격, (b) 평면도, (c) 습식펌프의 단면도, (d) 하향 벨마우스 엘보가 부착된 건식펌프의 단면도, (e) 수평 원형 유입구가 있는 건식펌프의 단면도, (f) 수평 비원형 유입구를 가진 건식펌프의 단면도

펌프장의 환기와 냉각

펌프는 운전되는 동안 많은 열을 발생시킨다. 이러한 열은 일반적으로 비효율적인 펌프구동 장치로 인해 발생한다. 이러한 열이 펌프장으로부터 제거되지 않는다면 온도가 과도하게 올라가서 장비에 손상을 초래할 것이다. 전기모터에 의해 발생하는 열 부하는 식 (7.36)에 의해 계산된다.[23,24]

$$H = \frac{P_m UL(1-E)}{E} \tag{7.36}$$

여기서,

H : 열부하(kW)

P_m : 모터에서 출력되는 동력(kW)

U : 모터 - 사용 인자, 1.0 또는 그 이하의 소수점 단위 비율. 모터 - 사용 인자는 모터의 사용이 간헐적일 때 적용될 수 있다. 일반적으로 연속적인 사용의 경우 모터 - 사용 인자는 1.0이다.

L : 모터 부하 인자, 1.0 또는 그 이하의 소수점 단위 비율. 모터 부하 인자는 산정된 냉각 조건아래서 구해진 부하의 비율이다,
[L = (pump power requirement)/(motor rated power)]

E : 모터효율, 소수점 단위 비율

펌프장은 대개 강제 환기방식으로 냉각된다. 이러한 방법은 외부로부터 충분한 양의 공기를 가해주는 것이 필요하다. 식 (7.37)은 일반적으로 공기에 의해 제거된 열을 추정하는데 사용된다.

$$Q_a = \frac{H_r}{(C_p \rho)(T_i - T_0)} \tag{7.37}$$

여기서,

Q_a : 열을 제거하기 위해 필요로 하는 공기의 유량(m^3/s)

H_r : 제거된 열의 양(kW)

C_p : 공기의 비열(1.02 kW·s/kg·℃)

ρ : 공기의 밀도(1.2 kg/m^3)

T_i : 내부 공기의 원하는 온도(℃)

T_0 : 외부 공기의 최대온도(℃)

스위치 - 기어실에서의 냉각을 위해서도 위의 식을 사용하여 설계되어야 한다. 그런 설계에서 열부하는 경험식인 식 (7.38)로부터 계산될 수 있다.

$$H = 0.07P_s \tag{7.38}$$

P_s : 스위치 기어에 걸리는 총 동력부하(kW)

응축액 제거

어느 기간 동안은 수온이 대기의 이슬점 이하로 떨어질 수 있다. 이때 펌프, 파이프와 물과 접촉하고 있는 다른 금속성분 표면에 응축액이 형성된다. 이런 현상은 (1) 대기의 이슬점을 낮추는 공기건조기를 설치하거나, (2) 대기와 접촉하고 있는 모든 금속성분들을 격리함으로써 막을 수 있다. 보통 이런 사항들은 경제적으로 유리하지 못하다. 그러므로 엔지니어는 펌프장의 상태를 항상 주시해서 필요한 조치를 취해야한다.

장비 접근의 용이성

펌프장의 배치는 모든 펌프, 밸브, 파이프와 유지관리를 위한 부수적인 장비에 대하여 접근이 용이하도록 해야 한다. 큰 펌프장에서는 수리와 장비의 제거를 용이하게 하기위해 천장 크레인(overhead bridge crane)과 같은 리프트장치가 종종 설치되기도 한다.

여러 가지 장비와 시설

전기 스위치기어

전기 스위치기어를 위한 충분한 공간이 펌프장에 확보되어야 한다. 필요로 하는 공간은 모터의 동력과 전압, 그리고 제어시스템의 구조에 따라 달라질 것이다. 독자는 경험이 있는 엔지니어로부터 장비 설치를 위한 스위치기어의 필요 공간에 대하여 도움을 얻어야 한다.

제어설비

기계와 제어설비를 위한 공간이 마련되어야 한다. 이런 시설은 단순한 전기 계장시설부터 컴퓨터제어 시설까지 다양하다. 큰 규모의 시설에서는 종종 제어시스템을 위한 공간을 따로 두게 되는데, 기계와 제어 엔지니어는 제어시설에 필요한 공간 정보에 대하여 조언을 해주어야 한다.

음용수와 위생시설

펌프장의 운영 및 관리를 위한 음용수와 위생시설이 제공되어야 한다. 깨끗한 물의 공급은 펌프패킹과 베어링 윤활을 위해서도 종종 필요하다. 베어링의 윤활과 음용수 공급을 위해 지하수를 사용하는 것이 고려되기도 한다.

펌프장 운영자의 편의를 위하여 화장실, 샤워실, 락커룸 등이 마련되어야 한다. 또한 모든 바닥의 배출수는 위생하수관거로 배출되어야 한다. 위생하수관거의 이용이 불가능할 때에는 위생하수처리시스템을 두어, 원수와 처리수가 오염되지 않도록 보호하여야 한다.

7.6 물의 수송, 펌핑, 유량측정장치의 제조업체

물의 수송, 펌핑, 유량측정장치의 제조업체 리스트가 부록 C에 제시되었다. 장비의 확인과 선택을 위한 일반적인 가이드라인 또한 부록 C에 제시되었다. 선택된 장비는 운전과 유지관리, 내구성에 유연성을 가져야 하고 선택된 공법에 대한 최우선의 설계요건에 부합해야 한다.

7.7 물의 수송, 펌프장, 유량측정장치의 설계에 대한 정보 체크리스트

설계 엔지니어가 물의 수송, 펌핑, 유량측정시스템을 설계하기 전에 다음의 정보들이 수집되어야 하고 필요한 결정들이 내려져야 한다.

1. 기존의 설계된 보고서로부터의 정보
   a. 설계 유량 : 최고, 평균, 최저
   b. 계획된 펌프장과 처리시설의 위치
   c. 원수의 최소, 최대 수면고
   d. 처리시설에서 첫 번째 단위공정의 수위
   e. 도수관의 경로

2. 예비설계로부터의 정보
   기존의 설계된 보고서의 부분으로서, 설계 엔지니어는 일반적으로 다음과 같은 사항을 포함하는 예비 설계정보를 발전시킨다.
   a. 원수 펌프장의 예비 평면도
   b. 펌프장의 예비 설계도
   c. 펌프와 밸브의 종류
   d. 도수관의 크기

3. 시설소유자와 운전자로부터의 정보
   a. 펌프나 유량측정장비의 타입과 제조업체에 관한 선호도
   b. 기존 펌프장과 그 시설에서 운전 중인 유량측정장비에 관한 선호도

4. 설계엔지니어에 의해 개발된 정보
   a. 관계법령에 의해 수립된 최소설계 인자와 설계표준
   b. 사용가능한 장비의 사양(종류, 크기, 한계 등)에 대한 정보를 확인할 수 있는 제조업체의 카탈로그
   c. 저수조로부터 처리시설까지의 평면도와 파이프 상세도, 동수경사단면도. 이러한 설계도를 작

성하기 위해서는 많은 엔지니어의 판단과 경험이 요구된다.

d. 펌프장의 형태와 흡입 조건. 침지, 흡입 수두, 흡입 높이, 및 유효흡입수두의 한계를 포함한다.

e. 시스템 수두-용량곡선

f. 초기 펌프의 선택(펌프의 종류와 수, 정속구동장치 또는 변속구동장치, 비속도 등등을 포함)

g. 구동장치(전기모터, 엔진)와 예상되는 요구동력

7.8 설계 예

7.8.1 사용되는 설계기준

1. 수리적 자료
   a. 설계유량(5장 참조)
      최대유량 = 113,500 m^3/d
      평균유량, 정상 조건(표 5-3 참조) = 51,400 m^3/d
      최소평균유량, 초기 년도(표 5-3 참조) = 42,200 m^3/d
   b. 저수조 수위(6장 참조)
      최대 저수조 수면고 = 90.00 m
      최소 저수조 수면고 = 70.00 m
   c. 도수관(5장 참조)
      Junction Box A[b]의 동수경사 = 110.00 m
      도수관 직경 = 122 cm
      도수관 길이 = 5,200 m
      취수탑과 흡입정에 연결된 흡입관의 직경과 길이 = 152 cm, 135 m.

b. Junction Box A는 도수관이 끝나는 정수장 경계의 첫 번째 box

2. 원수 펌프장의 위치와 형태
   계획된 원수 펌프장은 두 단계로 나뉘어져 있고 Big River Reservoir의 물가에 위치한다. 135 m의 흡입관은 취수구조와 함께 펌프장에 연결되어 있다. 도수관은 지역을 가로질러 처리시설로 연결되어 있다. 그림 6-11은 펌프장과 유입구의 예비설계도를, 그림 5-4 도수 관로의 예비설계도를 나타낸다.

3. 일반적인 설계 가이드라인
   a. 펌프는 다단계방식, 수직형, 혼합류 형식이어야 한다.

b. 펌프장은 유지관리를 용이하게 하기위한 두 개의 분리된 흡입정을 가진 습식 형태이어야 한다.
c. 각각의 흡입정에는 3개의 펌프가 있어서 펌프장은 총 6개의 펌프를 갖는다. 다섯 개의 펌프는 처리시설의 설계용량을 만족시키고 나머지 하나는 예비 펌프이다.
d. 각각 흡입정의 최대유량은 흡입정의 3개의 펌프가 작동할 때 도달할 수 있다.
e. 세목 스크린이 펌프장에 위치하여야 한다. 세목 스크린에 관한 설계기준의 간략한 설명이 6.8.2절 D단계에 제시되었다.
f. PAC 저장과 주입시설은 원수 펌프장에 인접한 건물에 설치되어야 한다. PAC 주입시스템에 대한 설계는 11장에 설명되었다.

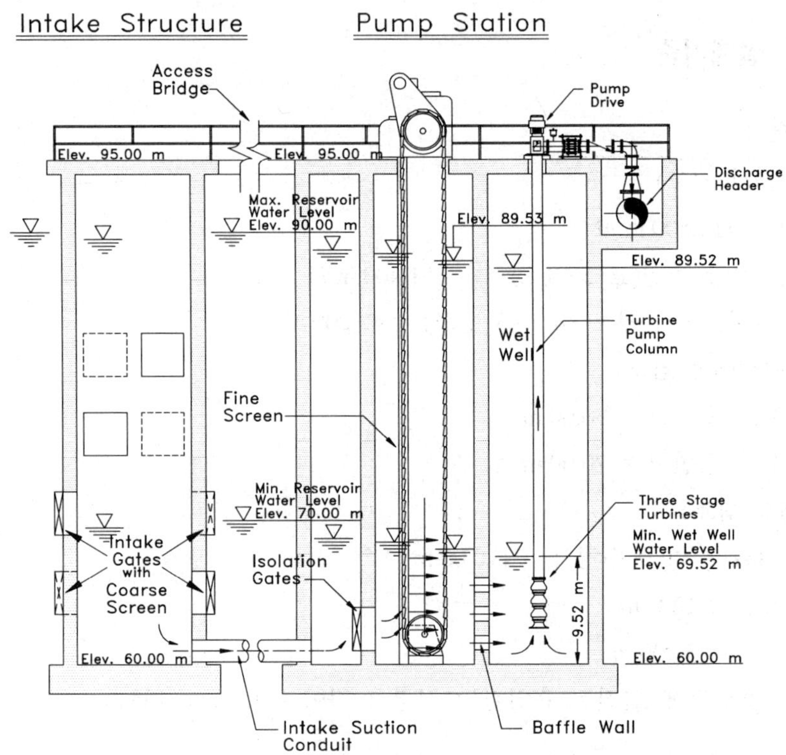

그림 7-11 원수펌프장의 흐름 경로의 개념도(흐름 경로는 취수구조물, 흡입관, 격리수문, 세목스크린, 정류벽과 펌프 배치를 나타낸다.)

7.8.2 설계 계산

Step A : 단위공정배열과 설계도

펌프장은 2층으로 되어 있다. 일반적으로 펌프장의 하층부를 통하여 연속적으로 흐르는 유량을 그림 6-11(plan view)과 그림 7-11(section view)에 설명하였다. 이 설계도는 6.8.2절 D단계에 설명되었던 것처럼 미세 스크린을 포함한 두 가지의 유입 수로를 보여준다. 각각의 스크린은 3개의 펌프에 연결된다. 수문은 스크린과 흡입정의 유지관리를 위해 격리할 수 있도록 각각의 스크린 앞에 위치한다. 초음파 변환기가 유입 수로에서의 수위를 모니터링하고 리미트 스위치(limit switch)는 수문의 개폐상태를 알려준다. 미세 스크린을 통과한 원수는 흡입정으로부터 정류벽에 의해 분리되어있는 배수로를 통하여 흐른다. 이러한 벽은 펌프 쪽으로 물이 흐르도록 하고 흡입정에서 와류를 감소시킨다.

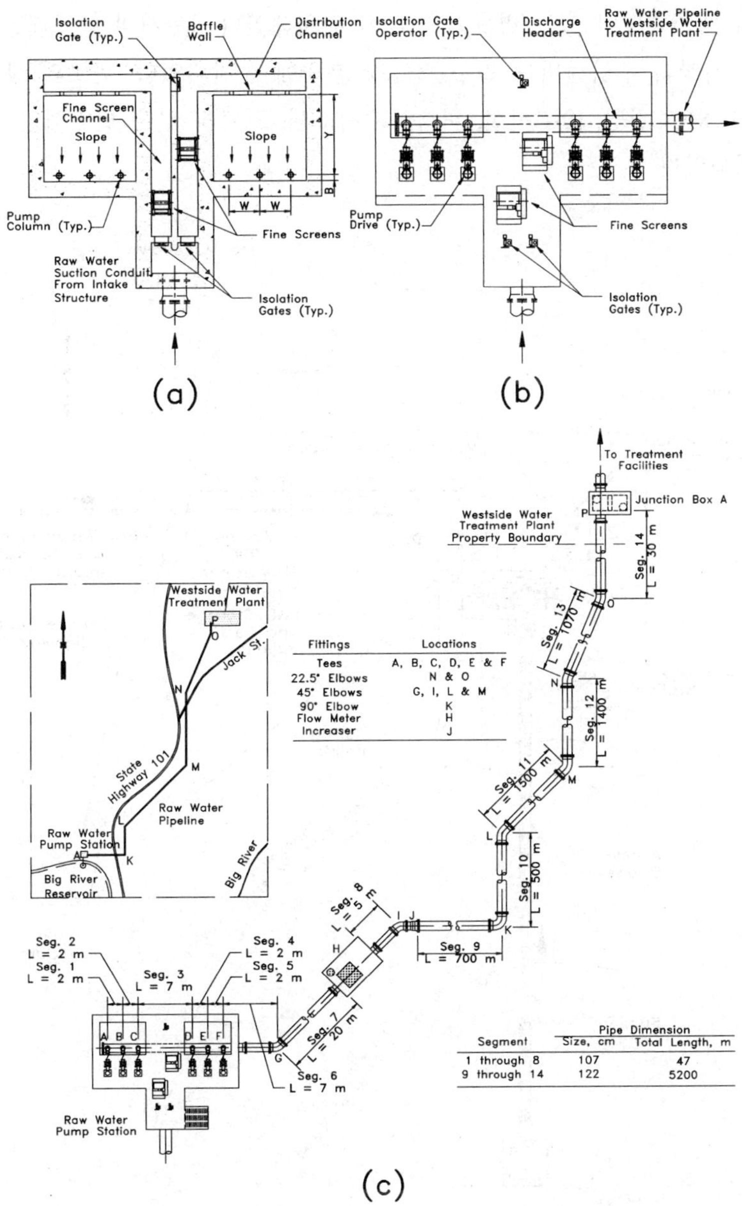

Fittings	Locations
Tees	A, B, C, D, E & F
22.5° Elbows	N & O
45° Elbows	G, I, L & M
90° Elbow	K
Flow Meter	H
Increaser	J

Segment	Pipe Dimension Size, cm	Total Length, m
1 through 8	107	47
9 through 14	122	5200

그림 7-12 펌프장과 도수관로의 개념도. (a) 배수로와 습정(하층부), (b) 펌프, 세목 스크린과 파이프(상층부), (c) 도수 관로

Water Works Engineering

그림 7-12(a)는 펌프장의 하층부를 나타내고 있다. 그림은 수문, 스크린, 배수로, 정류벽, 펌프흡입구의 배열을 보여준다. 펌프 토출관의 설계도는 그림 7-12(b)에 나타내었다. 이것은 상층부의 배치도이며 펌프모터와 각각의 펌프에 대한 격리플러그밸브와 체크밸브와 함께 분리된 토출관을 나타낸다. 각각의 토출관은 도수관에 연결된 공동 토출주관에 연결된다. 유량계측기는 펌프장의 계측실에 설치된다. 도수관은 지름이 122 cm(48 in)이고 원수 펌프장으로부터 처리시설의 남쪽 경계부근에 위치해 있는 Junction Box A까지 총연장은 5.2 km이다. 모터제어센터(motor control center, MCC)는 전기스위치 기어와 계기패널이 있는 별도의 건물에 위치해있다. 두 개의 변압패드가 MCC빌딩 근처에 설치된다. PAC 저장과 주입설비는 원수 펌프장 부근에 설치되었다. 관로의 상세도면이 그림 7-12(c)에 제시되었고, MCC빌딩, PAC시설, 위생하수시스템, 도로와 같은 일반적인 취수시설 배치도가 그림 7-13에 제시되었다.

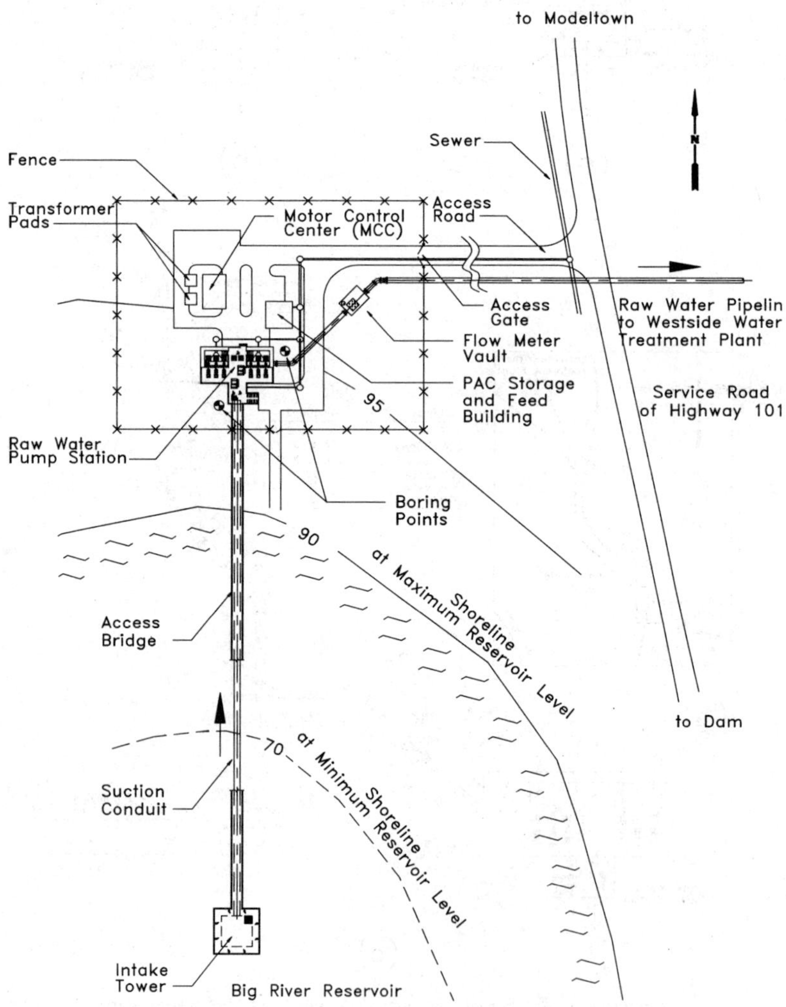

그림 7-13 취수시설 배치 계획

Step B : PAC 주입시스템

PAC저장과 주입시설은 두개의 PAC 슬러리저장탱크, 활성탄수송과 먼지 포집시설, 재순환펌프, 부피 측정이 가능한 주입기, 주입 펌프와 다른 기타장비들을 포함한다. 시스템의 구조는 쉽게 PAC를 운송트럭에서 내릴 수 있도록 도로에 직접적으로 근접해 있다. PAC시설의 다양한 구성성분의 설계와 상세도면이 11.6.2절 B단계에 제시되었다.

Step C : 흡입정 설계

흡입정의 설계를 위하여 Hydraulic Institute Standard(참고문헌 13)가 사용된다. 최근의 펌프유입부의 설계에 대한 기준은 1998년에 발표되었다.[25] 설계자는 흡입정 또는 펌프장을 설계하기 전에 Hydraulic Institute Standard의 업데이트된 내용을 참고하여야 한다.

1. 다섯 개의 펌프를 기준으로 각 펌프의 토출량 계산
   여섯 개의 펌프가 공급되었지만 한 개의 펌프는 예비로 설치되었으므로 각 펌프의 최대유량은 다음과 같다.

$$\frac{113,500\,\text{m}^3/\text{d}}{5\,\text{pumps}} = 22,700\,\text{m}^3/\text{d} = 0.263\,\text{m}^3/\text{s} = 15.78\,\text{m}^3/\text{min}$$

2. 각각의 흡입정의 최대유량 계산

$$\text{최대유량} = 3 \times 0.263\,\text{m}^3/\text{s} = 0.789\,\text{m}^3/\text{s}$$

3. 그림 7-10(a)로부터 펌프 당 15.78 m^3/min(= 947 m^3/h)의 유량에서 흡입정의 규격 결정
   치수Y (정류벽으로부터 펌프의 중심선까지 최소거리) = 2.15 m
   치수S (최소침지깊이) = 0.8 m
   치수B (펌프의 중심선과 반대편 벽 사이의 최대거리) = 0.4 m
   치수A (최소값) = 2.7 m(설계에 적용되지 않음)
   치수W (펌프사이의 최소공간) = 1.0 m
   치수C (흡입구와 바닥사이의 평균 여유공간) = 0.25 m

   그림 7-10(a)의 이런 최소치수들은 펌프의 성능을 최적화하기 위한 수리적 요구사항에 의거하여 결정된다. 실제 치수는 권고된 치수보다 더 크게 결정되는데 더 큰 공간을 필요로 하는 이유는 (1) 실제 펌프크기에 적절하고, (2) 제조사에 의한 권고된 치수를 만족하는, (3) 일상적인 운전과 유지관리를 위한 여유공간을 제공하기 위함이다. 그러므로 모든 치수는 펌프가 선택된 후에 위의 세 가지 사항을 고려하여 다시 조정된다. 이 설계에서는 다음 치수가 사용된다(그림 7-12(a), 7-14, 7-15참조).

치수 Y(정류벽으로부터 펌프의 중심선까지) = 5.25 m

치수 S(흡입구부터 수표면까지) = 9.27 m

치수 B(펌프의 중심선부터 반대편 벽까지) = 0.4 m

치수 W(펌프의 중심선사이의 공간) = 2.0 m

치수 C(흡입구부터 바닥까지) = 0.25 m

흡입정의 바닥경사 = 7.5°

흡입정의 치수, (Y + B) × (3W), 5.65 m × 6.0 m

4. 제수문 규격의 선택

수문을 통한 최대유속을 1.0 m/s로 가정한다. 높은 유입 유속으로 인한 운동 에너지는 물이 배수로로 들어가기 전에 미세 스크린에 의해 분산된다.

$$\text{제수문의 면적} = \frac{0.789\,\text{m}^3/\text{s}}{1.0\,\text{m/s}} = 0.789\,\text{m}^2$$

미세 스크린의 열린 폭과 같은 크기의 격리수문의 폭을 유지한다.

$$\text{제수문의 높이} = \frac{0.789\,\text{m}^2}{0.9\,\text{m/s}} = 0.88\,\text{m}$$

제조업체의 목록으로부터 이용 가능한 격리수문의 표준규격이 0.9 m × 0.9 m이기 때문에 이 규격을 선택한다. 펌프장 내 흡입정의 예비설계가 그림 7 – 12(a)에 설명되었다.

5. 미세 스크린과 수로의 설계

두 개의 미세 스크린이 원수펌프장의 흡입정에 설치된다. 이 스크린은 0.9 m의 폭을 가지며 구멍의 순간격은 9.5 mm(3/8 inch)이고 스크린 수로의 폭은 1.3 m이다. 스크린의 격리는 스크린 앞의 수문과 스크린 뒤쪽의 중앙 공동 벽의 수문을 닫음으로써 가능하다. 미세 스크린에 대한 설계 계산이 6.8.2절의 단계 D에 설명되어있다.

6. 배수로에서 유속의 관찰

최소저수조수위 70.0 m에서 배수로의 폭은 1.1 m이고 수심은 9.53 m이다.

$$\text{배수로의 유속} = \frac{0.789\,\text{m}^3/\text{s}}{1.1 \times 9.53\,\text{m}} = 0.075\text{n}$$

이것은 전형적인 흡입정 설계에 사용되는 배수로의 최대허용유속 0.6 m/s보다 작기 때문에 사용될 수 있다.

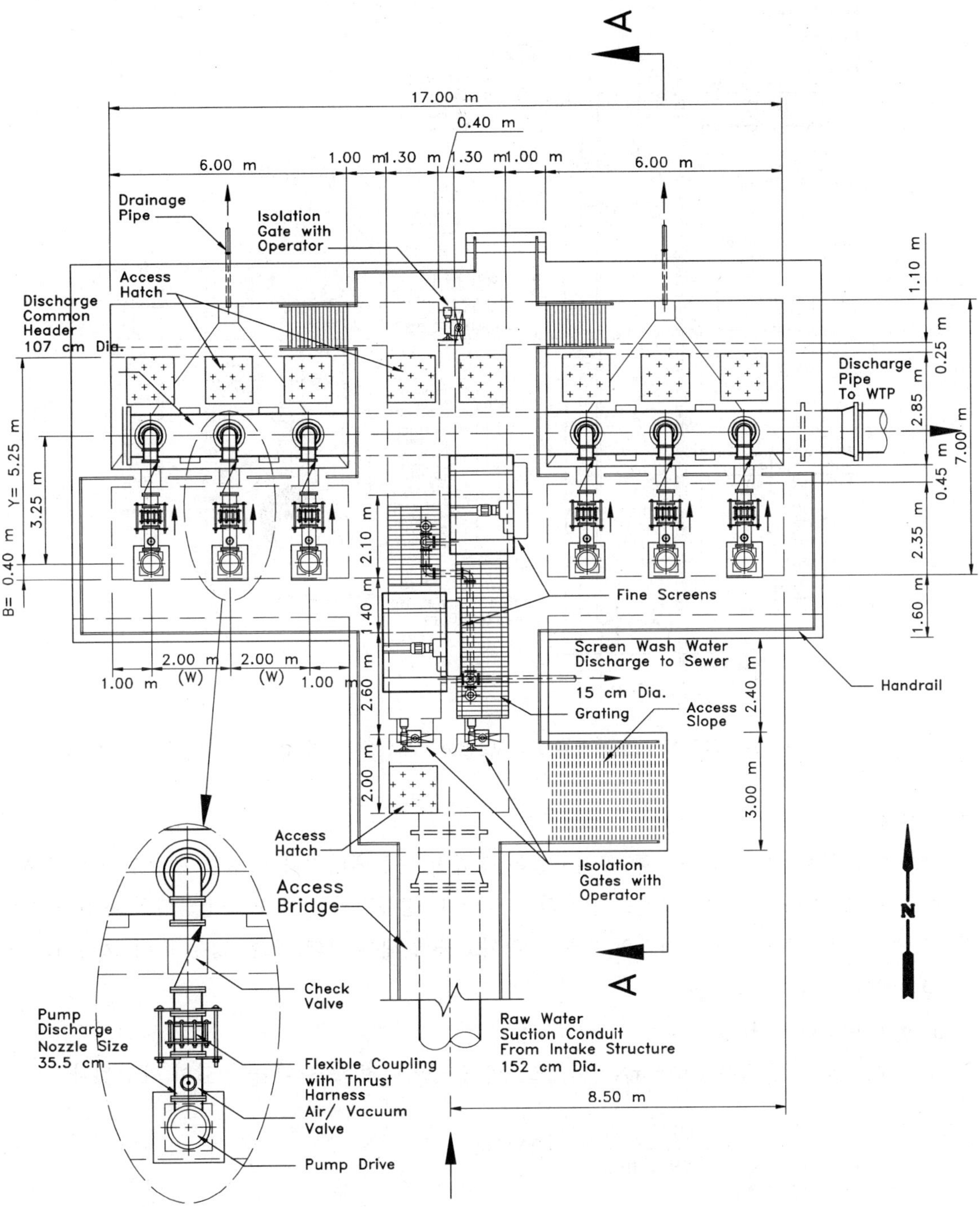

그림 7-14 원수 펌프장의 설계규격 - 평면도(A-A단면은 그림 7-15에 나타냄)

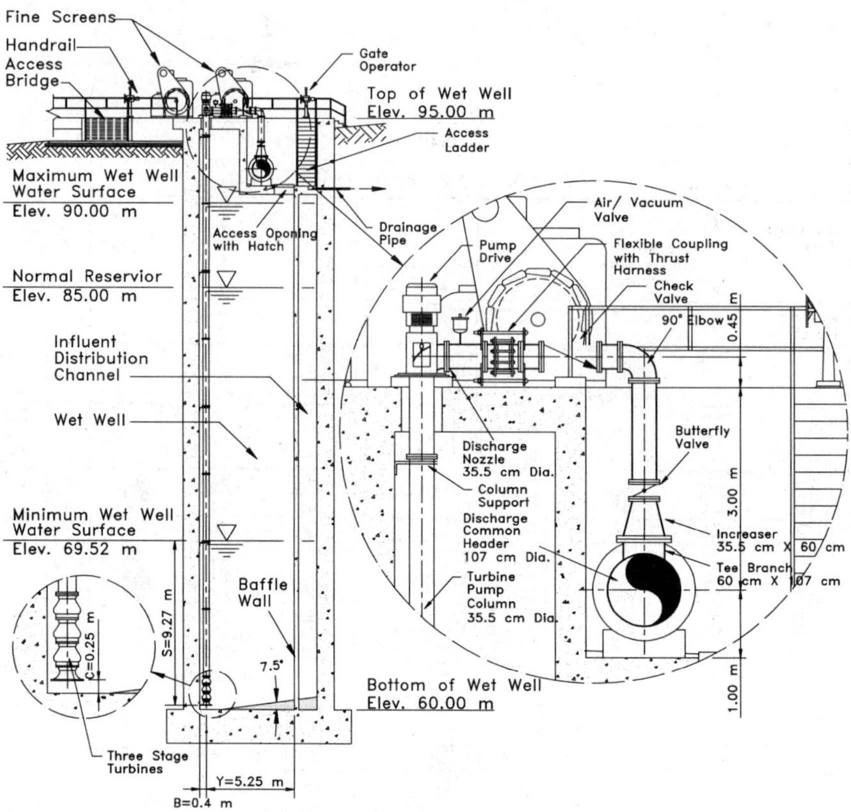

그림 7−15 원수펌프장의 설계규격 A−A단면(A−A 단면의 위치는 그림 7−14에 나타남)

7. 정류벽의 설계

정류벽의 설계 시 가장 중요한 고려사항은 상류의 운동에너지와 동일한 손실수두를 만들어낼 수 있는 오리피스의 구멍 크기를 결정하는 것이다. 정류벽의 두께는 수평방향의 완전한 제트류를 발생시킬 수 있는 오리피스의 지름과 적어도 동일해야 한다. 또한 많은 수의 오리피스가 개방되어야 한다.

a. 운동에너지 계산(h_v)

배수로 내의 유속은 0.075 m/s이며, 흐름의 운동에너지 h_v는 다음과 같이 계산된다.

$$h_v = \frac{v^2}{2g} = \frac{(0.075\,\text{m/s})^2}{2 \times (9.81\,\text{m/s}^2)} = 0.0004\,\text{m}$$

이것은 적당하게 유량이 분배되도록 적어도 상류의 운동 에너지의 4배 이상이 되는 오리피스를 통한 손실수두 값으로 사용하는 것이 적당하다. 예를 들어, 플럭의 파괴는 원수의 관심대상이 아니기 때문에 더 높은 값을 사용한다. 더 높은 값은 흐름의 분배를 더욱 개선할 수 있다. 0.01 m와 같은 정류공의 손실수두를 사용한다.

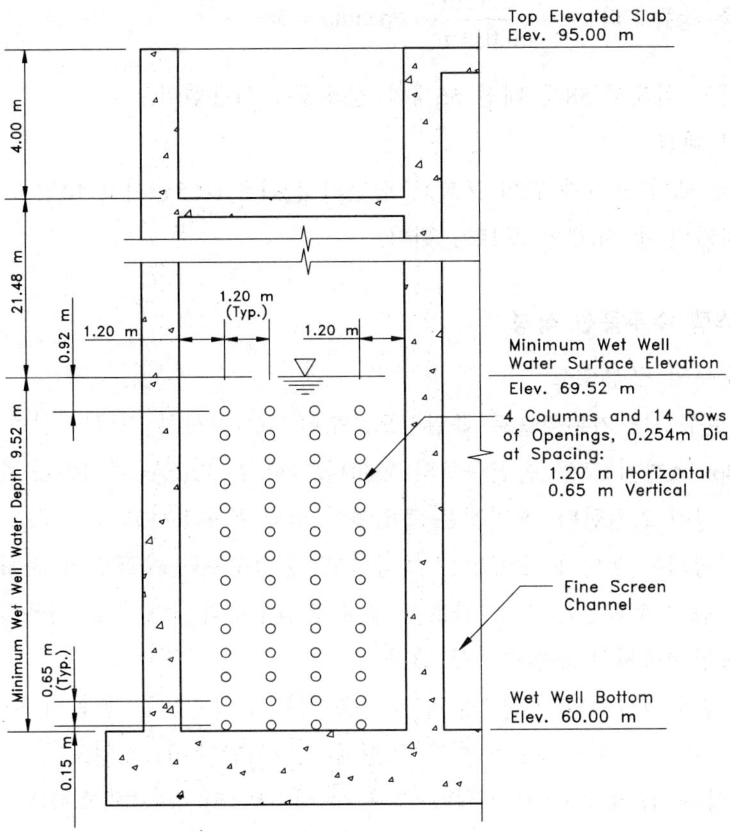

그림 7-16 습정에서의 정류벽의 상세설계도

b. 오리피스를 통한 유속의 계산.

유속은 식 (6.4)로 계산되고 손실수두는 0.01 m이다.

유속, $v = C_d (h_L 2g)^{1/2}$,

C_d는 0.6으로 가정한다.

$v = (0.6)[(0.01\ \text{m})(2 \times 9.81\ \text{m/s}^2)]^{1/2} = 0.27\ \text{m/s}$

c. 이 유속이 되도록 하기 위해 필요한 개방 면적의 계산

$$A = \frac{Q}{v} = \frac{0.789\,\text{m}^3/\text{s}}{0.27\,\text{m/s}} = 2.92\,\text{m}^2$$

d. 25.4 cm의 정류공이 사용될 때 총정류공의 수 계산

$$\text{각 정류공의 면적} = \frac{\pi}{4}(0.254\,\text{m})^2 = 0.051\,\text{m}^2$$

$$총\ 정류공의\ 수 = \frac{2.92\,m^2}{0.051\,m^2} / opening = 58$$

대칭을 유치하기 위해서 58개 대신 56개의 정류공을 사용한다.

e. 정류공의 배치 계산

그림 7-16에서 보이는 것과 같이 포트 중심간의 간격은 0.65 m이고 14열과 4행으로 구성된다. 이렇게 배치시키면 총 56개의 포트가 된다.

Step D : 시스템 수두곡선 작성

1. 시스템 손실수두의 구성요소

총 시스템 손실수두는 기본적으로 흡입정으로부터 수처리시설 지역의 남쪽 경계에 위치해 있는 Junction Box A까지 모든 손실수두의 합이다(그림 7-12(c)). 여기서는 수직 혼합류 펌프가 사용되고 흡입정에 위치한다. 흡입정은 흡입관과 몇몇 부수장비로 취수구조물과 연결되어있다. 흡입정에서 펌핑되는 동안에 수표면은 하강하고, 총정수두는 수표면의 저하로 증가할 것이다. 그러므로 시스템 수두곡선은 송수 관로를 통한 손실수두와 정수두를 이용하여 계산될 것이다.

2. 저수조에서 흡입정까지의 손실수두의 계산

저수조로부터 흡입정까지의 손실수두의 계산은 펌프가 운전되는 동안의 수위저하곡선을 작성하기 위하여 필요하다. 손실수두는 다음 지점에서 일어난다. 1) 유입포트의 조대 스크린, 2) 유입수문, 3) 흡입관, 4) 제수문, 5) 미세 스크린, 6) 배수로, 7) 정류벽. 흐름의 개요도와 많은 손실수두가 일어나는 곳의 위치를 그림 7-11에 나타내었다. 이러한 수위저하는 정수두와 송수 관로를 통한 손실수두와 비교하면 상대적으로 작다. 따라서 계산과정은 유량과 저수조 수위에 영향을 받지 않는 일정한 수위저하에 의해 단순화될 수 있다. 이러한 단순화된 값은 최대유량과 최저저수조수위상태에서 저수조로부터 흡입정까지의 손실수두에 의해 결정된다. 손실수두(또는 수위저하)의 계산과정이 표 7-9에 제시되었다. 국부손실수두에 대한 식 (7.12)가 스크린, 포트, 파이프, 정류벽을 제외한 모든 손실을 계산하기 위해 사용되었다. 오리피스에 대한 식 (6.4)나 식 (6.5)가 조대 스크린, 랙, 미세 스크린, 정류벽을 통한 손실수두를 계산하기 위해 사용되었다. Hazen-Williams 식 (7.14)와 Manning 식 (7.1)이 파이프와 수로를 통한 손실을 계산하기 위해 사용되었다. 그 결과 0.48 m(표 7-9)의 일정한 수위저하가 총시스템손실수두를 계산하기 위해 사용되었다.

흡입정에서의 수위는 계절적 변화에 따라 다양하게 변화한다. 저수조수면고로부터 일정량의 수위저하를 뺌으로써 90.0 m의 최대저수조수면고에서 흡입정의 설계수면고는 89.52 m가되고 70.0 m의 최저저수조수면고에서는 69.52 m가 된다.

표 7-9 저수조부터 흡입정까지의 손실수두 계산

장 치	사용되는 식	장치를 통한 유속(m/s)	장치의 규격	유속 (m/s)	손실수두 (m)
취수구의 조대 스크린	식(6.5)	0.657	$H = 4.8$ m, $W_{net} = 3.028$ m	0.045	0.0001
유입수문	식(6.4), $C_d = 0.6$	0.657	$H = 3.0$ m, $W = 3.0$ m	0.073	0.0008
흡입관 입구	식(7.12), $K = 0.5$	1.314	$D = 1.52$ m	0.724	0.0134
흡입관	식(7.14), $C = 120$	1.314	$D = 1.52$ m, $L = 135$ m	0.724	0.0442
흡입관 출구	식(7.12), $K = 1.0$	1.314	$D = 1.52$ m	0.724	0.0267
격리수문	식(6.4), $C_d = 0.6$	1.314	$H = 0.9$ m, $W = 0.9$ m	1.622	0.3724
미세 스크린	식(6.5), $C_d = 0.6$	1.314	$H = 9.53$ m, $W = 0.9$ m	0.274	0.0106
스크린과 배수로	식(7.1), $n = 0.013$	0.789	$H = 9.53$ m, $W_{avg} = 1.2$ m, $L_{approx} = 15$ m	0.070	0.0000
정류벽	식(6.4), $C_d = 0.6$	0.789	$D = 0.254$ m	0.278	0.0109
총손실수두 (또는 수위저하)					0.4791

a. 흐름은 두 개의 port로 나누어진다: 그러므로, 손실수두는 반쪽 흐름에 기초하여 계산한다. 조대스크린의 총 개방면적은 14.53 m^2이다(6.8.2절 C.3단계에 상세한 계산이 나와 있다).

b. 흐름은 두 수문에 의하여 나누어진다(6.8.2절 D2단계에 상세한 계산이 나와 있다).

c. 손실수두는 152 cm 직경의 관에 기초하여 계산된다. 손실수두와 난류를 제한하기 위해 흡입장치에서 1.0 m/s 이하의 유속이 요구된다.

d. 미세 스크린이 사용되지 않으면 수로의 한 쪽 면을 통한 최대 유량은 0.789 m^3/s이다. 이 조건하에서, 스크린의 상류의 격리수문은 닫혀질 것이고, 두 개의 배수로사이의 벽에 있는 내부 제수문은 개방될 것이다. 그러므로, 1.314 m^3/s의 최대 설계유량은 배수로의 한 쪽을 통하여 흐르게 될 것이다. 면적 감소 인자 0.56이 계산에 사용된다.

e. 미세 스크린과 배수로가 그림 7-12(a)에 나타나있다. 이 수로의 평균 넓이는 1.2 m이다. 미세 스크린 하류의 수로는 대략 15 m 길이 정도였다. 식 7.1은 $h_L = L_{approx}[(Q/A_{avg})/R^{2/3})]^2$. $A_{avg} = 9.53\text{ m} \times 1.2\text{ m} = 11.4\text{ m}^2$. Manning 공식의 $n = 0.013$이다. 동수반경 $R = 9.53\text{ m} \times 1.2\text{ m}/((2 \times 9.53\text{ m}) + 1.2\text{ m}) = 0.56$ m였다. 마찰손실수두는 0.00002이므로 0으로 가정한다.

f. 손실수두는 식 (6.4)로부터 얻을 수 있다. 습정의 한 쪽면을 통하여 흐르는 최대유량은 0.789 m^3/s이다. 각각의 습정에서 정류벽에 총 56개의 오리피스 구멍이 있다.

3. 최대, 최소정수두의 계산

흡입정에서의 수위가 다양하기 때문에 최대, 최소정수두가 존재한다. 최대, 최소정수두는 흡입정의 최대, 최소수면고 차이와 처리시설의 Junction Box A의 설계수면고 차에 의해 결정된다. Junction Box A의 설계수면고가 110 m로 일정하다고 하면, 최소정수두는 다음과 같다.

최대정수두 = Junction Box A의 수면고 − 흡입정의 최소수면고 = 110m − 69.52 m = 40.48 m

최소정수두 = Junction Box A의 수면고 − 흡입정의 최대수면고 = 110m − 89.52 m = 20.48 m

4. 송수 관로를 통한 손실수두의 계산

송수 관로에서 총손실수두는 1) 많은 밸브와 연결부에서의 난류에 의한 국부손실수두와 2) 일반적인 유입부부터 유출부(Juction Box A)까지의 파이프의 연장을 통한 마찰손실의 합이다. 파이프 배열과 굴곡 부위, 다양한 밸브, 연결부 등은 그림 7-12(c), 7-14, 7-15에 나타난다. 손실수두의 계산은 파이프의 단면의 지름과 다양한 수문, 밸브, 이형관 등에서의 K값을 사용하여 계산한다. 이런 중요한 설계정보가 표 7-10에 요약되었다. 예상되는 전체 유량범위를 감안하여 다양한 유량조건에서 각각 설비에서의 국부손실이 컴퓨터에 의해 계산되었다. 200,000 m^3/d (2.315 m^3/s)의 유량에서의 계산결과를 표 7-11에 나타내었다. 그 과정을 설명하기 위해서 설계 유량이 1.314 m^3/s(일최대요구량)일 때의 계산 예를 제시하였다.

a. 각 파이프 크기에서의 유속

$$1-8\text{파이프}(D = 107\text{ cm})\text{의 유속} = \frac{4 \times 1.314\,\text{m}^3/\text{s}}{\pi \times (1.07\,\text{m})^2} = 1.46\,\text{m/s}$$

$$9-14\text{파이프}(D = 122\text{ cm})\text{의 유속} = \frac{4 \times 1.314\,\text{m}^3/\text{s}}{\pi \times (1.22\,\text{m})^2} = 1.124\,\text{m/s}$$

b. 굴곡부위, 이형관에 의한 국부손실수두

국부손실수두는 식 (7.12)에 의해 계산되었다.

$$1-8\text{파이프}(D=107\text{ cm})\text{의 국부손실수두} = \frac{3.45 \times (1.46\,\text{m/s})^2}{2 \times 9.81\,\text{m/s}^2} = 0.375\,\text{m}$$

$$9-14\text{파이프}(D=122\text{ cm})\text{의 국부손실수두} = \frac{1.05 \times (1.124\,\text{m/s})^2}{2 \times (9.81\,\text{m/s}^2)} = 0.132\,\text{m}$$

표 7-10 송수 관로의 규격과 손실수두 계수

파이프 세그먼트[a]	관경 (cm)	관연장 (m)	*C*계수	형태	국부손실수두 계수, *K*			
					개수	위치	*K*	합계
파이프1-8	107	47	120	T형관	5	1-6	0.6	3.0
				45°엘보우	2	6-7, 8-9	0.225	0.45
파이프 1-8까지의 총 합계								3.45
벤튜리미터	48	N/A	N/A	N/A	1	7-8	0.098	0.098
확대관	107×122	N/A	N/A	divergent	1	8-9	0.078	0.078
파이프 9-14	122	5200	120	22.5°엘보우	2	12-13, 13-14	0.15	0.3
				45°엘보우	2	10-11, 11-12	0.225	0.45
				90°엘보우	1	9-10	0.3	0.3
파이프 9-14까지의 총 합계								1.05

a. 파이프 분류, 굴곡관, 이형관 등은 그림 7-12(c)에 나타내었다.

c. 벤튜리미터의 선정과 손실수두

선정된 벤튜리미터는 0.3 m^3/s부터 1.3 m^3/s까지(운전범위 1-4.3)의 전체 유량범위에서 정확하게 계측해야 한다. 이 범위의 낮은 부분에서, 압력차는 측정이 가능하도록 적어도 10 cm가 되어야 한다. 또한 이 범위의 높은 부분에서는 압력차가 낮은 유량에서의 최소 압력차에 부합하도록 가능한 낮아야 한다. 접근부분은 벤튜리미터의 배출관과 연결되도록 107 cm가 되어야한다.

벤튜리미터에 관한 설계정보는 제조업체 카달로그에서 얻을 수 있다.[26] 48 cm의 목부분을 가진 107 cm의 벤튜리미터는 이 필요요건을 충족할 것이다. 편차는 식 (7.39)에 계산되었다.

$$\frac{h_1}{h_2}=\left(\frac{Q_1}{Q_2}\right)^2=\left(\frac{v_1}{v_2}\right)^2 \tag{7.39}$$

여기서,

Q_1, Q_2 : 두 가지 조건(조건 1, 2)에서 유량(m^3/s)

h_1, h_2 : Q_1, Q_2에 대응하는 압력차(m)

벤튜리미터를 통한 손실수두는 전형적으로 압력차의 10%이다. 제조업체는 일반적으로 일정 흐름에 대한 편차값을 제공한다. 선택된 벤튜리미터에서 1.0 m^3/s의 유량에 대한 압력차는 1.52 m이다. 이 값으로부터 식 (7.12)의 K값이 계산된다.

벤튜리미터 목부분의 유속(D = 48 cm), 유량 1.0 m^3/s $= \dfrac{4\times 1.0\,\text{m}^3/\text{s}}{\pi\times(0.48\text{m})^2} = 5.526\,\text{m/s}$

유량 1.0 m^3/s에서 벤튜리미터를 통한 손실수두 = 1.52 m × 0.1 = 0.152 m

그러므로,

$$0.152\ \text{m} = \frac{K(5.526\ \text{m/s})^2}{2\times(9.81\ \text{m/s}^2)} \quad \text{or} \quad K = 0.098$$

유량 1.314 m^3/s에서 벤튜리미터 목부분을 통한 유속 $= \dfrac{4\times 1.314\,\text{m}^3/\text{s}}{\pi\times(0.48\,\text{m})^2} = 7.261\,\text{m/s}$

그러므로,

유량 1.314 m^3/s에서 벤튜리미터를 통한 국부손실수두 $= \dfrac{0.098\times(7.261\,\text{m/s})^2}{2\times(9.81\,\text{m/s}^2)} = 0.263\,\text{m}$

벤튜리미터는 길이가 긴 직선 파이프의 하류에 설치된다. 제조업체들은 파이프의 직선 연장이 지름보다 10배 이상이 될 것을 추천하고 있다.[26] 이 경우에 20 m의 파이프(지름의 18배 이상)가 설치된다. 벤튜리미터의 상세도가 그림 7-17에 제시되었다.

표 7-11 송수 관로를 통한 손실수두 계산

유량		유속(m/s)			손실수두(m)						합계
					국부손실수두			확대관	마찰손실		
m^3/d	m^3/s	파이프, 1-8	파이프, 9-14	벤튜리 미터	파이프, 1-8	파이프, 9-14	벤튜리 미터		파이프, 1-8	파이프, 9-14	
0	0	0	0	0	0	0	0	0	0	0	0
20,000	0.231	0.257	0.198	1.279	0.012	0.004	0.008	0	0.003	0.200	0.228
40,000	0.463	0.515	0.396	2.558	0.047	0.016	0.033	0	0.012	0.722	0.830
60,000	0.694	0.772	0.594	3.838	0.105	0.037	0.074	0.001	0.026	1.528	1.770
80,000	0.926	1.030	0.792	5.117	0.186	0.066	0.131	0.002	0.045	2.602	3.031
100,000	1.157	1.287	0.990	6.396	0.291	0.102	0.204	0.003	0.067	3.931	4.599
113,500	1.314	1.461	1.124	7.261	0.375	0.132	0.263	0.003	0.085	4.969	5.828
120,000	1.389	1.545	1.188	7.675	0.420	0.147	0.294	0.004	0.094	5.508	6.447
140,000	1.620	1.802	1.386	8.955	0.571	0.201	0.401	0.005	0.125	7.326	8.629
160,000	1.852	2.059	1.584	10.234	0.746	0.262	0.523	0.007	0.161	9.379	11.077
180,000	2.083	2.317	1.782	11.513	0.944	0.332	0.662	0.009	0.200	11.662	13.808
200,000	2.315	2.574	1.980	12.792	1.165	0.410	0.817	0.011	0.243	14.172	16.818

a. 단지 선택된 유량 계산만을 나타냄. 관계곡선을 평탄하게 그리기 위하여 유량의 간격을 두었음

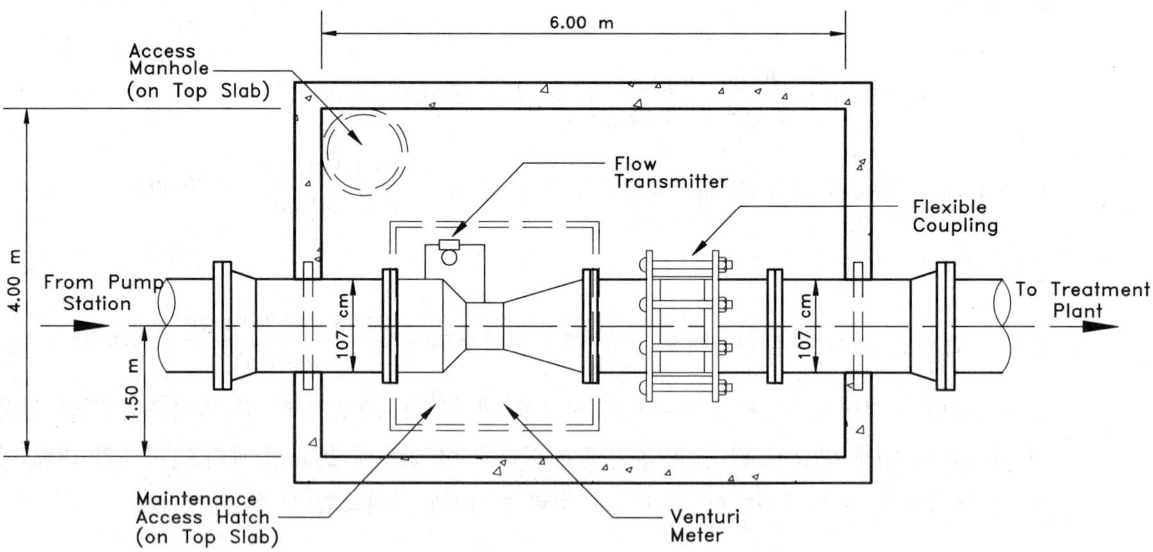

그림 7-17 벤튜리미터 배치도

d. 확대관(enlarger)의 선택과 손실수두

확대관에서의 손실수두는 식 (7.40)으로부터 계산된다.

$$h_L = \frac{(K)(v_1^2 - v_2^2)}{2g} \tag{7.40}$$

여기서,

h_L : 확대관을 통한 국부손실수두(m)

v_1, v_2 : 확대관의 직경이 작은 부분과 큰 부분에서의 유속(m/s)

K : 손실수두계수

107 cm × 122 cm의 확대관을 선택하고, 10°의 각도와 K = 0.078을 가진 확대관을 사용하여 1.314 m^3/s에서의 손실수두는 다음과 같이 계산된다.

$$\text{확대관에서 국부손실수두} = \frac{0.078 \times \left[(1.416\,\text{m/s})^2 - (1.124\,\text{m/s})^2\right]}{2 \times 9.81\,\text{m/s}^2} = 0.003\,\text{m}$$

e. 파이프를 통한 마찰손실수두

파이프에서의 마찰손실수두는 식 (7.14)와 같이 계산된다. 파이프 1부터 8까지는 직경이 107 cm이고 총연장은 47 m이다.

$$h_f = 6.82 \times \left(\frac{1.461\,\text{m/s}}{120}\right)^{1.85} \times \left(\frac{47\,\text{m}}{(1.07\,\text{m})^{1.167}}\right) = 0.085\,\text{m}$$

파이프 9부터 14까지는 직경 122 cm와 총연장 5,200 m를 갖는다.

$$h_f = 6.81 \times \left(\frac{1.124\,\text{m/s}}{120}\right)^{1.85} \times \left(\frac{5{,}200\,\text{m}}{(1.22\,\text{m})^{1.167}}\right) = 4.971\,\text{m}$$

f. 파이프의 총손실수두

송수 관로에서 총손실수두는 모든 손실의 합으로 계산된다.

총손실수두 = (0.375 m) + (0.132 m) + (0.263 m) + (0.003 m) + (0.085 m) + (4.971 m) = 5.83 m

이 손실수두 값 또한 표 7-11에 제시되었다.

5. 시스템 수두곡선의 작성

시스템 수두곡선은 정수두에 대해 관로에서 모든 손실수두를 더하여 그려진다. 시스템 수두곡선의 작성을 위해 사용된 최대, 최소정수두 조건에서 전양정(총동수두)의 계산이 표 7-12에 계산되었다. 그림 7-18은 최대, 최소정수두 조건에서 시스템 수두곡선을 보여준다.

표 7-12 시스템수두 곡선의 결정을 위하여 사용된 전양정(총동수두) 자료

유량		정수두[a](m)		송수관에서의 총손실수두[b](m)	전양정(m)	
m^3/d	m^3/s	최대	최소		최대정수두	최소정수두
0	0	20.48	40.48	0	20.48	40.48
20.000	0.231	20.48	40.48	0.228	20.71	40.71
40.000	0.463	20.48	40.48	0.830	21.31	41.31
60.000	0.694	20.48	40.48	1.770	22.25	42.25
80.000	0.926	20.48	40.48	3.031	23.51	43.51
100.000	1.157	20.48	40.48	4.599	25.08	45.08
113.500	1.314	20.48	40.48	5.828	26.31	46.31
120.000	1.389	20.48	40.48	6.447	26.95	46.95
140.000	1.620	20.48	40.48	8.629	29.11	49.11
160.000	1.852	20.48	40.48	11.077	31.56	51.56
180.000	2.083	20.48	40.48	13.808	34.29	54.29
200.000	2.315	20.48	40.48	16.818	37.30	57.30

a. 상세한 계산은 7.8.2절 D.2와 D.3단계를 참조
b. 표 7-11로부터 인용

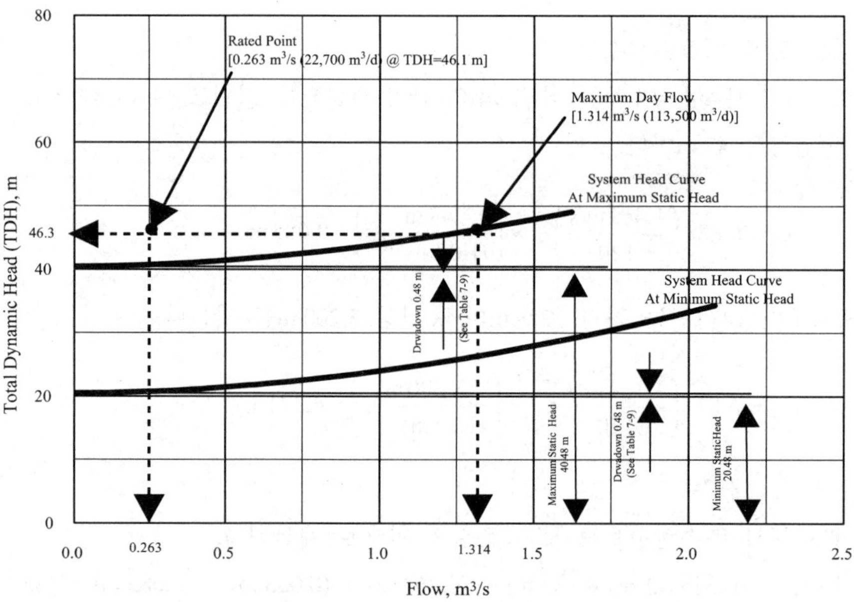

그림 7-18 최대와 최소 정수두 조건에서의 시스템 수두 - 용량곡선

6. 펌프 최적운전점(rated point)의 결정

펌프의 최적운전점은 펌프의 선택에 있어 가장 중요한 값 중의 하나이다. 최적운전점은 여러 개의 펌프를 병렬로 운전하는 조건에서 하나의 펌프에 의해 공급되어야 하는 필요한 수두와 유량 조건을 나타낸다. 필요한 수두는 최대 정수두와 펌프장 설계용량에서한 시스템 수두곡선의

전양정(TDH)값과 동일하다. 필요로 하는 배출용량은 하나의 펌프에 할당되는 펌프장용량에 비례하는 값이다. 이러한 설계 예에서 최적운전점은 최대정수두와 1일 최대 유량에 대한 시스템 수두 곡선으로부터 구해진다(그림 7-18).

$$\text{Rated total dynamic head} = 46.3\,\text{m}$$

$$\text{Rated flow rate} = \frac{1.314\,\text{m}^3/\text{s}}{5\ \text{pump unit}} = 0.263\,\text{m}^3/\text{s}$$

펌프의 최적운전점을 사용한 펌프의 선택과정은 다음에 제시된다.

Step E : 수정된 펌프곡선의 작성과 펌프곡선의 선택

1. 펌프장의 손실수두 계산

제조사의 수두-용량곡선은 일반적으로 관로의 흡입구과 토출부의 게이지를 읽음으로써 작성된다. 게이지는 전형적으로 흡입구 앞단과 토출구 후단에 위치한다. 펌프장에서 각각의 펌프는 흡입구부터 토출구까지 여러 가지 부속장비를 갖는다. 그러므로 각각의 총손실수두를 계산하는 것이 중요하다. 이러한 손실수두는 일반적으로 스테이션 손실수두이라고 불리고 흡입구부터 토출구까지 계산된다. 제조사가 수직 터빈펌프에 대해 수두-용량곡선을 작성할 때는 시험파이프의 흡입구, 수직파이프, 수평노즐도 고려된다. 따라서 이에 기인하는 손실수두는 포함시키지 말아야 한다. 수직 터빈펌프에서 스테이션 손실수두는 개별 펌프의 토출노즐부터 공동 토출구까지가 포함된다. 파이프, 밸브 등의 치수와 마찰, 국부손실수두에 대한 계수는 표 7-13에 주어졌다. 펌프장의 파이프와 보조장비에 대한 상세도가 그림 7-15에 제시되어 있다. 스테이션 손실수두의 계산은 예측되는 유량범위를 포함할 수 있는 선택된 유량범위에서 수행된다. 선택된 유량범위에 대한 계산이 표 7-14에 제시되었다. 스테이션 손실수두와 유량의 상관관계는 다음 절에서 설명된다.

2. 펌프의 선택

펌프의 선택은 기본적으로 일종의 시행착오 방식이다. 설계엔지니어는 원수용 펌프에 대해 필요한 다른 설계기준 뿐만 아니라 펌프가 최적운전점에서 운전되는 지를 확인하기 위해 제조사의 카달로그를 참조해야한다. 제조사의 설명서를 주의 깊게 살펴본 후에 수직터빈펌프가 선택된다. 이 펌프(pump Series APW, 880 rpm)는 Ingersoll-Dresser Pumps사에 의하여 생산된다. 펌프는 3단계로 이루어져있는데 각 단계는 376 mm의 임펠러를 갖는다. 펌프특성곡선은 그림 7-19에 나타나있다.

이 곡선으로부터 다양한 유량조건에서 하나의 단계에 대해서 전양정이 구해진다. 이것은 표 7-14에 나타나 있고 그림 7-20에서 곡선으로 표시되어있다. 추가적으로, 이 선택된 유량에서 (표 7-14)의 스테이션 손실을 이용하여 스테이션 손실수두 곡선을 작성한다. 이 곡선은 그림 7

-20의 (a)에 나타나있다. 원래의 다단계 펌프의 수두-용량곡선은 펌프의 단계의 수(이 경우에는 3단계)와 제조사가 제공하는 펌프의 수두값을 곱하여 구한다. 그리고 펌프의 토출량에 대하여 그래프로 그린다. 3단계에 대한 이 곡선은 그림 7-20에 곡선 (c)로 나타나 있고 예상되는 운전데이터는 표 7-14에 나타나 있다. 이 펌프는 한 단계의 펌프곡선(곡선 (b))에 대하여 21.9 m의 중단점 수두를 가지고 약 8.5 m의 운전정지점을 갖는다. 3단계(곡선 (c))로 선택된 펌프에 의해 최대 65.7 m, 최소 25.5 m의 전양정이 제시된다.

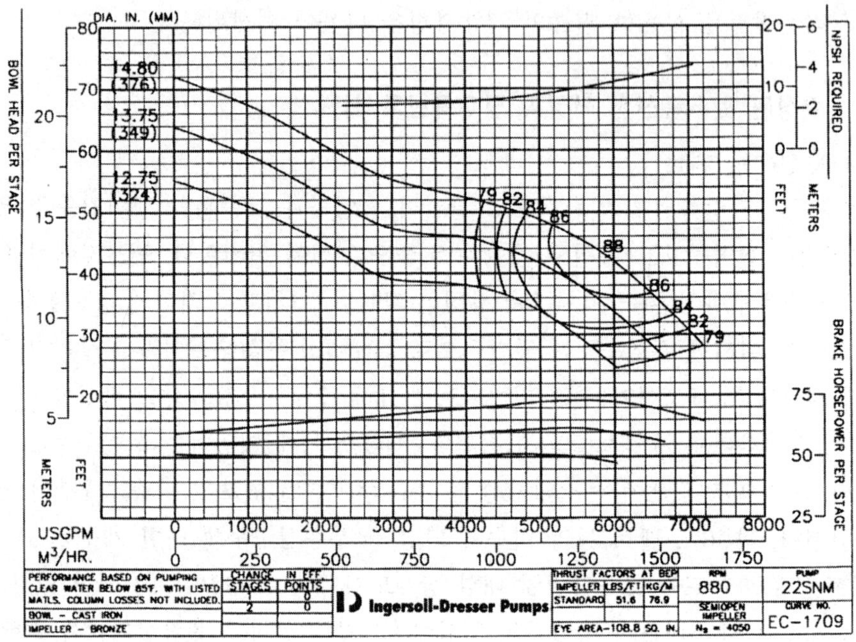

그림 7-19 1단계 수직터빈펌프에 대한 펌프특성곡선(Ingersoll - Dresser Pumps.)

3. 수정된 펌프의 수두-용량곡선의 준비

수정된 펌프곡선에 대한 전양정은 본래의 3단계 펌프 수두-용량곡선에서 계산된 스테이션 손실수두(그림 7-20, 곡선(a))를 차감하여 구한다. 이 수정된 곡선은 그림 7-20에 곡선(d)로 나타나 있고 계산결과는 표 7-14에 제시되어 있다. 이것은 설계 엔지니어가 운전범위, 펌프의 최적 운전점 및 그 밖의 특성들을 확인하기 위하여 제조사와 상의해야 한다. 수정된 펌프곡선에 대한 추가적인 정보는 7.4.4절에 제시되어 있다.

4. 병렬 결합 곡선의 준비

병렬 결합 곡선은 3개의 임펠러를 연속적으로 가지는 하나의 펌프에 대하여 수정된 수두-용량곡선을 사용하여 결정된다. 병렬 결합 곡선의 결정과정은 7.4.4절에 제시되어 있다. 2~5개 펌프의 병렬연결이 그림 7-20의 곡선(e)~(h)에 제시되어 있다.

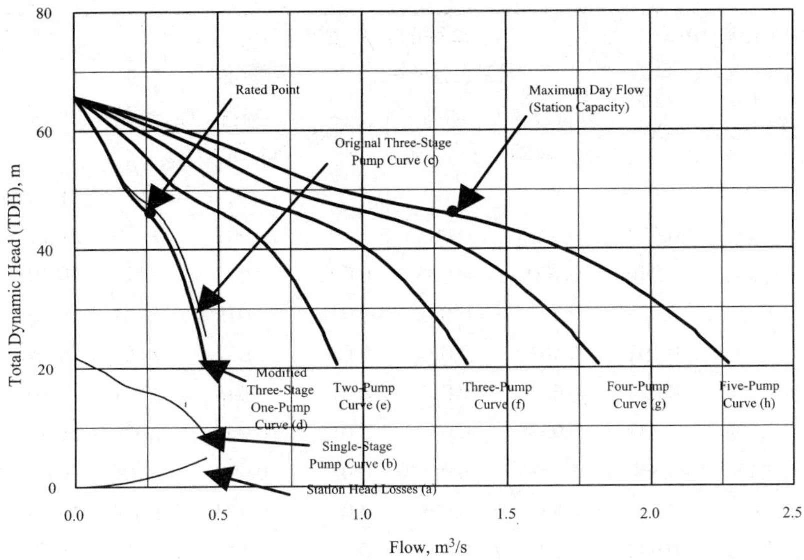

그림 7-20 펌프 수두-용량곡선. (1) 스테이션 손실수두, (2) 1단계 펌프곡선, (3) 3단계 펌프곡선, (4) 수정 3단계 펌프 1대의 곡선, (5) 병렬로 연결된 펌프가 2, 3, 4, 5개일 때의 펌프곡선

Step F : 펌프장 설계의 평가

1. 펌핑용량의 평가

여러 가지 다른 펌핑 조건하의 펌프의 운전수두와 용량은 시스템 수두곡선과 펌프가 연결된 수두-용량곡선을 결합함으로써 얻어진다. 그 과정이 그림 7-21에 설명되어 있다. 시스템곡선과 펌프연결곡선의 교차점이 운전점이고, 여러 다른 운전 조건에서의 펌핑용량을 결정하기 위해 사용된다. 원수펌프의 용량은 6개의 다른 운전조건하에서 평가된다(운전점 A점~F점 참조, 그림 7-21). 이런 운전점에 대한 정보는 표 7-15에 요약되어 있다.

표 7-13 펌프 토출관의 상세치수와 계수

파이프[a]	직경 (cm)	연장 (m)	*C* 계수	종류	국부손실수두 계수, *K*			
					개수	위치	*K*	합계
배출구부터 확대관까지	35.5	5.25	120	체크밸브	1	곡선부와 90° 엘보우 사이	2.5	2.5
				90° 엘보우	1	직각으로 꺽이는 부분	0.3	0.3
				버터플라이밸브	1	확대관전단	1.2	1.2
				*K*의 총합				4.0
확대관	35.5×60	–	–	디버전트	1	버터플라이밸브와 T브랜치사이	0.08	0.08
T브랜치	60×107	–	–	T자 형태	1	확대관와 공통주관사이	1.8	1.8

a. 파이프 부속, 밸브, 밸드와 피팅을 그린 그림 7-15

표 7-14 스테이션 손실수두와 수정된 펌프수두 - 용량곡선의 계산

유량		유속(m/s)		스테이션 손실수두(m)					전양정(m)		
				국부손실수두			마찰손실			다단계	
m^3/d	m^3/s	관경 35.5cm	관경 60cm	관경 35.5cm	관경 60cm	확대관	관경 35.5cm	총계	1단계	기존	수정
0	0	0	0	0	0	0	0	0	21.90	65.70	65.70
3,000	0.035	0.351	0.123	0.025	0.001	0	0.002	0.029	21.10	63.30	63.27
6,000	0.069	0.702	0.246	0.100	0.006	0.002	0.009	0.116	20.20	60.60	60.48
9,000	0.104	1.052	0.368	0.226	0.012	0.004	0.019	0.261	19.30	57.90	57.64
12,000	0.139	1.403	0.491	0.401	0.022	0.007	0.032	0.462	18.15	54.45	53.99
15,000	0.174	1.754	0.614	0.627	0.035	0.011	0.048	0.721	17.10	51.30	50.58
18,000	0.208	2.105	0.737	0.903	0.050	0.015	0.068	1.036	16.50	49.50	48.46
21,000	0.243	2.456	0.860	1.229	0.068	0.021	0.090	1.408	16.02	48.08	46.74
22,700	0.263	2.654	0.929	1.436	0.079	0.025	0.104	1.644	15.75	47.25	45.76
24,000	0.278	2.806	0.982	1.606	0.089	0.027	0.115	1.837	15.60	46.80	44.96
27,000	0.313	3.157	1.105	2.032	0.122	0.035	0.143	2.322	15.00	45.00	42.53
30,000	0.347	3.508	1.228	2.509	0.138	0.043	0.174	2.864	14.00	42.00	39.06
33,000	0.382	3.859	1.351	3.036	0.167	0.052	0.208	3.463	12.55	37.65	34.56
36,000	0.417	4.210	1.474	3.613	0.199	0.062	0.244	4.118	10.85	32.55	28.58

2. 펌프효율평가와 공급 동력의 결정

최적운전점이나 다른 운전점에서 펌프의 성능은 제조사에 의해 제공된 펌프특성곡선으로부터 얻어진 정보에 의해 평가될 수 있다. 일반적으로 이 곡선에는 펌프의 효율, 출력, 공급 동력, 모터 동력을 포함한다. 다수의 펌프가 펌프장에서 사용될 때, 기존의 펌프특성 곡선으로부터 알맞은 정보를 얻고 펌프의 성능을 평가하기 위해 다음의 과정이 필요하다.

a. 5개의 펌프가 연속으로 작동할 때 같은 전양정에 대응하는 수정 곡선으로부터 각각의 펌프의 용량을 결정한다(그림 7-21, A-A′).

b. 같은 용량에서 다단계 수두-용량곡선으로 수정된 곡선에 대한 운전점으로부터 전양정을 결정한다(그림 7-21, A′-A″).

c. 같은 용량 값을 갖는 제조업체의 1단계 수두-용량곡선에 대한 다단계 곡선에서 운전점으로부터 전양정을 결정한다(그림 7-21, A″-A‴).

d. 이 점(A‴)에 대응하는 제조사의 제시된 값과 카달로그에 나타난 펌프의 효율과 필요동력을 비교한다.

위의 과정은 각각의 운전점에서 효율과 필요동력을 결정하기 위해 사용된다. 이러한 값들이 표 7-16에 제시되었다.

위의 공급 동력은 일반적으로 최소정수두 상태의 운전점 중의 하나에서 발생한다. 각 단계당 최대필요모터출력(brake horsepower)은 운전점 C와 E에서 162 kW(217 hp)이다. 그러므로 필요한 모터 공급 동력은 70%의 효율과 동등한 81%의 모터효율에 대하여 200 kW(268 hp)이다. 1단계 펌프 시스템에서 펌프가 C‴과 E‴점 사이에서 운전될 때 최대 모터출력은 162 kW(217 hp)가 되어야 한다(그림 7−21). 모터의 선택은 이러한 값에 기초를 두고 있다. 이러한 필요동력에 가장 근접한 사용가능한 모터는 168 kW(225 hp)이다.

표 7−15 원수펌프의 용량평가

용량조건	운전점	정수두조건	운전 중인 펌프수	펌핑용량 (m^3/s)	수정된 3단계 전양정(m)
일최대유량	A	최대	5	1.29	46.1
	B	최소	3	1.29	26.1
일평균유량	C	최대	2	0.634	42.0
	D	최소	2	0.884	23.3
이용가능한 최대유량	E	최소	5	1.96	32.8
최대필요흡입수두	F	최소	1	0.451	21.3

표 7−16 1단계 펌프의 운전조건과 특성

운전점	전양정, TDH(m)				특 성				
	각 펌프의 토출량[a], m^3/s	수정된 3단계 펌프곡선[a], (A′−F′)	기존의 3단계 펌프곡선[a], (A″−F″)	1단계 펌프곡선[a], (A‴−F‴)	펌프 운전 효율 %	필요 흡입 수두[b] m	필요동력(kW) 펌프출력[c] 식(7.26)	펌프입력[d] (모터출력) 식 (7.27)	모터입력[e]
A	0.258	46.1	47.7	15.9	77	2.4	121	157	194
B	0.431	26.1	30.5	10.2	84	4.0	129	154	190
C	0.317	42.0	44.4	14.8	85	2.7	138	162	200
D	0.442	23.3	27.9	9.3	82	4.1	121	148	183
E	0.392	32.8	36.5	12.2	87	3.5	141	162	200
F	0.451	21.3	26.1	8.7	80	4.3	115	144	178

a. 더 자세한 내용은 그림 7−21과 표 7−15 참조.
b. 펌프효율과 필요흡입수두는 제조업체의 특성곡선(그림 7−19)에서 구할 수 있다.
c. 운전점 A에서의 필요펌프출력의 계산 예 : 15.9 m × 0.258 m^3/s × 9.81 kN/m^3 × 3(단계) = 121 kW
d. 운전점 A에서의 필요모터출력의 계산 예 : 121 kW/0.77 = 157 kW. 이 설계의 예에서 최대모터출력 162 kW는 운전점 C와 E에서 발생한다. 모터를 선정하는 데 있어 이 값을 사용한다.
e. 모터 전력 81%의 모터 효율 가정상태에서 구해진다. 운전점 A에서 필요한 전력 계산 예 : 157 kW/0.81 = 194 kW

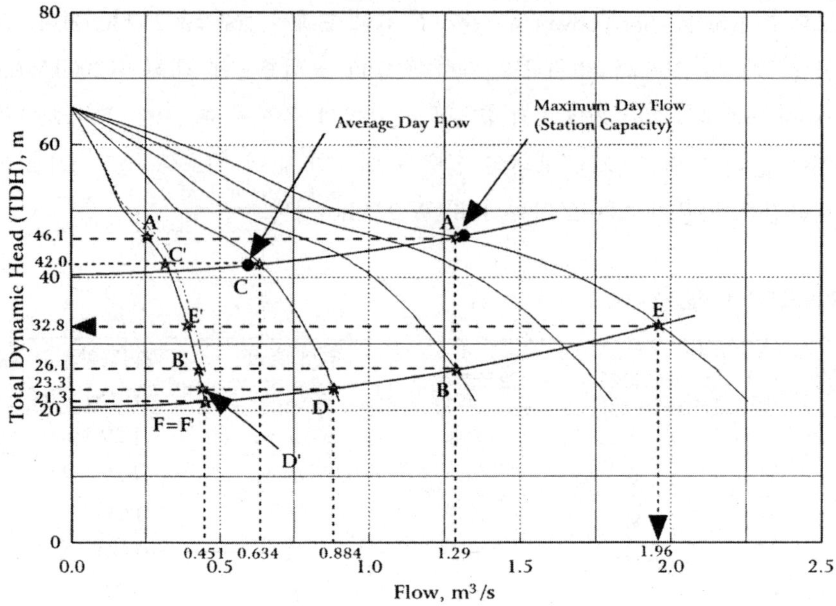

(a)

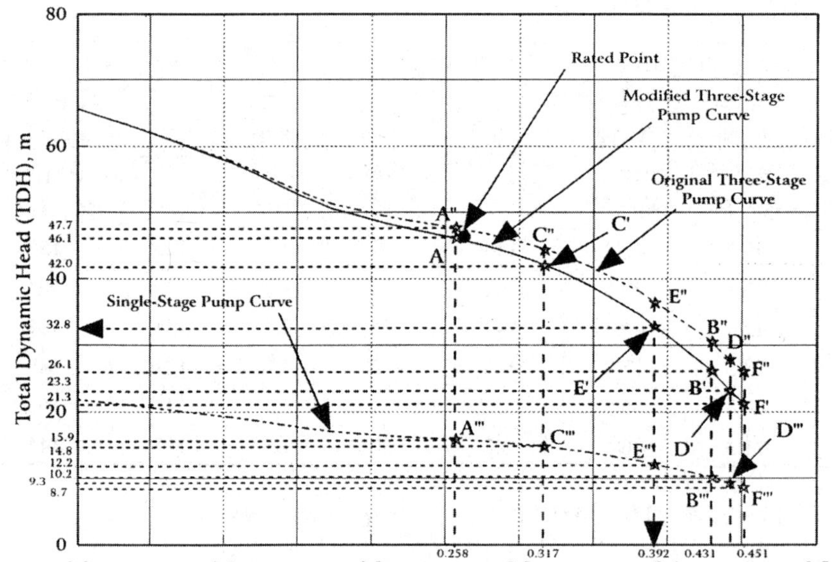

(b)

그림 7-21 원수 펌프장의 운전점. (a) 병렬 연결 수두 - 용량곡선에서의 운전점, (b) 1단계, 다단계, 수정된 수두 - 용량 곡선에서의 운전점

3. 유효흡입수두의 관찰

유효흡입수두($NPAH_{av}$)는 식 (7.28)에 의해 계산되고 필요흡입수두($NPSH_{req}$)와 비교된다. 최대 필요흡입수두는 하나의 펌프가 최소정수두 조건상태에 있는 운전점 F에서 발생한다. 수직 터빈 펌프가 사용될 때 계산되는 흡입수두값은 필요흡입수두값보다 훨씬 커야한다. 그러므로 유효흡입수두는 여기서 계산되지 않는다. 유효 흡입수두를 계산하는 과정은 참고문헌 8, 9, 11에 예제와 함께 제시되어 있다.

4. 펌프장과 펌프설치에 대한 세부사항

흡입정에서 펌프의 배열은 주의 깊게 결정되어야 한다. 펌프, 정류판, 벽 사이에 적당한 여유공간이 필요하다. 그림 7－12와 7－14는 흡입정, 배수로, 스크린, 제수문의 치수를 나타낸다. 그림 7－12(b)와 7－14는 펌프바닥면, 펌프배출구, 밸브, 연결부, 공동구를 보여준다. 선택된 펌프에 대한 다른 상세사항이 그림 7－22에 제시되었다.

각 펌프는 펌프의 보호를 위해 수압과 수밀성을 모니터할 수 있는 압력 스위치를 가지고 있고 수압계는 펌프의 배출압을 모니터링한다. 모터제어센터와 연결되는 모니터는 각 모터의 on/off 상태와 모든 모터의 이상 현상을 관찰하고 모터제어센터의 변압기는 효율을 관찰하기 위해 모터에 의한 내부선류를 측정한다. 모든 펌프모터는 펌프의 보호를 위하여 모터 베어링의 온도를 측정하기 위한 온도저항장치를 가지고 있다.

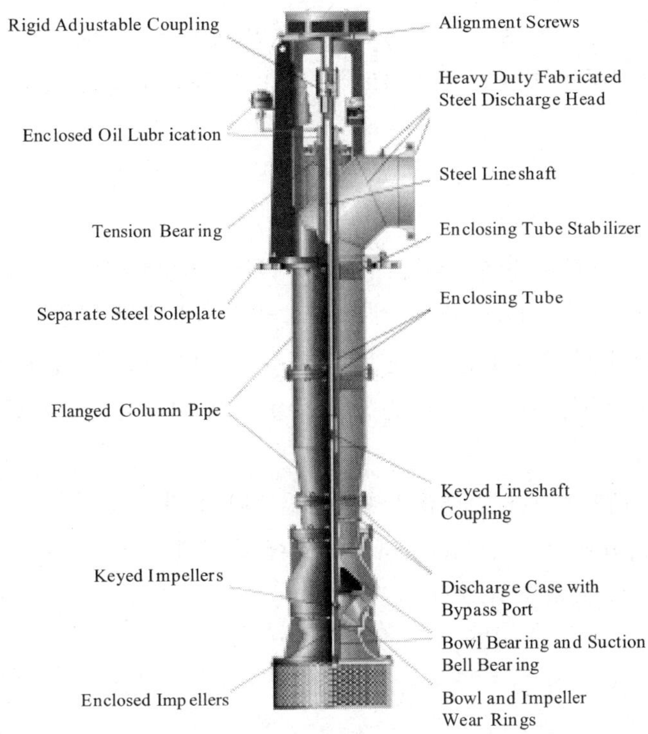

그림 7－22 선정된 원수 수직터빈 펌프의 세부구조(Ingersoll－Dresser Pumps)

Water Works Engineering

7.9 수송시스템, 펌프장, 유량계의 운전, 유지관리와 문제해결

7.9.1 수송시스템

일반적인 운전상의 문제와 고장검사 그리고 제시되는 해결방안

수송시스템은 기계적으로 단순하고, 많은 유지관리가 필요하지 않다. 다음은 일반적인 문제와 제시되는 개선 방안이다.

1. 펌프장에서 또는 작은 유량에서 가압수두가 과도하면 관내의 높은 손실수두를 초래할 수 있다. 그 원인은 (a) 부분적으로 닫혀있는 밸브, (b) 높은 지점에서의 공기축적, (c) 관내부의 과도한 슬라임 성장 및 스케일형성 등을 들 수 있다. 개선 방안은 밸브를 완전히 열거나, 축적된 공기를 빼거나 또는 문제가 심각하다면 배기변을 설치하는 방법 등이 있다. 피그를 사용하여 관을 세척할 수 있다.
2. 물의 수송시스템으로부터 누수로 인해 과도한 물의 손실이 발생하면 유량이 줄어들게 된다. 그러므로 관로에 누수지점이 있을 것으로 예상되면 누수지점을 조사해서 수리해야 한다. 또한 불법연결에 대해서도 점검해야 한다.
3. 콘크리트관의 부식은 콘크리트의 칼슘성분이 용해되어서 나타나는 현상이다. 물의 화학적 안정성을 체크하고, 부식성을 줄일 필요가 있다면 화학약품을 첨가한다. 여기에 관한 사항은 13장에 설명되었다. 또한 연수에서 용출되지 않는 불활성인 물질을 사용해서 관을 라이닝해야 한다. 여기에는 높은 석회함량을 가지는 콘크리트, 실리카, 플라스틱 코팅, 플라스틱 라이너 등이 포함된다.

운전과 유지관리

다음은 수송시스템의 운전과 유지관리를 위해 고려되는 사항들이다.

1. 유량에 따른 펌핑수두를 기록한다. 이것은 관로의 악화상태에 대한 징후를 보여줄 것이다.
2. 규칙적으로 한 달에 한 번 (a) 불법적인 연결부, (b) 불법 도로점거, (c) 관로 주변의 건설작업, (d) 관내의 슬라임 성장, (e) 누수, (f) 손상된 시설 등에 대해서 관로시설에 문제가 없는지 조사한다.
3. 두 달에 한 번씩 배기변이나 진공밸브의 운전을 체크한다.
4. 일 년에 한번 슬라임의 축적이나 라이닝의 악화에 대비해 파이프내부를 조사한다. 또한 침전물을 제거하기 위하여 세척을 수행한다.

7.9.2 펌프장

일반적인 운전상의 문제와 개선방안
다음은 펌프장의 일반적인 운전문제이다.

1. 펌프배출이 일어나지 않는 것은 (a) 펌프시동수를 유지하기 위한 흡입수두의 부족, (b) 낮은 모터운전속도, (c) 과도한 토출수두, (d) 임펠러나 흡입관의 막힘, (e) 잘못된 방향으로의 회전, (f) 흡입관의 공기누출, (g) 축과 임펠러의 고정이 느슨해 짐, (h) 흡입 혹은 토출밸브의 닫힘 등에에 의하여 발생한다. 이 외에도 다른 문제가 확인된다면, 적절한 개선조치가 취해져야 한다.
2. 펌프의 낮은 토출량은 (a) 펌프 축 수밀패킹 및 흡입관의 공기누출, (b) 매우 높은 토출수두, (c) 매우 낮은 유효흡입수두, (d) 임펠러의 마모, (e) 웨어링(실린더 등의 틈새를 메워주는 링)의 노화 (f) 관로의 부분적인 막힘 (g) 잘못된 회전방향에 의하여 발생한다. 문제가 확인되고 난 후, 개선조치가 취해진다.
3. 펌프의 낮은 토출압은 (a) 매우 낮은 속도, (b) 임펠러의 마모, (c) 작은 크기의 임펠러, (d) 예상보다 작은 시스템수두, (e) 잘못된 운전방향에 기인한다.

운전과 유지관리

다음은 펌프장의 운전과 유지관리에 관하여 권고되는 사항이다.

1. (a) 펌프의 상태와 토출수두, 모터와 베어링온도, 비정상적인 소음 (b) 펌프장의 청소, (c) 밸브의 개폐 점검, (d) 스위치 기어의 점검 등을 위하여 펌프장을 매일 조사한다.
2. 일년에 한 번씩 (a) 임펠러의 마모, (b) 웨어링의 간격, (c) 베어링의 상태, (d) 수밀패킹 상태 등을 확인하기위해 펌프를 조사한다.
3. 각각의 펌프에 대해 작동성능과 수행된 유지관리 내역을 기록하여 참고한다.

7.9.3 벤튜리미터

운전과 유지관리

플랜트가 작동되기 전에 벤튜리미터가 적당하게 설치되었는지 조사한다. 차압센서가 적당하게 연결되었는가를 점검한다. 모든 튜브는 막힘과 슬라임의 형성에 관하여 주기적으로 점검되어야 한다. 벤튜리미터의 불규칙한 값은 압력탭이 막힘으로써 일어난다. 따라서 압력탭을 씻어 막히지 않도록 해야 한다. 보이는 문제점이나, 누수, 부식, 느슨해진 연결부를 확인하기 위해서 규칙적으로 유량계를 점검하고 매 분기마다 유량계를 보정한다.

7.10 사양서

설계된 원수 수송, 펌프장, 유량계에 대한 간략한 사양들이 다음에 제시되었다. 이런 사양들은 더욱 완벽한 설계를 설명하기 위해 부가된다. 많은 세부사항들이 생략되었다. 그러므로 이러한 사양들은 단지 더 세부적인 사양서를 준비하기 위한 가이드로써 사용되어야 한다. 장치 사양을 준비하는 동안 제조사에 자문을 구해야 한다.

7.10.1 수송시스템

파이프

원수관로는 122 cm의 직경을 갖는 강화 콘크리트 압력관으로 이것은 고무 개스킷 형태의 이음을 가진 AWWA C30의 기준을 만족한다. 관로는 최대운전수두 50 m와 최대충격압 70 m를 고려하여 설계된다. 또한 1.5 m의 깊이에 매설될 것이다. 묻혀진 파이프 주변은 모래로 메워질 것이다.

밸브

밸브는 버터플라이 형태로 AWWA C504의 기준을 충족하고 최대수두 50 m를 고려하여 설계된다. 밸브 시트(seat)는 탄성재를 사용하고 기계적으로 조절된다. 시트 표면은 스테인리스 스틸이다. 밸브 몸체와 디스크는 모든 수두 조건하에서 밸브가 개폐되도록 설계된다.

7.10.2 펌프장

구조

펌프장의 구조는 콘크리트로 건설된 습식형태이다. 펌프장은 두개의 습정을 갖고 각각의 습정은 서로 운전에 영향을 미치지 않도록 격리될 수 있다.

펌프

펌프는 요구조건에 부합하는 부속장치로 이루어진 3단계의 수직 터빈펌프이다. 펌프는 21.3 m의 3단계수두에 대하여 0.415 m^3/s의 최대토출유량을 갖고 46.1 m의 3단계 수두에 대하여 0.258 m^3/s의 최소유량을 갖는다.

토출구로부터 스트레이너의 바닥까지의 길이는 35 m이상이어야 하고, 펌프의 속도는 880 rpm 이하여야 한다. 펌프는 9.52 m의 깊이의 섬프(sump)에 설치되고 설계점의 효율은 적어도 80%가 되어야 한다. 펌프는 3개의 청동으로 만든 임펠러를 가지고, 닫힌 형태로 되어있으며 탄소강으로 된 축에 안전하게 고정되어 있다. 흡입케이스, 중개통로, 배출통로는 주철이나 강철로 이루어져있다. 펌프임펠러는 각각의 임펠러의 위와 아래의 베어링을 지지하도록 스테인리스 스틸로 되어있다. 아연도금된 바스켓(basket) 스트레이너가 설치되고 임펠러 단면에 대한 흡입부의 면적보다 4배 이상의 유입부 면적을 갖는다.

모터

펌프모터는 최소 162 kW, 3단계, 480 Volt의 전기모터이다. 모터는 펌프 및 역회전 방지장치에 연결된다.

7.10.3 벤튜리미터

벤튜리미터는 107 cm의 유입부, 48 cm의 목부분, 107 cm의 유출부를 갖는다. 그것은 스테인리스 스틸로 이루어진 목부분을 포함하며 철로 제작된다. 4개의 압력탭은 유입부와 목부분에 설치된다. 벤튜리미터는 제시된 범위 내에서 유량을 측정할 수 있다. 유량센서는 압력차를 측정하여 다른 압력 시그널로 변형한 후 출력하고, 기록장치로 전송된다.

문제 및 토론

7.1 41cm의 관에서 12,000 m^3/d의 유량을 수송하기 위하여 필요한 동수경사를 계산하여라.
(a) 0.013의 조도계수로 식 7.2의 Manning 공식을 이용하여 계산하여라.
(b) 120의 C계수로 식 7.12의 Hazen－Williams 공식을 이용하여 계산하여라.
두 계산의 결과를 비교하라.

7.2 관에서 만관의 60%의 용량으로 물이 흐르게 될 때 50 L/s를 운반하기 위한 관의 직경을 계산하여라. 부분적으로 채워진 조건에서 관의 유속은 0.6 m/s가 되어야한다(n = 0.013).

7.3 직경이 60 cm(24 in)인 관이 동수경사가 0.0008 m/m일 때 0.01 m^3/s의 최대설계유량을 수송하기 위하여 설계되었다. 실제 흐름의 깊이와 유속을 계산하여라. n = 0.013이라고 가정한다.

7.4 동수경사가 0.2%이고 n = 0.013일 때, 9,000 m^3/d의 유량에 필요한 원형관의 크기를 Manning 공식을 이용하여 계산하여라.
(a) 관이 만관으로 흐를 때, (b) 관이 비만관으로 흐를 때

7.5 바닥의 폭이 2 m인 사다리꼴 형태의 수로에서 측면의 경사는 3:1이고 동수경사가 0.1%일 때 흐름의 평균 깊이를 계산하여라. 관에서 평균유량은 32 m^3/s이고 n = 0.015라고 가정한다.

7.6 설계의 예에서, 펌프장은 설계년도의 계획된 최대 설계유량을 고려하여 설계된다. 미래의 최대설계유량은 증가할 것이고 펌프장은 확장이 필요할 것이다. 20%정도의 펌핑 용량을 증가시키기 위한 가능한 방법에 대하여 논하라.

7.7 그림 7－12(c)에 나타난 관망의 시스템 손실수두 곡선을 작성하라. 다음의 설계인자를 사용하라.
최대 설계유량 : 7,800 m^3/d
관의 직경 : 30 cm

7.8 원심펌프가 속도 1,200 rpm, 2.5 m/min의 토출량으로 운전되고 있다. 토출부에 위치한 수압계를 측정함으로 총 수두가 120 kPa임을 알 수 있다. 필요한 동력은 7.0 kW이다. 펌프 속도가 1,800 rpm으로 증가할 때 (a) 펌프 효율 (b) 토출량, 수두와 동력을 계산하여라.

7.9 87%의 최대 효율로 운전하기 위하여 Francis - Vane 임펠러가 있는 펌프를 선택하였다. 총수두 16 m에 대한 운전용량은 0.2 m^3/d이다. 운전속도와 비속도를 결정하여라.

7.10 해발고도 1,829 m에서 원심펌프가 운전되고 있다. 수온이 20 ℃일 때, 펌프는 30 kPa의 흡입수두가 필요하다. 흡입관의 유입손실과 마찰손실이 15 kPa일 때, 허용가능한 펌프의 흡입높이는 얼마인가? 기후변화에 의한 기압의 감소는 4.1 kPa이라고 가정하라.

7.11 물이 A저수조로부터 B저수조까지 양수된다. A저수조와 B저수조의 수표면 높이는 각각 300 m와 318 m이다. 흡입관의 길이는 9.5 cm으로 손실수두가 무시될 정도로 충분히 짧다. 압력관의 길이는 400 m이고 직경은 79 cm이다. 압력관에는 3개의 90°곡관과 두 개의 45° 곡관이 있다. 0.30 m^3/s의 펌핑용량에 대한 1년 동력비를 계산하여라. 동력비의 단위는 kW · h당 5센트이다. C = 100이고 결합펌프와 모터의 효율은 78%로 가정하라.

7.12 제조업체에 의하여 공급되는 변속펌프의 특성곡선에 대한 데이터는 아래에 주어진다. 병렬로 배열된 2개의 펌프 운전에 관한 수정곡선과 수두 - 용량곡선을 작성하라. 또한 시스템 수두 - 용량곡선도 작성하라. 다음의 데이터를 사용하여라(습정에서 공동토출구까지의 파이프, 밸브, 연결부와 특정설비에 관한 사항은 아래에 주어져있다).

관경 = 46 cm
관의 직선길이는 짧으며 무시될 수 있다.
두 개의 46 cm 제수밸브, K = 0.19
한 개의 46 cm 90° 엘보우, K = 0.30
두 개의 46 cm ~ 31cm 축소관, K = 0.25
한 개의 46 cm 체크밸브, K = 2.5
한 개의 46 cm T형관, K = 1.80
한 개의 62 cm 유입흡입구, K = 0.04
(습정에서 공동토출구까지의 파이프, 밸브, 연결부와 특정설비에 관한 사항은 아래에 주어져있다)
관경 = 76 cm
관의 직선길이 65 cm, C = 100
두 개의 76 cm 90° 엘보우, K = 0.30

두 개의 76 cm 45° 엘보우, K = 0.20
목부분의 직경이 0.38 cm인 벤튜리미터, K = 0.14
한 개의 76 cm 플러그 밸브, K = 1.00
한 개의 76 cm Y형관, K = 0.38
펌프 Volute의 설치고도는 300.00 m이다. 습정에서 최대 최소 수면고는 각각 303.00 m와 301.00 m이다. 토출부의 수면고는 315.00 m이다. 최대 및 최소 스테이션 토출량은 0.65와 0.20 m^3/s이다. (a) 두 개의 펌프 모두 운전될 때, 펌프의 운전 수두와 용량 (b) 각각 펌프의 운전 수두와 토출량 (c) 제조업체의 수두-용량곡선에 대응하는 수두와 토출량을 구하여라.

제조업체에 의하여 공급되는 펌프특성 곡선 데이터	
수두(m)	토출량(m^3/s)
20	0
15	0.30
10	0.45
5	0.50

7.13 원심펌프가 2,000 rpm의 속도로 운전될 때, 30 m의 전양정(TDH)에서 0.15 m^3/s의 유량을 수송한다. 임펠러의 직경이 30 cm에서 24 cm로 감소할 때 토출량과 전양정, 공급동력을 구하여라.

7.14 수온이 20℃일 때 펌프의 유효흡입수두를 구하여라. 펌프는 해발고도 40 m에서 운전된다. 습정에서 수면고는 38 m이고, 토출측에서 수면고는 60 m이다. 펌프 하나의 용량은 0.2 m^3/s이다. 습정에서 공통 펌프토출구까지의 파이프, 밸브, 연결부와 특정설비에 관한 사항은 다음과 같다.
관경 = 25 cm
관의 직선길이 = 10 m, C = 100
한 개의 25 cm 제수밸브, K = 0.10
두 개의 25 cm 45° 엘보우, K = 0.20
두 개의 25 cm 90° 엘보우, K = 0.25
한 개의 46 cm 유입흡입구, K = 0.04

7.15 습정에서 최소 수위에서 수정된 펌프 수두-용량곡선과 시스템 수두-용량곡선은 아래와 같다. 이 데이터를 이용하여, 펌프 하나일 때와 펌프 2개가 병렬로 배열될 때 그리고 두 개의 펌프가 직렬로 연결될 때, 최대 및 최소 습정 수위에서의 운전 수두와 용량을 각각

결정하여라. 최대와 최소습정수위의 차는 2.0 m이다.

펌프 수두 - 용량 데이터		시스템 수두 - 용량 데이터	
수두(m)	용량(m^3/s)	수두(m)	용량(m^3/s)
40	0	30	0
39	0.02	32	0.02
26	0.04	34	0.04
29	0.06	37	0.06
20	0.08	40	0.08
8	0.10	44	0.10

7.16 유량이 10,500 m^3/d일 때 벤튜리미터의 수압차를 계산하여라. 유량이 7,500 m^3/d일 때 벤튜리미터의 수압차는 120 cm이다.

7.17 벤튜리미터의 크기는 30 cm × 20 cm이다. 유량이 0.04 m^3/s일 때 게이지의 눈금차는 5.52 cm이다. 액체 게이지의 비중은 1.25이다. 이 때 meter 계수 K와 유량계수 C_1을 구하여라.

7.18 목부분의 직경이 10 cm인 벤튜리미터가 상위 45° 각도로 기울어진 관에 설치되어있다. 관의 직경은 20 cm이고 관의 압력탭 사이의 간격은 1.5 kPa이며, 압력 차는 69 kPa이다. 관에서 유량을 추정하여라.

7.19 벤튜리미터가 30 cm의 목부분을 가지고 있다. K = 0.12이고 배출량이 0.1 m^3/s일 때 수두손실을 계산하여라.

7.20 사각위어를 월류하는 배출 유량을 계산하기위하여 Francis 공식(식 (8.24))이 일반적으로 사용된다. 이 공식에서는 위어의 작은 폭을 사용한다.

$$Q = \frac{2}{3} C_d L' \sqrt{(2gH^3)}$$

여기서, Q : 배출 유량(m^3/s)

L' : 작은 폭, $L' = L - 0.1nH$

n : 수축면의 수

H : 월류수심(m)

날카로운 사각위어는 폭이 3 m인 사각수로에서의 유량을 측정하기 위하여 사용된다. 위어는 수로의 바닥부로부터 1 m 높이에 위치하고 수로 전폭에 걸쳐 설치된다. 수로에서의 배출유량이 1.2 m^3/s일 때 위어의 상류부 수로에서의 깊이를 계산하여라. $C_d = 0.6$이라고 가정하라.

7.21 3각위어의 유량은 다음 식 (9.16)으로 표현된다.

$$Q = \frac{8}{15} C_d \sqrt{2g} \tan\frac{\theta}{2} H^{5/2}$$

여기서, Q : 배출 유량(m^3/s)

H : V-notch의 월류수심(m)

θ : notch의 각도(°)

유출위어 plate는 25개의 90° V-notch를 포함한다. 위어의 월류수심이 20 cm일 때 배출유량을 계산하여라. $C_d = 0.6$이라고 가정하라.

7.22 지역 수처리시설과 펌프장을 방문하여라. 원수 펌프장의 원수 관망과 유량 측정설비의 종류와 규모를 조사하여라. 설비 배치도의 스케치를 준비하고, 운영자에게 이러한 설비를 운영하는데 있어 문제점을 설명하도록 요청하라.

참고문헌

1. Chow, V. Open Channel Hydraulics, McGraw Hill Book Co. New York, 1959.
2. Brater, E.F. and H.W.Handbook of Hydrualics, 6th ed., McGraw Hill Book Co. New York, 1976.
3. Foxm J.A. Hydraulic Analysis of Unsteady Flow in Pipe Networks, The MacMillan Press Ltd, London, U.K., 1979.
4. Wylie, E.B. and Streeter, V.L. Fluid Transients, FEB Press, Ann Arbor, ML., 1983.
5. Wood, D.J. and Funk, J.E. SURGE5 Addendum, University of Kentucky, Lexington, KY, 1993.
6. Jullis, J.P. Hydraulics of Pipelines: Pumps, Valves, Cavitation, Transients, John Wiley and Sons, New York, 1989.
7. Hammer, J. water and wastewater Technology, 2d ed., John Wiley and Sons, New York, 1986.
8. American Society of Civil Engineers, Committee on Pipeline Planning, Pipeline Division. Pipeline Design for Water and Wastewater, American Society of Civil Engineers, New York, 1975.
9. Qasim, S.R. Wastewater Treatment Plants Planning, Design and Operation, 2d ed., Technomic Publishing Co., Lancaster, PA, 1999.
10. Daughtery, R. and Franzini, J. Fluid Mechanics with Engineering Applications, McGraw-Hill Book Co., New York, 1981.
11. Metcalf and Eddy, Inc. Wastewater Engineering: Collection and Pumping of Wastewater, McGraw-Hill Book Co., New York, 1981.
12. McGee, T.J. Water Supply and Sewerage, 6th ed., McGraw-Hill Book Co., New York, 1991
13. Hydraulic Institute, Inc. American National Standards for Centrifugal Pumps, 15th ed., Hydraulic Institute, Inc., Parsippany, NJ, 1994.
14. Hicks, T.G. and Edwards, T.W. Pump Application Engineering, McGraw-Hill Book Co., New York, 1971.
15. Walker, R. Pump Selection: A Consulting Engineers Manual, Ann Arbor Science Publishers, MI, 1972.
16 .Karassik, I.J., Krutzsch, W.C., Fraser, W.H., and Messina, J.P. Pump Handbook, 2d ed., McGraw-Hill Book Co., New York, 1986.
17. Stewart, H.L. Pumps, 2d ed., Macmillan Publishing Book Co., New York, 1986.
18. Bartlett, R.E. Pumping Stations for Water and Sewage, Applied Science Publishers, Ltd., London, U.K., 1977.
19. ASCE and AWWA. Water Treatment Plant Design, 2d ed., McGraw-Hill Publishing Co., New York, 1990.
20. Metcalf and Eddy, Inc. Wastewater Engineering: Treatment, Disposal, and Reuse, 3d ed., McGraw-Hill Inc., New York, 1991.

21. Carthew, G.A., Goehring, C.A., and Van Teylingen, J.E. "Develope of Dynamic Head Loss Criteria of Raw Sludge Pumping," Journal of Water Pollution Control Federation, vol.55, no.5, pp.472–483, 1983.

22. Sanks, R.L., Tchobanolous, G., Newton, D., Bosserman, B.E., and Jones, G.M.(editors). Pumping station Design, Butterworths, Stoneham, MA, 1989.

23. Avallone, E. A. and Baumeister, T.(editors). Mark's Standard Handbook for Mechanical Engineers, 10th ed., McGraw-Hill Book Co,. New York, 1996.

24. American Society of Heating, Refrigeration and Air Conditioning Engineers, Inc. ASHRAE Handbook Fundamentals, I–P Edition, Atlanta, GA, 1993.

25. Hydralic Institute, Inc. American National Standard for Pump Intake Design, ANSI/HI 9.8–1998, Hydraulic Institute, Inc., Parsippany, NJ, 1998.

26. BIF, A Unit of General Signal. Flow Meters Differential Producers and Flow Controllers, Manufacturer's Literature, Re. No. 180.21–1, 1983.

27. Ingersoll-Dresser Pump Co. Water Resources Pump Manual, Section 6, Vertical Turvbine Pumps, Liberty Corner, NJ, Sheet 2330, June 1992.

chapter

08

응집, 응결 및 침전

8.1 서 론

자연수에는 많은 용존 및 부유고형물이 존재한다. 모래 같은 큰 입자는 독립적인 입자로서 거동하며 침전 및 여과 공정으로 쉽게 제거된다. 콜로이드 같이 작은 입자는 쉽게 침전되지 않으므로 물리화학적인 전처리를 거친 후 침전 및 여과 공정으로 제거할 수 있다. 응집(coagulation)이라고 일컬어지는 콜로이드의 화학적 개량(conditioning)은 제거율 향상을 목적으로 약품을 첨가하여 콜로이드의 물리적 특성을 변화시키는 것을 말한다. 응결(flocculation)이라고 일컬어지는 물리적 개량은 콜로이드의 침강성 향상을 위하여 콜로이드를 뭉치게 하는 것으로 입자간의 접촉 기회를 증가시키기 위해 천천히 교반시키는 공정이다.

수중의 용존성 광물이나 고형물은 물리화학적 개량에 의해 부유고형물로 침전될 수 있다. 이런 광물질의 예로는 소석회(lime)나 소다회(soda ash) 첨가시 불용성 상태로 전환되어 광물질 침전물을 생성시키는 칼슘(Ca)과 마그네슘(Mg)을 들 수 있다. 이 침전물은 기본적인 응집, 침전 및 여과 공정으로 제거될 수 있다. 이 제거 공정을 침전(precipitation)이라고 한다.

본 장에서는 응집과 응결 및 침전공정의 설계시 고려사항과 이론 그리고 전형적인 설계의 예들이 제공된다. 유지관리 권장사항 및 장치사양이 설계 예에 기술되어 있다.

8.2 부유고형물

수중에 부유되어 있는 고형물질로는 모래, 흙, 유기물, 박테리아, 바이러스 및 기타 입자성 물질이 있으며, 이들 중 일부는 정수처리에 악영향을 초래한다. 원수 중에 포함되어 있는 입자성 물질의 특성은 2장에 자세히 설명되어 있다. 표 8-1은 입자들의 크기 분포를 나타낸 것으로 입경이 1 μm 이상인 입자들은 정치된 물에서 침전이 되지만 작은 크기의 입자들은 쉽게 침전되지 않고 부유상태로 수중에서 존재하는데 이를 콜로이드라 한다.[1]

표 8-1 수처리 과정에서 나타나는 일반적인 입자크기

물질명	입자 직경(μm)
바이러스	0.005～0.01
박테리아	0.3～3.0
미세 콜로이드	0.001～0.1
큰 콜로이드	0.1～1
흙	1～100
모래	500
플록 입자	100～2000

8.2.1 콜로이드의 특성

콜로이드는 그 크기에 의해서 정의되며 그 범위는 일반적으로 0.001 ~ 1 ㎛이다.[2] 이 크기로 존재하는 입자들은 (1) 석면(asbestos fiber), 점토(clay), 실트(silt)와 같은 무기물, (2) 응집침전물, (3) 휴믹물질, 바이러스, 박테리아 및 조류 같은 유기물 등이 있다.[1] 콜로이드액(colloidal dispersion)은 빛을 산란시키는 특성을 지니고 있다. 참용액(true solution)은 빛을 거의 산란시키지 않는다. 이 산란특성이 탁도 측정에 이용되고 있다. 콜로이드액은 물과의 친화력에 따라 소수성(hydrophobic) 혹은 친수성(hydrophilic)으로 구분된다.[2]

콜로이드는 질량에 비해 표면적이 아주 큰 성질을 가지고 있다. 질량이 매우 작기 때문에 중력은 콜로이드의 움직임에 영향을 미치지 못한다. 이 콜로이드의 움직임을 제한하는 주된 현상은 정전기력(electrostatic forces), 반데르발스의 힘(van der Waals forces) 및 브라운운동(brownian motion)이다.[5,6]

정전기력(Electrostatic Forces)

정전기력은 콜로이드를 안정한 상태로 유지시켜주는 주된 힘이다. 대부분의 콜로이드는 전기적으로 하전되어 있고, 이것은 콜로이드의 특성에 따라 달라진다. 금속산화물은 일반적으로 양전하, 비금속산화물 및 금속황화물은 일반적으로 음전하를 띠고 있다. 같은 성질의 전하를 가진 콜로이드는 서로 간에 반발하는 성질을 가지고 있다. 자연수에는 주로 음전하의 콜로이드가 많이 존재한다.[2]

콜로이드의 표면 전하는 반대 전하의 이온들(counter ion)을 끌어당긴다. 수소나 양이온 등의 이온들이 콜로이드 입자 주위에 밀집하여 스턴 층(stern layer)을 형성한다. 물분자도 콜로이드의 인력을 받아 결집하게 되는데 이는 물분자의 비대칭 전하 때문이다. 두 번째 층은 콜로이드를 끌어당기는 분산층(diffused layer)으로 콜로이드 같은 음전하와 양전하를 모두 끌어당기나 반대전하 이온들이 지배적이다.[3] 이 두층을 이중층이라고 부르며 그림 8－1에 콜로이드와 이중층에 대한 모델이 설명되어 있다.[4] 분산층(diffused layer)에서 물분자는 전단면(shear surface)을 형성할 수 있을 정도로 단단히 결집되어 있다. 전단면내에서 이 물분자는 콜로이드에 부착된 것처럼 거동하며 전단면 밖에서는 콜로이드와 분리된 것처럼 거동한다.

이 모델에서 볼 수 있듯이 전단면에서의 전위를 제타전위(zeta potential)라고 하며 이것은 수처리 공정에서 콜로이드계의 안정성이나 응집공정 효율 평가의 지표로 이용된다.[2,4]

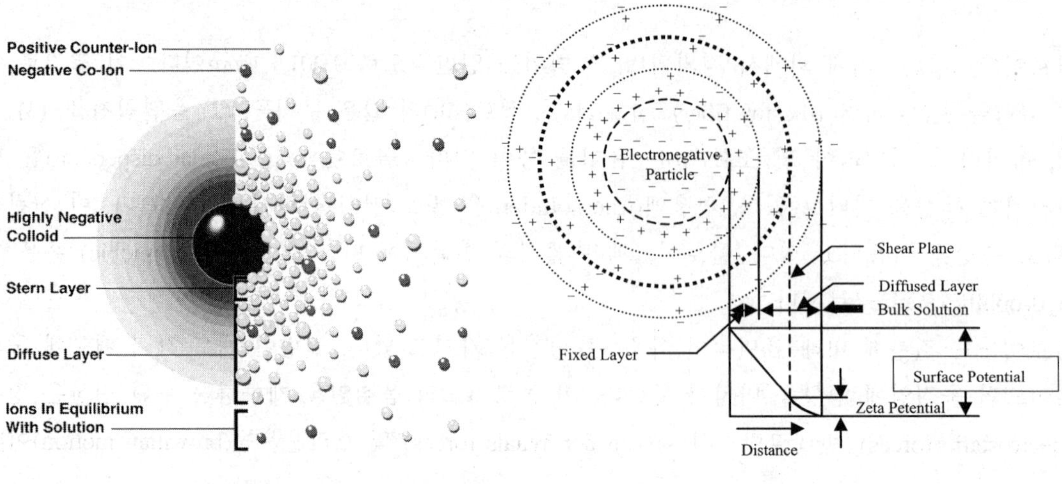

그림 8-1 콜로이드 입자와 이중층 모델. (a) 음으로 하전된 콜로이드 입자와 그 전자장 (참고문헌 4), (b) 정전기적 전위, 전단면 및 제타전위의 분포

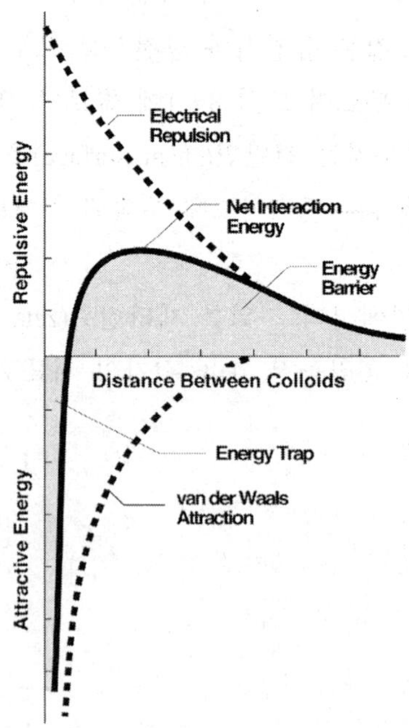

그림 8-2 콜로이드에 미치는 힘(참고문헌 4)

반데르발스의 힘(Van der Waals Forces)

두 물질간에는 항상 인력이 존재하며 인력의 크기는 두 물체의 질량과 거리에 따라 달라진다. 이러한 인력을 "반데르발스의 힘(van der Waals forces)"이라 한다.[2] 콜로이드 화학에서 반데르발스의 힘은 정전기력의 반대개념이다. 그림 8-2와 같이 반데르발스의 힘이 작용하기 전에는 전하에 의한 반발력이 콜로이드를 밀어낸다. 이 정전기력이 감소한다면 입자들은 반데르발스의 힘이 작용할 수 있는 거리까지 이동할 수 있게 된다.

브라운 운동(Brownian Motion)

콜로이드에 영향을 미쳐서 불안정화하게 하는 또 다른 힘으로 브라운 운동(brownian motion)이 있다. 콜로이드는 매우 작은 질량을 가지고 있기 때문에 분자 크기의 입자와의 충돌로 인하여 운동을 할 수 있다. 수온에 따라 강도는 차이가 있으나 수중에서 분자는 지속적으로 운동한다. 분자운동으로 인해 콜로이드에 불규칙한 충돌을 일으키며 이 때문에 콜로이드가 불규칙하게 움직이는 것처럼 보이게 된다. 이 현상을 브라운 운동이라고 한다.[5,6]

어떤 경우에 브라운 운동은 두 콜로이드를 전기적 척력보다 반데르발스의 힘이 더 지배적인 거리까지 이동시킨다. 이 때 두 입자는 결합하게 된다. 이런 현상은 드물게 발생해서 브라운 운동이 콜로이드의 불안정화에 미치는 영향은 크지 않다.

8.2.2 콜로이드 부유액의 응집

응집(coagulation)은 콜로이드를 불안정화하기 위한 화학적 처리 공정이다. 응집공정에서, 콜로이드의 안정화 힘을 낮추고 불안정화 힘을 높이기 위해 수중에 약품을 주입한다. 전통적으로 황산알루미늄(alum), 황산제이철($Fe_3(SO_4)_2$), 염화제이철($FeCl_3$) 및 황산제일철($FeSO_4$) 같은 금속염을 응집제로 사용하여 왔다. 최근에는 응집공정의 향상을 위하여 고분자응집제가 단독적으로 혹은 보조적으로 사용되고 있다.

금속염은 알칼리도가 충분할 때 수중에서 $Me_q(OH)_p$ 형태의 금속수산화물로 가수분해되며,[2] 수산화물의 형태는 물의 화학적 조성, pH, 응집제 주입량에 따라 다양하게 나타난다. 그림 8-3은 수중에서 철과 알루미늄 수산화물에 대한 전형적인 평형상태를 나타내며, 응집에 이용되는 일반적인 응집제의 주입율과 pH 범위를 나타내고 있다.[7]

응집제는 이중층 압축(compression of the double layer), 반대이온 흡착 및 전하중화(counter ion adsorption and charge neutralization), 가교작용(interparticle bridging), 체거름 현상(enmeshment in a precipitate), 이질응집(heterocoagulation) 같은 5가지의 메카니즘으로 콜로이드를 불안정화 시킨다.[1,2,8-11] 이들 메카니즘의 세부 사항은 다음과 같다.

Water Works Engineering

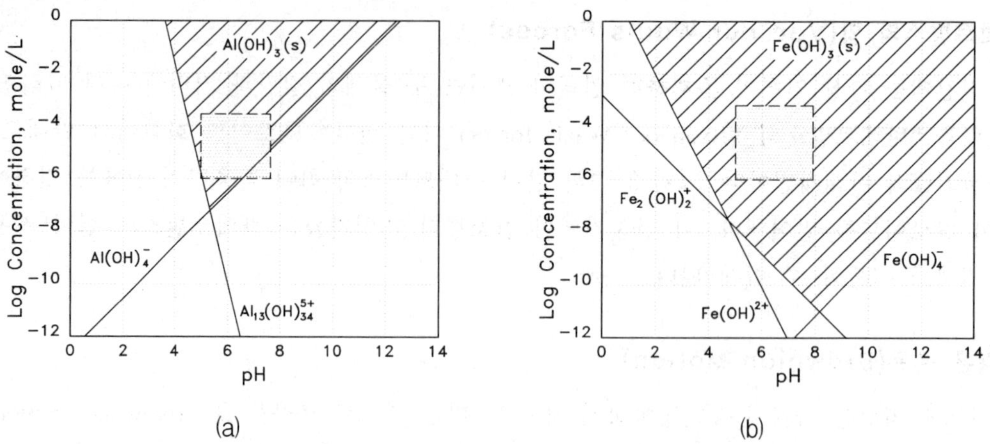

그림 8-3 알루미늄과 수산화철의 용해도 평형. (a) 수산화알루미늄, (b) 수산화철

주 : 빗금친 부분은 수처리공정에서 응집과 pH의 영역이다.

이중층압축(DLVO Theory)

음전하를 중화시키기 위해 양전하를 지닌 응집제를 첨가하여 이중층을 압축시킬 수 있다. 수중에서 양이온 농도가 증가함에 따라서, 중화를 위한 순전하(net charge)가 발생되고 이에 따라 분산층이 압축된다. 이는 전체 이중층의 두께에 영향을 미쳐 콜로이드간 거리를 가깝게 만든다. 그림 8-4는 콜로이드의 플록 형성을 설명한 것으로, 콜로이드간의 거리가 반데르발스의 힘이 작용할 정도로 가깝게 되면 콜로이드가 서로 모여서 플록이 형성된다.[2]

Schulze-Hardy 법칙은 반대이온의 원자가에 따른 응집력을 설명한 것으로 2가 이온은 1가 이온에 비해 50~70배, 3가 이온은 600~700배 응집효과가 크다는 것을 설명하고 있다.[12]

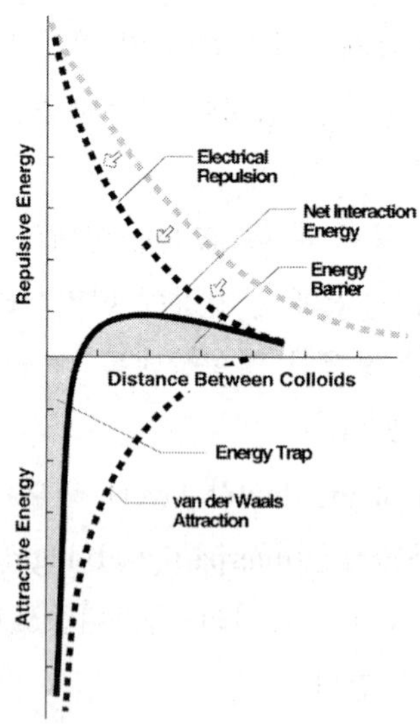

그림 8-4 이중층의 압축 이후 콜로이드에 미치는 힘(참고문헌 4)

반대이온 흡착 및 전하중화

응집제에서 나온 반대이온은 콜로이드 표면에 흡착될 수 있다. 이렇게 해서 입자 표면의 반발력은 반대이온의 전하에 의해 중화되고, 불안정화된 입자는 반데르발스의 힘이나 반대이온의 흡착에 의해 콜로이드-콜로이드 결합체를 형성한다. 그러나 과도한 반대이온의 첨가는 전하 역전에 의한 재안정화를 초래할 수 있다. 즉 반대이온을 과도하게 흡착하면 입자의 순전하가 역전될 수 있다.

입자간 가교작용

유기고분자응집제를 플록형성 보조제로 사용하면 콜로이드 표면과 응집제 입자 사이에 폴리머의 흡착에 의한 가교작용이 발생하여 개별 입자 보다 수배이상 큰 입자를 생성한다. 이런 가교현상을 위해서 폴리머 사슬(polymer chain)은 하나 이상의 입자에 흡착되어야 한다. 폴리머가 가교 역할을 할 때 '입자-폴리머-입자'로 된 덩어리가 형성된다. 그림 8-5(a), (b)는 가교현상에 의한 응집과 플록형성을 설명한 것이다.[12] 과도하게 폴리머를 주입하게 되면 표면이 포화되거나 공간적 안정화로 인해 재안정화가 일어난다. 그림 8-5(c)는 플록형성동안 입자간 충돌이 부족할 경우 입자가 재안정화 되는 현상을 나타낸 것이며 그림 8-5(d)는 가교가 발생하기에 입자수가 부족한 경우 재안정화되는 현상을 설명한 것이다. 음이온 전해질에 의해 음으로 하전된 용액에서의 불안정화와 재안정화는 대개 가교현상 보다는 반대이온의 흡착 및 전하중화에 의해 고려되고 있다.

침전물의 체거름현상

응집에 사용된 금속염의 양은 제타전위 감소에 요구되는 양보다 다소 많이 사용되며, 잉여 금속염은 가수분해되어 $Me_q(OH)_p$ 형태로 수중에 존재한다. 수산화물 $Me_q(OH)_p$는 불용성이고, 수산화물 덩어리는 침전하면서 작은 콜로이드를 포획하여 같이 침전한다.[1] 이를 침전물의 체거름현상(enmeshment in a precipitate) 또는 sweep floc coagulation이라 한다.[10]

이질응집(Heterocoagulation)

실제 수처리에서 수중 입자의 표면전하는 균일하지는 않다. 때로는 판형으로 생긴 점토입자처럼 동일 입자의 표면에서 반대전하를 띨 수 있다. 콜로이드 입자의 응집이 입자간의 서로 다른 정전기력에 의해 발생하는 것을 이질응집(heterocoagulation)이라 하며, 체거름현상이 일어나는 공정에서는 특히 중요한 영향을 미칠 수 있다.

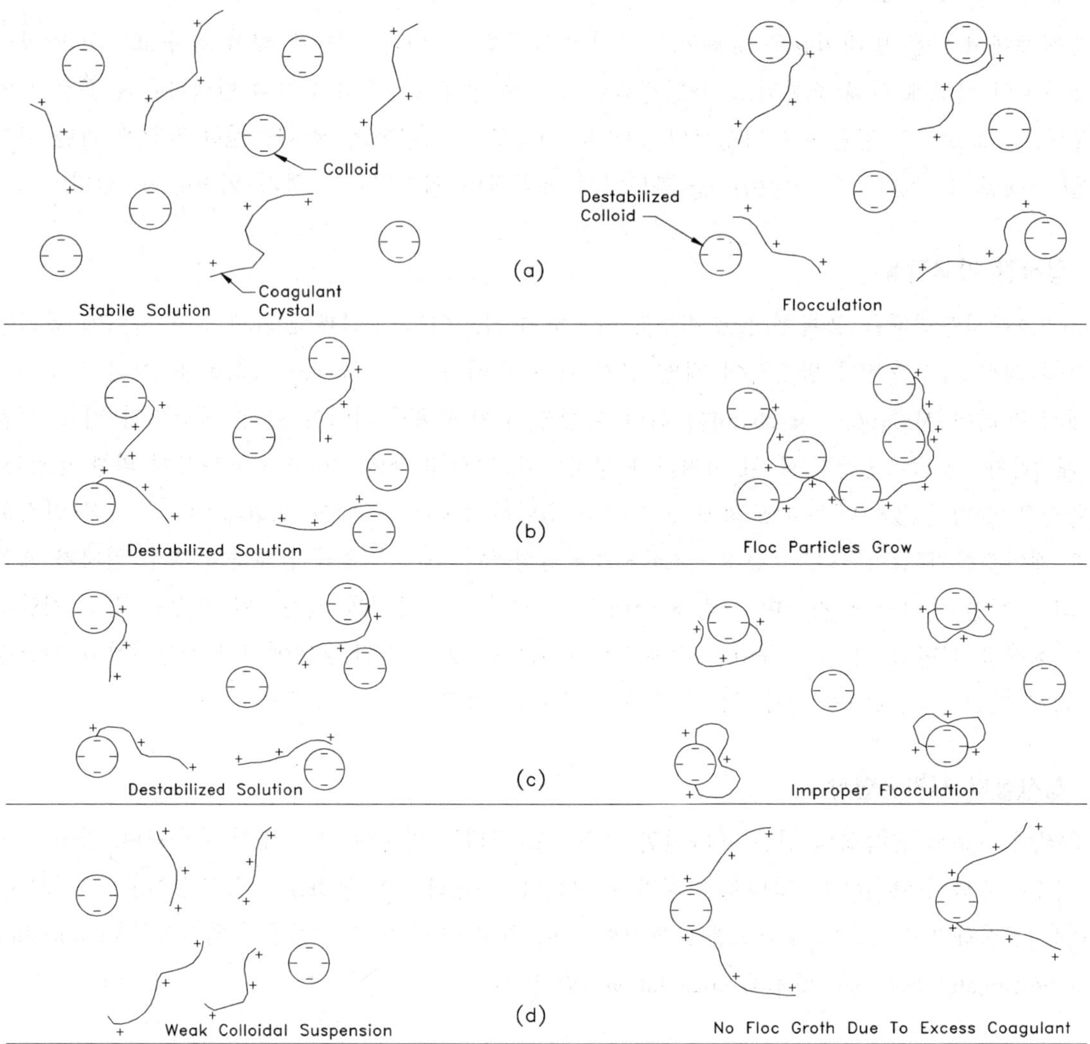

그림 8-5 폴리머에 의한 콜로이드의 불안정화 및 재안정화 개념도. (a) 적정주입율에서의 초기 흡착, (b) 플록형성, (c) 2차 흡착, (d) 폴리머 과량 주입시의 초기흡착

8.2.3 고도응집(Enhanced Coagulation)

지표수 처리에서 응집공정은 모든 규모의 시설에서 가장 많이 적용되는 공정 중의 하나이다. 이 공정을 사용하는 주된 목적은 여과공정 전의 침전 공정에서 탁도를 유발하는 작은 입자의 제거효과를 향상시키기 위한 것이다. 이 공정에서 주된 목표는 콜로이드의 불안정화이며 탁도 제거율이 공정의 효율 평가지표가 된다. 이를 재래식 응집(conventional coagulation)이라 한다.

최근 응집공정은 원수 중 탁도 외의 유기물이나 무기물 제거를 위해 광범위하게 사용되고 있다.

이 목적은 고도응집을 사용함으로써 달성될 수 있는데 이 경우 응집제가 더 많이 소요된다. 고도응집(enhanced coagulation)이라는 용어는 1994년에 제정된 Enhanced Surface Water Treatment Rule (ESWTR)과 Disinfection & Disinfection By-Products Rule(D/DBPR)에서 정의되었다. 법에서 요구하는 총유기탄소(total organic carbon, TOC) 제거율은 원수 중 초기 TOC 농도와 알칼리도에 따라 차이가 있으며(12.2.4 참조), 높은 TOC 제거율이 요구되는 경우 재래식 공정에서의 적정응집제 주입량보다 많은 응집제 주입을 권장하고 있다.

최근에는 TOC 이외에 기타 오염물질 제거에도 고도응집을 적용하고 있다. 따라서 일반적인 고도응집의 정의는 천연유기물질(natural organic matters, NOMs), 색도, 비소 및 기타 중금속 같은 오염물질 제거 효율 향상을 위해 응집제를 과잉으로 주입하는 것을 의미한다.[13~15] 즉, 고도응집은 8.2.2에서 설명한 5가지 불안정화 메카니즘에 제한을 받지 않는다.

침전과 흡착 메카니즘은 고도응집 공정에 중요한 역할을 한다. 낮은 용해도의 휴믹이나 펄빅을 지닌 알루미늄 또는 철화합물을 형성시킴으로써 NOM을 침전시킬 수 있다. 어떤 물질의 용해도가 낮으면 용액 중에서 침전이 일어나게 된다. 흡착은 흡착제(금속수산화물)에 피흡착질(용존 오염물질)이 고정되는 것을 의미하며 이것은 흡착제와 피흡착질의 화학적 결합이나 반데르발스의 인력에 의해 일어난다. 물질의 흡착은 수소결합, 소수성결합, 이온결합, 양극반응(dipole interaction)을 포함하고 있다. 고도응집에 의해 일어나는 중요한 흡착현상은 공동침전(coprecipitation)이다. 응집침전물의 표면은 ≡S-OH, ≡S-SH, ≡S-COOH(≡S는 금속이온)와 같은 작용기에 의해 둘러싸여져 있다. 이들 작용기중 type A라고 불리는 표면의 수산기(≡S-OH)는 반응성이 있다. 표면수산기와 피흡착이온 사이의 화학적 결합(공유결합 혹은 이온결합)은 효과적인 흡착을 발생시킨다. 공동침전 시에 용존성 유기물질은 성장한 금속산화물 표면의 반응부위에 흡착된다. 이러한 흡착메카니즘을 표면복합체 형성(surface complex formation)이라 한다. 고도응집에 의한 비소, NOMs 및 기타 오염물질의 제거는 공동침전으로 설명된다. 공동침전에 영향을 미치는 가장 중요한 인자는 현장특성, pH 의존성, 금속수산화물의 표면이다.[16,17]

최적응집제 주입율과 pH 조건을 구하기 위해서 광범위한 쟈테스트가 필요하다. 침전과 흡착을 위해서는 대개 높은 응집제 주입이 필요없다. 고도응집 공정에서 응집제를 과량 주입하는 것은 단지 체거름현상 때문이다. 이것은 오염물질이 잘 흡착된 미세한 금속수산화물을 효과적으로 제거하기 위해서 필요하다. 응집 pH는 금속수산화물의 종류와 휴믹산/펄빅산 및 비소화합물과 같은 오염물질의 이온화 정도에 영향을 미친다. 예를 들면 낮은 pH에서 철수산화물의 표면은 양전하를 띠나 비산염은 $H_2AsO_4^-$, $HAsO_4^{2-}$와 같이 음전하를 띠고 있다. 그 결과로 흡착은 잘 일어나고 응집제의 요구량은 감소한다.[18] 따라서 흡착에 의한 하전중화와 공동침전에 의한 메카니즘은 향상된다.[19]

재래식 수처리 플랜트에서 고도응집의 적용은 다음의 문제를 발생시킨다.[19~23]

- 응집제 주입량 증가는 슬러지 발생량을 증가시키며 기존 슬러지 처리설비의 용량으로는 부족할 수 있다.
- 응집제 저장설비 및 약품주입설비가 적절하지 않을 수 있다.

• 최적 탁도제거와 특정 물질의 제거를 위한 고도응집이 동시에 일어나지 않을 수 있다.
• 응집공정 전후 pH 조절 및 응집시 사용되는 약품비의 증가로 운영비용이 증가될 수 있다.

8.2.4 응집공정의 설계 고려사항

응집공정 설계는 (1) 적정 응집제 및 주입량 선정 (2) 급속혼화(rapid mixing) 및 응결지(flocculation basin, 플록형성지) 설계를 포함한다. 급속혼화 및 응결지의 설계는 본 장의 뒷부분에서 설명된다.

적정 응집제 및 주입량 선정은 각 원수에 대해 실험적으로 결정하는 것이 가장 좋다. 차선으로써는 유사한 원수를 처리하는 정수장에서의 운영결과를 정수장 설계인자로 사용할 수도 있다. 어떤 물의 화학적 조성은 응집시설의 설계값을 항상 고정하지 못할 정도로 변화할 수 있다는 것을 유의해야 한다. 응집공정에서 가장 중요한 고려사항은 약품주입 설비와 약품 종류에 있어서 유연성이 있도록 공정을 구성하는 것이다. 이것은 운영자로 하여금 시간에 따른 원수 수질 변화에 따라 약품 투입량을 적절히 조절할 수 있게끔 한다. 재래식 응집공정에서 Fe^{3+}의 주입율 범위는 2～4 mg/L이며, 고도응집에서 Fe^{3+}의 주입량은 11 mg/L까지도 증가할 수 있다.

8.3 용존고형물과 화학침전

자연수에서 용존고형물은 칼슘, 마그네슘, 나트륨, 철 및 망간과 같은 용존성 금속 양이온과 중탄산, 탄산, 염소, 황산, 질산, 인산 및 불소와 같은 음이온이 결합하여 존재하고 있다. 일부의 화합물이 고농도로 존재하면 유해하나 대부분은 이로운 물질들이다. 다양한 용존고형물의 영향에 대해서는 제2장에 설명되어 있다.

8.3.1 용존고형물의 특성

물에서 용존고형물은 중탄산칼슘($Ca(HCO_3)_2$) 같은 이온화합물 혹은 수크로오스($C_{12}H_{22}O_{11}$) 같은 분자화합물이다. 수중에서 용존성 이온물질이 많으면 강한 전해질이 되지만 분자화합물이 많으면 비전해질이 된다.

철, 망간, 칼슘, 마그네슘 같은 많은 이온화합물은 화학적 침전에 의해 원수에서 거의 제거되나 분자성 물질은 제거가 되지 않는다. 이온화합물 및 양이온의 침전의 중요성 때문에 용존고형물의 화학적 침전에 대해서는 이온화합물만 설명한다.

8.3.2 용해도곱

이온화합물이 수중에서 용해되면 그 화합물을 구성하던 이온이 서로 분리된다. 예를 들어 $Ca(HCO_3)_2$ 는 한 개의 Ca^{2+}와 두 개의 HCO_3^-로 분리된다. 두 이온은 수중에서 다른 이온과 자유롭게 반응하며, 용액이 포화되는 한계 값까지 화합물은 용해된다. 용해도곱(K_{sp})은 이온화합물의 용해도 계산에 사용되며 식 (8.1)과 (8.2)로 표현된다.[2]

$$MX \rightleftarrows M^+ + X^- \tag{8.1}$$

$$K_{sp} = [M^+]\times[X^-] \tag{8.2}$$

여기서, K_{sp} : MX화합물의 용해도곱 상수

$[M^+]$: 양이온 몰 농도

$[X^-]$: 음이온 몰 농도

표 8-2는 수처리에 관심대상이 되는 여러 가지 이온화합물의 용해도곱이다. 이온물질의 몰농도의 곱이 용해도곱 보다 작으면 용액은 불포화 상태이고, 용해도곱보다 크면 과포화 상태로 몰농도의 곱이 용해도곱과 평형을 이룰 때까지 침전물을 형성한다.[24,25]

표 8-2 이온화합물의 용해도곱

평형방정식	K_{sp} at 25 ℃	수처리에서 중요성
$CaCO_3 \rightleftarrows Ca^{2+} + CO_3^{2-}$	5×10^{-9}	경도제거, 스케일
$Ca(OH)_2 \rightleftarrows Ca^{2+} + 2OH^-$	8×10^{-6}	연소가스 경도제거
$MgCO_3 \rightleftarrows Mg^{2+} + CO_3^{2-}$	2×10^{-5}	탈황
$CaSO_4 \rightleftarrows Ca^{2+} + 2SO_4^{2-}$	4×10^{-5}	경도제거, 스케일
$Mg(OH)_2 \rightleftarrows Mg^{2+} + 2OH^-$	9×10^{-12}	경도제거, 스케일
$Al(OH)_3 \rightleftarrows Al^{3+} + 3OH^-$	1×10^{-32}	응집
$Fe(OH)_3 \rightleftarrows Fe^{3+} + 3OH^-$	6×10^{-38}	응집, 철제거, 부식성
$Fe(OH)_2 \rightleftarrows Fe^{2+} + 2OH^-$	5×10^{-15}	응집, 철제거, 부식성
$Mn(OH)_3 \rightleftarrows Mn^{3+} + 3OH^-$	1×10^{-36}	망간제거
$Mn(OH)_2 \rightleftarrows Mn^{2+} + 2OH^-$	8×10^{-14}	망간제거
$Cu(OH)_2 \rightleftarrows Cu^{2+} + 2OH^-$	2×10^{-19}	중금속제거
$Zn(OH)_2 \rightleftarrows Zn^{2+} + 2OH^-$	3×10^{-17}	중금속제거
$Ni(OH)_2 \rightleftarrows Ni^{2+} + 2OH^-$	2×10^{-16}	중금속제거
$Cr(OH)_2 \rightleftarrows Cr^{2+} + 2OH^-$	6×10^{-31}	중금속제거

출처 : 참고문헌 1~25

8.3.3 용존고형물의 침전

침전공정은 용액이 과포화상태에 이르도록 용액의 물리화학적 특성을 변화시킨다. 수처리에서 침전공정은 연수화(칼슘과 마그네슘으로 인한 경도의 제거)나 철, 망간 제거에 사용된다.

철 및 알루미늄염의 수질화학

응집반응은 대개 금속염 종류인 응집제를 물에 첨가함으로 일어난다. 일반적인 응집제로는 황산제이철[$Fe_2(SO_4)_3$], 염화제이철[$FeCl_3$], 황산알루미늄[$Al_2(SO_4)_3 \cdot 14H_2O$, Alum]이 있다. 수중에서 이들 응집제의 반응은 식 (8.3)~(8.5)으로 설명된다.

황산제이철

$$\underset{400}{Fe_2(SO_4)_3} + \underset{\substack{3 \times 100 \\ (\text{as } CaCO_3)}}{3Ca(HCO_3)_2} \rightleftarrows \underset{2 \times 107}{2Fe(OH)_3\ (s)} + \underset{3 \times 136}{3CaSO_4} + \underset{6 \times 44}{6CO_2} \tag{8.3}$$

염화제이철

$$\underset{2 \times 162.5}{2FeCl_3} + \underset{\substack{3 \times 100 \\ (\text{as } CaCO_3)}}{3Ca(HCO_3)_2} \rightleftarrows \underset{2 \times 107}{2Fe(OH)_3\ (s)} + \underset{3 \times 111}{3CaCl_2} + \underset{6 \times 44}{6CO_2} \tag{8.4}$$

황산알루미늄

$$\underset{594}{Al_2(SO_4)_3 \cdot 14H_2O} + \underset{3 \times 100}{3Ca(HCO_3)_2} \rightleftarrows \underset{2 \times 78}{2Al(OH)_3\ (s)} + \underset{3 \times 136}{3CaSO_4} + \underset{6 \times 44}{6CO_2} + \underset{14 \times 18}{14H_2O} \tag{8.5}$$

식 (8.3) ~ (8.5)에서 얻은 결과는 다음과 같다.

- 황산제이철 1 mg은 0.54 mg의 불용성 $Fe(OH)_3$를 생성하고 0.75 mg의 알칼리도(as $CaCO_3$)를 소모한다.
- 염화제이철 1 mg는 0.66 mg의 불용성 $Fe(OH)_3$를 생성하고 0.92 mg의 알칼리도(as $CaCO_3$)를 소모한다
- 황산알루미늄 1 mg는 0.26 mg의 불용성 $Al(OH)_3$를 생성하고 0.51 mg의 알칼리도(as $CaCO_3$)를 소모한다.

응집공정에서 알칼리도가 소모되기 때문에 CO_2가 생성된다. pH 또한 응집제 주입량과 원수 알칼리도에 따라 응집공정이후 감소하기도 한다. 필요 응집제 주입량 산정을 위해 화학양론적 방정식이 사용될 수 있지만, 콜로이드 불안정화를 위해 실제로 필요한 응집제의 양은 화학양론식 이외에도 이온물질 종류, pH, 온도, 입자 종류 및 특성, 혼화에너지, 응집제중 금속이온 함량 등 여러 가지 조건

에 영향을 받는다. 상용되는 액체 응집제의 금속이온 함량은 액체 무게의 10~15%이며 그 물리화학적인 특성은 표 8-3에 설명되어 있다.

표 8-3 일반적으로 사용되는 응집제와 석회류

약품명	동의어	화학식	분자량	외 형	겉보기 밀도 (kg/m³)	상용 제품의 특징				
						비중	용해도 (kg/m³ water)	약품함량 (%W/W)	수분함량 (%W/W)	용액의 pH
황산 알루미늄 Aluminum sulfate	알럼 Alum	$Al_2(SO_4)_3 \cdot 14.3H_2O$	599.77	희거나 밝은 갈색 고체	1,000~1,096	1.25~1.36	약 872	Al: 9.0~9.3	–	약 3.5
	액상알럼 Liquid alum	$Al_2(SO_4)_3 \cdot 49.6H_2O$	1235.71	희거나 밝은 회색에서 노르스름한 액체	–	1.30~1.34	매우 잘 녹음	Al: 4.0~4.5	71.2~74.5	–
염화 제이철 Ferric chloride	Iron(III) chloride	$FeCl_3$	162.21	어두운 녹색 가루	721~962	–	약 719	Fe: 약 34	–	–
	액상염화제이철 Liquid ferric chloride	$FeCl_3 \cdot 6H_2O$	270.30	황갈색 덩어리	962~1,026	–	약 814	Fe: 20.3~21.0	–	–
		$FeCl_3 \cdot 13.1H_2O$	398.21	적갈색 걸죽한 액체	–	1.20~1.48	매우 잘 녹음	Fe: 12.7~14.5	56.5~62.0	0.1~1.5
황산 제이철	Iron(III) sulfate	$Fe_2(SO_4)_3 \cdot 9H_2O$	562.02	적갈색 가루	1,122~1,154	–	–	Fe: 17.9~18.7	–	–
	액상 황산 제이철 Liquid ferric sulfate	$Fe_2(SO_4)_3 \cdot 36.9H_2O$	1064.64	적갈색 걸죽한 액체	–	1.40~1.57	매우 잘 녹음	Fe: 10.1~12.0	56.5~64.0	0.1~1.5
황산 제일철	Copperas	$FeSO_4 \cdot 7H_2O$	278.02	초록색 결정 덩어리	1,010~1,058	–	–	Fe: 약 20	–	–
산화칼슘	석회, 생석회	CaO	74.09	밝은 회색 가루 혹은 덩어리	561~801	–	약 1.3	CaO: 약 95	–	12.6
수산화 칼슘	소석회	$Ca(OH)_2$	56.08	밝은 회색 가루	–	–	약 1.8	CaO: 약 71	약 24	12.6

출처 : 참고문헌 24~26

연수화공정(Water Softening)

수중의 경도 원인물질은 주로 칼슘과 마그네슘 이온이다. 수중에서 알칼리도를 유발하는 음이온 즉 OH^-, CO_3^-, HCO_3^-와 결합하여 경도가 발생하는 경우에는 탄산경도라고 하고 SO_4^-, Cl^-, NO_3^- 같은 음이온과 결합하여 발생시키는 경도를 비탄산경도라 한다. 표 8-2에 나타낸 바와 같이 탄산칼슘($CaCO_3$)과 수산화마그네슘($Mg(OH)_2$)은 상대적으로 불용성(각각 $K_{sp} = 5\times10^{-9}$ 및 9×10^{-12})이지만 다른 경도 물질은 용해성을 지니고 있다. 연수화공정은 화학반응을 통해서 탄산칼슘과 수산화마그네슘의 농도를 높인 후 침전으로써 칼슘과 마그네슘을 제거하는 것이다.

그림 8-6은 이산화탄소와 여러 가지 형태의 알칼리도 물질간의 관계를 설명한 것이며, 식 (8.6)과 (8.7)은 이산화탄소와 알칼리도 이온의 화학적 반응을 나타낸 것이다.

$$CO_2 + H_2O \rightleftarrows H_2CO_3 \rightleftarrows H^+ + HCO_3^- \tag{8.6}$$

$$CO_2 + OH^- \rightleftarrows HCO_3^- \rightleftarrows H^+ + CO_3^{2-} \tag{8.7}$$

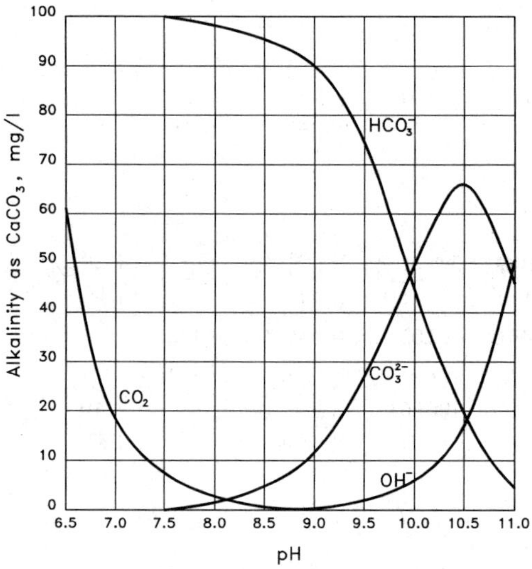

그림 8-6 pH에 따른 이산화탄소 및 알칼리도의 평형농도 온도 25℃, 총알칼리도 100 mg/L as $CaCO_3$

pH 4.5 미만의 낮은 pH에서 CO_2는 평형을 이루고 이때 알칼리도는 존재하지 않는다. pH 4.5~8.3에서는 식 (8.3), (8.4), (8.5)의 반응이 오른쪽으로 진행된다. 이 때 CO_2는 감소하고 HCO_3^-가 생성된다. pH 8.3 이상에서 HCO_3^-는 CO_3^{2-}로 전환되어 pH 10.5에서 최대가 된다.

이러한 CO_2와 알칼리도 관계는 경도와 알칼리도 제거를 위한 연수화공정에 사용된다. CO_3^{2-}와 OH^-의 농도를 증가시키기 위해 용액의 pH를 올려준다. CO_3^{2-}와 OH^-는 칼슘과 마그네슘과 결합하여 불용성의 탄산칼슘($CaCO_3$)과 수산화마그네슘($Mg(OH)_2$) 침전물을 생성한다.

pH는 OH^-를 포함하는 이온화합물을 첨가함으로써 상승시킬 수 있으며, 일반적으로 사용되는 것은 생석회(lime, CaO)와 소석회($Ca(OH)_2$)이다. 생석회와 소석회를 석회라고 통칭한다. 상용되는 석회의 물리화학적 특성은 표 8-3에 나타나있으며 생석회에 의한 화학반응은 식 (8.8)~(8.10)과 같다.

$$CO_2 + Ca(OH)_2 \rightleftarrows CaCO_3(s) + H_2O \tag{8.8}$$

$$Ca(HCO_3)_2 + Ca(OH)_2 \rightleftarrows 2CaCO_3(s) + H_2O \tag{8.9}$$

$$Mg(HCO_3)_2 + 2Ca(OH)_2 \rightleftarrows 2CaCO_3(s) + Mg(OH)_2(s) + 2H_2O \tag{8.10}$$

하지만 비탄산경도를 제거 한다면 석회를 이용한 연수화 공정은 칼슘과 마그네슘을 충분히 제거하지 못한다. 이럴 경우 소다회(Na_2CO_3)를 사용하며, 석회-소다 공정의 화학반응은 식 (8.11)~(8.13)과 같다.

$$CaSO_4 + Na_2CO_3 \rightleftarrows CaCO_3(s) + Na_2SO_4 \tag{8.11}$$

$$MgSO_4 + Na_2CO_3 \rightleftarrows MgCO_3 + Na_2SO_4 \tag{8.12}$$

$$MgCO_3 + Ca(OH)_2 \rightleftarrows Mg(OH)_2(s) + CaCO_3(s) \tag{8.13}$$

연수화 반응에서 약품량 계산을 위해서는 칼슘, 마그네슘, 총알칼리도, 이산화탄소의 농도가 필요하며, 식 (8.14)와 같이 표현된다.[1]

$$[Ca(OH)_2] = [CO_2] + [HCO_3^-] + [Mg^{2+}] + [\text{excess lime}] \tag{8.14}$$

여기서, $[Ca(OH)_2]$: 연수화를 위해 필요한 $Ca(OH)_2$량(me/L)

$[CO_2]$: CO_2 농도(me/L)

$[HCO_3^-]$: HCO_3^- 농도(me/L)

$[Mg^{2+}]$: Mg^{2+} 농도(me/L)

[excess lime] : pH를 높게 유지시키기 위한 추가투입량, 대개 1 me/L

소다회의 필요량은 식 (8.15)과 같이 계산된다.[1,27]

$$[Na_2CO_3] = [Ca^{2+}] + [Mg^{2+}] - [\text{Alkalinity}] \tag{8.15}$$

여기서, $[Na_2CO_3]$: 비탄산연수화 공정에 필요한 $NaCO_3$량(me/L)

$[Ca^{2+}]$: Ca^{2+} 농도(me/L)

[Alkalinity] : Alkalinity 농도(me/L)

식 (8.14)와 (8.15)에 사용한 농도는 당량 농도로 연수화에 필요한 석회나 소다회의 양을 구하기 위해서는 식 (8.16)과 (8.17)에서와 같이 각각의 당량을 곱하여야 한다.[1,27]

$$필요\ 석회량(mg/L) = [Ca(OH)_2] \times 37.0 \tag{8.16}$$

$$필요\ 소다회량(mg/L) = [Na_2CO_3] \times 53 \tag{8.17}$$

예 제 연수화에 필요한 석회와 소다회의 양을 계산하라. 경도와 알칼리도의 농도는 주어진 표와 같으며 잉여 생석회투입량은 1 me/L 이다.

물질	농도	분자량	당량	당량농도 me/L
CO_2	10 mg/L	44	22	0.45
Ca^{2+}	70 mg/L	40	20	3.50
Mg^{2+}	40 mg/L	24	12	3.33
HCO_3^-	250 mg/L	61	61	4.10
CO_3^{2-}	2 mg/L	60	30	0.07
OH^-	0.02 mg/L	17	17	0.0012

풀 이 석회 필요량 계산

$$\begin{aligned}[Ca(OH)_2] &= [CO_2] + [HCO_3^-] + [Mg^{2+}] + [\text{excess lime}] \\ &= 0.45 + 4.10 + 3.33 + 1.00 \\ &= 8.88\ \text{me/L}\end{aligned}$$

석회 필요량 = 8.88 me/L × 37 = 328 mg/L as $Ca(OH)_2$

소다회 필요량 계산

$$\begin{aligned}[Na_2CO_3] &= Ca^{2+} + Mg^{2+} - \text{Alkalinity} \\ &= [Ca^{2+}] + [Mg^{2+}] - ([HCO_3^-] + [CO_3^{2-}] + [OH^-]) \\ &= 3.50 + 3.33 - (4.10 + 0.07 + 0.0012) \\ &= 2.66\ \text{me/L}\end{aligned}$$

소다회 필요량 = 2.66 me/L × 53 = 141 mg/L as Na_2CO_3

식 (8.12) 및 (8.14)에 의해 계산된 약품량은 대략 $CaCO_3$ 35 mg/L, $Mg(OH)_2$ 25 mg/L(as $CaCO_3$)이다.[1,27] 이 농도는 용해도곱에 의해 계산된 이론적인 농도보다 높지만 실제로 화학적 침전을 얻을 수 있는 최소 농도가 된다. 이 정도까지 경도를 제거하는 것은 가정용수로의 사용에는 적절한 것으로 여겨진다.

석회-소다 연수화 공정에서의 처리수는 탄산칼슘($CaCO_3$)과 수산화마그네슘($Mg(OH)_2$)이 포화되어 있고 pH도 높다. 따라서 pH를 9.2~9.7로 낮추고 $CaCO_3$를 다시 안정화시키기 위해서 이산화탄소를 주입하여 재탄화시킨다.[1,27] 물에 이산화탄소를 주입하면 pH는 낮아지고 CO_3^{2-}는 안정적인 HCO_3^-로 전환된다.

철, 망간의 제거

지하수나 저수지 심층수에는 철과 망간이 함유되어 있는 경우가 있다. 혐기성조건에서 철과 망간은 용존성인 2가 상태의 Fe^{2+}와 Mn^{2+}로 환원된다. Fe^{2+}와 Mn^{2+}을 함유한 원수가 대기 중에 노출되면 불용성의 Fe^{3+}와 Mn^{4+}로 산화되어 배관과 세탁물에서 적갈색의 녹물이나 얼룩의 원인이 된다. 이 때문에 철과 망간을 제거해야 한다. 식 (8.18)과 (8.19)는 철, 망간의 화학적 반응을 나타낸 것이다.

$$4Fe^{2+} + O_2 + 10H_2O \rightarrow 4Fe(OH)_3 + 8H^+ \tag{8.18}$$

$$4Mn^{2+} + O_2 + 2H_2O \rightarrow 2MnO_2 + 4H^+ \tag{8.19}$$

철과 망간은 Fe^{2+}와 Mn^{2+}을 산화시킨 후 침전과 여과공정을 통해 제거한다. 산화시키는 쉬운 방법은 그 용액을 폭기시키는 것이다. 폭기공정은 6장에서 설명되어 있다. pH가 8.5 이상인 경우에는 폭기공정이 철, 망간 제거에 가장 효과적이며, 코크스 층을 갖추고 있는 stack-tray 산기장치가 사용된다.[27] 하지만 철이 킬레이트 화합물을 형성하고 있어서 분자량이 큰 화합물 상태로 물에 용해되어 있을 때에는 폭기에 의한 효과가 적으므로[5] 다음에 설명될 화학적 산화에 의해 제거토록 해야 한다.

화학적 산화공정을 위해서는 오존, 과망간산칼륨, 과산화수소, 염소 및 이산화염소 같은 강력한 산화제가 사용된다.[27,28] 철은 중성 pH에서 이들 산화제로 효과적으로 제거된다. 망간은 중성 pH에서 과망간산칼륨에 의해서 제거된다. 다른 산화제로 효과적인 망간 제거를 위해서는 pH 8.3 이상이 요구된다.[27,28]

철, 망간의 산화물은 응집과 여과에 의해 제거된다. 그리고 산화물이 여재에 피복되면 콜로이드 제거가 향상되나, 수중에 잔류염소가 존재하지 않으면 피복된 산화물에서 미생물이 성장하여 철과 망간을 다시 용존상태(Fe^{2+}, Mg^{2+})로 환원시킨다.[5]

8.4 급속혼화

응집과 침전공정을 위해서는 흐르는 물에 화학약품을 주입해야 한다. 이들 공정에서 주입된 화학약품은 빠르고 균일하게 분산되어야 한다. 이렇게 약품을 확산시키는 공정을 급속혼화(rapid mix or flash mix)라 한다.

8.4.1 혼화장치의 종류

급속 혼화장치는 교반방법(기계식 및 정적교반)과 흐름패턴(압출류형 혹은 완전혼합)에 따라 분류된다. 기계식 혼화장치는 혼화조에서 난류를 발생시키는 임펠러나 프로펠러를 가진 기계식 교반기를 사용한다. 그림 8-7은 수처리에서 사용하고 있는 임펠러나 프로펠러를 가진 일반적인 기계식 교반기의 예이다. 이들 임펠러나 프로펠러는 생성되는 수류 종류에 따라 분류된다. 방사류펌프와 유사한 형태로 회전축에 대하여 직각방향으로 힘을 가하는 임펠러를 방사류 임펠러 또는 터빈 임펠러라 한다(그림 8−7(a), (b)). 그림 8−7(c)의 임펠러는 축류펌프와 같이 회전축과 평행한 방향으로 힘을 가하므로 축류식 경사날개 임펠러라 한다. 경사날개를 가진 고속의 축류식 임펠러를 프로펠러라고 하며 그림 8−7(d), (e)에 나타나있다. 급속혼화기에 사용되는 임펠러의 종류는 조의 구조와 조내에서 요구되는 수류흐름에 따라 결정된다. 정적 교반기(static mixer)는 수리낙차, 도류벽, 수축/확대관에서 발생하는 난류를 이용한 장치이다. 표 8−4는 기계식 교반기와 정적 교반기의 장단점을 비교한 것이다.

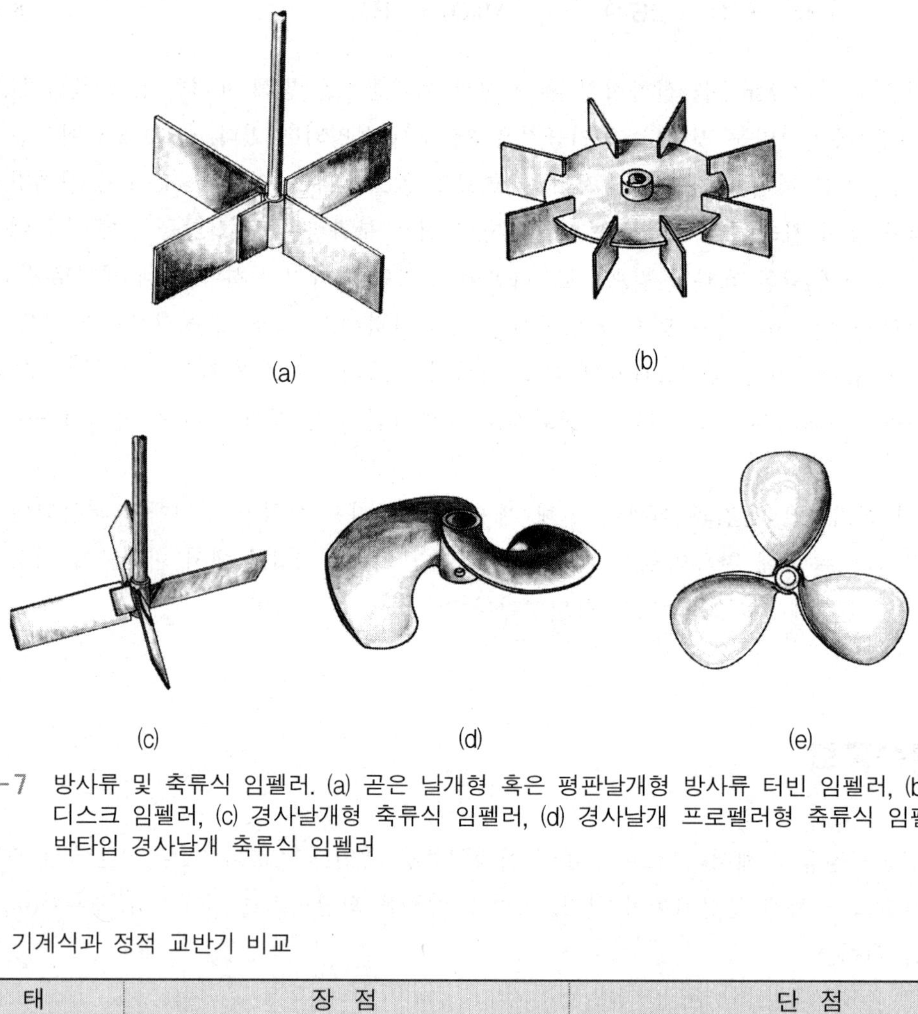

그림 8−7 방사류 및 축류식 임펠러. (a) 곧은 날개형 혹은 평판날개형 방사류 터빈 임펠러, (b) 평판날개 디스크 임펠러, (c) 경사날개형 축류식 임펠러, (d) 경사날개 프로펠러형 축류식 임펠러, (e) 선박타입 경사날개 축류식 임펠러

표 8−4 기계식과 정적 교반기 비교

형 태	장 점	단 점
기계식교반기	− 유량과 독립적으로 교반시킬 수 있음 − 교반강도 조절 가능함 − 운전에 유연성이 있음	− 유지보수에 추가 장비 필요 − 장치 고장 시 문제발생
정적교반기	− 유지보수 간단 − 신뢰성이 높음	− 유량에 의해 교반강도 결정 − 높은 수두손실 − 운전에 유연성이 낮음

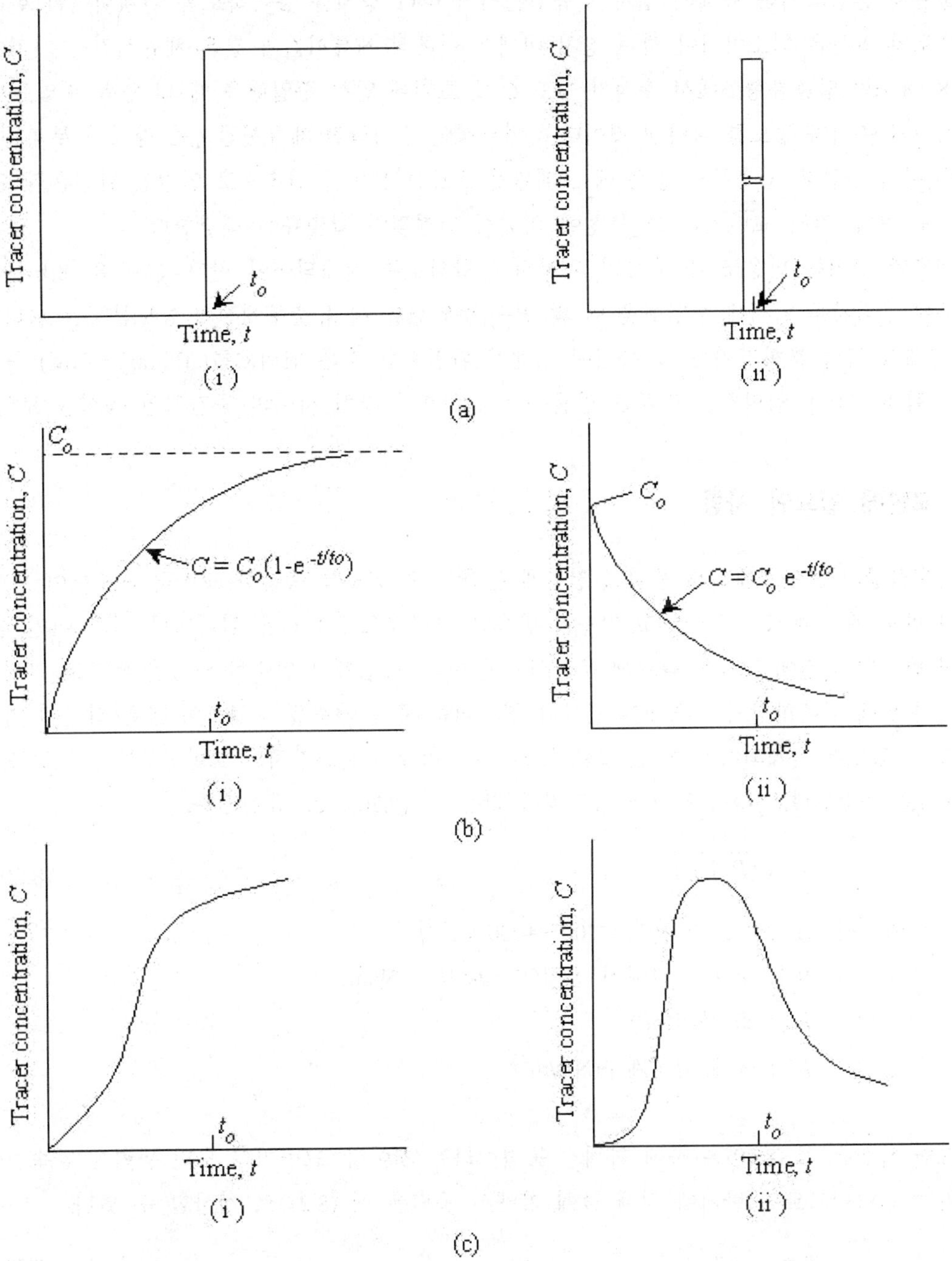

그림 8-8 급속혼화지에서 염료 추적자 실험. (a) 압출류 (i) 연속주입 (ii) 일시주입, (b) 완전혼합 (i) 연속주입 (ii) 일시주입, (c) 임의 흐름(arbitrary - flow) (i) 연속주입 (ii) 일시주입

압출류형 혼합장치는 유체의 입자가 유입순서에 따라 장치를 통과하도록 설계되어야 한다. 흐름 방향으로의 확산은 최소이어야 하며 장치 내에서 이론적 체류시간과 같은 체류시간을 가져야 한다. 그림 8－8(a)는 압출류형조에서 추적자 농도 C_o를 초기에 일시 주입했을 때 및 연속 주입했을 때 유출부에서의 추적자 농도를 나타낸 것이다.[18] 이론적인 수리학적 체류시간 t_0는 장치의 부피를 유량으로 나누어서 구한다. 압출류의 좋은 예는 배관을 흐르는 물이나 연속으로 연결된 완전혼합 반응조들을 들 수 있다. 정적 교반기는 그 특성에 의해서 전형적인 압출류에 해당한다.

완전혼합 장치는 반응조 내 유체가 완전히 혼합되도록 설계되어야 한다. 그림 8－8(b)는 반응조 유입부에 추적자를 일시에 주입했을 때 및 연속 주입했을 때 유출부에서의 농도분포를 나타낸 것이다.[18] 기계식 급속 혼화장치는 그 특성에 의해서 완전혼합 혹은 임의흐름(arbitrary－flow) 특성을 가진다(그림 8－8(c)). 임의흐름 장치는 압출류와 완전혼합 장치 사이의 중간적인 특성을 보인다.

8.4.2 교반에 필요한 사항

급속혼화장치는 수체에서 약품이 완전하게 분산될 수 있도록 충분한 교반력을 주어야 한다. 응집 약품의 반응 매우 빠르게 일어나고 연수화 반응은 상대적으로 느리게 일어난다.[27,31,32] 어떤 경우라도 반응이 종료되기 전에 약품을 빠르게 분산시켜야 한다. 응집제나 연수화 약품을 빠르고 완전하게 혼합시키기 위해서 혼화장치는 최대의 난류가 형성되는 곳에 약품을 주입하여 짧은 시간에 격렬히 교반시킬 수 있도록 설계되어야 한다. 일반적으로 수처리에서 혼화장치의 교반정도는 속도경사(velocity gradient)로 측정된다. 혼화장치에서 속도경사 값은 식 (8.20)으로 표현된다.[2]

$$G = \sqrt{(P/V\mu)} \tag{8.20}$$

여기서, G : 속도경사(G = 700～1000 sec^{-1})

P : 수체에 가해진 동력(N·m/s 또는 Watt)

V : 조 부피(m^3)

μ : 유체 점성계수(N·s/m^2)

중요한 사실은 식 (8.20)은 물에 가해진 동력이라는 것이다. 교반기의 모터 동력은 감속기어를 작동시키는 동력이므로 교반기에 의해 물에 가해진 동력은 식 (8.21)로 계산할 수 있다.

$$P = 2\pi nT \tag{8.21}$$

여기서, n : 임펠러 속도, 초당회전수(rps)

T : 임펠러 축 토크(N·m)

다른 방법으로 물에 가해진 동력을 나타내면 식 (8.22)와 (8.23)과 같다.[29,33,34]

$$P=N_p\mu n^2 d^3 \tag{8.22}$$

$$P=N_p\rho n^3 d^5(\text{or } (\gamma/g)N_p n^3 d^5)(\text{or } N_p(\gamma/g)n^3 d^5) \tag{8.23}$$

여기서, N_p : 임펠러 동력 계수
d : 임펠러 직경(m)
ρ : 유체 밀도(kg/m^3)
γ : 물 밀도(N/m^3)
g : 중력가속도(m/s^2)
μ : 점성계수(N · s/m^2)

식 (8.22)는 층류(레이놀드 수 $N_R < 10$)에서 사용하고, 식 (8.23)은 난류(레이놀드 수 $N_R > 10{,}000$)에서 사용한다. 급속혼화장치를 위한 레이놀드 수는 식 (8.24)에 주어져 있다.[14]

$$N_R = \frac{d^2 n\rho}{\mu} \ (\text{or } d^2 n\gamma / \mu g) \tag{8.24}$$

흐름에 의해 발생되는 난류를 활용하는 혼화조에서의 속도경사는 식 (8.25)와 같이 계산된다.[2]

$$G=\left[\sqrt{\frac{\gamma h_L}{t\mu}}\right]=\left[\sqrt{\frac{g\rho}{t\mu}}\right] \tag{8.25}$$

여기서, h_L : 교반기에서 총 수두손실(m)
t : 체류시간(s)

단위를 변환하여 미국에서 많이 사용하는 단위로 바꾸면 식 (8.25)은 4℃에서 식 (8.26)으로 단순화할 수 있다.

$$G=178\sqrt{\left(\frac{h'_L}{t'}\right)} \tag{8.26}$$

여기서, h'_L : 교반기에서 총 수두손실(ft)
t' : 체류시간(min)

속도경사 G 값은 혼화장치에서의 체류시간 및 구조, 응집제 주입율에 따라 다르며, 일반적인 속도경사의 범위는 100∼1000/s이다.

표 8-5 급속혼화장치 임펠러의 동력 계수

종 류	동력 계수, *Np*
방사흐름식(Radial flow)	
직선날개형 터빈	
4 날개 (w/d = 0.15)[a]	2.6
4 날개 (w/d = 0.2)	3.3
디스크형 터빈	
4 blade (w/d = 0.25)	5.1
6 blade (w/d = 0.25)	6.2
축방향흐름식(Axial flow)	
프로펠러 1 : 1 pitch	0.3
프로펠러 1.5 : 1 pitch	0.7
45° 경사날개	
4 날개 (w/d = 0.15)	1.36
6 날개 (w/d = 0.2)	1.94

a. w/d = 폭/직경 비
출처 : 참고문헌 2, 5, 27, 28

급속혼화장치 설계를 위해 선택한 속도경사 값은 벤치 스케일이나 파일롯 시험을 통하여 개발되어야 하지만 실험의 대안으로 동일한 원수를 처리하는 처리장의 운전결과를 사용하기도 한다. 일반적으로 짧은 시간에 고강도의 교반을 하는 것이 최고의 결과를 나타낸다.

8.4.3 급속혼화조의 체류시간

급속혼화장치에서 체류시간은 물과 약품이 완전히 균질이 되도록 충분히 혼합되고 입자크기평형 상태까지 플록이 형성되도록 충분히 제공되어야 한다. 입자크기평형(particle-size equilibrium)이라는 것은 더 혼합해도 침전에 의해서는 더 이상의 탁도를 제거할 수 없는 상태(최고로 입자가 커진 상태)를 말한다. 이런 급속혼화 시간은 실험 결과나 유사한 원수를 같은 응집제로 처리하는 타 처리장에서의 경험으로 결정될 수 있다. 급속혼화장치에서의 일반적인 체류시간[a]은 10초에서 5분이다.[31] 급속혼화기에서의 평균 체류시간은 식 (8.27)에서 결정된다.

$$t = V/Q \tag{8.27}$$

여기서, t : 평균 체류시간(min)

Q : 유량(m^3/min)

V : 조부피(m^3)

a. 평균 체류시간은 이론적, 일반적, 수리학적 체류시간으로 사용됨.

체류시간이 짧으면 효과적인 혼화를 위해서 높은 속도경사를 필요로 한다. 역으로 말하면 체류시간이 길면 요구되는 속도경사는 낮다. 종종 Gt 값이 체류시간과 적절한 속도경사를 나타내는데 사용된다. 일반적인 Gt 값은 30,000~60,000이며,[2,19] 최적 Gt 값은 응집제 종류 및 주입율에 따라 차이가 많으며,[29] 최적 설계값은 실험을 통하여 결정하는 것이 최선의 방법이다.

8.4.4 급속혼화조의 구조

급속혼화조의 구조는 설계에 있어 가장 중요한 인자로서, 혼화기를 지나는 물이 균일하게 혼합이 될 수 있도록 하고 사수구역(dead area)과 단회로(short-circuiting, 단락류)가 최소화되는 구조로 설계하여야 한다.

기계식 교반을 하는 급속혼화조의 형상은 정사각으로 하고, 깊이와 폭의 비는 2 정도로 한다. 교반기 임펠러의 모양과 크기는 교반기를 통해 발생될 수류 흐름의 크기에 맞추어 결정한다. 방사흐름식 교반기를 사용하고 수직류 형태를 가진 혼화 장치가 단회로 효과를 최소화한다(그림 8-9).[23] 원통형 단면은 혼화장치에 의해 발생되는 순환류에 대해 저항이 작아서 혼화 효율을 저하시키므로, 기계식 혼화 장치에서는 피해야 한다. 순환흐름 감소와 효율 향상을 위해 배플을 설치하면 좋다.[33,35]

체류시간이 충분하고 완전한 난류가 발생하는 개수로에서는 수리낙하 방식(hydraulic jump, 도수)이 종종 적용되고 있으며, 그림 8-10은 그 예가 나타나 있다.[1,36] 배관길이가 충분한 관로에서는 축소관과 확대관을 이용하여 난류를 발생시키는 관내혼화방식(그림 8-11)을 적용하기도 한다. 모든 경우 응집제는 최대 난류가 발생하는 지점 직전에 주입되어야 수중에서 응집제가 빠른 시간 내에 균일하게 혼합된다.

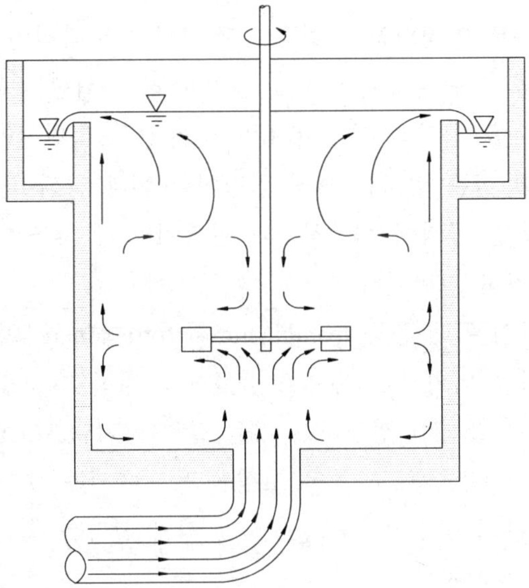

그림 8-9 방사류 교반기가 설치된 기계식 급속혼화지의 전형적인 흐름패턴

Water Works Engineering

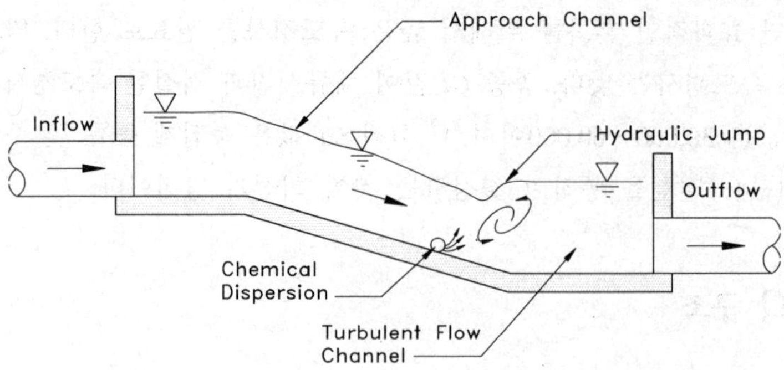

그림 8-10 도수(hydraulic jump)를 활용한 급속혼화

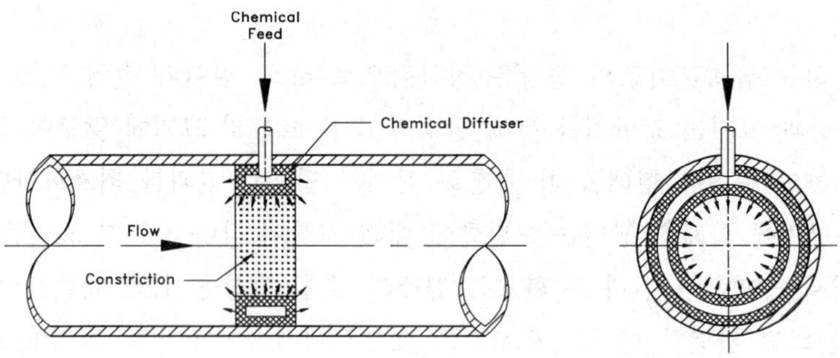

그림 8-11 관축소를 활용한 급속혼화. (a) 종단면, (b) 횡단면

8.5 응 결

응집공정은 콜로이드 입자를 안정화하는 힘을 감소시키는 화학적인 개량 방법이다. 최대의 탁도 제거를 위해서는 급속혼화 후 불안정화된 입자를 뭉치게 하기 위한 적절한 교반조건과 동력을 유지하여야 한다. 응집처리 된 물을 천천히 저어서 플록의 성장을 촉진시키는 것을 응결(flocculation)이라 한다. 응집에 의해 형성된 작은 입자는 쉽게 침전이나 여과가 되지 않으므로 응결은 침전공정에 있어 중요한 역할을 한다. 응결 공정에서는 침전과 여과에 의해 제거가 가능하도록 플록이 0.1~2.0 mm 크기가 될 때 까지 천천히 교반한다.

응집과 응결공정을 설명하기 위해 종종 'parakinetic'와 'orthokinetic'이라는 용어가 이용되는데 parakinetic은 브라운 운동에 의한 입자간 접촉으로 플록이 성장하는 것을 말하며, orthokinetic은 유체 유동에 의한 입자간 접촉으로 플록이 성장하는 것을 말한다.[2] Parakinetic coagulation 단독으로는 탁도 제거에 효과적이지 못하다. 단지 매우 높은 고형물 농도에서는 브라운 운동에 의한 입자간 충돌이 충분하게 발생된다. 대부분의 정수처리 공정에서는 입자 성장을 촉진시키는 기작으로 orthokinetic coagulation이 지배적이라고 여겨진다.

8.5.1 응결장치의 종류

응결장치(flocculator)는 종종 수류를 이용한 것과 기계식으로 대별된다. 수류를 이용한 응결기에서 요구되는 난류를 만들기 위해서 흐름에 직각방향으로 도류벽을 설치하거나 180° 방향전환(180° turns)이 이용된다. 수류를 이용한 응결장치의 중요한 설계 목적은 플록에 전단력을 발생시키지 않으면서 부드럽고, 균일하게 혼합시켜주기 위한 것으로, 유량이 비교적 일정한 경우에 효과적이다. 하지만 유량변화에 민감하기 때문에 중-대규모의 정수장에서는 거의 적용되지 않는다.[37]

기계식 교반기는 8.4.1장에 설명한 교반기를 감속시켜 응결을 위해 사용할 수 있다. 플록형성지에서 주로 사용되는 교반기는 수평패들형(그림 8-12(a))이다. 터빈 형으로는 축방향과 방사형 흐름식, 수직 혹은 수평축 응결장치가 있다. 이외에도 워킹 빔(walking-beam)과 진동형(oscillating) 응결장치가 있다(그림 8-12(b),(c)).[38,39]

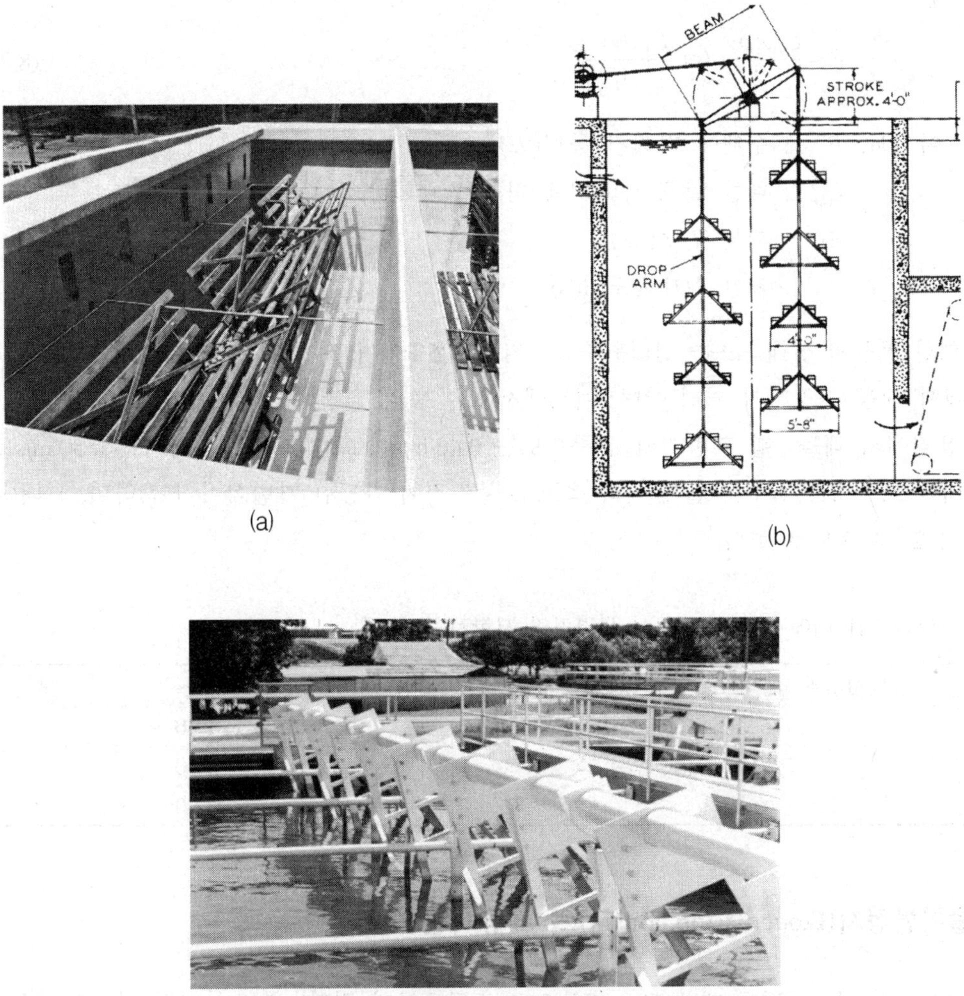

그림 8-12 전형적인 응결장치. (a) 패들 휠, (b) 워킹 빔(walking beam), (c) 진동형 패들

8.5.2 교반필요사항

응결장치에 의한 교반강도는 급속혼화에 비해 아주 약하다. 응결의 목적은 형성된 플록을 파괴시키지 않을 정도의 난류를 발생시켜서 입자간 접촉을 증가시키는 것이다. 교반기의 속도경사(G)의 범위는 15~60/s이며,[1,2,27] 플록형성지는 점차적으로 속도경사가 낮아지는 연속적인 여러 개의 구획으로 설계한다.[2] 이를 점감식 응결이라 하며 침전이 잘되는 균일하고 단단한 플록이 형성되는 것으로 알려져 있다.

전단 플록형성지의 높은 G값은 입자들을 고밀도의 플록으로 만들어 주며 다음 플록형성지의 낮은 G값은 침전이 잘되는 큰 플록을 만든다. 구획화와 점감법으로 인해 응결 공정의 효율이 개선된다.[27] 수류의 난류를 이용한 응결장치의 속도경사는 식 (8.25)와 식 (8.26)과 같이 계산된다. 기계식 교반기의 속도경사는 식 (8.20)과 같이 계산되며, 패들식 교반기에 의한 동력은 식 (8.28)과 같이 구한다.[2]

$$P = \frac{C_D A \rho v^3}{2} \left(\text{or } \frac{C_D A \gamma v^3}{2g}\right) \tag{8.28}$$

여기서, P : 수체에 가해진 동력(W)

C_D : 패들 날개 L/W 비에 따른 저항 계수

A : 패들 면적(m^2)

v : 패들 상대속도(m/s)

물에 대한 패들의 상대속도는 절대원주속도의 약 75%이며, 패들의 평균 절대원주속도(v)는 '$2\pi n$ × 축중앙에서 패들 중앙까지 거리'이며, 여기에서 n은 축의 회전속도이다.

알럼 응집에서 패들-휠 교반기의 원주속도는 0.40 m/s이고, 석회연수화에서는 0.50 m/s로 제한된다.[36] 기계식 교반기는 원수 수질에 따라 속도경사 조정이 가능한 가변식이어야 하며, 최대/최소 회전속도 비는 2~4 정도로 한다.

표 8-6 패들 L/W 비에 따른 패들형식 응결기의 저항계수(C_D) 값

길이와 폭 비(L/W)	C_D
5	1.20
20	1.50
∞	1.90

8.5.3 플록형성지(Flocculation Basin)의 체류시간

플록형성지의 체류시간은 대개 20~60분으로 혼화조보다 길다.[1] 주요설계인자는 Gt(속도경사 × 체류시간)이다. 지내에서 입자간 충돌 횟수는 Gt 값에 비례하며, 일반적인 범위는 10,000~150,000/s이

다.[2,3,27] 급속혼화와 마찬가지로 플록형성지의 설비도 실험이나 유사 원수를 처리하는 타 정수장에서의 경험값을 설계인자로 이용한다.

8.5.4 플록형성지의 구조

플록형성지에서 단회로를 최소화하기 위해 지를 다단으로 구획하여 연결 사용한다. 플록형성지를 3~4단으로 설치하는 것이 단회로를 최소화하기 위해 적당하며, 각 단별로 격벽을 설치하여 구분한다.[2,31,37] 깊이가 3~5 m이고 최대 크기가 6 m × 6 m인 정사각지에는 수직형 응결장치를 설치하고, 수평형이나 패들형은 길이 6~30 m, 폭 3~5 m인 지에 설치한다.[40] 격벽의 정류공에서의 속도경사는 전단 플록형성지에서의 속도경사보다 크지 않도록 설계한다. 정류공을 통과하는 속도경사는 식 (8.25), 식 (8.26) 및 식 (8.27)로 계산하며, 손실수두는 식 (6.4)으로부터 계산된다.

응결장치 설계에 이용되는 전형적인 속도 기준은 다음과 같다.

- 급속혼화지에서 플록형성지에 연결되는 관이나 수로에서의 유속은 0.45~0.9 m/s이고 지의 유입부 분배 수로에서 일정 속도를 유지하기 위하여 폭이나 깊이가 확대 또는 축소되는 수로를 설치한다.[40]
- 플록형성지에서의 속도는 0.15~0.45 m/min이다.[41] 0.5 m/min 이상에서는 플록에 전단력이 주어질 수 있다.[31] 지내에서의 흐름은 전체 단면에 대해 균일해야 하고 사수구역이 없어야 한다.
- 격벽에서의 속도는 0.3~0.45 m/s로 하며, 정류공의 개구비는 3~6%로 한다. 청소를 위해 바닥에 엇갈리게 배열된 홈들(높이 0.1~0.15 m × 길이 0.4~0.6 m)을 설치한다.[40]
- 플록형성지와 침전지 사이를 관이나 수로로 연결할 경우에 유속은 0.15~0.45 m/s로 하고, 정류벽을 설치한다면 통과 유속이 0.15 m/s 정도가 되게 오리피스의 면적을 결정한다.[41,42] 정류벽의 바닥에는 작은 구멍을 내고, 상부는 수중에 약간 잠기도록 하여 슬러지와 스컴이 침전지로 유입되도록 유도한다.[40]

8.6 응집과 응결장치의 제조사

부록 C에 응집, 응결 및 약품설비의 제조사에 대한 정보가 나타나있다. 최적의 장비와 시설의 선정을 위해서는 사용될 약품 종류와 양, 유량, 지의 구조, 속도경사 및 설비 운영범위에 관한 정보가 필요하다. 설계에 맞는 설비를 선정하고 세부사양을 결정할 수 있도록 제조사로부터 유용한 정보를 제공받을 수 있다.

8.7 응집과 응결 설계를 위한 정보

다음 정보는 설계자가 응집과 응결 설비를 설계하기 전에 수집하고 결정해야할 사항들이다.

1. 사전설계(predesign)에서 얻어야 할 정보
   a. 설계유량 – 첨두(최대), 평균, 최소
   b. 사용약품 종류 및 투입율
   c. 급속혼화 시간 및 속도경사
   d. 응결 시간과 속도경사

2. 예비설계(preliminary design)에서 얻어야 할 정보
   a. 공정 배치, 기존 시설과 계획 시설의 크기, 위치, 구조
   b. 계획된 장비의 수
      i) 약품투입기 ii) 급속혼화기 iii) 응결기
   c. 응집과 연관하여 사용될 다른 약품 설비의 종류와 위치
      ex) 분말활성탄, 산화제(과망간산칼륨), 연수화 약품, 소독제
      i) 투입지점 ii) 투입율 iii) 약품투입 방법과 보관
   d. 수리계통도 : 여러 공정에서의 손실수두가 표시된 것
   e. 급속혼화 장치의 형식
   f. 응결장치의 형식

3. 시설 소유자와 운영자에게서 얻어야 할 정보
   a. 선호하는 설비 형식과 제조사
   b. 응집, 응결 설비 설계와 관련된 선호하는 운전 방법

4. 설계자에 의해 개발되어야 하는 정보
   a. 법적기준을 만족하는 최소 설계 기준
   b. 사용 가능한 약품투입기 및 혼화응집 설비의 종류, 크기 및 제한성

8.8 설계 예

8.8.1 사용된 설계기준

설계 예에서 사용된 설계 기준은 다음과 같다.

1. 유량

a. 최대 : 113,500 m^3/d

b. 평균 : 57,900 m^3/d

2. 원수수질. 5.4.8장에 설명한 바와 같이 원수수질은 아래와 같으며 5.4.8장에서 보다 세부적인 항목이 추가되었다.

   a. 탁도 : 3～17 NTU

   b. 계절별 철, 망간 농도 : 각각 0.2～0.7 mg/L, 0.05～0.4 mg/L

   c. pH : 7.9～8.2

   d. 총알칼리도 : 80～110 mg/L as $CaCO_3$

   e. 총경도 : 100～120 mg/L as $CaCO_3$

   f. 유입원수의 수온, 탁도, pH, 전기전도도를 연속 측정할 수 있는 지점에 각종 계측기와 장비를 설치

3. 화학 약품

   a. 응집제 : 황산제이철 최적 주입율 25 mg/L, 최대 60 mg/L, 투입지점은 급속혼화조

   b. 응집보조제 : 양이온폴리머 최적주입율 0.05 mg/L, 최대 0.08 mg/L. 투입지점 플록형성지 앞의 파셜플룸

   c. 여과보조제 : 비이온성폴리머 최적주입율 0.02 mg/L, 최대 0.04 mg/L. 투입지점은 침전수 집수 수로에서 침전수 박스로 자유낙하하기 직전

   d. pH 조절 : pH는 8～9로 조정하기 위해 소석회($Ca(OH)_2$)를 사용하고 최적 pH 유지를 위한 주입량은 15 mg/L. 투입지점은 혼화조에서 응집제 주입전 석회 혼화 챔버(chamber)에 투입

   e. 철, 망간 침전과 이취미 제어를 위해 $KMnO_4$와 PAC 설비를 설치한다. $KMnO_4$는 원수가 유입되는 접합정 A에 투입하고, 최대 투입율은 4 mg/L이다(11장 $KMnO_4$ 요구량 계산 참조). PAC는 취수펌프장에서 투입하고 투입농도는 4～8 mg/L이다.

4. 급속 혼화지 설계 인자

   a. 지수 : 4지

   b. 단수 : 1단

   c. 체류시간 : 20～30 s

   d. 속도경사(G) : 950/s

5. 플록형성지 설계 인자

   a. 지수 : 4지

   b. 단수 : 3단

   c. 체류시간 : 30분, 각 단별 10분

   d. 속도경사(G) : 1단 60/s, 2단 45/s, 3단 30/s. 전공정에서 35/s

6. 공정 배열과 설계 지침

급속혼화와 응결 설비의 배열은 그림 8－13과 같다. 급속혼화지는 약품투입설비 인근에 위치한다. 정수장에서 약품설비의 조작과 이송은 유지관리상 중요한 사항이다. 이 배치는 약품설비와 투입지점간의 거리를 줄임으로 유지관리에 있어 문제점을 최소화 할 것이다. 원수는 접합정 D에서 122 cm 관을 통하여 forebay에 유입되어 위어를 월류하여 pH 조정을 위해 소석회를 투입하는 석회혼화 챔버로 흐르며, pH가 조정된 물은 급속혼화지 앞의 두 개의 유입수로로 분배된다. 소석회의 용해를 위해 석회혼화 챔버와 급속혼화지 전 유입수로에서 최대 유량시 2분 정도의 짧은 체류시간이 주어진다. 각 유입수로에서 완전히 독립된 두 계열로 혼화지, 플록형성지 및 침전지를 설치한다. 이런 배치는 다른 세 계열을 운전하는 동안 한 계열의 유지보수를 가능하게 한다. 이 배치는 그 지역에 정수장이 오직 하나일 경우 종종 적용하나, 정수장이 여러 개일 경우에는 경제적이지 못한 방법이다.

a. 급속혼화기 : 4개의 혼화지를 병렬로 운영하기 위하여 각각 최대 유량의 25 % 용량으로 설계하였다. 각 지에는 방사흐름식 기계식 교반기를 설치하고, 응집제는 급속 혼화지에, 응집보조제는 미세플록이 형성된 플록형성지 앞의 파셜플룸에 주입한다.

b. 플록형성지 : 플록형성지는 침전지 전단에 붙여 있다. 각 지들은 정류벽으로 구분되고 총 4지로 구성되어 병렬로 운전된다. 각각은 설계 유량의 25% 용량이며, 직렬로 3단의 기계식 패들－휠 교반기를 설치한다. 응집처리된 물은 유입수 분배 채널과 위어로 균등하게 공급된다. 조를 통과하는 수류흐름은 cross－flow이고 플록형성 단계를 분리하기 위해 수류의 직각 방향으로 격벽을 설치한다. 많은 오리피스를 가진 정류벽을 설치하여 침전지와 플록형성지를 구분한다.

c. 약품저장실 : 약품저장실은 약품주입과 보관을 위한 것이다. 황산제이철, 석회, 응집제 및 여과보조제, 과망간산칼륨 등을 취급한다. 건물은 온도 5～40℃로 조절가능하게 하고, 지하층에는 공기조절이 되는 전기실이 있다. 약품운반은 건물 동쪽에서 내려서 운반되도록 되어 있고, 유지보수 작업실은 응집제 조작 지점과 가까운 곳에 위치한다. 약품 저장실과 중앙제어실 간에 포장도로가 설치된다.

8.8.2 설계계산

Step A : 급속혼화지 설계

1. 규격

a. 각 계열별 설계유량을 계산한다.

설계최대유량 : 113,500 m^3/d

각 계열별 유량은 설계최대유량의 4분의 1

: 113,500 $m^3/d/4$ = 28,375 m^3/d = 0.328 m^3/s

b. 체류시간 30초에 대한 지의 용적을 계산한다.

요구 용적 = $Q \times t = 0.328\ m^3/s \times 30\ s = 9.84\ m^3$

경험적으로 터빈형교반기와 함께 최상의 효율을 나타내는 수심과 폭의 비가 1.5인 정사각형 지를 사용한다.

V(용적) = $w \times l \times d = w \times w \times 1.5\,w = 1.5\,w^3$

$$w = \left(\frac{\text{volume}}{1.5}\right)^{1/3} = \left(\frac{9.84\,\text{m}^3}{1.5}\right)^{1/3} = 1.9\,\text{m}$$

깊이 = $1.5 \times 1.9\ m = 2.85\ m$

따라서 네 지의 각 규격은 W 1.9 m × L 1.9 m × D 2.9 m(V : 10.5 m^3)이 된다. 그림 8－14에 상세한 구조가 나타나 있다.

2. 유입부 구조

유입부는 forebay, 석회혼화챔버(lime－mixing chamber), 유입 수로(channel)로 구성되어 있다. forebay에는 관경 122 cm의 관으로부터 물이 유입되어 상향류로 흐르고 2 m 길이의 위어를 거쳐 석회혼화 챔버(정사각 2 m × 2 m)로 유입된다. pH 조절된 물은 조 바닥의 수문(2개)을 거쳐 유입수로로 분배된다. 수문의 크기는 0.9 m × 0.9 m이고, 두 개의 급속혼화지에 챔버의 양쪽 수로에서 물이 유입된다. 유입 채널의 폭은 2 m이고 각 혼화지의 밑부분은 직경 60 cm 관으로 연결되어 있다. 그 관으로부터 터빈 임펠러 바로 아래에서 혼화지로 물이 들어간다. 유입관의 끝에는 유량 제어나 필요할 경우 다른 계열과 분리하기 위해 수문(sluice gate)를 설치한다. 그림 8－14에 그 세부 유입부 구조가 나타나 있다.

3. 유출부 구조

급속혼화지의 유출부구조는 3면의 직선형 위어, 두개의 0.6 m 유출수 집수 플룸 및 0.85 m 폭의 유출 수로로 구성되어 있다. 이것은 응집처리된 물을 플록형성지 앞에 있는 파셜플룸으로 이송시킨다. 파셜플룸의 유출구 폭은 필요한 유입폭과 같다. 급속혼화 및 플록형성지의 전체 배치도 및 유입, 유출구조가 그림 8－13과 8－14에 각각 나타나있다.

4. 장치 설계

a. 급속혼화기

i. 교반기 요구 동력을 계산한다. 유량 0.238 m^3/s에 속도경사(G)는 950/s로 설계한다. 유량은 설계최대유량의 1/4이다. 원수 수온 범위는 5～28℃이고, 최저수온을 한계조건으로 하여 설계한다.

ii. 교반기 동력을 계산한다.

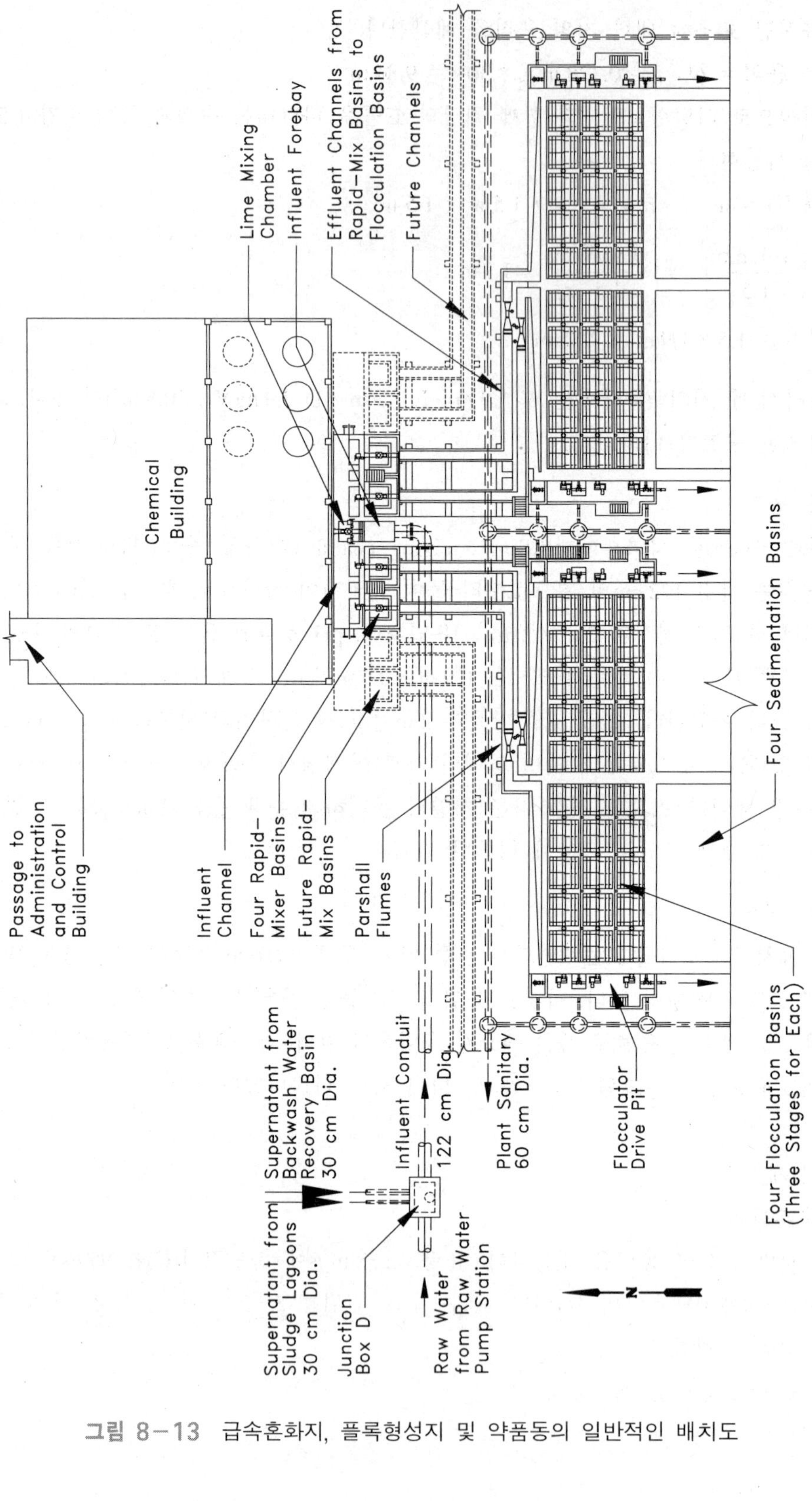

그림 8-13 급속혼화지, 플록형성지 및 약품동의 일반적인 배치도

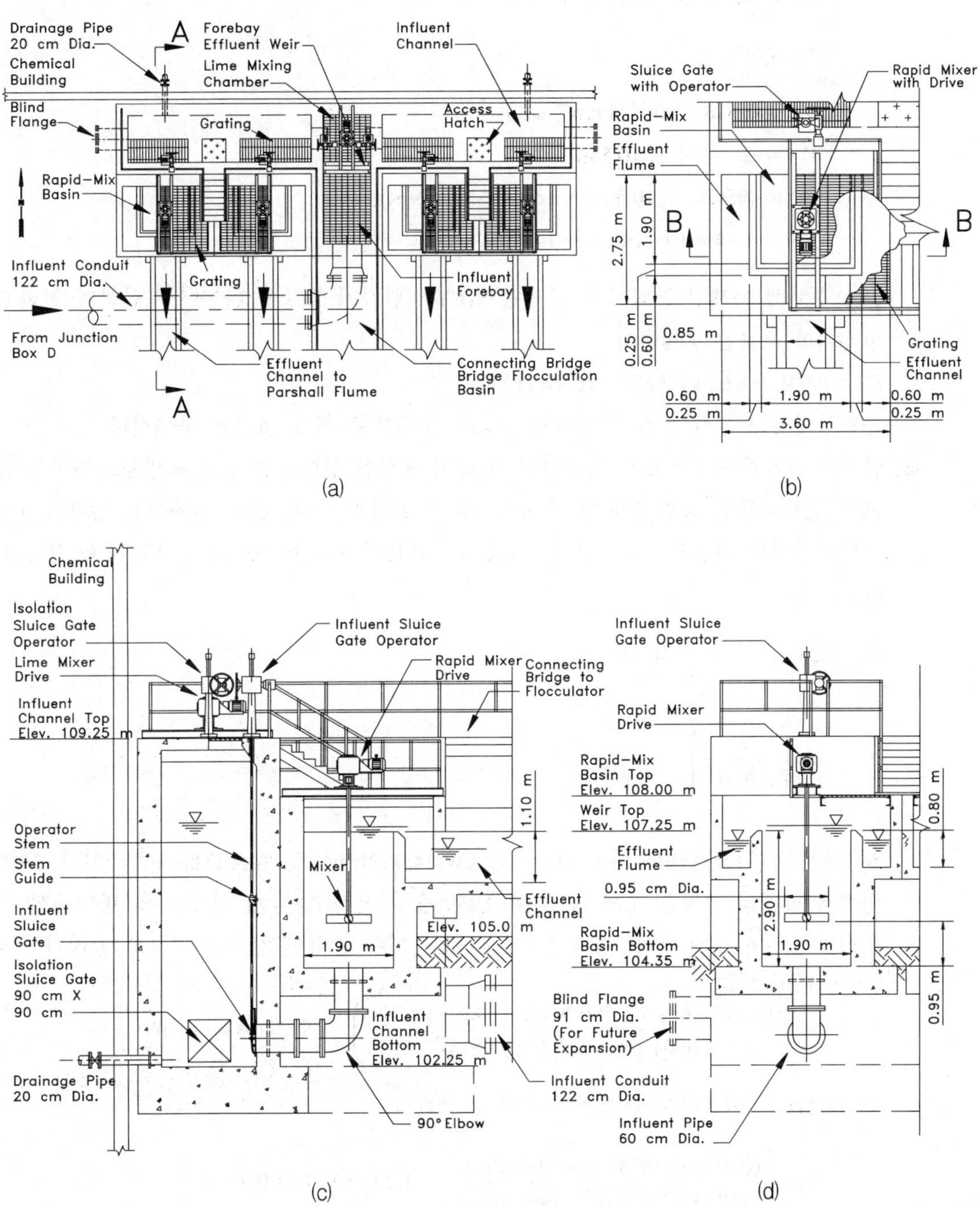

그림 8-14 급속혼화지의 상세도. (a) 전체 배치도, (b) 평면도, (c) A-A 단면, (d) B-B 단면

식 (8.20)을 다시 정리하면 계산하면

$$P = G^2 V \mu$$

μ = 1.518×10^{-3} N·s/m² at 5℃

V = 조 부피 = 10.5 m³

P = $(950/s)^2 \times 10.5\ m^3 \times 1.518 \times 10^{-3}\ N \cdot s/m^2$

= 1.44×10^4 N·m/s = 14.4 kW

P는 수체에 가해진 동력이며, 운전동력(P')은 변속기 효율을 나누어 계산하며 일반적인 변속기의 효율은 90%이다.

$P' = P/0.9 = 14.4\ kW/0.9 = 16\ kW(12\ hp)$

운전상태와 오동작 등을 감시하기 위하여 모터별로 개별 접점을 부여한다.

iii. 임펠러 크기와 회전속도를 계산한다. 혼화지 유입이 상향류일 경우 축방향흐름식 교반기보다 방사흐름식 교반기가 더 효과적이라고 알려져 있다. 본 예제에서는 날개가 4개인 터빈교반기를 사용하고 그 날개의 w/d비 = 0.16이라고 할 때, N_p = 2.75라고 가정한다. (표 8－5)

식 (8.23)을 다시 정리하면

$$n = \left(\frac{P}{\rho N_p d^5} \right)^{1/3}$$

5℃에서 ρ= 1,000 kg/m³이고 P = 14.4 kW(14.4 kN·m/s or 14,400 kg·m²/s³)이다. 터빈타입에서 날개의 직경은 조의 폭 혹은 0.95 m를 사용하고, 날개 위치는 조 바닥에서 직경 높이만큼 위에 설치한다. 경험적으로 이렇게 해야 혼합이 잘되는 것으로 알려져 있다.

$$n = \left(\frac{14.4\,\text{kN} \cdot \text{m/s} \times 1{,}000\ \text{N/kN} \times 1\,\text{kg} \cdot \text{m/s}^2 \cdot \text{N}}{1{,}000\,\text{kg/m}^2 \times 2.75 \times (0.95\,\text{m})^5} \right)^{1/3} = 1.89\,\text{rps} = 113\,\text{rpm}$$

식 (8.24)[b]를 이용하여 레이놀드 수를 계산한다.

$$N_R = \frac{(0.95\,\text{m})^2 \times 1.89\,/\text{s} \times 1{,}000\,\text{kg/m}^3}{1.518 \times 10^{-3}\ \text{N} \cdot \text{s/m}^2 \times 1\,\text{kg} \cdot \text{m/s}^2 \cdot \text{N}} = 1.24 \times 10^6 > 10{,}000$$

레이놀드수가 10,000을 넘으므로 식 (8.23)을 적용할 수 있다.

b. $n = (Pg/\gamma N_p d^5)^{1/3}$식이 사용된다면 (5℃일 때 γ = 9.81 kN/m³, g = 9.81 m/s²)

$n = [(14.4\,\text{kN} \cdot \text{m/s} \times 9.81\,\text{m/s}^2) / (2.75 \times 9.81\,\text{kN/m}^3 \times 0.95\text{m})^5]^{1/3} = 1.89\,\text{rps}$

$N_R = [(0.95\,\text{m})^2 \times 1.89/\text{s} \times 9{,}810\,\text{N/m}^3]/[1.518 \times 10^{-3}\,\text{N} \cdot \text{s/m}^2 \times 9.81\,\text{m/s}^2] = 1.12 \times 10^6$

5. 혼화지에서의 손실수두와 수리계통도

이 부분에서는 forebay에서 파셜플룸까지의 수두손실을 계산한다. 접합정 A와 forebay사이의 직경 122 cm 관에서의 수두손실은 15장에서 계산된다.

a. 유입부에서의 수두손실

유입부 수두손실의 원인은 (1) forebay에서 석회혼화지로의 자유낙하, (2) 수문에서의 손실, (3) 공동유입수로에서의 손실, (4) 급속 혼화지 유입배관 손실이다. Forebay에서의 수위는 위어 높이로 조절된다. 유입부 위어에서 자유낙하를 통해 최소 0.6 m 떨어지도록 한다. 급속혼화조의 수면은 유출부에 의해 조절된다.

i . Forebay 유출 위어 수두는 Francis 공식 식 (8.29)으로 계산된다.

$$Q = \frac{2}{3} C_d L' \sqrt{(2gH^3)} \tag{8.29}$$

여기서, Q : 위어 월류량, m^3/s

H : 월류수위, m

C_d : 유출계수, 0.6 가정

$L' = L - 0.1nH$(n : number of horizantal end contraction, L : 위어길이)

본 설계에서 $n = 0$, $L' = L = 2$ m이므로

최대 유량 $Q = 113{,}500\ m^3/d / 86{,}400\ s/d = 1.314\ m^3/s$

식 (8.24)에 대입하고 H에 대하여 풀면

$$H = \left(\frac{1.314\,m^3/s \times 3/2}{0.6 \times 2\,m \times \sqrt{2 \times 9.81\,m/s^2}} \right)^{2/3} = 0.52\,m$$

이 위어에서 0.95 m 자유낙하를 준다.

ii . 수문에서의 수두손실 계산은 식 (6.5)의 오리피스 식을 이용하여 계산될 수 있다. 각 gate로 유입되는 유량은 설계최대유량의 1/2.

$$Q = 0.657\ m^3/s$$

$$h_L = \frac{1}{2 \times 9.81\,m/s^2} \times \left(\frac{0.657\,m^3/s^2}{0.6 \times (0.9\,m)^2} \right)^2 = 0.10\,m$$

iii . 공동유입수로에서의 수두손실을 계산한다. 수로 폭은 2 m, 평균 수심은 적어도 5 m를 유지한다. 수로에서의 유량은 변화가 있으며, 최대유량 0.657 m^3/s이고 혼화지로 분배되는 양은 이 유량의 반(0.328 m^3/s), 최대유속은 0.07 m/s이고 유속은 점점 감소한다. 유입수로

에서의 손실수두는 작으므로 무시한다.

ⅳ. 혼화지 유입관에서의 수두손실을 계산한다. 직경 60 cm 유입관에서의 유량은 $0.328\ m^3/s$ 이다.

$$\text{관내 유속} = \frac{4\times 0.328\,m^3/s}{\pi\times(0.6\,m)^2} = 1.16\,m/s$$

관 길이는 짧으므로 마찬 손실은 무시하고 국부손실만 고려한다. 국부손실은 유입부(K = 0.5), 90° 곡관(K = 0.3), 유출부(K = 1.0)에서 발생한다. 손실수두는 식 (7.12)에서 계산된다.

$$h_m = (0.5+0.3+1.0)\times\frac{(1.16\,m)^2}{2\times 9.81\,m/s^2} = 0.12\,m$$

ⅴ. 유입부에서의 총수두 손실은

– forebay 위어에서의 자유 낙하 수두	: 0.95 m
– 수문에서의 손실수두	: 0.10 m
– 유입관에서의 손실수두	: 0.12 m
총합	: 1.17 m

b. 유출부에서의 손실수두

수두손실의 원인은 (1) 위어에서 유출 플룸으로의 자유낙하 수두, (2) 유출 플룸에서의 손실, (3) 유출수로에서의 손실이다. 유출수로의 수위는 플록형성지 유입부 앞에 있는 파셜플룸으로 조절하고, 정상적인 유량에서의 유출 수로의 수두손실 계산은 다음과 같다.

ⅰ. 유출 위어에서의 수두손실을 계산한다. 방법은 유입부와 같이 식 (8.24)로 계산한다. 식에 $n=0$, $L=5.7$ (3 × 1.9 m), $Q = 0.328\ m^3/s$을 대입하여 H를 구하면 $H=0.10\ m$, 유출 위어에서 0.33m의 자유낙하 수두를 준다.

ⅱ. 유출수로에서의 수심을 계산한다. 파셜플룸 유입측에서 필요한 수심 0.71m(8.8.2 step B 참조)이다. 수로에서 정상흐름상태를 가정하고 식 (7.1)에서 다음의 설계값을 이용하여 필요한 구배를 계산한다.

n(Manning 조도계수) = 0.013

d(수심) = 0.71 m

B(유출수로 폭) = 0.85 m

$$v = \frac{0.328\,m^3/s}{0.85\,m\times 0.71\,m} = 0.54\,m/s$$

$$r = \frac{0.85\,\text{m} \times 0.71\,\text{m}}{2 \times 0.71\,\text{m} + 0.85\,\text{m}} = 0.266\,\text{m}$$

이 값들을 식 (7.1)에 대입하여 S를 구하면

$$0.54\,\text{m/s} = \frac{1}{0.013} \times 0.266^{2/3} \times S^{1/2}$$

$$S = 0.0003$$

ⅲ. 유출 플룸에서의 상류측 끝 부분 수심을 식 (8.30)을 이용하여 계산한다.

$$y_1 = \sqrt{y_2^2 + \frac{2Q^2}{(gb^2 y_2)}} \tag{8.30}$$

여기서, y_1 : 플룸의 상류측 끝부분 수심(m)
y_2 : 플룸의 하류측 끝부분 수심(m)
Q : 하류측 끝부분에서의 총 유량(m^3/s)
b : 플룸 폭

식 (8.30)은 자유낙하 위어로부터 물을 받는 수면 단면을 계산하기 위해서 설계자들이 많이 이용한다. 유량변화 조건에서 플룸의 전체길이에 걸친 좀 더 상세한 수면 단면을 계산하는 방법은 제 9장에 설명되어 있다. 본 설계에서 유출 플룸에서의 유출구 수위는 유입수로와 같고, 플룸 invert는 유출수로 상류 invert보다 0.3 m 높으므로 y_2 = 0.71 − 0.30 = 0.41 m이다.

$$\text{유출 플룸 길이} = \text{유출 위어의 1/2} - \text{유출수로 폭 1/2} = \frac{5.7\,\text{m} - 0.85\,\text{m}}{2} = 2.43\,\text{m}$$

유출 플룸 낙차부에서의 총유량

$$= \text{혼화지 전체유량} \times \frac{\text{유출 플룸 길이}}{\text{총유출위어 길이}} = 0.328\,\text{m}^3/\text{s} \times \frac{2.43\,\text{m}}{5.7\,\text{m}} = 0.140\,\text{m}^3/\text{s}$$

플룸 폭 b = 0.6 m를 식 (8.30)에 대입하여 계산하면 y_1 = 0.44 m,
플룸에서의 마찰, 난류, 곡관부(90°)에 의한 손실 30%를 고려하면 플룸 상부 끝에서의 수심은 0.44 m × 1.30 = 0.57 m. 따라서 유출 플룸에서의 수두손실은 0.57 m − 0.41 m = 0.16 m

ⅳ. 유출수로에서의 수두 손실을 계산한다. 유출 플룸으로부터 파셜플룸의 유입수까지의 유

출수로 총길이는 약 25 m이고 수로 경사 마찰에 의한 손실은 25 m × 0.0003 = 0.01 m이다. 응결장치에 연결된 수로의 곡관부(90°)에서 난류와 흐름방향 변화에 의한 국부 손실이 발생한다. 곡관의 하류부에서 자유수면은 0.71 m에까지 이를 것이다.

ⅴ. 유출부에서의 총손실수두를 계산하면

- 유출 위어 자유 낙하 수두 : 0.33 m
- 유출 플룸 손실수두 : 0.16 m
- 유출 수로 손실수두 : 0.01 m

총합 : 0.50 m

c. 급속혼화조에서의 수리 종단면도(hydraulic profile)

정수장 설계시 설비의 상류공정 수위는 후속 공정의 수위에 따라 결정된다. 오늘날 다양한 종류의 컴퓨터 소프트위어가 이를 계산하기 위해 이용되고 있다. 컴퓨터 수리모델이 개발되어있고 그러한 프로그램은 하류측 설비에서의 수위, 유량, 크기 등의 성계조건 변화에 대해 상류측 설비들에 대한 수리계산을 동시에 수행할 수 있다. 그래서 상류측 설비의 영향이 정밀하고 효과적으로 평가될 수 있다. 본 설계 예에서는 전체 처리공정들에 대한 수리 종단면도를 준비하기 위해서 컴퓨터 스프레드시트를 사용한 수리적 모델이 개발되었다. 유입수 forebay로부터 급속혼화지를 거쳐 플록형성지의 유입부에 이르는 수리 종단면도가 이 프로그램으로 계산되었다. 이 결과가 그림 8-15에 나타나있다. 수리 종단면도에서의 핵심 설계 수위에 대한 계산이 아래에 주어져 있다.

계산은 파셜플룸 앞의 유출수로에서 시작한다. 파셜플룸 유입부 수면고는 106.85 m이다. 이 값은 플록형성지의 설계에서 구해진 것이다(8.8.2 step B.5.e.ⅱ, 그림 8-17(b))

ⅰ. 급속혼화지와 유출부에서의 수면고과 주요 설계 높이 계산

- 급속혼화지 수면고 = 파셜플룸 유입부에서 유출수로 하류측 수면고 + 유출부 총손실수두 = 106.85 m + 0.50 m = 107.35 m
- 유출위어 최고높이 = 급속혼화조 수면고 − 유출위어 수두 = 107.3 m − 0.1 m = 107.25 m
- 혼화지 바닥 높이 = 유출위어 최고수위 − 설계수심 = 107.25 m − 2.9 m = 104.35 m

ⅱ. 유입부에서 수면고와 주요 설계 높이 계산

- forebay 수면고 = 급속혼화지 수면고 + 유입부 총손실수두 = 107.35 m + 1.17 m = 108.52 m
- forebay 위어 상부 높이 = forebay 수면고 − 위어 수두 = 108.52 m − 0.52 m = 108.00 m
- forebay 위어 높이 5.75 m일 때, forebay 바닥 높이 = forebay 위어의 상부 높이 − 제공된 forebay 위어 높이 = 108.00 m − 5.75 m = 102.25 m

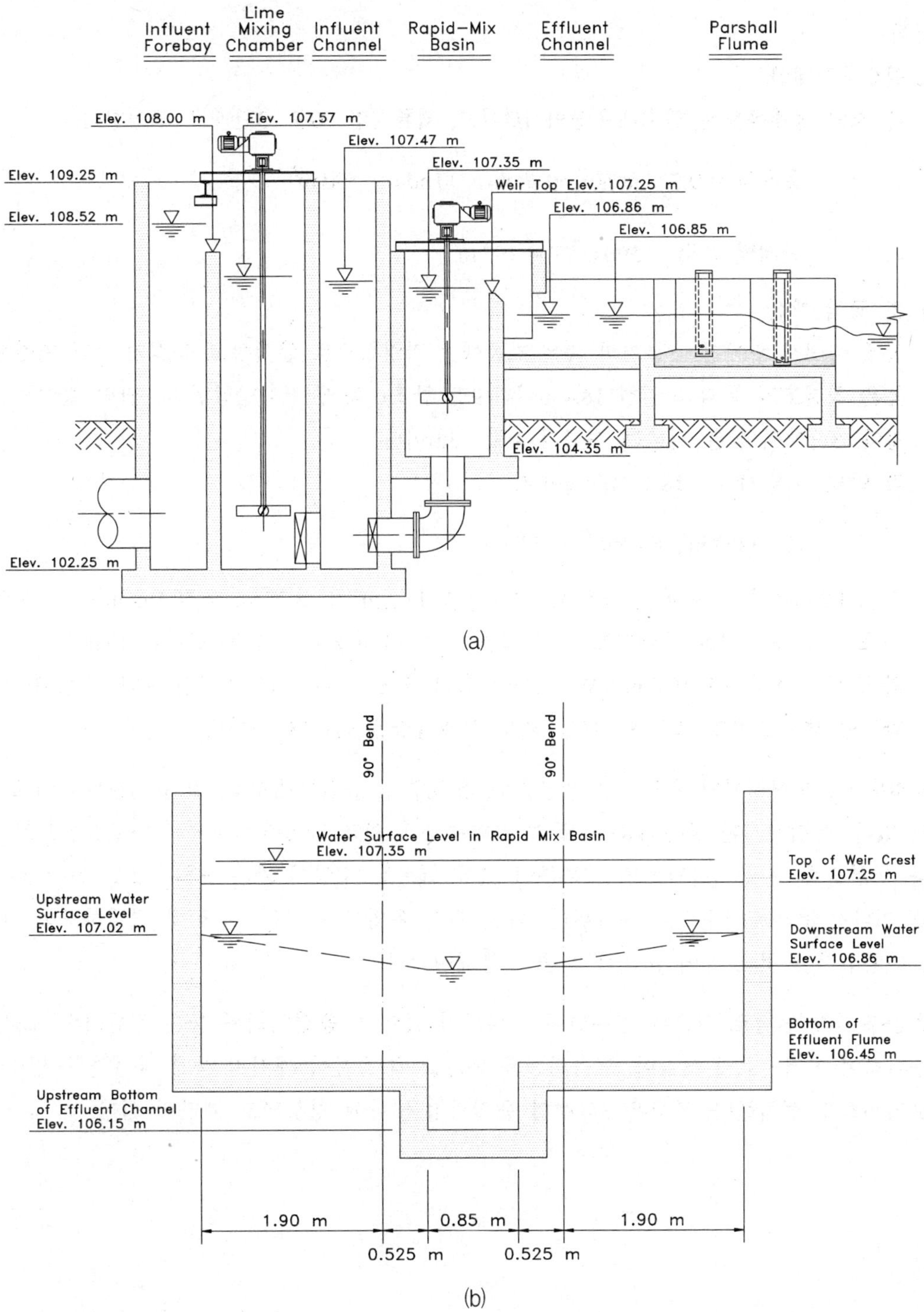

그림 8-15 급속혼화지를 통한 수리 종단면도(hydraulic profile). (a) 유입 forebay에서부터 파셜플룸의 입구에 이르는 수리 종단면도, (b) 급속혼화지 유출플룸에서의 개념적인 축방향 단면도

Step B : 플록형성지 설계

1. 규격

a. 필요용적계산

각 지의 설계유량은 일최대유량의 1/4이고, 체류시간 30분, 3단계로 구성한다.

$$총용적 = 0.328\ m^3/s \times 60\ s/min \times 30\ min = 590\ m^3$$

$$단계별\ 용적 = 590\ m^3/3 = 197\ m^3$$

b. 조 규격 계산

설계 예에서 주어진 응결기의 축은 흐름에 직각방향으로 설치하고 응결기 축과 평행한 조의 폭은 침전조의 폭과 동일한 18.4 m이다(9장 참조). 축과 직각방향인 각 단의 길이는 수심과 같다. 3단에서의 총 길이는 수심의 3배(=3d)이다.

각 단별 용적 $(V) = 18.4 \times d \times d$이고,

$$d = (197\ m^3/18.4\ m)^{1/2} = 3.27\ m$$

수심 3.3 m에서 각 단별 규격은 L 3.3 m × W 18.4 m × D 3.27 m, 용적 199 m^3이며, 물이 격벽을 통해 다음 단계로 넘어가므로 두 개의 격벽 0.1 m를 더하면 총 길이는 10 m가 된다. 각 지의 규격과 용적은 L 10.0 m × W 18.4 m × D 3.27 m = 596 m^3(격벽포함)이다. 그림 8-13은 일반적인 배치도이고 그림 8-16은 세부 설계사항을 나타낸 것이다.

2. 유입부 : 플록형성지의 유입부는 파셜플룸, 유입수로, 유입분배수로, 및 유입분배위어로 이루어져 있다. 응집처리된 물은 0.85 m 폭의 유출수로에 의해 급속혼화지에서 파셜플룸으로 이송된다. 파셜플룸 뒤에 자유낙하되는 부분이 있다. 계측된 수량이 짧은 유입수로를 통해 90도 곡관을 지나서 유입분배수로로 유입된다. 다섯 개의 유입분배위어가 수로에 평행하도록 설치되어 플록형성지의 첫 단계에 균등하게 물을 분배시킨다.

3. 유출부 : 각 단별로 단순한 정류벽이 설치되어 있으며, 응결처리된 물은 정류벽의 오리피스를 통과하여 침전지로 들어가며, 오리피스를 통과할 때 플록이 깨지지 않게 적절한 유속이 되도록 오리피스를 설치한다. 플록은 3단계의 응결과정을 통해 형성되고 깨지기 쉽다.

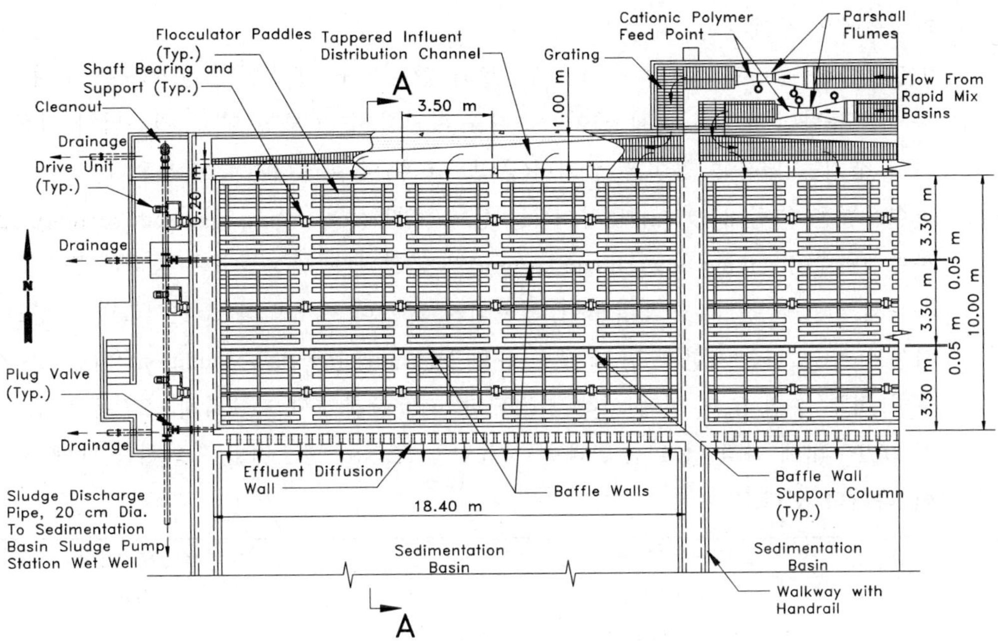

(a)

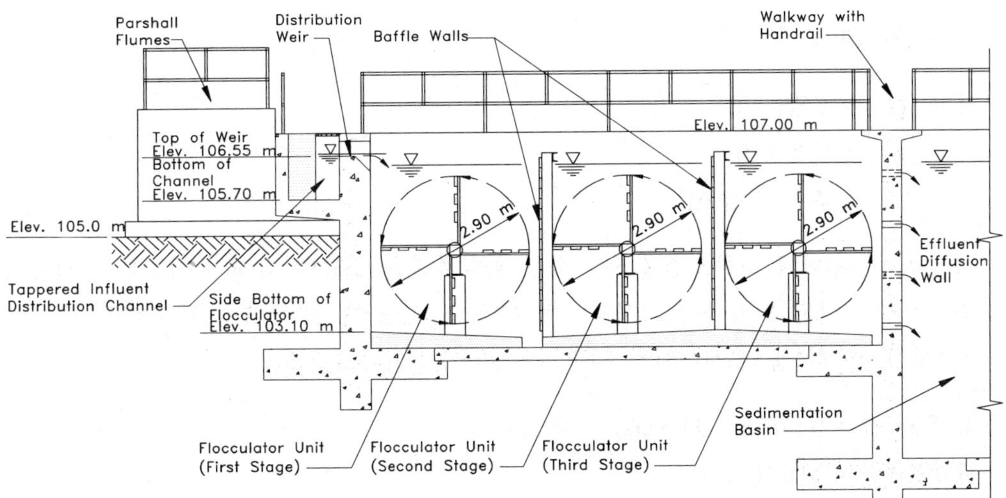

(b)

그림 8-16 플록형성지의 상세도. (a) 플록형성지 평면도, (b) A-A 단면

Water Works Engineering

4. 파셜플룸과 장치 설계

a. 파셜플룸의 설계

파셜플룸은 플록형성조의 유입분배수로의 앞부분에 설치하여, 운전자로 하여금 각 계열로 분배된 유량이 균등하게 잘 들어가는지를 확인할 수 있도록 한다. 자유낙하 지점에서 도수에 의해 생기는 난류는 양이온 폴리머(응집보조제) 혼화에너지로 사용된다.

파셜플룸은 그림 8－17(a)와 같이 (1) 상류유입부(converging upstream section), (2) 목부, (3) 하류배출부(diverging downstream section)로 구성된다. 파셜플룸은 정확한 유량측정을 위해서 사용되거나, 혹은 하류 방류측이 제한되지 않거나 자유낙하 조건이라면 유량조절장치로도 사용될 수 있다. "제한을 받지 않는 유량조건(unrestrict flow condition)"이란 상부 수심 H_a에 대한 하부 수심 H_b의 비에 의해 결정된다. 파셜플룸에서 자유낙하 조건은 다양한 목부 폭에서 H_b/H_a 비에 따라 다르다. 아래에 자유낙하 조건이 되는지를 확인하는 데에 사용되는 기준이 나타나 있다.[43]

W, 목부 폭	H_b/H_a 비
76～229 mm	< 0.6
0.30～2.44 m	< 0.7
3.05～15.2 m	< 0.8

비제한 유량조건에서 파셜플룸을 통한 방류는 식 (8.31)로부터 수심 H_a를 이용하여 결정될 수 있다.

$$Q = 4WH_a^{1.522W^{0.026}}$$

여기서, Q : 유량(cfs)

W : 목부폭(ft)

H_a : 측정 수심(ft)

만일 H_b/H_a 비가 위의 제한조건을 초과하면 파셜플룸은 수중에 잠겨서 작동되며 방류가 지연된다. 미리 개발된 보정곡선을 사용하여 H_a와 H_b 값을 읽어서 유량을 구한다.

본 예제에서, 파셜플룸 설계인자는 다음과 같다.

최대 유량 Q = 0.328 m^3/s(11.5 cfs)

목부 폭 W = 0.30 m(1.0 ft)

H_b/H_a 비 < 70%

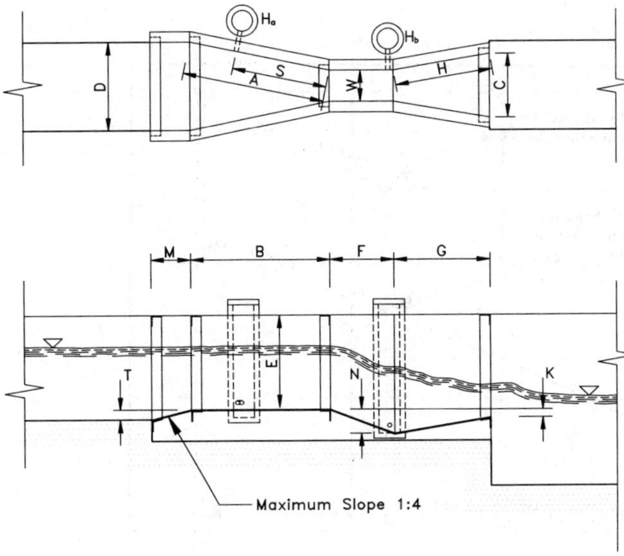

Standard Dimensions of Parshall Flume
W = 0.3 m (1 ft)

Section	Dimension, m
A	1.37
B	1.34
C	0.61
D	0.85
E	0.91
F	0.61
G	0.91
H	0.92
K	0.08
M	0.38
N	0.23
S	0.91
T	0.10
W	0.30

Flow Measurement

Maximum Capacity	456 L/s
Minimum Capacity	10 L/s

(a)

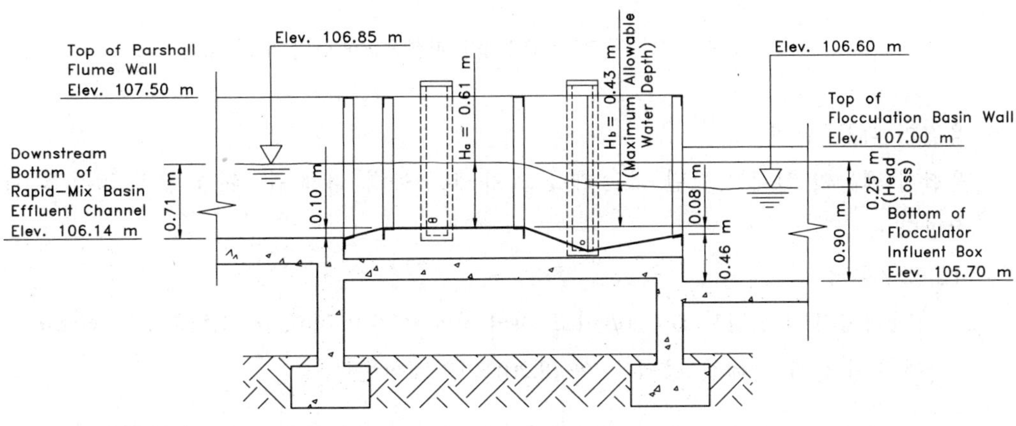

(b)

그림 8-17 파셜플룸의 상세도. (a) 표준 W = 0.3 m 파셜플룸의 규격, (b) 파셜플룸에서의 수리 종단면도

폭 0.3 m인 파셜플룸의 최대, 최소 유량은 각각 0.01 m^3/s와 0.456 m^3/s이다.[43] 본 예제에서 사용된 파셜플룸의 규격은 그림 8-17(a)에 주어져 있다.[45,46] 0.3 m 파셜플룸의 보정곡선은 식 (8.31)에서 계산된다(그림 8-18).

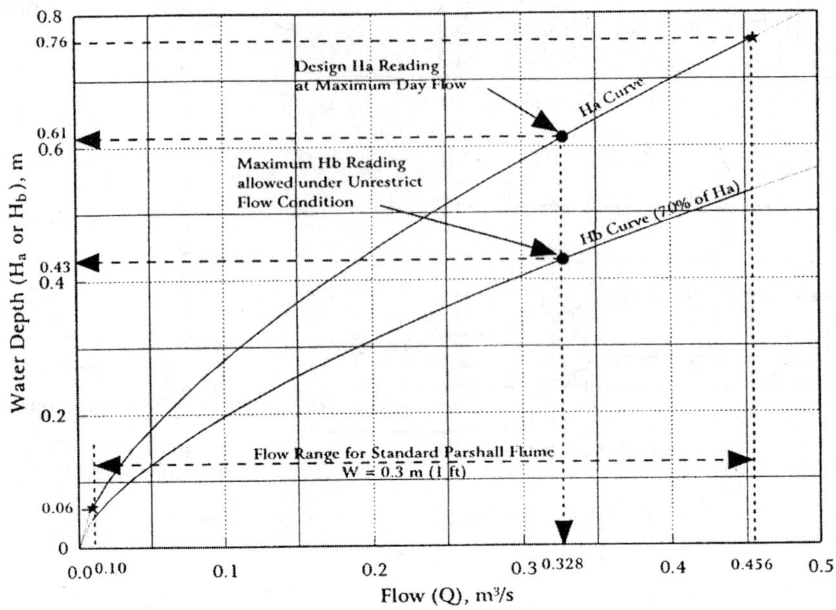

그림 8-18 목부 폭 0.3 m인 파셜플룸에서의 보정 곡선

b. 응결기 패들 설계

응결기 패들의 설계는 교반속도, 패들 크기, 요구동력, 패들 수, 패들 휠의 크기 및 배치를 포함한다.

i . 요구동력

1단에서의 속도경사 $G=60/s$이고 지의 용적 $V=197\ m^3$, $\mu=1.518\times10^{-3}$ N·s/m² 온도 5℃에서 수체에 가해진 동력은 식 (8.20)으로 계산한다.

$$P = (60/s)^2 \times 199\ m^3 \times 1.518 \times 10^{-3}\ N{\cdot}s/m^2 = 1087\ N{\cdot}m/s = 1.10\ kW$$

감속기와 베어링의 효율을 고려한 동력

$P' = P/(E_{gears} \times E_{bearings})$이다.

E_{gears} : gear 효율 90% 가정, $E_{bearings}$: bearings 효율 70% 가정했을 때,

$E_{gears} = 0.90$, $E_{bearings} = 0.7$에서 요구동력

$P' = 1.10\ kW/(0.9 \times 0.7) = 1.75\ kW$

같은 방법으로 2단과 3단에서 G값 30/s와 15/s에 대한 수체에 가해진 동력을 계산하면 각각 0.27 kW, 0.07 kW이고, 요구동력은 각각 0.43 kW, 0.11 kW이다. 각 응결기 모터 상태와 감시를 위해 모터접점을 설치하고 패들의 회전속도를 감시한다.

ⅱ. 패들 크기, 패들 수, 패들 휠 선정

패들 휠은 건설과 설치가 용이하도록 세그먼트로 설치하고, 각 세그먼트의 길이는 3.2 m, 회전 직경은 플록형성지 수심의 85%로 하며 지내에서 완전혼합을 이루어지도록 한다. 지의 각 단별로 5개의 세그먼트가 설치되고 각 세그먼트에는 총 12개의 날개가 설치된다. 각 패들 날개의 폭은 20 cm, 길이는 3.2 m 패들간격은 15 cm이다(그림 8−19).

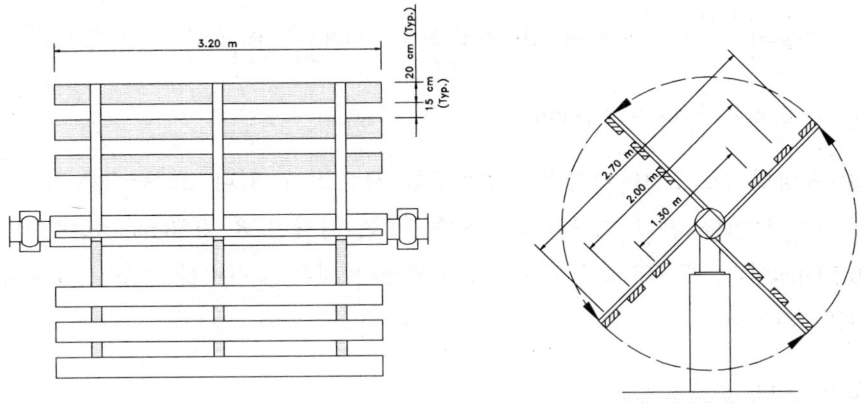

그림 8−19 응결기 패들의 상세도

ⅲ. 응결기 속도계산

첫 번째 단에서 패들 휠의 날개 수가 12, 길이 3.2 m, 폭 0.2 m인 세그먼트가 5개 설치되어있다. 그림 8−19에 나타나 있는 것처럼, 네 방향으로 패들이 설치되어 있고, 하나의 패들에 3개의 날개가 있으며 날개의 설치위치는 중심 간에 각각 2.7 m, 2.0 m, 1.3 m이다. 식 (8.28)을 적절히 수정하여 회전속도를 계산한다.

$$P = \frac{C_D \rho}{2}(A_1 v_1^3 + A_2 v_2^3 + A_3 v_3^3)$$

여기서, P(1단에서 수체에 가해진 동력) : 1095 N·m/s

C_D(인력 계수) : 1.35 (표 8−5 참조 L/W 비 = 3.2/0.2 = 16)

A_1, A_2, A_3 : 하나의 단에서 날개 위치별 총 패들 면적

총 패들면적 A : 5세그먼트 × 반경별 4패들 × 3.2 m × 0.2 m = 12.8 m^2

v_1, v_2, v_3 : 물에 대한 패들의 평균 상대속도, 원주속도의 75%로 가정

$v_1 = \pi n_{rel} d_1 = 0.75\, \pi n_{abs} d_1$

$v_2 = \pi n_{rel} d_2 = 0.75\, \pi n_{abs} d_2$

$v_3 = \pi n_{rel} d_3 = 0.75\, \pi n_{abs} d_3$

여기서, d_1, d_2, d_3 : 날개 중심간 거리로 정의된 회전직경

n_{abs} : 날개의 절대 회전속도, 회전수/s

식 (8.28)에 이 값을 대입하여 계산하면

$$P = \frac{C_D \rho A}{2}(0.75\pi n_{abs})^3 \left(d_1^3 + d_2^3 + d_3^3\right)$$

$$1,087\,\text{N}\cdot\text{m/s} = \left(\frac{1.35}{2}\times 1,000\,\text{N/m}^4 \times 12.8\,\text{m}^2\right)\times(0.75\times\pi\times n_{abs})\times\left[(2.7\,\text{m})^3 + (2.0\,\text{m})^3 + (1.3\,\text{m})^3\right]$$

n_{abs} = 0.069 회전/s = 4.1 rpm

같은 방법으로 2, 3단에서의 회전속도를 계산할 수 있다. 표 8-7은 응결기 설계인자들의 리스트이다. 제 1, 2, 3단에서 원주속도는 각각 0.28~0.58 m/s, 0.18~0.37 m/s, 0.11~0.23 m/s이다. 제 3단에서 원주속도를 낮추는 것은 동력비를 낮추고 플록의 파괴를 막기 위한 것이다.

5. 수두손실과 수리 종단면도

여기에서는 플록형성지 유입부에 있는 파셜플룸으로부터 플록형성지와 침전지 사이의 정류벽에 이르는 손실수두를 계산한다.

a. 파셜플룸 수두손실

i. 최대 유량 0.328 m^3/s(11.5 cfs)에서 H_a(수심)를 식 (8.31)로 계산한다(경험식이므로 미국 관용단위로 계산하고 SI 단위로 환산해야 함; 역자주).

$$11.6 = 4\times 1\times H_a^{1.522(1)^{0.026}}$$

이 식을 풀면 H_a = 0.61 m, 70% 미만 잠길 경우 목부에서 $H_b < 0.7 \times H_a$ 혹은 $H_b < 0.43$ m이다.

ii. 파셜플룸 손실수두를 계산한다. 비제한 유량조건을 유지하기 위한 최소손실수두는 그림 8-20에서 구한다. 최대유량 0.328 m^3/s에서 70% 잠기고 수류에 제한이 없을 때 최소 손실수두는 0.24 m이다. 즉, 하류측 최대허용수위 = H_a − 0.24 m = 0.61 − 0.24 m = 0.37 m이다. 이 설계에서 자유낙하 손실수두 0.25 m가 파셜플룸에 부여된다.

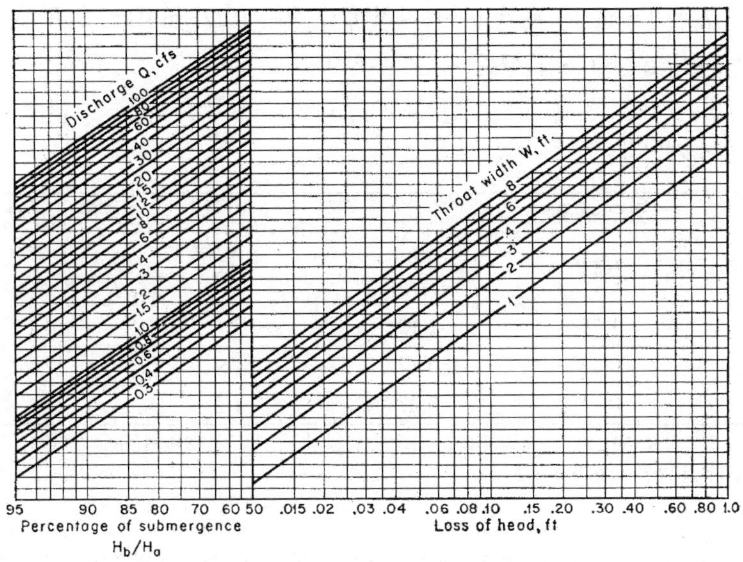

그림 8-20 표준 파셜플룸을 통한 최소 손실수두

b. 파셜플룸 하류측 유입부의 손실수두

파셜플룸의 아랫부분 유입구조물에서 손실수두는 유입수로, 분배수로, 유입위어(그림 8-16)에서 발생한다.

i. 유입수로에서의 손실수두 계산 : 유입수로는 수심 0.9 m, 첫 번째 곡관부(90°) 앞 첫 번째 세그먼트에서의 수로 폭은 파셜플룸 앞의 폭과 동일하게 0.85 m이다. 이 후 첫 번째와 두 번째 90° 곡관사이에서 폭이 1.0 m 증가한다. 이 폭이 점감식 유입분배수로의 초기 폭으로 사용된다. 폭 0.9 m, 길이 4 m를 사용해서 일최대유량에서의 손실수두를 식 (7.1)을 이용하여 계산하면 h_L = 0.00002 m로 매우 작기 때문에 0으로 간주한다. 따라서 일최대유량일 때 수로에서의 평균유속은

$$v_{avg} = \frac{0.328\,\mathrm{m^3/s}}{0.9\,\mathrm{m} \times 0.9\,\mathrm{m}} = 0.40\,\mathrm{m/s}$$

이 유속은 급속혼화지와 플록형성조 사이의 수로에 대한 유속으로 권고된 범위 0.45~0.9 m/s 보다 약간 낮다. 두 개의 90° 곡관에서의 국부손실은 낮은 속도수두 때문에 무시된다.

ii. 유입분배수로에서의 손실수두 계산 : 분배수로에서 길이방향으로의 균등분배를 위하여 분배수로의 폭은 길이에 따라 점감식으로 설치한다. 앞부분과 끝부분의 폭은 각각 1.0 m와 0.2 m이다. 유입수로에서와 동일하게 식 (7.1)을 이용하여 계산된 손실수두 h_L= 0.00004 m는 매우 작으므로 0으로 간주된다.

iii. 유입 분배 위어에서의 손실수두 계산 : 위어 5개(straight-side)가 설치되어 있고, 각 위어의 길이 $L = 3.5$ m, 두 위어 사이 지지대의 폭은 0.225 m이다. 월류 손실수두는 식 (8.29)로 계산하여 $C_d = 0.6$이 된다.

표 8-7 응결장치의 설계인자

단계	필요 동력			속도(rpm)		
	속도경사 G (1/s)	모터[a]	물 (kW)	n_{rel}	n_{abs}	실제속도 n
1	60	1.75	1.10	3.1	4.1	2~10
2	30	0.43	0.27	1.9	2.6	1~6
3	15	0.11	0.07	1.2	1.6	0.5~4

a. 각 응결기에 대한 필요모터동력이 각기 다를지라도, 모든 세 개의 유니트에 대하여 부품 교환이 가능하도록 동일한 모터를 제공한다. 모터의 동력은 0.86 kW이다.

각 위어로 최대 유량의 1/5씩 분배된다고 하면 $Q = 0.328/5\ m^3/s = 0.0656\ m^3/s$이다. $n=2$로 가정하면 시행착오법에 의해서 월류 수두를 계산한다. 계산 결과는 $H = 0.05$ m, $L' = 3.40$ m이다. 위어에서 자유낙하 높이는 0.23 m로 한다.

iv. 파셜플룸 이후에 유입부 전체를 통한 총 손실수두를 계산.

- 유입수로 손실수두 : 0.00 m
- 분배수로 손실수두 : 0.00 m
- 분배 위어에서 낙차부 : 0.23 m

총 : 0.23 m

c. 플록형성지에서의 손실수두 : 지내 및 각 단계 사이 격벽에서의 손실은 작으므로 무시한다.

d. 유출부 수두손실

유출부 손실은 플록형성지와 침전지사이 정류벽의 각 구멍에서 발생한다(그림 8-16).

i. 정류벽배치 : 응집지와 침전지의 분리를 위해 설치한 것으로 원형의 정류공을 가진 콘크리트 구조물이다. 정류벽의 중요한 설계고려사항은 침전지로의 물의 흐름을 균등하게 해야 한다는 것이다. 이를 위해서는 플록형성조를 흐르는 물의 운동에너지가 모두 소모되어야 한다. 설계요점은 참고문헌 31과 45~47에 광범위하게 설명되어 있다. 다음과 같은 설계고려사항이 필요하다.

- 정류공은 정류벽 전체적으로 균등하게 배치되어야 한다.
- 제트류의 길이와 사수구역을 최소화하기 위해 정류공의 수가 많아야 한다.
- 정류공 통과 시 적정 손실수두는 2~3 mm이다.
- 플록 파괴 방지를 위한 정류공 통과 최대 유속은 약 150 mm/s이다.
- 정류공의 구성은 제트류의 방향이 지의 유출구 쪽으로 정확히 향해지도록 해야 한다.

Timber wall은 이 흐름을 수직방향으로 왜곡시키는 경향이 있다.

- 가장 효율적인 정류벽에는 직경 125 mm의 정류공이 개구비 6~8% 이내로 균등하게 설치된다. 어떤 설계자는 정류벽의 두께보다 정류공의 직경을 작게 하는 것을 선호한다.

ii. 정류공의 면적 계산 : 정류공을 통과하는 유속은 0.15 m/s로 가정한다.

$$A = \frac{0.328\,\text{m}^3/\text{s}}{0.15\,\text{m/s}} = 2.187\,\text{m}^2$$

직경을 12.5 cm로 하면

한 개의 구멍 면적 $= \frac{\pi}{4} \times (0.125\,\text{m})^2 = 0.0123\,\text{m}^2$

$$\text{정류공 수} = \frac{2.187\,\text{m}^2}{0.0123\,\text{m}^2/\text{opening}} = 178$$

178개를 4줄에 설치(그림 8-21(a))한다.

iii. 정류벽 통과 손실수두 계산 : 이 손실수두는 오리피스 공식(식 (6.4))로 계산되며, $C_d = 0.6 : h_L = 0.0032$, 이 손실은 매우 작으므로 무시한다.

e. 플록형성지에서의 수리 종단면도

이 과정은 급속혼화지에서 사용된 방법과 비슷하게 침전지 수위에 맞추어서 개발된다. 침전지 설계에서처럼 침전지 수위는 106.37 m이다(9.6.2의 step A.5.e 및 그림 9-21 참조). 유입부 및 유출부를 통과하는 손실수두 계산은 앞서 설명되었고 플록형성지에서의 손실수두는 무시된다.

i. 플록형성지와 유출입부에서의 수면고 및 다른 중요 설계 높이 계산

플록형성지 수면고 = 침전지 수면고 + 유출부 손실수두
= 106.37 m + 0.00 m = 106.37 m

플록형성지 바닥 높이 = 플록형성지 수면고 − 설계 수심
= 106.37 m − 3.27 m = 103.10 m

유입분배수로 수면고 = 플록형성지 수면고 + 분배 위어에서 낙차
= 106.37 m − 0.23 m = 106.60 m

분배위어 상부 높이(top elevation) = 유입분배수로 수면고 − 위어월류 수두
= 106.60 m − 0.05 m = 106.55 m

분배수로 바닥 높이(bottom elevation) = 분배수로 수면고 − 설계수위
= 106.60 m − 0.90 m = 105.70 m

파셜플룸에서 분배수로까지의 손실수두는 무시할 수 있으므로 파셜플룸 이후 수로의 수면고 및 바닥높이는 각각 106.6 m, 105.70 m이다.

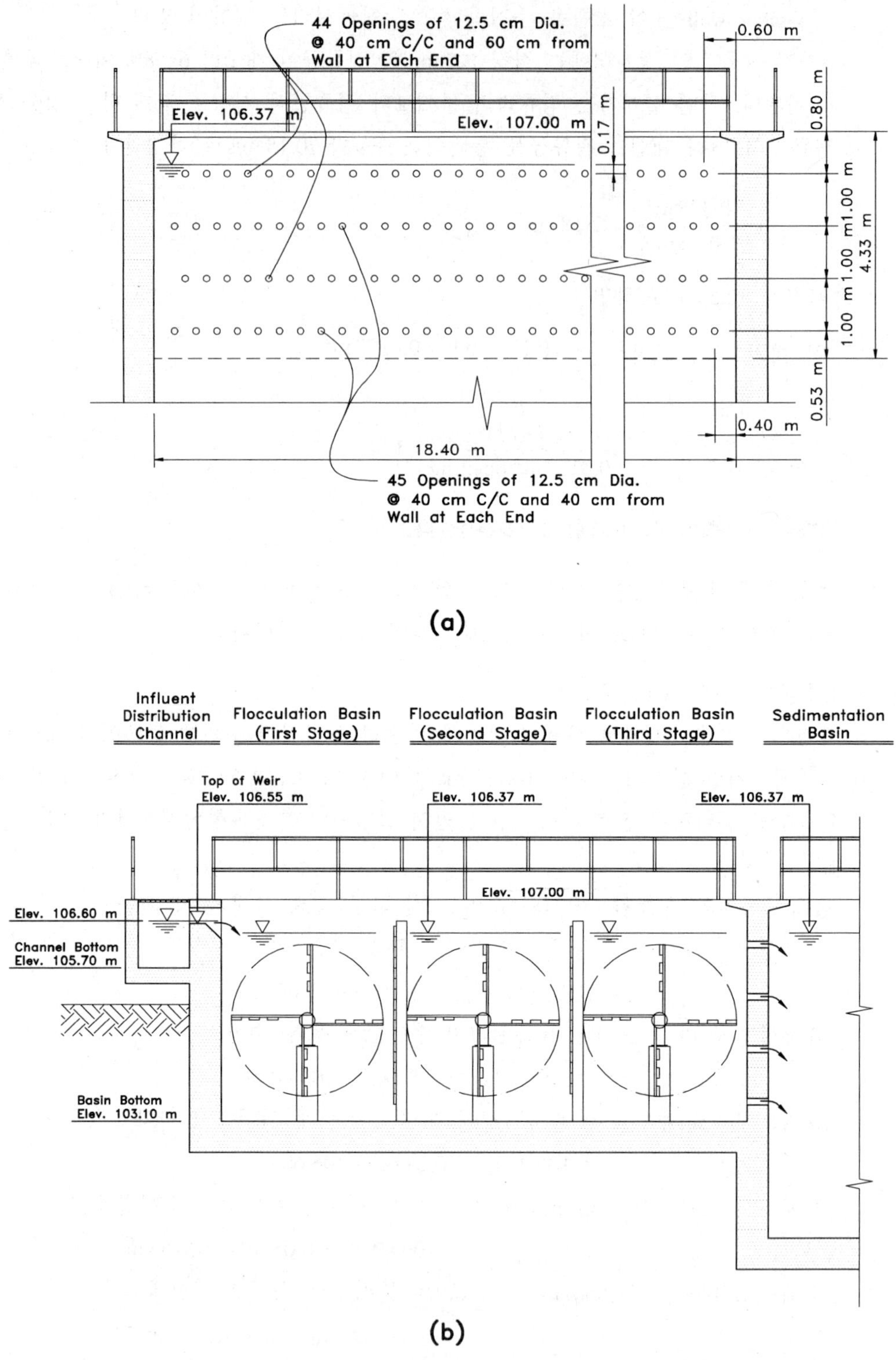

그림 8-21 플록형성지 유출부 및 수리 종단면도. (a) 정류벽의 상세도, (b) 플록형성지를 통한 수리 종단면도

ii. 파셜플륨에서 수면고 및 다른 중요 설계 높이 계산

목부의 수면고 = 파셜플륨 후 수면고 + 파셜플륨을 통한 손실수두

= 106.60 m + 0.25 m = 106.85 m

목부 바닥 높이 = 목부 수면고 − H_a = 106.85 m − 0.61 m = 106.24 m

파셜플륨 끝부분(crest)의 높이 = 목부 바닥 높이 − K(그림 8−17)

= 106.24 m − 0.08 m = 106.16 m

하류측 바닥에서 crest까지 높이 = crest 높이 − 하류측 바닥 높이

= 106.16 m − 105.70 m = 0.46 m

상류수로 바닥 높이 = 목부 바닥 높이 − T(그림 8−17)

= 106.24 m − 0.10 m = 106.14 m

상류수로 수심 = 목부 수면고 − 상류수로 바닥 높이

= 106.85 m − 106.14 m = 0.71 m

Step C : 약품 저장 및 주입 시스템

1. 약품 설비

a. 약품저장 및 약품주입설비는 약품동에 위치한다. 각 약품에 대하여 여러 개의 저장탱크와 펌프가 여분의 용량이 되도록 운영된다. 제안된 저장 및 주입 시스템이 그림 8−22에 주어져 있다.

b. 액상 황산제이철: 이 약품은 30일분을 저장하며 탱크 세 대, 펌프 다섯 대가 설치되어 있다. 장래 확장을 위해서 추가로 세 대의 탱크와, 다섯 대의 펌프를 위한 여유 공간이 마련되어 있다. 각 주입펌프는 최대주입율의 25%로 주입하도록 설계되어 있다. 다이아프램 형식의 정량펌프 네 대는 네 혼화지에 각기 하나씩 주입하도록 되어 있고 나머지 한 대는 네 혼화지 어디에나 주입할 수 있도록 되어있다(그림 8−22(a)). 초음파 수위측정계가 저장수위를 모니터링하고 계측장치가 펌프 주입 상태를 모니터링한다. 다이아프램 위치조절기가 주입율을 조절하는데 사용된다.

c. 폴리머: 두 종류(응집 및 여과보조제)의 폴리머 주입설비가 설치되고 이 폴리머들은 200L 용량(30일분)의 드럼에 저장되었다가 이송된다. 네 대의 펌프가 각각 양이온 유기 고분자물질인 응집보조제를 파셜플륨에 주입하고 네 대의 펌프가 비이온성 유기 고분자인 여과보조제를 각 침전지의 유출 수로에 주입한다. 폴리머 주입시스템은 그림 8−22(b)에 나타나 있다.

d. 석회: 소석회($Ca(OH)_2$)[c]의 형태로 3개의 저장고에 30일분을 저장한다. 소식회는 건조약품 주입기에 의해서 세 대의 슬러리 탱크에 주입되고 두 대의 슬러리 탱크는 항상 작동상태이다.

c. 소석회는 일반적으로 시판되는 석회의 형태이다. 소석회가 사용되면 운영비가 증가하게 된다. 대량의 소석회가 요구될 때, 상대적으로 저렴한 생석회(CaO)가 사용되나 소화(消和)과정을 거쳐야 한다. 생석회나 소석회 모두 취급에 주의를 해야 한다. 습기가 존재할 경우 생석회가 소화하면서 고온의 열을 발생시키기 때문에, 건조한 곳에 보관하여야 한다. 소석회가 습기를 머금게 되면 저장소 내에서 케익을 형성하거나 덩어리지게 되며, 약품 투입 공정에 오염을 유발한다.

각 슬러리 탱크의 용량은 최대주입율의 50%로 동작하며 교반기가 장착되어 있어서 슬러리를 부유상태로 유지한다. 각 탱크로부터 나온 석회슬러리는 중력으로 분배박스에 유입되고 적정농도로 다시 희석된다. 분배박스는 이 슬러리가 석회혼합실(lime-mixing chamber)에 흘러들어가도록 분배시킨다(그림 8-22(c)). 초음파 수위계가 저장수위를 모니터링하고 검류계식(galvanometric) 주입기가 약품의 주입을 모니터링하고 조절한다.

e. 과망간산칼륨: 약품동내 과망간산칼륨 저장 및 주입장치 두 세트를 설치한다. 각 장치는 건조약품 저장탱크, 건조약품 주입기, 용액탱크, 및 두 대의 화학약품 정량펌프로 구성되어 있다. 약품은 호퍼트럭으로 원통형 저장고에 채운다. 이송 중에 미세 입자들이 흩날려 나가지 않도록 먼지필터를 장착한다. 이 용액은 플랜트 경계에 위치한 접합정 A에서 유입원수에 주입된다(15장 사이트 계획 참조). 이 접합정으로의 자유낙하는 과망간산칼륨이 원수에 잘 혼합될 수 있는 충분한 에너지를 공급한다. 과망간산칼륨 저장장치, 용액, 주입펌프의 상세 설계는 11.6.2절에 나타나있고 흐름도는 그림 8-22(d)에 나타나있다. 모터 제어장치는 펌프들을 모니터링하는 데 사용되고, 저장드럼의 무게가 모니터링되며, 다이아프램 위치조절기가 주입율을 조절하는 데에 사용된다.

2. 약품 사용량

a. 액상 황산제이철 저장

본 설계에서는 30일분의 용량으로 설계한다. 액상 황산제이철은 $Fe_2(SO_4)_3$ 무게로 약 50%를 함유하고 있다고 간주한다. 저장용량을 계산하기 위해서 최적 주입율과 최대유량인 조건을 사용한다. 여름철의 첨두물사용이 있을 때를 대비하여 최소 30일분을 확보하는 것으로 한다.

최적주입율 = 25 mg/L = 0.025 kg/m^3 as $Fe_2(SO_4)_3$

최대유량 = 113,500 m^3/d

일최대주입율 = 0.025 kg/m^3 × 113,500 m^3/d = 2,840 kg/d ($Fe_2(SO_4)_3$으로 계산했을 때)

30일 보관량 = 2,840 kg/d × 30 d = 85,200 kg

액상 황산제이철 중 $Fe_2(SO_4)_3$ 무게비는 49%이므로 30일분의 액상 황산제이철의 필요량은 85,200 kg ÷ 0.49 = 173,900 kg (약 174,000 kg)이다.

용액의 밀도는 1,122 kg/m^{3}로 가정하면 저장조 부피 = 174,000 kg / 1,122 kg/m^3 = 155 m^3

약품동에 세 세트의 장치가 있으므로 액상 황산제일철을 위해 각 52 m^{3}인 저장탱크 3대를 설치한다. 탱크는 약품에 의한 부식을 견디도록 유리섬유로 제작되고 각 탱크는 직경 4 m, 최대용액수심은 4.15 m로 한다.

탱크와 펌프는 약품동 1층에 설치하고, 약품 주입관로의 최종 약품 방출위치는 약품 탱크의 최고 수위보다 높은 지점으로 선정하여 양압을 항상 유지하도록 한다. 이렇게 해서 사이폰에 의한 과량 주입으로 인해 부정확하게 계량되는 것을 방지하도록 한다.

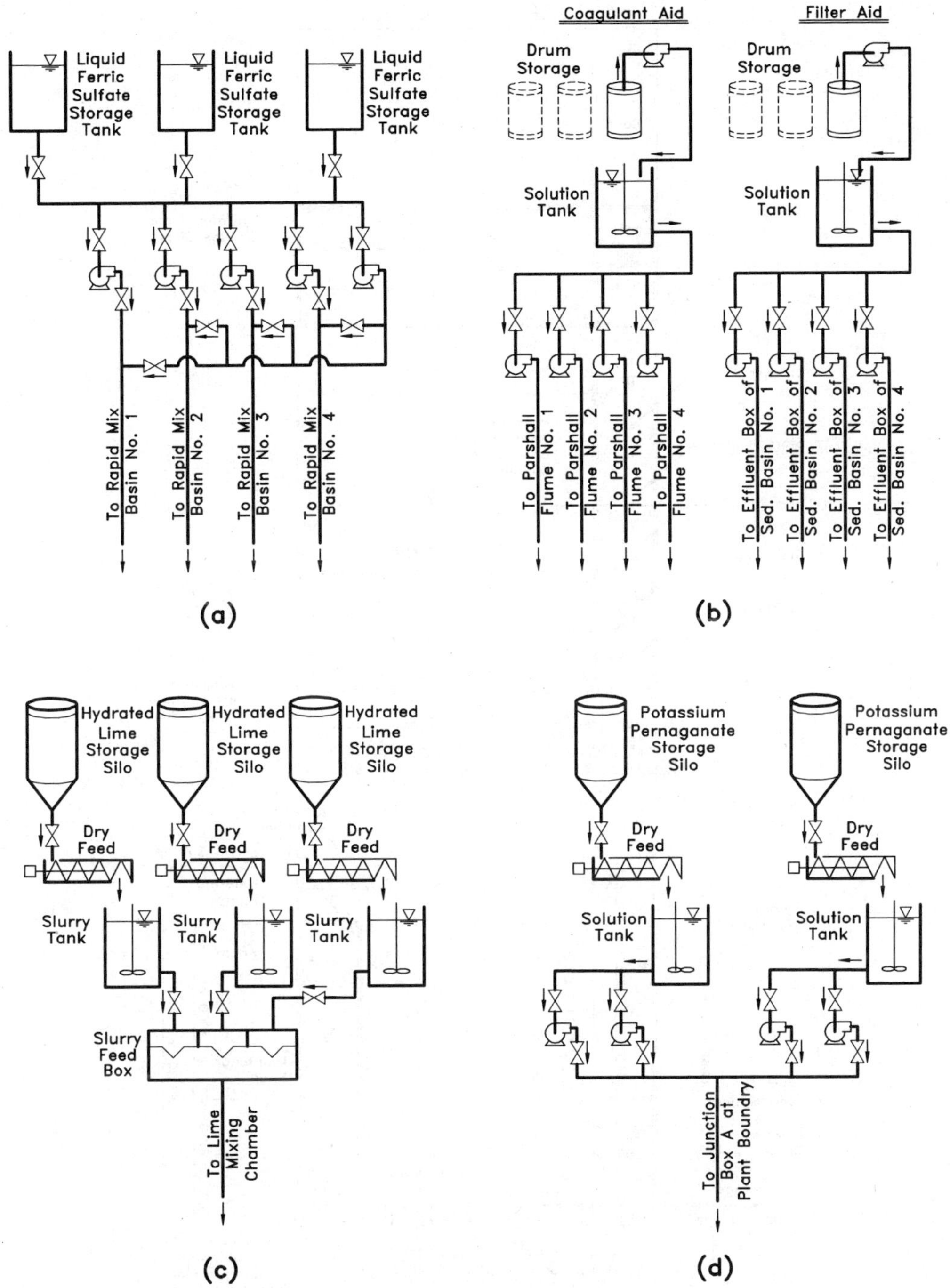

그림 8-22 약품주입시스템 장치도. (a) 황산제이철 주입시스템, (b) 폴리머 주입시스템, (c) 석회 주입시스템, (d) 과망간산칼륨 주입시스템

Water Works Engineering

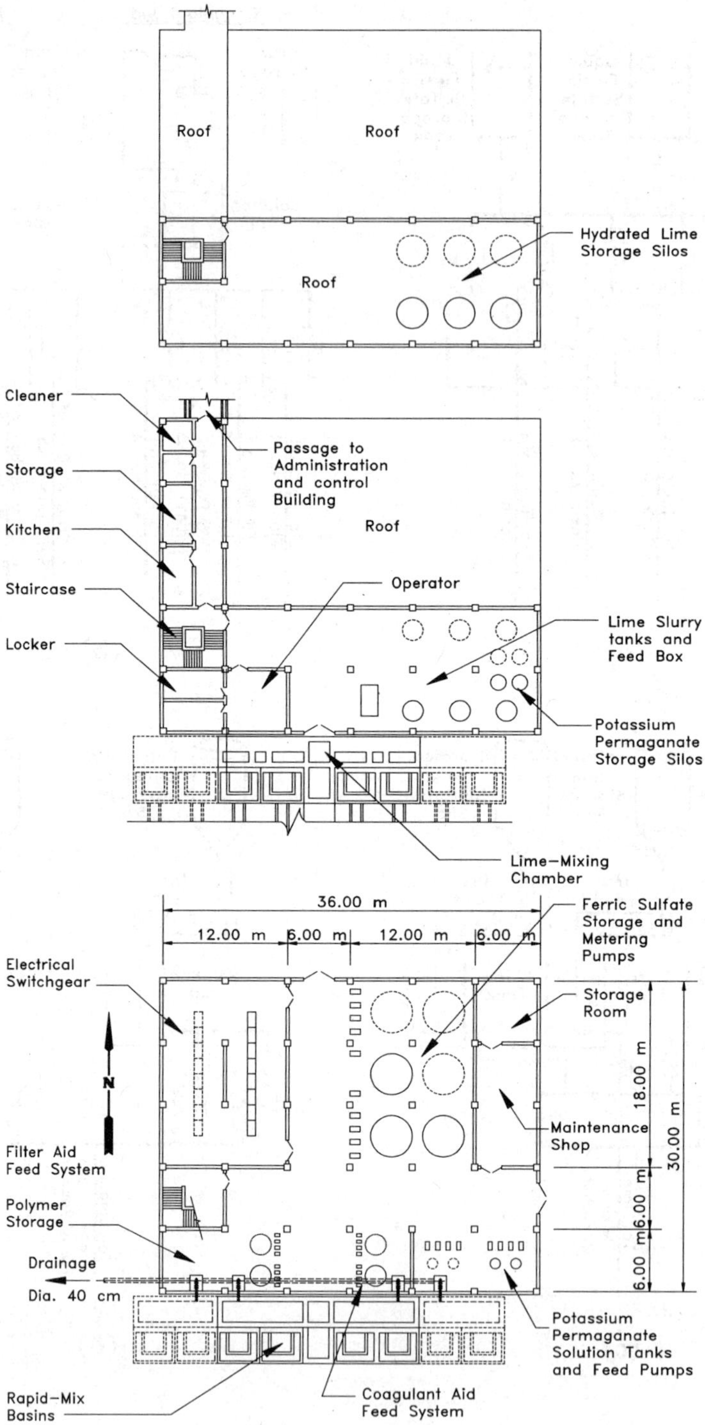

그림 8-23 약품동 배치도. (a) 옥상층, (b) 2층, (c) 1층

b. 기타 약품 보관

기타 약품 저장시설은 폴리머, 석회, 과망간산칼륨이 있으며 약품량과 저장용량은 비슷하게 계산된다. 이 계산결과가 표 8－8에 나타나 있다.

3. 약품동 배치

약품동의 배치도는 그림 8－23에 나타나 있다. 황산제이철 저장조 및 주입장치, 2대의 폴리머 주입장치는 건물 1층에 설치된다. 폴리머 저장드럼은 약품저장실에 보관된다. 과망간산칼륨 용액 탱크와 주입펌프도 1층에 설치되며 저장 사일로(원통형 저장고)는 2층 발코니에 위치한다. 석회-슬러리 탱크는 그 발코니에 설치해서 석회혼합실에 중력으로 주입될 수 있도록 한다. 석회 저장 사일로는 건물 옥상에 슬러리 탱크의 바로 위에 설치된다.

8.9 응집 및 응결설비들의 운전, 유지관리 및 문제해결

응집 및 응결 설비는 재래식 정수처리플랜트에서 탁도, 경도, 철, 망간을 제거하기 위한 일련의 공정에서 첫 번째 부분으로 후속공정의 원활한 운영에 지대한 영향을 미친다.

8.9.1 일반적인 운전상의 문제해결

응집, 응결공정의 운전상 문제는 장치의 고장이나 공정의 비효율성에 연관되어 있다. 장치와 연관된 문제는 설치된 장치에 특정되어 있으므로 여기서는 언급하지 않는다. 침전지 유출수나 여과수에서 고탁도가 나타날 때 응집 공정에서의 문제가 있다고 판단될 수 있다. 아래에 응집 및 응결 공정에서 발생하는 일반적인 문제의 예를 나타내었다.

1. 플록이 월류되지 않고 유출수 탁도가 높은 경우에는 응집제 주입량이 부족하거나 응집제가 균등하게 혼합되지 않았을 수 있다. 응집제 주입량, 응집제 희석비, 교반강도 등을 변화시켜가면서 쟈테스트를 실시하고 실험결과 값으로 조정한다.
2. 저탁도 원수에서 만족스럽지 못한 유출수 탁도가 발생하는 경우에는 입자 충돌수 부족으로 플록의 성장이 저해되었을 수 있다. 이 때는 플록 성장을 위한 응결교반 강도를 증가시키고, 슬러지를 순환시키거나 응결핵을 제공하기 위해 벤토나이트를 첨가할 수 있다.
3. 플록이 월류해서 높은 유출수 탁도를 나타내는 것은 플록의 침강성이 부족하다는 것을 나타낸다. 응결교반 강도가 너무 세면 전단력이 발생하여 플록을 깨뜨려서 침강성이 낮아진다. 응결교반 강도를 낮추거나 플록의 강도 및 침강성 향상을 위해 응집보조제를 주입할 수 있다.
4. 응집제의 과량 주입은 입자를 재안정화 시킨다. 결과가 만족스럽지 못하면 다양한 응집제 주입율에서 쟈테스트 실시 후 주입율을 조정한다.

5. 탄산칼슘 침전에 의해 소석회 주입관이 막힐 수 있다. 스케일 제거를 위해서 산 용액으로 주기적인 청소를 실시한다.
6. 펌프에서 사이폰 발생으로 응집제가 과량 주입될 수 있다. 펌프 토출측에서 항상 양압이 유지되도록 펌프를 설치한다. 혹은 펌프의 토출측에 역압(back-pressure)을 줄 수 있는 장치를 설치할 수도 있다.

표 8-8 약품저장탱크 크기 계산

약품명	주입량	평균농도[a] (%)	약품밀도[a]	순수약품 사용량 (kg/d)	월간 주입 약품 사용량 (kg/month)	저장 필요용량 (m^3)	탱크수 (개)	각 탱크 부피 (m^3)
$Fe_2(SO_4)_3$	25.0	49(액상)	1,125	2,840	174,000	155	3	52
양이온 폴리머 (응집보조제)	0.05	90(액상)	1,050	5.7	190	0.18	4[b]	N/A
비이온성 폴리머 (여과보조제)	0.02	90(액상)	1,050	2.3	77	0.07	4[b]	N/A
소석회 $Ca(OH)_2$	15 as $Ca(OH)_2$[c]	71(건조상)	800	1,700	72,000	90	3	30
$KMnO_4$	4.0	90(입상)	1,500	454	15,100	10	2	5.0

a. 순도와 밀도는 제조사에 따라 다양함

b. 이송된 약품드럼 내에서 보관된 양이온 폴리머

c. 생석회가 사용될 경우, 주입율은 $CaO = 15\ mg/L(Ca(OH)_2)/37\ eqw + Ca(OH)_2 \times 28\ eqw + CaO = 11.4\ mg/L$ as CaO

8.9.2 운전 및 유지관리

다음은 효과적인 급속혼화 및 응결 설비 운영을 위한 예방적 유지관리 절차이다.

1. 원수 수질이 급격히 변화할 때에는 매일 쟈테스트를 실시하여 응집제 주입량과 교반기 속도를 조정한다.
2. 매년 혼화지 및 플록형성지의 침전물 및 슬러지를 청소한다.
3. 약품주입장치를 매월 보정한다.
4. 각 응집제 성분을 분석한다. 이 분석과 쟈테스트 결과에 따라 주입율을 조정한다.
5. 응결기와 교반기의 기어박스 및 베어링을 제조사가 제시하는 대로 점검하고 윤활한다.
6. 급속혼화장치의 임펠러 및 응결기 패들을 매년 점검하고, 플록 침전물이나 탄산칼슘 스케일을 제거한다. 심하게 생성되는 경우에는 자주 청소한다.

8.10 사 양

앞에서 설계된 급속혼화 및 응결설비를 위한 간략한 사양이 여기에 제공된다. 이 사양은 설계를 더 잘 설명할 수 있도록 제공되는 것이나 내용을 간단하게 정리하기 위해 상세한 정보를 모두 포함하지 않았다. 따라서 본 사양은 상세한 사양을 만드는 작업을 수행하기 위한 지침정도로만 사용되어야 한다. 모든 장치들의 사양을 정하는 동안 각 제조사에게 자문을 구해야 한다.

8.10.1 급속교반기

계약자는 설계도에 나타난 대로 네 개의 급속혼화지를 건설할 것이다. 각 지는 1.9 m의 정사각형에 깊이 2.9 m이고, 각 구조물은 철근콘크리트(reinforced concrete)로 만들어진다. 각 지는 동력번호 2.7~2.9의 네 날개 터빈타입 급속교반기가 설치된다. 이 교반기에는 16 kW, 480 V, 3상 모터가 설치될 것이다. 최대회전속도는 1,170 rpm이고 회전속도를 113 rpm으로 낮추기 위해 감속기가 필요하다. 교반기 유니트는 다음의 재료로 제조된다.

표 8-9 급속교반기 재료

철판 및 외형	ASTM[a] A36
축	
Solid	Carbon steel, machined and polished
Torque Tube	Schedule 80 seamless carbon steel pipe with closed ends
임펠러 조립부 및 커플링	Carbon Steel

a. ASTM – American Society of Testing Material

각 드라이브 유니트는 교류(alternating current) 쳇바퀴형식의 모터(squirrel-cage motor)가 부착된 속도조절 및 감속장치로 이루어져 있다. 이 드라이브 유니트는 중간정도의 부하에서 하루 24시간 동작하는데 무리가 없도록 설계된다. 각 드라이브 유니트에는 손잡이가 달려 있어서 필요시 끌어올리는데 편리하도록 되어 있다.

모든 기어감속기와 모터 베어링은 오일이나 그리스로 윤활된다. 베어링은 모든 축과 임펠러 부하에 추가로 25% 부하에 견디도록 설계된다. 기어감속기는 적절한 AGMA 기준에 부합하도록 선정되거나 설계된다.[d] 기어는 최소한 1억 회전에 상응하는 수명을 가져야 하고 1.5의 부하율(연속적인 부하 및 시동부하를 제외한 변동부하의 합)을 갖도록 한다. 베어링은 최소한 200,000 시간의 AGMA L10 rating을 가져야 한다.[e]

d. AGMA – American Gear Manufacturers Association
e. AGMA L10 life – 베어링의 10%가 작동하지 않을 때까지 운전되는 시간

각 교반기는 축에서 임펠러를 빼 낸 후에 일체로 지에서 꺼낼 수 있도록 설계, 장착한다. 각 교반기는 단단한 바닥에서 조립한다. 임펠러를 위한 세로 축 계통은 운전에 충분한 크기를 갖고, 설계되도록 한다. 임펠러는 단단히 고정되어서 운전시 과도한 진동이 없도록 하고 임펠러 축의 직경은 출력 축의 기어 감속장치보다 작지 않게 한다. 각 모터는 모터 제어실과 접선되어서 운전 상태와 오동작 상태를 모니터링할 수 있도록 한다.

8.10.2 응결장치

계약자는 도면에 나타난 대로 네 지의 플록형성지를 건설한다. 각 지는 길이 10 m, 폭 18.4 m, 수심 3.27 m이다. 이 지는 침전지를 위한 필수적인 요소이며 콘크리트 정류벽이 플록형성지와 침전지 사이에 설치된다. 각 정류벽에는 12.5 cm 직경의 정류공 180개가 설치된다.

각 지는 다음의 조건을 만족하는 세 개의 패들-휠 응결기가 장착되어 있다.

세 개의 유니트를 위한 모터 동력은 동일하고 부품의 교체가 가능하다. 모터의 동력은 0.86 kW이고 각 모터는 모터제어실과 통신하여 응결기의 작동상태와 오동작을 모니터링할 수 있도록 접점을 가지고 있다.

패들 날개는 단단한 삼나무로 만들어지며 강철 앵글에 볼트로 고정된다. 패들 팔은 패들 축에 볼트로 고정되거나 용접된다. 전체 패들 팔의 반쪽은 적절한 방법으로 직각 교차고정법(diagonal cross-bracing)으로 고정된다. 패들 축은 냉압연(cold-rolled) 강철이거나 강관으로 만들어 진다. 패들 축이 강관으로 만들어지면 봉형 축은 패킹상자(stuffing box)와 베어링을 통과해서 건정에 설치된다. 모든 관형 축은 Schedule 80 강관으로 만들어진다. 맞추어진 주철 압축 커플링(keyed cast-iron compression coupling)이 봉형 축을 연속적으로 연결하기 위해 사용된다.

축의 연결은 단조(forged) 혹은 주철로 된 플랜지 커플링으로 만들어진다. 커플링을 위한 플랜지는 ANSI B16.5, 150의 용접목형식(welding neck-type)의 플랜지이다.[f] 플랜지 커플링은 그 축을 미끌어져서 정확하게 정렬되어 맞추어지도록 구멍이 나 있다. 플랜지는 현장에서 쐐기로 맞추어지거나 용접된 후 축에 직각이 되도록 돌려 맞추어 진다. 각 플랜지 커플링은 서로 스테인레스강으로 된 볼트, 워셔와 너트로 고정된다.

각 축은 조립되었을 때 전체 길이에 대하여 베어링과 베어링 지지대에 적절히 정렬되고 직선으로 맞추어 져서 회전균형을 이루도록 기계적으로 조정된다. 축은 각 섹션으로 공급되기 때문에 간편하게 설치될 수 있다. 패킹상자와 패들-축 베어링을 통과하면서 동력전달 장치에 연결된 축은 회전하면서 광택 처리된다.

수중에 잠기는 베어링은 분리된 주철 하우징과 그리스로 윤활되는 형식이며 상부 하부 모두 수중에 견디는 재료로 라이닝 처리된다. 건정에 설치된 드라이브 축 베어링은 완전치 동으로 축받이 된 분리된 주철 하우징 형식이다. 축 베어링은 길이-직경 비율이 최소 1이여야 하고 베어링 압력은 예상

f. ANSI – American National Standards Institute

베어링 면적에 대하여 10 kg/cm^{2}를 넘지 말아야 한다. 모든 베어링은 그리스 윤활을 위해 압력 부속을 갖추어야 한다.

수평축에 대한 모든 베어링은 기존 콘크리트 구멍에 앙카로 고정되고 축정렬 및 정렬 유지를 할 수 있어야 한다. 베어링 받침은 축의 정렬에 수평으로 조정될 수 있도록 끼움 홈이 있어야 하고 받침의 바닥은 정확하고 균등한 베어링 면적을 갖도록 주의 깊게 가공되어야 한다. 수평축을 위한 베어링 받침은 최소 16 mm 두께로 조립된 보조 강철 받침 위에 지지되고 정렬되어서 베어링 받침이 조절 나사와 너트를 이용하여 제 위치에 고정될 수 있도록 한다. 각 보조 받침은 아연도금된 파이프 슬리브에 네 개의 앙카볼트로 지지 구멍에 고정된다.

각 패들 축의 드라이브 끝은 건정의 벽을 통과하여 연장되어 있고 동으로 된 마개를 가진 주철 패킹박스를 이용하여 수밀되어 있다. 각 패킹박스는 벽을 통과하는 주철 파이프 및 필요한 패킹 재료로 완전히 설치된다.

각 축들의 조립은 지 벽의 패킹박스 마개와 롤러체인 함 사이에 slinger ring과 고무판으로 이루어진다. Slinger ring은 최대한 패킹박스 가까이에 설치되고 패킹박스로부터의 누수는 바닥의 홈(gutter)이나 배수시스템을 통해 배출된다.

각 드라이브 유니트는 첫 단계에서는 10 rpm ~ 2 rpm, 둘째 단계에서 6 rpm ~ 1 rpm, 셋째 단계에서 4 rpm ~ 0.5 rpm으로 각각 회전 속도가 무한변속 가능하도록 설계되고 배치된다. 드라이브 유니트의 출력속도는 쉽게 조정, 제어될 수 있다.

각 드라이브 유니트는 건정 덮개 슬라브 위의 콘크리트 기초판 위에 설치된다. 롤러체인 드라이브(roller chain drive)는 건정에서 드라이브 톱니바퀴(drive sprocket)와 패들 축의 톱니바퀴 사이에 연결된다. 드라이브 체인은 비금속이며 핀틀형식(pintle type)이고, 핀도 비금속이며 15 cm의 피치(pitch)를 가지고 있다. 모든 핀은 쉽게 잠기는 형식(snap - lock type)이고 핀의 회전을 막기 위해 T - head 모양으로 되어 있으며, 스프링 클립이나 쐐기(cotter pin) 혹은 비슷한 장치를 사용하지 않고 고정된다.

각 드라이브 체인에는 조임성을 조절하기 위한 유동 톱니바퀴 형식(idler - sprocket type)의 체인 조임(tightener) 장치가 설치된다. 각 체인 조임장치는 필요한 악세사리들과 함께 완전히 설치되고 유동 톱니바퀴의 윤활을 위해 압력연결부를 가지고 있다.

모든 톱니바퀴의 담금질된(case - hardened) 요철부와 외륜은 반 철강으로 되어있으며, 톱니바퀴 외륜은 평균 브리넬 경도(Brinell hardness) 450, 칠(chill) 깊이는 5 mm 이하이다. 패들 축에 고정된 톱니바퀴는 제거되기 쉽게 분리되며 톱니바퀴의 요철은 사용되는 체인에 잘 걸리도록 갈아 맞춘다.

8.10.3 파셜플룸

네 개의 파셜플룸이 각 플록형성지의 상류축에 설치된다. 각 플룸은 30 cm의 목부 폭을 가지고 있고 미국 Bureau of Reclamation 규격기준에 맞아야 한다. 플룸은 콘크리트로 된 구조물에 유리섬유로 라이닝되어 있다. 각 유출유량은 0.328 m^3/s이다.

문제 및 토론

8.1 정수장을 방문하고 급속교반, 약품주입 및 응결시설의 형식과 크기를 조사하시오. 각 시설들의 배치도를 그리고 응집 및 침전을 위한 약품의 종류와 주입율을 조사하시오. 운전자와 면담하여 이 시설들의 운전상의 문제점들이 있었는지를 알아보시오.

8.2 18,900 m^3/d의 유량이 네 개의 지로 들어간다. 이를 처리하기 위한 급속혼화지 하나의 크기를 계산하시오. 체류시간은 20초이고 지는 정사각형이며 수심 – 폭 비는 1.6 : 1이다. 장–폭비는 1 : 1이다.

8.3 문제 8.2에서 설계된 급속혼화지에서의 에너지필요량과 회전속도를 계산하시오. 속도경사 G = 1,000/s이고 네 날개 터빈 교반기를 사용하며 임펠러 직경은 0.7 m이다. 기어의 효율은 0.9이고 날개 폭과 날개 직경의 비는 0.2이다.

8.4 18,900 m^3/d의 유량을 처리하기 위한 플록형성지의 규격을 계산하시오. 이 응결장치는 세 단계의 지로 이루어져 있고 각 단계에서 10분의 체류시간을 갖는다. 지의 폭은 12 m이고 총 길이는 수심의 3배이다.

8.5 문제 8.4에서 설계된 플록형성지 각 세 단계에서 패들 휠의 필요 회전속도를 구하시오. 기어박스와 베어링의 효율은 각각 90%, 70%이다. 패들 휠의 기본 정보는 다음의 표에 정리되어 있다.

단계	속도경사 G	패들폭	패들길이	세그먼트에 부착되는 패들 수	세그먼트 수	패들 날개 수와 설치위치 (직경)
1	45 /s	15.2 cm	1 m	8	10	2.5 m, 2.0 m에 4
2	30 /s	15.2 cm	1 m	6	10	2.5 m, 2.0 m, 1.5 m에 2
3	15 /s	15.2 cm	1 m	4	10	2.5 m, 2,0 m에 2

절대속도는 수체에 미치는 상대속도보다 33% 크다고 가정한다.

8.6 설계 예에서 급속혼화지는 최대유량 113,500 m^3/d로 설계된다. 만일 첨두유량이 170,300 m^3/d이 된다면 어떤 영향이 있을지를 결정하시고. 이 증가를 위해 대처 가능한 방안을 제시하시오.

8.7 다음과 같은 수질을 갖는 물을 연수화하기 위한 공정을 설계하시오.

CO_2	9 mg/L as CO_2	HCO_3^-	120 mg/L as $CaCO_3$
Ca^{2+}	60 mg/L	SO_4^{2-}	100 mg/L
Mg^{2+}	12 mg/L	Cl^-	11 mg/L
Na^+	9 mg/L		

이 물을 Ca^{2+}, Mg^{2+}의 용해도곱까지 연수화하는 데 필요한 석회($Ca(OH)_2$)의 양과 소다회의 양을 계한하시오. 결과는 잔류 경도 mg/L로 표시한다.

8.8 문제 8.4에서 설계된 플록형성지의 유출측에 설치되는 정류벽을 설계하시오. 정류공의 직경은 20 cm이다. 각 정류공에서의 손실수두와 필요한 정류공 수를 계산하시오. 속도경사 $G=60/s$, 탱크용적 = 4,000 m³, 수온 20℃, 그리고 $C_D=1.8$일 때, 필요한 동력과 패들면적을 구하시오. 패들 끝의 속도는 0.6 m/s이다.

8.9 다음의 요건을 만족하도록 급속혼화, 응결공정을 설계하시오

유량	20,000 m³/d
급속혼화 체류시간	30s
급속혼화 속도경사	800/s
응결 체류시간	각 12분 3단계
응결 속도경사	
1단	50/s
2단	35/s
3단	20/s

지의 수와 교반기의 종류, 지의 규격을 선정하고 시설의 배치도를 그리시오. 급속혼화지의 D/W비는 1.5로 하고, 기어박스의 효율은 90%로 한다. 폭/직경의 비가 0.18인 네 날개 터빈 교반기를 사용하며, 플록형성지의 폭 = 9 m, 기어박스 효율 = 90%, 베어링 효율 = 90%로 한다.

8.10 삼나무 패들을 사용하는 교반탱크에서의 필요 모터동력을 구하시오. 중심축의 양쪽으로 6개씩 총 12개의 패들이 부착되어 있고 각 패들은 폭 0.1 m × 높이 2.75 m이다. 축의 중심으로부터 패들의 중간까지의 거리는 0.5, 1.0, 1.5, 2.0, 2.5, 3.0 m이다. 축의 회전속도는 0.06 rpm, C_D = 1.8, 모터효율 = 75% 및 혼합슬러지의 비중 = 1.01.

참고문헌

1. Tchobanoglous, D. and Schroeder, E. Water Quality, Addison Wesley Publishing Co., Reading, Mass, 1985.
2. Reynolds, T. and Richards, P. A. Unit Operations and Processes in Environmental Engineering, 2d ed., PWS Publishing Co., Boston, MA, 1996.
3. Viessman, W. and Hammer, M. Water Supply and Pollution Control, Harper & Row Pulishers, New York, 1985.
4. Ravina, L. A. Everything You Want to Know About Coagulation and Flocculation, Zeta-Meter, Inc., Long Island City, New York, 1988.
5. Montgomery, James M. Inc. Water Treatment Principles and Design, John Wiley & Sons, New York, 1985.
6. Tekippe, R. and Ham, R. "Velocity-Gradient Paths in Coagulation," Jour. AWWA, vol. 63, no. 7, pp 439-448, July 1971.
7. Committee on Coagulation. "State of the Art of Coagulation: Mechanism and Stoichiometry," A Report Presented at the Annual Conference on June 23, 1970, Jour. AWWA. vol. 63, no. 2, pp 99-108, February 1971.
8. Amirtharajah, A. and O'Melia, C. R. "Coagulation Process: Destabilization, Mixing, and Flocculation," Water Quality and Treatment, 4th ed., (F.W. Pontius, editor), McGraw-Hill, Inc., New York, 1990.
9. Hiemenz, P. C. Principles of Colloid and Surface Chemistry. Marcel Dekker, Inc., New York, 1977.
10. Hunter, R. J. Foundations of Colloid Science (Vol I), Clarendon Press, Oxford, 1987.
11. Packham, R. F. Some Studies of the Coagulation of Dispersed with Hydrolyzing Salts, Journal Colloid Sci., 20 81-92, 1965.
12. Singley, J. Theory and Mechanism of Polyelectrolytes as Coagulant Aids, Proceedings of the American Water Works Association Seminar, Polyelectrolytes-Aids to Better Water Quality, Chicago, IL, June 4, 1972.
13. Sinsabaugh, R. H. III. Hoehn, R. C., Knocke, W. R., and Linkins, A. E. "Removal of Dissolved Organic Carbon by Coagulation with Iron Sulfate," Jour. AWWA, vol. 78, no. 5, pp. 74-82, May 1986.
14. Hering, J.G. and Elimelech, M. Arsenic Removal by Enhanced Coagulation and Membrane Processes, Final Report. Dept. of Civ. and Environ. Engrg., UCLA, Los Angeles, CA, 1995.
15. Zhu, G. Arsenic Removal from Drinking Water by Enhanced Coagulation (Ph.D. Dissertation, The University of Texas at Arlington), DAO 72699, UMI Co., Ann Arbor, MI, June 1997.
16. Stumm, W. and Morgan, C. J. Aquatic Chemistry 3d ed., John Wiley & Sons, New York, 1996.
17. Owen, J. and Cooper, I. L. Adsorption, John Wiley & Sons, Inc., New York, 1982.

18. Zhu, G., et. al. "Coagulation Diagrams for Arsenic Removal by Enhanced Coagulation," Proceedings of the 1997 Fall Conference of Texas Section of American Society of Civil Engineers, Arlington, Texas, October 2-3, 1997.

19. Crozes, G., White, P., and Marshall, M. "Enhanced Coagulation: Its Effects on NOM Removal and Chemical Costs," Jour. AWWA. vol. 87, no. 1, pp. 78-89, January 1995.

20. Jacangelo, J. G., DeMarco, J., Owen, D. M., and Randtke, S. J. "Selected Process for Removing NOM: An Overview," Jour. AWWA, vol. 87, no. 1, pp. 64-77, January 1995.

21. Randtke, S. J. et al. "A Comparative Assessment of DBP Precursor Removal by Enhanced Coagulation and Softening." Proceedings of 1994 AWWA Annual Conference, New York, 1994.

22. Qasim, S. R., Hashsham, S., and Ansari, N. I. "TOC Removal by Coagulation and Softening," Technical Note in Journal of Environmental Engineering Division, American Society of Civil Engineers, vol. 118, no. 3, pp. 432-437, June 1992.

23. Cheng, R. L., Liang, S., Wang, H. C., and Buehler, M. D. "Enhanced Coagulation for Arsenic Removal," Jour. AWWA, vol. 86, no. 9, pp. 79-90, September 1994.

24. Masterton, W. and Slowinski, E. Chemical Principals, W.B. Saunders Co., Philadelphia, PA., 1969.

25. Sawyer, C. N., McCarty, P. L., and Parkin, G. F. Chemistry for Environmental Engineers, New York, McGraw-Hill, Inc., New York, 1994.

26. Qasim, S.R. Wastewater Treatment Plants: Planning, Design and Operation, 2d ed., Technomic Publishing Co., Lancaster PA, 1999.

27. AWWA. Water Quality and Treatment, 5th ed., McGraw-Hill Book Co., New York 1999.

28. McGhee, T. Water Supply and Sewerage, 6th ed., McGraw-Hill Book Co., New York, 1991.

29. Metcalf and Eddy, Inc. Wastewater Engineering: Treatment, Diposal and Reuse, 3d ed., McGraw-Hill Book Co., New York, 1991.

30. Malcolm Pirnie, Inc., and HDR Engineering, Inc., Guidance Manual for Compliance with the Filtration and Disinfection Requirements Public Water System Using Surface Water, U.S. Environmental Protection Agency, Office of Drinking Water, Washington, D.C., October 1990.

31. Hudson, E. Water Clarification Process: Practical Design and Evaluation, Van Nostrand Reinhold Co., New York, 1981.

32. letterman, R. J., Quar, J. E., and Gemmell, R. S. "Influence of Rapid Mix Parameters on Flocculation," Jour. AWWA, vol. 65, no. 11, pp. 716-722, November 1973.

33. McCabe, W. and Smith, J. Unit Operations in Chemical Engineering, McGraw-Hill Book Co., New York, 1976.

34. Hammer, M. J. and Hammer, M. J., Jr. Water and Wastewater Technology, Prentice-Hall, Inc., Englewood Cliffs, NJ, 1996.

35. Garrison, C. "How to Design and Scale Mixing Pilot Plants," Chemical Engineering, vol. 93, no. 3, pp. 63-70, Feb. 7, 1983.

36. Vrale, L. and Jorden, R. "Rapid Mixing in Water Treatment," Jour. AWWA, vol. 63, no. 1, p. 52, January 1971.

37. Tolman, S. The Mechanics of Mixing and Flocculation, Public Works, Vol. 93, No. 12, 1962.

38. JDV Equipment Corp. JDV - Carter Walking Beam Flocculator, JDV 1098, JDV Equipment Corp., Fairfield, NJ, 1998.

39. EIMCO. Flocculator and Above Water Horizontal Oscillating Flocculator for Water and Wastewater Treatment, EIMCO Process Equipment Company, Salt Lake City, Utah, 1989.

40. ASCE and AWWA. Water Treatment Plant Design, 2d ed., McGraw - Hill Book Co., New York, 1990.

41. Great Lakes Upper Mississippi River Board of State Public Health & Environmental Managers. Recommended Standards for Water Works, Health Education Services, Albany, NY 1992.

42. Texas Natural Resource Conservation Commission. Subchapter D: Rules and Regulations for Public Water Systems, Section 290.38 - 290.47, Texas Register, Austin, TX, 1999.

43. Davis, C.V. and Sorensen, K.E.(Editors). Handbook of Applied Hydraulics, 3d ed. McGraw - Hill Book Co., New York, 1969.

44. Chow, V. T. Open Channel Hydraulics, McGraw - Hill Book Co., New York, 1959.

45. U. S. Department of the Interior, Bureau of Reclamation. Water Measurement Manual, U. S. Government Printing Office, Washington, D.D., 1967.

46. Parshall, R.L. Measuring Water in Irrigation Channels with Parshall Flumes and Small Weirs, U. S. Soil Conservation Service, Circular 843, May 1950.

47. Benefield, L.D., Judkins, J.F., and Parr, A.D. Treatment Plant Hydraulics for Environmental Engineers, Prentice - Hall, Inc., Englewood Cliffs, N J, 1984.

chapter

09

침 전

W·a·t·e·r·W·o·r·k·s·E·n·g·i·n·e·e·r·i·n·g

9.1 개 요

침전은 중력을 이용하여 물로부터 부유물질을 분리하는 물리적인 처리 방법이다. 이 공정은 응집과 플록형성의 후속 공정으로서 탁도 유발 입자의 제거를 위하여 지표수 처리의 첫 단계로 널리 사용된다. 또한 (1) 여과지 역세척수 회수 시스템에서 물의 회수를 위하여, (2) 슬러지 농축에서 슬러지 고형물의 농도를 증가시키기 위하여도 사용된다. 전침전(presedimentation)의 형태로 원수를 펌프로 정수장으로 보내기 전에 자갈, 모래 등을 강물과 분리하는 경우에 사용된다.

이 장에서는, 침전지에 대한 이론과 설계 과정에 대해서 논하게 될 것이다. 설계 예에서는 설계에 필요한 계산, 운전과 유지관리 그리고 침전지 시설에 필요한 장비들에 대해 예시할 것이다.

9.2 침전 이론

침전지의 설계는 부유 고형물의 농도, 크기 및 거동에 의해 좌우된다. 일반적으로 침전은 4가지 형태로 분류된다. I 형 침전은 독립입자의 침전으로 알려진 침전으로 낮은 농도의 입자들이 단일 개체로서 침전하는 것을 말한다. 정수장에서 I 형 침전의 예로서는 응집과정 전의 하천수로부터의 실트(silt) 침전, 연수화 응집물의 침전, 역세척후의 여과지에서의 모래의 침전 등이 있다. 응결 침전으로 알려진 II 형 침전은 입자가 침전하면서 응결하여 입자의 크기가 커지는 침전을 말한다. 응집된 지표수의 침전은 응결 침전의 한 예이다. III 형 침전은 간섭침전 또는 계면침전이라고 알려진 침전으로서 입자가 집단으로 침전할 정도로 충분히 높은 고형물 농도를 가진 현탁액(suspension)의 침전을 말한다. III 형 침전의 예로는 농축조의 농축 슬러지층 윗부분이 해당된다. IV 형 침전은 압축침전으로 알려진 침전으로서 입자가 서로 닿아 있으며 더 이상의 침전은 단지 압축으로만 일어날 수 있는 부유물의 침전을 표현하는 침전형태이다. 중력 농축조의 농축 슬러지 층 아랫부분이 여기에 해당한다.[1]

침전지 설계에 사용되는 이론들은 침전지에서의 침전 형태에 따라 다르다. 그러므로 침전의 각 형태에서 설계인자를 개발하기 위해 사용되는 설계식과 절차는 각 침전 형태에 맞게 사용되어야 한다.

9.2.1 독립침전 – I 형 침전

침전 거동

I 형 침전 이론은 방해요인 없이 등속도로 침전하는 입자의 침전에 적용된다. 입자에 작용하는 힘은 중력과 항력이다.[2] 물과 입자의 혼합액에서 입자들은 침전하기 시작할 것이고, 등속도가 될 때까지 가속될 것이다. 이 때에는 항력과 중력이 똑같아져서 상쇄된다. 이 종말 침강 속도는 뉴톤의 법칙으로 알려진 식 (9.1)에 의해 계산된다.[3]

$$v_s = \sqrt{\frac{4}{3} \times \frac{dg}{C_D} \times \frac{(\rho_s - \rho)}{\rho}} \quad \text{or} \quad v_s = \sqrt{\frac{4}{3} \times \frac{dg}{C_D} \times (S_g - 1)} \tag{9.1}$$

v_s : 침강속도(m/s)
d : 입자직경(m)
g : 중력가속도(m/s^2)
C_D : 항력 계수(레이놀드수의 함수)
S_g : 입자 비중
ρ_s : 입자의 밀도(kg/m^3)
ρ : 물의 밀도(kg/m^3)

이 식은 유체에서 침전하는 구형입자에 대한 것으로서, 만약 입자가 구형이 아닐 경우 C_D가 증가하여 결과적으로 침전속도는 감소할 것이다. 입자가 구형이 아닐 경우 식 (9.1)의 보정을 위한 방법으로서 식 (9.2)를 사용한다.[3]

$$C_D = \frac{24\phi}{N_R} \tag{9.2}$$

ϕ : 형상계수
N_R : 레이놀드 수(식 (9.3))

$$N_R = \frac{v_s d}{\nu} = \frac{v_s \rho d}{\mu} \tag{9.3}$$

ν : 동점성 계수(m^2/s)
μ : 물의 점성계수(N·s/m^2)

ϕ의 대표적인 값은 모래 2.0, 석탄(coal) 2.25이다. 다른 ϕ값은 기타의 참고도서에서 찾아볼 수 있다.[4]

C_D의 값은 레이놀드수의 함수이다. 층류영역(레이놀드수 $<$ 1)에서 구형입자의 C_D의 값은 식 (9.4)에서 구하며, 전이영역(1 $<$ 레이놀드수 $<$ 10^4)에 있어서 C_D값은 식 (9.5)에서 구할 수 있다. 난류영역에서 구형입자의 C_D값은 0.4정도로 일정하다.

$$C_D = \frac{24}{N_R} \ (\text{층류영역}) \tag{9.4}$$

Water Works Engineering

$$C_D = \frac{24}{N_R} + \frac{3}{\sqrt{N_R}} + 0.34 \text{ (전이영역)} \tag{9.5}$$

층류에서 매우 작은 구형입자의 침전은 식 (9.1)에 식 (9.4)를 대입하여 얻어진 식 (9.6)을 사용하며, 이 식은 스토크스의 법칙(Stokes Law)으로 알려져 있다.[3,4]

$$v_s = \frac{gd^2(\rho_s - \rho)}{18\mu} = \frac{gd^2(S_g - 1)}{18\nu} \tag{9.6}$$

이상적인 침전지

이상적인 수평류 침전지는 다음과 같은 특성을 나타내며, 독립 입자의 침전 거동을 묘사하는데 주로 사용된다. (1) 침전지에서의 흐름은 지의 단면에 걸쳐 고르게 분포한다. (2) 입자는 수중에 균등하게 분포한다. (3) 입자의 침강은 주로 I 형 침전의 형태이다.

이상적인 침전지는 유입부, 침전부, 슬러지부 및 유출부의 4부분으로 나눠진다(그림 9－1).[1]

- 유입부 : 흐름은 조의 단면에 걸쳐 균일하게 분배된다. 유입부를 빠져나가는 물의 흐름은 완전한 수평류이며 출구를 향하여 흐른다.
- 침전부 : 물은 정류된 상태이며, 천천히 수평방향으로 출구 쪽으로 흐른다. 이 지역에서 침전이 일어난다.
- 슬러지부 : 침전 슬러지가 퇴적한다. 일단 슬러지부로 들어간 슬러지는 그곳에 계속 남아 있는다.
- 유출부 : 이 지역에서는 정화된 물이 지의 단면에 걸쳐서 고르게 배출된다.

입자 제거율

침전지의 설계에 있어서, 가장 작은 입자의 침강속도 v_t(종말속도(terminal velocity)라고 함)는 식 (9.7)과 식 (9.8)에 의해 얻어진다. 침전지는 종말속도보다 큰 침강속도를 가지는 입자는 완전히 제거되는 것으로 하여 설계된다. 종말속도보다 작은 침강속도 v_i를 갖는 입자는 부분적으로 제거되며 그림 9－1, 식 (9.9)와 같이 표현된다.

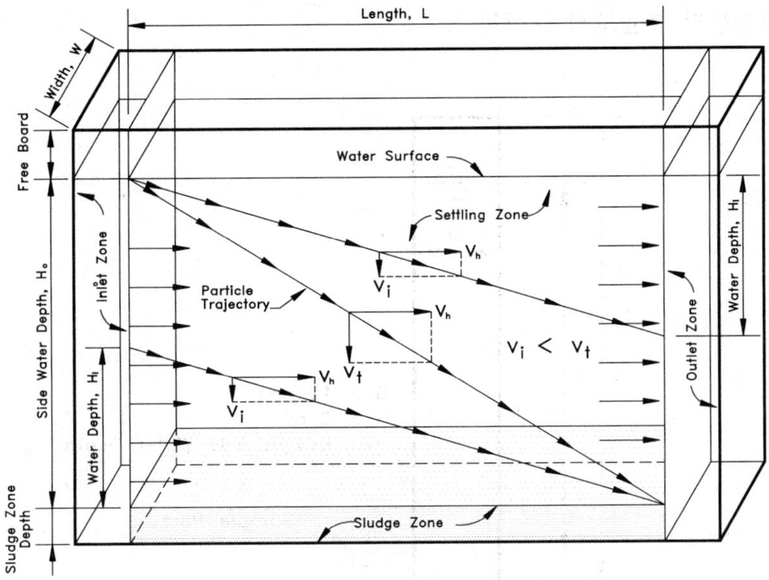

그림 9-1 독립입자의 침강거동

$$v_h = \frac{Q}{WH_0} \tag{9.7}$$

$$v_t = \frac{H_0}{t_0} \tag{9.8}$$

$$v_i = \frac{H_i}{t_0} \tag{9.9}$$

v_h : 가장 작은 입자가 완전히 제거되는 침강속도(m/s)

Q : 유량(m^3/d)

W : 침전지 폭(m)

H_0 : 수심(m)

t_0 : 이론적 체류시간(s), $t_0 = V/Q$

v_i : 입자들의 침전속도(m/s)

H_i : 시간 t_0동안 v_i 속도를 가진 입자가 침전한 깊이(m)

일반적으로 강물의 부유물질은 입자 크기 분포가 아주 넓다. 어느 체류시간에서의 제거 효과를 정량하기 위해서는 입자 침강 속도의 전 범위와 제거되는 분율을 고려할 필요가 있다. 그러므로 침전지의 전체 제거 효율은 (1) 침전관 시험이나 (2) 체분석(sieve analysis)을 통해서 결정할 수 있다.

침전관 시험은 그림 9-2와 같은 장치를 이용한다. 침전관에 시료를 부은 후 초기 5분 동안 30초에서 60초 간격으로 시료를 채취하며, 나머지 시간에는 1분에서 2분 간격으로 시료를 채취한다. 시험은 시료의 입자 크기에 따라 30분에서 2시간까지 계속한다.[5] 부유물질의 무게는 각 채취 시료마다 측정되고 잔류 고형물의 분율로서 표시된다.

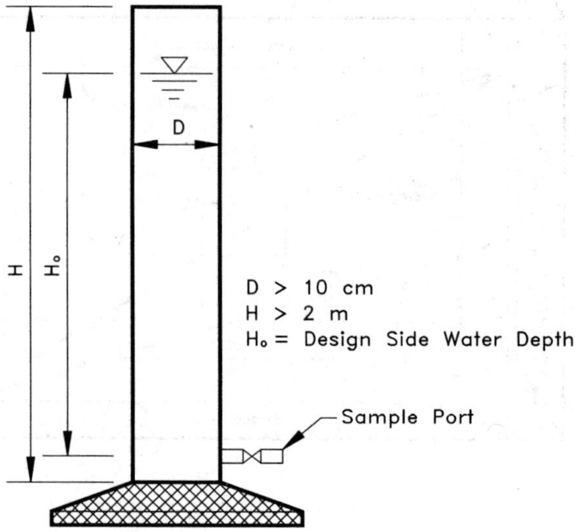

그림 9-2 독립입자의 침강속도 실험에 사용되는 표준 침전관

체 분석 기술은 침전지에서 제거되는 부유물질로 구성된 건조 고형물 시료가 필요하다. 표준 체분석은 입자 크기별 분율을 결정하기 위해 건조 시료에 대하여 수행된다. 각 분율의 침강속도는 식 (9.1) 또는 식 (9.6)으로 계산된다.

이와 같은 방법으로 그림 9-3과 같은 침강속도 분석 곡선이 작성된다. 총 고형물 제거효율은 곡선 아래의 면적을 도식적으로 적분함으로서 구할 수 있다.[1,5~7]

침전지에서 종말침강속도 v_i을 가지는 입자가 제거되는 분율은 식 (9.10)을 통하여 구할 수 있다.

$$F = (1 - X_C) + \int_0^{X_C} \frac{v_i}{v_t} dx \tag{9.10}$$

F	: 제거분율
X_c	: v_t보다 작은 v_i의 속도를 갖는 입자의 분율
$(1 - X_c)$	: v_t보다 큰 침전속도를 갖는 제거된 입자의 분율
$\int_0^{X_C} \frac{v_i}{v_t} dx$	: v_t보다 작은 v_i의 속도를 갖는 제거된 입자의 분율

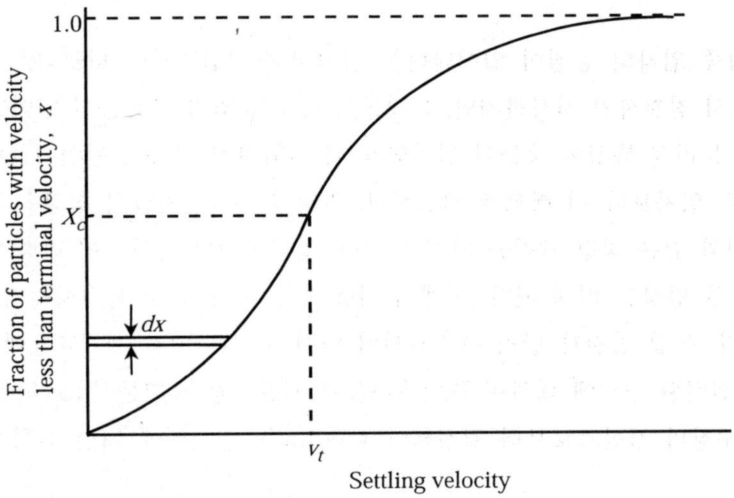

그림 9-3 독립입자의 침강곡선 및 제거분율

월류율

침전지에 설계에 있어서 종말침강속도는 매우 중요한 인자로써, 설계 월류율(design overflow), 표면부하율(surface loading rate), 수리학적 부하율(hydraulic loading)($m^3/m^2 \cdot d$)이라고도 부른다. 이것을 식으로 표현하면 식 (9.11)과 같다.

$$v_t = \frac{Q}{A} \tag{9.11}$$

A : 침전지의 표면적(m^2)

침전조 설계에 있어서 입자 제거율에 영향을 미치는 주요 인자는 표면부하율이다. 표면부하율이 양호한 침전수 수질을 갖도록 선택되는 경우, 수심(required side water depth)이 또 다른 중요 설계인자인 체류시간 대신 고려되기도 한다. 이상적인 침전지에서 수심이 낮은 경우 입자가 슬러지부에 도달하기 위한 이동거리가 짧고 표면부하율도 일반적으로 낮으므로 주어진 체류시간에서의 제거효율은 높아진다. 그러나 실제 침전조에서의 입자의 침강 거동은 이상적인 상태와는 거리가 멀다. 밀도류, 온도변화에 따른 흐름(thermal current), 바람영향, 불균일한 흐름 분포와 같은 요인은 이상적인 상태에서보다 안 좋은 처리효율을 나타내는 원인이 된다.

정수처리에서 독립침전은 전침전지에서 가장 일반적으로 사용된다. 전침전지는 하천수와 같이 높은 고형물부하를 가지는 원수에서 모래, 자갈과 기타 독립 침전 입자들을 제거하기 위해 사용된다. 다른 설계 자료가 없을 경우 전침전지의 설계에서 표면 부하율 200~400 $m^3/m^2 \cdot d$와 수심 3~5 m가 일반적으로 적용된다.[6]

9.2.2 응결 침전 – II형 침전

응결침전은 침강중 입자의 응결이 일어난다는 점에서 독립침전과는 다르다.[5~7] 부유물의 고형물 입자는 독립입자로서 침전하기 시작하지만, 그것들의 농도는 입자간 충돌이 일어날 수 있을 만큼 충분히 높다. 입자의 물리적 특성이 충돌이 일어났을 때 결합하게 만드는 원인이 된다. 결합된 입자들은 무거워져서 개별 입자보다 더 빠르게 침강한다. 결과적으로 입자들의 침강속도가 상승되고 그림 9–4(a)에서 보는바와 같은 침강 궤적을 가지게 된다. 입자크기와 침강거동 변화 때문에 응결침전은 독립침전보다 복잡한 양상을 띄게 된다. 설계에 사용할 수 있는 간단한 수학적 침전 모델식은 아직 개발되지 않고 있다. 독립 침전과 달리 응결침전에 있어 수심은 입자 제거효율에 영향을 주는 가장 중요한 인자이다. 선택된 수심에 대하여 표면부하율과 체류시간을 회분식(batch)실험이나 유사한 원수를 처리하는 정수장의 경험으로부터 결정해야 한다. II형 침전지에 대한 전형적인 설계 값은 9.3 절에서 다룬다.

그림 9–4(b)에서와 같은 침전관으로 침전실험을 한다.[7~9] 시료를 완전히 혼합하고 요구되는 깊이까지 시료를 채운다. 시료는 보통 5~10 min의 간격으로 각 채취구로부터 연속적으로 채취하고 부유물질의 농도를 분석한다. 설계인자로 사용할 수 있을 충분한 자료를 얻기 위하여는 적어도 1~3 hr의 실험이 필요하다. 실험의 재현성을 확인하기 위해 한두번 반복 실험한다. 침전지에 대한 다음 예제가 설계월류량과 체류시간을 얻는 절차를 보여준다.

예제 9-1 지표수 수원으로 하는 응결성 부유물질의 침전을 위한 침전지를 설계하고자 한다. 수심 3.5 m에서 TSS 제거율 80%를 목적으로 한다. 침전관시험 결과를 이용하여 표면부하율과 체류시간을 구하시오.

풀 이 다음과 같은 절차에 따라 침전관 시험을 한다.

1. 응결성 부유물이 포함된 시료를 침전관에 채운다.
2. 시간간격에 따라서 각 채취구에서 시료를 채취한다.
3. 각 시료의 TSS를 분석한다.
4. 표 9–1와 같이 결과를 정리한다.
5. 표 9–2와 같이 각 채수구의 TSS 분석결과를 정리한다.
6. 시간대별로 각 채취구에서의 TSS 제거율 나타낼 수 있도록 격자선을 도시한다(그림 9–5).
7. 같은 제거율을 나타내는 곡선(isoremoval contour)을 그린다. 이 선은 등고선을 긋는 것과 같이 그려진다(그림 9–5).
8. 등제거율 곡선이 깊이 3.5 m인 x축과 만나는 각 점에서의 수직선을 긋는다. 예를 들면 제거율이 60%인 등제거율 곡선이 x축과 교차하는 시간은 38 min이다. 그러므로 60% 제거에 필요한 침전 시간 t는 38 min이다. 다음과 같은 결과도 얻을 수 있다.

a. 입자의 90%는 침전깊이 0.51 m 이하에서 침전되었다.
b. 입자의 80%는 침전깊이 0.72 m 이하에서 침전되었다.
c. 이와 같이, 입자의 70%는 침전깊이는 1.01 m, 입자의 60%는 침전깊이 3.50 m 또는 그 이하에서 각각 제거되었다.

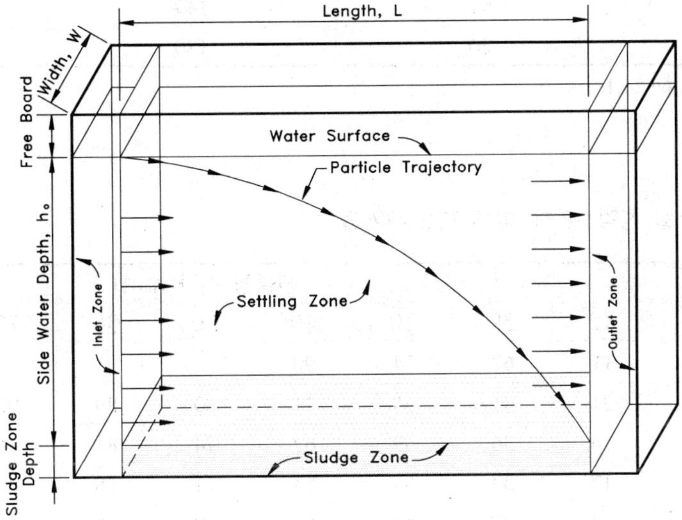

(a)

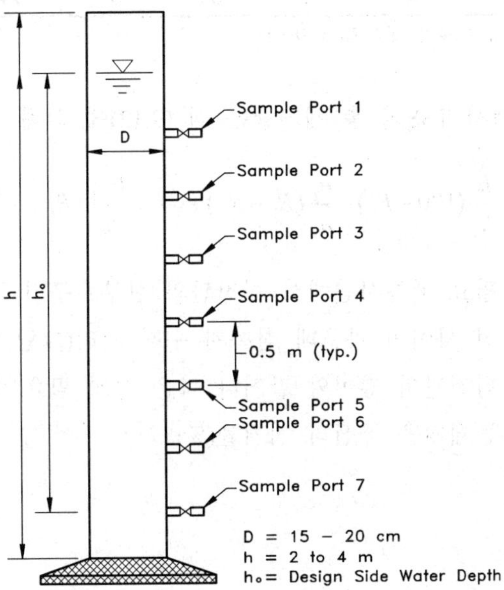

(b)

그림 9-4 응결 침전. (a) 침전지에서 응결성 입자의 침강 궤적, (b) 응결 침전 시험에 사용되는 표준 침전관

표 9-1 시료 채취구 1번에서의 침전시험 결과

시간(min)	측정 TSS(mg/L)	제거된 TSS(mg/L)	제거율(%)
0	200	0	0
10	134	66[a]	33[b]
20	75	125	62
30	51	149	74
40	20	180	90

a. 200 mg/L − 134 mg/L = 66 mg/L

b. $\frac{66\,\text{mg/L}}{200\,\text{mg/L}} \times 100\% = 33\%$

표 9-2 시료 채취구별 침강시간에 따른 TSS 제거율

Port No.	깊이(m)	샘플링 시간(min)								
		10	20	30	40	50	60	70	80	90
1	0.5	33[a]	62	74	90					
2	1.0	21	41	65	71	80	89	90		
3	1.5	16	36	59	67	74	81	86	91	
4	2.0	17	33	55	64	71	78	82	88	91
5	2.9	14	32	54	64	70	78	82	85	88
6	3.0	14	30	52	63	69	75	81	83	85
7	3.5	12	30	51	60	69	74	80	83	84

a. 샘플링 시작 10분 후 초기 TSS의 33%가 제거됨(표 9-1)

주어진 체류시간과 수심에서 TSS의 총 제거율은 식 (9.12)에 의해 계산할 수 있다.

$$\text{제거\%} = \frac{h_1}{h_0}(100 - R_1) + \frac{h_2}{h_0}(R_1 - R_2) + \cdots + \frac{h_{n-1}}{h_0}(R_{n-1} - R_n) + R_n \tag{9.12}$$

$h_1, h_2, \cdots h_{n-1}$: 필요 체류시간에서 침전관의 상부로부터 두개의 연속되는 등제거율 곡선 사이의 가운데 점까지 수직 거리(그림 9-5)(m)

h_0 : 침전관의 깊이와 같거나 작은 설계 필요 수심(그림 9-5)(m)

$R_1, R_2, \cdots R_{n-1}$: 등제거율 곡선의 제거율(%)

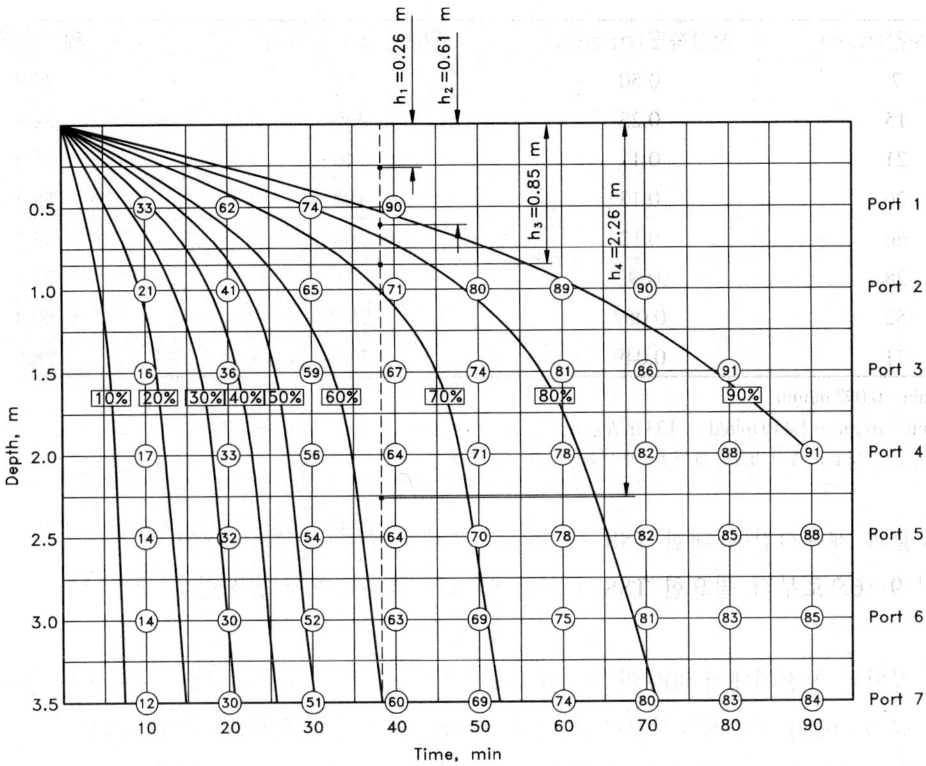

그림 9-5 깊이와 침전시간에 따른 고형물 제거 곡선

표 9-3에서와 같이 체류시간 38 min, 수심 3.5 m에서 TSS 제거율 71.3%를 구할 수 있다.

표 9-3 수심 3.5 m, 체류시간 38 min에서 총 제거율의 계산

n	h_0	$\frac{h_n}{h_0}$	R_{n-1}	R_n	$R_{n-1}-R_n$	$\frac{h_n}{h_0}(R_{n-1}-R_n)$
1	0.26	0.07	100	90[a]	10	0.7
2	0.61	0.17	90	80	10	1.7
3	0.85	0.24	80	70	10	2.4
4	2.26	0.65	70	60	10	6.5
5	—	—	—	60	—	60
총제거율						71.3

a. 90% 등제거율 곡선

9. 체류시간별 TSS 총제거율, 침강속도와 표면부하율을 구한다(표 9-4).

표 9-4 체류시간별 침강속도, 월류율과 제거율

체류시간(min)	침강속도(m/min)	월류율($m^3/m^2 \cdot d$)	제거율(%)
7	0.50	720	20.9
15	0.23	336	34.9
21	0.17	240	45.8
26	0.13	194	55.3
60	0.12	168	62.5
38	0.092[a]	133[b]	71.3[c]
52	0.067	96.9	80.4
71	0.049	71.0	88.6

a. 3.5 m/38 min = 0.092 m/min.
b. 0.095 m/min × m^2/m^2 × 1,440 min/d = 133 $m^3/m^2 \cdot d$
c. h_0 = 3.5 m, t = 38 min에서 TSS 제거율 계산은 표 9-3 참조

10. 월류율과 체류시간에 대한 TSS 제거율의 관계를 구한다(그림 9-6).
11. 그림 9-6으로부터 필요한 TSS 제거율에 대한 월류율과 체류시간을 구한다.

3.5 m의 깊이의 침전지에서 80%의 총 TSS 제거율을 얻기 위해서는 (1) 월류율 97 $m^3/m^2 \cdot d$ 이하여야 하며(그림 9-6(a)), (2) 체류시간은 적어도 55 min이 되어야 한다(그림 9-6(b)).

회분식 침전 실험은 이상적인 침전의 경우로서 대규모의 연속유입 침전지에서는 잘 일어나지 않는 조건이다. 밀도류, 온도류, 불균일한 흐름 분포와 같은 영향을 보완하기 위하여 보정계수를 실험결과에 적용할 수 있다.[5,7,9] 표 9-5에 나타낸 보정계수를 실험값에 곱함으로써 설계인자로 이용할 수 있다. 0.7과 1.6의 보정계수를 각각 사용하면 다음의 설계 값을 얻을 수 있다.

월류율 = 68 $m^3/m^2 \cdot d$

체류시간 = 88 min

표 9-5 실규모 침전지의 응결 침전 설계인자를 위한 보정계수

설계인자	보정계수
월류율	0.60~0.80
체류시간	1.25~1.75

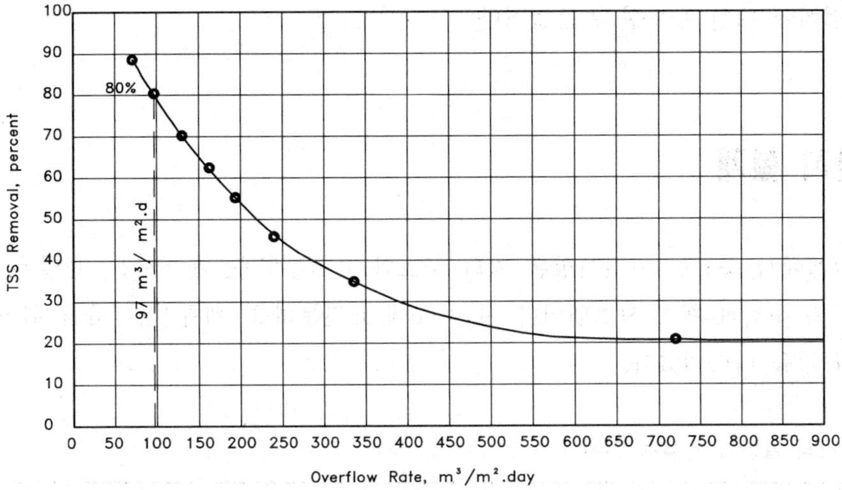

(a)

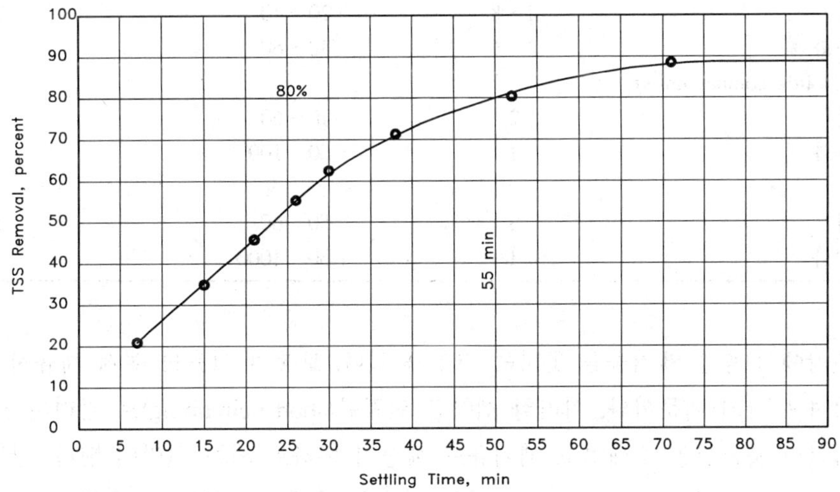

(b)

그림 9-6 월류율과 침강시간에 대한 TSS 제거율 곡선

9.2.3 방해 침전-Ⅲ형 및 압축 침전-Ⅳ형 침전

방해침전(Ⅲ형 침전)과 압축침전(Ⅳ형 침전)은 중력식 슬러지 농축조에 적용한다. 슬러지 블랑켓의 윗 부분은 Ⅲ형 침전과 같이 거동하며, 아랫 부분은 Ⅳ형 침전과 같다. 응결 침전과 마찬가지로 설계에 사용할 수 있는 간단한 수학적 모델식은 아직 개발되지 않았다. 그러므로 설계인자는 실험실 실험과 유사한 슬러지를 처리하는 운영중인 정수장 운전 경험으로부터 얻어진다. 지역침전 분석과

고형물 플럭스 분석은 이러한 인자를 얻기 위해 사용되는 대표적인 방법이다. 참고문헌 1,3,7 및 9는 이들 방법의 절차에 대한 우수한 논문들이다.

9.3 침전지 설계

침전지의 설계에서 중요한 고려사항은 지의 구조와 표면부하율, 체류시간, 유입부, 유출부, 위어부하율, 슬러지의 수집과 제거 시스템이다. 표 9-6에 표면부하율, 체류시간, 유출 위어 부하율과 같은 설계인자의 값을 나타내었다.

표 9-6 침전지의 일반적인 설계 인자

	체류시간(hr)	표면부하율($m^3/m^2 \cdot d$)	위어부하율($m^3/m \cdot d$)
장방형 침전지			
응집	4~8	20~40	250
연수화	2~6	40~60	250
고형물 접촉조(solids contact units)			
응집	2	40~60	170
연수화	1	60~100	350
상향류 침전지			
응집	2	50~60	170
연수화	1	60~1000	350

침전지는 현장에서 종종 제기능을 못하는 경우가 있다. 보통의 이유는 설계 체류시간보다 실제체류시간이 현저하게 작기 때문이다. 이러한 현상은 단락류(short-circuiting)로 알려져 있다. 단락류는 침전지 체류시간의 불균일을 초래하고 제거율도 예상치 이하로 되는 원인이 된다. 단락류가 나타나게 되는 주요원인으로는 유입수 유속, 밀도나 온도 경사, 바람의 영향 및 유출부 위어에 의해 야기되는 흐름이다. 잘 설계된 침전지라 할지라도 약간의 단락류는 발생한다. 정수장 침전지의 불량한 성능은 플록형성지에서 침전지로의 이류과정에서 플록의 파괴로 인해 발생한다.[1,10,11]

실제 체류시간은 추적자 실험을 통해 구할 수 있다. 이 실험은 (1) 지의 유입부에 불화물(fluoride)과 같은 추적자의 연속 또는 순간주입(slug injection)과 (2) 유출 추적자의 농도측정의 과정을 포함한다. 보통 그림 9-7과 같이 침전지의 구조에 따라서 추적자의 반응이 다양하게 나타난다. 대부분의 지에서의 실제 체류시간은 단락류 때문에 식 (8.27)에 의해 계산된 이론적 체류시간보다 작다. 이에 대한 상세한 것은 12장에서 설명한다.

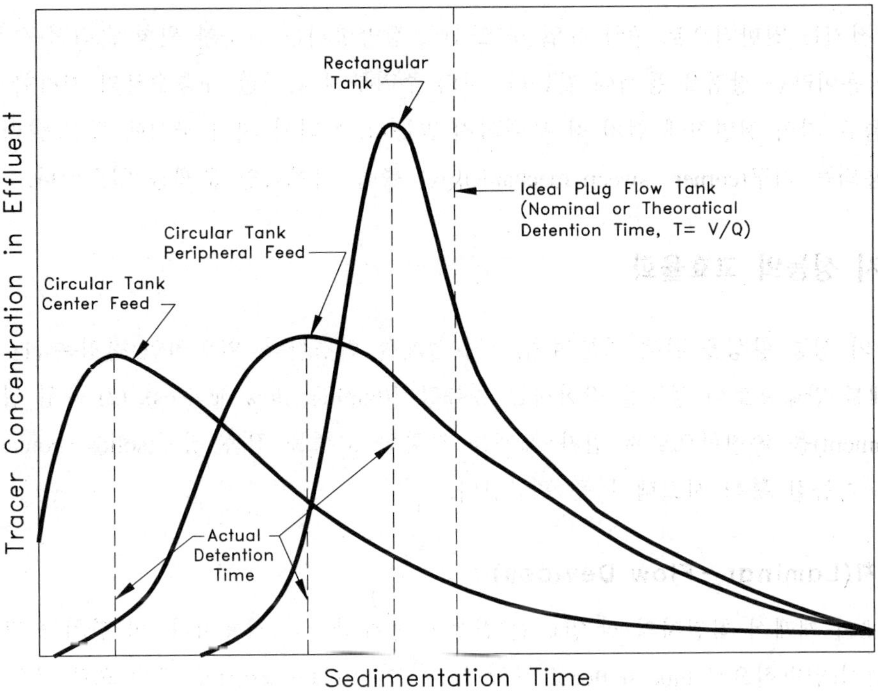

그림 9-7 침전지의 여러 형상에 대한 추적자 실험의 일반적인 결과

9.3.1 침전지의 구조

정수처리에 사용되는 침전지의 기본적인 형상은 장방형지, 원형지, 정방형지이다.

장방형 침전지

장방형 침전지는 전형적으로 길이와 너비의 비가 2:1~3:1 정도로 시공된다. Monk는 길이와 너비의 비가 6:1~7:1 정도로 크면 단락류 현상의 제어에 보다 유리하다고 하였다.[11] 유입부와 유출부의 시설이 잘 설계된 장방형지에서는 가장 이상적인 흐름이 달성될 수 있다(그림 9-7).[1] 장방형지는 원형지와 달리 공통의 벽을 채용함으로서 여러 조를 건설할 경우 축조비용이 낮다는 경제적 이점이 있다.

원형 침전지

원형 침전지는 유입수가 중앙으로 유입하는 중앙 유입형(center-feed type)과 지의 둘레로 유입되는 주변 유입형(peripheral-feed type) 구조가 있다. 주변 유입형이 중앙 유입형에 비하여 단회로 현상이 적음이 추적자 실험을 통하여 경험적으로 밝혀졌으나 아직은 중앙 유입형이 일반적이다. 일반적으로, 원형지에서 흐름 패턴은 장방형지 구조에 비하여 이상적이지 못하다. 그러나 원형지가 기계적으로 슬러지 수집 설비의 채용이 간편하기 때문에 보다 일반적으로 적용된다.

정방형 침전지

정방형 침전지는 일반적으로 중앙 유입 구조이다. 정방형지는 단순한 원형 슬러지 수집 장비와 공통벽 구조 이용이라는 장점을 동시에 갖는다. 지의 주변부에 위치한 유출수로의 기하학적인 구조 때문에, 물 흐름은 지의 전면적에 걸쳐 잘 분배되지 않는다. 게다가 지의 구석에 쌓인 슬러지를 제거하기 위해 사용되는 기구(corner-sweep mechanism)는 종종 기계적인 문제를 일으킨다.

9.3.2 침전지 성능의 고효율화

침전 공정의 성능 향성을 위해 기본적 침전지 설계를 변경한다. 일반적인 변경은 (1) 보다 이상적인 흐름 상태를 만듦으로써 성능을 강화하는 층류장치(laminar flow devices), (2) 유입 입자의 응결과 포획(enmeshment)을 촉진함으로써 입자 제거를 강화한 고형물 접촉 장치(solids-contact units), (3) 다수의 이용 가능한 특허 시스템 등을 포함한다.

층류 장치(Laminar-Flow Devices)

정수처리에서 재래식 침전지의 잘 알려진 변형이 층류장치의 적용이다. 이 장치는 작은 정사각형 모양의 관 형식(일반적으로 tube settler로 불림)과 판 형식(plate settler로 불림)으로 구성되며, 수평면으로부터 45°~60°의 기울기를 갖는다. 이 장치들은 지의 유출부 근처에 설치되고 물이 관이나 채널을 통하여 흐르도록 위치가 정해진다. 이 장치가 고형물 제거능을 향상 시키는 이유는 (1) 입자가 슬러지부에 들어가는 침전거리가 줄어들고(따라서 표면부하율이 지내에서 감소) (2) 층류 흐름이 관을 통해서 이루어지며(따라서 보다 이상적인 침전 조건 형성) (3) 밀도류, 온도류 및 파동이 재래식 침전지와 달리 침전을 방해하지 않기 때문이다.[12~14]

층류장치의 사용은 몇몇의 설치 현장에서 침전수 탁도를 감소하는데 성공적이었다.[14] 이 장치들은 현재 운영중인 침전지의 성능을 개선하기 위하여 종종 사용되지만, 침전지에 과부하를 가져온다. 일부 제작자들은 새로운 침전지에서 필요 체류시간이 층류장치의 사용으로 크게 감소되어질 수 있다고 얘기한다. 그러나 설계자들은 완벽한 평가와 실험 없이 체류시간을 현저히 감소시키는 설계인자들에 대해서 주의해야 한다. 층류 침전장치의 개략도를 그림 9-8(a)에 나타내었다.

(a)

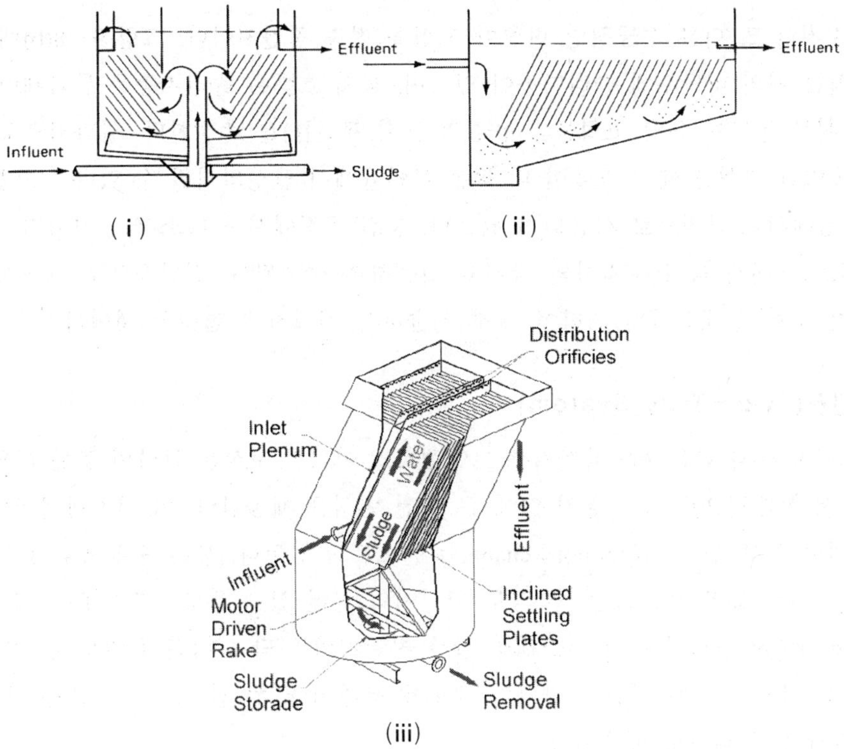

(b)

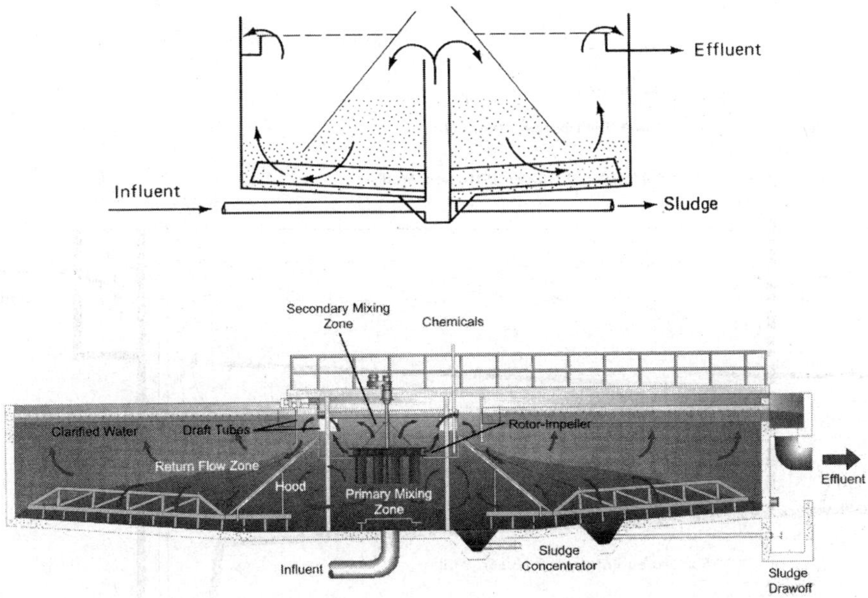

(i)

(ii)

그림 9-8 침전지의 형태. (a) 층류 침전지 (i) 원형 침전지의 흐름(Technomic Publishing Co., Inc.의 승인하에 참고문헌 12 인용) (ii) 장방형지의 흐름(Technomic Publishing Co., Inc.의 승인하에 참고문헌 12 인용) (iii) 상세 장치도(Hoffland Environmental, Inc.), (b) 고형물 접촉조 (i) 흐름(Technomic Publishing Co., Inc.의 승인하에 참고문헌 12 인용) (ii) 상세 장치도(Hoffland Environmental, Inc.)

고형물 접촉 장치(Solids – Contact Units)

재래식 침전지의 또 다른 성공적인 변형이 고형물 접촉 침전지이다. 그림 9−8(b)에서 보듯이, 고형물 접촉장치는 지의 바닥부에 슬러지층이 있으며, 물의 흐름은 슬러지층을 통과해야 한다. 슬러지층의 높은 고형물 농도는 유입 고형물의 응결과 포획(체거름)을 촉진한다. 결과적으로, 재래식 침전 공정에서와 동일한 고형물 제거 효율이 더 높은 부하율에서 달성되어질 수 있다.[13] 고형물 접촉 장치는 연수화 공정에서 성공적으로 사용되어 왔으나, 응집 공정에서는 다소 성공적이지 못하였다. 고형물 접촉 침전조는 대개 특정 제작사의 장치를 이용하며 설계된다. 일반적으로 제작사는 이와 같은 장치의 설치를 위한 설계인자에 대하여 설계 기술자와 긴밀하게 협력할 것이다.[14,15]

이층 침전지(Two – Tray System)

Monk는 그림 9−9와 같은 2층 침전지를 고안했다.[11] 이러한 구성은 하나의 조를 다른 조의 상부에 위치시킴으로서 상대적으로 작은 공간 안에 큰 침전 면적을 제공한다. 이 시스템에서는 응결된 물은 유공벽을 통하여 하부 침전조로(bottom channel) 안으로 유입된다. 물은 수평으로 흘러 지의 끝으로 가서 상부 침전지로 흘러간다. 그 이후 상부 침전지의 끝에 있는 유출부를 향하여 수평으로 흘러간다. chain – and – flight 슬러지 수집 시스템은 상부 침전지의 바닥에 따라 유입부 끝 지점으로 슬러지를 수집한다. 슬러지는 상부 침전조 바닥의 개구를 통하여 하부 침전조로 내려와 침전되고 슬러지 피트로 긁어모아져서 외부로 배출된다.

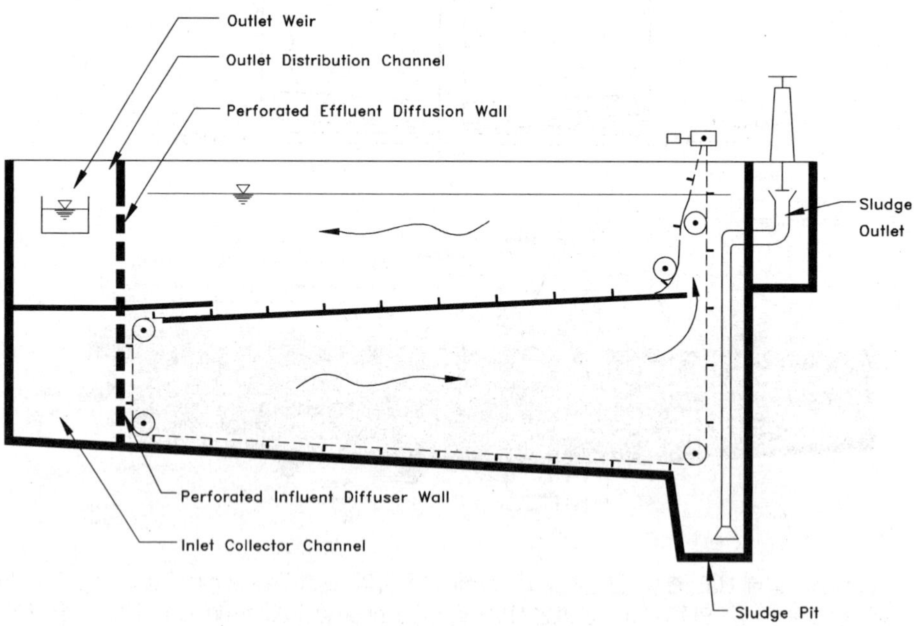

그림 9−9 이층 침전지

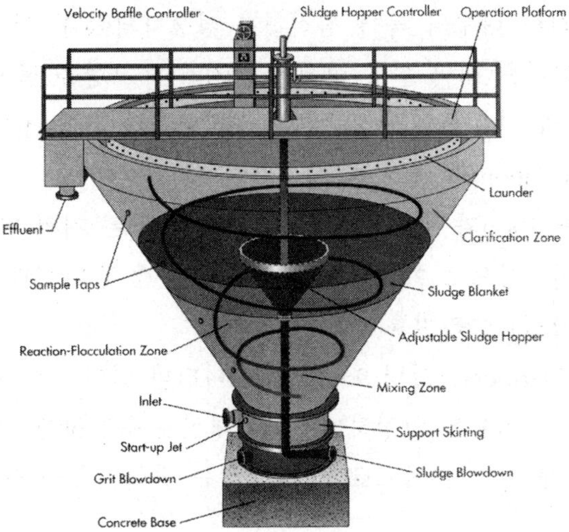

(a)

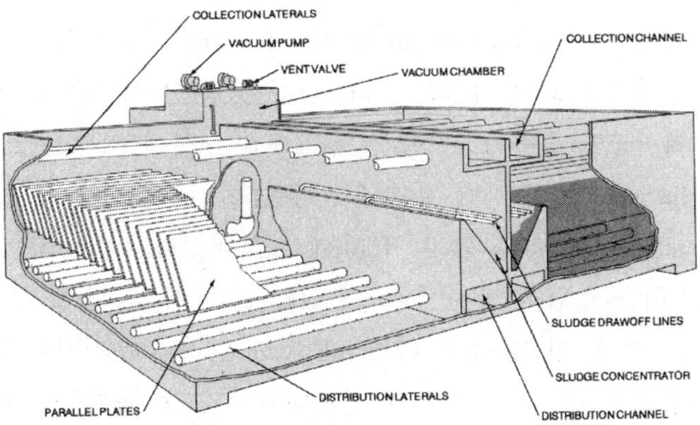

(b)

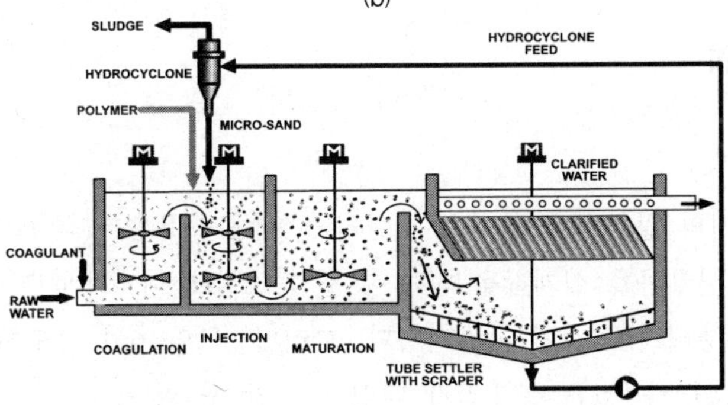

(c)

그림 9-10 특허 침전지. (a) SPIRACONE® 와류 침전지(U.S. Filter), (b) Superpulsator® 맥동식 슬러지 블랭킷 침전지(Infilco Degremont, Inc.), (c) Actiflo® micro-sand ballasted flocculation system(Krüger. Inc.)

특허 침전 시스템(Proprietary Sedimentation System)

침전능이 강화되었다고 하는 다수의 특허 침전지가 상용화되었다. 이 시스템들은 대개 침전지의 침전효율을 감소시키는 슬러지층 내의 수로 형성을 방지하는 고형물 접촉조의 변형이다. U.S. Filter의 Vortex Flow Clarifier, Infilco Degremont사의 Pulsation Sludge Blanket Clarifier, 그리고 Krüger사의 Micro-Sand Ballasted Flocculation의 세 가지 시스템이 있다.[16~18]

Vortex Clarifier는 그림 9-10(a)와 같이 원추형의 조이다. 물은 지의 바닥에서 유입되어 지내에서 원형 흐름이 만들어 진다. 이론상으로 이 와류는 슬러지층을 움직임 상태로 유지하고 슬러지층 내의 수로 형성을 방지하여 고농도의 슬러지를 생성한다.[16]

Pulsation Sludge Blanket Clarifier는 그림 9-10(b)에 나타나 있다.[17] 이 시스템에서 물은 바닥에 포설된 관을 통하여 유입되며, 유입율은 일정하지 않다. 대신에 특별하게 고안된 진공 chamber는 맥동류(pulsating flow)를 만들어 낸다. 이론적으로 이 맥동류는 슬러지층을 교반하고 혼합하며, 슬러지층 내의 수로 형성을 방지한다.

고효율 침전 장치 중 가장 최근에 개발된 것이 Micro-Sand Ballasted Flocculation과 고율침전이 결합된 Actiflo® 침전지이다. 이 기술은 고분자응집제의 사용과 함께 micro-sand를 부유물질(플록)과 혼합하는 것으로 구성되어 있다. micro-sand는 50~100 ㎛의 크기이고 고분자 응집제는 응집 보조제이다. 정수처리 공정에서 보고된 이점은 혼화, 응집 및 침전 시간을 감소시킨 상태에서도 탁도, 색도, TOC 및 조류의 제거능이 증가되었다는 것이다. Krüger사에 의해서 공급되는 장치는 급속 교반, 완속 교반 및 Lamella modules을 가진 일체형 설비이다. hydrocyclone이 micro-sand의 회수를 위하여 사용된다. 이 시스템의 구성을 그림 9-10(c)에 나타내었다.

이 세 개의 특별한 특허 시스템 외에 이용할 수 있는 많은 시스템들이 있다. 효과적인 것도 있지만 그렇지 않은 시스템도 있다. 기술자들은 다른 full scale 장치의 운전자와의 토론과 실험을 통하여 이러한 장치의 효율성과 불만사항을 주의 깊게 평가해야만 한다. 독자들은 제조사로부터 특허 시스템의 상세정보를 얻을 수 있다. 부록 C에 제조사 목록을 제시하였다.

9.3.3 설계시 고려사항

표면 부하율

표면 부하율은 침전지의 필요 수표면적을 계산하기 위해 사용된다(식 (9.11)).[6,9] 응결침전의 회분식 침전실험에 의해 표면부하율 설계값을 얻는 것을 9.2.2절에 나타내었다. 이와 같은 과정은 주요 설비의 설계에 앞서서 행해지는 것이 바람직하다. 그러나 표 9-6의 정수처리 공정의 일반적 설계인자를 침전실험으로 얻을 수 있는 설계인자 대신 사용할 수 있다.

체류 시간

체류 시간은 침전지의 용량과 수심을 계산하기 위하여 표면 부하율과 함께 사용된다. 체류 시간이 정해지면 식 (9.8)은 지의 용적을 결정하기 위해서 사용된다. 회분식 침전실험(9.2.2 절)이 체류 시간의 설계값을 얻기 위해서 필요한 경우가 있으며, 일반적으로 적용되는 침전지의 체류시간은 표 9－6에 요약되어 있다.[6,9]

유입부 및 유입 구조물

유입부는 유입수를 전체 지에 대하여 골고루 분배하고 유입속도를 완화하는 역할을 한다. 이 두 가지 기능이 잘 달성되면 지의 수리학적 흐름 특성은 이상적인 침전지에 가까워지며 더 효과적인 성능을 보일 수 있게 된다. 유입부는 장방형 침전지와 원형침전지가 다르게 설계된다.

1. 장방형 침전지

   정수처리에 있어서, 일반적으로 장방형 침전지는 플록형성지와 연결된 일체의 구조로 축조된다. 정류벽(baffle or diffusion wall)으로 지가 2개로 구분되며, 정류벽이 침전조 유입부로의 역할을 한다. 정류벽의 설계는 침전지의 기능이 플록의 질에 영향을 받으므로 중요하다. 정류벽에 대한 상세 설계는 8.8.2절의 Step B에서 다루었다.[19,22]

2. 원형 침전지

   중앙 유입식 원형 침전지의 유입 구조는 유입관을 둘러싸고 있는 금속 덮개(skirt) 로 구성되어 있다. 이러한 형태의 구조물은 슬러지 수집 장치의 한 부분으로서 제공되며 일반적으로 장비 공급업자에 의해 설계된다. 정수처리에서 주변 유입식 원형 침전지의 사용은 드문 편이다.

유출부 및 유출 구조물

유입부와 마찬가지로 유출부 및 유출 구조물도 흐름의 형태와 플록의 침전 거동에 많은 영향을 미친다. 전통적으로, 월류위어와 유출수로는 침전지의 유출수를 조절하는데 사용되어 왔다. V－notch 또는 수중 오리피스 위어 판(submerged orifice weir plate)이 일반적으로 사용된다. 이 둘 중에서 수중 오리피스가 많이 선호되는데, 침전지와 여과지 사이에서 플록의 파괴가 적고 동절기 얼음에 의한 피해가 적기 때문이다.[3,6,19,20] 필요 위어 길이는 위어 월류율 또는 위어 부하율로 구할 수 있다. 위어부하율의 일반적인 설계 값을 표 9－6에 제시하였다.

유출부 위어를 넘은 물은 유출수로로 흘러 들어간다. 일반적인 장방형, 정방형, 원형 침전지의 유출수로 배치도를 그림 9－11에 나타내었다.[12] 유출수로의 흐름은 공간적 변류(spatially varied flow)이며, Chow는 이러한 물의 흐름에서 수위 산정을 위한 식을 다음과 같이 제안하였다.[23]

$$y_1 - y_2 = \frac{q_1(v_1 + v_2)}{g(q_1 + q_2)}\left[(v_2 - v_1) + \frac{v_2}{q_1}(q_2 - q_1)\right] + S_0 x - S_f x \tag{9.13}$$

y_1과 y_2 : 상류 및 하류의 수면표고(m)

(y_1 － y_2는 상류와 하류의 수면표고차이를 의미)

q_1 : 상류의 유량(m^3/s)

q_2 : 하류의 유량(m^3/s)
v_1 : 상류의 속도(m/s)
v_2 : 하류의 속도(m/s)
g : 중력가속도(m/s^2)
x : 상류와 하류와의 거리(m)
S_0 : 수로의 바닥 경사
S_f : 식 (9.14)에 의해 구해지는 에너지 경사

$$S_f = \frac{n^2 (v_{avg})^2}{(R_{avg})^{4/3}} \tag{9.14}$$

n : Manning의 조도계수
v_{avg} : 상류와 하류의 평균 속도(m/s)
R_{avg} : 상류와 하류의 평균 동수 반경(m)

식 (9.13)은 자유낙하(free discharge) 되는 유출수로에서만 유효한 식이다. 다른 흐름 조건에 대하여는 참고문헌 17을 참고하길 바란다.

식 (9.13)은 시간이 오래 걸리는 시행착오법으로 계산되며, 계산 절차는 참고문헌 12에 소개되어 있다. 대용의 근사 해법은 식 (9.15)를 통하여 얻을 수 있다. 이 식은 바닥이 편평하고 수로의 폭이 일정한 수로에 대하여 근사 값을 제공한다. 길이가 짧은 수로의 마찰 계수의 항을 무시한다면 식 (8.30)을 얻을 수 있다. 마찰과 난류에 의한 손실이 y_1의 최종 값에 영향을 미친다. 계산과정은 8.8.2절 Step A에서 제시하였다.

$$y_1 = \sqrt{y_2^2 + \frac{2Q^2}{gb^2 y_2} + \frac{fLQ^2}{12gb^2 rd}} \tag{9.15}$$

Q : 유출수로의 총 유출량(m^3/sec)
b : 수로 폭(m)
f : Darcy 마찰계수(콘크리트 : 0.03～0.12)
L : 수로 길이(m)
r : 수로의 평균 동수반경(m)
d : 수로의 평균깊이(m)

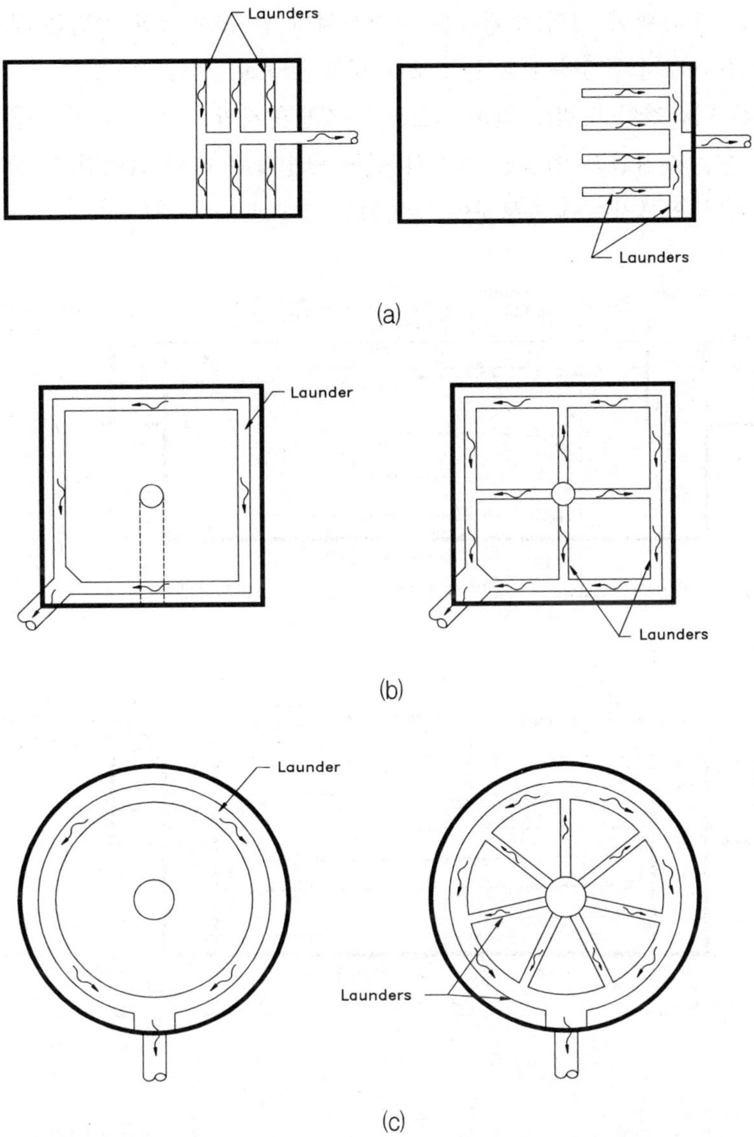

그림 9−11 일반적인 유출수로. (a) 장방형지, (b) 정방형지, (c) 원형지

표 9−6의 월류 부하율을 이용하여 위어의 길이를 산정하면 일반적으로 긴 월류위어로 계산된다. 장방형 침전지에서 위어의 길이는 긴 유출수로를 필요로 한다. 그림 9−12(a)와 같이 긴 유출수로는 유출부의 길이를 효과적으로 증가시키지만, 침전부를 짧게 만든다. 또한 이러한 구조는 유출부 근처의 물에 수직속도를 발생시켜서 그림 9−12(a)와 같은 유출부 구조는 이상적인 침전 조건을 가질 수 없게 된다. 밀도류에 의해 단락류가 생기고 상승유속은 입자를 재부상시키는 경향이 있다. 이러한 장방형지의 유출부 문제를 완화시키기 위해서 Monk는 그림 9−12(b)에서와 같은 유입, 유출부 구조를 제안하였다.[11] 위어를 대신하여 정류벽(baffle - wall)을 설치하였다. 이러한 배치는 한 개의 유출수

로만이 침전지의 수위를 조절하기 위해서 정류벽 뒤쪽에 설치된다. 이것은 극단적으로 높은 위어부하를 가지게 되지만, 정류벽이 지의 수평류를 증진시키게 된다. 이러한 방법은 보다 이상적인 침전조건을 형성시켜 위어 배치나 유출수로 구조보다 좋을 것으로 생각된다.[11]

유출부의 또 다른 혁신적인 방법(그림 9-12(c))은 장방형지의 유출부 끝에 유출관을 설치하는 것이다. 상징수는 유출수 수집관과 연결된 다수의 원형 구멍을 통하여 들어간다. 구멍의 크기와 수는 유공관의 단위 길이당 얻어지는 월류부하에 상당하는 값으로 구해진다.

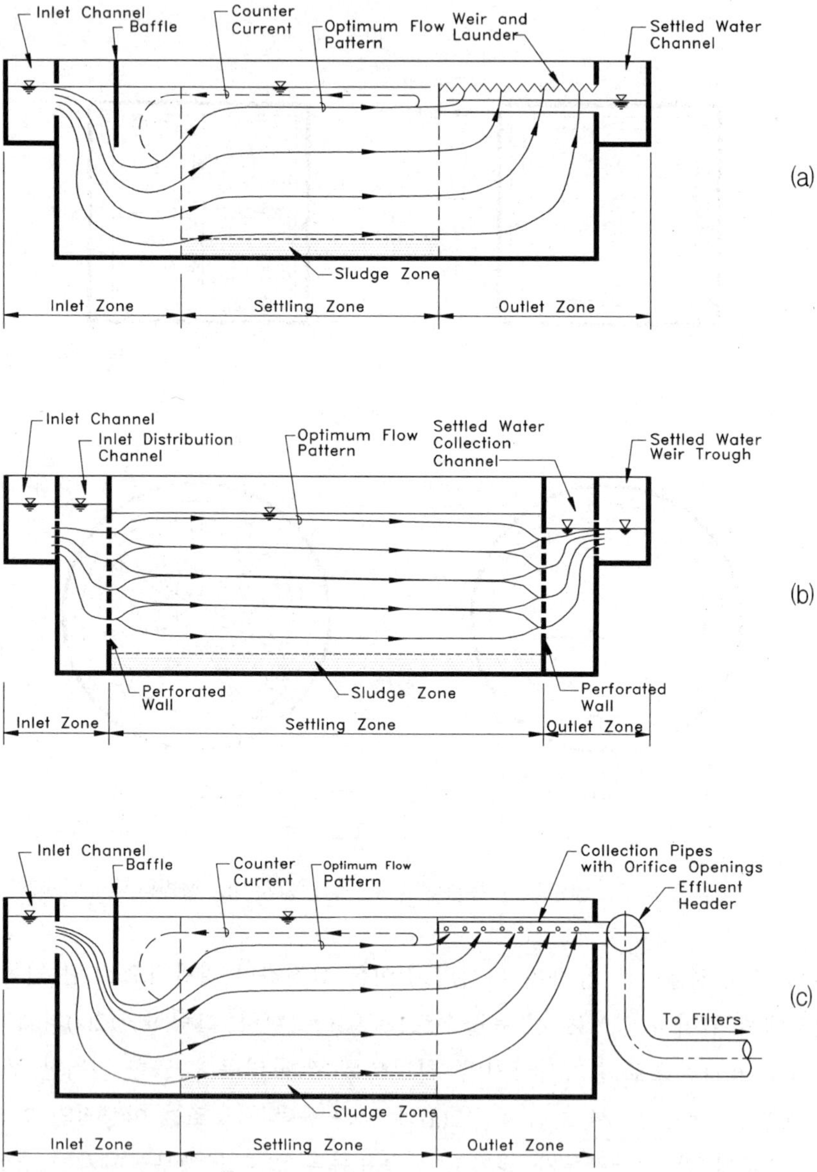

그림 9-12 침전지에서 흐름에 대한 유입 유출구조의 영향. (a) 재래식 수평류식 침전지, (b) 유입, 유출측에 정류벽이 있는 침전지, (c) 유입측 정류판과 유출수로 대신 유출관을 설치한 침전지

9.3.4 슬러지의 수집

생성 슬러지 고형물의 양

슬러지 수집의 목적은 슬러지 처리와 처분을 위하여 침전지로부터 슬러지를 배제하는 것이다. 응집공정에서 생성되는 고형물의 양은 수중 고형물의 양, 응집제 주입량과 종류 그리고 침전지의 효율에 의해 결정되어 진다. 일반적으로 정수처리에서 탁도가 부유물질 부하의 척도로서 사용되어지기도 하지만 실제로 TSS와 탁도 사이에 절대적인 상관성이 있는 것은 아니다. TSS와 NTU 비는 일반적으로 0.5에서 2까지 아주 다양하게 나타나고 있다.[3,6,24~26]

또한 응집 공정에서 발생되는 슬러지는 금속수산화물을 포함하고 있다. 황산알루미늄은 결합수를 갖는 수산화물을 만들며, 철염 응집제인 황산제2철, 황산제1철 및 염화제2철 등도 모두 금속수산화물을 만든다. 이러한 불용성인 금속 수산화물은 부피가 크고 젤라틴상의 플록이다.[25,26] 여러 응집제에 의해 생성되는 이론상 슬러지 양을 표 9-7에 나타내었다.

표 9-7 슬러지 생산량의 계산에 필요한 일반적인 상수 값

발생원	슬러지 발생량 상수
탁도제거	0.5 to 2 mg TSS/L per NTU removed[a]
응집	
Aluminum sulfate(alum), $Al_2(SO_3)_3 \cdot 14H_2O$	0.26 kg/kg coagulant[b]
Ferric sulfate, $Fe_2(SO_4)_3$	0.54 kg/kg coagulant[c]
Ferrous sulfate, $FeSO_4 \cdot 7H_2O$	0.39 kg/kg coagulant[d]
Ferric chloride, $FeCl_3$	0.66 kg/kg coagulant[e]
Polymers	1 kg/kg coagulant
분말 활성탄	1 kg/kg carbon
연수화	
Calcium	2.5 kg/kg calcium removed
Magnesium	2.4 kg/kg magnesium removed

a. 이 값은 정수장마다 다르나 1이 일반적임.
b. $Al_2(SO_3)_3 \cdot 14H_2O + 3Ca(HCO_3)_2 \Leftrightarrow 2Al(OH)_3 \downarrow + 3CaSO_4 + 6CO_2 + 14H_2O$
c. $Fe_2(SO_4)_3 + 3Ca(HCO_3)_2 \Leftrightarrow 2Fe(OH)_3 \downarrow + 3CaSO_4 + 6CO_2$
d. $2FeSO_4 \cdot 7H_2O + 2Ca(HCO_3)_2 + \frac{1}{2}(O_2) \Leftrightarrow 2Fe(OH)_3 \downarrow + 2CaSO_4 + 4CO_2 + 6H_2O$
e. $2FeCl_3 + 3Ca(HCO_3)_2 \Leftrightarrow 2Fe(OH)_3 \downarrow + 3CaCl_2 + 6CO_2$
출처 : 참고문헌 6, 23, 24

결합수 때문에 알럼이나 황산제2철 및 염화제2철에서 얻어지는 슬러지의 실제량은 표 9-7에서 보다 많으며 각각 0.33, 0.59, 0.48이다.[3,6] 그러므로 슬러지 처리 공정 및 설비의 설계시 슬러지의 양을 이론적인 양 보다 증가시키는 것이 좋다. 일반적으로 응집 슬러지의 고형물 함량은 0.5에서 2% 정도이다.

(a)

(b)

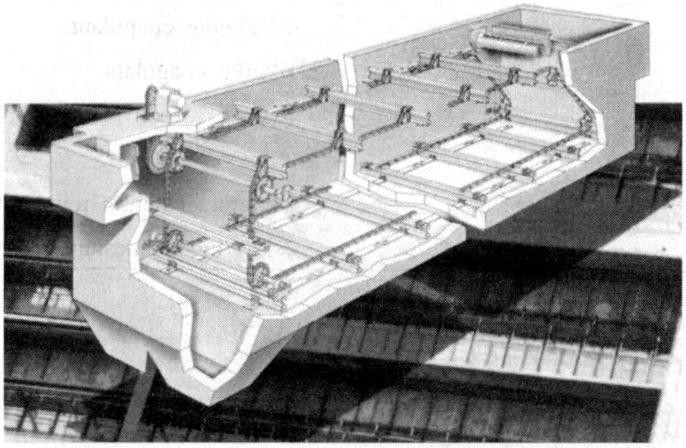

(c)

그림 9-13 슬러지 수집기. (a) 원형(중심축회전식, Filter/Link - Belt), (b) 주행브리지(U.S. Filter/Envirex), (c) 체인플라이트(U.S. Filter/Envirex)

소석회 연수화로부터 생성되는 슬러지의 양은 물의 경도, 원수의 화학적 특성, 투입된 화학물의 양 및 처리수의 목표 경도에 따라 크게 다르다. 소석회 연수화시 발생되는 슬러지량의 계산에 필요한 상수 값을 표 9-7에 제시하였다. 여러 정수장의 보고에 의하면 처리수 1,000 m^3당 슬러지 량은 43~4,230 kg이며 평균 230 kg이었다.[6] 연수화 슬러지의 고형물 함량은 일반적으로 2%~15% 범위이다.[3,6]

표 9-8 슬러지 수집기의 비교

형 태	설 명	장 점	단 점
체인플라이트 (Chain and flight)	1. 체인이 구동장치와 축에 연결. 2. 목재 플라이트가 체인에 부착. 플라이트는 조 끝의 호퍼로 슬러지를 긁어모음.	1. 설치하기 쉽다. 2. 전력소비가 적다. 3. 무거운 소석회 슬러지에 적당하다.	1. 체인과 프라이트의 집중적인 유지관리가 필요하다. 2. 수리를 위해서는 지를 비워야 한다. 3. 가벼운 슬러지는 부유할 수 있다.
주행브리지 (Traveling bridge)	1. 주행브리지는 조의 양쪽 벽에 걸쳐 있다. 2. 스크래퍼는 주행브리지에 매달려 있다. 3. 주행브리지가 호퍼 쪽으로 움직이면, 스크래퍼가 조의 아래쪽으로 하강하여 호퍼로 슬러지를 긁어모은다. 4. 주행브리지가 슬러지의 호퍼에 도착하면 스크래퍼는 위로 다시 올라가고, 주행브리지는 되돌아간다. 이러한 것이 반복된다.	1. 대부분의 가동부가 수중에 있지 않다. 2. 지를 비우지 않아도 유지보수가 가능하다. 3. 폭이 작은 주행브리지의 경우 유지비가 낮다. 4. 장비의 수명이 길다.	1. 주행브리지를 움직이는데 큰 동력이 필요하다. 2. 얼음으로 덮인 조에서는 사용불가 3. 긴 폭의 주행브리지는 바퀴가 자주 탈선할 수 있다. 4. 견고히 침착된 슬러지 위로 스크래퍼가 치켜올라갈 수 있어서 슬러지 축적의 원인이 된다.
원형 침전지 (Circular clarifiers, with or without corner sweep)	1. 스크래퍼는 트러스에 부착되어 조를 회전한다. 슬러지는 조의 중앙으로 모아진다. 2. 트러스 암(truss arm)은 center cage에 부착되어 있다. 3. center cage는 turntable과 기어 mechanism에 부착되어 있고, 슬러지 수집기를 회전 시킨다. 4. corner-sweep는 장방형이나 정방형의 구석의 슬러지를 수집하기 위하여 사용된다.	1. 원형지에서 침수 가동부는 없다. 2. 대부분의 수리는 지를 비우지 않아도 가능하다. 3. 적은 유지관리비 4. 적은 운전비	1. corner-sweep mechanism이 가끔 유지관리상의 문제를 일으킨다.

슬러지 수집

일반적으로 침전 공정에서 고형물의 80%에서 95%정도가 제거된다.[6] 제거된 고형물들은 침전지에서 과도하게 축적되기 전에 제거되어야 한다. 비록 일부의 정수장에서는 지를 비우고 수동으로 슬러지를 제거하지만, 대부분은 슬러지를 호퍼로 이동시키는 기계식 슬러지 수집장치를 이용한다. 이 과정에서 사용되는 설비는 일반적으로 체인플라이트(chain-and-flight) 형태나 주행브리지(traveling-bridge) 형태, 그리고 원형(circular)의 중심축 회전식 형태의 수집기로 구분된다. 각각의 형태의 예를 그림 9-13에 제시하였으며, 슬러지 수집기의 운영상의 특성들은 표 9-8에 비교하여 제시하였다.

슬러지 수집설비의 상세 설계는 일반적으로 설비 제작자의 책임하에 이루어진다. 설계 기술자의 책무는 사용할 설비의 선택과 그 설비의 조달을 위한 사양서의 준비이다. 기계식으로 슬러지를 수집하고 제거하는 시스템은 지의 구석을 포함하여 모든 침전된 슬러지를 모아서 중력이나 펌프로 지에서 인발되도록 지 중앙의 호퍼에 퇴적시키는 것이 필수적이다. corner-sweep의 구조는 설계 예에서 제시 된다.

9.4 침전지 설비 및 시스템 제조사

침전지와 슬러지 수집 설비의 제작자들의 목록은 부록 C에 제시하였다. 처리장의 용량, 침전지의 형태 및 구조, 공정과 장비의 기초적인 설계인자는 침전지와 슬러지 수집설비의 적정한 선정을 위하여 필요하다. 설비 제조업자와 공급자들은 제안된 설비의 사양과 선택에 있어서 설계 기술자를 도울 것이다. 독자들은 부록 C에 제시한 설비제작자로부터 보다 완벽한 정보를 얻을 수 있을 것이다.

9.5 침전시설물 설계를 위한 정보

다음의 정보들은 설계자가 침전지 시설물의 설계를 하는데 앞서 반드시 필요한 정보이다.

1. 사전 설계(predesign study)에서 얻는 정보
   a. 평균 유량과 첨두 유량
   b. 체류시간과 표면부하율
   c. 유출부 위어의 구조와 월류 부하율

2. 예비 설계(preliminary design)에서 얻는 정보
   a. 현재 설비 및 그 크기, 계획된 설비의 위치 및 배치형태가 명시된 정수장의 예비 배치계획
   b. 계획된 unit수
   c. 손실수두를 일으키는 인자를 볼 수 있는 예비적 수리 종단면도

d. 슬러지 수집기의 형식

3. 정수장 소유자와 운영자로부터 얻는 정보
   a. 선호하는 설비 형식과 제조사
   b. 운영중의 다른 정수장의 설계 세부사항
   c. 설계기준(criteria)과 사용 가능한 지침(guideline)

4. 설계자가 얻어야 하는 정보
   a. 법적기준을 만족하는 최소 설계 인자
   b. 설비의 형식, 크기, 제한 요소

9.6 설계 예

9.6.1 설계 기준

다음의 설계 기준을 설계 예에서 사용한다.

1. 유량
   a. 최대 유량 = 113,500 m^3/d
   b. 평균 유량 = 57,900 m^3/d

2. 설계 인자
   a. 지수 : 4지
   b. 체류시간 : 4 hr
   c. 길이 대 폭의 비 : 2∼3
   d. 표면부하율 : 35 $m^3/m^2 \cdot d$
   e. 월류부하율 : 250 $m^3/m \cdot d$

3. 공정배열과 배치 계획
   4지의 장방형지로 계획한다. 각 지는 최대 설계 유량의 25%씩을 담당하게 된다. 침전지의 배치를 그림 9-14에 나타내었다. 이 배치도에서 침전지와 플록형성지는 하나로 연결된 일체 구조이다(8장의 플록형성지 설계 세부사항 참조). 그러므로 각 침전지의 폭은 플록형성지의 폭과 같다. 유공 정류벽이 두 단위 공정을 구분한다. 이러한 배치는 세 번째 플록형성지와 침전지 유입부 사이에서 플록의 파괴와 전단력을 최소화하는 구조이다. 이것은 또한 침전지 유입부의 유량 분배가 잘 이루어지는 구조이다. 각각의 침전지에서의 침전수는 V-notch 위어와 중앙 유출수 수집 수로(center effluent collection channel)로 구성된 유출수 수집 시스템(effluent collection

system)에 의해 수집된다. 수집된 침전수는 유출수로(effluent box)로 흘러들어가 관을 통해 여과 장치로 이송된다. 각 침전지에는 corner-sweep가 장착되어 있는 두개의 원형 슬러지 수집기가 설치된다.

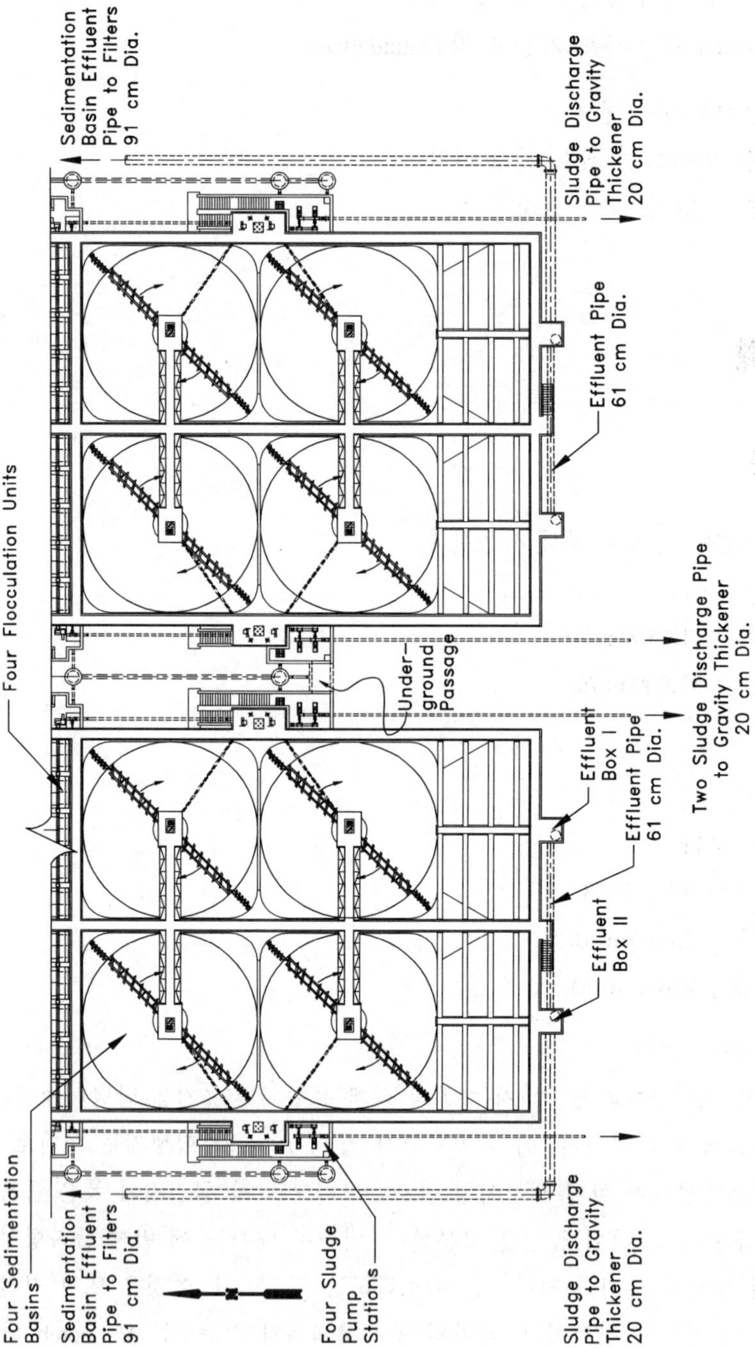

그림 9-14 침전지 배치도

9.6.2 설계 계산

Step A : 침전지 설계

1. 규격

a. 최대설계유량의 1/4에 대한 각지의 필요 면적을 계산한다.

최대설계유량 = 113,5000 m^3/d

$$\text{각지의 설계유량} = \frac{113,500\,m^3/d}{4} = 28,375\,m^3/d = 0.328\,m^3/s$$

표면 부하율 35 $m^3/m^2 \cdot d$를 이용하여 지의 필요 수표면적을 구한다.

$$A_{req} = \frac{28,375\,m^3/d}{35\,m^3/m^2 \cdot d} = 811\,m^2$$

b. 지의 길이를 계산한다(폭 = 18.4 m).

$$L_{req} = \frac{810.7\,m^2}{18.4\,m} = 44.1\,m$$

지의 길이는 L = 45로 한다. 실제 길이 대 폭의 비는 다음과 같다.

$$L/W = \frac{45\,m}{18.4\,m} = 2.4$$

이 비율은 설계 기준 범위 내의 값이므로 만족한다.

c. 지의 깊이 산정

표면 부하율 = 35 $m^3/m^2 \cdot d$, 체류시간 = 4 hr의 조건에서의 지의 유효수심은 다음과 같다.

$$H_{req} = \frac{35\,m^3/m^2 \cdot d \times 4\,hr}{24\,hr/d} = 5.8\,m$$

4개 지의 규모는 길이 45 m × 폭 18.4 m × 수심 5.8 m이다. 그러나 실제의 깊이는 여유고 0.65 m를 고려하여 6.45 m로 한다. 침전지의 평면도 및 단면도를 그림 9-15와 그림 9-16에 나타내었다.

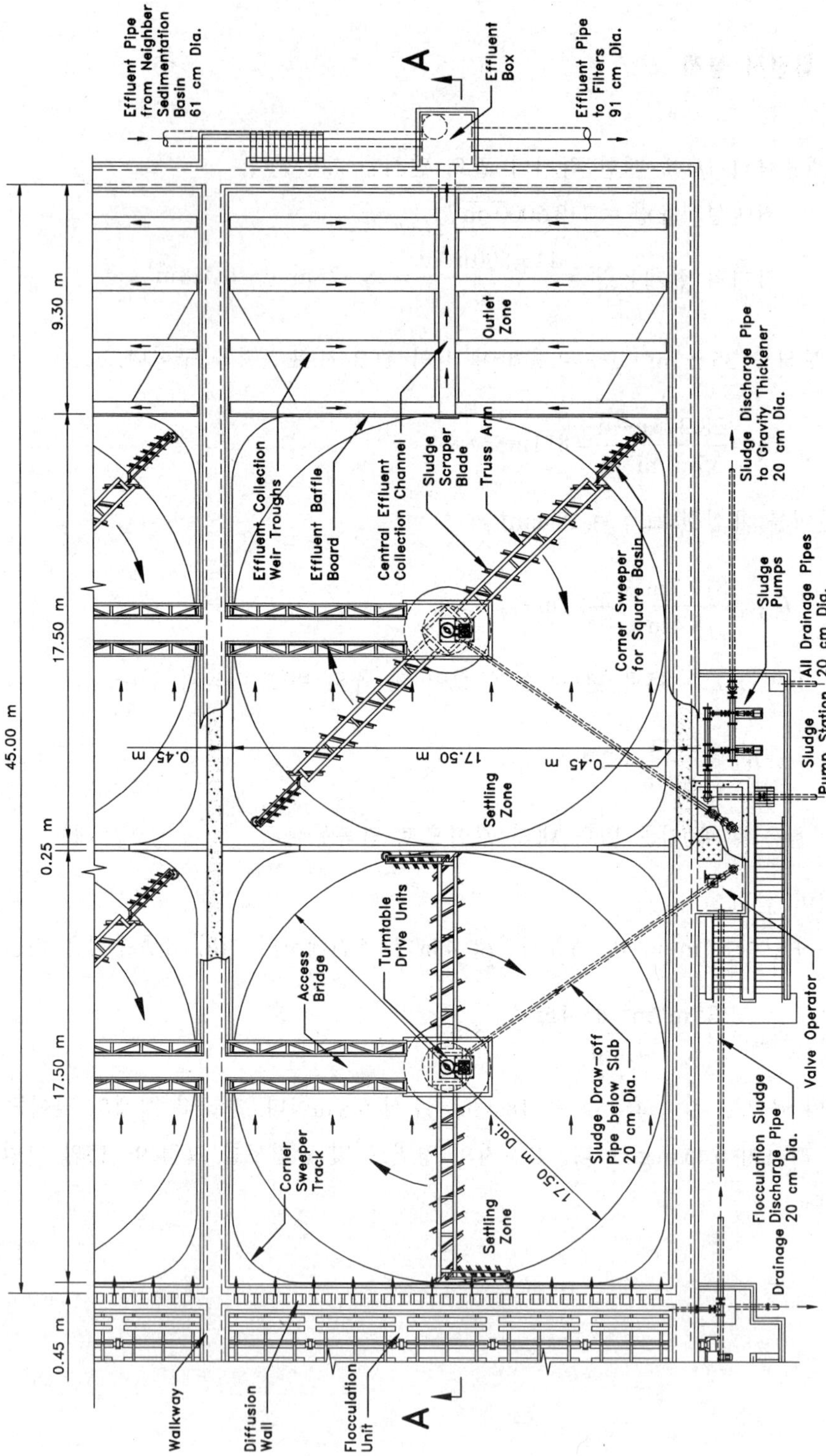

그림 9-15 침전지 평면도(4지중 1지)

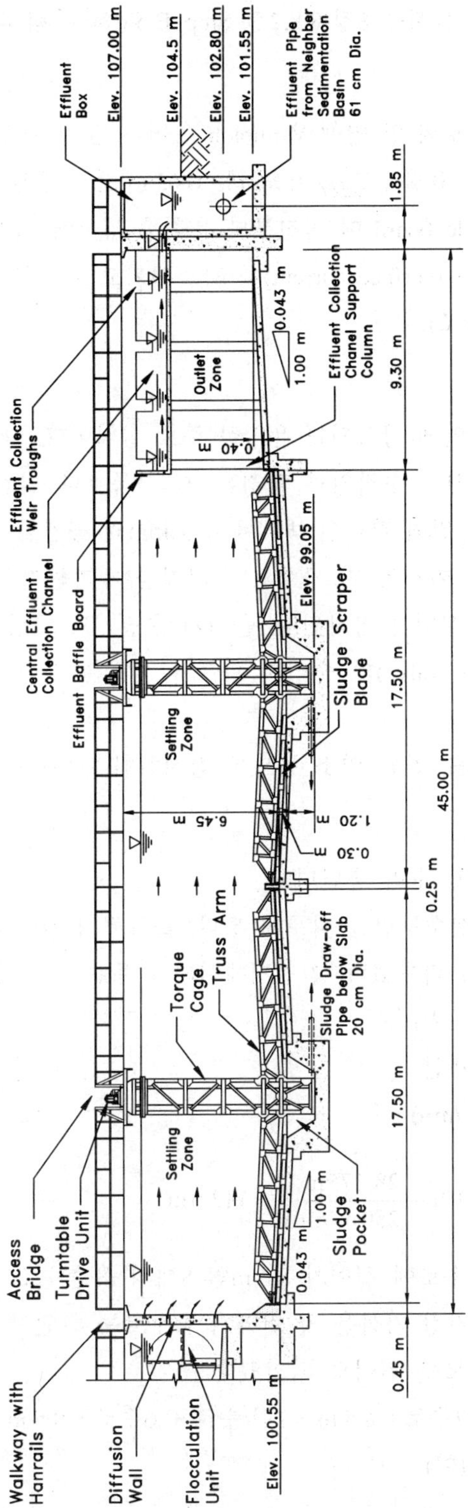

그림 9-16 침전지 단면도(그림 9-15의 A-A 단면)

2. 유입부 구조

세부적인 유입부 구조의 설계는 8장(8.8.2절 Step B.5.d와 그림 8－21)을 참조하기 바란다.

3. 유출부 구조

각 지의 유출부는 유출수로의 양 옆에 V－notch 위어가 달린 구조이며, 수로의 수와 폭은 8개와 0.5 m이다. 침전수를 최종 유출수조로 이송하는 0.65 m 폭의 중앙 유출수 수집 수로로 구성되어 있다. 정류판(effluent baffle board)이 침전부와 유출부 사이에 설치되어 있으며, 이 정류판은 파동류(wave effect)와 표면류(surface current)를 감소시키고 유출부 아래쪽으로 물의 흐름이 향하도록 한다(그림 9－16 참조).

4. 설비 설계

슬러지 수집기는 침전지 안에 장착되는 유일한 주요 설비이다. 각 조에는 직경이 17.5 m인 두개의 원형 수집기가 설치된다. 수집기의 직경은 지의 폭보다 약간 작다. 이것은 corner－sweep guide의 track을 설치하기 위해 각각의 벽체에서 0.45m의 공간을 둔 것이다. 각 수집기는 corner－sweep를 가지고 있는데 이것은 지 구석의 슬러지를 제거하기 위한 것이다. 슬러지 수집기의 상태를 모니터하기 위한 설비가 장착된다. 슬러지 수집기도 그림 9－15와 9－16에 나타내었다. 텔레스코프 밸브(telescope valve)와 슬러지 펌프의 선택은 슬러지 배출 시스템에서 다루게 될 것이다.

침전지 유출수의 탁도, pH, 잔류 염소 농도를 감시한다. 이에 필요한 감시 장치는 표 16－3을 참조하기 바란다.

5. 침전지의 손실수두계산 및 수리 종단면도

여기에서는 유출부의 손실수두만을 다루게 된다. 플록형성지와 침전지 사이의 diffusion wall의 손실수두는 8장에서 이미 다루었다. 침전지에서의 수두손실은 작으므로 무시한다.

a. V－notch위어에서의 손실수두

i. 필요한 위어길이 계산

위어부하 = 250 $m^3/m \cdot d$

$$위어\ 필요\ 길이 = \frac{28,375\,m^3/d}{250\,m^3/m \cdot d} = 113.5\,m$$

중앙 유출수 수집수로에 길이가 8.5 m인 8개의 유출수로가 연결되어 있다(그림 9－17). 침전지 유입부와 가장 가까운 첫 번째 유출수로는 한면만 위어판으로 되어 있고 나머지 유출수로는 두면 모두 위어로 되어있다.

실제 위어 길이 = 2수로 × 8.5 m × 1면/수로 + 6수로 × 8.5 m × 2면/수로 = 119 m > 113.5 m (요구되는 위어 길이)

ii. V-notch의 수

표준 90° V-notch를 사용한다. 2 m의 위어 판당 9개의 notch가 있으며, 8.5 m 수로 양면에 4개의 판이 있다. notch의 깊이는 7.5 cm이며, notch 사이의 거리는 20 cm이다.

각 조의 notch 총 수 = 2수로 × 1면/수로 × 4판/면 × 9 notch/판 + 6수로 × 2면/수로 × 4판/면 × 9 notch/판 = 504 notch(그림 9-17(b))

iii. V-notch 위어의 수두손실

notch 하나당 유량

$$q = \frac{0.328\,\text{m}^3/\text{s}}{504\,\text{notch}} = 6.52 \times 10^{-4}\,\text{m}^3/\text{s} \cdot \text{notch}$$

식 (9.16)을 이용하여 notch의 수위를 구할 수 있다.

$$q = \frac{8}{15} C_d (2g)^{1/2} \tan\frac{\theta}{2} H^{5/2} \tag{9.16}$$

q : V-notch 당 유량(m^3/s)

C_d : 유량계수 = 0.6

H : V-notch 수위(m)

θ : V-notch의 각도 = 90°

그러므로,

$$6.52 \times 10^{-4}\,\text{m}^3/\text{s} = \frac{8}{15} \times 0.6 \times \left(2 \times 9.8\,\text{m/s}^2\right)^{1/2} \times \tan\frac{90^\circ}{2} H^{5/2}$$

H에 대하여 풀면, 설계최대유량에서 H = 0.046 m이다(그림 9-18(a)).

이 값은 적용가능하다[a]. 그러므로 위어 여유고는 7.5 cm - 4.6 cm = 2.9 cm이다(그림 9-18(b)).

a. 많은 설계자가 V-notch의 수위 선정에 의한 다른 절차를 사용한다. 일반적으로 V-notch의 수위는 3~8 cm이다. 만약 높은 notch의 수위가 허락된다면 notch당 유량이 커지며 플록이 따라 올라와 유출수로 빠져 나갈 것이다. 선정된 수위로부터 notch 당 유량이 산출된다. notch의 총수는 총 유량을 notch 당 유량으로 나누어 결정된다.

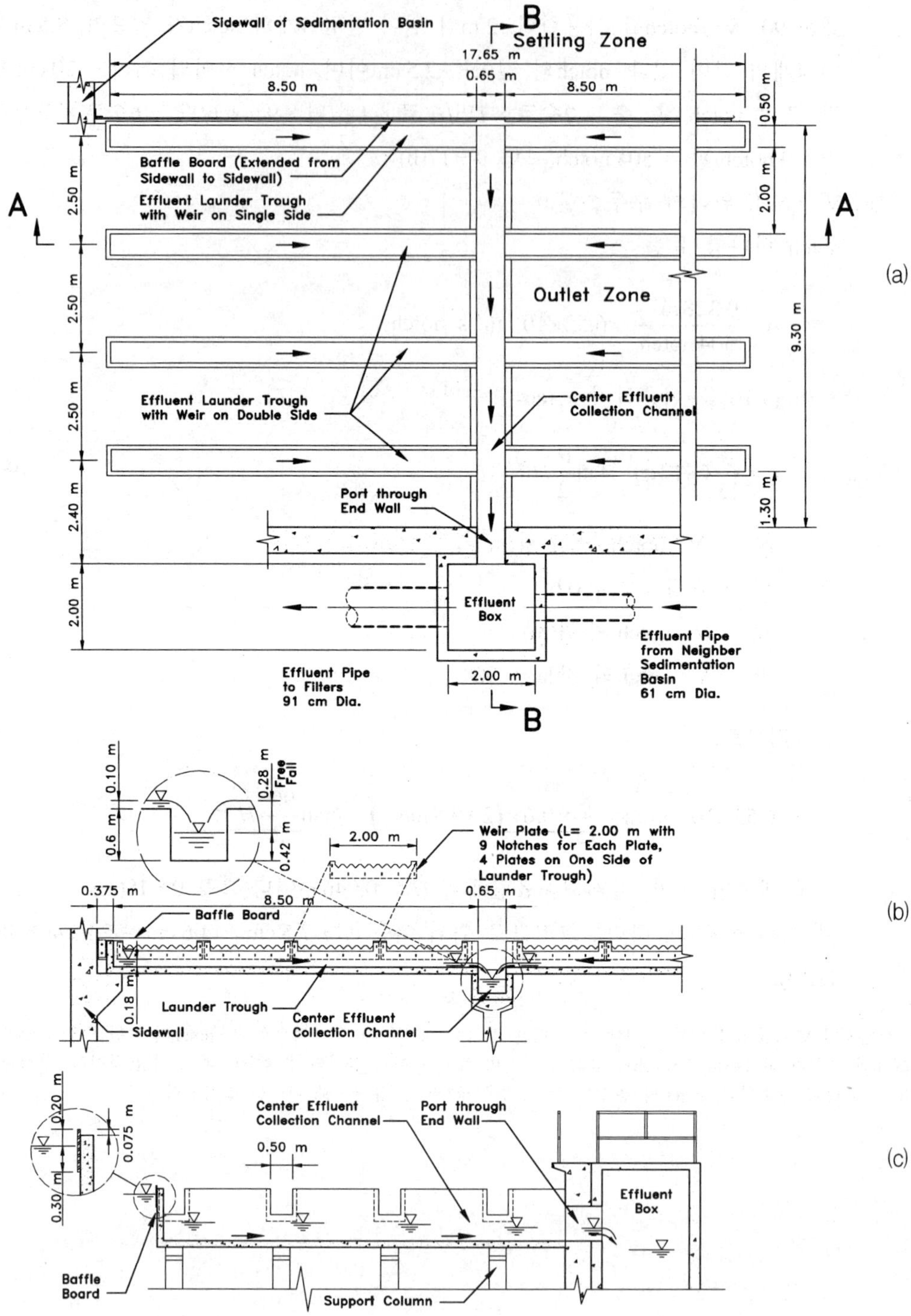

그림 9-17 유출수 집수 시스템. (a) 배치도, (b) 단면도 B-B, (c) 단면도 A-A

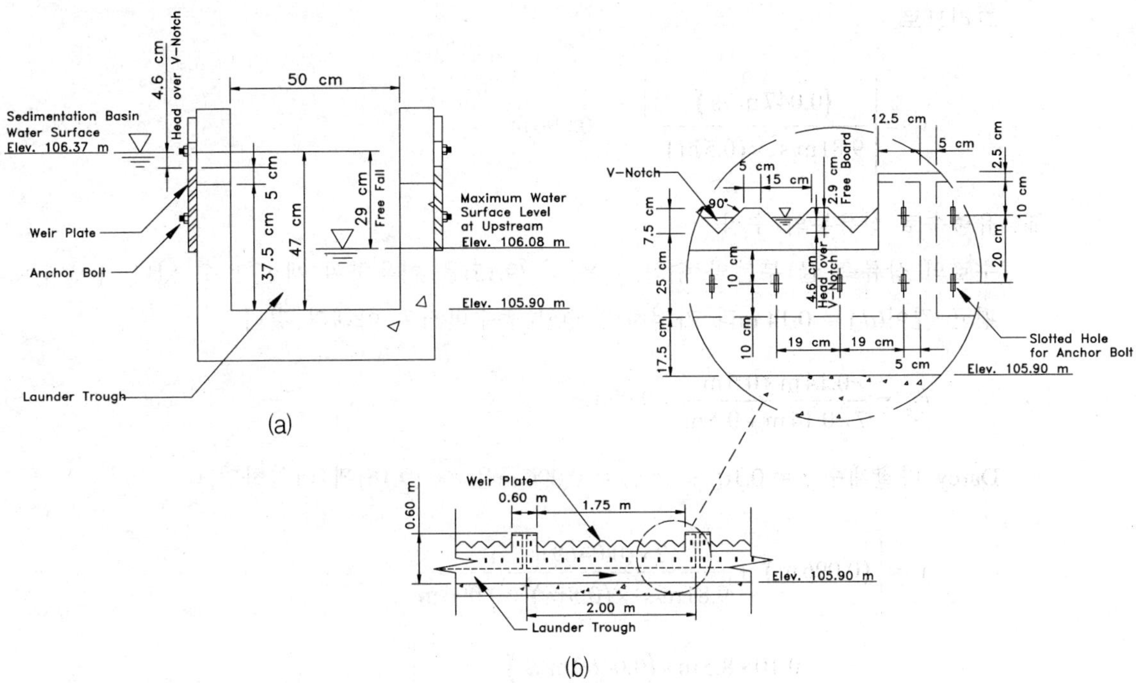

그림 19-18 유출수로와 V-notch 위어판의 설계도. (a) 유출수로(launder trough) 상세도, (b) 위어판(weir plate) 상세도

b. 유출수로에서의 손실수두

손실수두를 양면의 V-notch 위어판을 가진 유출수로의 유량에 대하여 계산한다.

i. 유출수로에서의 유량

각 유출수로의 출구점에서의 유량은 아래와 같이 계산된다.

$$
\begin{aligned}
Q' &= q \times 2\text{면/수로} \times 4\text{판/면} \times 9\ \text{notch/판} \\
&= 6.52 \times 10^{-4}\ \text{m}^3/\text{s}\cdot\text{notch} \times 72\ \text{notch/수로} \\
&= 0.049\ \text{m}^3/\text{sec}
\end{aligned}
$$

ii. 유출수로 하류측 끝 부분에서의 수심 계산

수로의 출구점에서 물은 자유낙하(free fall) 한다. 한계수심이 출구점에서 발생되며, 식 (9.17)을 이용하여 계산되는 것으로 가정한다.

$$
y_c = \left(\frac{Q'^2}{gb^2} \right)^{1/3} \tag{9.17}
$$

y_c : 한계수심(m)

Q' : 수로당 유량(m^3/s)

b : 수로의 폭(m)

Water Works Engineering

그러므로,

$$y_c = \left[\frac{(0.047\,\mathrm{m^3/s})^2}{9.81\,\mathrm{m/s^2} \times (0.5\,\mathrm{m})^2} \right]^{1/3} = 0.096\,\mathrm{m}$$

iii. 유출수로 상류부의 수심

수로의 상류측 끝 부분의 수심, y_1은 식 (9.15)을 이용하여 계산할 수 있다. 유출수로의 평균 깊이(d) = 0.14 m라 가정하면 평균 동수반경은 아래와 같다.

$$r_{avg} = \frac{0.14\,\mathrm{m} \times 0.5\,\mathrm{m}}{2 \times 0.14\,\mathrm{m} + 0.5\,\mathrm{m}} = 0.090\,\mathrm{m}$$

Darcy 마찰계수 $f = 0.10$, $y_2 = y_c = 0.096$ m을 식 (9.15)에 대입하면,

$$y_1 = \left[(0.096\,\mathrm{m})^2 + \frac{2 \times (0.0469\,\mathrm{m^3/s})^2}{9.81\,\mathrm{m/s^2} \times (0.5\,\mathrm{m})^2 \times 0.096\,\mathrm{m}} + \frac{0.10 \times 8.5\,\mathrm{m} \times (0.0469\,\mathrm{m^3/s})^2}{12 \times 9.81\,\mathrm{m/s^2} \times (0.5\,\mathrm{m})^2 \times 0.090\,\mathrm{m} \times 0.14\,\mathrm{m}} \right]^{1/2}$$

$= (0.092\ \mathrm{m^2} + 0.0187\ \mathrm{m^2} + 0.0050\ \mathrm{m^2})^{1/2}$

= 0.18 m(그림 9−18(b) 참조)[b]

가정에 대한 검증;

$$d = \frac{0.18\,\mathrm{m} + 0.098\,\mathrm{m}}{2} = 0.14\,\mathrm{m}$$

그러므로 유출수로의 수두손실은 $y_1 - y_2$ = 0.18 m − 0.098 m = 0.082 m ≃ 0.08 m이다. 유출수로 깊이를 37.5 cm로 하고 V-notch는 유출수로 상단에서 5 cm로 조절한다. 침전지 수위는 유출수로 바닥면 기준으로 37.5 cm + 5 cm + 4.6 cm = 47.1 cm ≈ 0.47 m (그림 9−18(a))이다.

iv. V-notch에서의 낙차고 계산

V-notch에서의 낙차고 = 유출수로 바닥면 기준으로 한 침전지의 수위 − 유출수로 상류측의 수심 = 0.47 m − 0.18 m = 0.29 m(그림 9−19(a))

적당한 낙차고를 두어 유량이 각 위어에 동등하게 분배되도록 확실히 하는 것이 중요하다. 낙차고가 충분하지 않다면 유출수로의 수위가 상승하여 부분적으로 위어를 침수시키고 정확한 위어 흐름이 일어나지 않는다. 결과적으로 위어를 통한 유량은 균등히 분배되지 않을 것이다. 자유낙하는 물에 공기를 공급하여 바람직하지 않은 수중의 가스상 물질을

b. 이 깊이는 식 (8.30)의 간략식을 사용하여 계산될 수 있으며, 마찰손실에 대하여 8%의 여유를 두어 얻어질 수 있다.

탈기한다. 자유낙하의 정도는 기술자의 판단에 기초한다. 큰 낙차고는 예기치 않은 수리학적 제약을 극복할 수 있는 안정성을 주고 미래에 큰 개량 없이 침전지의 능력을 증가시킬 수 있는 유연성을 제공한다. 반면 과도한 낙차고는 수리학적 에너지를 낭비하고 펌핑을 위한 불필요한 에너지 사용으로 비용이 발생되게 한다. 따라서 여유고(freeboard) 및 낙차고(free-fall) 값의 선정과 유출 구조물의 종합적인 설계에 있어서 이러한 상충되는 요소들이 비교 평가되어야 한다.

c. 중앙 유출수 집수로의 손실수두

중앙 유출수 집수로는 그림 9-19와 같이 4개의 구획으로 나누어진다. 수로의 총 손실수두는 각 구획에서 발생되는 손실수두의 합이다.

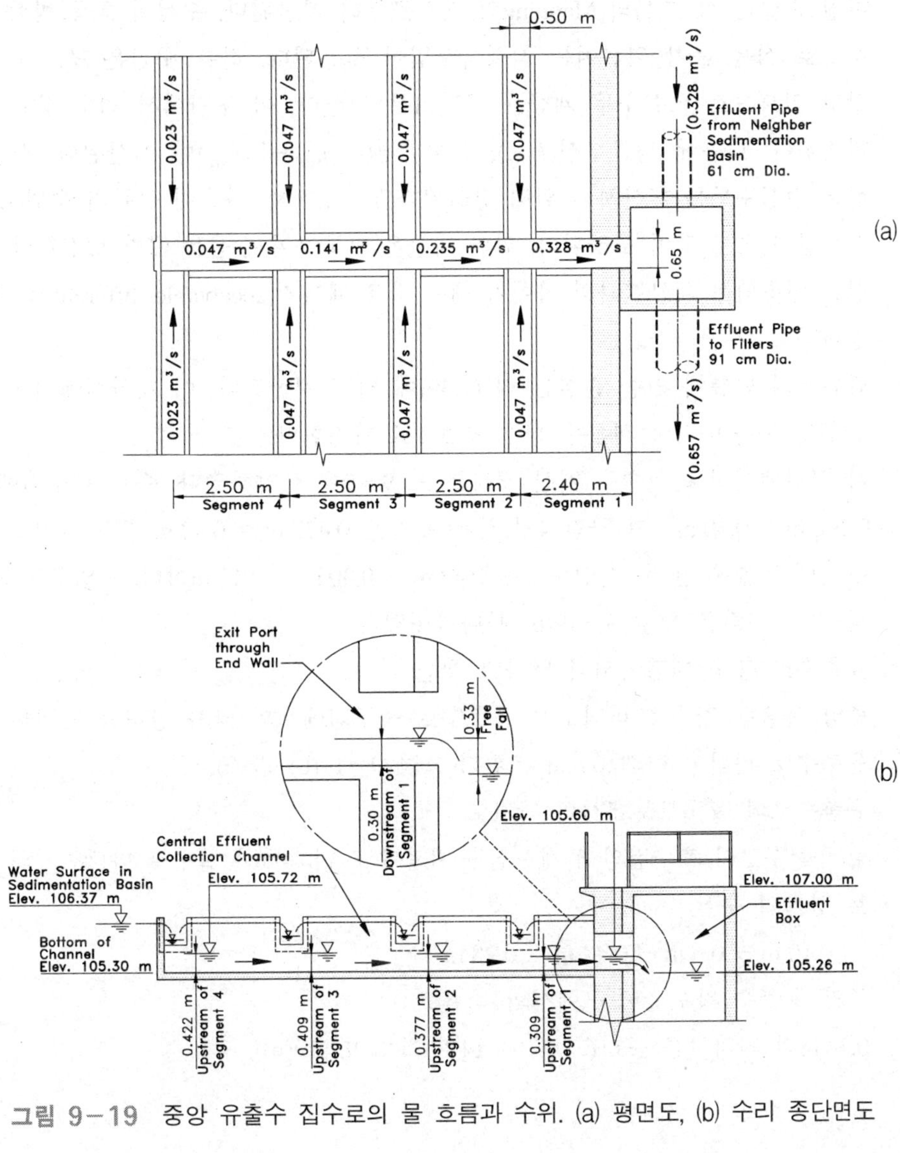

그림 9-19 중앙 유출수 집수로의 물 흐름과 수위. (a) 평면도, (b) 수리 종단면도

ⅰ. 수로의 각 구간 당 유량

중앙 유출수 집수로는 8개 유출수로의 물을 집수하여 지의 출구로 물을 이송한다. 각 구간에서의 유량은 그림 9－19(a)에 보인바와 같다.

ⅱ. 집수로의 출구점에서의 수심

집수로의 출구점에서 자유낙하가 되도록 한다. 한계수심이 출구점에서 생기는 것으로 가정한다. 식 (9.17)로부터 집수로 출구점의 수심은 y_c = 0.296 m ≈ 0.30 m이다((그림 9－19(b)).

ⅲ. 집수로의 각 구간에서의 손실수두 계산

각 구간에서의 수두손실은 (1) 수로의 거칠기에 의한 마찰 손실과 (2) 양쪽의 유출수로로부터 집수로로 유입되는 곳에서 발생되는 난류에 의한 손실이 포함된다.

마찰 손실은 식 (7.1)의 Manning의 식으로부터 계산된다. 수심이 흐름 방향에 따라 감소하므로 식을 풀기 위하여는 시행착오법이 사용된다. 하류 수심은 $H_2 = y_2$ = 0.296 m로 알고 있으므로 손실수두 계산은 구간 1부터 한다. 이 구간에서 최초 상류 수심이 먼저 가정된다. 다음에 평균수심(H_{avg}), 동수반경(r_{avg}), 유속(v_{avg})이 계산된다. 식 (7.1)의 여러 항은 손실수두를 계산하기 위해 정리된다($h_f = L \times S$). 다음에 상류의 수위(H_1)는 이 손실수두를 기초로 하여 조정된다. 위의 계산을 반복하여 수심을 매번 보정한다. 최종 상류수심은 연속되는 계산결과의 차이가 매우 작을 때까지(acceptable difference) 재계산하며 결정한다.

합류부의 난류에 의한 손실은 식 (7.39)에 의해 계산된다. 이 계산식에서 v_1와 v_2는 합류 전후의 유속이다. 손실수두 상수 K는 1로 가정한다.

각 구간에서의 손실수두 계산 결과를 표 9－9에 요약하였다. 수로 출구점에서의 수심은 0.296 m ≃ 0.30 m이며 구간 4의 상류 수심은 0.423 m ≃ 0.42 m이다. 그러므로 중앙 유출수 집수로를 통한 총 손실수두는 0.42 m － 0.30 m = 0.12 m이다. 중앙유출수 집수로에서의 수위 변화를 그림 9－19(b)에 나타내었다.

ⅳ. 유출수로 출구 지점에서의 낙차고 계산

중앙 유출수 집수로 바닥고는 유출수로 출구점에서의 낙차 상태를 확실히 하기 위하여 유출수로 바닥고 아래 0.6 m로 한다(그림 9－17(b) 참조).

유출수로의 출구부분에서의 낙차고

= 유출수로의 출구점의 한계수심 + 유출수로 바닥에서 집수로 바닥까지의 높이 － 집수로 상류의 수심

= 0.10 m + 0.6 m － 0.42 m = 0.28 m

ⅴ. 중앙 유출수 집수로 출구에서의 낙차고

0.34 m의 낙차고를 둔다(그림 9－14와 그림 9－19(b)).

표 9-9 중앙 유출수 집수로에서의 손실수두 계산

구간	유출수로 하류측 유량 (m^3/s)	수심(m)			평균 동수반경 r_{avg} (m)	구간 길이 L (m)	평균 유속 v_{ave} (m/s)	유출수로에서의 마찰 손실수두 h_f (m)	합류부 상류에서의 유속		합류부에서의 추가적인 손실수두 h_L (m)	총 손실수두 $h_{subtotal}$ (m)
		상류 H_2	하류 H_1	평균 H_{avg}					합류 후 v_2	합류 전 v_1		
1	0.328[a]	0.296[b]	0.309[c]	0.303	0.157	2.4[a]	1.67	0.013	1.63[d]	1.17[e]	0.066	0.079[f]
2	0.235	0.375[g]	0.379	0.377	0.175	2.5	0.96	0.004	0.95	0.57	0.029	0.033
3	0.141	0.408	0.409	0.409	0.181	2.5	0.53	0.001	0.53	0.18	0.013	0.014
4	0.047	0.422	0.422	0.422	0.184	2.5	0.17	0.000	0.17	0	0.001	0.001

a. 유출수로에서의 유량분포를 나타낸 그림 9-19(a) 참조

b. 구간 1 출구점에서의 수심 : $H_2 = y_c = 0.0296\text{ m}$(그림 9-19(b) 참조).

c. 상류수심은 초기에 가정한다. 시행착오과정을 거쳐 마지막 반복에서의 값을 최종값으로 사용한다.

$$H_1 = H_2 + h_f = 0.296\text{ m} + 0.013\text{ m} = 0.309\text{ m}$$

d. $v_2 = \dfrac{0.328\text{ m}^3/\text{s}}{0.65\text{ m} \times 0.309\text{ m}} = 1.63\text{ m/s}$

e. $v_1 = \dfrac{0.235\text{ m}^3/\text{s}}{0.65\text{ m} \times 0.309\text{ m}} = 1.17\text{ m/s}$

f. $h_{subtotal} = h_f + h_L = 0.013\text{ m} + 0.066\text{ m} = 0.079\text{ m}$

g. 구간 2 하류 수심 : $H_2 = H_2 + h_{subtotal} = 0.296\text{ m} + 0.079\text{ m} = 0.375\text{ m}$

d. 유출시설의 총 손실수두

•V-notch 위어에서 낙차고	0.29 m
•유출수로의 손실수두	0.08 m
•유출수로의 출구부분에서의 낙차고	0.28 m
•중앙 유출수 집수로의 손실수두	0.12 m
•중앙 유출수 집수로의 출구점 낙차고	0.34 m
총 =	1.10 m

e. 침전지의 수리 종단면도 작성

침전지의 유출수조 수위는 여과지의 수위와 침전지 유출수조와 여과시설간 연락관거의 손실수두에 의해 결정된다. 유출수조 1의 수면표고는 105.26 m이다(그림 9-19). 유출수조 1에서 시작해서, 수면표고(water surface elevation, WSEL)와 시설의 고도가 계산되어지고, 침전지의 수리 종단면도가 작성된다(그림 9-20).

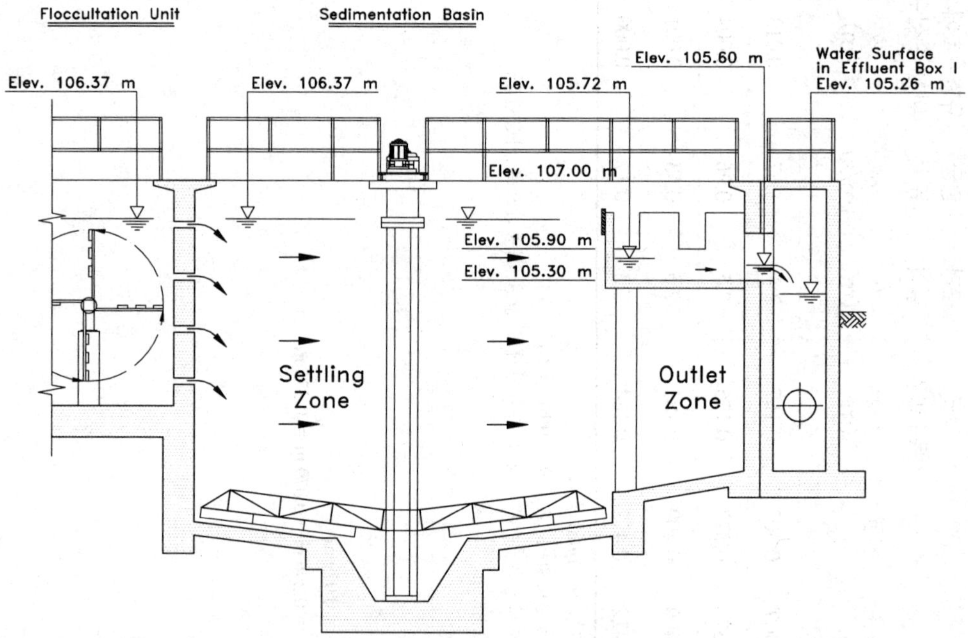

그림 9-20 침전지의 수리 종단면도

•중앙 유출수 집수로의 하류 WSEL = 유출수 집수조의 WSEL + 유출수로의 출구부분에서 낙차고 = 105.26 m + 0.34 m = 105.60 m

•중앙 유출수 집수로의 상류 WSEL = 집수로 하류 WSEL + 집수로의 수두손실 = 105.6 m + 0.12 m = 105.72 m

- 중앙 유출수 집수로의 바닥고도 = 집수로 하류 WSEL − 수로의 하류 수심 = 105.60 m − 0.30 m = 105.30 m
- 유출수로 하류 WSEL = 중앙 유출수 집수로의 상류 WSEL + 유출수로 출구부분에서 낙차고 = 105.72 m + 0.28 m = 106.00 m
- 유출수로 상류 WSEL = 유출수로의 하류 WSEL + 유출수로의 수두손실 = 106.00 m + 0.08 m = 106.08 m
- 유출수로의 바닥고도 = 수로 하류 WSEL − 수로 하류 수심 = 106.00 m − 0.10 m = 105.90 m
- 침전지 WSEL = 유출수로 상류 WSEL + V-notch 위어에서의 낙차고 = 106.08m + 0.29 m = 106.37 m

Step B : 슬러지 인반시스템

1. 슬러지량

침전지에서의 슬러지는 화학약품 주입에 의해 생성되는 침전물과 원수에 포함된 고형물들로 구성되어 있다. 그러므로 슬러지의 양은 (1) 고형물을 포함한 제거된 물질의 양, (2) 금속수산화물의 양, (3) $CaCO_3$의 생성량, (4) 폴리머 첨가량, (5) 활성탄 첨가량의 총 합에 의해 계산되어진다. 슬러지의 양은 일최대와 일평균유량의 조건하에서 최적 약품 주입량과 제거된 물질의 양으로부터 계산된다.

a. 원수중 슬러지 고형물의 구성 성분과 화학약품 주입량 요약

아래 설계인자는 8장 8.1절 부분에서 인용하였다. 이 값은 침전공정으로부터의 슬러지량을 산출할 때 사용된다.

일최대유량	113,500 m^3/d
일평균유량	57,900 m^3/d
최대 탁도	17 NTU
계절 최대 Fe 농도	0.7 mg/L
계절 최대 Mg 농도	0.4 mg/L
최적 응집제 주입량(황산제2철)	25 mg/L
최적 응집 보조제 주입량(양이온 고분자 응집제)	0.05 mg/L
pH 조절을 위한 $Ca(OH)_2$	15 mg/L
과망간산칼륨($KMnO_4$)(계절적)	4 mg/L
계절적 맛, 냄새 제거를 위한 분말활성탄 주입량(계절적)	5 mg/L

b. 일최대유량일 때 고형물의 생산

i. 원수중 고형물량(TSS/탁도 = 1 mg/L·NTU로 가정)

Water Works Engineering

$$q_{raw\ solid,max} = 17\ \text{NTU} \times 1.0\ \text{mg TSS/L·NTU} \times 10^{-6}\ \text{kg/mg} \times 10^{3}\ \text{L/m}^3 \times 113{,}500\ \text{m}^3\text{/d} = 1{,}930\ \text{kg/d}$$

ii. 철에 의해 생성되는 고형물

$$q_{iron,max} = \frac{106.9\ \text{g/mole Fe(OH)}_3}{55.9\ \text{g/mole Fe}} \times 0.7\ \text{mg Fe/L} \times 10^{-6}\ \text{kg/mg} \times 10^{3}\ \text{L/m}^3 \times 113{,}500\ \text{m}^3\text{/d} = 152\ \text{kg/d}$$

iii. 망간에 의해 생성되는 고형물

$$q_{manganese,max} = \frac{87.9\ \text{g/mole MnOOH}}{54.9\ \text{g/mole Mn}} \times 0.4\ \text{mg Mn/L} \times 10^{-6}\ \text{kg/mg} \times 10^{3}\ \text{L/m}^3 \times 113{,}500\ \text{m}^3\text{/d} = 73\ \text{kg/d}$$

iv. 황산제2철에 의해 생성되는 고형물

$$q_{coagulant,max} = 0.54\ \text{kg Fe(OH)}_3\text{/kg Fe}_2\text{(SO}_4)_3 \times 25\ \text{g/m}^3\ \text{Fe}_2\text{(SO}_4)_3 \times 10^{-3}\ \text{kg/g} \times 113{,}500\ \text{m}^3\text{/d} = 1{,}532\ \text{kg/d}$$

v. 폴리머에 의한 고형물

$$q_{polymer,max} = 0.05\ \text{mg polymer/L} \times 10^{-6}\ \text{kg/mg} \times 10^{-3}\ \text{L/m}^3 \times 113{,}500\text{m}^3\text{/d} = 5.7\ \text{kg/d}$$

vi. pH 조정에 사용된 소석회량 계산(대략 소석회의 20%가 $CaCO_3$로 침전한다고 가정)

$$q_{lime,max} = 0.2 \times \frac{100\ \text{g/mole CaCO}_3}{74\ \text{g/mole Ca(OH)}_2} \times 15\ \text{mg Ca(OH)}_2\text{/L} \times 10^{-6}\ \text{kg/mg} \times 10^{3}\ \text{L/m}^3 \times 113{,}500\ \text{m}^3\text{/d} = 460\ \text{kg/d}$$

vii. 과망간산칼륨에 의한 고형물

$$q_{permanganate,max} = \frac{87.9\ \text{g/mole MnOOH}}{158\ \text{g/mole KMnO}_4} \times 4\ \text{mg KMnO}_4\text{/L} \times 10^{-6}\ \text{kg/mg} \times 10^{3}\ \text{L/m}^3 \times 113{,}500\ \text{m}^3\text{/d} = 253\ \text{kg/d}$$

viii. PAC에 의한 고형물의 계산

$$q_{PAC,max} = 5\ \text{mg PAC/L} \times 10^{-6}\ \text{kg/mg} \times 10^{3}\ \text{L/m}^3 \times 113{,}500\ \text{m}^3\text{/d} = 568\ \text{kg/d}$$

ix. 총고형물량

$$q_{produced,max} = 1{,}930\ \text{kg/d} + 152\ \text{kg/d} + 73\ \text{kg/d} + 1{,}532\ \text{kg/d} + 5.7\ \text{kg/d} + 460\ \text{kg/d} + 253\ \text{kg/d} + 568\ \text{kg/d} = 4{,}974\ \text{kg/d}$$

원수와 화학약품 주입량, 결합수 등과 관련된 많은 불확실성 때문에 계산된 총 고형물량의 20~60%정도를 증가시키는 것이 일반적이다. 총고형물량에 53%를 더해주어 총 슬러지 고형물을 7,600 kg/d로 한다.

c. 일최대유량일 때 슬러지 량

침전지에서 고형물의 90%가 제거된다고 가정한다.

$$q_{removed,max} = 7{,}600\ \text{kg/d} \times 0.9 = 6{,}840\ \text{kg/d}$$

d. 습윤 슬러지(wet sludge)의 비중

습윤 슬러지의 비중은 식 (9.18)을 이용하여 계산한다.

$$M_{ws}/S_{g,ws} = M_s/S_{g,s} + M_w/S_{g,w} \tag{9.18}$$

M_{ws} : 습윤 슬러지의 질량(kg)

$S_{g,ws}$: 습윤 슬러지의 비중

M_s : 건조 슬러지의 질량(kg)

$S_{g,s}$: 슬러지 고형물의 비중

M_w : 물의 질량(kg)

$S_{g,w}$: 물의 비중

응집슬러지의 고형물 함량 범위는 무게 기준으로 0.1%~4.0%이다. 이 설계 예에서의 침전지 인발 슬러지의 고형물 함량은 평균 2%로 가정한다. 건조 고형물과 물의 비중은 각각 2.4와 1.0이다. 고형물 함량 2%의 습윤 슬러지 1kg에 대하여 비중은 다음과 같이 구해진다.

$$1\ \text{kg}/S_{g,ws} = 0.02\ \text{kg}/2.4 + 0.98\ \text{kg}/1.0$$

$S_{g,ws}$에 대하여 풀면,

$$S_{g,ws} = 1.012$$

e. 일최대유량일 때 인발되는 슬러지의 부피

슬러지 중 2%가 고형물이고, 비중은 1.012, 생산량은 6,840 kg/d이다.

습윤 슬러지 양

$$V_{ws,max} = \frac{6{,}840\ \text{kg/d}}{0.02\ \text{g/g} \times 1{,}012\ \text{kg/m}^3} = 338\ \text{m}^3/\text{d}$$

원수 1,000m^{3}당 생산되는 슬러지량

$$(M/Q)_{max} = \frac{6{,}840\ \text{kg/d} \times 1{,}000}{113{,}500\ \text{m}^3/\text{d}} = 60.3\ \text{kg}/1{,}000\ \text{m}^3$$

황산알루미늄 응집으로 발생되는 총 고형물의 양은 8~210 kg/1,000 m^3의 범위로 문헌에 보고 되고 있다.[6]

f. 일평균유량일 때 슬러지 고형물 생산량

일평균유량에서 생산되는 고형물은 일최대와 일평균유량의 비에 기초하여 산출된다.

$$q_{produced,avg} = 5,938\,\text{kg/d} \times \frac{57,900\,\text{m}^3/\text{d}}{113,500\,\text{m}^3/\text{d}} = 3,029\,\text{kg/d}$$

이러한 계산 방법의 불확실성 때문에 일평균유량 조건에서의 고형물 생산량을 계산값보다 다소 높은 값, 3,860 kg/d를 사용한다.

g. 일평균유량일 때 제거되는 슬러지량

침전시설에서 제거되는 고형물량을 90%로 가정한다.

$$q_{removed,avg} = 3,860\,\text{kg/d} \times 0.90 = 3,474\,\text{kg/d}$$

h. 일평균유량일 때 회수되는 슬러지 부피

고형물 함량 2%, 비중 1.012의 3,474 kg/d 슬러지에 대하여 부피를 계산한다.

$$V_{ws,avg} = \frac{3,474\,\text{kg/d}}{0.02\,\text{g/g} \times 1,012\,\text{kg/m}^3} = 172\,\text{m}^3/\text{d}$$

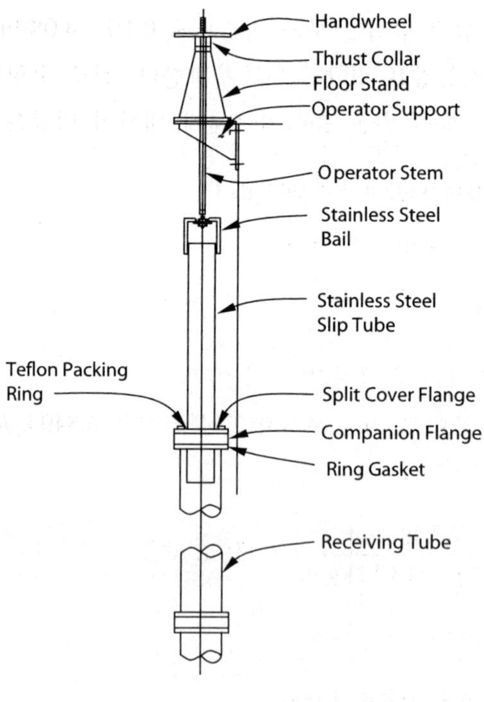

그림 9-21 텔레스코핑 밸브

2. 슬러지 인발

슬러지는 침전지 별로 2대의 원형 슬러지 수집기에 의해 2개의 슬러지 pocket로 모아지고, pocket에 모아진 슬러지는 슬러지 이송관을 통하여 슬러지 펌프장의 습식흡입정(wet well)으로 이송된다(그림 9-15). 각 pocket으로부터의 슬러지 인발 속도는 텔레스코핑 밸브(telescoping valve)로 조절된다(그림 9-21). 밸브 튜브를 올리거나 내려서 조절함으로, 슬러지 펌프장과 침전지 간의 수두 차이가 증가되거나 감소되면 유량이 감소하거나 증가한다. 리미트 스위치(limit switch)가 밸브의 slip tube의 위치를 모니터하기 위하여 사용된다. 밸브의 크기는 슬러지 이송관의 크기와 동일하다. 밸브는 타이머에 의해 자동적으로 조절되거나 운전자에 의해 수동으로 작동된다. 이를 통하여 슬러지는 정시 간격이나 미리 정해진 시간 동안 인발된다. 정수장에 있어서 텔레스코핑 밸브가 점점 일반화되고 있다.

a. 슬러지 인발 시스템의 배치

슬러지 인발관과 펌프장을 그림 9-22에 나타내었다.

b. 슬러지 이송관 설계

슬러지 이송관의 크기는 기본적으로 관내 유속에 의해 결정된다. 유속은 슬러지의 관내 침적이 발생되지 않도록 충분해야 하며 일반적으로 0.6 m/s 이상으로 유지된다. 슬러지 이송관의 크기는 막힘의 방지와 청소의 편의성을 고려하여 가급적 크게 결정한다. 따라서 유속과 관계없이 최소 20 cm의 직경이 요구되며 정기적인 청소가 이루어져야 한다.

일최대유량의 조건에서 24 hr 동안 4지의 침전지에서 배출되는 슬러지의 총량은 338 m^3/d이다. 총 8개의 슬러지 이송관이 있으며, 각 이송관의 유량은 42.3 m^3/d이다. 0.6 m/s의 유속에서 슬러지 이송관의 필요 직경은 0.032 m이다. 이 크기는 너무 작으므로 최소 크기인 20 cm를 적용한다. 직경 20 cm 관에서 0.6 m/s 유속을 얻기 위해 필요한 유량을 계산한다.

$$Q = 0.6\,\mathrm{m/s} \times \frac{\pi}{4} \times (0.20)^2 = 0.019\,\mathrm{m^3/s} = 1{,}629\,\mathrm{m^3/d}$$

일최대유량의 조건에서 각 밸브의 필요 개도시간을 구한다.

$$T_{max} = \frac{42.3\,\mathrm{m^3/d}}{1.629\,\mathrm{m^3/d}} = 2.6\% \ \text{(하루 37min)}$$

일평균유량의 조건에서 각 밸브의 필요 개도시간을 구한다.

$$T_{avg} = \frac{172\,\mathrm{m^3/d}}{338\,\mathrm{m^3/d}} \times 2.6\% = 1.3\% \ \text{(하루 19 min)}$$

그러므로 관내 최소 유속 0.6 m/s를 유지하기 위하여 하루에 수분간 각 텔레스코핑 밸브를 개폐할 수 있는 제어 시스템이 필요하다. (1) 침전지 슬러지 pocket의 용량, (2) 흡수정의 저류 능력, (3) 텔레스코핑 밸브와 펌프에 대한 시간당 기동/정지의 횟수에 대한 제한과 같은 사항을 고려하여 최적의 슬러지 인발 계획을 세울 수 있다.

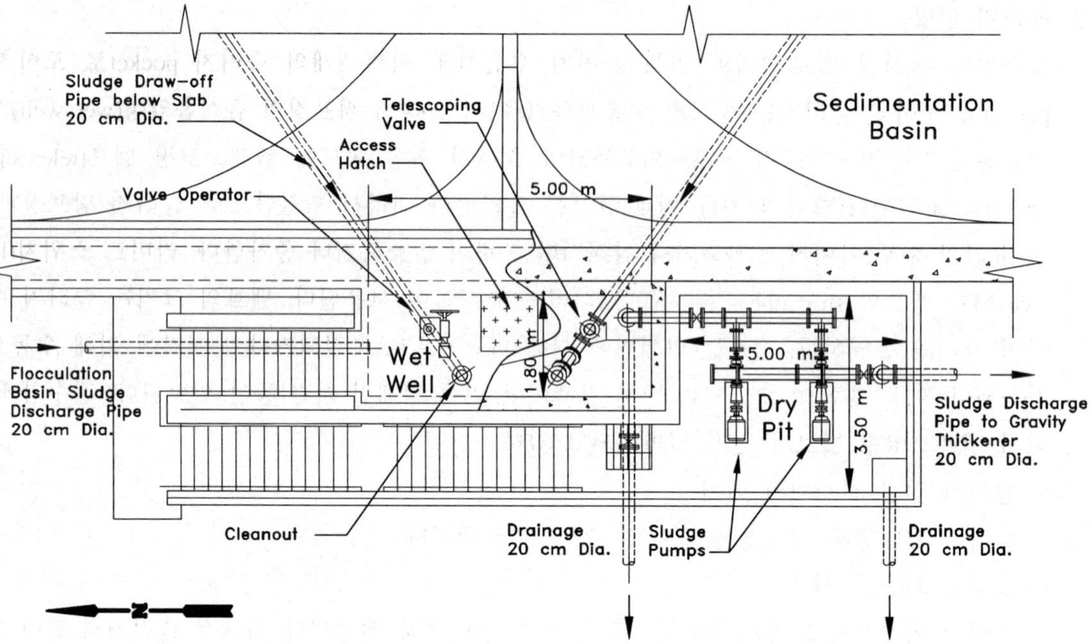

(a)

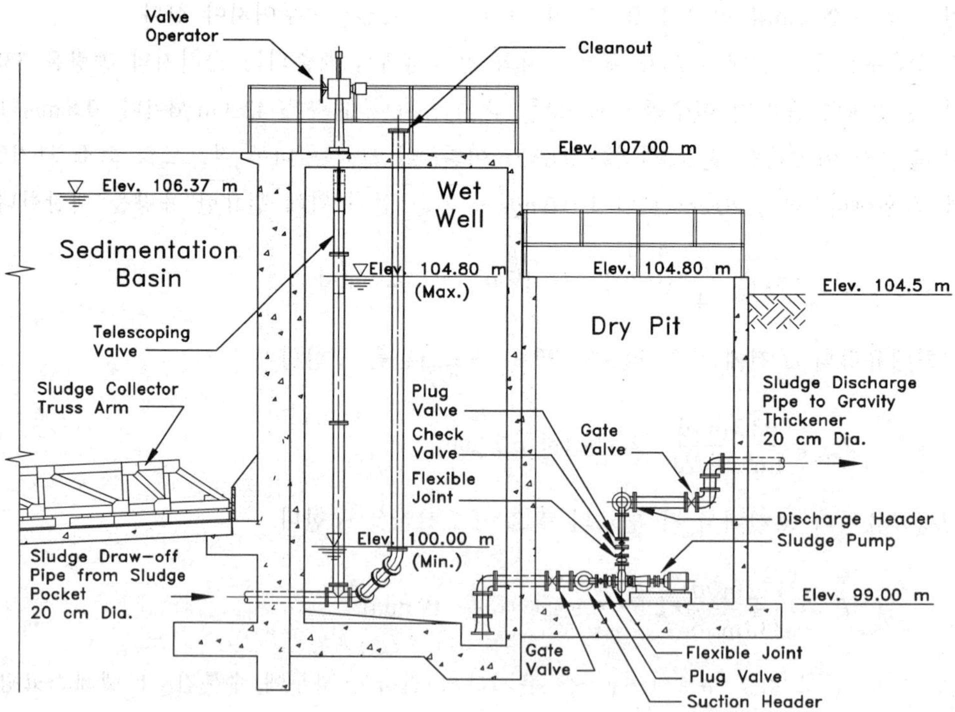

(b)

그림 9-22 슬러지 펌프장. (a) 펌프장 배치도, (b) 단면도

c. 슬러지 펌프장의 설계

각 침전지에 대하여 한 개의 펌프장을 둔다. 각 펌프장은 고장에 대비한 예비펌프를 포함하여 두 대의 펌프를 설치한다. 슬러지 이송관의 설계와 같이, 슬러지 펌프의 필요 용량은 기본적으로 펌프 토출관의 유속에 의해 결정된다. 토출관 유속 0.6 m/s, 관의 최소직경 20 cm를 만족하기 위해서는 최소 1,629 m^3/d의 능력을 갖는 펌프가 필요하다. 그러므로 유량 1,630 m^3/d가 슬러지 인발 펌프의 선정을 위하여 사용된다. 펌프는 슬러지 흡수정의 수위계와 연동하여 기동/정지한다. 각 펌프는 교대로 운전되도록 하여 한 대만 과하게 운전되지 않도록 한다.

9.7 침전지 시설의 운전, 유지관리 및 문제해결

침전지에서 원수 중 많은 탁도 물질이 제거되며, 보통 TSS의 80～95% 제거율을 나타낸다. 침전지의 효율적인 탁도물질 제거는 여과지 성능을 좋게 하고 여과지 운전시간을 연장하는 결과를 나타낸다. 그러나 침전지의 처리능은 혼화와 플록 형성 과정의 성패에 달려있다. 또한 단락류를 최소화하면 고형물 제거율을 향상 시킬 수 있다.

9.7.1 운전상의 문제와 그 해결

침전지와 관련된 운전상의 문제는 효과적이지 못한 슬러지 제거 또는 단락류와 연관되어 있다. 보통 비효과적인 슬러지 제거는 장비의 문제 혹은 슬러지 제거가 부적당하게 이루어지는 것과 관련이 있다. 단락류는 보통 적절하지 못한 유입부나 유출부 설계의 결과로 나타난다. 또한 수면파동(wave action), 밀도류, 온도류의 결과로도 나타난다. 일반적으로 나타나는 운전상 문제점, 유지관리의 문제점과 문제해결 지침은 다음과 같다.

1. 슬러지 수집기의 운전상 문제점은 부적당한 슬러지 제거에 기인한 쉬어핀(shear-pin, 기계의 중요한 부분에 끼워 놓은 핀)이나 모터의 과부하가 있다. 지내에 슬러지가 과도하게 퇴적되지 않도록 더 신속히 슬러지를 제거하고 쉬어핀의 설치가 적절한지와 전동기의 과부하를 알려주는 전동기 과부하 경보장치(motor overload setting)를 점검한다. 침전지에 큰 이물질이 있는지 점검한다.
2. 슬러지 수집기가 적절히 운전되지 않거나 슬러지를 지나치게 빠르게 인발하면 인발 슬러지의 농도가 낮아진다. 인발속도를 줄이고 슬러지 수집기의 운전 상태를 점검한다.
3. 불충분한 슬러지 인발로 슬러지 인발관이 막힐 수 있다. 인발속도를 증가시킨다.
4. 높은 유출수 탁도나 플록의 월류(carryover)는 부적당한 응집 공정 때문에 일어난다(8장 유지관리 참조). 높은 유출수 탁도나 플록의 월류는 침전지의 단락류로 인하여 발생될 수도 있다. 추

적자 실험을 하고 수정 보완한다. 유입부와 유출부에 정류장치를 하는 것이 가능한 수단 중 하나이다.

5. 침전지 벽이나 위어에 부착된 조류는 맛과 냄새를 유발하기도 한다. 침전지 벽을 정기적으로 청소하고 가능한 한 침전지에 소독제가 잔류되도록 한다.
6. 유기물 함량이 높은 슬러지는 정수에 맛과 냄새를 유발할 수도 있다. 슬러지 제거율을 증가시킨다.

9.7.2 운전과 유지관리

사전 예방적 유지관리 절차는 침전지의 만족스러운 운전을 위하여 필수적이다.

1. 연 1회 침전지내에 축적된 슬러지와 조류를 제거한다.
2. 슬러지 수집기에는 제작자가 추천하는 윤활유를 바른다.
3. 연마다 슬러지 수집기 과부하 장치(overload device)를 테스트한다.
4. 매일 슬러지 인발관 내의 고형물 함량을 테스트한다.
5. 정기적으로 유출수 탁도를 측정한다. 또한 유량이나 수질이 변할 때도 탁도를 측정한다.

9.8 사양서

이 장에서 설계된 침전지 시설의 사양서를 아래에 간략히 제시하였다. 이 사양서의 목적은 설계 예에서 충분하게 설명하지 못한 침전지의 많은 구성요소를 좀 더 자세히 설명하기 위한 것이다. 이 사양서는 완벽하지 않으며 또한 완벽한 사양서의 지침이 되는 것도 의도하지 않는다. 설계자는 장비 공급자과 협의하고 제작자가 제공한 정보를 참조하여 상세한 사양서를 작성해야 한다.

4개의 침전지는 길이와 폭이 각각 18.4 m × 45 m이며, 지의 벽은 유효수심 5.8 m와 여유고 0.65 m를 합하여 6.45 m이다. 지는 콘크리트 유공정류벽을 경계로 플록형성지와 구분된다. 정류벽은 직경 12.5 cm의 178개의 구멍이 있다.

각 지는 corner sweep이 장착된 슬러지 수집기를 지지하는 두 개의 교각을 가지고 있다. 슬러지 수집기는 구동모터, 감속기어(gear reducer), rake arms, corner sweep, access bridge, motor control unit으로 구성되어져 있다. 감속기어는 480 V, 3상 전동기에 의해 구동되어지며, 과부하시 장비를 정지시키기 위한 토크 스위치를 가지고 있다. 이 기어 감속 장치는 연속 운전이 가능하도록 설계되어야 한다. 기어는 100,000 hr 수명이 되도록 설계 되어야 한다. 베어링은 100,000 hr의 B 10 life[c]를 가진다.

c. B 10 Life – 보통 베어링의 10%가 망가질 때의 시간을 말함.

수중의 모든 베어링은 동합금이고, 윤활제가 발라져 있어야 한다. 물 밖의 모든 베어링은 감마(antifriction)형 ball이거나 롤러형이어야 하며 윤활제가 발라져 있어야 한다. rake arm access bridge와 center cage는 ASTM A 36 structural steel truss에 적합하도록 만들어져야 한다.[d] 트러스 구성품의 최소 두께는 8 mm이다.

유리섬유제 V-notch 위어는 각 침전지의 유출부에 설치된다. 각 위어의 길이는 2 m이며 위어판당 9개의 V-notch가 설치된다. 각 notch는 90°로 되어 있다.

수중에 있지 않은 모든 철재는 표면은 상업용 블라스트 가공으로 마무리되어야 하며, 수중의 철재는 white metal까지 표면처리 되어야 한다. 처리된 표면은 애벌칠하고, 수도용 에폭시로 코팅되어야 한다. 모든 용접부와 손상된 부위는 표면처리 후 적합한 도료로 재도장되어야 한다.

d. ASTM − American Society of Testing Materials.

문제 및 토론

9.1 정수장을 방문하여 침전지 시설의 종류와 크기를 알아본다. 침전시설의 개략도를 그리고, 운전자에게 운전상 문제점 등의 경험을 들어 본다.

9.2 비중이 2.65이고 직경이 0.05 mm인 입자에 대한 20℃에서의 독립 침강 속도를 구하라 ($\nu = 1.004 \times 10^{-6}\ m^2/s$).

9.3 비중이 2.65이고 직경이 0.3 mm인 입자의 독립 침강 속도를 구하라 ($\nu = 1.1306 \times 10^{-6}\ m^2/s$).

9.4 18,900 m^3/d 용량의 침전지를 설계하시오. 표면부하율은 30 $m^3/m^2 \cdot d$이며 체류시간 4 hr, 위어의 월류부하는 250 $m^3/m \cdot d$이다. 장방형의 지이며 길이와 폭의 비는 4:1이다.

9.5 모래 제거를 위한 침전수로가 표면부하율 1,630 $m^3/m^2 \cdot d$로 설계되어 있다. 건조 고형물 샘플에 대하여 체분석을 시행하였으며, 침전관 시험을 통하여 침전속도를 구하였다. 제거분율그래프(fraction removal curve)를 그리고, 침사지의 이론적인 제거효율을 구하시오.

체를 통과하지 못한 분율	0.45	0.15	0.10	0.15	0.10	0.05
평균침전속도(m/min)	3.05	1.53	0.61	0.31	0.23	0.15

9.6 독립 침전에 대하여 침전관 시험을 행하였다. 시료를 수면 하 2 m 지점의 채취구에서 시간에 따라 채취하여 TSS를 분석한 결과는 다음 표와 같다. 표면부하율이 30 $m^3/m^2 \cdot d$인 침전지에서의 이론적인 제거율을 구하여라.

시간(min)	0	60	90	120	180	260	400
TSS(mg/L)	250	153	148	138	120	70	24

9.7 유량 0.3 m^3/s, 직경 30 m, 유효수심 3.0 m인 침전지의 체류시간과 표면부하율을 계산하시오.

9.8 표면부하율이 80 $m^3/m^2 \cdot d$인 침전지에서 침전속도 0.02 m/s인 입자의 제거분율을 계산하시오.

9.9 $0.22\ m^3/s$의 응집수를 처리하는 원형 침전지를 설계하시오. 표면부하율 $36\ m^3/m^2 \cdot d$, 침전지 둘레의 유출수로의 폭은 0.5 m(콘크리트 벽으로부터 1 m 격리)이다. 유출수로 양측에 notch가 설치된다. 유출수조의 크기는 1 m × 1 m이며, 첨두 유량시 유출수조의 수심은 1 m이다. 유출수로의 바닥고(invert)와 유출수조의 바닥고와의 차이는 0.46 m이다.
유출수로의 수심과 위어의 월류부하율을 계산하시오. 마찰과 난류로 인한 손실을 15%, 낙차고는 15 cm로 한다.

9.10 유출수로의 길이가 10 m, 폭이 1 m이다. weir crest는 한 면에 있으며 수로 전체에 걸쳐 있다. 수로의 유량이 $0.3\ m^3/s$일 때 수심을 구하라. 수로 하류단의 수심은 0.9 m이며 마찰손실은 상류부 수심의 15%로 가정하며 낙차고는 0.6 cm이다.

9.11 4 m 폭의 침전지에서의 손실수두를 구하라. 세부사항은 다음과 같다.

(a) 유입수로의 폭은 1.5 m이며 한 개의 수중 오리피스(1.5 m × 1.5 m)를 갖는다. 유입수로의 바닥고는 침전지의 바닥보다 0.5 m 높으며 침전지로의 깊이는 3.0 m이다.
(b) 침전지에서의 수두손실은 매우 작으며 무시할 수 있다.
(c) 유입 및 유출 배플은 침전지 횡단면의 65%와 60%를 각각 차지한다. 발생되는 손실수두는 각각 0.001 m이다.
(d) 침전지의 유량은 $1.6\ m^3/s$이다.
(e) 유출부에서의 손실수두는 0.4 m이며, 이것은 침전지 유출 위어에서의 침전지 수위와 침전지의 유출수조에서의 수위와의 차이다.

9.12 침전지 시설이 $0.6\ m^3/s$의 유량에 대하여 설계 되었다. 설계 표면부하율과 체류시간은 각각 $4,580\ m^3/m^2 \cdot d$와 2.5 hr이다. 장방형지로서 길이와 폭의 비가 4.3:1이다. 2지, 3지, 4지로 계획할 때 침전지의 치수를 결정하시오. 각 침전지의 폭에 한개의 유출수로와 유출수로 한면에 위어가 설치될 때 월류부하율을 계산하시오. 유출수로의 폭은 1 m이다.

9.13 수평류식 침전지, 고형물 접촉 침전지 및 경사판 침전지의 주요한 차이는 무엇인가? 장점과 주요 적용 사례에 대하여 설명하시오.

9.14 $100,000\ m^3/d$의 처리용량을 가지는 정수장에서 최대 탁도가 16NTU이고 최적의 Al^{3+}의 주입량이 3.8 mg/L이다. 맛 냄새 제어를 위한 PAC의 주입량은 5.2 mg/L이며 소석회는 주입하지 않는다. 하루 발생되는 고형물의 량을 계산하시오. TSS/탁도의 비는 0.7이며 고형물 제거율은 96%로 가정한다.

참고문헌

1. Reynolds, T. P. and Richards, P. A. Unit Operations and Processes in Environmental Engineering, 2d ed., PWS Publishing Co., Boston, MA, 1995.
2. Daughterly, R. L. and Franzini, J. B. Fluid Mechanics with Engineering Applications, 8th ed., McGraw-Hill Book Co., New York, 1985.
3. AWWA. Water Quality and Treatment: A Handbook of Public Water Supply, 4th ed., McGraw-Hill Inc., New York, 1990.
4. Coulson, J. and Richardson, J. Chemical Engineering, vol. 2, 3d ed., Pergamon Press, Oxford, United Kingdom, 1978.
5. Schroeder, E. Water and Wastewater Treatment, McGraw-Hill Book Co., New York, 1971.
6. James M. Montgomery, Inc., Water Treatment Principles and Design, John Wiley & Sons, New York, 1985.
7. Metcalf and Eddy, Inc., Wastewater Engineering: Treatment, Disposal and Reuse, 3d ed., McGraw-Hill Inc., New York, 1991.
8. Hammer, M. J. and Hammer, M. J. Jr. Water and Wastewater Technology, 3d ed., Prentice-Hall, Inc., Englewood Cliffs, NJ, 1996.
9. Tchobanoglous, G. and Schroeder, E. Water Quality: Characteristics, Modeling, Modification, Addison-Wesley Publishing Co., Reading, MA, 1985.
10. Viessman, W. and Hammer, M. J. Water Supply and Pollution Control, 6th ed., Adison-Wesley Longman, Inc., New York, 1998.
11. Monk, R. and Willis, J. F. "Designing Water Treatment Facilities," Jour. AWWA, vol. 79, no. 2, pp. 45-57, February 1987.
12. Qasim, S. R. Wastewater Treatment Plants: Planning, Design and Operation, 2d ed., Technomic Publishing Co., Lancaster, PA. 1999.
13. Nalco Chemical Co. The Nalco Water Handbook, McGraw-Hill Book Co., New York, 1979.
14. Degremont. Water Treatment Handbook, vol. 1, 6th ed., Lavoisier Publishing, Rueid-Malmaison, France, 1991.
15. Infilco Degremont, Inc. Accelator® Treating Plant, DB 530/540, Infilco Degremont, Inc., Richmond, VA, 1976.
16. U.S. Filter/General Filter. Spiracon, Sludge Blanket Clarifier, Bulletin No. 9604-496-50, General Filters Products, Ames, IA, undated.
17. Infilco Degremont, Inc., Superpulsator® Type V Clarifier, DB586, Infilco Degremont, Inc., Richmond, VA, 1997.
18. Krüger, Inc. Actiflo® Process, Krüger, Inc., Cary, NC, undated.

19. Hudson, E. Water Clarification Process: Practical Design and Evolution, Van Nostrand Reinhold Co., New York, 1981.

20. Kawamura, S. "Hydraulic Scale-Model Simulation of the Sedimentation Process," Jour. AWWA, vol. 73, no. 7, pp. 372−379, July 1981.

21. Kawamura, S. Integrated Design of Water Treatment Facilities, John Wiley and Sons, Inc., New York, 1991.

22. Great Lakes Upper Mississippi River Board of State Public Health and Environmental Managers. Recommended Standard for Water Works, Health Education Sercice, Albany, NY, 1992.

23. Chow, V. Open Channel Hydraulics, McGraw-Hill Book Co., New York, 1959.

24. ASCE and AWWA. Water Treatment Plant Design, 2d ed., McGraw-Hill Publishing Company, 1990.

25. Bishop, M. M., Rolan, A. T., Bailey, T. L., and Cornwell, D. A. "Test of Alum Recovery for Solids Reduction and Reuse," Jour. AWWA, vol. 79, no. 6, pp. 76−83, June 1987.

26. Cornwell, D. A. and Westerhoff, G. P. Management of Water Treatment Sludge, Chapter 3 in "Sludge and Its Ultimate Disposal", J.A. Brochardt et. al. (Editors), Ann Arbor Science Publishers Inc./The Butterworth Group, Ann Arbor, MI, 1981.

27. Tillman, G. M. Water Treatment Plant: Troubleshooting and Problem Solving, Ann Arbor Press, Inc., Chelsea, MI, 1996.

chapter

10

여 과

W·a·t·e·r·W·o·r·k·s·E·n·g·i·n·e·e·r·i·n·g

10.1 서 론

응집, 침전 공정은 탁도를 유발하는 콜로이드 물질의 대부분을 제거한다. 1986년에 공포된 Safe Drinking Water Act Amendment(SDWAA, 안전음용수법의 개정법)에 의하면 더 엄격한 공중 보건 기준을 만족할 수 있도록 콜로이드 입자를 이전보다 더 엄격하게 제거되도록 규정되었다. 콜로이드를 이전보다 훨씬 더 잘 제거하기 위해서 가장 일반적으로 사용되는 공정이 여과이다.

여과공정은 가장 오래된 수처리 방법 중 하나이다. 여과는 자연 그 자체가 가지고 있는 수처리 메카니즘을 따른다. 물은 땅속의 모래층이나 바위를 천천히 통과하면서 정화된다. 상수처리에서의 여과는 모래, 안트라싸이트, 석류석 및 활성탄과 같은 입상 여재층을 물이 통과하면서 이루어진다. 물이 여재를 통하여 흐름으로서 부유입자는 여재의 공극에 포획되고 물로부터 제거된다.

이 장에서는 여과공정의 이론에 대하여 설명한다. 여과 시스템의 설계에 필요한 각종의 계산은 설계 예에서 소개하였다. 설계와 건설뿐 만아니라 운전과 유지관리도 설계 예에서 소개하겠다.

10.2 여과 이론

입상여재 여과에서 고형물 제거 메카니즘은 복잡하고, 아직 완전히 이해된 것은 아니다. 여과공정에서 동시에 일어나는 고형물 제거 기작은 (1) 체거름(straining), (2) 침전(sedimentation), (3) 충돌(impaction), 그리고 (4) 차단(interception)이 있다. 각 기작에 대해 간단히 요약하면 다음과 같다.[1]

일부의 콜로이드 입자는 크기가 너무 커서 여상의 공극을 통과하지 못한다. 이러한 입자들은 포획되어 제거되며, 이 제거 기작을 체거름이라 한다. 이러한 제거 기작은 응집수를 여과지로 직접 유입하는 직접여과공정(direct filtration process)에 있어서 중요한 역할을 한다. 그러나 침전수의 대부분 콜로이드 입자들은 여상의 공극을 통과할 만큼 작아서, 콜로이드 입자의 제거를 위하여는 다른 제거 기작이 필요하다. 여과지 여상을 흐르는 물의 흐름은 보통 층류이며, 여재에 의한 방해 때문에 유속과 방향이 항상 바뀐다. 유속이 낮은 지역에서는 일부 입자들은 침전에 의해서 제거된다. 나머지 입자들은 너무 무거워서 유선을 따라 갑자기 방향을 바꿀 수 없다. 관성은 입자들을 유선에서 벗어나게 한다. 이 입자들은 관성이 수리동력학적 힘보다 크므로, 여재와 충돌하고 입자는 여재 상에 붙어 있게 된다. 그러므로 입자들의 제거는 충돌에 의한 것이 된다. 어떤 경우에는 유선이 여재 입자 매우 가까이에 형성되기도 하는데 이때 이 유선을 따르는 입자는 여재 입자와 닿을 것이고 차단되게 될 것이다. 이러한 입자는 차단에 의하여 제거된다.

콜로이드 입자와 여재의 물리 화학적 특성이 입자의 제거 기작에 더 기여한다. 이러한 물리 화학적 특성은 여재와 콜로이드 입자간의 화학적 결합, 여재와 콜로이드 입자간의 물리적인 인력, 개별적인 콜로이드입자들의 응결을 일으킨다.[1] 콜로이드 입자간의 물리 화학적 인력 등이며, 콜로이드 입자가 여상을 통과하면서 orthokinetic flocculation이 일어난다. 여재 입자들 사이의 고리 모양의 공간

(annular spaces)을 통한 유체의 흐름은 입자간 접촉의 기회를 늘리게 된다. 따라서 입자들은 원래의 입자들 보다 커지게 되고, 4개의 기본적인 제거 기작 중 하나에 의해 더 제거되게 된다.[1] 또한 여재와 접촉한 콜로이드 입자는 인력에 의해 여재 위에 머물게 되고, 반면 여상을 통하여 흐르는 물의 전단력이 여재상의 입자를 떼어낸다. 주요한 인력은 (1) 화학적 결합력(chemical bonding)과 (2) 물리적 인력(정전기적 힘 및 반데르발스 힘 때문임) 이다.

여과가 계속 되면 콜로이드 입자가 여상에 포집되게 된다. 여재 입자 사이의 공극은 더욱 작아지게 되어 (1) 체거름 작용의 증가, (2) 공극내 유속의 증가, (3) 여상을 흐르는 물의 전단력 증가 (4) 여재를 통하여 흐르는 물의 손실수두 증가가 발생하게 된다. 그 결과로서 여과속도, 그리고 여과 성능과 효율이 감소하게 된다. 물의 전단력이 매우 크기 때문에 입자가 축적 보다 탈착을 빠르게 할 수 있으며, 탁질누출로 수질을 악화시키거나 손실수두가 유효이용수두를 초과할 수 있게 한다. 이상적으로는 탁질누출과 손실수두의 한계 초과가 동시에 발생되어야 하나, 실제로는 이중 하나가 먼저 발생되며, 어느 것이 먼저 발생되더라도(또는 미리 정한 여과 사이클이 되면) 여과지는 세척되어야 한다.

10.3 여과지의 형태

상수처리에서 일반적으로 사용되는 여과형태는 다음과 같은 기준에 의해 분류된다.

1) 여과속도(filtration rate)
2) 여과 추진력(driving force)
3) 물의 흐름 방향(direction of flow)

10.3.1 여과속도에 의한 여과지의 분류

여과지는 여과속도에 따라 완속모래여과지(slow sand filters), 급속여과지(rapid filters) 및 고율여과지(high-rate filters)로 분류할 수 있다. 완속모래여과는 $10m^3/m^2·d$ 이하의 수리적 부하율을 갖는다.[2] 완속여과지는 강둑을 따라 자연적인 모래상을 여과지 여재로 사용할 수 있는 방법으로, 유럽에서 널리 사용되며, 개발도상국에서는 대부분 이 방식을 사용하고 있다. 하부집수시스템이 여과된 물을 모으기 위해서 여상 하부에 설치된다. 여재가 막히면 여상을 비우고, 모래의 상부층을 제거하고 새 모래로 교체한다. 상수처리에서의 완속여과지는 화학적 응집을 사용하지 않는다. 완속모래여과지를 그림 10-1에 보였다.

급속모래여과는 대략적인 수리학적 부하율이 $120\ m^3/m^2·d$이며, 고율여과지에는 $240m^3/m^2·d$ 이상의 수리학적 부하율이 적용된다. 급속여과지와 고율여과지 모두 미국에서 널리 사용된다. 이 두 여과 시스템의 형상은 아주 유사하며 적당한 여과재를 채운 강재나 콘크리트지를 사용한다(그림 10-2(a)). 여재는 자갈과 하부집수장치에 의해 지지되며, 자갈층과 하부집수장치는 여과수를 모으고 역세척시 역세척수를 분배하는 기능을 한다. 하부집수장치의 개략도는 그림 10-3과 같다.

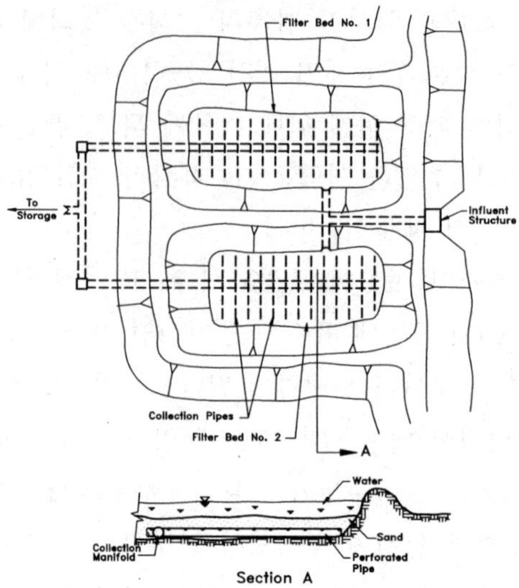

그림 10-1 완속모래여과지

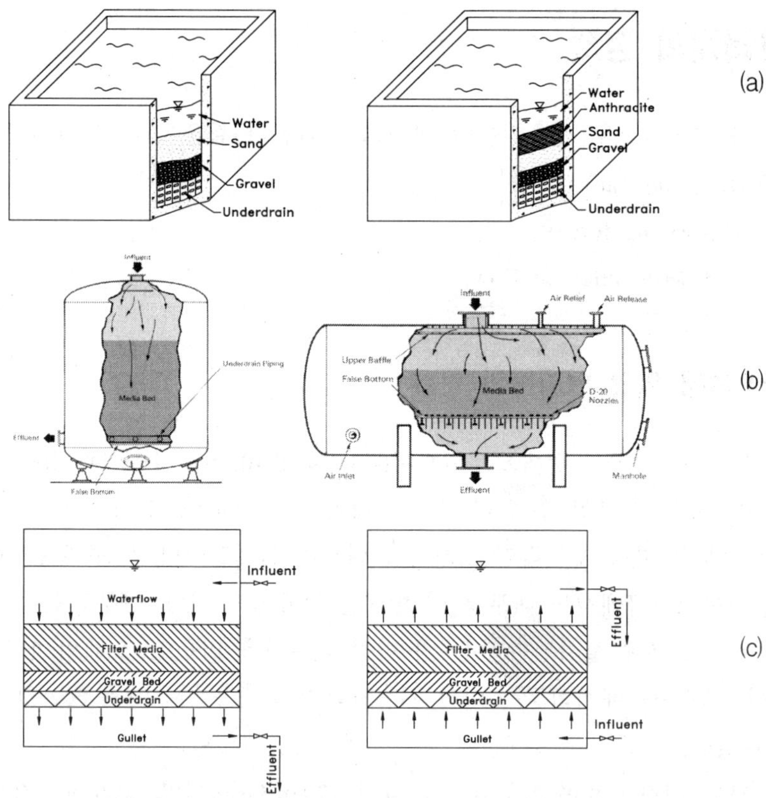

그림 10-2 유속과 추진력 그리고 유향에 따른 여과지 형 및 그 구성요소. (a) 급속 및 고속여과지의 단면: (i) 전형적인 급속여과지 (ii) 전형적인 고속 이층여과지, (b) 압력 여과기: (i) 수직형 (ii) 횡형, (c) 흐름 방향: (i) 하향류 (ii) 상향류

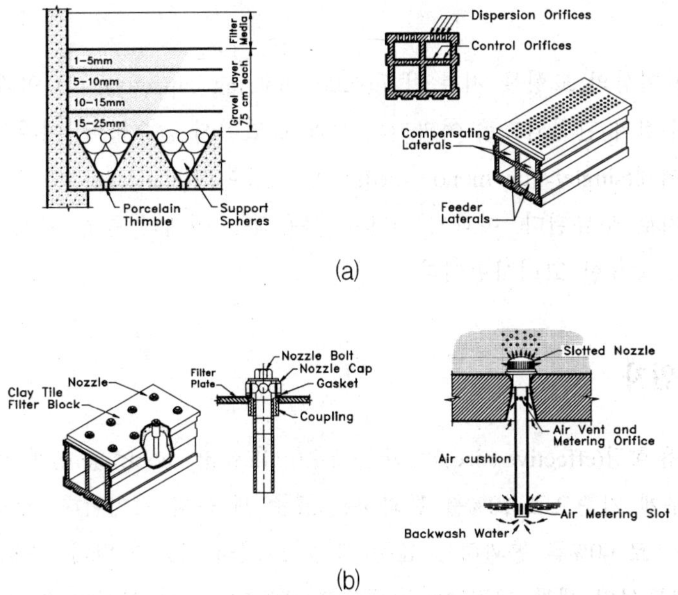

그림 10-3 하부집수장치. (a) 자갈층이 있는 장치, (b) 자갈층이 없는 장치

10.3.2 여과 추진력에 의한 여과지의 분류

상수처리에 사용되는 여과지는 중력식이나 압력식으로 분류할 수 있다. 중력식과 압력식 여과지의 주요 차이점은 여상을 통과하는 물에 가하는 힘과 여과지의 형태이다. 중력식 여과지는 보통 2 ~ 3 m의 수두가 필요하며 덮개가 없는 무개식(無蓋式) 콘크리트나 강재로 만들어 진다(그림 10-2(b)).[2] 커다란 압력 용기의 제작에 소요되는 비용 때문에 압력식 여과기는 일반적으로 소규모 상수처리장에만 사용된다. 반면 중력식 여과지는 대형 및 소형에 모두 사용된다.

10.3.3 물의 흐름 방향에 의한 여과지의 분류

여과지는 상향류와 하향류로 분류된다. 하향류가 상수처리에서 가장 흔히 쓰이는 형태이다. 이러한 형태의 여과지는 여상을 통한 물의 흐름이 그림 10-2(c)(ⅰ)처럼 하향류이다. 상향류 여과는 그림 10-2(c)(ⅱ)에서 보는 바와 같이 여상을 통한 물의 흐름이 상향류이다. 상향류 여과는 입상 여과지(granular filter)에서는 드물지만 입상활성탄 여과에서 때때로 사용된다.

10.4 여 재

여재의 선정은 (1) 여상의 고형물 저류 용적(solid-holding capacity), (2) 여과지의 수리학적 부하율 및 (3) 처리수의 수질과 관련되므로 여과지의 설계에 있어서 중요하다. 여과지에서 사용되는 여재의 수에 따라 단일여재(single- or mono-medium), 이중여재(dual-media) 및 혼합여재(multi- or mixed-media) 여과지로 분류된다. 여과지 설계시 사용되는 여재의 종류 외에 여재의 크기, 균등계수 및 여상의 깊이도 중요한 고려사항이다.

10.4.1 여재 설계 인자

여과지의 여재는 유효경(effective size)과 균등계수(uniformity coefficient)에 의해 특성화 된다. 유효경(d_{10})은 여재의 무게 기준으로 10%를 통과하는 표준 체 눈의 크기이다. 균등계수(d_{60}/d_{10})는 유효경에 대한 무게 기준으로 60%를 통과하는 표준 체 눈 크기의 비를 말한다. 유효경 및 균등계수의 결정을 포함한 표준 체분석의 예를 그림 10-4에 나타내었다. 여재 선정에 있어서 고려해야 할 다른 요소는 경도(hardness)와 내산성(耐酸性)이다. American Water Words Association(AWWA, 미국수도협회)의 Standard B-100에서는 양질의 여재 사양에 대하여 정보를 제공하고 있다.[a] 기술자는 여재 선정의 기준으로서 그 내용을 파악하고 잘 이해 할 수 있도록 노력해야 한다.

a. American Water Works Association, "AWWA Standard for Filtering Material," ANSI/AWWA B-100-89, Revised Edition.

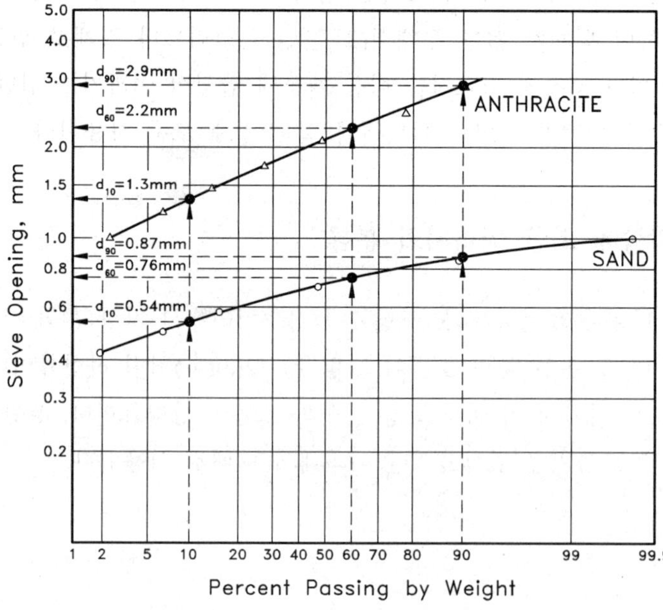

그림 10-4 전형적인 체분석 결과

10.4.2 단일여재 여과지

단일여재 여과는 한 종류의 여재를 사용하며, 잘 분급된 모래가 가장 일반적으로 사용된다. 일반적인 유효경, 균등계수 및 여상의 깊이를 표 10-1에 나타내었다.[3,5,6] 단일여재 여과지에서는 역세척 후에 작은 입자보다 큰 입자가 더 빨리 침강하게 된다. 이러한 현상을 성층(stratification) 또는 역입도 구성(reverse gradation)이라고 한며, 그림 10-5(a)에 나타내었다. 여재의 역입도 구성은 단일여재 여과지의 주요 단점이다. 여층 상부의 작은 여재들은 입자의 대부분을 포획하게 된다. 따라서 여상 상부 4~5 cm 만이 여과에 사용되며, 이층을 통과한 입자는 더 큰 여재로 구성된 아래층에서 제거될 가능성이 적다. 게다가 여상의 상부 4~5 cm 만이 사용되므로 여상의 고형물 저류 능력이 작고, 여과지 운전 시간이 짧아지게 된다. 이런 문제점은 균등계수가 1.4 이하인 큰 입경의 여재와 심층의 여상을 채용함으로서 최소화 될 수 있다. 이러한 여과지는 캘리포니아와 텍사스에서 고속(550 $m^3/m^2 \cdot d$ 이상) 여과에 성공적으로 채용되어 왔다. 이러한 여과지들을 일반적으로 심층 단일여재 여과지(deep bed monomedium filters)라고 불리워지며, 안트라싸이트 여재를 사용한다.

표 10-1 여과지별 전형적인 여재설계 값

설계 인자	단일 여재 여과	이중 여재 여과	혼합 여재 여과
안트라싸이트 층			
유효형, mm	0.50~1.5	0.70~2.0	1.0~2.0
균등계수	1.2~1.7	1.3~1.8	1.4~1.8
깊이, cm	50~150	30~60	50~130
모래 층			
유효형, mm	0.45~1.0	0.45~0.60	0.40~0.80
균등계수	1.2~1.7	1.2~1.7	1.2~1.7
깊이, cm	50~150	20~40	20~40
석류석 층			
유효형, mm			0.20~0.80
균등계수			1.5~1.8
깊이, cm			5~15

출처 : 참고문헌 3, 5, 6

10.4.3 이중여재 여과

단일여재 여과에서 역세척 후의 역입도 구성 문제를 해결하기 위한 또 다른 대안이 이중여재 여과이다. 일반적으로 이중여재 여과에는 안트라싸이트와 석영질 모래가 여재로 사용된다. 안트라싸이트는 비중이 1.55로서 2.65의 비중인 모래보다 가볍다. 그러므로 큰 안트라싸이트 여재가 작은 모래 입자와 같은 침강속도를 가지게 된다. 이러한 특성 때문에 안트라싸이트가 작은 모래 입자 상부에 위치하는 것이 가능하게 된다(그림 10-5(b)). 이중여재 여과의 전형적인 설계 값을 표 10-1에 나타내었다.[3,5,6] 이중여재 여과는 다른 여재 크기를 갖는 두개의 직렬 단일여재 여과의 거동과 같다. 큰 안트라싸이트 여재는 큰 입자들뿐만 아니라 작은 입자들도 제거한다. 모래는 차례로 작은 입자들을 제거한다. 결과적으로 단일여재 여과에 비하여 더 깊은 곳까지 유효하게 사용되게 된다.

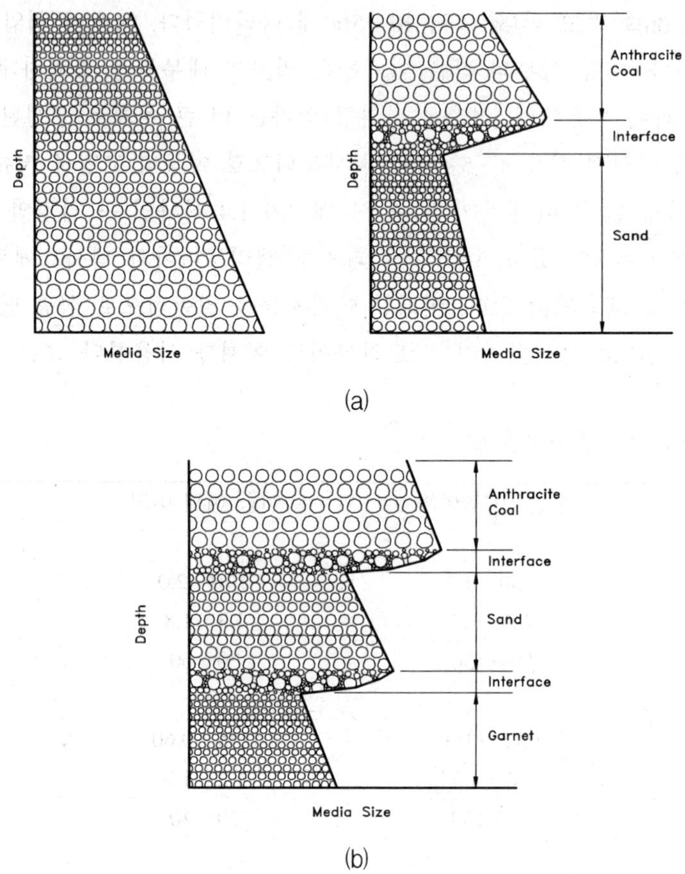

그림 10-5 깊이별 입도 구성. (a) 단일여재 여과지, (b) 이중여재 여과지, (c) 다중여재 여과지

10.4.4 다중여재 여과

다중여재 여과는 몇 가지의 여재를 사용한다는 것 외에는 이중여재 여과와 유사하다. 일반적인 비중이 1.55인 안트라싸이트, 비중이 2.65인 모래, 비중이 4.05인 석류석(garnet)의 3가지 여재가 사용된다. 이러한 여재는 여상의 깊이에 따라 비중은 증가되며 여재의 크기는 감소하여, 여재의 크기분포가 그림 10-5(c)와 같이 구성된다. 다중여재 여과의 일반적인 설계 값을 표 10-1에 제시하였다.[7,8] 다중여재 여과는 기본적으로 이중여재 여과를 개선한 것이며, 이 여과지의 사용으로 수질이 향상되고 여과지 운전 시간이 증가된다. 다중여재 여과지의 비용은 석류석이 매우 비싸서 이중 여재에 비

하여 매우 높으며, 따라서 다중여재 여과의 개선된 성능에도 불구하고 부가적 비용이 문제가 될 수 있다.

10.4.5 여재의 선정

여과지의 효율은 여재의 공극 및 여재크기에 대한 여상의 깊이 비와 같은 여상의 물리적 특성의 함수이다. 적당한 여상의 깊이와 여재 입자의 크기를 결정하는 것은 기술자의 기본적인 일이다. 현재 여상의 깊이와 여재의 크기를 결정하는 데는 (1) 파일롯 시험과 (2) 과거 연구 결과로부터 자료를 얻는 두 가지 방법이 있다. 파일롯 시험은 많은 시간과 경비를 필요로 한다. 여상의 깊이와 여과재 크기에는 많은 조합이 있다. Kawamura는 운전 중인 여러 여과지의 설계 자료로부터 여상의 깊이(l)와 여재 유효경(d_e) 간의 관계를 발전시켰다.[2,9,10] 여러 여과지에서의 여상 깊이와 유효경의 관계를 표 10－2와 그림 10－6에 보였다. 표 10－2에서는 여상 깊이와 여재 유효경의 실제 값을 기초로 (l/d_e)를 산정하였으며, 대략 1,020 정도로 거의 일정하였다. 반면 그림 10－6에서는 이중여재 여과와 다중여재 여과에 있어서 유효경의 가중평균 값과 여상의 총 깊이(total combined depth)에 기초하여 (l/d_e)를 산정한 결과 그 값이 980이었다.

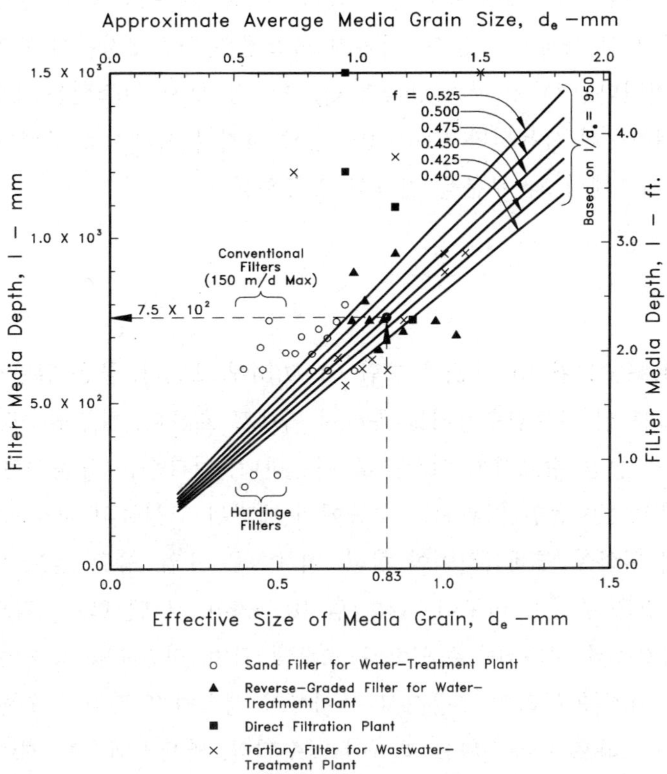

그림 10－6 이중여재 여과 및 다중여재 여과에 사용되는 여재의 가중평균경과 여상 깊이 간의 관계

표 10-2 여재의 유효경에 대한 여상 깊이의 비

여재	유효경(d_e)mm	여상 깊이(l) cm	균등계수	l/d_e
소규모 이중여재	안트라싸이트	1.00	50.8	1,016
	모래	0.50	25.4	
중형 이중여재	안트라싸이트	1.48	76.2	1,023
	모래	0.75	38.1	
대규모 이중여재	안트라싸이트	2.00	101.6	1,016
	모래	1.00	50.8	
혼합여재	안트라싸이트	1.00	45.7	1,306
	모래	0.42	22.9	
	석류석	0.25	7.6	
단일여재	안트라싸이트	1.00	101.6	1,016

10.5 여과지의 구성 요소

상수처리에 사용되는 여과지시스템은 설계에 있어 단순한 것부터 복잡한 것까지 다양하다. 대부분의 설계에서는 여러 개의 여과지를 둔다. 여과지 시스템은 최소 2지에서 30지 정도까지도 채용되며, 각지는 병렬로 운전된다. 여과지 박스(filter box), 관로 및 밸브 시스템은 개별 여과지로 유입되거나 유출되는 물을 분배하는데 사용된다. 그림 10-7(a)는 4지의 여과지로 구성된 전형적인 여과 시스템을 나타낸 것이다. 시스템의 각 부분을 간략히 언급하겠다.

10.5.1 여과지 박스

전형적인 여과지 박스를 그림 10-2(a)와 그림 10-7(b)에 보였다. 물은 일반적으로 여과지의 위로 유입되어 여재층, 자갈층 및 하부집수장치를 통하여 아래로 흐른다. 하부집수장치는 물을 여과 집수로(gullet)로 불리워지는 중앙 수로까지 여과수를 이송하며, 여과수는 유출수관으로 흘러 나간다.

여과지의 운전이 계속되는 동안 여과지는 수중에서 제거된 고형물의 축적으로 막히게 되며, 축적된 고형물을 제거하기 위하여 역세척하여야 한다. 역세척은 유입, 유출 밸브의 차단과 역세척수 유입 및 배수 밸브의 개방을 통하여 이루어진다(그림 10-6(b)). 각 밸브의 조작으로 역세척수가 하부집수장치를 통하여 자갈층과 여과집수로 안으로 흐르게 되며, 자갈층을 통하여 상향류로 여재 안으로 흐르게 된다. 물이 여재를 통하여 흐름으로서 여상이 팽창하고 축적된 고형물을 세척하며, 이때 씻겨진 고형물은 배수 트라프나 배수관을 통하여 배수된다. 역세척배수는 재이용을 위해 회수된다. 이 역세척 배수는 제 14장에서 언급될 여러 방법 중 하나로 처리된다.

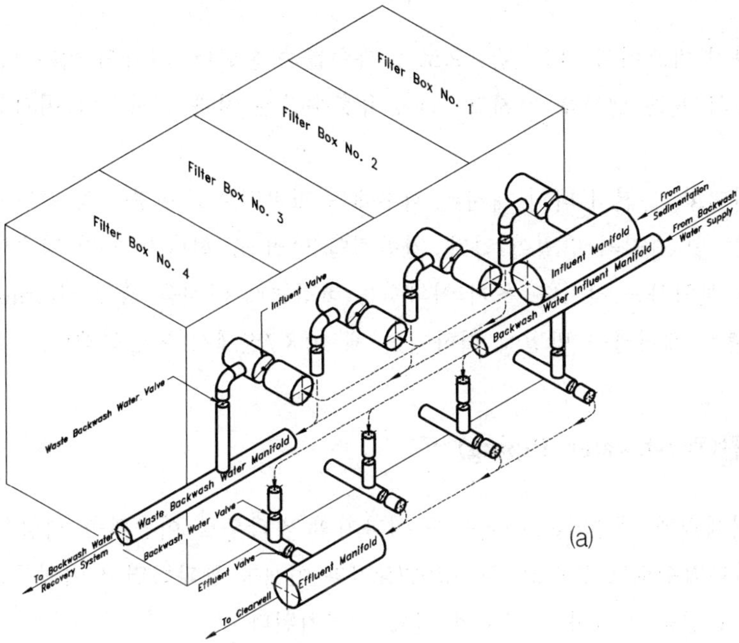

Operation cycle cycle	Valve				
	A	B	C	D	E
Normal filtration	Open	Open	Closed	Closed	Closed
Backwash	Closed	Closed	Open	Open	Closed
Rinse	Open	Closed	Closed	Closed	Open

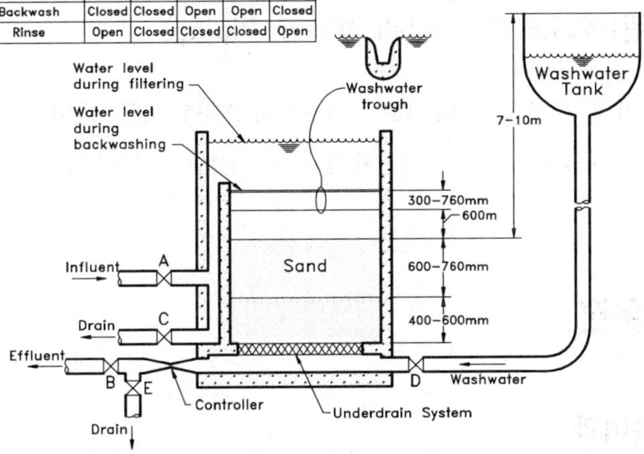

그림 10-7 여과지 제어 및 배관시스템. (a) 4지 여과지의 배열 및 배관 구성, (b) 여과지의 운전 개념

10.5.2 유입수관

유입수관은 물을 침전지로부터 각각의 여과지 박스로 이송한다. 각각의 여과지 박스에 설치되어 있는 유입 밸브는 여과지로의 침전수 유입을 차단할 때 사용된다. 유입수관은 일반적으로 여과지의 상부(수표면 바로 아래)에 연결된다.

10.5.3 유출수관

유출수관은 여과지 박스에서 다음 공정으로 여과수를 이송한다. 각각의 여과 박스는 유출수를 차단할 수 있는 개개의 유출 밸브를 가지고 있다. 유출수관은 여과지 하부의 여과집수로와 연결되어 있다.

여과지가 역세척되고, 운전이 다시 개시된 직후에는 일반적으로 유출수의 탁도가 상당히 높다. 탁도를 제어하는 데는 몇 가지의 방법이 있다. 일반적인 방법 중 하나가 초기 탁수 배제관(waste-to-drain connection)을 설치하는 것이다. 초기 여과수는 버리는데 이것을 헹굼공정(rinse cycle)이라고 한다. 초기 탁도 누출을 제어하는 방법에 대하여는 제 10.8.7절에서 언급하겠다.

10.5.4 역세척수관(Washwater Piping)

역세척수관은 역세척에 사용되는 여과수를 여과지의 바닥부로 이송하는 역할을 한다. 물은 역세척수관으로부터 여과집수로로 흐르고, 하부집수장치와 여재를 통과하면서 여재를 세척하게 된다. 필터 박스 안으로의 유입을 차단하기 위하여 밸브가 설치된다.

10.5.5 역세척 배출수관(Waste Backwash Water Piping)

역세척 배출수는 여과지의 상부에 모아지고 역세척 배출수관으로 들어간다. 역세척 배출수관에는 평상시 여과운전 기간동안 배출수관으로 물이 빠져나가는 것을 방지하기 위한 밸브가 설치되어 있다.

10.6 여과지의 운전

10.6.1 감쇄율 및 정속여과

개별 여과지로 유입되는 유량이 일정하거나 또는 일정하지 않더라도 여과지 시스템 전체를 통해 흐르는 물의 유량은 일반적으로 일정하게 유지된다. 여상에 고형물의 축적에 따라 개별여과지의 유량이 감소하도록 설계된 여과지를 감쇄율 여과지(declining-rate filter)라 한다. 그림 10-8의 (a)와 (b)에 전형적인 4지 감쇄율 여과 시스템의 운전 특성에 관하여 도시하였다.

여상의 고형물 축적에 상관없이 개별여과지의 유량을 유량조절기를 사용하여 제어하는 방식이 정속여과지(constant-rate filter)이다. 그림 10-8(c)에 개별여과지에 대한 감쇄율 여과와 정속여과의 유량과 시간의 관계를 도시하였다.

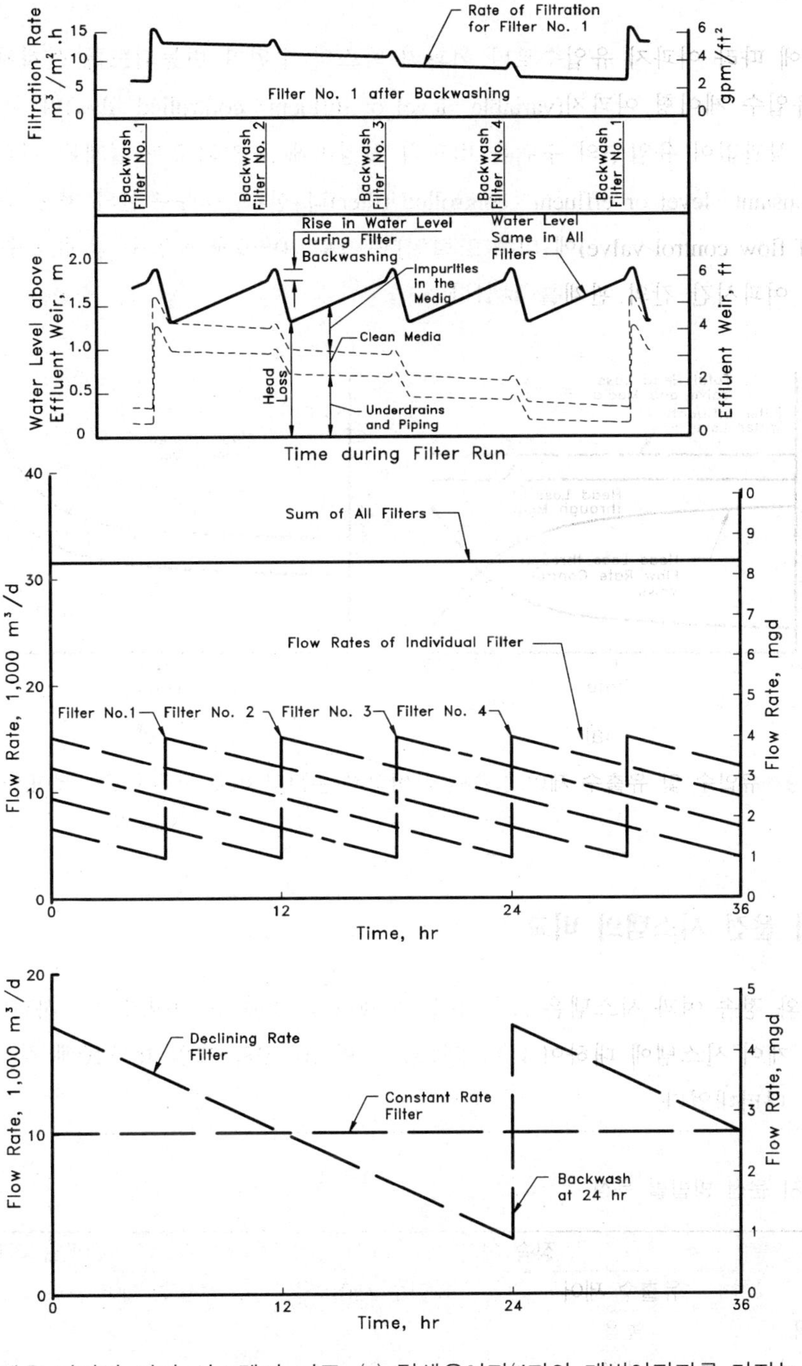

그림 10-8 감쇄율 여과와 여과 시스템의 비교. (a) 감쇄율여과(4지의 개별여과지를 가지는 처리장에서 1지 운전에 대한 유량, 수위 및 손실수두를 보여주고 있다.), (b) 4 여과지 시스템에서 운전시간과 유량과의 관계, (c) 개별여과지에 대한 운전시간과 유량 간의 관계

10.6.2 유출수 및 유입수 제어

여상의 폐색에 따라 여과지 유입수로나 여과지 박스의 수위가 변동되도록 설계된 여과지를 수위 변화형 또는 유입수 제어형 여과지(variable-level or influent-controlled filter)라 한다. 여상의 축적 고형물의 양과 상관없이 유입수의 수위를 비교적 일정하게 유지되도록 설계된 여과지가 유출수 제어형 여과지(constant-level or effluent-controlled filter)라 한다. 수두손실의 차는 유출율 제어 밸브(effluent rate of flow control valve)에 의해 조절된다. 그림 10-9에 유입수 및 유출수 제어 운전에 대한 손실수두와 여과시간 간의 관계를 보였다.

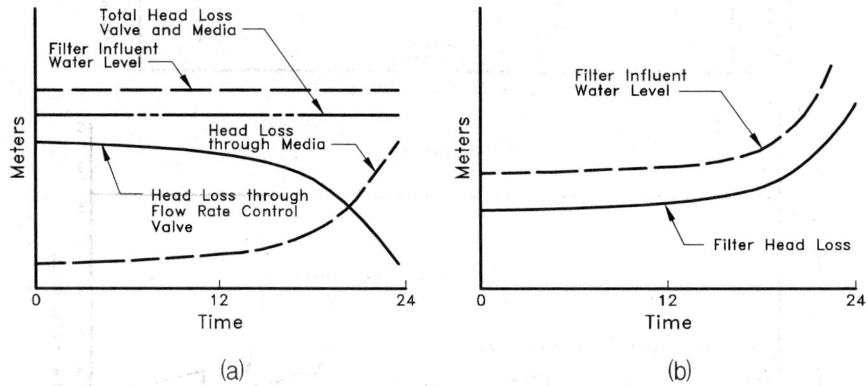

그림 10-9 유입수 및 유출수 제어 정속여과 여과지 운전의 비교. (a) 유출수 제어, (b) 유입수 제어

10.6.3 여과지 운전 시스템의 비교

감쇄율 여과와 정속 여과 시스템은 모두 유입수 제어 및 유출수 제어가 가능하다. 표 10-3에 4가지의 기본적인 제어 시스템에 대하여 나타내었고, 그림 10-9와 그림 10-10에 각 시스템을 도식적으로 표현하여 나타내었다.

표 10-3 여과지 운전 방법별 특징

설계 인자	정속 여과		감쇄율 여과	
	유출수 제어	유입수 제어	유출수 제어	유입수 제어
상대적 비용	높음	중간	중간	낮음
운전의 편이성	복잡	간단	보통	간단
여과지 운전 기간	짧다	짧다	길다	길다
사용 여상 깊이	작음	작음	큼	큼
유출수질의 안정성	양호	양호	양호	양호

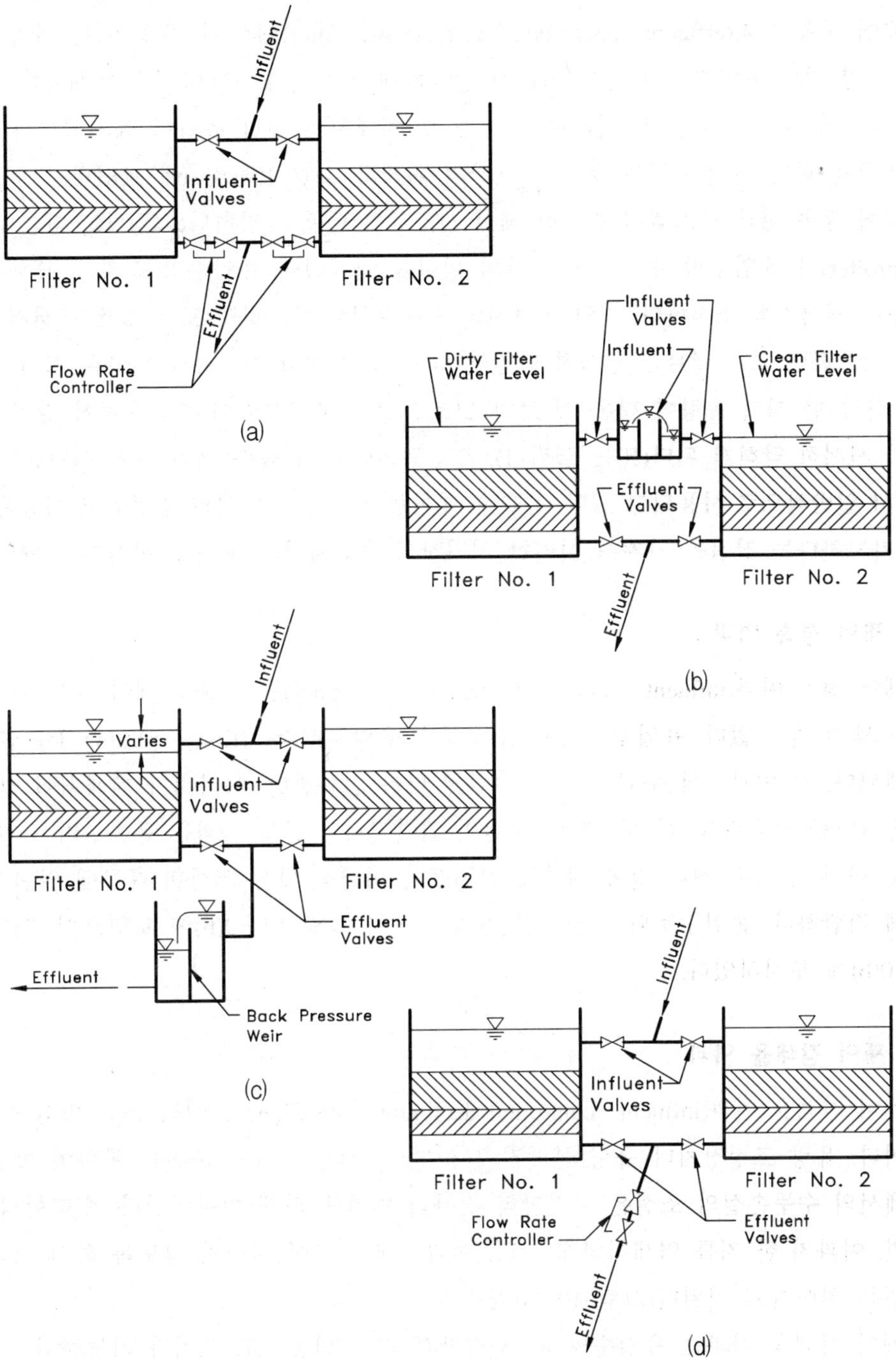

그림 10-10 여과지 제어 시스템. (a) 유출수 제어 정속 역과, (b) 유입수 제어 정속 여과, (c) 유입수 제어 감쇄율 여과, (d) 유출수 제어 감쇄율 여과

유출수 제어 정속 여과

유출수 제어 정속 여과(effluent－controlled constant－rate filter)에서 총 유량은 각 여과지에 균등하게 분배되며, 각 지의 유입수두가 같고 비교적 일정하게 유지된다. 유량은 각 여과지에 설치된 유출수량 제어 장치에 의해 조절된다. 이러한 장치는 각 지에서 일정한 유량이 유지되도록 수두손실을 조절하는 역할을 한다. 손실수두와 운전 시간간의 관계를 그림 10－9(a)에 보였다.

유출수 제어 정속 여과 시스템에 필요한 제어 시스템은 다소 복잡하다(그림 10－10(a)). 주 제어기(master controller)가 유입수의 수리학적 경사의 변화를 감지하여 유입수의 수위가 일정하게 유지되도록 유출수량 제어기를 조절한다. 만약 여과지의 수두손실이 증가하면 모든 밸브는 서서히 개방되며 수두손실이 감소하면 모든 밸브는 서서히 닫힌다. 동시에 각 여과지의 유량은 다른 지의 유량과 비교되게 된다. 만약 한 지의 유량이 다른 지 보다 많으면(또는 적으면) 여과지 유량이 같아지도록 해당 지의 밸브가 서서히 닫히게 된다(또는 열린다). 복잡하더라도, 유출수 제어 정속 여과는 중 · 대형 상수처리장에서 일반적으로 사용되고 있다. 유출수 제어형 정속여과 방식의 광범위한 사용은 유연성 있는 운전이 가능하다는 장점을 가지며 이러한 처리장의 운영자가 선호하는 방식이기 때문이다.

유입수 제어 정속 여과

유입수 제어 정속 여과(influent－controlled constant－rate filter)는 유출수 제어 정속 여과처럼 복잡한 제어 시스템이 필요 없다. 유입수는 월류위어 등의 유량분배장치(flow－splitting device)에 의해 여과지로 분배된다. 각 여과지의 수위는 수두 손실에 따라 변화한다. 여과지가 폐색되어 감에 따라 수위는 수두손실만큼 상승된다. 이 시스템의 단점인 위어에서의 플록 파괴는 유출수의 수질 악화의 원인이 되기도 한다. 유입수 제어 정속 여과는 간편성과 비교적 낮은 건설비 때문에 일반적으로 소규모 처리장에 적합하다. 손실수두와 운전시간 간의 관계를 그림 10－9(b)에 보였으며, 제어 시스템을 그림 10－10(b)에 도시하였다.

유입수 제어 감쇄율 여과

유입수 제어 감쇄율 여과(influent－controlled declining－rate filter)는 여러 운전 방법 중 가장 간단한 시스템이다. 유량 조정장치나 유량 분배장치가 필요 없다. 여과지 운전을 통하여 발생되는 여과지 시스템에서의 수두손실의 조절은 수리학적 경사의 변화에 의해 이루어진다. 수리학적 경사가 너무 높아지면, 여과지 한 지를 역세척하게 된다. 여과지에 부압이 걸리지 않도록 하기 위하여 여과지 유출부에 월류 위어가 설치된다(그림 10－10(c)).

유입수 제어 감쇄율 여과는 유입수의 큰 수리학적 경사 변동에도 대처가 가능하다. 이러한 이유 때문에 유입수 제어 감쇄율 여과는 정속 시스템을 감쇄율 시스템으로 전환하는데 사용되어 질 수 없다. 그러나 유입수 제어 감쇄율 여과의 간편성 때문에 건설 및 운영 예산이 제한된 소규모 처리장에서는 이상적인 시스템이다.

유출수 제어 감쇄율 여과

유출수 제어 감쇄율 여과(effluent-controlled declining-rate filter)는 모든 여과지에 일정한 수리학적 경사가 적용된다는 면에서 유출수 제어 정속여과와 유사하다. 그러나 감쇄율 여과 시스템에서는 각 지의 유출수 제어 장치는 필요하지 않다. 대신 유출수는 관에 간단한 유량 제어기 한 대가 설치된다. 각 여과지의 유량은 해당 지의 손실수두에 의해 결정된다. 그러므로 가장 더러운 여과지의 유량은 가장 적고, 가장 깨끗한 여과지의 유량이 가장 많다. 어떤 경우에는 수중 유공판(orifice plate)과 같은 간단한 유량제한장치가 유출수관에 설치되어 최근에 청소된 여과지의 유량이 과하지 않도록 조절한다. 여과지 제어 시스템을 그림 10-10(d)에 보였다.

감쇄율 여과는 정속여과 보다 여상의 고형물 축적 능력을 더 효과적으로 이용한다. 감쇄율 여과가 정속여과에 비하여 일정한 좋은 유출수질을 보이며, 여과지속시간도 현저히 길다는 것이 연구를 통해 밝혀졌다.[7] 그러나 초기 여과속도가 조절되지 않는다면 역세척 직후 과도한 처리수의 탁도를 경험하게 될 수도 있다.

10.7 여과지 수리학(Filter Hydraulics)

여과지의 수리 설계는 복잡하고, 완전히 정립되지는 않았다. 깨끗한 여상에서의 수두손실을 예측하기 위한 여러 유용한 경험식이 있다. 또한 폐색된 여과지에서의 수두손실을 계산하는 수많은 방법이 있다. 여과지 시스템의 수리학적 특성을 파악하기 위한 가장 신뢰할 수 있는 방법은 파일롯 시험이다.

10.7.1 깨끗한 여과지에서의 수두손실

오랫동안 모래여과지의 수리학에 대한 많은 연구가 있었다. 수많은 경험식(empirical and semi-empirical equation)이 개발되었으며, 깨끗한 여과지의 성능을 예측하기 위하여 사용되었다. 자주 이용되는 식들을 표 10-4에 나타내었다. 이러한 식들은 여상의 공극율이나 여재의 충진밀도(relative compactness)의 산정을 필요로 한다. 이러한 인자를 산출하기 위하여 여재의 크기, 모양 및 균등계수를 알아야 한다. 주로 사용되는 여재의 유효경, 균등계수 및 여재층의 깊이에 대하여 표 10-1에 나타내었다.

표 10-4 깨끗한 여상에서의 수두손실의 계산에 사용되는 경험식

	식	식번호
Carmen - Kozeny	$h_L = \frac{f}{\phi}\frac{1-e}{e^3}\frac{L}{d}\frac{v^2}{g}$	(10.1)
Fair - Hatch	$h_L = k^2 \nu S^2 \frac{(1-e)^2}{e^3}\frac{L}{d^2}\frac{v}{g}$	(10.2)
Rose	$h_L = \frac{1.067}{\phi} C_d \frac{1}{e^4}\frac{L}{d}\frac{v^2}{g}$	(10.3)
Hazen	$h_L = \frac{1}{C}\frac{5.2\times10^6}{T+10}\frac{L}{d_{10}^2}v$	(10.4)
Friction factor	$f = 150\frac{1-e}{N_R}+1.75$	(10.5)
Reynolds number	$N_R = \frac{dv}{\mu}\rho_w$	(10.6)
Coefficient of drag	$C_d = \frac{24}{N_R}+\frac{3}{\sqrt{N_R}}+0.34$	(10.7)

C : 충진밀도 계수(600~1,200)

C_d : 항력 계수

d : 여재의 직경(m)

d_{10} : 유효경(mm)

e : 공극비(porosity ratio), 0.4~0.5

f : 마찰계수(식 10.5 참조)

g : 중력가속도(9.81 m/s^2)

h_L : 수두손실(m)

k : 여과상수

L : 여재층 깊이(m)

N_R : 레이놀드 상수

S : 형상계수(6.0~8.5)

T : 온도, °F

v : 여과속도(m/s)

μ : 점성계수(N·s/m^2)

ν : 동점성계수(m^2/s)

ρ_w : 물의 밀도(kg/m^3)

ϕ : 입자의 형상계수, 0.85~1.0

10.7.2 폐색된 여과지에서의 손실수두

여과지의 운전에 따라 고형물 입자는 여상의 공극에 축적되어 공극율이 감소된다. 공극율의 감소는 수두손실 증가의 원인이 된다. 설계자는 여과지 운전 끝 시점에서의 여상 수두손실을 예측해야 한다. 여상에서의 최종 수두손실은 여과지 운점 끝 시점에서의 공극율을 알 수 있다면 표 10－4의 식을 이용하여 산정할 수 있다. 공극율의 평균적 변화는 제거된 입자의 부피와 감소된 공극 부피가 같다고 가정하여 산정될 수 있다. 그러나 이 방법은 여러 여재층의 공극을 산정하는 데는 매우 부정확하다. 일반적으로 여과지의 수질은 손실수두가 2~3 m까지 도달될 때도 전체 운전 기간동안 만족할만한 탁도 수준이 된다. 장래에 더 엄격한 수질의 요구로 인해 탁도 누출이나 2~3 m의 손실수두 도달 이전에 역세척의 실시를 필요로 하게 될지 모른다. 정확한 손실수두 산정은 파일롯 시험을 통하여 가능하다. 파일롯 시험에서 얻은 결과로부터 Carmen－Kozeny식의 변수를 보정함으로써 더 정확한 수두손실의 계산이 가능하다.

폐색된 여과지의 수두손실을 예측하는 다른 방법이 Tchobanoglous에 의해 제안되었다.[8] 이 방법은 총 여상을 여러 개의 개별 여상(낮은 깊이의)이 직렬로 연결되어 있는 것으로 간주한다. 각 층에서의 손실수두의 증가는 그 층에 축적된 고형물의 양과 관계된다. 여상의 각층을 개별적으로 생각함으로써 여과지의 더 실제적인 수리학적 모델을 얻을 수 있다. 믿을만한 결과를 얻기 위하여 파일롯 시험을 해야만 한다.

10.7.3 기타 수두손실

여과지의 수리 설계는 여상에서의 에너지 손실뿐만 아니라 (1) 관로계통, (2) 자갈층, (3) 하부집수장치 및 (4) 역세척수 배출수 집수로 등의 부속 시스템에서의 에너지 손실도 고려해야 한다.

관로계통

관로 계통은 유입수관, 유출수관, 역세척수관, 밸브 및 유량조절기를 포함한다. 이러한 관로계통은 다수의 부속품과 특별한 장치가 부착된 복잡한 분기관(分岐管)을 포함하는 경우도 있다. 이러한 시스템에서의 수두손실은 Darcy－Weisbach 식(식 (7.13))이나 Hazan－William 식(식 (7.14))의 이용하여 계산되며, 부속품에 의한 수두손실은 식 (7.13)에 의해 표현할 수 있다.

자갈층

자갈층을 통과하는 손실수두는 표 10－4에 있는 식으로 계산된다. 계산 절차는 깨끗한 여상에서와 같다. 자갈층은 여러 층이 직렬로 구성되어 있으므로, 이를 고려하여 계산하여야 한다.

하부집수장치

하부집수장치는 보통 여러 개의 오리피스를 가지고 있다. 이러한 시스템의 수리학적 특성은 매우 다양하다. 설계자는 이러한 시스템의 수리학적 특성을 결정하기 위해서 특정 시스템의 제조자들에게 수리계산을 위한 정보를 요구해야 한다.

역세척 배출수 집수로

역세척 배출수 집수로는 역세척 배출수를 배출시키기 위한 이송로이다. 이러한 집수로의 수리학적 특성은 공간적으로 변하는 흐름(spatially - varied flow)을 가진 개수로와 같으며, 설계는 침전지의 유출수로와 유사하다.

10.8 여과지 세척

여과지는 (1) 수두손실이 설계치를 초과하였을 때, (2) 탁도 누출로 인해 처리수의 수질이 최소 허용 수준 이하로 될 때, (3) 미리 정해진 최대 여과시간이 지났을 때 등의 조건이 성립되면 세척되어야 한다. 여과지는 역세척에 의해 세척된다. 역세척은 여상을 팽창시키기에 충분한 속도로 여상을 상향류로 흐르는 물에 의해 여상에 축적된 고형물을 세척하는 것이다.

역세척 동안 여재는 팽창되거나 유동화된다. 입자들은 분리되고 입자간 공간은 커져서 공극율이 증가된다. 이 상태에서 물의 수직방향 유속은 입자의 침강속도와 거의 같아서 여재가 물에 떠 있게 된다. 이 과정에서 낮은 침강속도를 가진 작은 플록 입자들은 제거되어 여과지를 빠져나간다. 여과지의 적정한 운전을 위하여 설계자는 (1) 여재의 침강속도, (2) 역세척 유량, (3) 역세척 동안의 수두손실, (4) 역세척 시간, (5) 단위 여과지의 역세척에 필요한 물의 양 등을 고려해야 한다.

10.8.1 여재의 침강속도

여재의 침강속도는 Stoke 식이나 Newton의 식으로 계산될 수 있다. 이러한 식은 독립적으로 침강하는 구형입자에 대한 것으로서, 대부분의 모래나 석류석에 적용가능하다. 안트라싸이트는 모양이 더 비정형적인 경향이 있어서, 이러한 식으로 계산된 침강속도보다 약간 낮은 값을 가진다. 그러나 이런 차이는 작아서 중요하지 않다.

여재의 유출 없이 역세척하기 위해서는 전체 여상의 침강속도가 거의 같게 되도록 설계하는 것이 중요하다. 특히 혼합여재 여과나 이중여재 여과의 경우는 더 중요하다. 그러므로 여재의 크기는 신중하게 선정되어야 한다. 다음 식이 침강속도가 같은 비중이 다른 여재의 크기를 계산하는데 사용된다.[2]

$$d_2 = d_1\left(\frac{S_{g1}-1}{S_{g2}-1}\right)^{2/3} \tag{10.8}$$

d_2 : 비중이 S_{g2}인 여재의 유효 크기(mm)

d_1 : 비중이 S_{g1}인 여재의 유효 크기(mm)

일반적인 설계 절차는 처리수의 목표 수질을 얻을 수 있는 모래 여재를 선정하고, 식 (10.8)을 이용하여 안트라싸이트나 석류석의 유효 크기를 정하는 것이다.

10.8.2 역세척 속도

역세척의 목적은 여재의 유출 없이 여상에 침적된 플록을 제거하는 것이다. 그러므로 역세척 동안 물의 수직 속도는 플록의 침강속도보다 커야하나 여재의 침강속도보다는 작아야 한다. 플록의 침강속도는 대략 2.5～25 cm/min이므로 최소 역세척 속도는 30 cm/min 정도여야 한다.[9,13] 여재의 침강속도는 Newton의 식으로 계산되어 질 수 있다. 20℃의 물에서 비중 2.61의 모래에 대하여 식 (9.1)은 식 (10.9)과 같게 되고, 비중 1.5의 안트라싸이트에 대하여는 식 (10.10)과 같다.[9,10]

$$v_s = 10d_{60}(\text{모래})^{b} \tag{10.9}$$

$$v_s = 4.7d_{60}(\text{안트라싸이트}) \tag{10.10}$$

v_s : 여재의 종말 침강속도(m/min)

d_{60} : 여재무게의 60%를 통과하는 표준 체눈의 크기(mm)

($d_{60} = d_{10} \times$ 균등계수)

연구에 의하면 가장 효과적인 역세척 속도는 여재 종말침강속도의 대략 10%이다. 따라서 20℃에서 모래와 안트라싸이트의 역세척 속도는 다음 식으로부터 계산할 수 있다.

$$U_b = d_{60}\ (\text{모래}) \tag{10.11}$$

$$U_b = 0.47d_{60}\ (\text{안트라싸이트}) \tag{10.12}$$

U_b : 역세척 속도(m/min)

b. Kawamura는 Allen이 제안한 식을 변형하여 사용하였다.

$$v_s = \left\{\frac{0.018(\rho_s-\rho_w)^2 g^2}{\rho_w \mu}\right\}^{1/3} d$$

$\rho_s = 2.61,\ \rho_w = 1.0,\ g = 9.81\ \text{m/s}^2,\ \mu = 10^{-3}\ \text{kg/m}\cdot\text{s}(20℃)$

$v'_s = 165d'$(v'_s와 d' : m/s) $v_s = 10\,d$ (v_s = m/min, d = mm)

Water Works Engineering

역세척 속도는 온도에 따라 식 (10.13)을 이용하여 보정되어야 한다.

$$U_{bT} = U_{b20} \times \left(\frac{\mu_{20}}{\mu_T}\right)^{1/3} \tag{10.13}$$

U_{bT} : 온도 T℃에서 역세척 속도(m/min)

U_{b20} : 20℃에서 역세척 속도(m/min)

μ_T : 온도 T℃에서의 점성계수(kg/m·s)

그림 10-11은 20℃에서 여러 종류의 여재에 대한 적정한 역세척 속도를 나타내고 있다.[9,10,14]

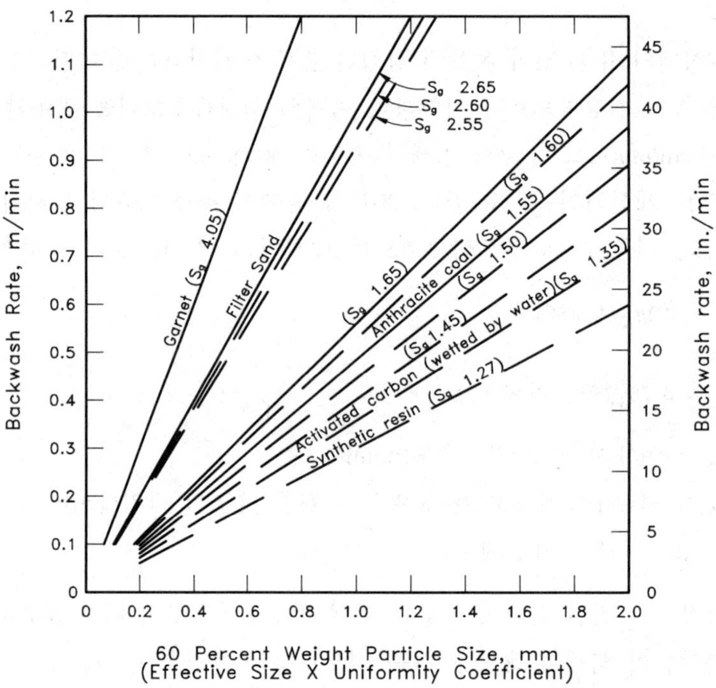

그림 10-11 20℃에서 여재에 대한 역세척 속도

10.8.3 역세척 동안 수두손실

유동화된 여상을 통과하는 물의 손실수두는 부유상태 여재의 무게와 같으며 일반적으로 식 (10.14)와 같이 표현된다.

$$h_L = \text{여재의 부피} \times (\text{여재의 밀도} - \text{물의 밀도}) \tag{10.14}$$

식 (10.14)를 수학적으로 표시하면, 식 (10.15)와 같다. [9,10]

$$h_L = L(1-e)(S_g - 1) \tag{10.15}$$

h_L : 역세척 동안 여재에서의 손실수두(m)
e : 휴지상태에서 깨끗한 여상의 공극율
L : 휴지상태에서의 여상의 깊이(m)
S_g : 여재의 비중

자갈층은 유동화 되지 않으므로 자갈층에서의 손실수두는 깨끗한 여재에서의 손실수두와 같은 방법으로 계산된다. 표 10－4의 식이 이 계산에 이용된다.

10.8.4 역세척 시간

역세척 시간은 여상을 세척하기에 충분히 길어야 한다. 이것을 위해 필요한 시간은 (1) 플록의 특성, (2) 공기세척(표면세척) 여부, (3) 여상과 역세척수 배수로의 형상 등에 따라 다르다. 보통 역세척은 8～15분 지속된다.[11,15,16]

10.8.5 역세척에 필요한 수량

역세척수의 양은 역세척 기간과 역세척수의 유속에 달려있다. 만약 역세척 속도가 주기적으로 변하면 필요한 역세척수 총량은 유량과 시간 그래프상에서 곡선아래의 넓이가 된다. 표면세척이 시행되는 경우 이에 필요한 양이 포함되어야 한다.

10.8.6 보조 세척 시스템

역세척 단독으로는 폐색된 여과지를 항상 철저하게 세척할 수 있는 것은 아니다. 여재에 축적된 플록을 제거하기 위하여 추가적인 세척 조작이 필요한 경우가 있다. 성공적으로 시행되고 있는 보조 세척 방법이 표면세척과 공기세정이다.

표면세척

표면세척 시스템은 미국 전역에서 폭 넓게 사용되고 있다. 표면세척 시스템의 목적은 플록의 최대 축적이 일어나는 여상 상부에 최대의 세척력을 주는 것이다. 이것은 고정 다기관(多枝管)이나 회전하는 장치의 노즐을 통하여 물을 분사하여 이루어진다. 두 시스템의 예를 그림 10－12에 보였다. 노즐로부터 분사되는 고압수는 역세척수의 수직방향의 속도 증가 없이도 추가적인 세척력을 제공한다. 그러므로 역세척 동안 여재가 누출되는 현상을 방지할 수 있다. 표면세척 시스템에 의해 발생되는

난류(세척력)는 다음 식으로 결정될 수 있다.[9]

$$G_{sw} = \left(\frac{\Delta h g v_s \rho_w}{\mu \alpha L_e} \right)^{1/2} \tag{10.16}$$

G_{sw} : 제트류 표면세척의 속도경사(1/s)

v_s : 표면세척 속도(m/s)

Δh : 표면세척 시스템에 의해 여재에 적용되는 수두(m)

α : 계수(표면세척에 대하여 0.25, dual-arm 표면세척에 대하여 0.5)

L_e : 팽창상의 깊이(m)

μ : 물의 점성계수($N \cdot s/m^2$)

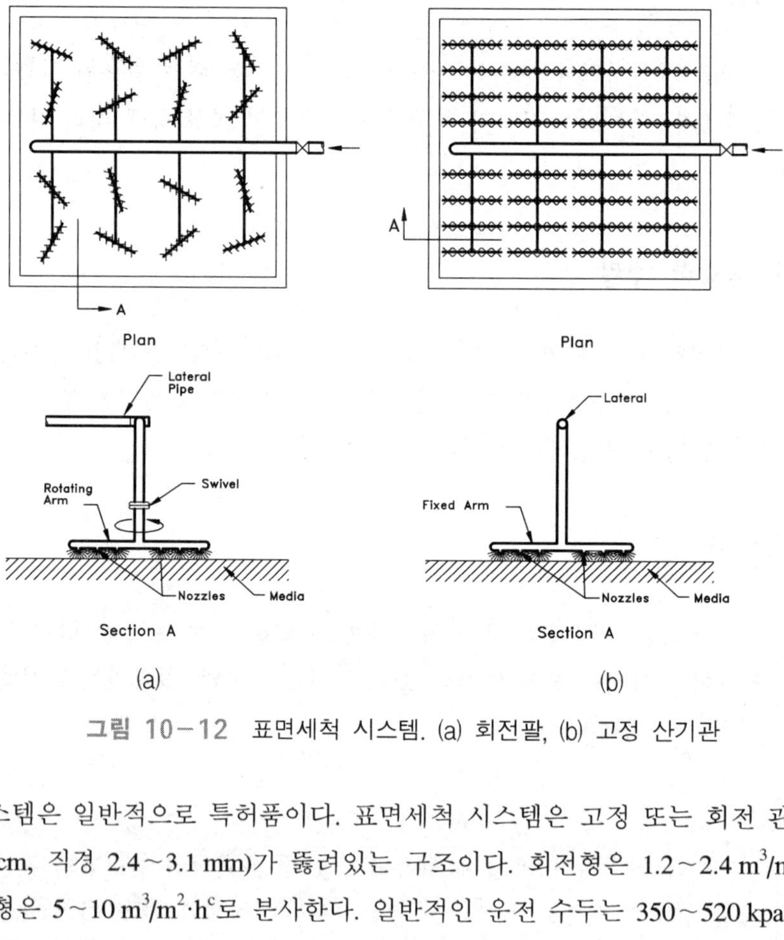

그림 10-12 표면세척 시스템. (a) 회전팔, (b) 고정 산기관

표면세척 시스템은 일반적으로 특허품이다. 표면세척 시스템은 고정 또는 회전 관에 세척수 분사구(간격 5~8.6 cm, 직경 2.4~3.1 mm)가 뚫려있는 구조이다. 회전형은 1.2~2.4 $m^3/m^2 \cdot h$로 세척수를 분사하고, 고정형은 5~10 $m^3/m^2 \cdot h$[c]로 분사한다. 일반적인 운전 수두는 350~520 kpa이다. 노즐은 휴지중의 여상 아래 2.5~5.0 cm 아래에 위치한다. 또한 이중여재 여과지의 경우 모래와 안트라싸이트 경계 바로 위에 위치하는 경우도 있다. 표면세척은 역세척 사이클 전 1~3 min간 시작되며, 역세척

c. 1 $m^3/m^2 \cdot h$ = 3.28 $ft^3/ft^2 \cdot h$ 또는 0.409 gpm/ft^2

종료 전 1~10 min에 정지한다.[15] Camp는 역세척 사이클 끝 시점에서 여상 상부의 표면세척 속도 경사는 대략 1,000/s임을 제시하였다. 일반적으로 단단하게 굳은 플록의 제거를 위한 표면세척 속도경사는 1,100~1,300의 범위이다.[9] 이중 여재 여과에서는 모래와 안트라싸이트 사이의 경계에서 플록의 축적이 가장 심하게 일어나기도 한다. 이러한 경우, 모래와 안트라싸이트 경계에 위치한 표면세척 시스템이 최대의 세척력을 발휘할 수 있다. 표면세척 시스템은 여상 내부로의 플록 침투가 없거나 여상의 깊이가 비교적 낮은 여과지에서 가장 좋은 효과를 낸다.

공기세척

공기세척은 유럽에서 널리 사용되어져 왔으며, 최근에는 미국에서 더 일반적으로 사용되고 있다. 이 시스템에서 공기는 특별히 설계된 하부집수장치에 있는 다지관으로부터 방출된다. 상승하는 공기 방울은 여상 전반에 난류를 형성하고 탁질을 문질러서 닦아내는 작용(scouring action)에 의해 여재를 세척하게 된다.[11,16,17]

유효경이 작은(0.5 mm) 단일여재 여과지의 공기유량은 일반적으로 18~36 $m^3/m^2 \cdot h$이며, 12~20 $m^3/m^2 \cdot h$의 물만으로 역세척이 이어진다. 미국에서의 이중여재 여과지(유효경 모래 0.5 mm, 안트라싸이트 1.0 mm)에 대한 공기-물세척의 경우, 55~91 $m^3/m^2 \cdot h$의 많은 공기량과 37~49 $m^3/m^2 \cdot h$의 역세척수가 사용된다. 큰 입경의 모래(유효경 1.0 mm)를 세척하기 위하여 공기세척과 역세척을 동시에 하게 될 경우, 15 $m^3/m^2 \cdot h$의 역세척수와 함께 37~73 $m^3/m^2 \cdot h$의 공기량이 사용된다. 역세 후 여상의 적당한 입도구성을 위하여 역세척 정지 수분 전에 공기 공급을 정지시키는 것이 필수적이다.

공기세척 시스템은 여상에 난류를 형성한다. 그러므로 공기세척은 여상에 플록이 골고루 축적되어 있는 여과지에 가장 유리하다. 만약 공기세척이 사용된다면 특별히 설계된 하부집수장치와 역세척수 배출수로가 필요하다. 설계자는 상세 설계 진행 전에 공기세척 시스템의 제조사에서 필요한 정보를 얻도록 노력해야 한다.

10.8.7 역세척후 초기 탁도 누출의 제어

역세척 직후 여과지 유출수의 탁도가 높은 현상이 발생하게 된다. 이러한 초기 탁도 누출 현상이 처리장의 최종 처리수 수질을 악화시키는 원인이 되기도 한다. 역세척 직후 발생되는 탁도 누출 현상을 그림 10-13에 도시하였다. 이러한 탁도 누출은 Surface Water Treatment Rules(SWTR, 지표수 처리법)의 엄격한 탁도 기준을 만족하기 위하여는 반드시 제어되어야 한다. 탁도 누출을 제어하기 위해 주로 사용되는 전략은 다음과 같다. (1) 초기 여과수를 방류할 수 있는 관로(waste-to-drain connection)를 설치하거나, (2) 여과지 운전을 재개하고 처음 수분간은 여과속도를 줄여 운전하거나 여과속도를 점차로 증가시키는 방법 및 (3) 역세척 마지막 수분 동안 역세척수에 응집제를 투여하여 여과지를 상태를 개량(preconditioning)하는 방법이 있다.[13]

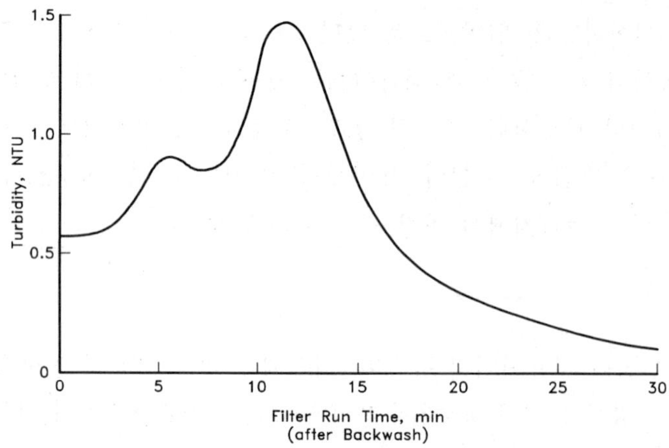

그림 10-13 역세척후 초기누출현상의 예

초기 여과수 방류

초기 여과수를 방류하는 방법은 초기 탁도 누출을 제어하는 데에 바람직하지 않다. 개념은 여과수 유출관을 역세척 배수 시스템에 연결함으로서 여과지에 헹굼효과를 주는 것이다. 역세척 직후 여과수 유출관과 역세척 배수관의 연결점에 있는 밸브가 열리고, 여과지 유출수로부터 고탁도의 헹굼수(rinse water)가 배수 시스템으로 배출된다. 탁도가 감소된 후에 밸브가 닫히고 여과지는 정상 운전 상태로 복귀된다. 이 방법은 비교적 많은 양의 깨끗한 물을 버리는 결과를 낳게 된다. 이런 방법의 사용은 점점 일반적인 방법이 되고 있지 못하다.

초기 여과속도의 감소 운전

이 방법은 역세척 직후 감소된 여과속도로 여과지를 운영하는 것이다. 이 방법은 여재와 여상 내에 남아 있는 탁도물질의 침전을 가능하게하고, 유출수중 부유물질의 농도를 낮추게 된다. 이러한 방법을 여과지 숙성(filter ripening)이라 한다. 여과지 숙성 방법은 제어가 간편하고 거의 비용이 들지 않으며 아주 효과적이다. 이 방법은 자동 역세척 시스템의 제어 방법을 수정하거나 수동 역세척으로의 변경을 통하여 이루어진다.

여과지의 사전 조정(Preconditioning)

역세척수에 응집제를 투여하는 것은 역세척이 끝나기 바로 전에 역세척수에 금속염의 응집제나 폴리머를 도입하는 것이다. 이 처리의 목적은 역세척 사이클의 끝의 여상에 남아있는 재안정화된 부유물질을 불안정화시키기 위함이다. 재안정화된 고형물은 일반적으로 초기 탁도 누출현상의 원인이 된다. 응집제의 주입은 이러한 물질이 여상에서 빠져나오지 않고 포획되도록 불안정화하는 것이다. 이러한 목적을 달성하기 위하여 응집제를 역세척 사이클 뒷부분에 역세척수에 주입하고 역세척을 정지한다. 응집제 투여 시간은 응집제가 역세척 배출수 트라프를 빠져나가는 시간이며, 자갈층이나 하부집수장치 그리고 여재의 바닥부 5 cm에 남아있지 않을 정도의 시간 동안만 응집제를 투여한다. 전체의 공정에 있어서 응집제 주입 시간의 결정에 세심한 주의가 필요하다. 주입시간이 부정확하면 다음과 같은 문제가 일어날 수 있다. (1) 응집제가 낭비될 수 있다. (2) 처리가 비효과적일 수 있다. (3) 하부집수장치의 응집제 때문에 유출수 탁도가 증가될 수 있다.

10.8.8 역세척 배수의 수집

여상이 효과적으로 세척되기 위해서는 역세척수의 유향이 가능한 한 수직이 되어야 한다. 대부분의 여과지에서 역세척수 배출 트라프가 수직류를 유도하기 위하여 사용된다. 역세척수 배출 트라프의 일반도를 그림 10－14(a)와 10－14(b)에 제시하였다. 트라프 선단(先端)에서의 수리학적 물의 흐름은 자유낙차가 발생되는 흐름이 되도록 설계되어야 하며, 트라프에서의 물 흐름은 공간적으로 변하는 흐름(spatially varied flow)으로 간주된다. 그러한 흐름 조건에의 수리계산은 제 9장에서 논의하였다.

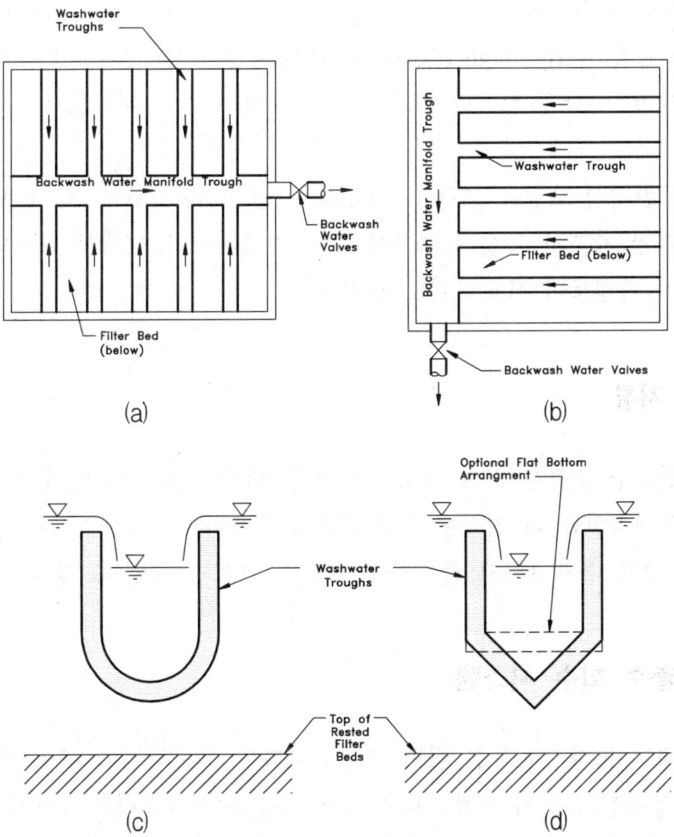

그림 10－14 전형적인 역세척수 배출 트라프의 배열. (a) 중앙수집형(center manifold), (b) 측방수집형(side manifold), (c) U자형 단면, (d) V자형 단면

트라프의 높이와 간격은 중요한 고려사항이다. 만약 트라프가 너무 멀리 떨어져있으면 역세척 동안 SS가 효과적으로 제거되지 않을 것이다. 또한 트라프가 너무 낮으면 여재가 누출될 것이다. 일반적으로 트라프는 가깝게 설치되는 것이 좋으며 팽창된 여재 위쪽에 위치하도록 한다. 식 (10.17)이 트라프의 높이와 간격의 비를 결정하는데 이용될 수 있다.

$$\frac{v_s' \pi}{U_b} < \frac{S}{D} < \pi \tag{10.17}$$

v_s' : 플록의 침강속도(m/s)
U_b : 표면세척을 포함한 역세척 속도($m^3/m^2 \cdot s$)
S : 트라프의 간격(중앙에서 중앙까지)(m)
D : 팽창상 상부와 수표면 간의 거리(m)

운전 경험을 통하여 트라프의 간격이 H_0값의 2배 이하이고 1.5보다 큰 값을 가지면 역세척이 효과적이다. H_0은 트라프의 선단과 휴지상태의 여상 상부간의 수직 거리이다. 일반적인 H_0값은 0.66~1.0 m 범위이다. 트라프 바닥에서 여재 상부간의 거리는 최소 0.2 m가 되어야 한다. 역세척수 트라프가 얕고, 폭이 넓고, 이웃한 트라프와 가깝게 위치하고 있으면 역세척 동안 안트라싸이트의 유출 원인이 되는 과도한 상승 유속(overly-high rise velocity)이 발생될 수 있다. 만약 역세척수 배출 트라프가 여과지박스 면적의 반 이상을 점하면, 트라프가 수표면을 덜 차지하도록 좁고, 깊은 트라프가 필요할 수도 있다.

트라프의 단면의 일반적인 모양은 그림 10.14(c)와 그림 10.14(d)와 같다. 두 단면 모두가 효과적이나 V자 단면의 트라프가 제조하기 쉽기 때문에 약간 경제적이다. U자형 단면의 트라프는 유리섬유 등의 재질로 만들어진 기성품이 사용되기도 한다.

10.8.9 역세척수의 저류

여과지 역세척에 필요한 충분한 양의 처리수가 부지 내에 저장되어 있어야 한다. 저장 용량은 각 여과지를 하루 1회 역세척하는 데 필요한 최대양과 같아야 한다. 충분한 운전 경험이 있는 큰 정수장에서는 역세척수를 2지 내지 3지의 역세척에 필요한 양까지 줄일 수 있다.

10.8.10 역세척 배출수 회수 시스템

역세척수의 양은 매우 많다. 이 물은 어떤 방법으로라도 처분되어야 한다. 역세척 배출수의 처분에 효과적인 방법은 정수장의 초기 공정으로 역세척 배출수를 되돌리는 것이다. 이 시스템은 다음과 같은 이점을 가진다. (1) 역세척수의 대부분이 재사용되어 원수 비용을 절감할 수 있다. (2) 역세척 배출수에 포함된 플록은 응집공정의 응집핵으로 작용하여 응집제 사용량의 절감이 가능하다. (3) 처분되어야 할 물의 양이 감소된다. 그러나 역세척수의 회수에 있어서 주된 관심사항은 시스템 내의 원생동물 포낭의 회귀와 농축이다. 따라서 회수된 역세척수에 대하여 자외선 조사나 오존처리와 같은 포낭 파괴 시스템이 설치되어야 한다. 역세척 배출수의 회수에 대한 상세 설계는 제14장에서 다루어진다.

10.8.11 역세척수의 이송 시스템

대부분의 정수장에서 정수지는 여과시스템 아래의 수두경사선에 위치해 있다. 그러므로 역세척수는 역세척에 필요한 수두경사를 주기위해 펌핑되어야 한다. 이 수두경사를 얻기 위하여 여러 가지 시스템이 사용되며 다음과 같은 것 들이 있다.

(1) 역세척수 전체를 직접 보낼 수 있는 고용량의 펌프
(2) 고가수조와 수조에 물을 채우기 위한 저용량의 펌프
(3) 고양정 펌프로부터의 가압
(4) 여과수로의 수두경사

첫 번째 시스템은 초기투자비가 적게 들지만 높은 동력이 요구되므로 동력비가 크게 들 수 있다. 두 번째 시스템은 고가수조를 건설하는데 많은 비용이 들어서 초기 투자비가 크지만 대부분의 경우 낮은 동력비로 거의 일정한 동력 수요를 제공 할 수 있다. 세 번째 시스템이 효과적으로 되려면, 역세척 시스템에서의 수두 요구량과 고양정 펌프가 서로 맞아야 한다. 네 번째 시스템은 몇몇의 특허 시스템에서 채용되고 있다. 이 시스템에서는 역세척시 수두손실과 역세척수 트라프 높이의 적정한 선정에 주위 깊은 고려가 필요하다. 이런 4가지 시스템의 전형적인 예를 그림 10－15에 도시하였다.

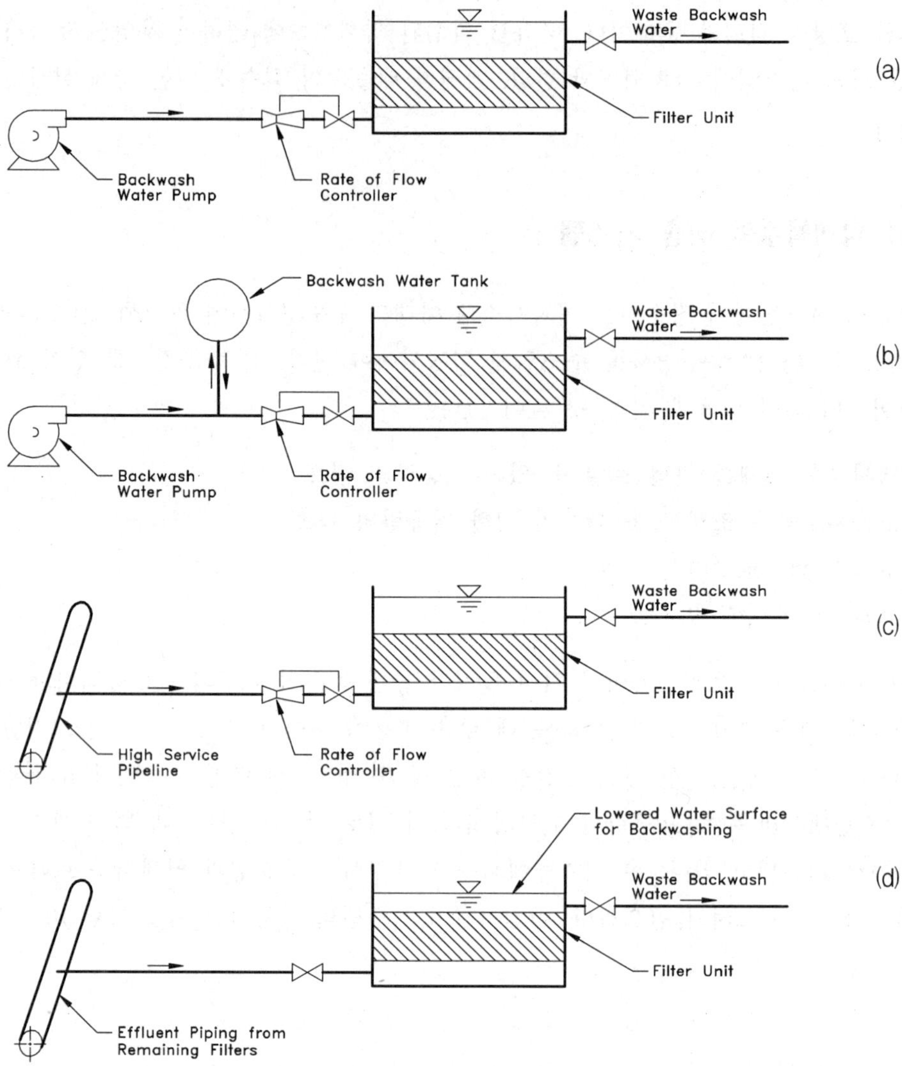

그림 10−15 전형적인 역세척 시스템의 예. (a) 직접펌핑식, (b) 고가수조식, (c) 고양정 펌프와 연결, (d) 여과지 유출수와 연결식

10.9 여재층 지지 시스템

여재를 지지하기 위한 다공성의 지지 시스템이 설치되어야 한다. 구조적으로 여재를 지지하는 것 외에 전체 여과지 단면에 걸쳐 역세척수를 고르게 분배하고, 처리수를 집수할 수 있어야 한다. 일반적으로 지지 시스템은 (1) 자갈층과 (2) 하부집수장치로 구성된다.

10.9.1 자갈층

자갈층은 여재층 바로 아래에 위치한다. 자갈층의 목적은 여재가 하부집수장치를 폐색시키지 않게 하고, 하부집수장치의 오리피스로부터 방출된 역세척수 제트가 흐트러지도록 하는 것이다. 자갈층은 일반적으로 400~600 cm의 깊이이며 여러 크기의 자갈층으로 이루어진다. 자갈층의 깊이와 자갈크기의 결정은 하부집수장치의 수리학적 특성에 맞도록 설계되어야 한다. 설계 기술자는 가장 적합한 자갈층의 선정을 위하여 하부집수장치 공급자에게 필요한 정보를 얻도록 노력해야 한다.

몇몇의 제조사들이 자갈층을 대체할 만한 2~3 cm 정도의 얇은 다공판을 개발했다. 이 판은 여재를 지지하기 위하여 개발되었으며, 자갈층보다 깊이를 덜 차지하고 자갈층만큼 역세척수를 균등하게 분배할 수 있다. 그러므로 깊이가 한정된 여과지의 개량에 유리하다.

10.9.2 하부 집수장치

하부 집수장치는 여과지 시스템 전체를 구조적으로 지지한다. 따라서 여재와 자갈의 무게를 지탱하기 위한 구조적 강도를 가져야하며 역세척수의 수리학적 압력에 견딜 수 있어야 한다. 위쪽으로의 압력은 하부 집수장치를 부상시킬 수 있으므로 앵커로 단단히 고정해야 한다.

10.10 여과지의 계측 시스템

상수처리장의 계측 시스템은 제16장에서 자세히 다루게 된다. 그러나 본 장에서도 일부의 계측 시스템에 대하여 역시 논의하겠다. 미국의 SWTR법 하에서 더 엄격한 탁도 기준을 만족하기 위하여 여과지의 운전이 처리공정의 중심이 되어야 한다. 따라서 손실수두, 유출수 탁도 및 유량 등과 같은 여과지 운전 제어 인자가 세심히 감시되고 제어되어야 한다.

10.10.1 손실수두계

운전 중인 대부분 여과지의 유입, 유출부에 압력탭(pressure tap)으로 구성된 손실수두계가 설치되어 있다. 압력탭은 압력게이지, 마노미터(manometer) 또는 차압계와 연결되어 있다. Monk는 여층 전체에 분포된 다수의 압력탭으로 구성된 더 정교한 손실수두계를 고안했다.[13] 여상 내의 압력탭은 여재층의 압력분포를 컴퓨터 모니터에 보여줄 수 있는 압력계와 연결되어 있다. 압력분포도의 모양은 운전자에게 응집공정의 성능과 여과지 운전 상태를 점검하는데 필요한 정보를 제공하여 줄 수 있다. 수두손실이 여과지의 상층부에서 일어나고 있다면 플록이 너무 크거나 너무 딱딱하거나 둘 다인 경우, 여재가 너무 작거나(또는 모래세척이 필요하거나) 또는 여과속도가 너무 낮은 경우이다(그림 10

−16(a)). 만약 손실수두 곡선이 여층 아래로 향하여 가파르게 증가되면 플록은 모래층으로 침투되어 간 것이고 조기 탁도누출(premature turbidity breakthrough)의 원인이 된다(그림 10.16(b)). 만약 손실수두가 그림 10−16(c)처럼 두 여재에서 점차로 증가되면 플록의 상태가 양호한 것이다.

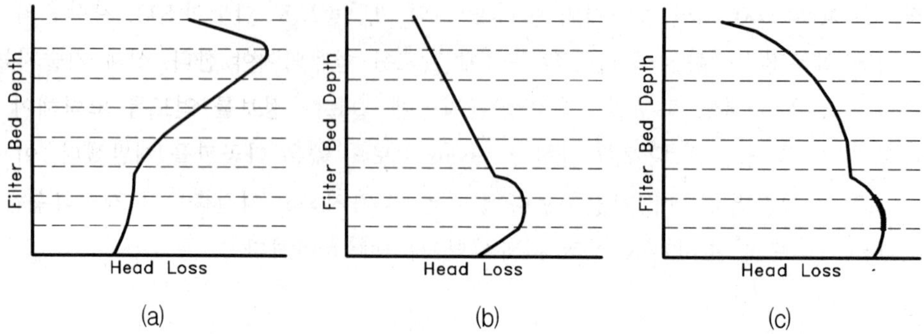

그림 10−16 여과지 압력분포. (a) 플록이 너무 크거나 강할 때, (b) 플록이 너무 약할 때, (c) 적당한 플록

10.10.2 여과지 탁도의 감시

과거에는 여과지 운전의 대부분이 역세척 시기의 지표로서 수두손실과 여과지 사이클 시간(filter cycle time)에 초점이 맞춰졌다. SWTR(지표수처리규정)의 엄격한 탁도 기준은 개별적 탁도 감시나 각 여과지마다 탁도계의 설치가 필요하게 되었다. 이러한 법규는 탁도 누출이 역세척 시기를 결정하는데 있어서 가장 중요한 고려사항이 되게 하였다. 각 지마다 탁도계를 설치하는 것은 운전자에게 각 지의 성능을 모니터할 수 있는 수단을 제공해 주고 여과지 역세척에 관한 정보를 제공하는 역할을 하게 된다.

10.10.3 유량측정

각 여과지에 유량 측정 장치를 설치하는 것이 바람직하다. 유출수 제어형 정속 여과지 같은 여과지 운전 형태는 유량 측정을 필요로 한다. 비록 개별의 유량계가 바람직하다 할지라도, 대부분의 다른 운전 형태는 각 여과지마다 각각의 유량계가 설치될 필요는 없다. 각각의 유량계는 운전자에게 여과지 간의 유량분배의 계측을 가능하게 하여, 한 여과지에 과부하가 걸리는 않게 한다.

10.11 여과 장비의 제조자

여과지 여재, 표면세척 시스템, 하부집수장치 및 역세척수 배수 트라프 등의 공급자 및 제조자의 목록을 부록 C에 제시하였다. 처리 대상 원수의 양 및 특성에 대한 정보, 여과지의 형상과 크기, 장비의 기본 설계인자가 장비를 선정하는데 있어서 필요하다. 제조업자는 적정한 장비가 선정되도록 설계자를 도울 수 있다.

10.12 여과시스템의 설계 정보

다음은 설계자가 여과지 설비의 설계를 하는데 앞서 반드시 필요한 정보이다.

1. 기초설계로부터의 정보
   a. 설계 유량
   b. 여과 속도
   c. 역세척 속도
   d. 여과 사이클 시간
   f. 유입, 유출수 수질
2. 예비설계 보고서에서의 정보
   a. 제안된 여과지의 수
   b. 손실수두 인자가 표시되어 있는 수리 종단면도
   c. 여재의 형태
   d. 하부집수장치의 형태
   e. 표면세척 시스템의 형태
   f. 역세척수의 압력시스템의 형태
   g. 배출수의 처리와 처분방법
3. 처리장의 운영자와 소유주로부터의 정보
   a. 장비의 종류나 제조사의 선호에 관한 사항
   b. 운영중인 다른 처리장의 설계에 있어서 선호하는 사항
4. 설계자가 얻어야하는 정보
   a. 법적 최소 설계 인자
   b. 장비의 제한 사항, 형태 및 크기

10.13 설계 예

10.13.1 사용된 설계 기준(design criteria)

설계 예에 사용된 설계기준은 다음과 같다.

1. 유량
   a. 일최대유량 = 113,500 m^3/day
   b. 일평균유량 = 57,900 m^3/day

2. 설계인자
   a. 여과속도 : 10 $m^3/m^2 \cdot hr$
   b. 역세척속도 : 여재 침강속도의 10% 또는 최소 37 $m^3/m^2 \cdot hr$ 이중 큰 값
   c. 표면 세척 속도 : 0.061 $m^3/m^2 \cdot min$
   d. 최소 여과 주기 : 24 hr
   e. 설계용량에 따른 여과보조제 적용설비

3. 일반적 설계 지침
   a. 여과지 : 여과지 지수는 총 8지이다. 각 단위 여과지의 용량은 총 처리장 용량의 1/7이다. 1지는 유지관리나 역세척을 위한 여유지이다. 전체 여과지가 전부 운영될 때의 여과속도가 설계치가 된다.
   b. 여재 : 여과지는 안트라싸이트와 석영질 모래를 채용한 이중여재 여과 형태이다. 모래의 유효경은 0.50 mm이며 안트라싸이트의 유효경은 모래의 평균 침강속도와 같은 침강속도를 갖는 값이다. 안트라싸이트와 모래의 균등계수, 비중 및 공극율은 각각 1.6/1.4, 1.55/2.65, 0.48/0.40이다.
   c. 하부집수장치 : 유공 점토 타일
   d. 표면 세척 : 최소압력 690 kPa에서 0.061 $m^3/m^2 \cdot min$의 유량인 회전형(rotating-arm type) 표면 세척 시스템을 채용한다.
   e. 역세척 시스템 : 역세척수는 2개지를 역세척하는 데 충분한 수량을 담을 수 있는 고가수조에 의해 공급된다. 고가수조에 물을 채우기 위한 3대의 역세척수 펌프가 설치된다.
   f. 역세척수의 처분 : 역세척수는 역세척 배출수지에 방류되며, 회수조로 균등하게 이송된다. 회수조의 상징수는 급속혼화조로 회수되며, 슬러지는 슬러지 농축조로 보내진다. 역세척수 처리에 대한 상세한 내용은 제14장에서 다루게 된다.
   g. 여과지 운전 방식 : 각 여과지의 운전은 유출수 제어형 정속여과 방식을 채용한다.

4. 장치의 배열 및 여과지 시스템의 배치
   a. 장치 배열 :

8개의 여과지를 설치한다. 여과지 지수의 선정은 여과지 역세척의 충격을 감소하는데 기초를 두며, 건설비 및 관리 인력의 업무를 줄일 수 있도록 해야 한다. 여과지 지수를 증가는 1개지가 여과수를 생산하지 않을 때 나머지 여과지에 대한 수리학적 부하에 대한 영향을 작게 한다. 그러므로 개별 여과지의 크기가 작아진다. 하나의 예로 단지 2개지로만 설계된다면 1개지가 여과수를 생산하지 않을 때 다른 1개지의 부하는 100% 증가되어, 각 여과지 면적을 2배로 필요로 하게 된다. 8지를 가진 설계 예에서 부하율과 여과면적은 단지 14%까지만 증가되며, 이는 허용 가능한 수치이다. 여과지 수의 증가는 역세척 동안의 용량손실을 보충하기 위한 총 여과면적이 감소되는 결과를 나타내지만, 건설비의 상승과 운전관리인의 업무 부담이 증가하게 된다. 작은 여과지 면적을 가지도록 여과지 수를 더 증가시키면 벽체, 관로, 밸브 및 장비의 수가 증가되며, 관리되어야 할 여과지 수가 증가하게 된다. 따라서 여과지 수는 경제성과 운전 경험 등을 토대로 잘 선정되어야 한다.

저자의 판단으로는 설계 예의 처리장 규모에 대하여 8지가 적당하다. 소규모의 정수장은 소수의 여과지가 필요하며, 큰 정수장은 다수의 여과지가 필요하다. 그러나 소규모나 중규모의 정수장이라도 최소 4지의 여과지가 바람직하다.

b. 여과지 시스템의 배치

여과지 시스템은 그림 10－17과 같이 배치된다. 4개지씩 두개의 블럭으로 구성되며, 각 블럭은 운전 관리동으로 구획되어 있다. 각 블럭은 중앙에 관랑(pipe gallery)을 가지는 두개의 여과지로 구성된 두개의 작은 소블럭으로 구분된다. 장래 확장을 대비하여 8개지에 해당하는 여유 부지를 확보한다. 이러한 배치는 운전관리인이 역세척을 과정을 감시할 때 여과지로의 접근성을 좋게 하고, 여과지의 효과적인 배관을 가능하게 한다.

여과지 시설의 평면도를 그림 10－18에 나타내었다. 이 배치도에서 여과지와 관리건물에 따라 유입수 분배관(influent header)이 설치된 것을 볼 수 있다. 침전수는 관랑의 각 끝에 있는 유입수 분배관으로 유입된다. 여과지의 유출수는 유출수관의 유량계로 계측된다. 유출수 수집관(effluent header)은 관랑에 설치되어 있으며, 관리건물 하부의 여과수 관로에 연결된다. 이 관은 여과수를 염소 접촉시설로 이송한다. 세 번째 주관(header)은 역세수관으로 역세척수를 각 여과지로 역송할 때도 사용된다. 역세척 배출수관은 그 주변에 위치되고, 역세척수 회수 시스템의 배출수지로 연결된다.

10.13.2 설계 계산

Step A : 여과지

1. 여과지 치수

여과지의 평균 부하율은 10 $m^3/m^2 \cdot hr$이다. 일최대유량 조건에서 유량은 7지에 분배되며, 1지는 역세척을 위하여 여과수의 생산이 중지된 것으로 가정한다.

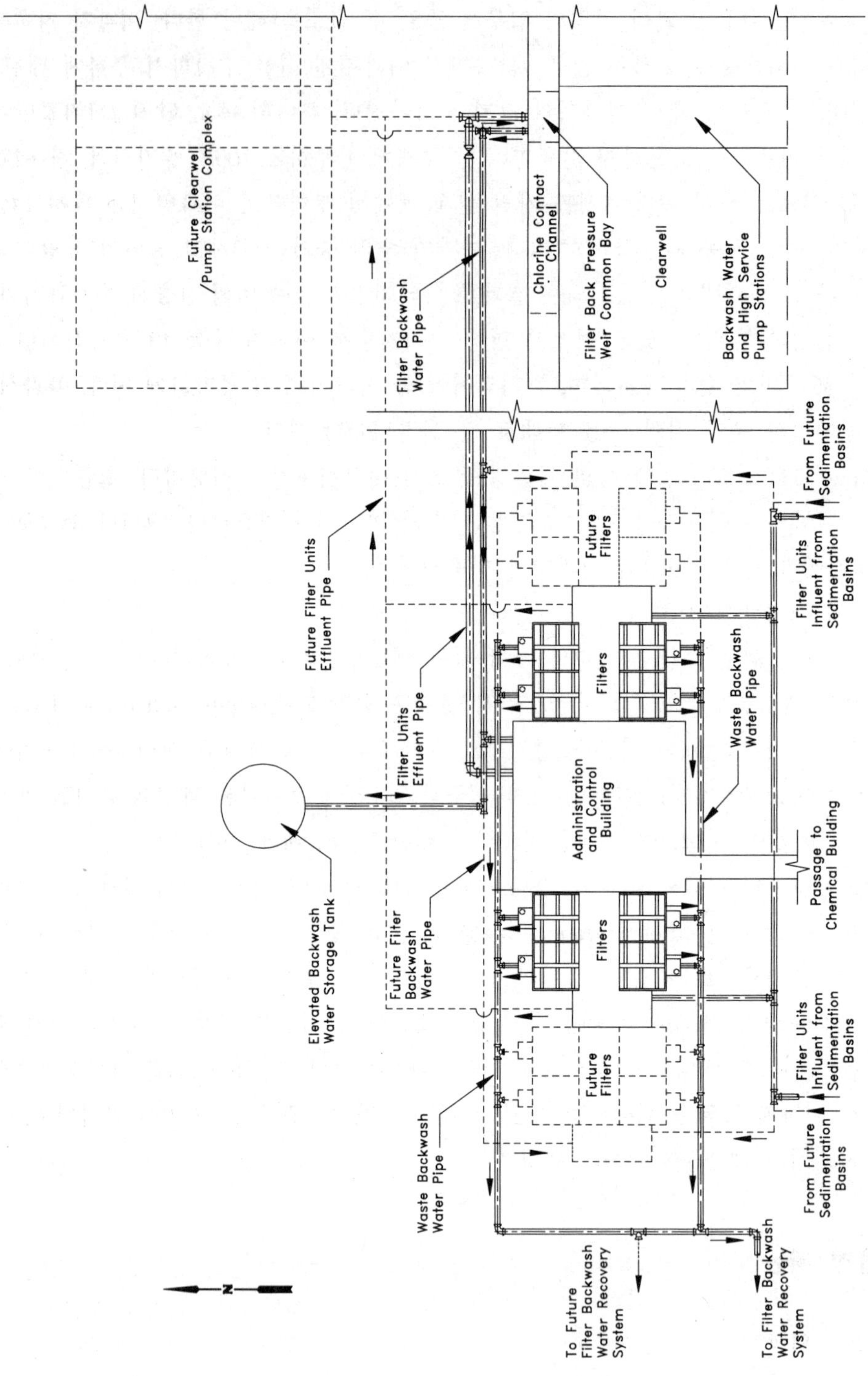

그림 10-17 여과지, 제어통제소, 역세시스템의 배치도

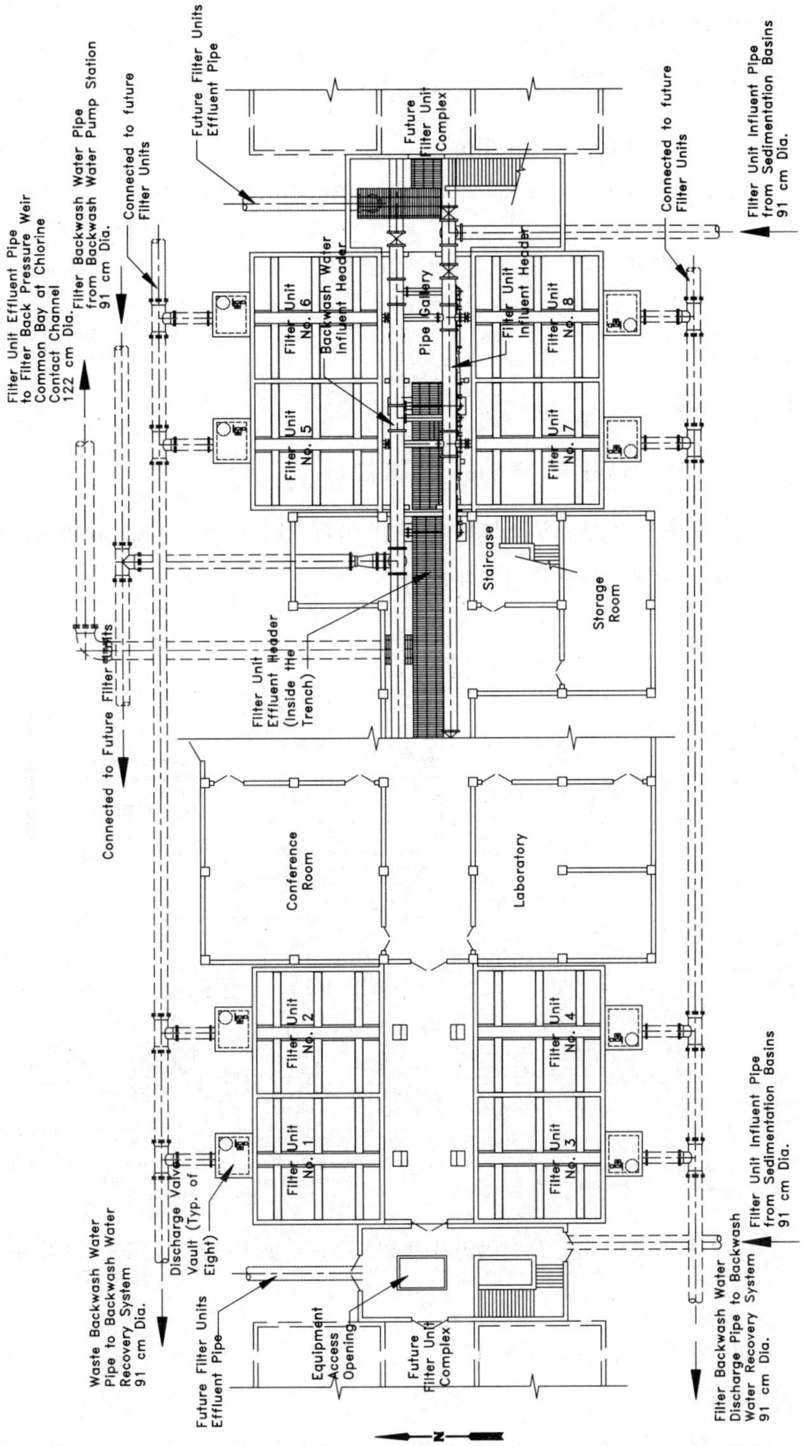

그림 10-18 여과지평면도(좌측: 지상층, 우측: 지하층)

a. 각 여과지의 면적

최대 설계 유량 = 113,500 m^3/d

$$\text{각지의 설계유량} = \frac{113,500\,m^3/d}{7} = 16,214\,m^3/d$$
$$= 676\,m^3/h = 0.188\,m^3/s$$

여과속도가 $10m^3/m^2 \cdot hr$이므로 여과지의 필요 면적은 다음과 같다.

$$A_{req} = \frac{676\,m^3/hr}{10\,m^3/m^2 \cdot hr} = 67.6\,m^2$$

b. 여과지의 치수

정방형의 형상으로 한다.

$$\text{길이(L)} = \text{폭(W)} - (67.6\,m^2)^{1/2} = 8.22\,m$$

여과지의 길이와 폭을 8.25 m로 한다. 따라서 여과지의 면적은 68.1 m^2이다. 여과지의 치수에 대하여 그림 10－19에 상세히 나타내었다.

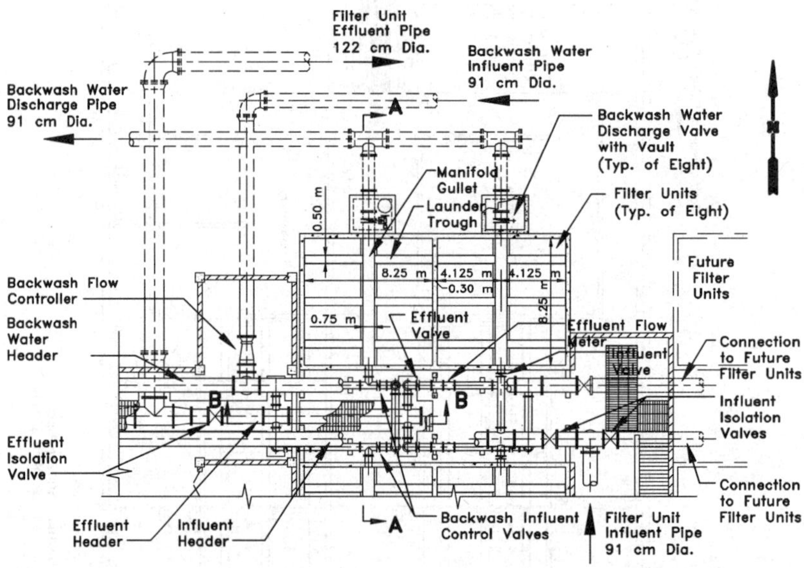

그림 10－19 설계 예에서 5번, 6번 여과지 평면도(A－A 및 B－B 단면도는 그림 9－20에 도시)

2. 프로세스 설계와 여재의 선정

a. 여재 크기 선정

여기에서 소개되는 여재의 설계와 선정을 위한 절차는 Kawamura에 의해 제안된 것이다. 이 절차는 파일롯 시험에서 사용할 초기 값을 평가하기 위하여 일반적으로 사용된다. 다수의 대형 정수장에서, 여재의 선정은 최적의 여재 설계를 위한 광범위한 파일롯 시험에 기초를 두고 있다. 그러한 시험이 소규모나 중규모의 정수장에 항상 필요한 것은 아니며, 경험과 그에 따른 판단이 이루어져야 한다. 이 설계 예에서 여재의 선정절차는 저자의 판단에 기초하고 있으며, 그 절차는 다수의 이중여재 여과지의 설계에 있어서 전형적인 것이다.

최상층의 여재는 안트라싸이트이다. 두 번째 층은 유효경이 0.5 mm인 석영질 모래이다. 효과적인 역세척을 위하여 상층부의 안트라싸이트는 모래층의 침강속도에 상응하는 침강속도를 가져야 한다. 식 (10.8)은 설계기준으로서 주어지는 값에 기초하여 여재를 선정하는데 사용된다. 안트라싸이트의 비중 1.55, 모래의 비중 2.65, 모래의 유효경 0.5 5mm의 자료를 이용하여, 모래층과 등속도의 침강속도를 가지는 안트라싸이트의 유효경은 식 (10.8)로부터 계산된다.

$$d_1 = 0.5\,\text{mm} \times \left(\frac{2.65-1}{1.55-1}\right)^{2/3} = 1.04\,\text{mm or } 1.0\,\text{mm}$$

b. 여상 깊이의 결정

안트라싸이트의 깊이는 여과층의 2/3이며, 모래층은 총 여과층의 1/3이라 가정한다. 이러한 비율은 저자의 판단에 의한 것이며, 이중여재 여과지의 전형적인 값이다.

i. 여재크기의 가중평균 산정

$$\text{여재크기 가중 평균} = 1.0 \times \frac{2}{3} + 0.5 \times \frac{1}{3} = 0.83\,\text{mm}$$

$$\text{공극율 가중 평균} = 0.48 \times \frac{2}{3} + 0.40 \times \frac{1}{3} = 0.45$$

ii. 여상의 총 깊이

여상의 총 깊이는 여재의 평균 크기와 평균 공극율을 사용하여 그림 10−6으로부터 산정할 수 있다.

$$l = 7.5 \times 10^2\,\text{mm or } 75\,\text{cm}$$

iii. 각 여재층의 깊이 산정

$$l_1 = 75\,\text{cm} \times \frac{2}{3} = 50\,\text{cm (안트라싸이트)}$$

$$l_2 = 75\,\text{cm} \times \frac{1}{3} = 25\,\text{cm (모래)}$$

여재에 관한 상세한 사항은 표 10−5에 요약 정리되어 있다. 총 여재층의 깊이는 0.75 m이다(그림 10−20(a) 참조).

표 10-5 여과지 여재설계의 요약

여재층	재료	유효경(mm)	깊이(cm)	균등계수	비중	공극율	L/d_e 비[a]
위	안트라싸이트	1.0	50	1.6	1.55	0.48	500
아래	모래	0.5	25	1.4	2.65	0.40	500
총 여층 깊이			75	총 L/d_e 비율			1,000

a. 평균 L/d_e 비 = 750 mm/0.83 mm = 904

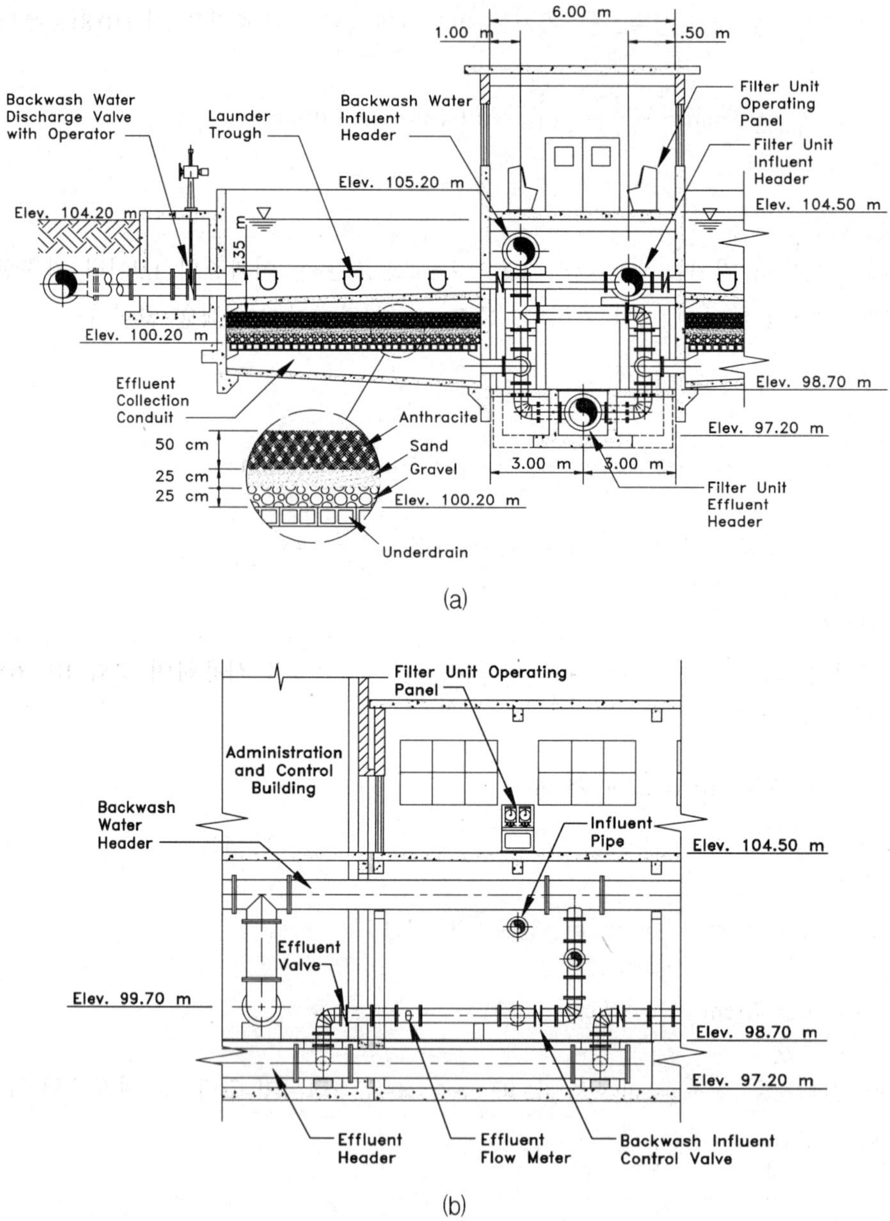

그림 10-20 설계 예의 여과지 단면도. (a) A-A 단면도, (b) B-B 단면도

3. 수두손실과 수리 종단면도

이 절에서는 여과지 관랑 내부의 유입수 분배관(그림 10－21 point A)의 시점부터 염소접촉수로까지의 수두손실에 대한 수리학적 계산이 이루어진다. 염소접촉수로는 정수지/펌프시설과 통합구조로 되어있다(그림 10－17 참조). 침전지에서 여과지 유입수 분배관 간의 직경 91cm 관에서의 손실수두는 제15장에 계산되어져 있다.

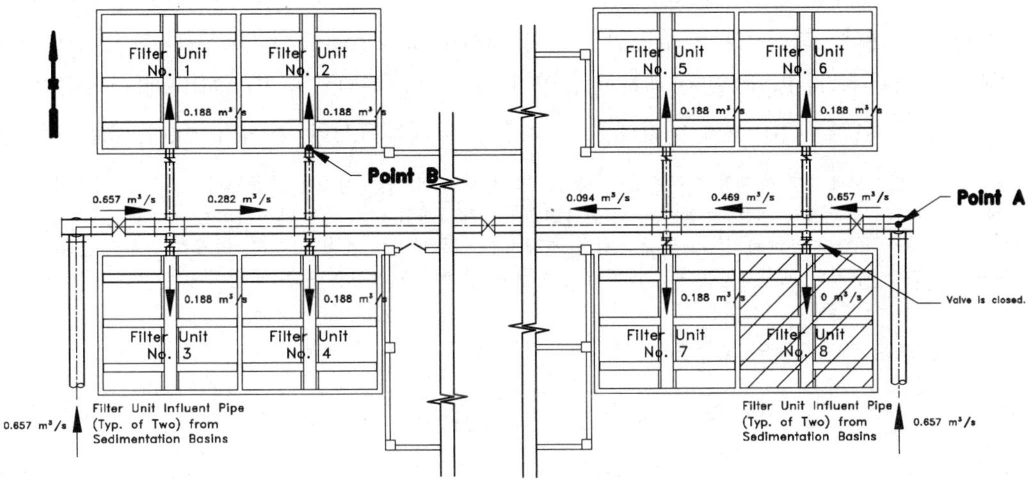

(a)

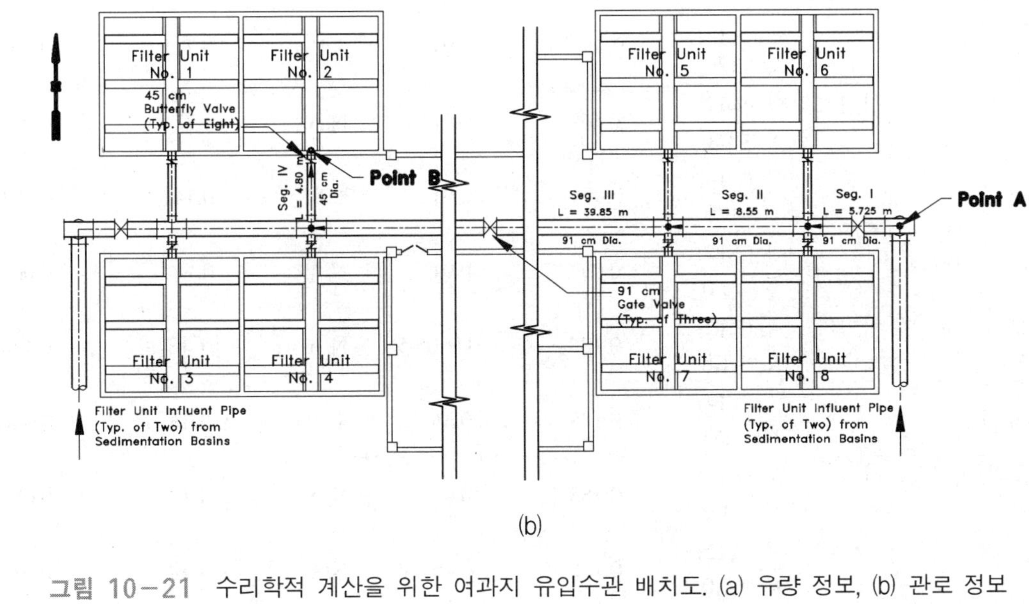

(b)

그림 10－21 수리학적 계산을 위한 여과지 유입수관 배치도. (a) 유량 정보, (b) 관로 정보

Water Works Engineering

a. 유입수관 계통에서의 손실수두 계산

여과지 시스템은 4지로 된 2개의 블럭으로 구성되어 있으나, 여과지의 수두손실 계산은 일최대유량에 대하여 1개의 여과지가 여과수를 생산하지 않는 조건에서 계산된다. 수리학적으로 가장 불리한 경우는 여과지 시스템에서 바깥쪽에 위치한 여과지(그림 10－18 참조. 여과지 번호 No. 1, 3, 6, 8)의 하나가 여과수를 생산하지 않을 때이다. 침전지로부터 2개의 관을 통해 유입되는 유량은 같다고 가정하며, 제 8번지는 닫혀있다. 이러한 조건하에서 유입수관 계통에서의 유량 분배를 그림 10－21(a)에 나타내었다. 왼쪽 블럭에서 오른쪽 블럭으로 0.094 m^3/s의 유량이 흐른다.[d] 그러므로 수두손실 계산을 위한 control route는 point A(우측 유입수 분배관의 유입점)에서 point B(제2번 여과지의 유입점)까지이다. 배관도를 10－21(b)에 나타내었다. 계산 절차와 결과를 표 10－6에 나타내었고, 유입수관 계통에서의 총 수두손실은 0.41 m이다.

d. 이 계산절차는 유입수관에서의 실질적 수두손실을 나타내지 않을 수 있다는 사실에 주목해야 한다. 두 침전지로부터 오는 유입수관은 여과지의 외부에서 서로 연결되어 있다(그림 10－17). 1개의 여과지가 폐색되었을 때 한 블록에서 다른 블록으로의 물의 이류가 유입수 분배관의 segmentⅢ 만을 통해서만 이루어지는 것이 아니고, 여과지 외부의 연결관을 통해서도 이루어지게 된다. 상기의 계산절차는 계산과정의 단순성과 설계의 안전성을 주는 방법이다.

표 10－6 유입수관 계통에서의 수두손실 계산

Appurtenance[a]	사용 식	유량(m^3/s)	크기(m)	길이(m)	유속(m/s)	수두손실(m)
segment Ⅰ	식 (7.14) $C=120$	0.657b	0.91	5.725	1.01	0.006[c]
segment Ⅰ의 차단밸브	식 (7.12) $K=1.0$	0.657	0.91	N/A	1.01	0.052[d]
seg. Ⅰ과 seg. Ⅱ 사이의 십자관	식 (7.12) $K=0.6$	0.657	0.91	N/A	1.01	0.031
segment Ⅱ	식 (7.14) $C=120$	0.469[e]	0.91	8.55	0.721	0.005
seg. Ⅱ와 seg. Ⅲ 사이의 십자관	식 (7.12) $K=0.6$	0.469	0.91	N/A	0.721	0.016
segment Ⅲ	식 (7.14) $C=120$	0.094[f]	0.91	39.85	0.144	0.001
seg. Ⅲ의 차단밸브	식 (7.12) $K=1.0$	0.094	0.91	N/A	0.144	0.001
seg. Ⅲ과 seg. Ⅳ 사이의 십자관	식 (7.12) $K=1.8$	0.188	0.91 × 0.45	N/A	1.18	0.128
segment Ⅳ	식 (7.14) $C=120$	0.188	0.45	4.80	1.18	0.016
seg. Ⅳ의 버터플라이 밸브	식 (7.12) $K=1.2$	0.188	0.45	N/A	1.18	0.085
출구	식 (7.12) $K=1.0$	0.188	0.45	N/A	1.18	0.071
유입수관 계통의 총 수두손실						0.41

a. segment 번호와 유량 분배는 그림 10－21 참조

b. 침전지로부터 각 관으로의 유량 $= \dfrac{113,500\,\text{m}^3/\text{d}}{2 \times 86,400\,\text{s/d}} = 0.657\,\text{m}^3/\text{s}$

c. $h_f = 6.81 \times \left(\dfrac{1.01\,\text{m/s}}{120}\right)^{1.85} \times \dfrac{5.725}{0.91^{1.167}} = 0.0006\,\text{m}$

d. $h_m = \dfrac{1.0 \times 1.01^2}{2 \times 9.81} = 0.052\,\text{m}$

e. seg. Ⅱ의 유량 = seg. Ⅰ의 유량 － 제6번 여과지 유량 = $0.657\,\text{m}^3/\text{s} - 0.188\,\text{m}^3/\text{s} = 0.469\,\text{m}^3/\text{s}$

f. seg. Ⅲ의 유량 = seg. Ⅱ의 유량 － 제5번과 제7번 여과지 유량 = $0.469\,\text{m}^3/\text{s} - 2 \times 0.188\,\text{m}^3/\text{s} = 0.094\,\text{m}^3/\text{s}$

g. seg. Ⅳ의 유량 = 제2번 여과지의 유량 = $0.188\,\text{m}^3/\text{sec}$

b. 여재에서의 수두손실 계산

ⅰ. 깨끗한 여재에서의 수두손실 계산

Carmen－Kozeny 식(식 (10.1))이 두 개의 층(0.5 m 안트라싸이트 층 + 0.25 m의 모래 층)으로 구성된 깨끗한 여과지 여재의 수두손실을 구하는데 사용된다. 각 층에서의 수두손실은 다음의 자료를 이용하여 식 (10.1), 식 (10.5) 및 식 (10.6)을 이용하여 계산된다.

유속 $v = 0.0028$ m/s

5℃에서의 물의 밀도 $\rho_w = 1{,}000\,\text{kg/m}^3$

5℃에서의 물의 점도 $\mu = 1.518 \times 10^{-3}\,\text{N·s/m}^2$

형상계수 $\phi = 1.0$

손실수두 계산 값을 표 10－7에 나타내었으며, 깨끗한 여과지의 총 손실수두는 0.46 m이다.

표 10－7 깨끗한(미사용) 여과지에서의 수두손실 계산

층	크기 (mm)	깊이 (cm)	공극율	레이놀드수 N_R	마찰계수 f	수두손실 h_L(m)
안트라싸이트층	1.0	50	0.48	1.84[a]	44.1[b]	0.083[c]
모래층	0.5	25	0.4	0.922	99.4	0.372
여재층의 총 깊이		75	깨끗한 여재층의 총 수두손실			0.455

a. 식 (10.6) 이용 $N_R = \dfrac{0.001\,\text{m} \times 0.0028\,\text{m/s} \times 1,000\,\text{kg/m}^3}{1.518 \times 10^{-3}\,\text{N·s/m}^2} = 1.84$

b. 식 (10.5) 이용 $f = 150 \times \dfrac{(1-0.48)}{1.84} + 1.75 = 44.1$

c. 식 (10.1) 이용 $h_L = \dfrac{44.1 \times (1-0.48) \times 0.50\,\text{m} \times (0.0028\,\text{m/s})^2}{1.0 \times 0.48^3 \times 0.001\,\text{m} \times 9.81\,\text{m/s}^2} = 0.0829\,\text{m}$

ⅱ. 여재층 최종 손실수두 결정과 유출수의 모니터링

폐색된 여과지의 최종 수두손실은 파일롯 시험을 통해 실험적으로 결정될 수 있다. (1) 수질과 (2) 수량의 최적화를 위한 설계 값을 결정하기 위하여 여러 개의 여과속도와 최종 수두 손실에 대하여 파일롯 시험을 수행한다.

각 여재층의 수두손실을 감시하고 기록하기 위하여 압력계가 사용된다. 본 설계 예에서는 2.5 m의 최종 손실수두를 가정한다. 이 값은 고율여과지의 전형적인 값이며, 여과지 시스템의 수두손실과 수리 종단면도를 결정하기 위해 사용되어질 것이다. 여과지 운영시간과 처리수의 pH를 측정, 기록하기 위한 장치가 장착되며, 각 여과지 처리수 관로의 탁도계가 처리수의 탁도를 계측하게 된다. 또한 한 대의 온라인 입도분석기를 설치하여 처리수를 측정하며, 한 대의 입도분석기로 모든 여과지의 시료를 분석하기 위한 시료 채취 관로를 갖춘다. 처리수 밸브의 개도율(開度率)을 알려주는 장치를 각 여과지에 설치한다.

iii. 여과지에서 최소 수심의 결정

여과지의 최소 수위는 하류의 월류위어에 의해 조절되며, 이 위어는 여과지동 외부의 염소접촉수로 상류에 설치된다. 이 위어가 여과지의 수위를 조절하게 된다(그림 10－17 참조). 최소 수위는 여재에서 부압이 발생되지 않도록 충분한 수두가 확보되어야 한다. 여재에서 부압이 발생되면 에어바인딩(air－binding) 현상이 나타나게 되어, 적절한 여과지 운전을 해치게 된다. 부압이 발생되지 않도록 여재 위쪽의 수심이 여상에서의 최대 손실수두 이상이어야 한다. 최종 수두손실은 2.5 m이므로 여재 위쪽의 수심을 3.01 m으로 한다. 초음파 수위계가 여상 위쪽의 수위를 감시하고 기록하기 위해 사용된다.

c. 자갈층의 수두손실 계산

자갈층에서의 수두손실의 계산은 깨끗한 여재에서의 수두손실 계산과 유사하다. 자갈층은 4개의 층으로 구성되며 표 10－8에 요약하였다. 이 자갈층 시스템은 급속모래여과에서 전형적으로 사용하고 있는 것이다. 자갈층의 총 깊이는 0.25 m이다(그림 10－20(a) 참조). 손실수두 값을 표 10－8에 제시하였다. 자갈층을 통한 총 수두손실은 0.0028 m이다. 이 수두손실은 여과지 여재에 비하면 매우 작으므로 0으로 간주한다.

표 10－8 자갈층의 상세와 수두손실의 계산 값$_a$

층	크기 (mm)	깊이 (cm)	공극율	레이놀드수 N_R	마찰계수 f	수두손실 h_L(m)
제1층(최상층)	2.5	5.0	0.45	4.61	19.6	0.0019
제2층	4.5	5.0	0.45	8.30	11.7	0.0006
제3층	9.5	7.5	0.50	17.5	6.04	0.0002
제4층(바닥층)	15.5	7.5	0.50	28.6	4.37	0.0001
자갈층의 총 깊이		25	자갈층의 총 수두손실			0.00028

d. 하부집수장치의 수두손실 계산

설계 예에서는 점토재 타일 하부집수장치를 사용한다. 이 하부집수장치의 수리학적 특성은 제조사에서 제공되는 자료나 식 (10.18)에 의해 결정될 수 있다. 식 (10.18)에서 k_1은 하부집수장치의 종류에 따라 고유의 값을 가진다.

$$H_L = k_1 v^2 \tag{10.18}$$

H_L : 하부집수장치의 손실수두(m)

v : 여과속도(m/h)

k_1 : 하부집수장치의 종류에 따라 다른 손실수두상수(보통 제조사에 의해 제공되며 타일 하부집수장치의 k_1은 0.0005이다)

$$H_L = 0.0005 \times (10.0\ \mathrm{m/h})^2$$

e. 유출관에서의 수두손실 계산

유출관 계통에서의 수두손실은 유입관 계통의 손실수두와 유사한 방법으로 계산된다. 유출수관 시스템에서 일최대유량 조건의 유량 분배는 그림 10－22(a)에서 보인 바와 같다. 유출수관 계통의 수두손실은 여과수를 생산 중인 한 계면(4지)에 대하여만 계산된다. 이 계면이 높은 수두손실이 발생되는 곳이다. 이러한 접근방식은 아주 정확한 것은 아니지만 계산상 간편함을 주고 다소 안전한 결과를 제공한다. 수두손실의 계산은 Point C(3번 여과지 출구)에서 Point D(여과수로와 유출수 수집관의 연결점)까지이다. 배관도는 그림 10－22(b)와 같으며, 계산절차와 결과는 표 10－7과 같다. 유출수관 계통에서의 총 수두손실은 0.8 m이다.

f. 여과수 수로에서의 수두손실 계산

여과수는 직경 122 cm 관을 통하여 filter back-pressure weir common bay로 이송된다(그림 10.17 참조). 수두손실은 마찰손실(C = 120)과 국부손실(1개의 90° 곡관 K = 0.6, 1개의 차단밸브 K = 1.0, 1개의 T자관 K = 1.8, 1개의 출구 K = 1.0)을 포함한다. 유출수로에서 발생되는 총 수두손실은 0.52 m이다.

g. 유출수 월류위어(common bay weir)의 수두 계산

이 설계 예에서의 모든 여과수는 filter back-pressure weir common bay로 이송된다. filter back-pressure weir common bay의 설계상세에 대하여 제12장을 참조하기 바란다. 유량은 common bay에서 두개의 위어로 갈라져 두개의 염소 접촉수로로 떨어진다. 위어의 길이는 융통적이어서, 설계의 특정 요구조건을 만족하도록 설계자에 의해 선정될 수 있다. 길이가 길수록 고유량과 저유량 간의 수두 변화가 작으나, 건설 단가가 상승한다. 설계 예에서의 위어 길이는 2.5 m이다.

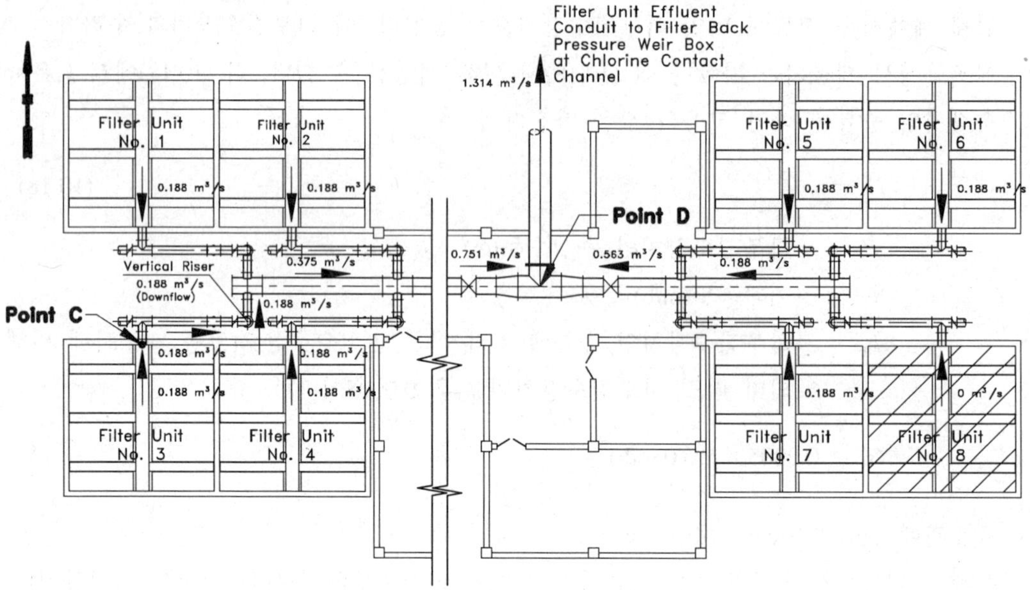

(a)

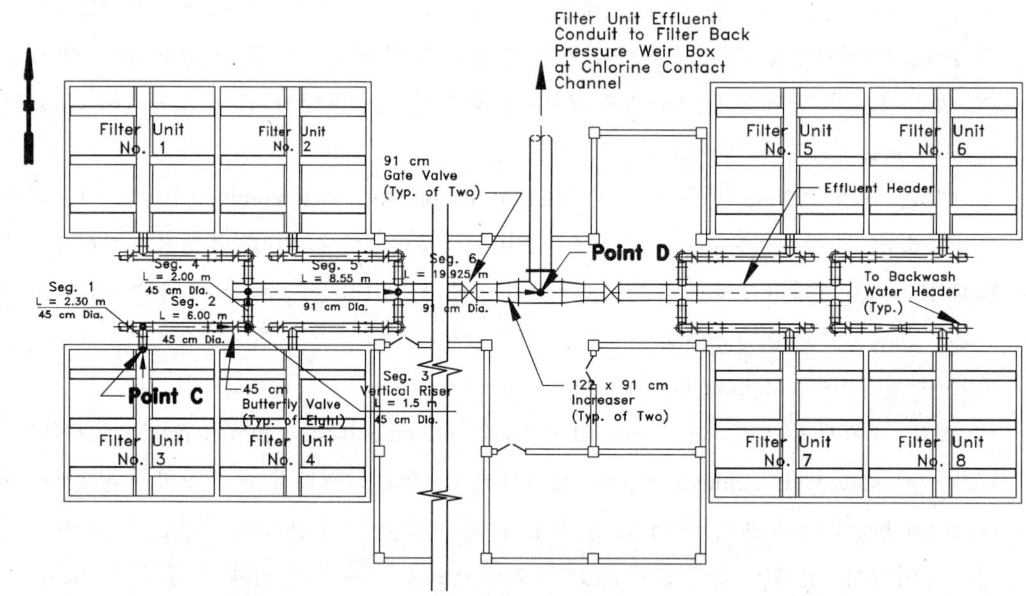

(b)

그림 10-22 수리계산을 위한 여과지 유출수관 배치도. (a) 유량, (b) 세그먼트의 할당과 치수

표 10-9 여과지 유출수관 계통의 수두손실 계산

Appurtenance[a]	사용 식	유량(m^3/s)	크기(m)	길이(m)	유속(m/s)	수두손실(m)
유입구	식 (7.12) $K = 0.5$	0.188[a]	0.45	N/A	1.18	0.036
segment 1	식 (7.14) $C = 120$	0.188	0.45	1.3	1.18	0.004
seg. 1과 seg.2 사이의 T자관	식 (7.12) $K = 1.8$	0.188	0.45	N/A	1.18	0.128
segment 2	식 (7.14) $C = 120$	0.188	0.45	6.0	1.18	0.020
seg. 2의 버터플라이 밸브	식 (7.12) $K = 1.2$	0.188	0.45	N/A	1.18	0.085
seg. 2와 seg. 3 사이의 90°곡관	식 (7.12) $K = 0.3$	0.188	0.45	N/A	1.18	0.021
segment 3	식 (7.14) $C = 120$	0.188	0.45	1.5	1.18	0.005
seg. 3과 seg. 4 사이의 90°곡관	식 (7.12) $K = 0.3$	0.188	0.45	N/A	1.18	0.021
segment 4	식 (7.14) $C = 120$	0.188	0.45	2.0	1.18	0.007
seg. 4과 seg. 5 사이의 T자관	식 (7.12) $K = 1.8$	0.188	0.45	N/A	1.18	0.128
segment 5	식 (7.14) $C = 120$	0.375[b]	0.91	8.55	0.577	0.003
seg. 5과 seg. 6 사이의 십자관	식 (7.12) $K = 0.6$	0.751[c]	0.91	N/A	1.15	0.041
segment 6	식 (7.14) $C = 120$	0.751	0.91	19.925	1.15	0.028
seg. 6의 차단밸브	식 (7.12) $K = 1.0$	0.751	0.91	N/A	1.15	0.068
seg. 6 다음의 확대관	식 (7.39) $K = 1.0$	0.751	0.91 × 1.22	N/A	전 $v_1 = 1.15$ 후 $v_2 = 0.642$	0.047[d]
확대관 다음의 십자관	식 (7.12) $K = 1.8$	1.314[e]	1.22	N/A	1.12	0.116
유출수관 계통의 총 수두손실						0.76

a. segment 1의 유량 = 제3번 여과지 유량 = 0.188 m^3/s
b. segment 5의 유량 = 제1번 및 제3번 여과지의 유량 = 2/7 × 0.188 m^3/s = 0.375 m^3/s
c. segment 6의 유량 = 제1번지, 제2번지, 제3번지 및 제4번지의 유량 = 4/7×1.3148 m^3/s = 0.751 m^3/s
d. 확대관에서의 수두손실(식 (7.39)) $h_L = \dfrac{K(v_1^2 - v_2^2)}{2g} = \dfrac{1\times\left[(1.15\,\text{m/s})^2 - (0.642\,\text{m/s})^2\right]}{2\times 9.81\,\text{m/s}^2} = 0.047\,\text{m}$
e. point D에서 T자관 다음의 유량 = 일최대유량 = 1.314 m^3/s

위어에서의 수두는 $Q = \frac{1.314\,m^3/s}{2} = 0.657\,m^3/s$, $C_d = 0.6$, 단수축(端收縮)의 수와 위어길이($n=2$, $L=2.5\,m$)를 이용하여 식 (8.24)에 의해 계산된다. 시행착오를 통하여 다음과 같은 최종 결과를 얻을 수 있다.

$$L' = 2.5\,m - 0.1 \times 0.28\,m \times 2 = 2.44\,m$$

$$H = \left(\frac{3 \times 0.657\,m^3/s}{2 \times 0.6 \times 2.44\,m \times \sqrt{(2 \times 9.81\,m/s^2)}} \right)^{2/3} = 0.28\,m$$

위어에 0.39 m의 자유낙차(free-fall)를 둔다.

h. 여과지 시스템에서의 총 수두손실 계산

•유입관 계통의 수두손실	0.41 m
•여재의 수두손실	2.5 m
•자갈층의 수두손실	0.00 m
•하부집수장치에서의 수두손실	0.76 m
•유출관 계통의 수두손실	0.05 m
•여과수 수로에의 수두손실	0.52 m
•유출수 월류위어(filter common bay weir)에서의 자유낙차고	0.39 m
•총 수두손실	4.63 m

그러므로 여과지 시스템에서의 최대수두손실은 여재가 폐색된 상태일 때인 역세척 전에 발생되며 4.63 m이다. 역세척 후에 총 수두손실은 일최대유량에서 생길 수 있는 최소치인 2.59 m까지 감소된다.

i. 여과지 시스템에서의 수리 종단면도 작성

여과지의 수위는 filter back-pressure weir common bay에서의 수위와 여과지와 common bay 사이의 배관에서의 수두손실에 의해 조절된다. 또한 common bay의 수위는 위어 높이에 영향 받는다(그림 12-25 common bay 상세도 참조). 위어의 첨두고는 100.1 m이다. 위어고로부터의 수위와 주요 설계고(設計高)가 결정되면 침전지까지의 수리 종단면도 작성이 가능하게 된다. 결과를 그림 10.23에 보였다.

- common bay에서의 수위 = 위어고 + 위어의 수두 = 100.1 m + 0.28 m = 100.38 m.
- 염소 접촉수로의 수위 = common bay의 수위 - 위어에서의 낙차고 = 100.38 m - 0.39 m = 99.99 m
- 역세척 전 여과지의 최대 수위 = common bay의 수위 + 여과수 수로의 수두손실 + 유출수 관로의 수두손실 + 하부집수장치의 수두손실 + 자갈층에서의 수두손실 + 여

재의 최종 수두손실 = 100.38 m + 0.52 m + 0.76 m + 0.05 m + 0.00 m + 2.5 mm
= 104.21 m

- 여재 상층부의 높이 = 역세척 전 여과지 최대 수위 − 여재 위쪽의 수심
  = 104.21 m − 3.01 m = 101.20 m
- 자갈층 바닥부의 높이 = 여재 상층부의 높이 − 여재의 깊이 − 자갈층의 깊이
  = 101.20 m − 0.75 m − 0.25 m = 100.20 m
- 유입수 분배관 시작점에서의 수위(그림 10−21(a)의 Point A) = 역세척 전 여과지의 최대 수위 + 여과지 유입관로의 수두손실 = 104.21 m + 0.41 m = 104.62 m
- 침전지의 유출수 박스(effluent box) Ⅰ의 수위(그림 9−14) = 유입수 분배관 시작점에서의 수위 + 유출수 박스 Ⅰ과 여과지 유입수 분배관 사이의 침전수 수로에서의 수두손실(표 15−4) = 104.62 m + 0.64 m = 105.26 m(이 수치는 제9장 침전지 수리 종단면도 작성에 사용된다).

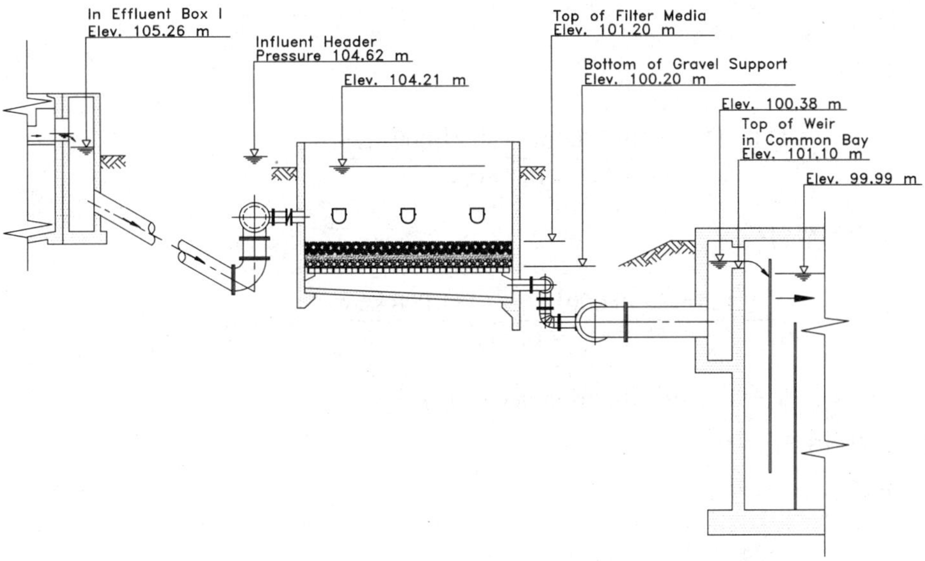

그림 10−23 여과지의 수리 종단면도

Setp B. 여과지 역세척 시스템

1. 역세척 유량 산정

역세척 유량은 안트라싸이트와 모래 층을 40~50% 팽창시킬 수 있는 양이어야 한다. 여재 침강속도의 10%에 상당하는 역세척 유량이 역세척에 사용된다. 유입수, 역세척수 및 역세척 배출수 밸브의 개도율과 역세척수 유량조절기의 개도율을 알기 위한 장치가 장착된다. 유량계가 역세척 유량을 측정할 것이다.

a. 20℃에서 여재 침강속도 계산

수온 20℃에서 여재의 대략적 침강속도는 식 (10.9)와 식 (10.10)으로 계산된다.

모래 ;

$$v_{s,\,20} = 10\,d_{60} = 10\,d_{10} \times \text{균등계수}$$
$$= 10 \times 0.5 \times 1.4 = 7.0\ \text{m/min} = 0.117\ \text{m/s}$$

안트라싸이트 ;

$$v_{s,\,20} = 4.7\,d_{60} = 4.7\,d_{10} \times \text{균등계수}$$
$$= 4.7 \times 1.0 \times 1.6 = 7.52\ \text{m/min} = 0.125\ \text{m/s}$$

b. 5℃에서 실질적인 여재의 침강속도

시행착오법으로 5℃에서 여재의 실질적인 침강속도를 구한다.

i. 레이놀즈수 계산

5℃에서 레이놀즈의 수는 먼저 20℃에서의 여재 침강속도를 이용하여 식 (9.3)으로 계산한다.

모래 ;

$$N_R = \frac{0.117\ \text{m/s} \times (0.0005\ \text{m} \times 1.4) \times 1{,}000\ \text{kg/m}^3}{1.518 \times 10^{-3}\ \text{m}^2/\text{s}} = 54$$

안트라싸이트 ;

$$N_R = \frac{0.125\ \text{m/s} \times (0.0001\ \text{m} \times 1.6) \times 1{,}000\ \text{kg/m}^3}{1.518 \times 10^{-3}\ \text{m}^2/\text{s}} = 132$$

두 경우 모두가 천이역(transitional range)이다.

ii. 항력계수의 계산

모래 ;

$$C_D = \frac{24}{64} + \frac{3}{\sqrt{64}} + 0.34 = 1.09$$

안트라싸이트 ;

$$C_D = \frac{24}{132} + \frac{3}{\sqrt{132}} + 0.34 = 0.783$$

iii. 종말 침강속도 계산

종말 침강속도는 식 (9.1)을 이용하여 계산한다.

모래 ;

$$v_{s,5} = \sqrt{\frac{4}{3} \times \frac{0.0005\,\text{m} \times 1.4 \times 9.81\,\text{m/s}^2}{1.09} \times \frac{(2.65-1)}{1}} = 0.118\,\text{m/s}$$

안트라싸이트 ;

$$v_{s,5} = \sqrt{\frac{4}{3} \times \frac{0.001\,\text{m} \times 1.6 \times 9.81\,\text{m/s}^2}{0.783} \times \frac{(1.55-1)}{1}} = 0.121\,\text{m/s}$$

5℃의 침강속도와 20℃에서의 침강속도와 비슷하다. 안트라싸이트와 모래의 평균 침강속도는 0.12로 한다.

c. 역세척 수량의 산정

여재의 10% 침강속도에서 평균 역세척속도는 U_b = 0.012 m/s이다.

역세척 수량 ;

$$Q_b = U_b A_f = 0.012\ \text{m/s} \times 68.1\ \text{m}^2 \times 60\ \text{s/min} = 49\ \text{m}^3/\text{min}$$

d. 표면세척 수량의 산정

표면세척 수량은 주어진 표면세척 속도로부터 계산한다(10.13.1절 참조).

표면세척 수량 ;

$$Q_s = U_s A_f = 0.061\ \text{m}^3/\text{m}^2\cdot\text{min} \times 68.1\ \text{m}^2 = 4.2\ \text{m}^3/\text{min}$$

2. 여상 팽창의 계산

a. 팽창 여상의 공극율 계산

팽창여상의 공극율은 역세척 속도와 여재의 침강속도의 함수이다. 역세척 속도의 증가는 여상의 팽창 정도를 크게 할 것이다. 역세척 속도, 침강속도 및 여상 팽창 간의 관계를 나타내기 위한 관계식은 식 (10.19)와 같다.[1,9,11,19]

$$e_{eb} = \left(\frac{U_b}{v_s}\right)^{0.22} \qquad (10.19)$$

e_{eb} : 팽창 여상의 공극율

v_s : 여재의 침강속도(m/s)

효과적인 역세척은 여재 침강속도의 10%에서 달성된다.

$$e_{eb} = (0.1)^{0.22} = 0.6$$

b. 팽창 여상의 깊이 계산

팽창여상의 깊이는 식 (10.20)으로 계산된다.[20]

$$L_{fb} = \frac{(1-e)L}{1-e_{eb}} \tag{10.20}$$

L_{fb} : 팽창 여상의 깊이(m)

L : 휴지 상태에서의 여상 깊이(m)

모래 ;

$$L_{fb} = \frac{(1-0.40)\times 0.25\,\text{m}}{1-0.60} = 0.38\,\text{m}$$

안트라싸이트 ;

$$L_{fb} = \frac{(1-0.48)\times 0.5\,\text{m}}{1-0.60} = 0.65\,\text{m}$$

팽창여상의 총 깊이 = 0.38 m + 0.65 m = 1.03 m

$$\text{상 팽창율} = \frac{1.03\,\text{m}}{0.75} = 1.37$$

여상 팽창은 동절기 수온인 5℃를 기준으로 설계된다. 수온이 5℃보다 낮아지면 여재의 침강속도는 감소되므로 역세척 속도를 줄여야 할 것이다.

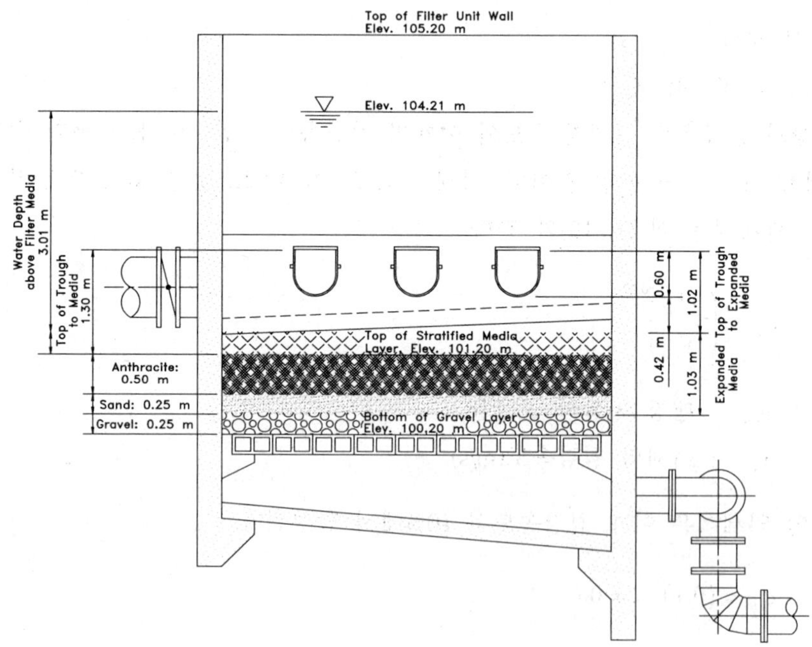

그림 10-24 역세척 배수로의 설계 높이(design elevation)

c. 역세척 배수로의 깊이 결정

역세척 배수로를 팽창상의 상부 1.02 m 위치에 설치한다. 이것은 팽창하지 않을 때의 여상 상부 1.30 m에 해당된다. 유출수로의 깊이를 0.6 m로 하고 팽창상의 상부와 유출수로 바닥 사이를 0.42 m 떨어뜨린다. 그림 10-24에 유출수로의 치수 등에 대하여 도시하였다.

3. 역세척 주기의 결정

역세주기는 다음과 같다.

a. 우선 표면세척이 0~4분 동안 $Q_s = 4.2\ m^3/min$(또는 $U_s = 0.061\ m^3/m^2 \cdot min$)으로 이루어진다.

b. 역세척은 3분에 시작하고 유량은 0에서 $Q_b = 49\ m^3/min$까지 1.3분 동안 점점 증가시킨다.

c. 역세척은 $Q_b = 49\ m^3/min$으로 6분간 지속된다.

d. 6분간의 역세척 후, 역세척 유량을 $49\ m^3/min$에서 0으로 1.3분간에 걸쳐 점차로 감소시킨다.

e. 역세척 총 시간은 11.6분이 된다.

역세척 주기를 그림 10.25에 도식적으로 나타내었다. 이것은 저자의 경험과 판단에 기초한 것이다. 이상적으로는 파일롯 시험을 통하여 가장 효과적인 역세척 주기가 결정되어야 한다. 운영 중인 처리장의 실질적인 운전 경험은 역세척 주기의 판단에 중요한 자료가 된다. 운전조건의 변경이 가능하도록 역세척 시스템은 충분한 용량이 되도록 설계되어야 한다.

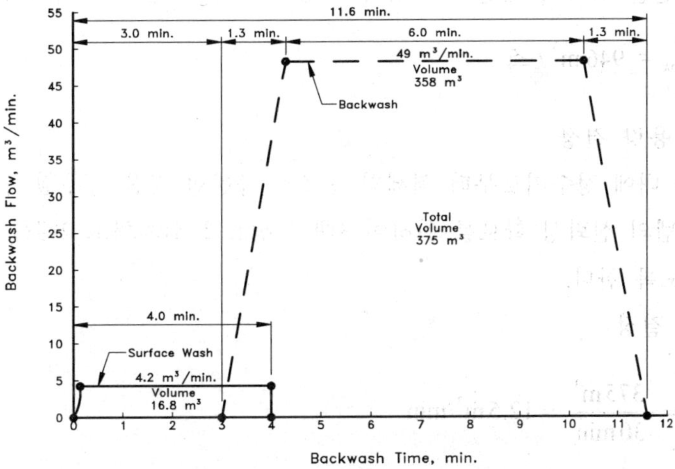

그림 10-25 여과지 역세척 주기

4. 역세척 수조의 용량 결정

a. 역세척 수량의 결정

i. 표면세척 수량 결정

$$V_s = 4.2\ m^3/min \times 4\ min = 16.8\ m$$

ii. 역세척수량의 결정

$$V_b = \frac{6\,\text{min} + 8.6\,\text{min}}{2} \times 49\,\text{m}^3/\text{min} = 358\,\text{m}^3$$

iii. 총 역세척 수량

$$V_f = V_s + V_b = 16.8\,\text{m}^3 + 358\,\text{m}^3 = 375\,\text{m}^3$$

iv. 일 역세척수량의 결정

각 여과지의 운전지속시간은 최소 1일로 가정한다.

$$V_{daily} = 375\,\text{m}^3\ /\ \text{주기} \times 1\text{주기/지}\cdot\text{d} \times 8\text{지} = 3{,}000\,\text{m}^3/\text{d}$$

b. 역세척 수조의 용량 결정

저류용량은 2지를 동시에 역세척하기에 충분한 용량이어야 한다.

$$V_{tk} = 375\,\text{m}^3\ /\ \text{주기} \times 2\text{주기/조} = 750\,\text{m}^3/\text{조}$$

원활한 운전을 위하여 10%의 여유 용량을 둔다.

$$V_{\text{tank}} = 750\,\text{m}^3\ /\ \text{조} \times 1.1 = 825\,\text{m}$$

경제적인 건설을 위하여 계산된 용량과 가장 가까운 표준 크기의 1개조를 설치한다.

$$V_{\text{tank}} = 946\,\text{m}^3\ /\ \text{조}$$

5. 역세척 펌프의 용량 결정

역세척 후 30분 내에 정수지로부터 역세척 수조로 충분한 양을 송수할 수 있는 능력의 펌프를 선정한다. 시스템의 신뢰성 확보를 위하여 3대의 펌프를 설치하고 2대를 병렬 운전할 때 요구수량이 만족되도록 한다.

a. 설계 유량의 결정

$$Q = \frac{375\,\text{m}^3}{30\,\text{min}} = 12.5\,\text{m}^3/\text{min}$$

b. 펌프의 용량 결정

$$Q = \frac{12.5\,\text{m}^3/\text{min}}{2} = 6.25\,\text{m}^3/\text{min}$$

c. 운전의 융통성을 위하여 10%의 여유를 둔다.

$$Q = 6.25\,\text{m}^3/\text{min} \times 1.1 = 6.9\,\text{m}^3/\text{min}$$

펌프의 양정은 정수지와 역세척 수조 간의 정수두와 수두손실의 합에 의해 결정된다. 펌프 시스템의 설계에 관하여는 7장을 참조 바란다.

d. 펌프의 운전 방법 결정

3대의 펌프가 설치되며, 각 펌프의 용량은 6.9 m^3/min이다. 펌프는 매일 교대로 리드펌프(lead pump)가 되도록 한다. 펌프는 역세척 수조의 레벨스위치에 의해 가동, 정지된다. 역세척 수조의 수위에 따른 펌프 운전 계획을 표 10.10에 나타내었다.

표 10-10 역세척 펌프의 운전 계획

탱크 용량	조 수위	제1펌프	제2펌프	제3펌프
100%	최대 수위	정지	정지	정지
90%	90% 수위	운전	정지	정지
60%	60% 수위	운전	운전	정지
30%	30% 수위	운전	운전	운전
0%	최소 수위	운전	운전	운전

6. 역세척 수조의 높이 계산

a. 역세척 동안 팽창상에서의 수두손실(식 (10.15))

모래 ;

$$h_L = 0.25 \times (1-0.4) \times (2.65-1) = 0.25 \text{ m}$$

안트라싸이트 ;

$$h_L = 0.50 \times (1-0.48) \times (1.55-1) = 0.14 \text{ m}$$

팽창여상에서의 총 손실 = 0.14 m + 0.25 m = 0.39

b. 자갈층에서의 수두손실

자갈층에서의 수두손실은 Carmen-Kozeny식(식 (10.1))으로 계산된다. 평균 역세척속도 U_b =0.012 m/s를 사용하여 수두손실을 계산하여 표 10-11에 나타내었다. 자갈층에서의 총 수두손실은 0.02 m이다.

c. 하부집수장치의 수두손실 계산

하부집수장치의 수두손실은 식 (10.19)를 이용한다.

$$\nu = 0.012 \text{ m/s} \times 3.600 \text{ s/h} = 43.2 \text{ m/h}$$

$$H_L = 0.0005 \times (43.2 \text{ m/h})^2 = 0.93 \text{ m}$$

표 10-11 자갈층에서의 역세척 수두손실[a]

층	크기(mm)	깊이(mm)	공극율	레이놀드수(N_R)	마찰계수(f)	수두손실(H_L, m)
최상층	2.5	50	0.45	19.8	5.92	0.0105
제2층	4.5	50	0.45	35.6	4.07	0.0040
제3층	9.5	75	0.5	75.1	2.75	0.0013
바닥층	15.5	75	0.5	122	2.367	0.0007
총 지각층 깊이		250	지각층에서의 총 손실수두			0.0165

a. 계산절차에 관한 상세한 설명은 표 10-7의 주를 참조

d. 역세척수 관로에서의 손실

역세척 고가수조와 하부집수장치 사이의 역세척수 관로에서의 손실은 유입수나 유출수 수두에서의 수두손실의 계산과 유사한 방법으로 계산된다. 수두손실 계산 값은 0.55 m이다.

e. 역세척 수조의 최소 수위의 계산

역세척 시스템에서의 수두손실은 다음과 같다.

- 팽창상에서의 수두손실 0.39 m
- 자갈층에서의 수두손실 0.93 m
- 하부집수장치의 수두손실 0.02 m
- 역세척수 관로의 수두손실 0.55 m

계 = 1.89 m

융통성을 주기 위하여 50%를 가산한다. 따라서 역세척 수조의 최저 수위는 여과지 역세척 배출수 트라프의 월류수위 보다 적어도 2.85 m 높아야 한다. 역세척 속도가 0.012 m/s으로 유지되도록 유량 조절 밸브가 사용된다.

7. 역세척의 특성

a. 역세척수량

i. 일최대유량에서의 역세척수량

각 역세척 주기의 총량은 377 m^3이며, 하루에 필요한 역세척수량은 3,000 m^3/d이다. 이것은 하루에 적어도 1회 역세척 된다는 가정에 기초를 두고 있다. 따라서 여과지에서의 역세척 회수는 하루에 최대 8회이다. 그러나 여과지의 부하율이 적거나 여과지의 운전시간이 길어지면 역세척의 실질적 횟수는 줄어들게 된다.

ii. 일평균유량에서의 역세척수량

설계 평균유량에서의 역세척수 총량은 일최대유량에 비례하여 구한다.

$$\text{일평균유량에서의 역세척수량} = \frac{3{,}000\,\text{m}^3 \times 57{,}900\,\text{m}^3/\text{min}}{113{,}500\,\text{m}^3/\text{d}} = 1{,}530\,\text{m}^3/\text{d}$$

b. 역세척 배출수의 수질

역세척 배출수의 고형물 농도는 전처리의 정도나 여과지의 성능에 따라 다르지만 대략 0.01 ~0.1% 범위이다. 일최대유량에서의 총 고형물 생산량은 7,600 kg/d이다(제9장). 총고형물량의 90%가 침전지에서 제거되며, 침전지 유출수 중의 고형물은 10%인 760 kg/d인 것으로 가정하였다. 일최대유량에서 여과보조제인 비이온성 고분자응집제 0.02 mg/L를 주입함으로서 발생되는 고형물은 2.3 kg/d이다. 이 양은 비교적 작으므로 이하의 계산에서는 0인 것으로 가정한다. 또한 여과지 유입 고형물의 100%가 여과지에서 제거되며, 역세척시 모두 배출되는 것으로 가정한다. 따라서 역세척 배출수의 고형물 함량은 760 kg/d이다. 이것은 일평균 TSS 농도 254 mg/L에 해당한다. 유사한 방법으로 일평균유량에서는 역세척 배출수의 량은 386 kg/d이다. 일평균 및 일최대유량의 조건에서 역세척 배출수의 특성을 제14장의 물질수지 계산에 제시하였다.

10.14 여과지의 운전 및 유지관리

여과지는 숙련된 기술자에 의해 운영되고 관리되어야 한다. 운영 및 관리자는 여과지의 성능을 점검하기 위해 필요한 수질시험 뿐만 아니라 여과 이론의 개요, 여과지 수리학 및 운전제어 등에 대하여 훈련되어야 한다. 또한 유지관리 담당자는 전력계통 및 배관에 대한 기본적 지식을 갖추어야 한다.

10.14.1 여과지의 운전

부적절한 여과지의 운전은 여과수의 악화와 여상의 손상을 가져올 수 있다. 운전자는 여과지의 적절한 운전을 위하여 항상 여과지를 관찰하고 점검해야 한다. 처리수의 탁도와 각 여과지의 수두손실이 특히 관심의 대상이 된다.

여과지는 여과수 탁도나 수두손실이 정해진 최대치에 도달하자마자 역세척 되어야 한다. 만약 여과지가 어느 기간 동안 휴지상태였다면, 재 운전 전에 철저하게 역세척 되어야 한다.

부적절한 역세척은 여과지가 깨끗하게 세척되지 않는 원인이 되고, 여과지에 손상을 줄 수 있다. 역세척수가 너무 빠르게 도입되면 여상이 교란되거나 극단적인 경우는 여과지 바닥이 손상될 수 있다. 부적당한 역세척으로 인한 여상의 손상을 없애기 위하여는 자동 역세척 방식을 채용하는 것이 좋다.

10.14.2 여과시스템의 예방적 유지관리

여과지 시스템의 예방 조치 프로그램은 모든 펌프, 밸브, 관로 및 기타 기계장비를 매일 점검하는 것으로 시작된다. 펌프는 베어링의 적절한 윤활, leaking seals, 전동기 과열, 소음에 대하여 점검한다.

밸브는 leaking seals에 대한 점검이 이루어져야 한다. 모든 밸브 및 수문의 이상 정지(seizure)의 방지를 위하여 적어도 월 1회는 운전되어야 한며, 관로는 부식과 누수에 대한 점검이 이루어져야 한다. 장비의 운영 및 유지관리 절차서에 명시된 일상적 유지관리 절차는 정해진 시간에 이루어지도록 한다.

여상에 조류의 축적이나 미생물의 성장을 예방하기 위하여 여과지는 년 1회 이상의 고농도 염소 용액이나 다른 강력한 산화제로 처리되어야 한다. 이러한 소독처리는 여과수 생산을 중단하고 역세척 함으로서 이루어진다. 따라서 염소 용액은 여과지가 완전히 용액에 침수될 때까지 공급된다. 수 시간이 경과된 후 여과지는 역세척되고, 여과수의 생산이 재개된다.

여과지는 년 1회 이상 지를 비우고 점검한다. 여재의 상태 점검이 최우선의 점검 항목이며 머드볼의 생성 흔적이나 불량한 역세척의 징후가 있는지 점검한다. 여재의 크기분포 시험이나 산가용율 시험을 통하여 여재의 조건에 적당한지도 점검한다.

각 지의 점검 결과는 기록으로 남겨야 한다. 기록에는 수두손실, 여과지속시간, 여과수 탁도 등이 포함되며 다른 여과지나 전년도 기록과 비교한다. 이러한 기록의 분석은 불량한 여재의 상태나 부적당한 화학적 전처리 그리고 감지하지 못한 다른 문제에 대한 정보를 제공할 것이다.

10.14.3 여과지의 문제점과 그 해결책

다음은 여과지 시스템에서 발생되는 문제점과 그 해결을 위한 간단한 지침이다. 본 절에서는 몇 가지의 조치에 관하여 제시되어 있으나, 운전자는 적당한 조치가 무엇인지를 결정하기 위하여 개개의 조치사항에 대하여 시험해야 한다.[21,22]

상태	가능한 원인
1. 손실수두가 높거나 여과지속시간이 너무 짧을 때	여상의 상태가 역세척할 때이다. 에어바인딩(air - binding) 머드볼(mud - ball) 발생 부적절한 유량조절기 작동 하부집수장치의 폐색 여재의 부적절한 설계 ; 너무 작거나 여상의 깊이가 너무 큼 너무 강한 플록의 강도 ; 여재로 침투되지 않음
2. 유출수의 탁도가 높을 때	여상의 상태가 역세척할 때 이다. 너무 큰 유량 부적절한 유량조절기 작동 여상의 교란 여상 내의 머드볼 에어바인딩 부적절한 여재 크기 및 깊이 낮은 여상 깊이(역세척시 손실이 원인이 됨) 부적절한 화학적 전처리에 기인한 약하거나 작은 플록의 생성

여과지 운전에 있어서 가장 일반적인 두 가지의 문제는 머드볼(mud-ball)의 형성과 에어바인딩(air-binding)현상이다. 머드볼의 형성은 보통 부적절한 역세척 때문이지만 잘못된 여재의 선정에 기인하는 경우도 있다. 역사적으로 볼 때 단일 여재 여과가 이중여재나 다중여재 여과 보다 머드볼이 더 잘 형성되는 경향이 있다. 표면세척, 여상 표면부 세정(sub-surface washing) 또는 역세척 전이나 역세척 중의 공기세정으로 여상에서의 머드볼 형성을 저감시킬 수 있다.

일단 여상에 머드볼이 형성되면 머드볼을 제거하기 위한 가장 효과적인 수단은 여재를 제거하여 새 모래로 교체하거나, 모래를 철저히 세척하여 다시 투입하는 것이다. 일단 머드볼의 형성이 시작하면 보통은 더 크게 성장한다.

여과지의 에어바인딩은 여과지 시스템의 부적절한 수리학적 설계에 기인한다. 이러한 현상은 10.13.2절 Step 10.13.2에서 자세히 설명하였다. 에어바인딩 현상에 대한 가능한 해결 방법은 다음과 같다.

- 다른 입도의 여재로 교체
- 최대 유량의 감소
- 여과지의 수리경사를 증가시키기 위해 유출부에 부가적인 수리학적 수두를 도입

10.15 사양서

본 장에서 설계된 여과지 시스템의 사양을 본 절에서 간단히 서술하였다. 이 사양서의 목적은 설계 예에서 잘 설명되지 않은 여과지 시스템의 구성요소를 더 완전하게 설명하고자 하는 것이다. 이 사양서는 건설공사의 지침이나 완벽한 건설사양서가 되는 것을 의도하고 있지 않다. 설계자는 장비 공급업자에게 장비에 대한 정보를 요구하고, 장비 제작업체로부터 받은 정보를 이용하여 더 상세한 사양서를 작성해야 한다.

10.15.1 일반 사항

여과지 시스템은 8개의 여과지와 그와 관련된 유입, 유출, 역세척, 표면세척 및 제어장치로 구성된다. 그 구성요소들은 응집 및 침전 공정의 유출수를 처리하기 위하여 설계되어야 한다. 여과지의 유입수의 특성은 다음과 같다.

	최대	최소
유량	113,500 m^3/d	28,300 m^3/d
온도	32℃	4℃
pH	7.2	6.8

여과지는 모래와 안트라싸이트로 구성된 이중여재 여과 시스템이다. 여재는 AWWA Standard B

100에 적합하여야 하며, 다음과 같은 특성을 가진다.

1. 안트라싸이트

유효경	1.0
균등계수	1.6
여상의 깊이, cm	50
비중	1.55

2. 모래

유효경	0.5
균등계수	1.4
여상의 깊이, cm	25
비중	2.65

10.15.2 여과지 시스템 배관

여과지의 배관은 유입수관, 유출수관, 역세척수 공급관, 표면 세척수 공급관, 역세척 배출수관으로 구성된다. 또한 밸브와 피팅류, 제어장치 및 특수관을 포함 한다.

1. 유입 시스템

관	강관
밸브	전동 버터플라이 밸브
피팅류	강관
제어장치	없음

2. 유출 시스템

관	PS 콘크리트 강관(prestressed concrete steel cylinder pipe)
피팅류	강관
제어장치	유량조절용 버터플라이 밸브
밸브	전동 버터플라이 밸브

3. 역세척수 공급 시스템

관	강관
밸브	전동 버터플라이 밸브
피팅류	강관
제어장치	전동 자동 유량 조절기

4. 표면 세척 시스템

관	강관
밸브	전동 버터플라이 밸브

제어장치	없음
피팅류	강관

5. 역세척수 배출 시스템

관	철근 콘크리트 관(reinforced concrete pipe) 내부는 강관
밸브	전동 버터플라이 밸브
피팅류	철근 콘크리트 관 내부는 강관
제어장치	없음

10.15.3 여과지 구조물(Filter Structure)

여과지 시스템의 구성요소들은 27,600 kPa의 최소 28일 압축강도를 가지는 철근 콘크리트여야 한다.

관랑은 수분응축을 줄이기 위한 환기구가 필요하며, 환기 시스템은 매분 1회 공기 순환이 이루어질 수 있어야 한다.

여과지의 통제실은 냉난방과 습도 조절이 가능해야 한다. 온도와 습도에 민감한 장비는 통제실에 두어야 한다. 통제실은 모든 제어 계측 판넬과 운영자 책상 등을 배치하는데 필요한 충분한 공간을 확보해야 한다. 또한 모든 여과지를 조망할 수 있는 위치여야 한다.

문제 및 토론

10.1 인근의 상수처리장을 방문하여 여과지의 크기와 지수를 알아본다. 여재의 종류와 크기, 설계 유량, 역세척 속도, 역세척 주기 및 여과지의 성능에 영향을 미치는 인자에 대하여 알아본다. 시설의 배치를 스케치하고 근무자에게 운영상 문제점 및 경험에 대하여 설명을 듣는다.

10.2 [설계 예]에서 여과시스템이 최대 유량 113,500 m^3/d로 설계되었다. 유량이 170,300 m^3/d일 때 깨끗한 여상에서의 수두손실을 계산하시오.

10.3 균일한 모래의 깨끗한 여과상에서의 수두손실을 Carmen-Kozeny 식을 사용하여 구하시오. 모래의 직경은 0.5 mm, 여상의 깊이는 0.3 m이다. 공극율은 0.4이며 형상계수는 0.85, 비중은 2.65, 수온은 20℃, 여과지의 수리학적 부하율은 4.0 $m^3/m^2 \cdot hr$이다.

10.4 모래와 안트라싸이트를 사용하는 이중여재 여과지를 설계하고자 한다. 모래의 유효경과 비중은 0.6 mm, 2.65이고 안트라싸이트의 비중은 1.5이다. 안트라싸이트층은 여상 총 깊이의 2/3이다. 다음을 계산하시오.

(a) 모래와 같은 침강속도를 가지는 안트라싸이트의 유효경

(b) 모래와 안트라싸이트 층의 깊이

10.5 모래 여상에서의 수두손실을 계산하시오.

여과속도	9.0 $m^3/m^2 \cdot hr$
여재 크기	0.6 mm
비중	2.65
여상깊이	28 cm
공극율	0.45
균등계수	1.6
형상계수	1.0
물의 점성계수	1.3×10^{-3} $N \cdot s/m^2$

10.6 문제 10.5에서 주어진 모래와 안트라싸이트를 여재로 하는 이중여재 여과지를 설계하시오. 안트라싸이트의 여재크기와 여층의 깊이를 계산하시오. 안트라싸이트의 비중은 1.5이며 여층의 깊이는 총 깊이의 2/3이다. 또한 여과속도가 9.0 $m^3/m^2 \cdot hr$일 때 이중여재 여과에서의 수두손실을 계산하시오.

10.7 모래의 체분석 결과를 이용하여 깨끗한 여재층의 수두손실의 구하시오. 여상의 깊이 70 cm, 공극율 0.41, 수온 5℃ 이며, 여과속도는 150 $m^3/m^2 \cdot d$이다. Carmen - Kozeny 식을 사용하시오(형상계수 = 1.0).

체번호 (U.S. Sieve Series)	통과하지 못한 모래의 무게 분율(×10^2) (%)	평균경 (Geometric Mean Dia.) (mm)
14~20	0.8	1.09
20~25	4.25	0.77
25~30	15.02	0.65
30~35	16.65	0.54
35~40	18.01	0.46
40~50	15.25	0.35
50~60	15.65	0.27
60~70	9.30	0.23
70~100	2.07	0.18

10.8 문제 10.7의 자료를 이용하여 모래의 유효경과 균등계수를 구하시오. 유효경을 사용하여 깨끗한 여상의 수두손실을 계산하시오.

10.9 다음의 자료를 이용하여 여과속도(2~7$m^3/m^2 \cdot hr$)와 수두손실의 관계를 도시하시오.

여상의 깊이(m)	0.75
모래의 평균경(mm)	0.5
비중	2.64
형상계수	0.9
공극율	0.45
수온(℃)	13

10.10 여상의 상부에서 2 m의 수두손실이 유지된다면, 다음 조건에서의 여과속도($m^3/m^2 \cdot hr$)를 구하시오.

모래의 평균경(mm)	0.4
비중	2.64
형상계수	0.85
공극율	0.40
수온(℃)	15

10.11 문제 10.9의 여과지를 역세척할 때 여재 유동화 시점의 역세척 속도는 얼마인가?

10.12 문제 10.9의 여과지를 역세척할 때 여재를 50% 팽창시키는데 필요한 역세척 속도는 얼마인가?

10.13 문제 10.7의 여과지를 역세척할 때 가장 큰 여재의 유동화 시점에서 역세척속도와 역세척 동안 팽창된 여상의 깊이를 구하시오.

10.14 문제 10.3의 여과지가 공극율 0.7까지 역세척될 때의 역세척 속도와 팽창된 여상의 깊이는 얼마인가?

10.15 문제 10.7의 여과지를 역세척 속도 1.2×10^{-2} m/s로 역세척할 때 팽창되는 여상의 깊이는 얼마인가?

10.16 문제 10.8에서 구한 유효경과 균등계수를 사용하여 1.2×10^{-2} m/s로 역세척할 때의 팽창 여상의 깊이를 구하시오.

10.17 문제 10.5와 문제 10.6에서 구한 모래와 안트라싸이트의 자료를 이용하여 이중여재 여과지의 적당한 역세척 속도와 역세척시 수두손실을 구하시오.

10.18 처리장의 용량이 170,300 m^3/d일 때 설계 예에서 설계된 여과지 시스템의 수리 종단면도를 도시하시오. Effluent Box Ⅰ의 수위와 filter back-pressure weir common bay에서의 위어고는 그림 10-20과 같다.

10.19 용량 50,000 m^3/d의 여과지를 설계하시오.

- 여과지 지수
- 이중여재의 종류 및 크기
- 여재와 자갈층에서의 수두손실
- 역세척 속도
- 역세척 수량
- 역세척 필요 수두

여과지에 대한 손실수두를 계산하시오. 이때의 관로손실은 계산하지 마시오.

10.20 표면세척 시스템의 속도경사를 구하시오.($d = 0.25$, $v_s = 0.1\ m^3/m^2\cdot min$, $P = 50$ m, $d_e = 50$ cm, $\mu = 1.3\times10^{-3}\ N\cdot s/m^2$)

10.21 공기세정 시스템의 속도경사를 구하시오.(조 용량 256.0 m^3, 수심 4.0 m, 공기 유량 50 m^3/s, 점성계수 $= 1.3\times10^{-3}\ N\cdot s/m^2$)

참고문헌

1. Tchobanoglous, G. and Schroeder, E. Water Quality: Characteristics, Modeling, and Modification, Addison-Wesley Publishing Co., Reading, MI, 1985.
2. Kawamura, S. "Design and Operation of High-Rate Filters — Part I," Jour. AWWA, vol 67, no. 10, pp. 535-544, October 1975.
3. Kawamura, S. "Design and Operation of High-Rate Filters," Jour. AWWA, vol. 91, no. 12, pp. 77-90, December 1999.
4. Qasim, S. R. Wastewater Treatment Plants: Planning, Design and Operation, 2d ed., Technomic Publishing Co., Lancaster, PA, 1999.
5. McGhee, T. J. Water Supply and Sewerage, 6th ed., McGraw-Hill Book Co., New York, 1991.
6. Metcalf and Eddy, Inc. Wastewater Engineering: Treatment Disposal and Reuse, 3d ed., McGraw-Hill, Inc. New York, 1991.
7. Bernardo, L. and Cleasby, J. "Declining-Rate vs. Constant-Rate Filtration," Journal Environmental Engineering Division, ASCE, vol 106, no. EE6, pp. 1073-1041, December 1980.
8. Tchobanoglous, G. "Filtration Techniques in Tertiary Treatment," Jour. AWWA, vol. 42, no. 4, pp. 604-623, April 1970.
9. Kawamura, S. "Design and Operation of High-Rate Filtration — Part 2," Jour. AWWA, vol 67, no. 11, pp. 653-662, November 1975.
10. Kawamura, S. "Design and Operation of High-Rate Filtration — Part 3," Jour. AWWA, vol 67, no. 12, pp. 705-708, December 1975.
11. James M. Montgomery, Inc. Water Treatment Principles and Design, John Wiley & Sons, New York, 1985.
12. Hudson, H. Water Clarification Proceses-Practical Design and Evaluation, Van Nostrand Reinhold Co., New York, 1981.
13. Monk, R. and Willis, J. F. "Designing Water Treatment Facilities," Jour. AWWA, vol. 79, no. 2, pp. 45-57, February 1987.
14. Kawamura, S. Integrated Design of Water Treatment Facilities, John Wiley and Sons, Inc., New York, 1991.
15. AWWA. Water Quality and Treatment, 5th ed., McGraw-Hill, Inc., New York, 1999.
16. ASCE and AWWA. Water Treatment Plant Design, 2d ed., McGraw-Hill Publishing Co., 1990.
17. Camp, J. R. "Backwashing Granular Filters", Proceedings of the American Society Civil Engineers Sanitary Division, p. 903, December 1971.
18. USEPA. Technology for Upgrading Existing or Designing New Drinking Water Facilities, Office of Drinking Water Center for Environmental Research information, Cincinnati, OH, March 1990.

19. Malcolm Prinle Inc. and HDR, Inc. Guidance Manual for Compliance with The Filtration and Disinfection Requirements for Pulic Water Systems Using Surface Water, AWWA, Denver, CO, 1991.

20. Pavy, H. S., Rowe, D. R., and Tchobanoglous, G. Environmental Engineering, McGraw-Hill, Inc., New York, 1985.

21. Tillman, G. M. Water Treatment: Troubleshooting and Problem Solving, Ann Arbor Press, Inc., Chelsea, MI, 1996.

22. Gulp, G. L. and Heim, N. F. Field Manual for Performance Evaluation and Troubleshooting to Municipal Wastewater Treatment Facilities, EPA-430/9-78-001, USEPA, Washington, D. C., January 1978.

chapter 11

색도, 맛, 냄새 제어

11.1 서 론

정수장에서 가장 중요한 목표는 1차 음용수 규정(primary drinking water regulations)의 건강 및 안전기준을 만족시키는 물을 생산하는 것이다. 그러나 심미적 항목들도 수요자들에게 음용수에 대한 신뢰를 주기 위해 중요하다. 2차 음용수 규정(secondary drinking water regulations)에 의해 음용수는 색도, 맛, 냄새 등 심미적 인자들의 농도수준이 낮아야 한다.

본 장에서는 색도, 맛, 냄새의 발생원, 각각에 대한 측정법 및 제거방법에 대해 기술하였다. 특정한 상황에서 색도, 맛, 냄새 제거 시설의 단계적 과정을 설계 예에 나타내었다.

11.2 색 도

색도는 지표수에서 자주 나타나는 특성이다. 인지할 수 있을 정도의 색도를 가진 물은 음용하기에 안전하지 않은 것을 의미하지는 않지만, 색도는 수요자들에게 수돗물에 대한 신뢰를 감소시킨다. 색도의 존재는 지역의 공장에서 생산되는 음식, 음료, 종이, 섬유 등의 생산품 품질을 저하시킨다. 또한 색도는 염소 소모량을 증가시킨다. 색도의 존재는 높은 THM 생성능(THMFP)를 의미하며, 침전물 성분의 원인물질로 이후에 배수시스템에서 재부상하게 된다.

11.2.1 색도 발생원

자연수내 색도는 자연발생과 인공적인 합성에 의한 유기물질과 무기물질 성분에 기인된다. 이러한 성분들은 부유물질이나 용존물질의 형태이다. 부유물질들은 기타 처리공정에 의해 제거되므로 여기에서의 논점은 진색도(true color) 또는 수용액상에서 기질을 구성하는 겉보기 색도(apparent color)의 부분이다.

일반적으로 무기성 색도는 철, 망간과 같은 자연발생 금속이온에 의해 기인하지만, 산업장에서 기인될 수도 있다. 그러나 거의 대부분의 색도 발생원은 미생물의 물질대사에 의한 자연유기물질의 분해로 유출되는 성분과 산업장의 배출에 기인된다. 미생물 물질대사에 의해 분해되어 물에 유입되는 대부분의 유기성분들을 휴믹물질(humic substance)이라고 한다. 이들 성분들은 비결정질(amorphous), 산성상태, 친수성, 복합화합물질의 형태이고 종종 방향족 음이온 다가전해질로 분자량이 수백에서 수만g/mole의 범위를 가진다.[1] 휴믹물질은 휴믹(humic), 펄빅(fulvic), 히마토멜라닉(hymatomelanic)산으로 분류한다. 비록 펄빅산은 가장 낮은 분자량과 가장 높은 하전밀도를 가지지만, 이들 산들은 유사한 구조를 가진다.[2] 기타 조류에 의해 클로로필과 수많은 합성 유기화합물질들이 물의 색도를 유발한다.

11.2.2 색도 측정

전술한 바와 같이 겉보기 색도는 탁도 또는 부유물질을 포함하는 반면에 진색도는 용존성분에 의한다. 겉보기 색도는 원시료로 측정하고 진색도는 여과 또는 원심분리 후에 색도를 측정한다. 물의 색도는 pH에 의해 변화되는데, pH가 증가하면 색도도 증가하므로 색도를 측정할 때에는 pH를 반드시 기록해야 한다.

색도는 알고 있는 농도의 색도 용액과 수질시료의 가시적 비교, 특별한 색도판(color disc)을 이용한 가시적 비교, 또는 특정한 파장에서 주어진 성분의 농도와 상관관계를 이용하는 분광광도법에 의하여 측정한다. Standard Methods에서는 백금-코발트법으로 색도를 측정한다. 색도 1은 백금 1 mg/L의 색도와 같다.

2차 음용수 규정에서는 백금-코발트 색도범위를 15로 한계를 두었다. 이 한계는 심미적 고려에 기초하는데 색도는 그 자체가 인간에게 생리학적으로 해로운 것으로 알려져 있지는 않다.[4,5] 대부분의 도시 정수장에서 최종 처리수의 색도는 5미만으로 생산한다.

많은 연구결과 잔류색도 농도와 제타전위(전기영동)와는 어느 정도 상관성이 있는 것이 발견되었다. 그러나 이것은 단지 특정한 사례에서의 일반적인 지침이며, 수질기준을 위해 정확히 측정하는데 이용할 수는 없다.

11.2.3 색도 제거

산화, 응집, 여과와 같은 재래식 정수처리 공정들은 색도 제거에 효과가 있다. 또한 흡착이나 이온교환도 적용될 수 있다. 실제적으로 색도는 정상적인 정수처리 조작에 의해 적절한 수준으로 제거된다. 이러한 색도 제거 공정에 대해 간략히 설명하면 다음과 같다.

산화

색도는 과망간산칼륨, 염소, 염소화합물질, 오존과 같은 산화제에 의해 제거될 수 있다. 색도 제거는 응집과 기타 재래식 처리공정 이후에 가장 효과적이다. 과망간산칼륨은 색도 유발물질을 산화시킬 수 있지만 맛과 냄새 제거나 소독에 일반적으로 이용된다.[6]

염소와 염소화합물질들은 색도 유발물질을 부분적으로 산화시키며 응집보조제로 작용한다. 이 효과는 더 나은 색도 제거와 응집제 주입량을 줄일 수 있도록 한다.

효과적인 색도제거는 전염소처리 후 알럼 응집을 하는 것으로 또한 알려져 있다. 응집과 여과로 색도를 제거할 수 없을 때 유리잔류염소는 진색도를 탈색시키는데 수영장에서 효과적으로 이용된다.[6] 그러나 유리잔류염소에 의해 THMs이 허용치 이상으로 생성될 수 있는데 그렇다고 클로라민이(THMs 생성을 방지하기 위하여) 색도 제거를 위한 효과적인 방법은 아니다. 염소는 pH 4.0~6.8의 범위에서 색도를 가장 효과적으로 제거하지만, 이는 정수장의 일반적인 pH범위보다 낮은 수치이다.

오존은 강력한 산화제로서 염소보다 색도 제거에 더 효과적이다. 또한 오존 이용은 THMs을 형상하지 않고 pH를 감소시키지 않는다는 장점이 있다. 일반적으로 색도 제거만을 목적으로 오존을 적용하는 것은 경제적으로 적합하지 않지만, 맛과 냄새제거를 위해 종종 도입되고 있다. 이에 대한 자세한 설명은 11.3.6을 참고한다.

응집

총괄적 정수처리 공정의 일부인 재래식 응집은 탁도 제거와 함께 어느 정도 색도 제거에 효과적이다. 그러나 색도 제거 기작은 탁도 제거와는 다르다.[8] 고도응집(enhanced coagulation)으로 많은 용존고형물질들이 응집제와 같이 용액으로부터 침전되고 플록이 커지면서 색도유발 성분들이 흡착된다. 원수의 수질, 하전차, 부유고형물질과 용존고형물질의 이온화 정도에 따라 응집시 반응의 차이를 나타낸다. 색도의 성질과 발생원이 다르기 때문에 쟈테스트와 파일롯 실험은 최적의 색도 제거 전략을 세우는데 도움을 준다.

여과

여과는 탁도와 색도를 유발하는 부유물질을 제거한다. 응집, 응결, 침전 등의 재래식공정에서 고형물질과 침전조에서 침전되지 않은 가벼운 플록들은 여과지에서 제거된다. 따라서 여과지는 탁도에 기인하는 대부분의 겉보기 색도를 제거하며 이전 공정에서 플록에 잡힌 진색도의 일부를 제거시킨다. 여과수는 탁도가 낮으므로 남아있는 대부분의 색도는 용존고형물에 기인하고 진색도로 측정된다.

흡착

앞에서 설명한 바와 같이 색도유발 성분의 흡착이 일부 응집과 응결 동안에 발생한다. 그러나 흡착 자체도 효과적인 처리공정이다. 분말활성탄(PAC)과 입상활성탄(GAC)의 이용은 효과적인 색도 제거 공정이다.

이온교환

이온교환은 이온교환수지와 전기적 하전방법에 의해 수중의 이온들을 제거하는 공정이다.[6] 그러나 이온교환 공정은 비용이 많이 소요되어 색도, 맛, 냄새 제거에 사용되는데 제한점을 가진다. 이온교환에 대한 내용은 18장에서 설명하였다.

11.3 맛과 냄새

맛과 냄새는 수돗물에서 흔한 성분이다. 색도와 같이 음용수내 맛과 냄새 성분의 존재는 물이 불안전하다는 것을 의미하지는 않지만 시민들은 수질의 적합여부에 대한 의문을 가지게 된다. 그리고 맛과 냄새는 식품조제와 기타 산업에 영향을 준다. 과거에는 냄새가 질병을 전파한다고 믿었고 이것은 현재에도 여전히 시민들이 맛과 냄새가 나는 물을 대하면 갖는 첫 인상은 이와 유사하다.

대부분 유기물질과 몇몇 무기화합물질은 맛과 냄새를 유발시킨다. 이러한 화합물질들은 자연적인 화학물질이거나 생물공정 또는 인위적인 발생원에 기인된다.[9] 종종 자연적 또는 인위적 발생원간의 명확한 구분이 없으나 이것은 중요하지는 않다. 배수시스템에서 자주 맛과 냄새문제가 발생한다. 맛과 냄새를 유발하는 자연적, 인위적 발생원은 다음과 같다.

11.3.1 맛과 냄새의 자연적인 발생원

맛과 냄새의 자연적인 발생은 염과 미네랄의 용해에 의하여 일어난다. 특히, 지하수는 높은 농도의 염과 미네랄을 포함한다. 철, 망간 및 염의 존재로 물은 짠맛을 내며, 불쾌감을 줄 수 있다. 일반적으로, 미생물 활동은 지표수와 지하수에 맛과 냄새를 유발한다. 이러한 활동은 식물의 분해, 호수와 하천에서 조류의 증식, 저수지에서 부영양화, 성층 및 전도현상(turnover), 그리고 지하수 공급시스템에서 불쾌한 맛과 냄새에서 분명해진다. 이러한 각 발생원은 다음과 같다.

식물의 분해

나무, 덤불, 풀, 수생식물 등과 같은 식물의 분해는 지표수원에 맛과 냄새를 유발할 수 있다. 특히, 폭우가 내린 후에 이러한 물질들이 큰 하천, 연못, 저수지에 쓸려오면 문제가 된다. 세균분해는 일반적으로 곰팡이 냄새, 흙 냄새, 나무 냄새, 썩는 냄새, 습한 그리고 생선 냄새와 관련된 맛과 냄새 유발물질을 방출한다. 또한 영양물질의 유입은 조류의 증식을 촉진하고 맛과 냄새문제를 악화시킨다.[9]

조류

조류는 하천과 호수에 맛과 냄새를 유발하는 가장 흔한 원인이다. 1880년대에서 1890년대 연구에 의해 조류가 맛과 냄새의 주요 발생원으로 확인되었다. 그러나 1950년대 이전에는 조류에 의하여 생성되는 맛과 냄새 유발물질의 분류와 확인이 이루어지지 않았다. 대사산물(metabolites)로 알려진 이들 화합물질들은 조류의 정상적인 물질대사활동이나 폐조류의 세균분해에 의해 기인된다. 이러한 대사산물 중 5개 성분에 대한 정보를 표 11-1에 나타내었다. MIB와 지오스민(geosmin)은 방선균류(actinomycetes), 남조류(blue-green algae)에 기인하며, IBMP는 방선균류와 관계된다. 이들 성분들은 특히 물의 이용과 관련이 있는데 인간의 감지농도는 10^{-12}의 범위이다.[5] 또한 남조류은 메르캅탄(악취가 나는 황 성분)을 생성한다.[9,12]

표 11-1 미생물에 기인하는 5가지 대사산물

기 호	물질명	분자식	분자량	냄새특성	냄새역치농도(ng/L)[a]
Geosmin	Trans-1,10-dimethyl-trans-9-decalol	$C_{12}H_{22}O$	182	Earthy, musty	10
TCA	2,3,6-Trichloroanisole	$C_7H_5OCl_3$	212	Musty	7
IPMP	2-Isopropyl-3-methoxy-pyrazine	$C_8H_{12}ON_2$	152	Earthy, musty, potato bin	2
IBMP	2-isobutyl-3-methoxy-pyrazine	$C_9H_{14}ON_2$	166	Earthy, musty, bell pepper	2
MIB	2-Methyl-isoborneol	$C_{11}H_{20}O$	168	Earthy, musty, bell pepper	29

a. ng/L = nanogram/L = 10^{-9} g/L(parts per trillion)
출처 : 참고문헌 5, 6, 9, 12

저수지 부영양화

저수지 부영양화는 고농도의 영양염류 유입시 발생한다. 이러한 영영염류들은 과잉의 조류와 수생식물들을 증식시켜 수질을 악화시킨다. 이 결과 용존산소는 낮아지고 용존고형물질과 탁도는 높아지며 맛과 냄새가 많이 발생한다.

저수지 성층화

저수지 성층화는 맛과 냄새 문제의 계절적인 원인이다. 호수들은 일반적으로 일정한 수질을 유지하지만 계절적인 온도변동으로 하절기에 열성층화가 발생한다. 하절기 표수층(epilimnion)의 수온은 상승하여 수온이 낮은 수심이 깊은 지역인 심수층(hypolimnion)과 분리된다. 이 분리된 두 층간에 급격한 수온 변화층이 생기는데 이를 수온약층(thermocline)이라고 한다. 이러한 성층화는 심수층의 용존산소를 낮추고 혐기성 상태의 원인이 된다. 이런 상태에서 혐기성 분해에 의하여 황화수소와 같은 역한 냄새 유발 성분이 배출되고, 어떤 금속은 환원되어 용존상태가 된다. 그러나 표수층에서 취수한 물의 수질은 심수층 조건에 의하여 특별하게 영향을 받지 않을 수도 있다.[11]

저수지 전도현상(Turnover)

저수지 전도는 계절적으로 발생하는 문제이다. 가을철 기온이 차가워짐에 따라, 표수층의 수온이 심수층보다 더 낮아지게 되며, 밀도가 높은 표수층이 하강하여 수직의 강한 밀도류를 형성하는데 바람이 일으킨 흐름과 함께 호수바닥 퇴적물질들을 혼합하여 부상시킴으로써 유기물질, 맛, 냄새 유발물질 등이 수체로 유입된다. 유사한 현상으로 봄철 전도가 발생한다.

지하수의 미생물 환원

지하수는 일반적으로 용존고형물질의 농도가 높다. 혐기성 조건에서 황을 함유한 물은 지하수에 존재하는 세균에 의해 sulfate(SO_4^{2-})는 sulfide(S^{2-})로 환원되며, 이는 수중에서 황화수소(H_2S)로 된다.[13] 역겨운 냄새를 가진 황화수소의 인체 감지농도는 1 μg/L이다.[5]

11.3.2 인위적인 맛과 냄새 발생원

도시화에 의한 맛과 냄새 발생원은 매립과 불법투기, 산업폐기물 배출, 도시 및 농경지 유출, 폐수배출에 의한다. 이러한 맛과 냄새를 유발하는 성분들이 지하수와 지표수에 직접 유입되면, 세균과 조류가 증식되어 맛과 냄새문제를 유발한다. 자연적, 인위적인 발생원은 음용수에 맛과 냄새를 유발한다.

매립과 불법투기

매립과 불법투기는 최근에 지하수와 지표수의 점오염원으로 관심을 가지게 되었다. 이러한 침출수는 고농도의 염소, 중금속이온, 여러 가지의 유기화합물질과 독성물질을 누출시킨다. 이러한 오염물질들은 낮은 농도일지라도 유해하며, 지하수에 맛과 냄새를 유발시킨다.[5]

산업장

하천으로 배출된 산업장 배출수에는 많은 양의 유기물질과 무기물질 성분이 포함되며, 낮은 농도에서도 심각한 맛과 냄새문제를 유발한다. 염소화 탄화수소, 농약, 제초제 등이 예이다. 많은 합성물질과 석유화합물질은 나프탈렌, 테트라인, 에틸렌, 벤젠, 스틸렌, 아세토페논 등을 포함한다. 몇 가지 최악의 발생원으로 화학염료, 제약, 암모니아 회수, 목재기름, 페놀, 크레졸, 석유화학 제품, 섬유와 종이산업 등이 있다.[15] 이러한 배출은 직접적으로 맛과 냄새를 유발시킬 뿐만 아니라 조류나 다른 미생물활동에 의해 결과적으로 맛과 냄새를 증가시킨다.

강우 유출수

농경지와 도심지역으로부터의 강우 유출수는 고농도의 비료와 제초제를 이송한다. 도시 유출수는 석유화합물질과 다른 화학물질을 포함할 수 있어 취수원을 오염시킬 수 있다. 눈이 많이 오는 지역에서 도로의 제빙제로 이용되는 염분은 지하수 오염에 관련이 있다.[14] 이러한 비점오염원은 많은 상수도 시스템에서 맛과 냄새 사고의 원인으로 알려져 있다.[16]

폐수

가정하수도 맛과 냄새의 원인이 될 수 있다. Jenkins는 흙-곰팡이 냄새는 미생물에 의한 것이며, 황 냄새는 폐수와 관련되어 있다고 보고했다.[15] 폐수발생원은 폐수처리장, 누수가 일어나는 슬러지 라군, 개별 정화조 등이 있다. 이것들은 지하수 오염에 더욱 민감하게 반응하지만 지하수와 지표수를 모두 오염시킬 수도 있다. 이러한 발생원으로부터 지하수 흐름은 높은 질산성-아질산성 질소와 염소이온농도를 가진다.[14]

11.3.3 배수시스템에서 재성장

수도사업자들은 배수시스템에서 맛과 냄새 때문에 자주 곤란을 겪는다. 배수시스템의 고립된 지역의 정체된 물은 잔류염소가 남아있지 않아 세균의 재성장을 유발할 수 있다. 철과 황 환원세균은 군집형태로 번식될 수 있고 관을 부식시켜 맛과 함께 붉고 검은 색의 물을 생성할 수 있다.[9] 이들 균군락은 분변성 대장균과 병원균의 서식환경을 제공하여 신선하지 못한 물을 지속적으로 제거함에도 불구하고 매우 많은 세균수가 지속될 수 있다. 맛과 냄새의 또 다른 흔한 원인으로 배수시스템에서 잔류 유기물과 소독부산물의 반응이 있다.[16] 최종산물은 실제 원래의 화합물질 보다 좀 더 역한 냄새를 유발한다.

11.3.4 맛과 냄새의 측정

맛과 냄새의 복합성을 인지하는 것은 실제 측정하는 방법으로 진행하기 전에 맛과 냄새 검출의 기작을 이해함으로서 용이하게 될 것이다.

맛의 감각은 가장 민감성이 낮고, 가장 잘 이해되고 있으며, 아직까지 매우 복잡한 감각이다. 맛이란 코 윗부분의 후각기관, 혀의 미각 기관 그리고 코의 내부 막에 존재하는 여러 가지 수용체로부터의 감각반응의 조합이다.[6] 일반적으로 미뢰라고 하는 미각 수용체(papille)는 단맛, 신맛, 짠맛, 쓴맛에 반응한다. 연구에 의하면 짠맛과 신맛을 느끼는 부위는 이온교환을 통해서 맛을 느끼는 것으로 알려져 있고, 단맛과 쓴맛을 느끼는 부위는 효소억제 기작을 활용하는 것으로 보고되었다.[6] 전술한 바와 같이 실제 맛의 해석은 코에서 후각기관의 자극과 결합된 혀에 의해 맛을 검출하는 것을 포함한다. 따라서 맛의 느낌은 냄새감각에 의해 달라질 수 있다. 후각은 훨씬 민감하고 이해하기가 더욱 어렵다. 후각기관에서는 몇몇 화합물질들에 대해서는 ppt(parts per trillion) 단위로 인지 할 수 있다. 냄새에 대한 반응을 설명하기 위해 두 가지의 이론이 있는데, 입체화학(stereochemical) 이론과 크로마토그래픽 이론이다. Amoore는 입체화학 이론으로 7가지 일차적 냄새만 있고 이와 유사한 냄새를 갖는 화합물은 유사한 형태임을 주장하였다.[17,18] 후각 수용체의 위치는 대응하는 위치를 갖고 있는데 여기에 화합물들이 부착하여 감각반응을 일으킬 수 있다.[6]

반면, Roderick은 후각표면의 넓은 면적이 가스크로마토그래피와 같은 기능을 가지고 있어 수없이 많은 화합물을 분리할 수 있고 구별할 수 있다고 주장하였다.[19] 또한 냄새란 후각기관과 3차 신경감각의 조합이라고 가정하였다.[7]

냄새측정의 역치

냄새를 측정하는데 만족할 만한 장비는 아직 개발되지 않았다. 인지된 냄새는 종종 수많은 성분들의 복합체이며, 이것들 중에서 많은 것은 인간의 코에 의하여 별 어려움 없이 감지할 수 있는 일정 범위 내에서 분리하고 측정할 수 없다. 물리적 측정기술은 폐회로탈기분석법(closed-loop stripping analysis, CLSA)으로 물에서 성분들을 분리하고 질량가스크로마토그래피(GC/MS)로 분석하는 것이 요구된다. 이 방법은 매우 복잡하고 비용이 많이 소요되며, 인간이 감지할 수 있는 한계 또는 그보다 낮은 농도를 검출할 수 있다.[5]

또한 냄새 측정을 위한 가장 쉽고, 즉시 이용할 수 있는 방법은 가장 주관적일 수 있다. 인간의 코는 지극히 민감하지만 반응, 묘사, 그리고 검출한계는 사람마다 다르고, 시간이 경과됨에 따라 다르다. 후각의 피로는 좀 더 편견적인 반응을 보일 수 있다. 그럼에도 불구하고 냄새를 대략적으로 정성하려는 시험방법이 고안되어왔다. 냄새역치시험(threshold odor test)이라고 알려진 이 방법은 냄새가 없는 물에 연속적인 희석을 필요로 한다. Standard Methods에서 냄새역치수(threshold odor number, TON) 냄새가 없는 물에 시료를 혼합 희석하여 사람들이 인지할 수 있는 최대의 희석배수로 정의한다.[3] TON을 결정하는 과정은 다음과 같다.

Standard Methods에서 제안한 방법과 같이 건강한 다섯 명의 시험자들이 참여한다.[3] 마개가 있는 200 mL 플라스크에 일련의 희석용액을 준비한다. 플라스크들을 통상 60℃까지 가열하고 시험자들에게 가져간다. 다음에 플라스크를 흔들어주고 마개를 열고 연속적으로 냄새를 맡도록 하는데 가장 낮은 농도부터 시작한다. 몇 개의 공시험용 플라스크를 중간에 추가하여 시험한다. 냄새가 검출되는 최초의 희석용액이 TON이다. 식 (11.1)으로 TON을 계산한다.

$$TON = \frac{V_s + V_d}{V_s} \tag{11.1}$$

V_s: 시료량(mL)

V_d: 희석수량(mL)

$V_s + V_d = 200\,\text{mL}$

TON 방법의 주관적 접근은 불만족스러운 결과를 나타낼 수도 있다.[3] 산업용수와 폐수에서는 다른 접근법이 개발되었다(ASTM Method D-1292). 이 방법은 다른 희석 방법론이 이용되고 냄새강도지수(odor intensity index) 측정단위로써 활용된다.[20] 이런 지수는 TON과 관련이 있지만 냄새강도지수는 냄새역치에 도달하는 희석값의 절반으로 하는 배수로써 정의된다.[21] 현재 음식과 음료산업 그리고 몇몇 정수장에서 맛과 냄새를 검출하는 방법으로 flavor profile법이 사용되고 있다.[7]

맛 측정 역치

맛 측정의 역치는 냄새 측정역치와 같이 맛의 강도를 정성적으로 측정한다. 강한 냄새를 가진 시료는 냄새가 개인의 맛에 대한 반응을 방해할 수 있기 때문에 맛 시험에서 미리 제외시킨다. 표준 맛 시험은 TON 시험과 유사하며, 통상 동시에 수행된다. 이 시험법은 다음과 같다. 마시기에 안전하게 보이는 물을 연속적으로 희석을 하고 40℃로 가온한다. 실험에 참여한 사람들은 수초동안 입속에서 희석액을 삼키지 않고 입속에 머물게 한 다음 뱉어낸다. 가장 낮은 농도에서 시작하여 맛을 느끼는

최초의 농도를 가진 희석비를 맛 측정의 역치로 한다.[3]

11.3.5 수원에서의 맛과 냄새의 제어

맛과 냄새는 취수원이나 정수처리장에서 제어할 수 있다. 취수원에서 맛과 냄새를 유발하는 발생원을 사전에 예방하거나 전처리할 수 있도록 잘 계획된 프로그램은 비용이 적게 소요되고 부수적인 장점을 가진다. 그러나 현상의 복잡성과 다양한 원인은 쉬운 해법을 어렵게 하기도 한다. 취수원에서 맛과 냄새를 제어하는 몇 가지 방법은 아래에서 논의 될 것이다.[22]

대수층 보호

지하수의 경우 수원에서 맛과 냄새의 제거는 일반적으로 불가능하지만, Texas 중부의 Edwards 대수층과 같은 지하수 재충전 지역은 해당 지역법과 주법에 의해 농업과 산업 그리고 도시의 오염으로부터 보호되었다. 이 법은 수원보호 전략으로 구성되어 있으며 장기간 동안 연장되고 지하수의 맛과 냄새의 원인인 합성유기물을 예방하는 부가적인 이점을 가진다.

유역관리

지표수에 대하여 폭넓은 유역관리 프로그램은 인위적 그리고 자연적 오염원을 최소화하는데 도움이 된다. 토양보전국(Soil Conservation Service)[9]의 지원에 의한 프로그램과 Seattle시에[10] 의한 유역보호 노력은 오염물질과 상류개발을 규제하고, 부적절한 농업활동과 개발행위에 의한 토양침식을 감소시킨 좋은 사례이다. 유역이나 강우 유출수 관리 프로그램은 유역 전체에 관할권을 행사하는 것이 이상적이다.[20] 불행히도 이러한 조합은 항상 실행가능하지는 않다. 영양염류 부하량의 상당량 삭감을 이루는 것은 호수 면적의 10배가 넘는 유역에서는 어려우며, 역효과를 가져올 수도 있다.[23]

강우 유출수 관리

비점오염원 중에서 주요 오염원인 농업지역과 도시지역 유출수에 대해 기준이 적용되고 강화될 수 있다. 현재 Clean Water Act하의 많은 도시에서는 새로운 도시 유출수 수질기준을 만족시킬 수 있는 강우 유출수 처리시설을 개발하고자 노력하고 있다. 이러한 프로그램들은 하천과 저수지에 영양염류 부하량을 저감시켜 부영양화를 방지하고 조류의 증식을 억제시킬 수 있다. 결국 이러한 저감효과는 냄새와 맛의 문제를 저감시킬 수 있다.

살조제(Algicide) 이용

수원에서의 제어는 조류를 직접 제어하는 것을 포함한다. 전술한 바와 같이 조류는 지표수에서 맛과 냄새의 일차적 원인이다. 일반적으로 황산동과 같은 살조제는 냄새를 발생시키는 물질이 생성되기 이전에 호수에 적용하여야 한다.[23] 수질전문가는 동의 사용량이 적절히 사용되었는가에 대한 잠재적인 영향을 평가해야만 한다. 모든 조류들이 손쉽게 조절되는 것은 아니며 황산동은 물고기를 포함한 다른 수생생물에 독성을 일으킬 수 있다. 시트르산(citric acid)이나 다른 화합물질들이 동과 착염을 형성하기 위해서 필요할 수 있으며, 과량의 투여는 수돗물의 수질에 악영향을 미칠 수 있다. 황산동은 일반적으로 알칼리도가 40 mg/L 이상일 경우 6 kg/ha를 주입하고 40 mg/L 미만일 때는 1 kg/ha를 사용된다. 동의 잔류량은 0.1~0.2 mg/L이 되어야 한다. 현장에 적용은 보트의 뒷부분에 건조상태의 동의 투수성 주머니를 매다는 것과 분진형태로 뿌려줄 수 있다.[23,24] 기타 방법들은 배, 헬리콥터, 또는 비행기에서 스크린 호퍼에 용액을 넣고 스프레이 노즐을 통해 분사시킬 수 있다.[20] Southern California Metropolitan Water District에서는 덩어리 형태의 황산동을 남조류가 급증한 해안을 따라 적용한 결과 효과적이라고 보고하였다.

생물학적 방법

화학적 방법뿐만 아니라 생물학적 방법들이 조류에 의해 생성되는 냄새 대사산물을 분해시키기 위해 연구되었다. Silvey 등은 물속에 지오스민 농도수준을 몇몇 세균들이 저감시킨다고 보고하였지만 이러한 결과는 다른 연구자에게서 입증되지는 않았다.[25,26]

호수 성층파괴

호수 취수원 수질제어의 또 다른 접근은 성층파괴이다. 앞에서 기술한 바와 같이 호수는 여름에 열과 용존산소 성층이 일어나고 가을철에 전도된다. 이러한 경우 처리된 수돗물에서 계절적으로 맛과 냄새가 자주 발생한다. 탈성층화는 표수층과 심층수간의 혼합에 의해 이루어지는데 심층수의 혐기성 조건을 최소화시킬 수 있다. 그 결과 용존철과 망간, 황화수소, 유기성 맛과 냄새 유발성분을 제거할 수 있다. 또한 성층파괴는 조류성장을 제한시키는데 이는 따뜻한 표층수를 찬 심층수와 희석함으로써 조류의 성장을 억제하는 것에 의한다.[6] 성층의 파괴가 모든 맛과 냄새 문제를 해결하는 것은 아니지만 호수 수질을 보다 일정하게 유지하여 맛과 냄새의 원인을 저감시킬 수 있다.

성층파괴 기술은 Symons 등에 의해서 제안되었는데, 호수 바닥에서 찬물을 표면으로 펌핑하는 것이다. 이렇게 하면 상층으로부터 하층으로 물이 순환되며, 호수 전체에 일정한 수질을 유지하게 한다.[27] 표층수는 높은 용존산소를 함유하고 있으므로 별도로 산소공급이 필요하지 않다. 표층수의 용존산소는 심층수의 낮은 용존산소로 물 순환과 함께 용존산소 농도경사에 의해 확산된다.[11] 이와 대조적으로 탈성층에 이용되는 가장 일반적인 방법은 심층폭기로 공기를 확산시켜 순환시키는 것이다.[20,28] 이런 방법에는 송풍시스템으로부터 공기를 공급하는 파이프를 이용하여 호소의 밑바닥에 있는 산기관으로 보낸다. 확산된 공기는 물의 흐름을 형성하고, 정체된 층의 순환을 일으킨다.

11.3.6 정수장에서 맛과 냄새 제어

취수원에서 맛과 냄새를 제어하는 것이 항상 가능하고 경제적인 것만은 아니다. 이러한 경우에 정수장은 맛과 냄새를 제어하기 위해 정수처리 기술을 적용하여야 한다. 맛과 냄새의 원인은 다양하며, 이의 제어를 위해서는 종종 한 가지 이상의 방법이 필요한 경우가 있다. 정수장 설계는 맛과 냄새를 제어할 수 있는 다양한 방법들이 적용될 수 있도록 충분히 유연성 있게 설계되는 것이 이상적이다. 폭기, 산화, 활성탄흡착 등을 포함한 제어와 제거 방법들에 대해 자세히 설명하였다. 전술한 이온교환은 염소이온나 용존무기염 등을 포함한 이온종을 제거하기 위해 일반적으로 사용된다. 염소이온, 기타 용존무기염들은 대부분 맛이나 냄새의 원인이다. 따라서 이온교환은 18장에서 좀 더 자세히 논하게 될 것이다.

폭기

폭기는 정수장에서 맛과 냄새를 제거하기 위해 사용된 가장 오래된 방법 중의 하나이다. 탈기로 알려진 폭기는 용존가스(황화수소, 이산화탄소 등)와 몇 가지 방향족 유기물질을 포함한 휘발성물질을 제거하는데 효과적이다. 폭기는 물에서 용존산소 농도를 증가시켜 철, 망간 그리고 유기물질들을 산화시키는데 도움을 준다. 여러 가지 형태의 공기순환 장치, 헨리법칙과 기액 평형의 동역학은 6.4절에서 나타내었다.

산화

과망간산칼륨, 염소, 이산화염소, 오존 그리고 이들의 조합에 의한 산화기법이 포함된다. 이들 성분들에 대한 화학적 산화는 다음에 설명하였으며, 산화에 대한 자세한 내용은 12장을 참고하면 된다.

과망간산칼륨($KMnO_4$)

Texas Houston시에서 음용수 처리에 최초로 사용하였다는 보고가 있다. 1960년대까지 과망간산칼륨은 널리 이용되었으며, 소독제와 살조제로 사용될 수 있다.[29] 과망간산칼륨은 식물분해에 의한 맛과 냄새를 제거할 수 있고 할로겐족(Cl, Br, I)화합물에 의한 맛과 냄새를 제거할 수 있다.[20] 또한 색도 유발물질인 철과 망간을 침전시켜 제거할 수 있다. 과망간산칼륨의 물리화학적 성질은 표 11－2에 요약하였다.[29] 과망간산칼륨과 물에 함유된 여러 가지 성분과의 일반적인 반응은 식 (11.2)와 같다.

$$\left[\begin{array}{l}\text{Organic compounds}\\ \text{Soluble iron}\\ \text{Soluble manganese}\\ \text{Hydrogen sulfide}\end{array}\right] + KMnO_4 + H_2O \rightarrow \left[\begin{array}{l}\text{Carbon dioside + water}\\ \text{Ferric hydroxide precipitate}\\ \text{Mabanese dioxide}\\ \text{Soluble sulfate}\end{array}\right] + MnO_2 \qquad (11.2)$$

과망간산칼륨은 액상 또는 건상의 형태로 드럼통으로 이송되거나 호퍼 트럭으로부터 공기식으로 이송될 수 있다. 건조 상태의 주입장치는 정수장에서 12 kg/d 이상 사용할 경우에 권장된다.[29] 그림 11－1은 건조상태의 과망간산칼륨의 이송 및 주입계통을 나타낸 것이다. 일반적으로 건조 주입장치는 원수에 주입하기 전에 용해조에 넣고 혼합하여 용해시킨다. 그러나 일부 주입장치는 건조상태의 과망간산칼륨을 원수에 직접 주입하는 경우도 있다. 액상 주입장치는 일반적으로 4%용액을 공급하고 유량비례 펌프에 의해 주입된다.[29]

일반적으로 과망간산칼륨은 산화반응에 충분한 체류시간을 갖도록 원수펌프장이나 급속혼합지에 주입하거나 이전의 정수처리 공정에 적용한다. 그림 11-2는 과망간산칼륨을 급속혼합지에 주입하는 전형적인 형태이다. 과망간산칼륨의 주입량을 적절하게 조절하여 보라색이나 분홍색이 플록형성지 이후까지 연장되지 않도록 해야 한다.[30] 과망간산칼륨은 염소를 주입하기 이전에 주입하는 것이 바람직하다. 이것은 염소요구량을 감소시키고 THMs와 같은 할로겐 유기물질의 생성을 저감시키기 위함이다. 많은 경우에 과망간산칼륨을 원수펌프장에 주입하여 배관에서의 접촉시간을 이용한다. 맛과 냄새 제어를 위한 최적의 과망간산칼륨 주입량을 결정하기 위해서는 쟈테스트를 해야 한다. 쟈테스트에서는 접촉시간, 농도, 그리고 pH를 포함한 실제 조건을 모의해야 한다. 과망간산칼륨은 알칼리성 조건의 pH에서 더욱 효과적이다. 맛과 냄새를 제거할 목적으로 주입하는 양은 통상 0.5~2.5 mg/L인데 가끔 농도를 10 mg/L보다 높게 주입하기도 한다. 과량 주입량은 과망간산칼륨이 여과지를 통하여 배수시스템으로 유입될 수 있으므로 피해야 한다. 배수시스템에서 불용성 이산화망간(MnO_2)은 침전하여 물을 검게 만든다. 또한 망간의 농도가 음용수 수질기준보다 높게 증가될 수 있다.

오존이 일차 소독제로 사용될 경우 과망간산칼륨은 오존의 산화작용을 방해한다. 또한 활성탄은 과망간산칼륨을 소비한다. 이러한 이유에서 오존은 잔류 과망간산칼륨이 없어진 후에 사용하여야 한다.[29]

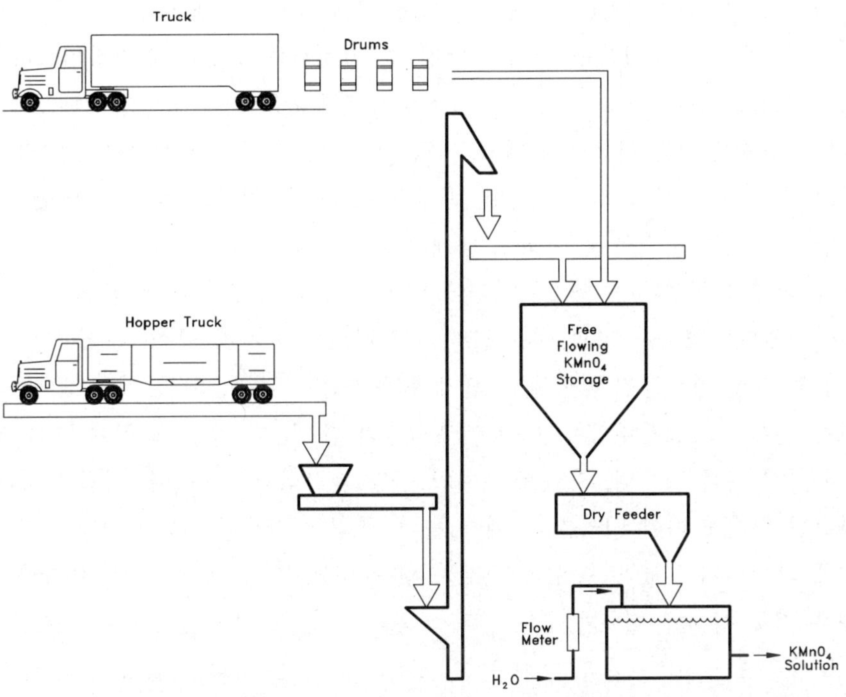

그림 11-1 드럼통과 호퍼트럭을 이용한 과망간산칼륨 조작과 저장계통

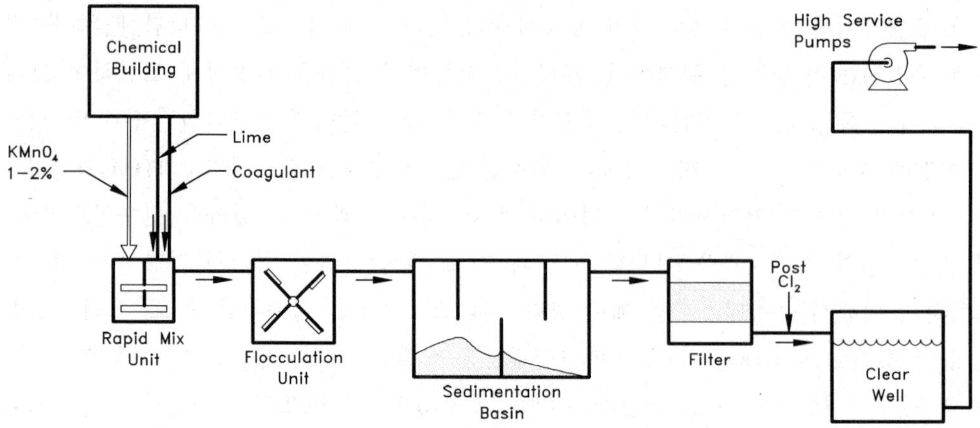

그림 11-2 급속혼합지에 과망간산칼륨의 주입

염소(Cl_2)

아주 오래 전에는 소택지, 호수 그리고 하천으로부터 유래된 냄새에 의해 질병이 전달된다고 여겼다. 이런 생각은 1800년대 중반 Pasteur가 질병의 세균이론(germ theory)이 발전되기 이전까지 지속되었다.[5] 질병전파에 대해 명확하게 이해하기 이전에는 염소화합물질들이 냄새제거에 효과적으로 생각하여 1830년대 음용수에서 냄새제거를 위해 이용되었다.[10] 이후에 염소가 병원성 미생물을 사멸시킨다는 것이 밝혀진 후 염소소독 방법이 일반화되었다.

맛과 냄새 제거를 위한 염소의 이용은 심미적 수질기준을 만족시키기 위해 계속 사용되었다. 염소사용의 주요 장점은 사용하기 쉽고, 저렴하며, 잔류성이 유지된다는 것이다. 몇 가지 단점은 생산과 운반 및 저장 그리고 적용에 관계된 위험성이 있다는 점이다. 또한, 염소 소독부산물은 발암성이 있는 것으로 알려졌다. 냄새가 나는 부산물들은 페놀과 같은 화학물질과 염소의 반응에 의해서 형성된다. 염소유기물에 대한 새로운 규제에 의해 염소소독은 과거보다 덜 매력적이 되었다.[6] 염소가 맛과 냄새물질을 생산하는 두 가지 방식; 염소는 맛과 냄새성분을 산화하여 덜 역한 생성물질을 만들고, 냄새를 유발하는 미생물의 증식을 제어한다. 맛과 냄새의 제어는 잔류염소, pH, 온도 그리고 접촉시간의 함수이다. 염소 화학에 대한 상세한 논의는 12장에서 다시 다룰 것이다. 맛과 냄새제어를 위한 염소의 효용성은 화합물의 형태와 염소에 의해 산화된 형태에 따라 달라진다. 예를 들어, 황과 이산화황 그리고 멜캅탄들은 염소소독에 의해 쉽게 제거되지만 낮은 농도의 염소는 MIB 또는 지오스민과 같은 복잡한 조류산물로부터 냄새를 더욱 강하게 할 수 있다.

염소 요구량은 크게 원수 수질, 초기 농도, 접촉시간, 온도 등에 영향을 받는다. 일반적인 염소 요구량은 2~10 mg/L이고 잔류염소의 전형적인 농도는 0.2~2.5 mg/L이다.[30]

클로라민(Chloramine)

클로라민은 유리염소가 물에 자연적으로 존재하는 또는 첨가된 암모니아와 반응하여 형성된다. 이 결합염소는 3가지 화학종이 있다. 즉 모노클로라민(NH_2Cl), 디클로라민($NHCl_2$), 트리클로라민(NCl_3)이다. 화학적 특성과 관련된 내용은 12장에서 설명한다. 클로라민 산화와 살균을 위해서는 염소보다 많은 접촉시간이 요구되지만 THM을 생성하지 않는다. 클로라민류는 맛과 냄새를 제어하는데 특별히 효과적이지 않고 음용수에 있을 경우 냄새가 강해진다. 클로라민의 잔류성은 유리염소보다 오래 지속된다.

이산화염소(ClO_2)

이산화염소가 최초로 이용된 곳은 New York주의 Niagara폭포에 있는 정수장이다. 현재 미국에서 300~400곳의 정수장에서 사용하고 있으며, 유럽에서는 수천 개의 정수장에서 사용하고 있다.[32~34] 염소와 같이 이산화염소는 소독에 이용되는데 맛과 냄새를 저감시키는 부수적인 효과가 있다. 이산화염소는 실제 염소소독의 한 형태로 분류된다. 그러나 이산화염소의 생성과 화학반응은 매우 다르다. 이산화염소는 매우 불안정한 화합물질이므로 염소와 아염소산염(chlorite)용액을 사용하여 현장에서 생성시켜야 한다. 현재의 기술은 원료로부터 95% 이상의 이산화염소를 생성할 수 있다. 이산화염소의 생성과 화학적 특성은 12장에서 설명한다.

이산화염소에 의한 산화는 앞에서 언급하였듯이 염소소독의 모든 장점을 가지고 있다. 추가적으로 흙냄새와 곰팡이냄새는 염소에 의해 쉽게 제어되지 않지만, 이산화염소는 이러한 냄새를 감소시킨다.[34] 또한 냄새를 유발하는 유기화합물질을 형성하지 않으며 THM을 염소보다 적게 생성한다. 그러나 기타 부산물질들의 위해성에 대해서는 정확한 분석이 필요하다. 또한 이산화염소의 생성을 위한 장치는 비용이 많이 소요된다. 이산화염소 요구량은 염소 요구량과 유사하게 결정한다. 쟈테스트를 통하여 시료에 주입할 적합한 주입농도를 결정할 수 있다. 일반적으로 0.1~5 mg/L의 이산화염소가 사용된다.

오존(O_3)

오존은 1900년대 초반에 프랑스에서 최초로 사용된 것으로 보고되었다.[21] 유럽에서는 오존이 널리 보급되었지만 미국에서 오존의 사용은 제한적이다. 오존은 강력한 산화제이고 소독제로 맛과 냄새를 제거시키고 기타 처리공정을 향상시킬 수 있다.

반응성이 높은 산소동소체(allotrope)는 산소가 있는 조건에서 전기적 하전에 의해 형성된다. 오존은 두 가지 중에 한가지로 반응한다. 즉, 직접산화나 OH라디칼을 형성하는 간접산화경로가 있다. 첫 번째 경로인 직접산화는 느리고 산화되는 화학물질이 매우 선택적이다. 두 번째 경로는 오존이 자기분해(autodecompose)하여 OH라디칼을 생성하며, 이러한 과정은 유기물질이나 다른 OH라디칼에 의해 촉진된다. OH라디칼은 유기화합물질의 산화에 매우 빠르고 비선택적이다.[6] 이러한 이유에서 오존소독은 바이러스에 대해 효과적이다.[10]

오존은 많은 종류의 자연발생의 맛과 냄새 유발물질을 쉽게 산화시킨다. 산업장 오염물질을 처리하는 효과는 적다.[6] 오존의 일차적인 매력은 유리염소보다 맛과 냄새의 제거에 더욱 효과적이며 THM을 형성하지 않는다는 것이다. 또한 *Giardia lamblia* 포낭을 불활성화시키는 것으로 여겨지고 있다. 오존은 매우 불안정하고 반응성이 강하기 때문에 현장에서 제조해야 한다. 이러한 이유에서 오존은 과거에는 대중성이 적었지만 오늘날에는 염소의 THM생성을 제어하기 위한 대체 소독제로서 대중성이 높아졌다. 오존 생성기술은 12장에서 설명한다. 정수장에 주입하는 오존농도의 범위는 0.5~5 mg/L이다.

오존처리의 변형으로 과산화수소와 오존을 조합한 것을 perozonation 또는 peroxidation이라고 한다. 고도산화공정(advanced oxidation processes, AOP)은 오존처리 이전에 과산화수소를 물에 첨가하여 OH라디칼의 생성을 촉진시키는 방법이다. 맛과 냄새를 저감시키는 산화촉진 효과는 향후 연구가 더 필요하며 산업장 오염물질을 산화시키는 해결책이 될 수 있다.

활성탄 흡착

활성탄의 두 가지 형태는 분말활성탄(PAC)과 입상활성탄(GAC)이다. 두 가지 형태 모두 화합물질을 물리적으로 흡착한다. 과거에는 PAC가 맛과 냄새를 제거하는데 자주 사용되었다. PAC는 1929년 미국에서 최초로 사용되었다고 보고되었다.[20] 현재는 PAC와 GAC 모두 맛과 냄새를 신뢰할 수 있을 정도로 제거시키는 것으로 알려져 있는데, 특히 산업장에서 발생하는 맛과 냄새를 효과적으로 제어한다.[6]

어떻게 활성탄이 흡착을 하는가를 이해하기 위해서는 어떻게 활성탄이 만들어졌는가를 이해해야 한다. 활성탄은 나무, 석탄, 숯, 야자껍질이나 기타의 탄소원으로 제조한다. 탄소 원료를 공기가 없는 곳에서 열을 가해 탄화하고 비탄소 불순물질들을 제거시키기 위하여 산화에 의하여 활성화시킨다. 이러한 활성화는 일부 탄소층을 연소시키고 공극을 가진 구조로 만든다. 활성화는 200~1,000℃의 고온 범위에서 수증기, 이산화탄소, 공기의 존재 하에서 이루어지며, 저온에서는 습식화학 처리되는데 고농도의 인산, 수산화칼륨, 염화아연의 약품이 첨가된다. 그 결과 비흡착특성을 가진 무수히 많은 탄소공극표면이 형성된다. 공극크기 분포와 흡착특성은 탄소원과 활성화 방법에 직접적인 영향을 받는다.[6]

높은 공극과 큰 비표면적은 활성탄이 독특한 흡착특성을 갖도록 한다. 표면적이 2,000 m^2/g을 초과하며 건조밀도는 500 kg/m^3까지 될 수도 있다. 그러나 경제적 측면에서 정수처리에 사용하는 활성탄의 표면적은 500~1,500 m^2/g이다.

이용 가능한 큰 표면적은 탄소의 물리적 흡착성질을 향상시킨다. 이런 과정에서 물에서 기인한 용질분자(흡착질)는 활성탄의 거친 표면과 불규칙한 틈을 통과한다. 이 분자들은 인력인 반데르발스 힘(물리적 흡착)에 의해 제거되고, 흡착제와 흡착질 간에는 약한 결합을 한다. 이러한 이유에서 흡착질이 용액 내 용질농도와 대략적인 평형을 이룬다. 그러므로 용질농도의 어떠한 변화는 흡착 후 남아있는 화학물질량에 영향을 준다.

정수처리에서 활성탄의 선정시 주요 고려사항은 (1) 활성탄 형태(PAC, GAC), (2) 흡착능, (3) 흡착속도 등이 있다. 맛과 냄새가 계절적이거나 미미할 경우에는 통상 PAC가 경제적이다. GAC는 좀 더 심하고 지속적인 조건에서 적합하다. PAC와 GAC 모두 특정한 흡착특성으로 판매되며 사실상 어떤 체입경분포에도 이용이 가능하다.

분말활성탄(PAC)

정수장 운전자들 중 일반적인 생각은 모든 시도가 실패했을 때는 PAC를 사용해야 한다는 것이다. 이것은 매우 적절한 생각이지만 효과성은 탄소의 유형, 주입량, 그리고 적용지점에 의해 결정된다. 일반적으로 PAC는 300 mesh(0.074 mm)미만이며 주입농도는 0.5~5 mg/L이다.[35]

일반적으로 PAC 주입량은 실험실에서의 시험을 통하여 좀 더 정확한 주입량을 결정할 수 있을지라도 운전자들의 경험에 기초로 한다. 이러한 시험에서 일련의 탄소 주입량을 냄새가 나는 물에 첨가하고 잔류냄새의 수준을 결정한다. 단일 냄새물질이 존재할 경우에 초기와 잔류농도는 높은 수준의 실험실 분석기술로 측정할 수 있는 것이다. 이러한 장비를 이용할 수 없거나, 냄새의 발생원을 모르고 여러 종류의 화합물질들이 관련되었을 경우 11.3.4절에 제시한 TON 방법이 적합하다. 이러한 자료는 허용수질기준을 달성하기 위해 제거 효과를 규명하고 경향을 예측하며 활성탄 주입량을 결정하기 위해 여러 가지 방법으로 표시될 수 있다. 탄소주입량과 TON(또는 잔류 농도)간의 단순한 도식은 관계를 설명하기에 충분하다. 그러나 적합한 방법은 제거와 주입량간의 상관관계를 도출하는 것이다. Freunlich와 Langmuir 등온흡착식이 일반적으로 사용되며, PAC와 GAC에 대해 모두 적용가능하다. 두 식의 가장 큰 차이점은 Freunlich 등온흡착식은 엄밀히 말해 경험적 접근이며, 반면에 Langmuir 등온흡착식은 이론에 근거한 것으로 폭넓게 적용가능하다.[5,36,37]

Freunlich 등온흡착식은 식 (11.3)으로 표현되며 식 (11.4)와 같이 변형될 수 있다.

$$\frac{X}{M} = k\,C^{1/n} \tag{11.3}$$

$$\ln\frac{X}{M} = \ln k + \frac{1}{n}\ln C \tag{11.4}$$

여기서,

X : 활성탄에 흡착된 용질량(mg/L) ($X = C = C_0 - C$)
C_0 : 용질의 초기농도(mg/L)
C : 최종 또는 용질의 평형농도(mg/L)
M : 탄소 주입량(mg/L)
k : 실험상수(y축 절편)
n : 경사의 역수

Freunlich 등온흡착식과 유사하게 Langmuir 등온흡착식은 식 (11.5), (11.6) 그리고 (11.7)과 같다.

$$\frac{X}{M}=\frac{abC}{1+bC} \tag{11.5}$$

$$\frac{C}{X/M}=\frac{1}{ab}+\frac{1}{a}C \tag{11.6}$$

$$\frac{1}{X/M}=\frac{1}{ab}\frac{1}{C}+\frac{1}{a} \tag{11.7}$$

여기서

a : 단층으로 포화된 흡착제 단위질량당 흡착된 용질의 최대몰수

b : 실험상수(L/mg)

Langmuir 등온흡착식은 $C/(X/M)$대 C 또는 $1/(X/M)$대 $1/C$를 그려서 나타낸다. 명확한 경향을 나타내는 경우 좀 더 정확한 상수를 얻을 수 있다. 예제 11－1은 Freunlich과 Langmuir 등온흡착식의 적용 예이다.

예제 11-1 상수도국에서 유역개발이 조류증식으로 맛과 냄새 문제를 증가시킨다는 것을 알게 되었다. 남조류와 Actinomycetes등이 대표적인 냄새유발 유기물질인 지오스민을 생성하는 것으로 확인되었다. 상수도국은 개발을 규제할 권한이 없었으나 수질이 악화될 것을 예상하였다. 따라서 상업용 PAC가 지오스민을 효과적으로 제거할 수 있는가를 실험하였다. 실험에서 원수를 1L병들에 넣고 지오스민 농도를 40 mg/L로 주입하였다(원수의 실제 지오스민 농도는 1 μg/L 미만임). PAC 주입량을 달리하여 각각의 병에 주입하였다. 3시간이 경과한 후 시료들을 분석하여 지오스민의 평형농도를 결정하였다. 실험결과는 다음 표와 같다. 주어진 자료를 이용하여 지오스민 제거를 나타내는 Freunlich 등온흡착식을 구한 다음 Langmuir 등온흡착식의 상수를 구하시오.

활성탄 주입량, M(mg/L)	초기 지오스민 농도, C_0(mg/L)	최종 지오스민 농도, C(mg/L)
0	40	40.00
0.05	40	35.10
0.5	40	15.85
1.0	40	9.50
2.0	40	4.90
1.0	40	2.35
10.0	40	0.90
20.0	40	0.42
30.0	40	0.25

풀 이 등온흡착식을 도식하기 위해 다음 표와 같이 자료를 정리하였다.

M (mg/L)	C_0 (μg/L)	C (μg/L)	X (μg/L)	$\frac{X}{M}$ (mg/L)	$\frac{C}{X/M}$ (mg/L)	$\frac{1}{X/M}$ (g/mg)	$\frac{1}{C}$ (L/μg)
0.05	40	35.10	4.90	98.0	0.358	0.0102	0.0285
0.5	40	15.85	24.15	48.3	0.328	0.0207	0.0631
1.0	40	9.50	30.50	30.5	0.312	0.0328	0.105
2.0	40	4.90	35.10	17.5	0.280	0.0571	0.204
4.0	40	2.35	37.65	9.4	0.250	0.106	0.426
10.0	40	0.90	39.10	3.91	0.230	0.256	1.11
20.0	40	0.42	39.58	1.98	0.212	0.505	2.38
30.0	40	0.25	39.75	1.32	0.189	0.758	4.00

μg/mg = mg/g

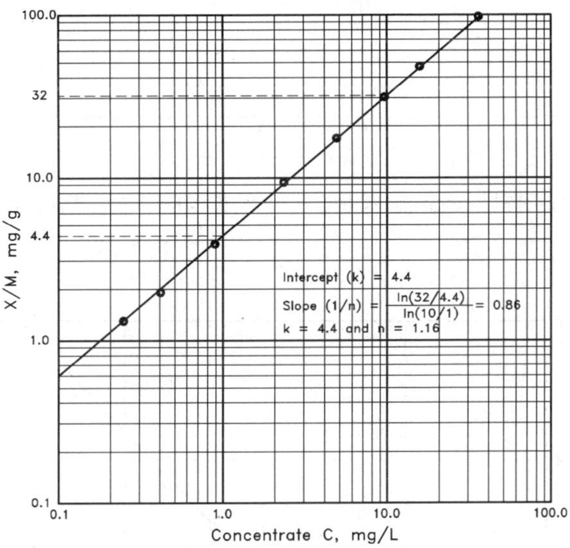

그림 11-3 예제 11-1의 Freundlich 등온흡착식의 도시, PAC를 이용한 지오스민 흡착

그림 11-3은 Freundlich 등온흡착식을 도식한 것이다. 선형관계가 분명하게 나타난다. y축 절편인 k는 4.4이고 기울기 $1/n$은 약 0.86으로 n은 1.16이다.

그림 11-4와 11.5는 Langmuir 등온흡착식을 나타낸 것이다. 그림 11-4에서와 같이 선형으로 나타내기는 어렵다. 개략적으로 도식한 결과에서 y절편 $1/ab$ 값은 0.22, 기울기 $1/a$는 0.0046이다. 즉, $a=220$, $b=0.0207$이다. 그림 11-5에서 관계를 수립하는 것이 훨씬 쉽고, y절편 $1/a=0.005$, 기울기 $1/ab$는 0.213이다. 따라서 $a=200$, $b=0.0234$가 된다. 일단 상수가 결정되면 활성탄 주입량은 지오스민 제거수준에 따라 결정될 수 있다.

이 예제는 이상적인 경우이다. 부정확한 측정, 제어되지 않는 변수들을 고려하면 도시한 결과가 경향을 분명하게 나타내지 않을 수 있다. 어떤 경우에는 한 가지 이상의 경향을 나타내는데 이는 각기 다른 흡착 제거특성을 가진 여러 가지 성분이 함유되어 있기 때문이다. 이 등온흡착 접근은 활성탄 주입량과 제거속도를 제외하고 다른 변수들을 일정한 값으로 설정하고, 결과는 상황을 가장 잘 나타낸다는 가정에서 해석되어야 한다.

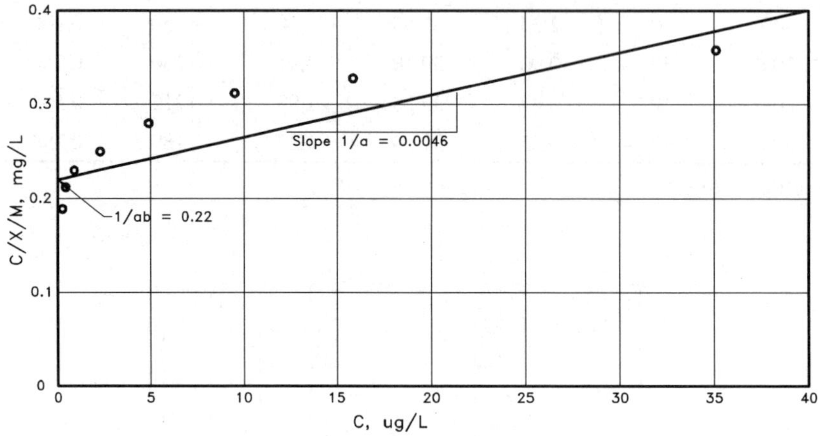

그림 11-4 예제 11-1의 Langmuir 등온흡착식의 한 가지 유형, PAC를 이용한 지오스민 흡착

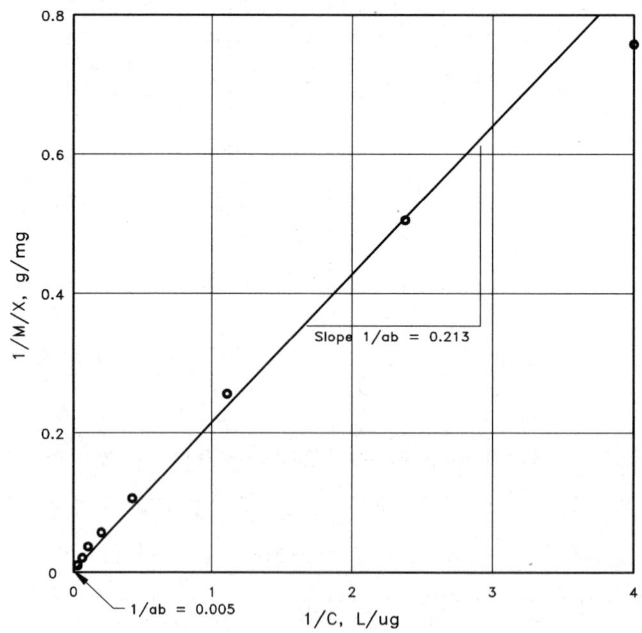

그림 11-5 예제 11-1의 Langmuir 등온흡착식의 또 다른 유형, PAC를 이용한 지오스민 흡착

입상활성탄(GAC)

GAC는 여재의 기능과 흡착성질이 있어 미국에서 그 사용이 증가하고 있다. 산업장에서도 폭넓게 이용되는 GAC는 음용수 처리에 널리 이용된다. 높은 수질에 대한 요구의 증가와 GAC 재생비용의 감소에 따라 GAC 공정에 대한 신뢰와 효율성이 정립되고 있다.

GAC는 PAC와 같은 방법으로 생산되고 동일한 흡착 특성을 갖는다. 종종 GAC는 기존의 모래여과지 대신에 설치되기도 하며, 여과 후속처리로서 사용되기도 한다. 활성탄 흡착속도와 흡착능은 적용위치에서 결정해야 하지만, 필터 옵션에 대하여는 여재로서 GAC를 반드시 평가하여야 한다.

GAC 처리법의 선택은 실험실 규모의 연구를 통해 타당성과 경제성을 평가하고 설계인자들을 설정해야 한다. 인자들은 흡착속도, 활성탄 여상 또는 컬럼의 면적과 높이, 유량, 운전시간, 손실수두, 입경 그리고 손실과 재생빈도를 고려한 GAC수명이다.

GAC의 맛과 냄새, 기타 화합물질의 제거효과는 Freunlich 및 Langmuir 등온흡착식으로 표현된다. 부가하여 Bohart와 Adams는 연속운전 활성탄컬럼의 성능을 예측하기 위해 반응속도 이론을 나타내는 접근을 식 (11.8)과 같이 제안하였다.

$$\ln\left(\frac{C_0}{C_e}-1\right)=\ln\left(e^{KN_0D/N}-1\right)-KC_0t \tag{11.8}$$

여기서,

- C_0 : 초기 농도(mg/L 또는 μg/L)
- C_e : 허용유출수 농도(mg/L 또는 μg/L)
- K : 속도상수(m^3/carbon kg·hr)
- N_0 : 흡착능(kg solute/m^3 carbon)
- D : 여상깊이(m)
- V : 선형유속(m/hr)
- t : 운전시간(hr)

일반적으로 $e^{KN_0D/V}$항은 1보다 매우 크므로 식 (11.8)은 다음과 같이 단순화된다.

$$t=\frac{N_0D}{C_0V}-\frac{1}{KC_0}\times\ln\left(\frac{C_0}{C_e}-1\right) \tag{11.9}$$

식 (11.9)의 D에 대해 t를 도시하면 선형관계를 가진다. 기울기 S와 절편 I는 다음 식 (11.10)과 식 (11.11)과 같다.

$$S = \frac{N_0}{C_0 V} \quad \text{or} \quad (N_0) = C_0 V S \tag{11.10}$$

$$I = \ln\left(\frac{C_0}{C_e} - 1\right)\frac{1}{KC_0} \quad \text{or} \quad K = \ln\left(\frac{C_0}{C_e} - 1\right)\left(\frac{1}{I C_0}\right) \tag{11.11}$$

여상의 한계깊이는 식 (11.9)에서 $t = 0$일 때 구할 수 있다.

$$D_0 = \left(\frac{V}{KN_0}\right)\ln\left(\frac{C_0}{C_e} - 1\right) \tag{11.12}$$

속도상수 K와 흡착능 N_0는 실험실 규모의 컬럼실험으로부터 결정한다. 일단 관계식을 결정하면 이 식을 이용하여 운전시간과 한계 여상깊이를 예측한다. Eckenfelder와 Ramalho가 권장하는 대표적인 실험장치를 그림 11－6에 나타내었다.[37,38] 실험과정은 다음과 같다.

실험과정은 직렬로 설치한 활성탄 컬럼에 일정한 유량으로 물을 통과시켜 유출수에서 원하는 성분을 측정한다. 첫 번째 컬럼의 유출수가 파과점에 도달하면 파과점 도달시간과 컬럼 높이를 기록한다. 두 번째 컬럼과 마지막 컬럼의 파과시간을 얻을 때까지 실험을 계속한다. 이와 같은 실험절차가 종료되면 새로운 GAC로 교체하고 유량을 달리하여 실험을 반복한다. 실험결과 자료는 C_0, C_e와 V를 시간과 깊이별로 도시한다. 깊이에 대한 시간의 도시는 각각의 유량에 대해 선형관계를 나타낸다. 각 직선의 기울기와 절편을 구하여 K, N_0, D_0을 계산한다. 산정한 상수들을 유량과의 관계로 도시하면 실규모 활성탄 처리시설의 설계인자가 된다. 예제 11－2와 11－3은 Bohart－Adams 방법을 이용한 GAC 설계과정이다.

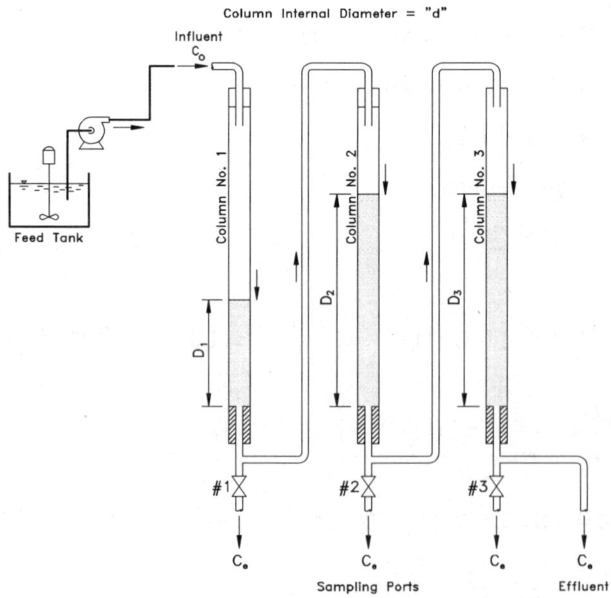

그림 11－6 입상활성탄 연구를 위한 실험장치

예제 11-2 산업용수처리장이 산업단지의 하류에서 물을 취수하고 있다. 원수는 주로 유기물로 인한 색도, 맛, 냄새가 높다. 특정한 합성 유기화합물질(SOC)이 가장 대표적인 오염물질로 규명되어 GAC컬럼에 의한 제거효율을 실험하였다. 실험결과는 여과 후속의 흡착컬럼의 설계에 이용할 한계 깊이와 유량을 선정하는데 유용할 것이다.

설계 자료를 얻기 위해서 Bohart-Adams 방법을 이용하였다. 연속적인 실험실 규모의 활성탄 흡착연구를 여과된 물에 대해 실시하였다. 선택된 SOC 농도는 연구동안 25 mg/L로 일정하게 유지하였다. 최대허용 SOC 농도는 유출부에서 1 mg/L이다. 온도, pH, 그리고 다른 요인들은 시험기간 동안 일정하게 하였다. 직경 2.5 cm GAC컬럼을 사용한 실험에서 유량조건을 4단계로 달리하였고, 여상의 깊이를 변화를 주었다. 분석결과는 다음과 같다.

실험번호	유 량		여상깊이		시 간	통수량	
	gpm/ft^2	m^3/m^2·min	m	ft	hr	m^3	gallons
1	2	0.081	$D_1=0.61$	2	600	1.48	393
			$D_2=1.22$	4	1,520	3.77	995
			$D_3=1.83$	6	2,450	6.07	1,604
2	4	0.163	$D_1=1.22$	4	430	2.13	563
			$D_2=2.44$	8	1,110	5.50	1,453
			$D_3=3.66$	12	1,780	8.82	2,330
3	8	0.326	$D_1=1.52$	5	180	1.78	471
			$D_2=3.05$	10	530	5.25	1,388
			$D_3=4.57$	15	900	8.92	2,356
4	16	0.652	$D_1=1.52$	5	70	1.39	367
			$D_2=4.57$	15	430	8.52	2,251
			$D_3=7.62$	25	800	15.85	4,189

주어진 자료로부터 깊이에 대한 파과시간, 유량에 대한 K, N_0, D_0의 관계를 도시하라.

풀 이 깊이와 시간의 도시를 그림 11-7에서 나타내었다. 다음은 유속을 계산하고, 그림으로부터 기울기와 y축 절편을 구한다. 그 결과는 다음과 같다.

실험번호	유 량		유 속		S 기울기		I 절편
	gpm/ft^2	m^3/m^2·min	ft/hr	m/hr	hr/ft	h/m	hr
1	2	0.081	16	4.88	463	1519	350
2	4	0.163	32	9.75	169	555	250
3	8	0.326	64	19.5	72	236	180
4	16	0.652	128	39.0	36.8	121	120

이 자료들은 K, N_0, D_0를 계산하는데 이용된다. C_0 = 25 mg/L = 25 × 10^{-6} lb solute/lb solution이다. 물의 밀도 62.4 lb/ft^{3}를 곱하면 1.56×10^{-6} lb solute/ft^3 solution이다. 이런 상수에 대한 계산된 값은 아래와 같고 그림 11-8에 나타내었다.

실험	유 량			N_0		K		D_0
번호	gpm/ft^2	m^3/m^2·min	lb/ft^3	kg/m^3	ft^3/lb·hr	m^3/kg·hr	ft	m
1	2	0.081	11.6	185	5.82	0.363	0.76	0.23
2	4	0.163	8.44	135	8.15	0.508	1.5	0.45
3	8	0.326	7.19	115	11.3	0.706	2.5	0.76
4	16	0.652	7.35	118	17.0	1.06	3.3	0.99

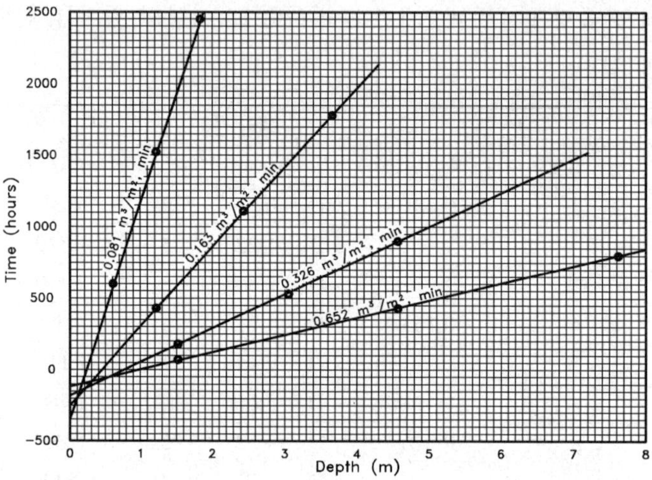

(a)

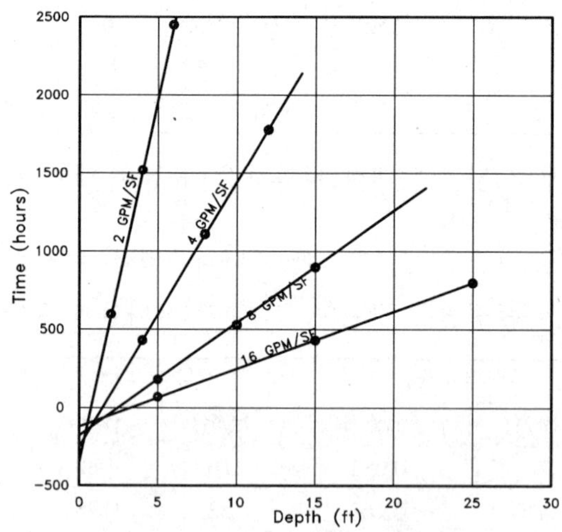

(b)

그림 11-7 예제 11-2에서의 Bohart - Adams의 깊이에 대한 시간의 도시, GAC를 이용한 SOX 제거. (a) SI단위, (b) US단위

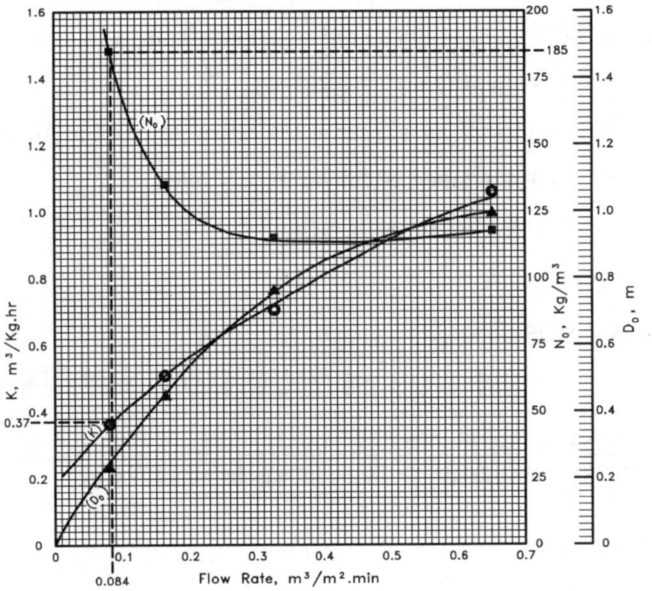

(a)

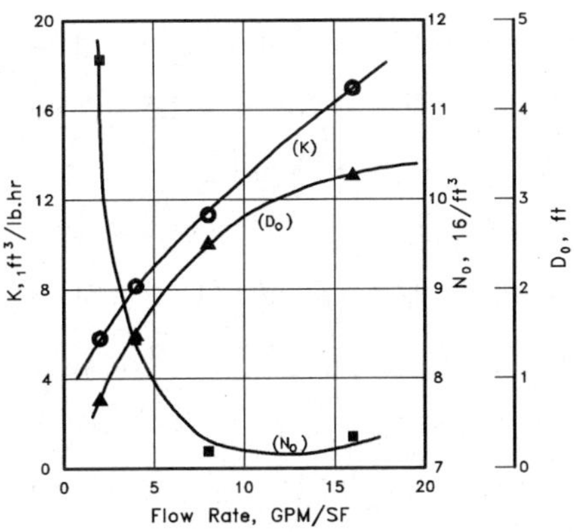

(b)

그림 11-8 예제 11-2에서의 Bohart-Adams의 유량에 대한 K, N_o, D_o의 도시, GAC를 이용한 SOC 제거. (a) SI단위, (b) US단위

예제 11-3 예제 11-2에서 보여준 GAC 연구에서 얻은 실험실 자료를 이용하여 직경 1 m, 높이 1.5 m인 활성탄 여상의 성능을 평가하고자 한다. 원수의 특정 SOC 농도는 25 mg/L이고 처리수의 잔류 SOC 농도는 1 mg/L이다. 활성탄 컬럼을 통과하는 유량은 95 m^3/d이다. 다음을 계산하시오.

1. 운전시간 (hr/cycles)
2. 연간 활성탄 교체횟수와 활성탄 소요량(m^3).

Water Works Engineering

풀 이

1. 운전시간 산정

여상에 가해지는 유량 = 95.0 m^3/d = 0.066 m^3/min

여상의 단면적 = (π/4)(1 m)^2 = 0.785 m^2

여상면적당 유량 = 0.066 m^3/min × 1/0.785 m^2 = 0.084 $m^3/m^2\cdot$min

여과유속 = 0.084 m/min × 60 min/hr = 5.04 m/hr

그림 11－8에서 유량이 0.084 $m^3/m^2\cdot$min에 대한 값은 다음과 같다.

K = 0.37 m^3/kg·hr

N_0 = 185 kg/m^3

식 (11.9)를 이용하여 운전시간을 산정한다. D = 1.5m를 이용한다.

$$t=\left(\frac{185\,\text{kg/m}^3\times 1.5\,\text{m}}{0.025\,\text{kg/m}^3\times 5.04\,\text{m}}\right)-\left(\frac{1}{0.37\,\text{m}^3/\text{kg}\cdot\text{hr}\times 0.025\,\text{kg/m}^3}\right)\ln\left(\frac{0.025\,\text{kg/m}^3}{0.001\,\text{kg/m}^3}-1\right)$$

$$=1{,}849\,\text{hr/cycle}$$

2. 연간 활성탄 교체횟수와 활성탄 소요량의 산정

횟수/년 = (365 d/yr × 24 hr/d) / (1849 hr/cycle) = 4.74 cycle

연간 소요되는 활성탄부피 = 0.785 m^2 × 1.5 m/cycle × 4.74 cycle/yr

= 5.58 m^3/yr

GAC를 이용한 맛과 냄새 제거에서 좀 더 경험적 접근법은 공탑접촉시간(empty bed contact time, EBCT)이다. 이 방법은 비용이 적게 들면서도 활성탄 여과지나 컬럼의 크기를 결정하는데 충분한 정보를 제공한다. 설계 인자들은 여상깊이와 여과속도이다. 기타 인자들은 결과에 영향을 줄 수 있다. 짧은 EBCT에서는 낮은 깊이의 여상보다 유속이 빠른 깊은 여상에서 맛과 냄새를 보다 잘 제거한다. 또한 긴 EBCT에서는 그 반대의 경향을 나타낸다.[39] EBCT의 계산은 식 (11.13)과 같다.

$$EBCT=\frac{H}{v} \tag{11.13}$$

여기서, $EBCT$: 공탑접촉시간(s)

H : 여상깊이(m)

v : 여과속도(m/s)

이 식은 종종 오염물질 제거와 GAC 재생속도를 결정하기 위한 기초 자료로 이용된다. 예제 11－4는 EBCT방법의 단순한 적용을 나타낸다. Langmuir식이 관계식을 얻기 위해 EBCT방법에 적용될 수 있다.

예제 11-4 새로 채용된 정수장 관리자는 한 건물 안에 저장된 2개의 대규모 GAC 더미가 있음을 알았다. 하나는 최근에 구입했으며 다른 하나는 공급자에 의해 재생이 필요한 소모된 GAC였다. 불행히도, 어느 직원도 어떤 GAC가 새로 들어온 것인지 몰랐고, 육안 검사에서 결론을 내리지 못했다. 그래서 책임자는 각각의 시료들을 표시하여 EBCT 시험을 하기 위해 실험실로 시료를 보내 단서를 찾고자 하였다.

실험실 분석요원들은 48 inch GAC 컬럼을 병렬로 설치하고, 그 유입수에 MIB를 15 μg/L로 주입했다. 6개의 다른 여과속도로 병렬로 실험을 했고 아래와 같은 결과를 얻었다.

여과유량		유 속		여상깊이		EBCT	C_0	C_e(μg/L)	
gpm/ft^2	m^3/m^2·min	ft/min	m/min	ft	m	min	μg/L	Test Column1	Test Column2
3	0.12	0.40	0.12	4	1.22	9.97	15	2.9	8.3
4	0.16	0.53	0.16	4	1.22	7.48	15	3.2	8.1
6	0.22	0.80	0.24	4	1.22	4.99	15	4.2	9.7
8	0.33	1.07	0.33	4	1.22	3.74	15	6.0	11.1
10	0.41	1.34	0.41	4	1.22	2.99	15	7.8	11.6
14	0.57	1.87	0.57	4	1.22	2.14	15	10.0	12.9
20	0.81	2.67	0.81	4	1.22	1.50	15	12.5	13.7

그림 11−9는 EBCT에 대한 유출수 MIB농도를 나타낸 것이다. 1번 컬럼이 분명이 사용하지 않은 활성탄이다.

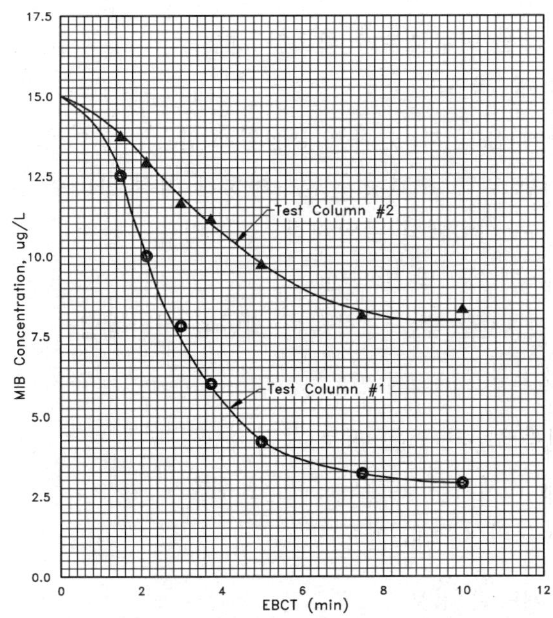

그림 11−9 예제 11−3에서, EBCT에 대한 MIB 농도의 도시, MIB의 GAC 흡착실험 결과

Water Works Engineering

11.4 색, 맛, 냄새 제어시스템 장비 제조업자

색, 맛 그리고 냄새를 제어할 산화제는 각 나라마다 다양하게 존재하고 있다. 다양한 등급의 활성탄들이 제조업자들에 따라서 생산하고 있다. 산화제 주입기기는 수많은 제조업자에 의해 공급되고 있으며, 몇몇의 제조업자는 오존 처리시스템을 전문으로 한다. 화학물질과 주입기 시스템의 공급자 목록은 부록 C에 있다.

설계엔지니어들은 지역을 대표하는 화학약품 제조자, 장비공급자와 밀접히 일해야 된다. 약품의 선택은 수질특성과 적용사례가 유사한 정수장의 처리성능에 근거하여야 한다. 가능하다면 실험실 규모나 파일롯 규모의 실험을 통하여 정수장에 적용시 적합여부를 사전에 분석하여야 한다. 장비의 선택도 유사하게 설치된 정수장의 성능이력에 근거하여야 한다. 오존과 이산화염소의 발생 및 주입과 같은 복잡한 시스템들은 특별한 고려가 요구되는데 하청업자가 연관되어 있기 때문이다. 설계엔지니어들은 또한 약품비용과 시스템의 운전 및 유지비용을 대안과 경과시간에 관하여 비교하는 현가분석(present worth analysis)을 실시하여야 한다. 4.10절에 적절한 장비선택에서 설계엔지니어의 책임에 대하여 설명하였다.

11.5 색도, 맛, 냄새 제어시설의 설계를 위한 자료 점검표

다음 자료들은 정수장 설계시 색도, 맛 그리고 냄새를 제거하기 위해 필요한 자료들이다.

1. 예비 설계보고서와 처리성 연구로부터 획득한 자료
   a. 설계유량 : 첨두, 평균, 최소
   b. 원수의 색도 문제와 응집, 산화, 산화와 응집의 조합, 흡착, 이온교환과 같은 제안된 처리방법
   c. 색도를 제거하기 위한 약품 주입량과 플록형성지 최적 pH
   d. 색도 제거에 요구되는 산화제의 주입지점 및 주입량
   e. 원수에서 맛과 냄새의 정도 및 발생빈도
   f. 폭기, 산화 그리고 활성탄흡착을 포함하는 제안된 처리방법
   g. 약품 주입량과 적용지점

2. 정수장 소유자와 운전자로부터 얻은 정보
   a. 약품 주입장치 형태와 제작사에 관한 특별한 선호도
   b. 약품 주입과 혼합시설의 선호하는 위치

3. 설계엔지니어에 의해 개발된 정보
   a. 규제당국에 의해 정해진 설계기준

b. 생산자의 카달로그나 설계지침

c. 이용가능한 장비의 유형, 크기 그리고 한계

11.6 설계 예

11.6.1 설계기준 적용

정수처리시설의 설계는 원수의 색도, 맛, 냄새 제거의 필요성을 반드시 고려해야 한다. 다음의 기준들은 이러한 것들을 제거하는 시스템의 개발에 사용되는 것이다.

유량

유량은 전술하였다. 제거 시스템은 건기시에 최대유량이 113,500 m^3/d이 되도록 설계한다. 약품주입장비는 최대와 최소의 유량에서 원하는 주입량을 최소와 최대의 조건으로 공급할 수 있도록 한다.

철과 망간의 제거

허용치를 초과하는 철과 망간의 농도는 계절적으로 문제가 될 수 있다. 이들은 색도, 맛 그리고 냄새를 발생시킬 수 있다. 철의 농도가 0.2～0.7 mg/L로 보고 되었고 망간은 0.05～0.4 mg/L가 이러한 기간에 검출되었다. 철과 망간에 대한 SMCLs(secondary maximum concentration level)[b]은 각각 0.3 mg/L, 0.05 mg/L이다. 경제적 제거방법은 정수장 경계에서 과망간산칼륨을 원수에 첨가하는 것이다. 최대 4 mg/L의 과망간산칼륨을 주입하면 철과 망간을 산화 및 침전시키는데 충분하다. 과망간산칼륨의 주입량은 또한 맛과 냄새를 어느 정도 제거하고 염소요구량과 THM 생성능을 줄일 수 있다. 유기물질로부터 기인된 색도는 원수에 존재하지만, 정상적인 응집과 응결과정에서 소독에 의해 산화되지 않는 과량의 색도를 제거할 수 있을 것으로 예상된다. 이러한 예상은 인근의 비교할 수 있는 수질의 수원을 가지는 다른 정수장의 수질을 비교함으로서 확인할 수 있다.

맛과 냄새 제어

계절적으로 맛과 냄새 문제는 취수원의 조류와 actinomyces 때문이다. 과망간산칼륨 4 mg/L만으로는 이러한 문제를 해결할 수 없다. 수요자들은 여러 가지 형태의 맛과 냄새를 일으키는 물질을 유연하게 처리할 수 있도록 요구한다. 실험실규모의 실험에서 PAC가 맛과 냄새 제거에 효과가 있음이 입증되었다. 실험실 규모의 실험에서 접촉시간 25～30분, 최대 주입량은 8 mg/L에서 맛과 냄새를 검출할 수 없는 수준으로 제거하기에 충분하다는 결정을 내렸다. PAC 주입장치는 최대 유량조건에서 8 mg/L까지 주입할 정도의 규격이 되어야 한다. PAC는 원수 펌프장에서 주입될 것이다. 필요한 접촉시간은 원수관을 통한 이송시간으로 제공될 수 있다. 소모된 PAC는 침전조에서 다른 침강성 플록과 같이 폐기된다.

11.6.2 설계 계산

Step A : 과망간산칼륨 주입장치

과망간산칼륨은 일반적으로 건조형태로 투입되지만 액상으로도 종종 이용된다. 자연유하식 과망간산칼륨 주입장치의 설계 예를 이용하였다.

1. 시스템 구조

   과망간산칼륨 저류조와 주입장치는 그림 8－23과 같이 약품저장 건물에 위치한다. 이 장치는 이송, 저장, 주입기, 용해조, 주입펌프 등으로 구성된다. 과망간산칼륨 용액은 처리장 남쪽 경계에 있는 Box A 연결부에 주입된다(그림 5－4, 과망간산칼륨 주입지점 참고). 용액은 Box A 연결부에서 자유 낙하에 의해 완전히 혼합되며 산화반응은 급속혼화지에 도달하기 전에 배관 내에서 일어난다. 본 예제에 적용된 과망간산칼륨 주입장치의 개요도는 그림 11－10에 나타내었다.

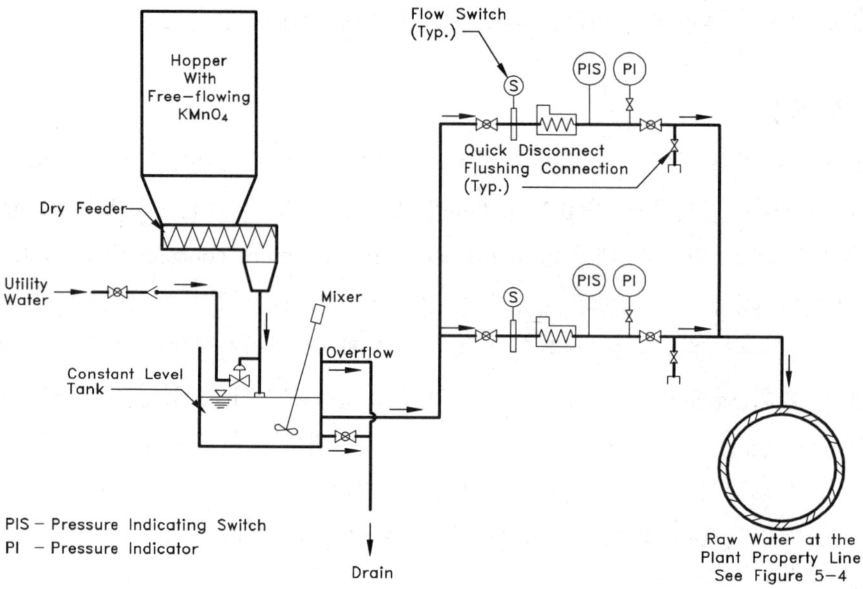

그림 11－10 과망간산칼륨 주입장치 개요도

2. 과망간산칼륨의 이송

   호퍼트럭으로 운반되어 silo(저장고) 내부로 흡인된다. 분진 필터가 장착되어 이송 중에 미세입자의 배출을 방지한다. 이 필터는 수두손실이 수압을 기준으로 7.5 cm로 11 m^3/min의 공기를 정화할 수 있으며, 교환이 가능한 카트리지형태이다.

3. 과망간산칼륨

Silo는 과망간산칼륨 주입장치로부터 평균 주입농도는 4.0 mg/L을 유지할 수 있는 크기가 되어야 한다. 일 최대유량인 113,500 m^3/d 조건에서 순도 90%인 과망간산칼륨의 30일분 저장량은 다음과 같이 계산한다.

$$\text{총저장량} = 113{,}500\ m^3/d \times 10^3\ L/m^3 \times 4.0\ mg/L \times (10^{-6}\ kg/mg) \times 30 \times 1/0.9$$
$$= 15{,}100\ kg/month$$

2개의 주입장치가 있으므로 저장용량은 silo당 7,550 kg.

건조 과망간산칼륨의 밀도를 1,500 kg/m^3로 가정하면(표 8－7) silo의 체적은 7,550 kg/1,500 kg/m^3 = 5.0m^3이다. 넉넉하게 여유 공간을 고려하면 각각의 silo의 체적은 약 8 m^3이다. 두 기의 silo로 할 경우 각각 직경이 2 m, 높이는 2.5 m이다.

4. 정량 고상주입기(Volumetric dry feeder)

Silo는 호퍼 상단에 위치하여 정량 고상주입기로 직접 주입한다. 여러 가지 주입기의 배열은 제조업체에 따라 다르다. 건조 약품은 유도모터에 의해 구동되는 나선형(helical) 주입 스크류에 의해 호퍼로부터 인출된다. 주입 스크류의 조작범위는 20:1이며, 4개의 도르래(pulley) 위치에서 최대 주입농도는 4 mg/L, 일최대유량 113,500 m^3/d가 된다. 자세한 정량 고상주입기는 그림 11－11과 같다.

$$\text{각 주입기의 최대용량}$$
$$= 1/2 \times 113{,}500\ m^3/d \times 10^3\ L/m^3 \times 4.0\ mg/L \times (10^{-6}\ kg/mg) \times 1d/24hr = 9.5\ kg/hr$$

$$\text{부피 용량(volumetric capacity)} = (9.5\ kg/hr \times 10^3\ L/m^3) / 1{,}500\ kg/m^3 = 6.3 L/hr$$

상용화된 저속기어박스 스크류 주입기들의 주입용량은 1.0 L/hr～1,500 L/hr 범위이므로 상기한 규격은 쉽게 구할 수 있다. 주입기는 용액 주입펌프와 함께 운전된다.

5. 용해조

용해조는 주입하기 전에 기계적 혼합을 위해 충분한 체류시간을 유지하여야 한다. 건조 과망간산칼륨이 용해조의 측면에서 투입되고 설치된 기계식 혼합기에 의해 혼합된다. 용액은 배관을 통해 펌프로 이동하게 될 것이다. A－200L 탱크면 충분하다. 희석수는 부상밸브에 의해 자동으로 주입된다.

6. 주입펌프와 배관

두 개의 양압 진공펌프가 용액을 원하는 주입량으로 원수배관으로 주입한다. 한 개의 펌프는 정상적으로 작동하고 나머지는 대기 중에 있다. 각 펌프는 0～10 L/min 용량을 갖고 충분한 압력을 가져야 한다. 유량은 정수 유량에 비례하여 작동한다. 이 펌프들은 10% 농도의 과망간산칼륨 용액까지 펌핑할 수 있다. 모든 배관과 연결부들을 부식방지 재질로 하여 이러한 고농도의 과망간산칼륨 용액에서도 문제가 발생하지 않아야 한다. 주입지점에는 용액이 원수 배관에서 급속하게 혼합될 수 있도록 노즐을 포함한다.

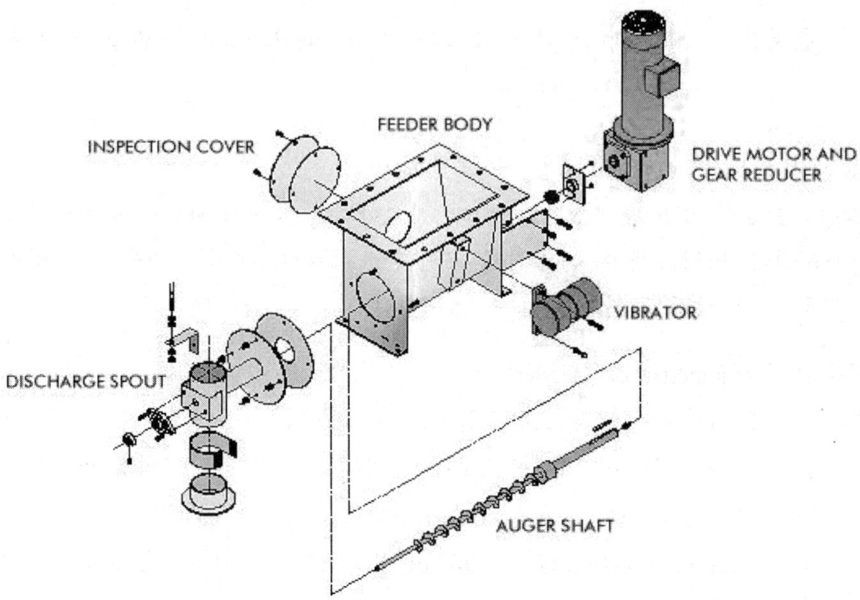

(a)

(b)

그림 11-11 $KMnO_4$이송을 위한 정량 고상주입기(CHEMCO Equipment Co.). (a) 개요도, (b) 장치조합

Step B : PAC 주입시스템

PAC 주입시스템 설계에는 다양한 접근방법이 있다. 일반적으로 단순한 시스템이 문제가 적어 복잡한 설계보다 선호된다. 일반적으로 복잡한 설계는 장치 운전자를 혼동시키고 보수가 어려우며, 고장날 수 있는 부품들이 많다. 여기에서 제안한 시스템은 유연성을 가지며, 중규모의 정수장에서 필요한 정도의 자동화를 제공한다.

1. 시스템 구조

   PAC 저류조와 이송시스템은 원수펌프장에 위치한다. PAC 저류조와 주입건물의 위치는 그림 7－18에 나타내었다. PAC 시스템은 다음 항목들을 포함한다. 2기의 혼합기가 있는 PAC 슬러리 저류조, 활성탄 이송기와 분진 포집장치, 2개의 순환펌프, 정량 액상주입장치, 일정수위 유지 탱크, 3개의 펌프 그리고 배관 및 필요한 부속을 포함한다. 유량 흐름도는 그림 11－12와 같다. 이러한 장치들의 설계는 다음과 같다.

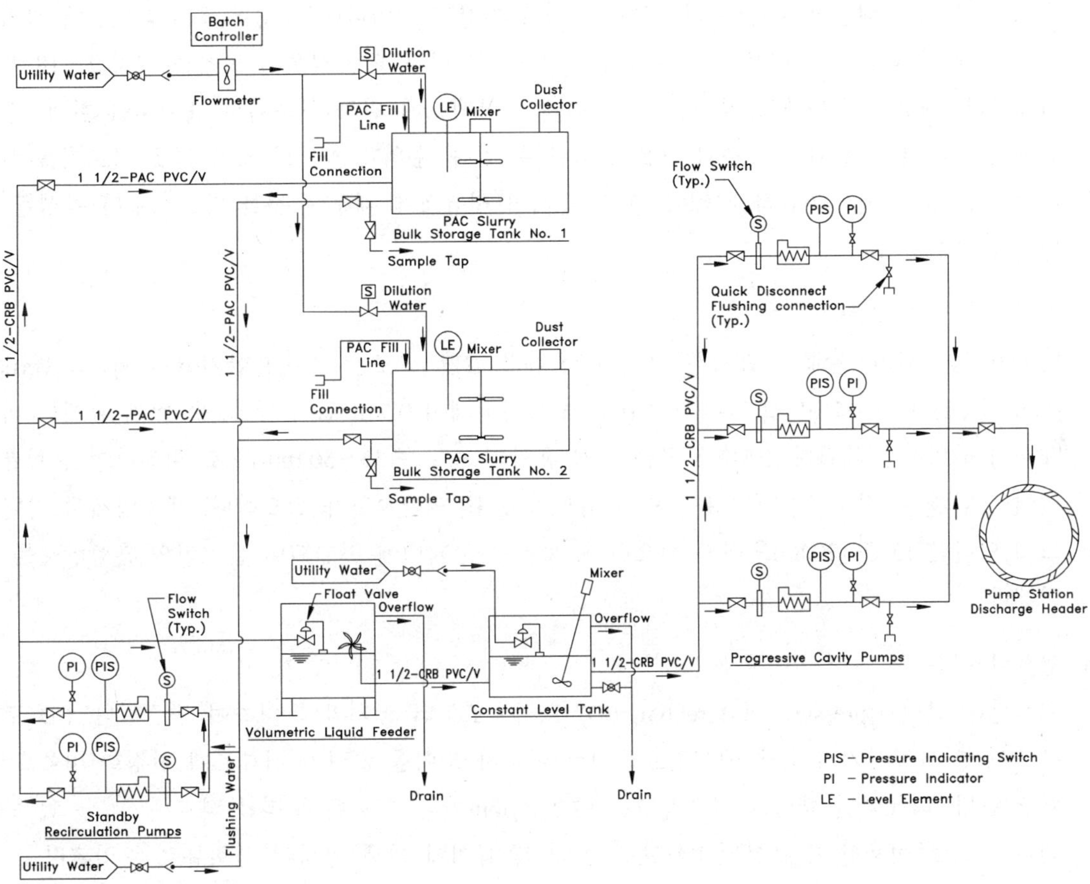

그림 11－12 분말활성탄(PAC) 주입시스템 흐름도

2. PAC 슬러리 저류조

원하는 PAC 주입농도는 5~8 mg/L이다. 이 시스템은 최대 8 mg/L까지 주입할 수 있도록 설계한다. 일 최대유량인 113,500 m^3/d 조건에서 PAC의 30일간 저장량은 다음과 같이 계산한다.

$$\text{총저장량} = 113{,}500\ m^3/d \times 10^3\ L/m^3 \times 8.0\ mg/L \times (10^{-6}\ kg/mg) \times 30\ d$$
$$= 27{,}200\ kg/month$$

한 조가 수리 중이거나 새로이 PAC를 받기위해 비워둘 때도 다른 조가 공급을 유지해야 하므로 각 PAC 슬러리 저류조는 한 달을 공급할 수 있도록 크기를 정한다. 초음파변환기(ultrasonic transducer)를 이용하여 저류조 내 슬러리 높이를 모니터링 할 수 있다. 슬러리는 희석수 m^3당 120 kg PAC의 권장농도로 유지될 것이다. PAC는 부피로 1 : 1.2의 비율로 팽창하므로 슬러리 내 PAC 농도는 100 kg/m^3이 될 것이다.

$$\text{요구되는 저류용량} = [(27{,}200\ kg) / (120\ kg/m^3)] \times 1.2 = 272 m^3$$

2개의 구조물은 각각 6.5 m 정사각형 평면에 깊이는 8.5 m로 용적은 359 m^3이다. 초과용량 부분은 월류구 위와 배출관 아래에 해당하는 부위로 저장될 것이다. 구조물은 원수펌프장에 위치하고 도로에 인접하며, 운반 트럭의 하역이 용이하도록 한다. PAC시설의 위치는 그림 7－18에 나타내었다. 깨끗한 수돗물이 활성탄 운반 전에 저장탱크에 원하는 수위로 채워져야 한다. 수위감지기가 각 조에 설치되어 물의 양을 조절할 수 있다. 수위가 높거나 낮을 경우 경보기를 설치하여 시스템 작동을 원활하게 해야 한다. 슬러리 저류조에 채운 수돗물 양으로부터 활성탄 투입량을 계산한다.

3. 활성탄 슬러리 혼합기

PAC가 공급되기 전에 혼합기를 우선 작동한다. 2단 속도 수직축혼합기(two-speed vertical shaft mixer)가 사용되고 첫 번째 날개(blade)는 바닥에서 0.5 m 위에 있고, 두 번째 날개는 바닥에서 3 m 위에 위치한다. PAC가 공급될 때 혼합기는 고속(35~50 rpm)으로 회전하여 선회류를 주어 혼합한다. 정상적인 혼합은 25~35 rpm의 혼합 교반속도가 필요하다. 제조업체의 카탈로그에 의하면 15 kW(20 hp)모터가 필요하다. 모터는 모니터에 연결되어 슬러리의 혼합상태를 나타낸다.

4. 활성탄 이송

활성탄은 압력차(pressure-differential, PD) 트럭으로부터 공기압에 의하여 공급된다. PD 트럭은 PAC를 유동시키기 위해 에어컴프레셔를 이용하고 이를 슬러리 저류조에 일정한 비율로 불어 넣는다. 대표적인 활성탄 이송속도는 12.2 m^3/min이다. 연결은 분리를 빠르게 할 수 있는 유연한 호스를 이용한다. 부상된 PAC는 슬러리 혼합기에 의해 형성된 선회류로 주입된다.

5. 분진포집을 위한 설비

공기를 이용하여 하역하는 경우에는 배기에 대한 설계가 필요하다. 단순한 공기 배출구는 분말 활성탄을 누출시키므로 공기 스크러버(air-scrubber)가 각 저류조 상단에 설치되어야 한다. 건식 및 습식 스크러버 모두 상용 제품화되어 있다. 이곳에서 설계하는 것은 건식 스크러버를 이용하여 분진을 제거할 것이다. 건식 스크러버는 자체 세정 카트리지 형태의 포집기로서 일정한 압력손실에서 필요한 공기량을 세정할 수 있다. 압력계는 흡인압력, 필터의 압력손실, 팬 모터를 모니터링한다. 압력손실이 과잉으로 발생시 고압 역류방식 공기분사로 필터를 자동 세정한다. PAC가 슬러리로 혼합된 후에 교반기 속도는 설정된 저속으로 감소된다.

6. 퇴적된 PAC 재부상

PAC 저류조가 수리 중에도 슬러리가 남아있을 경우 젖은 PAC는 저류조의 바닥에 두껍게 쌓인다. 대부분의 교반기들은 이러한 퇴적층을 분쇄할 정도의 회전력(torque)이 없다. 따라서 공기분사장치를 각 저류조 바닥에 설치하여야 한다. 바닥에 퇴적된 PAC가 있는 저류조를 수리할 경우에는 고압공기를 분사하여야 한다. 이 고압공기는 PAC를 느슨하게 하거나 깨뜨린다. 교반기를 보호하기 위해서 타이머가 설치되어 몇 분의 공기혼합 전에 작동되지 않도록 한다. 일단 PAC 퇴적층이 느슨해지면 교반기가 PAC를 점차 침식시켜 재부상시킬 것이다.

7. 재순환 펌프

활성탄 슬러리의 주입, 재순환, 이송을 위해서는 2개의 재순환 펌프가 필요하다. 이는 주입배관과 저류조에서 PAC 부상을 유지하기 위하여 필요하다. 원심펌프(centrifugal pump)들이 이러한 목적에 자주 사용되나 PAC와 같은 마모성 슬러리를 더 효율적으로 이송하기에 용이한 정변위 단상펌프가 사용될 수도 있다. 펌프들은 276 kN/m^2(40psi)에서 유량을 1~40 L/min로 조절이 가능해야 한다. 세척수의 연결은 배관과 펌프의 청소를 위해 이용된다.

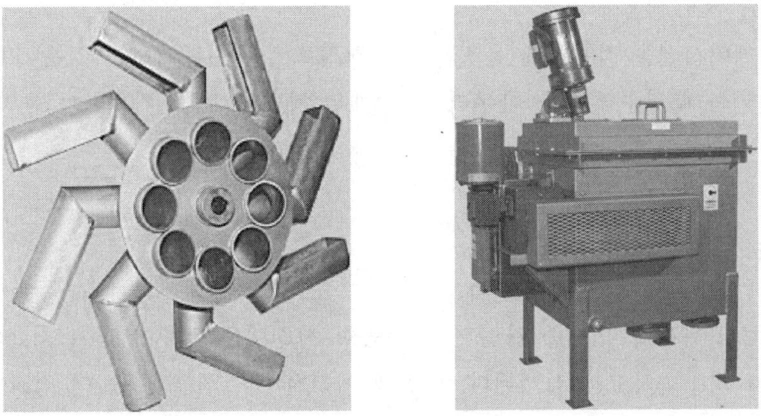

(a) (b)

그림 11-13 회전국자형 PAC 정량 액상주입기(CHEMCO Equipment Co.).
(a) Tubular dipping wheel, (b) 장치조합

8. 정량 액상주입기

정량 액상주입기는 회전국자형(rotating dipper type)으로 부상밸브로 주입량을 조절하고 분당 0~20 L의 공급유량을 가진다. 속도 제어기는 슬러리 주입량을 조절하고 모니터링한다. 슬러리는 중력에 의해 정량 주입기에서 일정수위 저류조로 이송된다. 정량 액상주입기는 그림 11－13과 같다.

9. 일정수위 탱크

일정수위 유지 저류조는 200 L의 활성탄 슬러리를 저장할 수 있으며, 슬러지를 혼합하는 전기식 교반기가 설치되어 있다. 부상밸브가 조에서 액체 수위를 유지시켜줄 것이다.

10. PAC 주입 펌프

3개의 PAC 슬러리 펌프가 설치되는데, 최대 정수 유량에서 각 8 mg/L의 PAC를 주입할 수 있다. 첫 번째 펌프가 정상적으로 작동하고, 두 번째 펌프는 최대주입시 가동되고, 세 번째 펌프는 예비용이다. 이런 펌프들은 양압진공펌프이며 유량에 비례하여 작동된다. 모터는 모니터에 연결되어 상태를 감시한다.

11. 공기와 슬러리 배관

공기 분사기와 배관은 PAC 주입실에 위치한 공기 압축기로부터 690kN/m^2(100psi)로 공기를 이송한다. 공기는 필터를 세정하고 공기 세정시스템을 가동시킨다. 슬러리 배관은 슬러리를 원수 펌프실 배출관에 위치한 주입점으로 한다. 일 최대유량 조건에서 PAC는 30분 이상의 접촉시간을 갖는다.

11.7 색도, 맛, 냄새 제어시설의 운전, 유지관리 및 고장검사

색도, 맛, 냄새 제어시설을 적합하게 운전하고 규칙적으로 유지관리하는 것은 고장을 줄이고 장비의 수명을 연장시키는데 필수적이다. 아무리 잘 설계된 장치도 적합한 운전과 유지관리계획이 필요하다.

11.7.1 일반적인 운전문제와 고장검사

문제점들은 장치의 복잡성과 종종 관련된다. 자동화 시스템은 비용이 많이 소요되는 인건비 관리비 절감 및 오류를 최소화하고자 설계된다. 반면에 이러한 시스템들은 좀 더 정교한 장치로 구성되어 고도로 숙달된 운전자를 요구하기도 한다. 다음은 PAC와 과망간산칼륨 주입장치에서 직면하는 일반적인 문제들을 나열한 것이다.

1. 호퍼 트럭으로부터 운반된 과망간산칼륨이 고압에 의해 제대로 공급되지 않는다. 이러한 경우는 공기필터가 막혀있음을 의미하므로, 필터 카트리지를 깨끗한 카트리지로 교환하여야 한다.
2. 과망간산칼륨이 주입지점에 도달되지 않는다. 배관, 연결부, 또는 펌프가 고장이거나, 주입기가 꺼져있거나 고장일 수 있다. 건조 과망간산칼륨 중 불순물들이 수분을 흡수하여 케익 형태로 되어 호퍼의 상부에 교각처럼 굳어진다. 이것은 정상적으로 자유롭게 흐르는 과망간산칼륨에서는 발생하지 않는다. 또 다른 가능성은 주입기가 너무 느리게 설정되어 있을 경우이다.
3. 과망간산칼륨으로 인한 분홍색이 응결지에 잔류하지 않아야 한다. 그렇지 않으면 엷은 분홍색이 물에 잔류하여 침전지에 유입된다. 만일 분홍색이 침전지에 분명하게 나타나면 과망간산칼륨주입량을 감소시킨다.

PAC 주입 시스템

1. PD트럭으로부터 활성탄의 하역이 고압에 의해 제대로 되지 않는다. 이는 필터 카트리지가 막혀서 공기 스크러버가 작동하지 않는 것을 의미한다. 필터 청소를 위한 고압의 공기공급기가 고장났거나 필터 카트리지를 교환해야 한다.
2. 교반혼합기가 회전력 과부하 경보(torque overload alarm)를 보낸다. 이러한 오류경보는 베어링이나 기타 기계적 결함 때문이다. 만일 공기 분산시스템이 작동하지 않거나 혼합 전에 작동하지 않았다면, 하부 교반기 날개가 퇴적된 PAC에 의해 방해 받기 때문이다. 퇴적된 활성탄은 고압 공기 분사기로 느슨하게 할 수 있다.
3. 공기분사 장치가 막힐 수 있다. 분사기 배관을 양압을 유지하여야 분사기 배관에 활성탄이 유입되어 막히는 현상을 줄일 수 있다. 공기 배관 밸브에 PAC의 막힘여부를 점검해야 한다. 만약 공기 배관이 액체 수면 위에 관곡부가 없다면 에어컴프레셔가 고장시 PAC 슬러리가 역류될 수 있다.
4. PAC가 주입지점에 이송되지 않는다. 한 가지 이상의 펌프 고장이나 배관이 막혔을 경우에 발생한다. 자동 세척장치는 이러한 막힘 현상을 방지할 수 있다. 또 다른 가능성들은 (1) 비어 있는 탱크로부터의 흡입, (2) 부상밸브 고장, (3) 다이아프램 밸브 닫힘, (4) 회전 국자의 고장 등이다.

11.7.2 운전 및 유지관리

색, 맛 그리고 냄새 제거 시스템의 유지와 작동은 원수 수질에 영향을 받는다. 수질이 악화되었을 동안에는 이러한 장치의 작동에 신중을 기해야 한다. 문제를 조기에 발견하는 것이 수요자의 불만을 최소화하는 것이다. 한편 이 장치들이 사용되지 않는 기간에도 유지관리는 무시할 수 없다. 장비가 잘못되지 않도록 일상적인 유지관리가 예정되어야 한다. 다음 과정은 시설의 만족스러운 운전을 위해 권장되는 과정이다.

1. 색과 맛, 냄새의 발생여부를 알기 위해서 처리수를 매일 채수하여 점검하여야 한다. 수질기준에

적합하지 않은 경우 약품 주입량을 조정하거나 PAC나 혹은 과망간산칼륨 주입장치를 가동해야한다.

2. 주입 설정값을 확인하고 날마다 주입율을 기록한다. 원수와 정수의 수질과 함께 비교를 위해서 주입율 기록을 유지한다. 이런 기록부는 미래에 운영자의 결정에 지침이 될 수 있을 경향과 관계를 감지할 수 있도록 주기적으로 검토해야 한다.
3. 매월 약품주입기를 보정한다. 펌프, 호퍼, 주입기, 교반기, 스크러버, 배관, 밸브 및 장치들의 적절한 운전여부를 점검한다.
4. 제조업체 지침서에 따라 부품에 윤활류를 치고, 청소하며 수리한다. 매일 점검, 매주 점검, 매월 점검, 분기별 점검을 제조업체의 지침서에 따라 실시하여야만 한다. 제조업체의 보증은 이러한 점검을 하지 않으면 무효가 될지 모른다.
5. PAC 배관은 정상적으로 운전 중에는 매주, 고장수리 중에는 매월 청소한다. PAC 주입장치의 공기 배관이 막히지 않도록 수시로 점검해야 한다. 에어컴프레셔는 사용하지 않을 때도 매주 1회 이상 작동시켜야 하며, 수분 제거기(blow - off) 작동여부를 점검한다.
6. PAC와 과망간산칼륨 저류조의 수위를 주입율을 기록할 때 모니터링 한다. 미리 납품시기를 예정하고, 주기적으로 시료를 채수하여 점검한다.
7. 6개월마다 PAC 혼화기의 베어링과 모터를 검사한다. 또한 공기 스크러버 시스템을 컴프레셔에서부터 필터까지 검사한다.
8. 매년마다 각 PAC 저류조를 비워 청소한다. 분사기와 배관, 임펠러 그리고 다른 장비들을 수리하고 검사한다.

11.8 사양(Specification)

이들 사양들은 포괄적인 것이 아니라 엔지니어와 장비 공급자에 의해 사용되는 완전한 설계를 위한 초기 지침일 뿐이다.

11.8.1 과망간산칼륨 주입시스템

계약자는 설계도면과 사양서의 설명에 따라 과망간산칼륨을 시스템 구성, 조립, 검사하여 운전을 준비해야 한다. 이 시스템은 호퍼, 개구부, 공기필터를 갖춘 1개의 저장 silo, 하나의 정량 고상주입기와 용해조, 2기의 주입펌프와 배관과 연결부위로 구성된다.

저장 silo와 호퍼

2기의 저장 silo는 각각 8 m^3 저장용량이어야 한다. 각 silo는 직경이 2 m, 높이가 2.5 m로 60°의 기울기를 가진 호퍼가 하단부에 수직으로 부착되어 있다. silo와 호퍼는 스테인레스강 재질이어야 한다. silo는 고상 과망간산칼륨 운반트럭을 위한 주입구와, 표준 11 m^3/min을 여과할 수 있는 일회용 천여과기가 설치되어야 한다. 필터 배출구는 수분과 공기가 토양으로 들어가지 않도록 해야 한다.

정량 고상주입기와 용해조

주입기와 용해조는 단일회사 제품을 사용해야하고 호환성과 숙련성의 결합에 대해 보증되어야 된다. 주입 약품에 노출되는 모든 부품들은 스테인레스강으로 제작되어야 한다. 주입기는 용해조 옆에 설치되어야 한다. 주입모터는 나선형 스크류를 구동한다. 모터는 4단계 도르래(pulley)가 설치되어 있다. 이 장치는 20:1의 작동범위를 갖어야 하고 수동으로 타이머를 설정할 수 있어야 한다. 모든 구동 부품들은 정상적 작동시 운전자의 부상을 방지할 수 있게 덮개가 설치되어야 한다. 제어기들은 주입기 인근에 설치되어 있는 NEMA−1에 장착되어야 한다. 용해조는 용량이 200 L이어야 하고 유니버설 클램프로 장착된 0.04 kW(1/20 hp) 전자기기 교반기를 포함한다. 조절 부상밸브를 이용하여 용해조의 액체수위을 조절한다. 월류가 가능하여야 한다.

주입펌프, 배관 및 연결(Fitting)

주입펌프는 정변위 단상펌프(positive−displacement progressive cavity single−stage pump)를 설치해야 한다. 2개의 주입펌프, 배관 및 연결부들이 설치되어야 한다. 이것들은 용해조 바닥에 2.5 cm PVC 배관과 펌프를 통해 분사기로 연결된다. 펌프는 20 kN/m^2에서 0∼400 L/min로 조작이 가능해야 한다. 밸브들은 표준 PVC 볼밸브이어야 한다. 모든 펌프, 배관, 연결부는 과망간산칼륨을 손상없이 취급할 수 있는 등급이어야 한다.

11.8.2 PAC 주입시스템

계약자는 도면과 사양에 기술된 PAC 주입시스템 운영을 위해 구성하고, 조립하고, 검사하여 준비해야한다. 이 시스템은 각각 연결부, 공기 스크러버 시스템, 스파저, 2단 혼화기, 수위검출기 그리고 부속품 등으로 구성된 2개의 PAC 슬러리 저장탱크, 기기, 파이핑, 밸브 그리고 연결부로 구성된 2개 순환펌프, 1개의 회전국자정량주입기(volumetric rotating dipper), 교반기, 계기와 배관으로 구성된 1개의 일정 수위조 그리고 계기, 원수펌프장, 배출관으로 연결되는 유출관으로 구성된 3개의 양정펌프로 이루어진다.

PAC 슬러리 저장탱크

PAC 슬러리 저장탱크는 6.5 m 장방형 깊이 8.5 m의 철근콘크리트조로 설계한다. 탱크는 지반보다 낮고, 한 개의 공유벽이 있다. 한 달간의 콘크리트 양생 후 표면을 매끄럽고 깨끗하게 연마한다. 바닥, 벽, 천장에 연속하여 라이닝을 한다. PAC 공급을 위한 연결관은 직경 10 cm의 스테인레스강 재질로 트럭에서 하역하는 지점에서 빠른 분리가 가능한 커플링으로 연결하고 높은 수준의 혼화기 와류에 순간적으로 배출할 수 있어야 한다. 5 cm PVC 파이프는 공정수를 각 조로 이송한다. 이 배관은 수동으로 작동되며 희석수량은 수위센서와 보정차트에 의해 조정한다.

7.6 cm 이하의 수두손실로 표준상태에서 13 m^3/min에서 PAC용으로 공인된 공기스크러버 자동세척기능이 있는 카트리지형 수집기이다. 수두손실이 초과될 경우에 690 kN/m^2(100 psi) 역류압제트로 필터를 자동 세척한다.

에어스파져 시스템은 각 조 바닥에서 5 cm 상부에 2단으로 교차식으로 배열한다. 8개의 arm들은 혼합기 임펠러보다 30 cm가량 연장된다. 각 arm은 하부에 연직에서 45°경사로 방향이 교차되게 10 cm 간격으로 구멍이 뚫려있다. Arm은 316형 스테인레스 강 클램프, 볼트, 너트로 구성된다.

스파져(스크러버 세척에도 이용)를 위한 고압공기는 에어컴프레셔에 의해 공급되는데 690 kN/m^2에서 57 L/min의 주입이 가능해야 한다. Air receiver는 100 L의 보유가 가능해야 하고 1,400 kN/m^2에서 안전밸브, 압력게이지, 자동응축밸브가 있어야 한다.

각 용해조의 수직축 교반기에는 최대 1,200 rpm의 15 kW(20 hp) 폭발방지 2단 모터가 포함된다. 축과 임펠러는 스테인레스 강으로 되어야 하며 부하에 균형을 유지하여야 한다. 상단의 임펠러는 직경이 1.5 m인 경사 블레이드 터빈(pitched－blade turbine)으로 조절 역할을 하며, 하단의 임펠러는 직선 블레이드 터빈(straight－blade turbine)으로 직경이 1.3 m이다. 각 교반기 모터 용량은 15 kW(20 hp)이고 폭발이 방지되어야 하며 최대 1,200 rpm 속도를 가져야 한다. 또한 감속기를 설치하여 고속회전시 35～50 rpm, 저속회전시 25～35 rpm으로 조절이 가능해야 한다. 과부하 우력(torque－overload) 방지장치가 교반기에 설치되어야 한다. 초음파 수위 센서를 각 용해조에 설치한다. 교반기, 스크러버, 스파져, 수위센서 시스템에 필요하다면 고장시 경보와 정지장치가 준비될 것이다.

순환펌프

2대의 펌프는 시스템이 작동중일 경우 PAC 슬러리를 순환시키게 된다. 이들 펌프들은 1단으로 마모성 슬러리에 사용할 수 있는 등급으로 138 kN/m^2에서 3 L/min의 펌프용량을 가져야한다. PAC 슬러리 배관은 직경이 4 cm로 각 조에서 인출시킨다. 다이아프람 밸브는 마모가 방지되도록 라이닝되어야 한다. 청소구멍이 장기 운전을 할 수 있게 마련될 것이다.

액체주입기와 일정수위 탱크

1개의 회전국자형 정량 액체주입기는 PAC 슬러리가 순환회로에서 양수되는 양을 측정하기 위해 사용된다. 주입기는 분당 1～20 L 범위로 사용할 수 있어야 한다. 주입기는 1%이하의 주입율로 보정해야 한다. 액체주입탱크와 축은 스테인레스 재질, 국자는 주철로 한다. 탱크는 스테인레스 재질의 기계적 교반기가 장치되어 슬러리의 부상을 유지해야 한다. 부상밸브는 적절한 수위를 유지한다. 국자회전력과부하, 모터 고장, 조 수위가 높은 경우에 경보할 것이다. 주입기가 가동 중단될 때 조절타이머는 공정수로 배관을 세척한 후 일정 수위조 교반기와 3개의 주입펌프를 가동을 정지한다. 일정수위조는 인접 정량주입기로부터 중력으로 공급되며, 활성탄 슬러리를 200 L 저장할 수 있는 스테인레스 조로 제작한다. 0.2 kW(0.25 hp) 전기교반기는 가장 부하가 있는 상태에서 1,800 rpm를 유지하여야 하고 유니버설 클램프로 조에 고정시킨다. 부상밸브는 액체수위를 유지하고 정량주입장치가 가동이 중지될 때 공정수로 세척을 가능하게 한다.

주입 펌프

3대의 주입펌프가 있어야 한다. 한 대는 정상적으로 작동하고, 두 번째는 최대수요량 동안에 자동으로 가동되며, 세 번째는 예비용이다. 이들은 순환펌프와 동일하게 용량을 정한다. 펌프는 바이패스와 적절한 경보를 위해 안전 누출밸브가 있어야 한다. 배관은 슬러리를 펌프장의 배출관에 공급할 수 있어야 한다. 펌프장은 자동으로 PAC 슬러리 주입장비를 차단할 수 있으며, 그 다음에는 혼화기와 주입펌프를 정한 시간에 자동으로 멈추게 한다.

문제 및 토론

11.1 지표수에서 색도의 원인과 영향에 대해 설명하시오. 색도 제거를 위해 이용되는 물리화학적 공정에 대하여 기술하시오.

11.2 진색도와 겉보기 색도간의 차이를 설명하고, 색도를 측정하는 방법을 기술하시오.

11.3 진색도가 20도인 시료가 있다. 이 시료는 48%의 투과성을 가진다. 재래식 처리후 투과성은 92%로 되었다. 처리된 물에 잔류하는 색도를 결정하고 색도제거 백분율을 구하시오. Beer법칙을 적용하시오.

$$\log\left(\frac{I}{I_0}\right) = -k\,C$$

여기서, I_0 = 유입되는 빛의 강도, I = 유출되는 빛의 강도, k = 상수, C = 흡수용액의 농도

11.4 수질 시료의 진색도는 일반적으로 원심분리를 이용하여 구한다. 탁도제거를 위해 여과에 비해 원심분리를 선호하는 이유를 설명하시오.

11.5 색도를 함유하는 성분이 자연수에 존재시 염소소독에 미치는 영향을 설명하시오.

11.6 10 mL 수질 시료 원액을 희석수로 희석하여 100 mL로 하여 색도를 측정하였다. 분석결과 색도는 5도가 되었을 때 수질 시료 원액의 색도는 얼마인가?

11.7 상수원에서 맛과 냄새 원인물질을 나열하고, 상수원에서 맛과 냄새를 제어하는 방법을 설명하시오.

11.8 TON를 정의하시오. 정수장에서 일반적으로 이용되는 냄새의 측정방법을 기술하시오.

11.9 냄새역치시험(threshold-odor test)은 5명의 판정자가 수행한다. 2명의 판정자는 냄새가 없는 물로 시료 12 mL를 200 mL로 희석하였을 때 냄새를 감지하였다. 나머지 3명은 8.3 mL 시료농도에서 냄새를 감지하였다. TON를 구하시오.

11.10 냄새역치시험 또는 냄새시험에서 일련의 희석에 사용되는 공시료의 목적을 설명하시오.

11.11 냄새역치시험에서 5인의 판정자로부터 다음과 같은 결과를 얻었다. TON을 구하시오.

희석(시료 mL/200 mL)	0	4	5.7	0	8.3	12	0	17	25
패널A 반응	−	−	−	−	+	+	−	+	+
패널B 반응	−	−	+	−	+	+	−	+	+
패널C 반응	−	−	+	−	+	+	−	+	+
패널D 반응	−	−	−	−	−	−	−	+	+
패널E 반응	−	−	+	−	+	+	−	+	25

11.12 상수원수내 MIB 농도가 50 μg/L이다. 활성탄 흡착실험을 지역에서 얻을 수 있는 PAC를 이용하여 수행하였다. 실험결과는 다음 표와 같다. Langmuir 등온흡착식의 상수 *a*, *b*를 구하시오. 만약 초기 MIB 농도가 140 μg/L이고, 처리수에 냄새의 역치농도를 29 μg/L로 할 경우 주입해야 할 활성탄량을 구하시오.

C_0(μg/L)	*M*(μg/L)	*C*(μg/L)
50	301	10
50	161	20
50	91	30

11.13 유기오염물질을 제거하기 위해 PAC 회분실험을 하였다. Freundlich과 Langmuir 등온흡착식의 각각의 상수를 구하시오. 실험은 1 L 용기의 회분식 반응조를 이용하였고 결과는 다음과 같다.

활성탄 질량, *M*(μg/L)	평형 오염물질 농도, *C*(μg/L)
0	20
0.9	13
1.7	10
4.0	6
7.0	4
10.0	3

11.14 2.54 cm 직경의 컬럼을 이용하여 화학염료를 제거하는 GAC 컬럼실험을 수행하였다. 염료의 초기농도는 10 μg/L이다. 실험결과는 아래 표와 같다. 다음을 결정하시오. (1) Bohart－Adam식의 계수 (2) 염료의 초기농도는 10 μg/L, 처리수 농도는 0.5 μg/L, 유량은 37.7

L/min일 경우 연간 소요되는 GAC량을 구하시오. 또한 활성탄의 흡착효율을 산정하시오. 활성탄 컬럼의 직경은 0.6 m, 높이는 1.5 m이다.

유량($L/min \cdot m^2$)	컬럼깊이(m)	통수량(m^3)
0.102	0.76	1.38
	1.52	4.62
	2.28	8.16
0.204	0.76	0.54
	1.52	2.77
	3.04	8.32
0.407	1.52	1.26
	3.04	5.24
	4.57	10.49

11.15 정수처리에서 PAC와 GAC의 적용에 대해 설명하시오.

11.16 수질시료의 TON이 3이다. 200 mL로 희석시 시료량을 구하시오.

11.17 역치시험에서 시료 15 mL를 185 mL의 희석수에 희석하였다. 한계 역치수를 구하시오.

11.18 정수공급체계에서 냄새와 맛을 제어하는 여러 가지 공정을 설명하시오.

11.19 수면적이 45 에이커인 작은 호수가 있다. 이 호수의 총알칼리도는 $CaCO_3$ 농도로써 80 mg/L이다. 조류제거를 위해 황산구리를 사용하였다. 황산구리 주입농도는 구리 농도로써 0.2 mg/L이다. 수심이 3 ft이다. 주입된 $CuSO_4$ 총량을 산정하시오.

참고문헌

1. Schnitzer, M. and Khan, S. U. Humic Substances in the Environment, Marcel and Dekker, New York, 1972.
2. Shaw, D. J. Introduction to Colloid and Surface Chemistry, Bultersworth, Boston, MA 1970.
3. APHA, AWWA, and WEF. Standard Methods for the Examination of Water and Wastesater, 18th ed., American Public Health Association, New York, 1992.
4. AWWA. Water Quality and Treatment, A Handbook of Public Water Supplies, 3d ed., McGraw-Hill Book Company, New York, 1971.
5. AWWA. Water Quality and Treatment, 5th ed., McGraw-Hill, Inc., New York, 1999.
6. James M. Montgomery, Inc. Water Treatment Principles and Design, John Wiley & Sons, New York, 1985.
7. Krasner, W. et al. "Tastes and Odors: The Flavor Profile Method," Jour. AWWA, vol. 77, no. 3, pp. 34–39, March 1985.
8. Sanks, R. L. Water Treatment Plant Design for Practicing Engineers, Ann Arbor Science Publishers, Ann Ardor, MI, 1978.
9. Lin, S. D. Sources of Taste and Odors in Water-Part I, Water and Sewage Works, June 1976.
10. American Public Works Association. History of Public Works in the United States–1776–1976, American Public Works Association, Chicago, IL, 1976.
11. Silvey, J. K. G. and Biederman, W. J. Tastes and Odors-Known Organisms and Chemicals Responsible and Control Measures, Manual of Water Utility Operations, Texas Water Utilities Association, Austin, TX, 1976.
12. Palmer, C. M. Algae in Water Supplies, U.S. Department of Health, Education, and Welfare, Public Health Service, Division of Water Supply and Pollution Control, Washington D.C., 1962.
13. McFarland, W. E. "Groundwater Treatment Alternatives for Industry-Part Ⅲ, Sulfur and Other Taste and Odor Problems." Plant Engineering, vol. no. 3, pp. 162–165, March 13, 1986.
14. Qasim, S. R. and Chiang, W. W. Sanitary Landfill Leachate: Generation, Control, and Treatment, Technomic Publishing Co., Inc., Lancaster, PA, 1994.
15. Jenkins, D. "Effects of Organic Compounds-Taste, Odor, Color, and Chelation, Organic Matter in Water Supplies: Occurrences, Significance, and Control." Proceedings of the 15th Annual Public Water Supply Engineers' Conference, Champaign, IL, pp. 15–21, 1973.
16. USEPA, Control of Biofilm Growth in Drinking Water Distribution Systems, Seminary Publication, EPA/625/R-92/001, USEPA, Office of Research and Development, Washington, D.C., June 1992.
17. Amoore, J. E. "The Chemistry and Physiology of Odor Sensitivity," Jour. AWWA, vol. 78, no. 3, pp. 70–76, March 1986.

18. Amoore, j. E., Johnston, J. W., and Rubin, M. "The Stereochemical Theory of Odor," Scientific American, 42, February 1964.

19. Roderick, W. "Current Ideas on the Chemical Basis of Olfaction," Jour. Chemistry Ed., vol. 43, p. 510, 1969.

20. Lin, S. D. "Tastes and Odors in Water Supplise: A Review," Water and Sewage Works, pp. R－141－R－163, April 1977.

21. Baker, R. A. "Tastes and Odors－Examination of Present Knowledge," Jour. AWWA, vol. 58, no. 6, pp. 695－699, June 1966.

22. Meadows, M. "Reservoir Management," Jour. AWWA, vol. 79, no. 8, pp. 26－31, August 1987.

23. Raman, K. "Controlling Algae in Water Supply Impoundments," Jour. AWWA, vol. 77, no. 8, pp. 41－43, August 1985.

24. McGuire, M. J., Jones, R. M., Means, E. G., Izaguirre, E. G., and Preston, A. E. "Controlling Attached Blue－Green Algae With Copper Sulfate," Jour. AWWA, vol. 76, no. 5, pp. 60－65, May 1984.

25. Silvey, J. K. G., Henley, D. E., Hache, B., and Nunz, W. J. "Musty－Earthy Odors and Their Bioligical Control," Proceedings of the AWWA Conference on Water Quality Control, Atlanta, GA, 1975.

26. Danglot, C., Amar, G., and Viligines, R. "Ability of Bacillus to Degrade Geosmin, Water Science and Technology," vol. 15, In Taste and Odor in Waters and Aquatic Organi는, by P. E. Persson (Editor), Pergamon Press Ltd., Oxford, United Kingdom, pp. 291－299, 1983.

27. Symons, J. M., Irwin, W. H., and Boebeck, G. G. "Impoundment Water Quality Changes Caused by Mixing," Journal of the Sanitary Engineering Division－Proceedings of the American Society of Civil Engineers, vol. 93, no. SA2, April 1967.

28. Scott, A. R. Aeration in Water Quality and Treatment, 3d ed., McGraw－Hill Book Co., New York, 1971.

29. Ficek, K. J. "Potasssium Permanganate for Iron and Manganese Removal, and Taste and Odor Control," Water Treatment Plant Design for the Practicing Engineer, R. L. Sanks(Editor), Ann Arbor Science Publishers, Ann Arbor, MI, 1978.

30. Westvaco, Chemical Division－West Virginia Pulp and Paper Company. Taste and Odor Control in Water Purification, Githens－Sohl Corporation, New York, 1986.

31. Qasim, S. R., Hashshaw, S., and Middleton, G. D. "Study Aimed at Odor Reduction in Water from Reservoir," Water Engineering and Management, pp. 58－61, April 1991.

32. Aieta, E. M. and, Berg, J. D. "A Review of Chlorine Dioxide in Drinking Water Treatment," Jour. AWWA. vol. 78, no. 6, pp. 62－72, June 1986.

33. Walker, G. S., Lee, F. P., and Aieta, E. M. "Chlorine Dioxide for Taste and Odor Control," Jour. AWWA, vol. 78, no. 3, pp. 84－93, March 1986.

34. Lalezary, S., Pirbazari, M., and McGuire, M. J. "Oxidation of Five Earthy－Musty Taste and Odor Compounds," Jour. AWWA, vol. 78, no. 3, pp. 62－69, March 1986.

35. Kornegay, B. K. "Activated Carbon for Taste and Odor Control," Water Treatment Plant Design for the Practicing Engineer, R. L. Sanks(Editor), Ann Arbor Science, Ann Arbor, MI, 1978.

36. Perrich, Jerry R. Activated Carbon Adsorption for Wastewater Treatment, CRC Press, Inc., Boca Raton, FL, 1981.

37. Eckenfelder, W. W. Industrial Water Pollution Control, McGraw-Hill Book Co., New York, 1989.

38. Ramalho, R. S. Introduction to Wastewater Treatment Processes, 2d ed., Academic Press, New York, 1983.

39. McGuire, J. M., Suffet, H. I., and Irwin, H. Activated Carbon Adsorotion of Organics from the Aqueous Phase, Vol. 2, Ann Arbor Science Publishers Inc., Ann Arbor, MI, 1980.

40. American Norit Company, Inc., Powdered Carbon Handling, Bulletin AN 89-2, American Norit Company, Inc., Jacksonville, FL. Undated.

chapter 12

소독 및 불소주입

W·a·t·e·r·W·o·r·k·s·E·n·g·i·n·e·e·r·i·n·g

12.1 서 론

음용수의 소독은 1차 음용수 기준을 만족시키기 위하여 병원균을 불활성화 시키거나 제거하도록 적용된다. 소독은 질병을 유발하는 생물체가 없는 물을 제공한다는 물 처리의 기본 목적의 일부분을 만족시킨다. 반면에, 불소주입은 일반적인 공중 위생대책으로써 치아의 충치를 방지하고자 적용된다. 불소주입에 대한 공중의 민감성과 소독부산물(disinfection by-products, DBP)에 대한 현재의 발견은 두 과제를 논쟁거리로 만들었다.

본 장에서는 소독을 둘러 싼 논쟁 몇 가지에 대한 논의를 제시하였다. 상세한 음용수 소독과 현재 불소주입에 대한 다양한 방법의 조사가 제시되어 있다. 또한 종류, 설계, 운전 및 유지 고려사항, 그리고 소독과 불소주입 시스템에 대한 사양이 논의되었다. 단계적 설계 계산은 설계 예에서 다루어진다.

12.2 소 독

음용수의 소독은 여러 세기동안 실행되어왔다. 지난 세기동안, 염소소독은 소독의 인정받은 수단이 되었고, 음용수 처리에서 간단하고 가장 중요한 발견이었다. 하지만 현재 염소소독에 의해 생성되는 DBPs에 대한 우려가 대체 소독제의 개발을 위한 새로운 원동력으로 작용하였다. 1974년의 Safe Drinking Water Act(SDWA, 안전음용수법)과 1986년의 수정조항은 안전하고 심미적으로 좋은 음용수의 제공에 대한 관심에 더 박차를 가했다. 따라서 소독에 대한 평가를 위해 이 장에서는 클로라민과 오존, 이산화염소, 과망간산칼륨, 그리고 자외선 조사와 같은 다른 대체 소독제에 대해 논의되어진다. 각각의 대체 소독제의 장, 단점 역시 제시된다.

음용수의 소독은 질병을 유발할 수 있는 생물체의 파괴나 제거를 위한 특수화된 처리이다. 그것은 모든 생물체를 파괴하고 제거하는 멸균과 혼동되어서는 안 된다. 물의 소독이 여러 세기 동안 실행되었지만, 1880년대 질병에 대한 병원균 이론이 등장하여 비로서 음용수의 처리에서 그 중요성을 이해하였다.[1]

병원균(질병을 유발하는 생물체)은 지하수와 지표수에서 모두 나타난다. 이 생물체들은 특정 조건 하에서, 21℃ 근처의 온도에서는 몇 주 동안, 더 낮은 온도에서는 몇 개월 동안 살 수 있다. 이런 생물체의 파괴나 제거는 안전한 음용수 공급에 필수적이다. 오염된 물에서 섭취한 박테리아, 바이러스, 원생동물, 그리고 큰 생물체들에 의한 질병은 약한 것에서부터 생명을 위협하는 것까지 다양하게 질병을 일으킨다. 많은 수인성 질병과 그것과 관련된 병원균은 2장에 보다 상세히 제시되어 있다. 수처리에서 널리 쓰이는 소독제는 산화제(할로겐, 할로겐 화합물, 오존)와 물리적 작용제(자외선 조사)가 있다.

생물체에 대한 소독제의 분명한 효과는 명확히 밝혀지지는 않았지만, 소독의 효율에 영향을 미치는 몇 가지 요인들은 다음과 같다.

- 파괴되어야 하는 미생물의 종류와 농도
- 소독제의 종류와 농도
- 제공되는 접촉시간
- 처리되어야 하는 물의 화학적 성질과 온도[2~5]

산화제는 그들의 산화전위가 다르기 때문에 병원균을 죽이거나 불활성화시키는 능력이 다양하다. 몇 가지 소독제의 산화전위가 표 12-1에 비교되어 있다. 아직까지는 오존이 가장 높은 산화전위를 갖는다.

표 12-1 25℃ 물에서 몇 가지 소독제의 산화전위

소독제	분자량	산화전위(V)
OH라디칼(OH·)	17.00	−2.80
오존(O_3)	48.00	−2.07
차아브롬산(HOBr)	96.91	−1.59
차아염소산(HOCl)	52.46	−1.49
염소(Cl_2)	70.90	−1.36
브롬(Br_2)	159.81	−1.07
이산화염소(액체)(ClO_2)	67.50	−0.95
모노클로라민(NH_2Cl)	51.47	−0.75
디클로라민($NHCl_2$)	95.93	−0.74

출처 : 참고문헌 6

12.2.1 소독의 목적

모든 적용할 수 있는 규정에 합당함을 보증하기 위하여, 모든 공중 상수도 시스템을 위한 소독의 구체적인 목적은 다음과 같다.

- *Giardia lamblia* cysts와 바이러스의 불활성이 각각 99.9%(3 log)와 99.99%(4 log) 이어야 한다.
- 소독 처리수에 독성이나 맛, 냄새가 없어야 한다.
- 원하지 않는 DBPs의 형성을 최소화한다.
- 사용된 소독제와 형성될 수 있는 부산물에 대한 maximum contaminant levels(MCLs, 최대 오염농도)를 만족한다.

응집, 플록형성, 침전, 여과, 소독과 같은 재래식 처리는 적절히 설계되고 운전되었을 때 *Giardia lamblia*와 장관계 바이러스의 최소의 의무적인 불활성을 이룰 수 있다. 유리잔류염소, 오존, 이산화염소를 사용하는 일차적인 소독 시스템은 두 생물체의 불활성을 보다 더 많이 이룰 수 있다. 하지만, 이것이 클로라민이 일차소독제로 사용되었을 때에도 해당되지는 않는다. 유리 염소와 클로라민이 일차 소독로 사용될 경우의 DBPs에 대한 적합성을 결정하기 위해 파일롯 규모의 실험이 필요하다.

12.2.2 지표수 처리규정(Surface Water Treatment Rule, SWTR)하의 소독 필요조건

1974년의 SDWA의 1986년의 수정조항 가운데 모든 공공 물 공급에서 소독에 대한 요구가 있다. 이 요구사항은 1989년 6월 24일 공포되어진 규정에 표현되어 있고 SWTR로서 알려져 왔다.[6,7] 이 규정은 *Giardia lamblia*와 장관계 바이러스의 제거 또는 불활성이 각각 99.9%(3 log)와 99.99%(4 log) 이루어짐을 포함하는 처리 조건으로 이루어졌다. 소독과 다른 지표수 처리 요구사항을 보완하기 위해, 1989년 USEPA는 제공되어야 하는 소독의 수준 결정과 몇 가지 소독제의 효과 결정에 관한 메뉴얼을 발행하였다.[6]

'*CT* 값'으로서 알려진 변수는 소독 효율을 정량화하기 위해, *Giardia lamblia*와 바이러스의 제거나 불활성을 측정하기 위한 방법을 제공하기 위해 개발되었다. *CT* 값은 반응 끝에서 결정되어지는 잔류 소독제의 농도인 *C*(mg/L)와 대응하는 '소독제 접촉 시간' *T*(분)의 곱이다. 소독제 접촉시간은 추적자 농도의 10%인 물이 시간최대유량에서 샘플링 지점에 나타나는 시간에 기초를 두고 있다.

T_{10}의 결정

T_{10}의 결정은 (1) 염료 추적자 (2) 이론적 방법의 2가지 방법에 기초하고 있다. 염료 추적자 방법은 실제 흐름 조건으로 모의실험 하기 위해 적합한 염료 추적자의 적용을 이용한 방법이다. 이론적인 방법은 T_{10}값을 추정하기 위해 어림계산(rule of thumb)을 이용하는 방법이다. 이 방법은 T_{10}의 근사값을 제공한다. 두 방법 모두 아래에 제시되어 있다.

염료추적자에 의한 T_{10}의 결정

T_{10}을 결정하는 과정은 시간에 따라 조를 통하는 추적자 실험으로 얻어진 흐름 특성에 기초를 둔다. 불화칼슘(CaF_2), 불화나트륨(NaF), 불화규소나트륨(Na_2SiF_6), 또는 불화규소산(H_2SiF_6)와 같은 적절한 추적자 물질을 반응기의 유입부에 주입하고, 유출부에서 시간 간격에 따라 연속적으로 시료를 채취한다. T_{10}값을 얻기 위해 추적자 농도가 결정되고 결과는 그래프로 나타낸다. 추적자 물질의 주입에는 단계주입과 순간주입의 2가지 방법이 사용된다. 단계주입 방법은 원하는 종말점의 농도가 평형상태에 이를 때까지 일정률로 추적자 물질을 주입한다. 순간주입 방법은 농축된 추적자 용액의 순간적인 주입을 이용한다. 출구점에서 추적자 단면이 얻어지고 T_{10}값을 구하는데 사용된다. 2가지 방법은 다음 예에서 상세히 설명된다.[6]

표 12-2 단계주입 추적자 실험으로부터 정수지 데이터 평가[a]

시간(t) (min)	불소농도 (mg/L)		C/C_0	t/T	$1-C/C_0$	$\text{Log}(1-C/C_0)$
	측정	추적자				
0	0.20	0	0	0	1	0
3	0.20	0	0	0.1	1	0
6	0.20	0	0	0.2	1	0
9	0.20	0	0	0.3	1	0
12	0.29	0.09[b]	0.045[c]	0.4[d]	0.955[e]	−0.020[f]
15	0.67	0.47	0.24	0.5	0.76	−0.119
18	0.94	0.74	0.37	0.6	0.63	−0.201
21	1.04	0.84	0.42	0.7	0.58	−0.237
24	1.44	1.24	0.62	0.8	0.38	−0.420
27	1.55	1.35	0.68	0.9	0.32	−0.495
30	1.52	1.32	0.66	1.0	0.34	−0.468
33	1.73	1.53	0.76	1.1	0.24	−0.620
36	1.93	1.73	0.86	1.2	0.14	−0.854
39	1.85	1.65	0.82	1.3	0.18	−0.744
42	1.92	1.72	0.86	1.4	0.14	−0.854
45	2.02	1.82	0.91	1.5	0.09	−1.046
48	1.97	1.77	0.88	1.6	0.12	−0.921
51	1.84	1.64	0.82	1.7	0.18	−0.745
54	2.06	1.86	0.93	1.8	0.07	−1.155
57	2.05	1.85	0.92	1.9	0.08	−1.097
60	2.10	1.90	0.95	2.0	0.05	−1.301
63	2.14	1.94	0.96	2.1	0.04	−1.395

a. 측정농도 = 추적자 농도 + 배경농도, 배경농도 = 0.2 mg/L, 불소주입농도 C_0 = 2.0 mg/L, T = 30 min

b. 추적자 농도(C) = 측정 농도 − 배경농도 = 0.29 mg/L − 0.20 mg/L = 0.09 mg/L

c. C/C_0 = 0.09 mg/L ÷ 2.0 mg/L = 0.045

d. t/T = 3 min ÷ 30 min = 0.4

e. $(1-C/C_0)$ = (1 − 0.045) = 0.955

f. Log(0.955) = −0.020

출처 : 참고문헌 6

예제 12-1 197.9 m^3의 부피를 갖는 정수지에서 두 가지 추적자 연구인 단계주입과 순간주입 방법을 적용한다. 9,500 m^3/d의 평균 유량에서 이론적인 체류 시간 T는 30분[a]이다. 단계주입과 순간주입 염료 추적자 연구를 이용한 과정은 아래와 같다. 두 가지 방법에 의한 T_{10}을 구하라.

a. $$\frac{197.9\,\text{m}^3 \times 1,440\,\text{min/d}}{9,500\,\text{m}^3/\text{d}} = 30\,\text{min}$$

Water Works Engineering

단계주입 실험 방법

불화나트륨 용액을 일정한 주입율로 적용했다. 필요한 주입 설비가 설치되었고, 1% 불소화합물 용액이 1,319 mL/min으로 주입되었다. 이 주입률은 유입수에서 2 mg/L 불소화합물 농도를 제공한다. 실험을 시작하기 전에 정수지를 나가는 물의 불소화합물의 기준 농도 0.2 mg/L가 결정되었다. 정수지 유출수에서 불소화합물 농도가 매 3분마다 관측되고 기록된다. 데이터 분석 결과와 함께 추적자 실험 결과는 표 12-2에 나타냈다.

$$\text{b.}\ \frac{10{,}000\,\text{mg/L}(1\%)\times 1{,}319\,\text{mL/min}\times 10^{-6}\,\text{m}^3/\text{mL}\times 1{,}440\,\text{min/d}}{9{,}500\,\text{m}^3/\text{d}} = 2\,\text{mg/L}$$

순간주입 실험 방법

유입구에서 농축된 불소화합물을 순간 주입한다. 이 방법은 일정한 유입 설비가 불가능할 때 일반적으로 사용된다. 추적자 주입시간은 조에서의 이론적 체류시간의 2% 이하이어야 한다. 그래서 0.6분(최대 주입 시간)보다 적은 주입 시간이 사용된다. 불소화합물 주입기구는 깔때기와 구리 관으로 구성된다. 염료 추적자 용액 4 L가 대략 7.5 L/min의 유량으로 주입된다. 이것은 주입 시간이 0.53분이 되게 한다. 주입 용액에서의 염료 농도는 109 g/L이고, 대략 무게의 10.9%이다. 유출수 시료는 3분 간격으로 얻어지고 염료 농도는 각 시료에서 결정된다. 순간주입 실험의 결과는 표 12-3에 주어졌다.

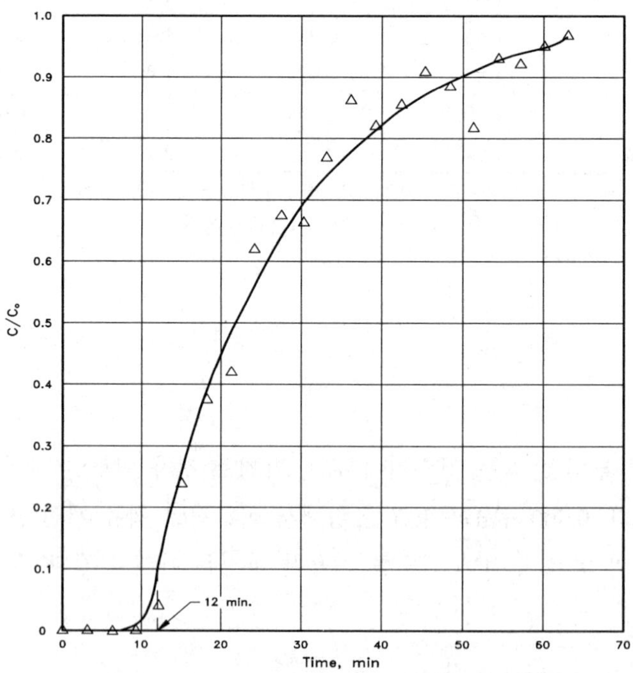

그림 12-1 시간에 대한 C/C_0로부터 T_{10}분석

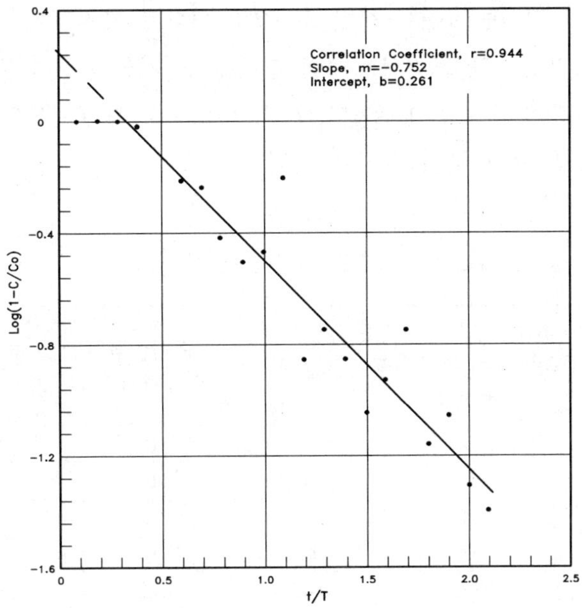

그림 12-2 식 (12.1)을 이용한 t/T에 대한 $\log(1-C/C_0)$로부터의 T_{10} 수치해석

풀 이

1. 단계주입 실험[6]

 a. 실험 데이터

 주입 용액에 첨가된 불소화합물의 농도는 2 mg/L이다. 모든 데이터 점에 대한 평가 결과는 표 12-2에 주어졌다.

 b. 그래프 분석을 이용한 T_{10}의 결정

 그래프적 방법으로 T_{10}을 결정하기 위해, C/C_0 대에 대한 곡선을 그렸다. 매끄러운 곡선이 데이터를 통해 얻어졌고, 12분의 T_{10}값이 그래프로부터 얻어졌다. 과정은 그림 12-1에 나타냈다.

 c. 수치적인 분석을 이용한 T_{10}의 결정

 염료 추적자 곡선은 지체 시간을 갖는 전형적인 1차 반응속도를 나타낸다. 몇 가지 수치적인 방법이 데이터를 직선으로 변형하는데 쓰일 수 있다. 이들 가운데 Thomas, Fujimoto, 모멘트, 최소자승, 무한미분, 순간비율 방법이 있다. 수치적인 방법 중 한 가지는 식 (12.1)을 이용한다.

$$\log(1-C/C_0)=m\left(\frac{t}{T}\right)+b \tag{12.1}$$

 이때, t : 경과시간(min)

 T : 이론적 체류시간(min)

 m : 선의 기울기

 b : 절편

단계주입 실험의 결과는 $\log(1-C/C_0)$와 t/T의 형태로 제시되어 일직선으로 그려졌다. 계산과 과정은 표 12-2와 그림 12-2에 주어졌다. 기울기 m과 절편 b는 각각 −0.752와 0.261이다. 상관관계 계수는 0.94이다. T_{10}은 $C/C_0=0.1$과 $T=30$분을 대입하여 식 (12.1)로부터 계산된다. T_{10}값 12분이 역시 얻어진다.

표 12-3 순간주입 추적자 실험결과로부터 정수지 데이터 평가[a]

시간(t) (min)	불소농도 (mg/L)		C/C_0	증가면적 (mg·mg/L)	누적면적 (mg·min/L)	등가 단계주입 C/C_0
	측정	추적자				
0	0.2	0	0	0	0	0
3	0.2	0	0	0	0	0
6	0.2	0	0	0	0	0
9	0.2	0	0	0	0	0
12	1.2	1.0	0.45	3.0	3.0	0.05
15	3.6	3.4[b]	1.55[c]	10.2[d]	13.2[e]	0.22[f]
18	3.8	3.6	1.64	10.8	24.0	0.40
21	2.0	1.8	0.82	5.4	29.4	0.49
24	2.1	1.9	0.86	5.7	35.1	0.59
27	1.4	1.2	0.55	3.6	38.7	0.65
30	1.3	1.1	0.50	3.3	42.0	0.71
33	1.5	1.3	0.59	3.9	45.9	0.77
36	1.0	0.8	0.36	2.4	48.3	0.81
39	0.6	0.4	0.18	1.2	49.5	0.83
42	1.0	0.8	0.36	2.4	51.9	0.87
45	0.6	0.4	0.18	1.2	53.1	0.89
48	0.8	0.6	0.27	1.8	54.9	0.92
51	0.6	0.4	0.18	1.2	56.1	0.94
54	0.4	0.2	0.09	0.6	56.7	0.95
57	0.5	0.3	0.14	0.9	57.6	0.97
60	0.6	0.4	0.18	1.2	58.8	0.99
63	0.4	0.2	0.09	0.6	59.4	1.00
				총면적 = 59.4		

a. 측정농도 = 추적자 농도 + 배경농도, 배경농도 = 0.2 mg/L, 주입용액농도 = 109 mg/L

이론적 불소 주입 농도 $C_0 = \dfrac{10\,\text{g/L} \times 4\,\text{L} \times 1{,}000\,\text{mg/g}}{197.9\,\text{m}^3 \times 1{,}000\,\text{L/m}^3} = 2.2\,\text{mg/L}$

b. 추적자 농도 = 측정농도 − 배경농도 = 3.6 mg/L − 0.20 mg/L = 3.4 mg/L

c. C/C_0 = 3.4 mg/L ÷ 2.2 mg/L = 1.55.

d. 증가면적 = 이전의 샘플링 시간으로부터 증가 시간 × 추적자 농도

= (15min − 12min) × 3.4 mg/L = 10.2 mg·min/L

e. 누적면적 = 이전의 누적 면적 + 증가면적 = 3mg·min/L + 10.2mg·min/L = 13.2mg·min/L

f. 평형 순간주입 데이터 = 누적면적 / 총면적 = 13.2mg·min/L ÷ 59.4mg·min/L = 0.22

출처 : 참고문헌 6

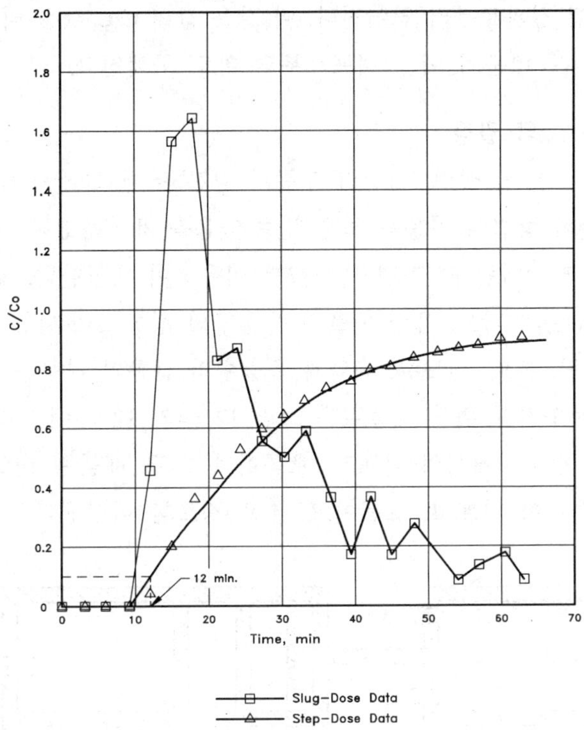

그림 12-3 시간과 C/C_0곡선을 그리기 위한 순간주입실험 결과로부터 등가 단계주입 C/C_0 데이터의 전개

2. 순간주입 실험

a. 실험 데이터 평가

유입 용액에 첨가된 불소화합물의 이론적 농도는 2.2 mg/L이다. 순간주입 추적자 실험의 원래 데이터 결과는 표 12-3에 주어졌다. 불소화합물 농도가 t = 0일 때 0 mg/L에서부터 t= 18분일 때 최고농도 3.6 mg/L까지 증가한 것을 볼 수 있다. 불소화합물 농도는 t = 63분에서 0에 가깝게 점차 감소한다. 이론적인 불소화합물 투여량 2.2 mg/L은 전체 정수지 부피 구석구석에 가해진 추적자의 완전 혼합의 가정에 의해 얻어진다. 하지만 표 12-3에서와 같이 정수지 유출수에서의 불소화합물 농도는 14분과 20분 사이 약 6분 동안 2.2 mg/L를 넘는 것을 알 수 있다. 최고 농도가 이론적 농도를 초과하는 이유는 추적자가 정수지 부피의 일부분에만 분산되었기 때문이다.

순간주입 추적자 실험 데이터로부터 T_{10}값을 결정하기 위해 그림 12-3과 같이 무차원 비율인 C/C_0가 t의 함수로 도시되었다. 필요한 단계주입 데이터 형태는 그래프적이거나 수치적 방법으로 전개될 수 있다. 그래프적 기술은 면적계를 이용하여 면적의 물리적 측정에 기본을 둔다. 수치 기술에서는, 면적은 수치 적분에 의해 얻어진다. 그래프적이거나 수치적인 방법을 사용한 결과는 유사할 것이다. 그러므로 수치적인 방법이 이 문제로부터 답을 구하는 데 사용되었다. 필요한 계산 과정 역시 표 12-3에 주어졌다. 같은 값의 단계주입 C/C_0 데이터는 마지막으로 실험 결과로부터 얻어진다. 이 같은 값의 C/C_0값은 역시 그림 12−3에 도시하였다. 그리하여 T_{10}값 12분이 이 그래프로부터 바로 구해진다.

이론적 방법에 의한 T_{10}의 결정

계획단계하에서 자금, 인력, 설비, 시설의 부족과 같은 조건 하에서 USEPA는 주(states)는 T_{10}의 추정을 위해 이론적 방법의 사용을 허용할 수 있음을 제의하였다. 이 과정에서, T_{10} 값은 이론적 체류시간으로부터 "어림계산" 변수 T_{10}/T를 이용하여 계산한다. 정수지에 대한 T_{10}/T 비는 장폭비, 배플링(baffling)의 각도, 유입 배플과 유출구의 형상으로부터 추정된다. 배플링은 일반적으로 사영역과, 바람, 온도, 밀도류, 유입과 유출수의 난류의 영향을 줄여 단락류를 감소시키기 위해 사용된다. 정수지를 위한 배플링은 그림 12−4와 12−5에 나타나 있다. 이 그림은 각각 직사각형과 둥근 정수지에서의 나쁘고, 보통이고, 좋은 배플링 배열을 보여준다. 표 12−4에서 T_{10}/T 비가 배플링이 나쁘고, 보통이고, 좋은 정도를 나타낸다.

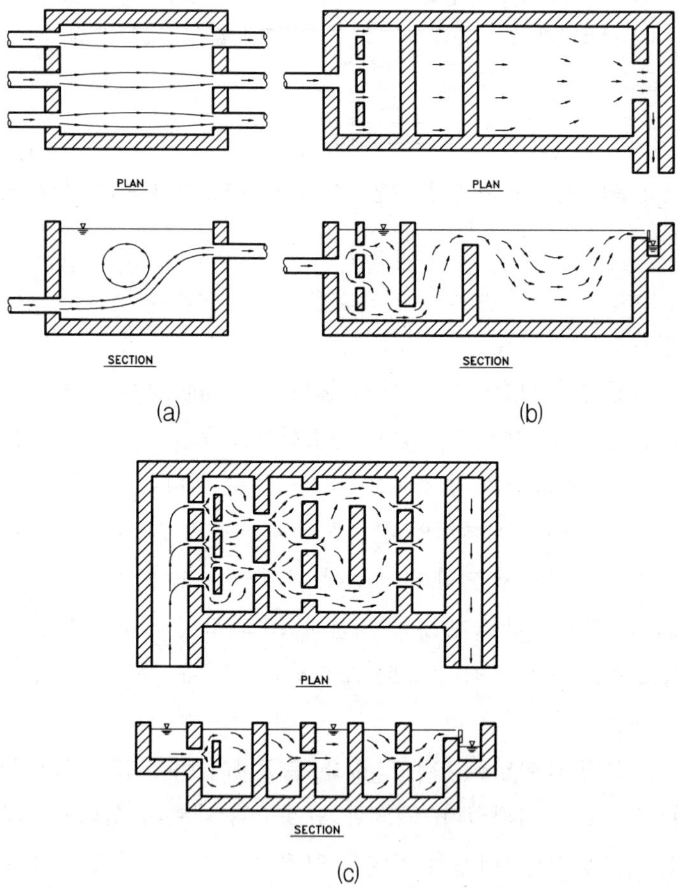

그림 12−4 장방형 정수지의 배플링 조건. (a) 불량, (b) 보통, (c) 우수

표 12-4 배플링 분류

배플링 조건	T_{10}/T	배플링 설명
배플링 없음(혼합류)	0.1	없음, 섞이는 흐름, 매우 낮은 장폭비, 높은 유입과 유출수 유속
나쁨	0.3	하나 또는 여러 개 배플이 없는 유입부와 유출부, 조 내부에 배플이 없음. (그림 12-4(a)와 12-5(a)).
보통	0.5	유입과 유출부에 배플이 있음. 조 내부에 배플이 조금 있음(그림 12-4(b)와 12-5(b))
좋음	0.7	다공의 유입부 배플, 꾸불꾸불하거나 다공의 조 내부 배플, 유출부 위어 또는 다공의 배출수 수로(그림 12-4(c)와 12-5(c))
완벽(플러그류)	1.0	매우 높은 장폭비(파이프라인류), 다공의 유입부, 유출부, 그리고 조 내부 배플

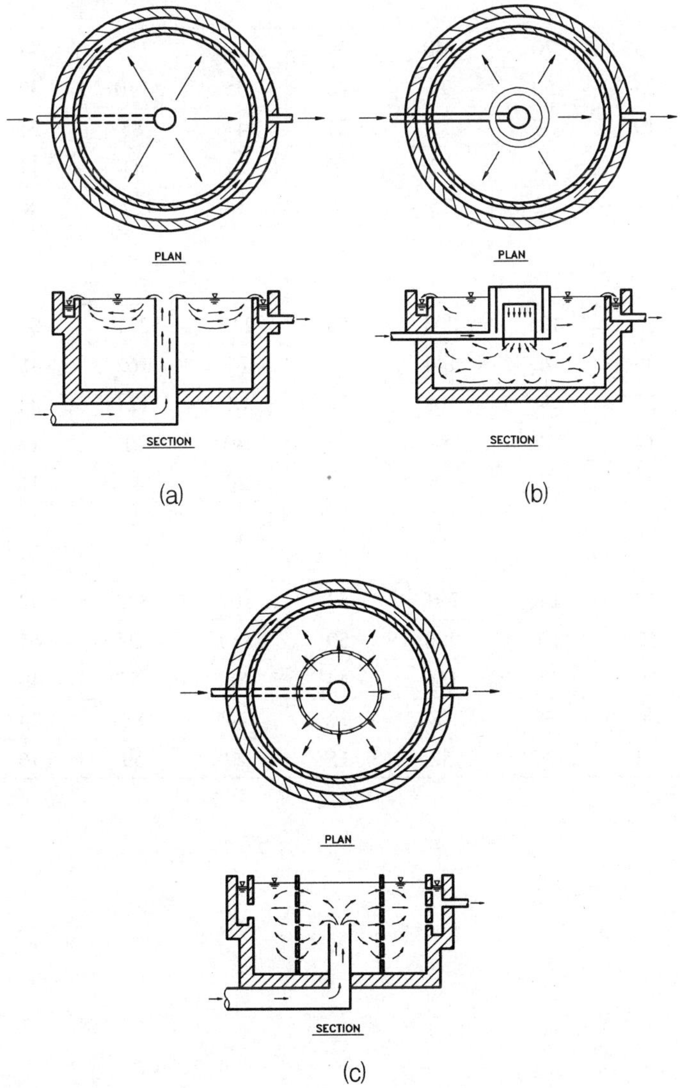

그림 12-5 원형 정수지의 배플링 조건. (a) 불량, (b) 보통, (c) 우수

표 12-5 유리잔류염소에 의한 *Giardia lamblia* cysts 불활성화 CT_{Tab}값

pH 및 수온		유리염소, 1 mg/L			유리염소, 2 mg/L			유리염소, 3 mg/L		
		0.5 log	1 log	2 log	0.5 log	1 log	2 log	0.5 log	1 log	2 log
pH≤6										
수온	℃									
	<1	25	49	99	28	55	110	30	60	121
	5	18	35	70	19	39	77	21	42	84
	10	13	26	53	15	29	58	16	32	63
	20	7	13	26	7	15	29	8	16	31
	25	4	9	17	5	10	19	5	11	21
pH≤7										
수온	℃									
	<1	35	70	140	39	79	157	44	87	174
	5	25	50	99	28	55	110	30	61	121
	10	19	37	75	21	41	83	23	46	91
	20	9	19	37	10	21	41	11	23	45
	25	6	12	25	7	14	27	8	15	31
pH≤8										
수온	℃									
	<1	51	101	203	58	115	231	64	127	255
	5	36	72	144	41	81	162	45	89	179
	10	27	54	108	30	61	121	34	67	134
	20	14	27	54	15	30	61	17	34	67
	25	9	18	36	10	20	41	11	22	45
pH≤9										
수온	℃									
	<1	73	146	291	83	167	333	92	184	368
	5	52	104	208	59	118	235	65	130	259
	10	39	78	156	44	88	177	49	97	195
	20	20	39	78	22	44	88	24	49	97
	25	13	26	52	15	29	59	16	32	65

출처 : 참고문헌 6

표 12-6 유리염소에 의한 바이러스 불활성화 CT_{Tab}값

수온 (℃)	pH = 6~9			pH = 10		
	2 log	3 log	4 log	2 log	3 log	4 log
0.5	6	9	12	45	66	90
5	4	6	8	30	44	60
10	3	4	6	22	33	45
20	1	2	3	11	16	22
25	1	1	2	7	11	15

출처 : 참고문헌 6

표 12-7 염소, 이산화염소, 클로라민, UV에 의한 *Giardia lamblia* cysts와 바이러스의 불활성화 CT_{Tab}값

소독제		*Giardia lamblia* cysts Log 불활성화			바이러스 Log 불활성화		
		0.5 log	1 log	2 log	2 log	3 log	4 log
이산화염소[a]							
수온, ℃	<1	10	21	42	8.4	25.6	50.1
	5	4.3	8.7	17	5.6	17.1	33.4
	10	4.0	7.7	15	4.2	12.8	25.1
	20	2.5	5	10	2.1	6.4	12.5
	25	2	3.7	7.3	1.4	4.3	8.4
오존							
수온, ℃	<1	0.48	0.97	1.9	0.9	1.4	1.8
	5	0.32	0.63	1.3	0.6	0.9	1.2
	10	0.23	0.48	0.95	0.5	0.8	1.0
	20	0.12	0.24	0.48	0.25	0.4	0.5
	25	0.08	0.16	0.32	0.15	0.25	0.3
클로라민[b]							
수온, ℃	<1	635	1,270	2,535	1,243	2,063	2,883
	5	365	735	1,470	857	1,423	1,988
	10	310	615	1,230	643	1,067	1,491
	20	185	370	735	321	534	746
	25	125	250	500	214	356	497
UV					21	36	

a. 이산화염소에 의한 바이러스 불활성화(pH 6~9)
b. 클로라민에 의한 *Giardia lamblia* cysts 불활성화(pH 6~9)

표 12-8 SWTR 요구사항을 만족시키는 전체 처리공정에 대한 권장 소독 신뢰도

처리공정	예상 Log 제거		일차소독제에 의한 권장되는 소독 (Log 불활성화)	
	Giardia lamblia	Viruses	*Giardia lamblia*	Viruses
재래식 여과 플랜트	2.5	2	0.5	2
직접여과 플랜트	2	1	1	3
완속모래여과	2	2	1	2
규조토여과	2	1	1	3
여과공정이 없는 처리 플랜트	–	–	3	4

출처 : 참고문헌 6

불활성 비

전체 불활성의 %를 결정하기 위해, "*C*"가 측정된 각 지점에서 *CT*값이 계산될 수 있다. 각 계산된 *CT*값은 SWTR 표에 있는 *Giardia lamblia* cysts와 바이러스의 원하는 불활성화에 대한 표의 *CT*값으로 나눈다. 이 표의 값은 pH, 온도, 잔류 소독제 농도의 특정 조건에서 여러 가지 소독제를 위한 값이다. 최초 소비자까지의 모든 처리 단위에 대한 불활성 비율의 합은 1.0보다 크거나 같아야 한다.

$$\sum \frac{CT_{Cal}}{CT_{Tab}} \geq 1.0 \tag{12.2}$$

이때, CT_{Cal} : 계산된 CT(mg/L 단위의 C, 분단위의 $T=T_{10}$)

CT_{Tab} : SWTR 표로부터 구해진 CT

유리염소, 이산화염소, 오존, 클로라민, UV 소독에 대하여 *Giardia lamblia* cysts와 바이러스의 불활성을 위한 CT_{Tab} 값은 표 12-5와 12-6, 12-7에 주어졌다.[6]

소독 설비 설계를 위해, SWTR은 처리 과정에 대한 소독의 신뢰성이 주어져야 한다고 요구한다. 예를 들어, 탁도 제거에 대해 최적화된 재래식 처리장은 *Giardia lamblia* cysts를 적어도 2.5 log 제거를 기대할 수 있다.[6] 이와 같이, 잘 운전된 규조토여과, 완속모래여과, 직접여과 플랜트는 적어도 *Giardia lamblia*를 2 log 제거한다고 예측할 수 있다. 표 12-8은 전체 처리공정이 *Giardia lamblia*를 3 log, 바이러스를 4 log 제거/불활성하는 요구사항을 만족하기 위해서 일차적인 소독이 필요함을 보여준다.[6] 최초 외부의 소비자까지 관로에서 가능한 접촉시간의 사용은 약간의 논쟁의 여지를 갖고 있다. 저자는 *CT* 계산에 관로상의 접촉시간이 사용되어서는 안 된다고 생각한다. 처리장은 음용수 목적을 위해 물을 사용할 것이므로 실제 첫 번째 소비자가 된다.

다음의 예제는 SWTR의 요구에 상응하는 *CT*를 결정하기 위한 지침을 제공한다.

예 12-2 수처리 설비는 재래식 여과 방식에 의해 수처리를 제공한다. 염소는 여과 유출부에 투여된다. 유리잔류염소 1 mg/L가 정수지 첫 번째 구획에서 유지된다. 암모니아가 유리염

소를 결합잔류염소 1 mg/L로 전환시키기 위해 두 번째 구획 앞에서 첨가되고 혼합된다. 여름과 겨울철 처리수의 pH값은 각각 8과 7이다. 여름과 겨울의 평균 수온은 각각 20℃와 5℃이다. 최대 수요 조건에서 정수지의 각 부분을 통한 염료 추적자 연구가 수행되었다. 여름과 겨울 조건에서의 염료 추적자 반응 곡선으로부터의 T_{10} 값은 다음과 같다: 첫 번째 구획에서는 각각 8과 13분; 두 번째 구획에서는 각각 38과 56분. 또한 고효율 펌프로부터 첫 소비자까지 관로의 길이는 2.3 km이다. 여름과 겨울의 관에서의 유속은 각각 1.3과 0.3m/s이다. SWTR을 위한 *CT* 요구조건이 맞는지 확인해 보아라.

풀 이

재래식 여과 수처리 플랜트는 *Giardia* cysts를 2.5 log 제거하고 바이러스를 2 log 제거시킨다. 일차적인 소독제를 통하여 *Giardia*를 0.5 log, 바이러스를 2 log 불활성화시켜야 한다. *CT*값과 CT_{Cal}/CT_{Tab} 비는 표 12-9에 주어졌다. 관로에서 가능한 접촉시간은 무시한다.

$\Sigma CT_{Cal}/CT_{Tab}$의 계산된 비는 처리 플랜트가 바이러스의 불활성화는 가능하나 *Giardia lamblia* cysts의 불활성화는 불가능함을 정확하게 나타낸다. 여름 동안의 *Giardia lamblia* cysts의 $\Sigma CT_{Cal}/CT_{Tab}$의 비는 1.0 또는 그 이상의 요구되는 합보다 작은 0.78이다. 이 값은 (1) 정수지의 처음 부분에서 T_{10}을 길게 하거나 (2) 유리잔류염소를 증가시킴으로서 증가시킬 수 있다. 또한 정수지에 배플을 설치함에 따라 일반적으로 T_{10}은 증가한다. 이 문제에 대한 몇 가지 검토는 13장에서 다뤄진다. 그러나 유리잔류염소와 접촉시간의 증가는 THM 생성능을 증가시킬 수 있다. 따라서 *CT* 필요조건을 만족시키기 위한 개선들은 실험실 규모와 파일롯 플랜트 조사를 통해 신중하게 평가되어져야 한다. 밀워키시의 *Cryptosporidium* 사건과 DBP 생성, 그것과 관련한 규정에 대한 간략한 검토는 아래에서 설명한다.

12.2.3 Milwaukee에서의 크립토스포리디움(*Cryptosporidium*) 사건

SDWA을 위한 1986년의 수정조항은 지자체에서 물 공급을 위한 소독 조건을 강조한다. 하지만, 위스콘신주, 밀워키시에서의 *Cryptosporidium* 사건은 소독에 대한 지침과 관계되는 기준의 재평가를 이끌어냈다.[9]

사건

1993년 3월과 4월에, 대략 400,000명의 밀워키시의 거주자들이 수인성 질병을 앓았다. 그것은 주로 원생동물인 *Cryptosporidium parvum*에 의한 것이었다. 그들 중 대략 4,000명이 입원하였고, 사망한 사람도 몇 있었다. 이 일이 있고 몇달 후, 면역계가 약해진 사람들(즉, 면역이 손상되거나 면역이 억제된 사람들)에게 감염이 나쁜 영향을 미친다는 것이 분명해졌다. 현재는 대략 100명이 이 오염

사건으로 인해 사망하였을 것으로 추정하고 있다.

밀워키시 수처리 시스템은 미시간호로부터 원수를 공급받는 두개의 재래식 수처리 플랜트를 이용한다. 이 플랜트 중의 하나를 통해 고농도의 *Cryptosporidium* 생물체가 통과하였다고 생각한다. 이 사건의 원인이 될 수 있는 몇 가지 조건들은 다음과 같다. (1) 봄비와 눈녹음으로 인해 강물이 불었다, (2) 정수장의 유역 내에 가축, 도살장 및 하수처리장이 있다, (3) 약품주입율 계기(흐름 전류계)가 운전되지 않았기 때문에 처리약품이 적절하게 주입되지 않았다, (4) 여과수의 탁도를 연속적으로 측정하도록 설계된 모니터가 제대로 작동되지 않았다. 그럼에도 불구하고, 이 사건 발생 도중과 전에 모든 음용수 수질기준이 수도사업자에 의해 만족되었다는 점을 주목하는 것이 중요하다.

밀워키시 사건은 이 세기에서 최초로 일어난 *Cryptosporidium* 발생이었다. 1984년까지 오레곤, 텍사스, 조지아에서의 발생으로 수 천명이 감염되었다. 이 모든 것은 운전에 관련된 기준이 재평가되어야 한다는 점을 제시하였다.

표 12-9 예제를 위한 CT 계산 과정

조건		여름	겨울
일반적인 조건	pH	8[a]	7
	수온, ℃	20	5
	첫 번째 구획의 $T_{10,}$ 분	8	13
	두 번째 구획의 $T_{10,}$ 분	38	56
	유리잔류염소(C_{free}), mg/L	1	1
	결합잔류염소($C_{combined}$), mg/L	1	1
	첫 번째 구획의 CT_{Cal}	8[a]	13
	두 번째 구획의 CT_{Cal}	38[b]	56
Giardia lamblia cysts 불활성화	첫 번째 구획의 *Giardia lamblia* cysts의 0.5log 불활성화의 CT_{Tab}	14[c]	25
	두 번째 구획의 *Giardia lamblia* cysts의 0.5log 불활성화의 CT_{Tab}	185[d]	365
	첫 번째 구획의 CT_{Cal}/CT_{Tab}	0.57[e]	0.52
	두 번째 구획의 CT_{Cal}/CT_{Tab}	0.21[f]	0.15
	$\Sigma CT_{Cal}/CT_{Tab}$	0.78[g]	0.67
바이러스의 불활성화	첫 번째 구획의 바이러스의 2log 불활성화의 CT_{Tab}	1[aa]	4
	두 번째 구획의 바이러스의 2log 불활성화의 CT_{Tab}	321[bb]	857
	첫 번째 구획의 CT_{Cal}/CT_{Tab}	8	3.25
	두 번째 구획의 CT_{Cal}/CT_{Tab}	0.12	0.07
	$\Sigma CT_{Cal}/CT_{Tab}$	8.12	3.32

a. 첫 번째 구획의 CT_{Cal}=유리잔류염소(C_{free}) × 첫 번째 구획의 T_{10} = 1 mg/L × 8min = 8 mg/L·min
b. 두 번째 구획의 CT_{Cal}=결합잔류염소($C_{combined}$) × 두 번째 구획의 T_{10} = 1 mg/L × 38min = 38 mg/L·min
c. 첫 번째 구획의 CT_{Tab}은 표 12-5으로부터 얻어진다.
d. 두 번째 구획의 CT_{Tab}은 표 12-7으로부터 얻어진다.

e. 첫 번째 구획의 $CT_{Cal}/CT_{Tab} = \dfrac{8\,\text{mg/L}\cdot\text{min}}{14\,\text{mg/L}\cdot\text{min}} = 0.57$

f. 두 번째 구획의 $CT_{Cal}/CT_{Tab} = \dfrac{38\,\text{mg/L}\cdot\text{min}}{185\,\text{mg/L}\cdot\text{min}} = 0.21$

g. *Giardia lamblia* cysts 불활성화에 대한(식 (12.2)) $\Sigma\, CT_{Cal}/CT_{Tab}$
 = 첫 번째 구획의 CT_{Cal}/CT_{Tab} + 두 번째 구획의 $CT_{Cal}/CT_{Tab} = 0.57 + 0.21 = 0.78$

aa. 첫 번째 구획의 CT_{Tab}은 표 12-6으로부터 얻어진다.
bb. 두 번째 구획의 CT_{Tab}은 표 12-7으로부터 얻어진다.

공중 위생 논쟁

*Cryptosporidium*에 의한 인간의 감염은 1976년에 최초로 기록되었다. 그 병의 이름은 *Cryptosporidiosis*이다. 증상은 설사, 복부통증, 고열, 메스꺼움, 구토이다. 이 질병은 일반적으로 다른 평범한 병원균으로 유발되는 단기 감기증상의 설사와 구분이 힘들다. *Cryptosporidiosis*의 유일한 판단방법은 대변검사이다. 현재 이 병을 성공적으로 치료한 약이 없다. 일반적으로, 병에 걸린 건강한 성인은 48시간 또는 몇 주안에 회복된다. 어떤 환자들은 입원과 수분 회복치료를 필요로 하는 심한 장기간의 질병을 경험한다. AIDS의 결과로서 면역이 억제된 환자, 특정 암 치료를 받는 환자, 그리고 장기이식 수령자는 큰 위험을 가지고 있으며 그들에게 이 병은 생명의 위협을 준다.

*Cryptosporidium*은 알려진 6가지 종이 있다. 이중 *Cryptosporidium parium*은 인간의 감염에 가장 큰 위협을 준다고 여겨진다. *Cryptosporidium*은 상대적으로 환경에 많이 퍼져있다. 이 생물체의 주된 근원은 가축(소, 양, 또는 돼지), 몇몇 야생동물, 그리고 시의 폐수처리장이라고 여겨진다. 1991년 시행된 국가적인 조사는 지표수의 87%에서 *Cryptosporidium*이 존재하고 있음을 보여줬다.

Enhanced Surface Water Treatment Rule(ESWTR, 고도지표수처리규정)

USEPA는 음용수에서 *Cryptosporidium parium*과 같은 미생물의 오염을 수반하는 공중 위생 위험을 규제하는 ESWTR을 개발하고 있다. 이 규정은 존재하던 SWTR을 수정하고 음용수에서 입자의 제거 향상을 위해 필요한 새로운 사항들을 포함할 것이다. 1989년의 SWTR은 미생물에 대한 완전무결을 목표로 세우고, 지표수 처리에서 *Giardia lamblia* cysts와 바이러스로부터의 위험을 감소시키는데 중점을 둔다. USEPA는 1998년 12월에 Interim ESWTR(IESWTR)를 공포했다.[10] *Giardia*와 바이러스의 제거/불활성화에 부가하여, IESWTR은 *Cryptosporidium*의 제어를 위한 요구사항을 추가했다.

현재 물 공급은 *Cryptosporidium*을 정기적으로 측정하지 않아도 된다. 하지만, 정보수집규정(Information Collection Rule, ICR)은 지표수를 처리하여 10,000명에게 공급하는 정수 시스템에 대해서 생물체의 존재를 실험해야 한다고 요구하고 있다. Long-Term 2 ESWTR은 ICR 데이터와 통합하고, 밀워키시 사건과 유사한 사건이 어디에서도 반복되지 않음을 보장하기 위해 몇몇 지리적 특성에 따른 처리 조건을 포함할 것이다.

Cryptosporidium 제거를 위한 전략

염소주입량은 *Cryptosporidium*을 제거하기 위해서는 인간의 소비에 비해 너무 많은 양인 8,000에서 16,000 mg/L 정도가 필요하다. 전통적으로 도시의 상수에서 염소를 2 mg/L 이하로 주입한다. 다른 소독제도 *Cryptosporidium*에 대한 효과를 검사했다. 이산화염소는 제한적인 효과를 보였다. 오존은 더 효과적이고 소독에 있어 좋은 대안이 될지도 모른다. 그러므로 생물체에 대한 주요한 방어설비는 여과이다. 일반적으로, *Cryptosporidium*의 크기는 4에서 6 마이크론이다. *Giardia* 유기체는 6에서 10 마이크론보다 더 크다.

1989년 SWTR과 유사하게 IESWTR은 처리수에 *Cryptosporidium*에 대한 MCL을 정하기 보다 응할 수 있는 조건으로서 처리 기술을 강조한다. IESWTR은 (1) 전체 여과수의 탁도는 운전의 매 4시간마다 적어도 매달 측정된 값의 95%가 0.3 NTU와 같거나 작아야 한다. (2) 전체 여과수의 유출수 탁도는 4시간 간격으로 측정된 어느 시간에서도 1.0 NTU를 초과해서는 안 된다는 사항을 요구한다. 재래식 급속여과를 하고 이 탁도 기준에 맞는 공공 정수 시스템은 적어도 *Cryptosporidium*의 2 log 제거를 이룬다고 고려할 수 있을 것이다. 그것은 자동적으로 IESWTR을 따를 것이다.[10]

적절히 설계되고 운영된 재래식 수처리 플랜트는 *Cryptosporidium* 생물체를 높은 확률로 제거할 수 있다. 하지만, 현재 음용수 수질 기준에 맞는다고 하더라도 때때로 플랜트를 통해 어떤 생물체가 통과될 수 있다. 염소소독에 대한 *Cryptosporidium*의 저항성은 음용수 처리에 전통적 "다단계 장벽"의 접근을 다시금 강조한다. 이 접근 중 몇 가지는 다음과 같다.

- 오염으로부터 수계를 보호한다.
- 안정한 여과유속을 유지하면서 최종 처리수의 탁도 수준을 최적화한다(유속의 변화가 필요하다면 천천히 변화시킨다). 플랜트에서 시스템의 전체 여과수의 탁도를 측정하는데 부가하여 각 여과지의 유출수 탁도에 대한 계속적인 감시를 해야 한다. 탁도의 파과 발생을 피하기 위해 역세 후에, 탁도 스파이크가 제거될 때까지 초기 여과수를 배출시킨다.
- 여과 역세수 회수 시스템과 다른 재순환시킨 side-stream은 시스템에 *Cryptosporidium*과 같은 병원균의 수가 농축되지 않도록 한다.
- 잔류염소 없이 정체를 통해 수질이 나빠지지 않도록 배수계통을 감시한다.

12.2.4 소독부산물(Disinfection By-Products, DBP)

천연유기물질(NOM, e.g.부식질)의 산화는 오존, 염소, 이산화염소, 또는 과망간산칼륨의 첨가로 알데하이드, 케톤, 알코올, 그리고 카르복실산을 생성한다. 유기물질의 할로겐화는 유리염소의 존재시 THMs와 다른 할로겐화 유기물 또는 유기 halides(TOX)를 형성할 수 있다. 염소는 질소 함유 유기물질(아미노산과 단백질)과 반응하여 클로라민을 형성할 수 있다. 또한 모노클로라민은 유기질소화합물을 형성할 수 있다. 만약 브로마이드 이온이 존재한다면, 오존이나 염소에 의해 산화되어 차아브롬산을 형성하고, brominate 유기물질로 전환될 수 있다. 할로겐화된 DBPs의 다른 주요한 종으로 확인된 Haloacetic acids(HAAs)는 물의 염소소독으로 역시 생산된다.[2,11]

공공 위생 논쟁

많은 할로겐화 DBPs가 염소처리된 음용수에서 확인되고 있다. 이 DBPs의 몇가지는 표 12-10에 제시되어 있다. 여러 선택된 DBPs의 위생 효과에 관한 현재의 지식은 참고문헌 2에 있다. USEPA는 현재 오존처리와 관련된 소독부산물을 연구하고 있다.

소독과 소독부산물 규정(Disinfectants and Disinfection By-Products Rule, D/DBPR)

TTHMs은 1979년에 처리된 음용수에서 처음으로 규제되었다.[2,11] 1992년 11월에 USEPA는 D/DBPR을 준비하기 위한 협상 절차를 시작하였다. D/DBPR은 음용수에서 소독제 및 DBPs와 관련된 공공 위생 위험성을 규제한다. 두 단계로 공포된 이 규정은 배수 시스템에서 허용된 잔류 소독제와 DBPs의 양을 제한한다. 여러 해 집중적인 연구 이후, USEPA는 1998년 12월에 1단계 D/DBPR을 공포했다. 이 규정은 모든 지자체의 수도시스템(CWSs)에 적용 가능하다.

표 12-10 염소소독으로 생기는 대표적인 할로겐화 부산물

HOCl + Br + NOM → THMs and other halogenated DBPs	
Trihalomethane(THMs)	**Haloacetic acid(HAAs)**
Chloroform	Monochloroacetic acid
Bromodichloromethane	Dichloroacetic acid
Dibromochloromethane	Trichloroacetic acid
Bromoform	Monobromoacetic acid
	Dibromoacetic acid
Cyanogen halides	Bromochloroacetic acid
Cyanogen chloride	
Cyanogen bromide	**Haloacetonitriles(HANs)**
	Dichloroacetonitriles
	Trichloroacetonitriles
Halopicrin	Dibromoacetonitriles
Chloropicrin	Trobromoacetonitriles
Bromopicrin	Bromochloroacetonitriles
Chloral hydrate	**Haloketones, Haloaldehyde, Halophenols**

출처 : 참고문헌 2, 11

표 12-11 D/DBPR의 고도응집에 의한 TOC 제거

지표수 TOC (mg/L)	지표수 알칼리도(mg/L as $CaCO_3$)		
	0~60	60~120	>120
>2.0~4.0	35.0	25.0	15.0
4.0~8.0	45.0	35.0	25.0
>8	50.0	40.0	30.0

출처 : 참고문헌 12

D/DBPR의 취지와 국가적인 영향은 참고문헌 10-16에서 다루고 있다.

1단계 D/DBPR은 음용수에서 소독제와 DBPs의 양을 제한하기 위해 두 가지 접근을 이용한다. 첫째 규칙은 TOC의 형태로 측정되는 천연유기물질(NOM)의 제거를 요구한다. 두 번째 규칙은 (1) DBPs에 대한 최대오염농도(maximum contaminant levels, MCLs)와 최대오염농도목표(maximum contaminant level goals, MCLGs), 그리고 (2) 음용수에서 소독제에 대한 최대잔류소독제농도(maximum residual disinfectant levels, MRDLs)와 최대잔류소독제농도목표(maximum residual disinfectant level goals, MRDLGs)를 정한다.

TOC 제거

대체 또는 대리 측정지표로서 총유기탄소(TOC)에 기초를 둔 전구물질 제거 요구사항은 재래식 수처리 플랜트와 연수화 플랜트에 적용될 것이다. 원수의 특정 TOC 비율은 소독제의 주입 이전에 제거할 필요가 있을 것이다. TOC 제거는 표 12-11에 요약된 것과 같이 시료수의 알칼리도에 기초를 두고 있다.[12]

DBPs를 위한 MCLGs 1단계

D/DBPR은 총 THMs, HAAs, bromate, chlorite, 유리염소와 결합염소, 그리고 이산화염소의 MCLs와 MCLGs를 규제한다. 이 값은 현재의 지식과 ICR 이하의 추가적인 감시 필요사항, 건강 영향, 그리고 처리 연구에 기초를 둔다. 1단계 D/DBPR에서 DBPs에 대한 MCLs과 MCLGs은 다음과 같다.[12]

	MCL(mg/L)	MCLG(mg/L)
•TTHMs	0.080	N/A
•HAA5	0.060	N/A
•Bromate	0.010	Zero
•Chlorite	1.0	0.8

소독제에 대한 MRDLs와 MRDLGs 1단계

D/DBPR에서 세 가지 소독제에 대한 MCLs과 MCLGs은 다음과 같이 정한다.[12]

Disinfectant	MRDL(mg/L)	MRDLG(mg/L)
Chlorine	4, as Cl_2	4, as Cl_2
Chloramine	4, as Cl_2	4, as Cl_2
Chlorinedioxide	0.8, as ClO_2	0.8, as ClO_2

DBPs 제어를 위한 전략

DBPs의 형성은 (1) 염소가 주입되었을 때 존재하는 유기 물질의 농도와 종류, (2) 염소의 주입량, (3) 물의 온도와 pH, (4) bromide 농도, (5) 반응 시간 등에 의하여 영향을 받는다. DBPs 제어를 위한 몇 가지 전략이 사용될 수 있다. 이 가운데 몇 가지는 다음과 같다.

- 효과적인 수계 관리를 통한 수원 관리 – 이것은 저수지에서 영양물질 유입과 재순환, 그리고 조류 제어를 포함
- 고도 응집, 활성탄 흡착, 그리고 막 공정에 의한 전구물질 제거
- 원하지 않는 부산물을 만들지 않는 대체 산화제와 소독제
- 탈기와 활성탄 흡착, 그리고 막 여과에 의해 이미 형성된 부산물의 제거

부산물이 형성된 후에 부산물을 제거하는 것은 힘들고 비용이 많이 든다. 염소나 다른 산화제의 주입 이전의 유기성 전구물질의 농도 감소는 최고 수질의 처리수를 제공할 것이다.

12.3 일차 소독 기술

일차 소독은 수처리에서 중요한 단계이다. 일반적으로 재래식 정수장에서 이 단계는 여과 전단이나 여과 바로 후단에 행해진다. 이산화염소와 오존의 사용을 통한 전소독은 아염소산이온, 염소산이온, 브롬산이온 생성능의 주의 깊은 관찰이 필요하다.

몇몇 일차적인 소독 기술이 재래식 정수장에 대하여 일반적으로 평가되었다. 이것들은 염소와 클로라민, 오존, 이산화염소, 과망간산칼륨, 그리고 UV조사이다. 이 기술들을 다음 절에서 알아본다.

12.3.1 염소소독

염소는 음용수 공급에서 소독에 널리 쓰이는 화학약품이다. 음용수 처리에 있어 염소의 초기 적용은 1830년대에 맛, 냄새 제어를 위한 것이었다.[3,17] 그 당시에, 질병은 냄새에 의해 전염된다고 여겨졌다. 이 잘못된 가정은 소독이 이해되기 전까지 염소소독에도 적용되었다.

현재, 염소는 음용수 처리에 있어 일차적인 소독제로 사용되고 있다. 또한 맛, 냄새 제어, 조류 제어, 여과재 상태 조정, 철과 망간의 제거, 황화수소의 제거, 색도 제거와 같은 다른 용도로 사용된다.

염소는 염소(액체 또는 기체), 고체의 칼슘과 나트륨의 차아염소산 화합물, 가스상태의 이산화염소와 같은 여러 가지 형태로 사용 가능하다.

염소화학(Chlorine Chemistry)

유리잔류염소

염소의 많은 특성은 그것을 이상적인 소독제로 만들어준다. 그것은 물에 잘 용해되기 때문에 적용하기 쉽다. 측정과 제어하는 것도 용이하며, 지속성이 있는 잔류염소를 형성한다. 그리고 다른 소독제와 비교해하여 상대적으로 저렴하다.

염소가스가 물에 용해되면, 염소는 수화되어 식 (12.3)에 따라 차아염소산(HOCl)을 형성한다. 이 형태에서 염소는 유리잔류염소로서 존재한다.

$$Cl_2 + H_2O \rightarrow HOCl + H^+ + Cl^- \tag{12.3}$$

HOCl은 식 12.4로 표현되는 부분 해리반응을 쉽게 하는 약산이다.

$$HOCl \rightleftarrows H^+ + OCl^- \tag{12.4}$$

HOCl과 OCl^-의 상대적인 농도는 pH, 수온, 그리고 용액에서의 염소 농도에 따라 변한다. HOCl은 OCl^-보다 몇 배 강한 산화제이다. HOCl과 OCl^-의 농도가 주가 되는 것은 각각 pH 6.0 이하와 pH 7.5 이상에서이다. 그러므로 염소의 소독능은 pH가 증가함에 따라 감소한다. pH 9 근처에서는, 유리잔류염소가 높은 차아염소산이온 농도 때문에, 적은 소독능을 갖는다.[18,19]

유리염소는 차아염소산염(차아염소산칼슘, 차아염소산나트륨)의 형태로 물에 주입된다. 차아염소산칼슘, 차아염소산나트륨의 해리반응은 식 (12.5)와 (12.6)에 주어져 있다.

$$Ca(OCl)_2 + 2H_2O \rightleftarrows 2HOCl + Ca^{2+} + 2OH^- \tag{12.5}$$

$$NaOCl + H_2O \rightleftarrows HOCl + Na^+ + OH^- \tag{12.6}$$

이들 반응과 같이, 용액에서의 차아염소산은 pH를 높이는(식 12.4와 12.6) 반면에, 염소 기체는 pH를 낮춘다(식 12.3와 12.4). 그러므로 동일한 양의 염소가 주입된 낮은 완충능의 용액은, 차아염소산 용액보다 염소 기체가 더 높은 소독능을 보인다. 염소와 다른 소독제의 소독능에 영향을 미치는 요인은 (1) 소독제의 성질, (2) 소독제의 농도, (3) 소독제와의 반응시간, (4) 온도, (5) 생물체의 종류와 농도, 그리고 (6) pH 등이 있다.

천연유기물질(NOM)과의 반응

차아염소산은 미생물의 세포벽을 통해 쉽게 확산되는 능력이 있기 때문에 강한 소독제이고, 생명의 기능을 파괴시킨다. HOCl과 OCl^-는 둘 다 NOM과 무차별적으로 반응한다. NOM과 염소의 반응은 식 (12.7)에서 식 (12.10)까지 주어져 있다.

$$HOCl + Precursors \rightarrow CHCl_3 + \text{other chlorinated DBPs} \qquad (12.7)$$

$$HOCl + Br \rightarrow HOBr + Cl^- \qquad (12.8)$$

$$HOBr + Precursors \rightarrow CHBr_3 + \text{other brominated DBPs} \qquad (12.9)$$

$$HOCl + Br + Precursors \rightarrow CHCl_3 + CHBrCl_2 + CHBr_2Cl + CHBr_3 + \text{other halogenated DBPs} \qquad (12.10)$$

결합잔류염소

염소는 암모니아와 쉽게 반응하여 클로라민을 형성하고 결합잔류염소를 형성한다(식 12.11, 12.12, 그리고 12.13). 이 형태에서 염소는 약한 소독제이고 THMs를 만들지 않고 배수관로에서 안정적인 잔류성을 제공한다.

$$NH_3 + HOCl \rightarrow NH_2Cl(\text{모노클로라민}) + H_2O \qquad (12.11)$$

$$NH_2Cl + HOCl \rightarrow NHCl_2(\text{디클로라민}) + H_2O \qquad (12.12)$$

$$NH_2Cl + HOCl \rightarrow NCl_3(\text{트리클로라민}) + H_2O \qquad (12.13)$$

파과점 염소소독(Breakpoint Chlorination)

물에 염소가 주입되면, 물에 존재하는 여러 화합물의 산화에 소비된다. 초기 염소 요구량이 만족되기 전까지 염소는 측정되지 않는다. 다음에 염소는 암모니아와 반응하여 결합잔류염소를 형성한다. 최대 결합 잔류량에 도달할 때까지 결합잔류염소는 염소의 추가 주입에 의해서 증가한다. 염소를 더 많이 주입하면 결합잔류염소가 감소한다. 이것을 "파과점 염소소독"이라고 한다. 이 점에서 클로라민이 질소산화물이나 또는 다른 기체로 산화된다. 파과점 염소소독에 도달한 후, 유리잔류염소는 염소 주입량과 같은 비율로 증가한다. 전형적인 파과점-염소소독 곡선과 화학 반응은 그림 12-6에서 보여준다.

염소 주입량 및 잔류량

염소 주입량은 고정된 접촉시간 후에 특정 농도를 갖도록 하기 위해 물에 주입되는 염소의 양이다. 잔류염소는 염소 주입량에서 물에 존재하는 유기물질과 화합물에 의해 소모되는 염소 요구량을 뺀 것이다. 처리 공정의 어떤 적용 지점에서 요구되는 염소 주입량은 실험실 규모나 파일롯 플랜트 실험을 통해 잘 결정되어진다.

염소 주입량은 원수의 수질, 온도, 다른 기후조건에 따라 달라질 수 있다. 일반적으로, 주입량은 0.2에서 4 mg/L의 범위일 것이다.[2,3,6,19] 표 12-12는 대표적인 염소 주입량을 나타낸다.

잔류염소는 운전 경험과 정부의 규제 기관의 요구사항에 따라 달라진다. 일반적으로, 결합잔류염소량은 배수시스템내의 먼 지점에서 0.5에서 1 mg/L 정도이어야 한다. pH, 온도, 그리고 다른 물의 특성에 따라 더 높은 잔류염소가 요구될 것이다.

특정 접촉시간 동안 유지되는 잔류염소량은 플랜트에서 효과적인 소독과 원하지 않는 미생물의 재성장의 방지를 증명해야 한다.

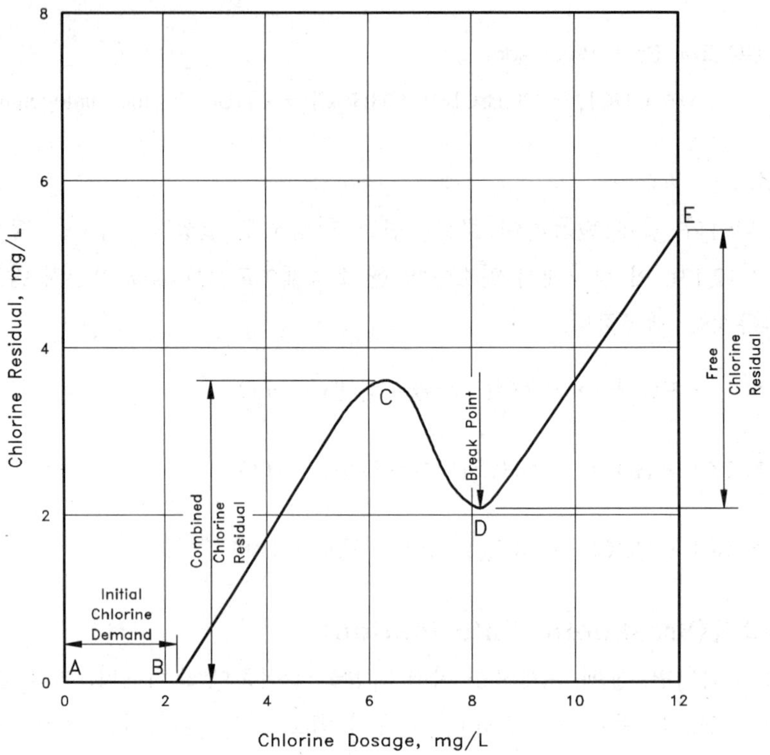

그림 12-6 잔류염소 곡선

표 12-12 소독에 필요한 대표적인 염소 주입량

처리 목적	염소 주입량(mg/L)	접촉시간(min)	pH 범위
결합잔류염소	1~5	*CT* 요구에 필요한대로	7~8
유리잔류염소	0.5~4	*CT* 요구에 필요한대로	7~8
파과점 반응	암모니아 농도의 6~8배	30	6.5~8.5 (7.5가 최적)
모노클로라민 형성(pH가 7이하로 떨어지면 약간의 디클로라민이 생김.)	암모니아 농도의 3~4배	20	7~8
유리잔류염소 형성	암모니아 농도의 6~8배	20	6.5~8.5

출처 : 참고문헌 2, 3, 6, 19

염소소독 시스템의 설계

상수도에서 소독을 위한 염소소독 시스템은 6개의 세부 시스템으로 구성된다. (1) 염소 공급, (2) 저장 및 취급, (3) 안전설비, (4) 염소 공급 및 적용, (5) 확산, 혼합, 그리고 접촉, 그리고 (6) 제어시스템이다. 각 시스템을 위한 설계 고려사항은 아래와 같다.

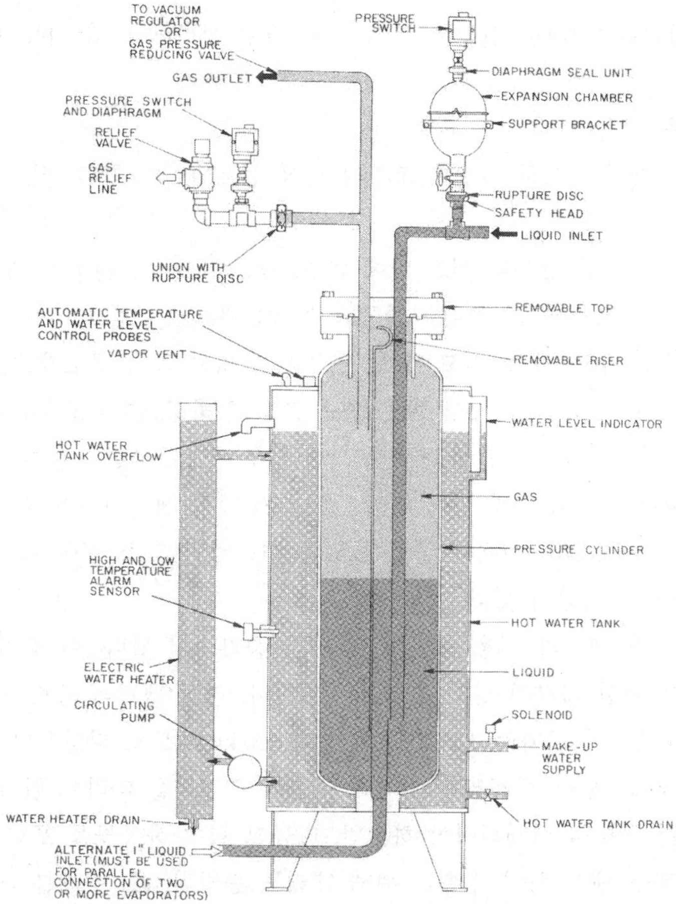

그림 12-7 대표적인 염소증발기와 안전장치(Wallace & Tiernan/U.S. Filter.)

염소 공급

염소는 주로 압력 하에서 액화 압축가스의 형태로 공급된다. 염소는 컨테이너나 대량 선적으로 제공될 수 있다.[3,20]

염소 공급에서 일반적으로 사용되는 용기는 (1) 원통(거의 45.4 kg과 68 kg용량의 실린더) 그리고 (2) 컨테이너(ton container라 불리는 907 kg의 용기가 가능)가 있다. 각 ton container는 전체 질량이 1,587 kg이다. 용기 시스템의 기본적인 공학적 특징은 참고문헌 3과 21에 제시되었다.

대량의 염소 공급에 사용되는 가장 보편적인 방법은 (1) 철도 탱크 차(49,900 kg과 81,600 kg의 크기가 보통) 그리고 (2) 탱크 자동차(보통 13,600 kg에서 20,000 kg 범주)가 있다. 대량의 염소는 관로, 이동 가능한 탱크, 그리고 바지(barge) 탱크를 이용해서도 공급될 수 있다.

염소 용기 크기의 선택과 대량 선적 방법에 대한 선택은 주로 (1) 사용되는 염소의 양, (2) 염소소독 시스템에 사용되는 기술, (3) 저장에 이용되는 공간, (4) 운송비와 취급비, 그리고 (5) 플랜트 운전자의 선택에 의존한다. 원통은 작은 물 공급 시스템에 대부분 적용된다. 907 kg 용기는 보통 중간 크기의 사용자에게 적합하다. 거대한 선적은 큰 규모의 정수 설비에 대해 비용이 효과적일 것이다.

염소 저장 및 취급

염소 저장과 취급은 안전에 대한 완전한 고려와 함께 설계되어야 한다. 염소 가스는 독성이 강하고 폭발적이다.

원통과 ton container는 보통 담이나 건물 안에 둔다. Ton container 저장과 취급 설비에 대한 설계자의 고려사항은 다음을 포함해야 하지만 제한되진 않는다.[3] (1) 적절한 보조 ton container 밸브(Yoke 형), 구부리기 쉬운 구리 관, 그리고 밸브, 부속품, 그리고 꼭지 밸브가 있는 단단하며 검고 이은 데가 없는 강철 다지관, (2) 용기-무게 재는 저울 또는 부하실, (3) ton container를 위한 가대, (4) ton container를 들어올리는 막대기, (5) 오버헤드 크레인 또는 3,600 kg 용량의 모노레일, (6) 염소 가스 필터, (7) 필요에 따라 외부의 염소 압력 감압 밸브, (8) 압력 게이지, (9) 염소처리의 유입구에 있는 점적장치(즉, 응축 기구), (10) 센서와 알람이 있는 연속적인 염소 누출 측정기, 그리고 (11) ton container를 위한 응급시 수리함이 있다.[3,20-23]

염소 저장을 위한 저장 탱크의 이용은 현재 몇 년간 증가되어 왔다. 이 증가는 부분적으로 염소 탱크 수 증가와 트럭에 의한 대량의 염소 수송에 기인한다. 저장 탱크의 용량은 수송이 트럭에 의한 것인지 탱크차에 의한 것인지에 따라 22,700 kg에서 81,600 kg 정도로 다양하다. 탱크 설계는 강철이나 철 구조물로 해야 하고, 염소 협회의 지침서에 포함된 조건들을 따라야 한다. 거대 탱크 저장 시스템은 각 설비에 따라 특별히 설계되어야 하지만, 다음의 필수 품목들을 포함해야 한다.[20-22] (1) 트럭에서 내리는 장소 또는 탱크 차량 수송을 위해 내리는 승강장, (2) 무게를 재는 기구, (3) 정확한 부속품, 게이지, 안전 구조와 기타 밸브를 갖춘 배관 시스템, (4) 확장실, 압력 스위치, 그리고 단절 디스크를 갖춘 액체-염소 감압 시스템, (5) 압력 스위치, 단절 디스크, 감압 밸브를 갖춘 가스-염소 감압 시스템, (6) 염소-가스필터 또는 거르는 기구, (7) 센서와 알람이 갖춰진 연속적인 염소-누출 감지기, (8) 필요에 따른 감압 밸브, (9) 필요에 따른 자동적인 폐쇄 밸브, (10) 필요에 따른 태양 가리개, (11) 필요에 따른 공기 충전 시스템, (12) 필요에 따라 압력 스위치와 알람, 그리고 (13) 대형 탱크를 위한 긴급 수리함.

안전 고려사항

USEPA는 염소누출 사고가 발생하는 동안 운전자에 대한 상해, 사망, 피해의 위험성을 최소화하고, 사람 및 환경적인 수용체에 미치는 외부의 잠재적 영향을 최소화하기 위하여 규칙을 수립하였다. 40 CFR Part 68 사고적 누출 방지 프로그램 규정(Accidental Release Rrevention Program Rule, ARPPR)은 규제에 의한 최소 한계량보다 많은 양의 규제물품에 즉, 염소, 암모니아, 이산화염소 등에 대한 재고를 가진 수처리 설비에 적용된다. ARPPR의 조건을 만족시키기 위해, 위험성 관리 프로그램(Risk Management Program, RMProgram)이 1999년 6월 21일 모든 규제 설비를 위해 준비되었고, 규제 방법에 있어서 주요한 변화 후에 그리고 5년마다 갱신한다. 해로운 물질(즉, 염소와 암모니아)의 선적, 저장, 취급, 그리고 사용은 DOT, OSHA, 그리고 주의회에 의해 규제 대상이 된다.[26-28]

염소 시스템의 적절한 설계 접근은 안전한 운전과 유지 절차의 발전을 위한 기초를 제공한다. 염소 시스템 설계에서 중요한 안전 고려사항은 운전자의 노출 한계, 환기, 화재 방지, 수송과 하역, 저장과 운반, 주변 환경, 주입 시스템, 그리고 감시를 포함한다. 염소 협회는 염소 취급 장비와 안전 절차에 대한 기준을 제공한다.[26~31] 모든 염소 시스템은 이 기준에 따라야 한다. 염소 취급 설비에 관하여 많은 다른 설계 안내와 안전 고려사항은 참고문헌 3, 20, 21에 있다.

응급 염소-증기 가스세정기 시스템의 설비는 정수장 근무자에 대한 상해와 외부 수용체에 대한 잠재적 영향의 위험성 감소를 위한 효과적 수단이다. 가장 널리 쓰이는 가스세정기는 1회 통과 다단계 흡수 시스템이다.[32~34] 가스세정기 시스템은 염소가 누출된 빌딩이나 실내로부터 염소로 오염된 공기를 중화하도록 설계된다. 20% 가성소다(NaOH) 용액이 일반적으로 오염된 공기를 정화하는 데 사용된다.

염소 공급 및 적용

염소 주입과 적용 시스템은 주로 다음을 포함한다.[3,20]

- 염소 인출(가스나 액체 염소로서)
- 기화기(액체 염소의 인출을 위해 필요함)
- 자동 전환
- 진공 조절기
- 염소 소독기
- 주입 시스템(물 공급 설비와 같이)
- 확산, 혼합, 접촉
- 제어 시스템

염소주입과 적용 시스템은 액체와 기체 감압 시스템, 가스 감압 밸브, 고압과 진공알람을 갖춘 가스 압력과 진공 게이지, 가스 필터, 그리고 몇몇의 배출라인 시스템을 포함한다. 시스템의 주요한 구성요소에 대한 설계 정보는 아래에 주어졌다.

염소 인출(Chlorine Wihtdrawal)

저장으로부터 유입 시스템까지의 염소 공급은 가스 인출 또는 액체 인출로 할 수 있다. 각각의 ton container는 제거 가능한 스틸 밸브 보호 하우징의 안쪽에 있는 끝의 중심부 근처에 두 개의 동일한 유출 밸브를 갖추고 있다. Ton container의 위와 아래 밸브는 가스와 액체 인출에 각각 사용된다.[3,20] 만약 위의 밸브가 가스 인출에 쓰인다면, ton container에 대한 최대 인출율은 실온에서 180 kg/d이다. 만약 추출율이 180에서 680 kg/d라면, 두 개 또는 더 많은 ton container가 다지관에 연결되어야 한다. 만약 염소가 이 조건에서 사용된다면, 실온은 기화열 공급을 위하여 18℃로 유지되어야 한다. 추출율이 680 kg/d보다 크다면 액체 추출을 사용하고 기화기를 설치한다. 만약 액체 추출이 사용된다면, ton container의 아래 유출 밸브는 유입관과 연결된다. ton container로부터의 액체 인출은 확실한 장점을 갖는다. (1) 주위 온도에 영향을 받지 않아서, 저장소가 외곽 지역에 위치하고 있을 경우에 용기 저장은 태양 가리개만 있으면 열린 구조도 가능하다, (2) 용기와 염소반응기간에 재액화의 우려는 없다, (3) 몇 개의 용기만 연결할 필요가 있다. 왜냐하면 액체 인출율은 가스 인출율보다 훨씬 크기 때문이다. Ton container으로부터 액체 추출의 뚜렷한 단점은 다음을 포함한다. (1) 기화기가 필요하다; (2) 만약 액체 염소가 용기와 기화기 사이의 액체 염소 관으로부터 우연하게 방출되면, 상해의 위험성 또는 외부 영향이 훨씬 더 높을 수 있다.

기화기(Evaporators)[3,20]

기화기는 일반적으로 염소 추출이 680 kg/d를 초과할 때 사용된다. 기화기의 효용은 180에서 4,500 kg/d의 범위이다. 기화기는 액체 염소를 저장 설비로부터 받아서 밀봉된 압력 실에서 염소가스로 증발시킨다. 실은 전기 히터나 재순환된 뜨거운 물 또는 증기에 의해 열이 공급되어 데워진다. 온도 제어 시스템은 뜨거운 수욕조를 사용했을 때, 수온을 76~82℃ 사이로 유지할 것이다. 모든 기화기는 기화기로부터 배출되는 관에 액체 염소가 가스 염소관으로 들어가는 것을 방지하기 위해서 감압 자동 폐쇄 밸브를 갖추어야 한다. 음극 보호 시스템으로 부식을 방지하고 수욕조의 외부가 단열되도록 해야 한다. 만약 음극 보호 시스템이 사용되지 않았다면, 스케일 문제의 발생을 줄이기 위해 어떤 형태의 부식 방지액을 수욕조에 넣을 필요가 있다.[3,20] 기화기의 크기는 설비 제조업자가 제공하는 자료를 이용해서 얻을 수 있다. 대표적인 염소 기화기가 그림 12-7에 나와 있다.

자동전환(Automatic Switchover)

하나의 용기로부터 다른 용기로의 자동전환을 위한 설비가 시스템의 신뢰도를 증가시키기 위해 포함되어야 한다. 두 종류의 자동전환 시스템이 있다. 진공과 압력 자동전환 시스템. 두 형태 모두 한 용기가 비워질 때 다른 용기에서 염소가 인출되도록 전환된다.

염소 처리기(Chlorinator)

염소 처리기는 저장용기나 기화기로부터 염소가스를 받고 주입기로 흐름을 조절한다. 염소 주입기의 형태는 (1) 직접주입 (2) 압력형태 (3) 원격조정의 진공형태 (4) 초음파 흐름형태가 있다. 재래식 염소 처리기는 유입 감압 밸브, 유량 측정 계기, 유량 제어 오리피스, 진공 차이 제어밸브로 구성된다. 염소 주입기에 의해 생긴 진공이 원동력으로 작용한다. 주입율은 30~5,000 kg/d까지 다양하다. 유속과 적용 형태에 따라 염소 처리기를 선택한다. 주입기에서 3,500 mg/L로 염소용액의 농도를 제한하여 설비 제조업자가 염소 처리기를 설계한다. 염소 처리기의 제어 구성은 단순-복잡한 구조, 수동-자동까지 다양하다.[3,20] 설비 제조업자는 염소 처리기의 설계와 선택에 대하여 상담을 받아야 한다. 그림 12-8는 대표적인 염소처리기 구조를 보여준다.

주입 시스템(Injector System)[3,20]

염소 주입 시스템은 적용점에서 필요한 주입량을 제공하므로 중요하다. 염소 주입기는 2가지 형태는 (1) 압력 가스 주입과 (2) 진공 가스 주입이다. 압력 가스 주입기는 가스가 대기로 누출될 우려가 있다. 작은 플랜트나 안전에 대한 주의사항이 엄격하게 지켜지는 큰 설비에서 주로 사용된다. 진공주입 시스템에서 정해진 진공은 주입가스 유입구에서 발생한다. 적용된 진공으로 염소 저장조에서 염소가스를 빨아들여 염소처리기로 보내고 진공관로를 통해 주입구로 보내진다. 일반적으로 소독처리기에 없어서는 안 될 부분인 진공 제어기는 진공 조건 하에서 염소가스 인출율을 제어하기 위해 사용된다. 물의 양이 충분해야 하는 이유는 (1) 용액에서 염소 농도를 3,500 mg/L 이하로 유지, (2) 염소처리 시스템의 모든 부분에서 그리고 염소처리기로의 관에서 필요한 진공을 만들기 위해서이다. 염소처리 시스템의 제조자는 주어진 back pressure에 대응하여 주어진 염소의 양에 대한 필요한 물의 양과 압력을 명확히 하기 위해 운전 곡선을 제공한다(그림 12-9). 염소 용액(차아염소산의 형태로)이 주입기로부터 물에 더해지는 지점까지 흘러간다. 주입시스템은 (1) 물 공급 펌프, 주입기까지의 관로, 압력게이지 및 역류 방지 기구, (2) 주입기, (3) 진공게이지(원격조정 주입기 설비를 위한), 붙박이 진공 스위치, 알람, 진공 관 폐쇄 시스템(원격조정의 주입기 설비를 위한)을 포함하는 염소처리기에서 주입기까지의 진공 관로, (4) 주입기(가변 목부 주입기만을 위한) 바로 하류에 설치된 back pressure 게이지, 유량계, 압력 스위치와 저수압 알람을 포함하는 염소 용액관 등의 요소를 포함한다.[3,20]

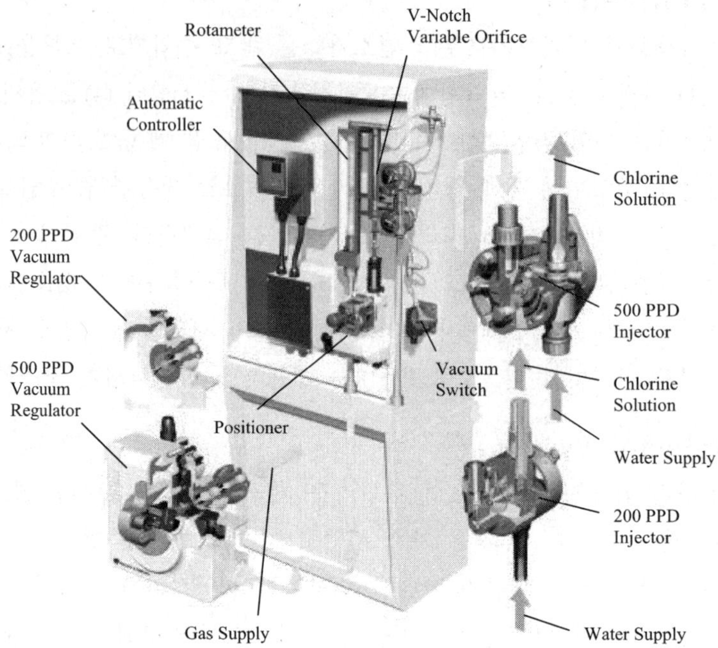

(a)

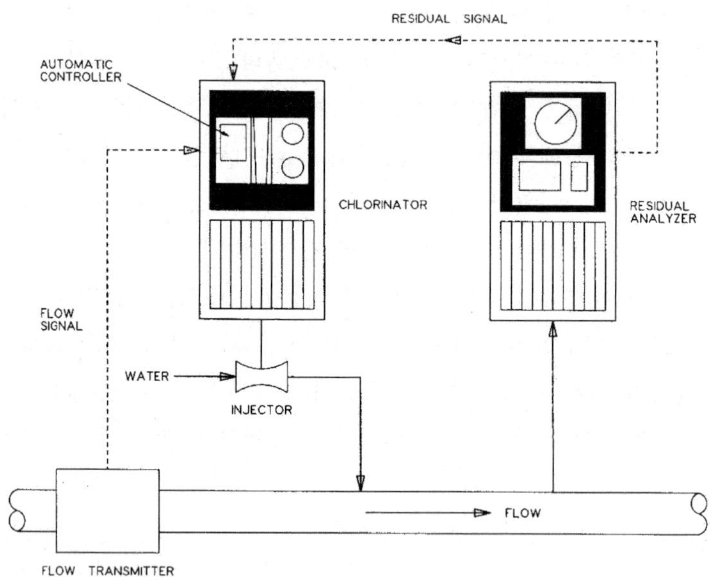

(b)

그림 12-8 전형적인 염소 주입장치 배열(Wallace & Tiernan/U.S. Filter). (a) 염소 주입장치 상세도, (b) 전형적인 자동 복합 폐회로 염소 주입장치

확산, 혼합, 접촉(Diffusion, Mixing, Contact)

염소 용액을 물에 급속 혼화시킨 후 접촉 기간을 갖는 것이 효과적인 소독을 위해 필수적이다. 염소용액은 확산 시스템을 통해 주입된다. 그리고 (1) 기계적 수단 (2) 배플 배열 (3) 위어, 벤튜리 수로 및 파샬 수로의 하류에서 생기는 도수(hydraulic jump)에 의하여 급속하게 혼합된다. 확산기는 염소 용액을 적용지점에서 처리수로 보내주는 용액 관의 마지막 부분의 장치이다. 그림 12−10과 12−11은 다양한 종류의 염소 확산기와 혼합설비를 보여주고 있다.[3] 400/s 이상의 속도경사가 원하는 혼합을 제공하기 위해 충분하다. 혼합조건을 만족하기 위해 속도경사는 식 (8.20)으로부터 계산된다.

염소 접촉조의 목적은 원하는 불활성화의 정도를 제공하기 위하여 소독 화합물에 필요한 접촉시간을 제공하는 것이다. *CT*값을 계산하는 과정은 앞에서 설명하였다. 염소는 정수장에서 여러 지점에 주입할 수 있다. 가능한 적용은 전염소(원수 펌프장에서), 응집 전, 침전 전, 여과 전과 후, 그리고 정수지 전이다. 수처리 공정의 마지막에 염소를 넣는 것이 THM 생성을 최소화한다.

고농도의 염소 용액 3,500 mg/L이 물에 가해진다. 염소 용액 주입기의 관로 하류에서 부압조건이 발생하지 않도록 해야 한다. 이것은 적용점에서 염소가스의 원하지 않는 누출을 일으킬 수 있다. 유입지점에서 출구속도 7~9 m/s는 적절한 혼합을 제공한다. 2~4 m로의 수두차는 주입기 배출에서 back pressure를 유지하는데 그리고 jetting 효과를 일으키는데 도움을 줄 것이다. 역류 방지 밸브와 분리 밸브는 압력 관로에서 확산기를 위해 필요하다.

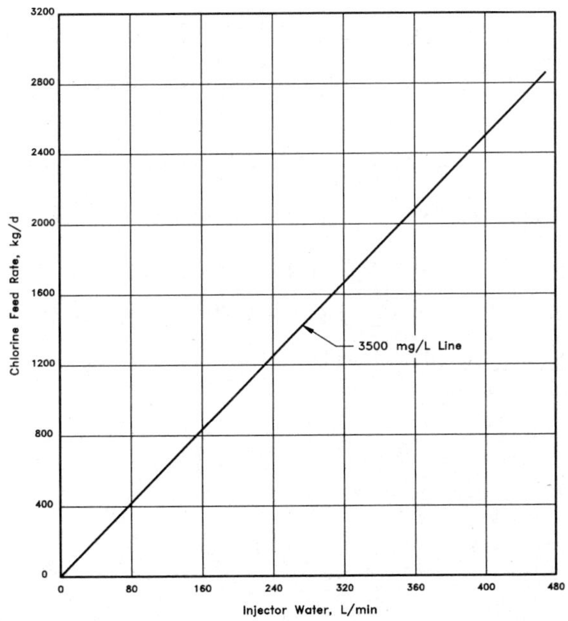

그림 12−9 주입 유량과 염소 주입량(염소농도를 3,500 mg/L로 제한)

Water Works Engineering

제어시스템(Control System)

염소소독 시스템은 일정 접촉시간 후에도 잔류염소 요구량을 유지해야 한다. 염소 주입량은 잔류염소 요구량을 유지하기 위해 종종 조절된다. 작은 시설에서는, 수동 제어로 염소 요구량의 제어가 가능하다. 운전자는 잔류염소량을 결정하고 염소용액의 유입속도를 맞추어야 한다. 간단한 오리피스 제어 일정수두 장치 또는 저용량으로 정량펌프가 염소 용액을 주입하기 위해 사용된다. 종종 정량펌프는 타이머 장치로 인해 일정 간격으로 펌프를 운전하게 한다.

큰 시설에서는, 기록기를 갖춘 복잡한 자동 비례 제어 시스템을 사용한다. 유량계 송신기와 잔류염소 분석기로부터의 신호는 염소 주입율을 조절하여 설계 기준과 표준 운전과정(SOPs)에 맞게 미리 조절된 염소 주입속도를 맞추고 일정한 잔류염소량을 유지하기 위해 염소처리기로 보내진다(그림 12-9). 염소분석기와 자동화 제어 루프 염소처리 시스템은 많은 제조업자에 의해 제공된다.

또한 몇 개의 경보기는 제어시스템의 필수적인 부분이다. 이것들은 저장조에서 고/저압, 액체/기체 염소관, 고/저 주입 진공관로, 기화기 소욕조의 고/저온, 고/저 잔류염소, 염소누출을 포함한다.

차아염소산 화합물에 의한 소독

염소의 운반, 저장 및 취급과 관련된 잠재적인 위험성으로 인하여 많은 정수장에서 차아염소산 용액을 사용하게 되었다. 차아염소산은 더 비싸고, 저장에 대한 강점이 덜하고, 주입이 더 어려울지 모른다. 하지만, 단지 안전성의 이유만으로, USEPA가 ARPPR을 발표한 이후 많은 플랜트에서 사용되고 있다.

차아염소산나트륨 용액은 1.5~15% 강도로, 4.9~7.6 m^3 탱크와 탱크차로 이용가능하다. 더 강한 용액은 빛과 열에 노출되면 쉽게 분해된다. 높은 순도의 차아염소산칼슘은 적어도 염소를 70% 이상 함유한다. 그것은 분말, 입상, 또는 압축정제로서 45~360 kg 드럼으로 사용한다. 차아염소산과 용액은 더 나은 저장수명을 위해 차갑고 건조한 곳에 저장해야 한다. 염소, 염소화합물, 오존 및 과산화수소의 중요한 특성을 표 12-13에 비교하였다.

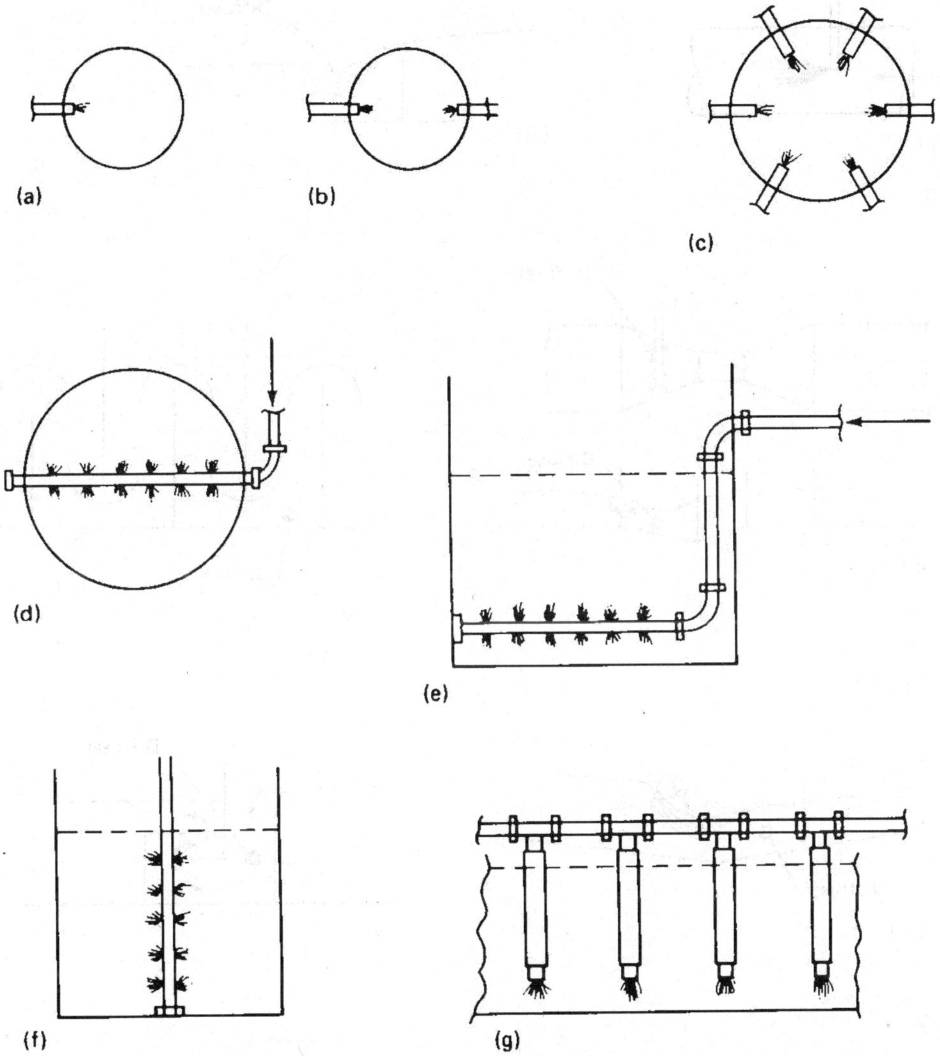

그림 12-10 전형적인 염소확산기. (a) 소형관에 단일 주입, (b) 소형관에 이중 주입, (c) 중형관에 다중 주입, (d) 대형관 주입시스템, (e) 개수로에 단일 수평확산관, (f) 개수로에 단일 수직확산관; 폭이 넓으면 폭을 따라 여러 개 설치, (g) 개수로 길이 방향으로 매달린 확산관들

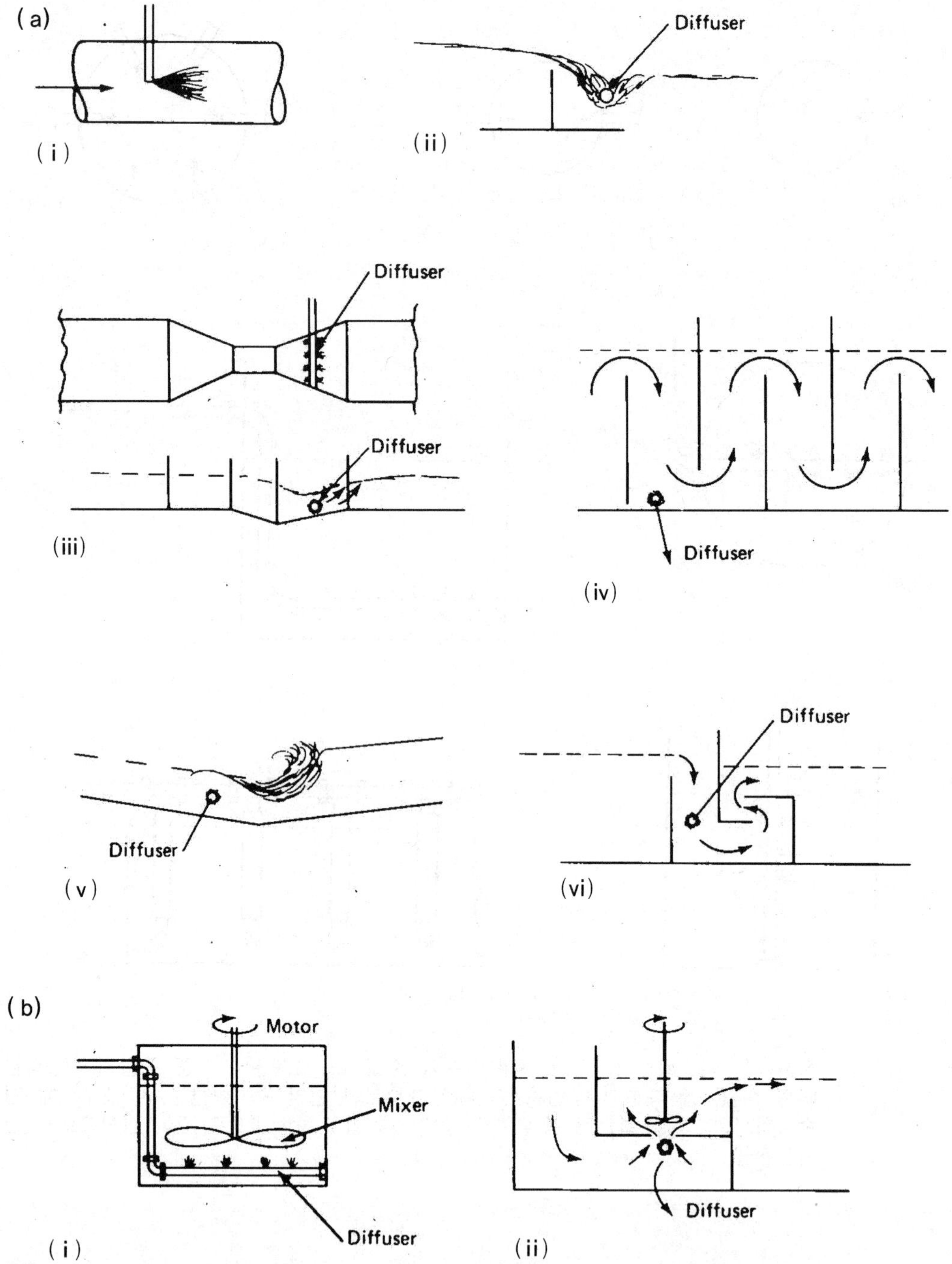

그림 12-11 염소용액의 혼합에 사용되는 교반기의 종류. (a) 자연 교반 및 화산 방식: (i) 밀폐 상태에서의 제트노즐, (ii) 위어의 낙차, (iii) 파셜플룸, (iv) 혼화조의 상하정류벽, (v) 수로의 수리적 상승류, (vi) 정류벽. (b) 기계적 교반: (i) 개수로, (ii) 개수로에서 정류벽이 있는 경우

12.3.2 클로라민 소독

1917년 미국에서 최초로 음용수 처리에서 결합잔류염소를 만들기 위해 암모니아를 주입하였다.[3] 이것은 특정한 맛, 냄새 화합물의 형성과 여과지와 처리 단위공정의 위어나 벽에서 박테리아와 조류의 성장을 제어하기 위해 오랫동안 사용되고 있다. 유리염소보다 결합잔류염소가 배수시스템에서 소독능이 더 오래 잔류되기 때문에 이 방법이 계속 이용되고 있다. 하지만, 현재 암모니아 처리에 대한 관심이 THMs과 같은 염소소독 DBPs에 대한 우려가 증대되면서 커지고 있다. 결합염소(또는 클로라민)는 분명히 THMs를 생성하지 않고, 많은 시스템이 클로라민으로 전환될 것이다. 그러므로 암모니아 처리의 설계에 대한 검토가 다음과 같이 주어진다.

암모니아 성질

보통 기압과 온도에서, 무수암모니아 기체로 존재한다. 표 12－14는 암모니아의 물리적 특성을 열거하고 있다.

암모니아 공급

수처리에 사용되는 암모니아는 무수암모니아, 액체암모니아, 황화암모늄, 염화암모늄의 4가지 상업적 형태로 제공된다. 무수암모니아는 건조가스 또는 액화가스이다. 액체암모니아(NH_4OH)는 물에서 암모니아가스의 20% 용액이다($NH_3 + H_2O \rightarrow NH_4OH$).

황화암모늄, 염화암모늄 염은 플라스틱 또는 유리섬유 용기에 저장하고, 물에 녹아 25~30% 용액이 된다. 이 용액은 알칼리 조건에서 액체암모니아를 형성한다.

무수암모니아(Anhydrous Ammonia)

가압하면 쉽게 액화되므로, 무수암모니아는 액화 압축가스로 공급된다. 용기와 bulk 선적으로 공급되는 방법은 염소 공급과 유사하다. 보통, 암모니아 공급에 사용되는 용기는 45.4와 68 kg 실린더가 있다. Bulk 무수암모니아 공급에 가장 많이 쓰이는 방법은 (1) 보통 73,000 kg(80톤)의 크기의 철도 탱크 차, (2) 5,400 kg(6톤)의 최대 용량을 갖는 탱크 자동차, (3) 보통 526 kg에서 8,200 kg 정도 범위를 갖는 휴대용 탱크가 있다. 실린더 시스템의 기초적인 공학 특징은 참고문헌 3과 36에 주어졌다.

표 12-13 염소, 염소화합물, 오존 및 과산화수소의 중요한 성질과 일반적인 적용의 비교

특 징	염 소	차아염소산 나트륨	차아염소산 칼슘	이산화염소	오 존	과산화수소
화학구조식	Cl_2	NaOCl	$Ca(OCl)_2$	ClO_2	O_3	H_2O_2
형 태	액체, 기체	용액	분말, 펠렛, 또는 1% 용액	기체	기체	액체
선적 용기	45.5 kg과 68 kg 실린더; 그리고 907 kg 용기	N/A	45~360 kg 드럼	현장에서 생산	현장에서 생산	114 L~208 L 섬유유리드럼
bulk 선적	49,900 kg과 81,600 kg 탱크차; 그리고 13,600 ~20,000 kg 탱크 트럭	4.9~7.6 m^3 탱크, 탱크차	N/A	N/A	N/A	탱크 차
상업적인 강도(%)	100	12~15	70	0.35까지	2	35~70
안정도	안정	밝은 노란색 용액, 불안정	안정	초록빛 노란 가스, 폭발성	불안정	안정
미생물에 대한 독성	높음	높음	높음	높음	높음	중간
취급 및 사용과 관련된 위험	높음	중간	중간	높음	높음	중간
부 식	높음	중간	중간	높음	높음	낮음
탈 취	높음	중간	중간	높음	높음	높음
비 용	낮음	중간	중간	중간	높음	높음
적 용	슬라임성장, 맛, 냄새, 암모니아의 제어 산화, 소독	슬라임성장의 제어, 소독	슬라임성장의 제어, 소독	슬라임성장, 냄새의 제어, 소독	맛, 냄새, 전구물질의 산화와 난분해성유기물의 제어, 소독	슬라임성장, 맛과 냄새의 제어

액체암모니아(Aqua Ammonia)

암모니아는 208 L 드럼으로 공급된다. Bulk 선적이 필요하다면, 가압되지 않거나 낮은 압력(180 kN/m^2)의 탄소 강철 탱크가 이용되어야 한다. 황화암모늄과 염화암모늄은 45.4 kg 자루로 공급되고 95~98% 순도로 만들어진다.

암모니아 저장 및 취급

암모니아 저장과 취급 시스템은 암모니아 누출이 위해하므로 안전사항을 만족해야 한다. 실린더는 내부나 빌딩에 저장한다. 탱크 트럭 수송을 받는 Bulk-암모니아 탱크를 위해 용량이 3,600 kg과 5,400 kg(4톤과 6톤)인 것을 주로 사용한다. Bulk 탱크는 주로 야외에 설치한다. 탱크는 무수암모니아의 저장과 취급을 위한 법과 규정에 적합하도록 설계되고 세워져야 한다. 암모니아 설비에 구리, 은,

황동, 청동 또는 아연도금 관은 사용하지 않는데, 이것은 수분 암모니아가 이 물질들과 반응하여 부식을 일으키기 때문이다.

표 12-14 암모니아의 물리적 특성

특 성	일반적인 값
분자구조식	NH_3
분자량	17.031
1 atm에서의 끓는점	−33.3℃ (−28°F)
1 atm에서의 어는점	−77.7℃ (−107.9°F)
임계온도	133℃ (271.4°F)
임계압력	114.2 bars(1657 psia)
−33.3℃ (−28°F)와 1 atm에서의 잠열	13.71×10^5 J/kg(589.3 Btu/lb)
증기의 상대밀도	0.5970
−33.3℃ (−28°F)와 1 atm에서의 증기밀도	0.8899 kg/m^3(0.0555 lb/ft^3)
−33.3℃ (−28°F)에서 액체의 비중	0.6819
−33.3℃ (−28°F)와 1 atm에서의 액체밀도	681.9 kg/m^3(42.57 lbs/ft^3)
0℃ (32°F)와 1 atm에서의 증기의 비부피(specific volume)	1.297 m^3/kg(20.78 ft^3/lb)
0% 중량농도에서 용해열	8.081×10^5 J/kg(347.4 Btu/lb)
28% 중량농도에서 용해열	4.999×10^5 J/kg(214.9 Btu/lb)

자료 : 참고문헌 2, 3과 22

암모니아 안전성

암모니아는 무색의 코를 찌르는 냄새가 나는 기체로 50 ppm에서 감지된다. 암모니아 기체는 고농도에서 점막, 눈, 코, 목, 폐를 자극할 수 있다. 유독하지 않지만 오래 접하면 화상과 상처를 유발한다. 무수암모니아와 액체암모니아(농도가 20% 이상일 때) 모두 ARPPR의 규제 대상물질이다. 암모니아의 저장과 취급, 이용에 해당하는 특별 안전 고려사항이 참고문헌 3, 36과 38에 나와 있다.

암모니아 주입량

소독을 위한 암모니아의 주입의 초기 목적은 유리잔류염소를 결합잔류염소(또는 클로라민)로 전환하는 것이다.[2] SWTR은 암모니아 주입 전에 염소가 주입되어야 한다고 요구한다. 높은 소독효과는 염소를 먼저 주입해야 얻어지지만, THM 생성을 적게 하려면 암모니아 주입이 염소 주입보다 우선시 되거나 또는 암모니아와 염소를 동시에 주입한다. 암모니아와 염소의 주입을 위한 물의 최적 pH는 7.0에서 8.3 범위이다. 암모니아와 염소 주입량에 대한 기본 설계 고려사항은 다음과 같다.[2,3]

- 염소 또는 암모니아가 각각 주입된 후, 빠르게 완전히 혼합되어야 한다.
- 암모니아와 염소가 물에 주입되면, 가능한 빨리 혼합되어야 한다.
- 용액 내에서 클로라민 형성을 위한 두 약품간 반응은 pH 7.0~8.5에서 빠르게 일어난다. 반응

시간은 대략 2초이다. 낮은 pH와 온도(10℃ 이하) 또는 혼합 조건이 나쁘면 클로라민 형성이 저해되거나 반응속도가 늦어지거나 염소와 수중의 유기물간의 부반응이 일어난다.

- 소독에 사용되는 암모니아 주입량은 염소 대 암모니아(NH_3) 비에 의해 측정된다. 보통 사용되는 염소-암모니아 무게비는 3 : 1~4 : 1이다. 4 : 1의 염소-암모니아 무게비는 대략 1몰의 염소와 1몰의 암모니아와 같다.[c]
- 무게비 4 : 1까지는 모노클로라민이 형성되고, 소독은 결합잔류염소에 의한다. THM이 생기지 않는다.
- 파과점(그림 12-6)은 염소와 암모니아 무게비가 5 : 1일 때이다.[2] 유리염소가 필요하다면, 무게비를 6 : 1~10 : 1로 한다. 이 주입비에서는 파과점을 통과한다(그림 12-6).
- 파일롯 실험은 맛, 소독 효과와 THMFP에 대한 염소-암모니아 무게비의 최적화에 필수적이다.
- 암모니아의 과잉 주입은 배수시스템과 처리 공정에서 질산화 박테리아의 성장을 조장할 수 있다. 이것은 소비자에게 공급되는 물의 수질에 영향을 미친다.[2]

암모니아 주입 및 적용

무수암모니아

암모니아 주입과 적용 설비는 염소설비와 유사하다. 암모니아 반응기(ammoniators)에는 기화기 형태, 직접 주입, 용액 주입이 있다.[22] 일반적인 암모니아 주입 시스템이 그림 12-12에 주어졌다. 다양한 구성요소의 설계사항은 다음과 같다.[2,3,22]

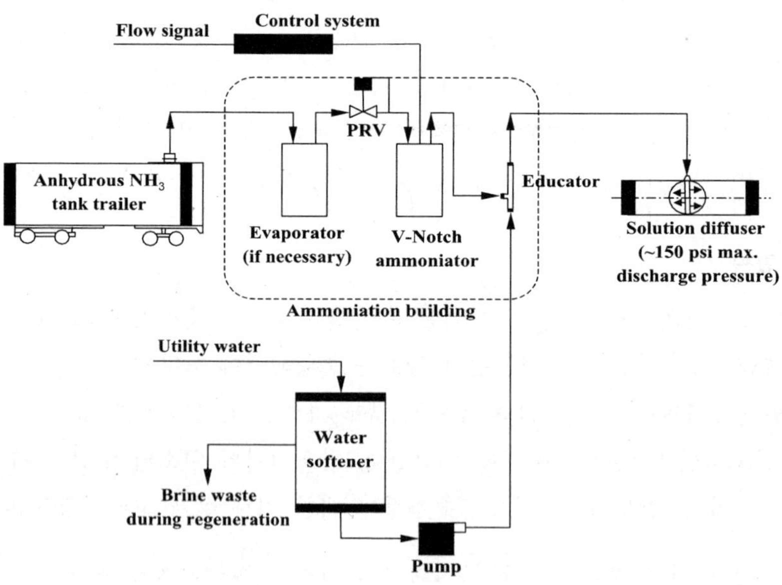

그림 12-12 무수암모니아를 이용한 전형적인 용액 주입형 암모니아화 시스템

- 암모니아 반응기는 주입기로의 암모니아 가스 주입속도를 제어한다.
- 직접 주입 암모니아 반응기는 120 kN/m^2의 낮은 유출압일 때 최대 용량 450 kg/d을 갖는다.
- 암모니아 기화기의 설계 시, (1) 암모니아 주입속도는 염소 주입속도의 1/3～1/5이고 (2) 암모니아의 증발열은 염소 증발열의 거의 5배이다. 그러므로 같은 유속이면, 염소 기화기에 필요한 에너지양의 5배를 암모니아 기화기가 소모한다. 만약 암모니아 유속이 염소 유속의 1/5이면, 암모니아 기화기는 같은 처리 플랜트에서 1～1.5배의 크기이어야 한다.
- 용액형태의 암모니아 반응기는 1,800 kg/d까지 용량을 갖고 유출압력이 1,200 kN/m^2까지 운전이 가능하다.
- 주입기는 암모니아와 주입기 물을 혼합한다. 암모니아의 물에 대한 높은 용해도 때문에 적은 양의 주입기 물이 필요하다. 암모니아 수산화물이 생성되면 pH가 증가되고 연수화 효과로 주입기와 용액관에 스케일과 폐색(clogging)을 일으킨다. 주입기 물의 경도가 35 mg/L as $CaCO_3$을 초과하면, 주입기 물의 연수화 설비를 만들어야 한다.[2,3]
- 암모니아 용액 파이프는 수두손실을 최소화하는 크기여야 한다.
- 확산기 개구부는 3～4 m의 수두손실을 갖고 G를 250～300/s가 되도록 설계한다.[39] 식 (8.20)을 속도경사 계산에 사용한다.

액체암모니아

액체암모니아 주입시스템은 격막 계량펌프, 진동 완충기, 유량계, back pressure 밸브, 그리고 확산기로 구성된다. 액체암모니아용액은 무수암모니아보다 더 농축된 것이다. 그러므로 많은 양의 암모니아가 필요한 시스템에 사용된다. 적은 양의 암모니아를 필요로 하는 시스템은 정확한 공급을 위해 액체암모니아를 증류수와 희석하여 사용한다. 확산기와 파이프는 무수암모니아 용액의 경우와 유사하다. 그림 12-13에 일반적인 액체암모니아 주입시스템이 주어졌다.[13]

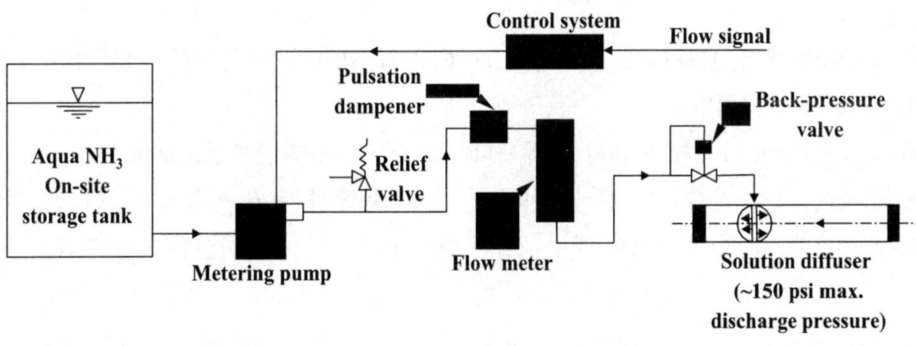

그림 12-13 전형적인 액체 암모니아 주입 시스템

12.3.3 이산화염소

이산화염소는 오랫동안 밀가루, 종이, 섬유 표백에 많이 사용되었다. 수처리에는 맛, 냄새 제어(그리고 작은 설비에서 철, 망간의 제거)에만 사용되었다. THM을 생성하는 유기화합물과 반응하지 않고 THM 전구물질을 감소시켜 1970년대 중반부터 소독에 더 자주 사용되었다.[2,3,22] 수처리시 이산화염소의 화학적 성질, 생성, 그리고 적용은 아래와 같다. 표 12-15는 상수도 시스템에서 이산화염소 소독의 장, 단점을 보여준다. 이산화염소와 염소화합물, 오존, 과산화수소의 중요한 성질 비교는 표 12-13에 주어졌다.

이산화염소의 성질

이산화염소는 염소와 비슷하지만 더 강하고 불쾌한 냄새를 갖는 녹색을 띠는 노란색의 기체이다. 사람이 들이마시면 유독하다. 그 냄새는 0.1 ppm 이상에서 감지 가능하다. 불안정하고 공기에서 부피로 10% 이상의 농도(12 g/L 정도의 용액 농도에 해당)이면 폭발성을 띤다. 이런 불안정성 때문에, 이산화염소는 항상 기화용액으로부터 즉시 생산하여 바로 사용한다. 5 g/L까지의 용액은 몇 일간 저장될 수 있다. 이산화염소의 특이한 성질은 다음과 같다.[2,3]

- 염소보다 산화전위는 낮지만, 더 강한 소독제이다(표 12-1).
- 과잉의 유리염소 없이 만들어진 것은 THMs이나 염소가 결합된 유기 부산물을 생성하지 않는다. 어떤 이산화염소 제조 방법은 염소소독 부산물을 생성하는 유리 염소의 과잉조건을 만든다.
- 과잉의 유리 염소가 존재하면, 차아브롬산과 브롬과 결합된 화합물을 생성한다.
- 과잉의 유리 염소가 존재하면, pH 2 이하나 11 이상에서 염소산과 아염소산이온을 생성한다.
- 1단계 D/DBPR에서, USEPA는 0.8 mg/L as ClO_2의 MCL을 정하였다. 전형적인 주입량은 0.1~0.3 mg/L의 범위이다.
- 이산화염소는 암모니아와 반응하지 않는다. 그러므로, 유리잔류염소보다 더 오래 유지된다.
- 이산화염소는 페놀 화합물을 전산화시키고 염소소독에서 유기 복합체로부터 철, 망간을 분리하는데 사용될 수 있다. THM 전구물질을 30~40%까지 감소시킨다고 보고되었다.[2,3]

표 12-15 소독제로서 이산화염소의 장점과 단점[2,3]

장 점	단 점
1. 강력한 살균제와 살바이러스제	1. 약품비가 고가(염소의 대략 5배)
2. 암모니아성 질소와 반응하지 않음	2. 현장에서 만들어져야 함
3. THMs을 생성하는 유기화합물과 반응하지 않음	3. 부산물 생성으로부터 위생상 위험의 가능성
4. THM 전구체의 30~40% 분해시키는 반응	4. 높은 주입량에서 처리수의 금속 맛
5. 상대적으로 소독의 효율이 pH 6~10에서는 영향 받지 않음	5. 다른 염소화합물로부터 이산화염소의 차이점과 평가를 위한 신뢰성있고 실행적인 기술의 부족

이산화염소의 생산

음용수 처리를 위해, 이산화염소는 아염소산나트륨($NaClO_2$) 용액과 염소가스 또는 차아염소산과의 반응으로부터 생성된다. 아염소산나트륨은 25% 수용액이나 80% 순도의 고체로 구입할 수 있다. 이 반응들은 식 (12.14)와 (12.15)에 제시되고 있다.

$$2NaClO_2 + Cl_2(g) \rightarrow 2ClO_2(g) + 2NaCl \qquad (12.14)$$

$$2NaClO_2 + HOCl \rightarrow NaCl + NaOH + 2ClO_2 \qquad (12.15)$$

이 반응은 이산화염소 반응기 내에서 반응 용액의 반응물 농도를 조절함으로써 일어난다. 만들어진 노란색의 용액은 사용을 위해 펌프로 뽑아낸다. 중요한 고려사항은 다음과 같다.

- 과잉의 염소 용액이 첨가되면, 유리염소가 이산화염소를 산화시켜 용액으로부터 제거하기 힘든 염소산이온(ClO_3^-)을 만든다.
- 물에 주입된 이산화염소는 아염소산(ClO_2^-)과 염소산이온으로 전환되고 원하지 않는 위생 문제와 연관된다. 70~100%가 전환된다. 그러므로, 1단계 D/DBPR에서 염소산이온은 1.0 mg/L의 MCL을 갖도록 이산화염소가 제어되어야 한다.[12]
- 이산화염소 소독에서 과잉의 염소는 THMs을 생성한다. 만일 과잉의 염소가 제어되면, 염소 유기화합물 생성이 뚜렷이 감소된다.

이산화염소 생성 설비의 몇 가지 형태는 상업적으로 구입 가능하다. 제조업자는 시스템, 준비 방법, 과잉의 염소 예측에 대한 세부사항을 제공한다. 그림 12-14는 아염소산나트륨으로부터 이산화염소를 만드는 공정의 개략도를 보여준다.

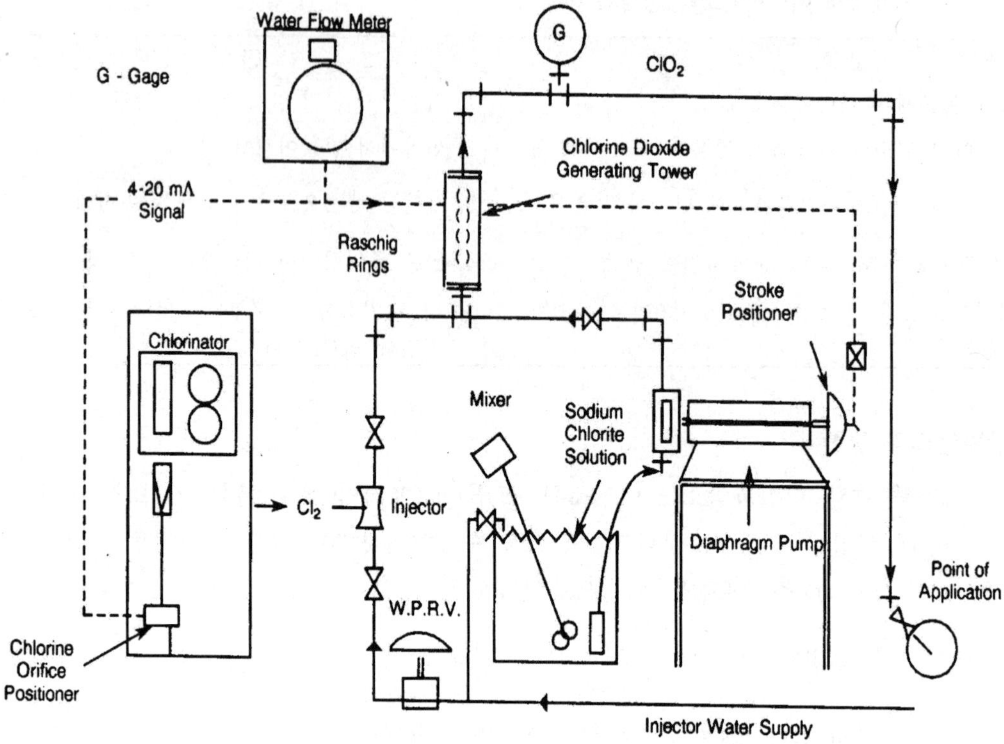

그림 12-14 아염소산나트륨으로부터 이산화염소를 생산하는 유량 비례 자동 주입 장치의 개략도

이산화염소 시스템 설계시 고려사항

이산화염소를 위한 시스템의 설계는 (1) 이산화염소 제조기, (2) 적용지점까지 이산화염소 주입용액의 운반기, 그리고 (3) 물에서 용액의 확산을 포함한다. 제조기는 상업적으로 구입 가능하다. 이런 시스템의 설계는 앞에서 설명된 염소와 클로라민의 경우와 유사하다.

12.3.4 오존소독

상수도 시설에서 소독과 맛, 냄새 제어를 위해 유럽에서 오존이 널리 쓰였다. 미국과 캐나다에서는 현재 음용수의 염소소독 중 THM의 생성 문제가 부각되면서 관심을 갖게 되었다. 소독제로서의 사용 외에도 전오존처리는 (1) 맛, 냄새 제거 (2) 색도 제거 (3) 철, 망간의 제거 (4) NOM의 제거 (5) 유기물의 휘발과 산화와 같은 목적으로 사용된다.

표 12-16 오존소독의 장점과 단점

장 점	단 점
1. 복잡한 맛, 냄새와 색도 문제가 효과적으로 감소되거나 제거된다.	1. 오랫동안 잔류되지 않는다.
2. 유기 불순물이 급속하게 산화된다.	2. 높은 전기 에너지 주입과 높은 시설, 운영비(염소보다 10~15배 더 많은 정도)가 필요하다.
3. 넓은 범위의 수온과 pH에 걸쳐 효과적인 소독능이 얻어진다.	3. 고온과 높은 습도가 오존발생을 악화시킨다.
4. 살균과 살포자 반응이 빠르다(염소보다 300~3,000배 빠르다). 짧은 접촉시간이 요구된다.	4. 유량과 수질 변화에 대응하는데 있어 염소공정보다 덜 유연하다
5. 냄새가 나지 않거나 복합체의 형성으로 강화된다.	5. 효율적인 공정 제어를 위해서 분석 기술이 충분히 명확하고 민감하지 않다.
6. 염소 요구량을 감소시키고 또한 염소 주입율과 THM 생성능을 낮춘다.	6. 높은 유기성분과 조류성분을 갖는 물은 오존 요구량을 줄이기 위해 전처리를 해야 할 것이다.
7. 전체적인 처리 효율을 향상시킨다.	

출처 : 참고문헌 2, 3, 5

오존은 불안정한 기체이므로 사용할 때 만든다. 또한 오존은 잔류성을 오래 유지 못하기 때문에 이차 소독제로서 사용할 수 없다. 높은 산화전위 때문에 오존은 짧은 CT_{Cal} 값을 필요로 한다. 미세 응집보조제로서 오존은 응집 후의 급속 혼화시나 그 이전에 주입된다. 많은 연구는 전오존처리가 응집과 플록형성, 침전과 여과 공정의 성능을 향상시킨다고 보고한다.[3,40~43] 표 12-16은 수처리에 있어서 오존소독의 장, 단점을 보여준다.

오존 생성 반응

오존은 불안정한 기체이기 때문에 사용될 때 만들어져야 하고 빨리 사용되어야 한다. 산소 또는 건조된 공기에 에너지를 가하면 오존이 만들어진다. 높은 에너지 전기장(코로나)은 산소가 해리되게 한다(식 12.16). 해리된 산소분자는 다른 산소분자와 반응하여 오존분자가 된다(식 12.17). 그러므로 전체적인 오존 생성 반응식은 식 (12.18)로 표현된다.

$$O_2 + 2e^- \rightarrow 2O^- \tag{12.16}$$

$$O^- + O_2 \rightarrow O_3 \tag{12.17}$$

$$3O_2 + 2e^- \rightarrow 2O_3 \tag{12.18}$$

이 반응은 가역적인 반응이고 일단 오존이 생성되면 산소로 분해된다. 이 가역적인 반응은 35℃(95°F)이상에서 쉽게 일어난다. 그러므로, 오존발생 시스템은 발생기에서 생기는 열을 없애기 위해 냉각설비를 갖추어야 한다. 오존 kg을 생성할 때마다 0.82 kW-h의 에너지가 필요하다.[3]

오존소독 공정 설명

오존은 강한 산화제이다. 중성이나 알칼리 조건(pH 6 이상), UV, 과산화수소와 접할 때는 물에서 더 활성화된 OH라디칼로 분해된다(식 12.19, 12.20). 이 반응은 pH 8 이상에서 더 가속화된다.

$$O_3 + H_2O \rightarrow 2 \cdot HO_2 \tag{12.19}$$

$$O_3 + \cdot HO_2 \rightarrow 2O_2 + HO \tag{12.20}$$

OH라디칼(HO_2, · HO), 또는 오존과 OH라디칼의 화합물은 강한 산화제가 될 수 있다. OH라디칼 종은 오존 분자보다 더 효과적인 산화제이지만, 수명이 짧다. 오존의 CT_{Tab}(표 12−7)은 오존 분자를 위한 것이다. 높은 산화력 때문에 오존은 강한 소독제이다. 오존이 세포벽을 파괴하여(cell lysis) 미생물을 사멸시키는데 효과적이라고 한다. 염소와 달리 오존은 THM(주요 DBP로 여겨지는)을 거의 만들지 않는다. 오존은 용존물질과 부유고형물을 생성하지 않는다. 그러므로 오존소독은 높은 TDS나 잔류 문제를 야기하지 않는다.

오존은 아질산염, 철, 망간, 황화합물, 암모늄이온과 같은 무기화합물과 반응한다. 오존소독 공정을 통한 이런 무기화합물과의 반응은 매우 빠르고 완전하게 일어난다. 오존은 강력하고 효과적인 산화제로서 음용수에서 색도, 맛, 냄새를 일으키는 많은 유기화합물을 파괴한다.[3,18] 그러므로 맛, 냄새 제어, 색도 제거, 철과 망간 제거에 널리 사용된다.[3]

오존산화 단독으로는 원수의 총 TOC 농도에 아주 적은 영향을 미치지만, 오존은 유기화합물을 분해하는데 분명한 기여를 한다. 오존은 또한 NOM과 반응한다. 이것들은 지방족과 방향족 화합물, 휴믹산과 살충제들이다. 오존은 이런 유기화합물을 알데하이드, 케톤과 같은 저분자량 물질로 분할한다. 오존과 NOMs 및 브롬화물의 반응은 그림 12−15에 주어졌다. 오존은 할로겐화 유기물질을 바로 생성하진 않는다. 하지만 브롬화물 이온의 존재 하에서는 브롬화 유기물을 만들 수 있는 차아브롬산이 만들어진다.

오존의 성질과 안전성

오존은 옅은 파란색, 코를 찌르는 냄새, 그리고 불안정한 기체이다. 낮은 농도(부피로서 0.01~0.02 ppm)에서도 측정가능하다. 높은 농도가 후각기관과 다른 반응을 야기할 수 있고 더 높은 농도는 어떤 경우에는 유독할 것이다. 오존에 오래 노출될수록 냄새에 덜 민감해진다. 8시간 일하는 동안 최대 허용 외부 오존 농도는 배출가스에서 부피로 500 ppm 이상의 오존 농도보다 훨씬 작은 0.1 ppm이다. 그러므로 환경적 위험과 식물과 사람에게 손상을 줄이기 위해 오존 공정 설계시 효과적인 배출 가스 오존 분해 시스템을 포함해야 한다.

용해도는 헨리의 법칙을 따른다. 물에 대한 오존의 용해도는 오존 접촉기로 들어가는 주입가스의 온도와 농도에 의존한다. 주입가스의 오존농도가 클수록 물에 더 녹는다. 오존 반응기의 압력이 증가할수록 용해도도 증가한다. 20℃에서 용해도는 4.7 mgO_3/L이라고 보고되었다.[3] 물에서 오존의 반

감기는 수중의 오염물질 농도나 수온에 따라 8분부터 14시간까지 다양하다. 물에서 오존의 용해도 한계는 오존공정의 효율에 영향을 미치는 중요한 요인이다.

O_3 + NOM ⟶ Oxidation By-products

- Aldehydes
  - Formaldehyde
  - Acetaldehyde
  - Glyoxal
  - Methyl glyoxal
- Aldo- and Ketoacids
  - Pyruvic acid
- Acids
  - Oxalic acid
  - Succinic acid
  - Formic acid
  - Acetic acid
- Hydrogen Peroxide

O_3 + Br^- + NOM ⟶ Brominated By-products

- Bromate
- Bromoform
- Brominated acetic acids
- Bromopicrin
- Brominated acetonitriles

그림 12-15 오존처리에 의해 생성되는 주요 부산물

설계 고려사항

오존소독 시스템의 설계는 (1) 공급가스 준비, (2) 전력 공급, (3) 오존 발생기, (4) 오존 접촉기, (5) 배출가스의 오존 분해, 그리고 (6) 제어와 모니터링 시스템의 6가지 주요한 구성성분을 갖는다. 이런 시스템에 대한 상세한 사항은 아래에 설명되어 있다.

공급 가스 준비

오존은 공기나 산소로부터 발생된다. 공기가 사용될 때는 최대 이슬점인 −65℃로 건조된 후 발생기로 주입한다. 공기 중의 수분이 오존 생성을 감소시킬 수 있고, 유전체 관의 파울링을 유발하고 오존 발생기와 하류 설비에서 부식 증가를 야기한다. 주변 공기를 이용한 오존 발생 시스템은 저압, 중압 또는 고압으로 운전될 수 있다. 저압시스템은 침지된 터빈이나 다른 방출기를 이용해 생긴 부분 진공에서 운전된다. 중압시스템은 0.7~1.05 kg/m^2 범위이다. 고압시스템은 4.9~7.03 kg/m^2의 압력에서 운전되고 오존 발생기 전에 압력을 낮춘다. 가압 건조제 드라이어는 대량 또는 중간 양의 오존을 생성하기 위하여 압축과 냉각 드라이어와 함께 사용된다. 오존 발생을 위한 저압의 공기 주입 가스 준비 개략도는 그림 12-16에 나타나 있다. 매우 작은 시스템은 두 건조제 드라이어를 연속으로(압축기 또는 냉각 드라이어 없이) 사용한다. 건조제 드라이어는 공기를 필요한 이슬점으로 건조하기 위해 실리카 겔, 활성 알루미나, 또는 분자 체(sieves)를 이용한다.

또한 공급 가스로 순수한 산소가 사용될 수 있다. 순수한 산소 생산 시스템은 공기 주입 시스템에 비하여 (1) 높은 오존 생산밀도(유전체의 단위 면적당 더 많은 오존의 생산), (2) 생산 가스에서 오존의 높은 농도(거의 2배), (3) 코로나를 만드는데 적은 에너지 요구, (4) 같은 오존 생산을 위한 적은 주입 가스 부피, 그리고 (5) 적은 보조 장비 등의 이점을 갖는다. 작은 크기에서 중간 크기의 시스템까지는 산소를 약품 공급자로부터 가스나 액상을 용기로 구입해서 사용한다. 액체 산소 용기는 가압상태이다. 큰 설비에서는 설비 내에 산소 발생기가 필요하다. 오존 발생을 위한 현장에서 산소를 생산하는 방법에는 (1) 공기로부터 산소의 압력-회전 흡착, 그리고 (2) 극저온의 생산(공기의 액화 후 질소로부터 산소의 부분 증류)이 있다. 현장에서 산소의 생산을 위한 시스템은 주입 가스는 산소 성분에 관계없이 깨끗하고 건조해야 하기 때문에 공기 공급 시스템과 유사한 부분을 포함한다.[2,4,18]

산소 생산 시스템의 다른 이점은 최대 전력 발산이다. 산소가 많이 포함된 주입 가스는 최대전력 수요기간이 아닐 때에 생성될 수 있다. 최대 전력 요구 기간 동안, 시스템은 산소가 풍부한 주입가스로 전환될 수 있으므로 최대 전력 요구동안 오존 생산을 위한 전력 필요량이 감소된다.

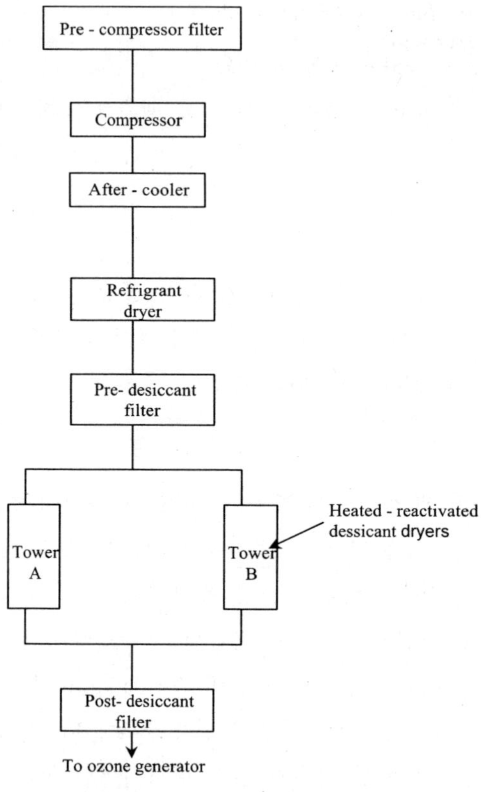

그림 12-16 오존발생을 위한 저압-공기주입식 처리의 순서

전력 공급

오존 생성을 위한 전력의 전압과 주파수는 오존 생산량과 속도 제어를 위해 변경되어야 한다. 오존 발생기는 높은 전압(710,000 V까지)과 높은 주파수의 전류(2,000 Hz까지)를 이용한다. 그러므로 특별히 제작된 전력 공급 장치와 적절한 단열재 또는 전선 그리고 변압기의 냉각과 같은 설계 고려사항이 필요하다.

오존 발생기

오존은 2가지 방법으로 생산될 수 있으며, (1) UV광에 의한 발생, 그리고 (2) 차가운 플라즈마나 코로나 방전에 의한 발생이다. UV광에 의한 오존 발생은 상층 대기에서 오존이 생성되는 것과 같다. UV광(200 nm보다 낮다)은 건조하거나 산소가 풍부한 공기가 통과하는 방전램프로부터 얻는다. 오존은 광화학 반응으로 생긴다. 이 방법에 의해 발생된 오존은 코로나 방전에 의해 만들어진 것보다 훨씬 낮은 농도(0.25%)이다. 이 방법은 적은 자본 투자가 필요한 소규모의 시스템에 적합하고 상대적으로 유지가 용이하다.

수처리에 있어 가장 보편적인 오존 발생 방법은 코로나 방전전지이다. 방전지는 방전공간에 의해 두 개의 전극으로 구성된다. 높은 전압이 유전체 물질을 통해 유지되고 주입가스는 전극 사이를 흐른다(그림 12－17). 질량으로 1～3.5%의 오존 농도는 차갑고 건조한 주입 공기로부터 얻어지고 2～7%의 농도는 순수한 산소로부터 얻어진다.

상업적으로 구입 가능한 오존 발생기는 전형적으로 물, 공기, 또는 기름 냉각 시스템과 함께 수평적이거나 수직인 튜브나 판으로 구성되어 있다. 이런 발생기의 운전 조건은 다음과 같다:

- 낮은 주파수(60 Hz), 높은 전압(>20,000 V)
- 중간 주파수(60～1,000Hz), 중간 전압(10,000 V～20,000 V)
- 높은 주파수(>1,000 Hz), 낮은 전압(< 10,000 V)

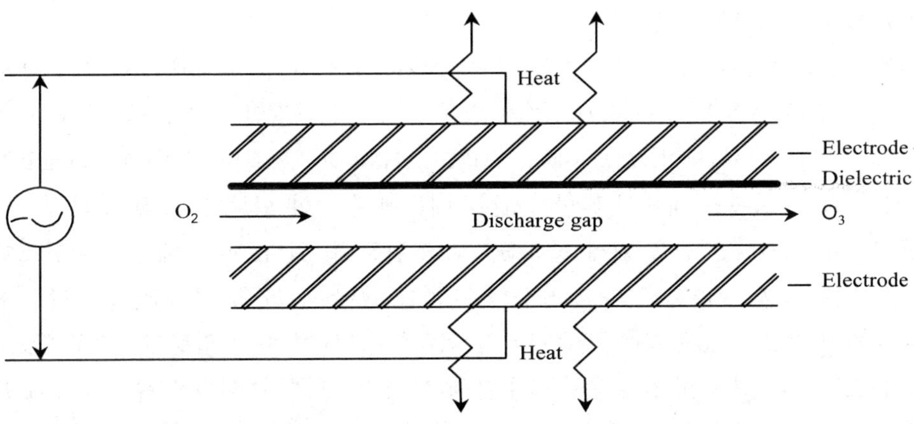

그림 12－17 코로나 방전 셀을 이용한 전형적인 오존발생 장치

현재 낮은 주파수, 높은 전압의 오존 발생기가 가장 흔히 사용되지만, 높은 주파수, 낮은 전압 발생기가 현재의 전기회로의 발달로 더 바람직하다.[3,4,5] 최대 발생 용량의 60～70%에서 오존을 발생시키는 것이 비용측면에서 가장 효과적이다. 적절하게 선택되어진 여러 구성 단위공정은 유지를 위한 예비 단위가 필요하여 평균과 최대 요구량을 만족해야 한다. 다음 예는 선택 공정을 설명해준다.

- 평균 오존 요구량은 40 kg/d
- 피크 기간 오존 요구량은 60 kg/d
- 3대의 오존 발생기를 제공하고 각각은 30 kg/d로 설계
- 각각 최대 용량의 67%로 운전되는 2대의 발생기는 평균 오존 요구량(30 kg/d × 2 × 0.67 = 40.2 kg/d)을 제공
- 각각 최대 용량의 67%로 운전되는 3대의 발생기는 최대 오존 요구량(30 kg/d × 3 × 0.67 = 60.3 kg/d)을 제공
- 하나의 예비 단위는 평균 요구량 동안에 유지를 위해 사용가능

오존 접촉조

접촉조에서 오존은 물로 분산된다. 접촉조는 높은 수직의 컬럼, 두 칸의 탱크, 경사진 충진 컬럼, 정적인 혼합기, 또는 높은 속도의 교반기로 되어있다. 오존이 풍부한 공기의 전달은 바닥에 설치한 평판 확산기를 통해 가압하에 이루어지거나 또는 부압하에서 주입기나 벤튜리 타입의 노즐을 통해 이루어진다. 오존과 공기 혼합물의 미세한 기포는 접촉조에서 물질전달을 일으키고 산화와 소독이 진행된다. 오존이 가압하에 주입될 때, 공급압은 정압과 산기관을 통한 출구압, 파이프 손실을 극복할 수 있도록 충분해야 한다. 부압 하에서 운송된다면, 주입장치는 발생기까지 오존 혼합물을 끌도록 진공이 걸리도록 해야 한다. 오존 전달효율은 주입가스에서 오존의 농도, 배출구에서 주입가스의 압력, 접촉조에서 오존 기포 크기, 수온, 배플 조건과 플랜트의 설계 용량에 달려 있다.[3]

초기에 주입된 오존은 오존 요구량을 만족할 때까지 소비되고, 그때 잔류량이 감지된다. 일반적인 잔류 오존 농도는 0.3~0.9 mg/L의 범위이다.[2,3] 일반적인 오존 주입 속도는 목적에 따라(즉, 소독, 맛과 냄새 제어, 색도 제거, 그리고 THM 전구물질의 제어) 1~5 mg/L의 범위이다. 접촉시간 T_{10}은 접촉조 내에서 혼합과 난류 때문에 측정이 힘들다. 몇몇 완전 혼합 조는 더 좋은 플러그류 조건의 제공을 위해 연속적으로 연결될 수 있다. 이런 배열의 혼합조에서 T_{10}값은 이론적 체류시간의 50%와 같다고 가정한다. 예를 들어, 두 구획 시스템(그림 12-18)에서는 첫 번째 구획에서 오존 요구량을 만족시키기 위하여 전체 오존 주입량의 2/3을 받는다. 두 번째 조에서 요구량과 안정한 잔류량을 맞추기 위해 남는 오존 주입량을 주입한다. *CT* 계산은 두 번째 구획의 접촉시간과 두 번째 구획의 유입과 유출구 평균 오존 농도를 사용한다. 오존주입량은 파일롯 실험을 통해 잘 얻어진다. 그림 12-19는 일반적인 오존 발생기 시스템의 공정도를 보여준다.

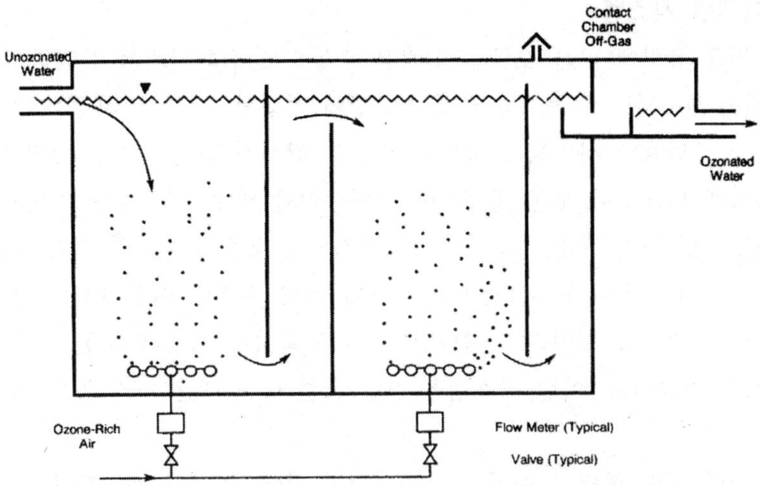

그림 12-18 공극의 확산기가 설치된 2구획으로 나누어진 오존 접촉조

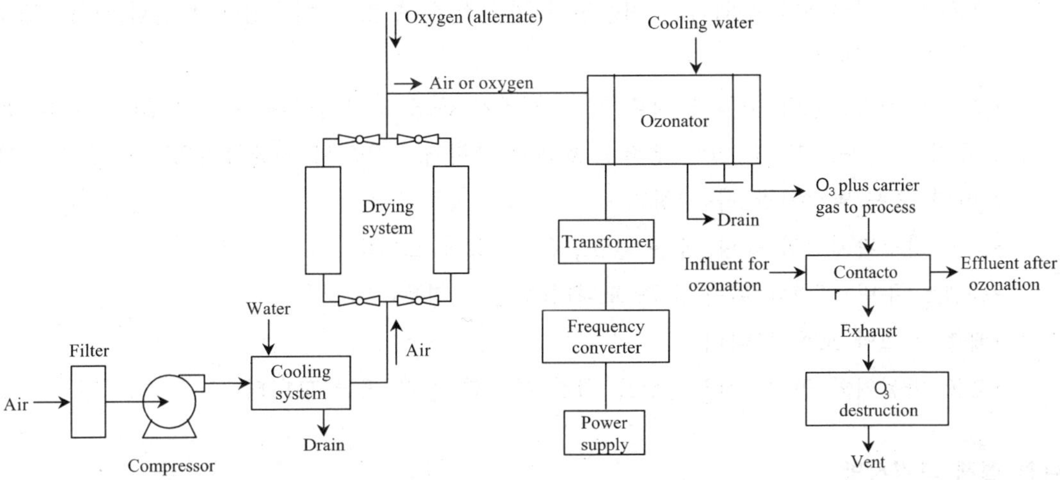

그림 12-19 오존 시스템 계략도

오존 분해 시스템

접촉조로부터 배출되는 가스는 1 g/m^3(부피로 500 ppm) 이상의 오존 농도를 함유한다. 오존은 최종 배출 가스에서 반드시 제거되어야 한다. 산소 주입 가스를 사용하는 것을 포함하여 대부분의 오존처리 공정은 더 경비 절감적이기 때문에, 오존 분해 시스템을 포함한다. 오존 분해시스템은 (1) 열적(3초 동안 300~350℃), (2) 열적/촉매적, (3) 촉매적, (4) 수분함유 입상 활성탄의 4가지 방법 중 하나를 이용한다. 가장 흔한 촉매는 산화물이다. 입상 이산화망간으로 만들어진 카트리지는 오존 분해에 있어 효과적인 촉매이다.

제어 및 모니터링 시스템

오존소독 공정은 유량에 따른 오존 주입량을 수동으로 변화시켜서 간단하게 운전할 수 있다. 또한 자동 제어 시스템이 오존소독 공정의 운전에 이용될 수 있다. 자동화의 목적은 공정 성능의 향상보다 오존반응에 사용되는 에너지 비용을 감소시키는 것이다. 가장 간단한 자동 제어 시스템은 유량에 비례하여 오존 발생기에 전력부하를 바꾸는 것이다. 마이크로프로세서가 보통 정수 유량, 주입 가스 유량, 그리고 주입 가스에서 오존의 농도와 같은 정보로부터 오존 주입률을 결정하는데 사용된다. 이 방법은 정확한 유량 측정이 이루어지고 상대적으로 일정 수질이 유지된다면 적당할 것이라고 판단된다. 다른 복잡한 시스템 또한 오존소독 공정의 자동화를 위해 사용 가능하다. 이런 시스템은 잔류 오존 또는 배출 가스 농도 제어 전략을 이용될 수 있다.[3]

오존소독 공정에 어떤 형태의 제어를 사용하던지 간에, 적절한 계량과 감시 시스템이 필요하다. 이와 같은 목적에 이용될 수 있는 몇몇 설비는 다음과 같다.

- 공기 준비 단위의 가스압력과 온도 게이지 또는 모니터
- 오존 반응기로부터 주입가스 이슬점의 연속적인 측정, 고이슬점에서 알람, 오존 발생기의 자동적인 정지
- 오존 반응기로부터 주입과 배출 가스의 공기 온도 모니터링과 냉각 매질(물, 기름, 또는 공기)의 온도, 그리고 만약 냉각수 흐름이 막히거나 온도와 유출압이 맞추어진 값을 초과하면 오존 발생기의 자동 정지
- 오존 가스관에서의 유량, 오존 농도, 온도, 압력 모니터
- 플랜트 주변 공기를 위한 오존 모니터(누출의 경우)
- 배출 가스의 오존 모니터
- 오존 반응기와 공기 준비 단위를 위한 분리된 전력 공급 모니터

다른 설계 고려사항

오존 발생기와 적용설비를 위한 물질은 오존의 강한 산화와 부식 영향에 내성이 있는 물질이어야 한다. 권장되는 구조 물질은 (1) 접촉조는 강화 콘크리트 (2) 관, 부속품, 밸브는 300시리즈 스테인리스 스틸 (3) 패킹은 테프론으로 한다.

12.3.5 과망간산칼륨

과망간산칼륨은 강한 산화제이고, 맛, 냄새 제어와 망간 제거에 널리 이용된다. 화학적 특성과 맛, 냄새 제어의 이용은 11장에서 설명되었다. 과망간산칼륨은 약한 소독제이므로 일차소독에 적합한 접촉시간과 농도는 상당히 크다. 예를 들어, 2 mg/L 잔류량에서는 24시간 접촉시간이 만족할 만한 소독을 위해 필요하다. 결과적으로, 소독제로의 사용이 음용 가능한 지표수 처리에 제한적이다.[2,22,44]

과망간산칼륨은 과망간산의 자주색, 결정형 염이며 망간산칼륨과 염소의 반응으로 생긴다. 물에 주입되면 핑크색으로 과망간산칼륨의 존재를 감지할 수 있다. 표 12－17은 소독제로서 과망간산칼륨 사용의 장, 단점을 나타낸다.

표 12－17 소독제로서 과망간산칼륨의 장점과 단점

장 점	단 점
1. 분홍색으로 물에서 쉽게 측정된다.	1. 주입이 불결할 수 있다. 얼룩을 야기한다.
2. 취급하기 안전하고 고체 형태로 운송된다. 그리고 폭발의 위험이 없다.	2. 고체로 주입하는 것은 액체 약품으로 하는 것 보다 더 노동 집중적이다.
3. 고상의 회분식 주입과 용액에서 분홍색을 관찰함으로써 과잉 투여의 위험이 감소된다.	3. 효과적이기 위해 오랜 접촉시간이 요구된다.
	4. 불용성의 산화망간수화물을 제거하기 위해 여과가 요구된다.

12.3.6 자외선 조사

UV의 살균력은 19세기 후반부터 보다 상세하게 알려졌다. 태양빛이 고대에도 물의 정화에 사용되었다. 수은－증기 램프가 나온 1901년에 처음으로 수처리에 기술이 직접 적용되었다.[2] 현재 UV 기술은 현대적인 램프와 시스템 설계의 향상, 유독 잔류 약품이 적고, 바이러스 사멸 특성, 향상된 신뢰성, 그리고 운전의 간편함 때문에 수처리에 광범위하게 쓰인다.[3~5] 수처리에 있어 USEPA는 UV가 *Giardia* cysts의 불활성화에 비효과적이라고 하였다. *Giardia*가 전국적으로 많은 물에 존재함으로서 UV 소독의 적용이 점점 감소되고 있다.[2] 그럼에도 불구하고, 장래 공정 향상은 UV가 다른 일차 소독제에 대해 효과적으로 경쟁할 수 있을 것이다. 표 12－18에는 소독제로서 UV조사의 장, 단점을 제시하고 있다.

UV광에 의한 미생물 불활성화의 일차적인 반응기작은 세포 핵산에 직접적인 손상을 주는 것이다. UV 에너지가 미생물의 유전자 물질(DNA)에 의해 흡수되면 생물체의 증식을 막는 구조적 변화가 유발된다. 살균에 효과적인 250과 265 nm 사이에서 최대로 흡수된다. 복사효과는 에너지 양 또는 유기체에 의해 흡수되는 방사량의 직접 함수이다. 이 양은 에너지가 전해졌을 때의 강도(intensity)와 유기체가 그 세기에 노출되었을 때의 시간의 곱으로 표현된다.[2,4,5,18]

UV조사에 의한 박테리아의 이상적인 불활성화는 1차 반응으로 식 (12.21)으로 표현된다.[4,18]

$$\ln \frac{N_t}{N_0} = -k\,I\,t \tag{12.21}$$

여기서, N_t : UV에 노출된 후 또는 광 회복 후에 남아있는 박테리아의 밀도, 물의 단위 부피당 유기체의 수(유기체/㎤ 또는 유기체/100 mL)

N_0 : UV에 노출되기 전의 초기 박테리아 밀도, 물의 단위 부피당 유기체의 수 (유기체/cm^3 또는 유기체/100 mL)

k : 불활성화 속도 상수, 주입된 에너지 단위당 초 또는 분당 물의 노출 면적 ($cm^2/\mu W \cdot s$ 또는 $cm^2/\mu W \cdot s \cdot min$)

I : 주입 UV 에너지의 세기, 물의 단위 노출 면적 당 주입 에너지($W \cdot s/cm^2$)

t : 노출 시간(s 또는 min)

이 식은 이상적인 조건을 의미한다. 하지만 실제적으로 UV 조사에 의한 박테리아 불활성화의 효율에 미치는 많은 요인 때문에 이상적인 모델로부터 편차는 일어날 수 있다. 주입된 UV에너지 세기의 결정, 다른 램프 배열에 대한 다른 계수의 결정을 위한 과정은 참고문헌 18, 45, 그리고 46에 주어졌다. 독자들은 UV 소독에서 세부적인 설계 예와 경험적인 식의 연속적인 적용에 대한 정보는 참고문헌 18을 참고한다. UV 소독 설비의 설계와 성능에 영향을 미치는 많은 요인과 고려사항들은 참고문헌 2, 3, 18, 그리고 46에서 논의되고 있다.

표 12-18 소독제로서 UV조사의 장점과 단점[5]

장 점	단 점
1. 물에 어떤 약품도 들어가지 않아서, 수질이 크게 영향을 받지 않는다.	1. 포자, 포낭, 그리고 바이러스는 박테리아보다 덜 영향을 받는다.
2. 암모니아와 같은 용액 속 구성요소가 소독능에는 어떤 영향도 발휘할 수 없다.	2. 복사는 많은 다른 성분들에 의해 흡수되기 때문에 완전한 수처리가 UV전에 필요하다.
3. 맛 또는 냄새가 나지 않는다(그러나 UV는 맛, 냄새 또는 색도를 제거하지 못한다).	3. 잔류성이 없다. 그러므로 이차 소독제가 필요하다.
4. 노출시간이 짧다.	4. 비싼 설비와 많은 양의 전기적 에너지가 필요하다.
5. 과잉 투여량은 어떤 해로운 영향을 주지 않는다.	5. 유효한 조사(irradiation)지역 전체에 걸쳐 안정적인 에너지 적용과 상대적으로 동일한 밀도를 확실히 하기 위하여 장비의 빈번하고, 비용이 소요되는 유지관리가 필요하다.
6. 처리능은 손쉽게 결정되지 않는다(빠른 현장 실험의 부족).	

12.3.7 고도산화공정(Advanced Oxidation Processes, AOP)

현재의 연구는 오존이 UV조사나 과산화수소와 결합하여 사용하였을 때 적절한 소독이 가능하고 동시에 원수 중의 분해하기 어려운 유기화합물(할로겐화합물)을 산화한다고 보고하였다. 고도산화공정은 (1) 오존/UV, (2) 오존/과산화수소, (3) 높은 pH(8~10)에서 오존처리 등을 포함한다. 이런 조건하에서, 높은 산화력(표 12-1)을 갖는 OH라디칼이 생성된다. 많은 맛, 냄새 유발 화합물과 trichloroethylene(TCE) 그리고 tetrachloroethylene(PEC)와 같이 오존분자와 직접 반응하지 않는 화합물이 OH라디칼에 의해 산화된다.

몇몇 고도산화공정은 미생물체 뿐만 아니라 염소가 결합된 탄화수소 역시 분해 할 수 있는 전기공학기술을 이용한다. 이중에는 전자빔 소독이나 광촉매 산화가 있다. 이런 것은 현재에 만들어진 기술이며, 맛과 냄새 제어, 그리고 우선 화합물의 분해에 사용될 것이다.[49-51]

12.4 이차 소독 기술

이차 소독은 배수시스템에서 재성장을 막는데 필수적인 잔류성을 제공한다. 염소, 클로라민, 이산화염소가 일반적으로 이차 소독제로서 사용된다. 하지만 이중에 클로라민이 가장 널리 선택되어지는 이차 소독제이다. 그것은 바이러스에는 비효과적이지만 *Giardia* cysts 제거에는 어느 정도 효과적이다. 클로라민의 가장 유리한 특성은 낮은 반응성, 지속성, 낮은 THM 생성, 잔류염소가 암모니아 주입으로 클로라민으로 쉽게 전환되는 것이다. 이차 소독제로서 염소, 클로라민, 그리고 이산화염소는 일차 소독제로 사용될 때와 같은 방식으로 취급된다. 이런 논의는 12.3.1에서 12.3.3 부분에서 찾을 수 있다.

12.5 불소주입

불소는 불소화합물을 함유하고 있는 침전물이나 화성암의 해리에 의해 자연적으로 원수로 들어와서 나타난다. 지표수에서 간혹 감지할 수 있을 정도로 드물게 발견되고 몇 군데의 지리학적인 지역의 지하수에서 발견된다. 많은 양의 불소화합물은 사람과 동물에게 유해지만 적은 농도는 이롭다. 음용수에서 1 mg/L 정도의 농도는 어린이들의 충치를 예방하는데 도움을 준다. 영구치의 생성동안, 불소가 이의 에나멜과 화학적으로 결합하여 잘 썩지 않는 단단하고 강한 이를 만든다. 결과적으로 상하고, 빠고, 충치에 봉박는(DMF) 이의 비율이 낮아진다. 하지만 불소화합물의 높은 농도(2 mg/L를 초과)는 이의 변색(몰팅)을 초래할 수 있다. 불소화합물의 과다한 주입량(음용수에서 5 mg/L를 초과)은 이가 부서지기 쉽고 치아불소 중독증(반상치) 또는 비정상적인 구조(5 mg/L 이상)를 야기한다.[52]

많은 수처리 시설에서 최적 수준 근처에서 불소화합물의 농도를 유지하는데 불소 주입을 이용한다. 사람들이 따뜻한 기후에서 더 많은 물을 마시는 것을 가정하면, 물 공급내의 불소화합물의 수준은 종종 대기 온도에 따라 맞춰진다.[15] 평균 최대 온도와 이에 대응하여 지침으로 이용되는 권장 불소화합물 농도는 표 12-19에서 주어진다.

표 12-19 평균 최대 온도와 권장 최적 불소농도

평균 최적 온도(℃)	권장 최적 불소농도(mg/L)
10.0～12.1	1.2
12.2～14.6	1.1
14.7～17.7	1.0
17.8～21.4	0.9
21.5～26.2	0.8
26.3～32.5	0.7

참고 : $°F = ℃ \times \frac{9}{5} + 32$

12.5.1 불소주입 화학약품 및 저장

불화칼슘, 불화나트륨, 불화규소나트륨, 불화규소암모늄, 불화규소산 등의 몇 가지 화합물이 현재 상수도 시스템에서 불소주입에 사용되고 있다. 이런 화합물의 특성이 표 12-20에 주어졌다.[3,17,22,52,53]

건조 약품

약품의 건조 형태는 수분이 닿지 않도록 내부에서 저장한다. 불화나트륨 가루는 부식성이기 때문에 재래식 건조 주입 설비가 제공된다면, 시설 설계에 집진 설비가 포함되어야 한다. 저장 지역은 통풍이 잘되는 곳이어야 한다. 저장 지역은 약품의 보통 선적의 1.2～1.5배의 용량을 가져야 한다. 큰 시설에서는 강철 사일로(Silo)가 사용되어야 한다. Bulk저장 사일로에서 주입기까지 약품의 운반시스템이 필요하다.

액체 약품

불화규소산의 용액을 담는 드럼은 둘러싸인 통풍이 잘되는 지역에 보관해야 한다. 큰 시설을 위해 bulk 저장 탱크가 사용되어야 한다. 합성고무(neoprene)나 열가소성물질(가교 폴리에틸렌)로 라이닝된 철 탱크가 bulk 저장을 위해 설계되어야 한다. 용량은 전체 선적 부하 또는 적어도 1～2개월의 공급에 충분해야 한다. 대안책은 2개의 작은 bulk 저장 탱크를 마련하는 것이다. 다음 항목이 고려사항을 보증한다[53]: (1) 탱크, 트럭, 또는 기차의 하역을 위한 설비, (2) 공급 물 관이 누출이나 흘림을 씻어내기 위해 마련되어야 한다, (3) 지상 저장 윗쪽에 탱크 또는 파이프의 파열 발생시 전체 저장 용량을 수용하기 위한 봉쇄 구조를 갖추어야 한다, (4) 단단한 봉쇄 구조는 보호 코팅 또는 산 저항 라이닝이 되어야 한다, (5) 지상 저장 설비의 아래에는 지하 저장 탱크에 관련된 현재 규제를 따르기 위해 누출 탐지 시스템을 갖추어야 한다, (6) 모든 파이프와 부속품은 열가소성 물질로 적합한 것을 사용한다.

표 12-20 불소화합물의 특성

특성	CaF_2	NaF	Na_2SiF_6	$(NH_4)_2SiF_6$	H_2SiF_6
상품명	Fluorspar	Fluoride	Sodium Silicofluoride	Ammonium Silicate	Fluosilicic Acid
형태	Powder	Powder or crystal	Powder	Crystal	Liquid
분자량	78.08	42.00	188.05	178.14	144.08
불소이온(%)	48.84	45.3	60.7	63.9	79.2
상업적 순도(%)	85~98	90~98	98.5	98	22~30
중량	1,618	1,041~1,442	881~1,153	1,298	1,258(liquid)
용해도(g/1000g H_2O at 25℃)	0.0016	4.05	0.762	18.5(17.5℃)	High
포화용액의 pH	6.7	7.6	3.5	3.5	1.2(1% Solution)
선적용기의 형태	Bag, drum, barrels, hopper car, truck	Bag, barrel, drum	Bag, barrel, drum	Bag	Rubber-lined drum, truck, railroad tank car
선적용기 물질	Steel, iron, Iead	Steel, iron, lead	Steel, iron, lead	Steel, iron, lead	Rubber-lined steel, PVC

출처 : 참고문헌 3, 17, 22, 52, 53

12.5.2 불소화합물 공급 설비

불소주입 약품은 건조 형태 또는 용액의 형태로 물에 첨가된다. 불소화합물 용액은 주입 전에 건조 약품으로 준비될 수 있다. 건조 약품은 화합물의 용해도에 따라 다양한 정도로 용해될 수 있다. 불화규소암모늄, 불화나트륨은 건조한 상태로 이용할 수 있는 가장 잘 용해되는 약품이다. 건조 투입은 또한 투입점에서 운송을 위한 용액을 제조하기 위한 용액 탱크를 이용하지만, 주입기는 건조 투입과 용액 투입이 있다.

건조 투입법

건조 투입 시스템은 일반적으로 (1) bulk약품 운송 설비(스크루, 벨트 또는 공기식 컨베이어), (2) 건조 주입기, (3) 교반기를 갖춘 1일 공급용액 탱크, 그리고 (4) 집진설비 등으로 구성된다. 분말투입기는 용적 투입기, 그리고 중량 투입기의 두 가지 형태로 나뉜다. 용적 투입기는 일정 시간에 일정 부피의 약품(cm^3, m^3, ft^3)을 운송한다. 중량 투입기는 일정 시간에 정확한 중량(g, km, lb)을 운송한다. 분말 투입기의 모든 성분은 철이나 강철로 만들어진다. 중량 투입기와 분말 투입기의 운전 성능 비교는 다음과 같다.

- 용적 투입기는 중량 투입기보다 적은 양을 운송하는데 사용된다.[17,21,52]
- 중량 투입기의 정확도는 1%인데 비하여, 용적 투입기의 정확도는 3~5%의 범위에 있다.

• 용적 투입기는 간단하고, 설치비가 덜 든다.
• 중량 투입기는 자동제어로 쉽게 적용이 가능하다.
• 중량 투입기는 보통 큰 수처리 설비에 제공된다.

일반적인 건조 불소화합물 투입 시스템이 그림 11-11에 나타나 있다.

용액 투입법

용액 투입 시스템은 일반적으로 (1) bulk저장과 운송펌프, (2) 포화기 또는 일일 탱크, (3) 용액투입기 등으로 구성된다. 포화기 또는 일일 탱크는 화학적 저항성 갖는 열가소성 물질로 만들고 대략 불소화합물 용액의 일일 공급을 위한 크기이어야 한다. 용액은 포화되거나 또는 요구되는 농도일 수 있다. 완전히 둘러싸이고 환풍기로 냉각된 부식 방지 혼합기가 필요하다. 용액 투입기는 주어진 시간 간격동안 용액의 일정 부피를 측정하고 운송하기 위한 설비이다. 용액 투입기의 일반적인 형태는 격막 펌프, 피스톤 펌프, 회전식 배수 펌프, 그리고 회전 컵을 포함한다. 격막 펌프가 가장 널리 쓰인다. 펌프 제조업자는 어떤 특정 불소화합물과 화학적 강도에 적합한 격막 물질의 형태를 이용해야만 한다.[17,21,52] 펌프는 요구되는 방출압을 제공하고 back pressure에 대해 보호되어야 한다. 일반적인 회전 dipper 형태의 용액 투입기는 그림 11-13에 나타나 있다.

12.5.3 불소화합물 적용지점

응집과 여과 공정의 하류에 불소화합물을 적용해야 한다. 침전 또는 플록에의 흡착으로 인한 불소화합물의 손실은 알럼 주입량이 100 ppm일 때 30% 높다. 권장되는 투입지점은 정수지 이전, 여과수 header이다. 가능한 언제든, 모든 물이 하나의 투입시스템으로 불소가 투입될 수 있도록 투입지점을 둔다. 여러 투입지점은 투입량을 적절하게 제어하기 위한 많은 투입 시스템을 필요로 할 것이다.

투입지점은 투입시스템으로 처리수가 역류하는 것을 방지하도록 설계하여야 한다. 불소화합물 투입관과 처리대상 물 사이의 공기 갭(air gap)은 가장 신뢰할 수 있는 역류 방지 시스템이다. 역류 방지 설비의 보통 형태는 진공 파괴기, 그리고 spring-loaded check 밸브이다.

12.6 소독과 불소주입 시스템의 설비 제조업자

소독과 불소투입 약품은 국내나 국외 공급으로부터 사용이 가능하다. 많은 제조업자들은 효과적인 소독 또는 불소투입 시스템을 위해 필요한 다양한 구성요소를 공급한다. 약품 저장 용기, 공급 펌프, 증발기, 주입기, 호퍼, 현장 발생 시스템, 계측기, 그리고 안전 설비의 제조업자를 포함한다. 부록 C는 이런 용역을 제공하는 제조업자와 공급업자의 목록을 제공한다.

설계 엔지니어는 이런 약품과 설비 공급의 지역 대표들과 가깝게 일해야 한다. 각 시스템은 프로젝트의 초기 설계 단계동안 고려되어야 할 특별한 요구사항을 갖기도 한다. 또한 시스템 선택은 현재의 주와 연방 설계 조항과 DBPs에 관한 미래의 예상되는 규제의 이해를 기본으로 하여야 한다.

항상 효과적인 파일롯 또는 실험실 규모의 연구와 결합된 다른 설비에서 시스템 성능은 설계 선택에 직접적인 도움이 되어야 한다.

12.7 소독과 불소주입 시스템의 설계를 위한 정보 점검표

다음 정보는 소독과 불소주입 처리 설비의 설계를 위해 필요하다.

1. 사전 설계보고서와 처리 가능성 연구로부터 얻어진 정보
   a. 설계 최대, 평균, 최소 유량
   b. 소독 시스템의 선택을 위해 필수적인 수질 변수: 탁도, pH, 알칼리도, 수온, 배경 대장균의 농도, 조류, 유기화합물, SOCs와 VOCs(배경 불소화합물 농도는 오존과 불소화합물 시스템의 선택 전에 조사되어야 한다)
   c. 약품의 주입 요구량과 최적 수질 항목들의 전처리에 관한 연구가 소독 설비의 설계 이전에 필요할 수 있다.
   d. 약품 주입지점; 이것은 또한 수리학적 혼합과 접촉시간 요구를 고려하여야 한다.
2. 정수장 소유자와 운전자로부터 제공된 정보
   a. 약품, 시스템, 그리고 제조업자에 관한 선호도
   b. 주입지점과 운전, 유지 고려사항에 관한 선호도
   c. 미래 처리 규제에 맞는 설계의 유연성에 관한 기대, 시스템의 복잡성에 관한 예상
3. 설계 엔지니어로부터 개발된 정보
   a. 규제 당국에 의해 확립된 설계 기준
   b. 제조업자의 카탈로그와 설계 지침서
   c. 이용할 수 있는 설비의 형태, 크기, 제한들

12.8 설계 예

12.8.1 사용된 설계 기준

다음 설계 조항은 설계 예에서 염소소독 설비 설계를 위해 사용될 수 있다.

1. 유량
   a. 일최대유량 = 113,500 m^3/d
   b. 일평균유량 = 57,900 m^3/d

2. 설계 변수와 조항
   a. 염소와 클로라민이 SWTR의 *CT*요구를 만족시키기 위해 일차소독제로 사용될 것이다. 클로라민이 이차소독제로 사용될 것이다.
   b. 충분한 염소 주입량이 정수지 앞단의 두 개의 접촉수로에서 평균 유리잔류염소량이 2 mg/L가 유지되도록 주입될 것이다. 잔류 클로라민이 정수지에서 유지될 것이다. pH 미터와 잔류 염소 미터는 각각 염소 접촉수로와 정수지에서 pH와 잔류 염소를 모니터링할 것이다.
   c. 무수암모니아(bulk 저장 탱크에 저장된)는 접촉수로의 유출 위어의 하부에 주입될 것이다. 5:1의 염소(Cl_2) 대 암모니아(NH_3)의 무게비가 사용될 것이다. 원수에는 감지할 수 있는 정도의 자연 발생원의 암모니아가 없다. 2 mg/L의 잔류 클로라민은 113,500m^3/d의 최대 설계 유량에서 정수지를 통해 유지될 것이다.
   d. 최대 설계 유량 113,500 m^3/d에서 염소 접촉수로에서의 체류시간은 우수한 배플링의 수로에 대한 T_{10} 계산에 사용될 것이다.
   e. 정수지는 배플이 없기 때문에, 최대 설계 유량에서 정수지의 T_{10}은 배플이 없는 조의 이론적 체류시간으로부터 추정될 것이다.
   f. 염소소독 주입 설비는 최대 설계 유량에서 5 mg/L의 염소를 운반 가능할 것이다. 암모니아 주입 설비는 1:5의 무게비에서 암모니아를 운송할 수 있을 것이다.
   g. 분말이나 결정형으로 준비된 불화나트륨용액은 물에 불소 투입을 위해 사용될 것이다. 염소 접촉수로 유출부의 하부에서 불소화합물이 투입될 것이다.
   h. 불소투입 설비는 최대 설계 유량에서 최대 1.2 mg/L의 불소 농도를 유지하도록 설계될 것이다.

3. 단위 배열 및 배치
   a. 조의 배열:

   각 여과지 여과수는 2개의 월류위어가 있는 filter common bay에 다다른다. 이 배열은 그림 10−18에 있다. 염소는 월류위어 filter common bay 전에 122 cm 직경의 유출관에서 주입된다. 여과 월류위어를 통한 자유낙하로 염소를 혼합한다. 그 후 유량은 유리잔류염소 요구량과 접촉시간이 *CT* 요구를 만족시키기 위해 유지되어야 하는 두개의 염소 접촉수로로 나뉘어진다.

   각 염소 접촉수로 후단의 유출위어가 일정 수위를 유지하기 위해 설치된다. 정수지의 유입수로의 12.5 m 여분의 길이는 암모니아, 불화나트륨, 탄산칼슘의 주입을 위한 것이다. 이 수로에서 유리염소가 클로라민으로 전환된다. 탄산나트륨의 첨가는 물의 안정성 제어를 위해 필요하다(13장 참고할 것). 염소 소독되고 불소가 첨가되어 안정적으로 제어된 처리수는 90 cm

× 90 cm의 분리 수문을 통해 정수지로 흘러갈 것이다. 클로라민 잔류요구량은 정수지에서 충분한 체류시간동안 유지된다. 마침내, 최종 수질의 물은 5개의 고양정 펌프를 이용해 배수 시스템을 통해 소비자에게까지 이송된다.

b. 단위의 배치:
두개의 염소 접촉수로가 사용된다. 하나의 수로는 여과 월류위어의 각 옆과 2개의 정수지 중 한 군데 앞에 설치한다. 각 염소 접촉수로의 크기는 길이 30 m, 너비 4.5 m, 깊이 9.5 m이다(최대 일 유량에서 대략적인 수위). 정수지의 유입 수로는 길이 12.5 m이고 염소 접촉수로와 같은 단면이다. 각 정수지의 크기는 40 m × 40 m × 9 m 깊이(최대 물 깊이)이다. 정수지 용적은 13장에서 계산된다. Common wall이 염소 접촉수로와 정수지 사이에 설치된다. 고양정 펌프가 두 정수지 사이의 가운데에 설치된다. 최대 일 유량 조건 하에서 5대 운전과 1대 대기 펌프, 총 6대의 펌프가 설치된다. 고양정 펌프의 설계는 13장에 나와있다. 원수 펌프장 설계를 위한 설계 예는 또한 7장에 포함되어 있다. 독자는 세부적인 과정과 계산을 위해 7.8과 13.8장을 참고해야 할 것이다. 또한 3대의 여과 역세수 펌프가 같은 펌프장에 설치되고 filter common bay 근처의 끝부분에 설치된다. 역세수 시스템의 설계는 10.13.2의 B단계에서 설명되고 있다. 위에 설명된 설비의 일반적인 배치도와 기본적인 크기가 그림 12-20과 12-21에 주어져 있다.

12.8.2 설계 계산

설계 예의 단계적인 설계 계산은 다음과 같다.

Step A : 염소 접촉수로 및 정수지 설계

염소 접촉수로에서의 소독은 유리잔류염소에 의해서 이루어지고, 정수지에서는 결합잔류염소에 의해서 이루어진다. 암모니아가 이 부분에서 주입되기 때문에 정수지의 유입수로에서 체류시간은 유리염소 소독의 T_{10}계산에 쓰이지 않는다. 안전적 설계를 위하여 정수지에 비해 상대적으로 짧은 시간이기 때문에, 이 체류시간은 결합염소소독의 T_{10}계산에도 쓰이지 않는다.

1. 염소 접촉수로에서 유리염소 소독의 T_{10}을 계산한다.
   각 염소 접촉수로의 부피 = 30 m × 4.5 m × 9 m = 1,215 m^3

Water Works Engineering

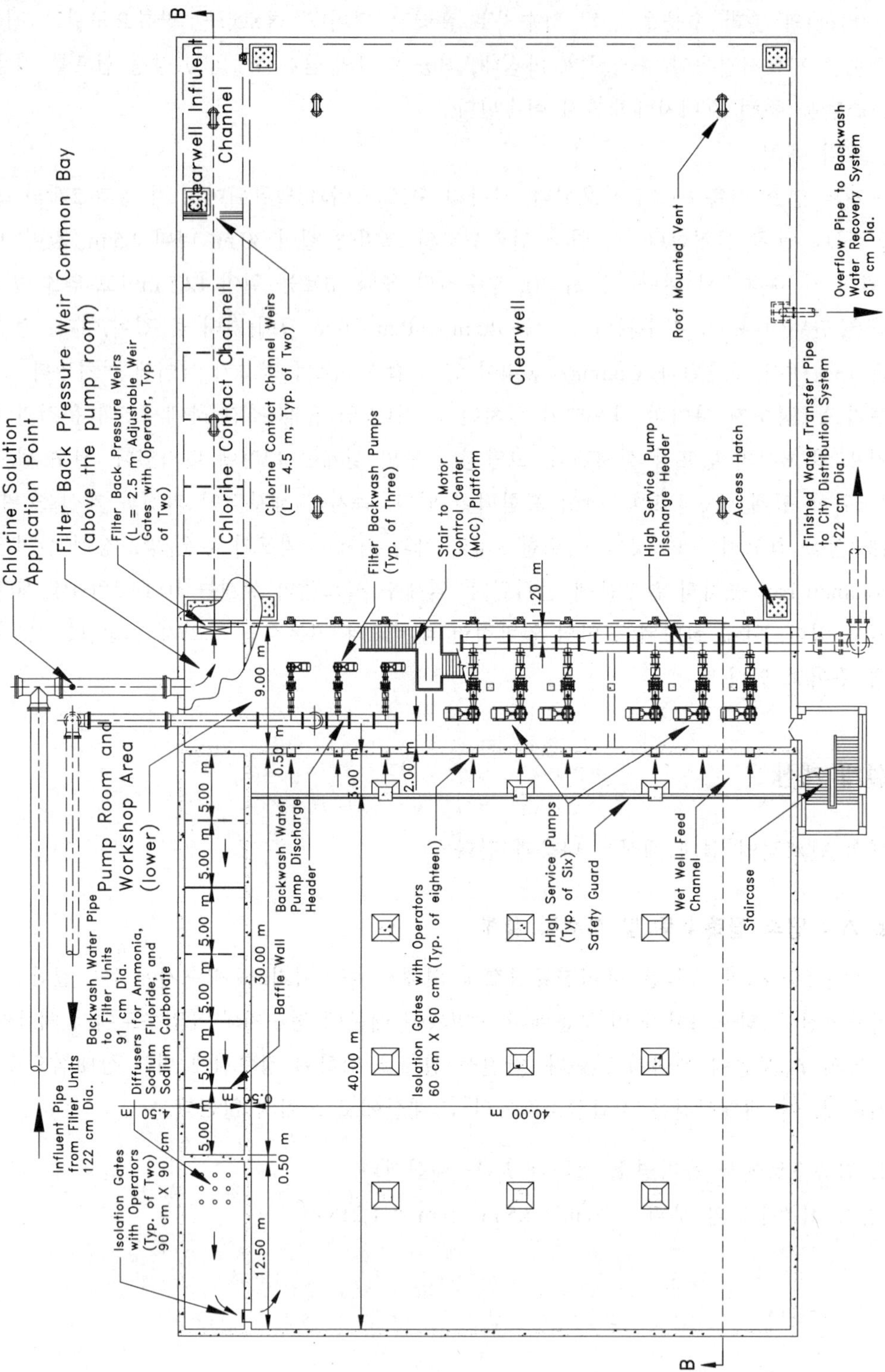

그림 12-20 염소접촉수로 및 정수지 평면도 A-A 상세 설계(단면 A-A지점은 그림 12-21에 제시)

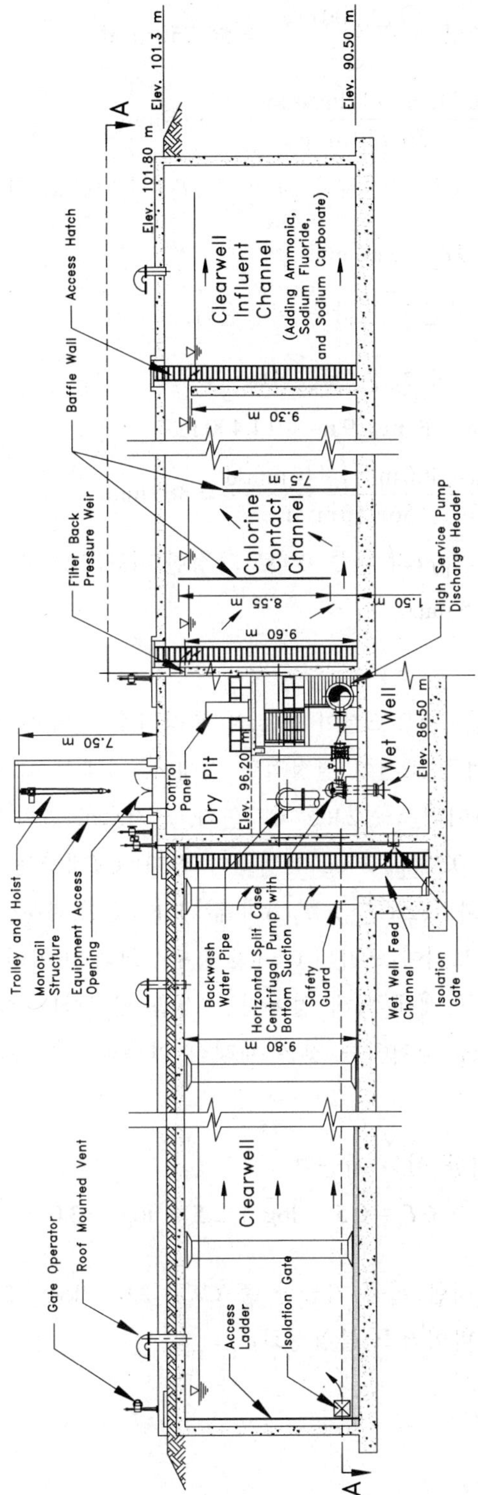

그림 12-21 염소접촉수로 및 정수지 단면 B-B 상세 설계(단면 B-B지점은 그림 12-20에 제시)

각 염소 접촉수로에서 유량 $= \dfrac{113,500\,\text{m}^3/\text{d}}{2} = 56,750\,\text{m}^3/\text{d}$

이론적인 체류시간 $T = \dfrac{1,215\,\text{m}^3 \times 1,440\,\text{min/d}}{56,750\,\text{m}^3/\text{d}} = 30.8\,\text{min}$

염소반응 수로에서 최상의 배플링에 대한 T_{10}/T 비는 0.7로 가정한다(표 12−4).

$$T_{10} = 0.7 \times 30.8 = 21.6\text{ min}$$

CT 계산을 위해 20분의 안전적인 값을 이용한다.

2. 정수지에서 결합염소 소독의 T_{10}을 계산한다.
   각 정수지의 부피 = 40 m × 40 m × 9 m = 14,400 m^3

   이론적인 체류시간 $T = \dfrac{14,400\,\text{m}^3 \times 1,440\,\text{min/d}}{56,750\,\text{m}^3/\text{d}} = 365\,\text{min}$

   배플이 없는 정수지에서 T_{10}/T의 비는 0.1로 가정한다(표 12−4).
   $T_{10} = 0.1 \times 365\text{ min} = 36.5\text{ min}$

3. 요구 *CT*를 검사한다.
   최소 소독 접촉시간(*CT*값) 필요조건이 수로의 유리염소 접촉과 정수지의 클로라민 접촉이 제공됨에 따라 만족된다. 겨울 조건이 결정적일 것이다. 재래식 여과공정은 *Giardia lamblia* cysts를 2.5 log제거, 장관계 바이러스는 2 log 제거한다. 그러므로 일차적인 소독제는 *Giardia lamblia* cysts와 바이러스를 각각 0.5 log, 2 log 제거해야 한다. *CT*계산은 표 12−21에 요약되어있다. 표 12−21로부터 불활성화비($\sum CT_{Cal}/CT_{Tab}$)의 값이 1.0을 초과하는 것을 알 수 있다. 이것은 소독을 통하여 지아디아 램브리아 포자의 0.5 log 불활성화와 바이러스의 2 log 불활성화가 일차적인 소독제와 이차적인 소독제에 의해 얻어지는 것을 의미한다. *Giardia lamblia* cysts를 2.5 log 제거하고 바이러스를 2 log 제거하는 것은 재래식 여과공정을 통해 가능하므로, 총 *CT*값은 다음과 같이 구해진다.

   *Giardia*에 대한 이용 가능한
   총 *CT* = 0.5 − log + 2.5 − log = 3.0 − log (99.9% *Giardia* 불활성화)

   바이러스에 대한 이용 가능한 총 *CT* = 2.0 − log +2.0 − log = 4.0 − log (99.99% 바이러스 불활성화)

표 12-21 설계 예에 대한 *CT* 계산(겨울 조건)

	조건	값
일반적인 조건	pH	8.0
	수온, ℃	5
	유리염소, 잔류염소에 대한 T_{10}, 분(안전적인 값)	20.0
	유리잔류염소(C_{free}), mg/L	2.0
	결합잔류염소에 대한 T_{10}, 분	36.5
	결합잔류염소($C_{combined}$), mg/L	2.0
Giardia lamblia cysts의 0.5 log 불활성화	유리잔류염소에 대한 CT_{Tab}	40
	유리잔류염소에 대한 CT_{Tab}(표 12-5)	36
	결합잔류염소에 대한 CT_{Cal}	73
	결합잔류염소에 대한 CT_{Tab}(표 12-7)	365
	유리잔류염소에 대한 CT_{Cal}/CT_{Tab}	1.1
	결합잔류염소에 대한 CT_{Cal}/CT_{Tab}	0.2
	$\Sigma CT_{Cal}/CT_{Tab}$	1.3
바이러스의 2.0 log 불활성화	유리잔류염소에 대한 CT_{Cal}	40
	결합잔류염소에 대한 CT_{Tab}(표 12-6)	4
	유리잔류염소에 대한 CT_{Cal}(표 12-7)	73
	결합잔류염소에 대한 CT_{Tab}	857
	유리잔류염소에 대한 CT_{Cal}/CT_{Tab}	10.0
	결합잔류염소에 대한 CT_{Cal}/CT_{Tab}	0.1
	$\Sigma CT_{Cal}/CT_{Tab}$	10.1

4. 염소 접촉수로와 정수지를 통하는 수리학적 단면을 계산한다.

이 부분에서는 염소 접촉수로와 정수지를 통해 수리학적 단면을 만들기 위해 수리학적인 계산이 수행된다. 이 두 설비에서 수두손실은 (1) 월류위어에서의 자유낙하, (2) 염소 접촉수로의 유출위어에서의 자유낙하, 그리고 (3) 유입수로와 정수지 사이의 분리수문에서의 작은 손실의 결과이다. 수로와 정수지를 통하는 마찰 손실은 매우 작아서 0이라고 가정한다.[d] 월류위어의 수두손실은 10장에서 여과지의 수리학적 설계에서 계산되었다. 위어 상의 수두는 0.28 m, 그리고 0.39 m의 자유낙하가 제공된다(10.13.2의 A.5.g 단계를 참조하라). 다른 두 지점에서 일어나는 수두손실은 다음과 같이 계산된다.

a. 염소 접촉수로의 유출위어에서의 수두손실을 계산한다.

유출위어는 염소 접촉수로의 4.5 m 너비에 걸쳐 있다. 염소 접촉수로의 유출위어를 넘는 수두는 식 (8.24)을 이용하여 계산한다.

$$Q = \frac{113{,}500\,\text{m}^3/\text{d}}{2} = 0.657\,\text{m}^3/\text{s}, \quad (C_d) = 0.60$$

그리고 끝단의 수축 없음($n=0$ 그리고 $L=4.5$m).

$$H = \left(\frac{3 \times 0.657\,\mathrm{m^3/s}}{2 \times 0.6 \times 4.5\,\mathrm{m} \times \sqrt{2 \times 9.81\,\mathrm{m/s^2}}} \right)^{2/3} = 0.19\,\mathrm{m}$$

0.40m의 자유낙하는 위어에서 일어난다. 정수지에서 수위는 변동하지만, 0.40 m가 정수지에서 예상되는 최소 자유낙하이다. 이 자유낙하는 암모니아, 불화나트륨, 탄산나트륨의 혼합을 위한 에너지 제공에도 충분하다.

b. 분리수문을 통한 수두손실을 계산한다.

수문의 크기는 90cm×90cm이다. 문을 통하는 속도는 다음과 같이 계산된다.

$$v = \frac{0.657\,\mathrm{m^3/s}}{0.9\,\mathrm{m} \times 0.9\,\mathrm{m}} = 0.81\,\mathrm{m/s}$$

수문을 통하는 수두 손실은 $C_d = 0.60$을 이용하여 식 (6.4)로부터 계산된다.

$$h_L = \frac{1}{2 \times 9.81\,\mathrm{m/s^2}} \left(\frac{0.81\,\mathrm{m/s}}{0.6} \right)^2 = 0.09\,\mathrm{m}$$

c. 염소 접촉수로와 정수지를 통한 총 수두손실을 계산한다.

- 유출위어에서 생기는 자유낙하 0.40 m
- 분리수문을 통한 수두손실 0.09 m

Total = 0.49 m

d. 염소 접촉수로와 정수지를 통한 수두 단면을 준비한다.

염소 접촉수로에서 수면표고(WSEL) 99.99 m는 10장에서 구해졌다(10.13.2장의 A.5.i단계를 참조하라). 이 표고로부터 시작은 수면표고와 주요한 설계 표고는 아래에서 계산된다. 이때 수리학적 단면이 준비되고 그림 12－22에 보여지고 있다.

정수지의 유입수로에서 WSEL = 염소 접촉수로에서 WSEL － 위어에서의 자유낙하 = 99.99 m － 0.40 m = 99.59 m. 위어의 가장 높은 수위 = 염소 접촉수로에서 WSEL － 위어를 통한 수두 = 99.99 m － 0.19 m = 99.80 m.

정수장에서 최대 WSEL = 정수지의 유입수로에서 WSEL － 분리수문을 통한 수두손실 = 99.59 m － 0.09 m = 99.50 m. 정수지의 바닥 = 정수지의 WSEL － 정수지의 설계 수위 = 99.50 m － 9.00 m = 90.50 m. 염소 접촉수로의 표고도 같게 한다. 그러면 염소 접촉수로에서 최저 물 높이 = 웨어의 가장 높은 표고 － 염소 접촉수로의 바닥 = 99.80 m － 90.50 m = 9.30 m. 이 가장 작은 수위는 소독에서 충분한 *CT*를 얻기 위해 요구되는 물의 깊이 9 m보다 크다.

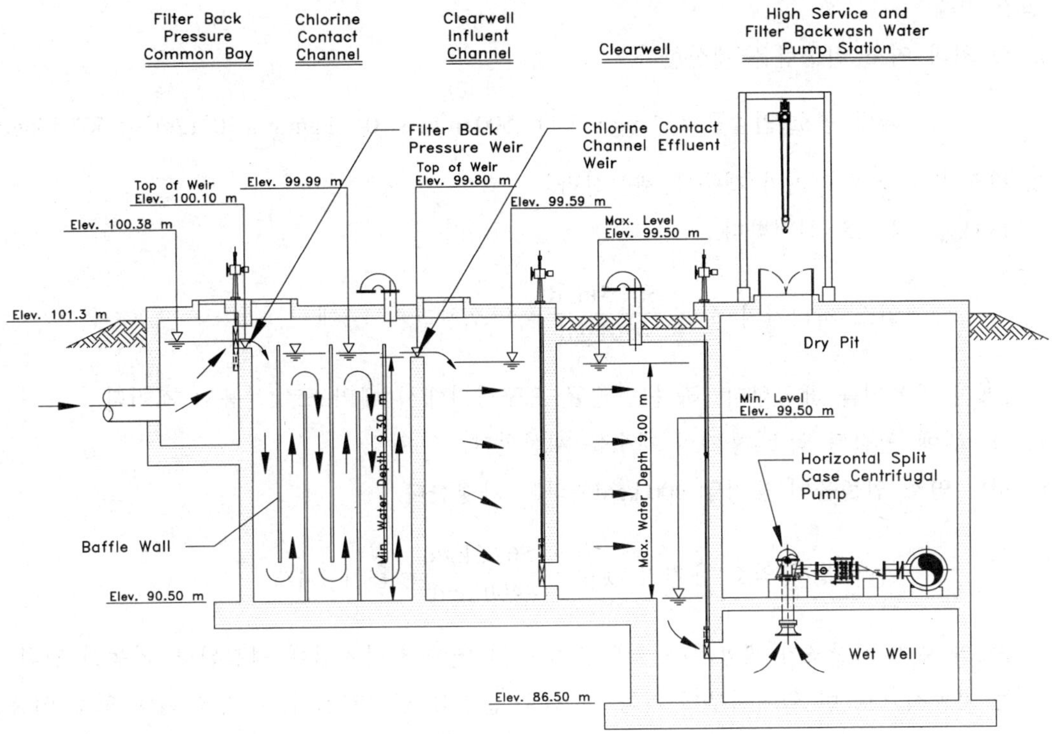

그림 12-22 염소접촉수로와 정수지의 수리적 프로파일

Step B : 염소 저장 및 공급시스템 설계

1. 염소 저장량

a. 일평균 염소 요구량을 계산한다.

평균 염소 주입량을 3 mg/L로 가정한다. 그러면,

$$\text{평균 염소 요구량} = 3\ \text{mg/L} \times 113{,}500\ \text{m}^3/\text{d} \times 10^{-6}\ \text{kg/mg} \times 10^3\ \text{L/m}^3$$
$$= 340.5\ \text{kg/d}$$

b. 45일간의 염소 저장량을 계산한다.

$$\text{염소 저장량} = 340.5\ \text{kg/d} \times 45\ \text{d} = 15{,}322.5\ \text{kg}$$

c. 필요한 907kg(1톤) 용기의 갯수를 계산한다.

$$\text{필요한 용기의 수} = \frac{15{,}322.5\,\text{kg}}{907\,\text{kg}/\text{용기}} \fallingdotseq \text{용기 17개}$$

17개 톤용기를 위한 염소 저장 설비를 제공한다.

2. 염소 인출

a. 일 최대 염소 인출량을 계산한다.

$$\text{최대 염소 인출율} = 5\text{ mg/L} \times 113{,}500\text{ m}^3/\text{d} \times 10^{-6}\text{ kg/mg} \times 10^3\text{ L/m}^3 = 567.5\text{ kg/d}$$

b. 필요한 염소 처리기의 갯수를 계산한다.

450 kg/d 용기를 선택한다.

$$\text{염소 처리기의 수} = \frac{567.5\text{ kg/d}}{450\text{ kg/d}} = \text{염소처리기 1.3개}$$

2개의 반응기를 제공한다: 하나는 평균 요구량하에서 예비조로 사용될 것이다.

c. 다지관에 연결된 염소 용기의 개수를 계산한다.

최대 염소 인출율이 용기당 400 kg/d이라고 가정한다.

$$\text{여러 가지 염소 용기의 갯수} = \frac{567.5\text{ kg/d}}{400\text{ kg/d}} = \text{용기 1.4개}$$

2개의 용기 저장조가 제공된다. 2개 용기는 각 열에서 다지관에 연결된다. 자동화 전환 설비는 자동적으로 빈 열에서부터 가득 찬 열로 운전을 변화시킨다. 용기당 최대 염소 인출율이 가능한 범위 내에 있으므로 기화기가 필요하지 않다. 염소 가스는 용기의 위쪽 밸브로부터 인출된다. 진공 게이지는 진공조절기와 주입기 사이의 염소 가스관에서 진공 조건을 제어한다. 다양한 센서를 갖춘 염소 누출 감지기는 시설 주위의 염소 누출을 감시한다. 염소 저장과 주입 설비는 그림 12-23에 있다.

3. 염소 주입

염소 주입점은 여과 유출관내, 여과지 월류위어조 앞이다(그림 12-20). 염소 주입기 유입수는 처리장 내 급수이다. 최대 염소 주입속도는 567.5 kg/d이다. 120 L/min의 유입수 유량은 그림 12-9로부터 추정된다. 확산기의 설계는 (1) 염소관에서 back pressure, (2) 관을 통한 수두손실, (3) 오리피스 크기, 그리고 (4) 원하는 혼합을 위한 속도경사 등을 고려해야 한다. 적절한 혼합을 위해 속도 경사는 480/s보다 커야 한다.

Step C : 암모니아 저장 및 공급시스템 설계

1. 암모니아 저장

a. 일 평균 암모니아 요구량을 계산한다.

염소 대 암모니아를 5:1의 질량비로 제공한다.

$$\text{일 평균 암모니아 요구량} = \frac{340.5\text{ kg Cl}_2/\text{d}}{5\text{Cl}_2/\text{NH}_3} = 68.1\text{ kg (anhydrous) NH}_3/\text{d}$$

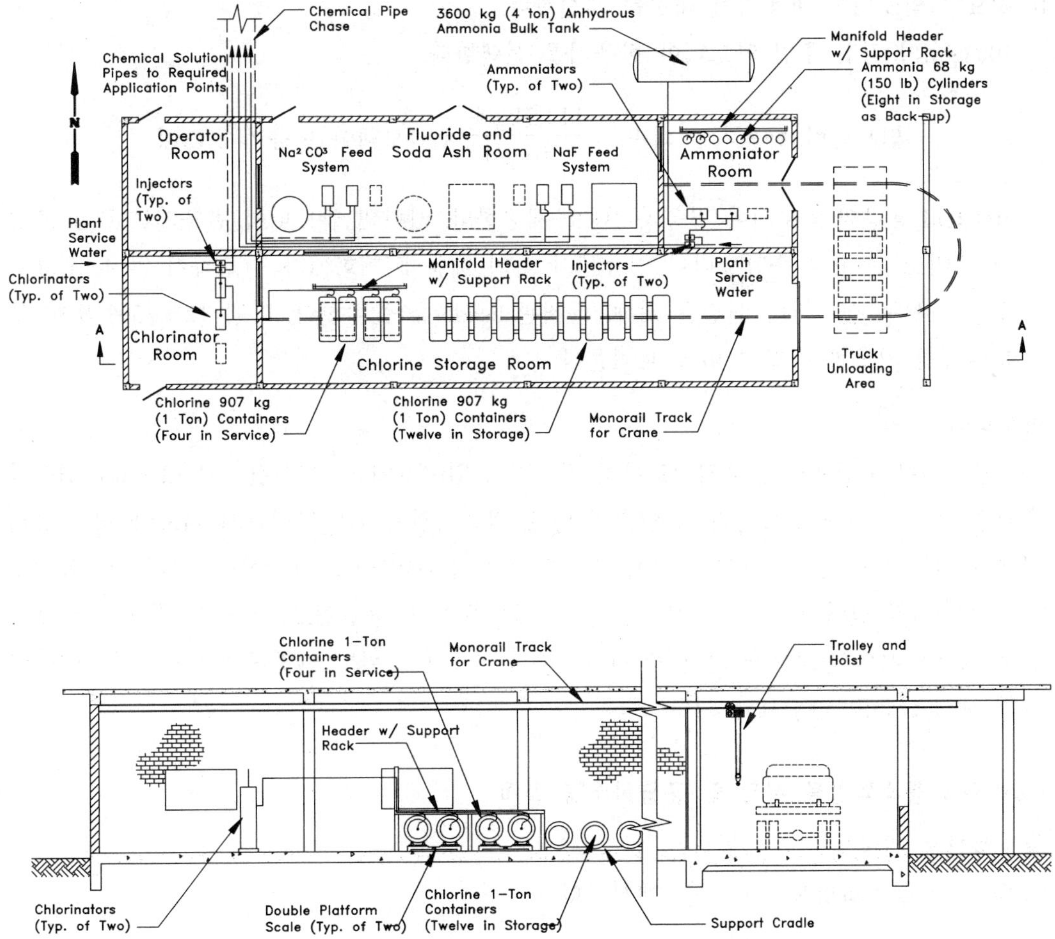

그림 12-23 염소와 암모니아 저장 및 주입 시설. (a) 평면, (b) 단면 A-A

b. 45일간의 무수암모니아 저장량을 계산한다.

$$\text{염소 저장량} = 68.1\ \text{kg/d} \times 45\text{d} = 3{,}064.5\ \text{kg}$$

3,600 kg(4톤) bulk 저장 탱크 하나를 제공한다. 최대 일 유량 조건하에서 5일 예비 공급으로서 8개의 68 kg 실린더가 역시 유지되고, 어떤 경우에도 bulk 탱크는 일상적인 유지 또는 응급 수리를 위해 사용하지 않아야 할 필요가 있다.

2. 암모니아 인출

a. 일 최대 암모니아 인출율을 계산한다.

암모니아 인출율은 최대 염소 인출율의 1/5이다.

$$\text{최대 암모니아 인출율} = \frac{567.5\,\text{kg/d}}{5} = 113.5\,\text{kg/d}$$

b. 필요한 암모니아 반응기의 대수를 계산한다.

100 kg/d의 직접 주입 암모니아 반응기를 선택한다.

$$\text{암모니아 반응기의 대수} = \frac{113.5\,\text{kg/d}}{100\,\text{kg/d}} = \text{암모니아 반응기 1.13대}$$

100 kg/d 용량의 암모니아 반응기 2대를 제공한다. 하나의 암모니아 반응기는 평균 조건하에서 예비로 둔다. 무수암모니아 인출율이 작기 때문에 기화기가 필요하지 않다. 필요하다면 운전에서 두 실린더의 연결을 위해, 다지관 header를 준비한다. 그림 12-23은 또한 무수암모니아의 저장과 주입 설비를 보여준다.

3. 암모니아 주입

무수암모니아 주입용액은 주입기로부터 정수지 유입수로에 공급된다(그림 12-20). 연수화기는 유입수 공급을 위해 필요하다. 유입수의 양은 적용지점에서 암모니아가 113.5 kg/d 운송되도록 선택되어야 한다. 암모니아의 주입기 유량은 염소의 1/5이라고 가정한다. 그러므로 유입수유량이 24 L/min로 얻어진다. 주입 시스템의 설계는 주입기, 증압펌프, 용액관, 확산기를 포함해야 한다. 제조업자의 정보는 적절한 암모니아 주입 시스템을 위한 선택에 이용되어야 한다. 암모니아 확산의 G값은 300/s보다 커야 한다.

Step D : 불소화합물 저장 및 공급시스템 설계

1. 불소화합물 저장

a. 일 최대 불소화합물 요구량을 계산한다.

최대 불소화합물 요구량

$$= 1.2\ \text{mg/L} \times 113{,}500\ \text{m}^3/\text{d} \times 10^{-6}\ \text{kg/mg} \times 10^3\ \text{L/m}^3 = 136.2\ \text{kg/d}$$

b. 45일간 불소화합물 저장량을 계산한다.

$$\text{불소화합물 저장량} = 136.2\ \text{kg/d} \times 45\text{d} = 6129\ \text{kg}$$

$$\text{98\% 불화나트륨(NaF)의 양} = \frac{6{,}129\,\text{kg} \times 42\,\text{g/mole NaF}}{19\,\text{g/mole F} \times 0.98} = 13{,}825\,\text{kg}$$

불화나트륨은 사일로에 저장될 것이다. 45일 공급을 위한 사일로의 부피는

$$= \frac{13{,}525\,\text{kg}}{1{,}041\ \text{kg/m}^3} = 13.0\,\text{m}^3 \text{(표 12-20)}$$

6.5 m^3 용량을 갖는 2개의 사일로가 제공된다. 각 사일로는 넉넉히 여유고가 있는 직경 2.5 m, 깊이 2. 6m이다. 분진필터(카트리지 형태)는 불화나트륨의 미세 입자가 운송도중 날아가지 않게 막는다.

2. 불소화합물 용액 준비

   건조투입법 용적투입기를 사용한다. 각 사일로는 호퍼 위에 설치되어 주입기로 바로 방출되도록 한다. 건조약품은 모터에 의해 나선형의 주입 스크류를 이용해 호퍼로 보내진다. 주입 스크류는 20 : 1로 운전되고, 건조약품은 매일 공급된다.

   a. 일 최대 불화나트륨 요구량을 계산한다.

   각 주입기로부터 운송되는 불화나트륨의 최대량

$$= \frac{136.2\,\text{kg F/d} \times 42\,\text{g / mole NaF}}{19\,\text{g / mole F} \times 0.98} = 307\,\text{kg/d}$$

$$\text{각 주입기로부터 운송되는 NaF의 최대 부피} = \frac{307\ \text{kg/d}}{1,041\ \text{kg/m}^3} = 0.29\,\text{m}^3\text{/d}$$

   b. 하루에 공급할 NaF 용액 탱크의 부피를 계산한다.

   3% 용액(30 kg/m^3)이 일일 공급을 위해 제조되었다.

$$\text{NaF 용액 탱크의 부피} = \frac{307\,\text{kg/d} \times 1\text{d}}{90\,\text{kg/m}^3} = 10.2\,\text{m}^3$$

   2.5 m × 2.5m × 2m(깊이)의 일일 공급 탱크가 제공된다. 이 배열은 한 개의 일일 공급 탱크로부터 매일 필요한 양을 공급할 것이고 반면에 하나의 주입기와 사일로가 예비조로 공급될 것이다. 불화나트륨의 저장과 주입 설비는 또한 그림 12-23에 나타나있다.

3. 불소화합물 주입

   불소화합물 용액은 확산기를 통해 정수지의 유입수로에 주입된다(그림 12-20). 이 수로는 염소 접촉수로의 하부에 위치한다. 암모니아와 탄산나트륨용액은 같은 수로에서 주입된다.

   3% NaF 용액을 위한 최대 일일 펌핑율

$$= \frac{10.2\,\text{m}^3\text{/d} \times 1,000\,\text{L/m}^3}{1,440\,\text{min/d}} = 7.1\ \text{L/min}$$

   불소화합물 용액은 가변유량 positive displacement progressive caviy feed pump로 운송될 것이다. 각각 최대 요구량을 만족하는 2대의 펌프가 제공된다. 정수지에서 불소화합물의 양은 측정된다. 그러면 내부-사용 펌프가 요구되는 불소화합물 주입율을 위해 조절된다.

12.9 소독 설비를 위한 운전, 유지, 문제해결

장비에 불필요한 손상이 야기되기 전에 문제를 바로 잡도록 하기 위해 일상적인 유지관리 계획이 수립되어야 한다. 이런 측면에서 무계획적인 약품과 노동비용은 감소될 수 있고 처리효율은 유지되며 많은 안전 위해 요소가 제거된다.

염소와 암모니아 주입시스템의 일상적인 운전과 유지관리는 다음을 포함한다.

1. 염소처리기, 암모니아 주입기 및 기화기, 저장탱크의 운전상태를 매일 조사한다. 낮은 기체압이나 주입이 일어나지 않는 것은 유량의 제한이나 빈 용기, 막힌 주입구 또는 장비의 손상을 나타낸다.
2. 암모니아 확산기는 특히 막히기 쉬우므로 확산기를 조사한다.
3. 잔류결합염소와 총염소를 매일 모니터링한다. 과도한 변화는 장비의 기능 불량을 나타낸다.
4. 매일 수질을 모니터링한다. 처리 수질의 주기적인 관찰을 수행하고 DBPs나 다른 인자들의 주기적인 평가뿐만 아니라 일일 보고서를 분석한다.
5. 필요하다면 년 단위로 접촉조들을 배수한 후 각 구조물과 장비를 수리한다.
6. 6개월마다 누출 감지기와 긴급장비를 시험하고 긴급 상황에 대비하여 운전자를 훈련시킨다.

12.10 사양(Specification)

이 장에서 설계된 염소 소독시스템에 대한 사양서가 간단하게 이 절에 제시되었다. 이 사양의 목적은 설계 예에서 설명된 염소 소독시스템의 다양한 구성요소를 완벽하게 설명하는 것이다. 이러한 사양서는 완전한 건설사양이 되도록 작성되지는 않는다. 설계자는 더 상세한 사양의 작성을 위해 장비제조자와 상담해야 한다. 수처리 시설의 각 장비에 대한 자세한 내용은 부록 C에 제시되었다.

12.10.1 일반

계약자는 완전하게 작동하는 염소 소독시스템을 공급하고 설치한다. 이 시스템은 염소처리기, 염소주입기와 모든 필요한 밸브와 염소 소독시스템이 완벽하게 작동하기 위한 부수적인 장비를 포함한다.

염소 소독시스템은 다음의 운전조건에서 설계될 수 있다.

유량(m^3/day)	113,500
온도(℃)	32
pH	7.2

염소 가스는 압력하에 액상으로 저장되어야 한다. 염소는 압력하에 가스 상태로써 저장탱크로부터 인출된다. 이런 압축된 염소가스는 압력 감압밸브와 진공조절기를 통과한다. 그 가스는 진공 하에 염소 반응기와 그밖에 염소가 적용되는 다양한 지점으로 이송된다. 진공 상태하에 염소는 용액상태로 만들기 위해 물과 혼합시키는 염소주입기로 공급된다.

12.10.2 염소 반응기

염소 반응기는 액상형태의 주입방식과 진공형태로 작동된다. 각 염소 반응기는 부식방지 캐비넷에 부착된 로터미터와 가스 유량 측정기를 포함한다. 유량 측정기의 용량은 염소 반응기의 최 대용량에 맞도록 조절되어야 한다. 유량 측정기는 자동이나 수동으로 외부의 신호에 의한 염소 반응조로의 주입 염소의 양을 조절할 수 있어야 한다.

12.10.3 염소 주입기

염소 주입기는 염소-물 형태이고 운전을 위해 필요로 하는 진공을 만들어내는 형식이어야 한다. 염소 주입기는 염소소독 시스템으로 유입하는 물의 흐름을 막기 위해 체크밸브가 장착되어야 한다. 염소 주입기는 염소가스를 운전범위에서 필요로 하는 속도로 주입할 수 있어야 한다.

12.10.4 염소소독 시스템 파이프와 밸브

염소소독 시스템의 파이프는 다음의 계획대로 공급된다.

염소의 공급형태	파이프 재질
압축염소가스	Schedule 80 Seamless Steel
액체염소	Schedule 80 Seamless Steel
진공염소가스	Schedule 80 PVC or PVDF
염소용액	Schedule 80 PVC
설계된 배수라인	Schedule 80 PVC or PVDF

압축된 염소가스와 액체염소에 대한 밸브는 특별히 300 psi의 운전압력에서 구체적으로 지정될 것이다. 압축된 액체염소와 염소가스의 공급을 위해 볼밸브가 설치된 곳에서 모넬볼과 스템을 테프론대와 봉합 볼밸브는 탄소강철체를 받는다. 그런 밸브는 2,000 psi의 운전압력으로 평가될 것이다. 밸브가 설치되는 곳은 밸브의 닫힘과 동시에 볼의 공동에서 증가하는 압력의 자동적 내부감압을 위해 특별한 설계와 구성을 가진다.

문제 및 토론

12.1 염소소독의 효율에 영향을 미치는 인자를 열거하라.

12.2 소독 공정이 92%의 *Giardia* 불활성화를 달성하였다. 이때 log 제거율을 계산하라.

12.3 염료 추적자 실험에서, 염료는 조 유입수에 연속적으로 주입된다. 염료의 농도가 12 g/L, 주입률이 1.2 L/min이다. 조로 유입되는 유입 유량은 16,000 m^3/d이다. 조로 유입되는 유량에서 추적자 염료의 농도를 계산하라.

12.4 600 m^3의 용량을 가지는 조에서, 염료가 순간주입되었다. 염료의 용량과 농도는 각각 3 L, 2%이다. 만약 완전혼합 된다면, 조에서 염료의 농도를 계산하라.

12.5 T_{10}을 결정하기 위하여 연속 유입 염료 추적자 실험을 침전조에서 수행하였다. 유출수에서 염료의 농도는 매 5분마다 측정되었다. 결과는 아래 표와 같다. 유입수에서 염료의 배경 농도는 0.2 mg/L였다. C/C_0대 t와 $\log(1-C/C_0)$대 t/T를 도식한다. T_{10}값을 결정하라.

주입되는 추적자 농도 = 15,000 mg/L

추적자 주입률 = 1,000 mL/min

유입 유량 = 7,500 m^3/d

조 용량 = 150 m^3

실험 결과는 다음과 같다.

t(min)	측정된 농도, C_t(mg/L)
0	0.2
5	0.2
10	0.2
15	0.3
20	1.0
25	1.4
30	2.4
35	2.6
40	2.8
45	3.0
50	2.8
55	2.6
60	2.8

12.6 저장조는 불화나트륨용액을 순간 주입하는 방법을 이용하여 T_{10}에 대한 실험을 수행하였다. 순간 주입 실험결과는 아래 표와 같다. C/C_0대 t를 도식하여, 순간주입 실험 데이터를 단계주입 데이터 형태로 전환하여라.

얻어진 T_{10}값은 다음과 같다.

t(min)	측정된 불소농도(mg/L)
0	0.1
5	0.1
10	0.1
15	0.8
20	2.5
25	3.8
30	2.2
35	1.5
40	0.6
45	0.4
50	0.3
55	0.3
60	0.2

조 유입 유량 = 9,000 m^3/d

조 용량 = 750 m^3

불화나트륨용액에서 불소농도 = 10%

30초 동안 순간 주입된 용량 = 15 L

12.7 염소 접촉조의 용량(m^3)과 1일 동안 필요한 염소 주입량(kg/d)을 계산하라. 평균 설계 유량은 3 m^3/s이다. T_{10}은 20 min이고, *Giardia lamblia* cysts 0.5 log 불활성화에 요구되는 CT_{10}은 40이다. 파일롯 플랜트 연구는 같은 상관성을 보여준다.

$\log(1-C/C_0) = -0.723(T_{10}/T) + 0.714$

12.8 오염된 호수가 레크레이션 용도로 고려되고 있다. 다른 주입량에서 염소의 효과를 결정하기 위하여, 실험실 규모의 연구가 수행되었다. 연구 결과는 아래와 같다. 데이터를 도시하고, 식 $C^n t_p = K$에서 2개의 잔류 대장균수(200/100 mL, 1,000/100 mL)에 대한 n, K값을 결정하라.

C = 소독제 농도(mg/L)

t_p = 일정 퍼센트의 미생물을 사멸시키는 데 요구되는 시간(min)

Water Works Engineering

염소 주입량(mg/L)	잔류 대장균수(N_0/100mL)		
	접촉시간(min)		
	15	30	60
1	10,000	2,000	500
2	3,000	350	90
4	400	65	20
6	110	30	12
8	54	19	6
10	30	10	1

12.9 매우 큰 장폭비, 다공상의 유입·유출구 및 내부 격막을 가지는 완전한 플러그 흐름을 가지는 조가 있다. 수로의 용량이 30 m^3, 유입 유량이 1 m^3/min 일 때, T_{10}을 구하라. 이론적 접근법을 이용하라.

12.10 재래식 정수장에서, 전오존이 사용되고 있다. 유리염소가 염소 접촉수로에서 유지되고, 결합염소가 정수지에서 유지된다. 0.5 log *Giardia lamblia* cysts와 2 log 바이러스 불활성화를 달성할 수 있는지 결정하라. 수온과 pH는 각각 20℃, 7.0이다. 소독에 대한 정보는 아래와 같다.

오존 농도 = 0.2 mg/L

오존 접촉조에서 T_{10} = 0.5 min

유리잔류염소 농도 = 1 mg/L

염소 접촉수로에서 T_{10} = 0.5 min

결합잔류염소 농도 = 2 mg/L

정수지에서 T_{10} = 27 min

12.11 염소 소독에 의하여 생성되는 할로겐화 부산물의 7가지 종류를 열거하라.

12.12 소독부산물의 생성을 야기할 수 있는 인자를 열거하라.

12.13 소독부산물은 많은 독성학적 영향과 관련이 있다. 아래 열거된 A와 B항을 서로 연결하라.

A	B
Chloroform	a. 발암성
2-Chlorophenol	b. 발달장애
Chloroacetonitrile	c. 식물독성
Dichloroacetonitrile	d. 유전독성
Bromoform	e. 간세포 독성
	f. 유전자 변형
	g. 신장독성
	h. 종양 촉진자

12.14 Chlorinator의 수, header에 부착되어 있는 염소 ton container 수, 그리고 4주 동안의 염소 공급에 필요한 컨테이너의 수를 계산하라. 다음의 데이터를 이용하라.

일 최대유량 = $2 m^3/s$

일 평균유량 = $0.67 m^3/s$

최대 염소 주입률 = 5mg/L

Chlorinator의 용량 = 450 kg/d

컨테이너 당 가스 인출률 = 180 kg/d

12.15 잔류염소와 염소소독 데이터가 다음 표와 같다. 염소소독 곡선을 도시하라. 파과점 염소 주입량을 구하라. 유리잔류염소 1.2 mg/L을 유지하기 위해서 초기 염소 요구량과 총 염소 요구량(kg/d)은 얼마인가? 유량은 180 L/s이다.

염소 주입량(mg/L)	잔류염소(mg/L)
1	0
2	0.8
3	1.4
4	1.0
5	1.1
6	1.6
7	2.1

12.16 염소소독 공정에서 미생물의 제거는 아래 식으로 표현된다. 중간지점 염소 주입량 3 mg/L와 원수에서 30 min 접촉 후에 남아있는 대장균수 130/100 mL을 이용하여, k를 계산하라. N_0은 10^6/100 mL이다. 또한, 염소 접촉 20 min 후에 남아있는 대장균수를 계산하라.

$\ln(N/N_0) = -kt$

여기서, N_0 = 초기 미생물의 수

N = t시간 후의 미생물 수

k = 상수

12.17 염소 접촉조의 용량(m^3)과 필요한 염소량(kg/d)을 계산하라. 평균 설계 유량은 0.2 m^3/s, 접촉시간은 18 min, 총염소 요구량은 6 mg/L, 그리고 잔류염소는 1.5 mg/L이다.

12.18 유리잔류염소, 결합잔류염소, 총잔류염소, 저온살균(pasteurization), 그리고 소독에 대하여 정의하라.

]

12.19 염소소독 연구에 대한 실험실 데이터는 다음과 같다. 문제 12.16의 식을 이용하여, 10^5/100 mL의 미생물수를 50/100 mL로 감소시키는데 필요한 접촉시간을 계산하라. 염소 주입량은 실험실 연구에서 사용된 양과 동일하다.

10mg/L의 염소 주입량에서 접촉시간(min)	대장균수/100mL
0	10^5
5	5,000
10	250
15	12

12.20 염소소독과 비교하며 오존소독의 장점과 단점을 열거하라.

12.21 물의 소독에서 파괴점 염소소독의 중요성은 무엇인가? 물을 배수시스템에 보내기 전에 암모니아를 주입하는 이유는 무엇인가?

참고문헌

1. Prudden, T. M. Drinking Water and Ice Supplies, and Their Relations to Health and Disease, G. P. Putnam's Sons, The Knickerbocker Press, New York, 1891.
2. USEPA. Technologies for Upgrading Existing of Designing New Drinking Water Treatment Facilities, Office of Drinking Water, EPA/625/4－89/023, USEPA, Cincinnati, OH, March 1990.
3. White, C. G. Handbook of Chlorination and Alternative Disinfectants, 4th ed., John Wiley & Sons, Inc., New York, 1999.
4. Task Force on Wastewater Disinfection. Wastewater Disinfection, Manual of Practice FD－10, Facilities Development, Water Pollution Control Federation, Alexandria, VA, 1986.
5. WPCE Disinfection Committee. Wastewater Disinfection: A State－of－the－Art Report, Water Pollution Control Federation, Alexandria, VA, 1984.
6. Malcolm Pirnie, Inc. and HDR Engineering, Inc. Guidance Manual for Compliance with Filtration and Disinfection Requirements for Public Water Supply Systems Using Surface Water Sources, ISBN 0－89867－558－8, Science and Technology Branch, USEPA, Washington, D.C., October 1990.
7. Huben, H.V. Surface Water Treatment: The New Rules, AWWA, Denver, CO, 1991.
8. Metcalf and Eddy, Inc. Wastewater Engineering: Treatment, Disposal and Reuse, 3d ed., McGraw－Hill Book Co., Inc., New York, 1991.
9. Utah Division of Drinking Water. *Cryptosporidium*, Utah Guidance Document, Revised February 2, 1995.
10. USEPA. "National Primary Drinking Water. Regulations: Interim Enhanced Surface Water Treatment; Final Rule," Federal Register, vol. 63, no. 241, pp. 69478－69521, December 16, 1998.
11. Regle, S. "Intent of the D/DBP Rule and the Regulatory Framework," AWWA Satellite Teleconference on Disinfectants and Disinfection By－Products: Understanding the Proposed D/DBP Rule, AWWA, 1993.
12. USEPA. "National Primary Drinking Water Regulations: Disinfectants and Disinfection and Disinfection Byproducts, Final Rule," Federal Register, vol. 63, no. 241, pp. 69390－69476, December 16, 1998.
13. McGuire, M. J. "Content of the D/DBP and Related Rules," AWWA Satallite Teleconference on Disinfectants and Disinfection By－Products: Understanding the Proposed D/DBP Rule, AWWA. 1993.
14. Cromwell, J. E. "National Impact of the D/DBP Rule," AWWA Satallite Teleconference on Disinfectants and Disinfection By－Products: Understanding the Proposed D/DBP Rule, AWWA. 1993.
15. Means, E. G. "Utility Impact of the D/DBP and Related Rules," AWWA Satallite Teleconference on Disinfectants and Disinfection By－Products: Understanding the Proposed D/DBP Rule, AWWA. 1993.
16. Pontius, F. W. "Disinfection By－Products － A Regulatory Act," Opflow, vol. 19, no. 12, American Water Works Association, December 1993.
17. AWWA. Water Quality and Treatment, 4th ed., McGraw－Hill Publishing Co., Inc., New York, 1990.
18. Qasim, S. R. Wastewater Treatment Plants: Planning, Design, and Operation, 2d ed., Technomic Publishing Co., Inc., Lancaster, PA 1999.
19. ASCE and AWWA. Water Treatment Plant Design, 2d ed., McGraw－Hill Publishing Co., Inc., New

York, 1990.

20. Chlorine Institute, Inc. The Chlorine Manual, Pamphlet No. 1, 6th ed., Chlorine Institute, Inc., Washington, D.C., 1997.
21. Chlorine Institute, Inc. Non-refrigerated Liquid Chlorine Storage, Pamphlet No. 5, 5th ed., Chlorine Institute, Inc., Washington, D.C., October 1992.
22. James Mo Montgomery, Inc. Water Treatment Principles and Design, John Wiley & Sons, New York, 1985.
23. The Chlorine Institute, Inc. Recommended Practices for Handling Chlorine Tank Cars, Pamphlet No. 66, 2th ed., the Chlorine Institute, Inc. Recommended Practices for Handling Chlorine Tank Cars, Pamphlet No. 66, 2th ed., the Chlorine Institute, Inc., Washington, D.C., November 1994.
24. USEPA. "List of Regulated Substances and Threshold for Accidental Release Prevention and Risk Management Programs for Chemical Release Prevention; Final Rule and Notice," Federal Register, vol. 59, no. 20, pp. 4493-4499, January 31, 1994.
25. USEPA. "Accidental Release Prevention Requirements: Risk Management Programs Under the Clean Air Act, Section 112(r)(7); List of Regulated Substances and Thresholds for Accidental Release Prevention, Stay of Effectiveness; and Accidental Release Prevention Requirements: Risk Management Programs Under Section 112(r)(7)of the Clean Air Act as Amended, Guidelines; Final Rules and Notices," Federal Register, vol. 61, no. 120, pp. 31668-31730, June 20, 1996.
26. AWWA Research Foundation and USEPA Office of Research and Development. Compliance Guidance and Model Risk Management Program for Water Treatment Plants, AWWA Research Foundation and American Water Works Association, Denver, CO, 1998.
27. Chlorine Institute, Inc. Chlorine Pipeline, Pamphlet No. 60, 4th ed., Chlorine Institute, Inc., Washington, D.C., May 1997.
28. Chlorine Institute, Inc. Atmospheric Monitoring Equipment for Chlorine, Pamphlet No. 73, 5th ed., the Chlorine Institute, Inc., Washington, D.C., April 1991.
29. The National Institute for Occupational Safety and Health (NIOSH). Pocket Guide to Chemical Hazards, U.S. Government Printing Office, Washington, D.C., 1997.
30. American Conference of Governmental Industrial Hygienists (ACGIH). Documentation of the Threshold Limit Values and Biological Exposure Indices, American Conference of Governmental Industrial Hygienists, Cincinnati, OH, 1991.
31. National Fire Protection Association(NFPA). The Fire Protection Guide to Hazardous Materials, 11th ed., National Fire Protection Association Quincy, MA, 1994.
32. RJ Environmental, Inc. Chlorine and Sulfur Dioxide Vapor Scrubbing System(Equipment Brochure), RJ Environmental, Inc., San Die해, CA, Undated.
33. EST Corporation. Caustic Management in EST Emergency Chlorine Scrubbing Systems, Technical Bulletin 92, EST Corporation, Quakertown, PA, 1994.
34. Chlorine Institute, Inc. Chlorine Scrubbing Systems, Pamphlet No. 89, 1st ed., Chlorine Institute, Inc., Washington, D.C., December 1991.
35. Chlorine Institute, Inc. Chlorine Vaporizing System, Pamphlet No. 9, 5th ed., Chlorine Institute, Inc.,

Washington, D.C., April 1997.

36. Compressed Gas Association, Inc. Anhydrous Ammonia, CGA G-2, 8th ed., Compressed Gas Association, Inc., Arlington, VA, 1995.

37. American National Standards Institute and the American Society of Mechanical Engineers, Boiler and Pressure Vessel Code, Section VIII-Unfired Pressure Vessels-Division 1, CGA G-2, American Society of Mechanical Engineering, New York, NY, 1997.

38. American National Standards Institute and the Compressed Gas Association, Inc. Safety Requirements for the Storage and Handling of anhydrous ammonia, ANSI K 61.1, American National Standards Institute, New York, NY, 1989.

39. Reynolds, T.T. and Richards, P. A. Unit Operations and Processes in Environmental Engineering, 2nd ed., PWS Publishing, Co., Bostion, MA, 1996.

40. Saunier, B. M., Selleck, R. E., and Trussell, R. R. "Preozonation as a Coagulant Aid in Drinking Water Treatment," Jour. AWWA, vol. 75, no. 5, pp. 239-245, 1983.

41. Chang, S. D. and Singer, P. "The Impact of Ozonation on Particle Stability and the Removal of TOC and THM Precursors," Jour. AWWA, vol. 83, no. 3, pp. 71-78, 1991.

42. Grasso, D. and Weber, W. J. "Ozone Induced Particle Destabilization," Jour. AWWA, vol. 80, no. 8, pp. 73-80, 1988.

43. Qasim, S. R. and Hussain, I. The Effect of Preozonation on Turbidity Removal, Department of Civil Engineering, The University of Texas at Arlington, Arlington, TX, December 1992.

44. Ficek, K. J. "Potassium Permanganate for Iron and Manganese Removal, and Taste and Odor Control," Water Treatment Plant Design for the Practicing Engineers, R. L. Sanks (Editor), Ann Arbor Science, Ann Arbor, MI, pp. 461-49, 1978.

45. Scheible, O. K. and Bassell, C. D. Ultraviolet Disinfection of a Secondary Wastewater Treatment Plant Effluent, EPA 600/2-81-182, MERL, ORD, USEPA, Cincinnati, Ohio, 1981.

46. Johnson, J. D. and Qualls, R. G. Ultraviolet Disinfection of a Secondary Effluent: Measurement of Dose and Effects of Filtration, EPA 600/2-84-160, MERL, ORD, USEPA, Cincinnati, Ohio, 1984.

47. Glaze, W. H. and Kang, J. W. "Advanced Oxidation Processes for Treating Ground Water Contaminated with TCE and PCE: Laboratory Studies," Journal AWWA, vol. 80, no. 5, pp. 57-63, May 1988.

48. Aieta, E. M. et al. "Advanced Oxidation Processes for Treating Ground Water Contaminated with TCE and PCE: Pilot-Scale Evaluation," Journal AWWA, vol. 80, no. 5, pp. 64-72, May 1988.

49. "Electrotechnologies for Water and Wastewater Disinfection," Technical Commentary, EPRI Journal, vol 1, no. 4, pp. 1-5, 1993.

50. Douglas, J. "Electrotechnologies for Water Treatment," EPRI Journal, vol. 8, no. 2, pp. 1-13, March 1993.

51. USEPA. Demonstration Bulletin on CAV-OX® Ultraviolet Oxidation Process, Magnum Water Technology, EPA/540/MR-93/520, USEPA, Cincinnati, Ohio, 1993.

52. AWWA, Water Fluoridation Principles and Practices, No, M4, 2nd ed., AWWA, Denver, CO, 1984.

53. Texas State Technical Institute and Texas Department of Health. Operator Trainning in Fluoridation Procedures, Texas State Technical Institute and Texas Department of Health, Austin, TX, July 1980.

chapter

13

물의 화학적 안정도, 정수지, 송수 펌프, 배수시스템

13.1 서 론

물은 매우 우수한 용매이다. 물은 배관과 같은 구조물의 구성 무기물을 용해시킨다. 반대로 무기물이 과포화농도인 경우 그 성분들은 배관 및 펌프시설 등의 배수시스템 내에 침전된다. 이러한 무기물의 용해와 침전경향은 물질의 화학적 구성에 따라서 달라진다. 이러한 특성을 물의 화학적 안정도라 한다.

정수지(clearwell)는 보통 정수장내에 있는 저수조를 말한다. 정수장에서 처리된 물은 배수시스템으로 공급되기 전에 정수지와 같은 저수조에 저장된다. 정수장에서 처리된 물을 정수지에 저장하는 것은 미생물 소독을 위한 접촉시간 확보, 화학약품의 주입과 희석, 여과지 역세, 펌프의 윤활, 정수장 내 생활용수 등과 같은 정수장에서 물 공급에 필요한 다양한 기능수행 및 정수장 생산량과 배수구역 물수요량의 차이를 상쇄하기 위한 완충기능을 수행하기 위해 필요한 것이다. 대부분의 경우 정수장에서 생산된 물은 정수지에서 펌프에 의해 배수시스템으로 공급된다. 송수 펌프(고양정 펌프, high service pump)는 배수지 등의 배수시스템으로 물을 끌어올린다. 배수시스템은 정수장에서 생산된 물을 소비자에게 공급하기 위한 네트워크의 역할을 하며 펌프, 관로, 배수탑, 고가저수조, 밸브 및 그 부속시설로 구성된다.

본 13장에서는 물의 화학적 안정도 조절, 정수지, 송수펌프, 배수시스템에 관한 이론 및 설계시 고려사항에 대해 살펴보고 있다.

13.2 물의 화학적 안정도(Water Stability)

물은 배관, 펌프 및 부대설비의 표면에서 특정 무기물을 용해하거나 침전시킬 수 있다. 이러한 성질을 물의 화학적 안정도라 하며, 여기서 물이 무기물을 용해하는 성질을 물의 부식성, 반대로 침전시키는 성질을 침적성(스케일을 일으키는 성질, scaling)이라고 한다.

13.2.1 물의 화학적 안정도의 중요성(Importance of Water Stability)

무기물을 용해시키는 물의 부식성은 수질의 측면에서나 배수시스템 내에서 부정적인 현상으로 여겨진다. 부식성의 물은 칼슘, 마그네슘 뿐만 아니라, 배관으로부터 납이나 구리 등과 같은 유해 금속을 용해시킬 수 있기 때문이다. USEPA는 Safe Drinking Water Act(SDWA, 안전음용수법)의 1986년 개정법에서, 납 재질의 자재를 배수시스템에 사용할 수 없도록 규정화하였다.[1] 더 나아가 급수된 물에서 납 오염의 가능성을 저감시키기 위해서는 각 수도시설에서 수돗물의 용존 납 혹은 구리의 농도를 검사할 수 있는 규정이 필요하다. 납이나 구리 등과 같은 유해 금속이 검출되었을 경우, 물의 부식성을 저감시키기 위한 처리기술이 필요하다.

침적성 물(scaling water)은 관 내벽에 무기성 막을 형성하는데 이것은 관 표면 무기성분의 부식을 억제시킬 수 있다. 그러나 이러한 스케일링이 매우 빠르게 일어날 경우 이 역시 매우 유해한 영향을 미치게 된다. 과도한 스케일 형성은 보일러(water heater)와 같은 설비에 손상을 주게 되어, 관의 마찰계수를 증가시키고 최악의 경우 파이프를 막을 수도 있다. 따라서 이러한 부식을 막을 수 있으나 과도한 스케일 침적은 일어나지 않고 약간의 스케일을 형성하는 물이 가장 좋은 물이라고 할 수 있다.

13.2.2 물의 화학적 안정도를 측정하기 위한 일반적인 방법

물의 화학적 안정도를 계산하는 일반적인 방법은 LI(Langelier saturation index)이다. 이 지수는 물의 실제 pH와 $CaCO_3$로 포화된 경우의 pH를 비교한다[2]. LI의 계산은 식 (13.1)와 (13.2)에서 나타난 바와 같다[3].

$$LI = pH - pH_s \qquad (13.1)$$

$$pH_s = (pK_2 - pK_s) + pCa^{2+} + pAlk \qquad (13.2)$$

여기서

- LI : Langelier saturation index
- pH : 측정된 pH
- pH_s : $CaCO_3$가 포화농도일 때 측정 pH
- pK_2와 pK_s : 이온강도와 TDS에 기초한 상수(표 13-1)
- pCa^{2+} : $-\log[Ca^{2+}]$
- $pAlk$: $-\log[Alk]$

음의 LI 지수는 물이 부식성이 있음을 의미하며, 양의 LI 지수는 물이 스케일을 형성함을 의미한다. 그러나 이 지수의 절대값이 부식성이나 침적성의 정도를 의미하는 것은 아니다. 이러한 단점을 해소하기 위해 Ryznar는 LI지수를 Ryznar index(RI)로 수정하였으며, 다음 식 (13.3)과 같다.

$$RI = 2pH_s - pH \qquad (13.3)$$

표 13-2는 RI지수에 따른 침적성과 부식성을 나타낸 것이다.

물의 화학적 안정도를 측정하기 위한 분석방법으로 "marble test"가 있다. 이 테스트에서는 물을 석회석($CaCO_3$)에 접촉시킨 후 24시간 후에 그 알칼리도를 측정한다. 이때 알칼리도가 감소하는 것은 물이 과포화 상태임을 의미하며, 스케일이 형성될 것이다. 반대로 알칼리도가 증가했다면 물은 불포화 상태임을 의미하며, 부식을 일으킬 것이다.[5]

표 13-1 온도와 총 용존고형물 농도(TDS)에 따른 $pK_2 - pK_s$

TDS (mg/L)	$pK_2 - pK_s$						
	0℃	10℃	20℃	30℃	40℃	50℃	80℃
	2.45	2.23	2.02	1.86	1.68	1.52	1.08
40	2.58	2.36	2.15	1.99	1.81	1.65	1.21
80	2.62	2.40	2.19	2.03	1.85	1.69	1.25
120	2.66	2.44	2.23	2.07	1.89	1.73	1.29
160	2.68	2.46	2.25	2.09	1.91	1.75	1.31
200	2.71	2.49	2.28	2.12	1.94	1.78	1.34
240	2.74	2.52	2.31	2.15	1.97	1.81	1.31
280	2.76	2.54	2.33	2.17	1.99	1.83	1.39
320	2.78	2.56	2.35	2.19	2.01	1.85	1.41
360	2.79	2.57	2.36	2.20	2.02	1.86	1.42
400	2.81	2.59	2.38	2.22	2.04	1.88	1.44
440	2.83	2.61	2.40	2.24	2.06	1.90	1.46
480	2.84	2.62	2.41	2.25	2.07	1.91	1.47
520	2.86	2.64	2.43	2.27	2.09	1.93	1.49
560	2.87	2.65	2.44	2.28	2.10	1.94	1.50
600	2.88	2.66	2.45	2.29	2.11	1.95	1.51
640	2.90	2.68	2.47	2.31	2.13	1.97	1.53
680	2.91	2.69	2.48	2.32	2.14	1.98	1.54
720	2.92	2.70	2.49	2.33	2.15	1.99	1.55
760	2.92	2.70	2.49	2.33	2.15	1.99	1.55
800	2.93	2.71	2.50	2.34	2.16	2.00	1.56

출처 : 참고문헌 3

표 13-2 RI 지수에 따른 물의 침적성과 부식성 경향

RI 범위	지 표
5.5 이하	심한 스케일이 형성된다.
5.5 ~ 6.2	약간의 스케일이 형성된다.
6.2 ~ 6.8	부식이나 스케일이 형성되지 않는다.
6.8 ~ 8.5	녹물이 발생한다.
8.5 이상	심한 녹물이 발생한다.

출처 : 참고문헌 4

13.2.3 물의 화학적 안정도 증가를 위한 처리

부식성 물(Corrosive Water)

물의 부식성을 감소시키기 위한 방법은 pH를 조절하는 것이다. 식 (13.1)과 (13.3)에서와 같이 pH가 높아지면 물의 부식성이 감소된다는 것을 알 수 있다. pH를 높이기 위해 일반적으로 $Ca(OH)_2$를 첨가하는데, 이것은 pH를 증가시키고 유리 CO_2를 중화시킨다. 물이 연수일 경우에는 칼슘이온을 첨가한다. 또 다른 강염기인 소다회(Na_2CO_3), 수산화나트륨(NaOH)을 첨가하여 pH를 조절 할 수도 있다. pH 조절을 위해 화학물질을 첨가하는 경우에는 다른 처리공정에 영향을 미치지 않게 주의하여야 한다. 예를 들면, 정수처리에서는 응집과 소독공정이 pH에 민감한 공정이다.

스케일을 형성하는 물(침적성 물, Scale forming Water)

RI값이 매우 낮다는 것은 심각한 스케일이 형성된다는 것을 의미한다. 이러한 경우 산이나 재탄화(recarbonation)을 통해 pH를 낮추기 위한 처리가 필요하다. 재탄화는 CO_2를 물에 첨가하는 것으로 그 화학반응은 8장에 설명되어 있다. 다른 방법으로는 과도한 $CaCO_3$가 침전되지 않도록 금속이온 봉쇄약품(sequestering chemical)을 첨가하는 것이다. 일반적으로 메타인산염(metaphosphates) 또는 오르소인산염(orthophosphate)이 사용된다.

13.3 정수지(Clearwells)

정수지의 설계는 적절한 규모와 모양의 결정 과정이 포함된다. 다른 설계 고려사항에는 저장된 물의 위생상의 안전, 수리적 과부하로부터 구조물의 안전 그리고 정수지가 가동되는 동안 저수조를 관리해야 하는 작업자들의 안전 등이 있다.

13.3.1 정수지 크기

정수지는 정수장 운영용수의 저장, 생산량과 급수 요구량의 균형조절, 소독을 위한 접촉시간 확보라는 세 가지 목적을 위해서 사용되며, 따라서 이러한 목적에 맞도록 그 용량이 산정되어야 한다. 이 세 가지 목적을 달성하기 위한 저수지 용량은 다음의 식으로 표현된다.

$$V = PW + B + C \tag{13.4}$$

여기서

V : 정수지 용량

PW : 정수장내 운영용수를 위한 용량

B : 생산량과 급수량의 균형을 맞추기 위해 필요한 용량

C : 소독 접촉시간을 위한 용량

약품 희석 및 주입, 펌프윤활, 세척, 정수장내 생활용수 및 여과지 역세척 등 정수장 운영에 필요한 물이 정수장내에서 사용된다. 약품희석 및 주입을 위해 필요한 양은 약품 주입률과 약품 자체의 양으로 부터 산정된다. 예를 들어, 염소가스와 암모니아는 이동, 주입, 혼합의 편의를 위해 물에 용해하여 사용하는데, 이때 필요한 물의 양은 약품과 주입장치의 공급회사로부터 제공된 정보에 의해 결정된다. 역세척에 필요한 물수요량 산출에 관해서는 10장에 언급되어 있다. 일반적으로 최소한 여과지 세척에 필요한 하루분의 수량이 저장되어 있어야만 한다. 세척을 위해 필요한 물의 양은 배출구의 크기와 수에 의해 결정되며, 정수장내 생활용수 사용량은 직원 수에 의해서 결정된다. 각각의 물수요량 결정에 적용되는 물수요량 인자에 대해서는 4장에서 나타낸바 있다. 자세한 정보가 부족할 경우, 생활용수와 세척에 필요한 물의 양은 보통 정수장 물 생산량의 1~2% 정도로 판단한다. 화학약품의 희석 및 주입과 역세척을 위한 물의 수요량은 개별적으로 계산되어야 한다.

또한, 정수지의 용량은 정수 생산량과 배수시스템의 첨두 물수요량 사이의 차이를 충족시킬 수 있어야 한다. 송수 펌프장(high-service station)에서는 물 소비량이 많은 낮에 정수장 생산량보다 많은 유량을 송수하고, 소비량이 적을 때에는 그 생산량보다 적은 유량으로 송수한다. 정수지의 부피는 시간당 생산량과 시간당 송수량 차이의 합으로 결정된다. 이러한 과정은 설계 예에서 나타내었다.

Surface Water Treatment Rule(SWTR, 지표수처리규정)에서는 수돗물을 공급하는 모든 정수장에서 최소 소독 접촉시간을 따르도록 지시하고 있다.[9] 이에 대한 자세한 사항은 12장에 나타내었다. 일부 정수장에서는 정수지의 접촉시간이 소독에 필요한 접촉시간의 일부를 만족시키기 위해서 사용된다. 이 접촉시간을 만족시키기 위한 정수지의 용량에 의해서 정수지의 최소 수위가 결정된다. 따라서 정수지 용량 설계에서 접촉시간으로 인한 용량의 부분이 계산되어, 전체 정수지 용량에 추가되어야 한다.

13.3.2 정수지 기하학적 구조(Clearwell Geometry)

정수지가 소독을 위한 접촉조로 사용되는 경우 정수지의 기하학적 구조가 중요한다. 정수지의 구조는 물의 흐름이 플러그 흐름(plug flow)을 형성할 수 있도록 구성되어 실제 접촉시간이 이론상의 체류시간에 거의 가깝도록 해야한다(식 9.8).

정수지의 경우에는 유효 소독 접촉시간(effective disinfection detention time)을 나타내는 T_{10}을 추적자 실험을 통하여 결정하는 방법이 최상의 방법이지만, 계획단계에 있거나 추적자 실험이 불가능한 정수지의 경우에는 그 구조(geometry)와 격벽(baffle)으로부터 T_{10}을 추정할 수 있다. 보통 이론적인 접촉시간은 최대 유량과 최소 수위로부터 계산되어야 한다. 추적자 실험과 T_{10}결정을 위한 과정은 12장에 나타내었다. 염소 접촉수로에서 $CT_{Cal} >> CT_{Tab}$이 만족되는 경우 정수지에서의 체류시간은 무시할 수 있다. 직사각형 모양이나 원형의 정수지에 대한 최악, 평균, 최상의 격벽 배열을 12장의

그림 12-4와 12-5에 나타내었다. 그 밖에 정수지 구조와 관련하여 고려해야 할 사항은 유입 및 유출부의 수리학이다. 정수지의 최대 수위에서 여과지 등으로 역류현상(backwater effect)을 나타내지 않아야 하며, 펌프에 대한 주입이 유지될 수 있도록 최저 수면고는 송수펌프의 표고보다 높아야 한다. 정수지의 유출부는 물이 파이프로 자연스럽게 흐르고, 와류(vortices)를 억제할 수 있도록 구성되어야 한다. 이러한 사항은 정수지내에 유출부의 적절한 배치와 유입속도를 0.15~3 m/s의 범위에서 조절함으로써 달성할 수 있다. 그 밖의 집수정(습정, wet well)과 펌프 흡입 요구량(pump suction requirements)도 송수펌프에 적용된다. 이와 같은 고려사항들은 그림 7-13과 7-14에 나타내었다.

13.3.3 정수지 설계시 고려해야 할 기타 사항

보안 및 안전

정수지는 먹는 물을 저장하고 있으므로 오염으로부터 보호되어야 한다. 따라서 빗물이나 대기 중의 입자가 침입되지 않도록 정수지를 덮개로 덮어야만 한다. 정수지 상부로부터 정수지 내부 접근이 가능해야 하고, 바닥까지의 사다리는 OSHA(Occupational Safety and Health Administration)기준에 맞아야 한다. 물을 완전히 배수한 후에도 몇 인치 정도의 물이 남아있을 수 있기 때문에 내부에서 작업시 배관구멍이나 물웅덩이 등으로 인해 인부들이 넘어지거나 미끄러질 수 있으므로 난간 등의 보호장치를 만들어야 한다.

환기

정수지에는 수위 변동시 공기가 드나들 수 있도록 통풍시설이 있어야 한다. 통풍구 용량은 최대 유입 및 유출 유량에 상응하는 공기가 통과할 수 있어야 한다. 통풍구에는 정수지 수질오염을 막기 위해 비를 막을 수 있는 덮개와 곤충 유입을 막을 수 있는 스크린도 설치되어야 한다.

월류(Overflow)

정수지에 최대 용량 이상으로 물이 차는 경우를 대비하여, 설계시에 월류 시스템을 고려해야 한다. 월류 시스템 역시 곤충이나 동물들의 침입을 막기 위해 스크린 또는 플랩밸브(flap valves)를 설치해야 한다. 월류된 물은 주변지역으로 흘러 웅덩이를 만들지 않도록 배수(排水)관을 설치해야 하며, 충분한 길이의 위어를 설치하여 월류하는 동안 수위가 정수지의 벽을 넘지 않도록 해야 한다.

13.4 송수펌프(고양정펌프, High - Service Pumping)

송수펌프(high - service pump)와 펌프장의 설계기본사항에 대해서는 7장에 나온 원수펌프장과 동일하다. 송수펌프의 용량은 배수, 저장 및 펌핑 시스템의 용량에 따라서 결정된다. 일부 작은 시스템에서는 송수펌프로 하여금 배·급수가 가능한 수압까지 가압하는데 이러한 시스템은 배·급수를 위한 별도의 펌핑을 따로 하지 않기 때문에, 송수펌프는 물수요량이 최대인 시간과 소방용수 공급을 위한 물수요량을 공급할 수 있는 용량이어야 한다. 반면, 배수관망에서 배수지와 배수펌프를 이용하여 물을 공급하는 배수시스템의 경우는 배수지에서 최대 물수요량을 공급할 수 있기 때문에 보다 작은 용량의 송수펌프가 사용된다. 송수펌프의 용량을 결정하기 위해서 13.3.1과 같이 배수지의 용량평가가 필요하다. 보다 복잡한 시스템의 경우는 컴퓨터 모델링을 통해 배수시스템을 모의하여 설계용량을 산정한다. 이와 같은 모델은 13.5.3에 나타내었다.

13.5 배수시스템(Water Distribution Systems)

13.5.1 배수시스템의 목적

배수시스템의 일차적인 목적은 생산된 물을 소비자에게 공급하는 것이다. 배수시스템은 어떤 조건에서든지 소비자의 물수요량을 만족시킬 수 있는 충분한 용량이어야 한다. 대부분의 배수시스템의 두 번째 목적은 화재시에 소방용수를 공급하기 위한 것이다. 이러한 소방용수를 위한 물수요량을 소방용수 요구량이라고 하는데, 이것은 배수시스템에서 가장 극단적인 상태의 설계조건으로 사용된다.

13.5.2 배수시스템의 수리해석

배수시스템의 수리해석은 각 관의 유량 및 손실수두의 산정과 다양한 물 수요조건하에서 여러 임계점(critical point)에서 수압을 다룬다. 일반적인 배수시스템은 관, 절점(nodes) 및 순환고리(루프, loops)로 구성된다.

아무리 간단한 배수관망이라 할지라도 바로 수압, 유량 및 손실수두의 값을 직접 구할 수는 없다. 배수시스템을 분석하기 위해 sectioning, the circle method, pipe equivalence, trial and error, digital computer analysis, electrical analogy와 같은 여러 방법들이 사용되어 왔다. Hazen - Williams 식 (7.19)을 배수관망 해석에 보다 쉽게 이용하기 위해 식 (13.5)와 같이 나타낼 수 있다.

$$Q = KCD^{2.63}(h_f/L)^{0.54} \tag{13.5}$$

여기서,

- Q : 관로 유량
- C : 마찰 계수(coefficient of roughness)
- D : 관경
- h_f : 마찰 손실수두
- L : 관로의 등가길이(equivalent length of pipe)
- K : 상수

손실수두를 결정하기 위해서는 관경, 관 길이, 마찰계수및 유량을 모두 알아야 한다. 그러나 불행이도 그림 13-2와 같은 배수시스템의 각 관을 지나는 유량을 직접적으로 계산할 방법은 없다. 그래서 시행착오법(trial-and-error procedure)이 일반적으로 사용된다.[14~18]

시행착오법(Trial-and-Error or Relaxation Solutions)

도시공학에서 디지털 컴퓨터가 널리 사용되기 전에는 Hardy Cross 관망해석법이 가장 많이 사용되었다. 이 관망해석법은 배수시스템내의 각각의 관에 대한 분포유량(trail flow rate)을 가정한 후, 계산과정을 통해서 각 관에서의 손실수두를 계산하는 방법이다. 각 관망의 모든 관들에 대해서 그 흐름이 시계방향이면 (+), 반시계 방향으로 물이 흐르는 경우에는 (−)부호를 붙여 손실수두를 계산한다. 관망의 각 루프 안에 있는 모든 관의 손실수두를 더하여 그 합이 0이 아니면, 모든 관의 유량을 보정한다. 유량 보정량은 다음의 식 (13.6)과 같이 계산된다.[14]

$$\Delta Q = -\sum h_f/(n\sum h_f/Q) \tag{13.6}$$

여기서

- ΔQ : 각 루프에서의 보정량
- $\sum h_f$: 각 루프에서의 손실수두의 합
- n : 손실수두 공식에서 마찰경사항의 역수(Hazen-Williams식에서는 1.85)
- $\sum h_f/Q$: 각 관에서의 손실수두/유량의 합(항상 양의 값을 갖는다)

Hardy Cross 법은 배수관망의 해석에 널리 사용되고 있어 많은 참고문헌에서 그 예를 찾아 볼 수 있다.[3,5,14]

컴퓨터 프로그램(Computer Programs)

구역이 넓고 복잡한 관망을 시행착오(trial and error)법으로 해석하는 것은 시간이 많이 소요되는 작업이다. 복잡한 관망을 해석하기 위해 수많은 컴퓨터 프로그램이 약 20년 전부터 개발되어왔다. 보통의 관망해석 프로그램의 입력(input) 자료로 관경, 마찰계수, 관 연장, 각 노드의 물수요량 및 각

노드의 고도가 있으며, 출력(output) 자료로는 각 관의 유량, 수두, 유속 및 각 노드의 수압이 해석결과로서 출력된다. 많은 컴퓨터 프로그램은 배수시스템의 수리특성에 영향을 줄 수 있는 펌프, 수압조절밸브, 체크밸브, 배수지 기타 배수시스템의 부속장치들을 모의하는 하부프로그램(subroutine)을 포함하고 있다.[18~22]

컴퓨터를 이용한 관망해석을 모델이라 하는데, 배수시스템의 특성을 정확하게 나타내기 위해서는 (1) 시스템의 수요량 배분, (2) 시스템의 관망도와 관경, 관 연장 및 마찰계수의 구성을 나타낼 수 있어야 한다.

수요량 배분(Demand Distribution)

물 수요량 배분은 수요량을 적절한 노드에 할당하는 과정이다. 대부분의 컴퓨터 프로그램은 각 노드에 할당되는 물 수요량 자료가 필요하다. 컴퓨터 모델에서는 보통 시간당 최대 수요량과 소방용수량이 수요량으로 사용된다. 시간당 최대 물수요량은 각 배수구역의 토지이용 형태에 영향을 받는다. 토지이용 형태에 따른 일반적인 물수요량 인자는 4장에서 나타냈다. 설계자는 토지이용 또는 구역지도(zoning map)를 활용하여 토지이용 형태에 따른 수요량을 산출할 수 있고 배수시스템 지도를 구역지도와 겹쳐, 각 노드에 적용할 물의 양을 산출할 수 있다. 이러한 과정은 그림 13-1에 나타낸바와 같이 각 구획에 수직 2등분선을 그리는 방법이다. 이러한 이등분선을 연결하여 각 노드로부터 물을 공급받는 구역을 다각형으로서 나타낼 수 있다. 각 다각형의 면적이 계산되면 각 노드에서 적용될 수요량을 계산하기 위한 적절한 수요인자를 곱해 주게 된다.

중공업단지 또는 대규모 상업지역과 같은 즉 한 수요자가 전체 수요의 약 1%를 이상을 초과하는 대량 물사용자는 별도로 수요량 배분을 계산하여 근거리의 노드에 적용한다. 수요량을 배분하는 담당자는 본 과정을 정밀하게 살피고, 결과에 착오가 생길 수 있는 비정상적인 시스템 특성을 고려하면서 수정해나가야 한다.

입력 데이터(System Input)

배수시스템의 배치와 특성을 나타내기 위해 시스템의 세부사항들이 정확하게 정의되어야 한다. 모델링을 수행하는데 필요한 배수시스템의 자료에는 관경, 등가길이(equivalent lengths), 연결, 수요량 및 마찰계수가 있다. 또한, 펌프특성, 수압조절밸브, 유량조절밸브, 배수지의 위치, 크기 및 운전자료도 필요하다. 펌프의 특성에는 마력, 펌프 종류, 수두와 용량의 관계, 효율곡선, 펌프 제조사, 펌프의 시리즈 및 모델번호 등이 필요하다. 수압조절밸브에 관한 자료로 밸브의 구경, 종류 및 수압조절 설정 값 등이 필요하다. 정확한 모델링을 위해 요구되는 자세한 정보 및 입력 자료는 하나의 자료수집원에서 얻기는 힘들다. 건설 및 유지관리 기록, 지역의 과거 물 사용량 데이터, 불량구역(critical water zones) 등이 시스템 특성을 개발하기 위해 필요한 정보를 얻을 수 있는 훌륭한 수집원이다. 수도사업소의 경험 많은 기술자들에게서도 유용한 정보를 얻을 수 있다.

마찰계수를 구하기 위해서 일반적으로 현장 시험이 시행된다. C계수 시험라고 알려진 이 시험은 유량조건을 알고 있는 상태에서 일부 분리된 관을 따라 손실수두를 정확하게 측정한다. Hazen-Williams 식을 사용하면, 유량, 관 연장 및 손실수두를 알고 있을 경우 마찰계수를 역으로 계산할 수 있다. 이 시험은 다양한 유량조건에서 측정되어야 한다. C계수 시험과정을 뒷부분의 설계 예에서 나타내었다.

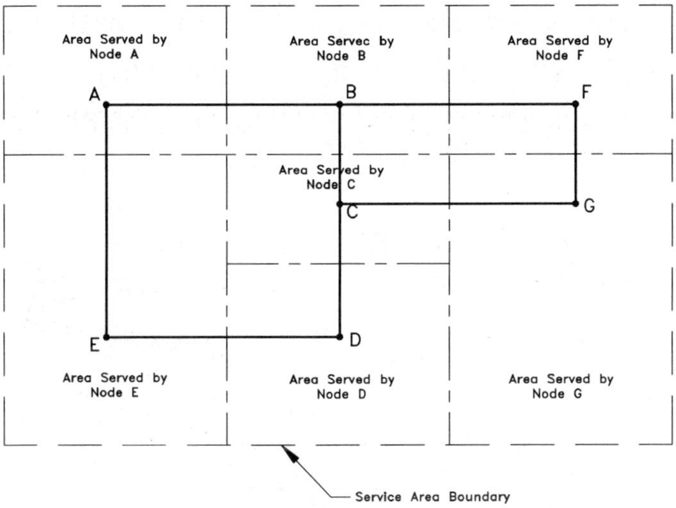

그림 13-1 각 노드에서의 물 수요량 배분

모델의 보정(Model Calibration)

배수시스템의 모델링 결과는 그 정확성을 검증하기 위하여 실제 현장의 관측 결과와 비교되어야 한다. 이러한 과정을 보정이라 하는데 현장에서 측정한 수압과 유량 등의 모델실행 결과 값들과 비교한다. 모델을 통해 예측된 값과 실측값의 차이는 5~15% 범위 안에 있어야 한다. 기대한 정확도가 얻어지지 않으면 만족스런 결과를 얻기 위해 그 모델을 다시 보정하여야 한다.[23,24]

준 동적모델(Quasi Dynamic Models)

몇몇 컴퓨터 프로그램은 하루 동안의 배수시스템의 운전을 모의 할 수 있다. 이와 같은 기능은 엔지니어가 하루 동안의 배수시스템의 물 수요변화를 모델링할 수 있게 하며, 시스템 저장용량의 평가를 가능하게 한다. 이러한 모델의 입력 자료에는 앞서 소개된 정상상태모델(steady-state model)에 필요했던 모든 데이터에 추가적으로 배수지 수위, 배수지 용량, 펌프의 1일 운전스케줄, 1일 물 수요변화 등에 대한 자료를 필요로 한다. 모델의 결과 값으로 배수시스템의 수압, 유량, 배수지의 수위를 시간별로 얻을 수 있다.

13.5.3 배수시스템 설계시 고려사항

수압면(유사한 수압으로 급수되는 일정한 구획, Pressure Planes)

지형적인 높낮이 차이가 매우 큰 지역의 배수시스템에서는 수압변화가 크다. 고지대에 위치한 배수구역은 수압이 낮은 반면 저지대의 배수구역은 수압이 높아 문제가 될 수 있다. 이러한 현상을 줄이기 위해서 배수시스템에서는 수압에 따라 구역을 나누기도 한다. 이러한 구역 분류를 통해서 고지대의 필요에 적절한 수압으로 물을 공급할 수 있고, 저지대에도 적절히 낮은 수압으로 물을 공급할 수 있다. 이러한 배수시스템은 일반적으로 상호연결 되어있으나 수압조절밸브를 이용하여 구역을 분리 할 수 있다.

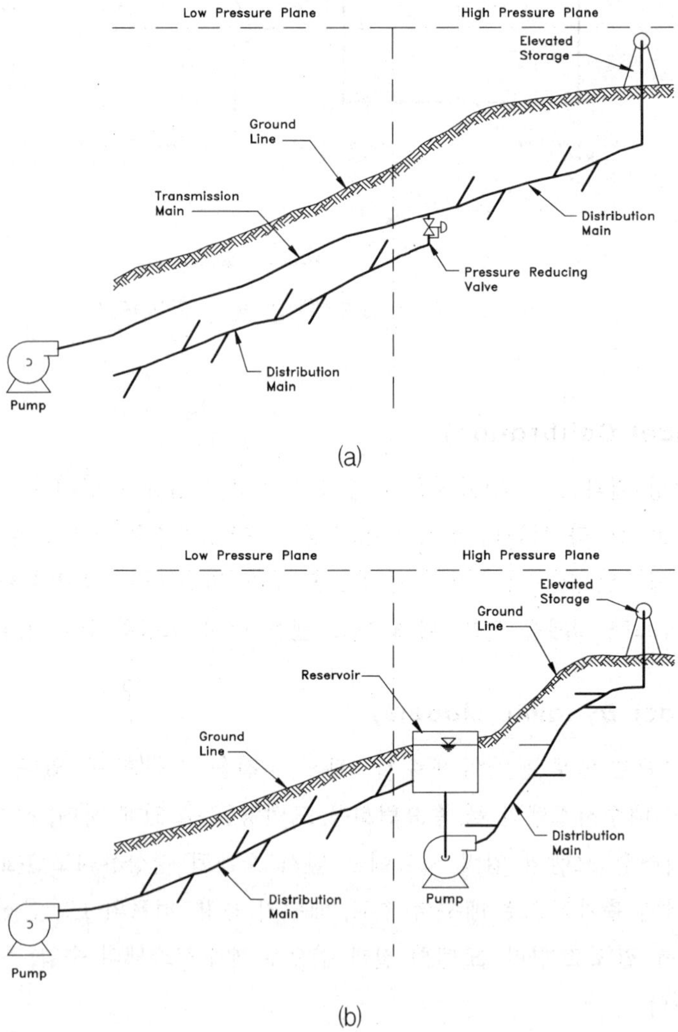

그림 13-2 대표적인 2가지 가압배수시스템. (a) 단일 펌프 배수시스템, (b) 다중 펌프 배수시스템

운전형태에 따라 배수시스템에서의 가압방식은 그림 13-2와 같이 크게 2가지 기본 형태로 나뉜다. 그림 13-2(a)의 시스템은 펌프를 이용하여 고지대의 높은 수압을 필요로 하는 지역(high pressure plane)까지 물을 가압하여 공급하고, 저지대의 낮은 수압이 필요한 지역(lower pressure plane)으로는 수압조절밸브를 이용하여 감압하여 물을 공급하고 있다. 이러한 시스템은 간단하고 설비의 투자비용이 적으나, 에너지 소모가 많은 방법이다. 따라서 이와 같은 시스템은 배수시스템의 규모가 작거나, 감압이 필요한 저지대 배수구역이 작은 경우에 적절한 방법이다.

반면 그림 13-2(b)의 시스템은 펌프로 낮은 수압이 필요한 저지대 배수구역으로 물을 공급하고, 여기서 다시 펌프를 이용하여 높은 수압이 필요한 고지대 배수구역(higher pressure system)으로 물을 공급하는 방식이다. 이러한 시스템은 고지대 배수구역(higher pressure system)에 필요한 수량만을 고지대로 보내기 때문에 에너지 효율이 크다. 이와 같은 형태는 저지대 배수구역이 크거나 분리된 고지대 배수구역이 있는 경우에 적절한 시스템이다.

지면배수지(Ground Storage Reservoirs)

지면배수지 건설에서는 배수지 용량, 위치 그리고 종종 미관이 중요하게 설계에 고려된다. 그 외 세부 사항에는 탱크의 통풍, 월류, 보안 및 부식 방지를 위한 대책이 포함된다. 이러한 설계에 대한 세부사항은 13.3에서 간략하게 설명된바 있다.

용량

지면배수지나 고가저수조는 배수구역의 수요량과 정수장 생산량의 차이를 상쇄할 수 있는 충분한 용량이어야 한다. 지면배수지는 비용의 측면에서 정수된 물을 가장 저렴하게 저장하는 방법이다. 경제적인 관점에서, 지면배수지는 저장해야 할 물의 양이 많은 경우에 적절한 방법이다. 운영상에서는 고가저수조가 더 신뢰도가 높은 방법이다. 고가저수조는 펌프나 기계적인 장치 없이 소비자에게 공급이 가능하기 때문에 기계고장 등으로 인해 물 공급이 중단될 가능성이 근본적으로 없어지므로 더 신뢰도가 높다고 할 수 있다.

설계자는 먼저 필요한 총 배수지 용량을 산정해야 하는데 13.3.2절에 나온 물질수지(mass balance) 계산이나 적절한 준동적 배수시스템 모델(quasi dynamic distribution system model)을 통해서 가능하다. 경제성의 측면에서 고가저수조에 저장할 수 있는 수량을 결정하고 난 후, 그 나머지는 지면배수지에 저장해야 한다. 고가저수조 저장용량의 평가는 다음 절에서 설명한다.

위치

지면배수지는 물을 저수조에 저장하고 배수구역으로 물을 공급하기 위해 충분한 관경을 가진 주 송수관 주변에 위치해야 한다. 배수지가 펌프장과 함께 동작한다면, 펌프장에 인접하게 위치시키는 것이 편리하며, 배수지의 바닥은 펌프 중심선(centerline)보다 높아야 한다. 저수조의 천정은 유입 이송관의 동수경사와 유사한 높이로 설계되어야 한다.

미관(Aesthetics)

많은 경우에서는, 큰 배수지의 시각적 영향이 고려되어야 한다. 일부 경우 설계자들은 건축물의 디자인이나 조경을 통해 미관을 좋게 하려고 노력한다. 그림 13-3은 지면배수지의 미관을 고려한 디자인의 한 예이다.

그림 13-3 지면배수지 건축 설계 예

환기(Ventilation)

정수지와 마찬가지로 지면배수지는 수위변화에 따라 공기가 들고 날 수 있도록 통풍시설이 설비되어야 한다. 통풍시설의 규모는 최대 유입 유출량에 상응하는 것이어야 한다. 저수조 수질관리를 위해 곤충방지를 위한 스크린과 비를 막을 수 있는 덮개가 있어야 한다.

월류(Overflow)

지면배수지는 용량 이상의 물이 유입될 경우 과잉의 물이 흘러나갈 수 있는 대비책이 있어야 한다. 지면배수지 월류 시스템의 설계시 고려사항은 13.3의 정수지의 경우와 동일하다.

보안과 안전(Security and safety)

다른 먹는 물 시설과 마찬가지로, 지면배수지도 안전한 지대에 설치하고 사람이 접근하지 못하도록 담이나 기타의 보안시설이 있어야 한다. 배수지 내부에 저장된 물을 보호하기 위한 대책은 13.3의 정수지의 경우와 동일하다.

부식방지

대개 지면배수지는 철로 만들어지는데 철재탱크는 고성능 에폭시 도장시스템으로 도장하여 부식을 방지해야 한다. 특정 시스템을 위해서는 산업용 고성능 코팅제의 공급자에게 자문을 구해야 한다. 종종 아연을 양극으로 하는 음극방식시스템을 물속에 설치해 탱크에 전기가 통하게 한다. 이러한 시스템은 철 대신에 아연을 부식시키는 경향이 큰 전류의 생성을 촉진하여 탱크의 부식을 방지한다. 결빙 지역에서는 설치에 주의가 필요한데, 탱크 표면의 얼음 층에 의해 음극방식시스템에 사용되는 선이 뽑힐 수 있기 때문이다.

펌프(Pumps)

배수펌프장은 7장에서 나온 원수펌프와 마찬가지이다. 그러나 배수펌프는 시간 최대유량이나 소방용수 요구량을 만족할 수 있는 충분한 용량이어야 한다. 배수펌프장의 총용량은 가장 큰 펌프를 제외한 다른 모든 펌프의 용량 합과 같게 한다. 이렇게 여유를 두면 긴급사태와 장비 고장을 대비할 수 있다.

고가저수조(Elevated Storage)

고가저수조의 설계시의 주요 고려사항들은 지면배수지와 유사하게 그 용량, 위치 및 미관을 고려해야 한다. 그 외에도 통풍, 월류, 접근, 보안 및 부식제어 등도 고려되어야 한다.

용량

앞서 언급했듯이 저장용량은 경제성을 고려하여 지면배수지와 고가저수조에 각각 할당해야 한다. 운영상의 관점에서는 고가저수조가 더 유리하지만, 건설비가 더 많이 든다. 지면배수지와 펌프장 건설비를 고가저수조 건설비와 비교하는 경제성 모델(economic model)이 저장용량 분배와 관련하여 최적방안을 평가하는데 사용된다. 대규모 시스템이거나 시간 최대전력사용량이 큰 시스템(high peak hour electricity rate)에서는 모델 수행에 장래의 전력단가도 고려해야 한다. 경제성 평가와 상관없이, 고가저수조의 용량은 시간 최대 사용량(peak hour demand)과 소방용수에 대하여 시스템 압력을 유지하는데 충분하여야 한다. 이러한 용량은 준동적 모델을 통해서 평가될 수 있다. 만약 정상상태 모델을 이용한다면, 시간 최대유량이 4시간 동안 유출하는 것으로 하여 탱크 용량을 계산할 수 있다. 고가저수조는 펌프 고장시 단기간 동안 물수요량을 공급할 수 있는 저장용량을 갖추어야 한다. 설계자는 저장용량 결정전에 법적인 규정을 만족할 수 있는지에 대해서도 검토해야 한다.

위치

배수시스템에서 고가저수조가 배수시스템의 수압에 미치는 영향은 그 위치에 따라 달라진다. 배수시스템에서 수리적인 위치란 고가저수조의 수리적인 영향이 최대로 발휘되는 지점을 말한다. 고가저수조의 수리적인 위치는 물리적인 위치와 관련시켜 생각할 필요는 없다. 수리적인 위치의 예를 그림 13-4에서 나타내었다. 그림 13-4(a)의 배수시스템은 고가저수조의 물리적인 위치와 그것의 수리적 영향이 모두 배수시스템의 말단에 위치한다. 이것은 모든 배수관에 송수관이 연결되었을 때 나타난다. 그림 13-4(b)의 시스템에서는 비록 고가저수조가 시스템의 말단에 위치하지만, 고가저수조의 수리적 영향이 펌프장 근처에서 나타나게 된다. 이러한 영향은 송수관이 오직 펌프장 근처의 배수관에만 연결된 경우에 나타난다. 그림 13-4(c)의 시스템에서는 배수시스템 중앙 부근의 관에 송수관이 연결되어 수리적인 영향이 배수시스템의 중앙에서 나타난다. 대부분의 경우에서, 고가저수조의 수리적인 영향을 최대한 이용하기 위해서는 시스템에서 가장 먼 지점과 수원 사이에서 중간을 약간 지난 지점이 가장 바람직하다(그림 13-4(c)). 다른 예에서 보다 이러한 배치에서 수압의 일변화가 적게 나타난다. 넓은 지역의 급수를 담당하고 있는 시스템에서는 배수압을 보다 균등하게 하기 위해서 여러 개의 배수지가 필요하게 된다.

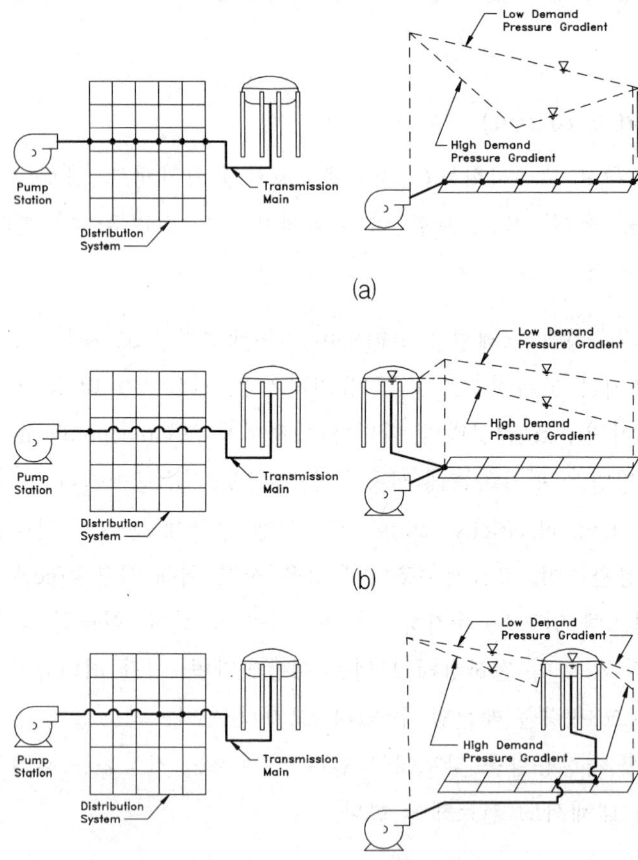

그림 13-4 고가저수조의 물리적 위치와 배관이 수리적인 상태에 미치는 영향. (a) 송수관이 모든 배수관에 연결된 예, (b) 송수관이 펌프장 근처의 배수관에 연결된 예, (c) 송수관이 배수구역의 중앙부근의 배수관에 연결된 예

그림 13-5 고가저수조의 예. (a) 전통적인 다기둥 조, (b) Pedesphere 조, (c) 복합조

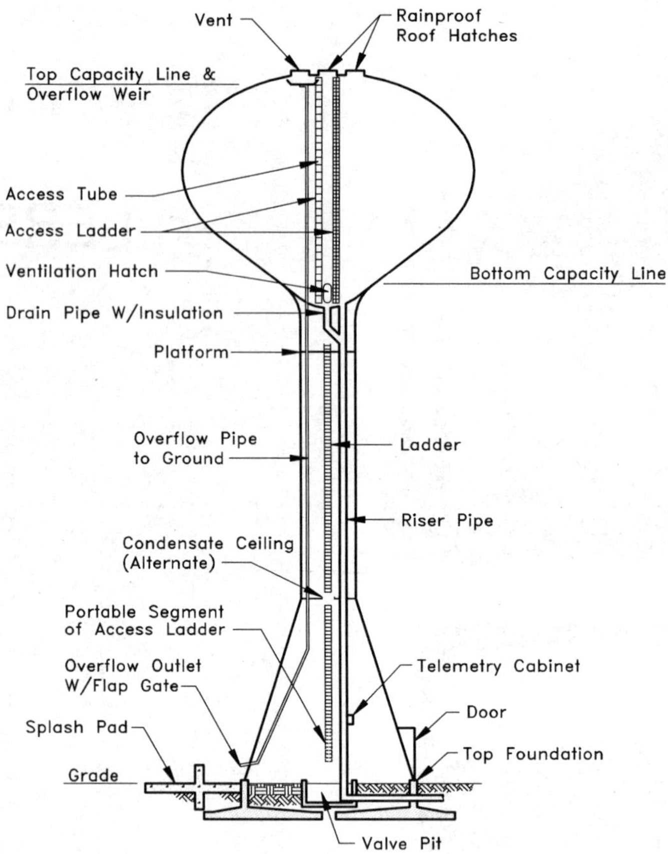

그림 13-6 고가저수조의 예

미관

미관은 지면배수지보다도 고가저수조에서 더 중요하게 여겨진다. 높이가 높기 때문에 작은 지역에서는 종종 지평선(skyline)에 우뚝 솟기 때문이다. 그림 13-5는 흔히 사용되는 고가저수조 모양을 나타낸 것이다. 고가저수조에는 특별한 그림을 넣기도 하며, 탱크의 시각적으로 두드러지는 것을 막기 위해 흙색이나, 밝은 파스텔 같은 부드러운 색을 주로 사용한다. 밝은 갈색, 밝은 파랑 및 밝은 초록 같은 색이 가장 흔하게 사용된다. 지역의 고등학교 또는 대학의 색도 사용되고, 그 지역의 이름, 로고 및 지역 고등학교 마스코트 등을 그리기도 한다. 대부분의 경우 미관적 처리는 기술자들이 건축가 또는 지역 지도자에게 맡길 사항이다.

세부 설계사항

통풍, 보안, 월류 및 부식방지는 지면배수지와 마찬가지로 고려되어야 한다. 특히 고가저수조는 접근성이 중요하다. 높이가 높기 때문에 접근을 위한 사다리의 안전성이 매우 중요하므로 설계자는 사다리나 계단 설계시 OSHA 기준을 따라야 한다. 사다리나 계단은 관계자만이 접근할 수 있도록 통제되어야 한다. 고가저수조는 파괴적 성향의 사람들을 유혹할 수 있다. 만일 불법침입자가 부상당하게 되면 훼손된 물품을 보수하는 것뿐만 아니라 고가저수조 설계자와 소유자에게도 책임이 돌아갈 수 있다는 것을 명심해야 한다. 사다리는 땅에 닫지 않아야 하며, 이동식 사다리로 접근하도록 한다. 가능하면 사다리는 수직통로 내부에 함께 두는 것이 좋다. 고가저수조의 예를 그림 13-5에 나타내었다.

관로(Pipelines)

배수시스템은 모든 잠재적인 소비자에게 수도를 공급할 수 있어야 한다. 보통 관로는 모든 도로의 공도용지에 매설해야 한다. 물이 정체될 가능성을 줄이기 위해 관로말단(dead-end)이 생기는 것을 피해야 하는데, 이를 위해 각 관로를 고리형태로 순환형 관로가 되게 하거나, 각 관로의 말단이 다른 관로와 연결되도록 해야 한다. 말단 관로가 불가피한 경우, 요구되는 수요량 이상의 관경으로 설계되지 않게 하여야 한다. 또한 최소한 한 달에 한번은 세척방류(flush)를 해주어야 한다.

배수관로의 관경은 배수시스템의 최대, 최소 허용유속과 최소 요구수압에 따라서 결정된다. 미국의 주요 배수시스템에서 최대, 최소 유속과 수압을 표 13-3에 나타내었다.[25]

관로의 관경과 위치는 13.5.3에서 설명한 것과 같이 보통 컴퓨터 모델링을 통해 결정된다. 기존 관망을 설계유량으로 모델링한 결과가 허용범위 밖의 값을 나타낼 경우에는 관의 관경을 조정하거나 새로운 관을 추가 또는 제거하여 다시 모델링하게 된다. 이러한 과정은 결과 값이 허용 가능범위에 들어올 때까지 반복 수행된다. 보통 주거지역에서 300 mm 배수관은 1.5 km의 간격으로 설치된다. 산업지역이나 물 사용량이 많은 지역 또는 소화전의 경우에는 배수본관의 간격을 좁히는 것이 좋다.

부속장치(Appurtenances)

소화전(Fire Hydrants)

소화전의 설치 간격은 지역에 따라 약간식의 차이가 있는데, 주로 지역 소방서의 소방호스의 길이와 특성에 따라 결정된다. 일반적인 소화전 설치 간격은 주거지역인 경우 180 m, 상업, 산업지역인 경우는 90 m이다. 화재시 적절한 수압을 유지하기 위해서는 적어도 150 mm 관경의 관망에 소화전을 설치해야 한다. 연결관로 사이에 하나 이상의 소화전이 필요한 경우에는 적어도 관경이 200 mm 이상인 관로에 설치하여야 한다. 그림 13-7은 전형적인 소화전 설치를 나타낸 것이다.

제수밸브

일반적으로 제수밸브는 관 파손이나 관 수리시의 단수 구역을 최소화하기 위해 배수시스템에 설치된다. 하나 이상의 소화전이 구역의 고립에 의해서 단락되는 것을 방지하기 위해 관로의 연결지점마다 밸브를 설치한다.

표 13-3 전형적인 상수도 시스템 설계기준

도시	유속, m/s(fps)		수압, kPa(psi)	
	최대	최소	최대	최소
Austin, TX	1.5(5)	None	827(120)	138(20)
Albuquerque, NM	3(10)	None	690(100)	138(20)
Boca Raton, FL	None	None	None	241(35)
Corpus Christi, TX	1.5(5)	None	None	207(30)
Dallas, TX	1.2	0.15(0.5)	793(115)	207(30)
Denver, CO	1.5(5)	0.9(3)	758(110)	276(40)
Durham, NC	None	None	None	276(40)
El Paso, TX	1.5(5)	None	None	310(45)
Fort Worth, TX	None	None	None	241(15)
Hollywood, FL	None	None	None	138(20)
Houston, TX	None	None	None	138(20)
Las Vegas, NV	2.1(7)	None	690(100)	207(30)
Orlando, FL	1.5(5)	None	None	138(20)
Phoenix, AZ	1.5(5)	None	690(100)	414(60)
Raleigh, NC	1.5(5)	None	None	138(20)
Sacramento, CA	1.8(6)	None	None	138(20)
St. Petersburg, FL	None	None	None	345(50)
San Antonio, TX	1.8(6)	None	1207(175)	172(35)
San Diego, CA	4.6(15)(소방용수에한함)	None	None	138(20)
San Jose, CA	None	None	862(125)	276(40)
Tucson, AZ	None	None	586(85)	241(35)
West Palm Beach, FL	None	None	None	276(40)

출처 : 참고문헌 25

수압조절밸브(Pressure Control Valves)

수압조절밸브는 두개의 가압지역(pressure planes)을 연결할 때 설치한다. 수압조절밸브는 감압용(pressure-reducing)과 수압유지(pressure-sustaining)용이 있다. 감압밸브는 하류지역으로 사전에 설정된 수압으로 물이 흐를 수 있도록 밸브가 조절되며, 하류측 수압이 설정된 수압이상으로 올라갈 경우 감압밸브가 잠기게 된다. 감압밸브는 배수시스템에서 가장 많이 사용되는 수압조절밸브로 고압급수지역(high-pressure plane)과 저압급수지역(low-pressure plane)사이의 연결관에 설치된다. 수압유지밸브는 상류지역에 대해 정해진 수압을 유지하도록 조절되며, 정해진 수압이상이 되면 밸브가 열리게 된다.

수압조절밸브의 설계시 주요 고려사항은 관의 공동현상(cavitation)을 방지하는 것이다. 밸브내의 빠른 유속은 밸브 몸체안의 음압을 유발하며 그 결과 공동현상으로 인한 손상이 발생할 수 있다. 밸브 제조사에서는 밸브를 지나는 최대유량과 수압감소에 대한 지침을 제공한다. 이 값들을 초과하지 않을 경우 밸브는 정상적인 성능을 나타내야 한다.

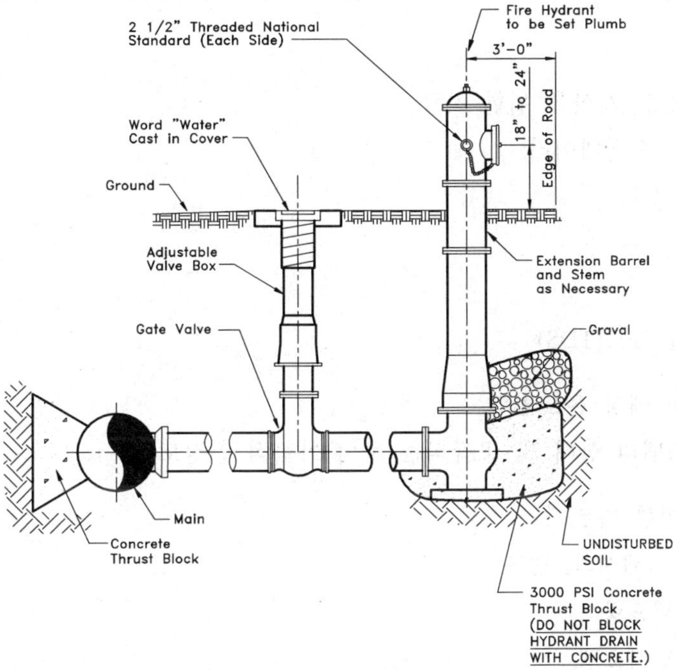

그림 13-7 대표적인 소화전 설치 상세도

급수관 및 수도계량기(Service connections and Meters)

급수관은 배수관로에서 수도계량기, 수도계량기에서 옥내에 연결된 배관을 모두 포함한다. 급수관 연결시 일차적으로 고려해야 할 사항은 소비자의 물 수요에 적합한 관경의 급수관을 선택하는 것이다. 주거지의 경우 보통 19 mm(미국의 예. 국내에서는 13 mm, 역자주)의 급수관이 사용되며, 상업 또는 산업지역은 실제 물 사용량과 유량을 고려하여 설계 엔지니어에 의해 결정되어야 한다.

13.6 정수지, 송수펌프, 배수시스템의 설비 제조회사

정수지, 송수펌프, 배수시스템 설비 제작자의 목록을 부록 C에 첨부하였다. 설계시 설비의 선정과 고려해야 할 사항에 대한 일반적인 지침을 부록 C에서 설명하였다. 수도공급을 위한 설비는 일차적인 설계요건 외에 운전상의 유연성, 유지관리 용이성 및 내구성 등을 만족해야 한다.

13.7 정수지, 송수펌프, 배수시스템의 설계시 검토사항

정수지, 송수펌프 및 배수시스템을 설계하기 전에 아래의 자료들을 미리 수집하여 필요한 결정을 내려야 한다.

1. 물의 화학적 안정도 계산을 위한 자료
   a. 최종 처리수의 수질데이터:
      •pH
      •칼슘농도
      •총알칼리도
      •총용존고형물 농도(TDS)

   b. 최종 처리수의 예상 온도범위
   c. 기존 배수시스템의 상태 및 공급되는 물의 화학적 안정도

2. 정수지 설계를 위한 자료
   a. 역세척 유량, 역세시간, 빈도
   b. 정수장내 물 필요량
      •화학약품 주입시스템
      •정수장내 생활용수
      •세척(wash - down)
   c. 소독
      •현재와 향후 사용될 소독약품
      •이용 가능한 접촉시간

3. 송수펌프장 설계를 위한 자료
   a. 필요한 펌프용량
   b. 송수관 연장, 관경, 마찰계수
   c. 배수시스템으로 유출되는 지점에서 수리고도(동수두, hydraulic elevation)와 배수 수압
   d. 정수지의 수위

4. 배수시스템 설계를 위한 자료
   a. 일 최대 물수요량, 시간 최대 물수요량
   b. 예상 1일 유량 변화
   c. 소방용수 요구량
   d. 기존 배수시스템의 특성

13.8 설계 예

본 13.8에서는 물의 화학적 안정도, 정수지와 배수시스템의 설계 및 계산과정에 대한 예를 설명한다. 송수 및 배수펌프장의 설계는 원수펌프장의 설계와 유사하므로 본 장에는 제외한다.

13.8.1 설계기준

1. 원수 수질 데이터
   a. 총알칼리도 = 80~110 mg/L as $CaCO_3$
      i. 중탄산염 알칼리도 = 80~110 mg/L as $CaCO_3$
      ii. 탄산염 알칼리도 = 0
      iii. 수산화물 = 0
   b. 경도 = 100~120 mg/L as $CaCO_3$
      i. 칼슘 = 38~46 mg/L as Ca^{2+}
      ii. 마그네슘 = 1.2 mg/L as Mg^{2+}
   c. TDS(총용존고형물) = 200~250 mg/L
   d. pH = 7.5~8.2
   e. 온도 = 5~30℃
2. 정수지 설계 자료
   a. 정수장 사용수량(plant water needs)
      i. 화학약품 공급시스템
         희석하여 투입하는 약품들은 $KMnO_4$, Cl_2, NH_3, 불화물, 석회, 응집제 그리고 폴리머
      ii. 펌프냉각수(pump-seal flush) = 펌프 1대당 하루 0.5~2 L
      iii. 정수장내 생활용수 = 15명, 1인당 하루 190 L 소비
   b. 여과지 역세척수
      i. 여과지당 역세척에 필요한 용량 = 375 m^3(10장 참조)
      ii. 여과지 역세척 최소 순환시간 = 24 hr(10장 참조)
3. 송수펌프 = 정수장 용량의 120%
4. 배수시스템
   a. 정수장 용량 = 일 최대 유량 113,500 m^3/day
   b. 시간 최대 물수요량 = 181,600 m^3/day
   c. 송수펌프장 최대용량 = 정수장 용량의 120%(136,200 m^3/day)

d. 배수펌프장 최대용량 = 정수장 용량의 145%(164,600 m^3/day)

e. 시간 최대 수요량에서 최소 수압 = 276 kN/m^2(40psig)

f. 일 평균 수요량 + 소방 용수 요구량에서 최소 수압 = 207 kN/m^2(30 psig)

g. 일 최대 수요량 + 소방 용수 요구량에서 최소 수압 = 138 kN/m^2(20 psig)

13.8.2 설계 계산

Step A : 화학적 안정도 계산

원수 수질 분석 결과는 다음과 같다.

온도 5~30℃, pH 7.9~8.2, TDS 200~250 mg/L, Ca^{2+} 38~46 mg/L, 총알칼리도(중탄산염만) $CaCO_3$로 80~110 mg/L

일반적으로 원수의 수질이 최종 처리수의 광물 조성을 나타내지만 pH와 온도는 처리과정에서 약간 변하게 된다. 응집공정에서 pH는 $Ca(OH)_2$를 투입하여 최적 응집 pH(약 7.5)로 조절 된다. 또한 온도는 침전 및 여과 공정 중에 공기와 접촉하여 영향을 받게 된다. 겨울에는 5℃ 여름에는 30℃가 될 수 있다. 이러한 가정을 사용하여 온도의 극단적인 값에 대한 화학적 안정도를 계산한다. 부식이나 스케일 형성 가능성의 지표를 제시할 수 있는 RI지수가 사용된다.

1. $(pK_2 - pK_s)$의 결정

TDS 값의 범위는 200~250 mg/L이다. 정수의 온도는 5~30℃ 이다. 표 13-1로부터 다음의 값들이 얻어진다.

TDS(mg/L)	$(pK_2 - pK_s)$ 값	
	5℃	30℃
200	2.60	2.12
250	2.63	2.15

극단적인 조건들에서 물의 화학적 안정도를 검토하기 위하여 $(pK_2 - pK_s)$의 값으로 2.63과 2.12를 사용한다.

2. pCa^{2+}의 계산

칼슘이온의 농도는 38~46 mg/L이다. pCa^{2+}의 값은 mol/L의 칼슘농도로부터 계산하면

$$\left[Ca^{2+}\right] = \frac{38 \times 10^{-3}\ g/L}{40.1 g/mol} = 0.000948\,mol/L$$ 이다.

비슷하게 46 mg/L의 Ca^{2+}의 농도에 대하여 0.00115 mol/L이다. pCa^{2+}의 값은 칼슘이온 농도의 음의 대수(log)로 주어지므로 0.000948 mol/L의 Ca^{2+} 농도에 대하여

$$pCa^{2+} = -\log[0.000948] = 3.02$$

Ca^{2+}로 0.00115 mol/L의 Ca^{2+} 농도에 대하여

$pCa^{2+} = -\log[0.00115] = 2.94$이다.

3. *pAlk*의 계산

eq/L로 총알칼리도의 음의 대수를 계산한다.

$$[Alk] = \frac{80\,\text{mg/L as CaCO}_3 \times 10^{-3}\,\text{g/mg}}{50\,\text{g/eq as CaCO}_3} = 0.0016\,\text{eq/L}$$

비슷하게 $CaCO_3$로 110 mg/L의 총알칼리도는 0.0022 eq/L와 같다.

$CaCO_3$로 80 mg/L의 총알칼리도에 대하여

$$pAlk = -\log[0.0016] = 2.80$$

$CaCO_3$로 110 mg/L의 총알칼리도에 대하여

$$pAlk = -\log[0.0022] = 2.66$$

4. 극단적인 경우에서의 RI의 계산

최대 RI는 $(pK_2 - pK_s)$, pCa^{2+}와 $pAlk$가 최대일 때 발생하고 최소 RI는 이들 매개변수들이 최소일 때 나타날 것이다. 따라서 RI값은 식 (13.3)으로부터 다음과 같이 계산된다.

$$RI_{max} = 2 \times (2.63 + 3.02 + 2.80) - 7.5 = 9.4$$

$$RI_{min} = 2 \times (2.12 + 2.94 + 2.66) - 8.2 = 7.2$$

5. RI 지수의 평가

표 13-2에 주어진 값들로 계산된 RI 지수를 살펴보면, 이 물은 최소(RI_{min} = 7.2)에서 부식성을 나타내고 최대(RI_{max} = 9.4)일 때 강한 부식성을 나타낸다. 따라서 처리수는 여과 후에 pH를 조정해야 한다. *RI*는 스케일과 부식이 발생하지 않는 6.2~6.8의 범위로 조절되어야 한다.

pH 조절을 통한 안정도 조절에 이용 가능한 물질로 석회($Ca(OH)_2$), 소다회(Na_2CO_3), 또는 가성소다(NaOH)가 있다. 이와 같은 화학약품들은 용존고형물과 알칼리도를 증가시켜 물의 pH를 올린다. 이러한 화학약품들은 물의 부식성을 줄이는데 매우 효과적이다. 일반적으로 석회는 가장 싸지만 용해도가 낮고, 또 장치에 스케일을 형성하여 약품 주입속도의 조절이 매우 어렵다. 소다회는 가성소다보다는 저렴하며 용해도와 비용의 장점 때문에 소다회를 사용할 것이다. 물의 안정성을 위해 요구되는 pH값은 알럼에 대한 최적 응집 pH보다 높다. 따라서 여과하기 전에 pH를 조정하는 것은 탁도 제거에 간섭을 일으킬 수 있고 정수 탁도에 부정적 영향을 미칠 수 있다. 결과적으로 pH 조정을 위한 약품 투입점은 여과후로 선택된다.

6. 소다회 주입

실험실의 적정실험(titration test)결과로부터, 극단적인 조건에서 적절한 수준의 RI 지수를 유지하기 위해 필요한 순도 100% 소다회의 양은 10 mg/L로 나타났다.

$$Na_2CO_3\ 주입량 = 10\ mg/L \times 113{,}500\ m^3/d \times 10^{-6}\ mg/kg \times 10^3\ L/m^3 = 1{,}135\ kg/d$$

상업적 소다회의 분말이나 입상체는 순도가 99.2%이므로 주입율은 대략 1,135 kg/d ÷ 0.992 = 1,145 kg/d이다. 소다회 주입점은 NH_3와 함께 염소 접촉수로의 하류 부분이다.

Na_2CO_3 공급시스템은 8, 10, 11장에 있는 몇 가지 다른 약품들에 대하여 설계한 것들과 비슷하다. 이러한 상세한 사항들은 여기에서 반복하지는 않는다. Na_2CO_3 주입시스템은 11장(11.6.2절 단계 A)에서 제시한 $KMnO_4$ 주입시스템과 비슷하다. Na_2CO_3의 겉보기 비중은 1.04(진함), 0.64(중간), 그리고 0.48(옅음)이 된다. 작업할 수 있는 Na_2CO_3 용액을 제조하고 운송하기 위해 저장한다. 상업적 등급의 Na_2CO_3의 용해율을 근거로 혼합시 저장조에서 최소 접촉시간은 건량 기준 30 g/L와 60 g/L의 주입율에 대하여 각각 10분과 20분이 된다. 조금 더 빠른 주입율이 필요하면 온수와의 효과적인 혼합으로 체류시간을 줄일 수 있다. 정변위 펌프(positive-displacement)를 사용하여 투입지점에서 용액을 이송시킨다. Na_2CO_3를 적용지점에 주입하기 위해 0부터 최대 10 L/min의 주입율로 약품을 주입할 수 있는 3대의 펌프를 사용하며, 2대는 정상적으로 작동시키고 1대는 대기상태로 한다. Na_2CO_3의 공급 시스템은 염소와 암모니아 약품동에 위치한다(그림 12-24). 투입지점은 염소접촉조의 하류에 있다(그림 12-21).

Step B : 정수지의 설계

정수지의 용량은 다음과 같은 요인들을 고려해야 한다. : (1) 정수장 물 사용량, (2) 정수장 송수량과 배수시스템 물수요량의 균형, 그리고 (3) 소독 접촉시간이다. 본 예에서는 독립적인 하나의 소독 접촉수로를 갖는 것으로 간주한다. 따라서 정수지 용량은 (1)과 (2)만을 고려한다. 각 요인에 대한 용량의 예측은 다음과 같다.

1. 정수장 물 사용량

정수장에서 (a) 약품의 희석과 주입, (b) 펌프의 작동, (c) 세척, (d) 정수장내 생활용수, 그리고 (e) 여과지 역세척에 정수처리된 물이 사용되고 있다.

a. 약품 희석과 주입에 필요한 물수요량 계산

약품 희석과 주입 유량은 하루내내 대체로 일정하다. 따라서 정수장의 수질이나 유량의 변화에 대처하기 위해 요구되는 주입율을 조절할 수 있도록 약간의 저장시설을 갖추어야 한다. 저자의 판단으로는 약품 희석과 공급에 할당해야 하는 저수조의 부피는 정수장의 첨두유량에서 약품 희석과 주입에 필요한 1일 총 수요량의 50%가 되어야 한다. 이 물은 염소, 암모니아, 과망간산칼륨, 석회, 탄산나트륨 응집제와 폴리머 희석에 쓰인다. 약품 희석에 필요한 물의 양을 표 13-4에 나타내었다.

약품 주입과 희석에 필요한 정수지 용량
= 하루 수요량의 50% × 희석수의 총 수요량
= $0.5d \times 357.6\ m^3/d$
= $178.8\ m^3$
약품을 공급하고 희석하기 위한 정수지 용량은 $200\ m^3$이다.

표13-4 약품 희석과 주입에 필요한 정수지의 부피 요약

약품시스템	정수장내 희석유량(m^3/d)	출처
석회	68[a]	8.8.2절 단계 C.2와 표 8-8
과망간산칼륨	28.8[b]	11.6.2절 단계 A.6
염소	172.8[c]	12.8.2절 단계 B.3
암모니아	34.6[d]	12.8.2절 단계 C.3
불화물	10.2[e]	12.8.2절 단계 D.3
탄산나트륨	43.2[f]	13.8.2절 단계 A.6
총 희석수	357.6	

a. 석회의 농도는 순수한 $Ca(OH)_2$로 농도가 $25\ kg/m^3$이라고 가정한다.

$$\text{희석수량} = \frac{1,700\,kg/d}{25\,kg/m^3} = 68\,m^3/d$$

b. 펌프 총 2대 × $10\ L/min \cdot pump \times 1,440 min/d \times 10^{-3} m^3/L = 28.8\ m^3/d$
c. $120\ L/min \times 1,440\ min/d \times 10^{-3} m^3/L = 172.8\ m^3/d$
d. $24\ L/min \times 1,440\ min/d \times 10^{-3} m^3/L = 34.6\ m^3/d$
e. $7.1\ L/min \times 1,440\ min/d \times 10^{-3} m^3/L = 10.2\ m^3/d$
f. 펌프 총 3대 × $10 L/min \cdot pump \times 1,440\ min/d \times 10^{-3}\ m^3/L = 43.2\ m^3/d$

b. 펌프 운전에 필요한 수량에 대한 정수지의 용량계산

펌프 운전에는 윤활을 위해 물이 필요하다. 약품의 희석 및 주입과 같이 이것은 적은 양이 지속적으로 소요된다. 이때 필요한 물의 양은 매우 적은 양이기 때문에 보통 정수지의 용량 계산에서 무시되지만, 본 예에서는 계산 결과를 나타내었다. 펌프 운전에 할당된 정수지의 부피는 펌프윤활에 필요한 일최대 수요량의 50%에 근거하여 계산된다.

대규모 가압장의 설계에 관한 간단한 논의가 13.8.2절 단계 C에서 소개되어 있다. 송수펌프장은 6개의 송수펌프로 구성되어 있고 여과지 역세척 시스템은 3개의 역세펌프를 필요로 한다(10.13.2절 단계 B.5). 이 9대의 펌프뿐만 아니라 다른 많은 약품 주입펌프가 필요하지만 이러한 펌프들에 대한 물의 수요량은 화학약품의 희석과 주입시스템에 속하기 때문에 펌프 운전 수요량은 위의 펌프 9대에 근거하여 계산된다.

원심펌프는 축(shaft)과 케이싱(casing) 사이에서의 누수를 방지하기 위한 방수장치(seal)가 있다. 일반적으로 방수장치에는 패킹박스(stuffing box)와 기계적인 장치의 2가지 형태가 있다.

양자의 경우 모두 물을 주입하여 윤활하게 한다. 필요한 물의 양은 펌프 1대당 1시간에 0.5~2L로 그 양은 매우 적다. 본 예에서는, 상한값이 사용되었다.

$$\text{펌프윤활에 필요한 물의 양} = \text{pump 총 9대} \times 2\text{L/h} \cdot \text{pump} \times 24\text{h/d} \times 10^{-3}\text{m}^3\text{/L}$$
$$= 0.432\ \text{m}^3\text{/d}$$

$$\text{펌프 윤활에 필요한 정수지 부피} = \text{하루 수요량의 } 50\% \times \text{물의 양}$$
$$= 0.5\text{d} \times 0.432\ \text{m}^3\text{/d} = 0.216\ \text{m}^3$$

이 양은 매우 적고 무시할 수 있다.

c. 정수장내 생활용수 수요량에 대한 정수지 용량계산

정수장 직원들의 생활용수로 물이 공급되어야 하는데 최대 15명의 직원이 상주한다고 가정한다. 표 4−10으로부터 정수사업장(station) 직원들의 하루 물 사용량은 1인당 190 L임을 알 수 있다. 이러한 분류는 정수장의 고용 현황을 가장 잘 설명해준다. 따라서 생활용수 수요량은 다음과 같이 계산된다.

$$\text{정수장내 생활용수 수요량} = \text{피고용인의 수} \times \text{수요량 요인}$$
$$= 15 \times 190\ \text{L/피고용인} \cdot \text{d} \times 10^{-3}\ \text{m}^3\text{/L}$$
$$= 2.85\ \text{m}^3\text{/d}$$

생활용수 수요량은 하루 중 일정하지 않으므로 하루의 총 수요량을 정수지 저장에 할당한다. 여기서의 정수장내 총 수요량은 작으므로 무시할 수 있다.

d. 여과지 역세척수 수요량에 대한 정수지 용량계산

여과지 역세척수 계산은 10장에 나타나있다. 각 여과지는 역세주기 동안 여과지당 375 m^3의 물을 필요로 한다. 여과지 세척에 필요한 물을 충분히 공급하기 위해서 모든 8개의 여과지의 역세척에 필요한 물의 양이 정수지에 할당될 것이다.

$$\text{여과지 역세척에 할당된 정수지 부피}$$
$$= 375\ \text{m}^3\text{/역세척1회} \times \text{1회역세/여과지} \cdot \text{일} \times \text{8개 여과지}$$
$$= 3{,}000\ \text{m}^3$$

여과지 역세척에 필요한 정수지의 부피는 3,000 m^3이다.

2. 정수장 유출량과 송수량의 균형조절

a. 주간 유량과 설계 펌핑율의 계산

설계의 예에 대하여 시간 최대 수요량과 일 최대 수요량은 5장 표 5−3에서와 같이 각각 181,600 m^3/d와 113,500 m^3/d이다. 정수장의 설계용량은 일 최대 물수요량과 같다. 시간당 최대와 일 최대 수요량의 차이는 정수지 저장량, 송수 펌핑, 배수 저장, 그리고 배수 펌핑에 의해서 공급되어야 한다. 그림 13－8은 물수요량의 주간 유량 변화를 예로서 나타낸 것이다. 예시한 바대로 시간 최대 수요량은 대략 오후 7시에 일어나고 하루 최대 수요량의 160% 즉 181,600 m^3/d이다. 시간당 최소 물수요량은 한밤중 12시부터 오전 4시까지에서 일 최대 수요량의 48.5% 즉, 55,050 m^3/d로 일어난다.

균형을 맞춘 펌핑율과 정수장 유출량의 요구조건은 다음과 같이 충족된다.

(1) 정수장은 일정하게 일 최대 수요량 113,500 m^3/d를 생산한다. 이 유량은 정수지에 도달한다.
(2) 송수펌프를 통해 정수지의 물이 배수시스템의 지면배수지로 물이 송수된다. 즉 물이 송수펌프에서 직접적으로 배수관에 전달되지 않는다.
(3) 지면배수지로부터 배수펌핑은 저 또는 평균유량 조건에서 배수시스템 수요량을 공급하고, 또한 고가저수조를 채운다.
(4) 첨두수요량인 경우에는 지면배수지와 고가저수조로부터 배수펌프를 가동하여 시스템에 물을 공급한다.

고가저수조와 지면배수지에 물을 저장하는 것은 바람직한 일이다. 충분한 저장량은 일시적인 정수장 가동중지를 포함한 긴급시의 수요량을 충족시킬 수 있다. 요구되는 송수펌프의 용량을 줄일 수 있고 첨두수요량을 만족시킬 수 있는 저수조의 사용은 비용의 측면에서 효과적이다. 예에서 송수펌프는 정수장 생산용량의 최대 120%에 맞게 설계되었다. 배수펌프는 정수장 생산용량의 최대 145%가 되도록 설계한다. 첨두수요량의 잉여 부분은 고가저수조에 저장된다. 이러한 값들은 저자의 경험에 의존하고 현재 운영 중인 많은 정수장의 경우와 일치한다. 그러나 이러한 값들이 반드시 절대적인 것은 아니다. 펌프용량은 여러 상황에서 정수장 생산량의 50%만큼 낮을 수도 있고 시간 최대 유량만큼 높을 수 있다. 그림 13－8에서는 송수펌프와 배수펌프가 모두 설치된 배수시스템의 주간 물수요량을 만족시키는 펌프의 운전계획을 나타내고 있다. 일 펌핑량의 합이 113,500 m^3이라면 다른 펌프 운전계획을 적용할 수도 있다. 송수펌프와 배수펌핑율의 이해를 돕기 위하여 그림 13－8에 대한 간단한 설명이 필요하다.

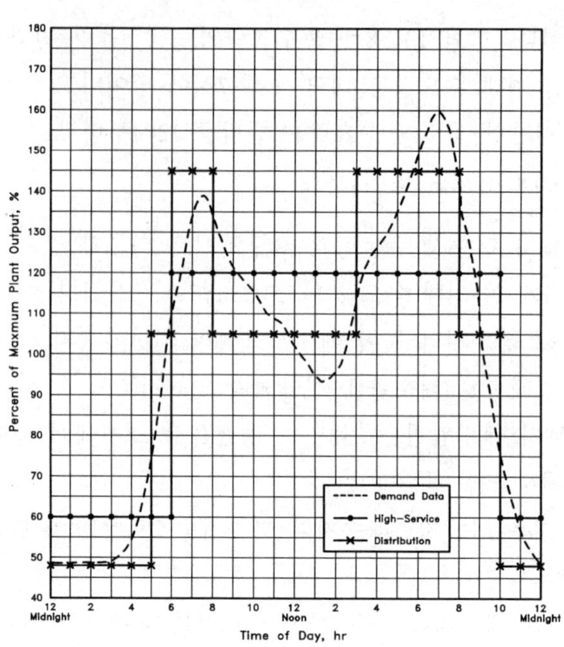

그림 13-8 일간 유량과 송수 및 배수 펌핑율(최대 정수장 생산량은 113,500 m^3/d)

(1) 오후 10시부터 오전 5시까지 물수요량이 적은 시간대의 수요량은 정수장 용량의 48.5%이다. 이때 배수펌프는 정수장 용량의 48%를 배수시스템으로 배수하여 수요량에 상응하는 물을 공급한다. 송수펌프는 배수지에 물을 저장하기 위해 정수장 유출용량의 60%로 운전된다.[c]

(2) 시간당 물수요량이 증가함에 따라 배수펌핑량은 이 수요량을 충족시키기 위하여 단계적으로 상승한다. 송수펌핑량 또한 지면배수지를 채우기 위하여 단계적으로 상승한다. 오전 6시에 송수펌핑량은 정수장 생산량의 120%에 달한다. 이 유량은 오후 10시까지 유지된다. 이후 펌핑율은 한 단계 감소된다. 물수요량이 적은 동안 지면배수지와 고가저수조에 물이 채워진다. 배수시스템의 물수요량을 맞추기 위해 송수펌핑량을 단계적으로 높이거나 낮추는 것이 가능하다. 이것은 정수지의 부피를 감소시키는 효과를 나타낸다. 저자의 판단으로는 송수펌핑율을 너무 자주 증가시키거나 감소시키면 펌프운전이 더 복잡해지고 바람직스럽지 못하게 된다.

(3) 배수펌핑량은 시간별 물수요량과 보조를 맞추기 위하여 단계적으로 상승한다. 아침 최대 물수요량을 충족시키기 위해 오전 6시의 배수펌핑량은 정수장 용량의 145%에 이른다. 아침 최대 수요량에 만족스럽고 점차 수요량이 감소하므로 배수펌핑량은 고가저수조를 채우고 오전 8시와 오후 3시 사이에 정수장 용량의 105%까지 감소한다. 배수펌핑율은 저녁시간대 물수요량을 맞추기 위하여 다시 단계적으로 상승한다. 오후 3시에 정수장 유출량의 145%인 최대 배수펌핑량에 도달하게 된다. 이 펌핑율은 5시간 동안 유지된 후 정수장 유출량의 48%까지 감소한다. 오후 7시의 시간 최대 물수요량은 배수펌프와 고가저

수조로부터의 물 공급으로서 충족시킨다. 송수펌프와 마찬가지로, 일 수요량 변화곡선에 상응하는 배수펌핑율의 변화는 배수시스템의 고가저수조나 지면배수지의 용량을 줄일 수 있게 하지만, 역시 빈번한 펌프운전의 변경은 시스템관리를 복잡하고 어렵게 만든다.

b. 펌핑율의 균형을 조절하기 위한 정수지 저장량 계산

정수지 부피는 펌핑량과 정수장 생산량 사이의 수량수지(balance)로부터 결정된다. 시간별 송수펌핑율과 누적 양수량을 표 13-5에 나타내었다. 시간별 정수 생산 및 누적 정수 생산율도 표 13-5에 주어졌다. 정수 생산율은 하루 동안 일정하다. 따라서 정수지 용량은 (1) 수량도표(mass diagram) 또는 (2) 최대-결핍(maximum-deficit)과 최대-잉여(maximum-surplus) 값을 이용하여 계산할 수 있다. 이 2가지 방법을 아래에 나타내었다.

i. 최대-결핍 및 잉여 방법(The maximum-deficit and -surplus method)

최대 결핍 및 잉여 방법은 시간별 정수장 생산속도와 시간별 송수펌핑율을 사용한다. 이 유량 값들을 표 13-5의 2열과 4열에 나타내었다. 정수장 누적생산량과 송수펌핑량은 각각 3열과 5열에서와 같이 계산된다. 6열은 두 값들의 차이로 4열에서 2열을 빼면 얻을 수 있다. 6열에서 양의 값은 정수지로의 순 유입량 즉 잉여 값, 음의 값은 결핍 즉 정수지의 순 유출량을 나타낸다. 7열은 정수지 저장량의 누적 변화이다. 필요한 총 저장량은 7열로부터 저장량 변화의 최대-잉여 값에 최대-결핍의 절대 값을 더하여 계산한다.

$$\begin{aligned}\text{필요한 정수지 저장량} &= \text{최대 결핍 절대값} + \text{최대 잉여값}\\ &= |-3{,}800|\ \mathrm{m^3} + 11{,}400\ \mathrm{m^3} = 15{,}200\ \mathrm{m^3}\end{aligned}$$

표 13-5의 자료를 좀더 자세히 보면 정수지 운전의 중요한 정보들을 알 수 있다. 오전 6시경에 정수지는 최대 수위에 있다. 점차적으로 물은 정수지로부터 유출되고 수위는 떨어진다. 오후 10시경 사용할 수 있는 저장용량은 다 유출되고 최저 수위에 이르게 된다. 그 후 다시 정수지에 물이 채워지게 되고 이와 같은 순환이 반복된다. 정수지에 남아 있는 사용할 수 있는 물의 시간별 부피를 그림 13-9에 표 13-5의 7열값을 시간에 대하여 도식하여 그래프로 나타내었다.

ii. 수량도표법(mass diagram method)

그림 13-9는 펌핑과 정수장 생산 속도를 상쇄하는데 필요한 정수지 부피를 그래프로 나타내었다. 곡선 A는 표 13-5의 3열 정수장 누적 생산량으로부터 그려진다. 이 곡선은 또한 0(자정 12시)시부터 113,500 m^3/d(다음날 자정 12시)까지 직선을 그려서 얻을 수 있다. 이것은 정수장 생산량을 나타내는 것이다. 곡선 B는 표 13-5의 5열 누적 송수펌핑량을 그래프로서 나타낸 것이다. 필요한 정수지 저장량은 곡선 B의 위와 아래의 가장 먼 거리로부터 선 A와 평행하게 그은 접선들 사이의 수직 거리와 같다. 정수지의 필요한 부피는 대략 15,200 m^3이다.

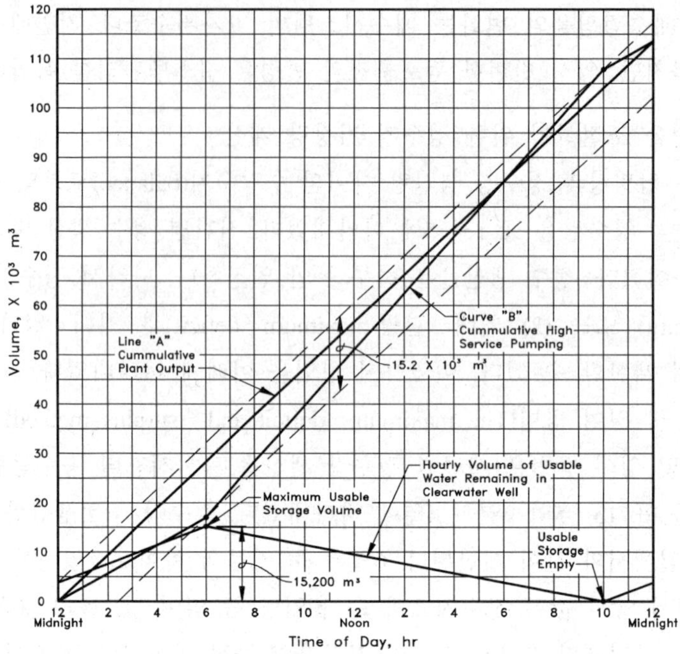

그림 13-9 정수지 용량 결정을 위한 수량도표(정수장 누적생산량, 송수펌프 양수 곡선, 정수지에 남아 있는 사용가능한 물의 시간별 변화를 나타내고 있다.)

3. 정수지 요구용량

정수지의 총 요구용량을 표 13-6에 간략하게 정리하였다. 본 정수지에서는 총 27,600 m^3이 필요하다.

두개의 정수지는 운전에 필요한 유연성을 제공할 것이다.

$$\text{필요한 각 정수지의 부피} = \frac{27,600\,m^3}{2} = 13,800\,m^3$$

각 정수지의 치수는 40 m × 40 m × 9 m(수심)이다(그림 12-21).

$$\text{각 정수지의 부피} = 40\,m \times 40\,m \times 9\,m = 14,400\,m^3$$

설계상의 정수지 부피는 필요한 정수지의 부피보다 크다. 실제 부피는 정수지 수위에 따라 변할 것이다. 초음파 장치가 송수펌프의 운전에 따라 변하는 정수지 수위변화를 모니터링하기 위하여 설치된다.

4. 정수지 규격

흔히 정수지의 부피는 SWTR의 소독 접촉시간 요구조건을 만족시킬 수 있어야 한다. 본 예제에서는 개별적인 염소 접촉수로에서 소독 접촉시간을 달성하게 된다. 이와 같은 염소 접촉수로들은 구조적으로 정수지에 붙어 있지만 염소 접촉수로의 용량은 정수지 총 용량의 부분으로서 고려되지 않는다. 소독에 필요한 조건과 접촉시간 계산은 12.8.2절 단계 A에 제시되었다. 또한 여과지 월류위어조(back pressure weir common bay)의 배치, 염소 접촉수로, 정수지, 송수펌프, 그리고 여과지 역세펌프를 그림 12−20과 12−21에 나타내었다.

표 13−5 정수지 저장요구용량

Time	Plant Output[a] ($\times10^3 m^3/h$)	Cumulative Plant Output, ($\times10^3 m^3/h$)	High Service Pumping Flow ($\times10^3 m^3/h$)	Cumulative High Service Pumping Flow ($\times10^3 m^3/h$)	Difference between plant Output and High Service Pumping Flow[b] ($\times10^3 m^3/h$)	Suplus or Deflicit in Storage ($\times10^3 m^3/h$)
(1)	(2)	(3)	(4)	(5)	(6)	(7)
1	4.73	4.73	2.83[c]	2.83	+1.90[d]	+1.90
2	4.73	9.46	2.83	5.66	+1.90	+3.80
3	4.13	14.19	2.83	8.49	+1.90	+5.70
4	4.73	18.92	2.83	11.32	+1.90	+7.60
5	4.73	23.65	2.83	14.15	+1.90	+9.50
6	4.73	28.38	2.83	16.98	+1.90	+11.40[e]
7	4.73	33.11	5.68[f]	22.66	−0.95	+10.45
8	4.73	37.84	5.68	28.34	−0.95	+9.50
9	4.73	42.57	5.68	34.02	−0.95	+8.55
10	4.73	47.30	5.68	39.70	−0.95	+7.60
11	4.13	52.03	5.68	45.38	−0.95	+6.65
12 Noon	4.13	56.76	5.68	51.06	−0.95	+5.70
1	4.73	61.49	5.68	56.74	−0.95	+4.75
2	4.73	66.22	5.68	62.42	−0.95	+3.80
3	4.73	70.95	5.68	68.10	−0.95	+2.85
4	4.73	75.68	5.68	73.78	−0.95	+1.90
5	4.73	80.41	5.68	19.46	−0.95	+0.95
6	4.73	85.14	5.68	85.14	−0.95	±0
7	4.73	89.87	5.68	90.82	−0.95	−0.95
8	4.73	94.60	5.68	96.50	−0.95	−1.90
9	4.73	99.33	5.68	102.18	−0.95	−2.85
10	4.73	104.06	5.68	107.86	−0.95	−3.80[g]
11	4.73	108.79	2.83	110.69	+1.90	−1.90
12 Midnight	4.71[aa]	113.50	2.81[bb]	113.50	+1.90	±0

a. 시간당 정수 생산율 = 113,500 m^3/d ÷ 24 hr/d = 4,730 m^3/hr = 4.73 × 10^3 m^3/hr

b. 잉여 (+) 또는 결핍 (−)

c. 송수 펌핑율은 하루 최대 유량의 60%(그림13−8)이므로

유량 = (0.60 × 113,500 m^3/d)/24 hr/d = 2,830 m^3/hr = 2.83 × 10^3 m^3/hr

d. 6열 = 2열−4열 = (4.7×10^3 m^3/hr−2.83×10^3 m^3/hr)×1hr = 1.90×10^3 m^3/hr

e. 최대 잉여량 = 11.40×10^3 m^3/hr

f. 송수 펌핑율은 일 최대 유량(그림 13−8)의 120%이므로

유량 = (1.20 × 113,500 m^3/d)/24hr/d = 5,680 m^3/hr = 5.68 × 10^3 m^3/hr

g. 최대 결핍 = −3.80×10^3 m^3/hr

aa, bb. 반올림 오차를 조정한 값

표 13-6 정수지 요구 용량

공장 내에서의 급수 목적	요구 용량(m^3)
화학약품의 희석과 주입	200
펌프운전	0으로 가정
현장에서의 생활용수	0으로 가정
여과지 역세	3,000
펌핑율 균형조절	15,200
소계	18,400
예비용량 50% 추가	9,200
총 정수지 필요 용량	27,600

Step C : 송수펌프장의 설계

1. 송수펌프 운전전략

송수관로는 송수펌프와 지면배수지를 연결한다. 송수관로는 송수펌프와의 연결을 시작으로 각 지면배수지를 지남에 따라 그 관경이 감소된다. 각 지면배수지로의 유입유량은 각 구역에 위치한 유량조절밸브에 의해 조절된다. 각 밸브는 지면배수지의 수위에 따라서 자동으로 유량을 조절하게 된다. 지면배수지의 수위가 하강하면 밸브가 점차 열려 배수지로의 유입유량이 증가하게 된다. 유사하게 배수지 수위가 상승하면 밸브는 점차 닫혀서 지면배수지로의 유입유량이 감소하게 된다. 펌프장 제어실의 운영자는 원격계측시스템을 이용하여 자동제어시스템을 이용할 수 있고 원거리에서 유량을 조절할 수 있다.

2. 송수펌프 용량

총 시간 최대 수요량은 181,600 m^3/day가 고가저수조와 배수펌프에 의해서 공급된다. 정수장의 최대 용량은 113,500 m^3/d이다. 정수지 용량계산에 펌핑량과 저장량의 균형조절이 이용되었다(그림 13-9 참조). 대부분의 정수장 송수펌프 용량은 정수장 용량보다 커서 운영자가 정수지로부터 단기적인 최대 수요량을 공급할 수 있게 한다. 이러한 접근방법과 일치하도록 송수펌프 용량은 정수장 용량의 120%에서 유지된다. 따라서 송수펌프의 용량 = 1.2 × 113,500 m^3/d = 136,200m^3/d가 된다.

이상적으로 실제 송수펌프 용량은 준동력학적 컴퓨터 모델을 사용한 복잡한 모델연구로부터 결정되어야 한다. 이러한 모델들에서는 송수펌프에서 최대 수요량 및 배수지 충전 기간에 필요한 지면배수지의 수위를 유지하도록 물을 공급한다. 종종 단순화된 모델로서 충분한 경우에는 위와 같은 모델이 필요 없다. 다음의 예제와 같은 단순화한 접근방법은 일반적인 방법이며 설계자들이 자주 사용하는 방법이다.

3. 송수펌프의 수

예제에서는 펌프 5대로 총수요량을 만족할 수 있지만 송수펌프의 대수를 6대로 하였다. 여기서 펌프의 대수는 일차적으로 저자의 경험과 판단에 의해 결정되었다. 펌프 5대는 각각 정수장 용량의 25~35% 범위의 용량이며, 운전자들에게 0부터 120% 이상의 최대용량까지의 넓은 범위를 공급할 수 있게 한다. 6번째 펌프는 예비펌프로 5대의 펌프 중 고장이 발생할 경우 안전한 용량을 확보하기 위함이다.

종종 여러 수요 조건을 만족시킬 수 있는 공급의 유연성을 확보하기 위하여 작은 용량의 정속 펌프를 여러 대 사용한다. 동일한 목적을 위하여 대수는 적지만 용량이 더 큰 변속 펌프가 사용된다. 변속 펌프를 사용할 지의 여부는 경제성 분석에 의해 결정되지만, 또한 변속 펌프를 운영할 운전자의 능력이 고려되어야 한다.

4. 펌프의 선택과 펌프장의 배치

펌프의 선택과 펌프장의 배치는 (1) 펌프와 제품정보의 확인, (2) 수정된 수두-용량 곡선 작성, (3) 수두-용량 곡선과 펌프시스템 조합의 작성, (4) 펌프의 배열을 통해 이루어진다. 이러한 단계들은 원수 펌프장의 배치와 유사하며 7장에서 상세히 설명하였다. 따라서 본 장에서는 생략하기로 한다. 독자들은 이 주제에 대한 기초 지식을 얻기 위하여 7장의 내용을 참조해야 한다.

송수펌프장의 배치는 그림 12-26에 나타나 있다. 이 경우는, 드라이 피트(dry pit)에 배열된 방사류 수평펌프에 근거한 배치이다. 이 펌프들은 좀 더 높은 수두를 적용하는데 사용되었다. 여러 가지 형태의 펌프에 관한 추가적인 내용은 7장을 참조하면 된다.

송수펌프장에 필요한 장비에는 펌프와 모터 접촉, 온도 전극, 전류계와 수압계, 유량계와 밸브 조절상태를 모니터링하는 리미트 스위치(limit switch)가 있다.

Step D : 배수펌프장의 개선

1. 배수펌프 운전전략

배수펌프장은 지면배수지로부터 물을 양수하여 배수시스템으로 공급한다. 배수펌프의 운전은 고가저수조의 수위에 의하여 제어된다. 원격계측 시스템은 저수조 수위에 상응하는 신호를 펌프제어기로 보낸다. 저수조 수위가 하강하면 더 많은 펌프들이 작동된다. 반면 저수조 수위가 상승하면 일부 펌프들은 운전을 멈추게 된다. 이러한 형태의 펌프운전은 자동으로 물수요량에 따라 가동되는 펌프의 대수를 조절하게 하며 고가저수조의 수위를 유지하게 해준다.

2. 배수펌핑 용량

앞에서 설명했듯이 배수펌프의 설계 펌핑용량은 정수장 용량의 145%이다. 이것은 배수펌핑율 $1.45 \times 113{,}500\ m^3/d = 164{,}600\ m^3/d$, 즉 시간 최대 물수요량($181{,}600\ m^3/d$)의 약 91%를 공급하는 것이다. 부족한 $17{,}000\ m^3/d$의 물은 고가저수조에서 공급된다. 고가저수조의 설계는 다음 절에서 논의된다.

기존 지면배수지, 배수펌프장과 모델 타운의 배수시스템에 관해서는 5장에 나타내었다. 현재 배수시스템에는 총 $80{,}000\ m^3/d$의 물을 공급할 수 있는 3개의 펌프장이 있다. 향후 증가될 물수요를 충족시키기 위하여 약 85,000 m^3/d의 추가적인 펌프용량이 갖추어져야 한다. 이를 위해 새로운 펌프장(West Side Pump Complex)과 지면배수지가 지역의 서쪽에 건설될 것이다. 펌프장은 47,000 m^3/d의 펌핑용량을 갖게 될 것이다. 기존 3개소의 펌프장도 총 조합 용량이 현재 80,000에서 118,000 m^3/d까지 확장될 것이다. 이와 같은 설비 신설 및 확장을 통해 총 165,000 m^3/d(118,000 + 47,000)의 펌핑용량을 갖게 될 것이다. 개선된 펌핑용량은 다음과 같다.

서부지역 복합 펌프단지(신설) : 총 펌핑용량 47,000 m^3/d(544 L/s)
북부 펌프장(기존) : 총 펌핑용량 62,500 m^3/d(723 L/s)
모델타운 펌프장(기존) : 총 펌핑용량 27,500 m^3/d(318 L/s)
북동부 펌프장(기존) : 총 펌핑용량 27,500 m^3/d(318 L/s)

본 설계에서 4개 펌프장의 총 펌핑용량이 165,000 m^3/d이지만 긴급 상황을 대비하여 각 배수 펌프장에 10%의 추가적인 용량을 부여하는 것이 바람직하다.

배수펌프장의 최적 위치는 배수시스템 컴퓨터 모델의 모의 결과에 의해서 결정된다. 이와 같은 컴퓨터 모델은 저수압이 나타날 수 있는 지역과 펌프장 부지로서 사용이 가능한 부지를 모두 충족시키는 지역들의 위치를 정확히 찾아낼 것이다. 또한 컴퓨터 모델은 대안의 펌프장, 고가저수조 배수관망의 개량을 모사하는 데 쓰일 수 있어 엔지니어가 최적설계를 할 수 있도록 도와줄 것이다.

서부펌프단지의 위치를 그림 5-1에 나타내었다. 이 펌프장은 유량계로 복합 펌프단지 내·외로의 유입·유출유량을 측정하고, 지면배수지, 펌프장의 유입·유출유량을 측정하는 것이 특징이다. 이 펌프장은 수직터빈펌프가 설치되어 있는데, 이것은 건설비용을 줄이기 위한 것이다. 펌프의 흡입구는 배수지의 전체용량을 활용하기 위하여 배수지 바닥 아래에 설치되어야만 한다. 부지가 근본적으로 평탄하므로 수직펌프는 배수지 밑에 흡입구가 있는 분리된 흡입정에 설치되어야 한다. 만일 수평펌프를 사용한다면 배수지에 구조적인 웅덩이가 필요하여 건설비용이 증가될 것이다. 이러한 조건들은 지역적인 특성이며 설계시 반드시 고려되어야 한다. 염소와 암모니아 저장 및 공급시스템도 역시 고려되어야 한다. 엔지니어는 특정 상황에 따른 펌프의 종류를 선택하기에 앞서 다른 제한조건과 선택사항에 대한 평가를 해야 한다. 배수펌프장치의 설계는 송수펌프 또는 원수펌프의 설계와 유사하다. 따라서 상세한 내용에 대해서는 생략하기로 한다.

Step E : 지면배수지의 개선

지면배수지는 송수펌핑율과 배수펌프장의 펌핑율의 차이를 상쇄할 수 있는 저장 공간을 제공해야 한다. 또한 지면배수지는 송수시스템과 배수시스템 사이의 수리적인 단절(break)을 나타내며 그것은 송수시스템의 수리적인 에너지가 배수시스템에 맞게 완화되는 것을 의미한다. 마지막으로 지면배수지는 화재 혹은 정수장에서의 공급중단과 같은 긴급 상황을 대비하기 위해 단수기간 동안 사용할 물에 대한 저장용량을 갖추어야 한다. 지면배수지의 요구용량 조건은 송수펌핑율과 배수펌핑율의 차이에 근거한다. 부가하여 많은 주 규제당국이 배수시스템에 설치해야 하는 최소 지면배수지 부피를 요구하고 있다.

1. 지면배수지 최소 요구량

   송수펌프와 배수펌프장에서의 시간별 펌핑율과 그에 관련된 요구 저장량은 그림 13-8에 나타낸 것과 같은 1일 물수요곡선과 펌프운전계획에 근거하여 결정된다. 지면배수지로 유입되는 결핍 또는 잉여유량을 계산하는 절차는 정수지에서와 비슷하다. 이러한 절차는 13.8.2절 단계 B.2에서 나타낸바 있다. 송수펌프와 배수펌프의 누적 양수량을 그림 13-10에 나타내었다.

2. 지면배수지 용량

   최대 잉여량(3,270 m^3)과 결핍량(-2,630 m^3)의 절대값을 더하여 총 저장 요구량 5,900 m^3이 얻어진다. 긴급시의 저장량과 운전의 유연성을 위한 추가적인 용량 50%가 더 요구되어 지면배수지의 총 용량은 1.5×5,900 m^3 즉 8,850 m^3이 된다. 지면배수지에 남아있는 사용할 수 있는 물의 시간별 양을 그림 13-10에 나타내었다. 모든 지면배수지는 오후 3시에 물이 최고 수위에 달함을 명확히 알 수 있다. 총 배수지 용량 5,900 m^3은 재충전을 시작하는 오후 8시에 완전히 고갈될 것이다. 최대수위시의 저장 용량 5,900 m^3은 다음날 오후 3시에 다시 나타날 것이다.

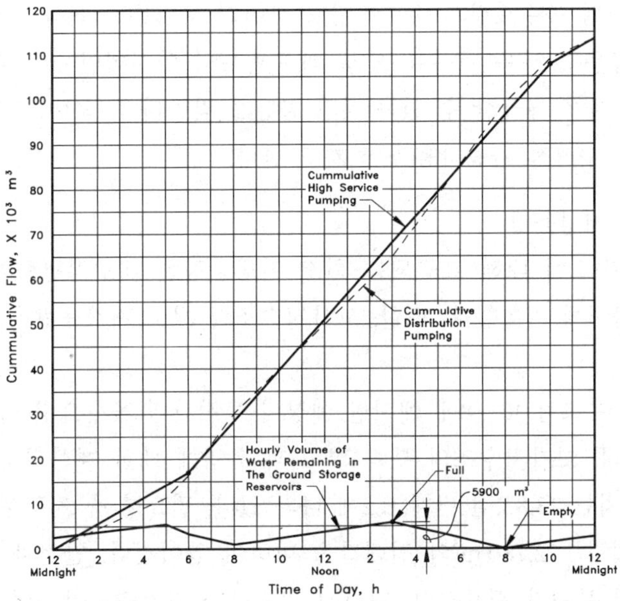

그림 13-10 지면배수지 용량결정을 위한 수량도표(누적 송수·배수양수 곡선과 지면배수지에서 이용 가능한 수량의 시간별 변화를 나타내고 있다.)

3. 지면배수지 용량의 확장

   현재 지면배수지의 총 부피는 5장에서 논의한 바대로 12,000 m^3(표 5-5)이다. 따라서 현재 용량은 최소 요구 저장량 8,850 m^3을 초과하는 것이다. 따라서 추가적인 저장 공간은 필요 없다.

그러나 새로운 배수펌프 설비가 서부펌프단지에 건설될 예정이어서 추가적인 지면배수지는 이 펌프장 부지에 건설될 것이다. 지면배수지는 송수시스템과 배수시스템 사이의 수리적 완충과 펌프장의 운전상 문제로 일시적인 단수가 불가피한 긴급 상황에 물을 공급하기 위해 필요하다. 지면배수지 용량의 선정은 공학적인 평가뿐만 아니라 경제성에도 기초하여 이루어진다. 더 큰 배수지 용량은 시스템 운영의 유연성을 높이지만 또한 사업비용을 증가시킬 것이다.

서부펌프단지에서 제공하는 수량은 펌프장의 최대 펌핑율로 2시간 분량의 유량인 47,000 m^3/d과 같을 것이다. 저자의 판단으로는, 2시간 분랭의 저장량은 긴급 상황에서 시스템을 운영 하기 위한 충분한 수량이라 판단되며, 또한 송수펌프와 배수펌프 설비의 운전에 대한 유연성을 제공할 것이라 판단된다.

서부펌프단지에 필요한 지면배수지 용량

$$= 2\text{ hr} \times 47{,}000\text{ m}^3/\text{d} \div 24\text{ hr/d} = 3{,}920\text{ m}^3$$

서부펌프단지의 지면배수지 용량은 4,000 m^3이고, 따라서 총 지면배수지 용량은 = 12,000 + 4,000 = 16,000 m^3가 된다.

Step F : 고가저수조의 개선

고가저수조는 배수시스템 물수요량과 송수펌핑량 사이의 차이를 상쇄하기 위한 저장 공간을 제공한다. 고가저수조는 소방용수 사용, 송수펌프 및 배수펌프의 일시적인 고장과 같은 긴급 상황시에 충분한 수압과 수량으로 물을 공급할 수 있는 저장 공간을 갖는다. 더욱이 고가저수조는 배수시스템의 수압을 안정화시키는 수리적 완충작용을 하기도 한다.

1. 고가저수조의 최소 저장용량

   일반적으로 고가저수조에 대해 요구되는 최소 저장용량은 배수펌핑량과 예상되는 시간 최대 물수요량 사이의 차이에 기초한다. 또한, 고가저수조의 최소 저장용량을 많은 주의 규제당국이 요구한다.

   고가저수조의 용량은 그림 13－8에 예시한 예상되는 시간별 물수요량 곡선과 펌핑 시나리오로부터 결정될 수 있다. 고가저수조의 부족 및 초과 유량에 대한 계산절차는 정수지에서의 그것과 유사하다. 이 절차는 13.8.2절 단계 B.2에 나와 있다. 필요한 총 저장용량 2,640 m^3은 최대 잉여량 460 m^3과 결핍량 －2,180 m^3의 절대값을 더하여 얻어진다. 안전과 운영의 유연성을 위해 추가적으로 100%의 부피가 필요하다. 따라서 필요한 고가저수조의 최소 부피는 5,280 m^3이 된다. 누적시간수요량, 누적배수펌핑율, 매시간 남아있는 사용가능 고가저수조 수량이 그림 13－11에 예시되어 있다. 그 결과는 고가저수조가 오후 10시 만수되고 오전 11시에 비워지는 것을 나타낸다.

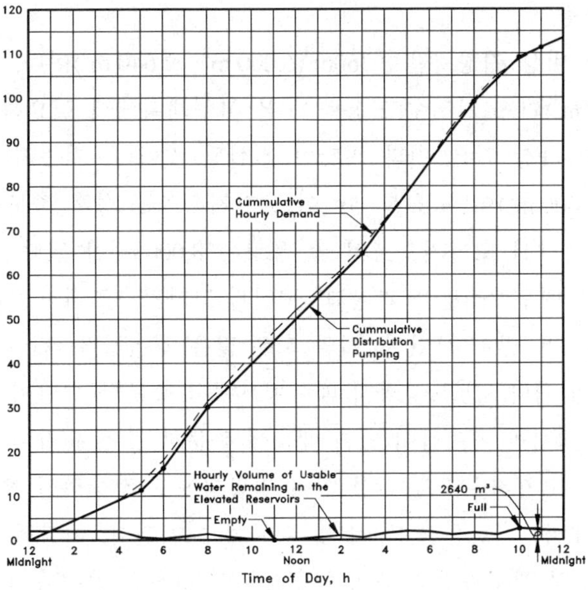

그림 13-11 고가저수조 용량 결정을 위한 수량도(배수펌프의 양수량과 물수요량의 누적곡선과 고가저수조에 남아있는 사용가능한 수량의 시간별 변화를 나타내고 있다.)

2. 비상 고가저수조

비상 고가저수조는 배수펌프가 고장난 경우 수리에 걸리는 시간동안의 물 공급을 원활하게 할 수 있도록 하기위해 요구된다. 단일 펌프로 구성된 배수시스템에서, 비상 고가저수조의 용량은 펌프의 고장시에 펌프로부터의 재공급 없이 최소한 시간 최대 물수요량의 2시간 분량을 공급할 수 있는 용량이어야 한다. 펌프장의 비상 고가저수조는 펌프장 고장과 같은 경우를 대비하기위해 필요한 것이다. 설계 예에 4개의 펌프장이 있다. 비상 용량은 가장 큰 펌프장이 고장 났을 때 최대 2시간 분량의 물수요량을 충분히 공급할 수 있어야 한다. 예에서 가장 큰 펌프장은 북쪽에 있는 펌프장이며 62,500 m^3/d(2600 m^3/hr)이다. 따라서서 추가적인 비상 고가저수조가 펌프의 고장시 물 공급의 균형을 맞추기 위해 필요하며 다음과 같이 계산된다.

$$\text{비상 고가저수조 용량} = 2\ \text{hr} \times 2{,}600\ \text{m}^3/\text{hr} = 5{,}200\ \text{m}^3$$

비상 고가저수조의 용량을 계산하는 또 다른 방법은 여러 개의 배수펌프가 있는 경우 각 펌프장에 대한 비상용량을 가장 큰 펌프의 고장시로 계산하는 것이다. 이와 같이 계산된 각 펌프장의 비상용량은 긴급 상황에서 2시간 동안 물을 공급할 수 있는 시스템 용량을 제공한다. 저자는 이 두 값 중 더 작은 값을 선호한다.

3. 고가저수조 총 요구량

필요한 총 저장량은 비상 저장량에 펌프양수의 균형에 필요한 저장량을 더한 것과 같다.

$$\text{필요한 총 저장량} = 5{,}200\ \text{m}^3 + 2{,}640\ \text{m}^3 = 7{,}840\ \text{m}^3$$

기존에 이용할 수 있는 저장량은 6,000 m^3이다. 이 양은 5.4.7절의 표 5-5에서 결정된 것이다.

4. 고가저수조 총 공급량

기존의 이용 가능한 비상 저장량은 3,360m^3(6,000 m^3 − 2,640 m^3)이다. 따라서 추가적으로 1,840 m^3(5,200 m^3 − 3,360 m^3)의 고가저수조 용량이 본 사업계획에서 필요하다. 추가의 고가저수조는 기존 고가저수조 중 가장 작은 것과 똑같이 건설될 것이다. 기존의 가장 작은 고가저수조는 Modeltown Tower(2,000 m^3)이다(표 5−5). 이 고가저수조는 향후 충분한 시간동안 충분한 수량을 공급할 것이다. 따라서 고가저수조의 총 용량은 8,000 m^{3}이 된다.

저자가 그 동안 많은 배수시스템을 관찰해 온 결과 고가저수조에서 비상의 경우 충분한 수량을 공급하지 못하는 경우를 많이 보았다. 이와 같은 많은 경우들은, 긴급 상황시 공급수량이 자본 사정 때문에 절충되었거나, 긴급 상황시 배수펌프에서 충분한 수량이 보충되고 있는 경우이다. 본 설계 예제에서는, 4개의 펌프장이 있기 때문에 충분한 보조 수량이 긴급 상황을 보완하고 있다. 따라서 추가적인 고가저수조의 건설 없이 긴급시에도 정상적인 시스템으로 운영될 것이다.

고가저수조의 설계에서는 그 용량, 높이 및 위치가 고려된다. 이상적으로, 최적 높이와 위치는 다음 절에서 다루게 될 배수관망 모델의 연구로부터 결정될 것이다. 대부분의 엔지니어들은 새로운 탱크의 월류 높이를 기존 탱크의 꼭대기에 맞추는 것을 선호하며 수압이 낮은 지역에 고가저수조를 건설한다. 부지의 이용이 가능한 조건이라면 표고가 높은 지역에 건설하는 것이 건설비가 적게 드는 방법이다. 표고가 낮은 지역에 고가저수조를 건설하면 요구 동수경사를 맞추기 위해 수조의 높이를 높여야 하기 때문에 건설비가 많이 들게 된다.

또 다른 고려사항은 배수시스템 수압유지를 위해 요구되는 고가저수조의 용량이다. 고가저수조의 용량이 긴급시 사용량과 수요에 따른 펌핑량과의 균형에 적절할지라도 배수시스템에서의 위치가 적절하지 않으면 배수시스템의 수압을 유지하는 데에는 적절하지 못할 수도 있다. 따라서 위치선정과 동수두는 매우 중요한 설계인자이다. 고가저수조의 위치와 수압은 컴퓨터 모델에 의해서 결정되며, 다음 절에서 상세히 설명될 것이다.

Step G : 배수시스템의 개선

모델타운(시범지역, Modeltown) 배수시스템의 수리해석은 컴퓨터 모의실험 기술을 이용한다. 모의실험 결과로부터 배수시스템의 개선을 위해 중요한 정보를 얻을 수 있다.

수리적인 분석절차는 (1) 현재의 배수시스템 평가, (2) 개선 권고 사항을 제시, (3) 개선 후 임계 상태에서 시스템 성능을 확인, (4) 화재시의 시스템 수압 확인, (5) 권고된 개선사항과 함께 최종 결과를 제출하는 단계로 이루어진다.

1. 기존의 배수시스템의 성능

a. 컴퓨터 모의실험을 위한 배수시스템 관망 개발

ⅰ. 배수시스템 관망 만들기

배수시스템은 각 소비자에게 시간 최대 수요량을 송수하는 것으로 설계된다. 배수시스템은 다양한 크기의 관, 밸브, 배수지, 그리고 펌프가 연결된 망으로 구성된다. 일반적으로,

관로는 지역의 구획마다 급수를 위한 접근성이 좋도록 하기위해 차도(street)나 소로용지(alley right-of way)를 따라 설치된다. 배수시스템을 평가하기 위한 첫 번째 단계는 배수시스템에 있는 관의 절점과 연결요소로 이루어진 관망을 만드는 것이다. 모델타운의 현재 시스템과 제안된 배수시스템 모두 포함된 토지 사용 지도는 5장에 설명되었고, 그림 5-1에 있다. 그림 13-12에 현재 배수시스템의 관 구획과 지하수조나 고가저수조를 볼 수 있다. 시스템에 번호를 붙이는 것은 배수시스템 전반에 걸쳐 특정한 관이나 절점(관 접합점)을 구분하기 위함이다. 시스템에 번호를 붙임으로써 각 관이나 절점은 숫자로 코드화된다. 이 단계는 현재와 확장된 배수시스템을 나타낸 그림 13-13에서 설명된다.

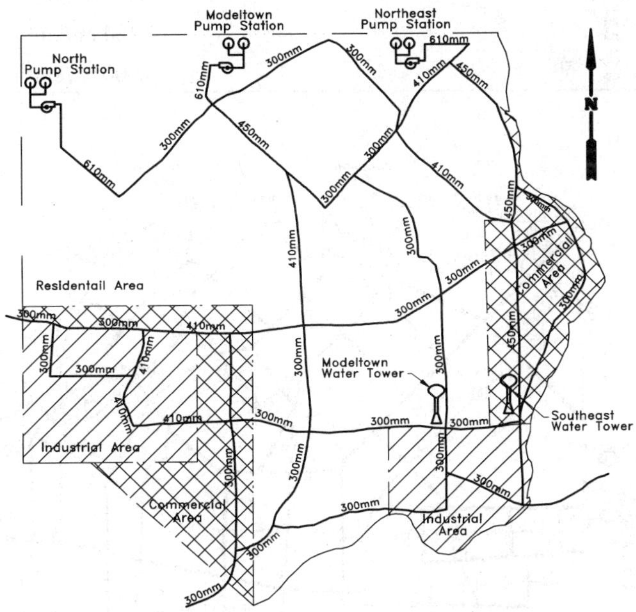

그림 13-12 모델타운의 기존 배수 시스템

ii. 수요량 결정

다음 단계에서 총 시스템 수요량을 각 관 절점에 배분한다. 이 작업은 토지이용에 기초하여 도시의 각 지역에 필요한 물 사용량을 결정하는 것을 포함한다. 다양한 절점에서 수요량을 결정하기 위해 많은 노력과 판단이 필요하다. 각 절점에서 급수 받는 지역은 관망에서 각 관을 수직이등분하여 작도함으로써 결정된다. 이렇게 생긴 다각형에 따라 지역의 경계가 만들어지고 각 절점으로부터 이 지역으로 급수된다(그림 13-13). 그러나 때로는 다각형을 완성하기 위해서 어떤 특수한 판단이 필요할 수 있다. 예를 들어, 다른 구획경계나 토지이용의 경계 때문에 서비스지역(예 절점 101, 그림 13-13)의 경계가 정해지기도 한다. 또한 다른 경우에는 논리적으로 다각형을 완성하기 위해서는 (예 절점 122, 그림 13-13) 이등분선이 구부러져야만 할지도 모른다. 기술자는 이러한 절차나 그

밖의 다른 절차도 유량을 분배하는 데에 있어 완전하지는 않다는 점을 명심해야만 한다. 그러므로 보다 정확한 유량분배모델을 개발하기 위해서는 판단이 필요하다. 절점별 수요량을 추정하기 위해 토지이용형태별 지역면적에 수요인자(demand factor)를 곱한다. 수요인자는 모델타운 지역의 도시 물 사용 기록과 현장조사를 통해 개발된다. 현장조사는 많은 물 사용 시설에 유량계를 설치하여 실제 평균유량 계산인자(average flow multiplier)를 구하는 것이다. 1인당 평균 물 사용량은 다각형 안에서 급수받는 인구수와 절점의 수요량으로 검증될 수 있다. 주거지, 상가, 그리고 공장지대의 인구밀도는 4장 표 4−5에 나타나 있듯이 토지 이용 상태에 의존한다. 구해진 평균 유량 계산인자는 다름과 같다.

주거지역	1,300 $m^3/km^2 \cdot d$
상 가	2,100 $m^3/km^2 \cdot d$
공 장	3,000 $m^3/km^2 \cdot d$

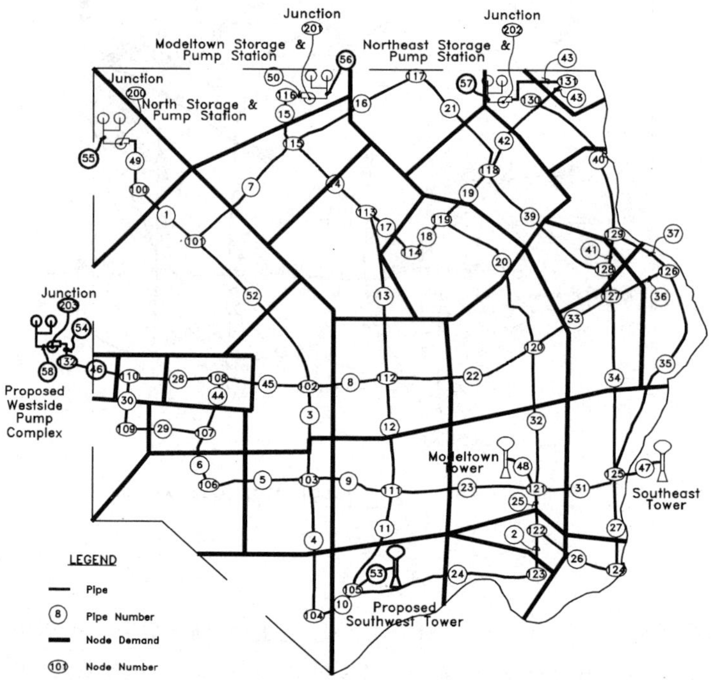

그림 13−13 모델타운의 기존 그리고 개선한 배수시스템(관과 절점이 코드화된 시스템, 절점 급수 다각형 경계, 그리고 지면 및 고가 저수조 시설의 위치를 볼 수 있다.)

위의 수요량 계산인자(demand multiplier)는 평균 수요량 상태에서 구해진 것임을 유의하여야한다. 일최대나 시간최대 수요량 계산인자는 이보다 매우 크다. 5장에서, 일최대와 일평균 수요량의 비율과 시간최대와 일최대 수요량의 비율을 모델타운의 배수시스템의 수요분석으로 개발하였다. 이 비율은 (5.4.4절 참조) 각각 1.96, 1.60이었다. 이 비율에 기초하여, 일최대와 시간최대 수요량 계산인자가 아래와 같이 개발되었다.

	시간최대 ($m^3/km^2 \cdot d$)	일최대 ($m^3/km^2 \cdot d$)	일평균 ($m^3/km^2 \cdot d$)
주거지	4,200	2,600	1,300
상 가	6,500	4,100	2,100
공 장	9,400	5,900	300

다음 예는 절점 102에서 시간최대 유량 계산과정을 설명하고 있다.
총 절점 수요량은 식 (13.7)로 계산된다.

$$\text{총 절점 수요량} = A_R \times D_R + A_C \times D_C + A_I \times D_I \tag{13.7}$$

여기서, A_R, A_C, A_I : 토지이용 형태별 서비스 지역 면적, 즉 주거, 상가, 공장지역 이것은 그림 13-13의 다각형의 면적으로부터 설정되었다.

D_R, D_C, D_I : 주거, 상가, 공장지역의 단위 물수요량. 단위 수요량인자는 현장조사나 물 사용기록에서 구할 수 있다.

그러므로 절점 102에서 설계된 시간최대 물수요량은 다음과 같이 계산한다.

절점 102로부터 총 절점 수요량

$$= 0.72\ km^2 \times 4{,}200\ m^3/km^2 \cdot d + 0.66\ km^2 \times 6{,}500\ m^3/km^2 \cdot d + 0.18 km^2 \times 9{,}400\ m^3/\ km^2 \cdot d$$

$$= 9{,}006\ m^3/d = 9.00 \times 10^3\ m^3/d$$

일최대 및 일평균 수요량 또한 계산할 수 있다. 절점 102에서 값은 각각 5,640 m^3/d (5.64×10^3) 및 2,860 m^3/d(2.86×10^3)이다. 이 값들은 소비자에게 실제로 급수된 측정 유량에 기초하여 구해진 계량 수요량을 나타낸다. 모델타운의 펌프기록과 해당 도시의 계량기 기록에 대한 연구를 통해 실제 소비자가 사용하는 양보다 약 11.3% 더 많은 양을 펌핑하는 것을 알 수 있었다. 이 값의 차이는 무수수량 예를 들어, 누수, 불법사용 그리고 미계측 공공사용 등 때문에 생기는 것이다. 이는 모든 배수시스템에서 전형적으로 나타나는 것이며, 배수시스템 설계에 반드시 고려되어야 한다. 따라서 각 절점별로 수요량에 1.113을 곱하여 무수수량을 포함시킨다. 따라서 절점 102에서 실제 시간 최대 수요량은 다음과 같이 계산된다.

$$\text{절점 102에서 실제 수요량} = 1.113 \times (9.00 \times 10^3\ m^3/d\ ) = 10.02 \times 10^3\ m^3/d$$

각 절점별로 예측값과 실제 수요량(무수수량을 포함하여)을 표 13-7에 나타내었다. 이 표는 각 절점별로 서비스지역에 따라 목록으로 작성되었다. 표 13-7에 나타낸 결과는 배수시스템을 분석할 때 중요하므로 반드시 검증되어야 한다. 5A 컬럼에서 얻어진 모델타운의 총 서비스 면적은 30.65 km^2이다. 계획년도에 토지이용으로부터 얻어진 마을의 총 면적은 30.5 km^2(5.4.2절)이다. 전체 서비스지역에서 총 시간최대 수요량은 최대비율로 계산하면, 118,660 m^3/d (118.66 × 10^3 m^3/d)이다. 이 유량은 표 5－3에서 계산된 것으로 확인할 수 있다.

iii. *C*계수 추정

배수시스템 분석은 컴퓨터 모의실험 모델과 입력 자료를 사용한다. 완전한 분석을 위해 *C*계수와 다른 입력 자료의 추정이 필요하다. *C*계수를 고려하는 것은 배수시스템에서 컴퓨터 모델을 개발하는데 중요한 사항이다. 모델 개발을 위해 필요한 자료를 찾는데 가장 정확한 수단은 현장조사이지만 가끔은 경험값을 사용한다. 현장조사의 표준절차는 다음과 같다. 도시의 기록들을 통해 배수관의 직경, 사용기간 및 재질에 관련된 자료를 얻을 수 있다. 현장조사를 위해서는 관 재질과 사용기간별로 대표성이 있는 부분을 선택한다. 그림 13－14는 관 27에서의 현장조사 데이터를 구하는 것을 보여준다. 관 27 짧은 부분의 한쪽 끝 밸브를 잠그고 수행하므로 파이프 반대쪽 끝에서만 물이 공급된다는 것을 의미한다. 수압계는 배관을 따라 두세 지점에 설치하고, 각각의 수압계 위치에서의 상대적인 고도를 측정한다. 상수도 사용가 집안의 호스관에 수압계를 설치하는 것이 편리한 방법이다. 유량계는 소화전에 위치한 관의 끝부분에 설치하고 밸브를 잠근다. 이 후 소화전을 개방하고 물을 방류시키면서 유량과 수압을 모두 기록한다. 여러 가지 유속을 변동시키기 위해서 소화전 밸브를 조절하면서 각 조건에서의 데이터를 모두 기록한다. 적어도 3, 4가지 유량에서 시험하도록 한다. 이 기간 보통 약 1시간 정도는 소비자에게 물 사용을 멈추도록 요청하는 것이 중요하다. 관 부분별로 각각의 흐름에 대한 *C*값을 계산하기 위한 절차 및 조사 자료를 표 13－8과 13－9에 요약하였다.

관 27에서 조사된 평균 *C*값은 120이다. 저자는 양쪽 끝 계측기 사이에 하나의 계측기를 추가하여 테스트를 실행했을 때 더 신뢰가 높은 결과가 나옴을 경험하였다. 중간 유량계를 읽어서 *C*값을 비교하면 유량계와 수압계의 정확성을 확인할 수 있다.

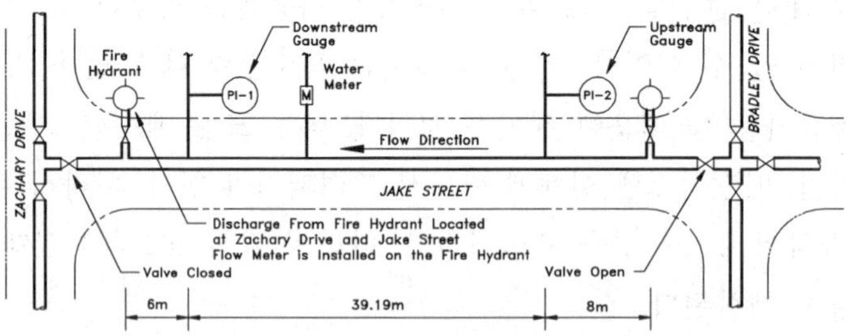

그림 13－14 *C*계수 조사

표 13-7 배수시스템의 각 절점별 시가최대 수요량 예측

절점	주거지 ($4.2 \times 10^3 m^3/m^2 \cdot d$)		상가 ($6.5 \times 10^3 m^3/m^2 \cdot d$)		공장 ($9.4 \times 10^3 m^3/m^2 \cdot d$)		총 요구량		총수요 + 무수수량 ($\times 10^3 m^3/d$)
	면적 (km^2)	수요량 ($\times 10^3 m^3/d$)	면적 (km^2)	수요량 ($\times 10^3 m^3/d$)	면적 (km^2)	수요량 $\times 10^3 m^3/d$	면적 (km^2)	수요량 ($\times 10^3 m^3/d$)	
(1)	(2A)	(2B)	(3A)	(3B)	(4A)	(4B)	(5A)	(5B)	(6)
100	1.22	5.12	—	—	—	—	1.22	5.12	5.70
101	2.96	12.43	—	—	—	—	2.96	12.43	13.83
102	0.72	3.02	0.66	4.29	0.18	1.69	1.56	9.00	10.02
103	—	—	0.68	4.42	0.17	1.60	0.85	6.02	6.70
104	—	—	0.77	5.00	—	—	0.77	5.00	5.57
105	1.06	4.45	—	—	—	—	1.06	4.45	4.95
106	—	—	0.23	1.49	0.78	7.33	1.01	8.82	9.82
107	—	—	—	—	0.44	4.14	0.44	4.14	4.61
108	—	—	0.35	2.27	0.16	1.50	0.51	3.77	4.20
109	—	—	—	—	0.69	6.49	0.69	6.49	7.22
110	—	—	0.15	0.97	0.12	1.13	0.27	2.10	2.34
111	1.22	5.12	—	—	—	—	1.22	5.12	5.70
112	1.73	7.27	—	—	—	—	1.73	7.27	8.09
113	1.36	5.56	—	—	—	—	1.36	5.56	6.19
114	0.47	1.98	—	—	—	—	0.47	1.98	2.20
115	1.24	5.21	—	—	—	—	1.24	5.21	5.80
116	1.47	6.18	—	—	—	—	1.47	6.18	6.88
117	0.96	4.03	—	—	—	—	0.96	4.03	4.49
118	1.20	5.04	—	—	—	—	1.20	5.04	5.61
119	0.64	2.69	—	—	—	—	0.64	2.69	2.99
120	1.64	6.89	—	—	—	—	1.64	6.89	7.67
121	0.88	3.70	—	—	0.26	2.63	1.16	6.33	7.05
122	0.02	0.08	—	—	0.36	3.38	0.38	3.46	3.85
123	0.18	0.76	—	—	0.42	3.95	0.60	4.71	5.24
124		—	—	—	0.42	3.95	0.42	3.95	4.40
125	0.12	0.50	0.63	4.10	0.22	2.07	0.97	6.67	7.42
126	—	—	0.84	5.46	—	—	0.84	5.46	6.08
127	0.17	0.71	0.61	3.97	—	—	0.78	4.68	5.21
128	0.48	2.02	0.11	0.72	—	—	0.59	2.74	3.05
129	0.32	1.34	0.21	1.37	—	—	0.53	2.71	3.02
130	0.81	3.40	—	—	—	—	0.81	3.40	3.78
131	0.20	0.84	—	—	—	—	0.20	0.84	0.93
132	—	—	0.05	0.32	0.05	0.47	0.10	0.79	0.88
Total	21.07	88.34	5.29	34.38	4.29	40.33	30.65	163.05	181.66

표 13-8 C값 결정을 위한 현장조사 자료

시간	계측값(L)	유량(L/s)	PI-1수압계측값(m)	PI-2수압계측값(m)
10:01 (오전)	374,621,561[b]	55.6[c]	4.916[d]	6.075[e]
10:15 (오전)	374,668,265			
10:30 (오전)	374,668,135	100.5	4.739	6.090
10:45 (오전)	375,592,635			
10:59 (오전)	375,638,420	123.9	4.679	6.181
11:15 (오전)	375,757,364			
11:25 (오전)	375,856,310	166.8	4.154	5.970
11:40 (오전)	376,006,430			

a. 관 번호 27의 자료:
관재질 : 덕타일관
직경 : 300 mm
검사된 관의 길이 : 39.19 m
b. 한 수량에서 검사 시작과 끝에서의 계측 결과
c. 유량 = $\frac{(374,668,265\,\text{L}-374,621,561\,\text{L})}{14\,\text{min}\times 60\,\text{s/min}}=55.6\,\text{L/s}$
d. 하류측 수압
e. 상류측 수압

본 설계 예제에서, 8개 지점을 추가하여 사용기간, 관경 및 관재질이 다른 관을 검사하였다. 이 검사로 얻어진 결과를 표 13-10에 나타내었다. 9개 검사결과 배수시스템에서 모든 관에 대해 *C*값을 일반화하였다. 이 일반화된 값은 표 13-11에 제공하였다. 표 13-11에 제시된 일반화된 값으로부터 배수시스템의 모든 관의 *C*값을 추정하였다. 기존 관의 직경과 길이 별로 *C*값을 표 13-12에 나타내었고, 이 값은 나중에 모델분석에 사용된다.

표 13-9 C계수 조사 자료

유량	PI-1 수압 (m)	PI-1 표고 (m)	PI-1 수두 (m)	PI-2 수압 (m)	PI-2 표고 (m)	PI-2 수두 (m)	손실수두 [(PI-2)-(PI-1)]	거리 (m)	마찰손실 수두 경사	*C*값
(1)	(2)	(3)	(4)	(5)	(6)	(7)	(8)	(9)	(10)	(11)
55.6	4.916	104.311[a]	109.227	6.075	103.251	109.326	0.099[b]	39.19	0.00252[c]	120
100.5	4.739	104.311	109.05	6.090	103.251	109.342	0.291	39.19	0.00743	121
123.9	4.679	104.311	108.99	6.181	103.251	109.432	0.442	39.19	0.01130	119
166.8	1.154	104.311	108.465	5.970	103.251	109.221	0.756	39.19	0.01930	120
평균 *C*값										120

a. 표고는 설계 계획서나 실측조사로부터 얻을 수 있다.
b. 손실수두 = PI-2수두(7열) − PI-1수두(4열) = 109.326m − 109.227m = 0.009m
c. 마찰경사 = 손실수두/거리 = 0.099m / 39.19 m = 0.00252

d. C값을 식 (7.19)로 계산하면

$$C=\frac{55.6\ \text{L/s}}{0.278\times 1{,}000\ \text{L/m}^3\times\left(\dfrac{300\ \text{mm}}{1{,}000\ \text{mm/m}}\right)^{2.63}\times(0.00252)^{0.54}}=120$$

표 13-10 C계수 검사 결과

검사 번호	관 번호	관경(mm)	관 재질	사용 기간(yr)	평균 C값
1	5	410	덕타일 관	7	130
2	9	300	덕타일 관	9	130
3	15	610	덕타일 관	25	120
4	27	300	덕타일 관	16	120
5	35	300	주철관	35	100
6	38	450	주철관	31	100
7	51	610	주철관	35	100
8	1	610	압축콘크리트	17	120
9	48	450	압축콘크리트	17	120

표 13-11 배수시스템 모델을 위해 일반화된 C값

사용기간(yr)	C값
덕타일 관(300~610 mm)	
1~15	130
16~25	120
주철관(300~610 mm)	
25~35	100
압축 콘크리트관(410~610 mm)	
15~35	120

b. 기존 배수시스템의 수리성능 분석(수리해석, hydraulic analysis)

배수시스템 분석의 공통적인 관행은 현재의 관망, 배수펌프, 고가저수조, 그리고 설계된 유량조건에 대한 자료를 입력하는 것이다. 이 모의실험을 통해 미래 유량조건에 대한 현재 시스템의 부족한 점을 예측할 수 있고 이 결과로부터, 필요한 개선사항을 확인하게 된다. 많은 모의실험은 임계조건을 완전히 명확하게 알기 위해서 그리고 자본투자 개선계획을 수립하기 위해서 반드시 필요하다. 궁극적으로 최소의 비용으로 필요한 개선방법을 제공함으로써 해결방법으로 성공하게 된다.

i 초기 모델 입력자료

설계 예로써 기존의 배수시스템을 컴퓨터 관망 수리해석 프로그램을 사용하여 분석하였다. 사용된 프로그램은 이러한 분석을 수행할 수 있는 많은 상용 프로그램 중의 하나이다. 입력 자료는 현재 배수시스템의 중요 구성요소 즉 펌프, 배수지 및 직경 300 mm 이

상인 관들을 포함하고 있다. 모델은 배수시스템에서 많이 존재하는 작은 관을 포함하지 않는다. 분석에 대해 시간과 비용을 절감하기 위해 반드시 분석해야 하는 것만 넣은 골격화(간략화, skeleton) 시스템을 이용한다. 작은 관이나 부수적인 구성요소를 포함하기 위해 노력하는 것은 시간 낭비일 수 있고, 정확성을 개선하는 데에는 별로 중요하지 않다. 내부순환(internal loops)은 골격화 시스템 분석의 결과를 사용함으로써 부분적으로 분석이 가능하다. 초기 분석에 사용된 유량은 설계년도에서의 계획 시간최대 수요량이다. 이 분석을 단순화하기 위하여, 미래의 배수펌프 용량과 같은 고정유량(최대 정수장 용량의 145%)이 펌프장에 사용된다. 이 운전은 다음 조건을 따른다.

- 총 최대 배수수요량은 설계 시간 최대유량으로 2,103 L/s 또는 181,660 m^3/d이다.
- 직경이 300 mm 이상인 51개의 관으로 한다.
- 절점은 36개로 한다.
- 3개의 배수펌프장이 있다.
- 각각 140 m의 동수경사로 설계된 고가저수조가 2개 있다.

모의실험 연구에서 중요한 자료는 (1) 이 전에 개선사업을 시행했던 설계 보고서, (2) 도로 건설 및 시설물 계획, (3) 항공 지도, (4) 유지 관리자와의 인터뷰, (5) 현장조사 등이 있다. 일반적으로, 결과의 정확성은 관과 절점자료의 정확성에 매우 높게 의존하지만 총망라한 조사 자료를 얻기 위해서 투자되는 비용은 기대하는 정확성과 비교되어야 한다. 미미한 정확성의 향상을 위해 불필요한 자금이나 노력을 과다하게 할당하는 것은 바람직하지 않다.

표 13-12 기존 및 개선된 배수시스템[a]의 관로 조사목록

관 번호	관경(mm)	관 재질	사용기간(yr)	거리(m)	할당된 *C*값
1	610	압축 콘크리트	17	1100	120
2	300	덕타일 관	10	800	130
3	410	덕타일 관	9	1000	130
4	300	덕타일 관	9	1250	130
5	410(508)	덕타일 관	7(1)	1100	130
6	410(508)	덕타일 관	7(1)	700	120
7	300	덕타일 관	17	1450	130
8	410	덕타일 관	9	850	130
9	300(450)	덕타일 관	7(1)	850	130
10	300	덕타일 관	9	700	130
11	300	덕타일 관	10	950	130
12	300	덕타일 관	12	1200	130

표 13-12 기존 및 개선된 배수시스템[a]의 관로 조사목록(계속)

관 번호	관경(mm)	관 재질	사용기간(yr)	거리(m)	할당된 *C*값
13	410	압축 콘크리트	17	1800	120
14	450	압축 콘크리트	17	1050	120
15	610	덕타일 관	25	600	120
16	300	덕타일 관	20	1500	120
17	300	덕타일 관	25	600	120
18	300	덕타일 관	25	450	120
19	300	덕타일 관	20	800	120
20	300	덕타일 관	25	1650	120
21	300	덕타일 관	20	1200	120
22	300	덕타일 관	17	1500	120
23	300(410)	덕타일 관	12(1)	1450	130
24	300	덕타일 관	10	1850	130
25	300	덕타일 관	16	800	120
26	300	덕타일 관	16	1000	120
27	300	덕타일 관	16	900	120
28	300	덕타일 관	5	800	130
29	300(610)	덕타일 관	5(1)	700	130
30	300(610)	덕타일 관	5(1)	350	130
31	300(410)	덕타일 관	25(1)	750	120(130)
32	300	덕타일 관	25	1400	120
33	300	덕타일 관	20	900	120
34	300	주철관	30	1900	100
35	300	주철관	35	2500	100
36	300	주철관	25	850	100
37	300	주철관	35	1000	100
38	450	주철관	31	400	100
39	410	덕타일 관	25	1550	120
40	450	주철관	35	1250	100
41	450	주철관	31	550	100
42	410	덕타일 관	20	800	120
43	610	주철관	35	500	100
44	410	덕타일 관	7	350	130
45	410	덕타일 관	7	1000	130
46	300(610)	덕타일 관	5(1)	400	130
47	450	주철관	35	100	100
48	450	압축 콘크리트	17	100	120
49	610	압축 콘크리트	17	10	120

표 13-12 기존 및 개선된 배수시스템[a]의 관로 조사목록(계속)

관 번호	관경(mm)	관 재질	사용기간(yr)	거리(m)	할당된 *C*값
50	610	덕타일 관	25	10	100
51	610	주철관	35	10	(130)
52	(610)	덕타일 관	(1)	(2000)	(130)
53-FG	(450)	덕타일 관	(1)	(100)	(130)
54	(610)	덕타일 관	(1)	(100)	(130)
55-FG PU	(760)	덕타일 관	(1)	(10)	(130)
56-FG PU	(610)	덕타일 관	(1)	(10)	(130)
57-FG PU	(610)	덕타일 관	(1)	(10)	(130)
58-FG PU	(610)	덕타일 관	(1)	(10)	(130)

a. 괄호안에 있는 값은 시설 개선계획 수행 후의 값이다.

표 13-13 설계 유량 조건에서 기존 배수시스템의 수리해석에 대한 결과 자료[a]

관로 결과				
관 번호	유량(L/s)	손실수두[b](m)	관내유속(m/s)	HL/1000(m/m)
1	839.1	13.3	2.9	12.1
2	108.4	6.0	1.5	7.5
3	114.5	1.8	0.9	1.8
4	-3.3	0.01	0.1	0.0
5	145.4	3.1	1.1	2.8
6	31.7	0.1	0.2	0.2
7	679.0	375.6	9.6	259.1
8	-421.7	17.2	3.2	20.2
9	-105.2	6.0	1.5	7.1
10	-67.8	2.2	1.0	3.3
11	77.4	3.8	1.1	4.0
12	132.3	13.0	1.9	10.8
13	552.2	59.9	4.2	33.3
14	809.7	52.3	5.1	49.8
15	420.4	2.2	1.4	3.4
16	222.6	49.2	3.2	32
17	183.9	13.8	2.6	23.1
18	158.4	7.9	2.2	17.5
19	31.9	0.7	0.4	0.9
20	155.7	27.9	2.2	16.9
21	170.6	24.1	2.4	20.1
22	-95.3	10.2	1.4	6.8
23	-116.4	12.4	1.7	8.5
24	-47.7	3.0	0.7	1.6
25	110.4	7.2	1.6	9.0
26	-42.6	1.5	0.6	1.5
27	93.5	5.9	1.3	6.6

표 13-13 설계 유량 조건에서 기존 배수시스템의 수리해석에 대한 결과 자료(계속)

관로 결과				
관 번호	유량(L/s)	손실수두[b](m)	관내유속(m/s)	HL/1000,(m/m)
28	−60.0	2.0	0.9	2.5
29	60.9	1.8	0.9	2.6
30	22.7	0.1	0.3	0.4
31	−24.9	0.4	0.4	0.6
32	102.0	10.8	1.4	7.7
33	130.5	11.0	1.9	12.2
34	104.5	21.5	1.5	11.3
35	83.5	18.7	1.2	7.5
36	53.8	2.9	0.8	3.3
37	100.1	10.5	1.4	10.5
38	348.9	5.9	2.2	14.7
39	229.9	11.8	1.8	7.6
40	289.4	13.0	1.8	10.4
41	154.3	1.8	1.0	3.2
42	156.0	3.0	1.2	3.7
43	489.2	3.1	1.2	6.2
44	82.6	0.4	0.6	1.0
45	191.2	4.7	1.5	4.7
46	10.2	0	0.1	0.1
47[c]	−16.5	0	0.1	0.1
48[d]	−181.4	0.3	1.1	3.1
49	905.1	0.1	3.1	13.9
50	500.0	0.1	1.7	4.6
51	500.0	0.1	1.7	6.5

절점(node) 결과				
절점 번호	동수경사(m)	절점표고(m)	압력수두(m)	절점수압(m)
100	641.4	111.0	530.4	5201.6
101	628.1	109.0	519.1	5090.8
102	123.1	106.0	17.1	168.0
103	121.3	105.0	16.3	160.1
104	121.3	102.0	19.3	189.7
105	123.5	102.0	21.5	211.2
106	118.2	107.0	11.2	110.2
107	108.1	108.0	10.1	99.2
108	118.5	109.0	9.5	92.8
109	116.3	109.0	7.3	71.8
110	116.5	109.0	7.5	73.2

표 13-13 설계 유량 조건에서 기존 배수시스템의 수리해석에 대한 결과 자료 (계속)

절점(node) 결과				
절점 번호	동수경사(m)	절점표고(m)	압력수두(m)	절점수압(m)
111	127.3	104.0	23.3	228.8
112	140.3	106.0	34.3	336.3
113	200.2	107.0	93.2	913.8
114	186.3	106.0	80.3	787.9
115	252.5	107.0	145.5	1426.8
116	254.7	107.0	147.7	1448.3
117	203.3	105.0	98.3	963.5
118	179.2	103.0	76.2	747.1
119	178.5	106.0	72.5	710.7
120	150.5	104.0	46.5	456.3
121	139.7	103.0	36.7	359.8
122	132.5	101.0	31.5	309.2
123	126.6	100.0	26.6	260.4
124	134.1	99.0	35.1	343.8
125	134.0	100.0	40.0	392.2
126	158.7	99.0	65.4	585.4
127	161.5	102.0	59.7	583.6
128	167.4	102.0	59.5	641.2
129	169.2	99.0	70.2	688.1
130	182.2	102.0	80.2	786.1
131	185.3	101.0	84.3	826.5
132	116.4	111.09	5.4	53.2
200[e]	641.6	111.0	530.6	5203.0
201[f]	254.7	105.0	149.7	1468.3
202[g]	185.3	103.00	82.3	807.5

a. 수리해석은 켄터키 대학의 수리해석 프로그램인 KYPIPE2, 1,000관, 버전1.10(8/25/92)을 사용한다.
b. 국부손실(미소손실, minor losses)계수는 배수시스템의 모든 관에서 0이다.
c. 남동부 고가저수조에서 동수경사선은 140 m로 고정된다고 가정한다. 고가저수조는 관 47과 절점 125에 연결된다.
d. 모델타운 고가저수조에서 동수경사선은 140 m로 고정된다고 가정한다. 이 저수조는 관 48, 절점 121에 연결된다.
e. 북부 저수조와 펌프장은 절점 200에 위치한다.
f. 모델타운 저수조와 펌프장은 절점 201에 위치한다.
g. 북동부 저수조와 펌프장은 절점 202에 위치한다.

ii. 모의실험 결과

수리해석 연구의 결과를 표 13-13에 제공하였다. 이 표는 배수시스템에서 관로 및 절점별로 운전인자를 보여준다. 모의실험 결과로부터 다음의 내용을 알 수 있다.

- 총 절점 수요량의 합은 2,103 L/s 또는 18,660 m^3/d이다.

- 3개의 펌프장으로부터 총 유량은 190.5 L/s 또는 164,600 m^3/d이다.
- 고가저수조로부터의 총 공급량은 197.9 L/s 또는 17,000 m^3/d이다.
- 그러므로 총수요량은 배수펌프와 고가저수조에 의해서 충족된다.
- 600 kPa를 초과하는 수압은 절점 100, 101, 113, 114, 115, 116, 117, 118, 119, 128,129, 130 그리고 131에 존재한다.
- 시스템 전체의 많은 접합점에서 저수압(275 kPa 보다 낮음)이 나타난다.
- 손실수두와 유속이 높은 관은 1, 7, 8, 13, 14, 16, 17, 18, 20, 21, 38, 49이다.
- 펌프장에서 필요한 수두는 82～531 m(117～758 psi)의 범위이다.

2. 배수시스템에서 제시된 개선사항

처음 모의실험의 결과를 통해 배수시스템 전반에 걸쳐 설계유량을 공급하기 위해 많은 개선사항이 필요한 것으로 나타났다. 초과압력과 낮은 압력이 모두 나타난 것은 시스템에서 북부 펌프장으로부터 배수되는 관로 용량이 불충분하다는 것을 나타내는 것이다. 높은 수두 손실을 개선하기 위해 관을 모두 교체할 수는 없다. 첫 번째로, 절점 101과 102사이에 배관을 추가하는 것은 남부로 배수하기 위한 7, 13, 14, 20번 관의 유량을 감소시킨다. 이런 관에서 관경을 선택하는 것은 시행착오법에 의한 계산뿐만 아니라 주관적 판단도 필요하다. 1개의 관이 모델에 추가되었을 때 결과가 만족스럽지 못하면, 원하는 결과가 얻어질 때까지 관경을 크게 한다. 본 예제에서는 610 mm 직경의 새로운 관(관 52)을 추가한다. 또한 북부 펌프장에서 병목현상이 발생하는 것을 줄이기 위해 관 1과 49를 직경 760 mm로 교체한다. 새로운 펌프장의 위치도 설정한다. 서부 공장지역에 절점 110 근처 지역이 이상적이다. 이곳은 정수장으로부터 송수되는 송수관이 지나가기에 좋으며 저수압이면서 수요량이 큰 지역이기 때문이다. 새로운 펌프장으로부터 시스템의 나머지 부분에 물을 보내기 위해, 관 5, 6, 29, 30 및 46을 더 큰 관으로 교체해야 한다. 관 5와 6은 508 mm로 증가시키고 나머지 3개의 관은 610 mm로 한다(표 13－12 참조). 이 배관 직경은 설계자의 판단에 기초하여 결정되고 그 후에 시범적으로 운전된다.

마지막으로 새로운 고가저수조를 위해 알맞은 위치를 찾아낸다. 각 절점(표 13－13)의 동수경사를 검토하는 동안 가장 낮은 경사선은 절점 102부터 111, 123, 132에서 발견된다. 수리적인 측면으로 볼 때 이 저수압지역이 저수조건설에 이상적이지만 경제성을 고려하면 더 높은 지점에 건설하는 것이 바람직하다. 높은 지점에서 대부분 절점은 현재 탱크를 위한 설계경사선인 140 m 이상의 경사선을 가지므로, 이 지역에 저수조를 건설함으로써 얻을 수 있는 이득이 없다. 최적의 위치는 아마도 심미적인 영향이 적은 상업지역에서 시스템의 제일 끝 쪽일 것이다. 왜냐하면 서부의 상업/공장지역에 위치한 다른 탱크가 없기 때문이다. 그러므로 절점 104와 105는 새로 설치될 탱크를 위한 후보지이다. 이 위치에서 고가저수조는 마을의 서부지역뿐만 아니라 시스템 전체의 수압을 안정시킬 수 있어야 한다. 절점 105가 더 좋은 지점으로 생각되는데 이 위치가 수요중심에 근접해 있기 때문이다. 새로운 고가저수조의 설계경사선은 초기에 140 m로 선정되는데 이것은 연결된 다른 두 탱크와 조화를 이루기 위해서이다. 필요한 경사선을 맞추기 위해 기존 고가저수조와 새로운 고가저수조에 연결된 관을 크게 한다. 따라서 관 9, 23, 31은 각각 관 45, 41, 41에 해당되는 직경의 관으로 교체한다(표 13-12). 이 구배는 탱크 깊이의 중간점으로 시간최대 수요량이 끝날 시점에서도 탱크에서 유지해야 하는 최소 운전수위를 의미한다.

3. 개선된 배수시스템의 성능

a. 정적인 조건(static condition)에서 임계조건에 대한 시스템 개선사항을 확인

위에서 제시한 개선사항을 컴퓨터 모의실험 모델에 입력하였다. 그리고 수많은 반복실행으로 극단적인 상태에서 배수시스템의 거동을 연구하였다. 이 극단적인 상태는 펌프장들에서 유입유량을 정적인 조건에서 또는 배수지 운전수위가 낮거나 높게 입력 모의 실험한다. 독자는 복잡한 배수관망을 모델링하고 확인하는 것이 간단한 일이 아니라는 사실을 깨달아야한다. 수많은 배수관망 연구로부터 얻어진 경험을 바탕으로한 극단적인 상태에서 관망의 중요한 구성요소를 분석하기 위해 기본적으로 확인해야할 필수 사항은 다음과 같다.

- 배수지의 중립점(neutral point)을 확인하고 개발한다.
- 배수지의 운전용량을 확인한다.
- 최소 시스템 수압을 확인한다.
- 배수지 충전 시간(filling time)을 확인한다.
- 최대 시스템 압력을 확인한다.

기본사항에 대한 확인절차와 결과는 다음에 제시한 바와 같다.

i. 배수지의 중립점 개발

배수지 중립점은 만약 총 펌핑 용량이 시스템 수요량과 같을 때, 배수지로의 유입·유출 유량이 없는 상태에서의 수면고를 의미한다. 배수지 중립점은 배수지의 운전범위 내에 있어야 한다. 이상적인 경우 중립점은 배수지의 수위 중간지점에 근접한다. 배수지의 중간 수위는 매우 중요하다. 이 점보다 위는 운전 저장량이고 이 점보다 아래는 비상시의 저장량이다. 배수지의 다양한 운전수위는 그림 13-15에서 볼 수 있다. 설계 예제로서 다음의 조건하에서 배수지 중립점을 개발하고 확인한다.

- 최대 펌핑 용량(정수장 용량의 145%) = 164,600 m^3/d(1905.1 L/s)
  이 용량은 펌프장의 규모에 맞게 시스템내 4개의 펌프장으로 배분된다.
- 배수 수요량 = 164,600 m^3/d(1905.1 L/s)
- 입력 설계 중립점 값은 가장 먼 거리의 기존 고가저수조(절점 125)에서 140 m이다.
  두 번째 기존 고가저수조의 연결을 끊고, 새로운 고가저수조의 후보지 중 하나인 절점 105와 유사한 절점으로 취급한다.

모의실험이 완료된 후 실험의 결과는 배수지와 펌프장의 위치에 따른 운전조건을 제시한다. 주요 모의실험 결과를 표 13-14에 요약하였다. 결과에서 현재 배수지 절점(절점

121)과 새로운 배수지를 제안한 지점(절점 105)에서 압력수두는 140.4 m로 나타났다. 이 수두가 이 위치에서의 배수지의 정적인 중립점(static neutral point)이 된다(140 m). 펌프장에서 정수두(static head)는 운전점을 대표하며 이것은 다른 펌프장의 모든 펌프가 병렬로 운전될 때 시스템 수두-용량 곡선과 펌프 수두-용량 곡선의 교차지점이다. 확인을 위해 가동 중이고 중립점에 있는 모든 배수지에서 동일한 모의실험을 시행하였다. 이 결과를 표 13-14에 제시하였다. 모의실험결과, 배수지의 유입 유출되는 유량이 매우 적어 거의 '0'에 가깝게 나타났다.

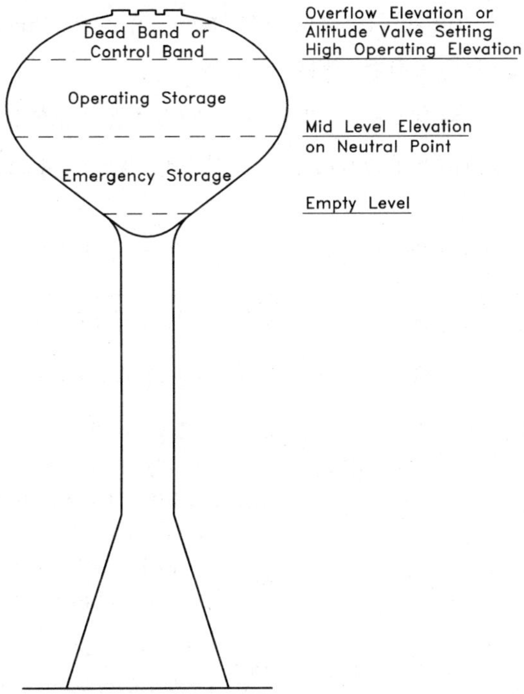

그림 13-15 배수지 운전 범위

ii. 운전 저장용량 확인

배수지의 운전저장량은 시간 최대 수요량을 충족시킬 수 있도록 충분해야 한다.

- 최대 펌프용량 = 164,600 m^3/d(1905.1 L/s)
- 최대 배수 수요량(시간 최대) = 181,700 m^3/d(2103.0 L/s)
- 운전 최고수위에서의 배수지 수면고. 예로서, 모든 배수지에서 운전 최고수위의 설계값은 중간수위보다 5 m정도 높게 한다. 설계자는 저장 필요량과 구조적인 제한을 감안하여 배수지의 고수위를 결정한다.

이 모의실험 결과는 표 13-14에 나타나 있다. 각 배수지로부터 최대 수위저하가 얻어질 수 있다. 여기서 이러한 값과 이용 가능한 부피는 저장량이 고갈되는데 필요한 시간을 계산하는데 사용된다. 잘 설계된 시스템에서 운전저장량을 고갈시키는데 걸리는 시간은 시간최대수요량이 지속되는 시간보다 충분히 길어야 한다. 표 13－15에 운전저장량이 고갈되는데 걸리는 시간이 요약되어 있다. 시간최대 수요량을 충족하지 못한 채 고가저수조가 고갈되면, 운전저장량과 동일한 용량인 비상저장용량으로 계속 공급된다.

ⅲ. 관망내의 저수압 확인

관망내에서 가장 낮은 압력은 배수지의 수면고가 중간점에 있고, 배수펌프는 최대용량으로 운전되며, 시스템 수요량이 시간최대인 조건에서 발생한다. 모의실험으로 결과가 표 13－14에 요약되어 있다. 이 결과에서 가장 낮은 압력은 절점 108에서 36.7 m(52.2 psi)이다. 이 값은 권고된 최소수압 276 kN/m^2 혹은 28.1 m(40 psig)보다 훨씬 높다.

ⅳ. 고가저수조의 충전시간 확인

고가저수조가 채워지는 시간은 수요량이 적을 때 확인되어야 한다. 가장 낮은 시스템 수요량은 55,000 m^3/d(637.0 L/s)으로 정수장 용량의 48.5%이다.

표 13－14 임계 조건에서 시스템 개선을 확인하기 위한 정적 배수시스템(static distribution system) 모의실험[a]

시스템 모의실험	유량(L/s)				동수경사(m)			비고
	기존 펌프장			계획된 펌프장	기존 고가저수조			
	절점 (200)	절점 (201)	절점 (202)	절점 (203)	절점 (125)	절점 (121)	절점 (105)	
i. 배수지의 정적인 중심점을 결정하고 이 지점을 확인	650.0[b]	400.0	400.0	455.4	140.0 (140.0)	Closed (140.4)	Closed (140.4)	절점 131과 121에서 수압이 높을 때와 낮을 때의 수두는 52.6과 37.4 m이다. 총펌핑유량과 수요량은 동일하게 1905.4 L/s이다.
	650.0	400.0	400.0	455.4	140.0 (140.0)	140.4 (140.4)	140.4 (140.4)	
ii. 운전 저장용량을 확인	650.0	400.0	400.0	455.4	140.0 (140.0)	145.0 (145.0)	145.0 (145.0)	저장용량이 완전히 비워지는 시간은 표 13－15에 있다. 총펌핑량과 수요량은 1905.4 및 2103.0 L/s이다.
iii. 시스템 최소압력을 확인	650.0	400.0	400.0	455.4	140.0 (140.0)	140.0 (140.0)	140.0 (140.0)	36.7 m의 최소 수두는 절점 108에서 나타난다. 총펌핑량과 수요량은 1905.4이고 2103.0 L/s이다.
iv. 배수지 충전시간 확인, 3가지 모의실험은 배수지의 충전 속도를 결정	313.8	193.1	193.1	219.7	140.0 (140.0)	140.0 (140.2)	140.0 (140.1)	저장용량을 재충전하는데 필요한 시간은 표 13－16에 있다. 총 펌핑량과 수요량은 919.7과 637.0 L/s이다.
	313.8	193.1	193.1	219.7	140.0 (140.0)	Closed (140.2)	140.0 (140.1)	
	313.8	193.1	193.1	219.7	140.0 (140.0)	Closed (144.4)	Closed (148.1)	
v. 시스템 수압이 높은 지점을 확인	313.8	193.1	193.1	219.7	140.0 (140.0)	Closed (149.4)	Closed (152.1)	56.4 m의 최대 수두는 절점 131에서 나타난다. 총펌핑량과 수요량은 919.7이고 637.0 L/s이다.

a. 수리해석은 켄터키 대학의 수리해석 프로그램인 KYPIPE2, 1,000관, 버전 1.10(8/25/92)을 사용한다.

b. 각 펌프장에서 총유량을 배분하는 것은 펌프장의 용량에 맡겨진다. 총 유입 용량 = 1905.3 L/s

표 13-15 정적인 조건에서 운전저장용량의 소모시간과 수위강하 조건의 요약

조건	기존 고가저수조		계획 고가저수조 (절점 105)
	남부 고가저수조 (절점 125)	모델타운 고가저수조 (절점 121)	
총 저장용량[a](m^3)	4,000	2,000	2,000
사용 가능한 저장용량[b](m^3)	2,000	1,000	1,000
최대 수위강하[c](L/s)	84.9	53.1	59.6
운전 저장용량을 고갈시키는 시간(hr)	6.5[d]	5.2	4.7

a. 기존 고가저수조 용량은 표 5-5에 있다. 계획 고가저수조용량은 1.8.2절의 F4단계에서 결정하였다.
b. 사용 가능한 부피는 총 용량의 절반이다.
c. (표 13-14)에서 모의실험 결과를 얻은 값이다.
d. 고갈시간 $> \frac{2{,}000\,m^3 \times 10^3\,L/m^3}{84.9\,L/s \times 3{,}600\,s/hr} = 6.5\,hr$

이 낮은 수요량은 새벽 0시에서 3시 사이에서 약 4시간 정도 지속된다(그림 13-8). 펌핑유량은 이 수요량을 공급하기에 충분하고 또한 본 예제에서의 배수지를 충전해야 한다. 저자가 판단하기에, 정수장 용량의 70% 수준의 펌핑유량 즉, 79,500 m^3/d(919.6 L/s)이 충분하다고 생각된다. 이 펌핑유량에서 고가저수조를 가득 채우는데 필요한 평균시간은 다음과 같다.

최소 수요량 = 54,000 m^3/d(630.9 L/s)
평균 배수지 충전유량 = 24,500 m^3/d(284 L/s)
모든 배수지에 대한 총 운전용량 = 4000 m^3/d

$$\text{모든 배수지를 가득 채우는데 필요한 시간} = \frac{4{,}000\,m^3/d \times 24\,hr/d}{24{,}500\,m^3/d} = 3.9\,hr$$

그러므로 919.6 L/s의 총 펌핑유량은 낮은 수요량 상태를 만족하고, 낮은 수요량인 4시간 동안 모든 배수지가 충전된다. 총 펌핑유량은 펌프의 용량에 비례하여 다른 펌프장에 배분된다. 그러므로 모의실험조건은 다음과 같다.

총 펌프용량 = 79,500 m^3/d(920.1 L/s)
배수시스템 수요량 = 55,000 m^3/d(637.0 L/s)
중간점에서 고가저수조의 수면고 = 각각 140 m

이 모의실험 결과를 표 13-14에 제시하였다. 배수지의 충전 속도(reservoir filling rate)는 동일하지 않음에 유의하라. 결과적으로 먼저 어떤 한 저수지가 운전 고수위에 도달하게 되고 이 배수지의 충전은 정지하게 된다. 그리고 나머지 두 개의 배수지로 흐름 방향이 전환되어 더 빠른 속도로 충전하게 된다. 이와 같이 두 번째 배수지와 마지막 배수지가 가득 차게 된다. 이 조건은 표 13-14에서 나타낸 결과와 같이 컴퓨터 모의실험으로 확인될 수 있다. 각각의 배수지가 실제로 만수되는 시간이 표 13-16에 요약되어 있다.

표 13－16 정적인 조건에서 고가저수조의 충전시간[a]

조건	기존 고가저수조		계획 고가저수조 (절점 105)
	남부지역 고가저수조 (절점 125)	모델타운 고가저수조 (절점 121)	
만수시 저장용량[b](m^3)	2,000	1,000	1,000
충전속도(3배수지 가동중)(L/s)	(68.7)	(126.7)	(93.3)
충전시간(hr)	–	2.2[c]	–
충전속도(2배수지 가동중)(L/s)	(165.6)	0	(123.1)
충전시간(hr)	–	Full	0.6[d]
충전속도(1배수지 가동중)(L/s)	(288.7)	0	0
충전시간(hr)	1.1[e]	Full	Full
충전 총 시간(hr)	2.2＋0.6＋1.1＝3.9	2.2	2.2＋0.6＝2.8

a. 수리해석은 켄터키 대학의 수리해석 프로그램인 KYPIPE2, 1,000관, 버전 1.10(8/25/92)을 사용한다.

b. 저장 용량은 표 13－15를 따른다.

c. 충전시간 $= \dfrac{1{,}000\,\text{m}^3 \times 10^3\,\text{L/m}^3}{126.7\,\text{L/s} \times 3{,}600\,\text{s/hr}} = 2.2\,\text{hr}$

d. 만수되기까지 남은 시간 $= \dfrac{1{,}000\,\text{m}^3 \times 10^3\,\text{L/m}^3 - 2.2\,\text{hr} \times 93.3\,\text{L/s} \times 3{,}600\,\text{s/hr}}{99.3\,\text{L/s} \times 3{,}600\,\text{s/hr}} = 0.6\,\text{hr}$

e. 남은 용량을 채우는데 걸리는 시간$= \dfrac{2{,}000\,\text{m}^3 \times 10^3\,\text{L/m}^3 - (2.2\,\text{hr} \times 68.6\,\text{L/s} + 0.6\,\text{hr} \times 165.6\,\text{L/s}) \times 3{,}600\,\text{s/hr}}{288.7\,\text{L/s} \times 3{,}600\,\text{s/hr}} = 1.1\,\text{hr}$

ⅴ. 관망에서의 고수압 확인

시스템에서 고수압은 수요량이 가장 낮고, 펌프가 고가저수조를 가득 채우면서 고가저수조의 수면이 운전 고수위에 도달할 때 발생한다. 이 조건에서의 컴퓨터 모의실험 내용이 표 13－14에 나타나있다. 가장 높은 수압 56.4 m(80.2 psi)는 절점 131에서 기록되었는데 이 값은 허용한계 이내에 들어간다.

b. 동적인 조건(dynamic condition)에서 임계조건을 위한 시스템 개선 확인

모든 배수 펌프장에 대한 펌프 특성곡선은 표 13－14에 주어진 시스템 모의실험의 결과로부터 개발된다. 각 수두－용량 값은 펌프장의 운전점을 나타난다. 모든 펌프가 병렬로 운전될 때에는 결합된 수두－용량의 관계가 매끄러운 곡선으로 나타난다. 각 곡선을 그리기 전에 펌프장에 있는 펌프장비를 완전히 이해하고 수정되어야할 것이 무엇인지, 새로운 장비가 이용 가능한지 등을 알 필요가 있다. 독자는 (1) 제조 회사별 특성곡선, (2) 1개의 펌프와 펌프를 병렬로 연결했을 때의 수정된 수두－용량의 곡선, (3) 시스템의 수두－용량 곡선, (4) 펌프 운전점, (5) 펌프 선택 절차와 판단 기준 들에 대해 심도 있게 논의하기 위해서는 7장을 참조한다. 조합된 수두－용량 곡선(combined head－capacity curve) 개발이나 각 펌프장에서 펌프를 선택하기 위해서는 기술자의 판단이 매우 중요하다. 소수의 펌프만 운전될 때에는, 수두－용량 곡선의 변화를 고려하여야 한다.

앞의 모의실험과 깊이 있는 공학적인 조사결과로부터 각 배수펌프장의 특성곡선이 개발된

다. 이 곡선들은 펌프장의 모든 펌프가 운전될 때 병렬조합(parallel combination)을 나타내는 것이다. 각 곡선은 세 운전점에 의해서 표현되었고, 표 13－17에 각 배수펌프장에 설치된 펌프의 수와 세 운전점의 정보가 나타나 있다.

표 13－17 조합 펌프 특성곡선 입력자료와 병렬로 연결된 펌프의 수

배수 펌프장	총용량 (L/s)	총 펌프수	운전점 1 (차단 수두)		펌프 운전점			
					운전점 2		운전점 3	
			유량(L/s)	수두(m)	유량(L/s)	수두(m)	유량(L/s)	수두(m)
북부 펌프장 (절점 200)	723.6	4	0	53.4	504.7	50.1	857.9	40.8
모델타운 펌프장 (절점 201)	318.5	3	0	55.5	397.4	51.0	643.4	42.3
북부펌프장 (절점 202)	318.5	3	0	55.5	397.4	51.0	643.4	42.3
서부지역 펌프장 (절점 203)	544.4	4	0	49.8	378.5	46.4	567.8	40.4

주 : 각 펌프장의 펌프는 모두 동일하고 예비펌프가 1대 있다.

위에서 언급된 펌프 수두－용량 곡선을 이용하여 컴퓨터 모의실험이 수차례 수행되었다. 앞에서 모의 실험된 5개의 정적인 조건이 세 운전점에서 표현되는 펌프곡선을 이용하여 재실행되었다. 이 모의실험은 동적인 상태를 나타낸다(표 13－18). 펌프장에서 운전점과 배수지 운전조건을 컴퓨터 모의실험을 통해 개발하고 앞에서 실행된 결과와 비교한다. 정적 및 동적 펌프 모의실험의 결과 비교는 다음과 같다.

i. 배수지 중립점 확인

정적 및 동적 펌프 모의실험에서 모든 배수지의 정적인 중립점은 140.0～140.4 m 사이에 있다.

ii. 운전 저장용량 확인

배수지의 운전용량은 시간최대 수요량을 맞추기에 충분하다. 최대 수위강하 상태와 동적 펌프 모의실험 하에서 고가저수조가 고갈되는 시간은 표 13－19에 요약되어 있다. 이 동적 펌핑하에서 배수지가 고갈되는 시간 및 정적 펌핑하에서의 고갈시간이 표 13－15에 잘 비교되어 있다.

iii. 관망에서 저수압 확인

동적 펌핑하에서 시스템의 최소수압은 모든 펌프가 시간 최대 수요량을 공급할 때 발생하는데 이것은 임계조건이라 한다. 최대로 펌핑할 때 운전 수두가 가장 낮아지기 때문이다. 이 조건하에서, 배수지 절점 121과 103의 압력 수두는 각각 135.6 m, 136 m이다. 이 압력수두는 배수지의 중립점보다 매우 낮다. 최소압력 51.2 m(72.8 psi)는 절점 131에서 발생한다.

ⅳ. 고가저수조의 충전시간 확인

고가저수조의 충전시간을 동적 펌프조건에서 확인한다. 배수시스템의 수요량은 4시간 동안 가장 낮게 유지되며, 이 시간에 배수지가 가득 찰 것이다. 어느 1개의 배수지가 먼저 운전 고수위에 도달하면, 펌핑량과 수요량의 차이만큼이 나머지 배수지로 전환된다. 배수지의 충전시간은 표 13-20에 요약되어 있다. 모든 배수지는 최소 수요량 기간인 4시간 동안 충전된다는 것에 유의한다.

ⅴ. 관망에서 최대 압력을 확인하라

시스템의 높은 압력은 낮은 수요량 조건에서 나타났고, 배수 펌핑량과 수요량이 일치한다. 이 조건은 모든 배수지가 닫히는 것으로 모의 실험할 수 있다. 가장 높은 압력인 58.5 m(83.2 psi)는 절점 129에서 발생하였다. 이 압력은 적합한 범위 안에 있다.

표 13-18 임계상태에서 시스템 개선 확인을 위한 펌프 수두-용량 곡선을 이용한 동적 배수시스템 모의실험[a]

시스템 모의실험	펌프장 위치			계획 펌프장	동수경사(m)			비고
	절점 (200)	절점 (201)	절점 (202)	절점 (203)	절점 (125)	절점 (121)	절점 (105)	
ⅰ. 배수지의 정적인 중심점을 결정	(656.1)	(393.9)	(401.0)	(457.4)	Closed (140.0)	Closed (140.3)	Closed (140.4)	절점 131과 121에서 높을 때와 낮을 때의 압력은 52.6과 37.4이다. 총수압과 수요량은 1908.4와 1,908.1 L/S이다.
ⅱ. 운전 저장용량을 확인	(656.1)	(395.6)	(386.8)	(443.1)	145.0 (144.9)	145.0 (145.0)	1475.0 (145.0)	저장용량이 텅비는 시간은 표 13-19에 있다. 총 펌핑량과 수요량은 1,881.6과 2,103.0 L/s이다.
ⅲ. 최소 시스템 수압을 확인	(708.4)	(439.3)	(447.8)	(507.5)	Closed (140.0)	Closed (135.6)	Closed (136.0)	절점 131에서 최소 압력수두는 51.2이다. 총 펌핑량과 수요량은 2,103.0과 2,103.0 L/s이다.
ⅳ. 배수지 만수시간을 확인, 3가지 모의실험은 배수지의 만수 시간을 결정하기 위해 사용	(457.4)	(200.8)	(236.9)	(163.0)	140.0 (140.3)	140.0 (140.5)	140.0 (140.2)	배수지 용량의 재충전하는 시간이 표 13-20에 있다. 시스템 수요량은 630.9 L/s이다. 3개, 2개, 1개 배수지를 가득 채울 때 총 펌핑 속도는 각각 1,158.1, 1,117.1 그리고 999.4 L/s이다.
	(449.0)	(192.9)	(226.1)	(249.1)	140.0 (141.0)	Closed (144.1)	140.0 (140.4)	
	(419.8)	(173.0)	(211.9)	(189.7)	140.0 (141.6)	Closed (146.5)	Closed (152.0)	
ⅴ. 시스템의 수압이 높은 지점을 확인	(374.6)	(113.8)	(75.9)	(66.5)	Closed (157.2)	Closed (157.3)	Closed (157.7)	절점 129에서 최대압력수두는 58.5 m이다. 총 펌핑 속도와 수요량은 630.9와 630.9 L/s이다.

a. 수리해석은 켄터키 대학의 수리해석 프로그램인 KYPIPE2, 1,000판, 버전 1.10(8/25/92)을 사용한다.

표 13-19 동적 상태에서 운전 배수지용량의 고갈시간과 수위강하 조건에 대한 요약

조건	기존의 고가저수조		계획 고가저수조 (절점 105)
	남동부지역의 고가저수조 (절점 125)	모델타운 (절점 121)	
사용가능한 저수용량[a](m^3)	2,000	1,000	1,000
최대 수위강하 속도(L/s)	92.2	63.9	65.6
운전 저장 용량의 고갈 시간(hr)	6.0	4.4	4.2

a. 표 13-15에서 저장용량 자료

4. 소화용수 사용하에서 수압

저수압 조건은 소화용수를 사용할 때 발생된다. 그러므로 배수시스템은 일 최대 수요량이 있을 때의 소화용수량을 동시에 확인해야 한다. 총 시스템 수요량은 정수장 용량의 100%를 유지하고, 임계상태가 일어날 수 있는 절점에 총 소화용수를 배치한다. 일반적으로 가장 먼 절점을 확인하게 되는데 이곳에서 대부분 임계조건이 발생하기 때문이다. 본 설계 예에서, 소화용수를 고려하는 조건에서 임계수압은 가장 먼 절점에 소화용수를 배치하여 확인한다. 고가저수조에서 수면고는 중간수위에 있기 때문에 비상저장량이 이용되는 임계수압상태가 된다. 저수압을 확인하기 위해서 컴퓨터 모의실험을 수행한다. 소화용수를 다음의 절점으로 이동시키고 컴퓨터를 다시 실행하여 확인한다. 이런 과정을 반복하여 전체 배수시스템에 걸쳐 확인하고 검증한다. 소화용수 조건에서 임계압력이 State Board of Insurance에서 요구하는 다음의 조건에 맞는지 확인한다.

일 최대 유량에서의 시스템 수요량 = 113,500 m^3/d
배수지에서 수면고 = 중간 수심
밀집도가 높은 주거지역에서의 소화용수 = 47.5 L/s
단독주택 주거지역의 소화용수= 31.7 L/s
상업지역의 소화용수 = 95 L/s
공장지역의 소화용수 = 190 L/s

소화용수는 절점 106(공장지역), 102(주거지역), 120 그리고 124(상가지역)에 적용하였다. 결과는 표 13-21에 요약하였다. 소화용수량과 일 최대 수요량에 일치하는 최소요구수압은 138 kPa(20 psi)이다. 배수시스템에서 실제 최소수압은 요구되는 값보다 훨씬 높다.

5. 권고 개선안을 포함한 컴퓨터 모의실험 최종결과

단계3, 4의 소화용수 구성요소와 임계조건에 대하여 본 배수시스템의 단계 G.2에서 권고된 개선안이 점검되었다. 많은 컴퓨터 모의실험이 수행되었고, 이 구성요소를 확인하는 요약결과가 표 13-14로부터 13-21에 걸쳐 제시되어 있다. 모든 개선안은 배수관망에 아주 잘 맞는다. 완벽을 위해서 컴퓨터 입출력자료 전부와 함께 모의실험한 결과를 이번 장에서 제시하였다. 모의실험에는 (1) 시간 최대 수요량, (2) 최대용량에서 배수펌프 운전, (3) 모든 배수지가 만수되고

잔여 수요량을 제공하기 위해 대기하는 것을 포함한다. 모의실험에서 이용된 펌프자료는 표 13-22에서 제공되어 있다. 컴퓨터 모의실험의 모든 출력 결과는 표 13-23에 나타나 있다. 결과는 배수시스템에서 전반적으로 만족스러운 개선상태를 나타낸다.

404.4 kPa에서 519.0 kPa의 수압은 적절한 범위 안에 들어간다. 관로유속은 일반적으로 2 m/s이다. 총 시스템 수요량 181,700 m^3/d(2103.3 L/s)는 배수펌프를 사용하여 충족시킨다. 배수펌프장과 고가저수조의 유량은 표 13-24에 있다. 설계유량대로 운전되는 기존 시스템(표 13-13)과 모의실험 결과를 비교해 보라. 그리고 현재 시스템의 문제점과 제안된 시설 개선계획의 문제점을 어떻게 잘 해결하는지 알아보도록 한다.

표 13-20 동적상태에서 고가저수조의 충전시간 확인[a]

조건	기존의 고가저수조		계획 고가저수조 (절점 105)
	남동부지역의 고가저수조 (절점 125)	모델타운 (절점 121)	
채워져야 할 용량[b](m^3)	2,000	1,000	1,000
충전속도(3개수조-가동중)(L/s)	(132.9)	(222.0)	(172.3)
충전시간(hr)	–	1.3[c]	–
충전속도(2개수조-가동중)(L/s)	(277.0)	Full	(209.2)
충전시간(hr)	–	0	0.3[d]
충전속도(1개수조-가동중)(L/s)	(363.5)	Full	Full
충전 시간(hr)	0.8[e]	0	0
충전 총 시간(hr)	1.3+0.3+0.8=2.4	1.3	1.3+0.3=1.6

a. 수리해석은 켄터키 대학의 수리해석 프로그램인 KYPIPE2, 1,000관, 버전 1.10(8/25/92)을 사용한다.
b. 표 13-15에서 저장용량 자료
c. 충전시간 $= \dfrac{1{,}000\,\text{m}^3 \times 10^3\,\text{L/m}^3}{222.0\,\text{L/s} \times 3{,}600\,\text{s/hr}} = 1.3\,\text{hr}$
d. 남은 용량을 충전하는 시간. $\dfrac{1{,}000\,\text{m}^3 \times 10^3\,\text{L/m}^3 - 1.3\,\text{hr} \times 172.3\,\text{L/s} \times 3{,}600\,\text{s/hr}}{209.2\,\text{L/s} \times 3{,}600\,\text{s/hr}} = 0.3\,\text{hr}$
e. 남은 용량을 충전하는 시간 $= \dfrac{2{,}000\,\text{m}^3 \times 10^3\,\text{L/min} - (1.3\,\text{hr} \times 132.9\,\text{L/s} + 0.3\,\text{hr} \times 277.0\,\text{L/s}) \times 3{,}600\,\text{s/hr}}{363.5\,\text{L/s} \times 3{,}600\,\text{s/hr}} = 0.8\,\text{hr}$

표 13-21 소화용수 사용상태에서 배수시스템 확인 [a]

절점별 적용된 소화유량	총 소화용수량(L/s)	총 펌핑 속도(L/s)	절점과 최소 압력수두			
			절점	m	kPa	psi
106(공장)	189.3	(1,701)	121	37.1	363.9	52.7
112(주거지)	47.5	(1,615)	121	37.2	364.4	52.8
120(상가)	95	(1,630)	121	37.1	364.0	52.7
124(상가)	95	(1,582)	124	36.5	358.1	51.9

a. 수리해석은 켄터키 대학의 수리해석 프로그램인 KYPIPE2, 1,000관, 버전 1.10(8/25/92)을 사용한다.

표 13-22 설계유량조건에서 개선된 배수시스템의 수리해석을 위한 입력펌프자료

펌프 ID		특성	
이름	위치	수두(m)	유량(L/s)
북부 고가저수로와 펌프장	관 55	53.4	0
		50.1	504.7
		40.8	857.9
모델타운 고가저수로와 펌프장	관 56	55.0	0
		51.0	397.4
		42.3	643.4
북동부 고가저수로와 펌프장	관 57	55.0	0
		51.0	397.4
		42.3	643.4
새로운 서부지역의 펌프 복합단지	관 58	49.8	0
		46.4	378.5
		40.4	567.8

표 13-23 설계유량조건에서 개선된 배수시스템의 수리해석에 대한 결과자료[a]

관로 결과				
관 번호	유량(L/s)	손실수두[b](m)	관내 유속(m/s)	HL/1000(m/m)
1	589.9	2.1	1.3	1.9
2	17.9	0.2	0.3	0.3
3	142.4	2.7	1.1	2.7
4	55.5	2.7	0.8	2.2
5	−126.5	0.8	0.6	0.8
6	−240.2	1.8	1.2	2.5
7	30.2	1.2	0.4	0.8
8	121.1	1.7	0.9	2.0
9	135.9	1.3	0.9	1.6
10	−9.0	0.1	0.1	0.1
11	−43.5	1.3	0.6	1.4
12	52.5	2.3	0.7	2.0
13	74.8	1.5	0.6	0.8
14	210.9	4.3	1.3	4.1
15	316.0	1.3	1.1	2.0
16	68.2	5.5	1.0	3.7
17	62.5	1.9	1.0	3.1
18	37.0	0.5	0.5	1.2
19	36.6	0.9	0.5	1.2
20	39.0	2.2	0.6	1.3

표 13-23 설계유량조건에서 개선된 배수시스템의 수리해석에 대한 결과자료[a](계속)

관로 결과				
관 번호	유량(L/s)	손실수두[b](m)	관내 유속(m/s)	HL/1000(m/m)
21	16.2	0.3	0.2	0.3
22	49.8	3.1	0.7	2.1
23	78.9	1.3	0.6	0.9
24	42.8	2.5	0.6	1.3
25	59.1	2.3	0.8	2.8
26	−3.3	0.0	0.1	0.0
27	54.2	2.2	0.8	2.4
28	53.0	1.6	0.8	2.0
29	−269.2	0.9	0.9	1.3
30	352.8	0.7	1.2	2.1
31	22.9	0.1	0.2	0.1
32	20.9	0.6	0.3	0.4
33	20.9	0.4	0.3	0.4
34	20.2	1.0	0.3	0.5
35	4.9	0.1	0.1	0.0
36	29.5	0.9	0.4	1.1
37	45.8	2.5	0.7	2.5
38	130.8	1.0	0.8	2.4
39	82.2	1.8	0.6	1.1
40	164.7	4.6	1.0	3.7
41	83.9	0.6	0.5	1.1
42	167.5	3.4	1.3	4.2
43	376.0	1.9	1.3	3.8
44	24.5	0.0	0.2	0.1
45	20.1	0.1	0.2	0.1
46	−432.9	1.2	1.5	3.1
47[c]	−92.2	0.1	0.6	1.3
48[d]	−63.9	0.1	0.4	0.5
49	655.9	0.0	1.5	2.3
50	395.6	0.0	1.4	3.0
51	386.8	0.0	1.3	4.0

표 13-23 설계유량조건에서 개선된 배수시스템의 수리해석에 대한 결과자료[a](계속)

관로 결과				
관 번호	유량(L/s)	손실수두[b](m)	관내 유속(m/s)	HL/1000(m/m)
52	399.6	5.3	1.4	2.6
53[e]	−65.6	0.0	0.4	0.4
54	443.1	0.3	1.5	3.2
55[f]	655.9	0.3	1.5	2.3
56[aa]	395.6[bb]	0.3	1.4	2.6
57[cc]	386.8[dd]	0.3	1.3	2.5
58[ee]	443.1[ff]	0.4	1.5	3.2

절점 결과				
절점번호	동수경사(m)	절점표고(m)	압력수두(m)	절점수압(m)
100	157.6	111.0	46.6	457.4
101	155.6	109.0	46.6	456.9
102	150.3	106.0	44.3	434.6
103	147.6	105.0	42.6	417.8
104	144.9	102.0	42.9	420.8
105	145.0	102.0	43.0	421.3
106	148.5	107.0	41.5	406.5
107	150.2	108.0	42.2	413.9
108	150.2	109.0	41.2	404.4
109	151.1	109.0	42.1	412.8
110	151.8	109.0	42.8	420.0
111	146.3	104.0	42.3	414.5
112	148.6	106.0	42.6	417.9
113	150.1	107.0	43.1	422.6
114	148.2	106.0	42.2	414.0
115	154.4	107.0	47.4	465.0
116	155.7	107.0	48.7	477.7
117	148.9	105.0	43.9	430.7
118	148.6	103.0	45.6	447.3
119	147.7	106.0	41.7	408.8
120	145.5	104.0	41.5	407.3
121	145.0	103.0	42.0	411.4
122	142.7	101.0	41.7	408.9
123	142.5	100.0	42.5	416.7
124	142.7	99.0	43.7	428.7
125	144.9	100.0	44.9	440.1

표 13-23 설계 유량조건에서 개선된 배수시스템의 수리해석에 대한 결과자료(절점결과)[a](계속)

절점 결과				
절점번호	동수경사(m)	절점표고(m)	압력수두(m)	절점수압(m)
126	145.0	99.0	46.0	450.8
127	145.9	102.0	43.9	430.5
128	146.9	102.0	44.9	439.9
129	147.4	99.0	48.4	475.0
130	152.0	102.0	50.0	490.4
131	153.9	101.0	42.9	519.0
132	153.1	111.0	42.1	412.4
200	157.7	111.0	46.7	457.6
201	155.7	105.0	50.7	497.6
202	154.0	103.0	51.0	499.7
203	153.4	109.0	44.4	435.1

a. 수리해석은 켄터키 대학의 수리해석 프로그램인 KYPIPE2, 1,000관, 버전1.10(8/25/92)을 사용한다.
b. 국부손실(미소손실, minor losses)계수는 배수시스템의 모든 관에서 0이다.
c. 남동부 고가저수조에서 동수경사는 145 m로 고정된다고 가정한다. 고가저수조는 관 47에 의해 절점 125에 연결된다.
d. 모델타운 고가저수조에서 동수경사는 145 m로 고정된다고 가정한다. 이 저수조는 관 48에 의해 절점 121에 연결된다.
e. 남서부의 계획 고가저수조에서 동수경사는 145 m로 고정된다고 가정한다. 이 저수조는 관 53에 의해 절점 105에 연결된다.
f. 절점 200에 위치한 북부 배수지와 펌프장에서 동수경사는 111.0 m로 고정된다고 가정한다.
g. 총 동수두(전양정, TDH) 47.0 m
aa. 절점 201에 위치한 모델타운의 지면배수지 및 펌프장에서 동수경사는 105.0 m로 고정된다고 가정한다.
bb. 총 동수두 51.0 m
cc. 절점 202에 위치한 북동부의 지면배수지 및 펌프장에서 동수경사는 103.0 m로 고정된다고 가정한다.
dd. 총 동수두 51.3 m
ee. 절점 203에 위치한 서부지역 펌프복합단지의 지면배수지에서 동수경사는 109.0 m로 고정된다고 가정한다.
ff. 총 동수두 44.8 m

표 13-24 배수펌프장과 고가저수조로부터의 유량

유입수 공급지	유량(L/s)
배수펌프장	
북부 펌프장(절점 200과 관 55)	655.9
모델타운 펌프장(절점 201과 관 56)	395.6
북동부 펌프장(절점 202와 관 57)	386.8
계획한 서부지역의 펌프 복합단지(절점 203과 관 58)	443.1
총 배수 펌핑량	1,881.4
고가 수조	
남동부 고가저수조(절점 125와 관 47)	92.2
모델타운 고가저수조(절점 121과 관 48)	63.9
계획 고가저수조(절점 105와 관 53)	65.6
고가저수조로부터의 총 유량	221.7
배수시스템에서의 총 유량	**2,103.1**

컴퓨터 모의실험에 의해 배수시스템의 수리해석을 연구하는 모델을 간단히 나타내었다. 시스템 설계 개선을 위해서 다른 모의실험 즉, (1) 각 펌프시설의 고장, (2) 여러 가지 다른 수요량 하에서 고가저수조의 충전, (3) 고가저수조가 충전되거나 수요량을 공급하는 다른 조건, (4) 고가저수조의 월류 등에 대해 고려하는 것이 가능하지만 여기에서는 제시되지 않는다.

13.9 물의 화학적 안정성, 정수지, 송수펌프, 배수시설을 위한 운전, 유지관리 및 문제해결

13.9.1 공통적인 운전상의 문제점과 해결 방법

1. 배수지

   정수지, 지면배수지 그리고 고가저수조는 기계적인 설비들이 거의 없어서 문제점을 거의 유발하지 않는다. 다음은 공통적인 문제점과 이에 관련한 해결 방법에 대한 지침이다.

   a. 탱크에서 배출되는 물이 주기적으로 곰팡이 혹은 나쁜 맛을 내는 것은 (1) 심각한 단회로 현상 혹은 정체구역의 존재, (2) 먼지, 슬러지 또는 배수지 바닥의 고형물 축적, (3) 탱크 내 잔류염소의 부족과 같은 이유 때문이다. 이때는 탱크의 배출구 및 여러 지점에서 잔류농도 검사를 시행한다. 탱크의 배출수에서는 잔류염소가 존재하지만 탱크의 어느 부분에서는 잔류염소가 나타나지 않는다면 탱크내의 흐름이 나쁨을 의미한다. 이를 위해서는 탱크내의 흐름 성능을 향상시키기 위해서 격벽 설치를 고려한다. 배출수에서 잔류염소가 부족한 것은 염소 주입량이 부족하거나 탱크 내의 염소 요구량이 큰 것을 의미한다. 이를 위해서는 고형물 축적이나 비정상적인 미생물 성장 또는 오염 가능성을 점검하고 탱크를 청소한다.

   b. 정수지 또는 지하 배수지에서 와류가 있으면 펌프 운전시 소음이 발생한다. 배수지의 유출상태를 확인하고, 와류현상이 있는지 관찰한다. 이를 교정하기 위해서 배출관에 와류방지판(vortex plate)을 설치하거나 부판(floating plate)을 설치한다(7장 참조).

2. 수질 개량 및 안정화 시스템

   안정화 시스템과 관련된 운전상의 문제는 주로 액상 혹은 고체상의 화학약품 주입장치에서 발생한다. 약품 주입장치들에 대한 문제 해결방법에 대해서는 8장을 참조한다. 그 밖의 운전상의 문제가 있는 안정화 시스템의 문제해결 방법은 다음과 같다.

   a. 배수시스템에서 적색 또는 갈색의 물이 나타나는 것은 물이 부식성을 가지고 있음을 의미한다. 부식성의 다른 지표는 정수장에서 처리된 물보다 납, 구리, 철의 농도가 높게 나타나는 것이다. 이 때에는 부식성을 낮추기 위해 물을 안정화시켜야 하는데 이를 위해 소석회($Ca(OH)_2$), 가성소다($NaOH$) 혹은 소다회(Na_2CO_3)를 넣어서 pH와 알칼리도를 상승시킨다.

물의 안정도를 확인하고 정수지에서 유출되기 전에 물이 어느 정도 스케일을 형성시킬 수 있도록 한다.

b. 급수장치와 배관 부속물에 스케일이 심하게 형성된다고 민원이 나온다면 그 물은 침적성이 있다는 것을 알 수 있다. 이때는 재탄화 혹은 산 첨가 등의 방법으로 pH를 낮추어야 한다.

3. 펌프장

송수펌프와 배수펌프에서 생기는 전형적인 작동 문제와 문제 해결 방법은 원수를 펌핑하는데 있어서의 문제점 발생과 비슷하다. 원수 펌프에 대해서는 7장을 참조한다.

4. 배수시스템

배수시스템과 연관된 전형적인 문제는 저수압이나 고수압, 정체수 등이다. 각 상태에 대한 문제 해결 방법은 다음과 같다.

a. 배수시스템에서 일부 구간이 저수압을 나타내는 원인은 여러 가지가 있다. 일반적인 원인은 완전히 혹은 부분적으로 닫힌 밸브 때문이다. 이때에는 해당지역으로 물을 공급하는 배수관에서의 밸브와 해당 지역 밸브를 모두 확인한다. 저수압의 다른 원인은 관경이 부적합하기 때문이다. 이때에는 손실수두가 높은 지역을 찾아서 개선을 위한 조치사항을 결정하기 위해서 시스템의 컴퓨터 모의실험 연구를 수행한다. 배수시스템의 부분적인 저수압은 동수경사의 수압면보다 표고가 상대적으로 높기 때문에 발생할 수 있다. 이것은 컴퓨터 모델로 확인할 수 있다. 이에 대한 개선조치는 부스터 펌프(booster pump)를 이용하여 수압면을 높이는 것이다. 종종 배수시스템에서 큰 누수가 생기면 수압이 낮아지게 되는데 이때는 누수의 징후를 찾아서 해당 배수관을 복구하도록 한다.

b. 높은 수압은 밸브가 부분적 혹은 완전히 닫히는 것이 원인이다. 지역의 모든 밸브를 확인하고, 특히 고가 탱크에 보내는 밸브를 확인한다. 부적합한 관 크기 또한 높은 압력의 원인이 된다. 문제점을 확인하기 위해 컴퓨터 모의실험 연구를 행하라. 또 다른 원인은 지표 표고가 너무 낮기 때문일 수도 있다(동수경사와 연관되어). 모델연구를 수행하고, 감압밸브를 설치한다. 높은 수압은 또한 과잉 펌프용량에서 비롯된다. 이때에는 가동 펌프수를 줄이고, 펌프 임펠러를 바꾸거나, 운전 속도를 낮추어 용량을 줄인다.

c. 물이 정체하는 것은 관망의 말단 지점이나 닫힌 밸브의 영향으로 배관의 관말지점이 만들어지는 결과 때문이다. 밸브를 완전히 열고, 관망의 말단부를 없애야 한다. 관이 완전한 폐회로가 되도록 연결한다. 만약 불가능하다면, 규칙적으로(매주) 관말지점을 청소한다. 낮은 수요량이나 큰 관 크기 때문에 배관속도가 낮은 것 또한 정체의 원인이 된다. 정기적으로 관을 청소함으로써 정체되지 않게 한다.

13.9.2 운전 및 유지관리 지침

운전 및 유지관리 항목에 따라 배수시스템을 만족스런 운전 상태로 유지하는 것이 필요하다.

1. 배수지

   정수지, 지면배수지, 그리고 고가저수조의 운전 및 유지관리에 필요한 사항은 일반적으로 서로 동일하다.

   a. 탱크의 부식, 고형물 퇴적, 유입·유출구의 막힘 그리고 구조물의 일반적인 상태를 검사한다.
   b. 철로 만든 탱크의 손상이나 부식을 수리하고 필요하면 다시 페인트 칠을 한다.
   c. 매월 통기구 및 월류구가 깨끗한지 확인하고 청소한다.
   d. 원거리에 있더라도 보안점검을 위해 적어도 매일 시설을 방문하고 방벽(fense), 출입구, 혹은 자물쇠 등에 이상이 없는지를 확인한다.

2. 물의 화학적 특성 개량(water conditioning) 및 안정화(stabilization) 시스템

   a. 매일 물의 화학적 안정도를 점검한다. 정기적인 실험자료를 이용하여 LI와 RI 지수를 계산하거나 “marble test”를 수행한다. 또한 원수의 수질이 변할 때, 그리고 화학약품 주입량 또는 처리 공정이 변경되었을 때 물의 안정도를 재확인한다. 필요하면 화학약품 주입량을 조절한다.
   b. 부식 제어를 위한 조치들이 제대로 수행되고 있는지를 확인하기 위하여 매월 배수시스템의 시험 급수전에서 시료를 채취하고 납과 구리의 농도를 측정한다.

3. 펌프장

   송수펌프장 그리고 배수펌프장에서 필요한 운전과 관리상 필요한 것은 원수 펌프장과 동일하다. 이것은 7장을 참조하도록 한다.

4. 배수시스템

   a. 누수나 불법사용량을 찾기 위해 정기적으로 배관을 순찰한다.
   b. 높고 낮은 수요량 기간 동안 시스템 수압을 확인한다. 특히 시스템의 먼 지점에서 고지대와 저지대에서의 압력을 확인한다. 만약 비정상적인 상황이 발생하면 즉시 개선 조치를 취하도록 한다.
   c. 배수시스템에서 먼 지점의 잔류염소를 확인한다. 낮은 수요기간 동안 최소 염소농도를 유지하는지 확인한다.
   d. 관이나 지역의 말단부위에 정체구역을 대상으로 적어도 매달 방류세척(flush out)을 실시한다. 심한 경우에는 세척의 빈도를 늘려야 한다.
   e. 배수관을 수리하거나 작업을 할 때 고품질의 자재를 사용한다. 물과 접촉하는 장비나 부품들은 위생적으로 취급하고 공급수에 오염물이 유입되지 않도록 한다. 공정을 빈틈없이 수행하고 높은 잔류염소의 물을 사용한다. 문제가 발생한 지역에는 일시적으로 잔류염소의 농도를 증가시키기 위해 해당 관로에 염소를 주입한다.

13.10 사양(Specification)

안정도 제어장비, 정수지, 송수펌프, 지면배수지, 고가저수조, 배수펌프 및 배수관에 대한 간단한 사양이 제시된다. 이 사양은 설계에 대해 좀 더 완전하게 설명하도록 제공된다. 짧고 간단한 내용을 유지하기 위해 많은 상세사항이 의도적으로 생략된다. 그러므로 사양은 좀 더 상세한 사양을 준비하기 위한 안내서 정도로 사용되었으면 한다. 설계에 이용되는 어떤 장치에 대한 설계와 상세사양을 준비하는 동안 장치 제조사의 의견을 들어야 한다.

13.10.1 안정도 제어 장비

건설계약자는 소다회(Na_2CO_3) 저장장치와 주입장치를 설치하고 공급한다. 이 시스템은 (1) 2개의 건조 소다회(Na_2CO_3) 저장장치, (2) 2대의 건조-화학약품 주입장치, (3) 2개의 용액 탱크, (4) 3개의 계측 펌프, (5) 완전한 시스템을 만들기 위해 필요한 모든 배관, 부속장치, 밸브 그리고 갖가지 물품, (6) 액체가 새어나오는 것을 막기 위해 용액탱크 둘레에 설치할 2차 용기시설로 구성된다.

비슷한 화학약품 시스템에 대한 사양과 상세설계는 8장과 11장에서 언급하였다. 이 정보는 여기서 반복하지 않기로 한다. 독자는 이 장에서 관련된 정보를 검토하고 필요한 구성요소의 사양과 설계를 개발하도록 한다.

13.10.2 염소 접촉수로

건설 계약자는 정수지의 근처에 콘크리트 염소 접촉수로를 건설한다. 콘크리트는 최소 28일, 강도 27,600 kPa(4000 psi)의 압축력을 가져야 한다. 챔버는 깊이 9 m, 폭 4.5 m, 길이 40 m이고, 수로의 유효길이는 30 m인 것이 좋다. 물은 수로를 흘러 지나가고 위어를 넘어 정수지 안으로 유입된다. 염소 분산장치가 수로의 시작점에 설치되고, 암모니아와 탄산나트륨(Na_2CO_3)용액의 분산장치는 수로 끝부분에 설치하여 염소소독의 유효길이를 대략 30 m로 유지하게 한다.

13.10.3 정수지

건설계약자는 각각 14,400 m^3의 2개의 정수지를 건설한다. 각 정수지는 27,600 kPa(4000 psi)의 콘크리트로 건설하고 40 m^2의 면적에 깊이 9 m로 건설된다. 정수지는 송수펌프장과 염소소독 수로에 연결되고 정수지 바닥은 펌프 흡입관을 향해 약간 경사지게 한다. 가동하기에 앞서 정수지의 내부표면 전체를 고농도의 차아염소산 용액으로 소독한다. 소독 후에 물을 채취하여 세균이 남아있지 않은지 확인하기 위해 검사하도록 한다.

13.10.4 송수펌프장

건설계약자는 송수펌프장을 설치한다. 펌프장 구조물은 정수지와 일체가 되고, 6대의 송수펌프와 여과지를 역세하는 3대의 펌프를 배치한다. 정수장 용수는 처리수 송수관에서 분기하여 인출할 수 있으며, 각 펌프들은 양쪽 중 하나 혹은 양쪽 모두의 정수지에서 물을 흡입할 수 있도록 한다.

1. 펌프

   모든 펌프는 수평분할형식에 방사류 형식으로 선정하였다. 송수펌프 및 역세펌프는 설계용량과 수두를 만족할 수 있어야 한다. 6대의 송수펌프와 3대의 여과지 역세펌프가 필요하다. 각 펌프는 전체 운전 범위를 통틀어 최대 제동마력 이상의 동력을 가진 교류 전기유도 모터로 설치한다. 이 모터는 480 V, 60 Hz, 3상 타입이다. 펌프는 다음의 재질로 제조된다.

케이싱	주철
임펠러	스테인리스 스틸 또는 동
임펠러 축	탄소강
축 슬리브	스테인리스 스틸 또는 동
밑판	탄소강

   펌프는 기계적인 방수장치, 슬리브 형식의 방사형 베어링과 마찰방지 베어링으로 구성된다. 펌프와 모터는 바닥판에 설치하고 전체 주변을 따라 배수용 홈을 설치한다.

2. 배관

   모든 관은 (1) American Water Works Standard C150에 맞는 덕타일 주철관이나 (2) American Water Works Standard C200에 맞는 강철관으로 한다.

3. 밸브

   제수밸브는 버터플라이 유형으로 하고, 체크 밸브는 틸팅디스크(tilting-disc)형으로 한다.

4. 구조물

   펌프장 구조물은 최소 28일 27,600 kPa(4,000 psi)의 압축강도를 가진 콘크리트로 건축된다.

13.10.5 지면배수지

1. 신규 지면배수지

   서부지역 펌프 단지에 새로운 지면배수지를 건설한다. 탱크는 용접된 강철이나, PS 콘크리트(prestressed concrete)로 건설한다. 용접강철탱크는 미국수도협회(American Water Works Association, AWWA), 미국 용접 협회(American Welding Society, AWS), 미국 철강건설 협회(American Institute of Steel Construction, AISC)의 참조코드, 절차 및 표준을 따르고 먹는 물 사용에 적합한 높은 질의 에폭시 코팅으로 칠한다.

   PS 콘크리트 탱크는 AWWA와 미국 콘크리트 협회(American Concrete Institute, ACI)의 참조코

드, 절차와 표준에 맞게 만든다. 건설하는 유형에 관계없이 탱크에 접근 사다리를 설치하고, 빗물 방지 천장문, 잠금장치 및 스테인리스로 된 해충망이 있는 안전 통기구를 설치한다.

2. 기존 지면배수지

모든 기존 지면배수지는 설계계획서대로 개량한다.

13.10.6 배수 펌프장

1. 신규 배수펌프장

서부지역 펌프장 부지에 새로운 복합 배수펌프장을 건설한다. 펌프장은 2대의 추가 펌프를 더하여 용량을 만족하는 총 3대의 펌프를 설치한다. 펌프는 교류 전자유도 모터를 사용하는 수직터빈형식이다. 펌프 컬럼과 헤드는 강철 또는 주철로 만들어진다. 펌프 축은 스테인리스 스틸이며 윤활유를 칠한 슬리브 베어링이 부착되어 있다. 임펠러는 청동이다. 펌프장 구조물은 벽돌 건축물이고 지붕은 아스팔트로 만든다. 관은 연철이나 강철로 한다. 제수밸브는 버터플라이 타입으로 한다. 체크밸브는 틸팅디스크형이다.

2. 기존 배수장 그리고 펌프장

모든 기존 펌프장비는 설계계획을 구체화하여 배수펌프장 요구조건에 적합하도록 재건설한다.

13.10.7 배관

관로는 설계대로 계획된 위치에 건설한다. 관경과 종류 그리고 부속품 또한 도면에서 제시한 대로 한다. 제시된 대로 덕타일 주철관은 AWWS C150에 맞게 하고, 강철관은 AWWS C200, PS 콘크리트 원형관은 AWWS C301과 C303에 맞게, PVC관은 AWWS C900에 맞도록 한다. 관로는 관의 외경보다 가로로 대략 1 m 넓게 파여진 도랑에 설치한다. 도랑은 관의 윗부분에서 30 cm까지 수직으로 한고, 30 cm 이상은 안전각도가 되도록 기울인다.

13.10.8 고가저수조

1. 신규 고가저수조

2,000 m^3 강철 고가저수조를 도면에 그려진 높이로 새로 건설한다. 전체 모양과 형식은 소유주에 의해 선정되며, 저수조는 바닥에서부터 꼭대기까지 직립파이프가 설치되고 그 내부에 적합한 안전장치가 있는 고정된 사다리를 부착한다. 지붕에는 직립 파이프로 들어오는 출입문이 있어야 하고, 저수조 내부에는 해충망이 설치된 통풍구가 있어야 한다. 저수조의 내부에는 바닥으로 내려 갈 수 있는 부착된 사다리가 있어야 하고, 먹는 물 공급에 적합한 매우 성능이 뛰어난 산업용 코팅으로 저수조의 내외부를 칠한다.

2. 기존 고가저수조

기존 고가저수조 모두 설계에서 명시한 대로 개량한다.

문제 및 토론

13.1 다음의 예제로 Langelier 지수와 Ryznar 지수를 계산하라. 이 물은 스케일이 형성되는가? 부식되는가? 가능한 선택 처리 요구사항에 대해 말해보라.

온도	10℃
pH	8.5
총 용존 고형물	280 mg/L
칼슘이온 농도	60 mg/L as Ca^{2+}
총 알칼리도(중탄산염만 고려)	91 mg/L as $CaCO_3$

13.2 물 시료에 대해 마블 검사(marble test)를 시행한다. 초기 알칼리도는 96 mg/L as $CaCO_3$이다. 최종 알칼리도는 105 mg/L as $CaCO_3$이다. 이 물은 스케일이 형성되는가? 부식되는가? 선택 처리 요구사항에 대해 말해보라.

13.3 주어진 펌핑량과 수요량으로 수요량과 펌핑량의 균형을 조절하기 위해 필요한 배수지의 최소 크기를 계산하라. 작도법 및 스프레드시트 방식을 이용하라.

시 간	평균 수요량(m^3/d)	평균 펌핑량(m^3/d)
자정(00 : 00)	10,000	13,833
4	11,000	13,833
8	15,000	13,833
정오(12 : 00)	20,000	13,833
4	15,000	13,833
8	12,000	13,833

13.4 2개의 고가저수조가 1 mile 길이의 관으로 연결되어 있다. 이 관의 직경이 18 inch, C값이 110이다. 두 배수지의 수면고가 244와 214 ft이다. 관에서의 유량을 계산하라.

13.5 수평인 12 inch인 관($f = 0.02$)의 A지점에서, 압력수두는 200 ft이다. A지점에서 200 ft거리에 있는 B지점에서 직경 12 inch인 관이 급격하게 직경($f = 0.015$)이 6 inch로 줄어든다. 100 ft 더 먼 C지점에서는 직경 6 inch의 관이 갑자기 확대되어 직경 12 inch로 늘어난다. 이 확장된 지점에서부터 100 ft 떨어진 지점에서 관로 유속은 8.05 ft/s였다. 에너지경사 및 동수경사선을 그리시오.

$$수축\ 손실수두 = \frac{K_c V_6^2}{2g}$$

$$팽창\ 손실수두 = \frac{(V_6^2 - V_{12}^2)}{2g}$$

$$K_c = 0.37$$

13.6 물은 배수지 A에서 배수지 B로 흐른다. 배수지 A와 B의 수면고는 각각 215와 140 m이다. 배수지 A와 B를 병렬로 연결하는 두 개의 관은 각각 직경이 60 cm와 50 cm이고 거리가 400 m와 600 m이다. 유입구, 유출구 및 수축 손실은 작다고 가정한다. 각 관에서의 손실수두와 유량을 계산하라.

13.7 그림 13－1에서 그려진 구획의 각 절점의 수요량을 계산하라. 관 길이와 서비스지역에 대한 정보는 다음과 같다.
관의 길이는 AB, BF, CG, DE와 AE = 400 m이고, FG = 150 m 그리고 CD = 250 m이다. F와 G 절점에 의해서 공급되는 지역의 수요량인자는 9,000 m^3/ha·d로 주거지역이고, 절점 C에 의해 공급되는 지역의 수요량인자는 6,000 m^3/ha·d로 상업지구이다. 구획의 외부 경계는 바깥 쪽 관으로부터 관 길이의 절반이라고 가정한다.

13.8 어느 배수시스템의 시간별 수요량 자료가 아래 있다. 물은 시간당 281,400 gallon의 일정한 속도로 고가저수조에 양수된다. 수량도표 및 잉여/결핍법을 사용하여 배수지의 용량을 결정하라.

시 간	수요량(gpm)	시 간	수요량(gpm)
1(오전)	1,900	1(오후)	6,470
2	1,875	2	6,460
3	1,940	3	6,440
4	1,795	4	6,520
5	1,810	5	6,710
6	1,920	6	7,115
7	3,220	7	9,010
8	5,000	8	8,700
9	5,550	9	5,320
10	6,020	10	2,220
11	6,220	11	2,110
12(정오)	6,320	12(자정)	2,000

13.9 그림 12-4(a)에 있는 배수지에서 이론적인 체류시간을 계산하라. T_{10}시간을 추정하라. T_{100}의 70%내로 T_{10}을 개선할 수 있는 권고안을 제시하라.

13.10 배수관에서 C계수를 결정하기 위한 시험이 수행되었다. 이 시험지역은 그림 13-5와 같고 수행 결과는 다음과 같았다.

상류측 계기압(guage pressure)과 표고 = 8.20 m와 107.32 m

하류측 계기압과 표고 = 11.31 m와 103.81 m

수압계 사이의 거리 = 40.5 m

관을 통과하는 유량 = 118 L/s

C계수를 계산하라. 또한 관의 중간점에서 계기압을 계산하라. 이 수압계의 표고는 105.57 m로 가정한다.

13.11 소규모 마을의 배수시스템 지도 복사본을 구하라. 그리고 지도를 연구하라. 고가저수조, 펌프장, 지면배수지, 그리고 우물이나 정수장의 위치를 확인한다. 각 시설을 견학하고 설계 의도에 내해서 배운다. 운영자와 함께 시설의 설계에 대해 토론하고, 설계의 약점과 강점에 대해서 그들의 견해를 듣는다.

13.12 배수지의 중립점(neutral point)은 무엇인가? 어떻게 배수지의 중립점이 배수시스템의 임계조건을 확인하는 데에 사용되는지 말하라.

13.13 설계 예에서 배수시스템에 대한 계획 개선사항은 13.8.2절의 G.2.단계에 있다. 최종 컴퓨터 모의실험결과가 표 13-23과 13-24에 있다. 당신이 생각하기에 모든 개선목표가 설계에 만족하는가? 본인의 의견을 말하라.

13.14 다음의 관망도를 분석하라. Hardy-Cross 방법을 사용하여 각 관에서의 유량과 유속을 계산하라. 또한 공급 지점이 300 ft의 수압을 가진다면 각 절점에서의 수압을 계산하라. 모든 절점의 기준표고가 0이라고 가정한다. 10 ft 간격의 등수압곡선(pressure contour)을 그려라. 모든 유량은 gpm단위이고 관길이는 ft단위이며 관경은 inch단위이다. $\triangle Q \leq 10$ gpm이고 $C = 100$이다.

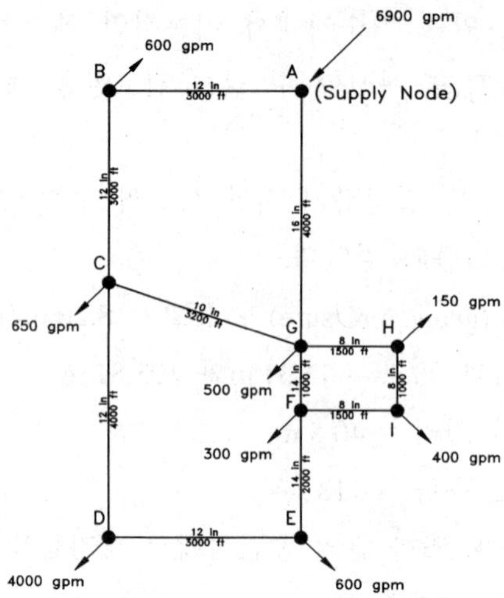

13.15　문제 13.14에서 소화용수량을 절점 D에 배치하였다. 만약 4,000 gpm의 소화용수량이 I절점에 배치되고 400 gpm의 일반 수요량이 절점 D에 배치된다면, 각 절점에서의 수두와 각 관에서의 유속과 유량은 어떻게 되는가?

13.16　간단한 순환 관망을 그려놓았다. 각 관에서의 유량과 유속 그리고 손실수두를 계산하라. 또한 만약 급수압이 91 m라면 절점 B에서 수압을 계산하라. $C=100$을 사용하라.

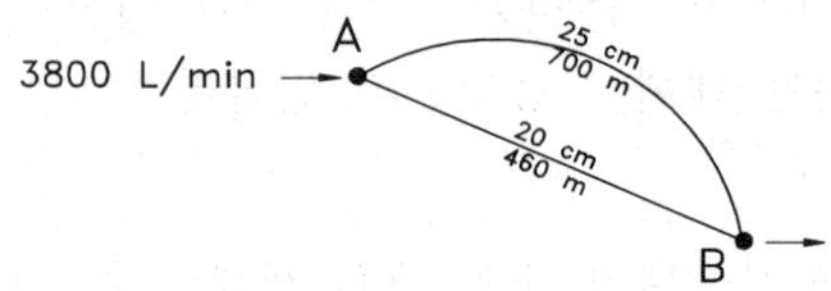

13.17　아래의 관망에서 유속과 유량, 손실수두를 계산하라. 절점 B에서는 수압은 어떻게 되는가? $C=100$을 사용하라

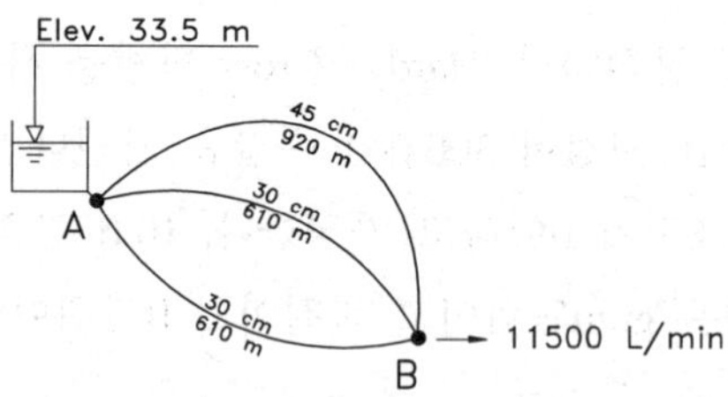

13.18　새로 지은 고가저수조를 문제 13.17의 그림에서 절점 B에 추가하였다. 새로운 배수지의 수면고 25 m이다. 절점 A와 B사이의 세 관에 대한 유량과 유속 그리고 손실수두를 각각 계산하라. $C=100$을 사용한다.

참고문헌

1. Pontius, F. W. "New Horizons in Federal Regulations," Jour. AWWA, vol. 90, no. 3, pp. 38－50, March 1998.
2. Tchobanoglous, G. and Schroeder, E. D. Water Quality:Characteristics, Modeling, and Modification, Addison Wesley Publishing Co., Reading, MA, 1985.
3. Viessman, W. and Hammer, M. J. Water Supply and Pollution Control, 6th ed., Addison－Wesley, Reading, MA, 1998.
4. Snoeyink, V. L. and Jenkins, D. J. Water Chemistry, John Wiley & Sons, New York, 1980.
5. McGhee, T. J. Water Supply and Sewerage, 6th ed., McGraw－Hill Inc., New York, 1991.
6. Dodrll, D. M. and Edwards, M. "Corrosion System on the Basis of Utility Experience," Jour. AWWA, vol. 87, no. 7, pp. 74－85, July 1995.
7. Holm, T. R. et. al. "Polyphosphare－Water Treatment Products: Their Effects on the Chemistry and Solubility of Leak in Potable Water System," Proceedings of 1989 Water Quality－Technology Conference(WQTC), Philadelphia, PA, Nov. 12－16, 1989.
8. Boffardi, B. P. "Polyphosphate Debate," Jour. AWWA, vol. 83, no. 12, pp. 10－12, December 1991.
9. White, C. G. Handbook of Chlorination and Alternative Disinfectants, 4th ed., John Wiley & Sons, Inc., New York, 1999.
10. Malcolm Pirnie, Inc. and HDR Engineering, Inc. Guidance Manual for Compliance with Filtration and Disinfection Requirements for Public Water Supply Systems Using Surface Water Sources, ISBN O－89867－558－8, Science and Technology Branch, USEPA, Washington, D.C., October 1990.
11. AWWA. Water Transmission and Distribution, 2d ed., American Water Works Association, Denver, CO, 1996.
12. AWWA. Safety Practices for Water Utilities, Manual M3, American Water Works Association, Denver, CO, 1996.
13. Peary, H. S., Rowe, D. R., and Tchobanoglous, G. Environmental Engineering, McGraw－Hill Book Co., New York, 1983.
14. Gross, H. Analysis of Flow in Network of Conduits of Conductors, Bulletin No. 286, University of Illinois Engineering Experiment Station, Urbana, IL, 1936.
15. Jeppson, R. W. Analysis of Flow in Pipe Network, Ann Arbor Science, Ann Arbor, MI, 1976.
16. Walski, T. M. Analysis of Water Distribution System, Van Nostrand Reinhold, New York, 1984.
17. Alexander, S. M., Glenn, N. L., and Bird, D. W. "Advanced Technologies in the Mathematical Modeling of Water Distribution Systems," Jour. AWWA, vol. 67, no. 7, pp. 343－346, July 1975.

18. Wood, D. J. and Charles, C. O. A. "Hydraulics Network Analysis Using Linear Theory," American Society of Civil Engineers, Journal of the Hydraulics Division, vol. 98, no. HY7, pp. 1157－1170, July 1972.
19. Wood, D. J. A Computer Program for the Analysis of Pressure and Flow in Pipe Distribution System, College of Engineering, University of Kentucky, Lexington, KT, 1975.
20. Martin, D. W. and Peters, G. "The Application of Newton's Method to Network Analysis by Digital Computer," Journal of the Institute of Water Engineers, vol. 17, pp. 115－129, 1963.
21. EPP, R. and Fowler, A. G. "Efficient Code for Steady－State Flows in Networks," American Society of Civil Engineers, Journal of the Hydraulics Division, vol. 96, no. HY1, PP. 43－56, January 1970.
22. Cesario, L. Modeling, Analysis, and Design of Water Distribution Systems, American Water Works Association, Denver, CO, 1995.
23. Ormsbee, L. E. and Lingireddy, S. "Calibrating Hydraulic Network Models," Jour. AWWA, Vol. 89, No. 2, pp. 42－50, February 1997.
24. Walski, T. M. "Sherlock Holmes Meets Hardy Cross, or Model Calibration in Austin, Texas," Jour. AWWA, vol. 82, . no. 3, pp. 34－38, March 1990.
25. Rhoades, S. D. "Water Systems Standards Survey," Jour. AWWA, vol. 78, no. 11, pp. 30－34, November 1986.

chapter 14

정수슬러지의 처리 및 처분

Water Works Engineering

14.1 서 론

정수처리의 여러 단위 공정에서 슬러지가 발생된다. 이 슬러지는 유기물과 조류, 세균, 병원균, 실트 및 점토질 등의 무기성 탁도 유발 물질 그리고 정수과정에서 발생되는 화학약품 침전물을 포함한다. 과거에는 정수슬러지를 자연 수계에 방류하였으나 현재에는 1972년의 Water Pollution Control Act Amendment(수질오염방지법 개정법)과 1977년의 Clean Water Act(청정수법)에 의해 금지되고 있다. 정수슬러지는 산업폐기물로 분류되며, 자연수계로의 방류는 National Pollutant Discharge Elimination System(NPDES, 국가 오염물질 배출 금지 시스템)에 따라 허가를 받아야 한다.

자연수계로의 방류가 금지됨에 따라 유용한 대안으로서 토양 처분과 하수관거에 투입하는 방법이 있다. 이장의 목적은 정수처리 과정에서 발생되는 슬러지의 유형, 발생원, 특성, 처리방법, 유용한 부산물의 회수와 처분, 처리공정의 설계 및 처리법 선정시 고려할 사항 등에 대한 개괄을 소개하는 것이다. 설계절차, 운전 및 유지관리, 그리고 장비의 사양서가 설계 예에서 제공된다.

14.2 슬러지의 발생원과 특성

정수장에서의 주요 슬러지 발생원은 알루미늄과 철염에 의한 응집 슬러지, 연수화 공정의 슬러지와 여과지 배출수이다. 또한 철, 망간의 제거, 응집보조제와 활성탄의 사용, 규조토 여과지의 배출수에서 적은 양의 잔류물이 생성된다. 대체로 이러한 폐기물은 비부패성으로서 안정하므로 연속적이 아닌 간헐적 배출이 이루어진다.

여러 처리공정에서 발생되는 슬러지의 특성은 처리공정, 첨가된 약품과 원수의 양에 따라 다르다. 슬러지의 양과 고형물 함량 그리고 고형물의 특성을 잘 파악하는 것이 처리 시설을 잘 선정하고 설계하는데 있어서 필수적이다.

14.2.1 알루미늄과 철염 응집 슬러지

알루미늄과 철염은 콜로이드 입자를 제거하는데 사용되는 주요 응집제이다. 많은 정수장이 응집 성능의 개선과 부분적 연수화를 달성하기 위하여 알루미늄과 철염과 함께 소석회를 사용한다. 고분자응집제 역시 응집공정과 여과공정에서 콜로이드 입자 제거의 개선을 위하여 사용된다. 또한 분말 활성탄도 맛, 냄새 제어를 위하여 가끔 사용된다. 각각의 경우에서 슬러지의 특성은 다르며, 이러한 조건이 슬러지의 양과 질을 결정하는데 있어서 고려되어야 한다.

물리화학적 특성

응집슬러지는 수중의 탁도물질을 응집·침전함에 따라 생성된다. 알루미늄과 철염은 알칼리도와 반응하고 수산화알루미늄과 수산화철 침전물을 생성한다. 슬러지는 이러한 침전물과 탁도를 유발하는 유기, 무기의 화합물을 포함하고 있다. 비록 BOD와 COD 값이 높더라도 활발히 분해되거나 혐기성 상태를 만들만한 유기물질이 없기 때문에 슬러지는 안정하다. 결과적으로 슬러지는 수일에서 수개월간 침전지 축적이 가능하며, 간헐적으로 배출된다.

응집슬러지의 기본적인 물리화학적 특성은 아래와 같다. 물리화학적 특성값을 표 14－1에 요약하여 나타내었다.[3~10]

- 생성 슬러지의 고형물 농도, 농축성, 밀도, 탈수성은 원수의 수질과 계절적 변동에 매우 의존적이다.
- 고탁도의 원수에서 생성된 슬러지는 일반적으로 고농도이며 탈수가 용이하고, 저탁도 원수의 슬러지는 고탁도 원수의 슬러지에 비해 처리가 어렵다.[3,4]
- 조류를 많이 함유한 원수의 응집처리에서 발생된 슬러지는 고형물 농도가 낮으며 가볍다.[4]
- 금속수산화물의 비율이 높은 슬러지는 다른 물질을 높게 함유한 슬러지 보다 탈수가 어렵다. 이는 플록 구조 안에 물분자를 가지고 있기 때문이다. 만약 적당량의 고분자응집제와 다량의 소석회가 입자간 결합을 개선하기 위하여 사용되지 않는다면 입자의 직접적인 접촉은 더 어려워져서 탈수가 어렵게 된다.[3,4]
- 일반적으로 침전된 철염 슬러지는 알루미늄 슬러지 보다 고형물 농도가 높다.[3]
- 고분자 응집제, 소석회 및 PAC는 알루미늄 및 철염 슬러지의 고형물 농도를 증가시킨다.[3,4]
- 알루미늄 슬러지는 압축성이 불량하고 부피가 큰 점액성 슬러지이다. 일반적으로 침전지에서 0.5～2%로 농축되며 모래상에서 2일내에 10%로 농축될 수 있다.[5]
- 침전지에서의 고형물 농도는 시설의 설계와 운전에 따른다. 배출슬러지의 농도는 일반적으로 0.1～1.0%이지만 침전지에서 1개월 이상 축적된다면 4～6%로 농축되기도 한다.[3]
- 슬러지의 밀도는 수분함량에 따른다. 1% 농도의 슬러지는 거의 물의 밀도와 같으며 건조 슬러지의 밀도는 1,200～1,520 kg/m^3 정도이다.[4] 슬러지 고형물의 비중은 1.5～2.5이다.
- 슬러지의 점도와 전단강도는 고형물 농도의 증가에 따라 증가한다. 2% 이하에서 슬러지의 비저항은 고형물 농도의 감소에 따라 증가되지만 2% 이상에서는 비저항이 거의 일정하다.[4]
- 고형물의 휘발성성분은 유기물의 양을 반영하지 못한다. 왜냐하면 수화된 산화물의 결합수가 강열 시에 손실되기 때문이다.
- 철산화물은 알루미늄산화물보다 넓은 pH 범위에서 불용성이며, 수화된 철산화물과 접촉하고 있는 물의 pH는 넓은 범위에 걸쳐 변화하기도 한다.[5]

표 14-1 알루미늄 및 철염 응집 슬러지의 물리 화학적 특성

특 성	알럼 슬러지	철염 슬러지	참고문헌
물리적 특성			
발생량(kg/1,000m^3)	8~210, Typical 48	80	4,5
비저항(s^2/g)	$1.05 \sim 5.4 \times 10^{10}$	4.1×10^8	7-10
점도(g/cm·s)	0.03(non-Newtonian)	0.03	5-7
초기 침전 속도(cm/s)	0.06~0.15	-	7
건조 밀도(kg/m^3)	1,200~1,520	1,200~1,800	8
탈수성	모래 건조상에서 2d 이내에 10% 농축	-	3
화학적 특성			
BOD_5(mg/L)	30~300	30~300	5
COD(mg/L)	30~5,000	30~5,000	5
pH	6.0~8.0	7.4~8.5	5,9
총고형물(%)	0.1~4	0.25~3.5	7
고형물 특성			
$Al_2O_3 \cdot 5H_2O$(%)	15~40	-	9
Fe(%)	-	4.6~20.6	9
Silicate and inert material(%)	35~70	-	5,6
Organics(%)	15~25	-	5,6
Volatiles(%)	-	5.1~14.1	5,6

슬러지 발생량

응집공정에서 생성되는 고형물의 양은 원수의 총부유고형물량, 응집제의 종류와 주입율 그리고 침전지의 효율에 따라 다르다. 일반적으로 총고형물의 60~90%가 침전지에서 제거되며,[4] 미 제거 고형물은 여과지에서 제거된다. 탁도와 총부유고형물 간의 절대적 상관성은 없다. 탁도와 총부유고형물의 비는 0.5~2.0이 일반적이다. 슬러지 발생량의 계산은 9.3.4절과 9.6.2절의 Step B.1에 나타내었다. 알루미늄 응집설비로부터 발생되는 총고형물 양은 원수 1,000 m^{3}당 8~210 kg으로 보고 되고 있다.

14.2.2 연수화 슬러지

칼슘과 마그네슘을 고농도로 포함하고 있는 지표수와 지하수는 소석회와 소다회로 연수화된다. 이 과정에서의 슬러지는 탄산칼슘, 수산화마그네슘과 미반응한 소석회로 구성된다. 연수화 슬러지의 불량한 침강성과 콜로이드적 특성 때문에 연수화는 일반적으로 응집과 함께 이루어진다. 결과적으로 연수화 슬러지는 수화된 철산화물과 알루미늄산화물을 포함하게 된다. 가령 지표수를 대상으로 응집과 연수화가 결합공정으로 적용된다면 슬러지는 탁도에 의해 발생되는 고형물을 포함하게 된다. 고탁도의 원수는 보통 두 단계로 처리되며, 연수화 이전에 응집공정이 이루어진다.[4,5]

표 14-2 연수화 슬러지의 물리 화학적 특성

특 성	값	참고문헌
물리적 특성		
색	White	5,6
냄새	None, musty	5,6
발생량(% of treated water)	0.3～6	8
(mg/L per mg/L hardness removed)	2～4	4
침강성(% of initial volume)	50 in a week	5
(cm/s)	0.001～0.1	4
Compaction achieved(% solids)	2～15	5
건조고형물 비중	2.7～2.75	4
25% 고형물의 습윤 밀도(kg/m^3)	1,920	8
비저항(s^2/g)	$0.20 \sim 25.6 \times 10^7$	10, 11
소성점도(g/cm·s)	0.06	12
슬러지 특성(% solids)	Liquid at 0～10	3
	Viscous liquid at 25～35	3
	Semisolid 40～50(toothpaste-like)	3
	Crumbly cake 60～70	3
화학적 특성		
BOD(mg/L)	Very low	5
COD(mg/L)	Low	5
pH	10.5～11.5	4
조성(%)		
$CaCO_3$	75	4,13
CaO	42	4,13
Silica as SiO_2	6	4,13
Total carbon	7	4,13
Aluminum as Al_2O_3	3	4,13
Magnesium as MgO	2	4,13

출처 : 참고문헌 4～13

물리 화학적 특성

연수화 슬러지의 물리 화학적 특성은 중요하다. 연수화 슬러지는 일반적으로 안정하며 밀도가 높고 불활성이며 비교적 순수하다. 이러한 이유 때문에 큰 정수장에서는 재탄화에 의한 소석회의 회수가 이루어지기도 한다. 연수화 슬러지의 중요한 물리 화학적 특성은 다음과 같다.

- pH는 일반적으로 10.5～11.5 정도로서 높다. 탁도 물질이나 망간과 마그네슘에 의해 착색된 경우를 제외하고는 희다. 또한 냄새는 없으며 BOD, COD가 거의 없고 높은 pH 때문에 세균 함유량도 적다.[3,5]

Water Works Engineering

- 탄산칼슘 고형물은 결정구조이며 밀도가 높고 분산되어 있다. 수산화마그네슘 슬러지는 점액성이고 철염이나 알루미늄 슬러지와 특성이 유사하다. 탄산칼슘 고형물은 비중이 2.71이다. 습윤상태의 슬러지 밀도 계산은 9.6.2절의 Step B.1에 나타내었다.
- 소석회 연수화 슬러지의 탈수성은 수산화마그네슘의 양에 따라 다르다. $Mg(OH)_2$의 양은 수%에서 30%에 이르기도 한다. 수산화마그네슘 함량이 적은 슬러지는 고형물 함량 60%까지 탈수가 가능하나 수산화마그네슘의 농도가 높으면 탈수케익의 고형물 함량은 20~25%로 낮아 질 수 있다.[3,5] 고형물 함량 50~60%에서 연수화 슬러지는 부착성이 있어서 덤프트럭으로부터 깨끗하게 배출되기 어렵다.[3] 연수화 슬러지의 물리화학적 특성을 표 14-2에 요약하였다.

발생량

정수장에서 발생되는 소석회 연수화 슬러지의 양은 원수의 경도, 원수의 화학적 특성, 사용된 화학약품의 양과 처리수의 요구수질에 따라 크게 다르다. 일반적으로 제거된 칼슘(Ca로서) mg 당 2.5 mg의 $CaCO_3$가 생성된다. 또한 제거된 마그네슘(Mg로서) mg 당 2.4 mg의 $Mg(OH)_2$가 생성된다.[4] 여러 정수장의 자료에 따르면 발생 슬러지 양은 처리수 1,000 m^3당 43~2,230 kg 정도의 범위이며, 평균 생산량은 230 kg/1,000 m^3인 것으로 보고되고 있다.[4] 연수화 슬러지의 고형물 함량은 일반적으로 2~15% 범위이다.[5]

14.2.3 역세척 배출수

역세척 배출수는 고형물 함량이 비교적 적으며(50~1,000 mg/L), 많은 수분을 포함하고 있다. 총 정수 생산량의 1~5%정도이며, 고액분리가 어렵다. 역세척 배출수의 회수 시스템은 역세척 배출수 중의 물을 회수하고 고형물을 농축하는 것으로 구성된다.

물리 화학적 특성

역세척 배출수의 물리 화학적 특성은 다음과 같다.

- 역세척 배출수 중의 고형물은 침전지 슬러지와 유사하다. 전형적인 역세척 배출수는 수화된 형태의 알루미늄, 철, 망간, 마그네슘, 탄산칼슘, 폐 활성탄, 규사질(고형물의 큰 부분을 차지 함)를 포함하고 있다. 또한 조류, 세균, 원생동물 포낭과 여재에서 탈리된 슬라임(slime)도 포함하고 있다.
- 역세척 배출수의 BOD, COD와 세균수는 높다. 역세척 배출수는 맛·냄새 유발 물질을 방출할 수 있으므로 회수 시스템의 선정에 유의해야 한다.
- 역세척 배출수 고형물은 알루미늄과 규소산화물이 주를 이루며 탄소와 유기물이 대략 1/5 정도를 차지한다.[5] 역세척 배출수의 물리 화학적 특성을 표 14-3에 나타내었다.
- 역세척 배출수는 일반적으로 고액분리가 어렵다.[3] 회수지에서 고분자 응집제나 다른 응집 보조제를 사용하여 24시간 내에 80%의 고형물 농도에 얻을 수 있다.[3]

- 직접여과가 사용되는 곳에서의 고형물 부하는 원수의 탁도와 응집제 투여량의 함수이다. 역세척 배출수는 고형물 함량이 더 높으며 응집 슬러지와 같은 거동을 보인다.

표 14-3 역세척 배출수의 물리 화학적 특성

특 성	값
물리적 특성	
발생량(% of treated water)	1~5, 평균 2
고형물(%)	0.01~0.1
색	광범위하게 변화, grey-brown-black
냄새	None
침강성(% of initial volume)	80(폴리머 사용, 2~24 hr)
비저항(s^2/g)	1.5×10^{10}
점도(g/cm·s)	0.01
탈수성	응집·침전되어야 함
화학적 특성	
BOD(mg/L)	2~10
COD(mg/L)	28~160
pH	7.2~7.8
고형물(%)	
Al_2O_3	25~50
SiO_2	34~35
Carbon and organics	15~22

출처 : 참고문헌 3~6

발생량

여과지 역세척 배출수에서 고형물의 양은 여과지의 효율과 전처리에 따라 다르다. 여과지 전단에 침전지가 채용되는 곳에서 침전지 유출수의 부유물질 농도는 대략 4~10 mg/L이며, 탁도로는 2~6 NTU 정도가 된다.[3,4] 이러한 조건의 부하에서 처리수 1,000 m^3당 4~10 kg의 고형물이 발생된다. 응집된 물을 직접 여과하는 경우는 고형물의 양이 매우 높아진다.

14.2.4 철 · 망간 슬러지

철과 망간은 지표수와 지하수에 낮은 농도로 존재하는 것이 일반적이다. 그러므로 처리의 대상이 되는 슬러지 총량에 미치는 영향은 적다. 일반적으로 불활성이며 붉거나 검은 색을 띤다.

용해성 철과 망간이 과망간산칼륨, 염소 또는 오존에 의해 산화되어 불용성 침전물이 된다. 산화와 침전물 형성은 간단한 폭기에 의해서도 가능하다. 형성되는 불용성 침전물은 수산화제2철, 탄산제2철 또는 이산화망간이다. 슬러지 발생량은 철, 망간 각각의 mg/L 당 1.5~2 mg/L 정도이다.[3] 철 · 망간 슬러지는 침전지와 여과지에서 제거된다.

14.2.5 응집보조제에 의해 발생되는 슬러지

응집효율을 높이고 발생 슬러지의 밀도를 증가시키기 위해 벤토나이트와 같은 점토, 활성규사, 합성유기고분자전해질 등 음으로 하전된 입자를 물에 투여하는 경우가 있다. 이러한 물질의 사용은 플록의 침강성을 개선하고 슬러지의 용적을 감소시키기도 한다.[5]

14.2.6 여과보조제에 의해 발생되는 잔류물

여과보조제는 응집 공정에서 사용되는 것과 유사한 합성 고분자 폴리머나 금속염이다. 이러한 물질은 높은 여과속도에서 나타나는 큰 전단력에 견딜 수 있는 입자의 생성을 도와서 여과지 성능을 개선시킨다. 여과보조제는 초기 탁도 누출현상을 감소시키기 위하여 역세척수에 첨가되기도 한다.

14.2.7 폐분말활성탄

분말활성탄은 냄새 문제를 감소시키기 위하여 계절적으로 가끔 투여된다. 비용 때문에 투여되는 분말활성탄의 양은 4~10 mg/L 정도로 작으며, 따라서 총슬러지양에 대한 영향도 작다. 분말활성탄은 응집슬러지에 회색 또는 검은 색을 띠게 한다.

14.2.8 규조토 여과기 역세척 배출수

일반적으로 소규모 정수장은 규조토 여과지를 사용한다. 여과기는 하우징 내에 설치된 leave 또는 disc로 구성된다. 여과지의 운전은 (1) 프리코팅(precoating), (2) 여과, (3) 세척의 세 사이클로 구성된다. 프리코팅 사이클에서는 여과보조제 슬러리(규조토나 다른 물질)가 탱크 안으로 투입된다. 여과펌프에 의한 가압이나 흡인으로 슬러리는 탱크를 통하여 filter leave나 disc 위에 균일한 층이 될 때까지 재순환된다. 여과 사이클에서는 물이 여과지를 통하여 압송된다. 여과는 프리코트 물질 위에 고형물 케익이 두꺼워질 때까지 계속된다. 대부분의 경우 소량의 여과보조제가 여과 사이클 동안 유입수와 함께 주입된다. 세척 사이클 동안은 배출 밸브가 열리고 슬러지 케익이 제트류에 의해 disc나 leave로부터 세척된다. 건조 케익의 배출이 가능한 여과기도 있다. 이러한 여과기는 산업용이나 수영장에서 폭 넓게 사용된다.[14]

여과기 역세척 배출수의 고형물은 대개 순수한 형태의 규조토여서 농축과 탈수가 쉽다. BOD와 COD는 각각 106 mg/L와 340 mg/L이며 총부유물질과 휘발성부유물질은 각각 7,600 mg/L와 260 mg/L이다. 규조토의 밀도는 160 kg/m^3이며 고형물의 비중은 2.0이다.[4,8]

14.2.9 이온교환수지 재생 폐액

이온교환제의 재생과 역삼투 시설로부터의 폐액은 정수 슬러지의 특별한 부문이다. 용해성 염의 농도가 높으며, 총용존고형물은 15,000~35,000 mg/L 정도이다. 주요 양이온과 음이온은 나트륨, 칼륨, 칼슘, 마그네슘, 염화물과 황산염이다. 폐액의 양은 원수의 특성에 따라 다르며, 처리수의 3~10% 정도의 범위이다.[5]

14.3 슬러지 처리

슬러지 처리 공정은 농축, 개량, 탈수, 건조, 화학약품 회수 및 처분으로 구성된다. 슬러지 처리 시설은 초기투자비와 유지관리 비용이 정수장 총 비용의 많은 부분을 차지하기도 하므로 계획 단계에서 검토되는 것이 중요하다. 슬러지 처리시설의 계획과 설계에는 정수장의 규모, 이용 가능한 면적, 슬러지의 운송과 처분 그리고 소석회와 응집제의 회수 및 재사용 등 많은 요소가 고려된다.

표 3-3에 슬러지 처리 시설을 구성하는 단위공정을 정리하여 제시하였다. 완전한 처리시설의 구성은 그림 14-1과 같이 몇 개의 처리단계로 구성되어야 한다.

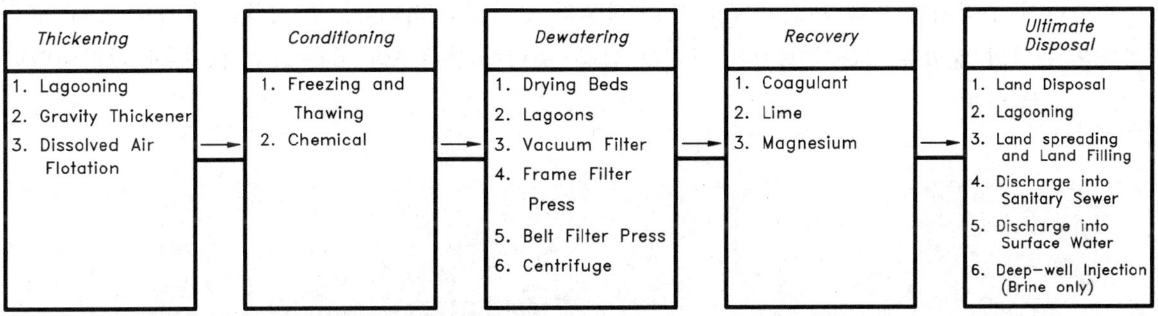

그림 14-1 슬러지 처리 및 처분을 위한 단위 공정

14.3.1 농축

농축의 일반적인 목적은 수분 함량을 줄여서 후단의 탈수 공정의 규모를 줄이는 것이다. 농축은 주로 슬러지 라군이나 중력식 농축으로 이루어진다.

라군(Lagoon)

라군은 주로 정수장에 이용 가능한 부지가 있을 때 농축의 방법으로 사용된다. 라군은 농축조로 설계되고 운영될 때 기능을 잘 발휘한다. 개량되지 않은 알루미늄과 철염 슬러지는 연속적인 배수 환경에서 1개월 내에 4~6%의 고형물 농도에 도달한다. 하부에서는 더 높은 농도에 도달할 수 있다. 설계에서는 2~3개월에 5~10% 고형물 농도로 농축되는 것으로 가정한다.

라군은 상징수 배제를 위한 월류구조물을 가진 콘크리트조로 설계된다. 수위 변화와 연동하여 상징수를 배제하는 시스템(multiple-level decanting system)은 운전에 융통성을 주며, 농축 슬러지는 하부로 배출된다. 일반적으로 2~3 m 높이까지 슬러지가 적용되는 것으로 설계된다.

라군은 저장, 농축, 탈수 및 건조를 목적으로도 자주 설계된다. 또한 만족스럽지는 못하지만 슬러지의 최종처분을 위하여도 사용된다.

중력식 농축

중력식 농축은 상징수의 배수에 의해 고형물을 농축하기 위하여 사용된다. 배수된 물은 맛·냄새 및 미생물에 대한 문제가 없으면 원수공급계통으로 회수된다.

중력식 농축조는 바닥에 기계식 슬러지 수집기를 장착한 원형조가 채용되는 것이 일반적이다. 중력식 농축조는 슬러지의 축적과 압축을 위하여 호퍼(수집장치 없이)를 가지고 있다. 연속식과 단속식으로의 운전이 가능하며, 연속식 운전에서는 슬러지는 조 중앙의 원통으로 유입되고 상징수는 방사류 흐름으로 분포되어 원주형 위어 트러프(weir trough)로 배출된다.

슬러지는 하부에서 침전, 농축된다. 슬러지 수집기는 천천히 움직여서 슬러지를 호퍼로 모이게 한다.[6] 슬러지 수집기의 저속 회전은 슬러지 고형물의 브리징(bridging)을 방지하는 효과도 있다. 조의 바닥은 중앙의 호퍼를 향하여 경사를 가지고 있다. 중력식 농축조의 예를 그림 14-2에 나타내었다.

그림 14-2 원형 중력식 농축조의 예

유입-배출의 단속식 농축조는 일반적으로 호퍼를 갖는다. 슬러지는 원하는 농도까지 농축된다. 원격조절 배출관이 상징수를 배제한다. 상징수 배제관은 슬러지가 더 이상 농축되지 않거나, 상징수의 최대 허용 고형물 농도가 도달될 때까지 고형물의 침전에 따라 계속하여 낮춰진다.[6] 농축된 슬러지는 호퍼에서 펌프로 배출된다.

농축조의 설계는 실험을 통해 얻어진 자료에 기초하여 설계되어야 한다. 중력식 농축조의 일반적인 설계인자는 다음과 같다.

- 고분자응집제나 개량제는 고형물의 침강속도를 현저히 증가 시킨다.
- 슬러지의 양과 질에 있어서 연중 및 계절적 변동을 고려해야 한다.
- 개량된 슬러지의 일반적인 수리학적 부하는 4~10 $m^3/m^2 \cdot d$이다.[3]
- 개량된 슬러지의 일반적인 고형물 부하는 20~80 $kg/m^2 \cdot d$이다.[4]
- 중력식 농축조의 일반적인 깊이는 4.5~6.6 m이며, 체류시간은 8~24 hr 정도이다.
- 소석회 연수화 슬러지는 알루미늄이나 철염 슬러지에 비하여 농축성이 현저하게 좋다. 알루미늄과 철염 슬러지는 3~6%, 소석회 연수화 슬러지는 9~20%까지 농축될 수 있다. 너무 높은 농도까지 농축된 슬러지는 슬러지 인발이 문제가 된다.

용존 공기 부상법(Dissolved Air Flotation, DAF)

용존 공기 부상법은 폐수 슬러지의 농축에 사용되어 왔다. 정수처리에서 DAF의 사용은 제한적이었다. 스칸디나비아 국가들과 영국에서 DAF는 과량의 조류를 포함할 수 있는 영양염의 농도가 높은 호소수의 처리와 저탁도, 저 알칼리도 및 색도가 있는 물의 처리에 주로 사용되어 왔다.[6] DAF 시설에서는 공기가 고압 하에서 용존된다. 가압상태의 물이 1기압의 대기압으로 운전되는 부상조에 유입되고, 이때 미세한 공기 방울이 상승하면서 고형물을 부상시킨다. 정수처리 분야에서의 DAF법의 적용은 제한적이며, 따라서 이 공정은 이 절에서는 다루지 않는다. 문헌 3, 4, 6을 참조하면 상세한 정보를 얻을 수 있다.

14.3.2 개량

슬러지의 개량은 일반적으로 농축과 기계적 탈수를 향상시키기 위하여 사용된다. 개량은 (1) 동결-융해, (2) 화학약품 투여에 의해 이루어진다. 두 경우 모두 슬러지의 물리적 및 구조적 특성을 개선시킨다. 점액성의 구조가 파괴되고, 수분이 쉽게 제거되며 고형물이 치밀하게 구성된다.

추운 기후에서는 겨울에 라군에서 슬러지를 동결시키고, 하절기에 녹인 후 탈수시킨다. 동결-융해는 매우 훌륭한 개량법으로서 2%의 알루미늄 슬러지를 20~30%의 입상 슬러지로 전환시켜 취급성을 개선시킨 예가 보고 되고 있다.[38]

고분자 응집제는 정수슬러지의 개량에 가장 일반적으로 사용된다. 고분자 응집제는 슬러지의 탈수성을 증진시킨다. 고분자 응집제의 효과나 주입량은 시험을 통하여 결정되어야 한다. 고분자 응집제의 일반적인 주입율은 1~10 mg/g solid이다.[4,6] 장치의 설계에는 저류시설, 주입기, 슬러지에 고분자 응집제를 잘 분산시키기 위한 교반기가 포함된다.

14.3.3 탈수

정수슬러지의 탈수는 슬러지 케익의 처분에 필요한 트럭 운송이 가능할 정도로의 수분 제거를 위해 필요하다. 슬러지 탈수 시스템은 간단한 것부터 매우 복잡한 기계적 탈수 설비까지 다양하다. 라군과 건조상에서의 자연적인 증발산과 토양침투가 간단한 탈수방법의 예이다. 복잡한 기계적 탈수 설비는 개량 공정과 진공탈수기, 필터프레스, 벨트프레스 및 원심탈수기 등과 같은 복잡한 공정을 사용한다. 어떤 방법을 사용할 것인가 하는 것은 슬러지의 양과 특성 그리고 처분 방법에 따라 다르다.

건조상

건조상은 유공 배수관과 자갈 그리고 모래로 구성된다. 슬러지는 0.3~1.0 m의 깊이로 적용되며, 적용 슬러지 깊이가 커지면 건조시간이 길어져야 한다. 알루미늄 슬러지는 고형물 농도 15~30%의 농축이 가능하다. 건조시간은 3~4 d 정도이나 설계에 필요한 정보를 얻기 위하여는 현장 시험을 수행하여야 한다. 고형물 부하율은 100~300 $kg/m^2 \cdot yr$이다. 건조상의 사용 횟수는 년 1~20회 이나, 고형물 부하율이나 건조상의 수는 기후, 슬러지의 고형물 농도 및 슬러지 개량 정도에 따라 다르다. 슬러지의 적용, 배수, 건조 및 슬러지 제거의 사이클이 가능하도록 다수의 건조상이 필요하다. 건조상의 슬러지는 불도저 등의 장비에 의해 제거될 수 있을 때 건조가 완료된 것으로 본다.

약품 개량된 슬러지의 탈수에 진공 장치가 장착된 건조상(vacuum-assisted drying bed)이 사용되기도 한다. 건조상의 바닥은 다공판이며, 판 하부에서 진공이 적용된다. 하루의 사이클 동안 고형물 농도 15%의 슬러지 케익을 얻을 수 있다. 이 방법은 초기 투자비와 운전비가 낮은 것으로 알려져 있다.

라군

농축, 탈수 및 건조를 위한 라군은 미국에서 사용된다. 이러한 라군은 배수시스템을 가지며, 슬러지의 투여와 건조에 충분한 시간을 갖도록 설계된다. 슬러지 투여와 건조에 각각 3개월이 소요되는 것이 가장 일반적이며, 고형물 부하는 50~100 $kg/m^2 \cdot yr$이다. 라군의 설계에 있어서 순증발침투율(net evaporation-percolation rate)이 사용된다.

원심탈수기

원심탈수는 슬러지 고형물의 침전속도를 상승시키기 위하여 원심력을 사용하는 탈수 방법으로, basket형과 solid bowl형이 있다. basket형 원심탈수기는 반 연속으로 운전한다. 전형적인 solid bowl형에서는 개량된 슬러지가 1,600~2,000 rpm으로 회전하고 있는 수평축 또는 원통형의 bowl에 펌프로 유입된다. 고형물은 bowl의 바깥쪽으로 회전하며, 스크류 콘베이어 의해 이동된다. 여액은 처리

처분을 위한 저류조로 회수된다. 원심탈수기는 소형이며 장치가 완전히 밀폐되어 있으며, 설치에 큰 공간을 필요로 하지 않고, 여과포를 사용하지 않으므로 여과포를 막히게 하는 슬러지의 처리도 가능하다. 그러나 유지관리가 복잡하고 마모 문제와 여액의 SS 농도가 높다는 단점이 있다.[15]

슬러지 케익의 농도는 20~35%이며 고형물 회수율은 85~98% 정도이다. 개량에 필요한 고분자 응집제의 양은 공급 슬러지 건조 고형물의 0.05~0.5% 정도이다. 원심탈수시스템을 그림 14-3에 나타내었다. 알루미늄 슬러지는 고분자 응집제 투여율이 높으며, 소석회 연수화 슬러지는 고형물 농도 30~70% 정도의 탈수가 가능하다. bowl형 원심탈수기는 탄산칼슘으로부터 수산화마그네슘을 분리하는데 사용할 수 있으며, 소석회 슬러지를 재소성(recalcination)할 경우에 유용하다.

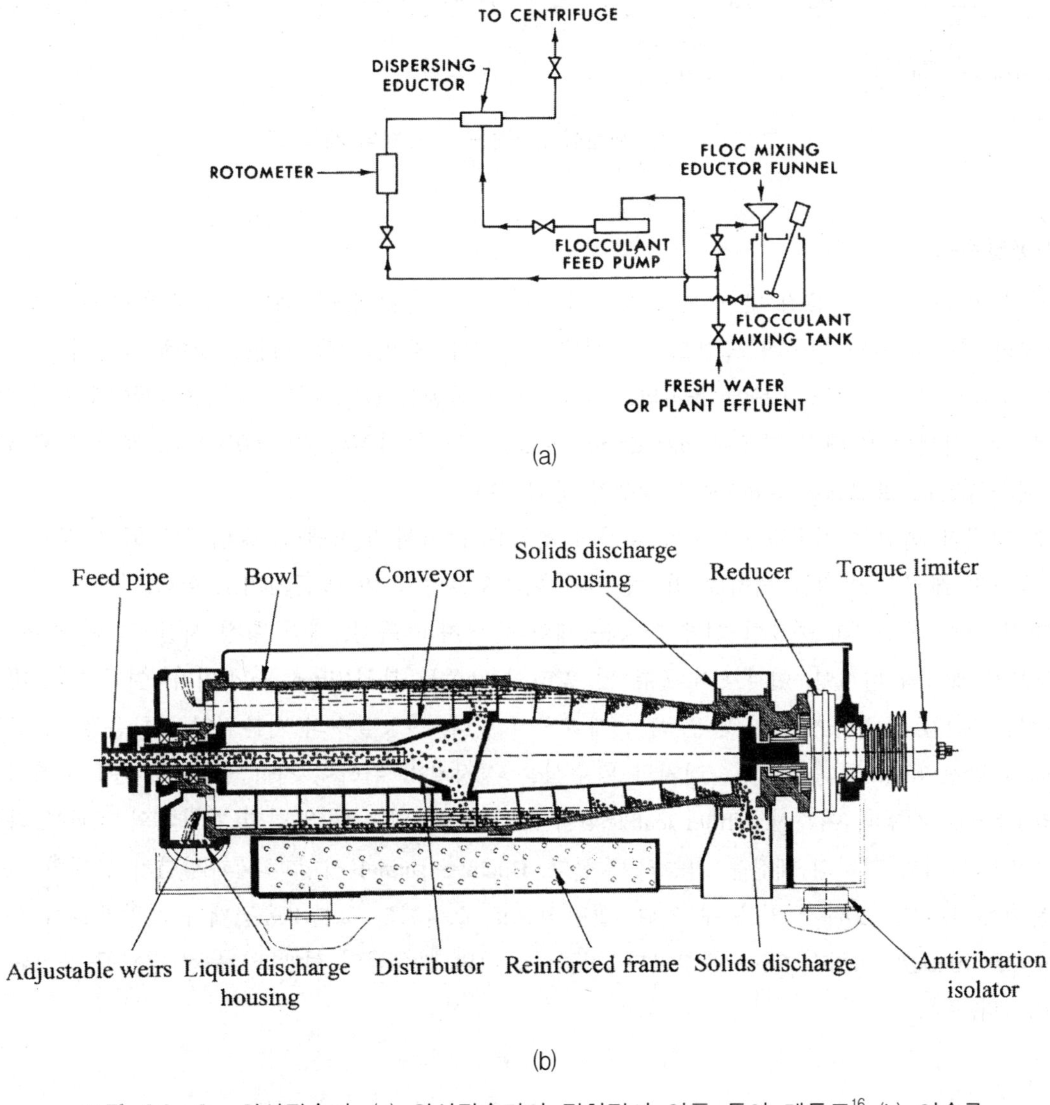

그림 14-3 원심탈수기. (a) 원심탈수기의 전형적인 약품 투여 계통도[16] (b) 연속류 solid - bowl 원심탈수기(Andrite - Ruthner, Inc.)

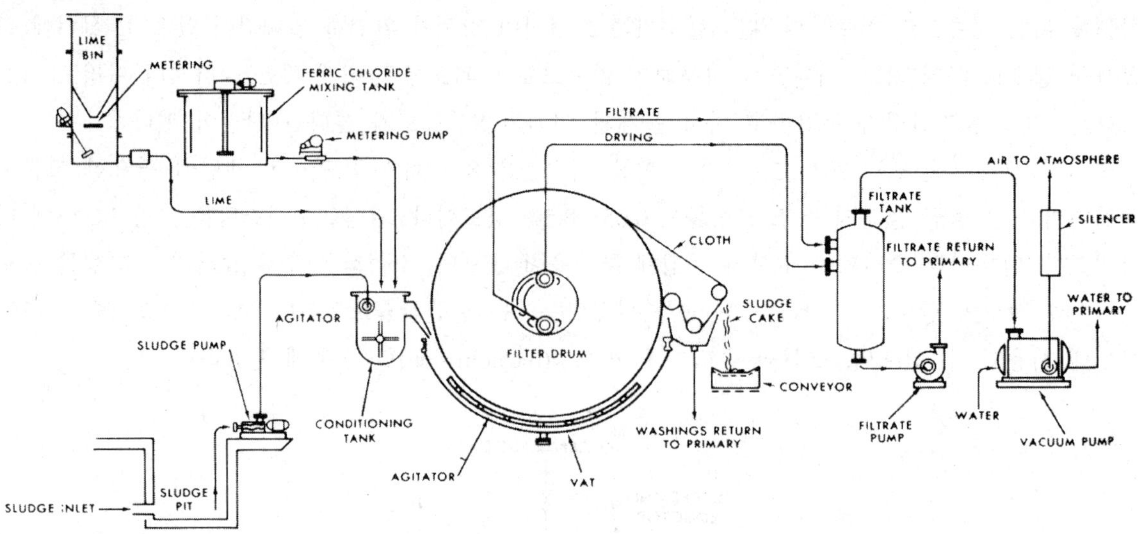

그림 14-4 회전식 진공탈수 시스템의 개요도[16]

진공탈수기

회전식 진공탈수기는 응집 및 연수화 슬러지의 탈수에 폭 넓게 사용된다. 진공 탈수기는 천연 또는 합성의 섬유로 덮인 원통형 드럼으로 구성된다. 드럼은 슬러지 통(sludge vat)에 부분적으로 잠겨서 천천히 회전한다. 드럼 내부에 유지되고 있는 내부 진공은 슬러지를 여과포에 끌어오고 물은 슬러지로부터 배제된다. 케익 건조역(cake drying zone)이 드럼 면적의 40~60%이고, 케익이 제거되는 케익 배출역(cake discharge zone)에서 탈수가 종료된다.[17]

드럼 형태의 회전식 진공탈수기에서 슬러지 케익은 긁어서 떨어낸다. 슬러지를 긁어 떨어뜨리기 전에 슬러지 케익의 박리를 위하여 압축공기가 여과포를 통하여 공급되기도 한다.

회전식 진공 탈수기의 중요한 설계 인자는 개량 슬러지의 특성, 케익 형성 시간, 점도, 적용 진공도, 슬러지 케익의 비저항, 여과포의 종류 및 필터의 고형물 부하(filter yield)이다. 여과속도, 비저항 및 고형물부하를 표현하기 위한 많은 식이 개발되어 왔다. 진공탈수의 기본적인 이론은 여러 훌륭한 서적에서 발견할 수 있다.[6,17~19] 슬러지의 탈수성을 결정하기 위하여 사용되는 두 가지 시험절차는 Buchner funnel 시험과 여과시험(filter leaf test)이다. 이 두 방법은 여러 화학 개량제의 효과를 파악하고, 비저항과 여과 면적의 계산을 가능하게 한다. Buchner funnel 시험과 여과시험의 상세한 절차는 참고문헌 6, 및 18~20에서 찾을 수 있다. 일반적으로 소석회와 고분자응집제가 개량제로서 사용된다. 여액은 10 mg/L 이하의 SS를 포함한다. 진공탈수기의 전형적인 설계 및 운전 정보를 표 14-4에 나타내었다.

표 14-4 슬러지의 진공탈수에 관한 설계 및 운전 자료

파라메타	범위
고형물	
유입(% Solids)	2~6
케이크(% Solids)	25~35
차압(vacuum)(kN/m^2)	70
드럼속도(rpm)	0.2~0.5
건조 싸이클(% of total period)	40~60
여과지 생산량(dry solids)	
알럼 슬러지(kg/m^2·hr)	0.2~0.3
석회연수화슬러지(kg/m^2·hr)	2~4
고형물회수율(%)	95~99

출처 : 참고문헌 4

필터프레스

필터프레스는 plate and frame press나 recessed-plate pressure filter라 불리우기도 한다. 필터프레스의 개요도를 그림 14-5에 나타내었다. 필터프레스는 원형 또는 장방형으로 파여진 판으로 구성되어 있으며, 이 판이 여실을 형성한다. 여과포는 각각의 판의 표면에 붙어 있다. 필터프레스에서 슬러지는 고압(350~1,575 kN/m^2)으로 여실로 압입된다. 물은 여포를 통해 빠져나가고 고형물은 억류되어 여포 표면에서 케익을 형성한다. 슬러지의 공급은 탈수기의 여실이 케익으로 가득 찰 때까지 계속된다. 슬러지 공급에는 0~30 min 정도 소요되며, 이때의 압력은 일반적으로 설계 최대 값이 되며 수 시간 동안 유지된다. 이 시간 동안 여액이 더 제거되며 케익의 고형물 함량은 원하는 수준(고형물 함량 40%까지 가능하다)까지 도달된다. 탈수 후 탈수기의 여실이 열리게 되며, 탈수 케익이 여실로부터 콘베이어 벨트로 떨어지게 된다. 여실로부터 분리된 케익을 콘베이어로 이송 가능한 형태로 부수기 위하여 케익분쇄기(cake breaker)가 필요한 경우가 일반적이다.

위에서 언급된 필터 프레스의 한 변형으로서 다이아프램이 설치되는 경우가 있다. 다이아프램이 여과포 후면에 설치되어 여실에 주입된 슬러지의 수분을 한번 더 짜내기 위한 고압수나 공기가 공급된다.[17] 일반적으로 개량 슬러지를 탈수기에 채우기 위하여 10~20 min이 요구된다. 시간이 다하면 자동으로 슬러지 공급펌프는 정지된다. 이어서 고압수나 공기가 다이아프램과 여판 사이로 펌프에 의해 공급된다. 이미 부분적으로 탈수되어 케익이 된 슬러지를 원하는 고형물 농도까지 탈수한다. 사이클의 끝 부분에서 물은 저류조로 회수되고 여과판이 자동으로 열리면서 여과판 사이 슬러지 케익이 배출된다.

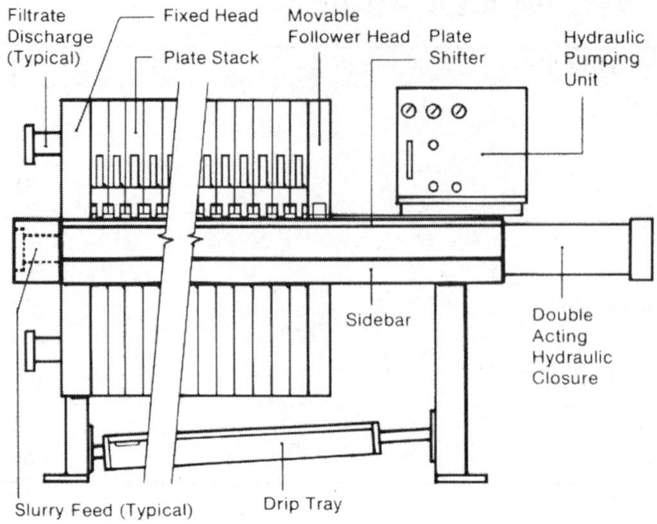

그림 14-5 필터프레스의 설계 상세

필터프레스는 난탈수성 슬러지에 적용성이 좋다. 금속수산화물 응집 슬러지는 만족스럽게 탈수된다. 회분식 운전은 운전의 한 사이클 중 여과시간의 연장을 가능하게 한다. 1cycle은 일반적으로 8 hr 이다. 소석회나 고분자 응집제 개량은 고형물 부하율을 증가시킨다. 규조토 프리코팅이 요구되는 경우가 종종 있다.

벨트프레스

벨트프레스는 슬러지를 연속적으로 탈수하기 위하여 하나 또는 두 개의 가동 벨트를 채용한다. 벨트프레스의 주요 장점은 케익의 함수율이 낮으며, 동력 요구량 낮고 연속운전을 한다는 점이다. 주요 단점은 여과포의 짧은 수명과 여과속도가 주입 슬러지에 민감하다는 것이다.

벨트프레스는 (1) 화학적 개량, (2) 중력탈수, (3) 압착탈수의 운전단계로 구성 된다. 벨트프레스의 구성요소를 그림 14-6에 나타내었다.

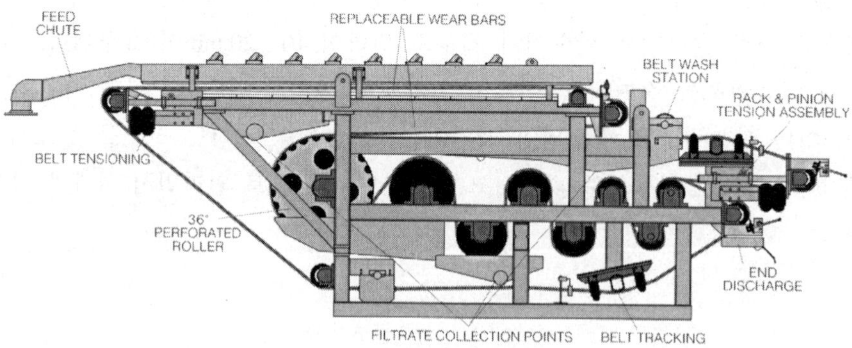

그림 14-6 벨트프레스 구성도

개량 슬러지가 벨트 위로 주입된다. 과잉수(excess water)의 배수에는 대략 1~2 min 정도가 필요하다. 이후 슬러지는 커버벨트(cover belt)와 가동벨트(carrying belt) 사이에서의 압착력이나 가동벨트에 적용된 진공 압력을 받게 된다. 슬러지는 여러 롤러 사이를 통과하면서 두 벨트 사이에서 탈수된다. 압착압력은 벨트와 롤러의 조정을 통해서 광범위하게 조절 가능하다. 벨트프레스를 응집 슬러지의 탈수에 이용할 경우 고형물 함량 15~20%의 케익을 얻을 수 있다. 고분자응집제 주입량은 0.5~1% 범위이다. 고형물부하는 0.8~4.0 kg/m^2·hr이며, 벨트의 속도는 0.2~0.5 rpm이다. 고형물 회수율은 90~99%이다.

14.3.4 화학약품의 회수

정수슬러지 중의 철, 알루미늄, 칼슘 및 마그네슘 화합물 등의 회수나 재이용을 위한 연구가 진행되어 왔다.

철과 알루미늄의 회수는 황산 등의 강산으로 슬러지를 용해함으로서 이루어진다. 1960년대 일본에서 알루미늄 응집제의 회수가 아주 일반적이었으며 15개 처리장이 운전 중이었다.[4] 산처리로 pH를 2.5정도로 낮춤으로서 알루미늄 응집제 회수가 80%까지 가능했다고 한다. 알루미늄 슬러지의 산용해는 불행하게도 바람직하지 않은 중금속과 여러 유기화합물의 용해를 수반한다. 이것은 알루미늄 응집제 회수에 소요되는 높은 비용과 더불어 또 다른 제한점이 되고 있다. 액체 이온교환기술(liquid ion exchange technique)을 포함한 다른 기술도 역시 연구되어지고 있다.[21]

정수처리에서 철 응집제의 회수와 재이용도 연구되어 왔다.[7,9] 알루미늄 응집제와 같이 철의 회수도 산용액으로 pH를 낮춤으로서 가능하다. 간단한 관계식을 식 (14.1)에 나타내었다.

$$2Fe(OH)_3 + 3H_2SO_4 \rightarrow Fe_2(SO_4)_3 + 6H_2O \tag{14.1}$$

pH 1.5~2에서 철의 회수율은 60~70%이다. 그러한 낮은 pH는 많은 산 용액을 필요로 하며, 산처리시 다른 중금속 역시 용출된다. 산 요구량을 줄이기 위한 다른 방법은 슬러지에 환원제를 넣어 2가 Fe로서 철을 재용해하는 것이다. 황 이온이 사용된다면 반응식은 식 (14.2)와 같다.

$$2Fe(OH)_3 + 3Na_2S \rightarrow 2FeS + S + 6NaOH \tag{14.2}$$

이 반응은 낮은 pH에서 유리하며, 회수를 위한 철의 용해는 산뿐만 아니라 환원제의 투여에 의해서도 달성된다. 이 방법으로 pH 3에서 슬러지로부터 철의 회수가 60% 정도까지 가능하며, 산 요구량은 환원제에 의해 많이 낮아진다. 슬러지의 침강성도 환원제 사용없이 낮은 pH에서 철을 회수한 슬러지의 경우보다 좋다.

$Mg(OH)_2$로 침전된 마그네슘은 자연수의 색도나 탁도 제거를 위한 효과적인 응집제가 될 수 있다. 자연적으로 마그네슘이 높은 물에 대하여 응집은 $Mg(OH)_2$를 만들기 위해 소석회를 충분히 투여하여야만 달성된다. 마그네슘이 낮은 물에는 적당한 염의 첨가로 마그네슘을 보충할 필요가 있을 수도 있다. 적당한 회수 방법을 통하여 마그네슘과 소석회를 재이용을 위해 회수하는 것이 실용적이다.

이것은 슬러지 처분 문제를 단순화하고 슬러지 처리 공정의 경제성과 전체적 성능을 개선하는 효과를 갖는다.

마그네슘과 칼슘 모두를 포함하고 있는 슬러지로부터 두 물질의 분리는 재탄화(recarbonation)에 의해 가능하다. 침전공정으로부터의 슬러지는 재탄화를 위하여 탱크로 옮겨진다. 이산화탄소가 희석된 슬러지에 주입되면 수산화마그네슘은 중탄산마그네슘($Mg(HCO_3)_2$)으로 용해된다. 고형물은 농축조에서 분리되고 $Mg(HCO_3)_2$은 배출되어 재이용을 위해 보관된다. 불활성 물질과 탄산칼슘으로 구성된 농축슬러지는 잔류 $Mg(HCO_3)_2$의 분리를 위해 진공탈수 된다. 여액은 $Mg(HCO_3)_2$ 저장고로 돌려지고, 슬러지 케익은 재슬러리 탱크로 옮겨진다. 개량제와 부상제가 공기부상을 위하여 투여된다. 공기부상은 남은 규사나 점토로부터 탄산칼슘을 분리해내기 위해 수행되며, 분리된 탄산칼슘은 탈수되고 재소성을 위해 킬른(가열로, kiln)으로 보내진다. 재소성 공정은 킬른 내에서 탈수슬러지를 약 1,000℃로 가열하는 것을 포함한다. 수분과 이산화탄소가 재탄화공정에 사용된다. 킬른의 바닥 출구에서 재소성된 소석회가 얻어지며 분쇄되어 저장된다. 이 공정에 대한 구체적 정보는 참고문헌 8, 22~25를 참조하기 바란다.

14.3.5 최종처분

정수장 슬러지의 최종처분에는 몇 가지의 방법이 있다. 이러한 방법 중에는 토지를 이용한 처분, 하수구나 지표수에의 투입 그리고 심정투입 처분법이 있다.

토지처분

슬러지의 토지처분은 라군, 토지살포, 매립의 방법이 있다. 이러한 방법 모두는 Solid Waste Disposal Act(고형폐기물처분법)과 Resource Conservation and Recovery Act(자원보존 및 회수법, 1976)의 통제를 받는다.[26,27] 이러한 법은 그 목적에서 명시하고 있는 특정 형태의 매립에 대한 액상 또는 반액상의 슬러지 처분을 요구하고 있다.

라군

슬러지 라군은 슬러지 저장, 농축, 건조 및 최종처분의 방법으로 사용된다. 슬러지는 상징수의 배수, 증발 및 토양침투에 의해 시간이 지남에 따라 건조된다. 라군은 "투입과 건조"라는 순환 원리에 의해 운전된다. 저장 시간은 장소에 따라 다르며 기상조건(온도, 강수, 습도 및 바람)과 토양조건에 매우 의존적이다. 건조한 지역에서 슬러지는 비교적 짧은 시간 내에 건조된다. 온난지역에서는 잘 탈수되지 않으며 좀 더 많은 시간이 필요하다. 결빙이 장기간 계속되는 추운 지역에서는 자연적인 동결과 융해에 의해 건조 공정의 효과가 배가된다. 일반적으로 증발과 침투에 6 month 내지 1 yr의 시간이 요구되며, 이전에 투여된 슬러지가 건조되기 전에는 새 슬러지를 투여해서는 안 된다. 건조 라군에서는 수분 함량 70~50%가 얻어질 수 있다. 1 m 깊이로 투여된 슬러지가 함수율 50%로 건조되면 15 cm 정도로 줄 것이다. 건조된 슬러지는 처분을 위하여 적재기(front-end loader)로 긁어모으거나, 현장처분을 위해 덮어 버릴 수 있다. 일반적으로 적용 깊이는 3 m까지 가능하며, 4,000 m^3/d에 대하여 1.2~2 ha의 토지 면적이 적당할 것이다. 슬러지가 한번에 1.0 m의 높이로 적용된다면, 제방의 높이는 슬러지 높이 이상이 되도록 1~1.5 m로 축조되어야 한다. 또한 제방마루는 (1) 배수관의 설치와 (2) 저류량 증가를 위한 제방고의 확장, 그리고 (3) 운송장비의 진입이 가능하도록 3~3.5 m 정도의 폭이 되어야 한다. 함수율 50%까지 건조된 슬러지는 취급이 쉽고 제방마루의 훌륭한 재료가 될 수 있다.

라군은 유용한 토지가 충분한 곳에서는 만족스런 슬러지 건조 및 처분 방법이지만, 공정의 선정과 설계에 있어서 토지, 장비 및 유지관리 비용의 관점에서 충분한 검토가 필요하다.

토지 살포 및 매립

슬러지의 토지 살포 및 처분이 시도되어 왔다. 알루미늄 슬러지는 토양 공극을 막고 종자의 발아를 막는 경향이 있으나 땅을 가는 것에 의해 이러한 현상은 개선된다. 소석회 슬러지는 일부의 토양에 대하여 토양 개선제(soil additive)로서의 효과가 있다. 대부분의 점토는 수축이나 융기(shrinking or swelling)로부터 안정화되고, 산성토양의 pH는 증가된다.

매립은 트렌치법(광폭 혹은 협폭)과 면적법(mound, layer, dike containment)이 있다. 부지선정에 있어서 기술적인 고려사항은 이용기간, 지형, 지표수 및 지하수위, 토양 및 지질, 부지의 접근성과 경제성 등이다. 정수장과 가까운 부지의 선정은 운송비의 절감의 효과가 있으며, 위생 매립장에서 도시 고형폐기물과의 합병 처분이 적용되는 경우도 있다.

하수구 투입

정수슬러지의 처분 방법으로 하수구 투입이 일반화되고 있으며, 전처리 지침에서 하수구 투입에 대한 사항을 제시하고 있다.

정수슬러지의 하수구 투입은 농축과 탈수 과정이 생략되므로 경제적이다. 그러나 투입량의 조절이 필요하고, 유량, 유기물 강도, 투입 슬러지의 고형물 함량에 대한 계속적인 감시가 필요하다. 하수도 사용료를 지불해야 하며, 징수료에 대한 검토는 계획 초기에 이루어져야 한다. 또한 하수처리장 기능에 대한 고형물의 영향이 평가되어야 한다. 고형물부하는 1차 처리시설에서 증가될 것이다. 정수슬러지에서 응집제는 하수처리장의 1차 처리시설에서의 고형물과 인의 제거율을 향상시킬 것이다. 소석회 연수화 슬러지의 하수구 투입 역시 주의 깊게 조사되어야 한다. 연수화 슬러지는 위어나 수로 그리고 관거에 스케일이나 퇴적물 층을 형성하기도 한다.

지표수에 처분

정수슬러지를 지표수에 처분하는 것은 초기 투자비와 운영비가 비교적 낮은 장점이 있다. 최근 지표수에 처분하는 것은 Federal Water Pollution Control Act Amendments과 Clean Water Act에 의해 금지되거나 엄격히 제한되었다.[1,2] NPDES에서는 다른 산업에서의 방류수와 같은 정도를 요구하고 있다. 배수구는 수질오염문제가 최소화될 수 있도록 설계되어야 한다.

심정 투입

이온교환 등 탈염처리로부터 발생된 폐액의 심정투입은 지질적으로 문제가 없고 법적으로도 가능한 지역에서 사용된다. 심정투입의 가능성을 평가하기 위하여, 법률적인 면, 부지의 적합성, 폐수의 특성 및 경제성이 검토되어야 한다. 몇 개의 주에서는 정책적으로 폐액 투입용 심정의 축조를 금지하고 있다. 투입이 가능한 주에서도 허가를 받아야 한다.

14.4 슬러지 처리 설비의 제작사

슬러지 처리시스템의 장비 제작사를 부록 C에 나타내었다. 슬러지 처리시스템은 농축기, 원심분리기, 공기부상 장치, 화학약품 주입기, 개량 약품 혼합기, 기타 여러 탈수 장비를 포함한다. 이러한 장비의 구성 요소는 장비의 적합성, 운전의 유연성, 유지관리 정도 및 설계기준 등에 대하여 검토되어야 한다. 장비 선정시 고려사항과 설계자의 책무에 대하여는 4장 10절에 나타내었다.

14.5 슬러지 처리 설비의 설계 정보

슬러지 처리 설비의 설계를 시작하기 앞서 설계자는 필요한 설계자료를 확보하고 많은 중요한 결정을 해야 한다. 다음 사항은 설계자가 내려야하는 결정에 유용할 것이다.

1. 슬러지 발생 공정을 명확히 한다. 일반적인 정수처리 공정에서는 응집, 침전 공정과 여과지 역세척 공정이 여기에 포함된다. 다른 공정으로는 이온교환수지 재생폐액, 규조토 여과의 역세척수, 폐활성탄 등이 있다.
2. 슬러지 처리계통에서의 고형물 농도와 질을 파악하기 위한 물질수지를 세운다. 이러한 정보는 특정의 유량조건과 수질조건에서 필요하다.
3. 여과지 역세척수 회수, 슬러지 농축, 탈수 및 처분에 필요한 적용 가능한 방법에 대하여 평가한다. 제 규정을 만족하고 경제적인 시스템으로 선정되어야 한다.
4. 고형물 부하율, 수리학적 부하율, 운전의 범위 및 유지관리의 요구정도와 같은 설계인자를 실험을 통하여 확보한다.
5. 관련 기관의 설계 기준을 얻어 검토한다.
6. 장비제조업자의 카달로그나 장비선정 안내서 등을 검토한다.

14.6 설계 예

14.6.1 설계 기준

슬러지 처리 시설의 설계에 사용된 설계 기준과 가정은 다음과 같다.

1. 여과지 역세척수 회수 시스템
   a. 여과지 역세척수의 회수를 위하여 1개의 유량조정조와 1개의 역세척수 회수조를 설치한다. 일정한 양의 유입수가 유량조정조로부터 역세척수회수조로 유입된다. 회수조의 상징수는 급속혼화조에 유입되어 재처리된다. 회수조의 침전 고형물은 농축조로 보내져 침전지의 응집 슬러지와 함께 농축처리 된다. 유출 구조물은 V-notch 위어와 유출수로로 구성된다.
   b. 여과지 당 역세척수의 양은 375 m^3/d이다(10.13.2절 Step B.4).
   c. 발생되는 역세척수를 회수조로 일정한 양으로 유입시키기 위하여 1개의 유량조정조를 계획한다.
   d. 회수조의 체류시간은 6 hr으로 계획하며, 표면부하율은 25 $m^3/m^2 \cdot d$로 한다.

2. 중력식 농축조
   농축조는 응집, 침전시설에서 발생되는 슬러지와 회수조에서 발생되는 침전슬러지를 농축할 수 있도록 계획되어야 한다.
   a. 2지의 원형 농축조로 계획한다. 최소 수리학적 부하는 4 $m^3/m^2 \cdot d$이고, 최대 고형물 부하는 80 $kg/m^2 \cdot d$이다.
   b. 농축조의 상징수는 회수조로 보내져 재처리 된다. 유입 구조는 침전지의 슬러지와 회수조에서 발생되는 슬러지를 받아들이는 수수정(收受井)으로 구성되며, 유출 구조는 V-notch, 유출수로 및 집수조로 구성된다.
   c. 농축된 슬러지는 탈수와 처분을 위하여 라군으로 보내진다.

3. 슬러지 건조 라군
   4개의 슬러지 라군을 계획한다. 각 라군은 "투입-건조"의 사이클에 따라 운전된다. 라군의 저류기간은 그 지역의 기후특성 등에 따라 결정된다. 건조공정에 완료되면 라군은 부지내의 흙으로 덮여진다.

4. 배치계획
   슬러지 처리시설은 유량조정조, 회수조, 농축조, 슬러지 라군 및 몇 개의 펌프장으로 구성된다. 슬러지 처리-처분 시스템에서 각 공정의 배치를 그림 14-7에 나타내었다. 역세척수 회수 시스템과 농축조의 상세한 배치도를 그림 14-8에 보였다. 여과지 역세척수는 유량조정조로 자연유하로 유입되며, 유량조정조의 역세척수는 수중펌프를 이용하여 응집시설에 동일한 유량으로 공급된다. 이렇게 응집된 역세척수는 회수조로 이송된다. 회수조의 상징수는 급속혼화조로의 원수공급관 상에 있는 접합정(junction box)에 펌프로 압송된다. 회수관로 계통에 오존처리가 필요한 경우 적절한 시설을 설치한다. 회수조의 침전 슬러지는 침전지의 응집 슬러지를 받아들이는 접합정에 원격조절 밸브를 이용하여 방류된다. 이 공정에 고분자 응집제 주입을 위한 시설을 한다. 혼합슬러지는 3단계의 응결 공정을 거쳐 농축조를 이송된다. 농축조의 상징수는 유량조정조로 회수되고, 농축 슬러지는 슬러지 라군으로 압송된다. 슬러지는 라군에서 건조되며, 라군에는 물의 침투 및 침투수 수집 시스템, 배수 시스템이 구비된다. 배수된 물은 유량조정조로 회수되거나 하수거로 방류된다.

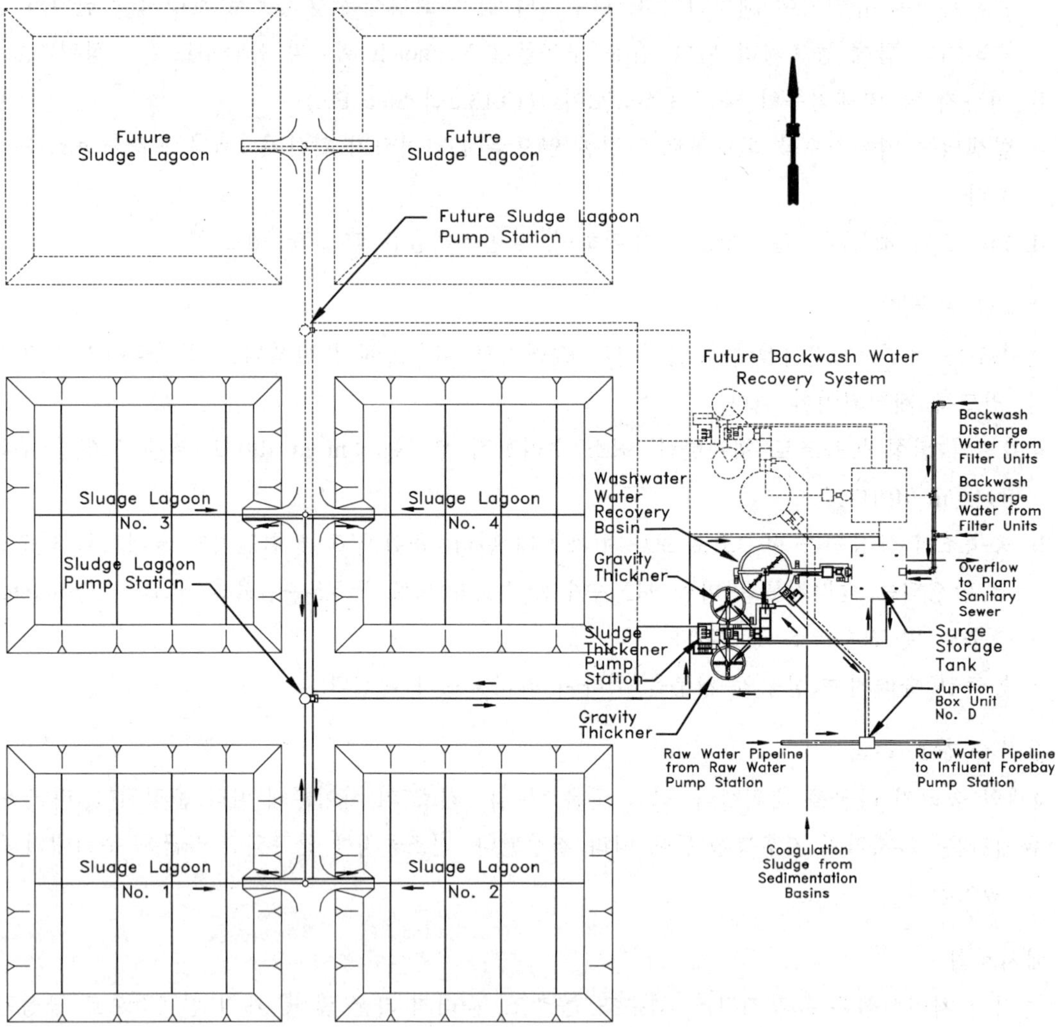

그림 14-7 슬러지 처리 - 처분 시스템의 일반적인 배치

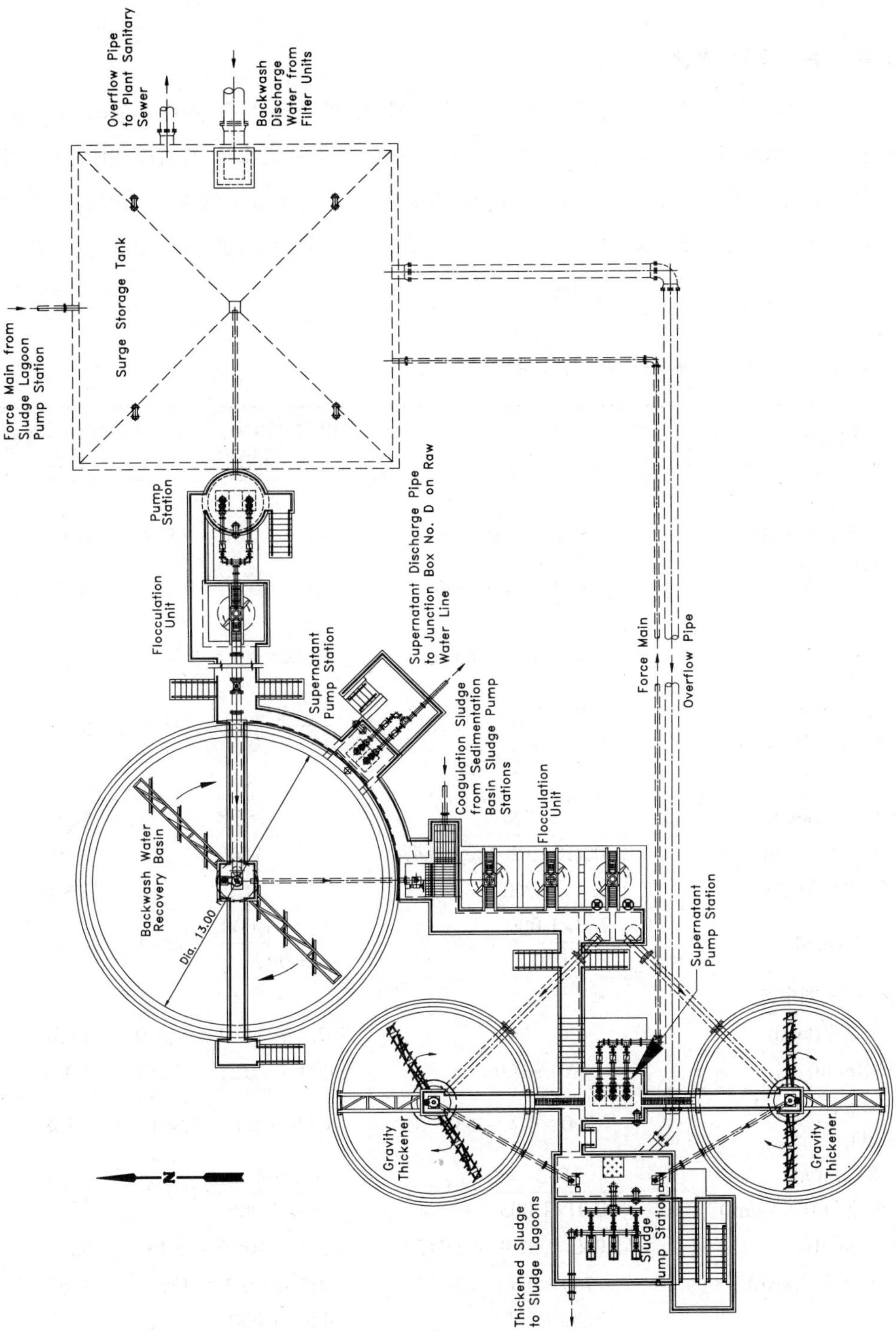

그림 14-8 역세척수 회수시스템과 농축조의 상세 배치도

14.6.2 설계 계산

Step A : 물질수지 계산

슬러지 처리 시설에서 상징수는 급속혼화조로 회수된다. 회수된 물은 원수라인의 고형물을 증가시키게 된다. 설계 예에서는 잔류물을 포함한 물은 회수조와 농축조에서 재처리 된다. 이 절에서 물질수지가 세워지며, 물질수지의 계산은 일 최대와 일평균의 조건에서 수행된다. 여과지 역세척수 회수 시스템과 중력식 농축조는 일최대의 조건으로 설계된다. 슬러지 라군은 일평균의 조건으로 설계된다.

표 14-5 설계 일 최대 유량에서의 물질수지 분석

발생원	반복 횟수			
	1회	2회	7회	8회
침전지				
총고형물 생산량(kg/d)	7,600(9.6.2, Step B.1)	7,600 + 228 = 7,828	8,096	8,096
유출 고형물량(kg/d) (10% 잔류)	7,600 × 0.1 = 760	7,828 × 0.1 = 782.8	809.6	809.6
슬러지 고형물량(kg/d) (90% 효율)	7,600 × 0.9 = 6,840	7,828 × 0.9 = 7,045	7,286	7,286
슬러지 용적(m^3/d) (2% 고형물, 1,012 kg/m^3)	$\frac{6,840}{0.02 \times 1,012} = 337.9$	$\frac{7,045}{0.02 \times 1,012} = 348.1$	360.0	360.0
여과지				
유입 고형물량(kg/d)	760	782.8	809.6	809.6
여과지 역세척 유량(m^3/d)	3,000(10.13.2, Step B.4)	3,000	3,000	3,000
역세척수 고형물량(kg/d)	760	782.8	809.6	809.6
고형물 농도(mg/L)	$\frac{760 \times 1,000}{3,000} = 253.3$	$\frac{782.8 \times 1,000}{3,000} = 260.9$	269.9	269.9
여과지 역세척수 회수조				
유입 고형물량(kg/d)	760	782.8 + 737.2 = 1,520	1,654	1,654
유입 유량(m^3/d)	3,000	3,000 + 262.1 = 3,262	3,328	3,328
슬러지 고형물량(kg/d) (70% 효율)	760 × 0.7 = 532	1,520 × 0.7 = 1,064	1,158	1,158
슬러지 용적(m^3/d) (1% 고형물, 1,005 kg/m^3)	$\frac{532}{0.01 \times 1,005} = 52.9$	$\frac{1,064}{0.01 \times 1,005} = 105.9$	115.2	115.2
월류 유량(m^3/d)	3,000 − 52.9 = 2,947	3,262 − 105.9 = 3,156	3,212	3,212
월류수 고형물량(kg/d)	760 × 0.3 = 228	1,520 × 0.3 = 456	496.2	496.2
고형물 농도(mg/L)	$\frac{228 \times 1,000}{2,947} = 77.4$	$\frac{456 \times 1,000}{3,156} = 144.5$	154.5	154.5

표 14-5 설계 일 최대 유량에서의 물질수지 분석(계속)

발생원	반복 횟수			
	1회	2회	7회	8회
중력 농축조				
총고형물량(kg/d)	6,840 + 532 = 7,372	7,045 + 1,064 = 8,109	8,444	8,444
유량(m^3/d)	338.0 + 52.9 = 390.9	348.1 + 105.9 = 454.0	475.2	475.2
농축 고형물량(kg/d) (90% 제거)	7,372 × 0.9 = 6,635	8,109 × 0.9 = 7,298	7,600	7,600
슬러지 용적(m^3/d) (5%, 1,030 kg/m^3)	$\frac{6,635}{0.05\times1,030}=128.8$	$\frac{7,298}{0.05\times1,030}=141.7$	147.6	147.6
월류 유량(m^3/d)	390.9 − 128.8 = 262.1	454.0 − 141.7 = 312.3	327.6	327.6
월류수 고형물량(kg/d)	7,372 × 0.1 = 737.2	8,109 × 0.1 = 810.9	844.4	844.4
고형물 농도(mg/L)	$\frac{374.4\times1,000}{133.1}=2,813$	$\frac{810.9\times1,000}{312.3}=2,597$	2,577	2,577

물질수지 계산절차를 표 14-5에 정리하였다. 안정된 최종적인 값을 얻기 위하여 8번의 반복 계산이 수행되었다. 반복계산 후의 최종 결과를 그림 14-9에 나타내었다. 일 평균에서의 물질수지를 표 14-6에 최종결과를 그림 14-10에 보였다.

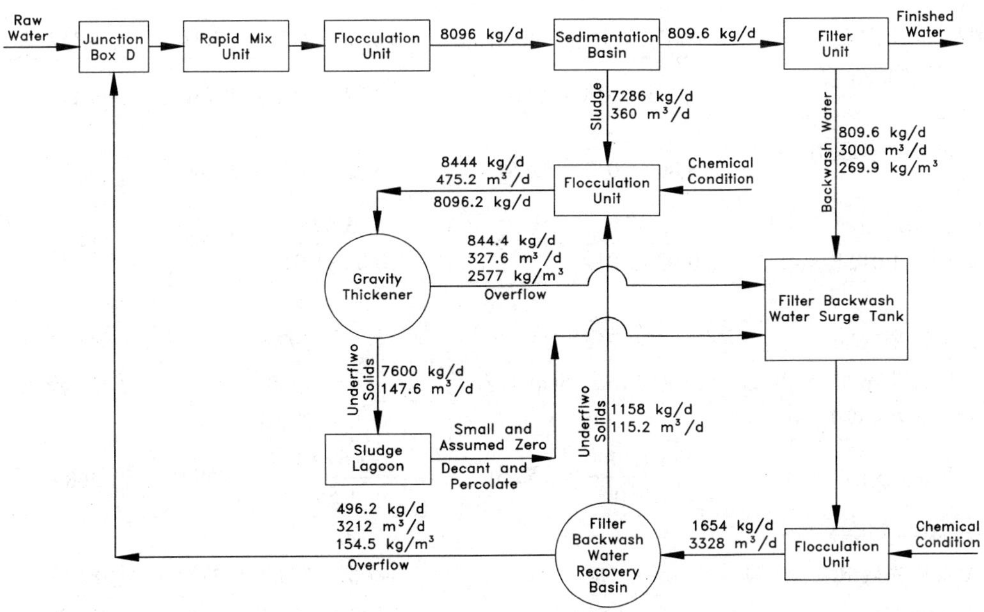

그림 14-9 설계 일 최대 유량에서의 물질수지 결과 요약

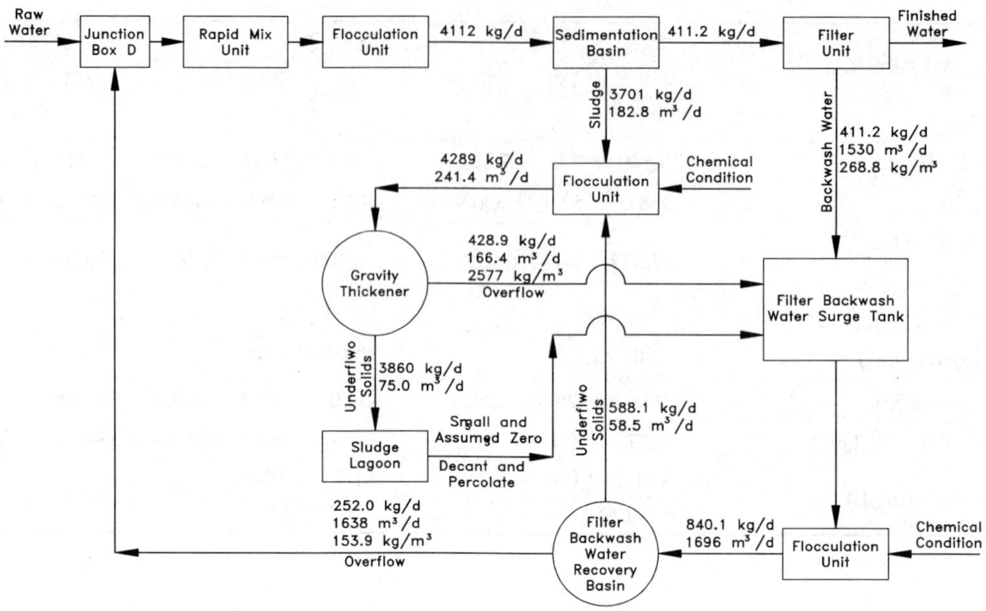

그림 14-10 설계 일 평균 유량에서의 물질수지 결과 요약

표 14-6 설계 일 평균 유량에서의 물질수지 분석

발생원	반복 횟수			
	1회	2회	7회	8회
침전지				
총고형물 생산량(kg/d)	3,860(9.6.2, Step B.1)	3,860 + 115.8 = 3,976	4,112	4,112
유출고형물량(kg/d) (10% 잔류)	3,860 × 0.1 = 386	3,976 × 0.1 = 397.6	4,112	4,112
슬러지 고형물량(kg/d) (90% 효율)	3,800 × 0.9 = 3,474	3,976 × 0.9 = 3,578	3,701	3,701
슬러지 용적(m^3/d) (2% 고형물, 1,012 kg/m^3)	$\frac{3,474}{0.02 \times 1,012} = 171.6$	$\frac{3,578}{0.02 \times 1,012} = 176.8$	182.8	182.8
여과지				
유입 고형물량(kg/d)	386	397.6	411.2	411.2
여과지 역세척 유량(m^3/d)	1,530(10.13.2, Step B.7)	1,530	1,530	1,530
역세척수 고형물량(kg/d)	386	397.6	411.2	411.2
고형물 농도(mg/L)	$\frac{386 \times 1,000}{1,530} = 252.3$	$\frac{397.6 \times 1,000}{1,530} = 259.9$	268.8	268.8
여과지 역세척수 회수조				
유입 고형물량(kg/d)	386	397.6 + 374.4 = 772.0	840.1	840.1
유입 유량(m^3/d)	1,530	1,530 + 133.1 = 1,663	1,696	1,696

표 14-6 설계 일 평균 유량에서의 물질수지 분석(계속)

발생원	반복 횟수			
	1회	2회	7회	8회
슬러지 고형물량(kg/d) (70% 효율)	386 × 0.7 = 270.2	772.0 × 0.7 = 540.4	588.1	588.1
슬러지 용적(m^3/d) (1% 고형물, 1,005 kg/m^3)	$\frac{270.2}{0.01 \times 1,005} = 26.9$	$\frac{540.4}{0.01 \times 1,005} = 53.8$	58.5	58.5
월류 유량(m^3/d)	1,530 − 26.9 = 1,503	1,663 − 53.8 = 1,609	1,638	1,638
월류수 고형물량(kg/d)	386 × 0.3 = 115.8	772.0 × 0.3 = 231.6	252.0	252.0
고형물 농도(mg/L)	$\frac{115.8 \times 1,000}{1,503} = 77.4$	$\frac{231.6 \times 1,000}{1,609} = 143.9$	153.9	153.9
중력 농축조				
총고형물량(kg/d)	3,474 + 270.2 = 3,744	3,578 + 540.4 = 4,118	4,289	4,289
유량(m^3/d)	171.6 + 26.9 = 198.5	176.8 + 53.8 = 230.6	241.4	241.4
농축 고형물량(kg/d) (90% 제거)	3,744 × 0.9 = 3,370	4,118 × 0.9 = 3,707	3,860	3,860
슬러지 용적(m^3/d) (5%, 1,030 kg/m^3)	$\frac{3,370}{0.05 \times 1,030} = 65.4$	$\frac{3,707}{0.05 \times 1,030} = 72.0$	75.0	75.0
월류 유량(m^3/d)	198.5 − 65.4 = 133.1	230.6 − 72.0 = 158.6	166.4	166.4
월류수 고형물량(kg/d)	3,744 × 0.1 = 374.4	4,118 × 0.1 = 411.8	428.9	428.9
고형물 농도(mg/L)	$\frac{737.2 \times 1,000}{262.1} = 2,813$	$\frac{411.8 \times 1,000}{158.6} = 2,596$	2,577	2,577

Step B : 여과지 역세척수 회수 시스템

1. 여과지 역세척수의 특징

   여과지 역세척수 회수시스템의 유량은 3,000 m^3/d이며, 역세척수의 고형물량은 809.6 kg/d이다. 역세척 총 횟수는 8 cycle/d이며, 평균 역세척 사이클은 3 hr/cycle이다.

2. 유량조정조(surge tank)의 설계

   a. 유량조정조의 용량계산

   2개의 여과지가 동시에 역세척 될 때의 역세척 배출수와 농축조 월류수의 6 hr 분량을 저류할 수 있는 충분한 용량이 되도록 한다.

$$
\begin{aligned}
\text{필요용적} &= \frac{3,000\,m^3/d \times 2\text{지}}{8\text{ cycle/d}} + \frac{327.6\,m^3/d \times 6\text{ hr}}{24\text{ hr/d}} \\
&= 832\ m^3
\end{aligned}
$$

Water Works Engineering

유량조정조의 구조는 14 m W × 14 m L × 4 m H로하고 1.5 m 깊이의 호퍼를 둔다.

$$총\ 용적 = 14\,m \times 14\,m \times 4\,m + \frac{(14\,m)^2 \times 1.5\,m}{3} = 882\,m^3$$

0.5m의 여유고를 둔다. 유량조정조의 여유용량은 3개의 여과지가 9 hr 이내에 역세척 되더라도 유용할 것이다. 과잉 유량을 농축조 펌프정이나 장내 하수관로로 배출하기 위한 2개의 월류관을 설치한다. 유량조정조의 수위는 초음파 수위계로 감시한다. 유량조정조의 규격과 설계도를 그림 14－11에 나타내었다.

b. 역세척 배출수 인발

유량조정조로부터 역세척 배출수를 인발하기 위해 1대의 예비 펌프를 포함하여 2대의 펌프를 선정한다. 각 펌프의 양수능력은 2.3 m^3/min이다. 이 양수율은 유량조정조 용량을 대략 6 hr 내에 1대의 펌프로 양수할 것이다. 그러므로 배출수지에서 역세척 배출수 회수조로의 일정유량이 유지될 것이다. 펌프는 저수위 때 펌프가 정지되며, 고수위 때는 예비펌프가 가동되고 정상 운전 수위가 되면 예비 펌프의 작동이 중지되는 방식으로 제어된다. 이러한 제어방식은 배출수지에서 역세척 배출수가 월류하는 것을 방지하게 될 것이다.

3. 역세척 배출수 회수조의 설계

a. 용량계산

회수조로의 유량 = 2.3 m^3/min

설계 표면부하율 = 25 $m^3/m^2 \cdot d$

$$조의\ 수표면적 = \frac{2.3\,m^3/min \times 1,440\,min/d}{25\,m^3/m^2 \cdot d} = 132.5\,m^2$$

직경 13 m의 원형조로 하고 체류시간은 6 hr으로 한다.

$$역세척\ 배출수회조의\ 필요\ 용적 = 2.3\,m^3/min \times 60\,min/hr \times 6\,hr = 828\,m^3$$

$$깊이 = \frac{4 \times 828\,m^3}{\pi \times (13\,m)^2} = 6.24\,m$$

역세척 배출수 회수조의 수심은 6.3 m로 한다.

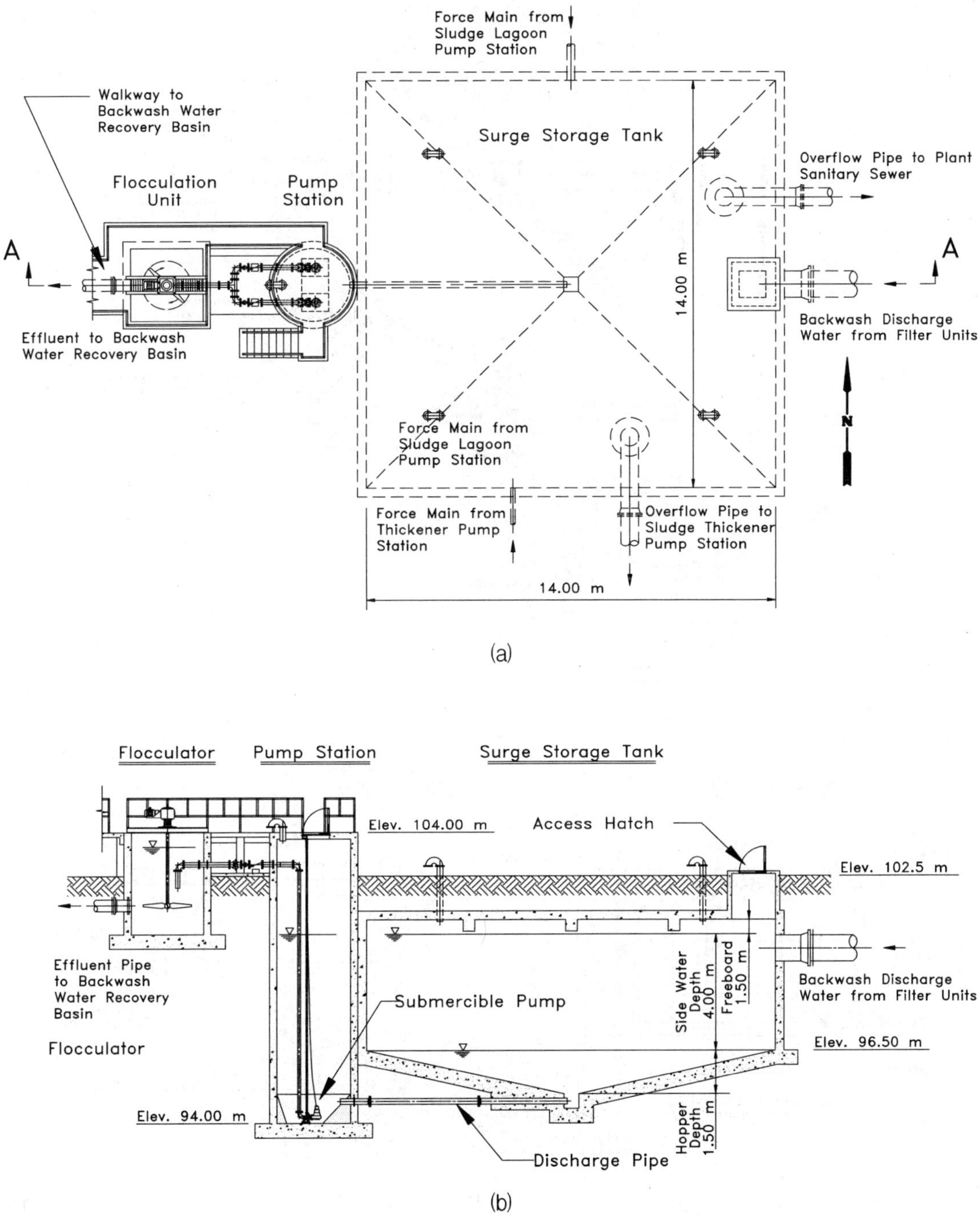

그림 14-11 여과지 역세척수의 유량조정. (a) 평면도, (b) A-A 단면도

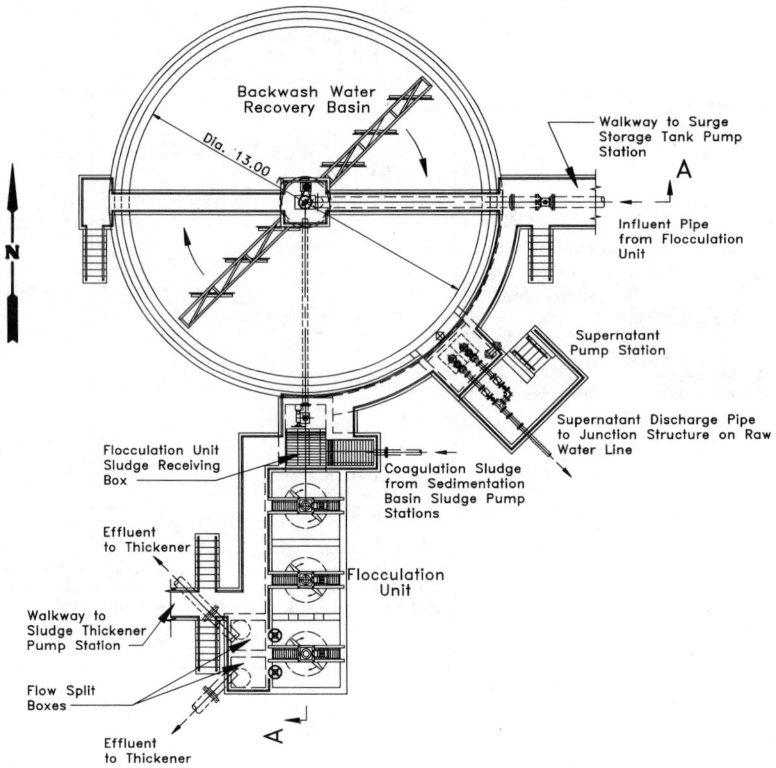

(a)

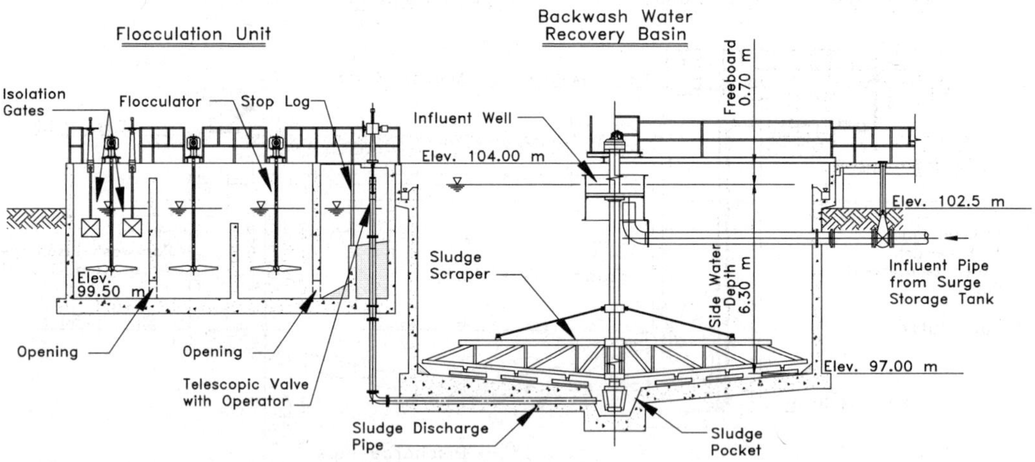

(b)

그림 14-12 역세척 배출수 회수조. (a) 평면도, (b) A-A 단면도

b. 유입 및 유출 구조의 설계

회수조의 유입부는 중앙 우물(well)이 있는 구조이다. 유출부의 구조는 V-notch와 유출수로로 구성된다. 유출수는 유출수로를 통하여 유출수조로 배출된다. 전체적인 형상은 원형 침전지와 유사하다. V-notch, 유출수로, 유출관의 설계 및 수리 계산 절차는 9장을 참조 바란다. 더 상세한 설계 정보는 참고문헌 17을 참조하기 바란다. 여과지 역세척수 회수조의 설계도를 그림 14-12에 나타내었다.

4. 회수조의 침전 고형물

슬러지는 회수조로부터 슬러지 수집정으로 배출된다. 고형물 인발율을 조정하기 위하여 원격조절 밸브가 사용된다. 회수조 침전물의 농도 1%와 고형물 회수율 70%에서 침전된 여과지 역세척 배출수 고형물의 양과 질을 표 14-5의 물질수지 분석표에 제시하였다.

역세척수 고형물의 양 = 1,158 kg/d

슬러지 인발율 = 115.2 m^3/d

5. 회수조의 유출수

여과지 역세척수 회수조의 유출수 양과 고형물 양을 표 14-5에 제시하였다.

회수된 유출수에서 고형물 = 496.2 kg/d

회수된 유출수의 양 = 3,212 m^3/d

회수된 유출수에서 고형물의 농도 = 154.5 mg/L

유출수를 원수 유입계통까지 보내기 위하여 2.3 m^3/min 용량의 펌프 2대를 사용한다. 1대는 예비용이다. 두 대의 펌프는 교대로 운전 된다.

Step C : 중력식 농축조

1. 농축 대상 고형물의 특성

농축조의 고형물은 회수조와 침전지의 슬러지로 구성된다. 고형물의 양과 고형물 양을 그림 14-9에 제시하였다.

총 고형물 = 8,444 kg/d

총 유량 = 475.2 m^3/d

2. 농축조 설계

a. 용량계산

고형물 부하 80 kg/m^2·d에 기초하여 필요 면적을 산출한다.

$$\text{총 필요 면적} = \frac{8{,}444\ \text{kg/d}}{80\ \text{kg/m}^2\cdot\text{d}} = 105.6\,\text{m}^2$$

2지로 계획하면 각 지의 면적은

$$\text{지의 면적} = \frac{105.6\,\text{m}^2}{2} = 52.8\,\text{m}^2$$

조의 직경은

$$\text{조의 직경} = \sqrt{\frac{(4\times 52.8\,\text{m}^2)}{\pi}} = 8.20\,\text{m}$$

b. 수리학적 부하 검토

$$\text{수리학적 부하} = \frac{475.2\,\text{m}^3/\text{d}}{2\times 52.8\,\text{m}^2} = 4.5\,\text{m}^3/\text{m}^2\cdot\text{d}$$

중력식 농축조의 수리학적 부하 4.5 $m^3/m^2\cdot d$은 설계 최소값 이상이므로 적용가능하다. 유입 슬러지에서 고형물 함량의 증가는 농축조의 고형물 부하 80 $kg/m^2\cdot d$의 허용 한계를 넘을 수 있다. 그러므로 저농도 슬러지를 인발하거나 또는 희석을 위한 준비를 갖추어야 한다.

c. 농축조 깊이

농축조의 총 깊이는 3개의 다른 구역, 즉 청등역, 침전역 및 농축역으로 구성된다. 일반적으로 중력식 농축조의 청등역은 1 m, 침전역과 농축역은 각각 1.5 m, 3.0 m로 하면 충분하다.

$$\text{총 깊이} = 1.0 + 1.5 + 3.0 = 5.5\,\text{m}$$

여유고 0.6 m를 둔다.

d. 중앙 호퍼의 깊이

농축조 바닥의 구배는 20 cm/m로 한다.

$$\text{중앙 호퍼의 깊이} = \frac{20\,\text{cm/m}}{100\,\text{cm/m}} \times \frac{8.2\,\text{m}}{2} = 0.82\,\text{m}$$

그러므로 중앙 호퍼에서 농축조의 총 깊이는 6.32 m이다.

e. 유입-유출부의 설계

농축조의 유입-유출부는 우물통과 원형조의 원주 주변에 따라 설치된 90° notch 위어로 구성된다. 농축조의 유입-유출부 설계는 역세척 배출수 회수조조의 유입-유출부 설계와 유사하다.

3. 농축 기간

각 농축조의 용적은 다음과 같다.

$$농축조의\ 용적 = \frac{\pi}{4}\times(8.2\,\text{m})^2\times5.5\,\text{m}+\frac{\pi}{12}\times0.82\,\text{m}\times(8.2\,\text{m})^2$$
$$= 291\ \text{m}^3 + 14\ \text{m}^3$$
$$= 305\ \text{m}^3$$

$$농축\ 기간 = \frac{2\times305\,\text{m}^3}{475.2\,\text{m}^3/\text{d}} = 1.3\,\text{d}$$

4. 농축 슬러지의 배출

농축 슬러지의 양과 슬러지의 양을 물질수지 분석표(그림 14－9)에 나타내었다.

농축 슬러지의 양 = 7,600 kg/d

슬러지 인발율 = 147.6 m^3/d

원격조절 밸브가 슬러지 블랭킷 층의 높이(농축 슬러지의 양)를 제어하기 위하여 사용된다. 밸브 개도 리미트스위치(valve position－limit switches)가 슬러지 밸브의 위치를 감시한다. 모터접속(motor contact)과 초음파 유량계가 슬러지 펌프의 상태와 슬러지 인발율을 감시한다.

농축 슬러지를 슬러지 라군으로 보내기 위하여 200 L/min 용량의 펌프를 3대 채용한다. 두 대가 운전되고 한 대는 예비용이다. 펌프는 3대 모두가 동일하게 마모되게 하기 위하여 교대로 운전된다.

5. sludge volume ratio(슬러지 체류 시간)

sludge volume ratio(SAR)는 농축조 농축역의 슬러지층 용적을 하루에 인발되는 슬러지량으로 나눈 값이다.

$$농축조\ 슬러지\ 용적(호퍼\ 포함) = \frac{\pi}{4}\times(8.2\,\text{m})^2\times3\,\text{m}+14\,\text{m}^3$$
$$= 158\text{m}^3 + 14\text{m}^3 = 172\text{m}^3$$

$$SAR = \frac{2\times172\,\text{m}^3}{147.6\,\text{m}^3/\text{d}} = 2.3\,\text{d}$$

6. 농축조 유출수의 양

농축조 상징수 유출량과 고형물 양을 물질수지분석표(그림 14－9)에 나타내었다.

회수된 물에서 고형물의 양 = 327.6 kg/d

회수된 물의 양 = 844.4 m^3/d

회수된 물에서의 고형물 농도 = 2,577 mg/L

여과지 역세척수 회수 시스템의 유량조정조로 농축조 유출수를 되돌리기 위하여 300 L/min 용량의 펌프를 3대 채용한다. 두 대가 운전되고 한 대는 예비용이다. 펌프 3대는 교대로 운전된다. 농축조의 설계 상세도와 구조 치수를 그림 14－13에 나타내었다.

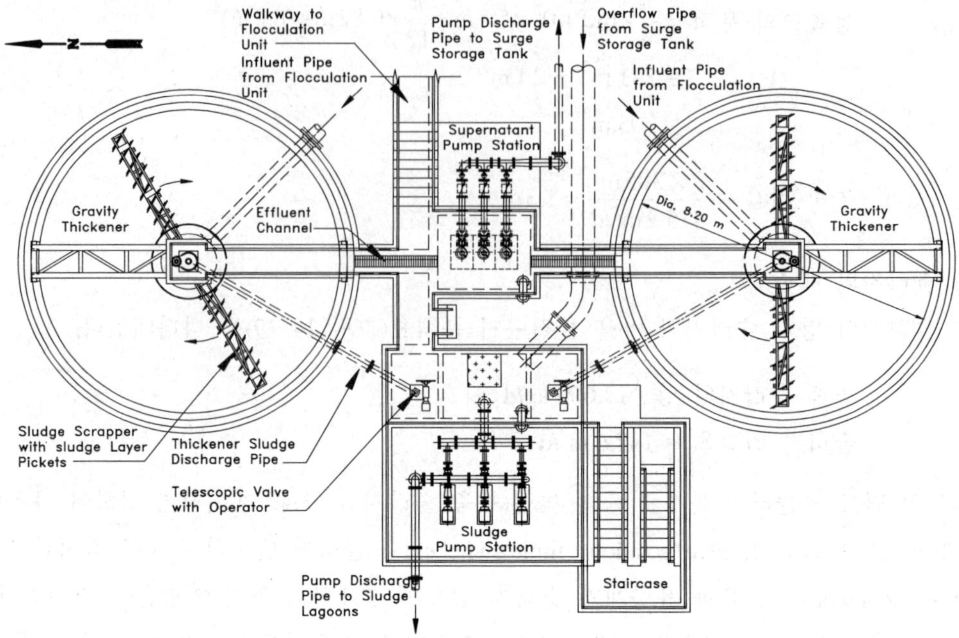

(a)

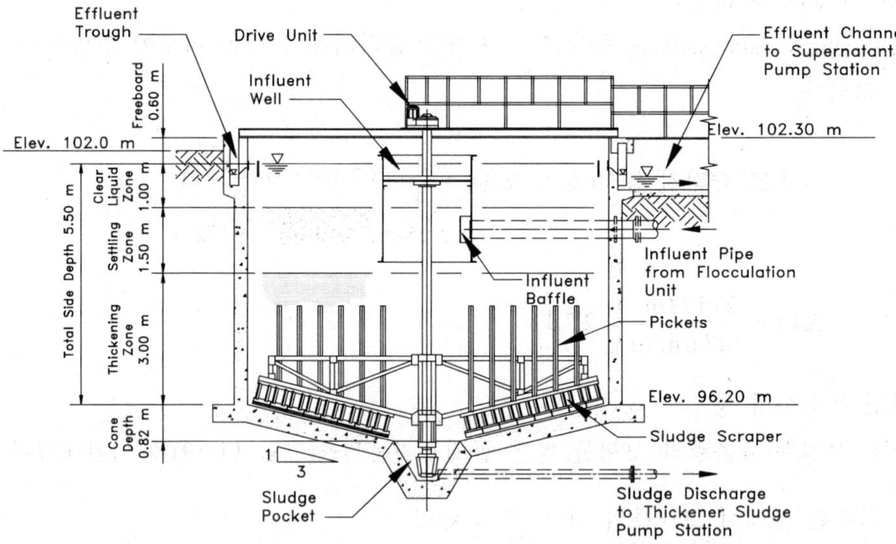

(a)

그림 14-13 중력식 농축조의 상세 설계도. (a) 평면도, (b) 단면도

Step D : 슬러지 건조 라군

네 개의 슬러지 건조 라군이 슬러지의 2차 농축, 탈수, 건조 및 처분을 위하여 채용된다. 슬러지는 시간이 경과함에 따라 증발, 배수 및 침투에 의해 건조될 것이다. 이러한 라군은 "투입과 건조"의 사이클이 계속되는 방식으로 운영되며, 라군이 꽉 찰 때까지 투입이 계속된다. 재투입 후에 슬러지는 농축되고 건조된다. 증발, 배수 및 침투가 슬러지로부터 물이 제거되는 원리이다. 투입 사이클은 전에 투여된 슬러지가 완전히 탈수된 후에 다시 시작된다.

슬러지 라군은 배수 및 침투가 최대가 되도록 설계되어야 한다. 물의 침투를 위해 배수관이 부설되어 있는 0.3 m 깊이의 모래상이 설치된다. 탈수된 슬러지 층이 라군에 쌓임으로서 침투는 감소한다. 0.45 m의 슬러지 층이 형성된 후에 침투율의 증가를 위하여 모래층과 수직 배수관을 설치한다.

배수관은 상징수의 제거를 위하여 여러 높이에서 배수될 수 있도록 한다. 라군의 일반적인 설계에 대하여는 후에 논의하겠다.

1. 부지의 특성과 기후

   슬러지 처분 라군은 처리장 특성에 따라 건설될 것이다. Soil Conservation Service, 현 Soil Survey Division(토양보전국) 토질도(土質圖)에 따르면 basket-fine sandy loam이 처리장 부지의 대부분을 차지하고 있다. 토양의 투과성은 5~15 cm/hr이다. 그 지역은 일반적으로 1%의 완만한 구배를 가지고 있다.

   기상 자료는 National Oceanic and Atmosphere Administration에서 얻을 수 있다. 월별 강우, 기온 및 증발량에 대해 5년간 가장 다습했던 자료를 이용한다. 기상 자료를 표 14-7에 나타내었다.

표 14-7 5년간 가장 다습한 기상 자료

월	평균기온(℃)	총 강수량(cm)	총 순 증발율(cm)
1월	5	3.0	6.9
2월	9	11.0	5.8
3월	12	5.5	8.9
4월	19	12.9	8.9
5월	21	8.8	14.0
6월	25	14.1	16.5
7월	27	7.3	21.5
8월	24	12.8	21.6
9월	21	2.6	20.3
10월	17	12.3	13.0
11월	11	1.0	10.2
12월	7	3.7	5.8
	연평균 = 16.5	연 총합 = 95.0	연 총합 = 153.5

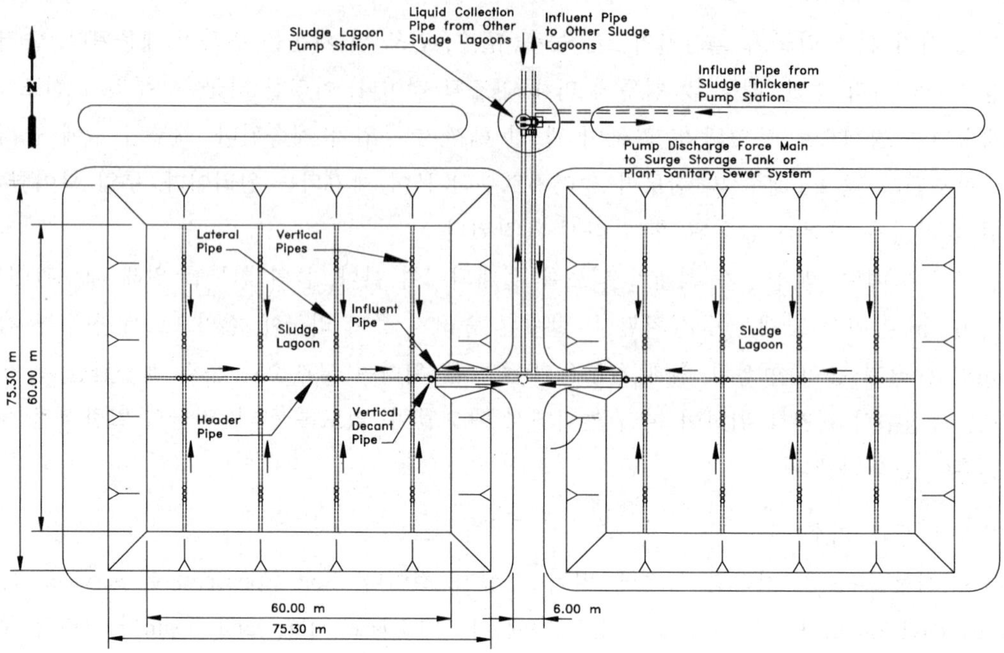

(b)

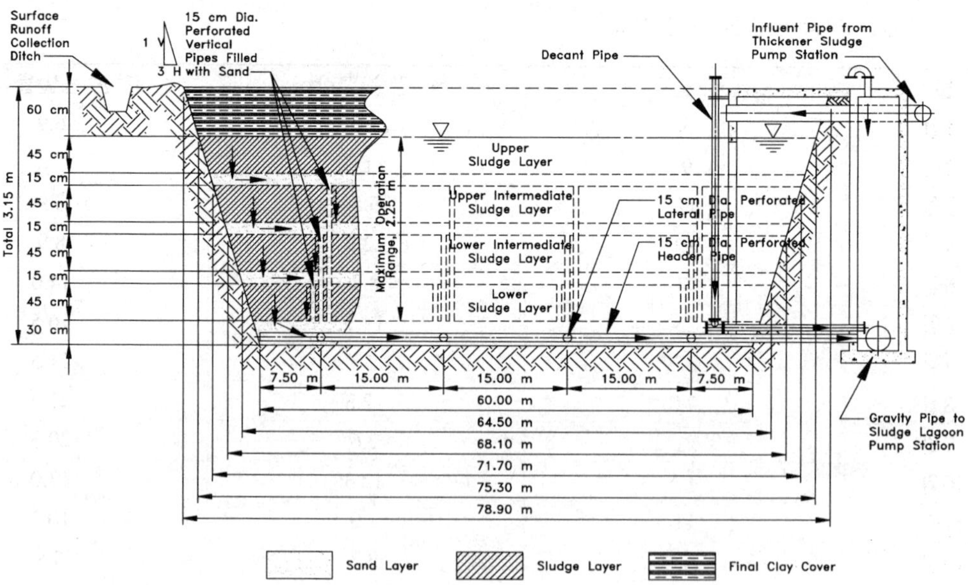

(a)

그림 14-14 슬러지 건조 라군의 상세 설계도. (a) 평면도, (b) 단면도

2. 라군의 상세 설계

a. 라군의 크기

바닥면의 크기	60 m × 60 m
측면 구배(수평 : 수직)	3 : 1
총 수심	2.55 m
여유고	0.60 m
총 라군의 깊이	3.15 m

b. 바닥층의 설계

라군의 바닥층은 0.3 m 깊이의 모래층으로 구성된다. 모래층 내에 투과성 타일이 있어서 투과된 물을 처리장으로 이송하게 된다.

c. 중층(intermediate level) 기초의 설계

라군은 최대 수위까지 슬러지를 채움으로서 운전이 시작되며, 완전히 건조된 후 다음 사이클이 시작된다. 하부에 고형물이 쌓임에 따라 침투율은 감소할 것이다. 축적된 슬러지가 0.45 m에 이르면, 그 층은 침투율의 향상을 위해 새 모래층과 수직관을 부설하는 층고르기를 하게 된다. 층고르기는 16개소에 직경 15 cm 수직관을 슬러지 퇴적층을 통과하여 설치하고 굵은 모래를 채움으로서 완성된다. 15 cm 깊이의 모래 배수층은 라군 바닥 전표면에 걸쳐 설치된다. 상세도를 그림 14-14에 도시하였다.

d. 배수 시스템의 설계

상징수를 배제하기 위해 높이별로 배수구를 가지는 수직관을 설치한다. 수직관의 개략을 그림 14-14에 보였다.

3. 라군의 유효 운전 기간

라군의 유효 운전 기간은 고형물 축적 속도에 의해 계산된다. 라군의 운전은 유효 용량까지 슬러지가 축적되어 흙으로 덮여질 때까지 운전된다. 계산에는 투입, 건조 시간 및 고형물 축적을 포함한다.

a. 물 수지의 계산

평균 강수 및 증발율은 달마다 변한다. 또한 채움과 건조는 계절에 상관없이 언제든지 발생된다. 그러므로 물 수지의 계산은 년 평균을 기초로 산출된다.

b. 강수량의 결정

강수는 라군의 총 표면에 걸쳐 일어난다. 둑 위의 진입도로로부터의 유출은 라군으로 들어가지 않는다.

$$\text{연 평균 강수량} = \frac{95\ \text{cm/yr}}{12\ \text{month/yr}} = 7.9\ \text{cm/month}$$

$$\text{라군의 면적} = 78.9\ \text{cm} \times 78.9\ \text{cm} = 6{,}225\ \text{cm}^2$$

Water Works Engineering

$$평균월강수량 = \frac{6.225\,m^2 \times 7.9\,cm/month}{100\,cm/m} = 492\,m^3/month$$

c. 증발량의 결정

증발은 자유 수면으로부터 일어난다. 자유 수면의 면적은 채움 운전 동안에는 낮은 값에서 높은 값으로 그리고 건조 사이클 동안에는 높은 값에서 낮은 값으로 변한다. 그러므로 평균 수표면적이 증발량의 계산에 사용된다.

$$평균\ 증발량 = \frac{153.5\ cm/yr}{12\ month/yr} = 12.8\,cm/month$$

$$평균\ 수표면적 = \left(\frac{60\,m + 75.3\,m}{2}\right)^2 = 4,577\,m^2$$

$$월\ 평균\ 증발량 = \frac{4,557\,m^2 \times 12.8\,cm/month}{100\,cm/m} = 586\,m^3/month$$

d. 침투량의 결정

침투속도는 2 m/yr으로 가정한다. 이러한 가정은 다음과 같이 합리화될 수 있다. 2 m/yr의 침투율에서, 슬러지의 고형물 농도 5%와 밀도 1,030 kg/m³에서 고형물 부하는 대략적으로 100 kg/m²이 된다. 이러한 부하는 슬러지 라군에서 사용되는 일반적인 고형물 부하율 이내이고, 슬러지 건조상에 적용되는 일반적인 부하의 대략 1/2 정도이다. 게다가 하부집수장치를 통한 침투는 슬러지 케익을 통한 물의 수직적 이동과 0.15 m 두께의 중간 모래층을 통한 물의 수평적 이동을 포함한다. 물의 이동은 모래로 채워진 수직관을 통하여 계속되고, 0.3 m 깊이의 바닥 모래층을 통과하여 투과성 타일의 배수 시스템을 통해 배수된다.

$$월\ 평균\ 침투율 = \frac{200\,cm/yr}{12\,month/yr} = 16.7\,cm/month$$

$$평균\ 수표면적 = \left(\frac{60\,m + 76.3\,m}{2}\right)^2 = 4,577\,m^2$$

$$월\ 평균\ 침투율 = \frac{4,577\,m^2 \times 16.7\,cm/month}{100\,cm/m} = 764\,m^3/month$$

e. 투입 사이클의 계산

투입 사이클 동안, 슬러지는 매일 라군 안으로 펌프로 이송되고 물은 증발과 침투로 없어지게 된다. 또한 강수는 라군에 물을 첨가하게 된다. 그러므로 채움 기간은 물의 유입과 손실을 모두를 고려하여 계산되어야 한다. 채움과 건조 사이클이 계속됨에 따라 슬러지가 축적되고, 따라서 라군의 용량과 채움 시간은 감소될 것이다. 초음파 수위계가 항상 라군의 수위를 감시하고 기록한다. 채움 사이클의 계산은 슬러지 축적층의 (1) 하부층, (2) 하부 중층, (3) 상부 중층, (4) 상부층, 4 단계에 대하여 행해진다.

평균 강수량 = 492 m^3/month
평균 증발량 = 586 m^3/month
평균 침투량 = 764 m^3/month
평균 슬러지량(표 14−6) = 75 m^3 × 30 d = 2,250 m^3/month
순 채움율 = (2,250 + 492 − 586 − 764) m^3/month = 1,392 m^3/month

라군의 총 용량은 피라미드 형태의 4각 절두체(截頭體, frustum)의 계산방법과 같다. 라군의 용량은 식 (14.3)에 의해 계산한다.

$$V = \frac{1}{3} D\left(A_1 + A_2 + \sqrt{A_1 \times A_2}\right) \tag{14.3}$$

여기서, V : 라군 각 frustum의 용량(m^3)
D : frustum의 깊이(m)
A_1, A_2 : frustum 상부와 하부의 면적(m^2)

퇴적 슬러지 각 층에 대한 라군 용량을 표 14−8에 계산하여 나타내었다.

f. 건조 사이클의 계산

라군의 평균 건조 기간은 슬러지 층이 형성되고 라군의 용량이 감소함에 따라 감소될 것이다. 물 손실율은 평균 강수량, 증발량 및 침투량의 자료로부터 얻을 수 있다. 물 손실율은 856.7 m^3/month이다. 라군 운전의 각 단계에서 평균 건조기간을 표 14−8에 나타내었다. 퇴적 슬러지 각 층 위의 라군 용량은 표 14−8에 나타내었다.

표 14−8 라군 운영의 4단계별 채움과 건조 기간

단계	수표면적 (m^2)	층 중간 깊이의 면적 (m^2)	층 중간에서의 평균 라군 깊이 (m)	슬러지층 중간 깊이에서의 라군 평균 용적 (m^3)	채움기간 (month)	건조기간 (month)
하부 슬러지 층	5,670[a]	3,988[b]	2.025[c]	9,729[d]	7.0[e]	11.4[f]
하부 중간 슬러지 층	5,670	4,456	1.425	7,197	5.2	8.4
상부 중간 슬러지 층	5,670	4,949	0.825	4,377	3.1	5.1
상부 슬러지 층	5,670	5,469	0.23	1,253	0.9	1.5

a. $75.3\,\text{m} \times 75.3\,\text{m} = 5{,}670\,\text{m}^2$

b. $\left(60\,\text{m} + 2\times\left(0.3\,\text{m} + \frac{0.45\,\text{m}}{2}\right)\times 3\,\text{m/m (slope)}\right)^2 = 3{,}988\,\text{m}^2$

c. $2.25\,\text{m} - \frac{0.45\,\text{m}}{2} = 2.205\,\text{m}$

d. $\frac{1}{3}\times 2.025\times\left[3{,}988 + 5{,}670 + \sqrt{(3{,}988\times 5{,}670)}\right] = 9{,}753\,\text{m}^2$

Water Works Engineering

e. $\dfrac{9,753\,m^3}{1,392\,m^3/month} = 7.0\,month$

f. $\dfrac{9,753\,m^3}{(764+586-492)\,m^3/month} = 11.4\,month$

g. 라군의 총 운전 기간 계산

라군의 평균 운전 기간은 슬러지 고형물로 라군을 채우는데 걸리는 시간이다. 슬러지는 4개의 층에 쌓인다. 각 슬러지 층의 면적과 용량을 표 14−9에 나타내었다.

평균 슬러지 고형물 량(표 14−6) = 3,860 kg/d

슬러지 밀도(가정) = 1,450 kg/m^3

$$슬러지\ 량 = \frac{3,860\,kg/d}{1,450\,kg/m^3} = 2.66\,m^3/d\ (80\,m^3/month)$$

각 층을 채우기 위한 평균 시간을 표 14−9에 보였다. 각 라군의 평균 운전 기간은 106 month(8.8 yr)이다. 4개 라군의 총 운전 기간은 대략 35 yr이다. 라군이 고형물로 채워진 후에 흙으로 덮이고 그 라군은 폐쇄된다.

표 14−9 각 슬러지 층의 상부 및 하부층의 면적과 용량

단계	면적, $B^2(m^2)$		깊이(m)	용적(m^3)	채움기간 (month)
	하부	상부			
하부 슬러지 층	3,819(61.8^2)	4,160(64.5^2)	0.45	1,795	22.4
하부 중간 슬러지 층	4,277(65.4^2)	4,638(68.1^2)	0.45	2,005	25.1
상부 중간 슬러지 층	4,761(69.0^2)	5,141(71.7^2)	0.45	2,227	27.8
상부 슬러지 층	5,271(72.6^2)	5,670(75.3^2)	0.45	2,461	30.8
					107
					합계 = 106

14.7 슬러지 처리 시설의 운전, 유지관리 및 문제해결

정수 슬러지는 처분을 위한 고형물의 농축과 여과지 역세척수의 회수를 위해 몇 개의 공정에서 처리된다. 여과지 역세척수와 응집 고형물은 농축조에서 농축되고 탈수되며 슬러지 라군에서 현장 처분된다. 이것을 구성하고 있는 처리 프로세스는 다음과 같다.

1. 역세척수와 농축조 유출수의 처리를 위한 여과지 역세척수 유량조정조와 회수조
2. 역세척수 고형물과 응집슬러지의 농축을 위한 중력식 농축조
3. 탈수와 고형물의 현장 처분을 위한 슬러지 라군

이러한 시설의 적절한 운영과 유지관리는 물의 회수와 슬러지 처분을 위하여 중요하다. 다음은 슬러지 처리 시설의 설계와 운영에 있어서 중요한 항목들이다.

14.7.1 운영상 문제점 및 고장검사 지침

여과지 역세척수 유량조정조

유량조정조는 여과지로부터 역세척수를 받아들인다. 배출수지에서 자주 예비 펌프가 작동하고 고수위 경보가 울리는 것은 (a) 여과지 역세척이 너무 여러 지에서 동시에 이루어지거나 (b) 역세척수 배수펌프의 용량이 부족한 것을 의미한다. 가능한 해결방법은 여과지 역세척 주기에 간격을 두어서 6hr 이내에는 2개 이상의 여과지가 역세척 되지 않도록 하는 것이다. 다른 가능한 해결책은 여과지 역세척수 배수펌프의 용량을 증가시키는 것이다.

역세척수 회수조

1. 역세척수 회수조는 중력식 원형 침전조이다. 불량한 상징수의 수질은 여과지 역세척수나 농축조 유출수에 비침전성 콜로이드 입자가 있다는 것을 의미한다. 회수조 유입전 고분자 응집제가 응집이나 침전성의 향상을 위하여 사용된다.
2. 위어에서 고형물이 불균일하게 월류되는 것은 부적당한 슬러지 펌핑 때문일 수 있다. 슬러지 펌프와 배관의 막힘, 기능저하를 점검한다. 조의 청등역이 최소한 2 m 정도 유지되도록 슬러지 인발율을 조절하는 것이 좋다.
3. 과잉의 슬러지 배제, 단락류 현상 또는 유량의 심한 변동은 슬러지의 고형물 농도가 낮아지는 원인이 되기도 한다. 슬러지의 인발량을 줄이고, 정류벽을 설치하거나, 점검한다. 그리고 유입수의 펌핑 속도를 조절한다.
4. 슬러지 수집기의 이상 운전은 수집기가 손상되었거나, 슬러지의 퇴적이 과도하기 때문인 경우가 많다. 슬러지 인발관과 슬러지 수집기를 점검한다.
5. 조의 한 부분에서만 위어를 통하여 슬러지 고형물이 배제되는 것은 흐름의 분포가 불균일하기 때문이다. 유출 위어의 수평을 맞춘다.
6. 여과지 역세척수의 회수수에 높은 조류의 농도는 최종 처리수에 맛과 냄새의 문제를 일으킬 수 있다. 회수조 이전에 고분자 응집제의 투여로 역세척수 회수수의 고형물 농도를 낮출 수 있다.

중력식 농축조

1. 농축조에서의 슬러지 부상은 일반적으로 농축슬러지의 펌핑율이 낮거나 빈번하지 않음과 농축조 유출율이 낮거나 슬러지 층이 너무 깊기 때문에 발생한다. 이 문제는 농축 슬러지를 자주 펌핑하거나 희석수로 수리학적 부하를 높여 극복할 수 있다.
2. 조내의 단락류 흐름, 높은 슬러지 인발율, 그리고 높은 수리학적 부하는 농축 슬러지의 농도가

너무 낮아지는 결과를 낳기도 한다. 이러한 현상은 유입 슬러지량 감소, 희석수의 감소, 농축 슬러지 인발량 감소, 그리고 슬러지 층을 깊게 유지함으로서 극복 될 수 있다. 중력식 농축조의 단락류 현상이 있으면, 유출 위어를 통한 고형물의 불균일한 방류가 일어나게 된다. 위어의 높이 조정과 정류벽의 조정이 필요하다.

3. 슬러지 수집기의 과부하는 농후한 슬러지의 축적이나 스크레이퍼에 끼어있는 무거운 이물질에 기인 할 수 있다. 제트 수류나 막대로 수집기 팔 앞을 교반하여 주면 이러한 문제는 해결될 수 있다.
4. 슬러지 배관이나 펌프의 막힘은 너무 농후한 슬러지 때문이다. 배관을 세관하여야 하고, 모든 밸브는 완전히 개방되어야 한다.

슬러지 건조 라군

모래 위 고형물층이 형성되면 투과율은 낮아지게 된다. 침투율이 현저히 감소된다면 표면의 손질이 필요하다. 슬러지층을 갈아엎거나 모래층에 연결되도록 슬러지 층에 구멍을 뚫음으로서 침투율의 현저한 감소를 막을 수 있다.

14.7.2 일상적 운전 및 유지관리

다음의 운전 및 유지관리 항목은 슬러지 처리 시설의 정상적인 운영을 위해 필요하다.

역세척 유량조정조

1. 유량조정조에서 고형물의 침강은 보통의 운전 조건 하에서 일어난다. 고형물의 과잉 축적은 펌핑 능력의 감소를 유발할 수 있다. 펌프와 흡입관을 매일 점검하고 침전 고형물 모두를 제거한다.
2. 일반적인 조건에서 펌프는 동등하게 노후되도록 교대로 운전되어야 한다. 유량조정조에서 수위가 미리 정해진 고수위에 도달하면 두 대의 펌프가 운전될 것이다. 수위 조절기와 펌프운전은 비상운전을 대비하여 일상적으로 점검해야 한다.
3. 응집시설에서 고분자응집제 주입 시스템과 장비를 점검한다.

역세척수 회수조

1. 응집시설에서 고분자응집제 주입 시스템과 장비를 점검한다.
2. 유입 배플, 유출 위어, 스컴 배플 및 스컴 박스에서의 축적물을 매일 제거한다.
3. 슬러지 수위를 결정하고, 필요에 따라 슬러지 펌프를 조정한다.
4. 노출되어 있는 내부의 수직벽과 수로를 스퀴지(고무청소기, squeegee)로 매일 청소한다.
5. 분배조를 점검하고, 위어, 수문, 벽을 필요에 따라 청소한다. 침전 고형물은 모두 제거한다.
6. 유출수 박스를 조사하고, 필요에 따라 위어와 벽을 청소한다. 위어상 수두를 일상적으로 측정한다.

7. 일반적인 상태에서, 월류수 펌프는 균등하게 노후되도록 교대로 운전되어야 한다.
8. 전체적인 운전 상태와 베어링 온도에 대하여 전동기를 점검한다. 과부하 검지기는 매일 2회 점검한다.
9. 오일 레벨을 점검하고, 감속기와 스키머의 롤러에 매주 기름을 칠한다.
10. 매주 회전판 베어링(turntable bearing)의 오일 레벨을 점검한다.
11. 매주 메인 베어링(main bearing)에 기름을 칠한다.
12. 기어 감속기내의 오일은 년 4회 교환한다.
13. 일년에 한번 조를 비워 콘크리트 구조물의 침수부와 기계를 점검한다. 콘크리트 구조물을 점검하고 손상된 부분을 보수한다.

중력식 농축조

1. 일반적인 상태에서 월류수 펌프는 균등하게 노후되도록 교대로 운전되어야 한다.
2. 일반적인 상태에서 슬러지 펌프는 균등하게 노후되도록 교대로 운전되어야 한다.
3. 수직벽과 모든 수로를 고무롤러로 매일 청소한다. 벽에 정기적으로 물을 뿌려 청소한다.
4. 슬러지 계면을 매일 점검한다. 슬러지는 농축조의 상부 이하로 잘 유지되어야 한다. 슬러지 폐기(인발)는 적당한 슬러지 블랭킷이 유지되도록 조절되어야 한다.
5. 전체적인 운전 상태와 베어링 온도에 대하여 전동기를 점검한다. 과부하 검지기를 점검하고 이상한 소음이 있는지 살핀다.
6. 매주 기어 감속기내의 오일 레벨을 점검하고, 필요하면 보충한다. 년 4회 오일을 교환하고, 매주 기어에 기름을 칠한다.
7. 농축조를 일년에 한번 비워 콘크리트 구조물의 침수부와 기계를 점검한다. 기계장비의 부식과 마모를 점검하고 기계장치를 조절한다. 조 벽에 스크레이퍼의 원할한 주행을 위한 여유를 유지한다. 손상된 콘크리트 부분을 보수하고, 철재 표면에 대하여 부식, 청결 및 도장 상태를 점검한다.
8. 위어와 모든 표면을 강한 수류를 이용하여 자주 그리고 철저하게 청소하여야 한다.

슬러지 건조 라군

1. 매 건조 사이클 후에 축적된 슬러지 층의 표면을 점검한다. 침투능력을 향상시키기 위하여 슬러지 층의 표면을 고른다.
2. 성장한 식물체는 제거한다.
3. 침식이나 잡초의 성장에 의해 손상되었을 수 있는 제방 경사의 균형을 되찾고 수리한다.
4. 수직 배수관과 배수구를 조사하고, 모든 축적물과 방해물을 제거한다.
5. 일반적인 상태에서 침투수 회수 펌프는 균등하게 노후되도록 교대로 운전되어야 한다.

14.8 사양서

이 장에서 설계된 역세척 배출수조, 회수조, 농축조 및 라군의 사양서를 이 절에서 간단히 정리한다. 이 절의 목적은 설계 예에 완전히 나타내지 못한 설계의 여러 요소를 설명하기 위한 것이다. 이러한 사양서는 단지 지침으로서만 사용되어야 하며, 상세한 사양서는 장비 제조업자의 자문을 받아서 각 설계에 맞게 준비되어야 한다.

14.8.1 일반 사항

장비

각 고액분리 공정(회수조, 농축조)은 화학약품 주입설비, 급속혼화기, 플록형성기, 슬러지 수집기, 접근로, 유입-유출 구조물, 펌프 설비 및 과부하 경보 시스템으로 구성된다. 모든 설비는 농축조나 회수조 내에 설치하기 적합해야 한다.

재료 및 제작물

구조 강이 ASTM 기준에 적합한지 확인하여야 한다. 모든 수중 금속의 최소 두께는 6.4 mm 이상이어야 하고, 수중에 설치되지 아니하는 금속물은 4.8 mm 이상이어야 한다. 모든 주조(鑄造)가 ASTM에 적합한지 확인하여야 한다. 설계와 건설은 ASIC standards for structural-steel buildings에 적합한지 확인하여야 한다.

도색

침수되지 않는 모든 철재는 깨끗하게 솔질되어야하며, 침수되는 철재는 샌드블라스트(sandblast) 되어야 한다. 닦여진 표면은 승인된 에폭시 프라이머(epoxy primer)로 처리되어야 하며 승인된 페인트나 에폭시로 마감한다. 모든 용접부는 적합한 페인트로 도색되어야 한다.

14.8.2 유량조정조

유량조정조는 14 m × 14 m, 유효수심 5.5 m, 호퍼 1.5 m의 규격이다. 비상시를 대비하여 월류수관을 설치한다.

용량 2.3 m^3/min의 정량 펌프 2대가 호퍼에서 회수조로 물을 이송시킨다. 펌프는 저수위에서 정지되고, 고수위에서 2번째 펌프가 가동되고 경보가 울리는 방식으로 제어된다. 응집 장치의 교반기와 화학약품 주입기는 8장에서 다룬 내용과 같다.

14.8.3 역세척수 회수조

회수조는 직경 13m, 유효수심 6.3m이며, 조의 중앙으로 유입되며 원주변을 따라 유출되는 방식이다. 화학약품 주입, 급속혼화, 응집, 침전 및 슬러지 펌프에 대한 일반적인 사양서는 이미 8장과 9장에서 다루었다.

14.8.4 중력식 농축조

중력식 농축조에 대한 사양서는 장비의 일반적인 특징을 설명하기 위하여 여기에서 간단히 언급한다. 유사한 장비에 대한 상세한 사양서는 8장과 9장을 참조 바란다.

중력식 농축조는 화학약품 주입기, 급속혼화기, 플록형성지, 유입 펌프, 프라이트형 슬러지 수집기, 중앙 구동형 기기, 유입부 중앙 우물통, 접근로, 지지대, 과부하 경보기 등으로 구성된다.

화학약품 주입 시스템과 응집장치에서의 혼화기는 8장에서 언급된 것과 유사하다.

여기에서 소개된 모든 장비는 역세척수 고형물과 응집 슬러지의 병합 사용을 위한 것이다. 중력식 농축조의 기기는 최대 10%까지 농축된 슬러지를 다룰 수 있도록 설계되어야 하고, 농축 슬러지를 계속적으로 긁어서 중앙으로 슬러지를 이동시킬 수 있도록 설계되어야 한다. 각 농축조는 중앙으로 유입되고, 조의 원주를 따라 유출되는 구조이며, 슬러지의 연속적인 제거를 위한 두개의 갈퀴 지지대가 있고, 이를 회전시키고 지지하는 중앙구동기를 가지고 있다. 갈퀴는 조 바닥의 침전 슬러지가 중앙으로 잘 모일 수 있도록 조정되어야 한다. 스크레이퍼는 조 바닥 면적 전체를 긁어 낼 수 있어야 한다.

모든 중력식 농축조 장비는 수중에서 운전되는 체인과 스프라킷(sprocket), 베어링, 그리고 운전장치가 없도록 설계되어야 한다. 구동장비는 1차 기어 감속기(primary gear reducer)에 연결된 전동기, 드라이브 체인이 달린 드라이버 스프라킷(driver sprocket)과 드라이브, 중간 웜기어 감속기(intermediate worm-gear reducer), 피니온 기어(pinion gear), 회전판(turntable base)과 메인 스퍼 기어(main spur gear) 그리고 완전자동 과부하 조절시스템으로 구성된다.

14.8.5 건조 라군

슬러지 라군은 슬러지를 탈수하고 처분하기 위하여 설계된다. 라군은 바닥 모래층, 배수관, 중간 모래층 및 효과적인 탈수를 위한 배수시스템을 가진 흙으로 조성된 구조물이다. 강수 유출, 침식 및 침전물 제어 시스템이 설치된다.

슬러지 탈수 및 처분을 위해 4지의 라군이 설치되며, 각 지는 다음과 같은 설계 사양을 가진다(14.6.2절 Step F.1 참조)

라군 축조

우선 라군의 부지는 깨끗하게 정지(整地)되어야 한다. 라군의 굴착, 둑의 축조 및 하부 집수장치의 설치가 동시에 이루어진다. 둑 상부는 강수 유출수가 라군으로 유입되지 않도록 하기 위하여 경사를 두어야 한다. 또한 유출수의 적절한 배제를 위하여 주름진 금속관을 가진다. 토지 정지 작업과 제방의 축조에 잔토를 사용해야 하고, 완성 후 라군 표면을 덮기 위하여 비축되어야 한다. 라군 굴착 및 둑의 축조 바로 직후에, 부지의 침식이 최소화 되도록 조치되어야 한다.

라군의 바닥 및 중간 배수층

라군의 바닥에는 30 cm 정도 깊이의 모래에 묻힌 다공 PVC관이 설치된다. 물의 침투를 위한 15 cm 깊이의 2개의 모래층이 있다. 하부 모래층은 균등계수 1.5~2, 유효경 0.8 mm이며, 다공관이 이 층에 완전하게 묻혀 있다. 상부 모래층은 균등계수 1.5~2, 유효경 0.3 mm이다. 두 층은 완전히 성층화되어 있다. 두개의 중간층은 균등계수와 유효경이 1.5~2와 0.3 mm이다. 각 층을 채운 후 표면은 dress되어야 한다. 직경 15 cm의 총 25개의 수직관 슬러지층을 통하여 하부 모래층까지 부설되어야 한다. 수직관은 15 m × 15 m의 격자로 설치되고 모래로 채워지며, 중간 모래층에 의해 덮이게 된다.

배수 시스템

배수시스템은 높이에 따라 상징수를 배수할 수 있도록 다수의 배수구를 가진 직경 30 cm의 수직관이다. 수직관의 배수구는 2.5 cm 간격으로 설치되며, 수직관의 둘레를 따라 설치된다. 각 배수구에는 개폐 가능한 마개가 있으며, 제방에 연결된 접근로를 통하여 접근할 수 있다.

문제 및 토론

14.1 인근 정수장을 방문하여 슬러지가 발생되는 곳을 알아보고, 배출수 처리시스템을 도시하라.

14.2 최종 탈수 시스템의 선정 전에 일반적으로 평가되는 탈수공정은 건조상, 원심탈수, 진공탈수, 가압탈수 및 벨트프레스이다. 이들 프로세스의 장·단점을 요약 정리하시오.

14.3 하루에 1,000 kg의 고형물을 생산하는 정수장에서, 농축 후의 고형물의 농도와 비중이 3%와 1.02였다. sludge–application rate가 0.6이고 일년에 20회 사용된다면 건조상의 면적은 얼마인가?

14.4 고형물 양이 2,000 kg/d이고, 농도가 2%, 비중이 1.01인 슬러지에 대하여 중력식 농축조를 설계하라. 농축조의 최소 수리학적 부하는 3.5 $m^3/m^2 \cdot d$이고, 최대 고형물 부하가 75 $kg/m^2 \cdot d$이다. 농축조의 깊이를 6 m로 하고, 측벽 경사가 20 cm/m인 호퍼를 둔다. 농축기간, 농축조 유출수의 고형물 농도 및 농축 슬러지의 양을 계산하시오. 농축조의 고형물 회수율은 90%이고, 농축 슬러지의 고형물 농도 및 비중은 5%와 1.03이다.

14.5 침전지로부터 하루 6,000 kg, 여과지로부터 하루 250 kg의 고형물을 유입되는 농축조가 있다. 여과지 역세척수 회수조의 침전 고형물은 농축조로 유입되고, 농축조의 월류수는 펌프로 역세척수 회수조로 보내진다. 농축조와 역세척수 회수조의 고형물 회수율 및 효율은 공히 90%라 가정한다. 물질수지표를 작성하고 농축 슬러지의 고형물을 결정하라.

14.6 역세척수 유량조정조와 중력식 침전지로 구성된 역세척수 회수 시스템을 설계하시오. 여과지 지수는 6지이며, 각 지는 하루에 1회 역세척 된다. 여과지 역세척은 4hr 간격으로 이루어지나, 2지가 동시에 이루어 질 수도 있다. 3대의 펌프가 설치되며 1대는 정상운전하고 나머지 2대는 비상시에 운전한다. 유량조정조의 규격, 펌프 용량과 침전조의 규격을 결정하시오. 침전조의 수리학적 부하는 20 $m^3/m^2 \cdot d$이고, 각 여과지는 500 m^3의 역세척수를 공급한다. 유량조정조의 용량은 2지의 여과지 역세척수를 받아들일 수 있는 용량이다.

14.7 2,000 kg의 고형물이 매일 건조상으로 투입된다. 슬러지의 TS는 5%이고 비중은 1.025이다. 건조상은 덮개가 없으며, 고형물 부하는 110 kg/m^2·yr이다. (a) 각 건조상이 4 m × 20 m라면 상의 수는 몇 개인가? (b) 평균 슬러지 투입율(sludge-application rate)이 25 cm라면 하루에 채워질 건조상의 수는 몇 개인가?

14.8 알루미늄 응집 슬러지의 탈수를 위해 진공탈수기를 설계하고자 한다. 슬러지 고형물 함량은 5%이고 비중은 1.025이다. 슬러지의 양은 하루 100 m^{3}이다. 시험을 통하여 filter yield가 2.5 kg/m^2·hr이고 최적 소석회 주입율과 폴리머 주입율이 9%와 3%였다. 탈수케익의 고형물 함량은 개량제를 포함하여 22%이다. 만약 주입된 개량제의 75%가 슬러지 케익 내에 고정되었고 고형물 회수율이 95%라고 할 때, (a) 진공탈수기의 규격, (b) 개량제 주입율(kg/d, kg/kg-solid) 및 (c) 하루 당 생산되는 탈수 케익 무게(kg/d)를 계산하시오. 탈수기 가동시간은 하루 12 hr이며 케익의 비중은 1.06이다.

14.9 필터프레스를 사용하는 탈수시설로부터 탈수케익의 양을 구하시오. 탈수시설은 하루에 1,000 m^{3}의 슬러지를 처리하며, 슬러지의 비중은 1.025이고 농도는 5%이다. 탈수기의 운영은 하루 8 hr, 주 5d이다. 한 사이클은 60 min이며 5기의 탈수기가 있다. 소석회와 폴리머가 건조 고형물 기준으로 6%와 3% 주입된다. 주입된 개량제의 75%가 슬러지 내에 고정된다. 함수율 75%이고 비중이 1.06인 슬러지 케익의 양을 계산하시오. 필터프레스의 고형물 회수율이 88%이다. 개량제로 사용된 소석회와 폴리머의 농도는 10%와 15%이다. 사이클 당 여포 세척에 사용된 물과 다이아프램을 통한 누수는 4 m^3/cycle·filter이다.

14.10 다음의 자료를 사용하여 개량 슬러지의 양(m^3/d)과 필터프레스로 슬러지를 주입하는 펌프의 용량을 구하시오. 알루미늄 응집 슬러지는 소석회와 폴리머로 개량된다.

슬러지의 평균 유량 = 50 m^3/d
고형물 양 = 4,000 kg/d
소석회 주입율 = 건조고형물 기준 5.5%
소석회 용액 농도 = 12%
폴리머 = 건조 고형물 기준 2%
폴리머 용액 농도 = 5%
슬러지 펌프 운전 시간 = 8 cycle/d, 0.5 hr/cycle
필터 프레스 운전 시간 = 6 d/week, 8 hr/d

14.11 슬러지 건조상에 하루 1,000 kg의 슬러지가 투입된다. 슬러지의 총 고형물은 7%이고 비중은 1.025이다. 건조상 당 고형물 부하율은 37 $kg/m^3 \cdot yr$이다. (a) 각 건조상의 면적이 0.02 ha이고 깊이가 1 m일 때 건조상의 수와 (b) 각 건조상이 채워지는데 소요되는 일수를 계산하시오.

14.12 표 14－5에 설계 일 최대 유량에 대한 물질수지 분석표가 주어져 있다. (a) 3회 및 4회째 반복 계산 및 (b) 5회 및 6회 반복계산의 물질수지 분석표를 작성하시오.

14.13 표 14－6에 설계 일 평균 유량에 대한 물질수지 분석표가 주어져 있다. (a) 3회 및 4회째 반복 계산 및 (b) 5회 및 6회 반복계산의 물질수지 분석표를 작성하시오.

참고문헌

1. U. S. Congress. The Federal Water Pollution Control Act Amendments of 1972(PL 92－500), 92nd Congress, October 18, 1972.
2. U. S. Congress. The Clean Water Act(PL 92－217), 95th U. S. Congress, December 27, 1977.
3. ASCE and AWWA. Water Treatment Plant Design, 2d ed., McGraw－Hill Publishing Company, 1990.
4. James M. Montgomery, Inc. Water Treatment Principles and Design, John Wiley & Sons, New York, 1985.
5. USEPA. Technology Transfer Handbook: Management of Water Treatment Plant Residuals, EPA/625/R－95/008, USEPA, Cincinnati, OH, 1996.
6. AWWA. Water Quality and Treatment, 5th ed., McGraw－Hill Book Co., New York, 1999.
7. Wang, M. C., Hull, J. Q., Jao, M., Dempsey, B. A., and Cornwell, D. A. "Engineering Behavior of Water Treatment Sludge," Jour. of Environmental Engineering, ASCE, vol, 118, no. 6, pp. 848－864, December 1992.
8. AWWA. "American Water Works Association Research Foundation Report: Disposal of Wastes form Water Treatment Plants－Part 3," Jour. AWWA, vol. 61, no. 12, pp. 681－708, December 1969.
9. Pigeon, P. E., Linstedt, K. D., and Bennelt, E. R. "Recovery and Reuse of Iron Coagulants in Water Treatment," Jour. AWWA, vol. 70, no. 7, pp. 397－403, July 1978.
10. Calkins, R. J. and Novak, J. T. "Characterization of Chemical Sludges," Jour. AWWA, vol. 65, no. 6, pp. 423－427, June 1973.
11. O'Connor, J. T. and Novak, J. T. "Management of Water Treatment Plant Residues," American Water Works Association Seminar Proceedings, AWWA Conference, June 25, 1978.
12. Weber, W. Physicochemical Process for Water Quality Control, Wiley－Interscience, New York, 1972.
13. Watt, R. D. and Angelbeck, D. I. "Incorporation of a Water Softening Sludge into Pozzolanic Paring Material," Jour. AWWA, vol. 69, no. 3, pp. 175－180, March 1977.
14. Qasim, S. R. and Lamakul, G. Evaluation of Roll and Diatomaceous Earth Filters Used for Water Reclamation in a Commercial Carwash, Research Report TR－3－82, Construction Research Center, The University of Texas at Arlilngton, Arlington, Texas, June 1982.
15. USEPA. Process Design Manual, Sludge Treatment and Disposal, Technology Transfer, EPA－625/1－74－006, USEPA, Cincinnati, Ohio, October 1974.
16. USEPA. Process Design Manual for Sludge Treatment and Disposal, Technology Transfer, EPA－625/1－74－006, USEPA, Cincinnati, Ohio, October 1974.
17. Qasim, S. R. Wastewater Treatment Plants: Planning, Design, and Operation, 2d ed., Technomic Publishing Co., Inc., Lancaster, PA 1999.

18. Metcalf and Eddy, Inc. Wastewater Engineering: Treatment, Disposal and Reuse, 3d ed., McGraw-Hill Book Co., New York, 1991.

19. Reynolds, T. D. and Richards, P. A. Unit Operations and Processes in Environmental Engineering, PWS Publishing Co., Boston, MA, 1996.

20. Schroeder, E. D. Water and Wastewater Treatment, McGraw-Hill Book Co., New York, 1977.

21. Cornwell, D. A. and lemunyon, R. M. "Feasibility Studies on Liquid Ion Exchange for Alum Recovery from Water Treatment Plant Sludges," Jour. AWWA, vol. 72, no. 1, pp. 64-68, January 1980.

22. Taylor, T. E., Bolding, M. E., and Stringer, C. E. "Piloting Mag-Carbonate Treatment," Water, Engineering & Management, pp. 50-55, April 1982.

23. Snoeyink, V. L. and Jenkins, D. Water Chemistry, John Wiley & Sons, New York, 1980.

24. Thompson, C. G., Singley, J. E., and Black, A. P. "Magnesium Carbonate - A Recycled Coagulant," Jour. AWWA, vol. 64, no. 1, pp. 11-19, 1972.

25. Thompson, C. G., Singley, J. E., and Black, A. P. "Magnesium Carbonate - A Recycled Coagulant," Jour. AWWA, vol. 64, no. 2, pp. 93-99, 1972.

26. U. S. Congress. The Solid Waste Disposal Act(PI 91-512). 91st U.S. Congress, October 26, 1970.

27. U. S. Congress. The Resource Conservation and Recovery Act (PL 94-580), 94th U. S. Congress, October 21, 1976.

chapter

15

정수장의 위치선정, 구조물의 배치, 장내 관거 및 수리 종단면

15.1 서 론

정수장의 설계와 건설은 기본적으로 4단계로 이루어진다. 첫 번째 단계는 위치 선정이다. 두 번째 단계는 정수장의 각 공정이 적절하게 기능할 수 있도록 경제적으로 처리공정을 배치하는 것이다. 세 번째 단계는 각 처리공정의 크기를 결정하고, 부지 내에 각 처리시설을 배치하는 것이다. 장비의 운전과 유지관리를 위한 접근성이 좋도록 하고, 소요부지 면적이 최소화되도록 하며, 수리학적 연속성이 확보될 수 있도록 각 처리공정의 규모나 배치가 결정되어야 한다. 마지막 단계에서는 연락관로(connecting pipes)가 지형에 따라 각 처리공정, 건물, 약품 및 약품 주입관로, 도로 및 펌프장 등과 서로 연결되게 된다. 이러한 모든 것은 정수장 예정부지나 인근의 환경과 잘 조화될 수 있어야 한다.

장내 관거(yard piping)는 연락수로, 집수 및 분배조, 밸브 그리고 여러 장치 사이의 부속물로 구성된다. 처리 시설, 연락관거 및 부속물들이 배치계획도에 표시된 후 관거와 처리장치에서의 수두손실이 계산된다. 수리 종단면도(hydraulic profile)는 정수장의 수리경사선(hydraulic grade line)을 도식적으로 표현한 것이다. 처리시설과 관거의 표고는 자연유하가 될 수 있는 충분한 수리경사가 되도록 조절된다.

많은 정수장이 위치선정, 처리시설 배치, 관거 계획 그리고 수리경사가 부적절하여 심각한 운영상의 문제점에 직면하고 있다. 따라서 설계자가 정수장의 위치선정, 시설물의 배치계획 그리고 수리계획에 있어서 주의를 기울이는 것이 중요하다. 본 장에서는 정수장의 위치선정, 처리시설의 배치, 장내관거 계획과 수리 종단면도의 작성에 관하여 다루게 될 것이다.

15.2 정수장의 위치 선정

정수장의 위치 선정에서는 해당 지역의 토지 이용 계획과 기술적, 환경적 및 사회적 제약사항에 대한 주의 깊은 고려가 필요하다. 정수장의 위치 선정과 계획에 있어서 여러 측면을 검토하기 위하여 전문가 그룹(interdisciplinary team[a])이 필요한 경우도 있다. 다음은 부지의 평가와 선정 절차에 있어서 고려되어야 하는 주요사항이다.

a. interdisciplinary team은 상하수도, 환경, 도시계획, 건축 및 생물학 전문가와 정부 및 시민단체를 포함한다.

1. 현재 및 장래의 물 수요량 및 변동 추이, 급수 대상 구역의 성장 속도, 지구단위 계획(zoning plan)과 제반 법규, 수도 종합 계획(water system master plan)이 검토되어야 한다.
2. 정수장의 위치선정에 대한 반대와 오해를 피하기 위하여, 사업 초기에 관련된 모든 단체와 협의하는 것이 필수적이다. 행정당국과 환경단체, 지방 및 국가의 보건 당국 등의 대표자를 포함하는 협의체와 논의 한다.
3. 선정된 수원은 정수장의 운전과 기능에 장기적인 영향을 미치게 될 것이다. 그러므로 정수장의

위치 선정은 수원의 선정과 함께 이루어져야 한다. 하천, 호소, 지하수 등의 수원은 정수장의 표고, 펌핑 여부 및 도수와 직접적인 관련이 있다. 또한 약품의 저장 및 슬러지 처분 방법도 정수장 면적에 영향을 주게 된다.

4. 수원으로 선정된 하천 근처에 정수장의 위치를 선정하는 것은 많은 어려움을 겪게 되는 원인이 되기도 한다. 홍수로 인한 범람, 높은 지하수위, 불량한 토질 조건 등이 그것이다. 정수장과 취수장의 위치 선정을 동시에 진행하는 것이 바람직하다. 정수장의 위치가 하천으로부터 떨어져 있거나 높은 곳에 있으면, 하천 근처에 있는 경우보다 많은 장점을 가지는 경우가 종종 있다.
5. 홍수 범람의 위험이 있는 장소에 정수장의 위치를 선정하는 것은 피해야 한다. 만약 필요하다면, 처리 설비와 건물을 홍수위 이상으로 높이고 홍수피해를 막기 위한 제방 축조를 고려해야 한다. 정수장의 중앙에 강우 유출수를 집수할 수 있는 시설이 마련되어야 한다. 빗물 유출 구조물 및 관거, 홍수차단 수문, 빗물펌프를 포함하는 빗물관리계획이 마련되어야 한다.
6. 만약 급수구역이 수원보다 높다면, 펌핑은 반드시 필요하다. 한개 이상의 압력지역에 직접 급수할 수 있는 표고에 정수장의 위치를 잡는 것이 바람직하다.
7. 댐으로부터 취수된 원수는 정수장의 위치에 따라 유용한 수두를 제공하기도 한다. 정수장까지 자연유하가 바람직하다. 댐이나 압력수로(pressure aqueduct)로부터 전력을 생산하는 시도가 몇 개의 정수장에서 있어 왔다.
8. 장래 정수장의 증설과 다수의 예견하지 못하는 수요에 맞추기 위해 부지면적을 충분히 확보할 필요가 있다. 미리 확보해야할 대상 부지는 전침전지(presedimentation basin), 약품의 저장, 트럭 접근로를 포함한 도로, 원수 및 정수의 현장 저류, 펌프장, 역세척수 회수 시스템, 그리고 슬러지 처리 및 처분과 같은 것이다.
9. 정수장 부지에 대한 특별한 지역적 제한점을 검토해야 한다. 그것들 중에는 화학약품의 운반, 저장, 이용 그리고 화학약품 저장고(탑이나 사이로 형태)와 같은 건축물 형태에 대한 규정, 소석회 가루, 활성탄 먼지, 오존, 과산화수소, 암모니아, 염소 또는 이산화염소와 같은 화학약품의 사용과 생산에 대한 규정 등이 있다. 제약이 따를 수 있는 또 다른 것은 전동장치, 컴프레서, 송풍기, 오존발생기, 펌프 및 전동기 등 소음이 발생되는 장비이다.
10. 부지의 접근성과 지형은 부지 선정에 있어서 중요한 요소이다. 등고선도나 항공사진이 예상 부지를 평가하는데 사용되어야 한다. 대부분의 정수장은 한 처리시설에서 다른 처리시설까지 자연유하 흐름이 되도록 설계된다. 그러므로 적당한 경사가 있는 지형은 절토나 성토 없이 여러 처리 시설의 위치를 결정하는 데 도움이 될 것이다. 이를 통해 자연유하의 흐름을 확보하고, 지형의 큰 변화를 주지 않고 침식방지 조치도 최소가 되게 할 수 있다. 부지 내의 도로는 연중 모든 기후에서 차량 운행이 가능해야 한다. 철도는 슬러지의 이송과 약품의 운송에 도움이 될 것이다. 값 비싼 토질 보강 공법 없이도 구조물을 지탱할 수 있는 땅의 지지력은 위치선정에 있어서 중요한 고려사항이다. 보통 지반의 문제로는 낮은 지지력, 과도한 침하, 부등침하 및 높은 지하수위로 인한 부상(flotation) 등이 있다.

11. 정수장의 부지 소요 면적은 정수장의 용량, 전침전지, 약품의 저장, 처리 공정, 정수지, 슬러지 처리·처분과 고양정 및 저양정 펌프장에 따라 다르다. 충분한 부지가 장래의 확장을 위하여 확보되어야 한다. 전침전지, 정수지, 슬러지 저류조 및 건조상이 없는 정수장의 소요 부지 면적은 그림 15−1과 같다.[4] 부지의 수용 가능 여부나 부지를 취득하기 위해 필요한 절차는 총괄적 부지 선정 절차에서 고려되어야 한다.
12. 급수구역과 관련된 많은 요소가 정수장의 위치선정을 위하여 사용된다. 이런 요소들은 다음과 같다.
    a. 급수구역과의 근접성
    b. 정수장의 표고는 대부분의 급수구역이 자연유하로 급수 받을 수 있는 위치가 바람직하다.
    c. 후염소처리에 필요한 염소접촉시간이 확보되도록, 첫 번째 급수 수요자까지의 충분한 거리가 중요하다.
    d. 현재의 도수 관거와의 근접성
    e. 정수지와 슬러지 처리 설비를 위한 충분한 공간
    f. 전력 인입의 편리성

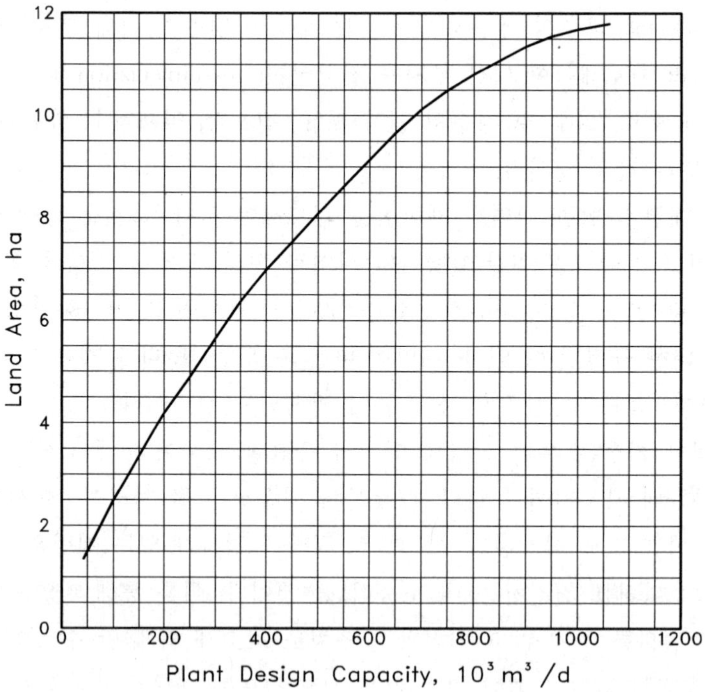

그림 15−1 정수장의 일반적인 부지 면적(전침전지, 정수지, 슬러지 저류 및 건조상이 포함되지 않은 경우)(출처 : 참고문헌 4)

13. 정수장의 위치선정은 원수 펌핑에 요구되는 총 에너지 이용량, 정수 이송시스템, 급수구역 표고 그리고 장래의 토지 이용 계획 등과 직접적으로 관련된다. 불필요한 펌핑이 없도록 정수장의 위치가 선정되어야 한다.
14. 대부분의 정수장은 환경영향평가서(environmental impact statement)의 작성을 요구받을 것이다. 환경영향평가서는 USEPA나 주 당국에 의해 만들어진 지침서를 참조하여 작성한다. 일반적인 환경 조사, 부지의 역사적 및 고고학적 조사, 홍수범람, 습지, 농업용지, 어류 및 야생동물의 보호, 위협받고 있는 생물종의 보호, 소음, 악취, 화학약품 누출의 영향, 인근 지역에 대한 야간 조명의 영향, 대안 평가 및 선정, 직·간접적인 영향, 피할 수 없는 미소한 악영향 등이 자세히 기술되어야 한다.

15.3 정수장 배치 계획시 고려사항

15.3.1 부지 개발시 일반적인 고려사항

정수장의 배치 계획은 선정된 부지 위에 설계된 처리 시설물을 물리적으로 배치하는 것이다. 정수장, 연락관거, 도로, 주차장, 관리동 및 유지관리동을 적절하게 배치하기 위한 주의 깊은 고려가 필요하다. 설계자는 모든 구성 요소의 기능을 조정하여 서로 조화로이 기능할 수 있도록 배치하여야 한다. 적절한 배치를 통하여 (1) 정수장 지역의 호감을 증진시킬 수 있고, (2) 처리공정의 운전 요구에 부합하며, (3) 정수장 관리인의 유지관리에 편리하고, (4) 건설과 운전비를 최소화하고, (5) 장래의 정수장 증설과 처리공정의 변경에 있어서 융통성을 주고, (6) 정수장의 구조물과 조경이 주변 환경과 조화될 수 있다. 다양한 요소들이 배치 계획시 일반적인 설계 지침으로서 고려되어야 한다.

지형 및 지질

처리시설 배치를 현재 부지의 모양이나 특성 그리고 지형에 최대한 맞춰야 할 필요가 있기 때문에 지형과 지질의 고려는 중요하다. 부지의 개발은 설계 목표에 따라 시설의 시각적 효과를 줄이거나 증진하는데에 현 부지의 지형을 이용해야 한다. 구배가 있는 부지는 자연유하가 쉬워서 펌핑 요구량을 줄일 수 있고, 지나친 절토, 성토 없이 시설의 정상적인 연속성을 확보 할 수 있다. 또한 구배가 있는 지역(side-hill location)은 화학약품 저장고가 지표층이나 상층으로부터 직접 접근이 가능하기 때문에 유리하게 사용될 수 있다.

지반

정수장 시설물, 건물 및 무거운 장비의 위치를 선정하는데 있어서 토질조사 결과가 사용되어야 한다. 지지력(load-bearing capacity), 지하수위와 부력, 그리고 파일링(piling)에 대한 고려가 있어야 한다. 다른 시설물로부터 거대한 콘크리트 구조물(침전지 등의 조, 여과지, 운전동 등)을 분리 건설하는 것이 구조물의 부등침하(uneven subsidence) 최소화를 위하여 필요하다.

약품 이송관의 길이

약품 이송관의 길이는 막힘과 운영상의 문제를 방지하기 위하여 최소화되어야 한다. 그러므로 약품 저장과 공급 장비는 적용점의 근접거리에 설치되어야 한다.

진입 도로

진입도로는 처리시설 구역에 장비를 운반하기 위한 것으로서 정수장 배치계획에 포함되어야 한다. 예상되는 교통의 흐름과 주차장이 고려되어야 하며, 관리동 앞쪽의 방문자 주차와 뒤쪽의 직원 주차장이 마련되어야 한다. 트럭과 작업차량의 출구는 방문자나 직원 출입구와 구분되어야 하며, 방문자 주차와 건물의 이름이 기재된 안내판을 부착해야 한다. 약품 이송 트럭과 같은 대형차량을 위한 진출입, 회전 등의 동선이 확보되어야 한다.

소음원

정수장의 근무 인력과 주변에 불편함을 주지 않기 위하여 소음이 제어되어야 한다. 펌프, 이젝터, 발전기, 송풍기 및 컴프레서와 같은 장비는 소음을 발생시킬 수 있으므로 방음벽이 마련되어야 한다.

건물

건물은 근무 인력, 공정 설비 및 방문자를 위하여 필요하다. 다음은 건물의 설계와 위치 선정시 고려사항이다.[6]

1. 최고의 사용 빈도가 있는 곳에 공정 설비를 위치하는 것이 유용하다.
2. 난방, 환기, 조명 및 공조 비용을 최소화하기 위하여 건물의 방향결정에 있어서 그 지역의 기후를 고려해야 한다. 추운지역에서 눈이나 동결 문제를 피하기 위하여 건축물이 트럭의 운영지역이나 주차장소를 그늘지게 해서는 안 된다. 온화한 지역에서는 건물 내부가 아닌 야외 여과지(outdoor filter)의 채용이 무방하나, 매우 추운 지역에서는 동결의 문제가 생기지 않도록 건물 내에 위치하도록 해야 한다.
3. 관리동은 정문 근처에 위치해야 한다. 관리동은 사무실, 실험실, 장비실, 목욕실, 화장실 및 탈의실을 갖추어야 한다. 방문자를 위한 로비는 교육용 영상 및 견학 정보를 제공할 수 있어야 한다.
4. 기타 필요한 건물로는 공구를 보관하는 공구실, 저장실, 차고와 펌프, 약품, 콤프레서, 계측기기 등을 보관하는 장비실이 있다. 운전관리동은 주요 처리 시설에 가까이 두는 것이 필수적이다. 약품주입 시스템, 여과지, 플록형성지는 기계적 복잡성 때문에 운영자의 더 세심한 관심이 필요하다. 그러므로 이러한 설비는 정수장 제어기능의 집중과 운영자의 즉각적 대처를 위하여 운전관리동 옆에 위치해야 한다.

조경

조경은 주변지역의 특성이 반영되어야 한다. 부지 개발은 현재의 자연 지형과 배수 형태의 변경이 최소가 되도록 해야 하며, 또한 침식과 퇴적에 대한 고려도 필요하다. 현재 부지의 식물, 나무, 수풀 등이 평가되고 이용되어야 하며, 사면의 침식 방지와 표면유출의 제어를 위하여 식수가 고려되어야 한다. 그 지역의 토양, 기후 및 생물학적 상태가 면밀히 조사되어야 한다.

개발된 부지는 현재의 토지 이용과 종합 개발계획과 부합해야 한다. 주변의 환경과 정수장의 설비가 조화되도록 건축물을 설계하는 것이 바람직하다.

조명

정수장의 적당한 조명설비는 운전의 안전성과 효과 그리고 보안성을 증진시킨다. 내외부 조명, 안전등 및 보안등이 설치되어야 한다. 구조물과 조경물을 비추기 위한 조명도 준비되어야 한다.

기타 설비

정수장의 기타 설비는 전력, 천연가스, 수도관, 하수관, 전화선 및 비상연락망 시스템을 포함한다. 설비의 설계는 해당 설비의 운전 규칙과 해당 도시당국의 규정 및 법규에 적합해야 한다.

작업장의 보건 및 안전

정수처리 설비는 많은 유형의 산업재해를 유발할 수 있기 때문에 정수장의 설계와 배치 계획시 고려되어야 한다. 적절한 안전장치가 약품과 약품의 취급, 독가스, 화재예방, 폭발, 화상, 감전, 회전 기계부분, 재료나 장비의 취급, 낙하물 및 익사 등에 대하여 마련되어야 한다.

보안

정수장의 모든 접근은 통제되어야 한다. 정수장을 둘러막기 위하여 펜스와 방책(防柵)이 준비되어야 한다. 처리시설의 이름과 책임자를 알리는 안내판이 모든 접근로에 있어야 한다. 주요 출구에 감시카메라를 설치하여 접근을 통제해야 한다.

장래 확장

장래의 정수장 확장에 대비해야 한다. 확장에 대한 대비는 (1) 장래 정수장 증설시 필요한 공간과 (2) 현재 정수장의 운영에 큰 지장을 주지 않으면서 처리공정을 변경하거나 개선하는 것이 포함되어야 한다.

15.3.2 부지개발 계획

컴팩트한 부지 계획을 통하여 관로의 길이를 최소화할 수 있다. 유사 처리 공정과 장비, 인력 및 설비의 집중화를 통하여 정수장의 관리와 운전에 대한 노력을 최소화하는 것뿐 아니라 운영 직원의 수도 감소시킬 수 있다.[7] 전통적인 정수장의 선형 배치는 약품의 공급과 운전에 이상적이지 않다. 왜냐하면 침전지의 긴 길이가 응집·플록형성지역을 여과지역에서 멀리 떨어뜨리기 때문이다. 약품을 많이 사용하거나 무거운 기계장비가 있는 지역은 급속혼화조, 여과지 및 송수펌프실이다. 급속혼화조에서는 전소독제, pH 조절제, 응집제와 같은 약품이 필요하다. 여과지 근처에서는 여과보조제, 후소독제, 불소처리제 및 침식성 유리탄산 제어제 등이 사용된다. 약품운반용 기계장비, 급속혼화기, 플록형성기 구동장치와 침전지 슬러지 수집기 구동장치는 일반적으로 급속혼화기 근처에 위치한다. 정수장 제어실, 후처리 약품 운송 및 송수펌프는 여과지 근처에 위치한다.

정수장의 첫머리에 여과지와 정수지를 위치시키는 컴팩트한 정수장 배치를 통하여 약품 주입점과 기계장비의 집중화가 가능해 진다. 이것은 침전수를 정수장의 앞쪽으로 돌리거나 이층침전지(two-tray sedimentation basin)를 설치함으로서 달성될 수 있다. 이러한 개념을 그림 15-2에 나타내었다. 처리시설의 컴팩트한 배치는 많은 장점을 제공하며, 선형배치에서 적용되는 전통적인 설계개념에서의 많은 변화가 있어야만 한다. 컴팩트한 배치계획의 장점과 설계상 기본적인 고려사항에 대하여 표 15-1에 요약하였다.

중요하게 다루어져야 할 설계상 고려사항은 다음과 같다.

- 컴팩트한 정수장 배치의 처리단위공정별 확장이 바람직하다. 설계자는 예상되는 장래의 용량 변화 뿐 아니라 더 엄격해질 장래 수질기준에 맞추기 위해 부가되어져야 할 처리시설에 대해 준비해야 한다.
- 컴팩트한 설계에서는 장비의 진입이 제한될 수 있다. 정수장의 분산 배치에서는 트럭이 공정설비 근처까지 접근하는 것이 가능하지만, 컴팩트하게 계획된 정수장에서는 불가능할 수 있다. 모노레일, 브리지 크레인, 접근구(access opening) 및 다른 적당한 수단이 장비의 설치나 반출을 위하여 마련되어야 한다. 기계의 유지관리 및 분해를 위하여 모든 기계장비의 근처에 여유 공간이 마련되어야 한다.
- 컴팩트한 설계와 배치에서 대부분 처리 시설, 약품 저장 및 주입기 그리고 건축물 층들의 표고는 상호 관련되어져야 한다. 1개 조의 표고 상승 또는 하강이 다른 처리시설이나 건물의 층에 영향을 줄 수 있다. 설계 초기에 그런 상세한 부분에 대하여 주의 깊은 고려가 필요하다.
- 컴팩트한 설계에서는 정수장 근무자의 약품 저장, 운반 및 취급에의 접근성 때문에 안전성을 더 강조할 필요가 있다. 정수장에서 사용되는 위험물의 취급에 대한 Uniform Fire Code(UFC, 통합소방법)의 조항들이 조사되어져야 한다.[8] 저장탱크로부터 건물까지의 최소 거리, 건물의 환풍구 등이 중요한 설계상 고려사항이다. 중앙 정부나 지방정부의 법규상 인허가 사항은 설계 초기에

검토되어야 한다. 안전에 관한 문제는 소방 등급, 출입구, 계단 등을 규정하고 있는 건축물 법규에 따른다. 단일 건물에서 관리와 운영을 같이 한다는 것은 그 건물의 성격을 혼합 점유 등급(mixed occupancy classification)의 건물형태로 바꾸어 놓게 된다. 또한 여과지 관랑과 운전동의 낮은 부분은 지표고보다 낮은 곳에 위치하고 물을 담고 있는 구조물의 근처에 위치하고 있기 때문에 창문이 없고 접근 수단도 한정되게 된다. 그러한 조건하에서 건축물 법규의 조건 모두를 만족하는 것은 어려울 수 있다.[7]

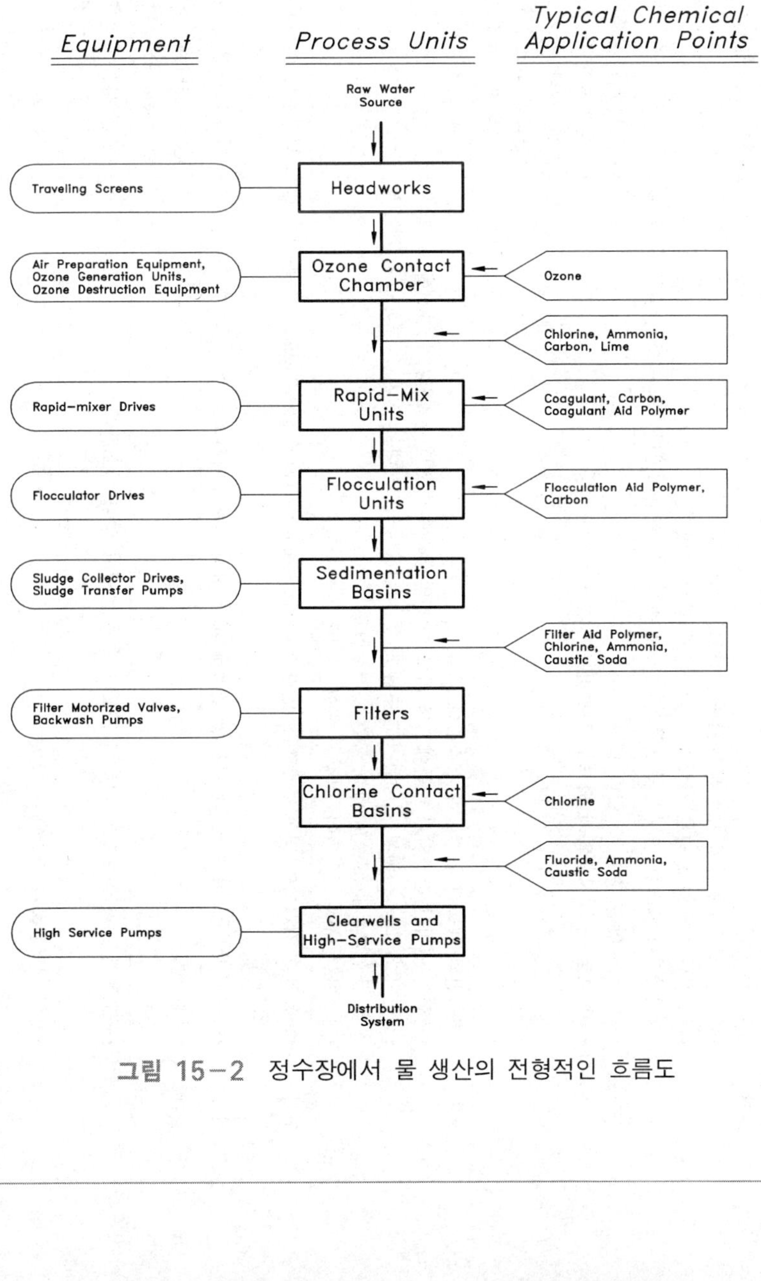

그림 15-2 정수장에서 물 생산의 전형적인 흐름도

표 15-1 컴팩트한 배치계획시 장점 및 설계상 고려사항

	장점	설계상 고려사항
기계	•기계장비의 대부분은 설비가 있는 근처 지역으로 집중화된다. •약품 적용점이 운전지역에 인접하여 위치하기 때문에 약품 주입관이 비교적 짧다. •따로 떨어져 있는 건물이 적기 때문에 냉난방 및 환기시스템(HVAC system)이 적게 필요하다.	•현장에서 옮겨 장비를 수선해야하는 경우 협소한 접근로로 인해 어려움을 겪을 수 있다.
운전	•동선이 짧다. •기계장비는 운전동의 유지관리시설에 인접해 있다. •관랑이나 터널의 형태로 시설로의 접근로가 덮혀져 있다. •정기점검이 필요한 장비가 운전동의 근처에 위치하므로 유지관리인의 수를 감축할 수 있다.	•유지관리 활동을 위한 공간이 적다.
구조물	•터파기의 양을 줄일 수 있다. •공통으로 벽을 사용하게 되므로 콘크리트 양을 줄일 수 있다.	•전력선이나 계측장비의 선이 운전지역 근처에 집중되어 있으므로, 많은 수의 층간 구멍(floor openings)과 슬라브의 관통(slab penetration)이 필요하다. •콘크리트의 수축과 팽창, 그리고 토양의 변형(soil movement)에 대하여 특별한 준비가 필요
전기	•전기선과 계측선의 길이가 감소된다. •전선의 길이가 감소되기 때문에 전선의 크기(전압강하에 의해 결정 된다)가 감소될 수 있다. •전선이 구조물 사이의 지중선거(地中線渠)를 대신하여 건물 내로 설치 가능하므로, 경제적인 전선받침대(cable tray)의 사용이 가능하다. •전선이 실내에 설치되어, 점검을 위한 접근이 용이하다.	
수리	•반응조가 격리되어 있어서 생기는 연결관(interconnecting pipe)이 없어지므로 수두손실이 감소한다.	•침전수를 여과지로 도입시키기 위하여 긴 수로나 관로가 필요할 수 있다.
건축	•여러 개별 구조가 아닌 단일의 큰 구조에 대한 설계가 이루어지므로 건축설계가 더 쉽다.	•다용도(운전 및 관리) 건물이므로 건축설계를 복잡하게 한다.
일반	•부지 절감	•모든 설비를 하나의 큰 건물에 두는 것은 소방규칙(fire code requirement)을 맞추기가 더 어렵다.
	•구조물의 수가 작으므로 내부 접근로의 수와 포장의 양이 감소한다.	•모든 시설(급속혼화, 플록형성지, 침전지 및 여과지)의 벽체 높이가 같다면, 침점지의 여유고가 과대해 질 수 있다.
	•지하 대형관로가 감소한다.	•모든 시설에서 여유고를 동일하게 둘 경우, 시설의 상부를 따라 설치된 보도에 계단을 설치해야 하는 경우가 발생된다. •관리동 인근의 약품저장 지역에는 안전대책이 필요하다.

출처 : 참고문헌 7

- 컴팩트한 배치에 있어서 전기설계에 특별한 주의가 요구된다. 전선관, 약품 이송관, 난방, 환기, 공기조화 및 설비배관이 작은 지역 안의 두세 개 층에 집중될 것이다. 수직 수평 방향의 통제 불일치, 방의 배치, 층간 구멍 및 슬라브 관통에 주의 깊은 계획이 필요하다.
- 컴팩트한 설계에서는 구조물의 벽체를 공통으로 사용하게 된다. 콘크리트의 수축, 팽창, 토양변형 및 부등침하에 기인한 구조물의 이동에 대한 대비가 있어야 한다. 익스팬션 조인트(expansion joint)의 위치는 구조물의 이동을 고려하여 정해져야 하며, 구조물의 잠재적인 이동에 대비한 적절한 조치가 취해질 수 있어야 한다.

15.4 장내관거 및 수리 종단면도

장내관거는 여러 처리 단위공정사이에서 연락관로, 수집 및 분배조, 밸브, 수문 및 부속물로 구성된다. 단위 처리시설과 연락관 및 부속설비가 배치계획도에 표시된 후 관로와 단위 처리시설에서의 손실두수가 계산된다. 수리 종단면도는 정수장의 수리경사선을 도식적으로 표현한 것이다. 단위 처리시설과 관로의 표고는 적당한 수리경사로 자연유하가 가능하도록 조절된다.

많은 정수장이 단위 처리시설들을 지나는 부적당한 수리경사에 기인한 홍수 범람과 심각한 운영상의 문제점을 겪어왔다. 그러므로 설계기술자는 수리 종단면도를 작성함에 있어서 신중을 기하는 것이 중요하다. 본 절에서는 장내관거 설계 및 수리 종단면도의 작성에 필요한 기본 원리에 대하여 설명할 것이다.

15.4.1 장내관거

수로, 관로 및 부속물은 하나의 단위 처리시설로부터 다른 시설로 물과 슬러지 등의 유체를 이송하는데 있어서 중요하다. 유량은 병렬로 운전되고 있는 여러 단위 처리시설로부터 수집되거나, 반대로 여러 단위 처리시설로 분배된다. 분배조(splitting box)와 마찬가지로 유사한 유입관로와 수로가 유량 분배에 이용된다. 드로틀 밸브(throttling valve) 없이 유량의 수리학적 균형이 적합한 처리시설의 배치와 관로계획으로 이루어져야 한다. 관로계획에 있어서 3가지의 기본적인 고려사항은 (1) 건설 및 운영의 편리성, (2) 유지관리를 위한 접근의 용이성 그리고 (3) 관로의 추가 설치나 연결에 대한 편리성이다.

시설물의 컴팩트한 배치를 통하여 단위 처리시설 간의 거리가 짧아져 연락관거의 부설비용을 최소화 할 수 있다. 그러나 단위 처리시설 사이의 공간과 연락관거가 정수장 확장시 제일 먼저 이용할 수 있는 공간이란 사실을 잊어서는 안 된다. 너무 여유가 없는 배관망이나 수리학적 조건을 가진 정수장은 확장시 심각한 문제에 직면하게 되는 경우가 생길 수 있으며, 새로운 단위 처리시설로 유량을 돌리기 위해 펌핑이 필요한 경우가 종종 발생된다. 장래 확장에 필요한 사항이 컴팩트한 배치에서 모듈식 설계(modular design)에 의해 쉽게 충족될 수 있다. 완전한 모듈식 공정이 되도록 관로와 공간이 확보되어야 한다.

연락관거와 수로는 지표고 위나 아래일 수 있으므로, 모든 관로는 배치계획상 단위 처리시설과 관련하여 명료하게 표시되어야 한다. 장래 관로 연결장치(tie - ins)에 관한 준비가 있어야 하며 계획에 적절히 반영되어야 한다. 일상적인 유지관리를 위해 일부 단위 처리시설을 우회하게 될 경우를 대비하여 연락관거에 밸브나 수문이 설치되어야 한다. 처리시설, 연락관거 및 밸브가 명확하게 표시된 개략도는 설계자나 운영자에게 물의 흐름, 처리시설의 상대적 위치 및 정수장의 운영 능력을 이해하는데 도움을 줄 것이다.[2~4]

많은 정수장에서 지하터널(pipe gallery 또는 operating gallery라 불려 짐)이 관로와 필요한 제어장치를 두기 위하여 설치된다. 관랑이 관로와 제어장치에의 접근을 돕고 건물간의 통로 역할을 하지만, 경제성의 측면에서 보면 중 · 대규모 정수장에만 정당화될 수 있다. 소규모 정수장에서 관로는 주로 지상이나 지하에 위치한다. 장내관거가 표시된 평면도는 정수장의 운영과 유지관리에 매우 유용하다.[4]

15.4.2 정수장 수리학

수리 종단면도는 정수장의 수리경사선을 도식적으로 표현한 것이다. 만약 급속혼화조에서 고수위가 정해져 있다면, 이 수위를 기준으로 물의 흐름 방향으로 수리 계산이 행해진다. 만약 정수지의 고수위 또는 정수지의 위어고가 고정될 수 있다면, 이 수위가 수리학적 제어점이 되어서 수리계산은 정수장의 앞 방향으로 행해진다. 어느 정수장에서의 수리계산은 정수장 중앙의 여과지 월류위어나 침전지의 월류위어와 같은 임의의 표고를 사용함으로서 시작되기도 한다. 이때의 수리계산은 양쪽 방향으로 진행된다.

정수장의 총손실수두는 급속혼화지의 수위와 정수지의 저수위간의 차이이다. 만약 정수장의 총 이용 가능한 수두가 정수장의 손실수두보다 작으면 자연유하는 불가능하다. 이러한 경우 펌프를 이용하여 수두를 상승시킬 필요가 있다. 그러나 정수장에 중간 펌프를 두는 것은 잘못된 계획이며, 비경제적인 설계라고 할 수 있다. 설계자는 이용 가능한 수두가 제한되지 않도록 원수 취수장의 설계와 정수장 부지 선정을 잘 조화시켜야 한다. 축적된 설계 경험과 합리적 판단이 원수 펌핑과 정수장의 수리를 균형적으로 유지하는데 필요하다.

수리 종단면도를 작성하는데 있어서 고려해야 할 기본적인 원리는 다음과 같다.

1. 수리 종단면도는 설계 최대 유량과 개시 최소 유량에 대하여 작성한다.
2. 수리 종단면도는 물 흐름의 모든 주요 경로에 대하여 작성한다.
3. 정수장의 총손실수두는 단위 처리시설, 관로 및 부속설비에서의 손실수두로 구성되며, 이들 손실수두의 합으로 수리 종단면도를 작성한다.
4. 단위 처리시설에서의 손실수두는 다음과 같다.

a. 유입구조물에서의 손실수두
b. 유출구조물에서의 손실수두
c. 처리 단위시설을 통한 손실수두
d. 허용 낙차고 및 기타

단위 처리시설에서 가장 큰 손실수두는 가장 큰 처리 단위시설의 운전이 정지되었을 때 설계최대 유량에서 일어날 수 있다. 이러한 상황은 물 수요가 적은 계절 동안의 유지관리 계획을 통하여 예방될 수 있다.

단위 처리시설에서의 대략적인 손실수두는 다음과 같다.

플룸형 유량 측정기	0.2 ~ 1 m
급속혼화지	0.5 ~ 1 m
정류벽(diffusion wall)이 있는 플록형성지	0.01 ~ 0.5 m
침전지	0.5 ~ 1.5 m
여과지	
일정율 여과	3 ~ 5 m
감쇄율 여과	2 ~ 5 m
염소소독설비	0.2 ~ 2.5 m

5. 연락관거, 수로 및 부속설비를 통한 손실수두는 다음 항목의 합이다.
   a. 유입구 손실수두
   b. 유출구 손실수두
   c. 축소관/확대관 손실수두
   d. 마찰 손실수두
   e. 곡관, 피팅, 수문, 밸브 및 계량기에 의한 손실수두
   f. 위어 등을 월류하기 위해 필요한 수두
   g. 허용 자유 낙차고
   h. 처리 단위시설의 장래 확장에 대비한 허용 수두
6. 연락관거와 수로에서의 유속은 플록이 부유상태로 유지될 수 있도록 충분해야 한다. 설계최대 유량에서 0.6 m/s의 최소유속이 적당한 것으로 간주되고 있다. 개시최소유량(minimum initial flow)에서 0.2 m/s가 플록의 운송에 필요한 유속이다. 하나의 단위시설을 운전 정지시키고 관거 및 수로의 청소가 가능할 수 있도록 다중단위시설로부터 관거 및 수로를 분리 설치하는 것이 바람직하다.
7. 압력관로에서의 마찰손실은 Hazen - Williams 식으로 계산한다.
8. 개수로와 관수로에서의 미소 손실수두는 속도수두의 항으로 계산된다.[9,10] 자세한 사항은 7.2.3절에서 다루었다.

9. 수로에서의 수심은 물의 흐름의 조건에 따라 변한다. 그러므로 개수로에서의 수심과 구배는 설계유량에서의 수위가 단위 처리시설의 수위와 같도록 하는 방식으로 유지된다.
   개수로에서 물의 흐름은 등류이거나 부등류이다. 등류는 일정한 횡단면, 유량, 유속을 가진 수로에서 일어나며 Manning의 공식이 수리경사를 계산하기 위하여 일반적으로 사용된다. 수로의 설계에 있어서 흐름은 등류로 가정되는 것이 일반적이다. 부등류는 횡단면이 변하거나 수로에 유입되는 유량이 일정하지 않을 때 발생된다. 부등류는 일반적으로 낙차고를 가진 수로 또는 용량에 비해 과량의 물이 흐르는 수로 합류부에서 발생하며, 부등류에서는 마찰식을 적용하지 않는다. 부등류의 계산에는 배수 또는 저하곡선에 대한 해석(backwater or drawdown analysis)이 필요하며, 9장에서 이미 다루었다. 이 주제에 대해 보다 상세한 사항을 다룬 개수로 수리학에 대한 참고문헌을 참고하기 바란다.[9,10~12]
   정수장에서는 수로바닥의 인버트(invert drop)를 설치함으로서 부등류와 전이류에 대하여 충분한 여유를 준다. 전이류를 통한 손실수두는 일반적으로 에너지 방정식을 사용하여 계산된다. 자유낙차고의 크기는 자연적 폭기가 발생될 수 있도록 설정한다. 이를 통하여 맛, 냄새와 관련된 휘발성 화합물의 탈기를 증진시킬 수 있다.
10. 정수장에서 사용되는 유량계의 대부분은 손실수두를 발생시킨다. 이런 유량계(벤튜리 튜브, 파샬플룸, 오리피스, 위어)에 대하여도 손실수두 계산이 이루어져야 하며, 수리 종단면도에 포함되어야 한다.
11. 수리 종단면도의 작성에 있어서 수직축의 척도를 의도적으로 왜곡하여 처리시설과 수위를 보여주게 된다. 또한 정수장 구조물과 수리학적 제어점의 상대적 위치를 파악하기 위하여 지표고도 함께 표시된다.

15.5 정수장의 배치 및 수리 종단면도 작성을 위한 정보

정수장의 배치계획 및 수리 종단면도의 작성 전에 필요한 자료가 수집되어 정리되고, 설계상 중요한 여러 결정이 이루어져야 한다. 필요한 정보는 다음과 같다.

1. 부지의 특성
   a. 부지면적
   b. 지형도
   c. 지질 자료
   d. 환경적 제한 사항
      • 동식물상
      • 생태계

- 위험에 처한 또는 지역적으로 위협받는 종
- 유일한 또는 취약한 환경적 특성
- 고고학적, 역사적, 과학적 또는 문화적으로 가치가 있는 지역, 공원, 습지, 하천

2. 허가 사항
   a. 지역 및 토지이용 계획
   b. NPDES의 부합
      - 오염물질 배출량
      - 강수 배출량
   c. Clean Water Act, Section 404
   d. River and Harbor Act, Section 10(하천 및 항만법)
   e. Clean Air Act(청정공기법)
   f. Building, electrical, and fire codes(건축물, 전기, 소방 등에 관한 법률)

3. 외부 환경 조사
   a. 교통
      - 도로
      - 철도
   b. 전력
   c. 통신
   d. 하수도
   e. 비상 구급처(경찰, 병원, 소방서 등)

4. 수리학적 자료 및 정수장 설계에 관한 자료
   a. 설계년도 및 운전개시년도 유량(최대, 평균 및 최소)
   b. 개별처리 단위와 건물의 수, 규격 및 형태
   c. 각 처리 단위시설의 수두손실
   d. 펌프장에서 정수장까지 원수 이송 계통의 수리 경사
   e. 배수지에 연결된 송수펌프장 관로의 수리 경사

15.6 설계 예

본 절에서는 정수장 시설의 수리 종단면도와 부지개발계획에 대하여 설명할 것이다. 본 장에서 이미 논한 처리시설 배치의 기본 원리와 수리 종단면도가 본 「설계 예」에서 이용된다.

15.6.1 사용된 설계 기준

1. 컴팩트한 모듈정수장 배치로 이루어져야 함
2. 이전의 장(6장～14장)에서 다룬 각 처리시설의 유량 조건 및 수리 종단면도를 사용

15.6.2 시설물 배치 계획의 개요

정수장의 부지는 당해 도시의 서쪽 끝에 위치하며 면적은 12 ha이다. 정수장 부지의 개요를 5.4.7절에서 이미 소개하였으며, 취수, 도수관로, 정수장, 송수관로, 배수시스템 등에 관련된 개요도를 그림 5－4에 나타내었다.

부지 개발과정에서 고려되어야 할 인자에 대해 심도 있는 검토가 이루어져야 한다. 검토가 이루어진 후에 처리 단위시설과 건물에 대한 컴팩트한 모듈에 의한 배치가 통합적으로 이루어져야 한다. 정수장 건설부지의 면적은 약 20.25 ha(675 m × 300 m)이며, 정수장의 시설물 배치는 그림 15－3에 나타내었다. 시설물의 체계적이고 컴팩트한 배치에 초점을 두어 설명하겠다.

1. 단위 처리시설와 건물의 배치

   시설물의 컴팩트한 배치라는 설계기준에 따라 대부분의 단위 처리시설과 건물은 정수장의 중앙에 위치하게 된다. 물은 슬루스 게이트가 달린 월류 위어를 통하여 4개의 독립적인 처리 계열로 분배된다. 유량의 1/4씩을 처리하게 되는 각 계열은 급속혼화지, 플록형성지 및 침전지로 구성된다. 약품 창고는 급속혼화지 부근에 위치하며, 따라서 급속혼화기와 플록형성지가 약품 주입 장비와 같은 지역에 설치되어 하나의 집단을 이루게 된다. 침전수는 약품 저장고의 북쪽에 위치한 여과지동으로 이송되며, 여과지동은 행정 및 제어동과 통합 건물로 건설된다. 여과지동은 8개의 여과지(행정 및 제어동의 양편에 각 4개지씩 위치)와 두개의 관랑으로 구성된다. 고가 역세척수 저류 탱크는 행정 및 제어동의 북쪽에 위치한다. 정수지 시설은 여과지동 동쪽에 위치하며 두개의 염소접촉수로와 두개의 지하 정수지 그리고 고양정/역세척수 펌프장으로 구성된다. 처리수 유량계실은 정수장의 북동쪽 구석에 위치한다.

   염소－암모니아동은 정수지 시설의 남동쪽에 위치하며, 이 건물에는 안정화(Na_2CO_3)와 불소처리(NaF) 등을 위한 약품도 저장되며 그에 필요한 장비도 보관된다. 암모니아와 염소의 사용은 특별한 안전 조치가 필요하므로 정수장 외곽에 위치하도록 하는 것이 좋다.

   전력공급 장비는 정수지 시설 남서쪽에 위치한다. 이 위치는 급속혼화조, 약품 창고, 여과지, 행정 및 제어동과 고양정/역세척수 펌프장 등 대부분의 높은 전력 수요를 요하는 장비가 있는 지역이다.

   배출수 관리 지역은 행정 및 제어동의 서쪽에 위치한다. 주요 처리시설은 (1) 여과지 역세척수 회수를 위한 유량조정조 및 회수조, (2) 두개의 슬러지 농축조 그리고 (3) 슬러지 탈수와 현장 처분을 위한 네 개의 라군이다.

유지관리를 위한 유지보수동은 배출수 관리 지역의 북쪽에 위치한다. 정수장 장래 확장에 대비한 충분한 공간이 정수장 개발 계획에서 고려되어야 한다(그림 15-3의 점선 참조). 장래 처리시설의 개선을 위해 응집 전 단계, 침전과 여과 사이, 여과 후, 회수된 역세척수의 전처리를 위한 네 곳의 여유부지가 필요하다. 예비 부지는 건설장비 및 재료의 임시 적치장으로 활용될 수 있다.

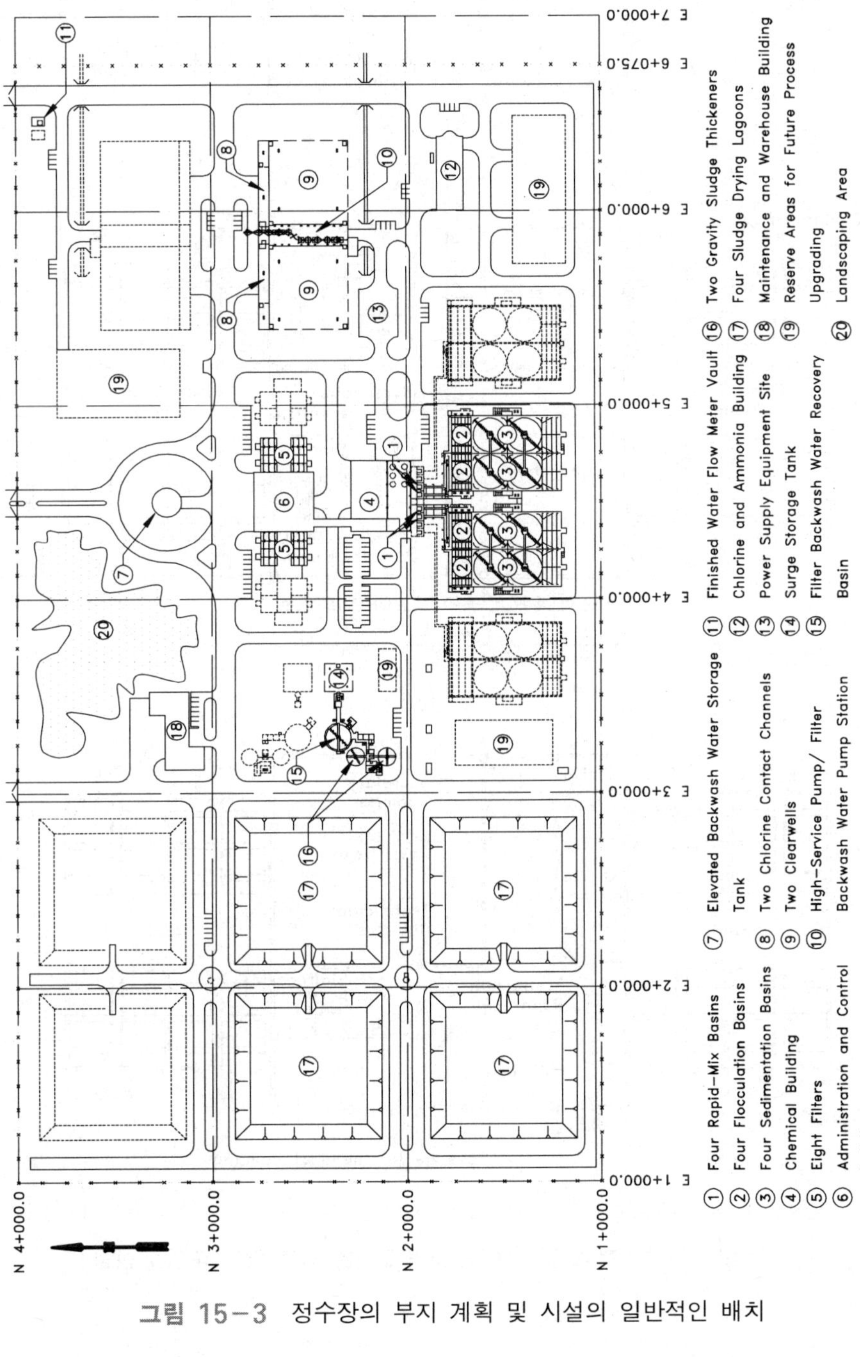

그림 15-3 정수장의 부지 계획 및 시설의 일반적인 배치

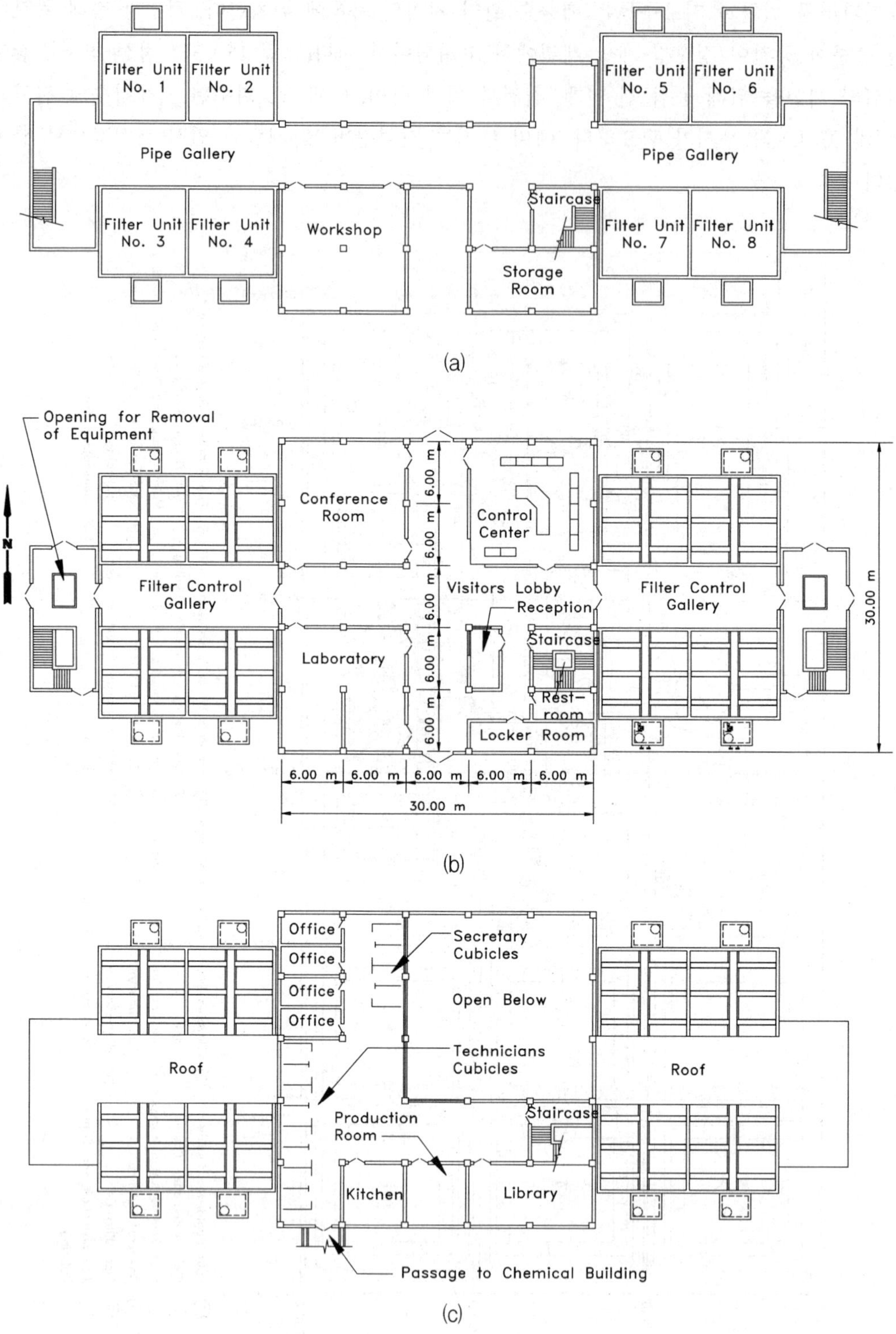

그림 15-4 행정 및 제어동 평면도. (a) 하층, (b) 1층, (c) 상층

2. 행정 및 제어동

행정 및 제어동의 지상층에는 방문객 로비, 접객장소, 운전자 관리소, 회의실 및 실험실이 위치한다. 1층은 건물의 동쪽과 서쪽으로 여과지 관랑과 연결되어 있다. 이 건물의 상층은 사무실, 소장실, 도서실, 주방 및 휴게실로 구성되어 있으며, 약품 창고로 연결되어 있다(그림 8－23). 행정 및 제어동의 하층은 여과지 관랑과 연결되며, 유지관리를 위한 작업장과 창고로 구성되어 있다. 밸브, 여과지 설비, 펌프 및 기타 장비의 편리한 운반을 위하여 여과지 관랑의 양쪽 끝에 통로를 둔다. 행정 및 제어동의 평면도를 그림 15－4에 나타내었다.

3. 운전지역의 접근성

여과지 제어 및 관랑은 행정 및 제어동에서 곧 바로 진입이 가능하다. 약품창고는 지붕이 덮여져 있는 통로를 통하여 접근한다. 약품창고로부터 고가 보도가 급속혼화조, 유량계실, 플록형성지 및 침전지로 연결되어 있다. 외부 보도와 포장도로가 염소－암모니아동, 전기실, 배출수 관리 지역 및 유지보수동으로 연결되어 있다. 이러한 설비는 모두 운전지역 반경 150 m이내에 있다.

4. 약품 취급

전응집 및 후응집에 필요한 약품은 약품창고에 보관된다. 이 창고에는 황산제이철, 고분자응집제 및 과망간산칼륨 등의 약품이 보관된다. 황산제이철은 저장탱크로부터 자연유하로 1층의 계량펌프로 흘러간다. 소석회 저장고는 건물의 지붕 위에 위치한다. 소석회 주입기 및 슬러리 탱크는 상층 발코니에 위치하고 자연유하로 소석회 혼합기로 유입된다. 고분자응집제 저장 용기, 용해조, 계량펌프로 구성된 고분자응집제 시스템은 1층에 위치한다. 과망간산칼륨 용해조와 주입펌프는 1층에 위치하며 저장고는 상층 발코니에 위치한다. 약품 저장 및 공급 시스템의 설계는 8장에서 다루었다(8.8.2의 Step B 참조). 약품 공급 시스템의 개략적 개념도를 그림 8－22에 보였으며, 약품동의 평면도를 그림 8－23에 나타내었다.

모든 장비(염소투입 장치, 암모니아 투입 장치, 인젝터, 약품용해조 및 약품 공급 펌프 등)와 약품(염소 실린더, 암모니아 실린더, 안정화 및 불소화처리 약품)은 염소－암모니아동 내부에 보관되어야 한다. 이 건물은 약품의 하역과 저장을 위해 모노레일이 있는 접속시설을 갖추어야 한다. 3,600 kg 무수 암모니아 저장 탱크는 건물의 외부에 위치한다. 암모니아의 운반은 탱크 트럭으로 이루어지며, 하역소에서 하역된다.

5. 정수지 및 송수펌프

관리동의 북쪽에 두개의 정수지가 자리한다. 이 위치는 염소－암모니아 동과 인접한 곳이어서 염소, 암모니아, 탄산나트륨 및 불화나트륨 용액을 짧은 관로를 통하여 정수지 유입수로나 염소 접촉수로로 직접 주입할 수 있다. 송수펌프와 역세척수 펌프는 두 정수지 사이, 펌프정 바로 위쪽에 위치한다. 송수펌프 관로는 정수장의 북동쪽 구석의 정수장 경계를 거쳐 외부로 나아간다.

6. 배출수 관리 지역

배출수 관리 지역은 관리동의 서쪽에 위치한다. 여과지 역세척수 유량조정조와 회수조, 농축조, 월류구조물 및 슬러지 펌프장과 같은 대부분의 공정이 행정 및 제어동에서 먼 거리에 위치한다. 그러나 잦은 유지관리가 필요한 시설은 비교적 가까운 지역에 위치되도록 한다. 슬러지 탈수와 처분 라군은 정수장의 서쪽 끝 지역에 위치한다.

7. 장래 확장과 시설의 개선

컴팩트한 배치로 설계된 정수장은 일반적으로 확장하는데 어려움이 있다. 모듈별 확장(modular expansion)은 이미 건설되어 운영되고 있는 시설에 대하여 운영상의 지장을 최소화 한다. 장래 확장은 배치계획도에 점선으로 표시된다. 용량 확장뿐만 아니라 장래의 더 엄격해질 수질기준을 예상하여 새로운 처리공정에 대한 준비도 필요하다. 이번 설계에서는 정수장의 개선을 위하여 세 가지 예비안이 마련되었다. 장래 오존 발생과 적용이 확장과 개선을 위한 예비지에 위치할 수 있으며, 장래 서쪽 응집/침전 시설의 근처이다. 따라서 전오존 접촉조는 수리학적으로 급속혼화지 앞에 있거나 인접하게 된다. 또한 오존 발생장치는 다른 장비와 같은 지역에 모여 있게 된다. 오존처리공정은 역세척수 회수조 월류수의 소독이 원수 관로 상의 접합정 D(junction box D)로 되돌려 지기 전에 필요하다면 적당한 대안 중에 하나가 된다.

쉽게 확장할 수 없는 설비는 장래의 수요에 맞출 수 있도록 크게 건설된다. 행정 및 제어동, 약품창고, 염소-암모니아동은 모두 장래 확장이 필요하지 않을 정도의 크기이다.

8. 접근로, 도로, 주차장, 정수장 보안 및 조경

정수장의 접근로는 북쪽편에 있으며, 정문은 행정 및 제어동의 앞쪽에 있다. 약품 반입을 위한 출입문은 정수장의 북동쪽 구석에 위치한다. 유지보수동의 가까이에 있는 문이 장비의 반입을 위하여 사용된다. 이 문은 슬러지 라군의 건설 재료를 운반하기 위하여도 사용될 수 있다. 모든 문은 접근이 제한되며, 감시 카메라가 모든 출입문의 상황을 모니터하기 위하여 설치된다.

행정 및 제어동은 측면과 후면에 모든 단위 처리시설이 위치되도록 배치한다. 방문자 주차장은 정면에, 직원 주차장은 뒤쪽에 위치시킨다. 행정 및 제어동 앞의 고가수조에는 정수장을 홍보하기 위한 로고 등으로 장식한다. 각 단위 처리시설은 포장도로로 연결된다. 약품창고는 삼면에 도로가 나 있다. 북동쪽 문으로부터 염소-암모니아 동을 지나 약품 저장창고까지의 주요 자동차도로는 약품 운반용 대형차의 통행이 가능하도록 설계된다.

전체 부지에는 중앙으로부터 정수장의 북서쪽과 북동쪽으로 향하는 구배가 형성되어 있다. 부지 정지 계획도를 그림 15-5에 나타내었다. 가능한 한 자연적으로 형성된 부지의 지형과 배수 패턴을 변경시키지 않는다. 조경은 주변 지역의 자연환경적 특성을 반영한다. 전체 지역은 침식의 방지를 위하여 잔디 식재가 되어야 한다. 현지 식물과 나무 그리고 덤불이 행정 및 제어동이 위치한 조경지역과 정문의 서쪽을 제외하고 대부분의 지역에서 이용된다.

15.6.3 장내 관거 및 수리 종단면도

부지 계획에 의거하여 장내 관거 계획을 수립한다. 대상 단위 처리시설과 주요 관로의 배관을 그림 15-6~그림 15-8에 나타내었다. 각 단위 처리시설을 통한 수리 종단면도는 이전 장에서 이미 다루었다. 정수장의 수리 종단면도 작성에 사용된 중요한 정보는 다음 장을 참조하기 바란다.

- 8장 : 급속혼화지에서 플록형성지까지의 수리 종단면도
- 9장 : 침전지 수리 종단면도
- 10장 : 여과지 수리 종단면도
- 12장 : 염소 접촉수로에서 정수지까지의 수리 종단면도

수원에서 배수시스템까지의 수리 해석에 대한 세부적인 정보는 6장(취수 구조물, 도수 펌프장), 7장(도수 펌프장, 도수관), 12장 및 13장(송수 펌프장, 배수펌프장, 평지 및 고가수조, 배수관망)을 참조하기 바란다. 각 장은 서로 긴밀하게 연관되어 있으며, 수리계산에 대한 깊이 있는 정보를 제공해 줄 것이다. 본 절에서 다루고자 하는 것은 (1) 이전의 장에서 다루지 않은 연락관로의 수리계산을 완결하고, (2) 모든 단위 처리시설과 연락관로의 수리 해석 정보를 정리하며, (3) 정수장의 완벽한 수리 종단면도를 작성하는 것이다. 이러한 작업의 주요 목적은 모든 수리적 상세 내용을 일목요연하게 함으로서 독자로 하여금 정수장의 모든 구성 요소간 복잡한 상호관계를 파악하게 하고자 하는 것이다.

1. 단위 처리시설간 연락관거에서의 손실수두 계산
   처리시설과 건물의 배치가 컴팩트하게 되어서 시설간 연락관거는 최소화되었다. 연락관거의 손실수두 계산은 두 구간에 대하여 수행된다. 첫 번째 구간은 접합정 A와 급속혼화지 유입부 사이의 원수 유입관로이다. 이 관로는 몇 개의 접합정으로 연결되어 있다. 두 번째 구간은 침전수를 여과지로 이송하는 관로이다. 이 두 관로시스템에서의 손실수두는 각각 계산된다. 계산절차와 결과를 표 15-2와 표 15-3에 각각 요약하여 나타내었다.

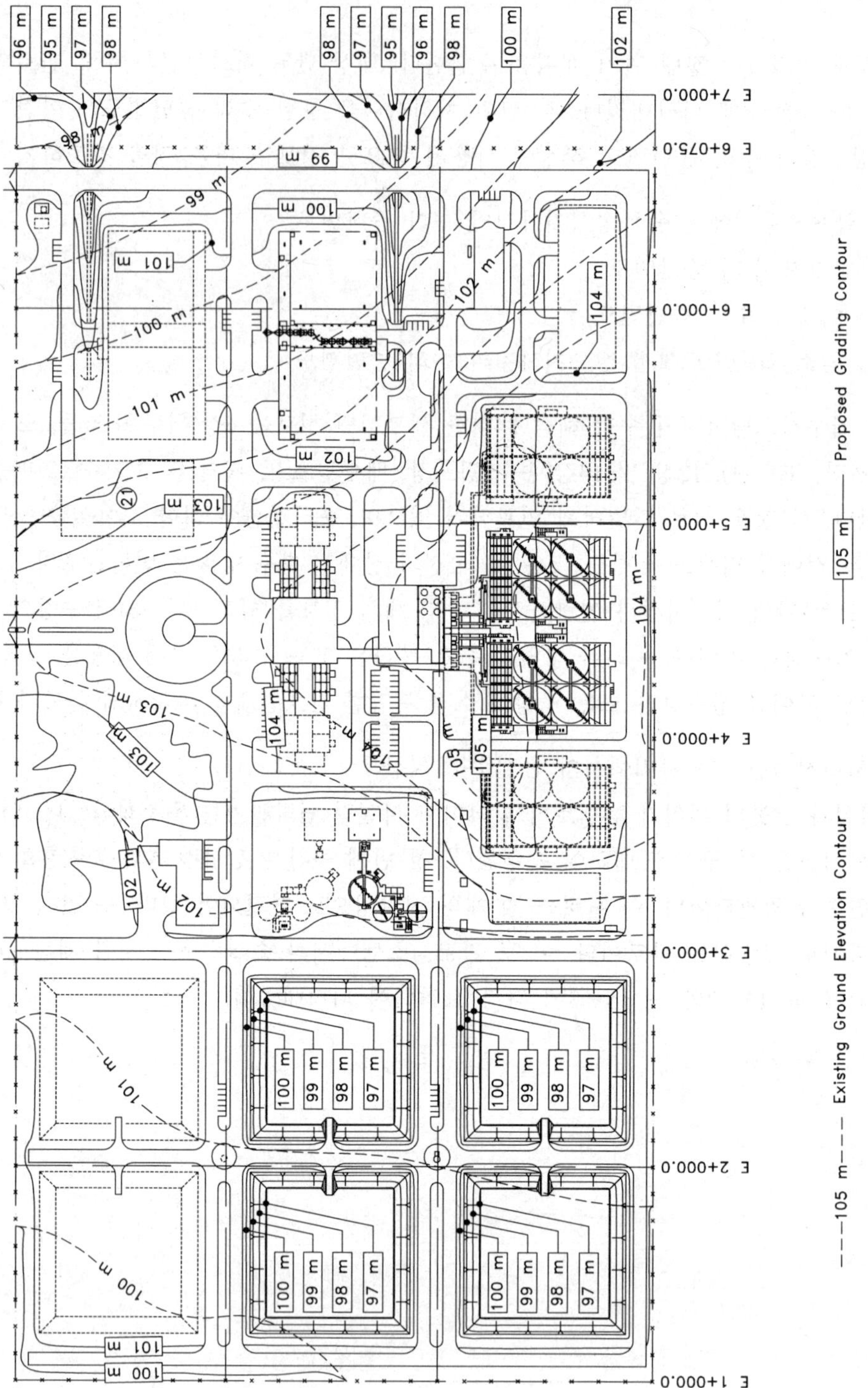

그림 15-5 처리시설 배치도(부지정지고 포함)

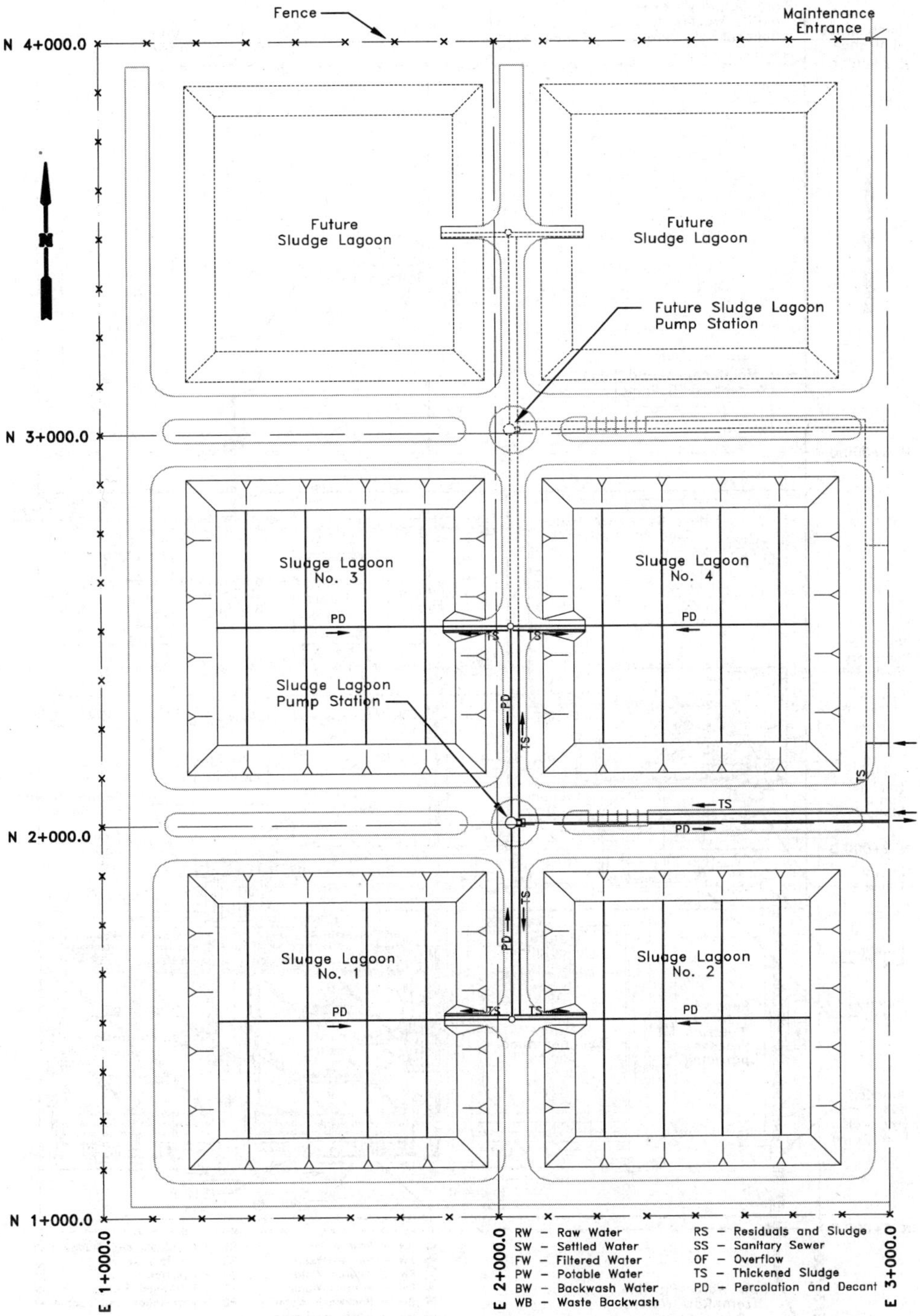

그림 15-6 정수장 배관도 - 정수장 서쪽(E1 + 0.000과 E3 + 0.000 사이)

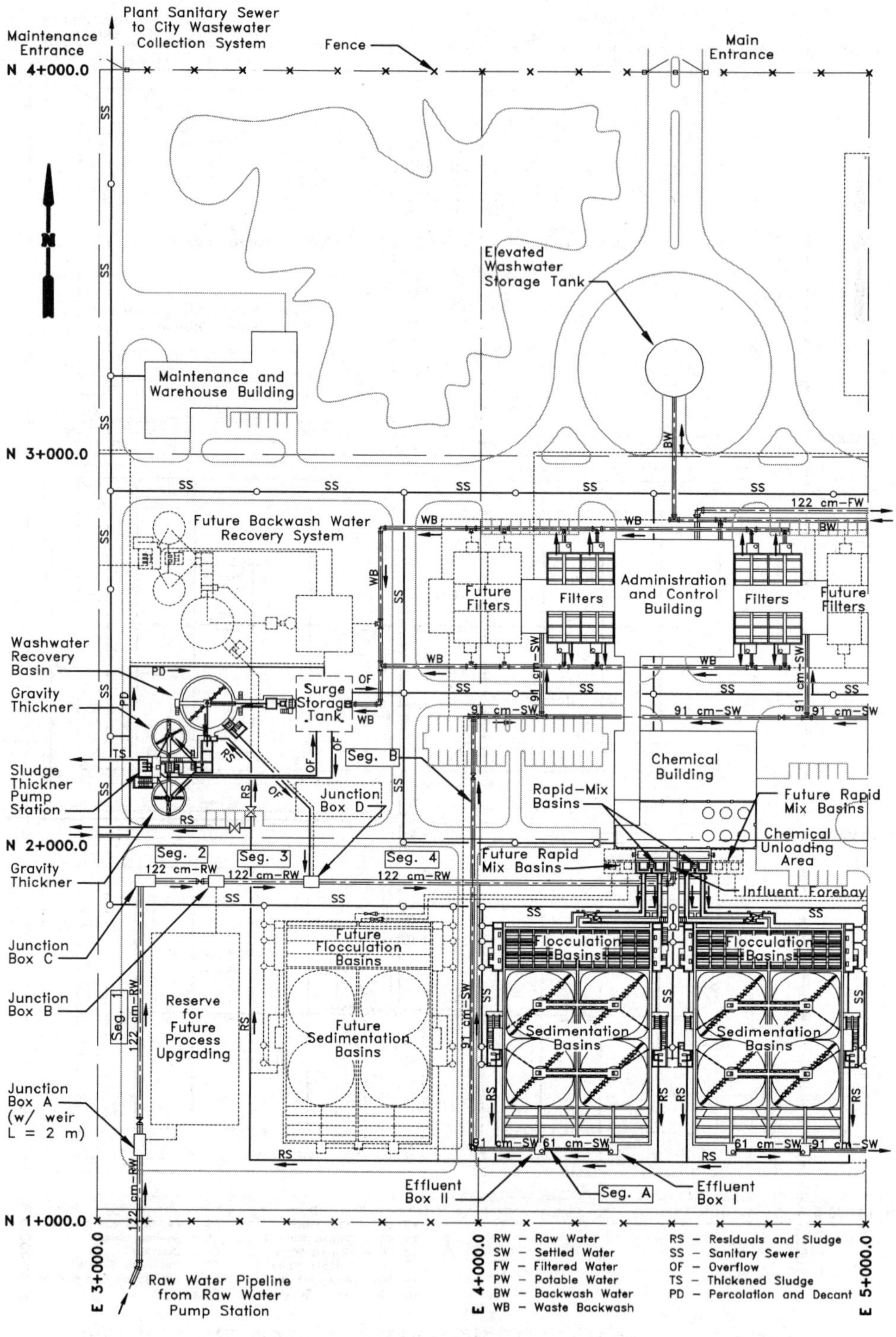

그림 15-7 정수장 배관도 - 정수장 중앙(E3 + 0.000과 E5 + 0.000 사이)

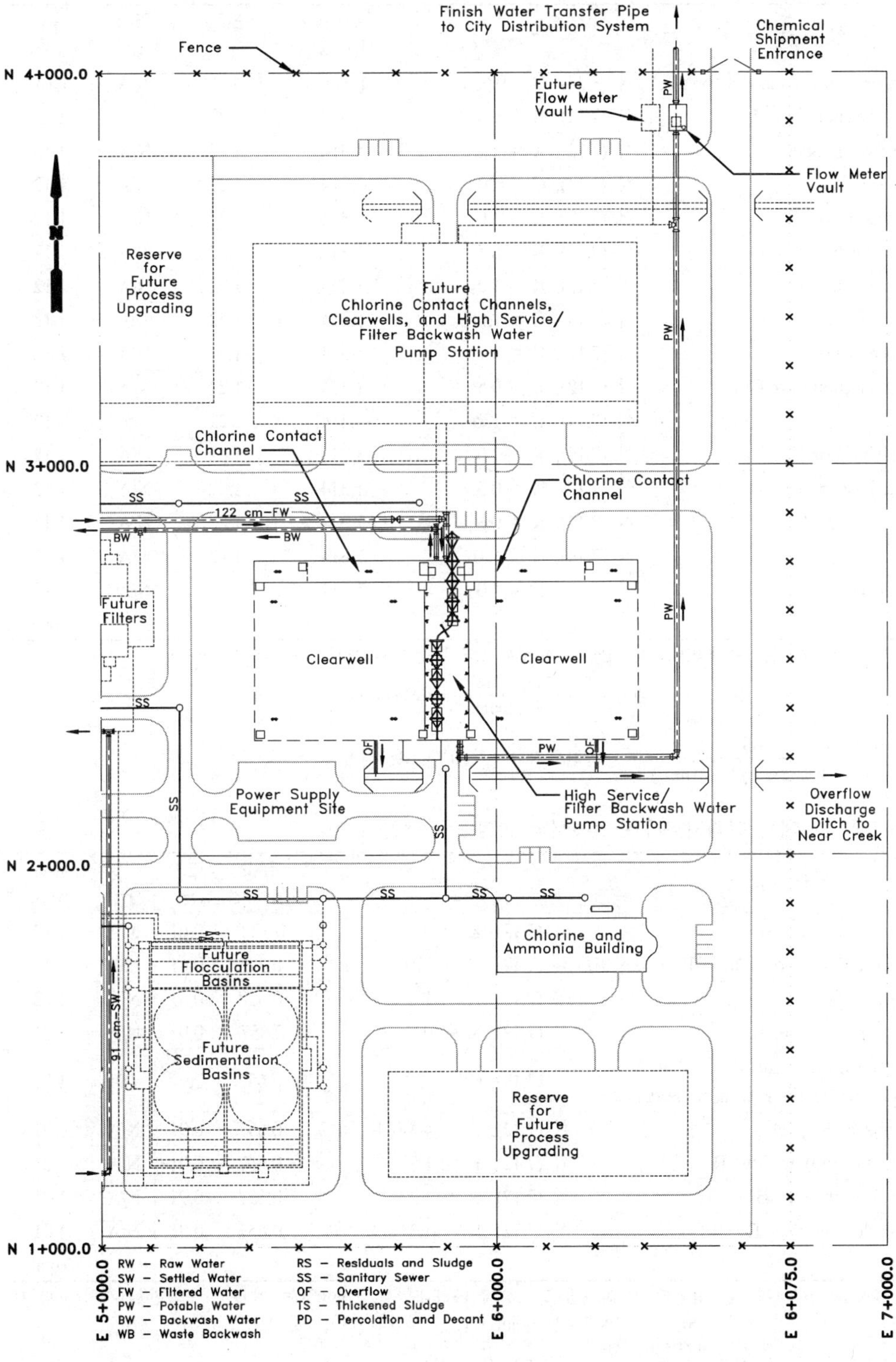

그림 15-8 정수장 배관도 - 정수장 동쪽(E5 + 0.000과 E7 + 0.000 사이)

표 15−2 정수장 내의 원수관로에서의 손실수두 계산[a]

장 치	식	유량 (m^3/s)	크기 (m)	길이 (m)	유속 (m/s)	손실수두 (m)
free fall over weir in junction box A	식 (8.24), C_d = 0.6, n = 0	1.314[b]	L = 2.00	N/A	N/A	0.72[c]
entrance at junction box A	식 (7.12), K = 0.5	1.314	1.22	N/A	1.12	0.032
butterfly valve in Seg. 1	식 (7.12), K = 1.2	1.314	1.22	N/A	1.12	0.077
Seg. 1	식 (7.14), C = 120	1.314	1.22	70	1.12	0.067
exit at junction box B	식 (7.12), K = 1.0	1.314	1.22	N/A	1.12	0.064
entrance at junction box B	식 (7.12), K = 0.5	1.314	1.22	N/A	1.12	0.032
butterfly valve in Seg. 2	식 (7.12), K = 1.2	1.314	1.22	N/A	1.12	0.077
Seg. 1	식 (7.14), C = 120	1.314	1.22	20	1.12	0.019
exit at junction box C	식 (7.12), K = 1.0	1.314	1.22	N/A	1.12	0.064
entrance at junction box C	식 (7.12), K = 0.5	1.314	1.22	N/A	1.12	0.032
Seg. 3	식 (7.14), C = 120	1.314	1.22	25	1.12	0.024
exit at junction box D	식 (7.12), K = 1.0	1.314	1.22	N/A	1.12	0.064
entrance at junction box D	식 (7.12), K = 0.5	1.314	1.22	N/A	1.12	0.032
90° elbow in Seg. 4	식 (7.12), K = 0.3	1.314	1.22	N/A	1.12	0.019
Seg. 4	식 (7.14), C = 120	1.314	1.22	N/A	1.12	0.096
exit at influent forebay	식 (7.12), K = 1.0	1.314	1.22	N/A	1.12	0.064
					Total	1.48

a. 접합점 박스 A에서 유입수 forebay의 segment 4 끝까지의 손실수두 계산(그림 15−7 참조)

b. 도수펌프장부터 정수장 유입관에서의 유량 = $\dfrac{113,500\,m^3/d}{86,400\,s/d} = 1.314\,m^3/s$

c. 위어 수두 = $\left(\dfrac{1.314\,m^3/s \times 3/2}{0.6 \times 2\,m \times \sqrt{(2 \times 81\,m/s^2)}}\right)^{2/3} = 0.52\,m$ 자유낙차 0.73 m를 적용

표 15−3 침전지에서 여과지까지 관로에서의 손실수두 계산

장 치	식	유량 (m^3/s)	크기 (m)	길이 (m)	유속 (m/s)	손실수두 (m)
entrance at effluent box I	식 (7.12), K = 0.5	0.328[b]	0.61	N/A	1.12	0.032
Seg. A(from effluent box I to effluent box II)	식 (7.14), C = 120	0.328	0.61	20	1.12	0.043
exit at effluent box II	식 (7.12), K = 1.0	0.328	0.61	N/A	1.12	0.064
entrance at effluent box II	식 (7.12), K = 0.5	0.657[c]	0.91	N/A	1.01	0.026
Seg. B (from effluent box II to point A at the beginning of filter influent header)	식 (7.14), C = 120	0.657	0.91	180	1.01	0.199
four 90°turns in Seg. B	식 (7.12), K = 4 × 0.3 = 1.2	0.657	0.91	N/A	1.01	0.062
tee(branch − to − run) in Seg. B	식 (7.12), K = 1.8	0.657	0.91	N/A	1.01	0.094
butterfly valves in Seg. B	식 (7.12), K = 1.2	0.657	0.91	N/A	1.01	0.062
extra minor loss in Seg. B	식 (7.12), K = 1.2	0.657	0.91	N/A	1.01	0.062
					Total	0.64

a. 유출수 Box I과 II의 위치는 침전지 배치(그림 9−14)에 나타내었다. point A는 여과지 유입관로 배치(그림 10−21)에 나타내었다. 손실수두의 계산은 유출수 Box I에서 point A까지 계산되었다(그림 15−7참조)

b. 1개 침전지로부터의 유량 = $\dfrac{113,500\,m^3/d}{4 \times 86,400\,s/d} = 0.328\,m^3/s$

c. 2개 침전지로 부터의 유량 = $\dfrac{113,500\,m^3/d}{2 \times 86,400\,s/d} = 0.657\,m^3/s$

2. 개별 단위 처리시설의 손실수두

모든 단위 처리시설과 연락관거의 수리계산 결과를 표 15-4에 정리하였다. 접합정 A(원수펌프장으로부터 원수를 받는 곳)에서 정수지(정수를 송수 펌프로 대상 급수지역에 보내기 위하여 저장하는 곳)까지의 전체 정수장에서의 총 손실수두는 10.5 m이다. 여과지의 손실수두가 최대이며, 여과지 운전 종료시점의 여재 손실수두 허용분 2.5 m를 포함하여 4.63 m이다. 그러므로 여과지에서의 손실수두는 전체 손실수두의 대략 44%에 해당된다. 유입수 관로(접합정 A), 급속 혼화지의 유입-유출부, 플록형성지의 유입부, 침전지의 유출부, 염소 접촉 수로의 유출 위어에서 자유낙하를 위한 여유 수두가 주어진다. 여유수두는 정수장을 확장하게 될 때 가치 있게 활용될 수 있다.

표 15-4 모든 단위처리시설에서의 수리계산결과 요약

처리공정		수리계산			참조	
시설	위치	시작점	끝지점	손실수두 (m)	절 번호	그림
원수관로		junction box A	influent forebay	1.48	15.6.3, 표 15-2	-
급속 혼화지	유입부	influent forebay	rapid-mix basin	1.17	8.8.2, Step A.5.a	8-15
	유출부	rapid-mix basin	entry of Parshall flume	0.50	8.8.2, Step A.5.a	8-15
플록 형성지	파샬 플룸	entry of Parshall flume	after free fall at Parshall flume	0.25	8.8.2, Step B.5.a	8-17
	유입수로	after free fall at Parshall flume	first stage	0.23	8.8.2, Step B.5.b	8-21
	플록형성지	first stage	third stage	0.00	8.8.2, Step B.5.c	8-21
	유출부	third stage	after diffusion wall	0.00	8.8.2, Step B.5.d	8-21
침전지	침전지	after diffusion wall	before V-notch weir	0.00	9.6.2, Step A.5	9-20
	유출부	before V-notch weir	after free fall at effluent box I	1.11	9.6.2, Step A.5. a~d	9-20
침전수 수로		after free fall at effluent box I	beginning of filter influent header	0.64	15.6.3, Step 15-3	
여과지	여과시스템	beginning of filter influent header	after free fall at common bay	4.63	10.13.2, Step A.5.a~h	10-23
염소 접촉수로/정수지		after free fall at common bay	clearwell	0.49	12.8.2, Step A.4. a~d	12-22
전체정수장		junction box A	clearwell	10.50	15.6.3	15-9 & 15-10

3. 수리 종단면도의 작성

정수장 수리 종단면도의 작성은 수리학적 지배점(control point)으로부터 시작된다. 「설계 예」에서는 (1) 급속혼화지의 유출 위어, (2) 침전지의 유출 V-notch 위어, (3) common filter bay에서 filter back pressure weir와 (4) 정수지 바로 위의 염소접촉 수로의 위어의 4개 수리학적 지배점이 있다. filter back pressure weir는 여과지 안 쪽의 수위를 조절한다. 전통적으로 기술자들은 이 수위를 수리계산의 시작점으로 사용하였다. 저자의 판단으로는 컴퓨터 프로그램이 사용된다면 수리계산의 시작을 위한 지배점의 선정은 중요하지 않게 된다. 계산은 어떤 점에서든지 또는 여러 점에서 동시에 시작될 수 있다. 이러한 지배점은 모두가 같은 기준선(datum line)을 사용하므로 필요하다면 언제든지 조정될 수 있다. 새 정수장의 설계에 있어서 정수지의 유출 위어가 매우 중요하다. 왜냐하면 정수지의 유출위어가 생산(정수장)과 분배(송수펌프) 간의 가교 역할을 하기 때문이다. 확장 계획 중인 기존 정수장에서는 신 시스템이 구 시스템과 조화될 수 있어야 하므로 다른 수리학적 지배점이 더 중요할 수 있다. 자유낙차를 위한 여유수두가 모든 지배점에서 주어져야 하며, 이점은 장래의 정수장 확장시 매우 가치 있게 사용될 수 있기 때문에 매우 중요하다. 수리계산은 손실수두를 계산하고 각 처리 시설에 대해 수리 종단면도를 작성하기 위하여 시스템적으로 수행된다. 이전의 장에서 이미 제시된 수리계산의 결과가 수리 종단면도 작성을 위하여 사용된다. 수리 종단면도를 그림 15-9와 그림 15-10에 나타내었다.

슬러지 처리 시설의 수리해석은 정수장의 손실수두 계산의 방법과 같으며, 슬러지 처리시설의 수리 종단면도는 「설계 예」에서 나타내지 않았다.

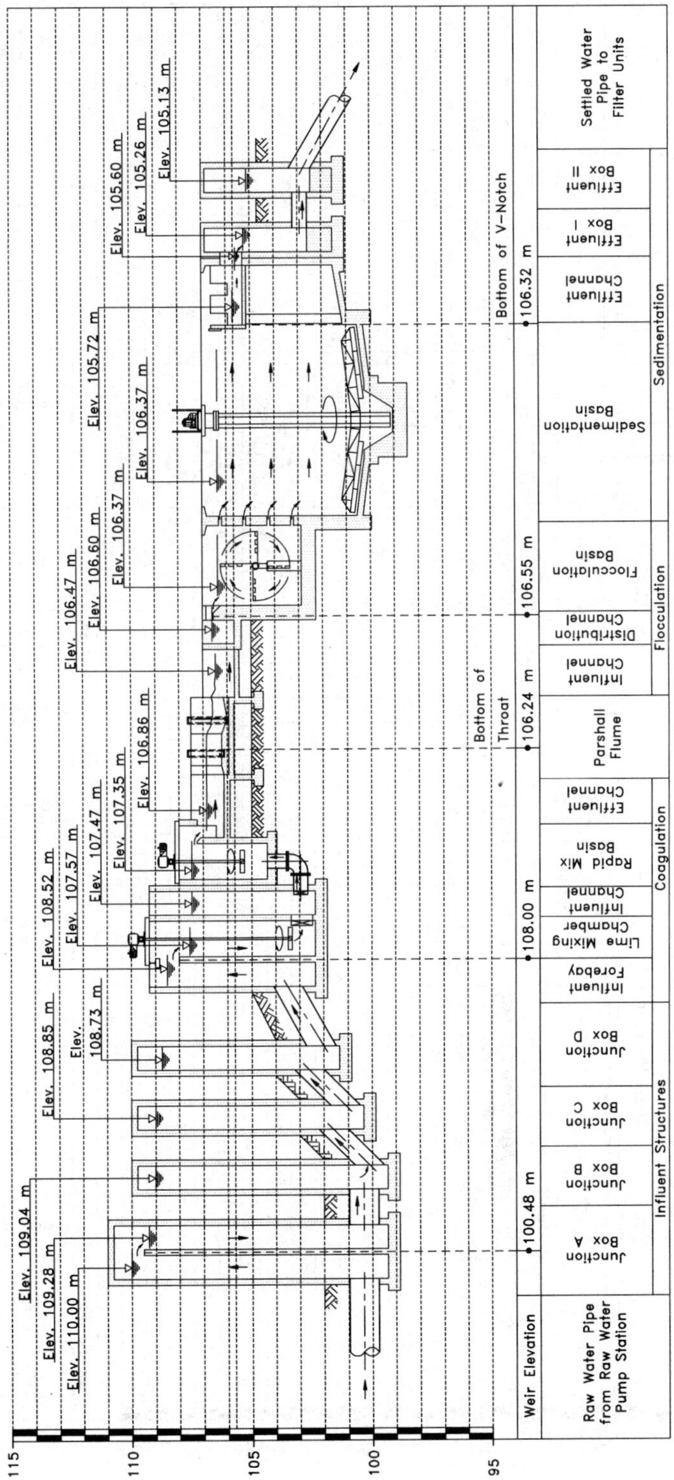

그림 15-9 정수장의 수리 종단면도(유입부 - 침전지)

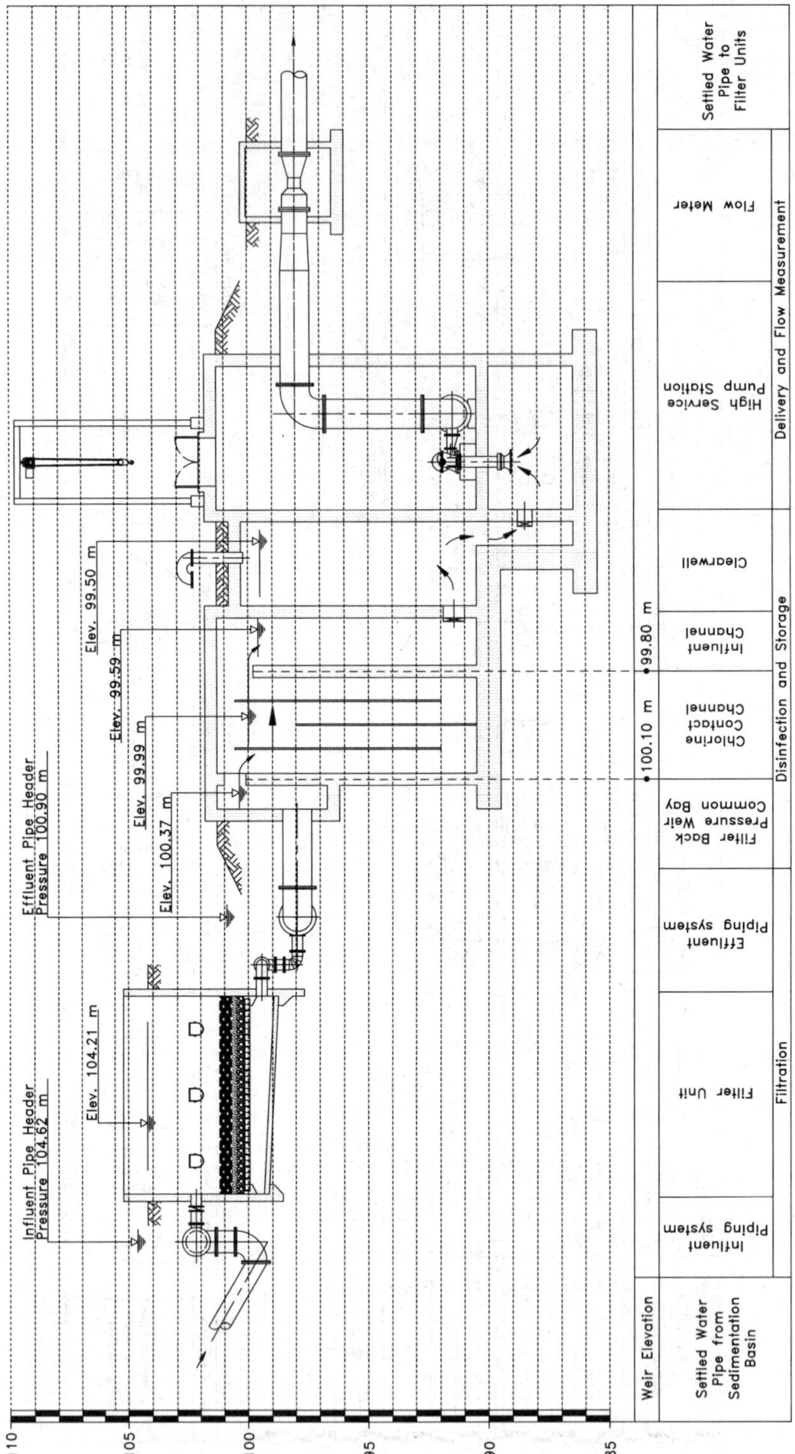

그림 15-10 정수장의 수리 종단면도(여과지 - 송수펌프실)

문제 및 토론

15.1 정수장의 위치선정, 시설물의 배치, 조경 계획, 정수처리 설비의 최종 부지 정지 계획의 책임자라고 가정하고 정수장이 컴팩트한 구조로 계획되기 위한 기본적인 규칙을 열거하시오.

15.2 그림 15-3의 정수장의 계획도를 보고, 부지계획이 컴팩트하게 되기 위한 기본적인 조건을 열거하시오.

15.3 그림 15-5를 보고 주요 구조물의 위치와 배수형식(drainage pattern)에 대하여 논하시오.

15.4 정수장의 배관도와 수리 종단면도의 작성에 필요한 설계시 고려사항에 대하여 논하시오.

15.5 접합정에서 유출 위어의 높이가 61.00 m이다. 물은 위어를 넘어 유출조로 떨어진다. 유출조의 수위는 위어고 보다 0.8 m 아래이다. 직경 20 cm 관이 유출조와 원형 침전지의 유입부에 연결되어 있다. 그 관은 역사이펀이며, 두개의 45° 곡관과 두개의 90°곡관을 가지며 직관의 길이는 68 m이다. 45° 곡관, 90°곡관, 유입 및 유출부의 K값은 0.2, 0.3, 0.15, 1.0이며 C값은 110으로 가정한다. 침전지의 90° V-notch 수와 수위를 결정하시오. 각 V-notch는 15 cm 깊이이고 0.015 m^3/s의 유량에서 10cm의 여유고를 가진다.

15.6 용량 0.02 m^3/s의 정수장에서 원수는 수위 100.00 m의 접합정을 통하여 유입된다. 급속혼화조, 플록형성지, 침전지 및 여과지의 손실수두는 각각 0.7, 0.5, 0.8, 3.2 m이다. 단위공정 사이의 연락관거에서 모든 단위시설과 filter back pressure weir는 두개의 90° 곡관으로 된 역사이펀으로 직접적으로 연결되어 있다고 가정한다. 연락관거의 직경, 직관부 길이, C값은 각각 20 cm, 50 m, 110이다. common bay에서 filter back pressure weir의 수위를 계산하고, 정수장의 수리 종단면도를 도시하시오. common bay로의 유출관은 잠긴 방출상태이다.

15.7 인근 정수장의 수리 종단면도를 구하여 다음에 대하여 표를 작성하시오.

(a) 각 단위 처리시설의 손실수두

(b) 접합정에서의 손실수두

(c) 연락관거에서의 손실수두

참고문헌

1. Canter, L. W. Environmental Impact Assessment, 2d ed., McGraw-Hill, Inc., New York, 1996.
2. Kawamura, S. Integrated Design of Water Treatment Facilities, John Wiley and Sons, Inc., New York, 1991.
3. ASCE and AWWA. Water Treatment Plant Design, 2d ed., McGraw-Hill Book Co., New York, 1990.
4. James M. Montgomery, Inc. Water Treatment Principles and Design, John wiley & Sons, New York, 1985.
5. Sanks, R. L. Water Treatment Plant Design, Ann Arbor Science Publishers Inc., Ann Arbor, MI, 1980.
6. Qasim, S. R. Wastewater Treatment Plants: Planning, Design, and Operation, 2d ed., Technomic Publishing Co., Inc., Lancaster, PA, 1999.
7. Corbin, D. J., Monk, R. D. G., Hoffman, C. J., and Crumb, S. F. Jr. "Compact Treatment Plant Layout," Jour. AWWA, vol. 84, no. 8, pp. 36-42, August 1992.
8. International Conference of Building Officials and Western Fire Chiefs Association. Uniform Fire Code, Los Angeles, CA, 1991.
9. Chow, V. T. Open Channel Hydraulics, McGraw-Hill Book Co., New York, 1959.
10. Benefield, L. D., Judkins, J. F., and A. D. Parr, Treatment Plant Hydraulics for Environmental Engineers, Prentice Hall, Inc., Englewood Cliffs, NJ, 1984.
11. Brater, E. F. and King, H. W. Handbook of Hydraulics, 6th ed., McGraw-Hill Book Co., New York, 1976.
12. French, R. H. Open-Channel Hydraulics, McGraw-Hill Inc., New York, 1985.

chapter

16

공정제어

W·a·t·e·r·W·o·r·k·s·E·n·g·i·n·e·e·r·i·n·g

16.1 서 론

지난 50년 동안 전자공학의 발전은 정교한 장치와 컴퓨터의 개발을 가능하게 만들었다. 따라서 많은 대규모 정수장에서는 정교한 공정기기와 제어기를 이용하게 되었다. 정수장 운전자들에게 이러한 제어장치의 운전과 관리는 필수적이다. 기기와 자동제어기의 적절한 사용은 노동력, 약품 그리고 에너지소모량을 절감시키고, 공정처리효율, 신뢰성, 자료획득과 기록을 향상시켰기 때문에 이 같은 경향은 놀라운 것이 아니다.

기기와 제어는 매우 복잡하며 정수장 설계, 분석 그리고 기기선정과 관련된 폭넓은 기초지식을 필요로 한다. 본 장의 목적은 공정제어전략, 물리적 및 화학적 측정요소와 장치, 컴퓨터, 처리시설을 위한 공정제어시스템의 종합적 부분인 최종제어요소들을 소개하는 것이다. 기기와 제어장치(설계예에서 다양한 처리공정을 위해 선택된 단순화된 제어루프 모식도)도 본 장에서 소개하였다.

16.2 장치와 제어시스템의 필요성 및 이점

정수장에 정교한 장치와 제어시스템를 설치하는 일반적인 이유는은 매우 많다. 공정개선, 장치성능 그리고 운전자들에 대한 편리성 등의 이점이 있으며 표 16-1에 요약하였다.[1,2]

시설에서 요구되는 공정제어의 정도에 영향을 미치는 다음의 인자들이 고려된다.[3,4] (a) 정수장의 규모와 장래확장필요성, (b) 처리공정의 복잡성과 처리 전망, (c) 제어지점의 수, (d) 공정시간지체를 포함한 공정요소들과 제어의 상호의존성, (e) 운전자의 수와 능력, (f) 정수장 자체인력이나 외부회사로부터의 계약직의 숙련된 유지인력의 이용가능성, (g) 빠른 기술발전과 교체부품의 부재에 따른 내구기간과 공정의 퇴화 등의 인자들이 고려된다. 이러한 요인들은 적절한 제어방법 선정, 자료획득, 자료표시를 단순화하고 시스템들을 선정할 수 있다.

16.3 장치와 제어시스템 구성

공정제어 시스템은 (1) 공정변수 (2) 부속제어장치를 이용한다.[5] 공정변수들은 제어시스템의 센서에 의해 측정된다. 측정값은 전송되고 표시되거나 기록되어 운전자들이 적합하게 공정을 조정할 수 있도록 안내한다. 다른 자동화 제어 시스템에서는 공정변수 신호는 변수 값을 미리 설정된 참조값과 비교하여 제어자가 원하는 결과를 얻도록 선택된 조작을 실행한다. 제어변수와 부속제어장치는 다음과 같다.

표 16-1 정수장에서 장치와 제어시스템의 이점[1,2]

목 적	이 익
공 정	•공정성능과 공정결과 개선 •효율적인 에너지이용 •효율적인 약품이용 •시기적절한 공정변화 감지 •교정의 자동실행 •복잡한 공정의 제어 능력
장 치	•즉각적인 고장 경고신호 •고장발생이전에 원격장치에서의 문제에 대한 진단 능력 •항상 상태알림 •교정의 자동실행과 잠재적인 재난상황에 대한 자동반응 •주손상을 방지하기 위한 자동차단 •운전시간 증가
운전자	•시기적절하고 정확한 공정정보 •보다 안전한 운전 •효율적인 인력 사용 •바른 문제점 분석과 해결 능력 •잠재적인 실수의 최소화 •정수장운전의 자동화된 개괄 •서류업무의 절감 •운전조작과 정수장 거동에 대한 개괄과 장래 확장 설계를 위한 보다 완벽한 기록 •안전도 증가

16.3.1 제어변수

정수장에서 많은 변수들이 측정되고 제어된다. 이러한 변수은 물리적, 화학적, 그리고 생물학적 변수 세 가지 범주로 나뉜다. 이들 변수의 일반적인 예는 다음과 같다.

•물리적 변수 : 유량, 압력, 수위, 수온
•화학적 변수 : pH, 탁도, 비전도도, 용존산소
•생물학적 변수 : 산소 소비속도, TOC 감소속도, 질산염 환원속도, 암모니아 산화속도

16.3.2 관련부속 제어 장치

자동화 시스템은 다음의 다섯 가지 요소로 구성된다.[6,7]

1. 변수의 변화를 감지하는 측정부
2. 신호 전달장치
3. 자료 표시·판독

4. 제어 시스템
5. 컴퓨터와 중앙제어실

이들 구성요소에 대한 설명은 다음과 같다.

측정부 또는 감지장치

감지장치에는 감지, 측정, 공정변수의 계산 등의 장치가 포함된다. 감지장치는 유선 또는 무선, 연속 또는 간헐식이 있다. 일반적인 유선 공정 측정 장치들과 그 적용을 표 16-2에 요약하였다.

신호 전달장치

신호 전달장치의 목적은 감지장치에서의 공정변화 신호를 판독장치나 제어기로 전송하는 것이다. 이 전송은 기계적, 공기역학적, 또는 전기적으로 이루어 진다. 각각의 유형은 다음에 설명하였다.[1,5]

기계적 전송

기계적 전송는 펜이나 지시계 또는 부표나 케이블 등에 의해 작동된다. 이 방법은 일반적으로 현장표시나 제어기의 위치에서만 사용할 수 있다.

공기역학적 전송

공기역학적 전송 시스템은 감지기와 증폭기로 구성되어 있다. 감지기는 경첩-노즐(flapper-nozzle) unit이다. 조절된 유입공기는 축소관을 통해 노즐에 공급된다. 경첩에 전달된 압력변화는 노즐 쪽으로 이동된다. 노즐 기저압력의 작은 변화는 경첩의 움직임에 비례한다. 압력변화는 증폭되어 수신기나 제어기로 이송된다.

전기적 전송에 대한 공기역학적 전송의 장점은 전기적 위험, 온도와 습도의 영향, 결빙 등의 문제점이 없다는 점이다. 또한, 신뢰할 수 있으며, 덜 복잡하고, 유지관리가 용이하다. 그러나, 공기역학적 전송시스템의 단점은 긴 관에서의 신호지체로 감지기와 제어기 사이에는 300 m 이하의 상대적으로 짧은 거리가 요구되며, 깨끗한 건조공기가 필요하고, 공기 누출문제가 발생하는 것 등이 있다. 공기역학적 전송에 대한 자세한 설명은 참고문헌 10과 11을 참고하면 된다.

전자전송, 라디오파/마이크로파 전송

신호의 전자 전송은 전압과 전류, 펄스폭(pulse-duration), 톤(tone) 등에 의해 이루어진다. 전압과 전류 전송에서 신호들은 밀리암페어 직류(ma DC) 또는 전압 신호에 의해 전송된다. 펄스폭이나 시간펄스(time-pulse) 전송, 전압이 전달되는 시간의 길이는 측정된 자료에 비례하여 전송된다. 톤 전송에서는 표준전화선이 신호전달에 이용된다. 신호는 전송기가 켜지고 꺼짐에 의해 전송되거나, 주파수와 전자적 톤의 피치(pitch)의 미세한 변화에 의해 전송된다.[7]

최근 고성능 라디오파 및 마이크로파 장치들의 진보는 라디오파/마이크로파 전송의 이용을 촉진하였는데, 여기서 신호는 Federal Communication Commission(FCC, 연방통신위원회)규정의 할당된 주파수를 이용하여 전송된다. 특히, 라디오파/마이크로파 전송은 전화선을 이용할 수 없거나 전화선 설치비용이 막대하게 소요되는 넓은 지역에 분산된 지점들에서의 자료획득에 적합하다. 비록 라디오파/마이크로파 전송은 현재 비용이 많이 소요되지만, 이용이, 특히 대형 시스템에서 점차 증가할 것이다.

전자 그리고 라디오파/마이크로파 제어시스템은 많은 이유에서 보급이 가속되고 있다. 기본적인 장점들은 (1) 전자 신호들이 시간지체 없이 실시간으로 전송되며, (2) 전자 신호들이 디지털 컴퓨터에서 잘 호환되고, (3) 전자 장치들의 다중 신호 입력이 용이하고, (4) 본질적으로 안전한 기술로 전기적 위해를 실질적으로 제거하였으며, (5) 전자장치들의 공간이 적게 소요되고 장치의 설치비용이 적으며 모든 공정 제어 장치들에 적용이 가능하고 유지관리가 거의 필요 없다는 것이다.[5,10]

자료표시·판독

전송된 정보들은 운전자들의 이용이 편한 곳에서 표시된다. 가장 일반적인 판독장치는 지시계, 기록계, 합산계 등이다. 이 장치들은 감지장치나 공기역학적 또는 전자 신호들로부터 기계적으로 작동할 수 있다. 수신장치들은 이동, 압력변화, 전류변화 신호들을 직접표시하거나 서보기구(Servo)로 작동한다.[7]

제어장치

정수장에서 이용되는 시간제어시스템은 디지털, 아날로그, 그리고 자동제어, 세가지 범주로 구분된다. 각각 시스템들을 다음에 설명하였다.[1~3]

디지털

디지털 시스템은 켜짐/꺼짐, 열림/닫힘, 높음/낮음, 또는 경고/정상 등 두 개의 위치를 가진다. 이러한 신호의 유형을 상태변화라고 부른다. 이러한 신호들은 위치, 한계, 부표 또는 압력스위치로부터 시작한다.

아날로그

아날로그 정보는 공기와 물의 유량과 같이 값의 범위를 갖는다. 수위측정이나 농도 측정 장치 또한 아날로그로 간주되는데, 이는 값의 범위가 결과이기 때문이다. 자료 유형은 아날로그 형태로 재이용되고 전송되거나 고수위 경고 스위치를 설치한 아날로그 수위측정기와 같이 디지털 또는 아날로그와 디지털 장치의 조합으로 변환되기도 한다.

자동제어

자동제어에는 이산형과 연속형의 두 가지 기본적인 유형이 있다. 이산형 제어는 장치의 상태(켜짐/꺼짐)와 미리 설정한 값 또는 사상(event) 프로그램으로 상태변화를 상호 연계시키는 것이다. 이산제어는 정수지 수위에 기초한 고양정펌프 작용과 같은 자동 시작/정지 경로로 표현된다. 또한, 여재의 역세척과 같은 좀더 복잡한 공정에 대한 사상을 논리적으로 미리 정의된 프로그램으로 표현하기도 한다. 이 조작은 운전자들이 버튼을 이용하여 수동으로 시작하거나 여과지 손실수두 증가 같은 내부적 공정사상에 의해 자동으로 시작될 수 있다. 프로그램 가능한 제어장치들은 일반적으로 이산제어 임무수행에 이용된다. 전용선 네트워크에서는 PC가 다중구성요소들(계전기와 타이머)을 대신한다.

연속제어는 입력을 위하여 아날로그 측정이 필요하고 출력으로 최종제어 요소를 조작한다. 연속제어는 피드백과 피드 포워드 제어회로의 형태를 취하거나 제어함수를 수행하는 제어기의 형태를 취한다. 이러한 여러 가지 제어회로와 제어시스템을 그림 16-1에 나타내었다.

표 16-2 일반적인 온라인 측정 장치들과 정수장에의 적용

측정변수	측정장치	측정신호	일반적 적용
유량[a]	벤튜리 미터	압력차	기체, 액체
	유량 노즐 유량계	압력차	기체, 액체
	오리피스 유량계	압력차	기체, 액체
	전자기 유량계	자기장과 전압변화	액체, 슬러지
	터빈 유량계	프로펠러 회전수	청정 액체
	음파 유량계	음파	액체, 슬러지
	파샬플륨(Parashall flume)	수면의 높이차	액체
	파머보라스폴륨(Parmer-Bowlus flume)	수면의 높이차	액체
	위어	위어 수두	액체
압력	액체-기체 다이아프램	금속 다이아프램막의 압력평형	압력, 0~200 kN/m^2
	인장게이지	센서의 치수의 변화	압력, 0~350,000 kN/m^2
	벨로우즈(Bellows)	지시기와 연결된 기계적 연결변위	압력, 0~20,000 kN/m^2
	보오든관(Bourdon tube)	곡면관의 비원형 단면적의 펴짐	압력, 0~35,000 kN/m^2
수위	부표	액체 수면의 부표 움직임	액체 수두, 0~11 m
	기포관	외부 정압보다 다소 높은 압력에서 제어된 기포 구형관내 배압차 측정	액체 수두, 0~56 m
	다이아프램 밸브	액체압력에 의한 다이아프램막의 다른 면에서의 공기압 변화	액체 수두, 0~15m
슬러지 깊이	광전관	슬러지 층을 통한 광전관에 의한 빛 감지	침전지, 중력 농축기
	초음파	두 변환기 사이의 초음파 신호의 감지	침전지, 중력 농축기
온도	Thermocouple	두 개의 다른 금속으로 만들어진 순환회로 내 전류량	관로, 열수보일러
	Thermal bulb	절대온도에 비례한 밀폐된 기체의 절대압력	관로
	저항온도계	온도에 민감한 요소에 전기적인 저항 변화	전기기기와 온수보일러의 베어링과 와인딩 온도

표 16-2 일반적인 온라인 측정 장치들과 정수장에의 적용(계속)

측정변수	측정장치	측정신호	일반적 적용
속도	타코미터(drag - cup유형)	전압, 전류	가변속도 펌프, 송풍기 또는 혼합기
무게	무게빔, 수리부하셀, 인장게이지	레버 원리, 스프링, 다이아프램을 통해 전달되는 압력, 센서 내 치수 변화	화학약품
밀도	감마조사 초음파 센서	복사원과 검지기 사이 액체의 감마선 흡수 초음파 전달장치와 수신기 사이의 액체에 의한 초음파 감소	농축되거나 탈수된 슬러지의 고형물질 농도 농축되거나 탈수된 슬러지의 SS 농도
pH	선택적 이온전극	수소이온활성도에 의한 전압	원수, 약품용액, 급속혼합, 탈수, 염소소독 이전, 유출수, 정수
탁도[b]	광전관	부유고형물질에 의한 광산란 또는 감쇠의 측정(NTU, FTU, JTU 단위)	원수, 침전수, 여과수
입자수	센서	전기영역센싱, 광산란(레이저빔 또는 백광빔), 또는 입자들에 의한 간섭	원수, 침전수, 여과수의 탁도 보완
색도[c]	센서	빛 흡수	원수, 정수
ORP	전극	산화 또는 환원에 의한 전위의 변화	원수, 폭기조와 생물막 반응조내 적절한 DO
총용존염	전도도	용액을 통한 전류	원수, 여과수
용존산소	막전극	산소분자의 환원전류	원수, 폭기조
총유기탄소	탄소분석	시료의 연소에 의한 CO_2생성량	원수, 염소소독전 처리수, 정수
잔류염소	센서	전기적 출력	염소접촉조, 정수지
기체: O_3, O_2, NH_3, H_2S, CO_2, CO, Cl_2	센서	전기 임펄스를 이용한 여러 가지 유형의 센서모듈	저장조, 기계실 주변이나 실내의 유해 환경조건의 감지
산소 섭취율	센서에 의한 호흡량 측정기	시간에 따른 DO의 변화	생물막 반응조, 질산화, 맛·냄새 제어
혐기성 생물조건	센서, 연소	산화에 의한 하전량 변화	생물학적 탈질산화

a. 7장에 자세한 내용 참고 : psi × 6,895 = kN/m^2

b. 탁도 단위 제 2장 참고

c. 색도 단위 제 2장 참고

출처 : 참고문헌 5, 7~9의 일부

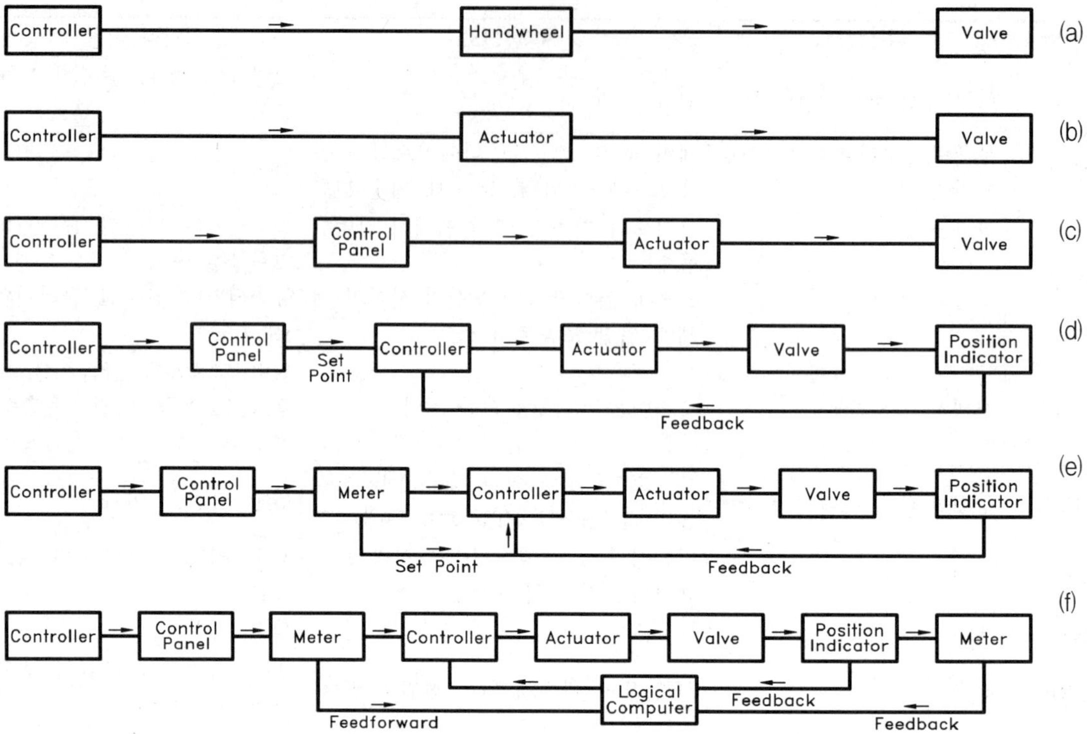

그림 16-1 제어시스템의 예. (a) 수동 제어, (b) 용이한 조작을 위한 수동 제어, (c) 원격수동 제어, (d) 자동 피드백 제어, (e) 자동 피드 포워드 제어, (f) 자동 피드 포워드/피드백 컴퓨터 제어

제어기의 복잡도는 여러 가지 인자들에 의하는데, 처리공정, 필요한 측정항목, 정보의 빈도, 환경조건, 기술적 한계, 유지인력과 비용 등이다. 연속제어공정에는 (1) 비제어변수(종종 충동변수라고 함), (2) 제어변수, 두 가지의 유형의 변수가 있다.

예를 들어, 급속혼화지에서의 약품주입은 처리유량과 약품유량의 비율이 일정하게 자동적으로 변화되어야 한다. 이러한 제어회로에서, 처리유량은 비제어변수이고 약품유량은 제어변수이다. 제어시스템은 원하는 결과를 얻기 위해 공정을 조정하는 변수들의 감지를 위한 일련의 관련 또는 비관련 회로들로 구성된다. 대표적인 제어시스템과 이들의 구성요소들은 그림 16-2에 나타내었다. 자동제어시스템은 세 부분으로 구성된다.[6]

1. 측정부분, 변수들의 변화를 감지
2. 참조 값, 현재의 참조 값과 변수들의 값을 비교
3. 제어기 또는 기계작용, 측정신호가 참조 값에 도달할 때까지 변수를 조작

제어회로들과 연속 제어시스템의 일반적인 형태는 다음과 같다.

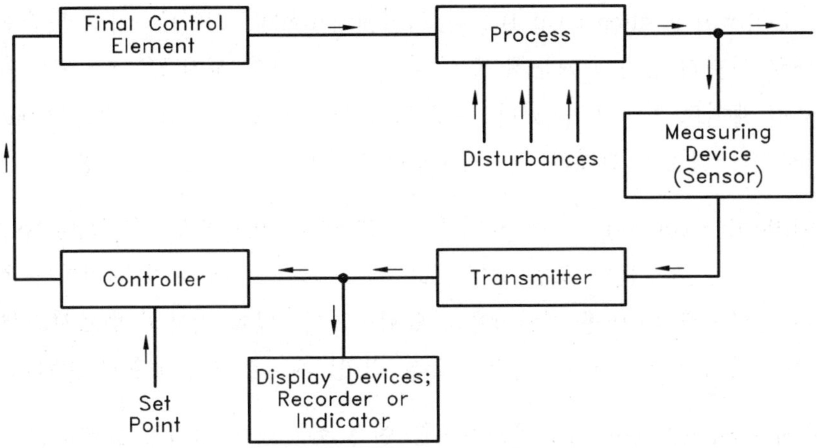

그림 16-2 전형적인 제어시스템 구성(출처 : 참고문헌 6)

제어회로

Instrument Society of America(ISA, 미국계기학회)에서는 제어회로를 측정 또는 공정제어 또는 두가지 모두를 위하여 하나 또는 그 이상으로 상호 연결된 기구의 조합으로 정의한다.[11,12] 제어 회로는 제어요소들로 구성되는데 두가지 유형이 있다. 즉, 피드백, 또는 폐쇄회로, 그리고 피드 포워드 또는 개방회로이다.[1~4]

제어시스템에서 피드백 회로는 설정값으로부터의 편차를 감지하기 위한 목적으로 제어된 변수들의 측정신호를 제어기로 피드백하면서 수행된다. 따라서, 교란과 편차는 일정하게 교정된다. 단점은 편차가 발생한 후에만 교정이 이루어지며, 피드백 요소들 즉, 측정기, 송신기, 변환기들이 요구된다는 것이다. 자동 염소소독장치에서 폐쇄 피드백 회로의 예는 12장에서 논의하였다.

제어 시스템에서 피드포워드 회로는 피드백 정보의 이용 없이 적용되므로, 제어 작용은 공정에서 편차가 발생하기 이전에 실행된다. 일반적으로 이 시스템은 매우 단순한 제어 프로그램 뿐 만아니라 복잡한 제어에도 적용이 가능하지만 자동적 보정이 안 되므로 예측 가능한 제어에 적용된다. 그 예로서, 처리유량에 비례하여 약품주입장치를 제어한다. 비율은 주입률 제어를 위해 수동적으로 설정된다. 이 시스템은 단순하며, 정확한 제어와 시간지체가 중요하지 않을 경우에 가장 적합하다.

제어시스템은 개별제어회로의 조합으로 구성되는데 각각은 상대적으로 단순하지만 이들 회로들은 독립적, 상호의존적 또는 종속적 개방과 폐쇄 회로 등으로 결합되어 정교하고 복합한 시스템을 구성하기도 한다.[3,5]

연속제어시스템 또는 제어기

제어변수를 통제하는 제어기능을 자동적으로 수행하는 장치가 제어기이다. 이것은 기능적 필요성에 따라 여러 가지 유형이 있다.

• 두 위치 제어(two-position control) : 두 위치제어 (on/off 제어)는 가장 단순한 자동 피드백 제어형태로 이것의 단순성 때문에 종종 피드백 제어라고 하지 않는다. 어느 폭의 제어 대역대도 on/off 제어로 확정할 수 있다. 예로써, 정수지 수위에 기초한 펌프의 on/off가 있다. 또 다른 예로서는 밸브의 개폐와 히터의 on/off가 있다.

• 부동 제어(floating control) : 부동 제어는 on/off제어의 변형으로, 이차(음) "on" 위치와 불감대라는 추가적인 요소들이 도입 된다. 모든 부동 제어는 세 위치 제어이다. 예로서, 에어컨 시스템은 난방-정지-냉방 제어작용과 열림-정지-닫힘 작용의 밸브시스템이다. 두 위치 제어와 비교하여 부동 제어는 엄정한(좁은 범위) 제어로 일반적으로 순환이 적다.

• 비례제어(proportional control) : 비례제어는 연속 아날로그 제어를 표현하는 것으로, 제어기 출력은 설정점(set point)으로부터의 편차에 직접적으로 비례한다. 비례정도를 비례대라고 한다. 이 공정은 비례대가 너무 좁게 설정되면 불안정해 진다. 비례제어는 여과지 수위 제어에 광범위하게 이용된다.

• 비례적분(proportional-integral) : 비례적분모드(재설정 이라고 함)는 비례대의 전체 제어영역을 넘어서는 설정점으로부터의 편차를 보정하기 위해 추가된 것이다. 출력 변화율은 편차(신호 오차)의 기간과 양에 의존한다. 근본적으로, 적분기능은 제어기의 고정된 설정점과 검지기 안정점과의 차이를 샘플링하고 제어요소를 조정하여 변수값이 설정값으로 되돌아오도록 한다.

• 비례-적분-미분(proportional-integral-differential, PID) : PID제어란 비례-적분-미분 제어 모드로 미분연산(미분 또는 비율) 기능이 추가된 것이다. 비율기능의 목적은 변수의 신호가 고정된 설정점으로부터 벗어나는 비율로 제어 요소의 상태를 수정하는 것이다. 이것은 자동화 공정제어의 가장 정교한 단일 수단이다. 여과지에서 PID 제어시스템은 잘 사용하지 않는다.

• 샘플기간 제어(sample date control) : 이 제어는 전에 적용된 수정 효과를 감지하기 위해 시간지체를 주도록 제어동작을 지연시키는 것이다. 예로서, 염소소독과정에서 접촉시간 후에 측정된 잔류염소에 의해 염소손실을 제어하는 것이다. 또 다른 예로는 pH제어가 있다.

• 시간제어(time control) : 타이머 제어장치는 설정시간계획에 따라 작동하는 것이다. 이러한 시스템의 예로서, 미리 설정한 시간간격으로 침전지로부터 잔류물을 펌핑하는 것이 있다.

• 2, 3 모드제어(two-and three-mode control) : 2 또는 3모드제어는 기본제어를 조합한 것으로 가변의 복잡한 운전제어를 달성할 수 있다.

16.3.3 컴퓨터 제어실과 데이터 수집 시스템

현대적인 중규모 정수장들은 데이터 로깅(logging)을 이용한 데이터 수집 시스템을 가지고 있다. 이러한 시스템들은 방대한 데이터를 효과적으로 축적, 서식화, 기록하고 화면으로 표시한다. 최신 데이터 수집 시스템은 일반적으로 Supervisory Control and Data Acquisition(SCADA, 감시 제어 및 데이터 수집) 시스템이라 하며 모든 공정의 측정값과 운전자 활동에 대해 정확하고 공정하게 문서화할 수 있다. 또한, 컴퓨터는 운전자에게 펌프와 모터와 같은 특정장치의 실제 운전시간에 기초한 유지관리 일정을 제공할 수 있다.

SCADA 시스템들이 일반적으로 많은 산업에서 이용되지만 중소규모 정수장에서는 많이 적용되지 않고 있다. 이러한 SCADA 시스템은 공정 데이터를 축적하여 화면으로 표시하고 또한, 최적 운전조건을 위해 필요한 공정 교정을 수행한다. 이러한 교정에는 약품과 공기공급량의 제어, 펌프와 송풍기의 운전일정 등이 포함된다. SCADA시스템의 설계가 잘못되거나 또는 새롭게 설계된 시스템과 같이 이전에 적용한 경우가 없을 때는 많은 문제점을 야기할 수 있다.

중앙제어는 모든 처리정보, 주요 사고와 경보를 표시하고 지시하며 기록하는 방법으로 정수장 운전을 체계화하는데 사용된다. 이 같은 임무를 수행하는 중앙 위치를 중앙제어실이라고 한다. 부가적으로 대부분 중앙시설물들은 최종제어요소를 자동 또는 수동으로 작동시킨다. 중앙제어실은 대규모 정수장의 운전에 필요한 인력을 줄일 수 있다.

전문가시스템은 공정제어에 있어 대중화 되고 있다. 이 기술은 경험이 많은 운전자가 결정을 내리는데 사용하였던 발상, 사실, 판단을 컴퓨터 프로그램에 집적한 것이다. 이 기술은 복잡한 처리공정에서 기초지식이 부족한 운전자를 지원할 수 있다.[5] 신경망 기술은 컴퓨터 시스템에서 학습 능력을 제공한다.[5] 이것은 컴퓨터가 정수장 성능을 개선하기 위해 문제유형을 인식하고 인식기준을 수정하도록 한다. 추가적인 정보는 참고문헌 13~16에서 참조하면 된다.

16.3.4 P&I 도면의 기호와 식별

공정과 계장 도면(Process and instrumentation diagram, P&ID)의 설계에 사용되는 기호와 식별들은 ISA, Institute of Electrical and Electonic Engineers(IEEE, 미국전기전자학회), National Eledrical Manufacurers' Association (NEMA, 미국전기공업협회)에서 제공하는 것을 기준 한다.

16.3.5 계장 및 제어(Instrumentation and Control, I&C) 시스템 설계

계장 및 제어 시스템 설계는 반드시 I&C 엔지니어에 의해 수행되지만, 프로젝트 엔지니어들은 I&C 엔지니어들과 지속적으로 협의하여야 하며 최종설계를 검토해야 한다. 시스템은 정수장 운전자들에 의해 조작되고 유지되어야 하므로 설계단계에서 운전자와 소유주 모두의 의견이 분명하게 입

력되는 것이 유리하다.[2]

설계 작업은 통상 아래의 순서에 따라 문서들을 만든다. 공정흐름도(process flow sheet, PFS)는 프로젝트 엔지니어가 준비한다. PFS의 예는 그림 16−3과 같다. 이 흐름도는 P&I도면의 기초로 활용된다.

- P&ID는 처리공정과 필요한 계장, 제어의 기능적 모식도이다. 이것의 목적은 실제 하드웨어 없이 처리시설의 기능을 도시하는 것이다.
- 공정제어도(process control diagram, PCD)는 모니터링과 제어회로를 명기한 것이다.
- 계장과 입력/출력 요약도(instrumentation and input/output summaries, IIOSs)는 P&ID와 계측기설치상세도(instrument installation details, IIDs)간의 연결 상태를 나타낸다. 이러한 문서들은 아날로그와 디지털 계측기의 특성과 수량을 명시한다.
- 계장사양서(instrumentation specification sheets, ISSs)는 각각의 임무와 패널 계장의 자세한 사양을 나타낸다.
- 각 제어반의 논리도와 프로그램 가능한 논리제어(programmable logic controls, PLCs)들은 계장 업체에 의해 확보할 수 있다.
- 패널 배치도는 P&ID의 모식도를 나타낸다.
- 회로상호연결도(loop interconnetion drawings, LIDs)들은 주로 계측 제어시스템이 기존의 제어장치와 반드시 호환되어야 하는 프로젝트에서 주로 이용된다.
- IIDs는 최종적인 상세 설치도를 나타낸다.

16.4 계측 제어시스템의 제조업자

정수장에 이용되는 계측 제어시스템의 장치공급자와 제조업자들의 이름과 주소를 부록 C에 나타내었다. 계측과 제어 엔지니어와 장치공급자들과 자료를 준비하고 최종 선정에 협조하는 것은 공정설계 엔지니어의 책임이다.[6]

16.5 계측과 제어시스템 선정과 설계를 위한 정보

정수장에서 계측과 제어의 이용과, 자동화의 범위는 반드시 설계엔지니어와 관리자가 결정해야 한다. 계측의 범위는 정수장의 규모, 운전자수, 이용가능한 건설비와 운전비에 의한다. 적합한 계측기와 제어시스템의 선정을 위해서는 다음의 정보를 반드시 고려해야 한다.

1. 매일 얼마나 많은 수동운전 시간이 요구되는가?
2. 계측기 유지관리에 훈련된 인력이 어느 정도 이용 가능한가?

3. 대상 정수장의 규모와 복잡성을 고려 할 때, 제어장치가 없거나, 수동제어, 감시제어, 자동 제어 또는 컴퓨터제어이어야 하는가?
4. 만일 자동제어가 선정되었다면 제어요소들과 회로, 필요한 정확도, 운전범위, 공정변수의 반응시간, 운전자입력의 빈도에 관련된 사항들이 결정되어야 한다.
5. 계측과 제어 비용을 정수장 자동화에 의한 비용절감과 비교하여야 한다.

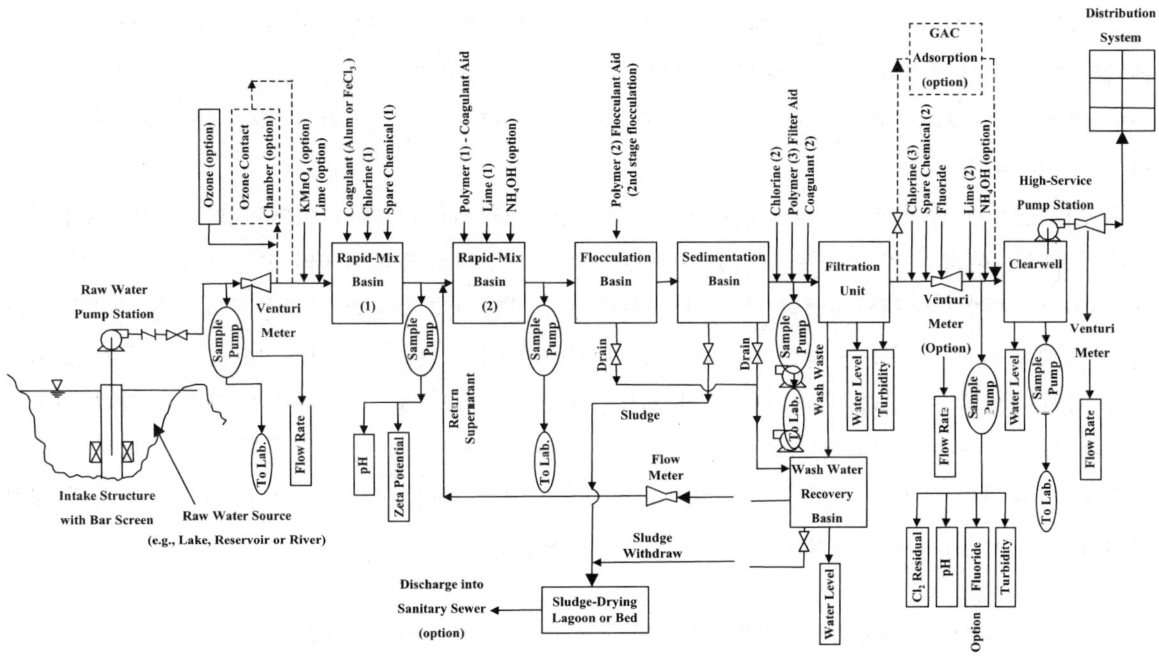

그림 16-3 약품주입과 공정제어지점의 공정 계통도

16.6 설계 예

16.6.1 이용된 설계기준

많은 처리공정에서 선택된 계측과 제어의 기본적 설계기준은 각 장에서 논의하였다. 기준은 다양한 처리시설에서의 운전의 신뢰성과 경제성에 기초를 둔다. 기준으로는 (1) 운전범위, (2) 요구되는 정확도, (3) 운전의 융통성과 신뢰성, (4) 소요 공간, (5) 장래 확장 등이 포함된다. 선정된 공정시스템들은 증명된 산업제어장치와 당대의 설계 기술이 결합되어야 한다.

16.6.2 선정된 공정 제어시스템

선정된 공정 제어시스템은 다음과 같이 구성된다. (1) 감지장치의 자동적이고 연속적인 분석기를 정수장의 주요지점에 두어 공정 제어변수들을 측정하여야 한다. 특정 공정 제어변수를 모니터링 할 수 없는 경우에는 관을 통해 시료를 직접 실험실로 보내기 위한 그랩-샘플링장치를 설치하여야 한다. (2) 자동제어시스템은 고도의 정확성과 공정장치의 원격제어가 가능해야 한다. 장치는 유량, 절대 압력차, 온도가 감지 될 수 있어야 한다. 대부분의 제어장치는 반도체 전자 제품이다. (3) 중앙제어실은 아날로그와 디지털 지시 제어기, 경보기 신호표시 패널, 모터 제어와 밸브운전 스위치, 경향기록기, 지시계와 계산기, 변환기, 전력변환기, 운전자 제어탁자, 주통신장치, 원격전송기와 수신기, 응급상황에서의 보조전원장치, 데이터 기록시스템 등의 조합으로 이루어진다. 중앙제어실의 냉난방은 일정한 온도와 안정된 상대습도의 청정한 실내 공기를 공급할 수 있도록 설계되어야 한다. (4) 다양한 제어 및 분석패널들이 정수장 전체에 위치하여 정수장 효율을 최적화하기 위해 필요한 자료를 제공하여야 한다.

각 단위공정과 주요장치는 모니터링되며 어느 정도 중앙제어실에서 제어된다. 각 처리공정에서 모니터링되는 여러 가지 기능을 표 16-3에 전체적으로 설명하였다. 8개의 단순화된 회로도를 그림 16-4에서 16-7까지 나타내었다. 이러한 개략도는 선정된 처리장치와 처리공정의 운전원리를 나타낸다. 농축된 슬러지 인출과 역세척수 회수 등의 기타제어는 그림 16-4에서 16-7까지의 회로 예로부터 쉽게 개발할 수 있다. 그러나 이러한 회로들은 상당히 단순화된 형태이다. 많은 복잡한 회로도가 일반적으로 정수장 설계에 요구된다. 계측 엔지니어는 이러한 도면을 다양한 계측과 제어장치 제조업자 및 수처리 공정장비 제조자와 협의하여 개발하여야 한다. 일반적으로 이용되는 약자에 대한 정의를 그림 16-8에 나타내었다.

표 16-3 공정제어와 장치 모니터링에 이용되는 주요 감지 장치의 위치와 기능

처리단위공정	감지 장치	설명	참고
A. 원수의 취수			
1. 호수 수위	초음파 변환기	수위 표시	6.8.2, Step B
2. 취수문	리미트 스위치(limit switch)	초록등 표시	6.8.2, Step B
3. 취수수위	초음파 변환기	수위표시	6.8.2, Step B
B. 미세 스크린			
1. 갈퀴	a. 시계	초록등 표시	6.8.2, Step D
	b. 상류부표에 의한 고수위 변경	빨간등 표시	6.8.2, Step D
2. 모터	토크 모니터	빨간등 표시	6.8.2, Step D
C. 원수펌프장			
1. 수문	리미트 스위치	초록등 표시	7.8.2, Step C
2. 착수정	초음파 변환기	수위 표시	7.8.2, Step C
3. 펌프	a. 압력 스위치	초록등 표시 압력	7.8.2, Step E
	b. 압력계	연속적으로 기록	7.8.2, Step E
	c. 모터 모니터(모터제어 센터에 접속)	표시등: 초록-off, 빨간등-on, 노란등-고장	7.8.2, Step E 7.10.2

표 16-3 공정제어와 장치 모니터링에 이용되는 주요 감지 장치의 위치와 기능(계속)

처리단위공정	감지 장치	설명	참고
	d. 펌프 모터에 저항온도계	고체상태모터 보호 장치에 의한 모니터링	7.8.2, Step E
4. 버터플라이 밸브	리미트 스위치	표시등: 초록등 - open, 빨간등 - close, 노란등 - 고장, 자주등 - 전환	7.8.2, Step E 7.10.1
D. PAC 시스템			
1. 분진수거	a. 압력지시계	여재를 통한 압력손실 모니터링; 제어실에 경고 알림	11.6.2, Step B
	b. 모터 접속	표시등: 초록등 - off, 빨간등 - on, 노란등 - 고장	11.6.2, Step B 11.8.2
2. 슬러리 조	초음파 변환기	수조수위의 원격제어	11.6.2, Step B 11.8.2
3. 슬러리 혼합기	모터 접속	표시등: 초록등 - off, 빨간등 - on, 노란등 - 고장	11.6.2, Step B 11.8.2
4. 슬러리 펌프	모터 접속	표시등: 초록등 - off, 빨간등 - on, 노란등 - 고장	11.6.2, Step B 11.8.2
5. 슬러리 주입장치	속도제어기	표시등: 초록등 - off, 빨간등 - on, 노란등 - 고장	11.6.2, Step B 11.8.2
E. 모터제어실			
1. 전압계	모터 제어센터의 전압계	MCC버스 전압표시	7.8.2, Step A
2. 전류계	모터 제어센타의 전류계	MCC상에 전류게이지 표시	7.8.2, Step E
F. 유량계			
벤튜리관	유량계	화면표시, 기록, 적산계	7.8.2, Step D 7.10.3
G. 원수이송배관			
원수	a. 탁도계	탁도 표시 및 기록	8.8.2, Step A
	b. pH 측정기	pH 표시 및 기록	8.8.2, Step A
H. 석회혼합조			
모터	모터 접속	표시등: 초록등 - off, 빨간등 - on, 노란등 - 고장	8.8.2, Step A
I. 급속혼합조			
1. 유입수	a. 탁도계	탁도 표시 및 기록	8.8.2, Step A
	b. pH 측정기	pH 표시 및 기록	8.8.2, Step A
2. 모터	모터접속	표시등: 초록등 - off, 빨간등 - on, 노란등 - 고장	8.8.2, Step A 8.10.1
3. 유출수	a. 흐름전류모니터	제타전위 표시 및 기록	8.8.2, Step A
	b. pH 측정기	pH 표시 및 기록	8.8.2, Step A
J. 파샬플룸			
파샬플룸	초음파 변환기	디지털 화면 표시, 수위자료로부터 전환된 유량자료	8.8.2, Step B 8.10.3

표 16-3 공정제어와 장치 모니터링에 이용되는 주요 감지 장치의 위치와 기능(계속)

처리단위공정	감지 장치	설 명	참 고
K. 플록형성지			
1. 모터	모터접속	표시등: 초록등 - off, 빨간등 - on, 노란등 - 고장	8.8.2, Step B 8.10.2
2. 플록형성기	패들 속도	디지털 표시화면	8.8.2, Step B 8.10.2
L. 침전지			
1. 모터	모터접속	표시등: 초록등 - off, 빨간등 - on, 노란등 - 고장	9.6.2, Step A 9.8
2. 유출수	a. 탁도계	침전수 탁도 모니터링, 표시, 기록	9.6.2, Step A
	b. pH. 측정기	침전수 pH 모니터링, 표시, 기록	9.6.2, Step A
3. 텔레스코핑 밸브	리미트 스위치	표시등: 초록등 - open, 빨간등 - close, 노랑등 - 고장	9.6.2, Step B
4. 슬러지 집수정	초음파 변환기	수위표시	9.6.2, Step B
5. 슬러지 펌프	모터접속	표시등: 초록등 - off, 빨간등 - on, 노랑등 - 고장	9.6.2, Step B
6. 유량계	유량 변환기	표시등: 초록등 - off, 빨간등 - on, 노랑등 - 고장	9.6.2, Step B
M. 여과지			
1. 여과지	a. 압력차게이지	모니터, 기록기, 적산계	10.13.2, Step A
	b. 초음파 수위변환기	여과지 수위 표시 및 기록	10.13.2, Step A
	c. 시계	운전시간 표시 및 기록화면	10.13.2, Step A, B
	d. 밸브 리리트 스위치	밸브위치(개도율%)표시	10.13.2, Step A
	e. 밸브 리미트 스위치	표시등: 초록등 - open, 빨간등 - close, 노란등 - 전환	10.13.2, Step A,B
	f. 밸브 리미트 스위치	밸브위치(개도율%)표시	10.13.2, Step B
	g. 유량계	역세척유량 표시	10.13.2, Step B
2. 유출수	a. 탁도계	모니터링, 기록	10.13.2, Step A
	b. pH 측정기	화면표시, 기록	10.13.2, Step B
	c. 입자수 측정기	모니터링, 기록	10.13.2, Step A
3. 유량계	유량변환기	표시등: 초록등 - off, 빨간등 - on, 노란등 - 고장	10.13.2, Step A
4. 역세척수	유량변환기	표시등: 초록등 - off, 빨간등 - on, 노란등 - 고장	10.13.2, Step A
5. 표면세척수	유량변환기	표시등: 초록등 - off, 빨간등 - on, 노란등 - 고장	10.13.2, Step A
6. 고가 역세척 저류조	초음파 수위변환기	수위의 표시 및 기록기	10.13.2, Step B
N. 염소접촉수로			
유출수	a. 잔류염소	잔류염소의 표시 및 기록	12.8.2, Step A
	b. pH 측정기	표시, 기록	12.8.2, Step A
O. 정수지			
정수지	초음파 변환기	표시, 기록	12.8.2, Step A 12.8.2, Step B

표 16-3 공정제어와 장치 모니터링에 이용되는 주요 감지 장치의 위치와 기능(계속)

처리단위공정	감지 장치	설 명	참 고
P. 고양정/역세척 펌프장			
1. 펌프	a. 모터 접속	표시등: 초록등 - off, 빨간등 - on, 노란등 - 고장	12.8.2, Step C
	b. 압력지시계	펌프유량파라메타 - 펌프장 효율계산, 기록 및 표시에 사용	12.8.2, Step C
	c. 압력지시계		
	d. 전류변환기		
	e. 전압계(MCC 내 설치)		
	f. 펌프와 모터 베어링에 저항온도계	과잉으로 온도 상승시 펌프와 모터의 차단	12.8.2, Step C
2. 밸브	밸브 리미트 스위치	표시등: 초록등 - open, 빨간등 - close, 노란등 - 오류, 자주등 - 전환	12.8.2, Step C
3. 유출수	잔류염소	표시 및 기록	13.10.1
Q. 유량계실			
유량계	유량계	화면표시, 기록, 적산계	12.8.2, Step C
R. 여과지 역세척수 저류조			
1. 역세척수 저류조	초음파 수위변환기	화면표시, 기록	14.6.2, Step B
2. 모터	모터 접속	표시등: 초록등 - off, 빨간등 - on, 노란등 - 고장	14.6.2, Step B
3. 펌프	모터 접속	표시등: 초록등 - off, 빨간등 - on, 노란등 - 고장	14.6.2, Step B
S. 역세척수 회수조			
1. 모터	a. 모터 접속	표시등: 초록등 - off, 빨간등 - on, 노란등 - 고장	14.6.2, Step B
	b. 모터 접속	표시등: 초록등 - off, 빨간등 - on, 노란등 - 고장	14.6.2, Step B
2. 텔레스코핑 밸브	리미트 스위치	표시등: 초록등 - open, 빨간등 - close, 노란등 - 고장	14.6.2, Step B
3. 펌프	모터접속	표시등: 초록등 - off, 빨간등 - on, 노란등 - 고장	14.6.2, Step B
4. 월류수	음파 유량계	화면표시, 기록기, 적산계	14.6.2, Step B
T. 중력농축조			
1. 모터	모터접속	표시등: 초록등 - off, 빨간등 - on, 노란등 - 고장	14.6.2, Step C
2. 텔레스코핑 밸브	리미트 스위치	표시등: 초록등 - open, 빨간등 - close, 노란등 - 고장	14.6.2, Step C
3. 펌프	모터접속	표시등: 초록등 - off, 빨간등 - on, 노란등 - 고장	14.6.2, Step C
4. 월류수	음파유량계	화면표시, 기록, 적산계	14.6.2, Step C
5. 농축슬러지	음파유량계	화면표시, 기록, 적산계	14.6.2, Step C
U. 슬러지 라군			
1. 라군	초음파 수위변환기	화면표시, 기록	14.6.2, Step D
2. 펌프	모터접속	표시등: 초록등 - off, 빨간등 - on, 노란등 - 고장	14.6.2, Step D
3. 침투 및 배출유량	음파유량계	화면표시, 기록, 적산계	14.6.2, Step D

표 16-3 공정제어와 장치 모니터링에 이용되는 주요 감지 장치의 위치와 기능(계속)

처리단위	감지 장치	설명	참고
V. 약품저장 및 주입			
1.석회	a. 초음파 수위변환기	화면표시, 기록	8.8.2, Step C
	b. Galvanometric 주입장치	화면표시, 기록	8.8.2, Step C
	c. 온도센서	화면표시, 기록	8.8.2, Step C
2.응집제	a. 초음파 수위변환기	화면표시, 기록	8.8.2, Step C
	b. 모터접속	표시등: 초록등 - off, 빨간등 - on, 노란등 - 고장	8.8.2, Step C
	c. 다이아프램 위치조정기	화면표시, 기록, 조정	8.8.2, Step C
3. 폴리머	a. 모터제어	표시등: 초록등 - off, 빨간등 - on, 노란등 - 고장	8.8.2, Step C
	b. 중량셀	화면표시, 기록	8.8.2, Step C
	c. 다이아프램 위치조정기	화면표시, 기록, 조정	8.8.2, Step C
4. 과망간산칼륨	a. 모터제어	화면표시, 기록	8.8.2, Step C 11.6.2, Step A
	b. 주입기	화면표시 및 기록	8.8.2, Step C 11.6.2, Step A
	c. 초음파 수위변환기	화면표시 및 기록	8.8.2, Step C 11.6.2, Step A
	d. 다이아프램 위치조정기	화면표시, 기록, 조정	8.8.2, Step C 11.6.2, Step A
5. 염소	a. 진공게이지	화면표시, 기록, 진공손실시 경고	12.8.2, Step B
	b. 염소접촉기	주입율의 표시, 기록	12.8.2, Step B
	c. 누출 감지기	화면표시, 경고	12.8.2, Step B
	d. 중량셀	화면표시, 기록	12.8.2, Step B
6. 암모니아	a. 압력 게이지	화면표시, 기록, 압력손실시 경고	12.8.2, Step C
	b. 진공게이지	화면표시, 기록, 진공손실시 경고	12.8.2, Step C
	c. 암모니아처리기	화면표시, 기록	12.8.2, Step C
	d. 누출감지기	화면표시, 경고	12.8.2, Step C
7. 불화나트륨	a. 압력지시계	압력 손실 모니터링 제어실로 경고 전송	12.8.2, Step D
	b. 초음파 수위변환기	화면표시 및 기록	12.8.2, Step D
	c. 불소분석기	화면표시 및 기록	12.8.2, Step D
	d. 다이아프램 위치조정기	화면표시 및 기록	12.8.2, Step D
8. 탄산나트륨	a. 압력지시계	압력손실 모니터링, 제어실에 경고전송	13.8.2, Step A
	b. 초음파 수위변환기	화면표시, 기록	13.8.2, Step A
	d. 알칼리도 분석기	화면표시, 기록	13.8.2, Step A
	e. 다이아프램 위치조정기	화면표시, 기록, 조정기	13.8.2, Step A

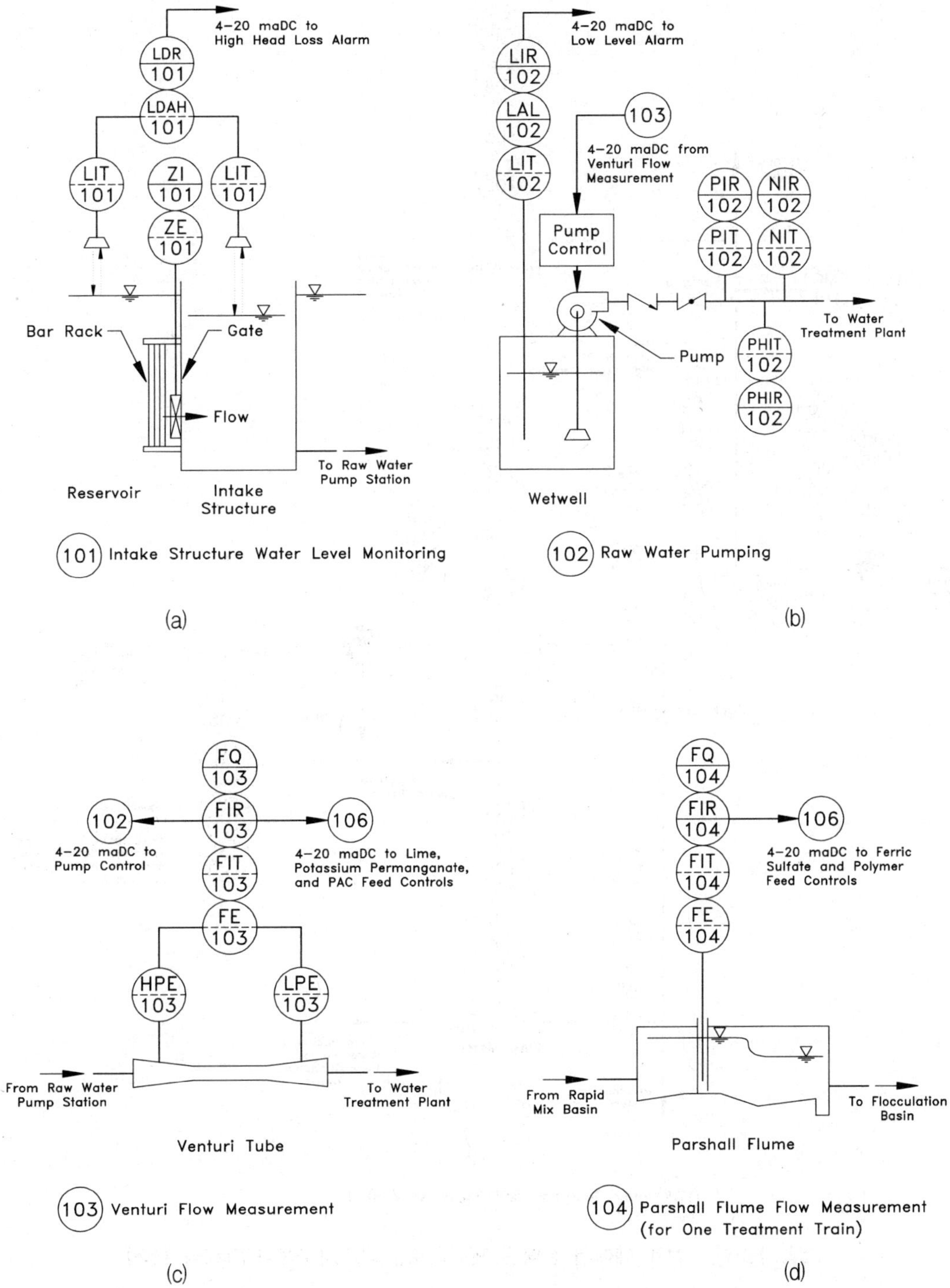

그림 16-4 설계 예에서 선택된 제어회로도. (a) 취수구조물 수위모니터링, (b) 원수펌핑, (c) 벤튜리미터에 의한 유량측정, (d) 파샬플룸에 의한 유량측정

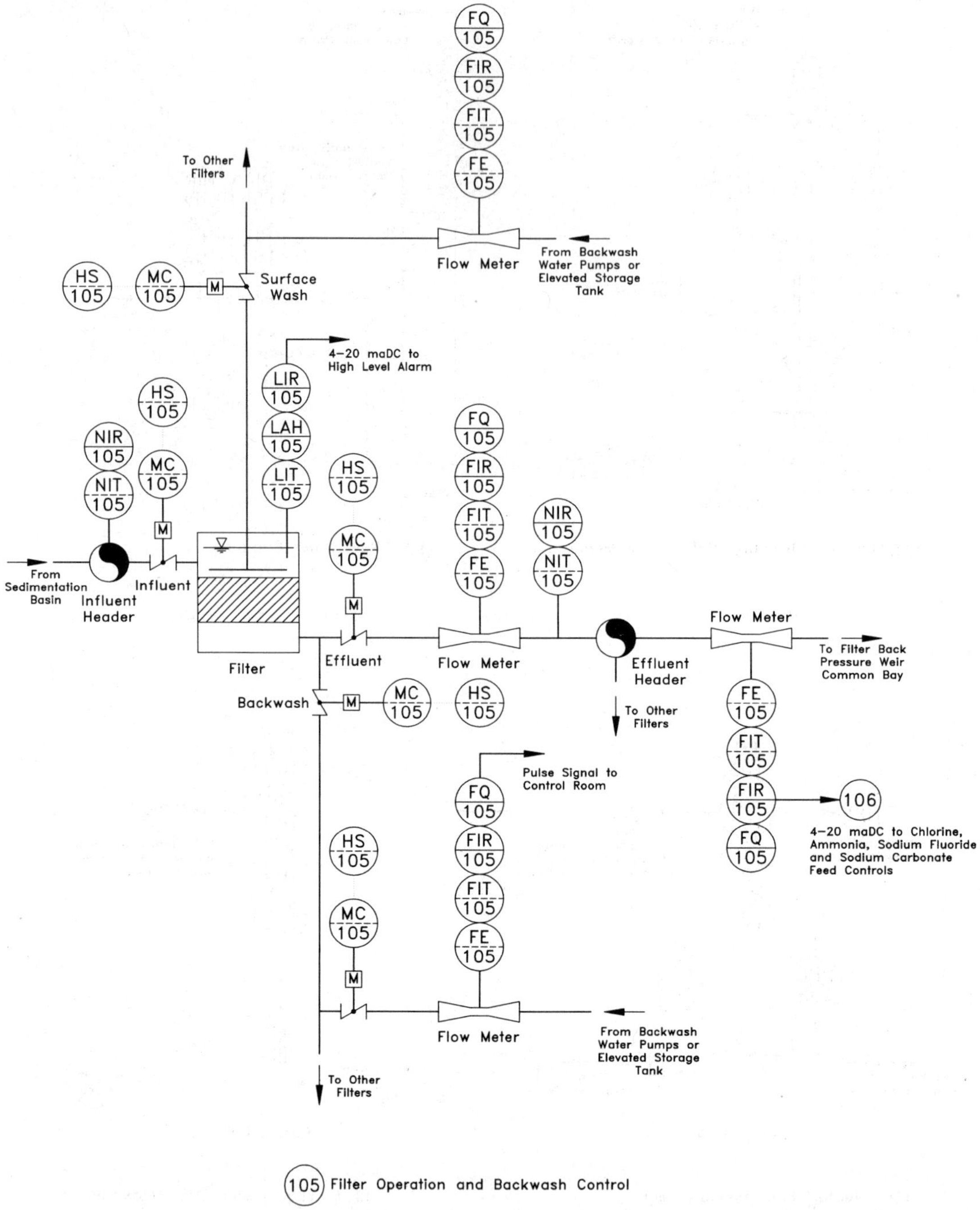

그림 16-5 설계 예에서 선택된 제어회로도(여과지운전과 역세척 제어)

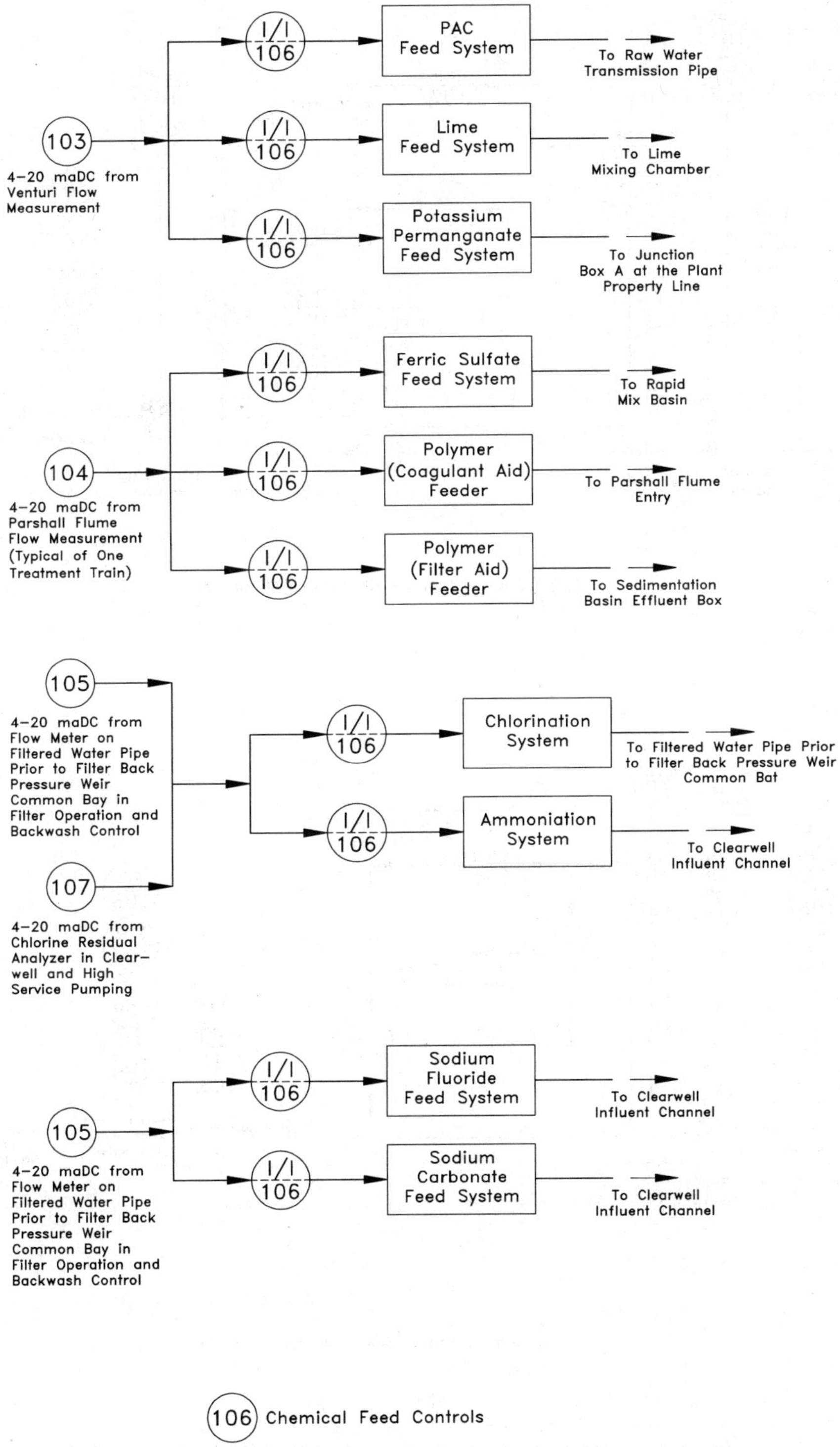

그림 16-6 설계 예에서 선택된 제어회로도(약품주입시스템)

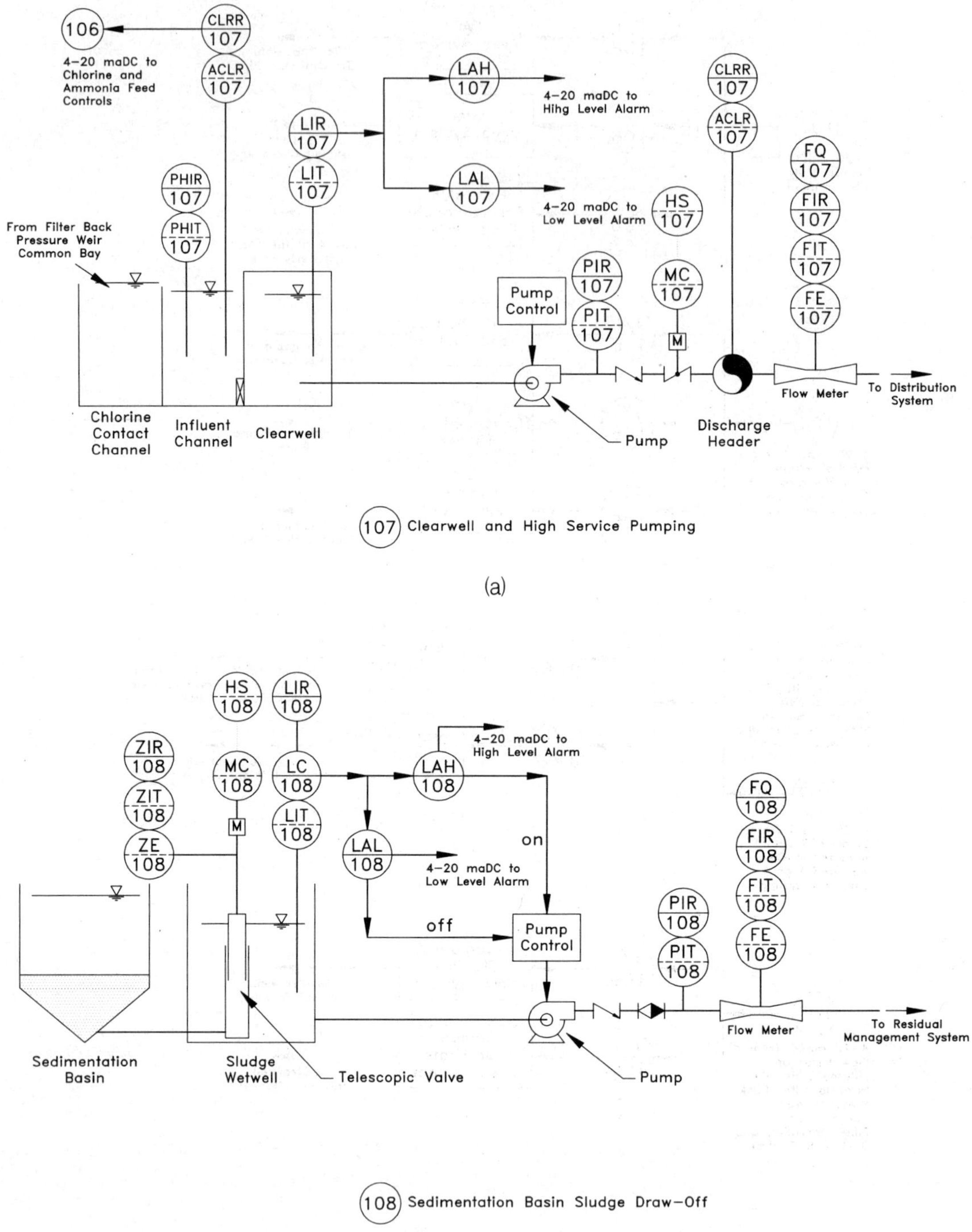

그림 16-7 설계 예에서 선택된 제어회로도. (a) 정수지와 송수펌프, (b) 침전지 슬러지 인출

- ACLR Chlorine Residual Analyzer
- CLRR Chlorine Residual Recorder
- FE Flow Element
- FIR Flow Indicating Recorder
- FIT Flow Indicating Transmitter
- FQ Flow Totalizer
- HPE High Pressure Element
- HS Hand Select Switch
- I/I Current Isolator
- LAH Level Alarm High
- LAL Level Alarm Low
- LC Level Controller
- LDAH Differential Level Alarm High
- LDR Differential Level Recorder
- LIR Level Indicating Recorder
- LIT Level Indicating Transmitter
- LPE Low Pressure Element
- M Motor
- MC Motor Control
- NIR Turbidity Indicating Recorder
- NIT Turbidity Indicating Transmitter
- PHIR pH Indicating Recorder
- PHIT pH Indicating Transmitter
- PIR Pressure Indicating Recorder
- PIT Pressure Indicating Transmitter
- ZE Position Element
- ZI Position Indicator
- ZIR Position Indicating Recorder
- ZIT Position Indicating Transmitter
- # ← Signal to Control Loop as Indicated #
- # → Signal from Control Loop as Indicated #
- Solid Line Indicating Instrument Mounted in Central Control Panel
- Dashed Line Indicating Instrument Mounted in Local Control Panel

그림 16-8 일반적으로 이용되는 P&ID 약자

문제 및 토론

16.1 산업용수의 연속유량기록을 위해 벤튜리미터를 이용하였다. 전송된 압력차는 다음과 같다. 다음 자료를 이용하여 시간유량과, 총유량을 산정하시오.

시간	12 자정	1	2	3	4	5	6	7	8	9	10	11	
h(mH_2O)	0.20	0.21	0.25	0.26	0.30	0.40	0.50	0.70	1.20	1.80	2.20	2.30	
시간	12 정오	1	2	3	4	5	6	7	8	9	10	11	12 자정
h(mH_2O)	2.00	1.80	1.60	2.10	2.80	3.00	2.50	2.00	1.80	0.80	0.40	0.30	0.20

16.2 공장의 운전시간은 오전 8시부터 오후 5시이다. 시간별 용수유량과 TDS농도는 아래의 자료와 같다. TDS결과를 적산하여 운전일수에 대한 부하량(kg/d)을 산출하시오.

시간	7	8	9	10	11	12	1	2	3	4	5	6	7
유량(m^3/s)	0	0.02	0.05	0.10	0.15	0.20	0.21	0.22	0.25	0.15	0.10	0.12	0
TDS(mg/L)	0	80	120	180	300	350	300	280	250	200	150	80	0

16.3 그림 16-2에 주어진 대표적인 제어시스템 요소들을 이용하여 혐기성 소화조에서 일정한 온도를 유지하기 위한 여러 가지 이용 가능한 선택을 각 제어시스템요소별로 나열하시오. 슬러지는 가온을 위해 외부 열교환기를 통해 재순환된다.

16.4 유량 측정 장치와 적용대상을 연결하시오.

오리피스계	(a) 슬러지
유량노즐	(b) 청정한 액체
파샬플룸	(c) 원수
초음파 유량계	
전자유량계	

16.5 다음 변수들에 측정되는 신호를 쓰시오.

(a) 전기전도도

(b) pH

(c) 밀도

(d) 산화 - 환원전위(ORP)

(e) 용존산소(DO)

(f) 온도

(g) 압력

16.6 PAC 주입시스템의 공정도는 그림 16-6과 같다. PAC 이송 및 주입시스템을 위한 기계와 장치도면의 종합공정도를 작성하시오. 장치의 각 품목은 한 개로 가정하시오. 다른 처리 단위시설과 장치를 위한 단순화된 공정회로도를 이용하시오.

16.7 여러 가지 유형의 신호 전송장치의 유형별 장점, 단점, 그리고 적용성을 토의하시오.

16.8 피드백과 피드포워드 자동제어회로의 기본적인 차이는 무엇인가 정수장에서 각각 세 가지 예를 나열하시오.

참고문헌

1. Water pollution Control Federation. *Process Instrumentation and Control System*, OM−6. Water Pollution Control Federation. Washington, DC., 1982.
2. Kawamura, S. *Integrated Design of Water Treatment Facilities.*, John Wiley Sons, Inc., New York, 1991.
3. James M. Montgomery, Inc. *Water Treatment Principles and Design*, John Wiley & Sons, New York, 1985.
4. ASCE and AWWA. *Water Treatment Plant Design*, 2d ed., McGraw-Hill Book Co., New York, 1990.
5. Qasim, S. R. *Wastewater Treatment Plants: Planning. Design, and Operation*, 2d ed., Technomic Publishing Co., Inc., Lancaster, PA, 1999.
6, Molver, A. E. et al. *Instrumentation and Automation Experiences in Waterwater Treatment Facilities*, EPA−600/276−198, Municipal Environmental Research. Laboratory, USEPA, Cincinnati, OH, October, 1976.
7. Committee on Instrumentation. *Instrumentation in Wastewater Treatment Plants*, MOP−21, Water Pollution Control Federation, Washington, DC., 1978.
8. Joint Committee of the WPCF and ASCE, *Wastewater Treatment Plant Design*, MOP−8, Water Pollution Control Federation, Washington, DC., 1977.
9. USEPA. *"Process Design Manual for Sludge Disposal,"* EPA−625/79−011, USEPA, Cincinnati, OH, September 1979.
10. Anderson, N. A. *Instrumentation for Process Measurement and Control*, Chilton Company, Radnor, PA, 1980.
11. Considine, D. M. (ed) *Encyclopedia of Instrumentation and Control*, McGraw-Hill Publishing Co.,New York,1971.
12. Instrument Society of America. Standard for Instrument Loop Diagram, S5.4, 1976.
13. Brown, R. J. *"An Artificial Network Experiment,"Dr, Dobb's Journal*, vol. 12, no. 4, pp. 16−27, 1987.
14. Widrow, B. and Winter, R. "Neural Nets for Adaptive Filtering and Adaptive Pattern Recognition,"*IEEE Computer*, vol. 21, no. 3, pp. 25−39, 1988.
15. Winston, P.H. *Artificial Intelligence*, Addison Wesley, Readingm MAm 1984.
16. Cubberly, W. H.(ed.) *Comprehensive Dictionary of Measurement and Control*, 2d ed., Instrument Society of America, Research Triangle Park, NC, 1991.

chapter

17

설계요약

W·a·t·e·r·W·o·r·k·s·E·n·g·i·n·e·e·r·i·n·g

본 교재에서는 중규모 정수장시설의 단계적인 설계과정을 설명하였다. 한 가지 설계사례를 5장에서 16장에 제시하였는데 원리, 설계과정, 운전 및 유지관리 그리고 정수처리시설의 여러 가지 구성요소들의 장치사양에 대하여 나타내었다. 본 장의 목적은 설계사례에서 다룬 기본적인 설계정보를 요약하는 것이다. 정보는 표 17-1에 요약하였다. 여러 장에서의 참고문헌으로부터 설계 자료와 상세사항을 얻을 수 있다.

표 17-1 설계사례에서의 정수처리시설의 기본설계자료와 규모 요약

항 목	설계정보 또는 설명	참 고
A. 기존정수처리시설		5장
일반사항	기존상수도는 7곳의 우물과 3곳의 지하저수조, 그리고 2곳의 고가수조가 있음	5.4
시작년도 : 2005 (인구와 물수요량을 포함)	인구 = 67,000	5.4.3~5.4.5 표 5-1, 표 5-3
설계년도 : 2020 (인구와 물수요량을 포함)	인구 = 76,200	5.4.3~5.4.5 표 5-1, 표 5-3
기존 지하수우물	7곳의 우물	그림 5-1, 표 5-4
지하저수조용량	3곳의 저수조	그림 5-1, 표 5-5
고가수조용량	2곳의 고가수조	그림 5-1, 표 5-5
배수시스템	기존배수시스템은 3개의 배수펌프와 2곳의 고가수조로 공급	그림 5-1
B. 제안된 정수처리시설		5장
일반사항	제안된 프로젝트는 새로운 취수시설, 취수펌프장, 도수관, 기존정수장, 그리고 송수 펌프장을 개선하는 것이다. 기존 배수시스템에 새로운 배관을 추가하고 기존의 몇 곳의 배관, 한곳의 지하저류와 펌프, 그리고 한곳의 고가수조를 확장하는 것이다.	5.4
지표수원	Big River Reservoin	5.4.7 A
수질자료	–	5.4.8 B, D 5.4.9 A, B, D
프로젝트 비용	–	5.4.13~5.4.15 표 5-8
환경영향평가	–	5.4.16
C. 취수시설구조		6장
일반사항	취수시설과 취수펌프장은 댐에서 북서방향으로 0.8 km에 위치한다. 취수시설은 대략 호안으로부터 100 m에 위치한다. 이 시설은 상부에 작업대가 있는 콘크리트박스이다. 접근 교각이 취수시설과 취수펌프장을 연결한다. 총 8개의 정사각형 수문들이 취수시설의 벽에 설치된다.	6.8.1 그림 5-1, 그림 6-11
설계용량	일최대 유량 = 113,500 m^3/d	6.8.1

표 17-1 설계사례에서의 정수처리시설의 기본설계자료와 규모 요약(계속)

항 목	설계정보 또는 설명	참 고
배치	–	6.8.2 Step A 그림 6-11
취수시설	수위설계, 구조물 규모, 수문, 조대스크린 등을 포함	6.8.1, 6.8.2 Step B, C, F 그림 6-12, 그림 6-13
D. 취수펌프장		7장
일반사항	취수펌프장은 취수시설과 직경 152 cm, 길이 135 m인 흡인관으로 연결되어 있다. 이 펌프장은 두개의 수위를 가진다. 유량계실과 PAC 저장시설이 펌프장 가까이 위치한다. 이 표의 항목 E, L에 본 시설이 설명되어 있다.	7.8.1 그림 5-1, 6-11, 7-11~7-15
설계용량	일최대유량=113,500 m^3/d	7.8.1
배치	–	7.8.2 Step A 그림 5-1, 6-11, 7-12, 7-13
펌프장	착수정 규모, 독립수문, 미세스크린, 분배수로, 정류벽, 펌프	7.8.1, 7.8.3 7.8.2 Step C~F
E. 벤튜리미터		7장
일반사항	벤튜리미터는 취수펌프장의 적절한 장소에 위치한다.	7.8.2 Step D.4 그림 7-17
벤튜리미터	–	7.8.2 Step D.4 그림 7-17
F. 도수관		5장, 7장
일반사항	도수관은 취수펌프장으로부터 정수장으로 연결된다. 주관경은 122 cm이고 벤튜리미터 확장부에서 남쪽에 위치한 정수장 근처의 Box A까지 연결된다.	5.4.7 D 그림 5-4, 그림 7-12
설계용량	일최대유량=113,500 m^3/d	7.8.1
배관	–	5.4.7 D 그림 7-12
G. 정수장 위치		5장
일반사항	정수장은 101번 고속도로의 Modeltown 서쪽 끝부분에 위치한다.	5.4.7 E 그림 5-4
정수장 위치	–	5.4.7 E
H. 급속 혼합지, 플록형성지		8장
일반사항	정수장은 접합점 Box A에서 원수를 받는다. 122 cm 인입관을 통하여 유입수 forebay로 유입된다. 응집, 플록형성, 침전을 위한 네 가지 공정이 제공된다. 석회혼합조는 pH조정을 위해 급속혼화지 앞에 설치한다.	

표 17-1 설계사례에서의 정수처리시설의 기본설계자료와 규모 요약(계속)

항 목	설계정보 또는 설명	참 고
설계용량	일최대유량 = 113,500 m^3/d	8.8.1
배치도	–	8.8.2 Step A 그림 8-13
석회 혼합조	–	8.8.1, 8.8.2 Step A 그림 8-14, 8-15
급속혼화지	혼화기, 유입수와 유출수 구조물	8.8.1, 8.8.2 Step A 그림 8-14, 8-15
플록형성지	파샬플룸, 교반기, 유입수와 유출수 정류벽	8.8.1, 8.8.2 Step B 그림 8-16, 8-17, 8-19, 표 8-7
I. 약품저장동		8장
일반사항	약품저장동은 급속혼합지에 가까이 위치하여야 한다. 약품저장건물은 황산제2철, 폴리머(응집 및 여과보조제), 석회, 과망간산칼륨을 취급하고 공급한다. 석회 슬러리는 석회 혼합조에 첨가한다. 황화제2철은 급속혼합지에 주입한다. 응집 및 여과보조제 주입지점은 각각 파샬플룸과 침전조 유출수 박스 지점이다. 항목 L을 참고할 것.	8.8.1 그림 8-13, 8-22, 8-23 15-3, 15-7
약품시스템	–	8.8.1, 8.8.2 Step C 그림 8-22, 표 8-8
건물	–	8.8.1, 8.8.2 Step C 그림 8-23
J. 침전지		9장
일반사항	네 개의 침전지가 있다. 각각은 플록형성지/침전지 일체로 구성되었다. 각 침전지에는 2개의 중심축회전식 슬러지 수집기가 설치되어 있다. 유출수 집수 시스템은 V-notch 위어, 라운더 트로프, 중앙수로, 유출박스로 구성된다. 침전된 슬러지는 슬러지 습정조에 수거된다. 유량의 인출은 텔레스코핑 밸브에 의해 제어된다. 수집된 슬러지는 슬러지 펌프에 의해 잔류물관리시스템으로 이송된다.	9.6.1 그림 9-14~9-17, 9-20, 9-22, 15-3. 15-7. 15-8
설계용량	일최대유량 = 113,500 m^3/d	9.6.1
배치	–	9.6.2 Step A 그림 9-14
침전지	유출수 집수시스템을 포함한다.	9.6.1, 9.6.2 Step A 그림 9-15,9-16, 9-20
슬러지 인출시스템	슬러지량, 슬러지 수집장치, 슬러지 인출, 슬러지 배관, 그리고 슬러지 펌프장을 포함한다.	9.6.1, 9.6.2 Step B 그림 9-15, 9-21, 9-22

표 17-1 설계사례에서의 정수처리시설의 기본설계자료와 규모 요약(계속)

항 목	설계정보 또는 설명	참 고
K. 여과지		10장
일반사항	8개의 여과지가 있다. 관리동과 제어동로 구분되어 여과지는 2열로 되어있다. 각 열은 중앙에 있는 관랑에 의해 다시 2그룹으로 나누어진다.	10.13.1 그림10-16~10-20, 10-23, 10-24, 15-3, 15-7, 15-8
설계용량	일최대유량 = 113,500 m^3/d	10.13.1
배치	—	10.13.2 Step A
여과지	여재, 자갈, 하부집수시스템으로 구성된다.	10.13.1, 10.13.2 Step A 그림10-17~10-20, 10-23 표10-5, 10-8
역세척시스템	표면세척, 역세척수의 역세특성, 역세척펌프, 고가 역세척수조로 구성	10.13.1, 10.13.2 Step B 그림10-24, 10-25, 12-20, 12-21
L. 맛과 냄새제어		7장, 8장, 11장
일반사항	과망간산칼륨 저장 및 공급시스템은 약품저장동에 위치한다. 과망간산칼륨용액은 남쪽에 위치한 접합점 Box A에서 원수에 주입된다. PAC 저장 및 주입시스템은 펌프장 근처에 위치한다. PAC슬러리는 취수펌프장에서 주입된다.	8.8.1, 11.6.2 그림 7-13, 8-23. 11-10, 11-12
과망간산칼륨 ($KMnO_4$)	저장조, 용해조, 주입시스템으로 구성	8.8.1, 8.8.2, Step C 11.6.1, 11.6.2 Step A 그림 8-22, 8-23, 11-10 표 8-8
분말활성탄(PAC)	저장조, 용해조, 주입시스템으로 구성	11.6.1, 1.6.2 Step B 그림 7-13, 11-12
M. 소독과 정수지		12장, 13장 12.8.1, 13.8.1
일반사항	소독을 위해 2개의 염소접촉수로가 설치된다. 염소와 암모니아 저장 및 주입시스템은 모두 정수지 남쪽에 위치한 염소와 암모니아 저장동 내부에 위치한다. 염소주입지점은 여과지 유출수관으로 유출위어 상류 지점이다. 암모니아 용액은 염소접촉수로 위어 하단의 각 유입수로에서 분산기를 통하여 주입된다.	그림 12-20~12-23, 15-3, 15-8
배치	—	12.8.2 Step A, B 그림 12-20
소독	염소접촉수로, 염소소독시스템과 암모니아시스템을 포함한다.	12.8.1 13.8.2, Step A, B, C 그림 12-20~12-22 표 12-21
정수지	—	12.8.1, 13.8.2, Step A 그림 12-20~12-22

표 17-1 설계사례에서의 정수처리시설의 기본설계자료와 규모 요약(계속)

항 목	설계정보 또는 설명	참 고
N. 불소주입		12장
일반사항	시민 보건을 고려하여 불화나트륨을 공급한다. 불화나트륨 저장조 및 주입시스템은 염소와 암모니아동에 위치한다. 불화나트륨용액은 각 유입수로에 분산기를 통해 주입되는데 염소접촉조 하단 위어에 위치한다.	12.8.1 그림12-20, 12-21, 12-23, 15-3, 15-8
불소주입	저장조, 용해조, 주입시스템으로 구성된다.	12.8.1, 12.8.2 Step D 그림 12-20, 12-23
O. 안정화 제어		13장
일반사항	소다회(99.2% Na_2CO_3)를 최종유출수 안정화를 위해 이용한다. 탄산나트륨 저장조와 주입시스템은 염소와 암모니아동에 위치한다. 탄산나트륨 용액은 각 유입수로에 분산기를 통해 주입되는데 염소접촉조 하단 위어에 위치한다.	13.8.1 그림 12-23
안정화 제어	저장조, 용해조, 주입시스템으로 구성된다.	13.8.1, 13.8.2 Step A 그림 12-23
P. 송수 펌프장		12장, 13장
일반사항	송수 펌프들은 정수를 배수지로 이송하는데 이용된다. 송수 펌프장은 2개의 정수지 사이에 위치한다.	13.8.1 그림 12-20, 12-21
용량	최대펌프유량 = 136,200 m^3/d	13.8.1
배치	—	13.8.1
송수펌프장	습정과 펌프들	13.8.1, 13.8.2 Step C 그림 12-20, 12-21 13-8, 12-21 표 13-5
Q. 배수시스템개선		13장
일반사항	배수시스템의 개선에는 새로운 펌프장, 새로운 고가수조, 여러가지 새롭고 확장된 배관 등을 포함한다.	13.8.1 그림 13-12, 13-13 표 13-12
물수요량	시간최대요구량 = 181,600 m^3/d	13.8.1, 13.8.2 Step G
배수펌프장	총펌프용량 = 164,600 m^3/d	13.8.1, 13.8.2 Step D
지하저수조용량	총용량 = 16,000 m^3	13.8.1, 13.8.2 Step E
고가수조용량	총용량 = 8,000 m^3	13.8.1, 13.8.2 Step F
배수관로시스템	총 배수관로수 = 58개관(30 cm직경)	13.8.1, 13.8.2 Step D 그림 13-12, 13-13 표 13-12

표 17-1 설계사례에서의 정수처리시설의 기본설계자료와 규모 요약(계속)

항 목	설계정보 또는 설명	참 고
R. 슬러지 관리시스템		14장
일반사항	슬러지 관리시스템은 역세척수 저류조, 역세척수 회수조, 두개의 중력 농축조, 네 개의 슬러지 건조라군을 포함한다. 2개의 플록형성지와 수개의 펌프장은 또한 화학적 개량과 슬러지의 이송 및 월류에 이용된다.	14.6.1 그림 14-7, 14-8, 14-11~14-14, 15-3, 15-3,
배치	-	그림 14-7
물질수지분석	-	14.6.2 Step A 그림 14-9, 14-10 표 14-5, 14-6
역세척수 저류조	역세척수 저류조, 펌프장, 플록형성지를 포함한다.	14.6.1, 14.6.2 Step B 그림 14-8, 14-11
역세세척수 회수조	역세척수 회수조, 상등수 펌프장, 하부인출 및 플록형성지를 포함한다.	14.6.1, 14.6.2 Step B 그림 14-8, 14-12
중력농축조	농축조, 상등수 펌프장, 하부인출 및 슬러지펌프장을 포함한다.	14.6.1, 14.6.2 Step C 그림 14-8, 14-13
슬러지 건조라군	하부, 중간층, 배출시스템과 라군 수명을 포함한다.	14.6.1, 14.6.2 Step D 그림 14-14
S. 정수장 위치, 배치, 장내 관거		15장
일반사항	처리공정과 건물에 대한 모듈화된 배치를 갖는 통합적이고 컴팩트한 정수장 제안한다.	15.6.1, 15.6.2 그림15-3~15-8
배치	-	15.6.2 그림 15-3
관리 및 제어동	-	15.6.2 그림 15-4
장내 관거시스템	공정배관과 하수관거의 주요설비를 포함한다.	15.6.3 그림 15-6~15-8
T. 수리 종단면도		15장
수리 종단면도	전체정수장의 최대 손실수두는 10.5 m	그림 15-9~15-10 15.6.2 표 15-4
U. 공정제어		16장
공정제어시스템	각각의 주요공정과 선정한 공정들의 8개의 단순화된 회로도에 대한 일반적인 요구사항	15.6.1, 15.6.2 그림 16-4~16-7 표 16-3

chapter

18

특수 정수처리 공정과 설계

18.1 서 론

많은 원수에는 원치 않는 오염물질들이 함유되어 있는데, 먹는 물 수질기준에 적합하도록 하기 위해서는 특수한 처리공정이 필요하다. 이러한 오염물질의 발생원은 화학적 풍화와 토양에서의 용출과 같은 자연적인 과정과, 하수 및 산업폐수방류, 지하수 재충진, 염수처분, 매립지 침출수, 농업지역과 광산지역의 유출수와 같은 인위적인 원인들이 있다. 자연적 또는 인위적인 오염물질 성분들은 모두 무기물질과 유기물질이 관련된다. 자연수에서 일반적으로 검출되는 많은 무기물질과 유기물질 성분들은 2장에서 기술하였다. 이러한 많은 오염물질들은 기존 정수처리시설에서는 제거할 수 없으므로 특수한 처리공정이 요구된다. 본 장의 목적은 먹는 물에 함유된 많은 오염물질의 제거 및 제어를 위한 특수처리공법을 소개하는 것이다. 본 장에서는 기존 정수처리공법으로는 제거되지 않으며, 자주 발생하는 오염물질들을 계통적으로 정리하였다. 본 장은 전형적인 범위와 농도, 발생원, 화학반응, 처리기술 설계인자들과 장치의 전반적인 내용만을 제공하고자 노력하였다.

18.2 무기물질 제거

고농도의 무기염은 염도를 야기한다. 또한 어떤 용존 무기물질은 먹는 물 수질, 심미적 수질, 산업장 이용에 중대한 영향을 미친다. 이들은 독성, 공정운전, 산업공정에서 생산품의 품질에 영향을 줄 수 있다. 가장 일반적인 무기성분들은 총용존고형물, 질산염, 불소이온, 비소, 셀레늄 그리고 기타 독성물질들이다. 이러한 물질들은 탈염화, 선택적 이온교환, 선택적 흡착, 또는 생물학적 처리공정 등의 특수한 처리공정을 통해 제거할 수 있다. 이러한 여러 가지 처리공법을 다음과 같이 기술하였다.

18.2.1 탈염화 또는 총용존고형물 제거

수중에 총용존고형물 제거는 탈염화, 탈염분화 또는 염수 전환으로 일컫는다. 원수의 염도는 수원과 염도의 정도에 따라 mg/L 단위의 TDS, Cl^-, 또는 일반염(NaCl)으로 나타낸다. 수중 염도의 분류는 수원과 상대적인 염 함량에 기초한다. 수원의 부터의 염도를 표 18−1에 요약하였다.[1,2]

표 18-1 염도와 수원을 기준한 물의 분류

분류	발생원	TDS(mg/L)
Fresh, sweet	강, 호수, 지하수	500미만
Slightly saline	지하수, 강, 호수	500~1,000
Mildly saline	염수와 담수혼합, 하구	1,000~2,000
Moderately saline	내륙과 염수의 혼합	2,000~10,000
Severely saline	내륙과 해변	10,000~30,000
Sea water[a]	대양, 바다의 연안	30,000~36,000

a. 해수의 주요성분과 농도 Cl = 19,400 mg/L, Na = 10,800 mg/L, K = 380 mg/L, Mg = 1,350 mg/L, S = 885 mg/L, Ca = 422 mg/L, Br = 68 mg/L, C = 28 mg/L, Sr = 8 mg/L, B = 4 mg/L

물의 탈염화는 (1) 이온교환, (2) 막공법, (3) 증류, (4) 결빙 등 다양한 공정으로 이루어진다. 이들 공정들은 본 절에서 나타내었다. 이온교환과 막공법은 수처리에서 일반적으로 이용되는데 이들 공정들을 다음 절에 자세히 기술하였다.

이온교환

공정설명

이온교환은 Ca^{2+}, Mg^{2+}, Fe^{2+}, Mn^{2+}, NH_4^+, NO_3^-, F^- 및 기타 양이온과 음이온 등 원하지 않는 이온들을 선택적으로 제거하는 단위공정이다. 이온교환은 물의 탈염에도 이용된다.[3] 두 가지 경우 모두 이온교환매체는 (1) 고체상 (2) 이동 불가능한 작용기에 부착된 이동 가능한 이온으로 구성된다. 수지 내 이동 가능한 이온들은 수중의 이온들과 교환된다. 소모된 수지들은 재생되어 재이용 된다. 이온교환시스템은 회분식 또는 연속식으로 운전된다. 회분식 공정에서 수지는 반응이 완료될 때까지 물 속에서 교반된다. 소모된 수지는 침전되어 회수되고 재생된다. 연속시스템에서는 수지로 충진된 칼럼으로 물이 통과한다.

이온교환 수지는 양이온과 음이온수지가 있다. 양이온수지는 양이온을, 음이온수지는 음이온을 교환한다. Na^+ 양이온수지는 수중에 경도를 유발하는 2가 양이온성분들을 제거하는데, 수지상에 이용 가능한 Na^+이온과 교환된다. 수지상은 NaCl 용액으로 재생된다. H^+ 양이온교환수지에서는 H^+이온들이 수중에 존재하는 여러 가지 양이온들(Ca^{2+}, Mg^{2+}, Na^+, K^+ 등)과 교환된다. H^+ 양이온교환수지는 산으로 재생한다. 가장 많이 이용되고 저렴한 재생액은 황산이다. 음이온교환수지에서는 수중의 음이온들(Cl^-, NO_3^-, SO_4^{2-} 등)을 OH^- 이온과 교환한다. 음이온교환수지의 주된 유형은 (1) 약염기음이온교환수지 (2) 강염기음이온교환수지가 있다. 약염기음이온교환수지는 HCl, H_2SO_4와 같은 이온화된 강산을 제거하지만 H_2CO_3, H_2SiO_3와 같은 이온화된 약산들은 제거하지 못한다. 이들 교환수지의 재생은 Na_2CO_3를 이용한다.[4] 강염기음이온교환수지는 이온화된 강산과 약산 모두를 제거한다. 이들의 수지는 NaOH으로 재생한다.

대표적인 이온교환반응은 다음의 평형식을 따른다.[4]

나트륨 양이온교환수지

•연수화

$$Na_2R + \begin{bmatrix} Ca \\ Mg \\ Fe \end{bmatrix} \begin{bmatrix} (HCO_3)_2 \\ SO_4 \\ (Cl)_2 \end{bmatrix} \rightarrow \begin{matrix} CaR \\ MgR \\ FeR \end{matrix} + \begin{matrix} 2NaHCO_3 \\ Na_2SO_4 \\ 2NaCl \end{matrix} \qquad (18.1)$$

Na_2R	경도	CaR, MgR, FeR	$2NaHCO_3, Na_2SO_4, 2NaCl$
나트륨 양이온 교환수지 (불용성)	경도 (용해성)	수지내 경도 (불용성)	처리수 (용해성)

•재생

$$\begin{matrix} CaR \\ MgR \\ FeR \end{matrix} + 2NaCl \rightarrow Na_2R + \begin{matrix} CaCl_2 \\ MgCl_2 \\ FeCl_2 \end{matrix} \qquad (18.2)$$

CaR, MgR, FeR	$2NaCl$	Na_2R	$CaCl_2, MgCl_2, FeCl_2$
수지내 경도 (불용성)	재생액 (용해성)	나트륨 양이온 교환수지 (불용성)	폐액 또는 염수 (용해성)

수소 양이온교환수지

•중탄산과의 반응

$$H_2R + \begin{matrix} Ca(HCO_3)_2 \\ Mg(HCO_3)_2 \\ Na_2(HCO_3)_2 \end{matrix} \rightarrow \begin{matrix} CaR \\ MgR \\ Na_2R \end{matrix} + 2CO_2 + 2H_2O \qquad (18.3)$$

H_2R	$Ca(HCO_3)_2, Mg(HCO_3)_2, Na_2(HCO_3)_2$	CaR, MgR, Na_2R	$2CO_2$
수소 양이온 교환수지 (불용성)	중탄산이온과 결합된 양이온 (용해성)	수지 내 경도 (불용성)	이산화탄소 (용해성)

•황산염 및 염소이온과 반응

$$H_2R + \begin{bmatrix} Ca \\ Mg \\ Na_2 \end{bmatrix} \cdot \begin{bmatrix} SO_4 \\ Cl_2 \end{bmatrix} \rightarrow \begin{matrix} CaR \\ MgR \\ Na_2R \end{matrix} + \begin{matrix} H_2SO_4 \\ 2HCl \end{matrix} \qquad (18.4)$$

H_2R	$[Ca, Mg, Na_2] \cdot [SO_4, Cl_2]$	CaR, MgR, Na_2R	$H_2SO_4, 2HCl$
수소 양이온 교환수지 (불용성)	황산이온 및 염소이온과 결합된 양이온(용해성)	수지내 경도 (불용성)	황산 또는 염산 (용해성)

•재생

$$\begin{matrix} CaR \\ MgR \\ Na_2R \end{matrix} + H_2SO_4 \rightarrow H_2R + \begin{matrix} CaSO_4 \\ MgSO_4 \\ Na_2SO_4 \end{matrix} \qquad (18.5)$$

수지내 양이온 (불용성)	재생액 (용해성)	수소 양이온 교환수지 (불용성)	폐액 또는 염수 (용해성)

약염기음이온교환수지

•산과의 반응

$$2RNH_3OH + \begin{matrix} H_2SO_4 \\ 2HCl \\ 2HNO_3 \end{matrix} \rightarrow \begin{matrix} (RNH_3)_2SO_4 \\ 2RNH_3Cl \\ 2RNH_3NO_3 \end{matrix} + 2H_2O \qquad (18.6)$$

음이온 교환수지 (불용성)	산 (용해성)	산과 교환된 음이온 교환수지 (불용성)

•재생

$$\begin{matrix} (RNH_3)_2SO_4 \\ 2RNH_3Cl \\ 2RNH_3NO_3 \end{matrix} + Na_2CO_3 \rightarrow 2RNH_3OH + \begin{matrix} Na_2SO_4 \\ 2NaCl \\ 2NaNO_3 \end{matrix} + CO_2 + H_2O \qquad (18.7)$$

산과 교환된 음이온 교환수지 (불용성)	재생액 (용해성)	음이온 교환수지 (불용성)	폐액 또는 염수 (용해성)

강염기음이온교환수지

•산과의 반응

$$\begin{array}{ccccccc} 2RNOH & + & \begin{array}{c} H_2SO_4 \\ 2HCl \\ 2HNO_3 \\ 2H_2CO_3 \\ 2H_2SiO_3 \end{array} & \rightarrow & \begin{array}{c} (RN)_2SO_4 \\ 2RNCl \\ 2RNHCO_3 \\ 2RNNO_3 \\ 2RNHSiO_3 \end{array} & + & 2H_2O \end{array} \tag{18.8}$$

음이온 교환수지 (불용성)	음이온을 가진 산 (용해성)	교환된 음이온 교환수지 (불용성)

•재생

$$\begin{array}{ccccc} \begin{array}{c} (RN)_2SO_4 \\ 2RNCl \\ 2RNHCO_3 \\ 2RNNO_3 \\ 2RNHSiO_3 \end{array} & + 2NaOH & \rightarrow 2RNOH & + & \begin{array}{c} Na_2SO_4 \\ 2NaCl \\ 2NaNO_3 \\ 2NaHCO_3 \\ 2NaHSiO_3 \end{array} \end{array} \tag{18.9}$$

교환된 음이온 교환수지 (불용성)	재생액 (용해성)	음이온 교환수지 (불용성)	폐액 또는 염수 (용해성)

설계시 고려사항

이온교환수지들은 일반적으로 입상충진칼럼으로 사용된다. 물은 압력하에 하향류로 살수된다. 수지의 이온교환능이 고갈되면 칼럼은 역세척되어 고형물질을 제거한 후 수지상은 재생된다. 합성 양이온 및 음이온 교환수지는 자연산인 제올라이트보다 성능이 우수하다. 탈염을 위한 양이온 및 음이온수지는 분리된 교환칼럼을 직렬로 배열하거나 하나의 용기에 혼합하여 사용하기도 한다. 대표적인 수지상의 깊이는 1~2 m이고 유량은 0.2~0.4 $m^3/m^2 \cdot min$이다. 시판되는 수지의 총이온교환능은 50,000~80,000 g $CaCO_3/m^3$이다.

이온교환 탈염은 고순도의 증류수를 생산한다. 정수처리에서 분할처리법(split treatment)을 일반적으로 사용한다. 원하는 용량의 물을 탈염시켜 주 정수처리수와 혼합하여 일정 TDS의 물을 생산한다. 유입수의 유기물질과 부유물질은 수지를 막히게 하여 못 쓰게 한다. 그러므로 전처리과정으로 여과가 필요하다.[5] 이온교환수지의 개략적인 흐름도는 그림 18-1(a)와 같다. 이온교환능 산정은 예제 18-1에 나타내었다.

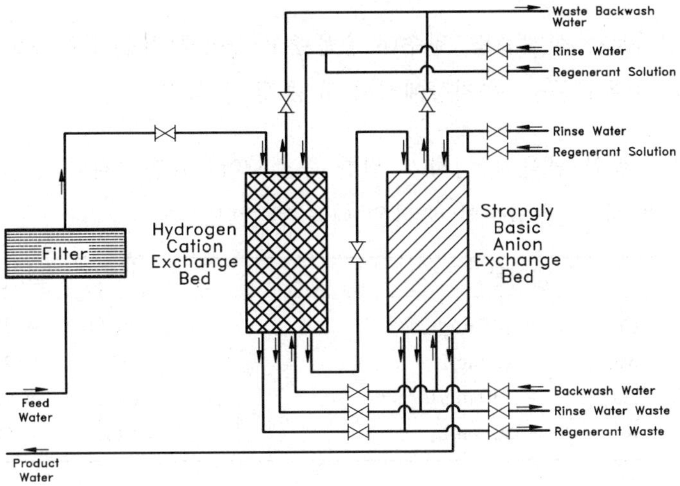

(a)

(b)

그림 18-1 이온교환 시스템. (a) 탈염화를 위한 대표적인 이온교환 시스템 흐름도, (b) 시판 이온교환장치(*Osmosis,* Inc.)

장치와 운전

이온교환에 필요한 장치는 일반적으로 전처리 시스템, 이온교환상, 수지, 압력펌프, 재생액 저류조와 펌프, 역세척, 그리고 세정수 시스템으로 구성된다. 시판 이온교환수지 장치를 그림 18-1(b)에 나타내었다. 이온교환기 운전절차는 제조자에 의한 장치에 한정된 지시를 포함한다. 일반적으로 이온교환 공정은 (1) 이온교환능 고갈, (2) 역세척, (3) 재생, (4) 완속 및 급속 세정, 네 단계의 모드로 운전된다.

설계인자

통상적인 설계인자로는 설계유량, 원수내 총용존고형물, 처리수의 총용존고형물, 원하는 탈염화 수준, 수지의 이온교환능, 수지상에서의 유량 등이 있다.

예제 18-1 $100\ m^3/d$ 유량의 물을 탈염하기 위한 수소양이온교환수지와 강염기음이온교환수지의 체적을 구하시오. 유입수의 수질은 다음과 같다.

양이온	음이온
Ca^{2+} = 145 mg/L	HCO_3^- = 258 mg/L
Mg^{2+} = 18 mg/L	SO_4^{2-} = 220 mg/L
Na^+ = 130 mg/L	Cl^- = 214 mg/L
K^+ = 50 mg/L	NO_3^- = 50 mg/L

수소양이온교환수지와 음이온교환수지의 이온교환능은 각각 80,000 g $CaCO_3/m^3\cdot$cycle, 5,000 g $CaCO_3/m^3\cdot$cycle 이다. 또한, 재생에 필요한 약품량을 산정하시오. 재생은 하루에 한번 실시한다.

풀이

1. 물의 총양이온과 음이온을 계산한다.
   물의 양이온-음이온물질수지는 다음과 같다.

양이온				음이온			
이온	농도(mg/L)	Eq.wt	mg/L as $CaCO_3$	이온	농도(mg/L)	Eq. wt	mg/L as $CaCO_3$
Ca^{2+}	145	20.2	362.5	HCO_3^-	258	61.0	211.5
Mg^{2+}	18	12.2	73.8	SO_4^{2-}	220	48.0	229.2
Na^+	130	23.0	282.6	Cl^-	214	35.5	301.4
K^+	50	39.1	63.9	NO_3^-	50	62.0	40.3
			782.8				782.4

2. 수지의 체적 계산
   cycle당 교환된 양이온 총량
   = $782.8\ g/m^3 \times 100\ m^3/d \times 1\ d/cycle = 78,280\ g\ CaCO_3/cycle$
   수소양이온교환수지 소요체적
   = $(78,280\ g\ CaCO_3/cycle)/(80,000\ g\ CaCO_3/m^3\cdot cycle) = 0.98\ m^3$
   cycle당 교환된 음이온 총량
   = $782.4\ g/m^3 \times 100\ m^3/d \times 1\ d/cycle = 78,240\ g\ CaCO_3/cycle$
   강염기음이온교환수지 소요체적
   = $(78,240\ g\ CaCO_3/cycle)/(50,000\ g\ CaCO_3/m^3\cdot cycle) = 1.56\ m^3$
   실제적으로, 누출 및 운전과 설계 제한 등 때문에 이온교환수지 소요체적은 이론적으로 계산한 소요체적에 1.2～1.5를 곱하여 산정한다.

3. cycle당 재생약품소요량 산정

순도 93%의 H_2SO_4을 수소양이온교환수지의 재생액으로 사용하였다.

cycle당 소요되는 황산량 산정

= (49.1eq.wt H_2SO_4 × 78,280 g $CaCO_3$/cycle)/(0.93 × 50 eq.wt $CaCO_3$ ×1,000 g/kg)

= 82.7 kg/cycle

일반적으로 2%로 희석된 용액을 사용한다. 실제 사용되는 황산량은 이론적으로 계산된 황산량에 2~3배를 사용한다.

순도 95%의 NaOH을 강염기음이온교환수지의 재생액으로 사용하였다.

cycle당 소요되는 수산화나트륨 산정

= (40 eq.wt NaOH × 78,240 g $CaCO_3$/cycle)/(0.95 × 50 eq.wt $CaCO_3$×1,000 g/kg)

= 65.9 kg/cycle

실제 사용되는 NaOH는 이론적으로 계산된 량의 2~3배를 사용한다.

막공정

막공정은 막을 통하여 고순도의 물은 투과하고 용존, 부유고형물질은 배제시킨다. 이들 공정들은 막공법의 추진력에 따라 (1) 압력에 의한 추진력: 역삼투, 나노여과, 한외여과, 정밀여과, (2) 전류에 의한 추진력: 전기투석, 역전기투석, 두 부류로 분류한다. 막공정들은 탈염화 용존/부유 고형물질을 제거하기 위해 이용된다. 막공정은 최근 몇 년간에 상당한 기술개발을 가져와 막기술의 이용이 정수처리에 급속히 이용되고 있다. 막공법은 향후에도 더욱 많이 이용될 것으로 기대되며 강화되는 수질기준에 만족시키기 위해 사용이 증가될 것이다.

압력추진 막공정

공정개요

이러한 막공정들은 원래 역삼투의 원리에 따라 개발한 것이다. 삼투는 반투과막을 통하여 저농도용액에서 고농도용액으로 화학적 평형에 도달할 때까지 자연적으로 물이 통과하는 것이다. 삼투압은 삼투가 발생하는 추진력이다. 역삼투에서는 삼투압보다 큰 외부압력을 용액에 적용하여 자연상태에서의 투과방향과 반대로 막을 통해 물이 이동하여 고순도의 탈염화된 물이 생산된다. 삼투와 역삼투의 원리를 그림 18-2에 나타내었다. 역삼투는 가장 높은 염배제능력(0.0001~0.01 ㎛)을 갖는다. 역삼투는 공업용수 탈염과 해수의 담수화에 가장 많이 사용되는 공정이다.

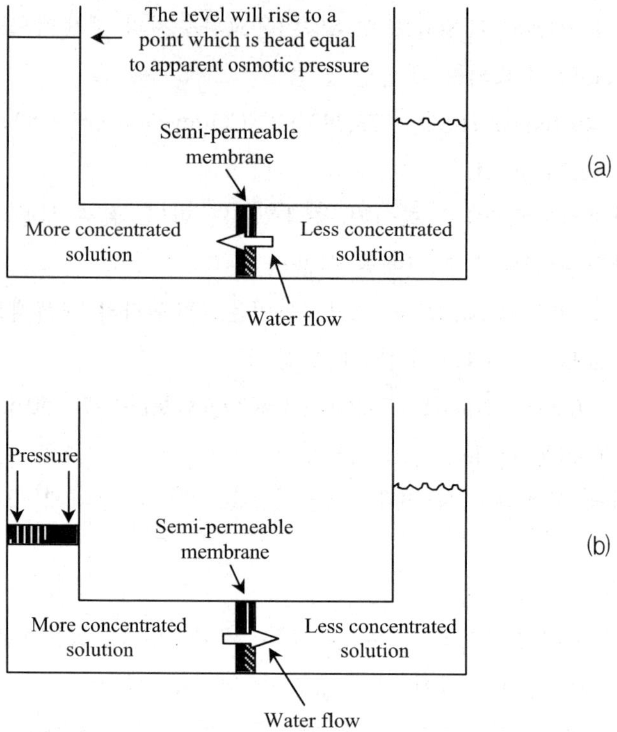

그림 18-2 삼투와 역삼투의 원리(참고문헌 6에서 인용, Technomic Pub. Co., Inc. 1999.)
(a) 삼투, (b) 역삼투

나노여과(NF), 한외여과(UF), 그리고 정밀여과(MF) 등은 탈염화에는 일반적으로 사용하지 않고 입자, 색도, NOMs, 기타 무기성, 유기성 오염물질을 제거하는데 이용된다. 이러한 공정들의 입자제거범위는 역삼투와는 매우 다르다. 나노여과공정은 0.001～0.01 μm범위의 분자들을 배제한다. 이러한 공정은 연수화와 TDS, TOC 제거에 이용된다. 한외여과는 콜로이드 크기 입자들을 제거하고자 선정된 막공정으로 입자제거 범위는 0.005～0.1 μm이다. 탈염에는 효과가 없지만, 탁도유발입자, 바이러스, 그리고 대부분의 유기물질(예를 들어 거대분자 NOMs, 단백질)들의 대부분이 한외여과범위에서 제거된다. 한외여과는 실제적으로 비교적 조대한 막을 이용한 물리적 체거름 공정이다. 정밀여과의 대표적인 공극의 크기는 0.45 μm이다. 제거입경범위는 0.05～1 μm이다. 일반적으로 이 공정은 정수처리에는 적용되지 않는다. 대부분 공업용수와 역삼투 공정의 전처리과정으로 사용된다. 공정의 유형에 따라 막은 허용 투과유량이 유지되는 동안 부유물질, 분자 또는 이온을 배제한다. 일반적으로 오염물질의 분리에 적용되는 여러 가지 막공정을 그림 18-3에 나타내었다.[7]

장치와 운전

정수처리에 적합한 역삼투 모듈은 고압(10,000 kN/m^2이상)의 유입수가 막표면을 통과할 수 있는 막의 배열과 지지구조물을 필요로 하며, 막의 반대편에서는 염분오염이 없는 물이 생산된다. 한외여과막의 운전압력은 일반적으로 1,000 kN/m^2(150 psig)이하이다.[8] 적용압력은 한외여과막이 역삼투막보다 훨씬 낮다. 역삼투막 시스템의 개략도는 그림 18-4(a)와 같다.

역삼투모듈은 네 가지의 유형으로 개발되었는데, 판형, 관형, 나권형, 중공사형이 있다. 많은 종류의 역삼투막이 개발되었지만 가장 널리 이용되는 막의 소재는 셀룰로오스 아세테이트(CA)와 폴리아마이드(PA, 나일론)이다. 대표적인 막의 두께는 100 ㎛이고, 0.2 ㎛ 두께의 표면층이 물질을 배제한다. 남은 층은 공극과 스폰지로 막지지재로 작용한다. 중공사형은 외경과 내경이 각각 50 ㎛, 25 ㎛이다. 역삼투 시스템의 기본적인 설계와 운전정보를 표 18-2에 요약하였다. 시판용 나권형 또는 scroll형 막을 그림 18-4(b)에 나타내었다.

나노여과의 주요 장치는 역삼투시스템과 유사한데 막모듈과 지지시스템, 고압펌프와 배관, 염수처리시스템으로 구성된다. 한외여과시스템은 역삼투나 나노여과시스템과는 다르다. 예를 들면, 작용압력이 매우 낮다. 무기성 이온과 분자들은 한외여과에서 제거되지 않으므로 한외여과시스템에는 염수처리시스템이 없다. 따라서, 한외여과는 중력여과시스템과 유사하게 단지 주기적으로 물 또는 공기를 이용하여 역세척만 한다. 막을 깨끗하게 하기 위해 이따금 유지관리가 필요하다. 막을 약산과 약염기용액에 담그면 된다. 막공정들은 자동화시스템으로 운영된다. 제어 소프트웨어의 도움으로 운전이 용이하다. 운전절차는 장치의 제조자들에 의해 공급받는다.

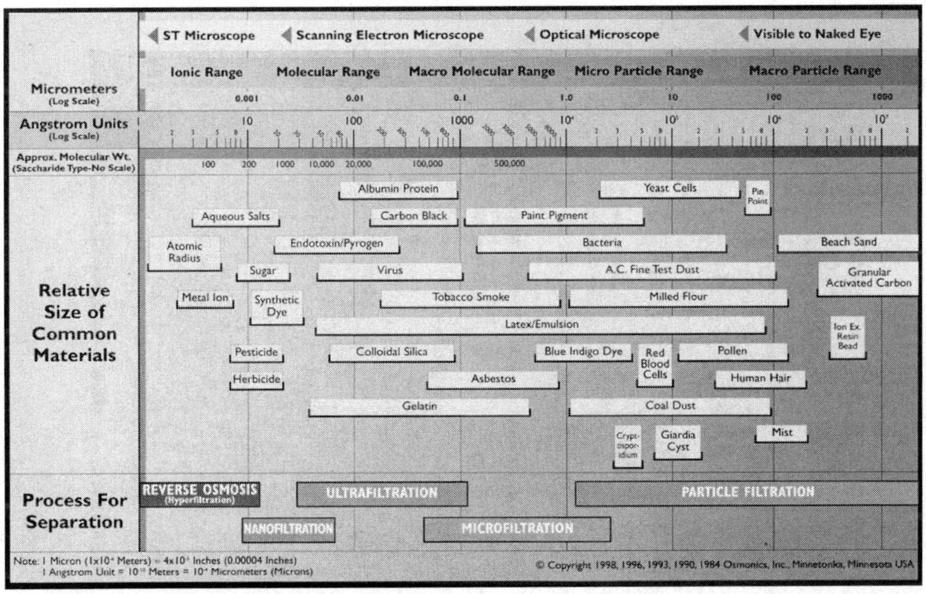

그림 18-3 일반적인 물질분리공정에 대한 압력추진 막공정의 적용(Osmonics, Inc.)

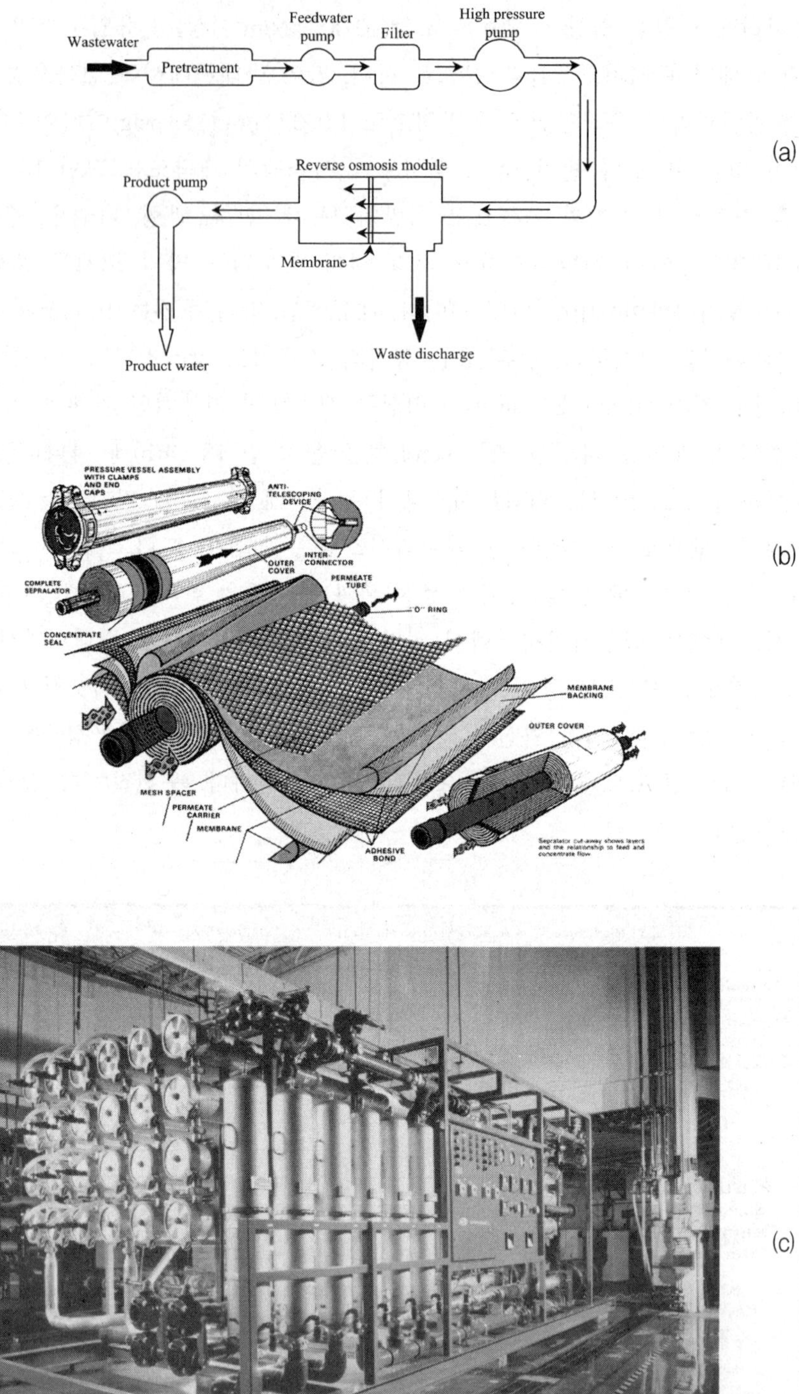

그림 18-4 역삼투 개략도와 시판용 막재질 및 장치. (a) 역삼투 시스템 개략도, (b) 나권형(spiral wound) 또는 scroll 막재질(Osmonics, Inc.), (c) 시판용 막장치(Osmonics, Inc.)

표 18-2 역삼투시스템의 설계 및 운전인자 요약

인 자	설 명	범 위	대표값
압 력	압력이 높아질수록 플럭스는 증가하지만, 막이 견딜수 있는 용량은 한계가 있다.	2,000 ~ 7,000 kN/m² (300 ~ 1,000 psig)	4,140 kN/m² (600 psig)
온 도	온도가 높을수록 플럭스는 증가한다. 막의 수명은 38℃ 이상에서 감소된다.	16 ~ 38℃	21℃
충진밀도	압력용기의 단위체적당 충진된 막의 면적이다.	164 ~ 1,640 m²/m³	820 m²/m³
플럭스	플럭스는 단위면적당 생산된 투과수의 회수율이다. 운전시간에 따라 플럭스는 감소하는 경향이 있다. 2년 동안 운전하면 플럭스는 50%로 감소한다.	0.1 ~ 5 m³/m²·d	0.5 ~ 1.5 m³/m²·d
회수율	회수율은 처리된 물의 총량과 투과수의 비율이다. 회수율이 증가하면 투과수에 많은 염이 배출된다.	75 ~ 95%	80%
염배제율	염배제율은 막의 유형과 염농도경사의 영향을 받는다.	85 ~ 99%	95%
전처리와 공급수	유입수는 반드시 스케일 형성 성분들(칼슘, 마그네슘, 철, 망간, 규소 등)을 제거해야한다. 이러한 이온들은 전처리과정에서 반드시 농도를 감소시켜야 한다. 공급수의 TDS는 10,000 mg/L 미만으로 하여야 한다. 유기물질, 미생물, 그리고 기름과 그리스는 막의 코팅과 막오염을 방지하기 위해 반드시 제거하여야 한다. cellulose acetate계 막들은 pH가 높거나 낮으면 가수분해되는 특성이 있다. 탁도와 입자는 반드시 제어해야 한다.		
	pH	4.5 ~ 5.5	4.7
	탁도	–	< 1NTU
	입경	–	< 25 μm
유입수 흐름유속	막표면에서의 농도분극현상을 방지하기 위해서는 높은 유속과 난류흐름이 필요하다.	0.01 ~ 0.8 m/s	–
수 명	막의 수명은 유입수의 수질에 의한다.	–	2 yr
세 정	막은 감압, 고유속의 물·공기·화학약품으로 주기적으로 세정하여야 한다.	주기적	–
동 력	고압의 운전압을 위해 펌핑동력이 요구된다.	2 ~ 5 kWh/m³	–

설계인자

탈염을 위한 막공정시스템의 설계에는 시설용량, 원수 염도, 전처리의 필요성, 생산수량, 배제율, 적용 압력, 유입수 수온, 그리고 염처분방법 등과 같이 많은 변수들이 있다. 한외여과와 정밀여과 공정은 탈염에는 부적절하며, 설계변수로는 시설용량, 원수의 탁도, 처리모듈의 플럭스(flux rate), 막간차압, 탁도와 입자제거율, 역세척수량과 수질, 역세척 평균빈도 등이 있다. 탈염을 위한 막 처리시설의 설계과정은 (1) 원수의 수질을 파악하고 전처리 공정을 선정, (2) 장치의 제조자의 자문을 통한 역삼투막의 선정, (3) 운전인자의 선정(플럭스, 배제인자, 적용압력, 시스템 수명, 처리능 등), (4) 시스템 크기의 산정, (5) 소요 동력산정, (6) 염처분 시스템의 선정, (7) 시설투자비의 감가삼각비, 노동력, 약품, 염분처분 등을 포함한 시스템의 경제성

분석으로 이루어진다.

시판용 막을 조합한 것을 그림 18−4(c)에 나타내었다.

예제18-2 상수원의 TDS농도는 1,000 mg/L이다. TDS 300 mg/L 미만인 처리수를 생산하기 위한 역삼투시스템을 설계하고자 한다. 처리용량은 19,000 m^3/d이다. 다음의 자료를 이용하시오.

처리장 설계용량, Q	19,000 m^3/d
회수율, R	75%
염배제율, S	95%
설계압력, P	4,140 kN/m^2
수온, T	27℃
원수 TDS, C_o	1,000 mg/L
처리수 TDS, C	300 mg/L
막플럭스, f	0.82 $m^3/m^2 \cdot d$

풀이 1. 분할(split)처리 방식을 적용할 때 시스템의 크기 산정 (그림 18−5).

$$C_e = \frac{C_0(1-S)}{R} = \frac{1{,}000\,\text{mg/L} \times (1-0.95)}{0.75} = 67\,\text{mg/L}$$

그림 18−5(a)에서와 같이 유량과 농도를 이용하여 RO의 용량 q_e를 산정

$(19{,}000\ m^3/d - q_e\ m^3/d) \times 1{,}000\ mg/L + q_e\ m^3/d \times 67\ mg/L = 19{,}000\ m^3/d \times 300\ mg/L$

$q_e = 14{,}255\ m^3/d$

RO시스템 공급유량 $q_f = q_e/R = 14{,}255\ m^3/d / 0.75 = 19{,}007\ m^3/d$

염수 유량 $q_b = (q_f - q_e) = 19{,}007\ m^3/d - 14{,}255\ m^3/d = 4{,}752\ m^3/d$

염수내 TDS $C_b = (0.95 \times 1{,}000\ mg/L)/(1 - 0.75) = 3{,}800\ mg/L$

총원수유량 $Q_o = q_f\ m^3/d + (19{,}000 - q_e)\ m^3/d$

$= 19{,}007\ m^3/d + (19{,}000 - 14{,}255)\ m^3/d = 23{,}752\ m^3/d$

최종적으로 물질수지를 분석한 결과를 그림 18−5(b)에 나타내었다.

플럭스 0.82 $m^3/m^2 \cdot d$에서 요구되는 RO막의 면적을 계산한다.

$A = (14{,}255\ m^3/d)/(0.82\ m^3/m^2 \cdot d) = 17{,}384\ m^2$

막의 충진밀도를 820 m^2/m^3로 가정하여 총소요용적을 계산한다.

$V = (17{,}384\ m^2)/(820\ m^2/m^3) = 22\ m^3$

각 모듈의 단위용적을 0.03 m^3/module로 가정하고 총모듈수를 계산한다.

$n = (22\ m^3)/(0.03\ m^3/\text{module}) = 733\ \text{module}$

만약 10개의 모듈을 압력용기에 사용하였다면 압력용기의 총수는

$N = 733\ \text{module}/(10\text{module/pressure vessel}) = 73.3\ \text{pressure vessel}$

75개의 압력용기를 사용한다.

2. 소요동력 계산

물동력 = 설계압력 × 유량

$= (4{,}140\ \text{kN/m}^2 \times 19{,}007\ \text{m}^3/\text{d})/(60\ \text{s/min} \times 60\ \text{min/hr} \times 24\ \text{hr/d})$

$= 911\ \text{kN} \cdot \text{m/s}$ (또는 kW)

펌프효율을 95%로 가정하면

제동동력 = 911 kW/0.95 = 959 kW

모터효율이 88%로 가정하면

모터동력 = 959 kW/0.88 = 1,090 kW

만일 더 높은 설계 압력에서 시스템을 운전할 수 있는 설비를 원한다면, 동력계산은 수정되어야 한다.

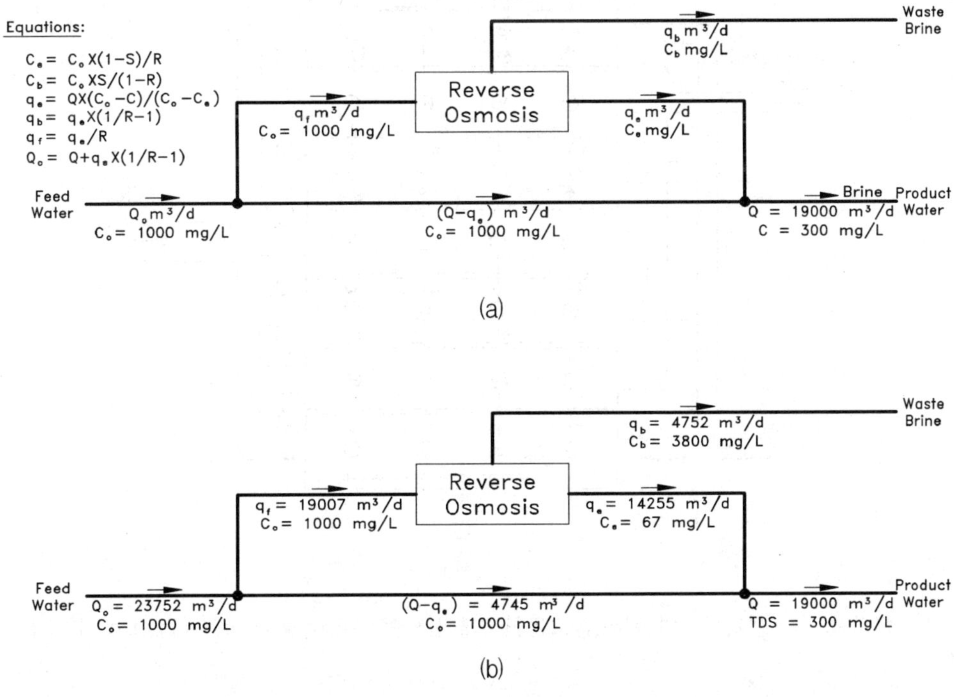

그림 18-5 예제 18-2의 RO 시스템의 물질수지분석. (a) RO시스템의 농도와 유량의 물질수지, (b) 물질수지분석의 최종결과

전기적 막공정

공정개요

전기투석(ED)은 또 다른 막공정으로 탈염에 효과가 있다. 이 공정은 전기적 전위차가 선택적 이온막을 통하여 이온들을 밀어낸다.[9,10] 이 공정은 염수처리에 실제적으로 가장 널리 이용된

다. 소요되는 에너지는 처리하고자 하는 원수의 염농도에 직접적으로 비례한다. 전기전압이 셀(스택)에 적용된다. 셀들은 양이온과 음이온 투과막이 교대로 배치되어 있다. 유입수내 양이온과 음이온은 반대 전극으로 이동한다. 양이온과 음이온 선택적 투과막을 통과하여 순수와 염수로 분리되어 생산된다. 막오염을 막기 위해서 유입수는 역삼투와 마찬가지로 전처리해야 한다. 전기투석 시스템의 흐름도는 그림 18-6과 같다. 역 전기투석공정(eletrodialysis reversal, EDR)은 전기투석과 유사한데, 직류의 극성이 주기적으로 바뀐다는 것이 다른 점이다. 극의 교체의 목적은 막표면에 형성된 스케일을 형성하는 물질을 자동적으로 세척하여 유입수의 전처리과정을 상당히 줄이기 위함이다. 압력 추진막공정과는 달리 전기투석공정들은 용존유기물질, 입자물질의 제거에는 적합하지 않다.

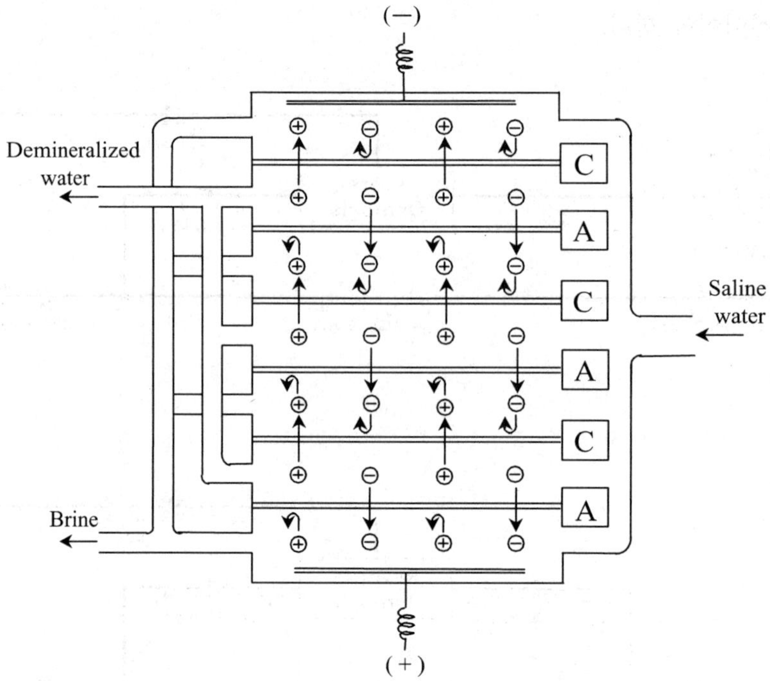

그림 18-6 전기투석의 원리(참고문헌 6에서 인용, Technomic Pub. Co., Inc., 1999.)

장치와 운전

전기투석 시스템의 주요장치는 지지시스템을 갖는 막 스택(stack), 전처리시스템, 염 처리 및 처분 시스템이다.

설계인자

전기투석 시스템의 설계인자들은 설계유량, 염도, 회수율, 유입수 수질, 전처리 등이다.

증류공정

공정개요

증류는 가장 오래된 탈염 공정이다. 이 공정은 염수 일부 또는 전체를 증발시키고 미네랄이 없는 증기를 응축시키는 과정으로 구성된다. 에너지 소요량이 매우 높다. 단순한 증류 공정의 변법은 다중효과 증발(multiple-effect eraporation)인데 여기서 물은 응축증기에서 발생하는 작은 진공 하에서 다단계로 증발된다. 응축잠열은 유입수의 예비 가온에 이용된다.[11] 이 방법은 해수로부터 담수를 생산하기 위해 오랜 기간 상업적으로 광범위하게 개발되었다. 이 공정은 그림 18-7(a)와 같다. 또 다른 변법은 증기압축을 통한 증류로 그림 18-7(b)와 같다. 이 시스템은 압축된 증기의 잠열을 이용하여 유입수를 예비가온하고 증발시킨다. 두 가지 변법 모두 에너지를 보존하지만 소요되는 에너지는 여전히 매우 높다.

태양열 증류는 사용하지 않으면 없어지는 에너지를 이용한다는 장점이 있다. 태양열 증류의 기본적인 원리는 오래전에 알려진 것으로 1872년 칠레에서 염수로부터 담수를 회수하는 시설을 최초로 설치하였다. 가장 단순한 태양열 증류 단위공정은 태양에 노출되는 경사진 유리로 덮힌 얇은 검은 팬으로 구성된다(그림 18-7(c)).[12] 증발된 물은 경사진 유리면에 응축되어 응축수 회수 수로를 통하여 수집된다. 현재의 기술로서 증발팬의 단위면적(m^2)당 하루에 약 3 kg의 담수를 생산한다. 평균 태양열 복사열 47.5 $cal/cm^2 \cdot d$에서 대략 운전효율이 35%이다. 이러한 수율은 오랜 기간동안 대규모 단위공정에서의 경험값이다.[13,14]

장치와 운전

증류공정에 필요한 일반적인 장치는 유입수 공급장치, 증류기 또는 보일러, 액체 가열 증발 시스템, 수증기 분리 응축시스템과 응축수와 염 회수 시스템으로 구성된다.

설계 인자

증류공정을 위한 일반적인 설계인자로는 설계유량, 유입수 온도, 처리단계수, 각 단계별 온도 강하, 열교환기의 효율, 염처리 및 처분시스템이 있다.

동결공정

공정개요

염수를 빙점이하로 냉각시키면 얼음 결정이 형성되고 용존염은 용액 내 잔류한다. 그러므로, 초기 염농도보다 높아지고 얼음은 순수한 물이 된다. 이 공정은 동절기에 바다가 결빙되는 추운 기후지역에서 이용되었다. 얼음은 염수와 분리되고 여름에 녹아 담수가 된다. 용액의 빙점과 생산된 얼음의 질은 용액의 염도의 영향을 받으므로 주의해야 한다. 빙점온도는 고염수일수록 낮으며, 매우 높은 염 함량에서 얼음 결정은 염으로 코팅된다.

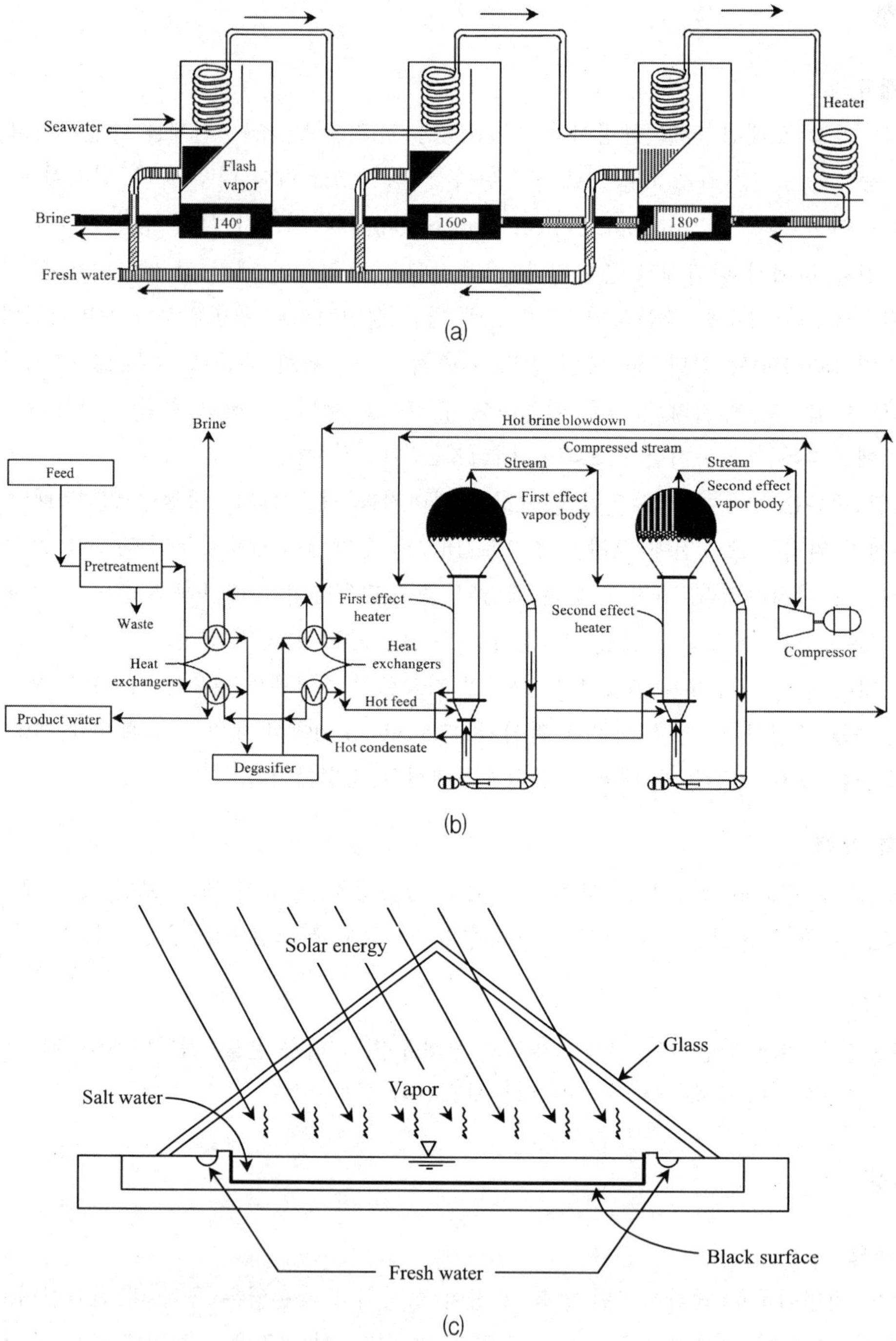

그림 18-7 물의 증류(참고문헌 6에서 인용, Technomic Pub. Co., Inc., 1999). (a) 플래쉬(flash) 증류, (b) 강제순환 진공-압축증류, (c) 태양열 증류

장치와 운전

동결공정에 일반적으로 필요한 장치는 얼음을 만드는 결빙기(추운 지역은 필요 없음), 얼음분리 및 융해 시스템, 염수와 담수의 수집 및 제거시스템 등이다.

설계인자

동결공정에서의 일반적인 설계인자는 설계유량, 염농도, 냉각속도, 토지면적, 자연 동결인 경우 수심, 염처리 등이다

18.2.2 질산염 제거

먹는 물에서 고농도의 질산염은 간접적으로 건강에 위해하다. 질산염은 급성독성물질로 알려져 있는데, 질산염이 위에서 또는 침에 의해 아질산염으로 환원되어 유아 청색증을 유발하기 때문이다. 음용수 수질기준은 질소농도로서 10 mg/L이다.

공정개요

질산염을 제거하는 몇 가지 기술들이 연구되었다. 이러한 기술로는 생물학적 탈질, 막공법 그리고 이온교환이다. 각 공정들은 다음에 간략하게 설명하였다.

생물학적 탈질산화

질산염의 생물학적 탈질은 수중에서 질산염을 제거하는데 효과적이다. 이 공정에서 질산염은 무산소 조건하에서 미생물에 의해 질소 가스로 환원되어 감소된다. 미생물은 식 (18.10)과 같이 메탄올과 에탄올 같은 적절한 탄소원을 필요로 한다. 이 공정은 효과적이지만 정수 처리에는 적합하지 않은데, 그 이유는 미생물과 유기물질 공급원이 수질오염을 유발하므로 제거해야 하기 때문이다. 그럼에도 불구하고 이 공정은 유럽에서 인정을 받고 있다.

$$6HNO_3 + \underset{\text{메탄올(탄소원)}}{5CH_3OH} \rightarrow 5CO_2 + 2N_2 + 13H_2O \qquad (18.10)$$

정수장에 일반적으로 이용되는 생물학적 탈질 공정은 고정상과 유동상 혐기성 여상이다. 질산염 환원을 위해 매체에 성장한 미생물의 분리를 위해 침전지가 필요하다. 메탄올과 에탄올은 반드시 식용을 이용해야 한다. 미생물, 탄소원으로부터의 잔류 유기물질과 미생물 부산물들의 제거에는 특별한 관리가 요구된다.

막공정

역삼투막은 질산염 제거에 대안으로 인식되고 있다. 역삼투막의 질산염 배제율은 65~95%인데, 유입수의 수질과 유입수내 다른 오염물질에 영향을 받는다. 기타 양이온과 음이온도 동시에 배제되므로 역삼투시스템은 탈염이 필요한 높은 TDS의 물과 염수 처리에 많이 이용된다.

이온교환공정

이온교환은 음용수에서 질산염을 제거하는 효과적이고 경제적인 공정이다. 강염기 음이온 교환수지는 다른 주요 음이온들과 경쟁적으로 질산염을 제거한다.[15] 만약 수중의 TDS가 1,000 mg/L 미만일 때 질산염은 황산염, 염소이온, 중탄산염 등과 경쟁하여 강염기 음이온 교환수지에 대해 두 번째로 선택성을 가지게 된다. 황산염의 선택성이 높다. 황산염보다 질산염에 선택성이 높은 음이온 교환수지(tributylamine, 강염기)의 개발로 California의 McFarland에 설치된 3,800 m^3/d 용량의 처리시설이 건설되었다. 이 처리장은 반자동식 모드로 운전되는데 처리수의 70%를 미처리수 30%와 혼합하여 운전한다.[16]

질산염 제거 칼럼 설계시 질산염 선택성, 이온교환능, 재생 필요성에 기초하여 수지를 선택하여야 한다. 질산염 제거는 유입유량에 민감하므로 부하율은 300 L/min · m^3 이하를 유지해야 한다. 수지의 깊이는 반드시 0.6 m 이상이어야 한다. 질산염 제거시설을 위한 설계와 운전기준 개발을 위해서는 파일롯 플랜트 연구가 필요하다.[5] 처리수의 질산염 농도를 결정하기 위해서는 정확하고 신뢰할 수 있는 질산염 모니터링 장치가 중요하다. 왜냐하면 어떤 수지들은 일단 질산염 파과가 발생한 후에 일정 기간 동안 유출수의 질산염 농도가 유입수의 농도를 크게 초과하기 때문이다.

장치와 운전

음용수에서 질산염제거를 위한 주요장치는 이용되는 방법에 따라 달라진다. 생물학적 탈질 시스템은 부유 또는 부착증식 미생물 반응조, 침전지, 메탄올/에탄올 주입 시스템, 그리고 잔류유기물질 제거 장치 등이 필요하다. 역삼투와 이온교환시스템의 주요 장치는 탈염처리에서와 같다.

설계인자

질산염 제거시스템의 설계인자는 유량, 질산염 농도, 경쟁 음이온 농도, TDS 등이다.

18.2.3 불소제거

불소는 오래전부터 충치예방제로 인식되었다. 충치예방을 위한 최적의 불소농도는 1.0 mg/L이다. 그러나 불소농도가 1.5 mg/L 이상이면 반상치를 유발할 수 있다. 고농도의 불소는 독성을 가지며 불소침착증, 반상치, 신장과 갑상선 장해를 유발한다. 불소에 대한 National Primary and Secondary Drinking Water Standard의 값은 각각 4.0 mg/L, 2.0 mg/L이다.

공정개요

석회연수화, 알럼 응집은 모두 불소를 제거하는데 어느 정도 효과는 있지만, 불소제거를 위해 보다 적합한 방법은 활성알루미나(Al_2O_3)나 보크사이트(bauxite)에 흡착 제거시키는 것이다.[a] 활성알루미나 흡착은 불소 농도를 음용수 수질기준 이하로 낮출 수 있다.[5]

활성알루미나는 이온교환수지는 거의 같은 방식으로 사용된다. 물은 활성알루미나 충진층으로 여과된다. 불소에 대한 알루미나의 이온교환능은 (1) 불소 초기농도, (2) 유입수 pH, (3) 알루미나 입경의 영향을 받는다.[17] 불소에 대한 활성알루미나의 제거능은 유입수의 불소농도에 비례하여 증가한다. 불소제거를 위한 유입수의 최적 pH는 5.5부근이다. 충진컬럼에서 작은 알루미나 입경들은 불소를 빠르게 흡착시키지만 작은 입자들은 역세척 동안에 유실되고 재생용액인 NaOH에 용해되기 쉽다. 일반적으로 사용하는 활성알루미나는 28～48 mesh이다. 활성알루미나의 불소제거능은 6～8 kg/m^{3}이다. 기타 오염물질, 특히 비소는 불소제거율을 감소시킨다. 불소제거를 위한 권장 EBCT는 최소 5 min이다. 예로서, 0.028 m^{3}의 알루미나 여상은 최대유량 0.095 L/s로 운전해야 물과 알루미나간의 EBCT를 5 min으로 유지할 수 있다.

알루미나 여상의 재생은 역세척, 재생 그리고 중화 단계를 거친다. 역세척은 여상의 부유물질을 제거하고 압축된 여상을 느슨하게 하며 매체를 재분산 시킨다. 역세척은 10～15 min간 여상을 50% 팽창시킨다. 알루미나 여상의 재생은 NaOH용액으로 이루어진다. 일반적으로 0.56～6.7 L/s·m^{3}의 유량의 0.5～2% NaOH 용액으로 1～1.5 hr 동안 재생시킨다. 활성알루미나는 재생하는 동안 어느 정도는 용해된다. 재생 후 활성알루미나의 중화가 필요한데 여상을 산성조건으로 전환시킨다. 이 조작은 여상을 물로 세척하여 과잉의 염기성분을 제거시킨 다음에 여상을 pH 2.0～2.5인 H_2SO_4 또는 HCl 용액으로 세정한다. 유출수의 pH를 모니터링하면서 산용액을 처리유량으로 통과시킨다. 유출수의 pH가 원하는 처리수준에 도달하면 운전을 다시 시작한다.[5] 역세척, 재생, 중화, 세정, 그리고 산성화 조작에서 발생하는 유량은 염수로서 수집된다. 염수는 탈염 공정에서 발생하는 염수와 유사한 방법으로 처리해야 한다.

실규모 불소제거 시설을 위한 표준설계 및 운전절차는 현재까지 완전하게 개발되지는 않았다. 설계와 운전 기준을 개발하기 위해서는 파일롯 플랜트의 시험운전이 필요하다.

장치와 운전

정수장에서 활성알루미나에 의한 불소제거를 위해 필요한 주요장치는 활성알루미나 여상, 산과 염기 주입장치, pH 조정과 제어시스템, 원수여과와 역세척 시스템, 알루미나 여상의 재생과 중화시스템이 있다.

a. 고주입의 알럼응집으로 기존 정수장에서 불소농도를 감소시킬 수 있다. 그러나 음용수 수질기준 이하로 불소를 감소시킬 수 없다.

설계인자

불소제거 알루미나 여상을 설계하기 위한 중요인자는 설계유량, 유입수의 불소농도, 유입수 pH, 여과속도, 그리고 알루미나의 불소 흡착 속도이다. 설계과정은 이온교환 시스템과 유사하다.

18.2.4 비소제거

인체 내에 비소는 상대적으로 단기간에 축적된다. 급성비소독성의 주요 특징은 심각한 위장 손상과 심장이상이다. 비소는 피부암, 간암, 폐암, 신장암, 방광암의 위험성이 있다. 비소의 현재기준은 50 μg/L이지만 건강상 위해를 막기 위해서는 0.5 μg/L 이하로 강화해야 한다.

수중의 비소는 네 가지의 산화상태(+5, +3, 0, −3)로 존재한다. 자연수중에서 가장 일반적인 비소의 형태는 5가(aesenate, As(V)) 또는 3가(arsenite, As(III))인데 3가 비소의 독성이 가장 강하다. 비소의 발생원은 자연현상과 인위적인 활동이다. 자연 담수원의 비소농도는 0.3~230 μg/L이다. 일반적으로 고농도 비소는 As(III)형태로 지하수에 국한된다.[19~21]

공정개요

비소는 철염과 알루미늄염을 이용한 고도응집(enhanced coagulation) 또는 기존 응집에 의해 제거될 수 있다. 다른 제거방법으로는 활성알루미늄, 이온교환, 막공법이 있다.[22]

고도응집

5가 비소(As(V))는 고주입율의 철염과 알루미늄염 응집에 의해 쉽게 제거된다. 최적 응집제 주입량은 유입수질에 따라 쟈테스트를 통하여 결정한다. 연구결과 비소제거의 최적 pH는 5.5 미만 또는 8.5~9.0의 범위로 제시되었다. 석회연수화도 pH 10.5 이상에서 As(V)를 제거하는데 매우 효과적이다. 기존 응집방법은 As(III)제거에는 효과적이지 않다. pH 11 이상의 석회연수화 과정에서 As(III)제거율은 80% 이상이다. 높은 제거효율을 얻기 위해서는 응집과정 이전에 As(III)을 As(V)로 산화시키는 공정이 요구된다. 염소, 오존, 그리고 과망간산칼륨 등이 산화공정에 성공적으로 이용된다.[22~26] 응집단계는 일반적으로 지표수의 탁도를 제거하는데 필요하다. 대부분의 비소 문제점들은 일반적으로 탁도가 없는 지하수에서 직면하므로 응집은 비소제거에 적절한 방법은 아니다.[5,27,28]

활성알루미나

비소는 활성알루미나에 의해 강하게 흡착/교환되기 때문에 활성알루미나 칼럼에서 비소는 불소보다 잘 제거된다. 고농도의 NaOH용액은 알루미나 여상으로부터 비소를 녹여서 분리하는데 필요하다. 몇몇 연구자들은 4% NaOH용액이 비소제거에 필요하며, 불소제거에는 1% 용액이 필요하다고 제안하였다. 활성알루미나 시스템을 이용한 비소제거는 불소제거와 유사하게 설계되며 운전된다.

이온교환

음이온교환수지가 수중에 비소를 제거하는데 이용된다. 일부 강염기 음이온교환수지는 $HAsO_4^{2-}$와 같이 2가 음이온으로 존재하는 As(V)를 다른 1가 음이온에 우선하여 제거한다. 음이온교환수지 여상의 설계고려사항은 18.2.2절의 질산염제거와 동일하다. 음이온교환수지에 의한 비소제거는 현재 개발 중에 있다.[5,22,28,29]

막분리

역삼투와 나노여과막이 음용수내 비소제거를 위해 연구되었다. 고압 역삼투시스템에서 비소는 상대적으로 적은 배제수로 비소를 제거한다. 막공정에서 As(V)와 As(III) 모두 제거효율은 유사하다.[5,22,28,30]

장치와 운전

고도응집, 활성알루미나, 이온교환, 막분리에 의한 비소제거의 주요 장치들은 각각 8장에서의 응집-플록형성, 18.2.3절에서의 불소제거, 18.2.2절의 질산염 제거, 18.2.1절에서의 탈염과 유사하다.

설계인자

활성알루미나, 이온교환 또는 막공정에서의 주요 설계인자는 설계유량, 비소농도, pH, 원수의 구성성분, 수지나 알루미나의 제거용량, 역세척, 재생, 중화, 세정 등이다. 고도응집공정은 기존 응집공정과 유사한 설계과정을 가진다.

18.2.5 중금속 제거

중금속들은 미량무기오염물질로 일부 원수에는 고농도로 함유되어 있다. 알럼에 의한 응집만으로도 납, 구리, 셀레늄, 바나듐, 수은을 약 50% 제거시킬 수 있다. 그러나 이 방법은 니켈, 코발트, 망간, 크롬에는 효과가 거의 없다.[31] 알럼을 이용한 기존 응집은 많은 중금속의 제거에 효과적이며 응집의 후속공정인 모래여과에서 은, 수은, 구리 등을 거의 영으로 만든다. 그러나 모래여과는 크롬, 카드뮴, 바나듐, 코발트 등은 제거할 수 없다. 아연과 니켈은 염소 존재 하에 응집시 감소된다.[31]

연수화와 연계한 높은 pH에서의 응집은 대부분의 중금속을 제거하는데 효과적이다. 원하지 않는 성분이나 독성이온들은 또한 입상활성탄을 통한 여과에 의해 제거할 수 있다. 은, 수은 등은 완전히 제거되며 아연 니켈 및 기타 중금속도 상당량 제거된다. 활성알루미나 역시 많은 중금속들을 효과적으로 제거시킬 수 있다.[31]

18.3 유기물질 제거

유기물질은 수질에 영향을 준다. 많은 유기화학물질들은 불쾌한 맛과 냄새를 유발한다. 비록 일반적으로 저농도일지라도 기타 인위적인 오염물질들은 커다란 관심사이다. 예를 들면 비닐클로라이드(VC), 벤젠, PCBs, 몇몇 세탁용제, 많은 종류의 농약과 제초제, 그리고 기타 유기화합물질들은 발암성물질로 알려져 있다. 기타 성분들 가령 클로로포름, THMs, 그리고 기타 치환물질, 할로겐 유기화합물질들은 암 발생 의심물질이다. 본 절에서는 유기물질 발생원과 이들 오염물질의 제거를 위한 적절한 공정을 설명하였다.

18.3.1 발생원

유기화합물질들은 자연적, 인위적 발생원에 의해 발생되다. 이들 발생원들은 다음과 같다.

자연발생원

자연유기물질(natural organic mather, NOM)은 동식물 잔류물에서 유래한 자연발생적인 유기물질이 용해되어 발생한다. 여기에는 수생식물, 동물 등이 포함되며, 잔디, 낙엽, 나무 등이 부패되어 분해되고 배수된 것이다.[32] 기타 발생원은 조류, 세균, 방선균(actinomycetes) 등이 있다.

대부분의 NOMs은 휴믹성분으로 단백질, 탄수화물, 그리고 리그닌과 탄닌으로부터 유래된 phenolic polymer 등을 함유한다. 지하수와 지표수내 함유한 자연발생 유기탄소농도는 각각 0.1～2 mg/L, 1～20 mg/L이다. 대부분 늪으로부터의 색도가 높은 물의 TOC는 200 mg/L 정도이다. 자연수내 유기성분, 측정기술, 그리고 수질에 미치는 영향들은 2장, 11장, 12장에 설명하였다.

인위적 발생원

합성유기화합물질은 도시, 산업폐수, 농경지, 누출, 고의적인 방류 등을 통해 발생한다. 기타 인위적인 유기물질 오염원은 소독부산물이 있다. 이러한 인위적인 오염물질의 자연수중의 농도는 ppb 단위로 매우 낮다. 이들 화합물질로는 합성세제, 농약, 세척용제, PCBs, THMs 등이 있다.[33,34] 이러한 유기화합물질들에 대한 자세한 내용은 2장, 11장, 12장에 설명하였다.

18.3.2 처리기술

적용가능 공정

유기물질은 재래식, 비재래식 처리공정으로 정수처리에서 제거된다. 일반적으로 이용되는 공정으로는 폭기, 탈기, 산화, 고도응집, 흡착, 생물활성탄(BAC), 이온교환, 막분리가 있다. 유기화합물에 따라 최적 적용기술은 달라진다.

자연발생 유기물질들은 일반적으로 고분자량을 가진 휴믹산과 펄빅산이다. 자연발생 물질들은 응집과 산화에 의해 효과적으로 제거된다. 높은 응집제 주입율 하에서의 낮은 pH 응집(고도응집)과 연수화와 연계한 응집은 자연발생 유기물질의 제거를 향상시키는 것으로 알려져 있다. 탈기법은 용해도가 낮은 저분자 휘발성 유기물질의 제거에 효과적이다. 이러한 화합물질의 예로서, 클로로포름, 벤젠, 브로모포름, 카본 테트라클로라이드, 클로로벤젠 등이 있다. 활성탄 흡착은 농약과 방향족 화합물질과 같은 합성유기물질의 제거에 효과적이다.[35,36] 또한 활성탄 흡착은 자연발생의 맛·냄새 유발물질에 효과적이다. 상기한 내용에 대한 자세한 설명은 11장을 참고하면 된다. 유기물질을 제거하기 위한 이온교환기술은 점차 대중성을 얻고 있다.[37,38] 사실 대부분의 유기성분은 각각의 성질에 따라 이온교환수지와 다르게 반응한다. 어떤 성분들은 수지상을 통과하고, 다른 성분들은 가역적으로 고정되며 재생과정에서 방출되며, 또 다른 성분들은 비가역적으로 반응하여 수지에서 재생이 안 된다. 일반적으로 강염기 음이온 교환수지들은 비가역적이 되고 양이온 교환수지는 영향을 받지 않는 반면 약염기 음이온 교환수지는 가역적으로 유기물질을 보유한다.[31] 이온교환수지는 페놀과 아민 같은 극성, 이온화된 유기화합물질 제거에 효과적이다. 일부 거대 공극의 교환수지 등은 색도와 TOC를 제거하는데 효과적이다. 기타 탄소성 수지들은 THMs, 페놀, 농약, 염화유기화합물질과 같은 비극성 유기물질 제거에 효과적이다.[5] 또한 생물활성탄(BAC)여상은 NOM과 미세 오염물질 제거에 폭넓게 연구되었다. 이것은 미생물 막이 성장하도록 한 활성탄 또는 안트라싸이트 여상이다. 미생물막과 접촉한 유기물질은 미생물에 의해 분해된다. 오존처리는 유기화합물질의 생물분해성을 향상시켜 BAC에 의해 쉽게 분해되도록 한다. 막분리에 의한 유기물질 제거는 최근 연구와 적용이 활발한 분야이다. 한외여과에 의한 지표수처리는 분자량이 70 g/mole 이상의 유기물질을 포함한 많은 종류의 오염물질을 제거한다. lindane, parathion 및 기타 많은 농약들도 효과적으로 제거한다.[31]

미량오염물질 제거

앞서 자연수에 함유된 대부분의 유기화합물질의 처리법을 소개하였다. 본 절에서는 많은 종류의 미량오염물질 제거를 위한 특수처리법에 대해 설명하였다. 이들 미량 유기오염물질들은 THMs(염소소독 부산물), 페놀, 탄화수소, 세제, 그리고 농약 등이다.

페놀과 페놀화합물질

페놀과 페놀화합물질들은 응집과 여과 같은 재래식 처리법으로는 제거가 안된다. 이산화염소, 오존에 의한 산화법, 활성탄, 활성탄과 오존의 조합처리 등의 특수처리가 이들 화합물질을 제거하는데 필요하다.

고농도의 이산화염소 주입은 클로로페놀과 기타 페놀화합물질들을 산화시킨다. 그러나 과잉염소는 반드시 제거해야 한다. 적절한 주입량과 pH에서 오존처리는 페놀과 그 화합물질을 파괴한다. pH가 높은 조건에서는 낮은 오존농도가 필요한데 pH가 12에서 7로 되면 오존농도는 두 배가 소요된다.[31] 자연수의 정상적인 pH(7～8.5)에서 페놀화합물질을 분해하기 위해서는 고농도의 오존 주입이 필요하다. 오존주입량은 페놀화합물질의 유형과 농도에 따라 변한다.

페놀과 페놀화합물질들은 활성탄에 의해 효과적으로 제거된다. 입상활성탄은 모든 유형의 페놀화합물질의 제거에 매우 효과적이다. 분말활성탄에 의한 제거는 페놀화합물질의 유형과 농도 그리고 탄소주입량에 의한다. 오존과 활성탄의 조합 처리는 고농도의 페놀화합물질의 제거에 매우 효과적이다. BAC 또한 페놀화합물질의 처리에 매우 효과적이다.

탄화수소

원수에 유입되는 탄화수소는 사고에 의한 유출, 지하저류탱크에서의 누출에 의한다. 많은 부분이 응집, 침전, 여과 등의 재래식 처리에 의해 제거된다. 미량의 탄화수소들은 활성탄 흡착과 오존에 의한 산화로 제거된다.

농약

농약과 제초제들은 기존 정수처리공정으로는 제거가 안 된다. 완속모래여과는 몇 가지 농약에 대해서만 제한적으로 효과가 있다. 오존산화는 농약과 제초제를 분해한다. 염소는 염소계 농약의 제거에는 효과가 없지만 몇 가지 제초제를 부분적으로 산화시킨다. 과망간산칼륨은 몇 가지 농약과 제초제를 부분적으로 파괴하지만 그 효과는 낮아 일반적으로 지표수에서 발견되는 농약을 적당한 수준까지 제거할 수는 없다. 지금까지 활성탄 흡착법이 농약을 제거하는데 가장 많이 이용되고 있다. 분말활성탄 뿐 만 아니라 입상활성탄도 농약의 제거에 이용되고 있다. pH, 온도가 활성탄 흡착 제거효율에 미치는 영향은 거의 없다.[31,39] 오존처리 후 BAC 공정은 농약과 제초제 제거에 효과적이다.

세제

세제, 계면활성제 또는 표면활성제들은 거대 유기분자들로 물에 용해성이 낮고 공기-물 계면에서 거품을 형성한다. 응집, 침전에 의해서는 이러한 세제들은 제거되지 않는다. 여과도 거의 세제를 제거하지 못한다. 전염소처리는 세제분자들을 파괴시킬 수 없다. 일반적으로 이용되는 제거법은 거품분리, 오존산화, 그리고 활성탄 흡착법이다.

세제의 거품분리는 농도가 높을 경우에 사용된다. 이 공정은 물속 수면 약간 아래에 공기를 불어 넣어 생성된 거품을 분리시킨다. 이 공정의 효율은 공기유량, 공기방울 입경, 그리고 세제의 특성과 농도의 영향을 받는다.

오존은 세제분자를 분해시킨다. 수중의 세제의 50%를 제거하기 위해서는 오존 주입농도를 1.5~3 mg/L로 주입해야 한다.[31] 오존산화에 의해 분해할 수 없는 잔류 세제 농도가 항상 존재한다. 활성탄 흡착은 세제의 제거에 매우 효과적인 공정이다. 세제함량을 50% 제거하기 위해서는 활성탄을 12.5~25 mg/L 주입해야 한다.[31,35] 물론 제거율은 세제 특성과 농도의 영향을 받는다. 입상활성탄은 세제를 제거하는데 매우 효과적이다. 오존을 조합한 BAC공정은 세제함량이 종종 높아지거나 낮은 잔류성분을 요구될 때 유용하다. 오존과 활성탄 처리는 일반적으로 미량 오염물질의 제거에 적합하다. 세제만을 제거하기 위해서는 입상활성탄만으로 충분하다.

장치와 설계인자

상기 내용은 자연발생원인 유기물질을 처리하는 재래식 처리공정이다. 미량의 자연발생, 합성유기물질의 제거에는 오존/활성탄 흡착이 요구된다. 오존처리와 활성탄 흡착을 위한 장치와 설계인자들은 11장과 12장에서 자세하게 설명하였다.

오존과 활성탄을 이용할 때, 그 조합은 장치와 기술 그리고 경제성을 고려하여 신중하게 평가해야 한다. 중력여과 이전에 오존처리를 하면 장점일수 있지만 활성탄 여과상 후에는 반대이다. 이러한 배치는 오존처리와 전염소처리로부터 발생하는 산화부산물들을 제거하기 위함이다. 만일 잔류염소를 배수시스템에서 유지해야한다면 활성탄 여상이 염소소독과 암모니아화 단계이전에 반드시 위치하여야 한다.

Water Works Engineering

문제 및 토론

18.1 염수로부터 음용수를 회수하고자 할 때, 여러 가지 탈염화 공정(이온교환, 증류, 막공정)의 장점과 단점에 대해 토의하시오.

18.2 총경도가 300 mg $CaCO_3$/L인 우물물을 분할처리하여 연수화하였다. 제올라이트 여상은 총유량의 3/4를 처리하여 처리수의 경도를 3 mg $CaCO_3$/L를 생산한다. 1/4유량은 연수화된 물과 직접 혼합된다. 제올라이트 여상의 용적은 28.3 m^3이다. 수지의 연수화용량은 총경도로 62 kg $CaCO_3/m^3$이다. 소모된 수지는 98% 순도의 NaCl 용액으로 재생된다. 소모된 염은 이론량의 3배이고 4% 염용액을 이용하였다. (a) 950 m^3/d의 물을 연수화할 때 재생주기를 계산하고, (b) 처리수의 경도를 산정하시오. 또한, (c) 재생주기당 소모된 염소모량을 산정하시오.

18.3 수소양이온교환수지의 용량은 288 kg/m^3이다. 재생주기는 5 d이며 유량은 1,900 m^3/d이다. 여상의 체적과 재생에 필요한 산의 양을 계산하시오.
주요 이온들은 Ca^{2+} = 28 mg/L, Mg^{2+} = 21 mg/L, Na^+ = 56 mg/L, K^+ = 20 mg/L이다.

18.4 음이온교환수지를 설계하시오. 수지여상용량은 320 kg $CaCO_3/m^3$이다. 재생주기는 5 d이고, 유량은 1,900 m^3/d이다. 재생에 필요한 이론적인 NaOH 소요량을 계산하시오. 수중에 함유된 주요 음이온들은 다음과 같다.
SO_4^{2-} = 35 mg/L, Cl^- = 68 mg/L, HCO_3^- = 37 mg/L, CO_3^{2-} = 19 mg/L, NO_3^- = 6 mg/L, CO_2 = 12 mg/L, SiO_2 = 2 mg/L

18.5 역삼투공정을 설명하시오. 역삼투 모듈을 적용하기 전에 어떤 전처리가 필요한가? 판형, 관형, 나권형, 중공사형 막 모듈설계의 건설 및 운전을 설명하시오.

18.6 TDS 2,000 mg/L의 염수를 탈염하기 위해 역삼투 시스템을 설계하고자 한다. 처리장의 처리용량은 2,000 m^3/d이다. 다음 자료를 이용하시오. 설계압력 4,000 kN/m^2 조건하에서 회수율 R = 75%, 염배제율 S = 95%, 플럭스 = 0.65 $m^3/m^2 \cdot d$이다.

18.7 높은 TDS의 호수에서 물을 취수하였다. 이 물을 역삼투시스템으로 탈염하고자 한다. 전처리공정을 설명하고 공정도를 그리시오.

18.8 막공정과 비교하여 증류공정의 장점과 단점에 대해 토의하시오.

18.9 20 mg/L 질산성질소와 1.0 mg/L 용존산소를 함유한 우물물을 0.01 m^3/s로 탈질하기 위해 소모되는 메탄올량(kg/d)을 계산하시오.

18.10 활성알루미나을 이용하여 불소이온을 제거하기 위한 최소 권장 EBCT는 5 min이다. 최대 유량이 0.15 L/s일 경우 활성알루미나 여상 용적을 계산하시오.

18.11 NaOH가 활성알루미나 여상의 재생에 이용된다. 1.5% 용액을 0.6L/s · m^3으로 1 hr 동안 사용하였다. 만일 NaOH를 5L 소모하였을 경우 여상의 용적을 산정하시오.

18.12 우물물에서 비소를 제거하기 위한 여러 가지 공정에 대해 토의하시오. 활성알루미나 칼럼에서 비소 제거기작이 불소이온 제거기작과 어떻게 다른지를 설명하시오.

18.13 상수에 고농도의 셀레늄이 함유시 건강에 미치는 영향에 대해 토의하시오. 셀레늄 제거법은 참고문헌 5를 참고하시오.

18.14 참고문헌 26을 읽고 지표수에 함유된 계절적인 농약의 발생원과 처리법에 대해 토의하시오.

18.15 어떤 정수장이 관내 미생물 증식을 제어하기 위해 주기적으로 염소를 주입하는 긴 도수관로에서 원수를 받는다. 그 결과 원수 중에 THMs가 높다. 원수중의 THMs을 제거하기 위한 방법에 대하여 토의하시오.

참고문헌

1. Fair, G. M., Geyer J. C., and Okun, D. A. *Water and Wastewater Engineering*, vol. 2, John Wiley & Inc., New York. 1968.
2. Bishop, P. *Marine Pollution and its Control*, McGraw-Hill Book Co., New York, 1983.
3. Dorfner, K. *lon Exchangers Properties and Applications*, 3d ed., Ann Arbor Science, Ann Arbor, MI, 1977.
4. Tchobanoglous, G. and Schroeder, E. D. Water Quality: *Characteristics, Modeling, and Modification*, Addison-Wesley Publishing Co., Reading, Massachusetts, 1985.
5. James M. Montgomery, Inc. *Water Treatment Principles and Design*, John Wiley & Sons, New York, 1985.
6. Qasim, S. R. *Wastewater Treatment Plants: Planning. Design, and Operation*, 2ded., Technomic Publishing Co., Inc., Lancaster, PA, 1999.
7. Osmonics, Inc. *The Filtration Spectrum*, Osmonics, Inc., Minnetonka, MN, 1998.
8. Cheryan, M. *Ultrafiltration Handbook*, Technomic Publishing Co., Inc., Lancaster, PA, 1986.
9. Cruver, J. E. *Membrane Process in Physicochemical Process for Water Quality Control*,(W.G. Weber, Jr., ed.), Wiley Interscience, New York, 1972.
10. Farrell, J. B. and Smith, R. N. "Process Applications of Eletrodialysis,"*Ind. Eng. Chem.*, vol. 54, no. 6, p. 29, June 1962.
11. AWWA. *Water Quality and Treatment* 5th ed., McGraw-Hill Book Co., New York, 1999.
12. Viessman, W. and Hammer, M. J. *Water Supply and Pollution Control*, 6th ed., Addison-Wesley, Menlo Park, CA, 1998.
13. United Nations. *Solar Distillation as a Means if Meeting Small-Scale Water Demand*, Publication No. 70.II.B.1, United Nations, Department of Economic and Social Affairs, New York, 1999.
14. Qasim, S. R. "Treatment of Domestic Sewage by Using Solar Distillation and Plant Culture," *Journal Environ. Sci. Health*, vol. A13, no. 88, pp. 615-627, 1981.
15. Guter, G. A. *Removal of Nitrate from Contaminated Water Supplies for Public Use*, Interim Report, EPA-6000/2-81-029, USEPA, Cincinnati, OH, 1981.
16. Evans, S. "Nitrate Removal by Ion Exchange," *Journal Water Pollution Control Federation*, vol. 45, no. 4, pp. 632-636, Aprill 1973.
17. Choi, W. W. and Chen, K. Y. "The Removal of Fluoride from Waters by Adsorption." *Jour. AWWA*. vol. 71, no. 10,pp. 562-570, October 1979.
18. Robel, F. and Williams, F. S. *Pilot Study of Fluoride and Arsenic Removal from Potoble Water*, EPA-600/2-80-100, USEPA, Cincinnati, OH, August 1980.

19. Fergusson, U. F. *The Heavy Element-Chemistry, Environmental Impact and Heath Effects*, Pergamon Press, Oxford, NY, 1990.

20. Fergusson, J. F. and Anderson, M. A. "Chemical forms of Arsenic in Water Supplies and Their Removal," *Chemistry of Water Supply, Treatment, and Distribution* (A. J. Rubin. ed), Ann Arbor Science Publisher, Inc., Ann Arbor, Michigan, 1974.

21. Fergusson, J. F. and Davis, J. A. "Review of the Arsenic Cycle in Natural Waters," *Water Research*, vol. 6, no. 11.pp, 1259-1274, November 1972.

22. Jekel, M. R. "Removal of Arsenic in Drinking Water Treatment," *Arsenic in the Environment, Part 1: Cycling and Characterization*(J. O. Nriagu, ed.), John Wiley & Sons, New York, 1994.

23. Zhu, G., et al. "Coagulation Diagrams for Arsenic Removal by Enhanced Coagulation," *Proceedings of 1997 Fall Meeting of Texas Section-American Society of Civil Engineers*. pp. 32-42, October 1-4, 1997.

24. Hering, J. G., et al. "Arsenic Removal by Ferric Chloride," *Jour. AWWA*, vol. 86, no. 9. pp, 155-167, April 1996.

25. Cheng, R. C., "Enhanced Coagulation for Arsenic Removal," *Jour. AWWA*. vol. 86, no. 9, pp. 79-90m September 1994.

26. Edwards, M. "Cheistry of Arsenic Removal during Coaglation and Fe-Mn Oxidation," *Jour. AWWA*, vol. 86, no.9 pp.64-78, September 1994.

27. Ghosh, M. M. and Yuan, J.R. "Adsorption of Inorganic Arsenic and Organoarsenicals on Hydrous Oxides," *Environ. Prog*, vol.6, no. 3, pp. 150-150-157,Narch 1987.

28. Fox, K. R. and Sorg, T. J. "Controlling Arsenic, Fluoride, and Uranium by Point-of-Use Treatment," *Jour. AWWA*, vol. 79, no. 10, pp. 81-84, October 1987.

29. Clifford, D. A. "Ion Exchange and Inorganic Adsorption," *Water Quality and Treatment*(F. W. Pontius, ed.). 4th ed., McGraw-Hill, Inc., New York, 1990.

30. Hering, J. G, and Elimelech, M. *Arsenic Removal by Enhanced Coagulation and Membrane Processes*, Final Report, Department Of Civil and Environmental Engineering, UCLA, Los Angeles, CA, 1995.

31. *Degremont. Water Treatment Hanbook*, 5th ed., Degremont, Rueil-Malmaison, France, 1979.

32. Gjessing, E.T. *Physical and Chemical Characteristics of Aquatic Humus*, Ann Science, Ann Arvor, Michigan, 1976.

33. Donaldson. W. T. "Trace Organics in Water." *Environmental Science and Technology*, vol. 11, no. 4, pp, 348-351m April 1977.

34. Rook, J.J. "Haloforms in Drinking Water." Jour. AWWA, vol. 68, no. 3, pp. 168-172, March 1976.

35. Randtke, S. J. "Organic Contaminant Removal by Coagulation and Rekated Process Combinations," *Jour. AWWA*, vol. 80, no. 5, pp. 40-56, May 1988.

36. Hand, O. W., et al. "Designing Fixed-Bed Absorbers to Remove Mixtures of Organics," *Jour. AWWA*, vol. 81, no. 1, pp. 67-77, January 1989.

37. Anderson, C. and Maier, W.G. *The Removal of Organic Material form Water Supplies by Ion Exchange*, Report for Office of Water Research and Technology, Washington D.C., 1977.

38. Chen, A. S. C. et al. "Activated Alumina for Removing Dissolved Organic Compounds," *Jour. AWWA,* vol. 81, no.1, pp.53－69, Jan. 1989.

39. Miltner, R. C., et al., "Treatment of Seasonal Pesticides in Surface Waters," *Jour. AWWA*, vol. 81, no. 1, pp. 43～52, Jan. 1989.

chapter

19

설계오류 방지

W·a·t·e·r·W·o·r·k·s·E·n·g·i·n·e·e·r·i·n·g

19.1 서 론

설계오류가 발생하여 종종 프로젝트 팀과 재검토 과정에서 발견되지 않고 통과된다. 사실 복잡한 세부 계획과 사양작성과정에서 작은 일이 간과되는 것은 쉽게 발생할 수 있으며, 설계자가 책임을 지게 된다. 일단 범한 실수들은 다시 계획과 사양을 깊이 검토하더라도 발견하는 것이 종종 어려워진다.

이 장의 목적은 건설, 운전, 유지관리 단계에서 발견되는 많은 설계오류와 결함들에 대하여 설명하였다. 또한 여러 형태의 설계오류를 없애기 위해 설계팀과 재검토 팀에 의해 실행될 수 있는 절차를 나타내었다.

19.2 설계오류와 결함

몇 가지 큰 실수들의 무의식적인 발생은 상세도면을 간과하거나 생략하기 때문에 일어날 수 있다. 또는 설계자들이 설계계산에서 어떤 항목을 포함하는 것을 단순히 잊거나 잘못된 판단 또는 가정을 하거나 또는 설계기준의 적용을 간과하기 때문에 발생한다. 기타 많은 잘못된 설계 항목들은 실제적으로 오류가 되지 않을 수도 있지만 정수장 건설이나 확장의 관점에서 바람직하지 않거나 처리장치 운전과 일상관리 측면에서 원하는 유연성을 주지 못할 수도 있다. 다음은 많은 설계에서 발생하는 여러 가지 유형의 설계오류와 큰 실수에 대한 목록이다.

1. 단위배치도를 준비할 때 설계엔지니어는 단위 처리시설의 기초 지반고를 낮추어 지상위로의 건설을 피해야 하지만, 수리 종단면과 다른 단위시설와의 상대적인 고도를 적절하게 변경해야 한다는 것을 잊어버릴 수 있다. 그 결과 자유수면이 후속 단위시설보다 낮아지게 된다. 설계기준이나 기준고도가 변경되나 그 효과가 전체설계에 미치지 않은 유사한 설계 실수들이 있다.
2. 설계된 공정들이 자주 범람하는데 이는 설계자가 위급조건에서 설계유량의 수리조건을 점검하기 않았기 때문이다. 예를 들어 역세척 동안에 여상이 범람하는데 이는 역세척을 위한 유출배관이 부적절하기 때문이다. 또 여재가 유실되는 경우는 역세척 수로가 충분히 높지 않기 때문이다.
3. 많은 설계에서 두 공정 간의 공유벽이 한쪽 공정의 물을 비웠을 때 무너진다. 또 정수압에 의해 바닥 슬라브가 위로 융기되거나, 장치의 물을 비웠을 때 토압에 의해 측벽이 붕괴되는 경우도 있다. 이는 설계자가 한계하중조건에서의 구조적 안정성을 검토하지 않았기 때문에 발생한다.
4. 많은 설계들이 부정확한 기준과 설계가정에 의해 이루어진다. 그 결과 이후에 관련 규제기관의 특정한 기준을 만족시키기 위해 광범위한 개량이 이루어져야 한다. 이러한 기준의 예로는 체류시간, 고형물 부하, 예비 장치들, 최대 용량, 그리고 약품주입량 등이 있다. 이러한 경우에

설계자는 설계기준을 잘못 해석하였거나, 변속펌프를 과대하게 설계한 것이다. 실제로 공정의 범람은 그러한 유량에서 펌프가 조작되어 발생한다.

5. Wright의 보고에 의하면 인공수로는 골짜기를 가로질러 원수를 이송하기 위해 건설되었다. 교각이 크고 불안정하지만 수로가 일단 설치되고 교각에 연결되어 구조는 안정적이게 되었다. 그러나 건설단계에서 몇몇 제방은 무너졌다.[1]
6. 침전지 설계에서 침전지 벽에 걸리거나 박혀있는 캔티레버식 구조의 유출수 라운더에서 강철바를 보여주지 않았다고 Wright는 보고하였다. 누구도 이를 알지 못하여 시설이 처음 시동 되었을 때 라운더가 떨어지게 되었다.
7. 또 다른 침전지 사고로서 Wright는 설계자가 정확하게 corbel이 물이 가득 찬 유출수 수로의 무게를 받칠 수 있도록 하였다고 보고하였다. 이 조건은 유출수 배관에 측면 수문이 닫혔을 때와 조가 비워져 있을 때 발생할 수 있다. 그러나 설계자가 부주의하여 라운더가 부력에 견디도록 corbel에 고정하지 않았다. 침전지에 최초로 물이 채워졌을 때 부력에 의해 라운더는 지지대로부터 떠올랐다.
8. 펌프장이 범람원에 설치된 또 다른 경우를 Wright는 보고하였다. 펌프장은 잠수함식 해치로 모든 전기연결과 인입선이 홍수에 대비해 밀봉되어 있다. 펌프들은 습정에 설치한 기포관식 수위센서에 의해 제어되었다. 기포관이 범람수위이상 확장되지는 않아 그 결과 펌프장은 기포관을 통해 침수되었다.
9. 처리시설들의 범람은 범람 방지 제방을 설치함에도 불구하고 자주 발생한다. 범람 원인으로는 체크밸브나 게이트 밸브가 강우시에 작동하지 않는 것, 우수 또는 유출수 펌프들이 작동하지 않는 것, 처리장내 우수 배제가 강우강도나 유출계수의 부정확한 가정에 의해 부적절한 설계되는 것, 홍수 방제제방의 높이가 낮은 것 등이 보고 되고 있다.
10. Wright는 펌프의 토출관은 연결된 커플링을 포함한다고 보고하였다. 연결고정은 수리적 힘을 받게 되고 볼트들이 높은 인장력을 갖는 볼트가 되도록 설계하고 시방한다. 대신 연장 연결 볼트가 설치되었다. 펌프들이 일단 시험되면 연결 볼트는 떨어지고 그 결과 펌프 기초가 휘고 앵커 볼트들이 고장나 전체적으로 펌프가 움직이게 된다.
11. 또 다른 경우 흡입관이 적절하게 고정되지 않았다. 진동에 의해 벽에 틈이 생긴다. 그 결과 습정의 고수위에 의해 건식수조(dry pit)에 물이 찬다.
12. 한 설계에서는 펌프장 흡인관에 체크밸브를 설치하였다.
13. 약품주입펌프가 약품용액조에 연결되었다. 조는 통풍구가 없었고 약품주입 펌프가 액체를 인출했을 때 조가 대기압으로 붕괴되었다.
14. 설계계획의 상세도면에 잘못 표기되는 단순한 실수에 의한다. 그 예로서 30 cm 40들보를 40 cm 30들보로 표기한 경우를 들 수 있다.
15. 염소접촉실에서 송풍기 스위치와 가스마스크가 실내에 위치하여 사고시 사용할 수 없게 되는 경우가 있다.

16. Sanks는 한 계획에서 몇 개의 조립 수직 여과기들이 너무 가깝게 위치하여 운전자들이 사이로 들어가기 힘들다고 보고하였다. 또 다른 정수장에서는 제어반에 건조제를 바꾸기 위해 전면판을 제거하는 경우도 있다.[2]
17. 많은 설계들이 향후 확장과 정수장 건설에 대한 고려가 부족하다. 시설의 기본적인 운전과 유지관리, 안전 등을 간과하는 경우도 있다. 통상적인 잘못된 설계의 예를 Wright, Sanks 등은 다음과 같이 지적하였다.[1~4]
    a. 향후 확장을 위한 부지가 충분하지 않거나 다른 장치가 확장을 방해한다.
    b. T형 플랜지가 향후 연결을 위해 적절한 위치에 제공되지 않았다.
    c. 향후 건물확장을 위한 준비가 되지 않았다.
    d. 기계 주변에 작업이나 무거운 물건들을 들어올릴 수 있는 작은 기중기를 위한 공간이 충분하지 않다.
    e. 볼트로 연결된 관로들이 벽면에 설치되어 있는데 볼트나 렌치를 장착할 충분한 공간이 없다.
    f. 수동 핸들이나 작업자들의 접근을 위한 여유있는 공간없이 관에 밸브들을 설치하였다.
    g. 체인 기중기를 위한 적절한 위치에 갈고리가 콘크리트 천정에 제대로 박혀 있지 않다.
    h. 바닥배수관이 없거나 바닥경사가 적절하지 않다.
    i. 장치의 규격이 공정크기에 적합하지 않다.
    j. 건물 내 문이 너무 작아 장치들을 들여올 수 없다(또는 장치들을 구조물이 완성되기 전에 설치하였다면 꺼낼 수가 없다).
    k. 약품저장고를 위한 충분한 공간이 없거나 약품주입장치가 적절하게 설계되지 않았다.
    l. 소음 또는 열을 발생하는 장치들을 고려하지 않았다.
    m. 밸브, 장치, 배관의 결빙을 추운 기후에서 고려하지 않아 계속 피해를 입는다.
    n. 약품저장지역은 잠재적으로 누출위험에 있어 안전성의 고려가 중요하다. 약품이나 가스 누출 등의 항목을 고려하지 않았다. 공기보다 가벼운 가스(암모니아)가 열린 계단이나 바닥을 통하여 침투되고, 공기보다 무거운 가스(염소)가 수평으로 확산되어 낮은 높이의 공간과 터널 등에 영향을 준다.
    o. 정수장 운전자뿐만 아니라 행정-제어동의 지원인원들을 보호할 수 있는 적정한 안전수단이 제공되어 있지 않다. 이런 경우는 (1) 누출 탐지기, (2) 세척 시스템, (3) 가스 스크러버, (4) 저장고로부터 건물간의 최소거리, (5) 건물 개구부, (6) 공기흡입 등이다.[5] 대부분 Uniform Fire Codes(UFC)는 이러한 조항들을 포함하고 있다.[6]
    p. 전선관, 약품 관로, 에어컨(HVAC), 그리고 배관들은 일반적으로 건물들의 다른 층에 집중된다. 종종 수직과 수평 방향 간의 충돌을 피하기 위한 규칙이 무시되어 설계되는 경우가 있다.
    q. 운전동의 평면 배치가 적절하게 설계되지 않았다. 그 결과 많은 배수관을 갖는 실험실과 화장실이 전산실 바로 위에 위치하고 있다.

r. 전선관, 약품관 그리고 배관이 지나치게 집중되어 슬라브에 과잉관통과 개구부를 만들었다. 이런 경우 슬라브의 적절한 구조적 허용한도를 초과할 수 있다.
s. 분리 - 확장 조인트의 위치가 잠재적인 이동과 분리 조인트와 교차하여 부설된 관의 위치에 관련된 규칙에 부합하지 않는다.

이러한 작은 설계결함에는 많은 목록이 있다. 설계자들은 이러한 것들을 알고 있어야 하며 설계 준비단계에서 적절히 고려하여야 한다.

19.3 일반적인 설계오류와 결함의 제거 또는 저감절차

일단 설계와 시방단계에서 오류가 발생하면 탐지되지 않을 가능성이 있다. 이것을 막기 위해 많은 엔지니어링 회사들은 종합적인 설계 검토과정을 개발하였다. 하지만 이러한 검토 과정들은 조직내 개인적인 능력에 기초하며, 일에 따라 매우 다르다. 모든 조건하에서 반드시 고려하여야 몇 가지 기본적인 항목들이 있는데 다음과 같다.

1. 여러 차례의 설계 검토와 도면과 사양서의 점검은 일반적으로 오류와 불일치를 제거하기 위하여 설계의 여러 단계에서 필요하다.
2. 정수장의 예비 설계 자료는 계획과정의 일부분으로서 개발된다(5장 참고). 이것은 설계용량, 공정선택, 공정계열수, 예비적인 장치의 규격 등이다. 만약 주요 변화가 예상된다면 정당성 증명이 필요하다. 저자의 견해로는 사전 설계 보고서를 전체의 설계계산단계와 도면 사양준비 기간 중에 가이드로 반드시 이용하여야 한다. 그러나 사전 설계 보고서의 철저한 검토는 설계자, 검수자, 프로젝트 엔지니어, 그리고 프로젝트 관리자들에 의해 이루어져야 한다. 이러한 검토에서 작업계획, 책임, 공정, 예산 등에 대해 반드시 토의되어야 한다. 사전 설계 보고서(공정의 순서 포함)에서 개발된 설계 자료의 변경은 관련된 모든 사람들의 인증을 받아야 한다. 이후에는 설계 자료는 변경되면 안 된다.
3. 2차 검토는 개별적인 단위 처리시설의 설계가 완성된 후에 해야 한다. 이 검토에서는 관련 기관의 기본 설계 기준, 물질수지분석, 유량, 정상조건과 비상조건(가장 큰 단위 시설이 작동이 안될 경우)에서의 부하량, 단위조작의 세부사항, 각각의 단위시설의 기계적 장치들을 반드시 점검하여야 한다. 장치의 호환성, 약품의 최소, 최대 주입량, 운전압력, 펌프유량, 약품주입기 등에 대한 고려도 해야 한다. 필요한 공간, 유연성의 필요성, 그리고 장치의 호환성과 성능을 만족시키는데 있어서의 변경이 이 기간 중에 이루어진다.
4. 3차 검토는 배치, 배관, 수리 종단면도 등이 완성된 후에 이루어져야 한다. 이 단계에서 설계엔지니어, 검토자, 프로젝트 관리자 및 책임자 그리고 1차, 2차 검토에 참여하지 않은 한두명의 경험있는 설계자를 포함한 검토자들을 반드시 포함시켜야 한다.

이 검토 중에 변동사항들은 목록화하여 별도의 점검목록으로 문서화하여야 한다. 이들 변동사항들을 모든 도면에 반영하여야 한다. 소규모 컨설팅 엔지니어 회사들은 경험이 충분하지 않을 수 있다. 이러한 경우에서 유능한 컨설턴트를 설계의 점검에 이용할 수 있다.

이 검토는 동시에 제한된 설계항목에 대해 이루어진다. 이러한 항목들은 (1) 처리공정과 배치도, (2) 향후 확장계획, (3) 수리 종단면도와 장치의 표고, (4) 장치 주변의 공간, (5) 유연성, (6) 결빙, 그리고 (7) 처리장치의 운전 및 유지관리와 안전사항이다. 각각의 항목들과 검토시 고려사항들은 다음과 같다.

1. 처리공정과 배치는 철저하게 점검하여야 한다. 특히 고려해야할 사항들은 다음과 같다.
   처리 흐름과 반송 배관
   물질수지
   조 체적과 수리학적 부하율
   펌프, 배관, 밸브, 수문, 바이패스, 수집과 분배박스 등
2. 배치도면에 향후 처리장치의 확장계획공간을 반드시 표시하여야 한다. 이것에는 향후 조, 건물, 부속기계, 주배관 등에 대한 것을 포함한다. 대부분 설계자들은 점선으로 배치도면에 표시하기를 선호하므로, 향후 확장에 방해되는 공정 또는 건물들이 쉽게 인지된다. 또한 향후 확장을 위한 배관은 반드시 점검하여야 한다. 많은 설계자들은 적합한 장소에 T관과 십자관을 제공하는 것을 선호한다. 이는 관말단이 향후 연결에 이용되기 때문이다.
3. 수리계산과 종단면은 정수장 전반에 대한 모든 주요 흐름에 대해 점검해야 하는데, 여과지 역세척과 배출수 처리를 반드시 포함한다. 단위장치 높이, 지면 높이, 건물바닥높이, 그리고 한계흐름 조건에서 수면높이 등은 수리 종단면도에 반드시 포함하여야 한다. 수리 종단면도와 단위 처리시설 및 건물높이에서 누락 및 오류들은 심각한 재난을 초래할 수 있다.
4. 장치주변에 작업자 점검과 장치 유지관리를 위한 작은 기중기 및 기타 공구들을 위한 적절한 공간은 제공되어야 한다. 작업자의 머리와 천정간의 높이, 입구와 접근지점, 체인 기중기를 위한 천정 고리 등을 주위 깊게 점검하여야 한다.
5. 높고, 낮은 요구조건에서 적합한 장치운전을 위해 정수장의 유연성은 중요하다. 배관, 밸브, 구조물들은 제일 큰 것의 고장시에도 설계유량에 적합하도록 용량을 정하여야 한다. 약품주입장치도 극한 상황에 대응하도록 용량을 정하여야 한다. 약품 저장고와 장래 주입장치를 위한 여유 공간들이 적합하게 계획되어야 한다.
6. 동결이 예상된다면 장치와 배관의 동결방지는 반드시 점검하여야 한다. 수로, 배관, 슬러지 배관, 그리고 간헐적으로 배출되는 배수관 등은 흙 덮개를 충분하게 하거나 완전히 배수시켜야 한다. 스프로라켓, 체인 등과 같은 구동부분들은 조의 동결수심 아래에 설치하여야 한다.
7. 운전 및 관리(O&M), 그리고 안전 고려사항들은 점검팀들이 간과해서는 안 된다. 어떤 설계자들은 장치의 일반적인 운전유연성을 포함하기위해 운전 및 관리 매뉴얼을 설계단계에서 작성

한다. 점검팀들이 점검하여야할 기본적인 O&M, 안전 항목들은 다음과 같다.

장치의 우회로는 정상적인 유지관리를 위해 반드시 만들어져야 한다.

바닥배수와 적합한 경사는 장치의 세척과 배수를 위해 있어야 한다.

염소용액배관은 일상적인 운전상 필요를 위해 조벽, 위어, 수로를 세척할 수 있도록 해야 한다. 각 공정의 시료채수지점은 O&M 매뉴얼에 분명하여 표기되어야 한다. 대규모 정수장에서는 시료채수 배관이 직접 실험실로 연결되는데 이는 시료를 즉각 실험실과 분석요원들이 취수하기 위해서이다.

점검팀은 장치와 제어장치에 대하여 유지관리 측면에서 반드시 검토하여야 한다. 복잡한 장치보다는 단순한 장치가 적합하다.

조작핸들과 밸브들은 조작상 여유가 있어야 한다.

운전 제어판은 접근이 가능하여야 하며 띠그래프 용지, 기록 펜, 그리고 건조용기들은 쉽게 교체 가능하여야 한다.

유해화합물질들(염소, 오존, 암모니아 등)은 반드시 별도로 보관하여야 한다. 소음과 열을 발생하는 장치 또한 별도로 위치하여야 한다. 건조 약품 주입장치의 배치는 쉽게 약품을 채울 수 있도록 해야 한다. 모든 저장용기들은 보조의 저장용기가 필요하다. 약품저장조와 행정 및 제어동 사이에는 충분한 거리가 있어야하고, 공기 인입과 스크러버가 있어야 한다. 점검과정에서 UFC를 따라야 한다.

모든 계단과 복도는 난간이 있어야 한다.

전술한 바와 같이, 각 검토 공정은 프로젝트, 설계회사의 재원능력에 따라 다를 수 있다. 각 회사는 자원과 프로젝트의 필요성에 맞는 점검절차를 반드시 개발하여야 한다. 여기에서 제시한 검토 공정은 안내일 뿐이지 완전한 것은 아니다.

문제 및 토론

19.1 6장~15장에 여러 가지 처리공정설계를 위한 정보체크리스트를 기술하였다. 이 체크리스트들은 개별 공정을 위해 매우 전문화된 것이다. 이 정보를 이용하여 설계자가 프로젝트의 전체적인 설계단계에서 이용할 수 있는 지침서로서 정수장 전반에 걸친 일반화된 체크리스트를 작성하시오.

19.2 설계검토팀이 이용할 수 있는 포괄적인 설계 검토 점검목록을 작성하시오.
점검항목의 배열은 다음순서대로 수행하시오.

(a) 도면과 사양에서 이행해야 하는 사전설계정보
(b) 공정계열과 계측
(c) 정수장 배치와 배관
(d) 건물과 장치
(e) 정수장의 수리(hydraulics)
(f) 도로, 배수 및 조경
(g) 운전 및 유지관리의 유연성
(h) 확장시 유연성

19.3 당신이 환경엔지니어로서 소규모 컨설팅 회사에 입사하여 중규모의 정수장의 최종계획과 사양서를 완성하여야 한다. 당신의 부서에는 한명의 토목/환경 엔지니어가 있다. 프로젝트의 사전설계는 당신부서에 현재 없는 또 다른 엔지니어가 수행하였다. 당신이 어떻게 사전설계보고서의 개정, 설계업무와 검토과정, 검토팀, 프로젝트 일정표를 포함한 프로젝트 항목들을 조직화할 것인가를 토의해 보시오. 이 프로젝트는 반드시 18개월 이내에 완성되어야 한다. 이 프로젝트는 기존 정수처리시설과 송수펌프장을 두 배로 증설하는 것이다.

19.4 문제 19.3과 같은 내용이다. 그러나 당신이 대규모 엔지니어링회사에서 사전설계보고서를 준비하였던 프로젝트 관리자를 돕는 초보설계엔지니어라고 가정하여 문제 19.3을 완성하시오.

참고문헌

1. Wright, J. R.,"Design Blunders, *"Water Treatment Design for Practicing Engineers*(R. L. Sanks, ed.),"Ann Arbor Science Publisher, Ann Arbor, MI, 1978.
2. Sanks, R. L. "How to Avoid Design Blunders, *"Water Treatment Plant Design for Practicing Engineers* (R. L. Sanks, ed.)," Ann Arbor Science Publisher, Ann Arbor, MI, 1978.
3. Ragan, T. M. "O&M Manuals and Operator Training, *"Water Treatment Plant for Practicing Engineers* (R. L. Sanks, ed.)," Ann Arbor Science Publisher, Ann Arbor, MI, 1978.
4. Qasim, S. R., *Wastewater Treatment Plants: Planing, Design, and Operation,* 2d ed., Technomic Publishing Co., Inc., Lancaster, PA, 1999.
5. Corbin, D. J. et al. "Compact Treatment Plant Layout," *Jour. AWWA*, vol.84, no.8, pp.36042, Aug. 1992. International Fire Code Institute. *Uniform Fire Code*, International Conference on Building Officials and Western Fire Chiefs Association. CA, 1997.

부 록 A

물의 물리, 화학적 특성

이 부록은 정수처리 플랜트의 설계에 일반적으로 사용되는 물에 대한 주요 물리적, 화학적 특성들을 요약하였다.

W·a·t·e·r·W·o·r·k·s·E·n·g·i·n·e·e·r·i·n·g

표 A-1 물의 기본적인 특성

분자식	H_2O
분자량, g/mol	18
이온화 상수(K_w) at 25℃	10^{-14}
단위체적중량, γ at 25℃, kN/m^3(62.43 lb$_f$/ft^3)	9.81
1미국 갤런 중량(average), lb 8.34	8.34
4℃ 에서의 밀도, g/cm^3(1.94 slug/ft^3)	1
비열, cal/g·℃ (1 Btu/lb·°F)	1
점성(μ), N·/m^2(2.089 × 10^{-5}lb$_f$·/ft^2)	1 × 10^{-3}
동점성(ν), m^2/s (1.078 × 10^{-5}ft^2/s)	1.002 × 10^{-6}
1기압(at 760 mmHg or 14.7 psi), m (ft) water column	10.33 (33.9)
1기압에서 끓는 점, ℃(°F)	100 (212)
1기압에서 녹는 점, ℃(°F)	0 (32)
0℃ 에서의 융해열, cal/g(Btu/lb)	80 cal/g (144)
0℃ 에서의 기화열, cal/g(Btu/lb)	540 (973)
15℃ 에서의 탄성계수, kN/m^2(lb$_f$/in^2)	2.15 (312 × 10^3)

출처 : 참고문헌 4로부터 부분적으로 인용

표 A-2 물의 밀도, 점도, 표면장력, 증기압

온 도		밀도(ρ),	점성(μ),	동점성(ν),	공기에 접한 표면 장력(σ),	증기압(P),
°C	°F	g/cm^3	×10^3N·s/m^2	×10^6m^2/s	×10^3N/m	mmHg
0	32	0.9998	1.787	1.787	75.60	4.579
3.98	39.2	1.0000	1.568	1.568	75.00	6.092
5	41	0.9999	1.519	1.519	74.90	6.543
10	50	0.9997	1.307	1.307	74.22	9.209
15	59	0.9991	1.139	1.140	73.49	12.788
20	68	0.9982	1.002	1.004	72.75	17.535
25	77	0.9970	0.890	0.893	71.97	23.756
30	86	0.9957	0.798	0.801	71.18	31.824
35	95	0.9941	0.719	0.724	70.37	42.175
40	104	0.9922	0.653	0.658	69.56	55.324
45	113	0.9903	0.596	0.602	68.74	71.880
50	122	0.9881	0.547	0.553	67.91	92.510

출처 : 참고문헌 4로부터 부분적으로 인용

A-3 물에 대한 산소 및 여러 기체들의 용해도

온 도		포화용존산소농도[a](C_s), mg/L					염소이온 100 mg 당 용존산소감소량(mg)	다른 기체들의 용해도, mg/L		
		염화이온농도, mg/L								
°C	°F	0	5000	10,000	15,000	20,000		질 소	이산화탄소	공 기
0	32	14.62	13.79	12.97	12.14	11.32	0.017	22.81	1.00	37.50
5	41	12.80	12.09	11.39	10.70	10.01	0.014	20.16	0.83	32.94
10	50	11.33	10.73	10.13	9.55	8.98	0.012	17.93	0.70	29.27
15	59	10.15	9.65	9.14	8.63	8.14	0.010	16.15	0.59	26.25
20	68	9.17	8.73	8.30	7.86	7.42	0.009	14.72	0.51	23.74
25	77	8.38	7.96	7.56	7.15	6.74	0.008	13.55	0.43	21.58
30	86	7.63	7.25	6.86	6.49	6.13	0.008	12.53	0.38	19.60

a. 1기압에서 부피비로 20.9%를 함유하고 있는 대기와 접촉하고 있는 물의 산소 용해도. 다른 기압에서의 용해도는 아래의 식으로부터 계산될 수 있다.

$$C'_s = \frac{C_s(P-p)}{(760-p)}$$

여기서 p = 해당온도에서의 물의 증기압, mmHg

P = 대기압, mmHg

출처 : 참고문헌 4로부터 부분적으로 인용

Water Works Engineering

표 A-4 고도에 따른 기압

해발고도		절대압력(H_{abs}),	
m	ft	m	ft
0	0	10.3	33.9
305	1,000	10.0	32.8
457	1,500	9.8	32.1
610	2,000	9.6	31.5
1,219	4,000	8.9	29.2
1,829	6,000	8.3	27.2
2,438	8,000	7.7	25.2
3,048	10,000	7.1	23.4
4,572	15,000	5.9	19.2

출처 : 참고문헌 4로부터 부분적으로 인용

참고문헌

1. APHA, AWWA, and WEF. *Standard Methods for Examination of Water and Wastewater*, American Public Health Association, 18th ed., Washington, D.C., 1992.

2. Fay, J. A. *Introduction to Fluid Mechanics*, MIT Press, Cambridge, MA, 1994.

3. Lange, N. A. (Editor) *Lange's Handbook of Chemistry*, 13th ed., McGraw-Hill Book Co., New York, 1985.

4. Qasim, S. R. *Wastewater Treatment Plants: Planning, Design, and Operation*, 2d ed., Technomic Publishing Co., Inc., Lancaster, PA, 1999.

5. Zipparro, V. J. (Editor) *Davis's Handbook of Applied Hydraulics in Engineering*, 4th ed., McGraw-Hill Book Co., New York, 1993.

부 록 B

손실수두 계산을 위한 상수 및 계수들

이 부록은 개수로 및 관수로에서 국부손실수두(미소손실수두)를 계산하기 위해서 일반적으로 사용되는 상수들을 소개한다. 이들 상수들은 관로부록시설에서 축소, 확대, 유입, 유출에 의한 손실을 계산하기 위해서 설계 예에서 사용되었다. 이 상수들의 값은 여러 수리학 교재나 핸드북에서도 찾아볼 수 있다. 독자들은 부록의 뒤에 나타낸 참고문헌 목록을 참조하기 바란다.

Water Works Engineering

B.1 개수로에서의 국부손실수두

B.1.1 축소 및 유입손실

Sharp-cornered	Round-cornered	Bell-mouthed	Equation
0.5	0.25	0.05	$\frac{v_2^2}{2g} - \frac{v_1^2}{2g}$

여기서

v_1, v_2 = 축소부 혹은 유입부에서 상류 및 하루의 유속

B.1.2 확대 및 유입부에서 상류 및 하류의 유속

Sharp-cornered	Bell-mouthed	Equation
0.25～0.1	0.1	$\frac{v_1^2}{2g} - \frac{v_2^2}{2g}$

v_1, v_2 = 확대 부 혹은 유출부에서 상류 및 하류의 유속

B.1.3 접합 및 방향전환 박스

a. 방향전환이나 채널 크기의 변화가 없는 작은 접합점

Flow-through box	Terminal box	Equation
0.05	1.0	$\frac{v^2}{2g}$

v = 접합점의 상류 혹은 하류에서의 유속

b. 채널 크기의 변화가 없으나 방향전환이 있는 경우 작은 접합점

45° turn	90° turn	Equation
0.25～0.3	1.0～1.2	$\frac{v^2}{2g}$

v = 접합점의 상류 혹은 하류에서의 유속

c. 유속이 작은 큰 접합점

Entrance	Exit	Equation
0.5	1.0	$\frac{v_2^2}{2g}$

v_1, v_2 = 접합점의 상류 혹은 하류에서의 유속

B.1.4 사이폰(Syphon)

Head loss at syphon	2.78	$\frac{v^2}{2g}$

v = 사이폰을 통한 유속

B.1.4 수문(Sluice Gate)

Head loss at gate	0.2～0.8	$\frac{v^2}{2g}$

v = 수문개구부를 통한 유속

B.2 관수로에서의 국부손실수두

B.2.1 게이트밸브(Gate Valve)

Full open	One-fourth closed	One-half closed	Three-forths closed	Typical value	Equation
0.19	1.15	5.6	24.0	1.0	$\frac{v^2}{2g}$

v = 밸브의 상류 혹은 하류에서의 유속

B.2.2 버터플라이 밸브(Butterfly Valve)

Full open	20°	Angle closed 40°	60°	Typical value	Equation
0.3	1.4	10	94	1.2	$\frac{v^2}{2g}$

v = 밸브의 상류 혹은 하류에서의 유속

B.2.3 역지밸브(Check Valve)

Head loss at valve	1.5～2.5	$\frac{v^2}{2g}$

v = 밸브의 상류 혹은 하류에서의 유속

B.2.4 플러그 밸브(Plug Valve)

Head loss at valve	1.0	$\frac{v^2}{2g}$

v = 밸브의 상류 혹은 하류에서의 유속

B.2.5 유입(Entrance)

Pipe projecting into tank	End of pipe flushed with tank	Slightly rounded	Bell-mouthed	Equation
0.83	0.50	0.23	0.04	$\frac{v^2}{2g}$

v = 유입 후 관로에서의 유속

B.2.6 유출(Exit)

Head loss from conduit to still water	1.0	$\frac{v^2}{2g}$

v = 유출 직전 관로에서의 유속

B.2.7 굴곡관(Elbow) (45～61 cm diameter)

22.5°	**45°**	**90°**	**Equation**
0.1～0.2	0.2～0.3	0.25～0.6	$\frac{v^2}{2g}$

v = 굴곡관의 상류 혹은 하류에서의 유속

B.2.8 T자관(Tee)

Run-to run	**Branch-to-run**	**Run-to branch**	**Equation**
0.25～0.6	0.6～1.8	0.6～1.6	$\frac{v^2}{2g}$

v = T자관 분지 이전의 관에서의 유속

B.2.9 축소관(Reducer)

Head Loss through reducer (with angle of divergence 10°～20°)	0.15～0.2	$\frac{v^2}{2g}$

v = 축소관 하류에서의 유속

B.2.10 확대관(Increaser)

Head Loss through increaser (with angle of divergence 10°～20°)	0.05～0.3	$\frac{v^2}{2g}$

v = 확대관 상류에서의 유속

참고문헌

1. Benefield, L. D., Judkins, J. F. and Parr, A. D. *Treatment Plant Hydraulics for Environmental Engineers*, Prentice-Hall, Englewood Cliffs, NJ, 1984.
2. Brater, E. F. and King, H. W. *Handbook of Hydraulics*, McGraw-Hill Book Co., New York, 1976.
3. FMC Corporation. *Hydraulics and Useful Information*, Chicago Pumps, Chicago, IL, 1973.
4. Heald, C. C. (Editor) *Cameron Hydraulic Data*, 18th ed., Ingersoll-Dresser Pumps, Liberty Corner, NJ, 1995.
5. Qasim, S. R. *Wastewater Treatment Plants: Planning, Design, and Operation*, 2d ed., Technomic Publishing Co.,Inc., Lancaster, PA, 1999.
6. Zipparro, V. J. (Editor) *Davis's Handbook of Applied Hydraulics in Engineering*, 4th ed., McGraw-Hill Book Co., New York, 1993.

부 록 C

수처리 공정을 위한 제조사 및 공급업체들

수처리 공정을 위한 장치의 제조사와 공급업체들의 리스트가 여기에 제공되어 있다. 이 알파벳순 리스트는 공정, 설비, 대상물질, 약품 혹은 장치의 종류에 의해 정렬되어 있다. 각 리스트에 우편 주소, 전화번호, 팩스번호를 나타내었고 수신자부담 전화번호와 홈페이지 주소가 있는 경우 함께 나타내었다.

이 리스트는 *1999년 AWWA Sourcebook*, *1997~98년 Buyers' Guide of Water Environmental Federation* 및 *1997~98 Buyers' Guide of Water and Waste Digest*에서 발췌하였고, *Water*, *Industrial Wastes, Water Engineering and Management, Industrial Water Engineering, Plant Engineering, Specifying Engineering, Instrument Society of America, Thomas Register* 등의 장치류 카탈로그와 구매자 정보를 참고하였다.

W·a·t·e·r·W·o·r·k·s·E·n·g·i·n·e·e·r·i·n·g

C.1 공정과 장치의 유형에 따른 리스트

Aeration Systems
Aqua-Aerobic Systems, Inc.
Envirex/U.S. Filter Corp.
EnviroQuip, Inc.
Infilco Degremont, Inc.
Lakeside Equipment Co.
Lightnin Aerators
Philadelphia Mixers
Sanitaire/ITT Industries

Blowers and Compressors
Dresser Industries Roots Operations
Hoffman Air & Filtration Systems
Lamson Centrifugal Blowers
Semblex, Inc.
Spencer Turbine Co.
Turblex, Inc.

Chemical Feed Equipment
Acrison, Inc.
Alldos, Inc.
Aqua Smart, Inc.
Bailey-Fischer & Porter Co.
C & E Services, Inc.
Calgon Corp.
Capital Controls Company,Inc.
Chemco Equipment, Inc.
Fluid Dynamics, Inc.
FMC Corporation
LMT Milton Roy
Merrick Industries, Inc.
Penn Process Technologies
Semblex, Inc.
Smith & Loveless, Inc.
Stockhausen, Incorporated
Sweetwater Technologies
Wallace & Tiernan, Inc./U.S. Filter

Chemicals
American InternationalChemical
BOC Gases
Carus Chemical Company
Chemical Lime company
The Dow Chemical Company
Fe_3, Inc.
General Alum & Chemical
Polydyne, Inc.
Tetra Technologies, Inc.

Chlorinators and Chloramination
Alldos, Inc.
Bailey-Fischer & Porter Co.
Capital Controls Company, Inc.
Chlorinators, Inc.
Penn Process Technologies, Inc.
PPG Industries
Wallace & Tiernan, Inc./U.S. Filter

Clarifiers and Sedimentation Basins
EIMCO Process Equipment
FMC Corp.
Envirex/ U.S. Filter
EnviroQuip, Inc.
F. B. Leopold, Inc.
Infilco Degremont, Inc.
Kruger Inc.
Parkson Corporation
Smith & Loveless, Inc.
Walker Process Equipment
Westech IWS

Coagulants and Flocculants
Fe_3, Inc.
General Alum & Chemical
General Chemical Corp.
Midland Resources, Inc.
Nalco Chemical Co.
Stockhausen, Incorporated
Summit Research Labs.
Tetra Technologies, Inc.
Walker Process Equipment
Westwood Chemical

Controls
Bailey-Fischer & Porter Co.
Bristol Babcock
Capital Controls Company, Inc.
F. B. Leopold, Inc.
Fluid Solutions, Inc.
Fuji Electric Corp. of America
Kruger Inc.
Micro-Comm, Inc.
RACO Manufacturing & Engineering Co.
Systems Integrated
Tesco Controls Inc.
U.S. Filter

Corrosion Control and Softening Equipment
C & E Services, Inc.
Calgon Corp.
Carus Chemical Company
Chemical Lime Company
Infilco Degremont, Inc.

Dewatering Equipment Services
Alfa-Laval Separation, Inc. of Sharples Division
Andritz Ruthnor, Inc.
Ashbrook Corp.
EIMCO Process Equipment
Envirex/U.S. Filter
EnviroQuip, Inc.
Humboldt Decanter, Inc.
Naro Separation, Inc.
Roediger Pittsburgh, Inc.

Dissolved Air Flotation Equipment
EIMCO Process Equipment
Envirex/U.S. Filter
F. B. Leopold, Inc.
Infilco Degremont
Polychem Corp.
Walker Process Equipment
Westech IWS

Disinfection Equipment
Alldos, Inc.
Bailey-Fischer & Porter Co.
Capital Controls Company, Inc.
Chlorinators, Inc.
Ozonia North America
Penn Process Technologies, Inc.

Trojan Technologies, Inc.
Ultra Tech International, Inc.
Wallace & Tiernan, Inc./U.S. Filter

Distribution Systems (Pipes and Fitting)

A-1 Pipe Inc.
AMERON INTERNATIONAL Concrete & Steel Pipe Group
Gifford-Hill-American, Inc.
Mueller Co.
Northwest Pipe company
Plexco
Price Brothers Company
U.S. Pipe & Foundry Co.

Filter Media, Equipment and Controls

American Materials Company
Calgon Carbon Corporation
EIMCO Process Equipment
Enviroquip, Inc.
F. B. Leopold, Inc.
Infilco Degremont
Lang Filter Media Co.
Pall Corporation
Parkson Corporated
Tetra Technologies, Inc.
U.S. Filter
U.S. Silica
Valcan Industries, Inc.

Flow and Level Measurement

ABB Water Meters, Inc.
AMR Data Corporation
Badger Meter, Inc.
Bailey-Fischer & Porter Co.
Dynasonics, Inc.
Krohne, Inc.
Milltronics, Inc.
Mueller Co., A Tyco International Ltd. Company
Panametrics, Inc.
Polysonics, Inc.
Sensus Technologies, Inc.
Sparling Instruments Co.

Instruments (Analyzing, Recording and Control)

Bran & Luebbe, Inc.
Badger Meter, Inc.
Bailey-Fischer & Porter Co.
Bristol Babcock, Inc.
Capital Controls Company, Inc.
Hatch Company
Honeywell, Inc.
Thermo environmental Instruments, Inc.
Penn Process Technologies, Inc.
Orion Research Incorporated
Wallace & Tiernan, Inc./U.S. Filter

Intakes and Screens

Antritz Ruthner, Inc.
Envirex/U.S. Filter
FMC Corporation
Infilco Degremont, Inc.
Johns & Attwood, Inc.
Parkson Corporated
Valcan Industries, Inc.

Ion Exchange

C & E services, Inc.
Ionics, Incorporated
Osmonics, Inc.
Smith & Loveless, Inc.
Tetra Technologies, Inc.
U.S. Filter

Laboratory Supply

HF Scientific
HACH Company
Phipps & Bird
Watson-Marlow, Inc.

Ozonation

Fuji Electric Corp. of America
Infilco Degremont, Inc.
Ionics Incorporated
Osmonics, Inc.
Ozonia North America
Ozotech, Inc.

Membrane and Reverse Osmosis

Aqua Care Systems, Inc.
Aquasource North America
The Dow Chemical Company
Ionics Incorporated
Osmonics, Inc.
Pall Corporation
Smith & Loveless, Inc.
U.S. Filter
Westech IWS
Zenon Environmental, Inc.

Polymers

General Alum & Chemical
Polydyne Inc.
Stockhausen, Incorporated

Pumps

A-C Pump/ITT Industries
Alldos, Inc.
Aurora Pump
C & E Services, Inc.
Capital Controls Company, Inc.
Davis EMU
EBARA International, Inc.
Fairbanks Morse Pump
Gorman-Rupp Co.
Goulds Pumps, Inc.
Ingersoll-Dresser Pump Co.
Johnston Pump Company
Milton Roy Company
PACO Pumps, Inc.
Patterson Pump
Pulsa Feeder, Inc.
Smith & Loveless, Inc.
Wallace & Tiernan, Inc./U.S. Filter
Watson-Marlow, Inc.

Rapid Mixing and Flocculation Equipment

Chemineer, Inc.
EIMCO Process Equipment
FMC Corporation
Kruger, Inc.
Lightnin Mixers Equipment
Philadelphia Mixers
Walker Process Equipment
Westech Engineering, Inc.

Residuals Handling and Control

Ashbrook Corp.

Bird Machine Co.
Envirex/U.S. Filter
FMC Corporation
Gravity Flow Systems
Serpentix Conveyor Corp.
Walker Process Equipment
Westech IWS

Scada Systems

Alpine Technology, Inc.
Bristol Babcock Inc.
Control Microsystems
HSQ Technology
Micro-Comm, Inc.
Motorola, Inc.
Northern Digital, Inc.
QEI, Inc.
Systems Integrated
Tesco Controls, Inc.

Sludge Concentration and Thickening Equipment

Alfa-Laval Separation, Inc. of Sharples Division
Andritz Ruthner, Inc.
Ashbrook Corp.
Bird Machine Co.
EIMCO Process Equipment
Envirex/u.s. fILTER
EnviroQuip, Inc.
Lakeside Equipment Corp.
Parkson Corporated
Roediger Pittsburg, Inc.
Walker Process Equipment
Westech IWS

Water Storage Tanks (Ground and Elevated)

Caldwell Tanks, Inc.
Chicago Bridge & Iron Co.
DYK Incorporated
Landmark Structures, Inc.
Natgun Corporation
Pittsburg Tank & Tower Company
TEMCOR

Taste and Odor Control

Alldos, Inc.
Calgon Carbon Corporation
Carus Chemical Company
FE_3, Inc. (FINI)
FMC Corporation
Ionics Incorporated
Northwestern Carbon
Norit Americas, Inc.
Osmonics, Inc.
Ozonia North America
Ozotech, Inc.
Pall Corporation

Water Treatment Package Plants

EIMCO Process Equipment
Infilco Degremont, Inc.
EnviroQuip, Inc.
Kinetico Incorporated
Osmonics, Inc.
Ozotech, Inc.
Pall Corporation
Smith & Loveless, Inc.
Tonka Equipment Company
U.S. Filter
Westech IWS

Valves and Gates

APCO Willamette Valve and Primer Corporation
DeZurik
Flomatic Valves
GA Industries Inc.
Mueller Co., A Tyco International Ltd. Company
OCV Control Valves
Red Valve Company Inc.
Rodney Hunt Co.
Ross Valve Manufacturing Co., Inc.
Val-Matic Valve & Manufacturing Corp.

C.2 주소 및 전화번호

A-1 PIPE INC.
P.O. Box 398
Bridgeport, NJ 08014-0398
Ph: (609) 467-1144
Fax: (609) 467-3860

ABB WATER METERS, INC.
P.O. Box 1852
Ocala, FL 34478
Ph: (352) 732-4670
Fax: (352) 732-1950
www.abb.com

A-C PUMP/ITT INDUSTRIES
1150 Tennessee Avenue
Cincinnati, OH 45229
Ph: (513) 482-2500
Fax: (513) 482-2569
www.ittacpump.com

ACRISON, INC.
20 Empire Blvd.
Moonachie, NJ 07074
Ph: (201) 440-8300
Fax: (201) 440-4939
www.acrison.com

ALFA LAVAL SEPARATION, INC., SHARPLES DIVISION
955 Mearns Road
Warminster, PA 18974-0556
Ph: (215) 443-4000 or (215) 443-4012
Fax: (215) 443-4139 or (215) 443-4011

ALLDOS, INC.
2220 Northwest Parkway
Suite 180
Marietta, GA 30067
Ph: (770) 956-7996
Fax: (770) 956-7836

AQUA SMART, INC.
800 Wendell Court
Atlanta, GA 30336
Ph: (800) 278-2762 or (404) 696-4406
Fax: (404) 696-3712

ALPINE TECHNOLOGY, INC.
2 Cielo Center, Suite 300
1250 Capitol of Texas Highway
Austin, TX 78746
Ph: (512) 329-2809
Fax: (512) 328-4792

AMERICAN INTERNATIONAL CHEMICAL
17 Strathmore Road
Natick, MA 01760
Ph: (800) 238-0001 or (508) 655-5805
Fax: (508) 655-0927
www.aicma.com

AMERICAN MATERIALS CORPORATION
717 Short St.
P.O. Box 388
Eau Claire, WI 54701
Ph: (800) 238-9139 or (715) 835-2251
Fax: (715) 835-0662
www.redflint.com

AMERON INTERNATIONAL CONCRETE & STEEL PIPE GROUP
10681 Foothill Blvd., #450
Rancho Cucamonga, CA 91730
Ph: (909) 944-4100
Fax: (909) 944-4112
www.ameron-intl.com

AMR DATA CORP.
62 2nd Ave.
Burlington, MA 01803
Ph: (781) 359-2713
Fax: (781) 359-2723
www.amrdata.com

ANDRITZ RUTHNER, INC.
1010 Commercial Blvd.,
Arlington, TX 76017
Ph: (817) 465-5611
Fax: (817) 468-3961

APCO WILLAMETTE VALVE AND PRIMER CORPORATION
1100 Via Callejon
San Clemente, CA 92673-6230
Ph: (949) 361-9900
Fax: (949) 361-3414
www.apcovalves.com

AQUA AEROBIC SYSTEMS, INC.
6306 N. Alpine Road
P. O. Box 93-0785
Rockford, IL 61130
Ph: (815) 654-2501
Fax: (815) 654-2501
www.aqua-aerobic.com

AQUA CARE SYSTEMS, INC.
9542 Hardpan Road
Angola, NY 14141
Ph: (716) 549-2500
Fax: (716) 549-3950

AQUASOURCE NORTH AMERICA
P.O. Box 70295
Richmond, VA 23255-0295
Ph: (804) 672-8160
Fax: (804) 672-8135

ASHBROOK CORP.
11600 E. Hardy
Houston, TX 77093
Ph: (713) 449-0322
Fax: (713) 449-1324

AURORA PUMP
800 Airport Road
North Aurora, IL 60542
Ph: (630) 859-7000
Fax: (630) 859-7060
www.gspump.com

BADGER METER, INC.
4545 W. Brown Deer Road
Milwaukee, WI 53223
Ph: (414) 355-0400
Fax: (414) 371-5980
www.badgermeter.com

BAILEY-FISCHER & PORTER CO.
125 E. Country Line Road
Warminster, PA 18974
Ph: (215) 674-6339
Fax: (215) 674-6740
www.ebpa.com/bfp/bfp home.htm

BIRD MACHINE CO.
100 Neponset Street
P.O. Box 9103
South Walpole, MA 02071-9103
Ph: (508) 668-0400
Fax: (508) 668-6855

BOC GASES
575 Mountain Ave.
Murray Hill, NJ 07974
Ph: (800) 742-4726 or (201) 984-2622
Fax: (201) 984-3633
www.boc.com

BRAN & LUEBBE, INC.
1025 Busch Parkway
Buffalo Grove, IL 60089
Ph: (847) 520-0700
Fax: (847) 520-0855
www.bran-luebbe.cle

BRISTOL BABCOCK, INC.
1100 Buckingham Street
Watertown, CT 06795
Ph: (860) 945-2200
Fax: (860) 945-2278
www.bristolbabcock.com

CALDWELL TANKS, INC.
4000 Tower Road
Louisville, KY 40219
Ph: (502) 964-3361
Fax: (502) 966-8732
www.caldwelltanks.com

CALGON CARBON CORPORATION
400 Calgon Carbon Drive
Pittsburgh, PA 15205
Ph: (412) 787-6700
Fax: (412) 787-4511
www.calgoncarbon.com

CALGON CORP.
P.O. Box 1346
Pittsburgh, PA 15230
Ph: (412) 494-8765
Fax: (412) 494-8224
www.calgon.com

CAPITAL CONTROLS COMPANY, INC.
3000 Advance Lane
Colmar, PA 18915
Ph: (215) 997-4000
Fax: (215) 997-4062
www.capitalcontrols.com

CARUS CHEMICAL CO.
315 Fifth Street
Peru, IL 61354
Ph: (815) 223-1500
Fax: (815) 224-6697
www.caruschem.com

C & E SERVICES, INC.
1950 Old Gallows Road
Suite 550
Vienna, VA 22182
Ph: (703) 506-1960
Fax: (703) 506-1957

CHEMCO EQUIPMENT, INC.
1500 Industrial Drive
Monongahela, PA 15063
Ph: (800) 501-5113 or (724) 258-7333
Fax: (724) 258-7350
www.chemcoequipment.com

CHEMINEER, INC.
P.O. Box 1123
Dayton, OH 45401
Ph: (513) 454-3200
Fax: (513) 454-3379
www.chemineer.com

CHICAGO BRIDGE & IRON CO.
601 W. 143rd Street
Plainfield, IL 60544
Ph: (815) 439-3100
Fax: (815) 439-3130
www.chicago-bridge.com

CHLORINATORS, INC.
P.O. Box 1822
Palm City, FL 34990-6822
Ph: (561) 288-4854
Fax: (561) 287-3238

CONTROL MICROSYSTEMS
28 Steacie Drive
Kanata, ON K2K 2A9
Canada
Ph: (613) 591-1943
Fax: (613) 591-1022
www.controlmicrosystems.com

DAVIS EMU
1706 Metcalf Avenue
Thomasville, GA 31792
Ph: (912) 226-5733
Fax: (912) 226-4793

DEZURIK
A UNIT OF GENERAL SIGNAL
250 Riverside Avenue N
Sartell, MN 56377-1743
Ph: (320) 259-2000
Fax: (320) 259-2227

THE DOW CHEMICAL CO.
2020 Dow Center
Midland, MI 48675
Ph: (800) 447-4369
Fax: (517) 832-1465
www.dow.com

DRESSER INDUSTRIES, ROOTS OPERATIONS
5310 Taneytown Pike
Taneytown, MD 21287
Ph: (301) 756-2602
Fax: (301) 756-2615

DYK INCORPORATED
P.O. Box 696
1214 Pioneer Way
El Cajon, CA 92022-0696
Ph: (800) 227-8181 or (619) 440-8181
Fax: (619) 440-8653
www.dyk.com

DYNASONICS, INC.
3535 S.W. Corporate Parkway
Palm City, FL 34990
Ph: (800) 535-3569
Fax: (407) 287-0011

EBARA INTERNATIONAL CORP.
1651 Cedar Line Drive
Rock Hill SC 29730
Ph: (803) 327-5005
Fax: (803) 327-5097

EIMCO PROCESS EQUIPMENT
P.O. Box 300
Salt Lake City, UT 84110
Ph: (801) 526-2000
Fax: (801) 526-2425

ENVIREX/U.S. FILTER
P.O. Box 1604
Waukesha, WI 53187-1604
Ph: (414) 547-0141
Fax: (414) 547-4120

ENVIROQUIP, INC.
P.O. Box 9069
Austin, TX 78728-8519
Ph: (512) 834-6010
Fax: (512) 834-6039

FAIRBANKS MOORSE PUMP
3601 Fairbanks Avenue
Kansas City, KS 66106
Ph: (913) 371-5000
Fax: (913) 371-2272
www.pentairpump.com

F. B. LEOPOLD CO., INC.
227 S. Division Street
Zelienople, PA 16063
Ph: (412) 452-6300
Fax: (412) 452-1377

FE_3, INC.
P.O. Box 808
Celina, TX 75009
Ph: (800) 441-2659 or (972) 382-2381
Fax: (972) 382-3211
www.fe3.com

FLOMATIC VALVES
145 Murray Street
Glens Falls, NY 12801
Ph: (518) 761-9797
Fax: (518) 761-9798
www.flomatic.com

FLUID DYNAMICS, INC.
6595 Odell Place, Suite E
Boulder, CO 80301
Ph: (303) 530-7300

FLUID SOLUTIONS
2650 Napa Valley Corporate Drive
Napa, CA 94558
Ph: (707) 255-0123
Fax: (707) 255-8465

FMC CORP.
1735 Market Street
Philadelphia, PA 19103
Ph: (800) 530-5927
Fax: (215) 299-5998
www.h2o2.com

FUJI ELECTRIC CORP. OF AMERICA
Park 80 West, Plaza II
Saddle Brook, NJ 07663
Ph: (201) 712-0555
Fax: (201) 368-8258
www.fujielectric.com

GA INDUSTRIES, INC.
9025 Marshall Road
Cranberry Township, PA 16066
Ph: (724) 776-1020
Fax: (724) 776-1254

GENERAL ALUM & CHEMICAL
P.O. Box 819
Holland, OH 43528
Ph: (419) 865-8000
Fax: (419) 865-6413

GENERAL CHEMICAL CORP.
90 E. Halsey Road
Parsippany, NJ 07054
Ph: (973) 515-0900
Fax: (973) 515-4461
www.genchem.com

GIFFORD-HILL-AMERICAN, INC.
P.O. Box 569470
Dallas, TX 75356-9470
Ph: (972) 262-3600
Fax: (972) 264-6236
www.ghainc.com

GORMAN RUPP CO.
305 Bowman Street
Mansfield, OH 44902
Ph: (419) 755-1011
Fax: (419) 755-1404
www.gormanrupp.com

GOULDS PUMPS, INC.
East Bayard Street
Seneca Falls, NY 13148
Ph: (315) 568-7647
Fax: (315) 568-7644

GRAVITY FLOW SYSTEMS, INC.
34 North Church Street
P.O. Box 525
Carbondale, PA 18407-0525
Ph: (800) 237-7500 or (716) 549-2500
Fax: (716) 282-3081

HACH CO.
P.O. Box 389
Loveland, CO 80539-0389
Ph: (800) 227-4224
Fax: (907) 669-2932
www.hach.com

HF SCIENTIFIC
3170 Metro Parkway
Fort Myers, FL 33916
Ph: (941) 337-2116
Fax: (941) 332-7643
www.hfscientific.com

HOFFMAN AIR & FILTRATION SYSTEMS
6181 Thompson Road
P.O. Box 548
East Syracuse, NY 13057-0548
Ph: (800) 258-8008 or (315) 432-8600
Fax: (315) 432-8682
www.hoffmanair.com

HONEYWELL, INC.
1100 Virginia Drive
Fort Washington, PA 19034
Ph: (215) 641-3050
Fax: (215) 641-3599
www.honeywell.com

HSQ TECHNOLOGY
1435 Huntington Avenue
San Francisco, CA 94080-5999
Ph: (650) 952-4310
Fax: (650) 952-7212
www.hsq.com

HUMBOLDT DECANTER, INC.
3883 Steve Reynolds Blvd.
Norcross, GA 30093-3051
Ph: (404) 564-7300

INFILCO DEGREMONT, INC.
P.O. Box 71390
Richmond, VA 23255-1390
Ph: (804) 756-7600
Fax: (804) 756-7643
www.wateronline.com/companie s/infilco
www.infilcodegremont.com

INGERSOLL-DRESSER PUMP CO.
MD Highway 97
P.O. Box 91
Taneytown, MD 21787
Ph: (410) 756-3278
Fax: (410) 756-2275

IONICS, INCORPORATED
65 Grove Street
Watertown, MA 02472
Ph: (617) 926-2500
Fax: (617) 926-4304
www.ionics.com

JONES & ATTWOOD, INC.
1931 Industrial Drive
Libertyville, IL 60048
Ph: (847) 367-5480
Fax: (847) 367-8983

JOHNSTON PUMP COMPANY
800 Koomey Road
Brookshire, TX 77423
Ph: (281) 934-6009
Fax: (281) 934-6090
www.johnstonpump.com

KINETICO INCORPORATED
10845 Kinsman Road
Newbury, OH 44065-9701
Ph: (440) 564-9111
Fax: (440) 564-7696
www.kinetico.com

KROHNE, INC.
7 Dearborn Road
Peabody, MA 01960
Ph: (978) 535-6060
Fax: (978) 535-1720
www.krohneamerica.com

KRUGER, INC.
401 Harrison Oaks Blvd., Suite 100
Cary, NC 27513-2412
Ph: (919) 677-8310
Fax: (919) 677-0082
www.krugerworld.com

LAKESIDE EQUIPMENT CO.
1022 E. Devon Avenue
P.O. Box 8448
Bartlett, IL 60103
Ph: (708) 837-5640
Fax: (708) 837-5647

LAMSON CENTRIFUGAL BLOWERS
Gardner Denver Machinery, Inc.
1800 Gardner Expressway
Quincy, IL 62301
Ph: (800) 682-9868 or (217) 228-5400
Fax: (217) 228-8247
www.gardnerdenver.com

LANDMARK STRUCTURES, INC.
1665 Harmon Road
Fort Worth, TX 76177
Ph: (817) 439-8888
Fax: (817) 439-9001
www.ldmkusa.com

LIGHTNIN AERATORS
135 Mt. Read Blvd.
Rochester, NY 14611
Ph: (716) 436-5550
Fax: (716) 527-1720
www.lightnin-mixers.com

LIGHTNIN MIXERS EQUIPMENT
135 Mt. Read Blvd.
Rochester, NY 14611
Ph: (716) 436-5550
Fax: (716) 527-1720

MILTON ROY COMPANY
201 Ivyland Road
Ivyland, PA 18974
Ph: (215) 441-0800
Fax: (215) 441-8620
www.miltonroy.com

MERRICK INDUSTRIES, INC.
10 Arthur Drive
Lynn Haven, FL 32444
Ph: (800) 345-8440
Fax: (904) 265-9768

MICRO-COMM, INC.
6980 W. 153rd St.
Overland Park, KS 66223
Ph: (913) 681-6349
Fax: (913) 681-2753

MIDLAND RESOURCES, INC.
3211 Clinton Parkway Ct., Suite 1
Lawrence, KS 66047
Ph: (785) 842-7424
Fax: (785) 842-3150
www.cjnetworks/~midland.com

MILLTRONICS, INC.
709 Stadium Drive
Arlington, TX 76011
Ph: (817) 277-3543
Fax: (817) 277-3894
www.milltronics.com

MOTOROLA, INC.
1301 E. Algonquin Road
Schaumburg, IL 60196
Ph: (800) 247-2346
Fax: (847) 538-7163
www.mol.com/moscad

MUELLER CO., A TYCO INTERNATIONAL LTD. COMANY
500 W. Eldorado Street
Decatur, IL 62525
Ph: (217) 423-4471
Fax: (217) 425-7537
www.uellerflo.com

NALCO CHEMICAL CO.
One Nalco Center
Naperville, IL 60563
Ph: (708)305-1000

NARO SEPARATION, INC.
5202 Brittmore
Houston, TX 77041
Ph: (713) 849-2181

NATGUN CORPORATION
11 Teal Road
Wakefield, MA 01880
Ph: (781) 246-1133
Fax: (781) 245-3279
www.natgun.com

NORIT AMERICAS, INC.
1050 Crown Pointe Parkway
Suite 1500
Atlanta, GA 30338
Ph: (770) 512-4610
Fax: (770) 512-4622
www.norit.com

NORTHERN DIGITAL, INC.
4520 California Ave., Suite 200
Bakersfield, CA 93309
Ph: (805) 322-6044
Fax: (805) 322-1209
www.northerndigital.com

NORTHWESTERN CARBON
11711 Reading Road
P.O. Box 130
Red Bluff, CA 96080-0130
Ph: (530) 527-2664
Fax: (530) 527-0544
www.nwcarbon.com

NORTHWEST PIPE COMPANY
12005 N. Burgard
P.O. Box 83149
Portland, OR 97283-0149
Ph: (800) 824-9824 or (503) 285-1400
Fax: (503) 285-2913
www.nwpipe.com

OCV CONTROL VALVES
7400 E. 42nd Place
Tulsa, OK 74145
Ph: (800) 331-4113
Fax: (918) 622-8916
www.controlvalves.com

ORION RESEARCH INCORPORATED
500 Cummings Center
Beverly, MA 01915
Ph: (800) 225-1480
Fax: (978) 922-4426

OSMONICS, INC.
5951 Clearwater Drive
Minnetonka, MN 55343
Ph: (612) 933-2277 or (800) 848-1750
Fax: (612) 933-9141
www.osmonics.com

OZONIA NORTH AMERICA
491 Edward H. Ross Drive
Elmwood Park, NJ 07407
Ph: (201) 794-3100
Fax: (201) 794-3358

OZOTECH, INC.
2401 Oberlin Road
Yreka, CA 96097
Ph: (530) 842-4189
Fax: (530) 842-3238
www.snowcrest.net/ozotech

PACO PUMPS, INC.
800 Koomey Road
Brookshire, TX 77423
Ph: (281) 934-6012
Fax: (281) 934-6090
www.paco-pumps.com

PALL CORPORATION
25 Harbor Park Drive
Port Washington, NY 11050
Ph: (516) 484-3600
Fax: (516) 484-3628
www.pall.com

PANAMETRICS, INC.
221 Harbor Park Drive
Waltham, MA 02154-3418
Ph: (800) 833-9438 or (781) 899-2719
Fax: (781) 891-8582
www. panametrics.com

PARKSON CORP.
2727 N.W. 62nd Street
P. O. Box 408399
Fort Lauderdale, FL 33340-8399
Ph: (954) 974-6610

PATTERSON PUMP
P.O. Box 790
Toccoa, GA 30577
Ph: (706) 886-2101
Fax: (706) 886-0023
www.pattersonpumps.com

PENN PROCESS TECHNOLOGIES
6100 Easton Road
Plumsteadville, PA 18949
Ph: (215) 766-7766
Fax: (215) 766-8290

PHILADELPHIA MIXERS
1221 E. Main
Palmyra, PA 17078
Ph: (717) 838-1341
Fax: (717) 832-8802

PHIPPS & BIRD
1519 Summit Avenue
Richmond, VA 23230-4511
Ph: (804) 254-2737
Fax: (804) 254-2955
www.phippsbird.com

PITTSBURGH TANK & TOWER COMPANY
515 Pennel Street
P.O. Box 913
Henderson, KY 42420
Ph: (502) 826-9000
Fax: (502) 827-4417
www.watertank.com

PLEXCO
1050 Illinois Route # 83
Suite #200
Bensenville, IL 60106-1048
Ph: (630) 350-3700
Fax: (630) 350-2894
www.plexco.com

POLYCHEM CORP.
P.O. Box 527
Phoenixville, PA 19460-0527
Ph: (610) 935-0225
Fax: (610) 935-7151
www.polychemcorp.com

POLYDYNE, INC.
7150 Granite Circle
Toledo, OH 43617
Ph: (419) 843-8066
Fax: (419) 843-6041

POLYSONICS, INC.
10335 Landsbury, Suite 300
Houston, TX 77099-7531
Ph: (713) 530-0885

PPG INDUSTRIES
One PPG Place
Pittsburgh, PA 15272
Ph: (800) 245-2974
Fax: (412) 434-3695

PRICE BROTHERS CO.
367 W. 2nd Street
P.O. Box 825
Dayton, OH 45401-0825
Ph: (937) 226-8700
Fax: (937) 226-8711

PULSA FEEDER, INC.
2883 Brighton-Henrietta Town Line Road
Rochester, NY 14623
Ph: (716) 292-8000
Fax: (716) 424-5619

QEI, INC.
60 Fadem Road
Springfield, NJ 07081
Ph: (973) 379-7400
Fax: (973) 379-2138
www.qeiinc.com

RACO MANUFACTURING & ENGINEERING CO.
1400 62nd Street
Emeryville, CA 94608
Ph: (510) 658-6713
Fax: (281) 658-3153
www.racoman.com

RED VALVE COMPANY INC.
700 N. Bell Avenue
Pittsburgh, PA 15106
Ph: (412) 279-0044
Fax: (412) 279-7878
www.redvalve.com

RODNEY HUNT CO.
46 Mill Street
Orange, MA 01364
Ph: (978) 544-2511
Fax: (978) 544-7204
www.rodneyhunt.com

ROEDIGER PITTSBURGH, INC.
3812 Route 8
Allison Park, PA 15101
Ph: (412) 487-6010
Fax: (412) 487-6005

ROSS VALVE MANUFACTURING CO., INC.
6 Oakwood Ave.
Troy, NY 12180
Ph: (518) 274-0961
Fax: (518) 274-0210
www.rossvalve.com

SANITAIRE/ITT INDUSTRIES
9333 N. 49th Street
Brown Deer, WI 53223
Ph: (414) 365-2200
Fax: (414) 365-2210
www.sanitaire.com

SEMBLEX, INC.
1635 W. Walnut Street
Springfield, MO 65806
Ph: (417) 866-1035
Fax: (417) 866-0235

SENSUS TECHNOLOGIES, INC.
450 N. Gallatin Ave.
P.O. Box 487
Uniontwon, PA 15401-0487
Ph: (800) 638-3748 or (724) 439-7894
Fax: (800) 888-2403
www.sensus.com

SERPENTIX CONVEYOR CORP.
9085 Marshall Court
Westminster, CO 80030
Ph: (303) 430-8427
Fax: (303) 430-7337
www.serpentix.com

SMITH & LOVELESS, INC.
14040 Santa Fe Trail Drive
Lenexa, KS 66215
Ph: (913) 888-5201
Fax: (913) 888-2173
www.smithandloveless.com

SPARLING INSTRUMENTS CO.
4097 N. Temple City Blvd.
El Monte, CA 91731
Ph: (818) 444-0571
Fax: (818) 452-0723

SPENCER TURBINE CO.
600 Day Hill Road
Windsor, CT 06095
Ph: (860) 688-8361
Fax: (860) 688-0098

STOCKHAUSEN, INC.
3408 Doyle Street
Greensboro, NC 27406
Ph: (910) 333-3564
Fax: (910) 333-3518

SUMMIT RESEARCH LABS.
45 River Road, Suite 300
Flemington, NJ 08822
Ph: (908) 782-9500
Fax: (908) 469-2932

SWEETWATER TECHNOLOGIES
P.O. Box 1473
Temecula, CA 92593
Ph: (909) 676-2443
Fax: (909) 676-2913

SYSTEMS INTEGRATED
8080 Dagget Street
San Diego, CA 92111
Ph: (619) 277-0700
Fax: (619) 277-1490

TEMCOR
24724 S. Wilmington Avenue
Carson, CA 90745
Ph: (310) 549-4311
Fax: (310) 549-4588
www.temcor.com

TESCO CONTROLS, INC.
P.O. Box 239012
Sacramento, CA 95823-9012
Ph: (916) 395-8800
Fax: (916) 429-2817

TETRA TECHNOLOGIES, INC.
6302 Benjamin Road, Suite 408
Tampa, FL 33634
Ph: (813) 886-9331
Fax: (813) 886-0651

THERMO ENVIRONMENTAL INSTRUMENTS, INC.
8 W. Forge Parkway
Carson, CA 90745
Ph: (310) 549-4311
Fax: (310) 549-4588
www.thermoei.com

TONKA EQUIPMENT COMPANY
13305 Watertower Circle
Plymouth, MN 55441
Ph: (612) 559-2837
Fax: (612) 559-1979

TROJAN TECHNOLOGIES, INC.
3020 Gore Road
London, ON N5V 4T7
Canada
Ph: (519) 457-3400
Fax: (519) 457-3030
www.trojanuv.com

TURBLEX, INC.
1635 W. Walnut Street
Springfield, MO 65806
Ph: (417) 864-5599
Fax: (417) 866-0235

ULTRA TECH INTERNATIONAL, INC.
9454-9 Phillips Highway
Jacksonville, FL 32256
Ph: (904) 292-1611

U.S. FILTER CORP.
40-004 Cook St.
Palm Desert, CA 92211
Ph: (760) 340-0098
Fax: (760) 341-9368
www.usfilter.com

U.S. PIPE & FOUNDRY CO.
P.O. Box 10406
Birmingham, AL 35202-0406
Ph: (205) 254-7442
Fax: (205) 254-7165
www.uspipe.com

U.S. SILICA
P.O. Box 187
Berkeley Springs, WV 25411
Ph: (304) 258-2500
Fax: (304) 258-8295
www.u-s-silica.com

VAL-MATIC VALVE & MANUFACTURING CORP.
905 Riverside Drive
Elmhurst, IL 60126
Ph: (630) 941-7600
Fax: (630) 941-8042
www.walker-process.com

VULCAN INDUSTRIES, INC.
212 S. Kirlin Street
Missouri Valley, IA 51555
Ph: (712) 642-2755
Fax: (712) 642-4256
www.vulcanindustries.com

WALKER PROCESS EQUIPMENT
DIVISION OF McNISH CORP.
840 N. Russell Avenue
Aurora, IL 60506
Ph: (630) 892-7921
Fax: (630) 892-7951
www.walker-process.com

WALLACE & TIERNAN, INC./U.S. FILTER
25 Main Street
Belleville, NJ 07109-3057
Ph: (201) 759-8000
Fax: (201) 759-0348

WATSON-MARLOW, INC.
220 Ballardvale Street
Wilmington, MA 01887
Ph: (800) 282-8823
Fax: (907) 658-0041
www.watson-marlow.com/watson-marlow/

WESTECH IWS
3625 South West Temple
Salt Lake City, UT 84115
Ph: (801) 265-1000
Fax: (801) 265-1080
www.westech-inc.com

WESTWOOD CHEMICAL
46 Tower Drive
Middletown, NY 10941
Ph: (914) 692-6721
Fax: (914) 695-1906

ZENON ENVIRONMENTAL, INC.
845 Harrington Court
Burlington, ON L7N 3P3 Canada
Ph: (905) 639-6320, Ext. 202
Fax: (905) 639-1812
www.zenonenv.com

부 록 D

상수도공학을 위한 설계변수 약어, 기호, 상수, 변환인자 및 기타 유용한 정보

W·a·t·e·r·W·o·r·k·s·E·n·g·i·n·e·e·r·i·n·g

표 D-1 정수처리 공정을 위한 설계변수, 단위 및 일반적인 값

설계변수	일반적인 값 (SI units)	단 위	나눔 ← → 곱함	미국관용단위
Intake and raw water pump station				
Velocity through coarse screen	0.05 ~ 0.08	m/s	3.28	ft/s
Velocity through fine screen	0.4 ~ 0.8	m/s	3.28	ft/s
Rapid mix				
Detention time	0.2 ~ 5	min	–	min
Velocity gradient	700 ~ 1000	s^{-1}	–	s^{-1}
Gt	$3 \times 10^4 \sim 6 \times 10^4$	–	–	–
Flocculation				
Detention time	20 ~ 60	min	–	min
Velocity gradient	15 ~ 60	s^{-1}	–	s^{-1}
Gt	$1 \times 10^4 \sim 15 \times 10^4$	–	–	–
Peripheral velocity of paddle	0.3 ~ 0.6	m/s	3.28	ft/s
Shaft rotational speed	1.5 ~ 5	rpm	–	rpm
Sedimentation				
Coagulation				
Detention time	2 ~ 8	h	–	h
Surface loading	20 ~ 40	$m^3/m^2 \cdot d$	24.55	gpd/ft^2
Weir loading	200 ~ 200	$m^3/m \cdot d$	80.52	gpd/ft
Softening				
Detention time	1 ~ 6	h	–	h
Surface loading	40 ~ 6	$m^3/m^2 \cdot d$	24.55	gpd/ft^2
Weir loading	250 ~ 350	$m^3/m \cdot d$	80.52	gpd/ft
Filtration				
Hydraulic application rate				
Slow sand filter	10	$m^3/m^2 \cdot d$	0.017	gpd/ft^2
Rapid sand filter	120 ~ 240	$m^3/m^2 \cdot d$	0.017	gpd/ft^2
High – rate filter	240 ~ 600	$m^3/m^2 \cdot d$	0.017	gpd/ft^2
Media Design				

표 D-1 정수처리 공정을 위한 설계변수, 단위 및 일반적인 값(계속)

설계변수	일반적인 값 (SI units)	단 위	나눔 ← → 곱함	미국관용단위
Single medium				
Depth	50 ~ 150	cm	0.394	inch
Uniformity coefficient	1.2 ~ 1.7	—	—	—
Effective size	0.5 ~ 1.5	mm	0.394	inch
Dual media				
Sand layer				
Depth	20 ~ 40	cm	0.394	inch
Uniformity coefficient	1.2 ~ 1.7	—	—	—
Effective size	0.45 ~ 0.6	mm	0.394	inch
Anthracite layer				
Depth	30 ~ 60	cm	0.394	inch
Uniformity coefficient	1.3 ~ 1.8	—	—	—
Effective size	0.7 ~ 2	mm	0.394	inch
Backwash system				
Backwash low rate	37 ~ 50	$m^3/m^2 \cdot h$	0.409	gpm/ft^2
Rotating arm surface wash	1.2 ~ 2.4	$m^3/m^2 \cdot h$	0.409	gpm/ft^2
Fixed arm surface wash	5 ~ 10	$m^3/m^2 \cdot h$	0.409	gpm/ft^2
Air scour system	37 ~ 73	$m^3/m^2 \cdot h$	0.409	gpm/ft^2
Taste and odor control				
Potassium permanagate dose	0.5 ~ 2.5	mg/L	—	mg/L
PAC	0.5 ~ 5	mg/L	—	mg/L
Disinfection				
Chlorine dose	1 ~ 5	mg/L	—	mg/L
Chlorine residual	0.5 ~ 1	mg/L	—	mg/L
Ozone dose	1 ~ 5	mg/L	—	mg/L
Fluoridation				
Fluoride dose	0.7 ~ 1.2	mg/L	—	mg/L
Distribution system				

표 D-1 정수처리 공정을 위한 설계변수, 단위 및 일반적인 값(계속)

설계변수	일반적인 값 (SI units)	단 위	나눔 ← → 곱함	미국관용단위
Velocity in mains	1 ~ 2	m/s	0.3048	ft/s
Pressure	138 ~ 1000	kPa	0.145	psi
Residuals-management				
Quantity (coagulation)	8 ~ 210	$kg/1000\ m^3$	8.346	$lb/10^6 gal$
Density (dry wt.)	1200 ~ 1520	kg/m^2	0.0624	lb/ft^3
Quantity (softening)	43 ~ 2230	$kg/1000m^3$	8.346	$lb/10^6 gal$
Gravity thickener				
Hydraulic loading	4 ~ 10	$m^3/m^2 \cdot d$	24.54	gpd/ft^2
Solids loading	20 ~ 80	$kg/m^2 \cdot d$	0.205	$lb/ft^2 \cdot d$
Dewatering				
Drying beds	100 ~ 300	kg dry $solids/m^2 \cdot yr$	0.205	$lb/ft^2 \cdot yr$
Drying lagoon	50 ~ 100	$kg/m^2 \cdot yr$	0.205	$lb/ft^2 \cdot yr$
Belt filter press	0.8 ~ 4	$kg/m^2 \cdot h$	0.205	$lb/ft^2 \cdot h$

표 D-2 약어 및 기호

약 어	기 호	약 어	기 호
Acceration due to gravity (LT^{-2})	g	Gallon (L^3)	gal
Area (L^2)	A	Gallons per minute (L^3T^{-1})	gal/min or gpm
Atmosphere	atm	Gallons per second (L^3T^{-1})	gal/s or gps
British thermal unit	Btu	Horsepower	hp
Calorie	cal	Horsepower-hour	hp-hr
Centimeter	cm	Hour	hr
Centipoise	cp	Inch	in
Cubic centimeter	cm^3	Joule	J
Degree Celsius	℃	Kilocalorie	kcal
Degree Fahrenheit	°F	Kilonewton per cubic meter	kN/m^3
Degree Kelvin	°K	Liter(L^3)	L
Degree Rankine	°R	Million gallons per day (L^3T^{-1})	mgd
Density (ML^{-3})	ρ	Pound force	lb_f
Discharge (L^3T^{-1})	Q	Pound mass	lb_m
Energy	E	Standard temperature and pressure	STP @ 273°K and 760mmHg
Feet per minute (LT^{-1})	fpm or ft/min	Watt	W
Feet per second (LT^{-1})	fps or ft/s		

출처 : Technomic Publishing Co., Inc.(1999)의 승인 하에 참고문헌 1에서 인용

표 D-3 유용한 상수값

중력가속도, $g = 9.807\ m/s^2 (32.174\ ft/s^2)$
표준기압 $= 101.325\ kN/m^2 (14.696\ lb_f/in^2)$ $= 101.325\ kPa (1.013\ bars)$ $= 10.333\ m (33.899\ ft)$ of water
공기의 분자량 (15°C and 1 atm) = 29.1
공기의 밀도(15°C and 1 atm) = $1.23\ kg/m^3 (0.0766\ lbm/ft^3)$
공기의 점성, μ(15°C and 1 atm) = $17.8 \times 10^{-6}\ N \cdot /m^2 (0.372 \times 10^{-6}\ lb_f \cdot /ft^2)$
공기의 동점성, $\nu = 14.4 \times 10^{-6}\ m^2/s (155 \times 10^{-6}\ ft^2/s)$
공기의 비열 = 1,005 J/kg·°K(0.24 Btu/lbm·°R)

출처 : Technomic Publishing Co., Inc.(1999)의 승인 하에 참고문헌 1에서 인용

표 D-4 여러 가지 단위들의 환산인자

길이(L)					
mile	yard	ft	in.	m	cm
1	1,760	5,280	6.336×10^4	1.609×10^3	1.609×10^5
5.68×10^{-4}	1	3	36	0.9144	91.44
1.894×10^{-4}	0.333	1	12	0.3048	30.48
1.578×10^{-5}	0.028	0.083	1	0.0254	2.54
6.214×10^{-4}	1.094	3.281	39.37	1	100

면적(A)					
$mile^2$	acre	$yard^2$	ft^2	in^2	m^2
1	640[a]	3.098×10^6	2.788×10^7	4.014×10^9	2.59×10^6
1.563×10^{-3}	1	4,840	43,560	6.27×10^6	4,047
3.228×10^{-7}	2.066×10^{-4}	1	9	1,296	0.836
3.587×10^{-8}	2.3×10^{-5}	0.111	1	144	0.093
2.491×10^{-10}	1.59×10^{-7}	7.716×10^{-4}	6.944×10^{-3}	1	6.452×10^{-4}
3.861×10^{-7}	2.5×10^{-4}	1.196	10.764	1,550	1

부피(V)						
acre·ft	U.S. Gal	ft^3	$in.^3$	L	m^3	cm^3
1	325,851	43,560	75.3×10^{-6}	1.23×10^6	1,230	1.23 × 109
3.07×10^{-6}	1	0.134	231.6	3.785	3.875×10^{-3}	3875
2.3×10^{-5}	7.481	1	1,728	28.317	0.028	28,317
1.33×10^{-8}	4.329×10^{-3}	5.787×10^{-4}	1	0.016	1.639×10^{-5}	16.39
8.1×10^{-7}	0.264	0.035	61.02	1	1×10^{-3}	1000
8.13×10^{-4}	264.2	35.31	6.10×10^4	1000	1	106

시간(T)					
yr	mon	d	hr	min	s
1	12	365	8,760	525,600	3.1536×10^7

표 D-4 여러 가지 단위들의 환산인자(계속)

속도(L/T)				
ft/s	ft/min	m/s	m/min	cm/s
1	60	0.3048	18.29	30.48
0.017	1	5.08×10^{-3}	0.3048	0.5080
3.281	196.8	1	60	100
0.055	3.28	0.017	1	1.70
0.032	1.969	0.01	0.588	1

유량(L^3/T)					
mgd	gpm	ft^3/s	ft^3/min	L/s	m^3/d
1	694.4	1.547	92.82	43.75	3.78×10^3
1.44×10^{-3}	1	2.228×10^{-3}	0.134	0.063	5.45
0.646	448.9	1	60	28.32	2,447
0.011	7.481	0.017	1	0.472	40.78
0.023	15.85	0.035	2.119	1	86.41
2.64×10^{-4}	0.183	4.09×10^{-4}	0.025	0.012	1

질량(M)					
ton	lb_m	grain	ounce(oz)	kg	g
1	2,000	1.4×10^7	32,000	907.2	907,185
0.0005	1	7,000	16	0.454	454
7.14×10^{-8}	1.429×10^{-4}	1	2.29×10^{-3}	6.48×10^{-5}	0.065
3.125×10^{-5}	0.0625	437.6	1	0.028	28.35
1.10×10^{-3}	2.205	1.54×10^4	35.27	1	1,000
1.10×10^{-6}	2.20×10^{-3}	15.43	0.035	10^{-3}	1

표 D-4 여러 가지 단위들의 환산인자(계속)

온도(T)			
°F	°C	°K	°R
°F	$\frac{5}{9}$(°F − 32)	$\frac{5}{9}$°F + 255.38	°F + 459.69
$\frac{9}{5}$°C + 32	°C	°C + 273.16	$\frac{9}{5}$°C + 491.69
$\frac{9}{5}$°K − 459.69	°K − 273.16	°K	$\frac{9}{5}$°K
°R − 459.69	$\frac{5}{9}$°R − 273.16	$\frac{5}{9}$°R	°R

밀도(M/L^3)				
lb/ft^3	lb/gal(U.S.)	kg/m^3	kg/L	g/cm^3
1	0.1337	16.019	0.01602	0.01602
7.48	1	119.8	0.1198	0.1198
0.0624	8.345×10^{-3}	1	0.001	0.001
62.43	8.345	1,000	1	1

압력(F/L^2)					
$lb/in.^2$	ft water	in Hg	atm	mm Hg	kg/cm^2
1	2.307	2.036	0.068	51.71	0.0703
0.4335	1	0.8825	0.0295	22.41	0.0305
0.4912	1.133	1	0.033	25.40	0.035
14.70	33.93	29.92	1	760	1.033
0.019	0.045	0.039	1.30×10^{-3}	1	1.36×10^{-3}
14.23	32.78	28.96	0.968	744.7	1
1.45×10^{-4}	3.35×10^{-4}	2.96×10^{-4}	9.87×10^{-6}	7.50×10^{-3}	1.02×10^{-5}

표 D-4 여러 가지 단위들의 환산인자(계속)

힘(F)		
lb_f	N	dyne
1	4.448	4.448×10^5
0.225	1	10^5
2.25×10^{-6}	10.5	1

에너지(E)					
kW·h	hp·h	Btu	J	kJ	calories
1	1.341	3412	3.6×10^6	3600	8.6×10^5
0.7457	1	2545	2.684×10^6	2685	6.4×10^5
2.930×10^{-6}	3.929×10^{-4}	1	1055	1.055	252
2.778×10^{-7}	3.72×10^{-7}	9.48×10^{-4}	1	0.001	0.239
2.778×10^{-4}	3.72×10^{-4}	0.948	1000	1	239
1.16×10^{-6}	1.56×10^{-6}	3.97×10^{-3}	4.186	4.18×10^{-3}	1

동력(P)					
kW	Btu/min	hp	ft·lb/s	kg·m/s	cal/min
1	56.89	1.341	737.6	102	14,330
0.018	1	0.024	12.97	1.793	252
0.746	42.44	1	550	76.09	10,690
1.35×10^{-3}	0.077	1.82×10^{-3}	1	0.138	19.43
9.76×10^{-3}	0.558	0.013	7.233	1	137.6
6.98 × 10.5	3.97×10^{-3}	9.355 × 10.5	0.0514	7.12×10^{-3}	1

점성(μ)					
cp	$lb_f \cdot s/ft^2$	$lb_m/ft \cdot s$	g/cm·s	$N \cdot s/m^2$	kg/m·s
1	2.09 × 10.5	6.72 × 10.4	0.01	1 × 10.3	1 × 10.3
4.78 × 104	1	32.15	478.5	47.85	47.85
1488	0.031	1	14.88	1.488	1.488
100	2.09 × 10.3	0.0672	1	0.10	0.10
1000	0.021	0.672	10	1	1

동점성(ν)				
centistoke	ft^2/s	cm^2/s	m^2/s	myriastoke
1	1.076×10^{-5}	0.01	1.0×10^{-6}	1.0×10^{-6}
9.29×10^4	1	929.4	0.093	0.093
100	1.076×10^{-3}	1	1.0×10^{-4}	1.0×10^{-4}
10^6	10.76	10^4	1	1

표 D-5 일반적으로 사용되는 관의 직경

미국에서 사용되는 관경		미터 단위계로 동등한 관경
inch	mm	
4	101.6	100
6	152.4	150
8	203.2	200
10	254.0	250
12	304.8	300
14	355.6	350
16	406.4	400
18	457.2	450
20	508.0	500
24	609.6	600
27	685.8	700
30	762.0	750
36	914.4	900
42	1,066	1,050
48	1,219	1,200
54	1,371	1,400
60	1,524	1,500
72	1,829	1,800
78	1,981	2,000
84	2,134	2,100
90	2,286	2,250
96	2,438	2,400

표 D-6 원소, 기호, 원자번호, 원자량, 원자가

원 소	기 호	원자번호	원자량	원자가
Aluminum	Al	13	26.9815	3
Antimony	Sb	51	121.75	3,5
Argon	Ar	18	39.948	–
Arsenic	As	33	74.9216	3,5
Barium	Ba	56	137.34	2
Beryllium	Be	4	9.0122	–
Bismuth	Bi	83	208.980	3,5
Boron	B	5	10.811	3
Bromine	Br	35	79.909	1,3,5,7
Cadmium	Cd	48	112.40	2
Calcium	Ca	20	40.08	2
Carbon	C	6	12.01115	4
Chlorine	Cl	17	35.453	1,3,5,7
Chromium	Cr	24	51.996	2,3,6
Cobalt	Co	27	58.9332	2,3
Copper	Cu	29	63.54	1,2
Fluorine	F	9	18.9984	1
Gold	Au	79	196.967	1,3
Helium	He	2	4.0026	–
Hydrogen	H	1	1.00797	1
Iodine	I	53	126.9044	1,3,5,7
Iron	Fe	26	55.847	2,3
Lead	Pb	82	207.19	2,4
Lithium	Li	3	6.939	1
Magnesium	Mg	12	24.312	2
Manganese	Mn	25	54.9380	2,3,4,6,7
Mercury	Hg	80	200.59	1,2
Molybdenum	Mo	42	94.94	3,4,6
Neon	Ne	10	20.183	–
Nickel	Ni	28	58.71	2,3
Nitrogen	N	7	14.0067	3,5

표 D-6 원소, 기호, 원자번호, 원자량, 원자가(계속)

원 소	기 호	원자번호	원자량	원자가
Oxygen	O	8	15.9994	2
Phosphorus	P	15	30.9738	3,5
Platinum	Pt	78	195.09	2,4
Potassium	K	19	39.102	1
Radium	Ra	88	226.05	—
Silicon	Si	14	28.086	4
Silver	Ag	47	107.870	1
Sodium	Na	11	22.9898	1
Strontium	Sr	38	87.62	2
Sulfur	S	16	32.064	2,4,6
Tin	Sn	50	118.69	2,4
Titanium	Ti	22	47.90	—
Tungsten	W	74	183.85	3,4
Uranium	U	92	238.03	4,6
Zinc	Zn	30	65.37	2

참고문헌

1. Qasim, S. R. *Wastewater Treatment Plants: Planning, Design, and Operation*, 2d ed., *Technomic Publishing Co.*, Inc., Lancaster, PA, 1999.

INDEX

·a·t·e·r·W·o·r·k·s·E·n·g·i·n·e·e·r·i·n·g

〈1〉

〈2〉

〈A〉

〈B〉

〈C〉

〈D〉

〈E〉

〈F〉

〈ㄱ〉

〈ㄴ〉

〈ㄹ〉

〈ㅁ〉

〈ㅈ〉

〈ㅎ〉

〈기타〉

· **유명진** 서울시립대학교 환경공학부 교수
· **방기웅** 국립한밭대학교 토목·환경도시공학부 교수
· **구자용** 서울시립대학교 환경공학부 교수
· **명규남** 서울시립대학교 환경공학부
· **이준호** 충주대학교 환경공학부 교수
· **정신호** 서울시립대학교 환경공학부
· **구윤희** 서울시립대학교 환경공학부
· **박귀수** 서울시립대학교 환경공학부
· **장미정** 서울시립대학교 환경공학부

Water Works Engineering
상수도공학 -계획, 설계 및 운전-

초판 1쇄 인쇄 2005년 12월 10일
2판 1쇄 발행 2006년 9월 1일

저 자 Syed R. Qasim·Edward M. Motley·Guang Zhu
공 역 유명진·방기웅·구자용·명규남·이준호
정신호·구윤희·박귀수·장미정
발행인 정우용
발행처 圖書出版 東和技術
100-834 서울특별시 중구 신당 2동 405-25호
Tel (02)2236-8121~6
Fax (02)2236-6301~2
E-mail donghwae@kornet.net
http://www.donghwapub.co.kr
(등록) 1977년 12월 19일/ 9-16호

ISBN 89-425-1131-7

정가 32,000원